图书在版编目（CIP）数据

变态心理学：整合之道：第七版／（美）戴维·H.巴洛（David H. Barlow），（美）V.马克·杜兰德（V. Mark Duran）著；黄峥，高隽，张婧华等译. —北京：中国轻工业出版社，2017.5（2020.1重印）

ISBN 978-7-5184-1232-7

Ⅰ. ①变… Ⅱ. ①戴… ②V… ③黄… ④高… ⑤张…
Ⅲ. ①变态心理学 Ⅳ. ①B846

中国版本图书馆CIP数据核字（2016）第316527号

版权声明

Abnormal Psychology: an Integrative Approach（seventh edition）

David H. Barlow, V. Mark Durand　　黄峥　高隽　张婧华　等 译　　王爱民　钱铭怡 审校

Copyright © 2015, 2012 Cengage Learning.

Original edition published by Cengage Learning. All Rights reserved. 本书原版由圣智学习出版公司出版。版权所有，盗印必究。

China Light Industry Press is authorized by Cengage Learning to publish and distribute exclusively this simplified Chinese edition. This edition is authorized for sale in the People's Republic of China only (excluding Hong Kong, Macao SAR and Taiwan). Unauthorized export of this edition is a violation of the Copyright Act. No part of this publication may be reproduced or distributed by any means, or stored in a database or retrieval system, without the prior written permission of the publisher.

本书中文简体字翻译版由圣智学习出版公司授权中国轻工业出版社独家出版发行。此版本仅限在中华人民共和国境内（不包括中国香港特别行政区、中国澳门特别行政区及中国台湾）销售。未经授权的本书出口将被视为违反版权法的行为。未经出版者预先书面许可，不得以任何方式复制或发行本书的任何部分。

ISBN: 978-7-5184-1232-7

Cengage Learning Asia Pte. Ltd.
151 Lorong Chuan, #02-08 New Tech Park, Singapore 556741

本书封面贴有Cengage Learning防伪标签，无标签者不得销售。

保留所有权利。非经中国轻工业出版社"万千心理"书面授权，任何人不得以任何方式（包括但不限于电子、机械、手工或其他尚未被发明或应用的技术手段）复印、拍照、扫描、存储、分发本书中任何部分或本书全部内容。中国轻工业出版社"万千心理"未授权任何机构提供源自本书内容的电子文件阅览或下载服务。如有此类非法行为，查实必究。

总 策 划：石　铁
策划编辑：高小菁　　　　责任终审：杜文勇
责任编辑：高小菁　　　　责任监印：刘志颖

出版发行：中国轻工业出版社（北京东长安街6号，邮编：100740）
印　　刷：三河市鑫金马印装有限公司
经　　销：各地新华书店
版　　次：2020年1月第1版第2次印刷
开　　本：889×1194　1/16　印张：44.25　插页：4
字　　数：968千字
书　　号：ISBN 978-7-5184-1232-7　　定价：128.00元
著作权合同登记　图字：01-2015-1089
读者热线：010-65181109，65262933
发行电话：010-85119832　传真：010-85113293
网　　址：http://www.chlip.com.cn　http://www.wqedu.com
电子信箱：1012305542@qq.com
如发现图书残缺请与我社联系调换

161040Y2X101ZYW

ABNORMAL PSYCHOLOGY
An Integrative Approach (7th Edition)

变态心理学

整合之道

（第七版）

【美】David H. Barlow，V. Mark Durand 著

黄峥 高隽 张婧华 等 译　　王爱民 钱铭怡 审校

中国轻工业出版社

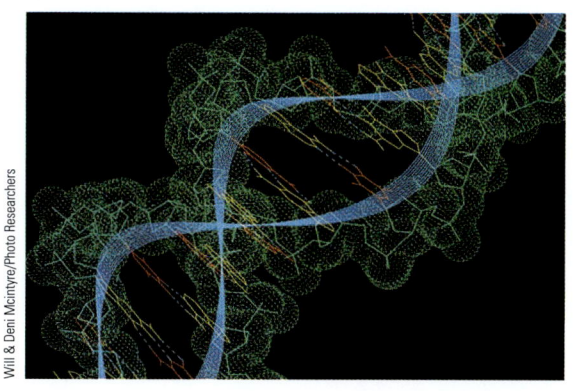

图 2.2（彩） 一个包含着基因、呈双螺旋结构的 DNA 分子。

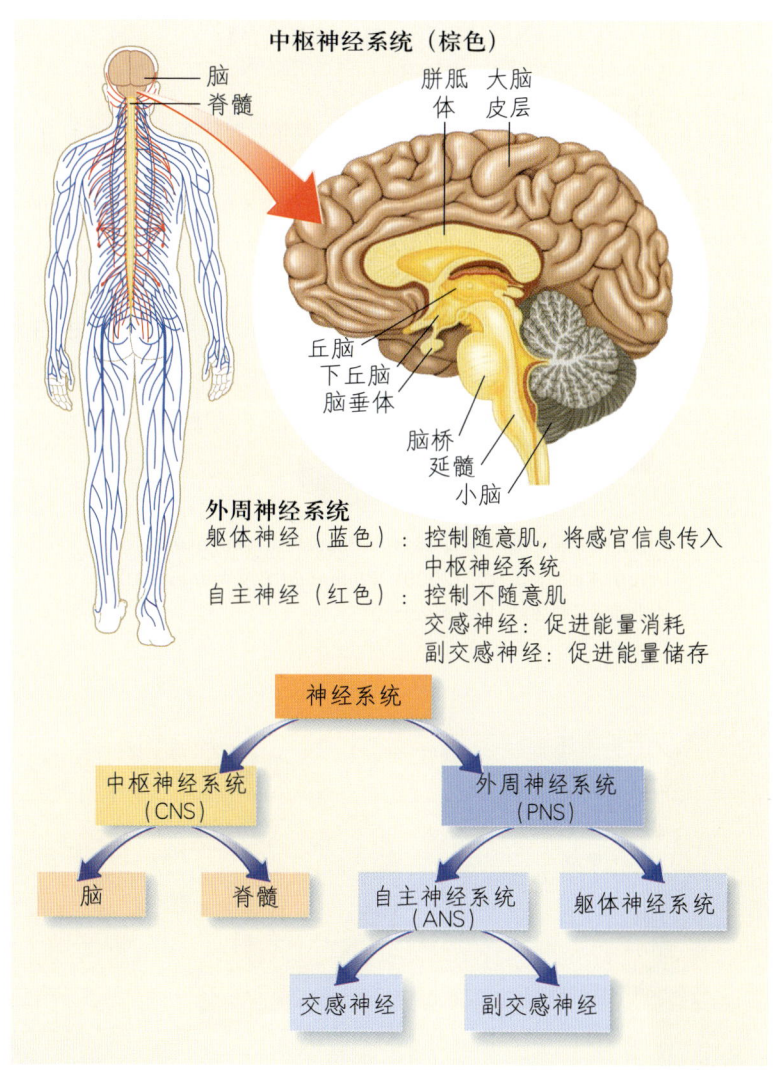

图 2.6（彩） 神经系统的组成（Reprinted from Kalat, J. W. (2009). Biological Psychology, 10th edition，© 2009 Wadsworth.）

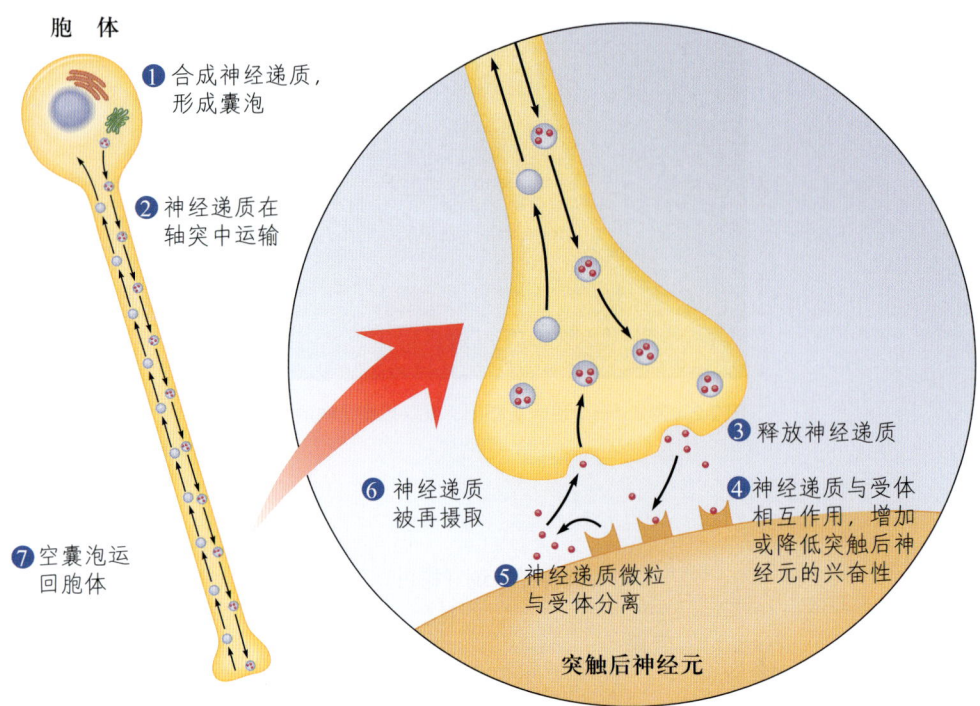

图 2.7（彩） 信息在神经元之间的传递。(Adapted from Goldstein, B. [1994]. *Psychology*, © 1994 Brooks/Cole Publishing Company.)

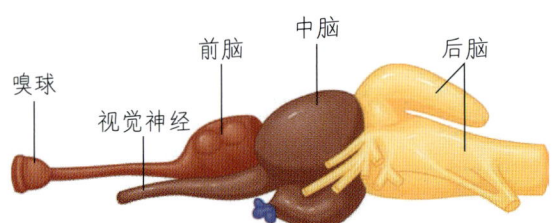

图 2.8a（彩） 脑的 3 个部分。(Reprinted, with permission, from Kalat, J. W. [2009]. *Biological Psychology*, 10th edition, © 2009 Wadsworth.)

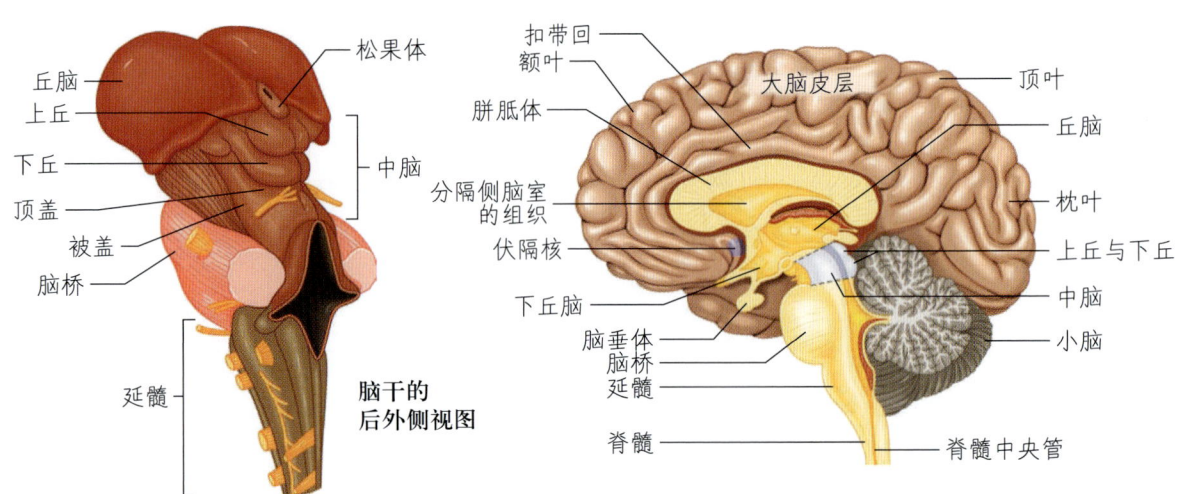

图 2.8b（彩） 脑的主要结构。(Reprinted, with permission, from Kalat, J. W. [2009]. *Biological Psychology*, 10th edition, © 2009 Wadsworth.)

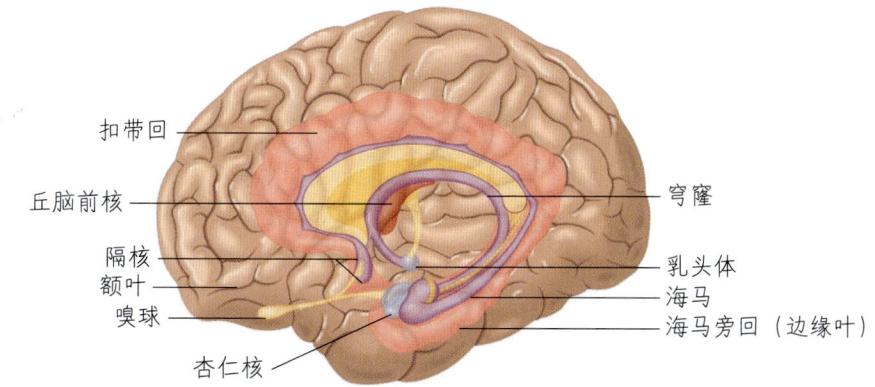

图 2.8c（彩） 边缘系统。（Reprinted, with permission, from Kalat, J. W. [2009]. *Biological Psychology*, 10th edition, © 2009 Wadsworth.）

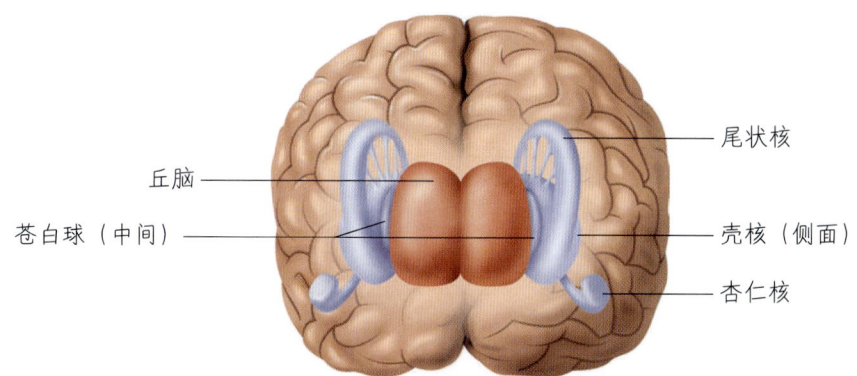

图 2.8d（彩） 基底神经节。（Reprinted, with permission, from Kalat, J. W. (2009). *Biological Psychology*, 10th edition, © 2009 Wadsworth.）

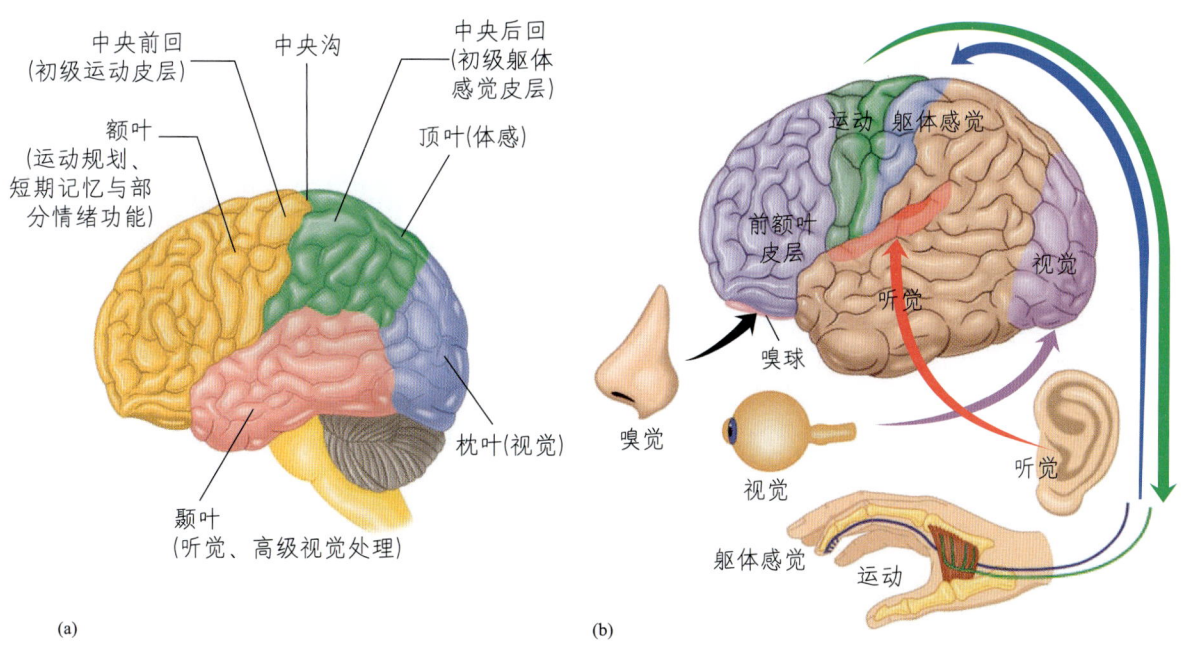

图 2.9（彩） 人类大脑皮层主要分区及部分主要功能。（Reprinted, with permission, from Kalat, J. W. (2009). *Biological Psychology*, 10th edition, © 2009 Wadsworth.）

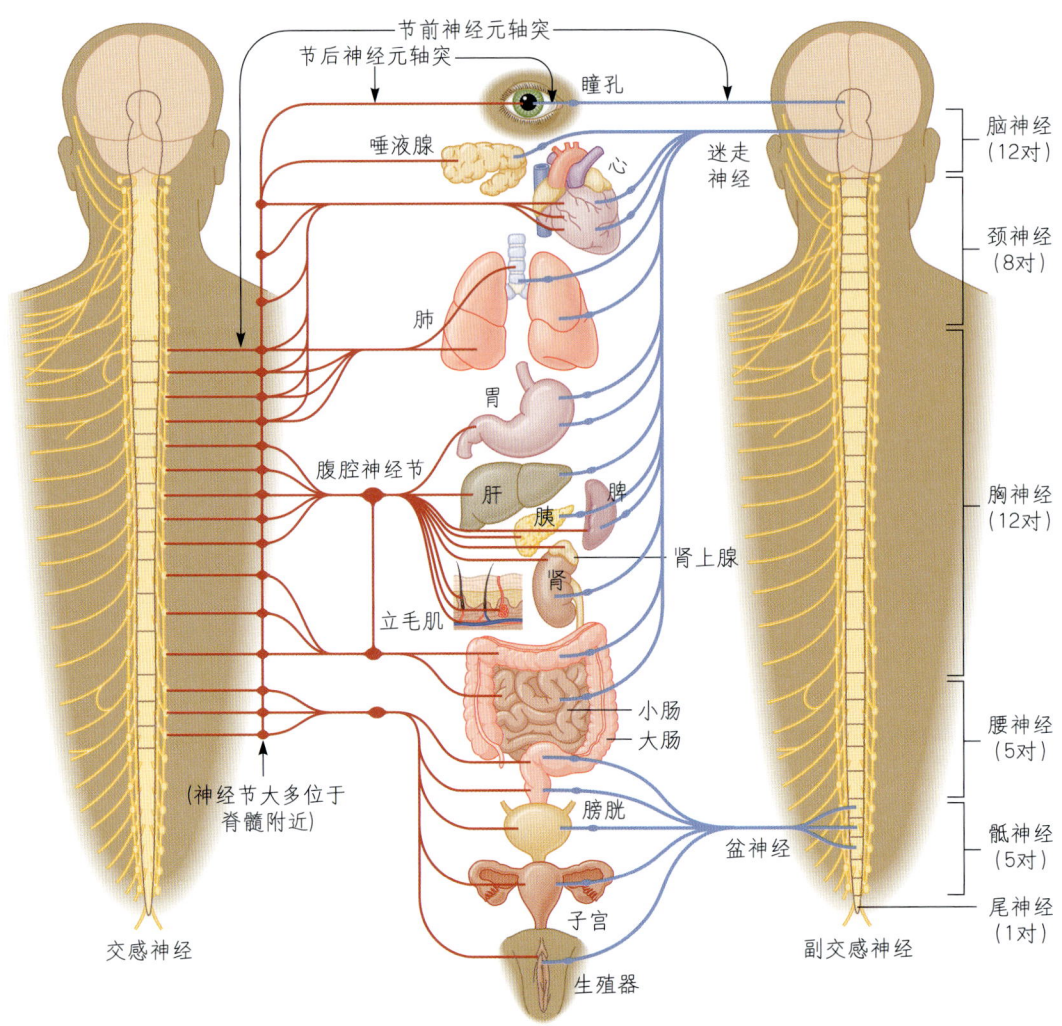

图 2.10（彩） 交感神经系统（左）与副交感神经系统（右）（Reprinted, with permission, from Kalat, J. W. (2009). *Biological Psychology*, 10th edition, © 2009 Wadsworth.）

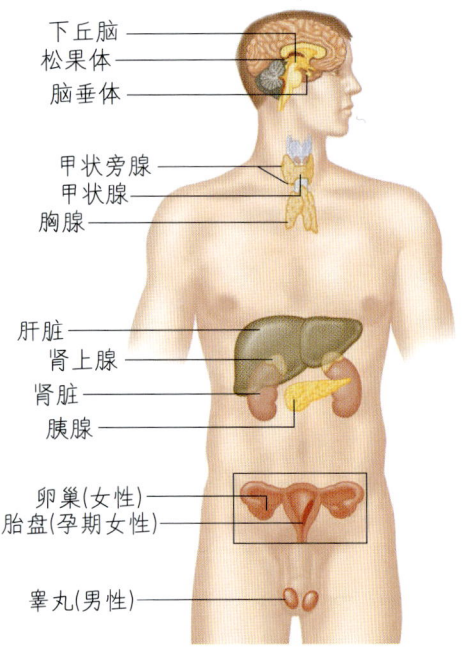

图 2.11（彩） 主要内分泌腺体的位置（Reprinted, with permission, from Kalat, J. W. (2009). *Biological Psychology*, 10th edition, © 2009 Wadsworth.）

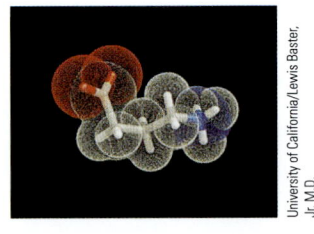

图 2.12（彩） 电脑生成的 γ-氨基丁酸结构模型。

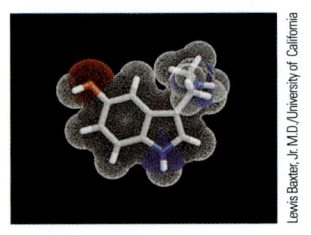

图 2.13a（彩） 电脑生成的 5-羟色胺结构模型。

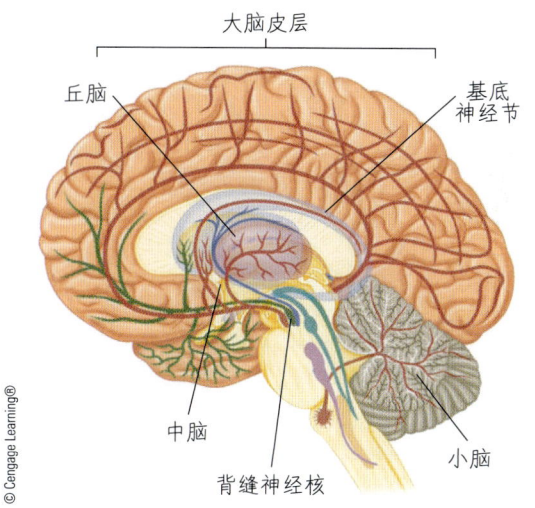

图 2.13b（彩） 人脑中主要的 5- 羟色胺脑环路

图 2.13c（彩） 正电子断层扫描图揭示了 5- 羟色胺所激活的神经元的分布。

神经递质的作用原理

Ⓐ 神经递质储存在神经元末尾的微型囊泡中。Ⓑ 电冲动使囊泡与外膜融合，将神经递质释放入突触间隙。Ⓒ 神经递质微粒扩散至相邻的神经元，并与受体（一种蛋白质）结合。Ⓓ 结合足够的神经递质后，受体释放神经递质微粒，后者分解或被先前的神经元再摄取，以供再次使用。

5- 羟色胺的作用原理

Ⓔ 百忧解通过阻碍再摄取过程来加强 5- 羟色胺的作用效果。Ⓕ 右芬氟拉明（一种减肥药）促使更多的 5- 羟色胺释放入突触间隙。遗憾的是，右芬氟拉明会对心血管系统产生危险的副作用，因而被美国食品药品管理局禁止使用。

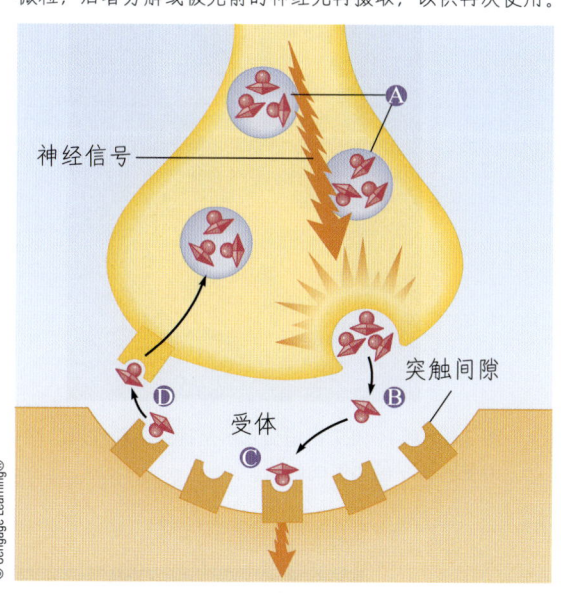

受体的种类

5-羟色胺受体至少有15种，功能各不相同。

图 2.14（彩） 脑中 5- 羟色胺的调节。

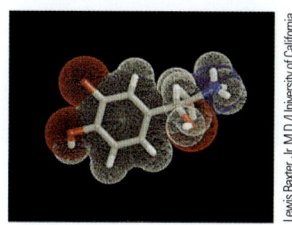

图 2.15a（彩） 电脑生成的去甲肾上腺素结构模型。

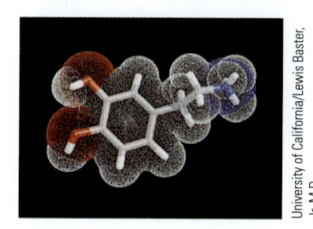

图 2.16a（彩） 电脑生成的多巴胺结构模型。

5

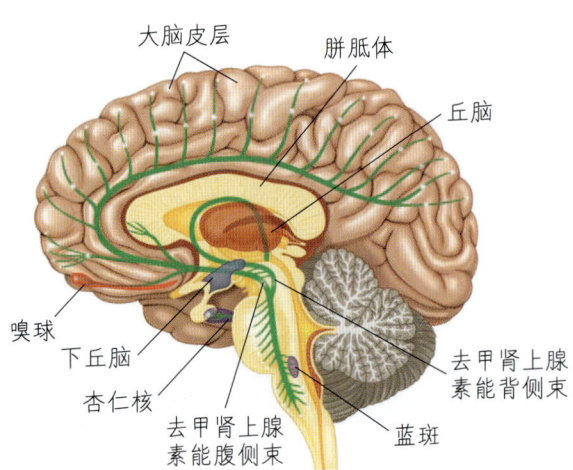

图2.15b（彩） 人脑中主要的去甲肾上腺素脑环路（Adapted from Kalat, J. W. (2009). *Biological Psychology*, 10th edition, © 2009 Wadsworth.）

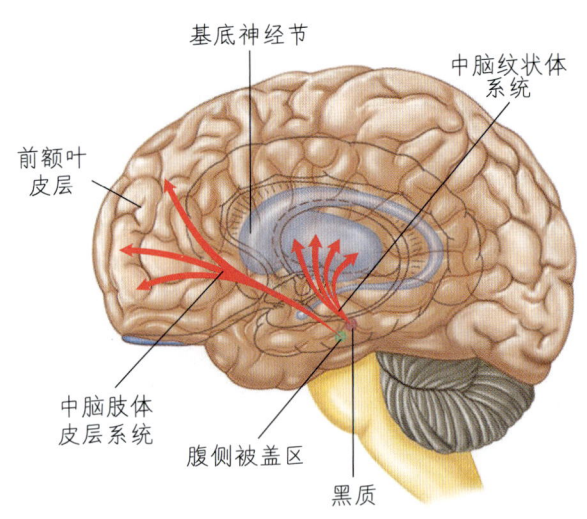

图2.16b（彩） 两条主要的多巴胺脑环路。中脑边缘系统与精神分裂症有关。通往基底神经节的回路与运动系统的障碍有关，比如迟发性运动障碍。（Adapted from Kalat, J. W. (2009). *Biological Psychology*, 10th edition, © 2009 Wadsworth.）

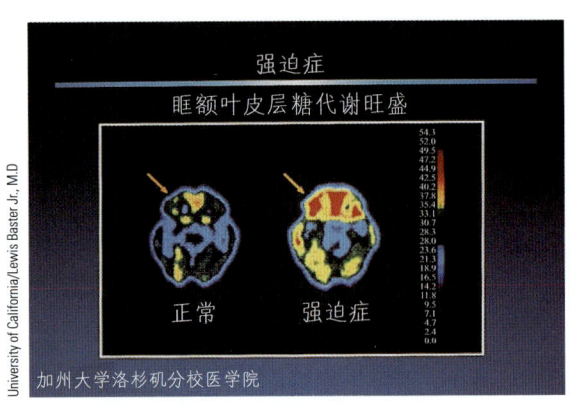

图2.17（彩） 强迫症患者的脑功能发生了改变，经过有效的社会心理治疗可以恢复正常。

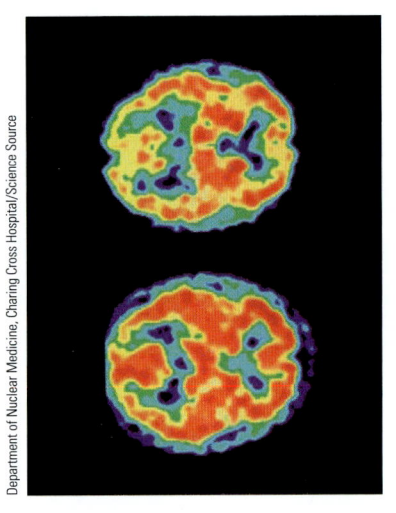

图3.6（彩） PET扫描显示的是神经活跃程度。图中为受到HIV感染影响的脑。

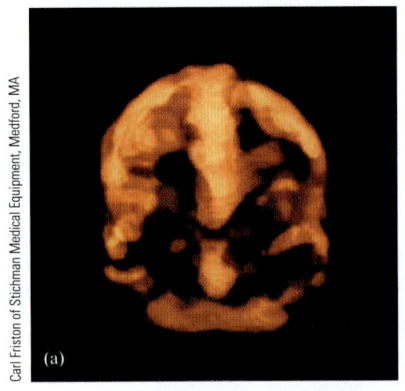
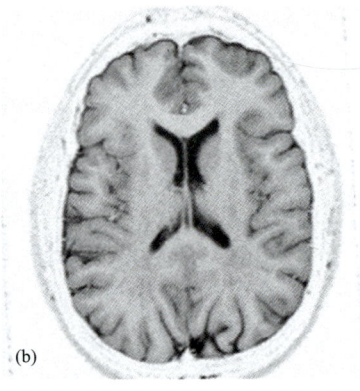
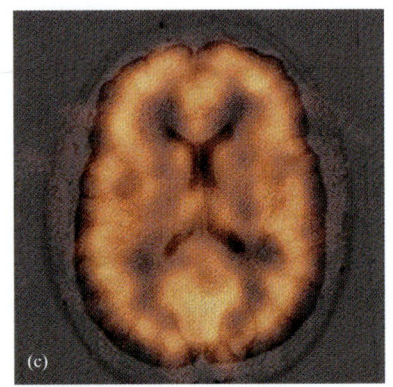

图3.7（彩） 在一次SPECT成像中，大脑水平切面图（a）清晰地揭示出患有精神分裂症的个体具有顶叶损伤。（b）和（c）是MRI图像。SPECT图像展示的是脑的代谢活动情况，因此能够显示出个体的大脑和行为之间的关系，而更高分辨率的MRI图像能呈现出脑组织间的不同。

谨以此书献给我的母亲，Doris Elinor Barlow-Lanigan，她无所不在的影响贯穿了我的一生。

David. H. Barlow

感谢 Wendy 和 Jonathan，他们的耐心、理解与爱，帮助我最终完成了这部雄心之作。

V. Mark. Durand

译者序

十年前，David H. Barlow 和 Mark V. Durand 合著的《Abnormal Psychology: An Integrative Approach》第四版被引进国内，以其出类拔萃的权威性和可读性而持续受到广大读者的好评。而本书第七版刚刚在美国面世不久，我们的翻译团队就开始了严肃认真的工作。如今，最新的中文译本终于要和大家见面了。

自二十多年前本书第一版出版时起，两位在业界享有盛誉的作者就独树一帜地强调以整合视角来研究和理解心理病理现象。例如，本书在第2章就早早地提出了一病多因原则。作者指出：我们不应以单维模型去看待心理障碍的成因，必须考虑遗传、神经系统、行为与认知机制、情绪因素、社会文化以及人际因素，并且还要包括它们在个体的毕生发展过程中发生的各种交互作用。这个整合的多维模型是贯穿全书各章的精华所在，同时也是第一版问世至今，本书引领变态心理学领域教材写作方向的原因所在。这种整合的视角，体现了作者在这一领域中深厚的学术功底和超前的发展眼光。

本书在对各种障碍进行具体阐述的同时，介绍了美国精神病学会2013年修订出版的第五版《精神障碍诊断与统计手册》，即DSM-5。作者David H. Barlow博士曾经承担了DSM-Ⅳ[①]编写委员会的最终审查工作，而且也为DSM-5编写委员会的最终审查小组担任顾问。这使得本书在解读DSM-5所体现的诊断方案的进步和与之相伴随的争议方面，都具备了得天独厚的优势。书中所涉及的每一种具体障碍，都遵循临床描述、统计数据、病因、治疗这一论述程序。结构清晰，层层深入，虽然内容丰富、篇幅浩大，却丝毫不让人产生繁琐之感。而且，各个部分都穿插着源自两位作者长期临床实践的真实病例，并且提供了DSM-5的相应诊断标准以及心理病理学的多维模型，再加上小测验及图文并茂的总结，共同形成了一套简明有力的学习框架，能够有效帮助读者进行自学与课堂学习。

第七版大量引用了2011年到2013年的新近文献，涵盖了众多最新的研究成果。随着新技术、新方法的不断涌现和推广应用，人们对影响个体心理发生、发展、变化的机制，有了越来越深入的了解；对个体异常行为的成因和干预方法，以及干预的效果，也有了更全面透彻的认识。从第七版中我们可以看到，除了针对一些精神病性障碍之外，心理社会干预对于许多障碍有着不亚于生物医学干预的积极效果；甚至对于某些障碍，心理治疗的长期效果要优于药物，例如多种焦虑障碍。这一点已经在使用传统实验范式和新型的脑神经影像学技术的干预效果研究中都获得了支持。

另一方面，我们希望读者通过阅读本书，能够认识到正常（normal）与异常（abnormal）之间并没有明显的分界线。所谓正常，是指统计学意义上大多数人表现出的模式。因此，并不存在绝对的正常和绝对的异常。如果以文献中的症状描述为参照，那么几乎所有的人都会发现自己会在某个或某些维度上是"不正常"的。然而，这种"不正常"与患有心理疾病是完全不同的。读者在阅读本书的过程中会发现，很多情况下，只有当个体感到难以控制自己的行为、思维模式和情绪表达，并且明显影响其生活和工作，对其造成痛苦时，这样的"不正常"才会被看作心理障碍。而这一点，必须经过专业人士的系统评估和诊断程序后才能判定。在我们的生活中，很多看似偏离正常的行为是具有其适应性的，换句话说，是个体和社会所需要的正常行为。从宏观角度出发，那些或多或少地偏离了"平均数"的行为，正是人类发展和社会发展中多样性的宝贵来源。

同时，我们希望读者在阅读本书之后，能够意识到心理健康与躯体健康之间的诸多相通之处。心理障碍与躯体疾病同样会引起患者的痛苦与不适，而且心理障碍引起的行为及情绪的异常反应很多时候也像躯体疾病一样，不是个体自己所能左右的。

[①] 美国精神病学会决定从第五版开始，将DSM的版次编号由罗马数字改为阿拉伯数字。

就像患上躯体疾病需要看医生，需要服药或进行其他治疗一样，患上心理障碍也需要及时求助于心理卫生的专业机构，需要进行系统的诊断并采取相应的措施来帮助患者。因此，我们应当大力普及心理卫生知识，使得个体寻求精神科及心理治疗、心理咨询等专业帮助的行为被社会广泛接受。

在这里，我们还有一个问题想要提请各位读者注意。"abnormal"一词意为"非常态的""异常的""反常的"，它在英文中并无特定的感情色彩。虽然"变态"一词在中文里是带有贬义的，但鉴于"变态心理学"一词在教学与研究领域沿用多年，我们在翻译本书书名时继续使用了这一译法，以保持学术概念的连续性。我们在此重申：心理障碍与躯体疾病同样"正常"，并且同样或是更加需要专业人士的介入以及亲友适当的关心与帮助。

最后，我们要感谢"万千心理"为引进本书所做的工作。同时，我们还要感谢整个翻译团队在一年多的时间里付出的不懈努力。他们是：黄峥（第4、5、11章），高隽（第3、10、12章），张婧华（第6、7章，术语表），刘洋（第1、2、16章），邵涵钰（第13、14、15章），张怡玲（第8章和部分第9章）和王思睿（部分第9章）。我们两人在前期进行了全书术语表的审定工作，在各章翻译完成后审校了全书的译稿。尽管大家竭尽全力，但为水平和时间所限，书中难免有错漏之处，欢迎各位读者批评指正。

祝愿每一位读者都能从本书中有所收获，有所领悟。

王爱民　于美国迈阿密大学
钱铭怡　　于北京大学
2017年1月

前　言

科学是一个不断演进的领域，但时常会有一些新发现颠覆我们以往的思维方式。比方说，进化生物学家曾经长期坚信进化是逐渐积累的结果，而新的证据却显示，进化源自生物应对和适应突如其来的环境大灾变（例如小行星撞地球）。又比方说，发现地壳板块也对地质学的发展带来了革命性的改变。

长久以来，心理病理学这门科学一直处在碎片化的困境中。心理病理学家们针对现象背后的心理、生物和社会因素，各自为政地进行研究和解释。这种工作方式的弊端，在大众媒体将某个最近发现的基因、某项生理层面的失调或某些童年经历作为心理障碍的"根源"的那些报道中得到了充分的体现。而这种彼此割裂的思维方式，也主导着不少心理病理学教科书有关病因与治疗的阐述。这些教科书的作者常常在某一章中写道，"精神分析理论对此提出……""生物学理论对此认为……"等，或是在下一部分又写"针对这种障碍，精神分析治疗会……""认知行为治疗则会……"，以及"生物学治疗将会……"，等等。

因此，从本书第一版开始，我们就试图做好一件与众不同的事。我们认为，心理病理学发展到今天，已经向广大学者提出了从孤立主义向整合之道转轨的要求。我们应当以一种尽可能简明清晰而富有说服力的方式，来解释众多生物、心理和社会因素之间千丝万缕的密切联系。近来，心理病理学知识的爆发式增长，肯定了这种思考方式是我们正确理解心理病理现象唯一可行的路径。让我们简单举两个例子。在第2章中，我们介绍了一项研究。该项研究表明，应激生活事件可能引发抑郁，但并非每个人都会出现这种反应。某些个体身上携带着能够影响脑神经元突触内血清素的特定基因，而应激则容易触发此类个体患上抑郁。与此类似，我们在第9章中也提到了社会排斥所带来的痛苦，其背后的脑神经机制与生理痛苦一模一样。而且，我们在撰写本书中所有与遗传有关的部分时，格外突出了基因与环境之间的交互作用，并谈到了最近从行为遗传学前沿成果获得的一些启发——传统上试图将心理障碍诊断分类建立在坚不可摧的遗传基础之上的目标，已经变得漏洞百出，不切实际了。有关近年来逐步兴起的表观遗传学（即环境如何影响基因表达），包括一些极端环境因素压倒遗传作用的新近研究结果，也纳入了本书的叙述之中。那些有助于阐明表观遗传学内在机制，或者说，有助于帮助读者理解环境影响如何调节基因表达的具体过程的研究，书中都进行了细致的介绍。

上面提到的众多研究结果都确证了本书所采取的"整合之道"：心理障碍并不单单出自基因或环境因素，而是源于二者之间的交互作用。我们现在已经明白，心理社会因素直接影响着神经递质的功能，甚至是基因的表达。同样，我们不能将生物和社会因素弃之不顾，去研究心理和心理病理学表现背后的行为、认知和情绪机制。我们为心理障碍选择了一种更易于理解的阐述，它能够准确地反映出临床科学目前的现实。作为同行，你也许已经知道我们对某些障碍了解的多，而对另一些障碍了解的少。我们在书中，尽力向每一位学生呈现浩瀚无垠的心理病理学领域中我们已经走过的那一小段路程，并展望着复杂而广阔的前方。我们衷心希望，你在阅读本书时，能够感受到我们传递所有已知和未知的精神世界的兴奋。

整合之道

如前所述，本书第一版引领了一大批变态心理学教科书全新的写作方向，许多此类教材都跟随我们采取了整合或者说多维度的视角。我们整理了大量研究证据，来向读者说明生物和行为之间彼此影响的关系，以及心理和社会因素对生物状态的作用；书中所举的这些例子吸引了广大学生的普遍关注。比方说，我们讨论了遗传因素对离婚的影响，早期的社会和行为体验对发展中的脑功能和结构的意义，社交网络与感冒之间的关系，以及心理社会疗法对癌症患者的效果。而在内隐记忆和盲视等现象背后，可能存在某种分离体验，有关的心理学研究由此确认了潜意识的存在（但与弗洛伊德所指的充满激烈冲突的意识领域不太一样）。我们还为读者呈现了心理社会治疗影响神经递质分泌以及脑功能的新证据。另外，我们将经常被忽视的情绪理论纳入了心理病理学的讨论之中，比方说愤怒与心血管疾病的关系等。我们将情绪研究的成果细心提取出来，与行为、生物、认知、社会等因素融会贯通，织成了这一张心理病理学的全景图。

毕生发展的影响

当代变态心理学领域里的任何一种视角都无法忽视毕生发展因素的重要性。我们重点强调了那些调控着环境因素如何影响基因表达的发展时段。尽管我们用单独的一章（第14章）讲了神经发育障碍，但发展的重要性贯穿着本书的叙述。比方说，在焦虑、创伤与应激相关障碍、强迫冲动及相关障碍等章节，我们比较了童年期和老年期的焦虑。这种内容上的系统组织大部分时候与DSM-5保持了一致，以便读者按照童年期、成年期和老年期的顺序更好地理解每一种障碍。我们还在探讨每一种障碍时特地涉及了发展的视角，并呈现了具体的发展因素如何影响发病与治疗的有关证据。

研究—实践者取向

我们在书中花了一些篇幅来介绍研究—实践者取向，它对于心理病理学来说是一种非常具有可行性的理想发展模式。与大多数同行一样，我们认为这并不仅仅是一个如何将科学发现应用于心理病理学的简单问题。在本书中，我们展现了每一位临床医生可以怎样凭借敏锐而系统的临床观察、对患者个案的功能分析以及在临床环境中对一系列病例的总结归纳，来为科学知识的积累做出自己的宝贵贡献。比方说，我们介绍了源自早期精神分析理论家的分离现象记录，这些重要的信息至今仍然发挥着作用。又比方说，我们还谈到了研究—实践者所运用的正式方法。经由这类方法，研究—实践者能够顺利地将抽象的研究设计落实为具体的研究程序。

真实的临床病例

我们引用了大量的临床病例，来解释和说明心理病理学中有关心理障碍成因与治疗的科学发现。我们两位作者都具有长年活跃在临床一线的工作经历，因此书中95%的病例出自我们两人案头的文件夹。这些病例，为我们所要介绍的研究成果提供了巧妙的注解与索引。本书中大部分章，都是从一份病例描述开始的，而大多数有关理论与研究的讨论，最终也以这些病例的真实情况来收尾。

各类障碍的细节

我们用了共11章的篇幅来涵盖主要的心理障碍诊断分类，内容涉及三方面：临床描述、病因、治疗与预后情况。我们在书中强调了病例个案和DSM-5的诊断标准，同时也将患病率、发病率、性别比例、起病年龄以及一般病程等各项统计数据纳入叙述之中。由于我们两人中的Barlow博士担任了DSM-5编写委员会的顾问，本书得以将DSM-5的诸项修改背后的原因及争论呈现在读者面前。总体来说，针对每一种具体的心理障碍，我们的探讨都涉及其生理、心理及社会维度。最后，在每种障碍的治疗与预后部分，我们都提供了有关临床实践的客观情况。

治疗

本书前六版一路走来，最受广大读者欢迎的革新之处在于，将与治疗有关的内容与相应的障碍放在一起，而不是和其他既有的变态心理学教科书一样单立一章。这种写作思路，顺应了心理社会疗法及药物疗法逐渐细分的大趋势，充分满足了老师和学生们的需求。在第七版中，我们延续了这种整合的传统并进一步完善。

法律与伦理问题

在最后一章中，我们整理了这本教材中涉及的诸多问题，呈现了许多与法律、伦理以及心理卫生服务密切相关的病例个案。同时，我们也没有忘记向各位读者介绍这一领域内的历史变迁，以帮助大家更好地理解社会文化准则如何深深地影响了法律和伦理规范。

多样性

文化和性别因素也应当纳入心理病理学的全盘考虑之中。我们在本书中讲解了当前学术界对于心理障碍中的哪些维度具有文化特异性或普遍性，以及性别角色仍有待厘清的强大影响的主流看法。举例来说，我们探讨了抑郁中的性别比例失衡，惊恐障碍在各种亚洲文化环境中的不同表现，进食障碍背后多样化的伦理规条，各个地方治疗精神分裂症的特定方法，以及男孩和女孩中注意力缺陷/多动障碍（ADHD）诊断率的显著差异，等等。随着这些命题逐渐成为研究中的标准课题，变态心理学的知识积累也在不断细化和深化。例如，为什么某些障碍的患者绝大多数都是女性，而另一些障碍主要出现在男性身上呢？为什么这种性别比例的差异有时在另一种文化环境中会发生改变呢？通过解答这些问题，我们可以充分挖掘性别与文化因素在心理病理学中的重要地位，从而牢牢地把握住科学的脉络。

DSM-Ⅳ、DSM-Ⅳ-TR 与 DSM-5

关于 DSM-5 修订过程中涉及的政治与科学考虑，人们已经发表了许多意见，自然，我们也有我们的看法。心理学家们大多十分关切 DSM-5 即将呈现的"划界"方式或者说分类标准——无论好坏——及其背后的理由，因为在之前的各版 DSM 中，科学发现有时会让位于个人意见。但是，就 DSM-Ⅳ和 DSM-5 而言，许多专业判断上的偏差都被远远抛在脑后，因为编写委员会执着于抓住研究数据展开无止尽的争论。（本书作者之一 Barlow 博士是编写委员会成员之一 DSM-Ⅳ，并且担任了 DSM-5 编写委员会的顾问。）这些激烈的讨论中包括了整合的视角、对既有数据的再次分析以及来自前沿探索的新数据，而从中衍生的新信息，足以填满任何一本心理病理学专业期刊一整年的版面。从学术角度出发，这一过程虽然让人筋疲力尽，但却给人带来了许多启发。因此，本书中介绍了多项与命名有关的争论，以及最近的一些新进展。比方说，除了上面提到的那些分歧意见，我们还围绕 DSM-5 中新确立的诊断分类——经前躁郁障碍，以及最终未被纳入诊断标准的混合型焦虑抑郁，收集并更新了有关的研究数据和学术讨论。通过这些内容，学生可以清晰地了解到确立诊断分类的机制，以及其中所涉及的数据信息和推理过程。除此以外，我们还探讨了在疾病分类学领域里分类法和维度法之间的长期斗争。我们介绍了编写委员会为适应研究结果而做出的妥协，例如为何没有在 DSM-5 中对人格障碍适用维度法，以及这样的提案如何在最后一分钟被否决，又怎样被纳入了"有待进一步研究"的章节——哪怕几乎所有人都认为在此类障碍中运用维度法比分类法更恰当。

预防

当我们审慎地展望变态心理学领域的未来，预防也许是最值得为之奋斗的方向。尽管它长期以来都是该领域的众多目标之一，但此刻我们很可能已经站在了预防研究的转折点上。本书中涉及的各种心理障碍都会导致情绪痛苦如滚雪球一般持续累积，而全球的科学家正在致力于研发能够打破这种恶性循环的方法与技术。我们在相应的章节里介绍了这些可能具有里程碑意义的预防努力，包括针对进食障碍、自杀、健康问题等的预防措施，以与各位读者分享这些进步给我们带来的喜悦，也激励研究者在这条充满挑战的道路上继续前进。

致谢

创作这样一部作品是让人殚精竭虑，但又是令人无比兴奋的。如果没有众多杰出的同行的帮助，我们不可能顺利完成这一任务。他们阅读了本书的部分章节，写下了细致而犀利的评价，督促我们修正错漏之处，提供了更多我们所不熟悉的有关信息，甚至启发了我们对各种障碍分别采取更有效、更富于整合性的视角。

感谢第七版的审阅者：

Dale Alden, *Lipscomb University*

Evelyn Behar, *University of Illinois-Chicago*
Sarah D'Elia, *George Mason University*
Janice Farley, *Brooklyn College, CUNY*
Aubyn Fulton, *Pacific Union College*
James Jordan, *Lorain County Community College*
Elizabeth Lavertu, *Burlington County College*
Amanda Sesko, *University of Alaska, Southeast*

感谢此前各版的审阅者：

Kerm Almos, *Capital University*
Frank Andrasik, *University of Memphis*
Robin Apple, *Stanford University Medical Center*
Barbara Beaver, *University of Wisconsin*
James Becker, *University of Pittsburgh*
Dorothy Bianco, *Rhode Island College*
Sarah Bisconer, *College of William & Mary*
Susan Blumenson, *City University of New York, John Jay College of Criminal Justice*
Robert Bornstein, *Adelphi University*
James Calhoun, *University of Georgia*
Montie Campbell, *Oklahoma Baptist University*
Robin Campbell, *Brevard Community College*
Shelley Carson, *Harvard University*
Richard Cavasina, *California University of Pennsylvania*
Antonio Cepeda-Benito, *Texas A&M University*
Kristin Christodulu, *State University of New York-Albany*
Bryan Cochran, *University of Montana*
Julie Cohen, *University of Arizona*
Dean Cruess, *University of Connecticut*
Robert Doan, *University of Central Oklahoma*
Juris Draguns, *Pennsylvania State University*
Melanie Duckworth, *University of Nevada, Reno*
Mitchell Earleywine, *State University of New York-Albany*
Chris Eckhardt, *Purdue University*
Elizabeth Epstein, *Rutgers University*
Donald Evans, *University of Otago*
Ronald G. Evans, *Washburn University*
Anthony Fazio, *University of Wisconsin-Milwaukee*
Diane Finley, *Prince George's Community College*
Allen Frances, *Duke University*
Louis Franzini, *San Diego State University*
Maximillian Fuhrmann, *California State University-Northridge*
Noni Gaylord-Harden, *Loyola University-Chicago*
Trevor Gilbert, *Athabasca University*
David Gleaves, *University of Canterbury*
Frank Goodkin, *Castleton State College*
Irving Gottesman, *University of Minnesota*
Laurence Grimm, *University of Illinois-Chicago*
Mark Grudberg, *Purdue University*
Marjorie Hardy, *Eckerd College*
Keith Harris, *Canyon College*
Christian Hart, *Texas Women's University*
William Hathaway, *Regent University*
Brian Hayden, *Brown University*
Stephen Hinshaw, *University of California, Berkeley*
Alexandra Hye-Young Park, *Humboldt State University*
William Iacono, *University of Minnesota*
Heidi Inderbitzen-Nolan, *University of Nebraska-Lincoln*
Thomas Jackson, *University of Arkansas*
Kristine Jacquin, *Mississippi State University*
Boaz Kahana, *Cleveland State University*
Arthur Kaye, *Virginia Commonwealth University*
Christopher Kearney, *University of Nevada-Las Vegas*
Ernest Keen, *Bucknell University*
Elizabeth Klonoff, *San Diego State University*
Ann Kring, *University of California, Berkeley*
Marvin Kumler, *Bowling Green State University*
Thomas Kwapil, *University of North Carolina-Greensboro*
George Ladd, *Rhode Island College*
Michael Lambert, *Brigham Young University*
Travis Langley, *Henderson State University*
Christine Larson, *University of Wisconsin-Milwaukee*
Cynthia Ann Lease, *VA Medical Center, Salem, VA*
Richard Leavy, *Ohio Wesleyan University*
Karen Ledbetter, *Portland State University*
Scott Lilienfeld, *Emory University*
Kristi Lockhart, *Yale University*

Michael Lyons, *Boston University*

Jerald Marshall, *Valencia Community College*

Janet Matthews, *Loyola University-New Orleans*

Dean McKay, *Fordham University*

Mary McNaughton-Cassill, *University of Texas at San Antonio*

Suzanne Meeks, *University of Louisville*

Michelle Merwin, *University of Tennessee-Martin*

Thomas Miller, *Murray State University*

Scott Monroe, *University of Notre Dame*

Greg Neimeyer, *University of Florida*

Sumie Okazaki, *New York University*

John Otey, *South Arkansas University*

Christopher Patrick, *University of Minnesota*

P. B. Poorman, *University of Wisconsin-Whitewater*

Katherine Presnell, *Southern Methodist University*

Lynn Rehm, *University of Houston*

Kim Renk, *University of Central Florida*

Alan Roberts, *Indiana University-Bloomington*

Melanie Rodriguez, *Utah State University*

Carol Rothman, *City University of New York, Herbert H. Lehman College*

Steve Schuetz, *University of Central Oklahoma*

Stefan Schulenberg, *University of Mississippi*

Paula K. Shear, *University of Cincinnati*

Steve Saiz, *State University of New York-Plattsburgh*

Jerome Small, *Youngstown State University*

Ari Solomon, *Williams College*

Michael Southam-Gerow, *Virginia Commonwealth University*

John Spores, *Purdue University-North Central*

Brian Stagner, *Texas A&M University*

Irene Staik, *University of Montevallo*

Rebecca Stanard, *State University of West Georgia*

Chris Tate, *Middle Tennessee State University*

Lisa Terre, *University of Missouri-Kansas City*

Gerald Tolchin, *Southern Connecticut State University*

Michael Vasey, *Ohio State University*

Larry Ventis, *College of William & Mary*

Richard Viken, *Indiana University*

Lisa Vogelsang, *University of Minnesota-Duluth*

Philip Watkins, *Eastern Washington University*

Kim Weikel, *Shippensburg University of Pennsylvania*

Amy Wenzel, *University of Pennsylvania*

W. Beryl West, *Middle Tennessee State University*

Michael Wierzbicki, *Marquette University*

Richard Williams, *State University of New York, College at Potsdam*

John Wincze, *Brown University*

Bradley Woldt, *South Dakota State University*

Nancy Worsham, *Gonzaga University*

Ellen Zaleski, *Fordham University*

Raymond Zurawski, *St. Norbert College*

作者简介

David H. Barlow 是享誉世界的临床心理学领军人物。目前，他担任美国波士顿大学心理学和精神医学教授，并且是焦虑与相关障碍研究中心（Center for Anxiety and Related Disorders）的创始人和荣誉主任——这是该领域全球最大的研究中心之一。

Barlow 博士是美国各大心理学学术组织的成员，并由于其在学术上的杰出成就而获得了众多奖项，其中包括"国家心理卫生研究院贡献奖"（National Institute of Mental Health Merit Award），美国心理学会（American Psychological Association）颁发的应用心理学领域"杰出科学家奖"（Distinguished Scientist Award），以及美国心理科学联合会（Association for Psychological Science）颁发的"詹姆斯·麦基恩·卡特尔学者奖"（James McKeen Cattell Fellow Award）以表彰他在应用心理学研究领域的终身成就，等等。Barlow 博士还于 2000 年受聘为中国人民解放军总医院的荣誉客座教授。

美国国家心理卫生研究院持续为 Barlow 博士的学术研究提供项目资助超过 40 年。他为 20 多家学术期刊担任编审。而他本人迄今已发表了 500 多篇学术论文，并出版了 65 本学术专著。这些学术专著已经被翻译成 20 多种语言，包括阿拉伯语、中文和俄语。

在 DSM-Ⅳ 的编写过程中，共有 1000 多名心理卫生专家参与，而 Barlow 博士则是负责审查这些专家工作的 3 名心理学家之一。在编写 DSM-5 期间，他依然为这个 3 人委员会承担了顾问工作。另外，他还是美国精神病学会（American Psychiatric Association）《心理干预指南》（Psychological Intervention Guidelines）编写委员会主席。

业余时间，Barlow 博士喜爱打高尔夫、滑雪等运动，以及享受家居生活。

V. Mark Durand 是自闭症谱系障碍领域的世界级学术权威。目前，他担任美国南佛罗里达大学的心理学教授；同时，他还是本校艺术与科学学院的创始院长，以及副教务总长。迄今为止，Durand 博士已累计获得超过 400 万美元的联邦政府项目资助，以支持他有关残疾儿童问题行为的性质、评估与治疗的研究。

Durand 博士曾经任教于纽约州立大学，并在那里创立了自闭症及相关残疾研究中心（Center for Autism and Related Disabilities）。他获得了纽约州立大学的优秀教学奖以及南佛罗里达大学的优秀研究与创造性学者奖。目前，Durand 博士是美国自闭症联合会（Autism Society of America）专家顾问委员会成员，以及积极行为支持国际联合会（International Association of Positive Behavioral Support）主席团成员。他为多家学术期刊担任编审，而他本人也已发表了 125 篇学术论文和 5 本学术专著。其中，《乐观教养：给你和困难孩子的希望与帮助》（*Optimistic Parenting: Hope and Help for You and Your Challenging Child*）一书获得了多个国家级奖项。

Durand 博士针对严重行为问题开发出的具有独创性的治疗方法，目前已在世界各国得到广泛应用。他所研发的测量工具也已被翻译成 15 种语言。此外，他还为各州教育厅以及联邦司法部和教育部提供咨询。

在工作之外，Durand 博士爱好长跑，现已完成三次马拉松比赛。

目　录

第 1 章　历史中的异常行为 / 001

了解心理病理学 / 002
　　什么是心理障碍？/ 003
　　心理病理学是科学 / 006
　　异常行为的历史意涵 / 008
超自然传统 / 009
　　恶魔与女巫 / 009
　　压力与悲伤 / 009
　　对着魔的治疗 / 011
　　集体癔症 / 011
　　月亮与星星 / 012
　　评　价 / 012
生物学传统 / 012

　　希波克拉底与盖伦 / 012
　　十九世纪 / 014
　　生物学疗法的发展 / 015
　　生物学传统的影响 / 016
心理学传统 / 016
　　道德疗法 / 016
　　精神病院改革与道德疗法的衰落 / 018
　　精神分析理论 / 018
　　人本主义理论 / 025
　　行为主义模型 / 026
现状：科学方法与整合路径 / 029
本章小结 / 030

第 2 章　心理病理学的整合视角 / 035

单维度模型与多维度模型 / 036
　　是什么引发了朱迪的恐怖症？/ 036
　　结果与点评 / 038
遗传对心理病理学的影响 / 039
　　认识基因 / 040
　　基因与行为研究的新进展 / 041
　　基因与环境的交互作用 / 042
　　表观遗传学与行为的非基因"继承" / 045
神经科学及其对心理病理学的影响 / 047
　　中枢神经系统 / 047
　　脑的结构 / 048
　　外周神经系统 / 049
　　神经递质 / 049
　　心理病理学的影响 / 053
　　社会心理因素对大脑结构和功能的影响 / 053
　　社会心理因素与神经递质的相互作用 / 055
　　社会心理因素对大脑结构和功能发育的影响 / 056
　　点　评 / 057
行为与认知科学 / 058
　　条件反射与认知过程 / 058

　　习得性无助 / 059
　　社会学习 / 059
　　预备学习 / 060
　　认知科学与无意识 / 060
情　绪 / 061
　　恐惧的生理机制与意义 / 062
　　情绪现象 / 062
　　情绪的构成 / 063
　　愤怒与你的心脏 / 064
　　情绪与心理障碍 / 064
文化、社会和人际因素 / 065
　　伏都教、邪眼等恐惧 / 065
　　性　别 / 066
　　社会因素对健康和行为的影响 / 067
　　心理障碍的全球发病率 / 069
毕生发展 / 069
　　一病多因原则 / 070
结　论 / 071
本章小结 / 072

第3章 临床评估和诊断 / 075

心理障碍的评估 / 076
- 评估中的核心概念 / 078
- 临床访谈 / 079
- 躯体检查 / 084
- 行为评估 / 084
- 心理测验 / 086
- 神经心理测验 / 092
- 脑成像：大脑的图像 / 092
- 心理生理评估 / 094

心理障碍的诊断 / 095
- 分类议题 / 096
- 1980年之前的诊断 / 099
- DSM-Ⅲ和DSM-Ⅲ-R / 100
- DSM-Ⅳ和DSM-Ⅳ-TR / 100
- DSM-5 / 101
- 创建一个诊断 / 104
- 超越DSM-5：维度和谱系 / 107

本章小结 / 108

第4章 研究方法 / 111

检查异常行为 / 112
- 重要概念 / 112
- 研究的基本要素 / 113
- 统计显著性与临床显著性 / 115
- "平均"来访者 / 115

研究方法的类型 / 116
- 个案研究 / 116
- 相关研究 / 117
- 实验研究 / 119
- 单个案例实验设计 / 121

基因以及跨时间和跨文化的行为 / 125
- 研究基因 / 125
- 研究跨时间的行为 / 127
- 研究跨文化的行为 / 130
- 研究项目的效力 / 131
- 可重复性 / 132
- 研究伦理 / 132

本章小结 / 133

第5章 焦虑、创伤和应激相关障碍，以及强迫性冲动和相关障碍 / 135

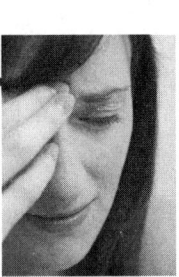

焦虑障碍的复杂性 / 136
- 焦虑、恐惧和惊恐的定义 / 136
- 焦虑和相关障碍的病因 / 139
- 焦虑及相关障碍的共病 / 142
- 与躯体障碍的共病 / 142
- 自 杀 / 143

焦虑障碍 / 143
广泛性焦虑障碍 / 143
- 临床描述 / 144
- 统计数据 / 145
- 病 因 / 146
- 治 疗 / 148

惊恐障碍和广场恐怖症 / 149
- 临床描述 / 150
- 统计数据 / 152
- 病 因 / 155

- 治 疗 / 157

特定恐怖症 / 160
- 临床描述 / 160
- 统计数据 / 162
- 病 因 / 164
- 治 疗 / 166

社交焦虑障碍（社交恐怖症）/ 167
- 临床描述 / 168
- 统计数据 / 168
- 病 因 / 170
- 治 疗 / 171

创伤和应激相关障碍 / 174
创伤后应激障碍（PTSD）/ 174
- 临床描述 / 174
- 统计数据 / 176
- 病 因 / 179

治　疗 / 181
　强迫性及相关障碍 / 183
　强迫性障碍 / 183
　　　临床描述 / 183
　　　统计数据 / 186
　　　病　因 / 187
　　　治　疗 / 188

　躯体变形障碍 / 189
　　　整形手术和其他医疗方法 / 192
　其他强迫性及相关障碍 / 193
　　　囤积障碍 / 193
　　　拔毛发癖和皮肤搔抓障碍 / 194
　本章小结 / 197

第6章　躯体症状及其相关障碍与分离性障碍 / 203

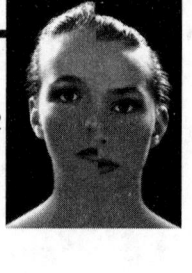

　躯体症状及其相关障碍 / 205
　躯体症状障碍 / 205
　疾病焦虑障碍 / 206
　　　临床描述 / 207
　　　统计数据 / 208
　　　病　因 / 209
　　　治　疗 / 212
　影响身体状况的心理因素 / 214
　转换性障碍（功能性神经症状障碍）/ 214
　　　临床描述 / 214
　　　其他密切相关的障碍 / 215
　　　无意识过程 / 217
　　　统计数据 / 218
　　　病　因 / 219
　　　治　疗 / 220

　分离性障碍 / 221
　人格解体—现实解体性障碍 / 222
　分离性遗忘 / 223
　分离性身份障碍 / 226
　　　临床描述 / 227
　　　特　征 / 227
　　　分离性身份障碍能够伪装吗？/ 227
　　　统计数据 / 230
　　　病　因 / 230
　　　易受暗示性 / 232
　　　生物因素 / 232
　　　真实记忆和虚假记忆 / 233
　　　治　疗 / 235
　本章小结 / 237

第7章　心境障碍与自杀 / 241

　心境障碍的理解与定义 / 242
　　　抑郁和躁狂概述 / 243
　　　心境障碍的结构 / 246
　　　抑郁性障碍 / 246
　　　附加的抑郁障碍诊断标准 / 250
　　　其他抑郁障碍 / 256
　　　双相障碍 / 259
　　　双相障碍的附加定义标准 / 262
　心境障碍的患病率 / 263
　　　儿童、青少年和老年人中的患病率 / 264
　　　毕生发展对心境障碍的影响 / 265
　　　跨文化研究 / 267
　　　在杰出人物中 / 267
　心境障碍的病因 / 269
　　　生物学影响因素 / 269
　　　其他关于脑结构和功能的研究 / 273
　　　心理学影响因素 / 273

　　　社会和文化影响因素 / 278
　　　一种整合的理论 / 281
　心境障碍的治疗 / 283
　　　药　物 / 283
　　　电痉挛疗法和经颅磁刺激 / 287
　　　抑郁的心理疗法 / 288
　　　抑郁的联合治疗 / 291
　　　预防抑郁的复发 / 291
　　　双相障碍的心理疗法 / 292
　自　杀 / 294
　　　统计数据 / 294
　　　病　因 / 296
　　　风险因素 / 296
　　　自杀会传染吗？/ 298
　　　治　疗 / 299
　本章小结 / 302

第 8 章 进食和睡眠障碍 / 307

进食障碍的主要类型 / 308
    神经性贪食症 / 309
    神经性厌食症 / 312
    暴食障碍 / 315
    统计数据 / 316
进食障碍的病因 / 319
    社会因素 / 319
    生理因素 / 323
    心理因素 / 323
    整合模型 / 324
进食障碍的治疗 / 326
    药物治疗 / 326
    心理治疗 / 326
    进食障碍的预防 / 330
肥　胖 / 331
    统计数据 / 331
    肥胖患者的进食模式问题 / 333

    病　因 / 333
    治　疗 / 334
睡眠障碍 / 337
    睡眠障碍概览 / 338
    失　眠 / 340
    过度睡眠障碍 / 343
    突发性昏睡病 / 344
    呼吸相关的睡眠障碍 / 346
    昼夜节律睡眠障碍 / 348
睡眠障碍的治疗 / 350
    药物治疗 / 350
    环境治疗 / 351
    心理治疗 / 351
    睡眠障碍的预防 / 352
    异态睡眠及其治疗 / 352
本章小结 / 356

第 9 章 生理疾病和健康心理学 / 361

影响健康的心理和社会因素 / 362
    健康和健康相关行为 / 363
    应激的性质 / 364
    应激的生理过程 / 365
    影响应激反应的因素 / 365
    应激、焦虑、抑郁和兴奋 / 366
    应激和免疫反应 / 367
心理社会因素对生理疾病的影响 / 370
    艾滋病 / 370
    癌　症 / 373
    心血管问题 / 376
    高血压 / 376

    冠心病 / 379
    慢性疼痛 / 382
    慢性疲劳综合征 / 388
生理疾病的心理社会疗法 / 391
    生物反馈 / 391
    放松与冥想 / 392
    应激和疼痛的综合管理方案 / 393
    药物与应激管理方案 / 395
    将否认作为一种应对方式 / 395
    改变行为，促进健康 / 396
本章小结 / 401

第 10 章 性功能障碍、性欲倒错障碍和性别焦虑症 / 405

何谓正常的性 / 406
    性别差异 / 408
    文化差异 / 410
    性取向的发展 / 411
性功能障碍概述 / 412
    性渴望障碍 / 414

    性唤起障碍 / 415
    性高潮障碍 / 417
    性疼痛障碍 / 419
    对性行为进行评估 / 420
    性功能障碍的病因和治疗 / 422
    性功能障碍的治疗 / 427

总　结 / 431
性欲倒错障碍：临床描述 / 431
　　恋物癖 / 433
　　窥阴癖和暴露癖 / 433
　　异装癖 / 434
　　性施虐癖和性受虐癖 / 435
　　恋童癖和乱伦 / 437
　　女性中的性欲倒错障碍 / 438
　　性欲倒错障碍的病因 / 439
性欲倒错障碍的评估和治疗 / 441
　　心理治疗 / 441
　　药物治疗 / 443
　　总　结 / 443
性别焦虑症 / 444
　　性别焦虑症的界定 / 444
　　病　因 / 446
　　治　疗 / 448
本章小结 / 451

第11章 物质相关、成瘾和冲动控制障碍 / 457

审视物质相关及成瘾障碍 / 458
　　卷入水平 / 459
　　诊　断 / 461
抑制剂 / 462
　　酒精使用障碍 / 462
　　镇静、安眠或抗焦虑类药物相关障碍 / 468
兴奋剂 / 470
　　兴奋剂相关障碍 / 470
　　烟草相关障碍 / 474
　　咖啡因相关障碍 / 476
阿片剂 / 477
大麻相关障碍 / 478
致幻剂相关障碍 / 481
其他药物滥用 / 482
物质相关障碍的成因 / 484
　　生物维度 / 484
　　心理维度 / 486
　　认知维度 / 487
　　社会维度 / 488
　　文化维度 / 489
　　整合模型 / 489
物质相关障碍的治疗 / 491
　　生物治疗 / 491
　　心理社会治疗 / 493
　　预　防 / 496
赌博障碍 / 497
冲动控制障碍 / 499
　　间歇性爆发障碍 / 499
　　盗窃癖 / 499
　　纵火癖 / 500
本章小结 / 501

第12章 人格障碍 / 505

人格障碍概述 / 506
　　人格障碍的方方面面 / 506
　　分类模型和分维模型 / 507
　　人格障碍分类 / 508
　　统计数据和发展 / 508
　　性别差异 / 510
　　共　病 / 511
　　正在研究中的人格障碍 / 512
A类人格障碍 / 513
　　偏执型人格障碍 / 513
　　分裂样人格障碍 / 515
　　分裂型人格障碍 / 517
B类人格障碍 / 519
　　反社会型人格障碍 / 519
　　边缘型人格障碍 / 528
　　表演型人格障碍 / 533
　　自恋型人格障碍 / 535
C类人格障碍 / 537
　　回避型人格障碍 / 537
　　依赖型人格障碍 / 538
　　强迫型人格障碍 / 539
本章小结 / 542

第13章 精神分裂症谱系与其他精神病性障碍 / 547

回顾精神分裂症 / 548
 精神分裂症诊断的早期人物 / 548
 症状识别 / 549
临床描述、症状及亚型 / 551
 阳性症状 / 552
 阴性症状 / 555
 瓦解性症状 / 556
 历史上精神分裂症的亚型 / 557
 其他精神病性障碍 / 557
精神分裂症的患病率及成因 / 562
 统计数据 / 562
 发展 / 562
 文化因素 / 563
 遗传影响 / 564
 神经生物学影响 / 567
 心理与社会影响 / 571
精神分裂症的治疗 / 573
 生物干预 / 573
 心理社会干预 / 575
 跨文化治疗 / 579
 预防 / 580
本章小结 / 581

第14章 神经发育障碍 / 585

神经发育障碍概述 / 586
 什么是正常？什么是异常？ / 587
注意力缺陷 / 多动障碍 / 589
 临床描述 / 589
 统计数据 / 591
 病因 / 592
 治疗 / 594
特定学习障碍 / 595
 临床描述 / 596
 统计数据 / 596
 病因 / 598
 治疗 / 599
自闭症谱系障碍 / 600
 临床描述 / 600
 统计数据 / 602
 病因：心理与社会维度 / 603
 病因：生物维度 / 603
 治疗 / 605
智力残疾（智力发育障碍） / 607
 临床描述 / 608
 统计数据 / 610
 病因：生物维度 / 610
 病因：心理与社会维度 / 613
 治疗 / 613
预防神经发育障碍 / 615
本章小结 / 616

第15章 神经认知障碍 / 621

神经认知障碍概述 / 622
谵妄 / 623
 临床描述和统计数据 / 623
 治疗 / 624
 预防 / 625
重度和轻度神经认知障碍 / 625
 临床描述和统计数据 / 626
 阿尔茨海默症导致的神经认知障碍 / 629
 血管性神经认知障碍 / 632
 导致神经认知障碍的其他医学情形 / 633
 物质 / 药物诱发的神经认知障碍 / 637
 神经认知障碍的病因 / 637
 治疗 / 640
 预防 / 644
本章小结 / 645

第16章 精神卫生服务：法律与伦理问题 / 649

从精神卫生法律的角度看 / 650
民事安置 / 651
    民事安置的标准 / 651
    程序变更对民事安置的影响 / 653
    民事安置小结 / 656
刑事安置 / 657
    精神失常辩护 / 657
    精神失常辩护所引发的反应 / 658
    治疗法学 / 660
    接受审判的能力 / 661

警告的责任 / 661
精神卫生工作者充当专家证人 / 662
患者的权利和临床实践指南 / 663
    治疗的权利 / 663
    拒绝治疗的权利 / 663
    研究被试的权利 / 664
    循证实践与临床实践指南 / 665
结　论 / 667
本章小结 / 668

术语表 / 669

DSM-5 诊断分类（英文）/ 684

参考文献 / 687

历史中的异常行为

了解心理病理学
  什么是心理障碍？
  心理病理学是科学
  异常行为的历史意涵
超自然传统
  恶魔与女巫
  压力与悲伤
  对着魔的治疗
  集体癔症
  月亮与星星
  评 价
生物学传统
  希波克拉底与盖伦
  十九世纪
  生物学疗法的发展
  生物学传统的影响
心理学传统
  道德疗法
  精神病院改革与道德疗法的衰落
  精神分析理论
  人本主义理论
  行为主义模型
现状：科学方法与整合路径

第 1 章

学习目标

- 描述心理学的重要概念、原理和重大主题
- 解释为什么心理学是一门以描述、理解、预测和控制行为和心理过程为主要目标的科学（APA SLO 5.1b）。
- 运用基本的心理学术语、概念和心理学理论解释行为和心理过程（APA SLO 5.1a）。

- 熟练掌握心理学不同取向的重要内容
- 总结心理学发展历程中的重要知识，包括重点人物、核心问题、所使用的研究方法和理论冲突（APA SLO 5.2C）。
- 说出心理学重要取向（如认知和学习、发展、生物和社会文化）的主要特征（APA SLO5.2a）。

- 运用科学的推理方法解释行为
- 见上文 APA SLO 5.1a。
- 选取适当的解释层次（例如，细胞、个体、群体/系统、社会/文化）来解释行为（APA SLO1.1C）。

*本章内容涵盖美国心理学会（APA，2012）建议的学习目标，旨在为心理学专业本科生提供指导。目标及建议学习成果（SLO）由APA定义。

了解心理病理学

每天，你都会起床，吃早饭，上课，自习，与朋友交往，最后上床睡觉。你可能不会想到，很多身体健康的人竟然做不了其中某些，甚至所有的事情。他们有一个共同点，就是都患有心理障碍。**心理障碍**（psychological disorder）是一种心理功能障碍，表现为内心痛苦、社会功能缺损和行为异常或违反社会规范。在分析这一术语的确切含义之前，我们先来了解一个个案。

朱迪 晕血的女孩

朱迪16岁，因频繁晕血而转到了我们的焦虑障碍诊所。大约两年前，在朱迪的第一堂生物课上，为了介绍解剖学的相关知识，老师播放了解剖青蛙的教学片。

这部片子里有很多关于血液、组织和肌肉的鲜活影像。看了一半，朱迪觉得头有些晕，于是离开了教室。然而，那些画面仍然纠缠着她，有时还会让她感到轻微的恶心。于是，朱迪开始躲避可能看到血或伤口的场合，也不再看可能印有血腥图片的杂志。此外，她也不敢看生肉甚至创可贴，因为它们会让她想起那些恐怖的画面。最后，只要朋友或父母提到任何能让她联想到血或伤口的事情，朱迪都会感到眩晕。

甚至于，听见别人说"看我不撕你的嘴"，她也会感到头晕。

在就诊前约半年左右，朱迪开始在看到血后出现晕厥，可家庭医生和其他几名内科医生都找不出任何毛病。到她前来就诊的时候，她每周都要晕倒5到10次，而且经常是在课堂上。很明显，这对她来说已经成了问题，也干扰了教学秩序。每次她一晕倒，别的学生就蜂拥过来帮忙，课就没法上了。由于没人能诊断出任何毛病，校长最后只能认为是她在恶作剧，并让她停学，尽管她原本成绩优异。

困扰朱迪的正是今天被我们称作血液/注射/外伤恐怖症的病症。她的症状比较严重，已经达到了恐怖症的标准。**恐怖症**（phobia）是一种心理障碍，患者会对某类事物或情境表现出强烈的、持续的恐惧。不过，在接受注射或看到他人遭受外伤的时候，不管是否见到血，很多人都会发生

类似的反应，只是程度比较轻微。要是达到朱迪这样的程度，他们的生活一般都会遭受严重的干扰。他们会回避特定的职业，比如不愿做医生和护士。如果他们害怕打针，那么即便他们应该打，他们也会极力避免，但这会危及他们的健康。

什么是心理障碍？

以朱迪在现实生活中遇到的困难为例，让我们来进一步分析，心理障碍，或者说**异常行为**（abnormal behavior），是如何定义的。它是一种心理功能障碍，表现为：①内心痛苦；②社会功能缺损；③行为异常或违反社会规范（见图1.1）。从表面上看，这3条标准似乎是显而易见的。然而，要达到这3条标准并不容易。我们需要花一些时间来弄清楚，它们到底都意味着什么。你会发现，目前还没有一个统一的标准来准确地判断什么是异常。了解这一点很重要。

心理功能障碍

心理功能障碍（Psychological dysfunction）指认知、情绪或行为机能的紊乱。例如，外出约会应当是一件开心的事。而如果你整个晚上都非常紧张只想赶快回家（尽管没什么好紧张的），而且每次约会都是这样，那么你的情绪功能可能就出问题了。不过，如果你所有的朋友都认为那个约你出去的人性情古怪，可能比较危险，那么这时你的害怕和不愿赴约就不再属于心理功能障碍了。

而朱迪的情况确实属于心理功能障碍，因为她一见到血就会晕倒。不过，很多人见到血也会出现类似的但较为轻微的反应（比如感到有些恶心），只是达不到心理障碍的标准。所以，想要在正常与异常之间划一条清晰的界限通常并不容易。有鉴于此，我们一般认为，这类问题只是程度有所不同，而不能断然地说有问题或者没有问题（McNally, 2011; Stein, Phillips, Bolton, Fulford, Sadler, & Kendler, 2010; Widiger & Crego, 2013）。基于同样的原因，仅仅出现心理功能障碍也不一定能达到心理障碍的诊断标准。

图1.1 心理障碍的诊断标准

内心痛苦或社会功能缺损

从内心痛苦的标准看，只有产生了痛苦，相关的行为才能被判作异常。这一点是心理障碍诊断标准的重要组成部分。很明显，如果个体极度痛苦，那么这一条标准就达到了。我们可以肯定地说，朱迪的内心是痛苦的，而且她还遭受着恐惧的折磨。不过我们要记住的是，我们不能仅仅通过这一条标准来判定心理障碍。因为，痛苦是司空见惯的事情，例如亲友亡故。在很大程度上，痛苦本就是生活的一部分；现在如此，将来也是如此。而且，对有些种类的心理障碍来说，我们只要看它们的定义就能知道，它们是与痛苦毫不相干的。有的人在躁狂发作时会感到极度的兴奋，并做出冲动性的举动。你在第7章中可以见到，这种病症的一大难点在于，

痛苦是生活的天然组成部分，但痛苦本身并不等同于心理障碍。

了解心理病理学 ◁ 003

一些病人过分沉迷于躁狂状态的快感，从而不愿接受治疗或不愿长期接受治疗。所以，尽管痛苦是心理障碍的重要组成部分，但我们还是不能只通过这一点来诊断心理障碍。

<u>社会功能缺损</u>也不是一条万能的标准，不过它非常实用。例如，很多人认为自己害羞、懒惰，但这并不代表他们不正常。不过，如果你十分害羞，以至于无法约会甚至社交；而且，尽管你渴望拥有朋友，可你还是想尽办法躲避与他人接触，那么你的社会功能就出现了缺损。

很明显，由于恐惧，朱迪的社会功能已经出现了缺损。但是，对很多具有类似症状，但程度较为轻微的人来说，他们的社会功能并未出现缺损。这一区别再次为我们指出，大多数心理障碍只是人的情绪、行为和认知过程的极端表现形式。

行为异常或违反社会规范

行为是否异常或违反社会规范是一条重要的标准，但我们也不能只通过这一点来判定异常行为。一般来说，我们会把不常发生的行为看作异常，也就是说，这些行为偏离了常态，偏离得越远，越异常。你可能会说，有些人长得异常高或异常矮，这里的异常就是指，他们的身高显著地偏离了常态。不过很显然的是，我们并不能用这样的异常来判定心理障碍。很多人的行为都偏离常态很远，但绝大多数都不属于心理障碍。我们会说他们是才华出众或标新立异的人，很多艺术家、演员和运动员都属于这一类别。例如，让你的衣服喷出血来不是正常的行为，但是，当Lady Gaga在演唱会上这么做的时候，她却赢得了观众更大的欢呼声。著有《麦田里的守望者》（The Catcher in the Rye）一书的已故美国小说家塞林格（J.D.Salinger）在美国新罕布什尔州的一个小镇里隐居，长年闭门谢客，但是坚持写作。一些演奏摇滚乐的男歌星也画浓妆登台演出。这些人收入不菲，而且似乎也比较享受他们的职业。在很多情况下，你在社会的眼里越成功，社会就越能包容你的离经叛道。所以，"偏离常态"并不是判定异常行为的可靠标准。

另一条判断标准是，如果你违反了社会规则，那么你的行为就是异常的，而不管是否有人认同你的做法。在判断涉及重要文化差异的心理障碍的时候，这条标准将非常有用。例如，在大多数西方文明中，人们通常会认为，进入精神恍惚的状态，并且相信自己鬼神附身的人有心理障碍。但在其他的许多文明里，这样的行为是适当的，符合社会期待的（见第6章，文化的视角是贯穿本书的重要参照点）。杰出的神经学家Robert Sapolsky在2002年发表的一项研究中就使用了这一判断标准。他去往东非，并与那里的马赛人进行了密切的接触。一天，Sapolsky的马塞族朋友罗达让他尽快开车赶到马赛村庄。在那里，一位妇女举止异常，不仅出现幻听，还亲手宰杀了一只山羊。大家最终制服了她，并把她送往了当地的医院。Sapolsky意识到，这是一个能够进一步了解马赛人如何看待心理障碍的好机会，于是他与罗达进行了下面的对话：

"呃，罗达，"我简短地问，"那位妇女有什么问题吗？"

罗达打量着我，好像我不该这么问。

"她疯了。"

"可是你怎么知道？"

"她疯了，你没看见她做了什么吗？"

"你怎么知道她疯了？她做了什么？"

"她宰了那只山羊。"

"哦，"我像人类学家那样超然地说，"可是马赛人经常宰羊啊。"

她不屑地看着我，似乎我什么都不懂。"只有男人才宰羊。"她说。

"哦，还有别的吗？"

"她还听见神灵说话。"

这时，我再一次装模作样地说，"哦，可是马赛人有时确实能听到神灵说话啊。"（在带领牛群长途迁徙之前，马赛人会举行仪式，他们在舞蹈中进入恍惚状态，并称自己听到神灵说话。）接下来，罗达用一句话概括了关于跨文化精神病学的重要知识：

"但不是在这个时候。"

不过，社会所认可的<u>正常标准</u>也会遭到滥用。例如，在一些政治失序的地区，政府可能将持不同政见者关进精神病院。尽管这种异议行为与社会规范不符，但也不能据此就把他们关进精神病院。

如 Lady gaga 等娱乐明星做出的极端行为，如换作一般人来做，我们的社会并不接受。

对此，有研究者（Wakefield，1999，2009）借助"有害功能障碍"的概念进行了细致的分析。另一条判断行为异常的标准是行为是否失控（人不愿实施相关的行为）（Widiger & Cregok，2013；Widiger & Sankisk，2000）。《精神疾病诊断与统计手册》（第 5 版）（Diagnostic and Statistical Manual，5th edition，DSM-5，美国精神病学会，2013）中介绍了当前所使用的诊断心理障碍的标准（Stein et al.，2010），这些标准正在得到各种形式的广泛使用。在本书当中，这些做法也是我们的指导原则。

多数人接受的定义

总之，"正常"和"不正常"是很难定义的（Lilienfeld & Marino，1995，1999），学界也一直在争论（Houts，2001；McNally，2011；Stein et al.，2010；Spitzer，1999；Wakefield，2003，2009）。来自 DSM-5 中的最广为接受的定义认为，行为、心理或生物学意义上的功能障碍有如下表现：①行为不符合文化习惯；②存在内心痛苦和社会功能缺损，或者痛苦、死亡和社会功能缺损的风险增加。对一个具体的社会来说，如果我们仔细分辨什么叫作正常，什么叫作不正常（或失控），这一定义就可以应用于不同的文化或亚文化。但是，功能障碍具体指什么是很难讲的。一些学者令人信服地指出，医疗卫生专业人员永远也无法为疾病或障碍给出令人满意的定义（可参考 Lilienfeld & Marino，1995，1999；McNally，2011；Stein et al.，2010）。我们只能考虑相应的症状表现能够在多大程度上符合某种心理障碍（例如重性抑郁或精神分裂症）的"典型"描述。这种业内已经达成某种共识的典型描述就是原型（prototype）。我们将在第 3 章里讲到，书中来自 DSM-Ⅳ-TR 和 DSM-5 的诊断标准都是原型。这就是说，尽管患者只表现出了某种心理障碍的一部分特征或症状，但是，只要这些症状与原型相似，他（她）的病症就仍然符合心理障碍的诊断标准。不过，与 DSM-Ⅳ 相比，DSM-5 为某些心理障碍类别增加了症状的严重程度级别（American Psychiatric Association，2013；Regier et al.，2009；Helzer et al. 2008）。以焦虑障碍为例，对于其中的惊恐障碍来说，焦虑的发作强度和频率被分作 0—4 度。其中 1 度表示症状轻微，发作频率低；而 4 度表示症状严重且发作频率高（Beesdo-Baum et al.，2012；LeBeau et al.，2012）。我们将在第 3 章，也就是讨论心理障碍诊断的部分详细讲解这些概念。

我们已经讨论了异常行为的定义，下面，我们来进一步思考以下的问题：假如朱迪总是晕倒，不过由于她很快就能醒过来，所以老师和同学都没有注意到她。那么，这种情况是否属于心理障碍？假如朱迪仍然能取得好成绩，那么还算心理障碍吗？仅仅想到血就会晕倒算是心理障碍吗？这种情况会导致社会功能缺损吗？这是一种功能障碍吗？朱迪感到痛苦吗？你怎么看？

一些宗教行为可能看上去不同寻常，但对特定的文化和族群来说，这些行为都是恰当的。

心理病理学是科学

心理病理学（Psychopathology）是研究心理障碍的科学。从事这一工作的是受过专门训练的人员，这一领域的专业人员不仅包括临床心理治疗师和咨询心理治疗师、精神科医师、精神病学社会工作者和精神科护士，还包括婚姻与家庭治疗师和心理健康咨询师。<u>临床心理治疗师</u>（clinical psychologists）和<u>咨询心理治疗师</u>（counseling psychologists）一般都拥有哲学博士学位（或教育学、心理学博士学位），毕业前一般都需要接受为期5年的研究生教育，所以他们不仅能研究心理障碍的发病原因和治疗方法，也能对各种心理障碍进行诊断、评估和治疗。尽管存在很多交集，但咨询心理治疗师倾向于研究和解决相对健康人群的心理调适和职业问题，而临床心理治疗师通常专注于治疗较为严重的心理障碍。此外，心理专业院校（通常授予心理学博士学位）更加关注临床训练，而不注重研究能力的培养。而大学的哲学博士教育则综合了临床与研究两方面的训练。接受其他训练的心理学工作者，比如实验心理学家与社会心理学家，他们的工作主要是对行为的基本决定因素进行调查和研究，而不去评估或治疗心理障碍。

精神科医师（psychiatrists）通常先在医学院获得医学博士学位，然后在3~4年的住院医师培训期间专门研究精神病学。精神科医师也研究心理障碍的性质和成因，但这种研究通常是从生物学的角度进行的。除此之外，精神科医师也进行心理障碍的诊断和治疗。很多精神科医师强调药物治疗，不过，许多精神科医师也提供心理治疗。

精神病学社会工作者（psychiatric social workers）一般拥有社会工作硕士学位，他们搜集某种心理障碍病人的社会、家庭背景资料，并借此发展专业技能。社会工作者也参与心理障碍的治疗，他们一般专注于解决与心理障碍有关的家庭问题。<u>精神科护士</u>（psychiatric nurses）一般都拥有高学历，比如硕士甚至博士学位，他们专注于心理障碍患者的护理与治疗，一般供职于医院，是治疗小组的成员。

最后，<u>婚姻与家庭治疗师</u>（marriage and family therapists）和<u>心理健康咨询师</u>（mental health counselors）一般会花1~2年获得硕士学位，然后受雇于医院或诊所来提供临床服务。他们的工作一般会在具有博士学位的医师的指导下进行。

研究—实践者

在心理病理学的发展历程中，最重要的一步是采用科学方法来进一步研究心理障碍的本质、病因和治疗方法。很多精神卫生领域的专业人士把科学的方法运用在了自己的诊疗过程当中，于是成为了**研究—实践者**（scientist-practitioners）（Barlow, Hayes, & Nelson, 1984; Hayes, Barlow, & Nelson-Gray, 1999）。精神卫生领域的从业人员可能会成为好几种类型的研究—实践者（见图1.2）。第一种类型的研究—实践者会跟踪自身专业领域的最新进展，并且把最新的治疗手段运用在治疗当中。也就是说，他们是心理病理学的消费者，这对他们的患者是非常有利的。第二种类型的研究—实践者会评估自己进行诊断和治疗的全过程，以便了解治疗方案是否有效。他们不仅需要对自己的患者负责，同时也要对政府机构和为治疗付费的保险公司负责。所以，他们必须清楚地证明，自己的治疗确实有效。第三种类型的研究—实践者会开展研究，通常在诊所或医院里，以此来获得有关心理障碍及其治疗方案的新认知。于是，他们能够抵御污染心理学领域的猎奇做法。这些猎奇的做法往往会让患者和他们的家人成为牺牲品。例如，某种对心理障碍具有"神奇疗效"的新疗法屡屡见诸报端，但一位研究—实践者并不会采用它，除非有科学研究证实，该疗法确实有效。就研究目的而言，以上科学研究可以分为3类：①描述心理障碍；②解释心理障碍的成因；③治疗心理障碍（见图1.3）。这3种研究形成了一个完整的结构，在本书的各个部分都可以见到。这一

图1.2 研究—实践者的3大类型。

结构也清晰地显现在第5章之后我们对具体心理障碍的讨论当中。下面，我们将概要地介绍这一结构的组成部分，你也将更加清晰地了解，为了理解异常这一概念，我们付出了怎样的努力。

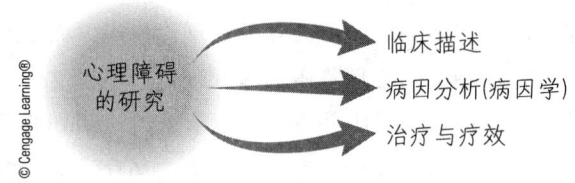

图1.3　有关心理障碍的研究与讨论的3大类型。

临床描述

在医院和诊所当中，我们常常会说，某一位来访者向我们"陈述"了某一个或某几个问题，或者说，我们讨论来访者的**主诉**（presenting problem）。听取主诉是我们传统上了解来访者为何来访的便捷方式。描述朱迪的主诉是确定其临床描述的第一步。**临床描述**（clinical description）是构成某一心理障碍的特定行为、想法和感觉的组合。临床既指你在诊所或医院里见到的问题或心理障碍的种类，也指与评估和治疗有关的活动。这本书里有很多个案的节选，它们大多来自我们治疗中心的病历。

很明显，临床描述的重要功能之一就是说明这一心理障碍与正常行为和其他心理障碍有什么不同。在这里，我们也要关注统计数据。

例如，对某种心理障碍来说，我们把发病人数占总人口数的比例称作此种心理障碍的**患病率**（prevalence），同时把在一定时期（比如一年）内新出现的病例数占总人口数的比例称为此种心理障碍的**发病率**（incidence）。还有其他统计数据，如<u>性别比例</u>，即不同性别人群占患者总数的百分比，以及发病年龄等。不同心理障碍的发病年龄常常各不相同。

除症状、发病年龄、性别比例和患病率不同之外，大部分心理障碍都有各自的发展模式，或者称**病程**（course）。例如，有些心理障碍，比如精神分裂症（见第13章），是<u>慢性病程</u>（chronic course），即症状持续时间长，有时甚至持续终身。另一些心理障碍，比如心境障碍（见第7章），是<u>发作性病程</u>（episodic course），即症状一时缓解，一段时间后又复发。这种不断反复的病情也有可能持续终身。还有一些心理障碍是<u>一过性病程</u>（time-limited course），即症状会在相对较短的时间内自行消失。

不同心理障碍的发病特点也各不相同。有些心理障碍是<u>急性发病</u>，即突然发病。另一些心理障碍是在较长的时间里缓慢发展，有时可以叫作<u>隐匿起病</u>。我们必须了解不同心理障碍的独特病程，这样我们才能知道病情会如何发展，以及怎样做才能达到最佳的治疗效果。这一点是临床描述中非常重要的方面。例如，如果病人突发某种轻微的心理障碍，而我们知道这种心理障碍的病程是一过性的，那么我们就可以告诉患者，由于症状会在不久后自行消失，就像常见的感冒一样，所以不需要进行花费不菲的治疗。不过，如果症状很可能要持续较长的时间（成为慢性病），那么患者就需要寻求治疗，同时采取其他措施。对某种心理障碍来说，我们所预期的病程叫作**预后**（prognosis）。所以我们可能会这样说，"这个预后良好。"即患者很可能会康复。我们也可能会这样说，"这个预后不大乐观。"即治疗效果很可能不理想。

病人的年龄是临床描述中比较重要的部分。对于某种特定的心理障碍来说，儿童期发病的症状可能会与成年期或老年期发病的症状大不相同。感受到强烈焦虑和恐惧的儿童常常认为是自己的身体得了病，因为他们不大容易明白自己的身体其实没有病。对于焦虑和恐惧，儿童的想法和感受也与成人不同，所以他们常常遭到误诊，并按躯体疾病加以治疗。

我们把研究行为随年龄增长而变化的学科称为<u>发展心理学</u>，同时把研究异常行为随年龄增长而变化的学科称为<u>发展性心理病理学</u>（developmental psychopathology）。提起发展心理学，你的脑中很可能会浮现出研究人员研究儿童行为的画面。但是，行为的变化持续一生，所以研究者也研究青少年、成年人和老年人的行为。我们把研究人一生中异常行为变化的学科称为<u>毕生发展心理病理学</u>（life-span developmental psychopathology）。

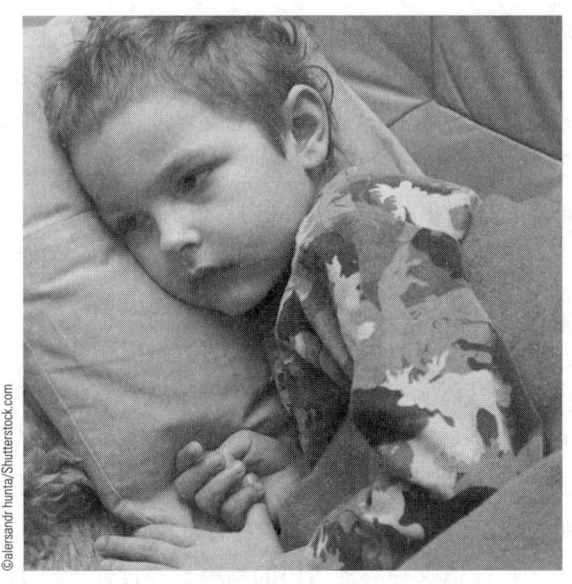

儿童对焦虑和恐惧的感受与成人不同，所以我们容易把他们的反应误认为躯体疾病的症状。

病因、治疗与病原学结果

病原学（Etiology）是研究疾病形成原因的科学，它从生物、心理和社会的角度回答心理障碍为何发生（是什么引发了心理障碍）的问题。由于心理障碍的病原学对心理障碍的研究极为重要，所以我们专辟一整章（即第2章）来介绍它。

通常，治疗也对心理障碍的研究非常重要。如果一种新药或新出现的心理疗法对治疗某种心理障碍有效，那么这就可能增进我们对这种心理障碍及其成因的了解。例如，如果我们已知某一种药物对神经系统的某一个部分有影响，那么，当这种药物能够缓解某一种心理障碍的时候，我们就能知道，受药物影响的这部分神经系统要么是引发了此种心理障碍，要么就是对其有促进作用。同样地，如果某种有助于增加生活掌控感的心理疗法对治疗某种心理障碍有效，那么失控感或许就是这种心理障碍的重要症状之一。

你在下一章里会发现，心理病理学并不像我们刚才讲述的这么简单。这是因为疗效并不一定与病因相关联。举一个常见的例子，你可能会服用阿司匹林来缓解临考前因紧张而导致的头痛。但即便有效，你也不能说，你的头痛是因为缺少阿司匹林而引起的。不过，很多人都在为心理障碍寻求治疗，而治疗反过来也能为心理障碍的病因提供有趣的启示。

从整体上说，过去的教科书强调治疗方法，却忽视心理障碍本身。例如，一名精神卫生领域的专业人士可能熟知某一种治疗方法，比如精神分析疗法或行为疗法（我们会在本章稍后的部分讨论它们），然后就用它来治疗所有的心理障碍。直到最近，随着科学的发展，我们才发展出具体的行之有效的治疗方法。它们一般不再固守某种理论取向，而是基于对特定种类的心理障碍的深入理解。由于这一原因，我们在这本书中并没有分章节来讨论诸如心理动力学疗法、认知行为疗法和人本主义疗法等治疗方法。不过，我们倒是会针对特定的心理障碍来介绍新近出现的疗效显著的药物和心理疗法（专注于心理、社会和文化因素的非药物治疗法），以此来体现我们多维的综合视角。

在下面的内容里，我们将讨论历史上描述与治疗异常行为并理解其发病原因的早期探索，这样你就能更好地认识目前所使用的治疗方法了。在第2章里，我们将介绍当代关于病因与治疗的精彩观点。在第3章里，我们将讨论异常行为的描述和分类。在第4章里，我们将介绍变态心理学的研究方法，以此来发现症状描述、病因和治疗手段背后的原理，这样我们才能成为名副其实的研究—实践者。从第5章到第15章，我们将逐一讨论特定种类的心理障碍。在每一章里，我们都会遵循症状描述、病因和治疗手段的三步法进行介绍。最后，在第16章里，我们将讨论与心理障碍有关的法律、职业和伦理等内容。这就是本书的全貌。下面，我们就来介绍人类对异常行为的早期探索。

异常行为的历史意涵

几千年来，人类一直在努力解释和控制问题行为。但是，我们的努力通常只能受制于当时流行的行为理论或模型。这些模型的目的是解释为什么有的人会"做出那样的举动"。自人类文明开端以来，曾经影响我们的行为模型主要有3个。

人类一直认为，我们身体之外和环境当中的元素影响着我们的行为、思维和情感。这些元素包括神、魔鬼和精灵，也包括磁场、月亮和星星等自然现象，它们就是<u>超自然模型</u>的源动力。此外，从古希腊开始，人类的心灵就一直被称为<u>灵魂</u>（soul）或<u>精神</u>（psyche），并被视为身体之外的存在。很多人都认为，心灵能影响身体，反过来，身体也能影响心灵，因此大多数哲学家都以这样或那样的方式探究过异常行为的原因。这一区别就造成了关于异常行为的两种认识传统，一种是生物学模型，一种是心理学模型。以上3种模型尽管非常古老，但今天仍然没有退出历史舞台。

超自然传统

在有记载的大部分历史当中，人们都把偏差行为看作善恶斗争的表现。在面对无法解释的、非理性的行为时，人们在痛苦和混乱中感受到了邪恶。在公元前900年到公元前600年的波斯帝国，所有的躯体疾病和精神疾病都被认为是魔鬼造成的（Millon，2004）。在《遥远的镜子》（*A Distant Mirror*）（1978）一书中，著名历史学家Barbara Tuchman记录了14世纪下半叶那段对人类尤为残酷的时期。她巧妙地抓住了那个黑暗且骚乱的年代里关于精神病的肇因与治疗的各种观点的碰撞。

恶魔与女巫

当时，一股舆论狂潮直接把心理障碍的病因与治疗推进了超自然的领域。在14世纪的最后25年里，宗教与世俗权威都支持这些广为流行的迷信思想，社会在整体上也开始更进一步地笃信恶魔与女巫的存在与力量。此时，天主教会已经分裂，法国南部出现了天主教会的第二个权力中心，与罗马教廷分庭抗礼。在天主教会分裂的背景下，罗马教廷开始反击它所认定的存在于异端背后的邪恶力量。

民众越来越依赖巫术来解决他们的问题。在这一昏乱的时代，人们认为心理障碍患者是被恶魔与女巫附身，所以才表现出了古怪的行为。于是，只要有人走了霉运，他们身边的这些被"恶魔缠身"的人就成为了众矢之的。随后，人们就会实施**驱魔术**（exorcism），通过各种宗教仪式来赶走附身的恶魔。人们也会在他们的头顶剃出十字架形的图案，或者把他们绑在教堂里靠前的一堵墙上，让他们通过听弥撒来摆脱恶魔的控制。

这种认定魔法和女巫引发了怪异行为和其他罪恶的信念一直持续到了15世纪。即便在美国建国后，人们依然把无法解释的行为归因于背后的邪恶力量。直到17世纪末，美国马萨诸塞州的塞勒姆市仍然在审判女巫。

压力与悲伤

即便在当时，社会上仍然存在另一种同样影

小测验 1.1

将题目中所体现出的判定异常行为之标准的选项字母填入空格：

A. 违反社会规范　　B. 社会功能缺损
C. 功能障碍　　　　D. 内心痛苦

1. 米格尔近来开始感到悲伤和孤独。尽管他仍然能上班，同时还能完成其他事务，但他还是发现，自己在大部分时间里都情绪低落。他担心自己出了问题。在异常行为的判定标准当中，哪一些符合米格尔的情况？_____

2. 简是一名35岁的职业经理人。3个星期前，她突然闭门不出，把自己关在公寓里看电视脱口秀。即便面临被解雇的危险，她也仍然无动于衷。她整天待在家里，呆呆地看着电视机。在异常行为的判定标准当中，哪一些符合简的情况？_____

把下面这些临床描述中会用到的词汇填入相应的个案当中：

A. 陈述问题　　B. 患病率
C. 发病率　　　D. 预后
E. 病程　　　　F. 病原学

3. 玛利亚很快就会康复，没必要进行干预。如果不进行治疗，约翰的病情会快速恶化。_____
4. 在过去的1个月里，该国新出现了3例贪食症，而另一个国家只出现了1例。_____
5. 由于心中的内疚和焦虑日趋强烈，伊丽莎白来到了学校的心理咨询中心。_____
6. 很多心理障碍都是生物、心理和社会因素共同作用的结果。_____
7. 一种心理障碍的发展模式可以是慢性的，也可以是一过性的或发作性的。_____
8. 发生强迫性障碍的人口占总人口的比重有多大？_____

响广泛的开明的认识，那就是，精神错乱是一种由精神压力导致的自然现象，而且是可以治愈的（Alexander & Selesnick，1966；Maher & Maher，1985a）。精神抑郁和焦虑被看作疾病（Kemp，1990；Schoeneman，1977），而绝望和嗜睡等症状却常常被教会认定为倦怠罪或懒散罪（Tuchman，1978）。常见的治疗方法有休息、睡眠和营造健康快乐的环境。其他治疗方法有洗浴和涂抹药膏等各种药剂。在14和15世纪期间，人们确实经常把精神出现异常的人和残疾人在村庄里搬来搬去，好让邻居轮流照顾他们。现在我们知道，这种中世纪的做法，即把患有心理障碍的人留在社区当中是对患者有好处的（见第13章）。（我们将在本章讨论生物学模型和心理学模型的部分继续这一话题）

在中世纪，患有心理障碍的人有时会被认为是魔鬼附身，所以人们会用宗教仪式来驱魔。

在14世纪，天主教主教、哲学家Nicholas Oresme曾对法国国王表示，引发某些怪异举动的原因是忧郁（情绪低落），而不是恶魔。奥雷姆指出，那些证明恶魔与女巫存在的大部分证据，尤其是那些被认为精神不正常的人所供述的证据，都是在他们遭受折磨的情况下取得的。可以理解，在这种情形下，他们会供述任何事。

这种对精神失常的自然的和超自然的解释可以在很多历史著作中见到，这要取决于历史学家的资料来源。一些历史学家认为，在中世纪，恶魔在对异常行为的解释中占据着主导地位（例如，Zilboorg & Henry，1941）。而另一些历史学家则认为，这些超自然因素对异常行为的解释几乎没有任何影响力。我们可以看到，在14世纪末法国国王查理六世治疗他的重度心理障碍时，这两种力量都发挥了重要的影响。

查理六世　疯癫国王

1392年夏天，法国国王查理六世正处在巨大的压力当中。其中的部分原因在于，天主教会发生了分裂。当时，他带领军队去布列塔尼省。途中，一名侍从的长枪掉在了地上，发出了一声巨响。这令国王以为自己遭受了袭击，开始攻击自己的部下，杀死了好几位爱将，最终被后面赶上来的众人制服。部队随即返回巴黎。谋士认为，国王疯了。

接下来几年，在病情非常严重的时候，这位国王会躲在城堡的角落里。他认为自己是玻璃做的，随时会摔碎。他也会游荡在走廊上，像狼一样大声呼嚎。有时，他会忘记自己是谁，忘记自己的身份。而且，每当看到自己的盾徽，他就会变得怒不可遏。要是有人把盾徽拿到他身边，他就会想方设法砸烂它。

国王疯了，巴黎的民众愁苦不已。一些人认为，这表示上帝发怒了，因为国王没能带领军队结束天主教会的分裂。另一些人则认为，这是上帝反对战争的信号。还有人认为，这是神对沉重税负的惩罚（今天也有人会这么想）。但是，大多数人都认为，国王发疯是中了邪。特别是，当时的巴黎遭遇了大旱灾，河流枯竭，牲畜渴死。商人们纷纷表示遭受了二十年不遇的损失。

当然，这位国王得到了那个时代最好的照料。当时，一位92岁高龄的名医让国王住在乡间，呼吸最清新的空气。除此之外，他还让国王休息，放松，娱乐身心。过了一段时间，国王的状况好了很多。这位医生建议国王不要再被国事所扰。他认为，如果国王能够无忧无虑，精神不受刺激，他的状况还会进一步好转。

不幸的是，这位医生去世了。查理六世的疯癫自此变本加厉。这一次，他受到了超自然因素致病说的影响。"有一个头发蓬乱、眼露凶光的江湖骗子，名叫阿尔诺·吉扬，他扬言自己拥有上帝给亚当的书，能消除原罪造成的所有痛苦"（Tuchman，1978）。吉扬坚持认为，国王的疯癫是巫术的缘故，但他没能治好国王的病。

这位国王尝试了各种各样的药方和仪式，但毫无用处。多名大臣和医生也被指为"巫师"而受罚。"一次，两名作法无果的奥古斯丁修士提议在国王的头顶上切一道口子，遭到了大臣的反对。于是这两名修士就指控反对的人是巫师"（Tuchman，1978）。有时候，国王自己也认为是邪恶的巫术造成了他的疯癫。"以耶稣之名，"他痛苦地喊道，"如果你们当中有人对我施了巫术，我求求你，不要再折磨我了，让我死吧！"（Tuchman，1978）。

在水疗当中，患者的神智在冰水的作用下恢复正常。

对着魔的治疗

由于人们认为恶行、罪恶与心理障碍存在关联，所以他们顺理成章地认为，罹患心理障碍的人在很大程度上是自作自受，这是他们为自己的恶行而付出代价。这一逻辑听起来是不是非常熟悉？当获得性免疫缺陷综合征（即艾滋病）爆发的时候，人们也持有类似的看法，尤其在 20 世纪 80 年代晚期和 90 年代早期。当时在西方社会，由于艾滋病毒流行于同性恋人群中，所以很多人都认为，这种病是上天对同性性行为的惩罚。当艾滋病毒扩散到其他人群当中的时候，这种看法渐渐变得不是那么普遍了，但仍然存在。

不过，尽管人们有时也会认为着魔与罪恶无关，被恶魔附身的人也是无辜的，但驱魔至少会使痛苦减少一些。与其他形式的信念疗法一样，驱魔有时真的能发挥作用。我们将在后面的章节里探寻其中的原因。但是，如果驱魔不起作用呢？在中世纪，如果驱魔失败，一些统治阶层的人就认为有必要采取措施让恶魔不能继续附在人身上，于是很多人就会遭受监禁、鞭打和其他形式的肉体折磨好把恶魔赶走（Kemp，1990）。

在这当中，有一个"治疗师"突发奇想，认为把人吊在一坑毒蛇上方有可能吓走附身的魔鬼（却不谈这样做是否会吓到人）。奇怪的是，这种方法有时确实能奏效。一些心智失常、举止怪异的人会在突然间恢复清醒，摆脱症状，哪怕这种效果只是暂时的。治疗师大受鼓舞，这种蛇坑疗法也蔓延开来。在此基础上，其他借助惊吓来实施治疗的疗法也被发明了出来，例如冰水泼身等。

集体癔症

另一个奇怪的现象是一大群人突然展现出怪异的举动。直到今天，这种现象仍然困扰着历史学家和精神卫生领域的从业者。在中世纪，这种现象也为恶魔附身说提供了背书。在欧洲，很多人突然间同时涌上街道，跳舞、大喊大叫、胡言乱语、蹦来蹦去，像是参加午夜的疯狂派对。这种举动有很多种称呼，比如圣维特斯舞蹈病和塔兰图拉毒蛛病。最有趣的是，很多人会在突然间做出这样的怪异举动。对于这种离奇的现象，人们还做出了魔鬼附身说之外的很多其他解释。其中一个理性的猜测是人们遭到了蚊虫的叮咬，另一种可能的原因是我们今天所称的**集体癔症**（mass hysteria，亦称**集体歇斯底里**）。让我们来看下面的个案。

现代集体癔症

在一个星期五的下午，一家社区医院的警报声突然响起，召集所有的医生立即赶到急诊室。一队救护车从当地的一所学校送来 17 名学生和 4 名教师。他们报告了眩晕、头痛、恶心和胃痛等症状。一些人在呕吐，而大多数人都呼吸急促。

所有的学生和教师都来自 4 间教室。它们位于一条走廊的两侧，每一侧各有 2 间教室。一开始，一名 14 岁的女生说她闻到了一股怪味，像是从某一个孔里飘散出来的，随后便跌倒在地，边哭边说自己胃疼、眼睛刺痛。这 4 间教室里的许多学生和教师都见到了这一幕情景。很快，他们也感受到了类似的症状。在遭受影响的 86 人（82 名学生和 4 名教师）中，21 人（17 名学生和 4 名教师）的症状严重到了需要就医的程度。经过对校舍的检查，公共健康专家没有发现任何明显的线索。同时，内科医生也没有发现患者的身体有任何异常。然后，所有的患者都被送回了家，而他们很快就康复了（Rockney & Lemke, 1992）。

集体癔症可能只是**情绪感染**（emotion contagion）的一种现象。在情绪感染当中，一些人所感受到的情绪会让身边的其他人也感受到类似的情绪（Hatfield, Cacioppo, & Rapson, 1994; Wang, 2006）。如果有人感到惊恐或悲伤，那么他身边的人也可能会在同一时间感受到相同的情绪。当这种体验升级为群体的大恐慌时，整个社区都会遭受影响（Barlow, 2002）。此外，人在情绪高昂的时候更容易遭受外界的影响。所以，当有人认为是某一种"原因"让自己产生不适的时候，其他人也很可能会认为他们自身的不适是由同样的原因引起的。我们有时把这种共同的反应称作<u>群氓心理</u>（mob psychology）。

月亮与星星

生活在公元1493—1541年的瑞士医生帕拉塞尔斯并不接受魔鬼附身说，而是认为，月亮和星星的运动对人类的心理有深刻的影响。与古希腊人相似，帕拉塞尔斯也推测，月亮对体液的引力可能是精神障碍的成因（Rotton & Kelly, 1985）。这一影响力甚广的理论促成了"lunatic"这一词汇的形成。该词源自"月亮"的拉丁语单词"luna"。谈论在晚上发生的奇异事件的时候，你可能会听到朋友说，"当晚肯定是满月。"这种说法就来自天体影响人类行为的观念。时至今日，即便没有科学证据提供支持，这种观念也依然存在（Raison, Klein, & Steckler, 1999; Rotton & Kelly, 1985）。尽管显得非常可笑，但全世界仍然有成百上千万的人相信，他们的行为受月圆月缺和星星位置的影响。最典型的例子就是那些痴迷于占星术的人。他们认为，他们能根据星星的位置预测他们的行为和生活中的重大事件。但是，目前还没有科学证据能够证明这一联系的存在。

评 价

心理病理学的超自然传统依然存在，尽管它的

情绪的感染有可能升级成为集体歇斯底里。

影响范围已经基本缩小到了某些宗教派别和原始文明之内。在治疗常见心理障碍的时候，全世界大多数的宗教组织成员都会寻求心理学和医学的帮助。罗马天主教会也要求教徒首先接受正规医疗服务，不到万不得已不考虑诸如驱魔术一类的神秘疗法。不过尽管如此，驱魔术、魔药和仪式等与现代科学风马牛不相及的疗法有时确实能取得神奇的疗效。这时候，探究其中的原理就成了一件非常有意思的事情。我们将在后面的章节里继续讨论这一话题。不过，这种事毕竟相对稀少，而且，几乎没有人会主张采用超自然疗法来治疗严重的心理障碍，除非到了万不得已的时候。

生物学传统

人类从很早以前就开始寻找导致精神障碍的躯体原因了。接下来，我们要讨论一个名叫希波克拉底的人、一种名叫梅毒的病和生物学传统（认为心理障碍是由生物学因素引起的）的早期影响。

希波克拉底与盖伦

希腊医生希波克拉底（前460—前377）被认为是现代西方医学之父。他和他的助手们留下了一部叫作《希波克拉底文集》（*Hippocratic Corpus*）的作品。这部作品写于公元前450年—公元前350年之间（Maher & Maher, 1985a）。在这部作品中，希波克拉底和他的助手们提出了心理障碍可以像其他疾病那样得到治疗的观点。他们并没有把引发心理障碍的原因局限于"疾病"的范围；他们认为，心

理障碍也可能起因于大脑病变或颅脑外伤,而且可能受遗传影响。在当时,这些都是非常独到的见解;近年来的研究仍然支持这些观点。希波克拉底认为大脑是专司判断、意识、智力和情绪的器官。所以,这些功能发生紊乱一定是大脑出了问题。此外,希波克拉底也认识到了人际关系在心理病理学中的重要作用。比如,来自家庭的压力有时候会产生负面影响。所以在一些情况下,希波克拉底会让患者与家人分开。

后来,罗马医生盖伦(Galen)(生卒年大约为公元129—198年)采纳了希波克拉底和他的助手们的观点,并且进一步发展创新,在生物学传统内创立了一个非常有影响力的思想派系,其影响一直延续到了19世纪。希波克拉底与盖伦的另一项有趣且影响广泛的学术遗产是关于心理障碍的**体液说**(humoral theory)。希波克拉底认为,大脑功能的正常运转与4种体液有关,它们分别是血液、黑胆汁、黄胆汁和粘液。血液来自心脏,黑胆汁来自脾脏,黄胆汁来自肝脏,粘液来自大脑。如果某一种体液过多或过少,人就会患上疾病。例如,过多的黑胆汁会引发抑郁症。实际上,时至今日,表示"黑胆汁"的单词(melancholer)的派生词"melancholy"仍然被用来指代与抑郁症有关的忧郁与哀愁。体液学说可能是第一种把心理障碍与"化学物质失衡"联系起来的理论。今天,这类理论已经产生了非常广泛的影响。

这4种体液与希腊人所认为的物质的4种基本性质有关。这4种基本性质为:热、干、湿和冷。每一种体液对应物质的一种基本性质。在形容人的个性特征的时候,今天的人们有时仍然会使用表示这4种体液的单词所派生出的词汇。例如,人们用"sanguine"(派生自表示血液的单词sanguis)来形容人面色红润(因为皮下血液丰富)、积极乐观(因为失眠和精神错乱被认为是大脑里血液过多);用"melancholic"(派生自表示黑胆汁的词汇melancholer)表示沮丧和抑郁(因为抑郁症被认为是大脑里黑胆汁过多);用"phlegmatic"(派生自表示粘液的单词phlegm)表示人冷漠、迟钝,也可表示临危不乱;用"choleric"(派生自表示黄胆汁的单词choler)形容人暴躁易怒(Maher & Maher, 1985a)。

如果有一种或几种体液过多,患者就应当改变生活环境,以此来增加或减少相应的热、干、湿、冷——这取决于患者身上失衡的体液是哪一种或哪几种。法国国王查理六世的医生之所以让他住在乡间,目的之一就是为了恢复体液的平衡(Kemp, 1990)。除休息、加强营养和锻炼身体之外,治疗师们还发明了另外两种疗法。其一是放血疗法,治疗师一般会用水蛭来从患者体内吸取一定量的血液。其二是催吐法。在发表于1621年的《忧郁的解剖》(Anatomy of Melancholy)一书中,罗伯特·伯顿推荐服用烟草和半熟的卷心菜来催吐(Burton, 1621/1977)。如果朱迪生活在300年前,她也许会被诊断为患有大脑紊乱或其他躯体疾病,病因很可能与某种体液过多有关,并且得到那个时代所认为的恰当的治疗:卧床休息、健康饮食、锻炼身体,以及上面所提到的各种疗法。

放血疗法。医师从患者体内抽取血液,目的是为了恢复体液的平衡。

古代中国乃至整个亚洲存在另一种类似的治疗观念,只不过不是"体液"。中国人关注"气"在人体内的流动。他们认为,无法解释的精神障碍源自气的阻滞或湿寒浊气(阴)的侵袭,与湿寒浊气相反的是温暖的生命之气(阳)。治疗的目的在于通过针灸等各种方法来恢复气的运行。

希波克拉底也创制了"hysteria"(歇斯底里症、癔症)这个词以描述他从埃及人那里了解到的病症。

今天，我们把这种病症称作躯体症状障碍。对于这种心理障碍，患者的躯体症状好像是躯体疾病所致，比如有瘫痪或某种形式的失明，但无法找到对应的器质性病变。由于这类心理障碍多见于女性，所以埃及人（以及希波克拉底）误认为只有女性才会患这种病。他们也对病因进行了推测：空子宫在体内游走，以便寻找受孕（"子宫"一词在希腊语中为"hysteron"）的机会；而各种各样的躯体症状则反映了游走中的子宫所处的位置。治疗方法可能是结婚，有时也会采用烟熏阴道法，以此来让子宫回到正常的位置（Alexander & Selesnick, 1966）。随着生理学的发展，这种子宫游走理论最终被证伪。然而，人们却习惯于蔑称神经质的女性"歇斯底里"。这种现象直到20世纪70年代，精神健康领域的专业人士开始注意到这一术语所隐含的偏见时，才有所改观。你将在第6章了解到，躯体症状障碍（以及与之相关的特征）并非仅限于单一的性别。

十九世纪

在希波克拉底和盖伦之后的年代里，生物学传统经历了许多起落，最终在十九世纪再次复兴。这次复兴的原因有两点：①梅毒的致病原因和发病机制被发现；②这一传统得到了德高望重的美国精神病学家约翰·格雷（John P. Grey）的鼎力支持。

梅毒

晚期梅毒（advanced syphilis）是一种通过性交传播的疾病，起因于致病菌侵入大脑。患者会认为身边的人都在陷害自己（被害妄想），或者认为自己是上帝（夸大妄想）。尽管这些症状与精神病相似，但研究者发现，患者病情会不断恶化，随后进入瘫痪状态，并会在发病5年内死亡。精神病是严重的心理障碍，它的特点是想法或感受脱离现实（妄想或幻觉），或者二者兼而有之。精神病的病情一般比较稳定，而晚期梅毒的上述症状却并非如此。由于症状（表现）始终如一，并且不断恶化，直至死亡，于是在1825年，人们开始把晚期梅毒称作麻痹性痴呆（general paresis）。随后，麻痹性痴呆与梅毒的关系逐步得到厘清。1870年左右，路易·巴斯德提出了微生物致病说，进一步促进了引发梅毒的特定致病菌的发现。

同样重要的是，人们发现了治疗"麻痹性痴呆"的有效方法。医生们注意到，感染了疟疾的麻痹性痴呆患者的病情意外地出现了好转，于是他们就为麻痹性痴呆患者注射了一名感染了疟疾的士兵的血液。结果，由于高烧"烧死"了梅毒细菌，很多患者都康复了。当然，由于违反伦理，这类实验在今天是不可能进行的。最终，临床研究者发现，青霉素能够治疗梅毒。不过，由于疟疾在麻痹性痴呆治疗中的作用，人类第一次把"疯癫"及其相应的行为与认知症状直接归结到了一种可以治愈的感染上面。于是，很多精神健康领域的专业人士开始猜测，对于所有的心理障碍，人类或许都能发现类似的病因和治疗手段。

约翰·格雷

在美国，生物学传统的集大成者是当时最有影响力的美国精神病学家约翰·格雷（Bockoven, 1963）。在1854年，格雷被任命为纽约尤蒂卡州立医院的院长。此外，他也成为了《美国精神障碍学杂志》（*American Journal of Insanity*）的编辑。该杂志就是今天的《美国精神病学杂志》（*American Journal of Psychiatry*），它是美国精神病学会最重要的出版物。格雷认为，精神病都是躯体疾病，所以，精神疾病应当像躯体疾病那样来治疗。于是，治疗重新开始强调休息、饮食、适宜的房间温度和通风，它们都是几个世纪以来生物学传统的治疗方法。格雷甚至发明了旋转式风扇，以便为他的大型医院通风。

在格雷的领导下，医院的环境得到了显著的改善，它们变得更加人性化，也更适宜居住。但是，在随后的数年里，这些医院的规模变得巨大无比，个体的感受也被忽视，因为医院不再能照顾到每一个病人。

实际上，在19世纪末期，精神病学领域的著名学者已经开始担忧精神病院规模的不断扩大和对病人感受的忽视，于是他们建议削减精神病院的规模。然而，直到近100年之后，社区精神健康运动才凭借争议颇多的去机构化行动成功地削减了精神病院的入院人数。于是，众多的精神病患者被送回了他们所在的社区。不幸的是，这种做法在有利的同时也存在很多弊端，其中之一就是大街上出现了很多无家可归且生活无法自理的患者。

在19世纪，人们认为心理障碍是由情绪或精神压力所引发，所以患者常常能够在舒适、卫生的环境里得到细致的照料。

生物学疗法的发展

从积极的方面来说，人们对心理障碍的生物学致病原因的重新关注最终大幅度地提升了人们对心理病理学中的生物学因素的理解，同时也极大地促进了新疗法的发展。在20世纪30年代，治疗师经常使用电击和脑部手术等躯体干预疗法。这些疗法和一些新药的疗效是在偶然中发现的。例如，治疗师有时会使用胰岛素来刺激不愿进食的精神病患者的食欲，但是这样做也产生了镇静的效果。1927年，维也纳的一位叫作曼弗雷德·扎克尔（Manfred Sakel）的医生不断加大胰岛素的使用剂量，最终使患者发生抽搐和短暂昏迷（Sakel，1958）。结果，让所有人都感到惊奇的是，一些患者竟然恢复了健康。这一结果是由抽搐引起的。这就是后来的**胰岛素休克疗法**（insulin shock therapy）。但是，这种疗法非常危险，经常会使患者陷入长时间的昏迷，甚至引发死亡，所以后来被禁止使用。于是，人们必须寻找其他方法来引发抽搐。

本杰明·富兰克林在其一生当中做出了很多项我们所熟知的发明，但是，大多数人都不知道，他还在偶然中发现，用微弱的电流电击头部能够引发短暂的抽搐和记忆缺失（失忆），同时却对人体几乎没有伤害。这一做法还在18世纪50年代得到了实验的证实。一名荷兰医生，同时也是富兰克林的朋友和同事亲身尝试，发现电击也让他感到"兴奋"。于是他想，这一疗法或许能够用于抑郁症的治疗（Finger & Zaromb，2006，p.245）。

20世纪20年代，匈牙利精神病学家Josephvon Meduna发现，癫痫症患者很少罹患精神分裂症（后来被证明这是错误的）。于是他的一些追随者认为，引发癫痫有可能治愈精神分裂症。1938年，两位意大利医生Ugo Cerletti和Lucio Bini提出，直接对大脑实施电击有可能起到治疗作用。后来，伦敦的一名外科医生对一位抑郁症患者的大脑进行了6次微弱的电击，并成功引发了抽搐（Hunt，1980）。结果，这位病人康复了。今天，电击疗法仍然在使用，尽管在形式上已经发生了巨大的改变。我们将在第7章讨论当今备受争议的<u>电痉挛疗法</u>。有趣的是，直到今天，我们仍然不明白这其中的作用原理。

20世纪50年代，第一种治疗严重精神病的药物被系统地研发了出来。在此之前，人们一直把包括鸦片（提取自罂粟）在内的多种药物和数不清的草药、偏方用作镇静剂（Alexander & Selesnick，1966）。随着**萝芙木碱**（Rauwolfia serpentine）[后改名为**利血平**（reserpine）]和另一类叫作**神经阻滞剂**（neuroleptics，属于强安定剂）的药物的发现，人类开始能够控制某些患者的幻觉和妄想。这些药物也能控制焦虑，减少攻击行为。此外，人们也发现了能够减轻焦虑的**苯二氮䓬类药物**（benzodiazepines，属于弱安定剂）。到20世纪70年代，苯二氮䓬类药物（如安定和利眠宁）已经成为了全世界广泛使用的药品。由于安定剂具有很多缺点和副作用，而且疗效有限，人们对它们的使用才减少了一些（我们将在第5章和第11章进一步讨论苯二氮䓬类药物）。

研究者指出，几个世纪以来，"总体上看，治疗精神疾病的药物带给人的先是激动，然后是失望。"（Alexander & Selesnick，1966，p.287）例如，在19世纪末和20世纪初，人们使用溴化物这种镇静剂来治疗焦虑症等心理障碍。到20世纪20年代，有报道说这种药物对很多严重的心理和情绪症状都有很好的疗效。1928年，美国每5份处方中就有1份包括溴化物。随着它们的副作用逐渐被人所了解，比如会引发多种躯体不适，而且从整体上看疗效有限，如今人们基本上不再使用这种药物了。

对于神经阻滞剂，人们也越来越关注它的许多副作用，比如震颤和肢体晃动，于是人们也减少了这类药物的使用。不过尽管如此，这些药物仍然在一些出现了幻觉、妄想和焦虑的精神病症状的患者身上显示出了很好的疗效，这一点再次激发了人类对心理障碍的生物学病因的探究，也促使人类进一步寻找更新、疗效更显著的药品。我们在后面的章节里会讲到，这一探索已经使人类获益良多。

生物学传统的影响

讽刺的是，19世纪晚期，格雷和他的同事们减少或停止了对精神障碍患者的治疗。他们认为，精神障碍是由尚未发现的大脑病变所引起的，因而是无法治愈的。医生只能做一件事，就是把他们收进医院。在19世纪与20世纪之交，一些护士记录了临床治疗精神障碍的成功案例，但是，医生不再治疗其他患者，以免使患者家属对治愈抱有希望。停止治疗患者之后，医生们的兴趣集中到了诊断、患者在发病期是否应为自身行为负责等法律问题和对脑病理学的研究上面。

现代精神病学的奠基人之一埃米尔·克雷珀林（Emil Kraepelin，1856–1926）就是这一时期的典型代表。克雷珀林在宣传生物学传统的主要观点方面非常有影响力，但他几乎不参与治疗。他的主要贡献在精神疾病的诊断和分类领域，我们将在第3章详细讨论这一点。克雷珀林（1913）是最早区分各种心理障碍的学者之一。在他看来，每一种心理障碍都有自己的发病年龄、病程和相应的症状表现，而且很可能有不同的病因。直到今天，他对精神分裂症的许多描述仍然在发挥作用。

19世纪末期，在为心理障碍寻找生物学的致病原因的同时，人们也开始采用科学的方法来研究心理障碍及其分类。而且，治疗也遵循人性化原则。但是，当时的做法仍然有很多缺陷。特别是，在某些情况下，医生对精神障碍的积极干预和治疗几乎停止了，尽管当时还有一些有效的疗法可以采用。下面我们就来讨论这些疗法。

小测验1.2

几千年来，人类试图理解和控制异常行为。检查一下你是否理解下面的各种理论，并把与之相对应的疗法填入空格中：

A. 放血疗法，催吐疗法
B. 将患者置于有益身心的环境中
C. 驱魔术，火疗

1. 超自然病因；恶魔附身，控制患者行为。_____
2. 体液学说认为，大脑的正常运转需要维持4种体液的平衡。_____
3. 异常行为源自环境中的不良的社会、文化影响。_____

心理学传统

从魔鬼附身致病说到脑病理学致病说是一个巨大的飞跃。在这当中的许多个世纪里，是什么思想把人的心理发展（无论正常与否）看作人际互动和社会影响的结果？事实上，这一视角源自一个漫长而深厚的传统。例如，柏拉图认为，适应不良的行为有两个原因，一个是社会和文化对人的影响，另一个是人在环境中的学习。如果环境出了问题，比如一个人幼时被父母虐待，那么他的冲动和情绪就会胜过理智。最好的治疗方法是通过理性的讨论来对患者进行再教育，这样一来，理性的力量就会重新占据主导地位（Maher & Maher，1985a）。这种做法已经在很大程度上近似于现代的**心理社会治疗**（psychosocial treatment）对心理障碍的起因的判断，后者在关注心理因素的同时也重视社会和文化的影响。包括亚里士多德在内的其他著名古代哲学家也强调社会环境和早期学习对日后心理障碍的影响。这些哲学家在著作中谈到了幻想、梦和认知的重要意义，这一点在一定程度上预示了后来精神分析思想和认知科学的发展。他们还主张对存在心理困扰的人进行人性化的细致照料。

道德疗法

在19世纪上半叶，一种叫作**道德疗法**（moral

therapy）的心理社会疗法开始风行。"道德"一词实际上是指该疗法更加注重情绪或心理因素，而不是行为准则。这一疗法的基本原则包括尽可能使用正常的方式对待入院治疗的患者，营造鼓励和强化正常社会交往的环境（Bockoven，1963），以此来为他们提供正常的社会和人际接触机会。人际关系得到精心的培育。这一疗法关注个体，强调正常的互动和行为的积极影响，约束与隔离的做法被摒弃。

与生物学传统一样，道德疗法的原则也可以回溯到柏拉图和更加久远的过去。例如，公元前6世纪的希腊阿斯克莱皮亚神庙（Asclepiad Temples）已经开始安置慢性病患者，其中就包括罹患心理障碍的人。在那里，患者能够得到精心的照料。有人为他们按摩，并且演奏舒缓的音乐。类似的开明做法也存在于中东地区的伊斯兰教国家（Millon，2004）。但是，使道德疗法真正成为一种制度还要归功于法国著名精神病学家菲利普·皮内尔（Philippe Pinel，1745—1826）和他的亲密伙伴让-巴蒂斯特·皮森（Jean-Baptiste Pussin，1746—1811），后者是巴黎拉比塞特医院的院长（Gerard，1997；Zilboorg & Henry，1941）。

当皮内尔于1791年来到拉比塞特医院时，皮森已经进行了大刀阔斧的改革。他解除了所有用来约束病人的锁链，注重人性化，并且实施积极的心理干预措施。皮森让皮内尔继续改革医院制度。随后，皮内尔首先在拉比塞特医院进行了改革，后来又去了巴黎的妇女救济院，并邀请皮森与他一起工作（Gerard，1997；Maher & Maher，1985b；Weiner，1979）。在那里，他们营造了人性化的、有利于社交的氛围，并且取得了"神奇的"疗效。

之后，威廉·图克（William Tuke，1732—1822）在英国效法了皮内尔的改革。被誉为美国

美国乡村的精神病院与扶贫农场

楠塔基特镇是距离马萨诸塞州海岸约50公里的一个小岛。1822年，在每年一度的镇民大会上，居民投票决定建立一座扶贫农场和精神病院（Gavin，2003）。1812年战争结束后，随着贸易的发展和大捕鲸时代的开启，楠塔基特岛逐渐繁荣起来。于是，居民希望能照料那些没有得到命运眷顾的人。受当时治疗精神病的现代观念的启发，居民决定把精神病院建在远离城镇的地区。在那里，居民可以在美丽、宁静的乡村环境中富有成效地工作，那里空气清新，患者可以得到细致的照料，还可以参加生产活动。在那个年代，精神病院也收容穷人和老人。由于酗酒被认为是造成贫困的主要原因，所以让精神病院尽可能地远离酒馆就成了顺理成章的选择，这也成为了把精神病院建在乡间的另一个原因。

但更重要的是，波士顿附近的麦克莱恩精神病院通过道德疗法取得了很好的疗效。消息传到楠塔基特岛，人们开始认为，无论酗酒还是精神错乱都是可以治愈的。于是人们决定，居住在精神病院的居民主要从事农业劳动，比如种植蔬菜、制作乳制品、在小麦和黑麦地劳作、喂养牲畜。老人和那些无法外出劳动的人则可以在室内从事纺织等工作。居民始终遵循道德疗法的原则。大家都认为，在这样健康且有益身心的环境里，大多数患者都会康复，而农场也将得到良好的经营，并为全镇创造价值。

精神病院建好后，镇里成立了监管董事会，而董事会成员很快就发现，每天去精神病院和农场的人太多，很可能是去猎奇。为了保护精神病院的居民，镇里通过了一项法令来进行限制。只有提交书面申请，并提供正当理由的人才能进入精神病院。不幸的是，在1844年2月，一场大火把整座建筑夷为平地。尽管多人奋力救险，仍有10名患者被烧死。精神病院成了一片废墟。

最终，居民新建了一座精神病院。但是这一次，那里只允许失去自理能力的老人和病人居住。此时，马萨诸塞州也修建了新的精神病院，居民认为应当把精神病患者送入这个规模更大（同时也更不关注个体）的机构。同时，镇里也宣布了新的政策，为穷人（可能不包括那些酗酒的人）提供住房和足够的（但很少）生产和生活资料。为此，镇里新建了"扶贫公寓"。这就是道德疗法在美国新英格兰地区的乡村小镇里的兴衰变迁。从中，我们也可以一窥那个年代的生活风貌（Gavin，2003）。

精神病学之父的本杰明·拉什（Benjamin Rush，1745—1813）也把道德疗法引入了他早年所在的宾夕法尼亚医院。后来，道德疗法成为了众多著名医院的明星疗法。精神病人收容所（asylums）在16世纪时已经出现，但那里更像监狱，而不是医院。直到道德疗法在欧洲和美国兴起，精神病院才成为了适宜居住的地方，甚至还能起到治疗的效果。

菲利普·皮内尔是使精神病院更加人性化的先驱。在他的影响下，心理障碍患者终于从铁链中解脱了出来。

1833年，伍斯特州立医院的董事会主席霍勒斯·曼（Horace Mann）报告了32例先前被认为无法治愈的病人。经过了道德疗法的治疗，这些患者全部康复出院。另有100名具有攻击性的患者，在接受道德疗法治疗1年后，只有12人仍然存在暴力行为。此外，有40名患者原本总是撕毁别人拿给他们的新衣服，经过一段时间的治疗后，只有8名患者继续表现出这一行为。这些都是当时的统计数据，而即使在今天，这样的疗效也是非常显著的（Bockoven，1963）。

精神病院改革与道德疗法的衰落

不幸的是，19世纪中叶以后，由于一系列因素的共同作用，人性化的治疗逐渐减少。首先，人们普遍认为，当精神病院的患者数量控制在200人以下时，道德治疗的效果最好。只有这样，每一名病人才能得到充分的关注。南北战争结束后，大量移民涌入美国，导致精神病患者数量激增。精神病院的患者数量普遍增加至1000或2000人，甚至更多。人们认为，移民群体不应该享有"本土"美国人（他们的祖先到达美国也许只有50年或100年）的治疗福利。所以，即使有足够的医务人员，这一群体当中的精神病患也得不到道德疗法的医治。

道德治疗衰落的第二个原因有些匪夷所思。伟大的改革者多萝西娅·迪克斯（Dorothea Dix，1802—1887）不断地呼吁在精神疾病的治疗领域推行改革。曾经是一名教师的她曾经在多家精神病院任职，所以非常了解精神病患者的悲惨境遇。她一生都致力于让美国公众和国会了解这一内情，这就是后来众所周知的**心理卫生运动**（mental hygiene movement）。

除了提高护理水平之外，迪克斯还进行了大量的努力来确保这样的服务能够惠及所有需要照顾的人，包括无家可归者。美国精神病院中的治疗越来越人性化。在其职业生涯接近尾声的时候，迪克斯理所当然地成为了19世纪美国的英雄。

不幸的是，迪克斯英雄般的努力导致了一个不可预见的后果——精神病患者的数量大幅增加。由于医院人员配备不足，蜂拥而入的精神病患者使道德治疗迅速退化成简单的看护。迪克斯改革了美国的精神病院，并一手在美国内外新建了众多的精神病院。但是，即使她不知疲倦地奔走疾呼，她还是无法保证精神病院有足够的人员配备来充分地关注每一个病人，而这一点正是道德疗法所不可缺少的。而且，到了19世纪中叶，人们开始认为，精神疾病是由脑部病变引起的，因而是不治之症；这成了压倒道德疗法的最后一根稻草。

多萝西娅·迪克斯发起心理卫生运动，并花费毕生精力推动精神病治疗改革。

心理学传统跌入谷底，只是随着20世纪几个不同学派的出现才重新浮出水面。第一条主要的治疗路径是**精神分析**（psychoanalysis），它的理论基础是西格蒙德·弗洛伊德（1856—1939）所提出的人格结构理论和无意识理论。第二条路径是**行为主义**（behaviorism），代表人物是约翰·华生、伊万·巴甫洛夫和B. F. 斯金纳。行为主义主要关注学习和适应过程如何影响心理病理学的发展。

精神分析理论

你曾经有过被人施了法术的感觉吗？当教室里

有漂亮女孩或帅气男孩看着你，或者当演唱会上的摇滚歌星看着观众席上的你的时候，你是否曾经被对方迷住过呢？如果是这样的话，你就与弗朗茨·安东·麦斯麦（Franz Anton Mesmer，1734—1815）的患者，以及曾经被催眠的成百上千万的人有某种共同点。麦斯麦告诉他的病人，他们的问题源自一种难以检测到的液体所出现的阻滞，这种液体叫作"动物磁性"；所有的生命体中都有这种液体。

麦斯麦让他的患者们进入一个黑暗的房间，围坐在一个盛着化学药品的大桶周围。大桶里有铁棍，而所有的患者都要接触这些铁棍。随后，身着长袍的麦斯麦会拍击患者身体的不同部位，也就是"动物磁性"出现阻滞的那些部位，以此来强烈地暗示他们：他正在实施治疗。由于他的治疗方式非常奇特，人们认为他是一个怪人、一个江湖骗子，医疗机构也强烈地反对他（Winter，1998）。事实上，本杰明·富兰克林也曾用一个聪明的实验检验动物磁性疗法的疗效。在实验当中，一部分患者接受的是磁化水的治疗，另一部分患者接受的是非磁化水的治疗，但他们都得到了强烈的暗示：病情肯定会好转。由于治疗师和患者都不知道哪些水是磁化了的，哪些水是没有被磁化的，所以这就成了一个双盲实验（见第4章）。当两组患者的病情都出现好转后，富兰克林得出了结论：动物磁性疗法，也就是麦斯麦疗法，只不过是强烈的暗示（Gould，1991；McNally，1999）。不过尽管如此，麦斯麦仍然被公认为催眠术之父。在催眠当中，那些特别容易受外界影响的被催眠者有时会进入一种精神恍惚的状态。

让-马丁·沙尔科对催眠的研究影响了弗洛伊德有关精神障碍的精神分析理论。

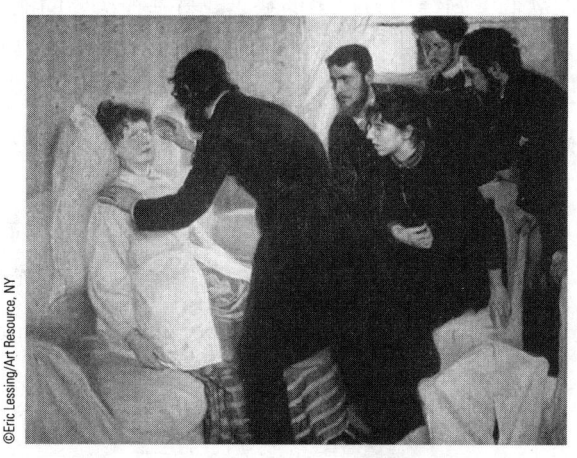

弗朗茨·安东·麦斯麦和其他早期治疗师用强烈的暗示来治疗他们的患者。在治疗当中，这些患者通常是被催眠的。

许多杰出的科学家和医生都被麦斯麦强大的暗示疗法所吸引。其中非常有名的一位是巴黎妇女救济院的院长让—马丁·沙尔科（Jean-Martin Charcot，1825—1893）。几十年前，菲利普·皮内尔曾经在这家医院进行心理治疗。作为一名杰出的神经专家，沙尔科成功地证明了麦斯麦疗法对某些类型的心理障碍是有效果的。他为催眠术这一尚未成熟的治疗方法的合法化付出了巨大的努力。值得注意的是，在1885年，一名来自维也纳的叫作西格蒙德·弗洛伊德的年轻人来到了巴黎，开始与沙尔科共同研究。

回到法国后，弗洛伊德与约瑟夫·布洛伊尔（Josef Breuer，1842—1925）结成了搭档；后者尝试过一些不同的催眠疗法。在催眠当中，当患者进入极易受外界影响的状态时，布洛伊尔要求他们尽可能多地讲述自己的问题、矛盾和恐惧，越详细越好。在这些过程当中，布洛伊尔观察到了两个极为重要的现象。首先，患者往往会在讲述中表现出非常强烈的情绪。而当催眠停止后，他们也往往会感到如释重负，病情也得到好转。其次，很少有患者能够把他们的情绪问题与心理障碍联系在一起。事实上，他们很难，甚至完全无法回忆起他们在催眠过程中所描述过的某些细节。也就是说，这些事情仿佛处于他们的意识之外。正是通过这一观察，布洛伊尔和弗洛伊德才"发现"了无意识（unconscious）思维及其对心理障碍发生和发展的明显影响。这一点是心理病理学历史上最重要的发展之一。事实上，它也是整个心理学历史上最重要的发展之一。

紧随其后的是，他们发现，回忆或再次体验已进入无意识领域的情绪创伤，同时释放与之相伴的紧张情绪是取得疗效的原因。这种情绪事件的释放就是**宣泄**（catharsis）。对当前情绪和早期事件间关系的进一步理解被称作**领悟**（insight）。你将在本书中（尤其是讨论焦虑和躯体症状障碍的第5章和第6章）看到，"无意识"的记忆和感受确实存在，对压抑了的情绪事件进行处理也极为重要。

弗洛伊德和布洛伊尔的理论建立在病例观察的基础上。其中的一些观察对那个时代来说已经十分成熟。其中最突出的例证就是1895年布洛伊尔在治疗安娜·欧（Anna O.）的"歇斯底里"症状时的经典描述（Breuer & Freud，1895/1957）。在年满21岁之前，安娜·欧一直是一个聪明健康、有魅力的年轻女子。就在她患病前不久，她的父亲患上了一种严重的慢性疾病，这种疾病最终导致了他的死亡。在父亲生病期间，安娜·欧一直陪伴左右。她认为自己必须尽可能多地花时间守候在父亲床边。父亲患病5个月后，安娜发现自己白天视物模糊，并且经常难以移动自己的右臂和双腿。很快，其他症状也随之出现。她讲话开始出现困难，行为也越来越古怪。不久，她找到了布洛伊尔。

约瑟夫·布洛伊尔接手了安娜·欧这个著名案例。他与西格蒙德·弗洛伊德一起提出了精神分析理论。

在一系列疗程之中，布洛伊尔每次只处理一个症状。他让患者在催眠状态中"述说"，并借此逐一为她的每一种症状找到与其父去世有关的起因事件。就这样，一次只处理一个症状，直到她的"歇斯底里"症状全部消失。而且，相应的行为问题只在是治疗后才出现好转。

在这一个案研究当中，这种一次只治疗一种症状的做法满足了对治疗是否有效得出科学结论所必需的基本要求，你将在第4章里了解到这一点。我们也将在第6章里再次讨论安娜·欧的这一经典案例。

弗洛伊德注意到了这些重要的观察结果，并且把它们纳入了**精神分析模型**（psychoanalytic model）。这至今仍是关于我们的人格结构与人格发展的最全面的理论。他还推测了这种发展在哪里容易出现问题，以致引发心理障碍。尽管弗洛伊德的许多观点都随时间的推移而发生了改变，但他最初提出的精神功能的基本原则却在他的众多著作里贯穿始终。而且，今天的精神分析师仍然在运用这些原则。

虽然这一模型的大部分仍未被证实，但精神分析理论已经产生了强大的影响力，我们仍然要熟悉它的基本思想。下面是这一理论框架的简要介绍。我们主要关注以下三个方面：①人格的结构和各个组成部分的不同功能（这些功能有时会互相冲突）；②头脑用来抵御这些冲突和矛盾的防御机制；③促发内在冲突的早期性心理发展的不同阶段。

人格的结构

西格蒙德·弗洛伊德被认为是精神分析的创始人。

弗洛伊德认为，人格有三大组成部分或者说三大功能：本我、自我和超我（见图1.4）。就像精神分析当中的其他词汇一样，这些术语已经成为了我们的常用词。但是，尽管你可能听说过它们，但你可能并不知道它们的确切含义。**本我**（id）是我们强烈的性冲动和攻击欲的来源。也就是说，它是我们体内的兽性。如果完全不加以控制，它就会把我们全部变成强奸犯和杀人犯。本我内部的驱动力量叫作**力比多**（libido）。即使在今天，一些人仍然把性欲低下归结为力比多的缺乏。另一种次要的能量来源，且弗洛伊德也没有给出清晰定义的概念是**死本能**（thanatos）。这两个最基本的驱动力，一个象征着生命与成就，一个象征着死亡与毁灭，它们在

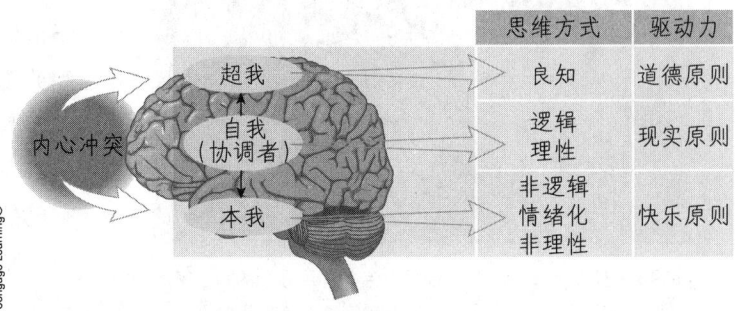

图1.4 弗洛伊德的人格三结构。

一刻不停地彼此争斗着。

本我依照**快乐原则**（pleasure principle）行事，追求享乐最大化，同时尽可能地规避压力与冲突。对快乐的追求（在童年期尤甚）常常与社会的法律和规则相冲突，你在后文就可以见到。本我有处理信息的独特方式，我们一般称之为**初级过程**（primary process）。这种方式是感性的、非理性的、不合逻辑的、充满幻想的，它沉浸在性、攻击、自私和嫉妒当中。

幸运的是，在弗洛伊德看来，我们不会对本我的自私和有时甚至是危险的动机听之任之。事实上，诞生后只要几个月，婴儿就能明白，自己必须根据现实世界来调整自己的欲望。换句话说，我们必须想办法来满足我们的基本需求，同时又不得罪身边的每一个人。也就是说，我们必须现实地行动。我们头脑中确保我们按照现实来行动的部分叫作**自我**（ego），它依照**现实原则**（reality principle），而非快乐原则行事。自我的认知运作或思维方式的特点是逻辑与推理，我们称之为**次级过程**（secondary process），它与本我不合逻辑、非理性的初级过程截然相反。

我们头脑中的第三个重要的结构是**超我**（superego），或者我们也可以称之为良知，它代表了我们的父母和社会所灌输给我们的**道德原则**（moral principles）。它是我们内在的声音，一旦我们知道自己在做错事，它就会喋喋不休地谴责我们。超我的出现就是为了对抗本我所具有的潜在危险的性欲和攻击欲，因此超我和本我的冲突是显而易见的。

自我的角色是对本我和超我之间的冲突进行调解，以现实世界为出发点来尽可能地兼顾二者的需求。我们通常把自我称作头脑的管理者。如果调解成功，我们就可以从事更高级的智力和创造性活动。如果不成功，本我或超我中的一方变得过于强大，冲突就将超越我们的控制，进而引发心理疾病。由于这些冲突都发生在头脑当中，所以我们把它们叫作**内心冲突**（intrapsychic conflicts）。回到安娜·欧的个案，布洛伊尔从中发现，患者往往记不住尽管重要却并不愉快的情感事件。从这些及其他观察结果当中，弗洛伊德提炼出了本章内容所讨论的人格结构，以此来解释人的无意识过程。他认为，本我和超我几乎都是完全无意识的。我们可以完全意识到的，只有占据整个意识结构一小部分的自我这一次级过程。

防御机制

自我不断为驾驭陷入冲突的本我与超我而斗争。有时，这种冲突所导致的焦虑大有淹没自我之势。焦虑是提醒自我启动防御机制的信号。**防御机制**（defense mechanisms）是检查与冲突相关的原始情绪的无意识保护过程，以便使自我能够继续发挥协调功能。虽然防御机制首先由弗洛伊德提出，不过使这一思想得到进一步发展的却是他的女儿安娜·弗洛伊德（Anna Freud，1895—1982）。

所有人都会不定时地启动防御机制，产生适应或适应不良的反应。例如，你有没有因为教授评分不公而不及格？然后你回家就开始责骂弟弟，甚至训斥家里的狗？这就是防御机制中的"置换"。你自我适应性地认为，把一腔怒火宣泄给教授可能对自己没有好处；而由于你的弟弟和你的狗不能把你怎么样，所以你的愤怒就转移到了他们身上。有些人会把冲突或潜在焦虑中的精力投入到更具建设性的方面，例如工作，并使工作效率得到提升，这一过程就是"升华"。

能够导致大量焦虑或其他不良情绪的更严重的内部冲突可能会引发自我挫败的防御机制或症状。恐怖症和强迫症就是极为常见的自我挫败的防御反应。在弗洛伊德看来，它们不过是患者应对内部危险情境的不当方式。恐怖症的症状通常包含某种危险因素。例如，恐犬症可能与患者婴儿时期害怕被狗咬掉睾丸有关。也就是说，患者的内部冲突涉及被狗攻击，被狗咬掉睾丸的恐惧，这种恐惧在意识层面的表现就是害怕被狗攻击、被狗咬，即使他知道那是一只无害的狗。

贝莎·帕彭海姆（Bertha Pappenheim，1859—1936）与安娜·欧一样有名。她在布洛伊尔的笔下也是"歇斯底里"的。

防御机制一直是科学研究的主题，而且有证据表明，它们对精神病理学的研究可能具有潜在的重大意义（Vaillant，1992；2012）。例如，研究（Perry & Bond，2012）指出，减少适应不良的防御机制，同时增加适应良好的防御机制（比如幽默和升华），能够改善人的心理健康。因此，防御机制，用今天的话来说是**应对方式**（coping styles），仍然是精神病理学的重要研究领域。

以下列出了不同类别的防御机制（APA，2000）：

否认（denial）：拒绝承认某些客观现实或拒绝接受在他人看来毫无疑问的主观经验。

置换（displacement）：把本应发泄给导致不适感的对象的情绪或反应转移到其他通常不具有威胁性的人或物上。

投射（projection）：错误地把自己不能接受的情绪、冲动或想法归因于其他人或物。

合理化（rationalization）：通过精心炮制能够安慰自己、对自身有利但却不符合事实的解释来掩盖真正的行为、思想和情感动机。

反向形成（reaction formation）：展现出与自己无法接受的行为、思想或感受截然相反的行为、思想或感受。

压抑（repression）：将令人不安的愿望、想法或经验压抑到无意识中去。

升华（sublimation）：将潜在的、适应不良的感觉或冲动导入为社会所接受的行为中去。

性心理发展阶段

弗洛伊德还提出，人在婴幼儿期会经历一系列对人有深远影响的**性心理发展阶段**（psychosexual stages of development）。这使得弗洛伊德成为最先采取发展的角度来研究异常行为的学者之一。我们将在书中详细讨论这一点。这些发展阶段有口腔期、肛门期、性器期、潜伏期和生殖期。它们代表了我们满足自己基本需求和生理愉悦欲望的不同模式。例如，口腔期（通常约为出生后的头2年）的特点是专注于摄取食物。在摄食所必不可少的吸吮过程中，嘴唇、舌头和口腔成为了性欲的焦点，因此也是快乐的主要来源。弗洛伊德推测，如果我们没有在特定的性心理发展阶段得到适当的满足，或者我们对某一阶段的印象特别深刻——弗洛伊德称之为**固着**（fixation），我们的人格就会在成年后的一生中表现出这一阶段的特征。例如，固着在口腔期的人可能会过度地吮吸大拇指，通过进食来强调口腔刺激，或者咬铅笔、咬指甲。从理论上说，与此相对应的成人性格特征有依赖、被动以及由上述倾向所导致的叛逆和愤世嫉俗。

其中一个比较有争议的、经常被提及的性心理冲突发生在性器期（从三岁到五六岁），其特点是早期的生殖器自我刺激。

这一冲突正是古希腊悲剧《俄狄浦斯王》（Oedipus Rex）的主题。在这部悲剧当中，俄狄浦斯遭受了杀死亲生父亲，同时又在不知情中娶了自己母亲的厄运。弗洛伊德断言，当自我刺激外阴并伴随与母亲性交的想象的时候，所有的男孩都会重温这一幻想。而这些幻想反过来又夹杂着对父亲的强烈的嫉妒甚至愤怒。他们一方面与父亲产生认同，一方面又想取代父亲的位置。随后，他们又会产生强烈的恐惧，害怕父亲会割掉他们的阴茎，以此来惩罚他们，这就是**阉割焦虑**（castration anxiety）。这种恐惧可以促使男孩控制自己对母亲的性冲动。所以，一边是性冲动，一边是阉割焦虑，这一矛盾就构成了一种内在的或内心的冲突，这就是**恋母情结或俄狄浦斯情结**（Oedipus complex）。只有下面这些事情发生，孩子才能平安无事地度过性器期。首先，孩子必须解决他与父母的矛盾关系，并且在内心中调和他对父亲既爱又恨的情绪。在此基础上，他才可能转而寻求从异性关系中获得性冲动的满足，同时又保留对母亲的无伤大雅的爱。

对于女孩来说，与此相对应的冲突叫作**恋父情结或厄勒克特拉情结**（Electra complex），这一点所引发的争议更大。弗洛伊德认为，女孩想取代她的母亲的位置而占有她的父亲。这种占有欲的核心是，女孩渴望拥有阴茎，这样才能像她的父亲和兄弟一样。这就是**阴茎羡妒**（penis envy）。根据弗洛伊德的理论，当女孩建立了健康的异性恋关系并渴望生育后代的时候，这一冲突就成功地得到了解决，因为孩子就是阴茎的健康替代物。不用说，多年来，由于其中透出的性别歧视和人格贬损，这种别具一格的理论已经令很多人感到不满。重要的是，我们要记住，这是理论，不是事实。目前还没有系统的研究支持这一观点。

在弗洛伊德看来，所有非精神病性的心理障碍都起因于潜在的无意识冲突和这些冲突所导致的焦虑，以及自我的防御机制的启动。弗洛伊德把这类心理障碍统称为**神经症**（neurosis），**或神经症性障碍**（neurotic disorders），这一称呼来自过去对神经系统功能障碍的称谓。

精神分析思想的后续发展

弗洛伊德的精神分析理论已经得到了大幅度的修正，并且发展出了很多不同的方向。这大多是由他的学生和追随者完成的。一些人关注精神分析理论的某一个组成部分，并使其得到充分的发展。另一些人则完全背离了弗洛伊德的理论，开始了全新的探索。

弗洛伊德的女儿安娜·弗洛伊德重点研究了防御反应对行为的影响。于是，她成为了**自我心理学**（ego psychology）的第一个支持者。今天，她的著作《自我与防御机制》（*Ego and the Mechanisms of Defense*，1946）仍然有相当大的影响。在安娜·弗洛伊德看来，个体的适应性能力、真实性检验能力和防御机制都是逐渐积累而成的。当自我无力发挥延迟和控制冲动等功能，或无法启动适当的正常防御来对抗强大的内部冲突的时候，异常行为就出现了。后来，在对弗洛伊德理论的另一次修正中，海因茨·科胡特（Heinz Kohut，1913—1981）不仅关注自我概念形成的理论，也注重自我在走向健康还是神经症的过程中的关键作用。这一精神分析取向就是**自体心理学**（self-psychology）。

安娜·弗洛伊德与父亲在一起。安娜在精神分析领域进一步丰富了关于防御机制的研究。

今天，与之相关的另一个颇为流行的领域是**客体关系**（object relations）。客体关系学派研究儿童如何将图像、记忆或价值观内化，这些价值观来自对他们重要或（曾经）与他们亲密的人。在这一意义上，**客体**（object）就是指这些重要他人，而这一内化的过程就叫作**内摄**（introjection）。内摄的客体可以成为自我不可或缺的一部分，也可能会在确定身份或自我的过程中引发角色冲突。例如，你的父母可能对人际关系或职业有不同的看法，这些相互矛盾的观念也可能与你自己的看法不同。从某种程度上说，你对这些观念吸收得越多，你就越有可能面临冲突的情境。你可能今天想从事一种职业，明天又会想从事完全不同的另一种职业。根据客体关系理论，你倾向于通过你心中的那个人的眼睛观望世界。客体关系理论家关注如何将这些迥然不同的图像拼到一起来构成一个人的身份，也关注其中可能出现的冲突。

卡尔·荣格（Carl Jung，1875—1961）和阿尔弗雷德·阿德勒（Alfred Adler，1870—1937）是弗洛伊德的学生，但他们抛弃了老师的观点，并形成了自己的思想流派。荣格抛弃了弗洛伊德理论中与性有关的许多方面，并提出了**集体无意识**（collective unconscious）的概念。它是指社会和文化所积累的、深藏于个体记忆、并在世代间传递的智慧。荣格也提出，与性欲相同，人类对精神和宗教的追求也是人性的组成部分。这一观点与集体无意识的思想仍然吸引着神秘主义者的关注。此外，荣格也强调持久的人格特质的重要性，比如内向（倾向于害羞和躲避）与外向（倾向于友好和开朗）。

阿德勒把目光集中在自卑感和对优越感的追求上，并创造了**自卑情结**（inferiority complex）的概念。与弗洛伊德不同的是，荣格和阿德勒都认为，人性的基本特征是积极的，人有追求自我实现的强烈欲望（充分发挥一个人的所有潜能）。荣格和阿德勒认为，只要扫除了内部和外部的发展障碍，人就能不断进步，实现自我。

另一些学者在其他方面发展了精神分析理论，他们强调个性在一生当中的发展变化和文化、社会对个性的影响。卡伦·霍妮（Karen Horney，1885—1952）和埃里克·弗洛姆（Erich Fromm，1900—1980）都与这些思想有关。但最有名的理论家是埃里克·埃里克森（Erik Erikson，1902—1994）。埃里克森最大的贡献在于他的生命全程发展理论，他细致地描述了与人的8个年龄阶段相伴随的危机和冲突。例如，在最后一个阶段成熟期（即65岁以后），个体会回顾自己的一生，并试图找到其中的意义。他们会因一些长期目标的实现而感到满足，也会因另一些目标未能如愿而感到绝望。科学的发展已经证明，我们应当从发展的角度看待精神病理学。

精神分析疗法

精神分析疗法的许多技术旨在通过宣泄和领悟来揭示无意识的心理过程和冲突的内容。弗洛伊德提出了**自由联想**（free association）法，他让患者想到什么说什么，而不去管这样说在社会的角度看是否合适。自由联想的目的在于揭示压抑了情绪的事件，这些事件或许是因为回忆起来过于痛苦或可怕才受到压抑。弗洛伊德让患者躺在沙发上，而他则坐在患者身后，这样就不会打扰患者。如此一来，沙发就成为了精神分析疗法的标志。精神分析疗法当中还包括**释梦**（dream analysis，今天仍然被广泛使用）。在实施这一疗法的过程中，治疗师会解读梦的内容（这些内容被认为反映了本我的初级过程的想法），并且把梦境同无意识冲突的象征意义相关联。这个过程往往是困难的，因为患者可能会抗拒治疗师揭示被压抑的、敏感的心理冲突的努力，也可能会否认治疗师所得出的解释。此时，治疗的目标在于帮助患者理解冲突本身。

这里的治疗师也叫**精神分析师**（psychoanalyst），他们与患者之间的关系是非常重要的。随着这种关系的发展，治疗师可能会认清患者的内心冲突。这是因为，在一种被称作**移情**（transference）的现象中，患者会把治疗师当作他们童年时期的重要人物，尤其是他们的父母。如果他们怨恨治疗师，却找不到适当的理由，那么这很可能是因为他们正在重现他们幼时对父母的怨恨。更为常见的是，患者会深深地爱上治疗师，这是患者对父母的强烈的积极情绪的反映。而在**反移情**（countertransference）现象中，治疗师会把自身的某些个人问题和情绪（通常是正面的）投射到患者身上。经过培训，治疗师都知道，他们不仅要处理患者的情绪，也要处理他们自己的情绪。无论治疗采取什么模式，治疗师都不得与患者发展治疗之外的任何关系，这是严重违反精神医学职业伦理准则的行为。

经典精神分析每周需要做4～5次治疗，连续做2～5年。在这当中，治疗师帮助患者分析并解决无意识中的冲突，重塑人格，以便让患者的自我重新担负起协调本我与超我的功能。相对而言，减少症状（心理障碍）则是不重要的，因为它们不过是潜在的内心冲突的表现，而这些冲突又来自相应的性心理发展阶段。因此，除非深层冲突得到妥善处理，否则消除恐惧或抑郁发作就是没有意义的，因为患者极有可能出现一系列新症状，即**替代性症状**（symptom substitution）。由于古典精神分析治疗花费极高，并且缺乏足够的证据来证明其能够有效地缓解心理障碍，所以，这种方法如今已经很少使用。

精神分析疗法仍然在使用，特别是在一些大城市，但许多心理治疗师都采用一系列相互间少有关联的**心理动力学疗法**（psychodynamic psychotherapy）。尽管冲突和无意识过程仍然被强调，而且治疗师也会努力定位患者的心理创伤和正在发挥作用的防御机制，但是，治疗师会不拘一格地运用一系列治疗策略，同时也更加关注社会与人际因素。心理动力学疗法的7条治疗策略包括：①注重情感和患者的情绪表达；②探求患者试图避开某一话题或采取其他行动阻碍治疗的原因；③鉴别患者的行为、思维、情绪、感受和关系模式；④强调患者的过往经历；⑤注重患者的人际交往体验；⑥强调治疗关系；⑦探索患者的愿望、梦或幻想（Blagys & Hilsenroth，2000）。心理动力学疗法的另外两个特征是：首先，它的治疗过程要比经典精神分析简短得多；其次，运用这一疗法的治疗师不注重患者个性的重建，而将重点放在缓解与心理障碍有关的痛苦之上。

评价

纯粹的精神分析治疗的历史意义超出了它的现实意义，而且经典精神分析疗法早已淡出了我们的视线。1980年，神经症这一特指从精神分析的角度看待心理障碍起因的术语被移出了DSM手册，而该手册是美国精神病学会的官方诊断指导。

精神分析所遭受的主要批评之一是，它基本上不具有科学性。疗效来自患者的报告，而患者的症状往往发生在几年前。这些症状被观察者的经验过滤，然后被精神分析师理解，而理解的方式又受人质疑。而且，不同的分析师还有可能做出不同的理解。最后，所有这些心理现象都没有得到细致的测量，也没有明确的方式来证明或反驳精神分析的基本假设。这是很重要的，因为可测量和可证实或可证伪是科学方法的根基。

尽管如此，精神分析的概念和观察一直是非常有价值的，不论是对心理病理学和心理动力疗法的研究，还是对西方文明思想史，都是如此。同时，心理病理学细致的科学研究也支持了精神分析对无意识心理过程的观察。研究也支持，基本的情绪反应常常由隐藏的或象征性的线索触发，我们对生活事件的记忆可以被我们用各种巧妙的方式压抑和回避。治疗师和患者之间的关系，即**治疗联盟**，是大多数治疗策略中的一个重要方面。在本书中，我们将多次提到这些概念，我们也会强调各种应对方式或防御机制的重要性。

很多心理动力学的观点都发展了一百多年，并在弗洛伊德的影响广泛的著作中达到了顶峰（e.g., Lehrer, 1995）。它们与巫术和认为精神疾病无法治愈的脑病理学截然不同。在早些年里，人们认为，善与恶、冲动与压抑都来自外部世界和宗教，它们常常披着恶魔与良善斗争的外衣。从精神分析的角度看，我们自己已经成为了这些力量角逐的战场，我们被无情地卷了进去，时好时坏。

人本主义理论

我们已经看到，荣格和阿德勒已经背离了弗洛伊德的思想。他们的根本分歧在于对人性的本质的不同理解。弗洛伊德把生活描绘成一个战场，我们持续地面临着被黑暗势力吞没的危险。与此相对，荣格和阿德勒强调人性中积极、乐观的一面。荣格谈到设定目标、面向未来和最大限度地实现自己的潜能。阿德勒则认为，当我们为他人谋福祉，为整个社会做贡献时，人性就发挥出了最大的潜能。他认为，我们都力争达到智力和道德发展的最高水平。然而，无论是荣格还是阿德勒都保留了心理动力学思想的许多原则。在20世纪中叶，他们的基本理念被人格理论家所接受，这就是**人本主义心理学**（humanistic psychology）。

自我实现（self-actualizing）是这项运动的口号。其基本假设是，只要人能自由成长，那么每个人都能在所有的领域发掘出自己的全部潜能。当然，不可避免的是，我们会遇到各种各样的阻力。由于从总体上说，每个人都是良善的、完整的，所以大部分阻力都源自个体之外。艰苦的生活条件、巨大的生活压力或复杂的人际关系都能让你远离真实的自我。

亚伯拉罕·马斯洛（1908—1970）对人格的结构进行了最为系统的描述，提出了**需要层次**（hierarchy of needs）理论。他认为，人们最基本的追求是食、色等生理需求，高级追求有自我实现、爱和自尊的需求，而在这中间是友谊等社会性的需求。马斯洛假设，只有满足了较低水平的需求，我们才能进一步满足更高层次的需求。

从治疗的角度看，卡尔·罗杰斯（1902—1987）是最有影响力的人本主义心理学家。罗杰斯（1961）创立了**来访者中心疗法**（person-centered therapy）。在治疗当中，治疗师处于被动的位置，并尽可能地减少对症状的解释。以此来使个体有机会在不受外界约束的环境中获得成长。人本主义理论家坚信，人与人之间的关系能够促进这一成长。**无条件积极关注**（unconditional positive regard）是完整地、几乎全盘地接纳来访者的大部分感受和行为，它是人本主义疗法的关键之处。**共情**（empathy）是对个体看待世界的独特视角报以同感式的理解。来访者中心疗法所期望产生的结果是，来访者将更加直接、诚实地面对自己，了解自己与生俱来的倾向，并获得成长。

与精神分析一样，人本主义取向也对人际关系理论产生了重大的影响。例如，它直接引发了流行于二十世纪六七十年代的人类潜能运动。这一取向也强调治疗关系的重要性，但是与弗洛伊德的做法完全不同。人本主义治疗师并不把治疗关系当作达到某种目的（移情）的手段，而是认为，包括治疗关系在内的人际关系是促使人成长的最积极的影响因素。在研究治疗师与来访者的关系方面，罗杰斯做出了重大贡献。

尽管如此，人本主义模型并没有为心理病理学领域带来多少新知。其中一个原因是，它的支持者（当然也有一些例外）对从事发现或创造新知识的研究兴趣不大。相反，他们强调个体独特的、不可量化的经验，强调差异性。正如马斯洛指出的，人本主义模型在没有心理障碍的人群中应用最广。几十年来，在对较为严重的心理障碍的治疗中，来访者中心疗法的应用已经大幅下降，尽管在心理病理学的某些领域，这一疗法的某种形式偶尔还会受到关注。

行为主义模型

正当精神分析在20世纪初风靡全球的时候，俄国与美国也发展出了影响力同样深远的心理学模型，这就是**行为主义模型**（behavioral model），也称**认知行为模型**（cognitive-behavioral model）或**社会学习模型**（social learning model）。这一模型为心理病理学的心理学取向带来了更为科学的研究方法。

巴甫洛夫与经典条件作用

伊万·彼得罗维奇·巴甫洛夫（1849—1936）是俄罗斯圣彼得堡的一位生理学家。在他的经典研究当中，他探究了为什么狗在见到食物之前就会分泌唾液的问题，于是开创了**经典条件作用**（classical conditioning，亦称经典条件反射）的研究。巴甫洛夫促使某一中性的刺激与某一反应同时出现，反复多次后，这一刺激就能引发这一反应。这里的"条件"是指，只有在特定事件发生或特定情形出现的条件下，相应的反应才会出现。建立条件反射是我们习得新信息的一种方式，尤其当这一新信息本身包含某种情绪内容的时候。但这一过程并不如最初看上去那么简单，我们正在探寻其中更为复杂的机制（Bouton, 2005; Craske, Hermans, & Vansteenwegen, 2006; Rescorla, 1988）。不过，条件反射的建立有时是不需要费什么力气的，让我们来看一个当代的典型例证。

伊万·巴甫洛夫明确了经典条件作用的过程，这对许多情绪障碍的治疗都有重大意义。

在肿瘤医院工作的心理医师研究了一个为许多癌症患者和他们的护士、医生、家人所熟知的现象。化疗是某种类癌症的常见治疗方法，它会引发包括严重的恶心和呕吐在内的副作用。但是，仅仅看到实施化疗的医务人员或任何与化疗相关的设备，即使当天并没有安排化疗，这些患者仍然常常出现严重的恶心甚至呕吐反应（Morrow & Dobkin, 1988; Roscoe, Morrow, Aapro, & Molassiotis, 2011）。对一些患者来说，这一反应已经与更为广泛的一系列刺激联系在了一起。这些刺激包括任何穿着白大褂的人，甚至包括医院的场景，它们都能让他们想起化疗当中的人和物。通常，反应的强烈程度取决于这些刺激与化疗当中所见到的人和物的相似程度。这一现象叫作**刺激泛化**，即相似的刺激导致了反应的发生。不管怎么说，这一反应是令人痛苦和不适的，尤其是当它们与更多的人物和场景联系在一起的时候。所以，心理医师不得不开展特定的治疗来帮助患者克服这些反应（Mustian et al., 2011）。

不论刺激是食物（如巴甫洛夫的实验）还是化疗，经典条件作用的过程始于能够让任何人不经学习就产生反应的刺激。也就是说，这种反应的发生是不需要其他条件的。由于这一原因，这里的食物或化疗就被称为**非条件刺激**（unconditioned stimulus, UCS）。对于这种刺激的自然的、未经学习的反应（如以上情形中的分泌唾液或恶心呕吐）就称作**非条件反应**（unconditioned response, UCR）。下面，我们要讲到学习了。正如我们已经看到的，与非条件刺激（食物或化疗）相关的人或物也获得了引发相同反应的能力，不过这时的反应只能叫作**条件反应**（conditioned response, CR），因为引发它的刺激是**条件刺激**（conditioned stimulus, CS）。因此，与化疗有关的护士就是条件刺激，而几乎与化疗过程中相同的恶心的感觉（当患者看见护士的时候）就是条件反应。

像化疗这样威力强大的无条件刺激，只需一次就可以建立条件反射。但是，大多数此类学习过程都需要非条件刺激（例如化疗）和条件刺激（例如白大褂或医院设备）多次同时出现。当巴甫洛夫开始研究这一现象的时候，他用节拍器来代替实验助手的脚步声，以此来更加准确地量化刺激，于是他便能更加精确地研究这一现象。他还发现，如果条件刺激（例如节拍器）没有与食物同时出现，那么经过一段时间之后，条件刺激所引发的条件反应就消失了。换句话说，狗已经学习到，节拍器发声不再意味着有食物要送过来了。这一过程称为**消退**（extinction）。

由于巴甫洛夫是一位生理学家，所以他在实验室里用科学的方法来研究上面的现象是非常自然的事情。他必须通过精确的观察和测量来弄明白不同变量之间的关系，同时排除其他因素的影响。尽管这种科学的研究方法在生物学的研究中非常常见，但是在那个时候，这种方法在心理学的研究当中还是十分罕见的。例如，精神分析师根本不可能准确地测量无意识的冲突，甚至无法观察它们。即使像爱德华·铁钦纳（1867—1927）这样的早期实验心理学家也强调对**内省**（introspection）的研究。在这样的研究当中，被试者首先接受一定的刺激，然后向实验人员报告自己内心的想法和感受。但这种"扶手椅"式的心理实验结果很不一致，令许多实验心理学家颇为沮丧。

华生与行为主义的兴起

早期美国心理学家约翰·华生（1878—1958）被认为是行为主义的创始人。华生受巴甫洛夫的影响很大，他认为，把心理学建立在内省的基础上是走错了方向，心理学也可以像生理学那样进行科学的研究，而且如同化学和物理学一样，心理学也不需要内省等非定量的研究方法。这一观点体现在华生发表于1913年的一篇意义重大的文章中。他在这篇文章里写道："从行为主义者的角度看，心理学是自然科学的一个纯客观的实验分支，其理论目标是预测和控制行为。内省并不是心理学的核心研究方法"（1913，p.158）。

华生把他的大部分时间都花在了将行为心理学发展成为一门彻底的经验科学上面，但他也涉猎了心理病理学的研究。1920年，他和一名叫作罗莎莉·雷纳（Rosalie Rayner）的学生做了一个实验。在实验当中，实验人员首先让一个名叫艾伯特（Albert）的11个月大的小男孩与一只乖巧的毛茸茸的白鼠玩耍。起初艾伯特不怕小动物，并想要和它一起玩。但是，每当艾伯特伸手去抓白鼠的时候，实验人员就会在小男孩身后制造巨大的声响。这样重复了5次之后，当白鼠接近小男孩的时候，他开始显露出害怕的神情。随后，实验人员发现，艾伯特不仅害怕白鼠，他还害怕所有白色的毛茸茸的东西，甚至包括圣诞老人面具上的白胡子。你可能并不认为这一结果出人意料，但要记住的是，这是人类最早在实验室中让人对物体产生恐惧的实验之一。当然，用今天的标准来衡量，这个实验会被认为是不道德的。事实证明，艾伯特的神经功能可能遭受了一些损害，将来有可能发展出恐怖症（Fridlund, Beck, Goldie, & Irons, 2012）。不过尽管如此，这仍然是一项经典的研究。

华生的另一名学生玛丽·科弗·琼斯（Mary Cover Jones, 1896—1987）认为，既然恐惧能够习得，那么这种恐惧或许也能遗忘或消退。在她的实验里，一个名叫彼得的2岁10个月大的小男孩非常害怕毛茸茸的物体，琼斯于是决定每天都把一只小白兔短时间地放进他玩耍的房间。此外，她还安排了其他并不害怕兔子的孩子进入同一个房间。她发现，彼得对小白兔的恐惧逐渐减弱。每一次，她都把兔子放得更近。最后，彼得开始触摸兔子，甚至跟它一起玩了起来（Jones, 1924a, 1924b）。许多年过去，彼得的这一恐惧再也没有复发。

玛丽·科弗·琼斯是最早运用行为疗法治疗恐怖症的心理学家之一。

行为疗法的开端

在随后的20多年里，由于人们热衷于从精神分析的视角来解释恐惧的发生和发展，琼斯研究的意义在很大程度上遭到了忽视。但是在20世纪40年代末50年代初，南非杰出的精神病学家约瑟夫·沃尔普（Joseph Wolpe, 1915—1997）越来越不满意当时所流行的精神分析对心理障碍的解释，并开始把目光投向别处。他了解了巴甫洛夫的研究和范围更为广泛的行为主义心理学。为了治疗他的患者（其中很多人患有恐怖症），沃尔普实施了一系列行为疗法，其中最著名的是**系统脱敏法**（systematic desensitization）。从原理上来说，这一疗法与琼斯治疗彼得的方法非常相似：在治疗师的引导下，患者逐步接近他们所恐惧的物体或情境，以此来使恐惧消退。这样一来，他们就可以试探恐惧的真实性，明白当恐惧的事物或场景出现时并没有什么不好的事情发生。沃尔普还为他的治疗增加了另一个元素。由于沃尔普不是总能在他的办公室里再现患者所恐惧的事物或情境，他就让患者认真地、一步一步地想象恐怖的画面（刺激），同时让患者保持放松（反应）。例如，在治疗一名患有恐犬症的年轻男子的时候，沃尔普先训练患者深度放松，然后让他想象，他正看着公园另一头的一条狗。渐渐地，他能在想象这一景象的同时保持放松，几乎完全没有恐惧的感觉。然后，沃尔普继续让他想象，他正在逐渐接近那条狗。最终，这个年轻人所想到的是，他摸到了狗。此时，他仍然保持着放松的、近乎恍惚的状态。

沃尔普报告，他运用系统脱敏法获得了巨大的成功。这是行为主义这一新学派在心理病理学领域的早期大规模应用之一。沃尔普与在伦敦工作的两位先驱心理学家汉斯·艾森克（Hans Eysenck）和斯坦利·拉赫曼（Stanley Rachman）一起，把这种疗法称作**行为疗法**（behavior therapy）。虽然沃尔普的疗法在今天已经很少使用，但是它们为当代的恐惧和焦虑治疗铺平了道路，使某些严重的恐怖症可以在短短的1天内治愈（见第5章）。

斯金纳与操作性条件作用

弗洛伊德的影响力远远超出了心理病理学的领域，进而波及我们的文化和思想史的许多方面。在影响力方面，能够与之比肩的另一位行为科学家是

B. F. 斯金纳研究了操作性条件作用。这是一种学习过程，处于心理病理学研究中的核心位置。

B. F. 斯金纳（1904—1990）。1938年，他出版了《有机体的行为》（*The Behavior of Organisms*）一书。在这本书当中，斯金纳全面地阐述了**操作性条件作用**（operant conditioning，亦称**操作性条件反射**）的原理。操作性条件作用是一种学习过程，在这当中，行为视先前行为的结果而发生改变。斯金纳早就注意到，人类的行为有很大一部分并非是对非条件刺激的自动反应，而我们必须重视这一点。在随后的几年里，斯金纳并没有把他的思想限制在实验心理学的实验室里。他的著作涉猎广泛。例如，他展望了行为科学在我们的文化中的潜在应用。在他所写的著名小说《桃源二村》（*Walden Two*）（Skinner, 1948）中，他描述了一个按照操作性条件作用原理运行的虚构社会。在另一本广为人知的作品《超越自由与尊严》（*Beyond Freedom and Dignity*）（1971）中，斯金纳广泛地论述了我们的文化所面临的问题，并且从行为科学的角度提出了自己的解决方案。

斯金纳受到了华生以下观点的强烈影响：人类行为的科学必须建立在可观察的事件及事件间关系的基础之上。此外，心理学家爱德华·桑代克（1874—1949）的作品也影响了斯金纳。桑代克最有名的贡献是**效果律**（law of effect），即行为的后果不是使该行为被强化（将来发生的概率增加），就是使该行为被弱化（将来发生的概率降低）。斯金纳吸取了桑代克在动物实验室中把食物用作强化刺激而得出的一些简单结论，并用一系列复杂的方式将这些结论进行了发展，以此来解释人类的行为。例如，一个5岁的男孩在一家餐馆里大喊大叫，导致了周围人的反感。他的这一行为很可能不是非条件刺激所自动引发的结果。不过，如果他的父母随即责骂他，带他出去到车里坐一会儿，或者坚持强化比较得体的行为，他将来就不大可能继续这样做。不过，如果家长认为他的行为很可爱并大笑起来，他就很可能会继续重复同样的行为。

斯金纳据此提出了操作性条件作用的概念，因为行为作用于环境，并在一定程度上改变环境。例如，男孩的行为影响了他父母的行为，而且很可能也影响了其他顾客的行为。因此，他改变了他所处的环境。我们在社会环境里所做的大部分事情也会成为他人对我们做出各种反应所依据的情境，于是，我们的行为产生了后果。对我们所处的物理环境来说，情况也是如此，尽管这一后果可能是长期的（污染空气最终会让我们受害）。与"奖励"相比，斯金纳更喜欢"**强化**"（reinforcement）这一术语，因为它意味着对行为的影响。斯金纳曾经说自己总是不断地谈论强化，就像马克思主义者总是把阶级斗争挂在嘴上一样。但他在《强化程序》（*schedules of* *reinforcement*）一书中指出，我们所有的行为都在一定程度上受强化的控制，强化方式多种多样，无穷无尽。斯金纳写了一整本书来讨论强化的不同程序（Ferster & Skinner, 1957）。他还认为，从长远来看，使用惩罚来影响行为是相对无效的，塑造新行为的主要方式应当是正面强化所期望的行为。与华生非常相似的是，斯金纳也认为，没有必要在可观察、可量化的方法之外去建立理想的行为科学。他不否认生物学的影响，也不否认情绪或认知的主观状态的存在。他只是认为，这些现象只是特定的强化过程中的无关紧要的副作用。

斯金纳的研究对象一般是动物，大多是鸽子和老鼠。根据他的新理论，斯金纳和他的弟子开始教动物学习各种技巧，包括跳舞、打乒乓球和弹奏玩具钢琴。为了达到目的，他使用了一种叫作**塑造**（shaping）的过程，即运用强化分步骤实现最终的一个或一组行为的过程。例如，你想教一只鸽子打乒乓球。一开始，只要鸽子把头微微摆向你扔给它球的方向，你就应当为它喂食。渐渐地，你让鸽子的脑袋越靠越近，直到触到乒乓球。最后，你再用这样的方式让鸽子把球打回来。

巴甫洛夫、华生和斯金纳都对行为治疗（Wolpe, 1958）做出了巨大的贡献，在这当中，心理学的科学原理被运用到了临床实践当中。他们的思想对今天的心理治疗贡献巨大。因此，我们将在本书中多次提到这些思想。

评 价

行为主义模型极大地增进了我们对心理病理学的理解，促进了心理障碍的治疗，这一点在后面的章节里体现得非常清晰。但是，这一模型仍然是不完整的，不足以构成我们今天对心理病理学的理解。过去，行为主义几乎不考虑生物学的影响。因为在大多数情况下，心理障碍都被认为是人在环境影响下的一系列反应。此外，行为主义模型也没有考虑心理障碍在人的一生中的发展。最近，人类已经增进了对信息处理过程的理解（包括有意识的理解和潜意识的理解），这又为心理病理学添加了一层复杂性。所以，我们需要心理病理学的新模型来整合以上的所有方面。

现状：科学方法与整合路径

正如莎士比亚所写的，"过去的不过是序幕"。我们刚刚回顾了关于心理障碍致病原因的3种传统或思考范式，它们分别是超自然传统、生物学传统和心理学传统（进一步细分为精神分析和行为主义两大历史传统）。

心理病理学的超自然解释仍然伴随我们左右。迷信盛行，很多人仍然认为月亮和星星能影响我们的行为。不过，这一传统对科学家和其他专业人士的影响不大。相比之下，生物学模型、精神分析模型和行为主义模型正在继续推进我们对心理病理学的理解，你将在下一章里读到这一点。

每一种传统都有巨大的缺陷。首先，理论和治疗中常常缺少科学方法的运用。这主要是因为，能够证实或证伪相关理论或疗法的科学方法那时还没有诞生。缺少科学的证据，许多人就染上了各种各样的狂热和迷信，直到后来才发现，它们是虚假的、无意义的。新的潮流往往会取代真正有用的理论和疗法。查理六世接受了各种疗法的治疗，现在我们已经知道，其中一些疗法是有效的，而另一些疗法则不过是一时流行、甚至有害的做法。我们将在第4章里讨论如何才能运用科学的方法来证实或驳斥心理病理学领域的各种发现。其次，医学专业人员常常只从他们自身的角度来狭隘地看待心理障碍。格雷认为，心理障碍是脑部疾病的结果，而不受其他因素的影响。华生认为，包括病态行为在内的所有行为都是心理和社会影响的结果，而生物学因素的贡献是微不足道的。

在20世纪90年代，两大变化促使我们更清晰地认识到了心理病理学的本质：①科学工具与研究方法日趋发达；②人们认识到，在生物、行为、认知、情感和社会等影响因素当中，没有哪一种是独立发挥作用的。实际上，每当我们思考、感觉或做一些事情的时候，大脑和身体的其余部分都在努力地工作。而且，可能不那么明显的是，我们的思想、感受和行为也会不可避免地影响大脑的功能甚至结构，这种改变有时是永久的。换句话说，我们的行为，无论是正常的行为还是异常的行为，都是心理、生物和社会因素相互作用的产物。

很早就有人认为，心理障碍的成因是多种多样的。其中最有名的也许要算阿道夫·迈耶（Adolf Meyer，1866—1950）了。通常，我们把他视为美国精神病学的泰斗。20世纪上半叶，就在大多数专业人士都认为心理障碍是由单一原因引发的时候，迈耶却坚定不移地强调，在心理障碍的致病因素中，生物、心理和社会文化的影响都不相上下。尽管迈耶的观点得到了一些人的支持，但是直到如今，他的观点当中所包含的智慧才在精神健康领域获得了充分的认可。

历史走进新千年，我们也迎来了真正的心理病理学知识的大发展。认知科学和神经科学等年轻领域的研究成果开始呈现出指数级的增长。我们更多地了解了我们的大脑，以及我们如何处理、记忆和使用信息。与此同时，行为科学的新发现也揭示了早期经历对日后发展的决定意义。很明显，我们需要一个新的模型来综合考虑生物、心理和社会因素对行为的影响。这一心理病理学的研究路径将结合所有领域的研究成果，也将涵盖我们对个体如何经历从婴儿到老年的不同发展阶段日益深刻的理解。

2010年，美国国家精神卫生研究所制定了一项战略计划，以此来推动对这些因素之间的关系进行进一步的研究，目的是为了把研究成果应用于一线的医疗实践（Insel，2009）。在本书的其余部分，我们将探讨神经科学、认知科学、行为科学和发展科学之间的相互影响。你会发现，目前唯一有效的心理病理学模型是多维的、综合的。

小测验 1.3

请将以下关于行为的心理学理论填入相应的空格：

A. 行为模型　　B. 道德疗法
C. 精神分析理论　　D. 人本主义理论

1. 尽可能用正常的方式治疗入院的病人，鼓励社会交往，发展人际关系。_____
2. 催眠、精神分析式的自由联想和对梦的解析，追求本我、自我与超我的平衡。_____
3. 当事人中心疗法，无条件的积极关注。_____
4. 经典条件作用，系统脱敏法和操作性条件作用。_____

本章小结

了解心理病理学

- 心理障碍是：①一种心理功能障碍，②它表现为内心痛苦和社会功能缺损，③行为异常或违反社会规范。只有这3条基本标准全部满足，我们才能认定心理障碍的发生。任何一条标准都不能单独确定这一点。
- 心理病理学是研究心理障碍的科学。受过专门训练的精神卫生专业人员包括临床心理治疗师和咨询心理治疗师、精神科医师、精神病学社会工作者和精神科护士。每一种职业都需要接受特定种类的培训。
- 运用科学的方法，精神卫生专业人员可以成为研究—实践者。他们不仅可以跟踪自身专业领域的最新进展，还可以使用科学数据来评估自己的工作。此外，他们还经常在他们所在的诊所或医院开展研究。
- 对心理障碍的研究一般可以分为3个基本类型：描述、解释病因、治疗与预后。

超自然、生物学与心理学传统

- 从历史上看，对异常行为的认识主要有3种。在超自然传统中，引发异常行为的因素来自我们身体之外或社会环境当中，如魔鬼、精灵或月亮和星星的影响。这一传统虽然流传至今，但已经在很大程度上被生物学和心理学传统所取代。从生物学传统看，心理障碍是由疾病或生化物质失衡造成的。从心理学传统看，心理障碍是由心理发育缺陷和不良的社会环境所引发的。
- 每一个传统都有治疗精神病人的独特方式。超自然传统的治疗方法包括通过实施驱魔术来赶走附身的魔鬼。生物学传统的治疗方法通常强调身体护理和医学治疗，尤其是药物治疗。心理学传统的治疗方法是心理治疗，包括最早的道德治疗和今天的现代心理治疗。

- 弗洛伊德是精神分析疗法的创始人。他创造性地提出了无意识的构想，不过在很大程度上并未获得科学的证实。在治疗中，弗洛伊德通过宣泄、自由联想和梦的解析等治疗手段专注地探寻无意识的奥秘。尽管弗洛伊德的追随者们选取了不同的研究路径，但我们至今仍然能感受到弗洛伊德的影响。
- 弗洛伊德的精神分析疗法的产物之一是人本主义心理学。与心理障碍相比，人本主义心理学更加关注人的潜能和自我实现。其治疗方法为来访者中心疗法。治疗师几乎无条件地积极关注来访者的感受和想法。
- 行为模型将心理学带入了科学的领域。行为模型的研究与治疗都注重可测量的因素。治疗方法包括系统脱敏法、强化和塑造。

现状：科学方法与整合路径

- 随着科学工具的日趋发达和认知科学、行为科学和神经科学所带来的新知识，我们现在已经认识到，心理障碍的致病因素不是孤立地发生作用的。我们的行为，无论是正常的行为还是异常的行为，都是心理、生物和社会因素相互作用的产物。

小测验答案

1.1
1.D 2.B, C 3.D 4.C 5.A 6.F 7.E 8.B

1.2
1.C 2.A 3.B

1.3
1.B 2.C 3.D 4.A

大事记
前400—1875

公元前400年：希波克拉底提出，心理障碍兼有生物学和心理学的原因。

14世纪：迷信盛行，人们认为心理障碍是由魔鬼和女巫引发的。他们使用驱魔术来驱走附身的恶魔。

15—19世纪：人们通过放血疗法从人体中抽取不健康的体液，从而恢复化学物质的平衡。

1793年：菲利普·皮内尔引入了道德疗法，使法国的精神病院更加人性化。

公元前400年	14世纪	16世纪	1825—1875

公元前200年：盖伦提出，人类行为的正常与否取决于4种体液是否平衡。

15世纪：人们开始认为，心理障碍是由精神和情绪压力引发的。抑郁和焦虑再一次被一些人归类为心理障碍。

16世纪：帕拉塞尔斯提出，是月亮和星星影响人的心理功能的运作，而不是魔鬼。

1825—1875年：人们把梅毒从其他类型的精神病中区分了出来，因为它是由一种细菌引起的。最终，人们发现了青霉素来治疗梅毒。

1930—1968

1930年：胰岛素休克疗法、电痉挛疗法和脑部手术开始应用于心理障碍的治疗。

1943年：《明尼苏达多项人格测验》出版。

1950年：能够有效治疗严重精神病的药物首次出现。人本主义心理学（基于荣格、阿德勒和罗杰斯的观点）开始获得承认。

1958年：约瑟夫·沃尔普运用基于行为科学原理的系统脱敏法成功地治疗了恐惧症。

1930	1943	1950	1968

1938年：斯金纳出版了《有机体的行为》一书，其中论述了操作性条件作用的原理。

1946年：安娜·弗洛伊德出版了《自我与防御机制》一书。

1952年：DSM–I出版。

1968年：DSM–II出版。

1848—1920

1848年：多萝西娅·迪克斯在美国成功地推动了精神病院的人性化治疗。

1870年：路易·巴斯德提出了微生物致病说，促进了引发梅毒的致病菌的发现。

1900年：弗洛伊德出版了《梦的解析》一书。

1913年：埃米尔·克雷珀林从生物学的角度为不同的心理障碍进行了分类，并发表了有关诊断的著作。

1848　　　　1870　　　　1900　　　　1920

1854年：美国纽约尤蒂卡州立医院院长约翰·格雷认为，精神病都是躯体疾病，于是不再重视心理疗法。

1895年：约瑟夫·布洛伊尔治疗了安娜·欧的癔症，促使弗洛伊德提出了精神分析理论。

1904年：伊万·巴甫洛夫因其对消化系统的生理学研究而获得诺贝尔奖。他在对狗的实验中发现了条件反射。

1920年：约翰·华生用一只白鼠在小男孩艾伯特身上进行了有关条件刺激的实验。

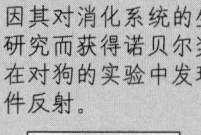

1980—2000

20世纪90年代：研究方法日趋发达。人们认识到，生物或环境因素都不能独立发挥作用。

1980年：DSM-Ⅲ出版。

2000年：DSM-Ⅳ-TR出版。

1980　　　　20世纪90年代　　　　2000　　　　2010

1987年：DSM-Ⅲ-R出版。

1994年：DSM-Ⅳ出版。

2013年：DSM-5出版。

心理病理学的整合视角

单维度模型与多维度模型
　　是什么引发了朱迪的恐怖症？
　　结果与点评
遗传对心理病理学的影响
　　认识基因
　　基因与行为研究的新进展
　　基因与环境的交互作用
　　表观遗传学与行为的非基因"继承"
神经科学及其对心理病理学的影响
　　中枢神经系统
　　脑的结构
　　外周神经系统
　　神经递质
　　心理病理学的影响
　　社会心理因素对大脑结构和功能的影响
　　社会心理因素与神经递质的相互作用
　　社会心理因素对大脑结构和功能发育的影响
　　点　评
行为与认知科学
　　条件反射与认知过程
　　习得性无助
　　社会学习
　　预备学习
　　认知科学与无意识
情　绪
　　恐惧的生理机制与意义
　　情绪现象
　　情绪的构成
　　愤怒与你的心脏
　　情绪与心理障碍
文化、社会和人际因素
　　伏都教、邪眼等恐惧
　　性　别
　　社会因素对健康和行为的影响
　　心理障碍的全球发病率
毕生发展
　　一病多因原则
结　论

第 2 章

学习目标

- 运用科学推理理解行为
  - 了解解释（例如推理、观察、操作性定义和理解）行为的生物学因素、心理学因素和社会因素（APA SLO 1.1a）。
  - 选取适当的解释水平（例如细胞水平、个体水平、群体/系统水平和社会/文化水平）来解释行为（APA SLO 1.1C）。
- 熟练掌握心理学的内容领域
  - 了解心理学主要内容领域（例如认知与学习领域、发展领域、生物学领域和社会文化领域）的重要特点（APA SLO 5.2a）。

* 本章内容涵盖美国心理学会（APA，2012）建议的学习目标，旨在为心理学专业本科生提供指导。目标及建议学习成果（SLO）由 APA 定义。

还记得第 1 章里的朱迪吗？我们知道她患有血液/注射/外伤恐怖症，但我们不知道这其中的原因是什么。现在，我们就来探讨这一疾病的病因。在这一章里，我们将从**多维整合模型**（multidimensional integrative approach）的角度来讨论精神病理学的各个组成部分（见图 2.1）。生物学的维度包括遗传学和神经科学领域的起因。心理学的维度包括行为和认知过程的起因，比如习得性无助、社会学习、预备学习，乃至无意识过程（此处不是弗洛伊德时代的无意识）。与社会和人际影响相同，情绪也以各种各样的方式影响心理障碍的发生。最后，在讨论心理障碍成因的时候，我们都要考虑年龄的影响。你将逐渐熟悉这些领域，因为它们都与心理病理学有关。你也将了解有关心理障碍的最新研究进展。但是不要忘记我们在前一章里确认过的：没有哪一种影响因素是独立发挥作用的。每一个维度，无论是生物学的还是心理学的，都受到其他维度和年龄因素的巨大影响。它们以各种错综复杂的方式交织在一起，共同构成了心理障碍的成因。

接下来，我们将扼要说明我们为什么会采取多维整合模型来进行心理病理学的讨论。然后，我们将借朱迪的案例简单介绍各类病因和它们之间的相互作用。最后，我们将更加深入地讨论特定的病因，同时介绍我们所知道的最新研究和整合视角。

单维度模型与多维度模型

如果有人说，心理障碍是由生理异常或条件反射引起的，这就是线性模型或单维度模型。这一模型试图为行为找到单一的原因。线性因果模型可能会认为，精神分裂症或恐怖症源自化学物质失衡或成长于冲突激烈的家庭环境。在心理学和心理病理学的领域，我们有时仍然能见到这样的思维方式，但大多数科学家和临床医生都认为，异常行为是多重因素共同影响的结果。一个系统或反馈环可能有很多不同的影响输入点，但由于每一个点都是整体的一部分，所以我们就不能孤立地看待每一个影响因素。这就是看待因果关系的系统性视角。它意味着，我们不能脱离整体背景来考虑引发心理障碍的特定因素。这里所说的背景既包括认知、情绪、社会和文化环境的因素，也包括生物学和个体行为的因素，因为这一系统中的任何一个组成部分都不可避免地要影响其他的部分。这就是多维度模型。

是什么引发了朱迪的恐怖症？

让我们从多维度的视角来看看，导致朱迪患上恐怖症的可能是哪些因素（见图 2.1）。

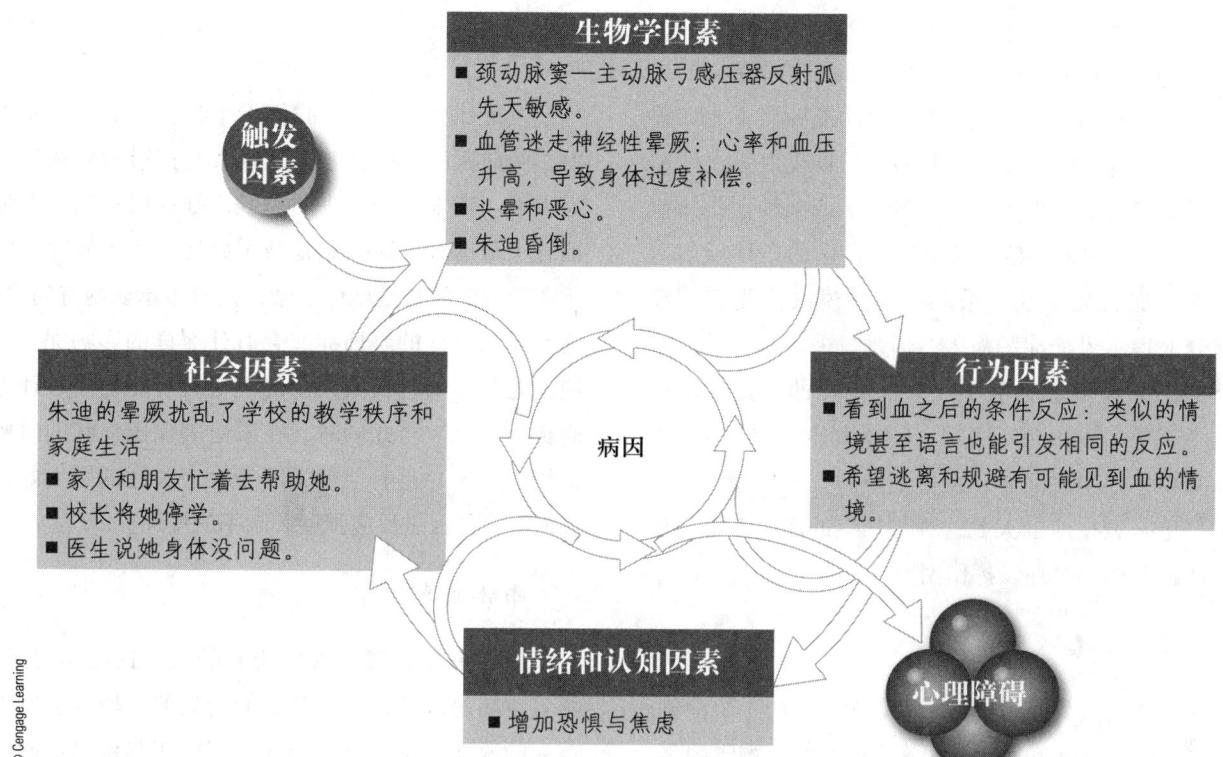

图 2.1 朱迪的恐怖症

行为因素

说到朱迪的恐怖症,病因似乎非常明显。她看到了画面血腥的教学片,产生了强烈的不适反应,而当这种非条件反应与类似的场景联系起来(联系的强弱取决于场景与教学片画面的相似程度)的时候,恐怖症就形成了。但朱迪的反应非常剧烈,以至于听到有人喊"看我不撕你的嘴",她也会感到恶心。朱迪的恐怖症仅仅是经典条件反射的结果吗?乍看上去也许是这样,但令人费解的问题出现了:为什么朱迪班上的其他孩子没有患上相同的恐怖症呢?就朱迪所知,其他人并没有觉得恶心。

生物学因素

我们现在已经知道,血液/注射/外伤恐怖症绝不仅仅源自简单的条件反射,尽管刺激泛化也在其中发挥了作用。对于这种恐怖症,我们已经相当了解(Antony & Barlow, 2002; Ayala, Meuret, & Ritz, 2009; Page, 1996; van Overveld, de Jong, & Peters, 2011)。从生理学的角度来说,朱迪所经历的是血管迷走神经性晕厥,这是晕厥的常见原因。看到教学片的时候,她像很多人一样产生了轻度的紧张,于是她的心率和血压随之升高,而她很可能没有注意到这一点。她的身体立刻对此做出补偿反应,调低了血管的阻力,降低了心率,由此导致血压降低。由于脑部供血减少,她最终失去了意识。这就是由头部的低血压而引发的晕厥。

对于血管迷走神经性晕厥来说,问题可能出在颈动脉窦—主动脉弓感压器反射弧这一调节机制的过度敏感上。如果血压突然升高,这一机制就会补偿性地降低血压。有趣的是,这一机制过度敏感所导致的过度补偿似乎是遗传的,这一点或许可以解释血液/注射/外伤恐怖症发病的家族性特点。你看见血会觉得恶心吗?如果是的话,那么你的母亲、你的父亲,或者其他直系亲属很可能都会有同样的反应。在一项研究中,61%的血液/注射/外伤恐怖症患者的家庭成员都存在类似的症状,只是大多都比较轻微(Öst, 1992)。看到这里,你可能会想,既然我们已经发现了导致这种恐怖症的原因,那么我们只需研发一种药品来调节压力反射就可以了。但是,许多具有严重晕厥反应倾向的人并没有患上恐怖症。他们通过各种方式来应对他们的晕厥反应,比如在看到血的时候绷紧肌肉。紧绷的肌肉能迅速提升血压,防止昏厥。同时,一些几乎没有晕厥反应的人却患上了恐怖症（Öst，1992）。因此，血液/注射/外伤恐怖症的病因比看上去的更加复杂。如果我们说，恐怖症是由某种生物学功能障碍（比如很可能是由颈动脉窦—主动脉弓感压器反射弧过度敏感而造成的血管迷走神经性晕厥）或某种创伤体验（比如看了恐怖电影）以及随后发生的条件反射造成的，那么无论我们采取哪一种说法，我们都能部分地揭示恐怖症的病因。但是，采用这种单一维度的因果模型会让我们丢掉最重要的一点，那就是，要想引发血液/注射/外伤恐怖症，行为因素和生物学因素之间必须发生复杂的<u>交互作用</u>。遗传了严重晕厥反应的人是这种恐怖症的高危人群，但其他因素也同时在发挥作用。

情绪因素

朱迪的案例是生物学因素影响行为的一个范例。但是，行为、认知和感觉因素也能影响生物学因素，而且这种影响有时是非常显著的。在恐怖症的发生和发展过程中，朱迪的恐惧和焦虑扮演了怎样的角色？它们来自哪里？情绪可以影响诸如血压、心率、呼吸等生理反应；特别是，正如朱迪那样，当我们在理智上并没有发现可怕的事情的时候，情绪所起的作用就更大。在朱迪的案例中，由情绪导致的心率快速增加可能引发了更为强烈的感压器反射。此外，朱迪的情绪也改变了她看待包含血和伤口的场景的方式，并促使她不情愿地改变了自己的行为，躲避与血和伤口有关的所有场合，尽管她知道这种躲避对她并没有好处。正如我们在这本书中看到的，情绪对许多心理障碍的发展都起到了重要的推动作用。

即便经历了相同的创伤性事件，不同的人却会有不同的长期反应。

社会因素

人是社会性动物。我们天生喜欢生活在群体当中，例如家庭。社会与文化因素直接影响生物与行为因素。当朱迪晕过去的时候，她的朋友和家人都忙着去帮助她。这么做是帮了她还是害了她呢？她所在学校的校长给她停了学，而且不承认她有问题。这一做法对她的恐怖症又会有什么样的影响呢？拒绝，尤其是来自权威人物的拒绝，可能会使心理障碍更为严重。与此同时，在朱迪表现出症状的时候帮忙也并不总是有益的，因为社会关注的巨大好处反而有可能促进反应强度和频率的增加。

年龄因素

还有一项因素会影响所有的人，这就是时间。随着时间的流逝，我们和我们所处的环境都会发生重大的改变，从而使我们在不同的年龄做出不同的反应。在特定的时期，我们有可能会进入发展的<u>关键期</u>（critical period），这时，我们的反应会比平时更加灵敏或迟钝。让我们再次回到朱迪的案例。在她第一次晕倒之前，她很可能也见过血。这就引出了一个非常重要的问题：她为什么会在16岁时发病，而不是更早？是否是因为血管迷走神经性晕厥在青春期更容易发生？可能的原因是，朱迪易发生生理反应的年龄与教学片中的血腥画面正巧碰在了一起，于是引发了严重的恐惧反应。

结果与点评

所幸的是，我们对朱迪进行的短期高强度的治疗达到了很好的效果。没出一个星期，她就回到学校继续学业了。在朱迪的全力配合下，我们让她逐渐接触与血和伤口有关的短语、画面和场景，同时不使她的血压出现突然的下降。我们从难度较低的内容开始，比如"看我不撕你的嘴"等。到这一周即将结束的时候，朱迪已经可以在当地的医院观看手术过程了。

在治疗当中，朱迪需要密切的监督。在其中的一天，朱迪完成晚间治疗后与父母一起开车回家，结果很不走运地经过了一个车祸现场，并且见到了一位正在流血的事故受害者。那天夜里，她梦见那个伤者从她卧室的墙壁中钻了出来。这一经历促使她打电话到诊所寻求紧急干预,以减轻她的痛苦。幸好,这个插曲并没有减缓她康复的脚步。(我们将在第 5 章里更详细地介绍恐怖症和相关的焦虑障碍的治疗,此处只讨论致病原因。)

正如你所看到的,寻找异常行为的病因是一个复杂又令人着迷的过程。只把目光放在生物学因素或行为因素上会妨碍我们全面地认识使朱迪患上心理疾病的各种原因。我们必须考虑各种影响因素和它们之间可能发生的相互作用。在接下来的内容里,我们将更加深入地讨论相关的科学研究,这些研究揭示了分析心理障碍的病因时所必须考虑的生物学因素、心理学因素和社会因素。

遗传对心理病理学的影响

是什么原因使你与父母当中的一方或双方甚至祖父母相像?显然,这是因为你从父母和更早的祖先那里继承了基因。**基因**(gene)是位于细胞核染色体内不同位置的脱氧核糖核酸(DNA)序列。自从 19 世纪孟德尔进行了他的开创性研究之后,我们就已经知道,我们的身体特征,比如头发和眼睛的颜色,甚至身高和体重(从很大程度上说)都是被遗传禀赋所决定,或者至少是受它强烈影响的。不过,环境当中的其他因素也能影响我们的外表。从一定程度上说,我们的体重甚至身高还受营养、社会和文化因素的影响。所以,基因不能完全决定我们的身体发育。基因为我们的发展设定了边界,而我们能在边界之内发展到什么程度就要看环境的影响了。

不过,尽管我们身体的大部分特征都符合上面的描述,但也不尽然。我们的某些特征基本上只受一个或少数基因的影响,比如发色和眼睛的颜色。一些罕见的疾病也是如此,比如亨廷顿氏症。这是一种发生于成年早期和成年期、常见于 40 岁出头的退行性脑部疾病。我们已经知道,这种疾病源自一种基因缺陷所导致的大脑基底节退化。它会导致病患发生一系列症状,包括个性、认知功能的改变,尤其是运动功能的改变,如不自主的身体晃动或抽动。我们还没有发现哪一种环境因素能够影响亨廷顿氏病的病程。遗传影响心理障碍的另一个例子是一种叫作苯丙酮尿症的疾病。这种疾病可能会导致智力残疾(以前称为"智力低下")。这种疾病在出生时发病,原因是病患无力代谢(分解)苯丙氨酸,这种化合物存在于很多种食物当中。与亨廷顿氏症一样,苯丙酮尿症也是由单一基因的缺陷所引发,而与其他基因或环境因素无关。如果父母双方都是该基因的携带者,这种病就会遗传给孩子。幸运的是,研究人员已经发现了一种方法来治疗这种疾病,即,我们可以改变环境与这种疾病的相互作用方式,以此来影响这种疾病的遗传表达。具体来说,我们会尽早诊断(现在已经这样做了),然后限制婴儿饮食中苯丙氨酸的含量,并一直持续到孩子正常饮食不会损害大脑的年龄,一般为 6~7 岁。我们将在

小测验 2.1

理论家已经抛弃了某一种因素能够解释异常行为成因的观念,他们更加青睐整合模型。将下面的影响因素填入相应的空格:

A. 行为因素　　B. 生物学因素
C. 情绪因素　　D. 社会因素
E. 年龄因素

1. 某些类型的恐怖症(例如恐高症和恐蛇症)比其他恐怖症更常见,它们可能曾经对物种的生存有重要意义。这一点说明,恐惧可能是内置于基因的。这一点证明了哪一种影响因素的存在?_____

2. 简的前夫金克斯是一个无业的好色之徒。离婚多年后,简仍然不明白,为什么她一闻到金克斯用过的同一个牌子的须后润肤露的气味就恶心。哪些影响因素最能解释简的反应?_____

3. 对于近期与父母的分离,16 岁的纳丹发现自己比 7 岁的妹妹更加不适应。这一现象可能被哪些影响因素所解释?_____

4. 朱厄妮塔的恐高症很可能源自小时候坐摩天轮受到了惊吓。她对高度的强烈情绪反应很可能使她的恐怖症持续下去,甚至加重。在恐怖症最初发生的时候,朱厄妮塔很可能是受了_____的影响,不过,可能是_____让她的恐怖症得以不断延续。

第14章和第15章里更加详细地介绍苯丙酮尿症和亨廷顿氏症这类能够表现出各种明显认知损害的疾病。

除同卵双胞胎之外，每个人的基因都是独特的。由于环境能够在基因设定的限制范围内发挥足够大的影响力，所以个体间的差异可以追溯到各种各样的原因。

那么，基因会影响我们的行为和性格吗？基因会影响我们喜欢什么、不喜欢什么吗？基因会影响个性，乃至异常行为吗？先天（遗传因素）与后天（养育和其他环境因素）之争是心理学的老话题，但新近的研究结果确实引人关注。在讨论这些研究之前，我们先来扼要地回顾我们对基因和环境因素的认识。

认识基因

我们很早就已经知道，正常的人体细胞中都有23对、46条染色体。每对染色体当中的两条染色体分别来自父亲和母亲。我们可以通过显微镜看到这些染色体。有时，我们会发现某一条染色体存在缺陷，进而预测可能会引发哪些问题。

在23对染色体当中，有22对为身体和大脑的发育提供程序或指令，而第23对，即**性染色体**（sex chromosomes）决定人的性别。对女性来说，性染色体由两条**X染色体**（X chromosome）组成；对男性来说，母亲提供X染色体，父亲提供**Y染色体**（Y chromosome）。这一差异导致了两种生物性别的形成。性染色体出现异常可能会引发性别特征的混淆（见第10章）。

包含基因的DNA分子呈双螺旋结构（见彩页图2.2），人类在几十年前才刚刚发现这一点。螺旋结构形似旋梯，双螺旋结构就是两条螺旋相互缠绕在一起，中间由成对的碱基相连。X染色体上有大约1亿6万个碱基对。这些碱基对的排列顺序影响着身体的发育和代谢。

显性基因（dominant gene）是一对基因中能够决定特定遗传特征的基因。这样的基因只需一个就能决定诸如发色或眼睛的颜色等遗传特征。与此相反，**隐性基因**（recessive gene）则必须与另一个隐性基因相配才能决定遗传特征；否则，这一基因将不会产生任何影响。如果一对基因当中的某一个基因总是能决定这一对基因所表达的性状，那么这个基因就是显性基因。（例如，棕色眼睛的基因是显性

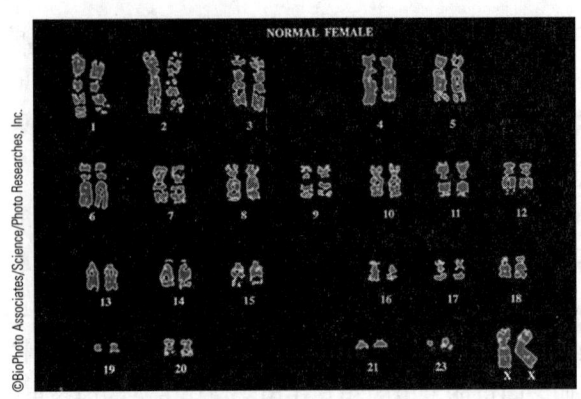

一名正常女性拥有23对染色体。

基因，占据支配地位，而蓝色眼睛的基因是隐性基因，与前者相遇时不表达相应的性状）。当某一性状或病症受显性基因控制时，我们就可以参照孟德尔定律，根据父母携带显性基因的情况来准确地推断将有多少后代表现出这一性状或病症。

不过，在大多数情况下，预测后代的遗传表达都不是一件容易的事。我们的发育、行为、个性，甚至智力商数（IQ）基本都属于**多基因遗传**（polygenic），即受到很多基因的影响，其中每一种基因的影响都十分有限。而所有这些方面又可能受到环境的影响。而且，由于人类**基因组**（genome，即一个人的所有基因）包含2万多个基因（U.S. Department of Energy Office of Science，2009），所以基因间的相互作用可能相当复杂。出于这个原因，大多数遗传学家正在运用定量遗传学和分子遗传学等先进工具来寻找多种基因联合作用的模式（Kendler, 2006, 2011; Kendler, Jaffee, & Roemer, 2011; Plomin & Davis, 2009; Rutter, Moffitt, & Caspi, 2006）。**定量遗传学**（quantitative genetics）能够将多种基因的微小效应集合起来，而不去考虑具体哪一种基因影响哪一种效应。**分子遗传学**（molecular genetics）侧重于运用DNA微阵列（DNA microarrays）等日益先进的技术来研究基因的实际结构。这些技术能够让科学家同时分析数千个基因，找出有可能控制特定性状的单组基因（Kendler, 2011; Plomin & Davis, 2009）。类似的研究表明，数百个基因就可以控制单个性状的遗传（Hariri et al., 2002; Plomin et al., 1995; Rutter et al., 2006）。这对我们理解基因的工作原理是非常重要的。基因通过一系列蛋白质制造过程来影响我们的身体和行为。虽然所有的细胞都完整地携带有我们的遗传信

息,但是对任一个细胞来说,只有一小部分基因能够被启动或表达。通过这种方式,细胞就可以实现分化,比如,使一些细胞影响肝功能,而另一些细胞影响个性等。有趣的是,社会和文化等环境因素也可以决定某些基因能否被启动(Cole, 2011)。例如,在对幼鼠的研究中,研究人员发现,缺乏"舔舐幼崽"这一正常的母性行为会阻碍糖皮质激素受体的基因表达,而该受体具有调节应激激素的作用。这意味着,缺乏母性关爱的大鼠对应激更为敏感(Meaney & Szyf, 2005)。有证据表明,人类也可能具有类似的反应模式(Dickens, Turkheimer, & Beam, 2011; Hyman, 2009)。本章稍后会讨论基因与环境相互作用的部分,我们将提供更多的例证。关于基因表达和基因与环境相互作用的研究是当前遗传学的前沿领域(Kendler et al., 2011; Plomin & Davis, 2009; Rutter, 2006; Rutter et al., 2006; Thapar & McGuffin, 2009)。在第4章里,我们将介绍科学家在研究基因的影响时所实际使用的研究方法。在这里,我们只介绍他们的研究结论。

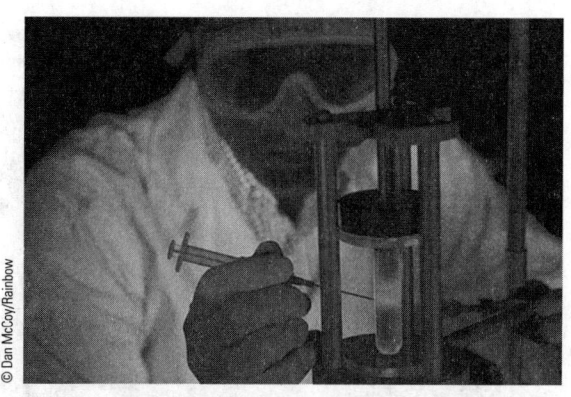

今天的研究人员能够将DNA分离出来进行研究。

基因与行为研究的新进展

现在,科学家们已经初步厘清了遗传对心理障碍和相关行为模式的影响。我们稳定的人格特质和认知能力约有一半来自基因的影响(Rutter, 2006)。例如,研究(McClearn et al., 1997)比较了110对年龄至少为80岁的同卵双胞胎和130对近似年龄的同性异卵双胞胎,结果发现,记忆力、空间感受力等具体认知能力的遗传性约为32%~62%。在这项研究所基于的早期双胞胎研究中,不同年龄组也显示出了类似的结果(Bouchard, Lykken, McGue, Segal, & Tellegen, 1990)。此外,一项跨越35年针对1200多对双胞胎的研究证实,在成年期(从成年早期到成熟期)当中,遗传因素决定认知能力的稳定性,而环境因素则使这一稳定性发生变化(Lyons et al., 2009)。在其他研究当中,害羞或好动程度等性格特征的遗传性也在30%~50%之间(Bouchard et al., 1990; Kendler, 2001; Loehlin, 1992; Rutter, 2006; Saudino & Plomin, 1996; Saudino, Plomin, & DeFries, 1996)。

研究也表明,诸如童年"生活不稳定"等负面生活事件对人的影响可以超过基因(Turkheimer, Haley, Waldron, D'Onofrio, & Gottesman, 2003)。例如,研究发现(Lyons et al., 2009),如果双胞胎中一方的生活环境由于亲人亡故等应激事件而发生剧烈改变,那么他(她)的认知能力也会出现显著的改变。

有证据表明,遗传因素对所有的心理障碍都有影响,但解释力不足一半。如果一对同卵双胞胎中的一个患上了精神分裂症,那么另一个患上同样病症的概率低于50%(Gottesman, 1991)。对其他心理障碍来说,这一比例也与以上数字相似或较低(Kendler & Prescott, 2006; Rutter, 2006)。

在过去的几年里,对于基因的作用和心理障碍的成因,行为遗传学家已经得出了大致的结论。首先,尽管特定的或少量的基因可能最终会被认定与某种心理障碍有关(下文中的几项重要研究将揭示这一点),但是,正如我们前面所讨论过的,目前的很多证据都表明,很多基因都能影响心理障碍的发生,而每一种基因的影响都是相对微弱的(Flint, 2009; Rutter, 2006)。我们要认识到这一点,并且继续努力寻找与各种各样的心理障碍有关的基因组,这极为重要。我们在基因定位、分子遗传学和连锁研究等领域的进展将有助于我们解决这一难题(例如,Gershon et al., 2001; Hettema, Prescott, Myers, Neale, & Kendler, 2005)。在连锁研究当中,科学家会研究患有相同心理障碍(比如躁郁症)、同时也具有其他共同特征(比如眼睛的颜色)的病患。因为决定眼睛颜色的基因位置是已知的,所以科学家就能把这一位置与引发这种心理障碍的基因的位置"联系"起来(Flint, 2009; 见第4章)。

我们可以在分开抚养的双胞胎身上清晰地看到遗传的影响。图中的两兄弟团聚后,他们发现彼此都是消防员,而且还有很多共同的兴趣和特点。

其次,如前所述,我们已经越来越清楚,由于环境能够抑制或启动特定基因的表达,所以我们不能抛开基因与环境的相互作用来研究遗传对心理疾病的影响(Kendler et al., 2011; Rutter, 2010)。下面,我们就来讨论这个有趣的话题。

基因与环境的交互作用

Eric Kandel 因研究学习对生物功能的影响等贡献而获得诺贝尔医学奖。

1983 年,杰出的神经科学家和诺贝尔奖得主 Eric Kandel 推测,学习过程的影响甚于行为。他提出,如果不活跃或休眠的基因在与环境的相互作用中被激活,那么在学习的作用下,细胞的遗传结构就可能发生改变。换句话说,环境可能会偶然地启动某些基因。这一机制可能会使神经元末梢的受体数量发生改变,而这一改变反过来又会影响大脑的生化功能。

这一观点虽然并非由 Kandel 首次提出,但这一次却产生了非常大的影响。大多数人都猜测,与身体的其他部位一样,大脑也会在发育的过程中受到环境变化的影响。但是,我们同时也认为,一旦成年,我们体内器官的结构和功能以及大部分生理机能就定型了,包括大脑。但是,Kandel 的观点却是,大脑的结构和功能都具有可塑性,它们会在环境的作用下不断地发生变化,这种变化甚至可以发生在遗传结构的水平上。现在,这一观点已经获得了有力的支持(Dick, 2011; Kendler et al., 2011; Landis & Insel, 2008; Robinson, Fernald, & Clayton, 2008)。

了解了这些新的发现,我们现在就能讨论基因与环境的交互作用对心理障碍的影响了。在这一方面,有两种认识模型都获得了广泛的关注:一种是素质—应激模型,一种是基因—环境关联模型(或基因—环境交互模型)。

素质—应激模型

多年前,科学家提出假设,认为基因和环境之间存在特定的交互作用方式,这就是**素质—应激模型**(diathesis-stress model)。该模型认为,个体会从遗传中继承表达某种特性或行为的倾向。在特定应激因素的刺激下,这种倾向就会被激活(见图 2.3)。从遗传中得来的每一种倾向都是一种素质,这种素质会使人更容易患上某种心理障碍。当特定的生活事件,例如某种应激因素袭来时,相应的心理障碍就会发生。例如,根据素质—应激模型,朱迪继承了晕血的倾向。这种倾向就是素质,或者叫**易感性**(vulnerability)。没有特定的环境事件发生,该倾向就不会表达。对朱迪来说,这一环境事件就是观看解剖动物的教学片。在当时的情况下,离开教室或者闭上眼睛都是不被允许的。所以,此时看见解剖动物就激活了她晕血的遗传倾向。以上因素共同发

图 2.3 在素质—应激模型当中,易感性越强,发病所需的生活刺激就越弱。

挥作用，最终导致她罹患心理障碍。如果她没有选择生物学专业，她一辈子可能都不会知道她有晕血的倾向。她也许会在看到轻微割伤和擦伤的时候感到恶心，但不至于表现得那么严重。你可以看到，素质得自遗传，应激来自环境，但它们必须相互作用才能引发心理障碍。

我们再来看一个案例。一个人从父母那里继承了酗酒易感性，而他的好友没有这种易感性，结果这一点让他们产生了很大的不同。大学期间，两人都会与他人长时间地拼酒量，但是只有携带所谓的成瘾基因的那个人慢慢地发展至酗酒，而他的好友却安然无恙。具有特定的心理障碍易感性并不意味着你就会患上那种心理障碍。易感性越弱，发病所需的生活刺激就越大；反之，易感性越强，发病所需的生活刺激就越弱。这一基因—环境的交互作用模型似乎足够通俗，但是，从环境与脑的结构、功能的关系来看，这一模型已经过度简化了。

由 Caspi 等人（2003）所做的一项具有里程碑意义的研究清晰地显示了这一关系。研究者在新西兰选择了 847 名被试者，并让他们从 3 岁起就接受各种评估，就这样一直评估了 20 多年。当被试者长到 26 岁时，研究者询问他们在过去一年里是否出现过抑郁。总体来看，17% 的被试者报告他们在过去一年里存在重性抑郁障碍发作，3% 的被试者报告他们曾想自杀。研究的关键部分在于，研究者也取得了被试者的基因组成，尤其是一种能产生影响脑部 5-羟色胺转运的化学转运体的基因。（5-羟色胺是一种与抑郁症等心理障碍关系十分密切的神经递质，我们将在本章稍后的部分介绍它。）Caspi 等人所研究的基因有两种常见的形态，它们是一对**等位基因**（alleles），一长一短。研究者从先前的动物实验中得知，这对等位基因都是长基因（LL）的个体比都是短基因（SS）的个体更善于处理应激事件。由于 20 多年来，研究者一直在记录这些被试者所遭受的生活应激事件，因此他们能够分析被试者应对应激事件的能力与基因的关系。在遭遇至少 4 次应激事件的被试者中，携带两个短基因的被试者发生重性抑郁障碍的风险是携带两个长基因的被试者的两倍。但是，当我们研究这些被试者的童年经历时，有趣的事情发生了。在携带两个短基因的被试者中，童年受过严重虐待的被试者在成年后罹患抑郁症的危险是童年没有遭受严重虐待的被试者的两倍多（分别为 63% 和 30%）。另一方面，在携带两个长基因的被试者当中，童年是否遭受虐待并不影响被试者成年后罹患抑郁症的概率。无论他们的童年怎样度过，他们成年后罹患抑郁症的概率均为 30%（这一关系显示在图 2.4 中）。因此，不同于携带两个短基因的被试者，携带两个长基因的被试者更容易受到近期压力的影响，而几乎不受童年经历的影响。这一重要的研究清晰地表明，基因和生活经历（环境事件）都不能单独解释抑郁症等心理障碍的发病原因。所以，心理障碍是在这两个因素的复杂的交互作用下发生的。

其他研究也复制或支持了这些结论（Binder et al., 2008；Karg, Burmeister, Shedden, & Sen, 2011；Kilpatrick et al., 2007；Mercer et al., 2012；Rutter et al., 2006）。例如，在 Kilpatrick 等人（2007）对创伤后应激障碍的研究中，研究者访谈了 589 名经历了 2004 年佛罗里达州飓风灾难的成人，并收集了他们的 DNA 来分析遗传结构，结果发现，在飓风发生后，与 Caspi 等人（2003）的研究被试者具有相同的两个短基因的个体比携带两个长基因的个体更容易罹患创伤后应激障碍。但是，另一个因素也在其中发挥了作用。如果个体拥有广泛的家人和朋友网络（强大的社会支持），他们就能在既具有易感性又遭

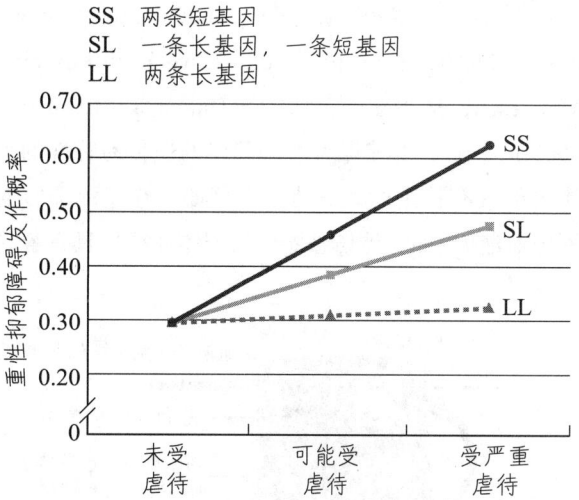

图 2.4 基因与早年环境的交互作用对成年后罹患重性抑郁障碍的影响。（Reprinted, with permission, from Caspi, A., Sugden, K., Moffitt, T. E., Taylor, A., Craig, I. W., Harrington, H., et al. (2003). Influence of life stress on depression: Moderation by a polymorphism in the 5-HTT gene. Science, 301, 386–389, ©2003 AAAS.）

受创伤（飓风袭击）的情况下得到保护。高危个体（受飓风袭击、携带两个短基因且缺乏社会支持）罹患创伤后应激障碍的风险是其他人的4.5倍，抑郁症的情况也是如此。

Caspi等人（2002）先前所做的对同一被试者群体的研究也发现，另一组基因似乎能促使成人表现出暴力和反社会行为。然而同样的是，这种遗传倾向只在儿童时期受过虐待的个体身上表现出来。也就是说，受过虐待的孩子在成年后更容易表现出暴力和反社会的行为。而如果他们具有特定的基因组成，他们实施抢劫、强奸和攻击的可能性就会是没有携带这些基因的被试者的4倍。这些研究结果仍需要得到验证。事实上，后来的研究表明，使人更容易受到应激或环境因素影响的原因并不只是某一种遗传变异（Risch et al., 2009; Goldman, Glei, Lin, & Weinstein, 2010）。几乎可以肯定地说，还有很多基因与抑郁症等心理障碍的发病有关。虽然以上及其后的研究确实为基因—环境交互作用模型提供了有力的支持，但这些支持还远远不够。到目前为止，这一模型只得到了某些间接的支持（Uher, 2011）。

基因—环境关联模型

随着进一步的研究，心理学家已经发现，基因与环境的关系要比我们先前所认识的更加复杂。一些证据表明，某些遗传禀赋有可能增加个体遭遇生活应激事件的概率（Kendler, 2006, 2011; Rutter, 2006, 2010; Saudino, Pedersen, Lichtenstein, McClearn, & Plomin, 1997; Thapar & McGuffin, 2009）。例如，具有某种心理障碍的遗传易感性的个体可能具有特定的人格特征。例如，在遗传上容易罹患血液/注射/外伤恐怖症的个体往往也具有容易冲动的人格特质，这会使他们更容易遭遇轻微的事故而见到血液。换句话说，他们总是草率行事，或不考虑自身安全就上路，这就导致他们更容易遭遇事故。于是，这些人可能在遗传上就倾向于制造能够引发血液/注射/外伤恐怖症的特定环境危险因素。

这就是**基因—环境关联模型**（gene-environment correlation model）或**基因—环境交互模型**（Jaffee, 2011; Kendler, 2011; Thapar & McGuffin, 2009）（见图2.5）。有证据表明，这一模型适用于解释抑郁症的发病过程，因为有些人倾向于制造紧张的人际关系或其他情境，而此类情境会引发抑郁症（Eley, 2011）。不过，我们在前面所讨论过的对新西兰人的研究（Caspi et al., 2003）并不适用这一模型，因为无论是携带两条长基因，还是携带两条短基因的被试者，他们成年后所经历的生活应激事件的频率几乎是相同的（均为至少4次）。McGue和Lykken（1992）甚至还运用基因—环境关联模型来分析基因对离婚率的影响。例如，假如你和配偶都有一个同卵双胞胎的兄弟或姐妹，而他们又都离过婚，那么你离婚的概率也就大大地增加了。而且，假如不仅是同卵双胞胎的兄弟或姐妹离过婚，你和配偶双方的父母也离过婚，那么你离婚的概率就高达77.5%。反过来，如果你们双方的家庭成员中没有人离过婚，那么你离婚的概率就只有5.3%。

这是一个极端的例子，但是McGue和Lykken（1992）表示，如果你的异卵双胞胎兄弟（姐妹）离过婚，你离婚的概率就是一般人的两倍，而要是你的同卵双胞胎兄弟（姐妹）离过婚，你离婚的概率就是一般人的6倍。为什么会这样呢？显然，没有哪个基因能单独导致离婚。从遗传的角度来说，容易离婚的人几乎总是具有敏感、冲动和火气大等遗传特

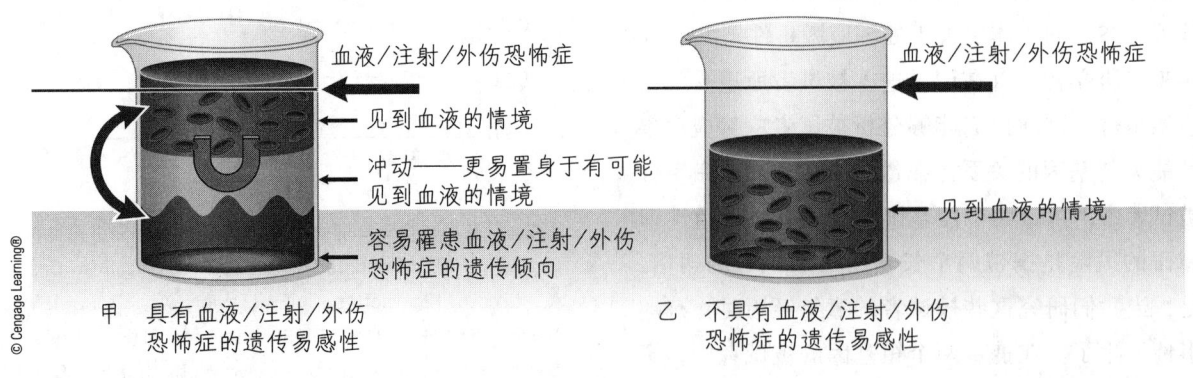

图2.5 基因—环境关联模型

征，这些特征使他们很难与人相处（Jockin, McGue, & Lykken, 1996）。另一种可能性是，上述遗传特征会使人更倾向于选择与自己缺乏默契的伴侣。举一个简单的例子，如果你比较被动又优柔寡断，你就可能选择一位强势、控制欲强的伴侣，可是后来发现很难共同生活下去。你离了婚，可是再次被具有同样性格特征的人所吸引，而你们同样难以共同生活。一些人把上述模式归咎于眼光不好，然而毫无疑问的是，社会、人际关系、心理和环境因素对我们能否拥有稳定的婚姻起主要作用。而我们的基因很可能在一定程度上决定了我们如何塑造自己所处的环境。

表观遗传学与行为的非基因"继承"

使局面变得更加有趣也更为复杂的是，近期的一些报告认为，迄今为止的研究过分地强调了遗传因素对我们的个性和气质的影响，也夸大了个性和气质对罹患心理障碍的影响（Mill, 2011）。其中的部分原因可能在于这些研究的操作方式（Moore, 2001; Turkheimer & Waldron, 2000）。近年来，一些有趣的证据也支持了这一结论。

例如，Crabbe、Wahlsten 和 Dudek（1999）在他们的动物实验室里进行了一个设计巧妙的实验。他们把具有不同基因组成的 3 种大鼠养在了 3 处环境几乎相同的场所里，这 3 处场所分别位于这 3 位行为遗传学家所任职的大学。对某一种类的大鼠（例如 A 型）来说，它们在基因上是没有任何区别的。在实验进行当中，实验者尽力确保大鼠的生活环境（例如实验室、笼子和照明条件）是相同的。例如，每一处饲养场所都有相同的木屑垫层，而且每周都在同一天更换。如果要接触动物，那么实验者都会戴上同样的手套并在同一时间操作。在大鼠的尾巴上做标记的时候，实验者也使用相同种类的笔。如果基因能够决定大鼠的行为，那么具有相同基因组成的大鼠（例如 A 型）就应当在 3 处场所的一系列测试中表现出相同的反应，其他两种类型的大鼠也应如此。然而，实验结果却出人意料。尽管 3 处场所的某种类型的大鼠能够在某一个测试中表现出近似的反应，但在另一些测试中，这些大鼠就会表现出不同的反应。著名的神经学家 Robert Sapolsky 得出结论，"遗传的影响通常要比人们所普遍认为的弱得多。而环境尽管只是以某种微妙的方式起作用，

却依然能够在塑造我们的生物学交互作用中发挥自身的影响。"（Sapolsky, 2000a, p.15）。

在另一项对啮齿动物的有趣研究中（Cameron et al., 2005; Francis, Diorio, Liu, & Meaney, 1999; Weaver et al., 2004），为了研究应激反应及其在世代间的传递，研究者使用运用了一种叫作<u>交叉抚育</u>（cross-fostering）的实验程序，即把一只大鼠的幼崽交由另一只大鼠喂养。他们首次证明（很多研究者后来也证明），母鼠的抚育行为能够影响幼鼠承受应激的能力。我们已经知道，如果母亲是平静温和的，那么幼鼠的胆子就会比较大，并能更好地承受应激。但是，我们不知道这一结果是来自遗传，还是受到了母亲性格的影响，于是就有了交叉抚育实验。Francis 等人（1999）将胆小、易受惊吓的母鼠所生育的一部分幼鼠交给了性格平静的母鼠抚育，其他幼鼠仍然留给易受惊吓的母鼠抚育。借助这一有趣的科学实验，Francis 等人（1999）发现，母鼠的平静温和的行为方式能够<u>独立于</u>遗传的影响而传递给后代，因为，在性格平静、充满爱抚的母鼠的养育下，那些由胆小、易受惊吓的母鼠所生育的幼鼠也变得平静而温和。研究者总结道：

这些结果表明，调节应激反应的脑区的基因表达的个体差异可以经由行为传递给下一代……结果……显示，这一继承模式的机制与母体不同的抚育行为有关。（p.1158）

在后续研究（Cameron et al., 2005）中，研究者证实，通过影响基因表达，母鼠的抚育行为已经永久地改变了幼鼠内分泌系统对应激的反应。但是，只有当幼鼠在诞生后的第一周内获得平静、温和的抚育时，这一影响才可以发生；在此之后则不会有这种效果。这一点突出了早期生活经历对行为的重要影响。

其他科学家也报告了类似的结果（Anisman, Zaharia, Meaney, & Merali, 1998; Harper, 2005）。例如，Suomi（1999）运用上述交叉抚育法对恒河猴进行的研究表明，如果遗传上具有情绪不稳定特征的幼猴在出生后的最初 6 个月里被性格平和的母猴抚育，那么它们长大后就会表现得如同它们天生就是情绪稳定的、对应激有较强承受力的猴子一样。换

句话说，早期养育这一环境因素的效果似乎能够掩盖遗传对幼猴性格的影响。Suomi（1999）还指出，得到"平静、温和"的母猴的抚育后，这些原本具有情绪反应剧烈特征的幼猴将来也能平静、温和地抚育它们自己的后代。于是，遗传在性格和气质形成中的贡献不仅受到了后天环境的影响，甚至还遭到了逆转。

科学家在人类身上也观察到了环境因素的强烈影响。例如，Tienari 等人（1994）发现，父母有精神分裂症并且在婴儿期就被领养的孩子，只有在领养家庭功能不健全的情况下才会表现出容易罹患心理障碍（包括精神分裂症）的倾向，而那些生活在功能健全的领养家庭中并受到高质量养育的孩子不会罹患心理障碍。因此，我们不能简单地说，遗传对某一种人格特质或心理障碍的遗传贡献度大约为50%，我们只能在个体过去和现在的环境背景下讨论遗传（基因）的贡献（Dickens et al., 2011）。

为了支持这一结论，Suomi（2000）证实，对先天气质上情绪反应剧烈（情绪化、承受应激的能力差）的幼猴来说，出生后母爱缺失（抚育被中断）将严重影响幼猴的神经内分泌功能和今后的行为与情绪反应。而对没有携带这种基因特征的幼猴来说，母爱缺失的影响并不显著，正如 Caspi 等人（2003）在对新西兰人的研究中所发现的一样。而且，这种效应很可能还会传递给后代。但是，正如上文中遗传对认知能力的影响研究（Turkheimer et al., 2003）所表明的，极其混乱的早期生活环境比遗传因素的影响更大，并且能够改变神经内分泌功能，增加日后罹患行为和心理障碍的可能性（Dickens et al., 2011；Ouellet-Morin et al., 2008）。

这其中的机制是什么？看起来，位于基因组外侧的细胞物质能启动或抑制基因的表达，而应激、营养等因素能影响这一<u>表观基因组</u>（epigenome）。表观基因组可以传递给下一代，甚至其后的数代（Arai, Li, Hartley, & Feig, 2009；Mill, 2011）。基因组本身不会发生改变，如果应激或不利的环境因素消失，表观基因组的影响就终究会消退。虽然遗传能限制环境因素的作用，但我们也能运用环境因素来预防负面的人格特征或气质，甚至心理障碍。也就是说，我们可以通过调节环境，特别是早期的生活环境，来抑制可能导致负面行为和情绪反应的遗传倾向。虽然目前的研究表明，诸如同龄群体和学校等环境因素能够影响遗传表达，但影响力最大的还是早期的抚育和生活经历（Cameron et al., 2005；Mill, 2011；Ouellet-Morin et al., 2008）。

谈到基因与环境相互作用的复杂性，恐怕没有什么比同卵连体双胞胎昌和恩兄弟俩的例子更有说服力了。昌和恩是一对同卵连体双胞胎，1810年出生于泰国（当时叫暹罗），出生时胸部连在一起。两人后来成了明星，在世界各地的展览会上巡演，这就是形容两个事物间关系十分密切的"暹罗双胞胎"一词的来历。我们在这里是想说明，这对同卵双胞胎拥有相同的基因和几乎相同的生活环境，于是我们很自然地就会认为，他们应当在性格、气质和心理障碍等方面表现出近似的特征。然而，所有认识这对双胞胎的人都发现，他们的个性非常不同。昌比较情绪化，时常闷闷不乐，后来开始大量饮酒。而恩比较阳光，文静而善思（Moore, 2001）。

总之，基因和环境之间的复杂的交互作用在各种各样的心理障碍中都发挥着重要的作用（Kendler, et al., 2011；Rutter, 2006, 2010；Turkheimer, 1998）。我们的遗传天赋确实能影响我们的行为、情绪和认知过程，而且能抑制诸如养育等环境因素对我们成年后的行为的影响，就像对新西兰人的研究所揭示的那样（Caspi et al., 2003）。反过来，环境事件似乎也能通过是否激活特定的基因来影响我们的遗传结构（Kendler, 2011；Landis & Insel, 2008）。此外，强烈的环境影响有时也足以掩盖先天的素质。所以，影响我们行为和个性发育的既不是先天（基因）的因素，也不是后天（环境事件）的因素，而是两者之间的复杂的交互作用。

小测验 2.2

关于遗传因素对心理障碍的影响，以下叙述哪些是正确的，哪些是错误的？

1. _____ 前20对染色体控制人的身体和大脑的发育。
2. _____ 我们还没有发现哪一种严重的心理障碍是由某一种基因引起的。
3. _____ 根据素质—应激模型，个体会继承表达某种特质或行为的易感性，在一定的应激条件下，这种易感性可能会被激活。

4. _____ 根据素质—应激模型，特定的遗传禀赋有可能增加个体遭遇生活应激事件的概率，并因此而激活易感性。

5. _____ 环境事件单独影响我们行为和性格的发育。

神经科学及其对心理病理学的影响

要想理解我们的行为、情绪和认知过程，最核心的就是要了解神经系统（尤其是大脑）的工作原理，这一点也是神经科学（neuroscience）的中心议题。在介绍这一领域的最新研究之前，我们先来概要地介绍人脑和神经系统的功能。人类的神经系统包括**中枢神经系统**（central nervous system）和**外周神经系统**（peripheral nervous system）。前者包括脑和脊髓，后者包括躯体神经系统和自主神经系统（见彩页，图 2.6）。

中枢神经系统

中枢神经系统负责处理我们的感官所接收到的所有信息，并在必要时做出反应。它会筛选出重要的信息，例如从不重要的信息（比如熟悉的场景或闹钟的滴答声）中筛选出重要的信息（比如某一种味道或者某一种声音）。中枢神经系统搜索整个记忆库，弄明白那些信息为什么重要，然后做出正确的反应，比如回答一个简单的问题或演奏莫扎特的乐曲。这一过程极为复杂。脊髓是中枢神经系统的组成部分，它的主要功能是帮助信息传入和传出脑。脑是中枢神经系统（CNS）的另一个主要组成部分，是人体内最复杂的器官。人脑平均包含 1400 亿个神经细胞。神经细胞也叫作**神经元**（neurons），它的作用是控制我们所有的念头和行动。神经元在整个神经系统内传送信息。

首先，我们要了解神经元的概念和工作原理，这很重要。典型的神经元由中心的胞体和周围的突起组成。突起分两种，一种是**树突**（dendrite），一种是**轴突**（axon）。树突上有很多**受体**（receptors），它们能以化学脉冲的形式从其他神经细胞接受信息。化学脉冲随后会转化成为电脉冲，并由轴突传递给其他神经元。一个神经元可以与多个神经元相连。大脑中有大量的神经元，估计超过 1000 亿个。你可以想象，大脑有多么复杂，它比人类所制造过的最强大的电脑还要复杂得多（在不远的将来也仍然如此）。中枢神经系统管理着我们新陈代谢的方方面面。

实际上，不同的神经元之间并没有真的连接在一起，中间还有一个微小的空隙，神经冲动必须通过这个空隙才能到达下一个神经元。一个神经元的轴突和另一个神经元的树突之间的空隙叫作**突触间隙**（synaptic cleft），这里所发生的化学反应是心理病理学家非常关注的。从一个神经元的轴突释放，然后将神经冲动传递到另一个神经元的树突受体的生物化学物质叫作**神经递质**（neurotransmitters）（见彩页，图 2.7 和 2.14）。在先前对新西兰人的研究（Caspi et al., 2003）中，我们曾简要地提到过这一点。在近几十年里，我们才开始了解这其中的复杂性。今天，通过运用越来越精密的仪器和越来越先进的技术，科学家们已经发现了许多种神经递质。

中枢神经系统能够屏蔽不重要的信息。与静止不动的事物相比，我们更加关注运动和变化的事物。

除了神经元之外，神经系统中还有另一种细胞，这就是**神经胶质细胞**（glia 或 glial）。尽管这些细胞的数量大约是神经元的 10 倍，但是多年来很少被研究，因为科学家认为它们不过是一些起连接和绝缘作用的细胞（Koob，2009）。直到最近，科学家们才发现，神经胶质细胞实际上在神经活动中发挥着积极的作用（Eroglu & Barres，2010）。目前已知，神经胶质细胞有很多种类，分别具有特定的功能，一些神经胶质细胞具有调节神经递质活性的功能（Allen & Barres，2009；Perea & Araque，2007）。进一步了解神经胶质细胞在神经递质作用机制中的影响是重要的新兴研究领域。然而到目前为止，在心理病理学领域，前沿的神经科学研究仍然集中在对神经元的研究上。

与心理障碍有关的主要神经递质包括去甲肾上腺素、5-羟色胺、多巴胺、γ-氨基丁酸和谷氨酸。你将在这本书里多次见到这些术语。某些神经递质的过量或不足与不同类型的心理障碍有关。例如，γ-氨基丁酸水平降低最初被认为与过度焦虑有关（Costa，1985）。早期的研究（Snyder，1976，1981）认为，多巴胺分泌增加与精神分裂症有关。其他早期研究发现，抑郁症与去甲肾上腺素过量有关（Schildkraut，1965），或者可能与5-羟色胺不足有关（Siever，Davis，& Gorman，1991）。然而，最近的研究（我们将在本章稍后的部分讨论）却表明，这些早期的解释过于简单。由于神经递质非常重要，我们将在后面的部分继续讨论它们。

脑的结构

在后面介绍具体心理障碍的时候，我们将提到脑的许多部位，所以我们需要首先了解脑的结构。我们可以把脑（见彩页，图2.8）看作两个部分，分别是**脑干**（brain stem）和**前脑**（forebrain）。脑干是较低级也较古老的部分。大多数动物都有脑干，这一结构处理大部分维持生命的自主生理功能，如呼吸、睡眠和维持身体平衡。前脑是较高级的部分，也是较晚进化而来的。

后脑（hindbrain）是脑干中最低级的部分，包括**延髓**（medulla）、**脑桥**（pons）和**小脑**（cerebellum）。后脑调节许多自主生理活动，如呼吸、心搏（心跳）和消化。小脑控制动作的协调性。最近的研究表明，小脑异常可能与自闭症（也称孤独症）有关，不过我们还不清楚这其中的作用机制（Courchesne，1997；Lee et al.，2002；Fatemi et al.，2012；见第14章）。

脑干的另一个部分是**中脑**（midbrain），它负责协调与感官输入有关的运动。脑干中还包含**网状激活系统**（reticular activating system）的一部分。网状激活系统参与控制人体的兴奋与紧张，比如我们是醒着还是睡着。

脑干的顶部是**丘脑**（thalamus）和**下丘脑**（hypothalamus），它们广泛地涉及行为和情绪的调节。在功能上，它们主要是在前脑和脑干中下部之间起中继作用；也有些学者认为丘脑和下丘脑是前脑的一部分。

位于前脑下方、丘脑和下丘脑上方的是**边缘系统**（limbic system），如此命名是因为它位于大脑中心的边缘。边缘系统与许多心理障碍都有密切的联系，它包括**海马**（hippocampus 或 sea horse）、**隔区**（septum 或 partition）和**杏仁核**（amygdala 或 almond）等。这些名字都来自这些部位的外形。边缘系统能帮助我们调节情绪的体验和表达，并能在一定程度上决定我们的学习能力，控制我们的冲动。它还与性、攻击、饥、渴等基本动机有关。

基底神经节（basal ganglia）也位于前脑的下方，它包括**尾状核**（caudate nucleus 或 tailed nucleus）等结构。由于破坏这些结构有可能让我们改变姿势，或者引发抽搐和颤动，所以我们认为它们能控制躯体的运动。在本章稍后的部分，我们将介绍揭示了基底神经节与强迫症之间关系的一些有趣发现。

前脑的一大部分是**大脑皮层**（cerebral cortex），其中包含了中枢神经系统80%以上的神经元。大脑皮层赋予了我们人类的特质，使我们能够展望、计划、推理和创造。大脑皮层分为两个半球。虽然从结构上看，两个半球非常相似，而且可以相对独立地运作（两者都能感知、思考和记忆），但是最近的研究表明，两个半球各有所长。左半球似乎主要控制语言等认知过程，右半球似乎擅长感受和形成图像。对于特定的心理障碍，两个半球可能会发挥不同的影响。每个半球都由4个独立的区域，或组成，分别是颞叶、顶叶、枕叶和额叶（见彩页，图2.9）。每一个区域的功能都不尽相同。在前3个区域中，**颞叶**（temporal lobe）与识别各种图像、声音和长期记忆有关，**顶叶**（parietal lobe）与识别各种触觉和监控体位有关，**枕叶**（occipital lobe）与整合、理解各种视觉图像有关。这3个区域都位于大脑的后部，它们一起协作来处理视觉、触觉、听觉等各种信号。

从精神病理学的角度来看，**额叶**（frontal lobe）是最有意思的部分。额叶的前部叫作<u>前额叶皮层</u>，这里是负责高级认知功能的区域，例如思维和推理、计划和长期记忆。额叶综合其他脑区搜集的所有信息，并决定如何应对。有了额叶，我们才能与环境和其他个体互动，成为社会动物。在研究大脑以便探寻心理障碍发病原因的过程中，大多数研究人员都把目光集中在了额叶、边缘系统和基底神经节上。

外周神经系统

外周神经系统与脑干协力确保身体正常工作。它的两大组成部分是**躯体神经系统**（somatic nervous system）和**自主神经系统**（autonomic nervous system）。躯体神经系统控制肌肉运动，所以这一区域的损伤有可能使我们难以随意运动，包括说话。自主神经系统包括**交感神经系统**（sympathetic nervous system）和**副交感神经系统**（parasympathetic nervous system）。自主神经系统的主要职责是调节心血管系统（例如心脏和血管）和内分泌系统（例如垂体、肾上腺、甲状腺和性腺）。此外，它们也具有促进消化、调节体温等多种功能（见彩页，图2.10）。

内分泌系统（endocrine system）的工作原理与人体的其他系统略有不同。每个内分泌腺都分泌自己特有的化学物质，即<u>激素</u>（hormone），并直接释放到血流当中。除分泌盐皮质激素外，肾上腺还会在面对应激时分泌<u>肾上腺素</u>（epinephrine 或 adrenaline）；甲状腺分泌<u>甲状腺素</u>（thyroxine），以此来促进能量代谢和生长；脑垂体可以分泌一系列起调节作用的激素；性腺分泌雌激素和睾酮等性激素。内分泌系统与免疫系统关系密切，也与多种心理障碍有关。除了可能引发与应激有关的躯体疾病（见第9章）外，内分泌调节还有可能与抑郁症、焦虑症和精神分裂症等心理障碍有关（McEwen, 2013）。一些研究已经发现，合并使用甲状腺素有可能提高某种抗抑郁药物的疗效（Nierenberg et al., 2006）。而且，对一些老年男性抑郁症患者来说，合并使用睾酮也有可能增强抗抑郁治疗的效果（Pope, Cohane, Kanayama, Siegel, & Hudson, 2003）。这类跨领域的研究被称作<u>心理神经内分泌学</u>（psychoneuroendocrinology），它是一个正在兴起的子学科。

自主神经系统中的交感神经系统和副交感神经系统在工作方式上是相互拮抗的。交感神经系统主要负责动员身体，通过快速激活其控制下的器官和腺体来应对压力或危险。交感神经系统被激活后，人体会发生3个变化：①心跳加速，向肌肉注入更多的血液；②呼吸加快，使更多的氧气进入血液和大脑；③肾上腺被激活。这3个变化都有利于我们采取行动。当你在报纸上读到，一名妇女托起重物来解救一个被困的孩子时，你就可以肯定地说，她的交感神经系统当时正在满负荷工作。在紧急、危险的情况下，交感神经系统会调节我们的大部分反应，我们将在第5章里讨论这一主题。

副交感神经系统的功能之一是制衡交感神经系统。换句话说，因为我们不能永远保持在高度警觉和戒备的状态里，所以当交感神经系统活跃了一段时间之后，副交感神经系统就会接管我们的身体，通过促进消化过程来结束我们的唤起状态，同时帮助能量的储存。

某些心理障碍与下丘脑和内分泌系统有关。下丘脑与邻近的脑垂体相连接，后者是内分泌系统的指挥官（见彩页，图2.11）。脑垂体又能刺激肾脏上方的肾上腺皮质。我们在前面提到过，肾上腺素激增会使我们进入唤起和激发的状态，让我们的身体准备好应对威胁或挑战。如果有运动员说，他的肾上腺素正在往上涌，他的意思就是说他很兴奋，随时可以投入比赛。肾上腺皮质也分泌应激激素皮质醇。这一系统被称为**下丘脑—垂体—肾上腺皮质轴**或 **HPA 轴**（hypothalamic-pituitary-adrenocortical axis, HPA axis）。它与多种心理障碍有关，我们将在第5章、第7章和第9章里提到它。

这个简短的概述应该能够让你大致了解脑和神经系统的结构和功能。我们将在第3章里介绍研究大脑结构和功能的新方法，其中包括对工作中的大脑进行扫描。在这里，我们只关注这些研究在心理障碍的病因方面所获得的发现。

神经递质

脑和神经系统中的神经递质能够在神经元之间传递信息，这些生化物质一直都是心理病理学家的重点研究对象（Bloom & Kupfer, 1995; LeDoux, 2002; Iverson, 2006; Nestler, Hyman, & Malenka, 2008）。例如，在前面讨论过的基因与环境相互作用的一些研究当中，研究者研究了5-羟色胺的作用（Karg et al., 2011）。这些生化物质仅仅发现于几十年前，而且直到前些年，我们才发展出了极为复杂的研究方法来研究它们。如果大脑是一片海洋，神经递质就是一支支细长的洋流。这些洋流时而并肩前行，时而分道扬镳。在大多数情况下，它们都像是在漫无目的地漂流，绕了一圈后又回到起点。对一种神经递质敏感的神经元总是聚集在一起，所以大脑的不同位置间就形成了许多条传导路径。

不同神经递质的传导路径可能会重叠在一起，但最终往往会走向不同的方向（Bloom et al., 2001; Dean, Kelsey, Heller, & Ciaranello, 1993）。人脑中有成千上万，甚至几万条这样的**脑环路**（brain circuits），我们才刚开始发现并绘制它们（Arenkiel & Ehlers, 2009）。神经学家已经识别出许多条与各种心理障碍有关的神经通路（Fineberg et al., 2010; LeDoux, 2002; Stahl, 2008; Tau & Peterson, 2010）。

新的神经递质还在不断被发现。研究者估计，神经递质约有100多种，每一种都对应多种受体，在神经系统的不同部位运作（Borodinsky et al., 2004; Kalat, 2013; Sharp, 2009）。此外，科学家也发现了越来越多的具有某种神经递质作用的生化物质。由于这一领域的研究正处于井喷状态，所以说，心理病理学的神经科学研究是非常激动人心的领域，从中我们很可能会发现新的药物疗法。不过，今天能够应用于心理病理学的研究结果可能到了明天就不再重要。要想彻底弄清这其中的作用原理，人类还需要进行多年的研究。

你可能会在某些研究报告里读到，某些心理障碍是由某种神经递质过多或不足而"引发"的。例如，抑郁症常常会被归结为5-羟色胺出现异常，多巴胺的异常也被认为与精神分裂症有关。然而，越来越多的证据表明，这样的结论过于草率。我们现在得知，神经递质的作用效果是不大确定的。看起来，它们往往涉及到我们处理信息的方式（Harmer et al., 2009; Kandel, Schwartz, & Jessell, 2000; LeDoux, 2002; Sullivan & LeDoux, 2004）。改变神经递质的活动可能会让人在特定的情形下更多或更少地表现出某些行为，而不会直接让人表现出新的行为。此外，对神经系统功能的各种扰动往往也不单单影响某一种神经递质，而是作用于多种神经递质（Fineberg et al., 2010; LeDoux, 2002; Stahl, 2008; Xing, Zhang, Russell, & Post, 2006）。换句话说，不同神经递质的活动常常相互影响，所以，改变一种神经递质的活动同时也会改变其他神经递质的活动。这其中的机制还不得而知。

对神经递质功能的研究主要集中在神经递质活性改变所产生的影响上。我们可以通过许多种方式来改变神经递质的活性。我们可以引入**激动剂**（agonist），通过模仿某种神经递质的作用效果来显著地增强它的活性；我们也可以使用**拮抗剂**（antagonist）来减弱或抑制神经递质的活性；或者使用**反向激动剂**（inverse agonist）来让某种神经递质产生相反的效果。通过对大脑不同部位的某种神经递质所产生的效果进行系统的研究，科学家们就能更多地了解这种神经递质的作用效果。大多数药物都可以被归类为激动剂或拮抗剂，尽管它们的作用方式各不相同。也就是说，这些药物通过增加或减少特定神经递质的流动来达到治疗效果。有的药物直接抑制或阻止某种神经递质的产生。有的药物通过产生更多的某种生化物质来让特定的神经递质失去活性。有的药物并不直接影响神经递质，但却能通过关闭或抢占相应的受体来防止特定的神经递质到达下一个神经元。神经元将神经递质释放入突触间隙后，随即又将它们收回，这一过程叫作**再摄取**（reuptake）。有的药物通过阻断再摄取过程来使某些脑环路持续兴奋。

在这里，我们将重点讨论与心理障碍有关的几种典型的神经递质。在心理病理学领域，我们研究最充分的是以下两种神经递质，一种是**单胺类**（monoamines）神经递质，一种是**氨基酸类**（amino acids）神经递质。由于这些神经递质是在神经细胞内合成的，所以我们又把它们称作"典型的"神经递质。单胺类神经递质类包括去甲肾上腺素、5-羟色胺和多巴胺。氨基酸类神经递质包括γ-氨基丁酸和谷氨酸。

谷氨酸和γ-氨基丁酸

以下两种神经递质对我们的影响很大，它们都属于氨基酸类神经递质。第一种是**谷氨酸**（glutamate），它是一种兴奋性的神经递质，能够"激活"许多不同的神经元，产生动作电位。第二种属于氨基酸类的神经递质是**γ-氨基丁酸**（gamma-aminobutyric acid, 简称GABA），它是一种抑制性的神经递质（见彩页，图2.12）。于是，γ-氨基丁酸的作用就是抑制（或调节）信息的传递，降低兴奋性。由于以上两种神经递质通过协同作用来平衡大脑的功能，我们把它们称作"化学兄弟"（LeDoux，2002）。在分子水平上，谷氨酸和 γ-氨基丁酸的作用相对独立，但是，两者在细胞内的平衡关系才决定该神经元是否被激活。

这一对"化学兄弟"的另一个特点是能够快速发挥作用，因为大脑必须及时对环境做出反应，采取相应的行动或不采取行动。谷氨酸环路的过度活跃可以使神经系统的某些部分遭受过度的刺激。喜欢吃中餐的人和对谷氨酸敏感的人可能会对中餐里一种常见的添加剂产生不良反应，这种成分就是味精。味精的全称是谷氨酸钠，它能增加人体内谷氨酸的含量，使一些人产生头痛、耳鸣等躯体症状。在第5章讨论焦虑症的新疗法的时候，我们将继续介绍包括谷氨酸受体在内的一些令人兴奋的新发现。

如前所述，γ-氨基丁酸能减少突触后活动，所以它能抑制多种行为和情绪。γ-氨基丁酸的发现早于谷氨酸，所以我们对它的研究历史也更久。它最著名的作用是减轻焦虑（Charney & Drevets, 2002; Davis, 2002; Sullivan & LeDoux, 2004）。科学家已经发现，一类叫作**苯二氮䓬**的弱安定剂能够促使 γ-氨基丁酸分子与特定神经元的受体结合。因此，苯二氮䓬的水平越高，γ-氨基丁酸就越容易与相应的神经元受体结合，我们也就越平静（相对而言）。由于苯二氮䓬具有一定的成瘾性，所以临床科学家正在寻找其他可以调节 γ-氨基丁酸水平的物质。这其中就包括大脑中的某些天然类固醇（Eser, Schule, Baghai, Romeo, & Rupprecht, 2006; Gordon, 2002; Rupprecht et al., 2009）。

我们已经知道，γ-氨基丁酸并不只对焦虑症有效，它还能产生更加广泛的影响，这一点与许多神经递质相同。γ-氨基丁酸似乎能够从整体上降低我们的唤起水平，缓和我们的情绪反应。例如，除减轻焦虑之外，弱安定剂也具有抗惊厥的作用，放松可能会发生痉挛的肌肉群。能够提升 γ-氨基丁酸水平的药物也有可能用来治疗失眠（Sullivan, 2012; Sullivan & Guilleminault, 2009; Walsh et al., 2008）。此外，γ-氨基丁酸似乎能减少愤怒、敌意和攻击性，甚至可能抑制诸如热切期望和快乐等积极的情绪状态，所以 γ-氨基丁酸是具有广泛抑制作用的神经递质，如同谷氨酸是具有广泛兴奋作用的神经递质一样（Bond & Lader, 1979; Lader, 1975; Sharp, 2009）。我们还发现，γ-氨基丁酸的作用方式不止一种，还可以进一步分作不同的类型。看起来，γ-氨基丁酸受体的类型不同，它们起作用的方式也不同，其中也许只有一种类型与苯二氮䓬具有亲和性（D'Hulst, Atack, & Kooy, 2009; Gray, 1985; LeDoux, 2002; Sharp, 2009）。因此，与5-羟色胺不足引发抑郁症（见下节）一样，γ-氨基丁酸不足引发焦虑症的说法也已不合时宜。

5-羟色胺

5-羟色胺（serotonin，简写 5-HT，亦称**血清素**）与去甲肾上腺素和多巴胺同属单胺类神经递质。主要的 5-羟色胺脑环路约有6条，它们起始于中脑，在周围组织中回环（Azmitia, 1978）（见彩页，图2.13）。由于这些环路遍布大脑，很多直达大脑皮层，所以 5-羟色胺被认为能极大地影响我们的行为，尤其是我们对信息的处理方式（Harmer, 2008; Merens, Willem Van der Does, & Spinhoven, 2007; Spoont, 1992）。在前面所讨论过的对新西兰人的研究中，抑郁症的病因之一正是 5-羟色胺功能的遗传性失调（Caspi et al., 2003）。

5-羟色胺调节我们的行为、情绪和思维过程。5-羟色胺水平极低与抑制减少、不稳定、冲动和反应过激有关。5-羟色胺水平较低与攻击行为、自杀、强迫性暴食和过度性行为有关（Berman, McCloskey, Fanning, Schumacher, & Coccaro, 2009）。不过，5-羟色胺水平低并非一定会引发以上行为。大脑中的其他神经递质和心理、社会因素都可能补偿 5-羟色胺不足所造成的影响。因此，5-羟色胺水平低有可能使我们更容易表现出问题行为，却不直接引发这些行为（如前所述）。另一方面，5-羟色胺水平高时，它可以通过与 γ-氨基丁酸的联合作用来削弱谷氨酸的影响（越来越多的研究表明，其他神经递质也有类似的作用方式）。

更为复杂的是，5-羟色胺的受体有很多种类型，所以 5-羟色胺的作用也由于受体的不同而略有差异，我们现在知道，5-羟色胺大约有15种不同的受体（Owens et al., 1997; Sharp, 2009）。许多药物都主要作用于 5-羟色胺环路，包括三环类抗抑郁药，如丙米嗪（较常见的商标名为妥富脑）。然而，与三环类抗抑郁药等其他药物相比，另一类叫作**选择性5-羟色胺再摄取抑制剂**（selective-serotonin reuptake inhibitors，简写SSRIs）的药物能更直接地作用于5-羟色胺，比如氟西汀（百忧解）（见彩页，图2.14）。SSRIs用于治疗多种心理障碍，特别是焦虑、心境和饮食障碍。在许多药店都能见到的草药贯叶连翘（又名圣约翰草、金丝桃）也能影响5-羟色胺的水平。

去甲肾上腺素

对心理病理学有重要意义的第3种单胺类神经递质是**去甲肾上腺素**（norepinephrine或noradrenaline）（见彩页，图2.15）。我们已经知道，与肾上腺素（儿茶酚胺的一种）一样，去甲肾上腺素也是内分泌系统的一部分。

去甲肾上腺素可能与两类（也许更多）受体结合，它们是 α-**肾上腺素能受体**（alpha-adrenergic receptor）和 β-**肾上腺素受体**（beta-adrenergic receptor）。你的家人中可能有人服用一种称为 β **受体阻滞剂**（beta-blockers）的常用药，特别是当他（她）患有高血压或心率失常时。顾名思义，这类药物阻断 β 受体，使去甲肾上腺素的作用减弱，从而降低血压和心率。我们已经在中枢神经系统中发现了多条去甲肾上腺素环路。其中一条从后脑发出，那里是控制呼吸等基本身体功能的区域。另一条环路似乎能影响应急反应或警戒反应（Charney & Drevets, 2002; Gray & McNaughton, 1996; Sullivan & LeDoux, 2004），即我们突然发现自己处于危险境地时的反应。这表明去甲肾上腺素可能与人的惊恐状态有关（Charney et al., 1990; Gray & McNaughton, 1996）。不过，由于去甲肾上腺素的环路遍布大脑，所以更可能的是，它是调节某些行为倾向的一般方式，而不直接引发特定的行为模式或心理障碍。

多巴胺

第4种主要的单胺类神经递质是**多巴胺**（dopamine）。由于多巴胺的化学结构与肾上腺素和去甲肾上腺素相似，所以也被归类为儿茶酚胺。多巴胺与精神分裂症（见图2.14）和成瘾障碍都有密切联系（Le Foll, Gallo, Le Strat, Lu, & Gorwood, 2009）。一些研究也表明，多巴胺可能在抑郁症（Dunlop & Nemeroff, 2007）和注意力缺陷多动障碍（Volkow et al., 2009）的发病中起重要作用。还记得我们在第1章里提到的能够减少精神分裂症的病态行为的神奇药物利血平吗？这种药和更为晚近的抗精神病药物能够影响多种神经递质的功能，但是，它们最显著的影响是阻断特定的多巴胺受体，从而降低多巴胺的活性（例如 Snyder, Burt, & Creese, 1976）。因此，研究人员很早就推测，精神分裂症可能与多巴胺环路过度活跃有关。然而，第二代抗精神病药物中的氯氮平对特定多巴胺受体的作用十分微弱，所以以上推测可能需要修正。我们将在第13章里继续讨论与多巴胺有关的假说。

在遍及大脑特定区域的各种回路中，多巴胺似乎发挥着一种影响更为广泛的作用，它好似一个开关，能够开启可能与某类行为有关的多条脑环路。开关打开时，其他的神经递质就可能抑制或促进某些情绪或行为（Armbruster et al., 2009; Oades, 1985; Spoont, 1992; Stahl, 2008）。多巴胺环路与5-羟色胺环路有多处融合和交叉，所以它们能共同影响许多种行为。例如，多巴胺与探索、外向、寻求享乐的行为有关（Elovainio, Kivimaki, VⅡkari, Ekelund, & Keltikangas-Jarvinen, 2005），而5-羟色胺与抑制和约束作用有关。因此，从某种意义上说，它们的作用是相互拮抗的（Depue et al., 1994）。

在这里，我们将再一次见到，神经递质（比如这里的多巴胺）的作用方式往往比我们先前所设想的更为复杂。迄今为止，研究人员已经发现了至少5个选择性地对多巴胺敏感的受体位点（Owens et al., 1997; Girault & Greengard, 2004）。对多巴胺环路有特别作用的药物之一是左旋多巴，它是一种多巴胺激动剂（能增强多巴胺的活性）。多巴胺能够接通的系统之一是运动系统，后者的调节作用能使人以协调的方式运动。运动系统一经接通，它就开始受到5-羟色胺的影响。因为以上的联系，帕金森氏症等心理障碍就被认为与多巴胺不足有关。帕金森氏症的表现之一就是运动行为的严重损害，包括震颤、肌肉强直和判断困难。对于这一类运动障碍，左旋多巴已经显示出了很好的疗效。

心理病理学的影响

心理障碍通常包含情绪、行为和认知方面的症状，所以，脑的局部病变或损伤一般不会引发心理障碍。即使是经常导致运动或感觉障碍的大范围脑损伤一般也只属于神经医学的范畴。神经学专家常常与神经心理学家一起合作来确定病变的具体位置。与此不同的是，近年来，心理病理学家更加注重脑机能对个性发展的广泛影响，以便弄清由生物学因素所导致的某种个性为何更容易引发特定的心理障碍。例如，遗传因素可能塑造了特定的神经递质活动模式，而特定的神经递质活动模式又进一步影响了人的个性。按照这一观点，一些人之所以钟爱冒险，原因可能在于他们的5-羟色胺水平较低，而多巴胺水平较高。

脑成像技术已经被应用到多种心理障碍的研究当中，比如强迫性障碍（obsessive compulsive disorder 或 OCD，亦称强迫症）。这类严重焦虑障碍（见第5章）的患者总是被各种可怕的念头所纠缠。例如，他们担心自己沾染了某种毒素，并使家人受害。为了防止出现这一可怕的后果，他们就会强迫性地采取一系列措施，比如通过不停的洗手来洗去幻想中的毒素。研究者发现，与正常人的脑成像图相比，强迫症患者的脑成像图呈现出了一些有趣的特征。两种图像相比较，虽然脑的大小和结构没有差异，但强迫症患者大脑皮层额叶的眶面区域呈现出了更高的活性（见彩页，图 2.17；Chamberlain et al., 2008；Harrison et al., 2013）。此外，强迫症患者扣带回的活性也更高，包括尾状核（程度较轻）。这一脑环路从眶额叶皮层一直延伸到了丘脑。这些区域的活性似乎是相互关联的，也就是说，如果某一个区域的活性增加，那么其他区域的活性也会增加。这些区域包含多条神经递质环路，其中最为集中的是5-羟色胺环路。

由于5-羟色胺的作用之一是调节我们的反应，所以，当我们的5-羟色胺处于适当水平时，我们的饮食行为、性行为和攻击行为就能得到更好的控制。研究（大多是动物研究）表明，破坏5-羟色胺环路的脑部病变（损伤）似乎能损害我们忽略无关外部信息的能力，从而使机体过度活跃。因此，当5-羟色胺环路遭到损伤或干扰时，我们可能会发现自己的头脑非常昏乱。

Thomas Insel（1992）描述了早先由 Eslinger 和 Damasio（1985）所报告的研究。患者是一名出色的会计师，也是两个孩子的父亲。他接受了脑肿瘤切除手术，且术后恢复良好。然而到了第二年，他的事业和家庭双双陷入了困境。虽然他的智商测试分数和从前一样高，各项心智功能也完好无损，但他已经不能胜任工作，甚至无法准时赴约。这到底是什么原因造成的呢？原来，他总是控制不住地，没完没了地纠缠在一些小事情上。他的时间大部分都花在了清洗、换衣和收拾房间上。换句话说，他出现了典型的强迫症状。而他在脑肿瘤切除手术中所受损的正是眶额叶皮层的一小部分脑组织。

这一研究似乎证实了生物学因素在心理障碍中的作用。你可能会认为，对这一研究而言，我们可能没必要考虑社会或心理的影响。但 Insel 等神经学家却对这一研究结论抱持谨慎的态度。首先，这一研究只涉及一位患者。遭受相同脑损伤的其他患者可能会产生不同的反应。此外，不同的脑成像研究往往在很多重要的方面不相一致。有时，我们也很难说清哪片脑区活动增强了，哪片脑区活动减弱了。因为，正如人的体型和面孔各不相同一样，人脑的结构也各有特点。另外，眶额叶皮层也与其他焦虑障碍有关，还可能与情绪障碍有关（Gansler et al., 2009；Goodwin, 2009；Sullivan & LeDoux, 2004）。所以，这一区域的脑损伤所造成的负面影响可能更为广泛，而不只是强迫症。因此，人类还需对此进行进一步的研究。也许只有技术进一步发展，我们才能确认眶额叶皮层与强迫症的关系。这一区域的活动增强可能仅仅是反复思考和仪式化行为（强迫症的两大特点）的结果，而非原因。打一个简单的比方，你因为害怕迟到而跑步去上课，导致身体和大脑发生显著变化。而老师在不知情的情况下扫瞄了你的大脑，发现你的脑功能与那些走着进入课堂的学生不同。如果你恰好成绩优异，科学家就可能错误地得出结论，认为是不同寻常的脑功能"导致"你比别人更聪明。

社会心理因素对大脑结构和功能的影响

一方面，心理病理学家在探索心理障碍的成因

（不是来自脑部，就是来自环境）。另一方面，患者也在遭受病症的折磨，迫切需要得到最好的治疗。

有时，治疗的效果能让我们更加了解心理障碍本身。例如，如果临床医生认为强迫症是某种脑功能或脑功能障碍的体现，或者源自对某种可怕或讨厌念头的习得性焦虑，那么这种看法就将决定医生所采取的治疗方法，正如我们在第1章里讨论过的那样。随后，通过观察治疗是否有效，我们就能验证先前对病因的判断是否正确。这种常见的研究策略有一个不容忽视的缺点。用阿司匹林成功地治愈了患者的发热或牙痛并不意味着发热或牙痛是由于缺乏阿司匹林引起的，因为疗效与病因并没有直接的关联。不过，这样的研究还是能为我们确定心理障碍的病因提供某种启示，特别是在它结合了其他更直接的实验证据的时候。

如果你知道某人的强迫症可能与某条脑环路出了问题有关，你会选择什么样的治疗方式？也许你会推荐脑外科或神经外科手术。今天，医生有时仍然会使用神经外科（有时也称为"精神外科"）手术来治疗严重的心理障碍，特别是在症状极为严重，而其他治疗方法又没有效果的时候（Aouizerate et al., 2006; Bear, Fitzgerald, Rosenfeld, & Bittar, 2010; Denys et al., 2010; Greenberg, Rauch, & Haber, 2010；也见第5章）。对于前面谈到的那位会计师，在切除他的脑肿瘤的过程中，医生似乎也在不经意间破坏了与强迫症有关的起抑制作用的部分脑环路。这种抑制活动可能发生在触发强迫症状的特定脑区或附近区域，而神经外科手术的小块病灶似乎阻断了这一活动。尽管神经外科手术很少使用，也没有得到系统的研究，但是如果没有其他办法来治疗脑肿瘤，这样的结果还是可以接受的。

如果可以进行无创或微创治疗，患者就不会愿意做手术。打个比方，假如电视机出现了画面模糊的故障，让你每次看电视都得打开后盖重新连接电子元件，那么这就太麻烦了。而如果你用遥控器按几下按钮就能消除故障，那么整个过程就会简单、安全得多。通过研发影响神经递质活性的药物，我们就能获得这样的按钮。我们现在就有一些这样的药物，尽管它们不能保证治愈，甚至不能有效控制所有的病例，但是从总体上来说，它们对强迫症确实有积极的疗效。你可能已经猜到，它们大多都是通过这样或那样的方式增加5-羟色胺的活性，以此来达到治疗的目的。

但是，不借助手术或药物是否也能影响脑环路的功能呢？心理治疗是否能够对脑环路产生直接的影响呢？答案似乎是肯定的。早在20世纪90年代初，Lewis R. Baxter和他的同事就用脑成像技术对比了患者在治疗前和治疗后的脑成像图（Baxter et al., 1992）。他们用一种已知对强迫症有效的认知行为疗法治疗患者，这种疗法叫作暴露和反应阻止疗法（我们将在第5章里详细介绍），并对比治疗前和治疗后的脑成像图，结果获得了惊人的发现，震动了整个心理病理学界。Baxter等人发现，在心理干预的作用下，患者的脑环路发生了改变（恢复正常）。随后，同一组研究人员又在不同的患者身上重复了这一实验，发现他们的脑功能都产生了同样的改变（Schwartz, Stoessel, Baxter, Martin, & Phelps, 1996）。在另一些研究当中，研究人员发现，对抑郁症（Brody et al., 2001; Martin, Martin, Rai, Richardson, & Royall, 2001）、创伤后应激障碍（Rabe, Zoellner, Beauducel, Maercker, & Karl, 2008）、社交焦虑（Miskovic et al., 2011）和某些恐怖症（研究人员把他们使用的疗法称作"为大脑重新连线"）（Paquette et al., 2003）进行有效的心理治疗后，患者的脑功能也会发生改变。事实上，对某些恐怖症来说，仅仅两个小时的集中暴露治疗就能显著地改变脑功能，而且这一疗效能维持半年以上（Hauner, Mineka, Voss, & Paller, 2012）。

对安慰剂效应的研究为我们提供了另一个了解心理因素直接影响脑功能的机会。我们知道，安慰剂（只是一些糖丸）或安慰疗法常常能使患者产生行为和情绪上的变化，这可能是希望或预期增加等心理因素或条件反射（我们稍后会讨论）的作用结果（Brody & Miller, 2011）。最近的几项研究探讨了安慰剂发生作用的条件。例如，在一项研究中，研究人员用输液泵给患者注射药物，以此来控制手术后的疼痛和焦虑，但是，有的输液泵放在了患者可以看见的地方，有的却藏在了屏风后面（Colloca, Lopiano, Lanotte, & Benedetti, 2004）。尽管药物的使用剂量完全相同，但药物的疗效对于能够看到输液泵工作的患者要比看不到输液泵工作的患者更为显著。这项研究没有使用安慰剂，但是否知晓自己接受药物治疗所导致的疗效差异也体现了安慰剂效应。在另一项研究中，患有肠易激综合征（见第9章）的患者接受了有意不产生疗效的安慰治疗（针灸）。其中一部分患者只接受常规针灸，另一部分患者则在非常人性化的环境里接受针灸治疗。结果表明，接受常规针灸的患者比没有接受针灸的患者症状有所好转（即使针灸的内容与病症无关），而在此基础上的人性化治疗又使疗效得到了进一步的提升（Kaptchuk et al., 2008）。那么，安慰剂为什么会起作用呢？它又是如何起作用的呢？

一项有趣的研究（Leuchter, Cook, Witte, Morgan & Abrams, 2002）分别用抗抑郁药和安慰剂治疗了患有重性抑郁障碍的患者。通过对脑功能的测量，研究人员发现抗抑郁药和安慰剂都能使脑功能发生改变，但改变发生的位置却有所不同。这表明，这两种干预的作用机制是不同的，至少在治疗抑郁症的时候是这样。单独使用安慰剂所取得的疗效往往不及药物治疗，但医生每次开出安慰剂的时候，他们都能引导患者建立起对改变的积极预期，进而改变脑功能。另一项重要的研究（Petrovic, Kalso, Petersson & Ingvar, 2002）则关注了安慰剂（即心理因素）在治疗疼痛的过程中对脑功能的改变。在研究当中，研究者请正常人作被试者，并让他们经受无害的疼痛刺激（经被试者同意）：让他们的左手经受高温的炙烤。研究人员告诉被试者，他们将使用两种有效的止痛药。实际上，这两种药一种是阿片类止痛药，一种是安慰剂。阿片类止痛药是医院里用来缓解剧烈疼痛的常用药品。每一名被试者都要在3种条件下接受疼痛刺激：服用阿片类止痛药；服用安慰剂，但患者以为是阿片类止痛药；不服用任何药物（单纯接受疼痛刺激）。所有被试者都需多次经受不同条件下的疼痛刺激，同时接受脑成像仪器对脑功能的监测（见第3章）。尽管与单纯接受疼痛刺激相比，安慰剂和阿片类止痛药都能降低疼痛的程度，但奇怪的是，与以上对抑郁症的研究不同的是，两种治疗所激活的脑区是重叠在一起的（尽管不完全相同），都集中在前扣带皮层和脑干。而在单纯接受疼痛刺激的情况下，这些脑区没有被激活。因此，看起来，前扣带皮层负责控制脑干的疼痛反应，而在安慰剂的作用下，患者在认知上对疼痛减轻的预期也能激活这些脑环路。所以，心理

因素很可能是遥控器上那个我们能用来直接改变脑环路的另一个按钮。

最后一个有趣的研究领域是探索药物或心理治疗（除安慰剂疗法之外）引发脑功能改变的具体方式。在脑功能改变的过程中，药物与心理疗法的作用是相似还是不同？Kennedy等人（2007）分别使用认知行为疗法和抗抑郁药文拉法辛来治疗重性抑郁障碍。虽然3组被试者的脑功能改变表现出了某种相似性，但研究人员还是发现了一些复杂的差异，尤其是，认知行为疗法首先改变大脑皮层的思维方式，后者再进一步影响更深层的脑组织。这一过程有时被称为"自上而下"的改变，因为它从大脑皮层开始，然后延伸至脑的深部。而另一方面，药物似乎常常以"自下而上"的方式起作用，最终到达大脑皮层（执行思维功能）。在这方面，许多类似的研究正在进行当中。因为我们知道，一些人对心理治疗的反应较好，而另一些人对药物的反应较好。这一研究使我们有望在将来的某一天能够根据患者脑功能的特点来选择最佳的治疗方案。

社会心理因素与神经递质的相互作用

许多研究都阐述了社会心理因素与神经递质活动的相互作用及其对心理障碍的发生和发展的影响。有些人甚至表示，社会心理因素直接影响神经递质的活动水平。一项经典的研究（Insel, Scanlan, Champoux & Suomi, 1988）把相同的恒河猴分为两组饲养。第1组猴子可以自由地玩玩具、进食，但是第2组猴子只能在第1组猴子玩玩具或进食的时候才能获得同样的待遇。也就是说，尽管第2组猴子拥有同样数量的玩具和食物，但是它们不能选择何时得到这些东西。在整个实验过程中，第1组猴子自始至终都对自己的生活具有掌控感，而第2组猴子却没有这样的掌控感。

后来，研究人员给所有的猴子注射了苯二氮䓬反向激动剂。这是一种与神经递质γ-氨基丁酸的作用效果相反的神经化学物质，它能使受试动物产生强烈的不安。（这种神经化学物质曾被使用在人身上，使人感到强烈的恐惧，但持续时间很短。）当这种物质被注入猴子体内后，研究人员观察到了有趣的现象。那些没有掌控感的猴子跑到了笼子的一角，蹲下身体，并表现出了强烈的焦虑和恐慌。但是，

在注射特定神经递质后，拥有不同早期社会心理经验的恒河猴表现出了不同的反应，有的愤怒，有的恐惧。

那些拥有掌控感的猴子的表现却相当不同。它们似乎并不焦虑，而是表现得非常愤怒和富有攻击性，它们甚至会攻击身边的其他猴子。于是，同样数量的神经化学物质（作用等同于神经递质）却产生了不同的效果，因为两组猴子的心理和生活经验不同。

这一实验反映了神经递质和社会心理因素之间显著的交互作用。其他实验也表明，社会心理因素直接影响中枢神经系统的功能，甚至结构。科学家们已经发现，社会心理因素往往能改变人脑中多神经递质的活动（Barik et al., 2013; Cacioppo et al., 2007; Heim & Nemeroff, 1999; Ouellet-Morin et al., 2008; Roma, Champoux, & Suomi, 2006; Sullivan, Kent, & Coplan, 2000）。

另一项实验探索了心理因素、脑结构和由神经递质活性所反映的脑功能之间的复杂交互作用。有人研究了两只雄性淡水螯虾通过攻击来争夺族群内统治地位的过程（Yeh, Fricke, & Edwards, 1996）。

Thomas Insel 擅长研究猴子，他在美国国家精神卫生研究所开展了关于神经递质和社会心理因素相互作用的研究，同时他也是上述机构的负责人。

科学家们发现，对于取胜并获得统治地位的淡水螯虾来说，特定区域的神经元更容易受到5-羟色胺的触发，而对被打败的淡水螯虾来说，同样的神经元却较不容易受到5-羟色胺的触发。因此，与 Insel 等人（1988）所做的实验（为猴子注射某种神经递质）不同，这一研究表明，内源性的神经递质也能根据生物体先前的社会心理经历而产生不同的作用效果。而且，这一经历通过改变5-羟色胺受体的敏感性而直接影响了神经元突触的结构。研究人员还发现，如果先前战败的一方取胜，5-羟色胺的作用方式也会随之转换过来。同样地，Suomi（2000）也用灵长类动物证实，对具有遗传易感性的个体而言，早期的生活压力能导致5-羟色胺不足（以及其他神经内分泌改变）。如果早期没有这样的应激体验，改变则不会发生。

在另一项研究中，Berton 等人（2006）吃惊地发现，当他们把几只大老鼠放进装着一只小老鼠的笼子里，并且大老鼠表现出"欺负"小老鼠的行为时，小老鼠中脑边缘区域的多巴胺环路就会发生改变。这些变化与小老鼠尽力躲避大老鼠有关。小老鼠选择默不作声。有趣的是，中脑边缘系统通常与奖励，甚至与成瘾有关。但是，在被"欺负"的特定心理体验下，小老鼠中脑边缘区域的多巴胺环路产生了一类新的化学物质，特别是脑发育神经营养因子（BDNF）。这类物质能促进学习过程，也能使脑的其他部分发生积极的改变。于是，在这种独特心理体验的作用下，小老鼠中脑边缘区域的多巴胺环路就产生了与以往不同的作用。也就是说，受"欺负"的心理体验产生了脑发育神经营养因子，后者又进一步改变了中脑边缘区域多巴胺环路的正常运作模式，从促进强化和成瘾行为转化为促进躲避和脱离行为。新近的研究表明，多巴胺能神经元的糖皮质激素受体可能参与了这一作用过程（Barik et al., 2013）。

社会心理因素对大脑结构和功能发育的影响

多项研究似乎表明，神经元本身的结构，包括神经细胞受体的数量，也可以被发育过程中的学习等经验所改变（Gottlieb, 1998; Kandel, 1983; Kandel, Jessell, & Schacter, 1991; Ladd et al., 2000; McEwen, 2013; Owens et al., 1997），这些对中枢神经系统的影响将持续我们一生（Cameron et al., 2005; Spinelli et al., 2009; Suárez et al., 2009）。我们现在已经开始了解这其中的作用机制（Kolb,

Gibb, & Robinson, 2003; Kolb & Whishaw, 1998; Miller, 2011）。例如，William Greenough 和他的同事通过一系列经典实验（Greenough, Withers, & Wallace, 1990）研究了负责协调和控制运动行为的小脑。他们发现，如果大鼠在需要大量学习和运动行为的丰富的环境中长大，它们的神经系统就会与在单调环境中长大的、不爱活动的大鼠不同。与后者相比，喜欢活动的大鼠的小脑中有更多的神经联结和树突。后续的研究（Wallace, Kilman, Withers & Greenough, 1992）则报告，这些大脑结构的改变早在大鼠出生后4天就开始了。这意味着，生活经历可以极大地改变脑的结构。同样地，早期发育过程中所经受的压力也会导致下丘脑—垂体—肾上腺皮质轴（即HPA轴，我们在前面介绍过）的功能发生显著的改变，进而使灵长类动物在未来的生活中更容易遭受压力的影响（Barlow, 2002; Coplan et al., 1998; Gillespie & Nemeroff, 2007; Spinelli et al., 2009; Suomi, 1999）。可能是由于类似的机制，在先前介绍过的对新西兰人的研究中，早期的生活压力才促使具有遗传易感性的个体患上抑郁症（Caspi et al., 2003）。在后来对猴子的研究中，研究人员发现，把猴子饲养在较大的猴群中能使多处与社会认知有关的大脑灰质密度增加。这一点是非常重要的，因为理解他人的面部表情和肢体动作，进而准确地判断他们可能会采取的行动会让人在社会上取得更大的成功，对猴子来说，即社会地位的提升（Sallet et al., 2011）。更加耐人寻味的是，最近的一些研究表明，在Facebook等社交网络上的朋友圈子更大的人，其颞叶多个区域的灰质密度也更高。当然，这些发现还有待进一步的证实（Kanai, Bahrami, Roylance, & Rees, 2012）。

所以，我们可以得出这样的结论，早期心理体验能够影响神经系统的发育，并决定我们是否容易在后来的生活中罹患心理障碍。看起来，神经系统的结构本身是不断变化的，是学习和体验的结果，这一过程甚至可以持续到老年，而且其中的一些改变是不可逆的（Kolb, Gibb, & Gorny, 2003; Suárez et al., 2009）。中枢神经系统的可塑性能够帮助我们更好地适应环境。这些发现对我们在第5章和第7章讨论焦虑障碍和心境障碍都具有重要的意义。

William Greenough 和同事把大鼠饲养在需要大量学习和运动行为的丰富环境中，进而引发了脑结构的改变。这一点证实了心理因素在神经发育中的作用。

点 评

与心理障碍有关的脑环路是脑神经递质活动的复杂网络。这些脑环路的存在表明，神经系统的结构和功能在心理病理学中扮演着重要的角色。但其他的研究也表明，心理和社会因素能够强烈地影响，甚至重塑这些脑环路。此外，无论是生物干预（如药物）还是心理干预或经历，它们似乎都能使这些脑环路发生改变。因此，我们不能抛开生物和心理因素来讨论心理障碍的性质和成因。下面，我们就来讨论这些心理因素。

小测验 2.3

检查自己对人脑结构和神经递质的理解。把下列选项填入相应的空白处：

A. 额叶　　　　　　B. 脑干
C. γ-氨基丁酸　　　D. 中脑
E. 5-羟色胺　　　　F. 多巴胺
G. 去甲肾上腺素　　H. 大脑皮层

1. 大多数动物都具有的，控制运动、呼吸和睡眠的古老脑组织是_____。
2. 哪一种神经递质与受体结合，抑制突触后神经元的兴奋性，减弱整体唤起水平？_____
3. 哪一种神经递质能够像开关一样激活多条脑环路？_____
4. 哪一种神经递质可能与我们的应急或警戒反应有关？_____
5. 包含部分网状激活系统，并通过感觉反射来调节运动的脑组织是_____。

6. 除调节或抑制我们的行为外，哪一种神经递质还能影响我们对信息的处理？_____
7. 聚集了中枢神经系统80%以上的神经元，使我们成为"人"的脑组织是_____。
8. 负责我们的大部分记忆、思维和推理功能，使我们成为社会动物的脑组织是_____。

行为与认知科学

在理解行为和认知对心理障碍的影响方面，我们已经取得了巨大的进步。日新月异的**认知科学**（cognitive science）也为我们带来了关于我们如何获取、处理、存储和最终提取信息（记忆的机制之一）的新知识。科学家还发现，我们意识不到脑中的很多思维过程。因为，严格地说，这些认知过程是无意识的。一些研究结果重新审视了弗洛伊德心理分析理论中的重要组成部分——无意识心理过程（尽管如今的描述与弗洛伊德所设想的不大相同）。下面，我们来简要地介绍今天人们对经典条件反射过程的理解。

条件反射与认知过程

在二十世纪六七十年代，行为科学家开始在动物实验室揭示经典条件反射的基本作用机制（Bouton, 2005; Bouton, Mineka, & Barlow, 2001; Eelen & Vervliet, 2006; Mineka & Zinbarg, 1996, 1998）。Robert Rescorla（1988）得出结论，在这一学习过程中，简单地让两个事件先后出现（比如巴甫洛夫实验室中的食物和节拍器）并不是重点，至少可以说，这只是一种简化的概括。相反，这一过程中发生了各种判断和认知过程，它们共同作用才决定了最终的学习结果。即使对于大鼠这类较低等的动物也是如此。

举一个简单的例子，巴甫洛夫会预测，假如食物和节拍器先后出现比方说50次，那么学习的效果就会在一定程度上显现。但是Rescorla等发现，如果一条狗只有在听到节拍器的声音后才能吃到食物，而另一条狗有时听不到节拍器的声音也能吃到食物，那么，尽管对它们来说，食物和节拍器都先后出现了50次，但两条狗所学到的内容仍然不同（见图2.18）。也就是说，节拍器的声音对第二条狗并不是那么重要。第一条狗所学习到的是，听到节拍器

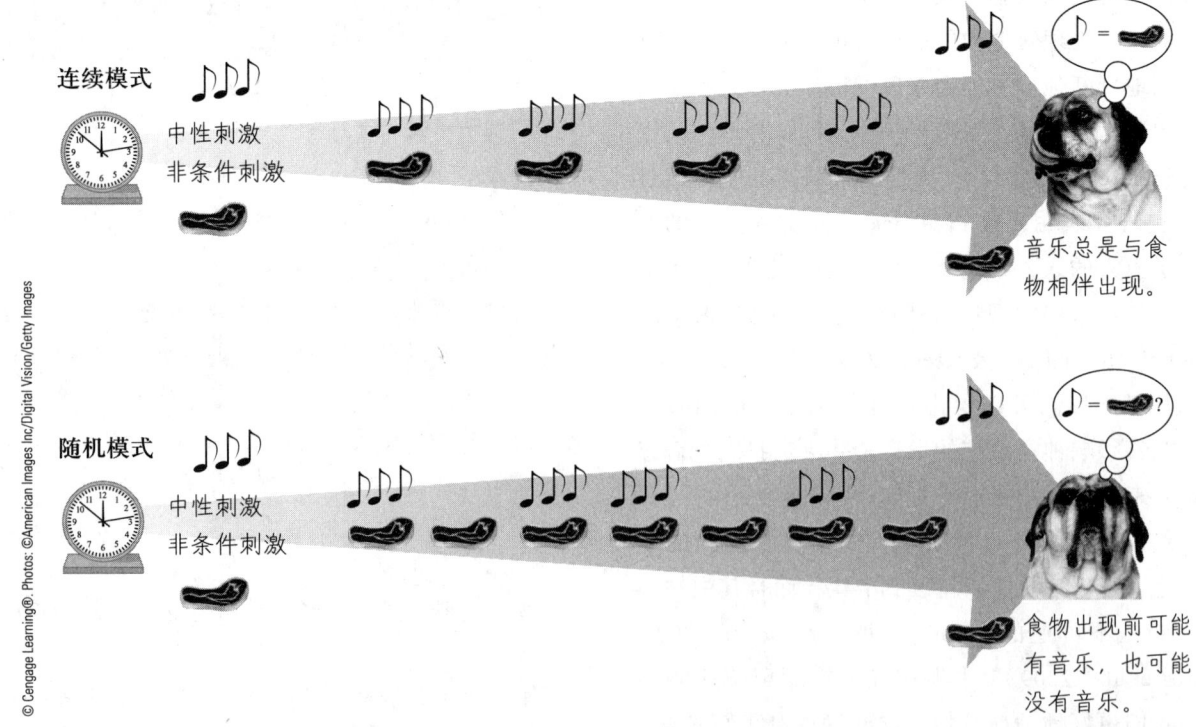

图2.18 Robert Rescorla 的实验显示，仅仅使中性刺激与非条件刺激相伴出现并不能形成同样的条件反射。连续模式下的狗所经历的是建立条件反射的常见过程，即通过使音乐与食物相伴出现来让音乐与食物相互关联。而对随机模式下的狗来说，食物出现前可能有音乐，也可能没有音乐，这就使音乐的重要性下降了。

的声音，随后就能吃到食物。而第二条狗所学习到的是，在吃到食物之前，有时能听到节拍器的声音，有时不能。两种不同的条件刺激产生了两种不同的学习效果，这一点尽管是常识，但它（以及许多复杂得多的科学发现）表明，经典（以及操作性）条件反射这些基本作用机制能促进个体对环境中不同事件间关系的学习。

这种类型的学习使我们能够获得关于这个世界的一些实用的知识，凭借它们，我们就能做出恰当的判断，进而以有利于，或至少无害于自身的方式做出反应。换句话说，条件反射的过程中包含着对信息的认知和情绪处理的复杂过程，即使动物也是如此。

习得性无助

从事动物实验的 Martin Seligman 和同事 Steven Maier 描述了**习得性无助**（learned helplessness）的现象，即老鼠或其他动物在它们所无法控制的情境下的被动表现（Maier & Seligman, 1976）。在足部遭受电击的时候，如果大鼠能学会通过某些行为（比如按杠杆）来避免电击，它们就能很好地适应环境。但是，如果动物学到的是：无论它们做出怎样的努力都不会对环境产生任何影响，也就是说，无论它们怎么做，它们都会时不时地遭到电击。最后，它们就会变得"无助"，放弃努力，产生类似抑郁症的表现。

Martin Seligman 首次描述了习得性无助的概念。

从这些观察当中，Seligman 得出了一些重要的结论。他认为，同样的现象也可能发生在对生活压力无能为力的人身上。随后的研究表明，事实确实如此。当人"认为"自己无力应对生活压力的时候，他们就会心灰意冷，即便在别人眼里，他们仍然有机会改变现状。他们把现状归结于自己所无法控制的原因，进而沮丧抑郁（Abramson, Seligman, & Teasdale, 1978; Miller & Norman, 1979）。我们将在第 7 章里再次讨论这一有关抑郁的重要心理学理论。它再一次提醒我们，不同的人所用来处理环境信息的方式也不同。这些认知差异是心理病理学的重要组成部分。

后来，Seligman 把注意力转向了对**习得性乐观**（learned optimism）的研究（Seligman, 1998, 2002）。换句话说，遇到巨大压力和困难时仍然能乐观面对的人更有可能保持良好的身心状态。在这本书中，我们将反复提及这一主题，尤其在讨论心理因素对健康的影响的第 9 章里。一项研究显示（Levy, Slade, Kunkel & Kasl, 2002），在 50～94 岁的被试者中间，对衰老持积极态度的被试者的寿命比对此持消极态度的被试者长 7.5 年。当研究者控制了年龄、性别、收入、是否孤独和从事家庭和社会活动的体力等影响因素后，这一相关关系仍然存在。积极乐观的生活态度所产生的效应如此显著，以至于超过了其他因素对人的寿命的正面影响（1～4 年），如低血压、低胆固醇、无肥胖史和无吸烟史等。在最近的研究（Steptoe & Wardle, 2012）中，这些结果也得到了有力的支持。这类研究把人们的兴趣引到了一个被称为**积极心理学**（positive psychology）的新兴研究领域。在这一领域，研究人员探索积极态度和幸福感的形成因素（Diener, 2000; Lyubomirsky, 2001）。我们将在讨论具体心理障碍的部分再次回到这一主题。

社会学习

另一位著名心理学家阿尔伯特·班杜拉（1973, 1986）观察到，生物体不必经历环境中的某些事件也能有效地学习。通过观察特定情境下其他个体所受到的影响，它们甚至可以学得一样多。这就是**模仿学习**（modeling，亦称观察学习）。重要的是，即使对动物来说，这种类型的学习也需要对其他个体的经验进行象征性的整合，进而判断自己可能经受的结果。换句话说，即使是智力不如人类的动物，比如猴子，它们也必须能够想象出在什么样的情形下，它们自身的经历也会与它们所观察的动物的经历类似。班杜拉根据自己的观察得出了一系列理论。他认为，行为、认知和环境因素一起构成了呈现在我们面前的行为的复杂性。同时，他也详细解释了社会情境对学习的重要作用。也就是说，我们能学到什么，在很大程度上取决于我们与周围人的互动。

几年前，这些观点也与有关社会行为的遗传和生物学基础的新发现一起组成了一个新的研究领域：<u>社会神经科学</u>（social neuroscience）（Cacioppo et al., 2007）。

班杜拉的基本观点是，如果对认知过程进行仔细的分析，我们就能准确、科学地预测行为。对心理病理学来说，可能性学习、信息加工和注意等概念正变得越来越重要（Barlow, 2002; Davey, 2006; Lovibond, 2006; Mathews & MacLeod, 1994）。

预备学习

显然，我们的生物和遗传禀赋会影响我们学习的内容。这一结论基于：与一些东西相比，我们会更容易害怕另一些东西。换句话说，在习得恐惧的过程中，我们对恐惧什么是有选择性的（Mineka & Sutton, 2006; Morris, Öhman, & Dolan, 1998; Öhman, Flykt, & Lundqvist, 2000; Öhman & Mineka, 2001; Rakison, 2009）。为什么会这样？根据**预备学习**（prepared learning）的概念，我们对某些种类的事物和情境的恐惧要容易发生得多，因为在进化的过程中，这方面的知识有助于物种的生存（Mineka, 1985; Seligman, 1971）。即便没有任何接触，我们也更可能对蛇或蜘蛛产生恐惧，而不是对岩石或花朵产生恐惧，即使我们很清楚眼前的蛇和蜘蛛是无害的（例如，Fredrikson, Annas, & Wik, 1997; Pury & Mineka, 1997）。同时，由于人类在进化的过程中缺乏相关的经验，所以我们不大容易对枪或电源插座产生恐惧，即便它们具有潜在的致命危险。

为什么我们更容易习得对蛇或蜘蛛的恐惧呢？一种可能是，在我们的祖先还生活在山洞里的时候，那些害怕蛇和蜘蛛的人更容易躲避致命的毒蛇和毒蜘蛛的攻击，于是，这样的人更容易生存下来，并且把他们的基因传递给我们，从而促进了物种的延续。事实上，最近的研究已经发现，有一种性别差异可能就来源于这种有准备的学习，即，女性更容易习得对蛇或蜘蛛的恐惧。与男性不同的是，女性早在 11 个月大的时候就会表现出这一特征（Rakison, 2009）。因此，预备学习或许能够解释成年女性更怕蛇或蜘蛛的现象（见第 5 章）。这仅仅是一种理论，但是就目前来看，它似乎是站得住脚的。根据这一

理论，女性发展出恐惧蛇和蜘蛛的倾向要比男性发展出这一倾向更有意义，因为女性所承担的是觅食和采集的角色，而男性所承担的是冒险的猎食者的角色（Rakison, 2009）。

我们体内的某样东西总是能帮我们识别出特定信号和危险事件之间的联系。如果你曾经因为喝了劣质葡萄酒或吃了变质的食物而感到恶心，你就不太可能再犯同样的错误了。这种快速的、立竿见影的学习同样发生在动物吃到口味差、导致恶心或可能有毒的食物的时候。我们很容易理解，通过快速学习来避免有毒食物的能力与生存息息相关。可是，如果动物吃某些食物时不是被毒到，而是被电击，它们就无法以同样快的速度了解这其中的关联了。这很可能是因为，在自然界里，进食并不会导致被电击，只是有可能会中毒。也许，这些选择性的关联就是来自基因的作用（Barlow, 2002; Cook, Hodes, & Lang, 1986; Garcia, McGowan, & Green, 1972）。

认知科学与无意识

认知科学的发展彻底地改变了我们对无意识的认识。对于我们脑中所进行的大部分活动，我们都不知道，但我们的无意识并不一定是弗洛伊德所设想的原始情感冲突的战场。我们只是处理和存储信息，并据此采取行动，而丝毫不去管这些信息是什么，以及我们为什么要根据它们采取行动（Bargh & Chartrand, 1999; Uleman, Saribay, & Gonzalez, 2008）。很惊讶吗？看看下面这两个例子。

Lawrence Weiskrantz（1992）描述了一种叫作**盲视**（blind sight）或**无意识视觉**（unconscious vision）的现象。他介绍道，一名年轻男性患者因为患病被切除了一小部分视觉皮层（脑部控制视觉的神经中枢）。虽然手术被认为是成功的，但这个年轻人却从此双目失明。随后，在例行检查当中，一名内科医生举手伸向患者身体的左侧，却震惊地发现，患者居然伸出手来扶住了他的手。随后，科学家们确定，他不仅能精确地抓到物品，而且还能从事大部分通常需要视力参与的活动。然而，当被问及他为什么能做到这些时，他却说："我看不见任何东西，什么也看不见。"他所做的一切都是凭借猜测。

在上面的例子当中，患者遭受了真实的脑损伤。更有趣的是，从心理病理学的角度来看，同样的情

形似乎也发生在被催眠的健康个体身上（Hilgard, 1992；Kihlstrom, 1992）。也就是说，只要在催眠中接受了他们是盲人的暗示，正常人也能在不知觉自己视力的情形下像他们能看见那样行动。这种情形就是行为与意识的**分离**，我们将在第6章里讨论与之有关的障碍。

我们要举的第二个例子是与心理病理学关系更为密切的**内隐记忆**（implicit memory）（Bowers & Marsolek, 2003；Kihlstrom, Barnhardt, & Tataryn, 1992；McNally, 1999；Schacter, Chiu, & Ochsner, 1993）。当有人明显依据过去发生过但又记不起来的事件而做出反应时，这就是内隐记忆在发挥作用。而对事件的牢固记忆则被称为**外显记忆**（explicit memory）。但是，内隐记忆有可能只选择特定的事件或情境。在临床上，我们已经在第1章里见到了安娜·欧所表现出的内隐记忆。这一首先由布洛伊尔和弗洛伊德（1895/1957）记录的经典案例证明了无意识的存在。直到治疗结束后，安娜·欧才想起了与她父亲去世有关的事件，以及这些事件与她的瘫痪之间的关联。因此，安娜·欧的行为（偶发性瘫痪）显然与父亲去世的内隐记忆有关。很多科学家总结道，虽然弗洛伊德对无意识的性质和结构的猜测并没有获得研究证据的支持，但现在无意识过程的存在已被研究证实了。在分析心理障碍的致病原因的时候，我们必须考虑它。

我们有哪些办法来探究无意识呢？"**黑箱**"（black box）指无法直接观察的感受和认知，只能从个体的自我叙述中推断。近几十年来，心理学家和神经学家认为，行为科学的发展已经能够为他们提供揭示黑箱秘密的新方法。在技术进步的基础上，研究人员已经开始运用多种方法来研究无法直接观察的潜意识，其中之一就是 <u>Stroop 色词干扰法</u>（Stroop color-naming paradigm）。

在 Stroop 实验中，研究人员会给被试者看用不同颜色呈现的颜色词（如用绿色呈现"红色"两字，用黄色呈现"蓝色"两字等）。被试者要尽可能快速地说出词语的颜色，同时避免词义的干扰。当被试者的注意力被词义所吸引的时候，即便被试者努力想把注意力集中在词语的颜色上，他们的反应速度也会降低。也就是说，词义干扰了被试者处理颜色信息的能力。例如，研究人员已经发现，患有某种心理障碍的人（比如朱迪）在说出与这种心理障碍有关的词语（比如血、伤口和解剖）的颜色时，他们的反应速度也会显著降低。因此，心理学家现在能够揭示对情绪有重要影响的行为模式，即便被试者无法用语言表达它们，甚至完全不知道这些模式的存在。

近来，使用脑成像技术（如功能性磁共振成像，简称 fMRI）的认知神经学家发现，人是否意识到信息的存在将影响大脑对神经活动的处理（Uehara et al., 2013，见第4章）。一般来说，一条信息在脑部的神经表征持续越久，强度越大，一致性越强，人就越有可能意识到这一信息（Schurger, Pereira, Treisman, & Cohen, 2010；Schwarzkopf & Rees, 2010）。但是，到目前为止，这项研究的实验对象仅仅局限于正常人。在脑成像的过程中，心理障碍患者的无意识体验是否具有相似的表现还有待观察。

在我们讨论具体的心理障碍的过程中，我们将反复提及以上我们对心理障碍的本质的新的理解。我们也要注意的是，这些发现尽管在一定程度上支持弗洛伊德关于无意识的理论，但它们并不能证明人的头脑中存在一个冲突不断的精致结构（本我、自我和超我）。目前还没有证据支持这样一种具有复杂结构和功能的无意识的存在。

情　绪

情绪在我们的日常生活中发挥着巨大的作用，也与心理障碍的发生和发展密切相关（Barrett, 2012；Gross, in press；Kring & Sloan, 2010；Rottenberg & Johnson, 2007）。让我们来看看恐惧这种情绪。你是否曾发现自己处在非常危险的境地？你是否曾差一点撞车，并在几秒钟里意识到随后可能发生的情况？你是否曾在海里游泳，却发现自己游出去太远，或者被卷入波浪？你是否曾差一点从高处坠下？在所有这些情形中，你都会发觉自己的身体进入了一种高度唤起的状态。作为历史上第一个伟大的情绪理论家，查尔斯·达尔文（1872）在100多年前就已经指出，这种反应似乎存在于所有的动物身上，包括人类。这表明，它承担着一种有益的功能。这种在有可能危及生命的紧急情况下所激发的警戒反应被称为战斗/逃跑反应。如果你被卷入大海，你的本能反应就是朝岸边挣扎。也许你的理性会告诉你，你最好保持安静，等海浪过去后再冷静地游向岸边。然而，在你的内心深处，生存的古老本能却驱使你无法放松，尽管拼命挣扎只会让你筋疲力尽，徒增溺水的危险。不过，这种反应能够让你在短时间内获得巨大的力量来抬起压在亲人身上的汽车，或者击退攻击者。在极端危险的情境下，我们所感受到的肾上腺素的急剧升高只是为了让我们激发体能，以此来躲避危险（逃跑）或寻求防卫（战斗）。

恐惧的生理机制与意义

恐惧的生理反应是如何形成的呢？伟大的生理学家 Walter Cannon（1929）讲述了其中的原因。恐惧激发了你的心血管系统，使你的血管收缩，从而提高动脉压，并减少流向肢体末端（手指和脚趾）的血量。大量的血液被输送到骨骼肌，它是紧急情况下可能会用到的关键器官。受到惊吓的时候，人往往会脸色惨白，这就是流向皮肤的血液减少的结果。这时，人也会战战兢兢、头皮发麻，这可能是身体发抖和毛发直立的结果，这些反应是身体为了保存热量而收缩血管所引发的。

在极端恐惧的情形下，这些防御性的调整往往也会导致发热。此时，人呼吸更快，通常也更深，以此来为加速循环的血液提供必要的氧气。接着，加速循环的血液将大量氧气输送到大脑，激发认知和感觉功能，使你更加警觉，同时更快速地思考。肝脏加速向血液释放葡萄糖，进一步激发各处关键的肌肉和器官，比如大脑。瞳孔扩大，让你更好地看清环境。听力变得更加敏锐，消化功能暂停，唾液减少（这就是由恐惧所导致的"口干"）。在短时间内，身体会排掉所有的废物，停止消化过程，以此来进一步促使机体做好突击行动的准备。所以，这时人往往会有想要排尿、排便甚至呕吐的感觉。

很容易看出，战斗/逃跑反应为何如此重要。几千年前，当我们的祖先还生活在野外的时候，那些具有较强应急反应的人更有可能在袭击和其他危险中生存下来，而他们又把这样的基因传递给了我们。

情绪现象

恐惧情绪既是一种主观的恐怖感觉，也是一种强烈的行为（战斗或逃跑）动机，同时也是一种复杂的生理或唤起反应。为情绪（emotion）下定义并不容易，但大多数理论家都认为，情绪是一种行动倾向（Barlow, 2002; Lang, 1985, 1995; Lang, Bradley, & Cuthbert, 1998）。即，一种以特定方式（如逃跑）行动的倾向，它由某一外部事件（威胁）和感觉状态（恐惧）所激发，并（可能）伴随特定的生理反应（Fairholme, Boisseau, Ellard, Ehrenreich, & Barlow, 2010; Barrett, 2012; Gross, in press; Izard, 1992; Lazarus, 1991, 1995）。我们之所以会处在特定的感觉状态，目的之一就是为了促使我们展开某种行动。也就是说，如果我们逃跑，我们的恐惧感（这种感受是负面的）就会减轻。所以，减少负面感受的欲望就能促使我们逃跑（Campbell-Sills, Ellard, & Barlow, in press; Gross, in press; Öhman, 1996）。正如 Öhman（1996; Öhman, Flykt, & Lundquist, 2000）所指出的，情绪的主要功能可以理解为一种进化所赋予我们的智能机制，它能促使我们做出必要的行动来把我们的基因成功地传递给后代。（你认为愤怒或爱是如何发挥作用的呢？什么是感受？什么是行为？）

情绪通常比较短暂，持续时间从几分钟到几个小时不等，它是对外部事件的反应。**心境**

查尔斯·达尔文（1809—1882）画下了这只被狗吓到的猫，以说明战斗/逃跑反应。

（mood）是较为持久的情绪反应或情绪状态。因此，在第7章里，我们会把持久存在或反复发作的抑郁或兴奋（躁狂）状态称作心境障碍。但是，焦虑障碍（我们将在第5章讨论）的特征也是持久的或慢性的焦虑，所以我们也可以把焦虑障碍称作心境障碍。另外，焦虑障碍和心境障碍又可以合称为情绪障碍，不过在心理病理学中，这一术语并不常用。这是变态心理学中术语不相一致的情形之一。此外，你还会偶然见到一个相关的术语——**情感**（affect），特别是在第3章和第13章里。这一术语通常指伴随我们言行的实时的情绪基调。例如，如果你刚刚在考试中得了优，但你却显露出了难过的表情，你的朋友可能就会认为你的反应很奇怪，因为就得优这件事而言，你的情感不应该是这样的。情感这一术语也可以用来概括个体所独有的情绪状态的共性。我们可以说，那些倾向于恐惧、焦虑和抑郁的人就是在经历负面的情感。而正面的情感通常包括喜悦、快乐和兴奋等倾向。

情绪的构成

研究情绪的科学家现在认为，情绪由3个相互关联的部分组成，它们分别是行为、认知和生理。但是，大多数研究情绪的科学家都倾向于关注其中的某一个部分（见图2.19）。关注行为的科学家认为，不同情绪的基本模式存在显著差异。例如，愤怒与悲伤不仅在感觉上不同，它们在行为和生理上也不同。这些科学家还强调，情绪是同一物种个体间的沟通方式。恐惧的功能之一是促使个体立即采取果断行动，比如逃跑。但是，如果你很害怕，你的面部表情就会迅速地把可能存在的危险传达给你的朋友们。在你的面部表情的影响下，他们就能在危险发生的时候更快地做出反应，并获得更大的生存机会。这可能是情绪具有传染性的原因之一。我们在第1章讨论集体歇斯底里的时候提到过情绪的传染性（Hatfield, Cacioppo, & Rapson, 1994; Wang, 2006）。

图2.19 情绪拥有3个主要且互相重叠的组成部分：行为、认知与生理。

情绪的行为部分
- 情绪行为（发呆、逃跑、接近、攻击）的基本模式显著不同。
- 情绪行为是一种沟通手段。

情绪的认知部分
- 评价、归因等处理外部信息的方式对情绪体验有重要影响。

情绪的生理部分
- 情绪（大致）是较原始的脑区的功能。
- 这些脑区与眼睛直接相连，所以人可以绕过高级认知过程直接处理情绪。

另一些科学家关注情绪的生理部分，最有名的是Cannon（1929）。在一些开创性的研究中，他认为情绪主要是脑的一种功能。遵循这一传统的研究显示，与情绪表达有关的脑区通常比与较高认知过程（如推理）有关的脑区更古老，更原始。

另一些研究表明，人脑的情绪中心与眼（视网膜）、耳都有直接的神经生物连接，所以情绪的激活并不需要高级认知过程的影响（LeDoux, 1996, 2002; Öhman, Flykt, & Lundqvist, 2000; Zajonc, 1984, 1998）。换句话说，你不需要想，也不需要

我们的情绪反应依赖于具体情境。例如，火既可以是危险的，也可以是温馨的。

弄明白其中的原因就能快速、直接地体验到各种情绪。

最后，还有一些研究情绪的著名科学家关注情绪的认知部分。在这些理论家中，值得注意的是已故的 Richard S. Lazarus（例如 1968，1991，1995）。他认为，人会依据对自身的潜在影响来评估环境的改变，评估的结果进而决定个体所体验到的情绪。例如，如果你看到有人拿着枪站在黑黢黢的巷子里，你就很可能会把这样的情形评估为危险，并感受到恐惧；而当你看到一个导游在博物馆里展示古董枪的时候，你就会做出不同的评价。Lazarus 认为思考和感觉是分不开的，但其他认知科学家则认为，尽管认知和情感系统相互影响并重叠，但它们在本质上不是一回事（Teasdale，1993）。包括情感、行为和生理在内的情绪的所有部分都是重要的。今天的理论家注重研究它们之间的交互作用，从更加综合的视角来看待情绪（Barrett，2009，2012；Gendron & Barrett，2009；Gross，in press）。

愤怒与你的心脏

在我们讨论朱迪的血液恐怖症的时候，我们发现行为和情绪能极大地影响人体的生理活动。对于我们所熟悉的愤怒情绪，科学家们已经有了重大的发现。多年以来，我们已经知道，敌意、愤怒等负面情绪能增加人罹患心脏病的风险（Chesney，1986；MacDougall，Dembroski，Dimsdale，& Hackett，1985）。长期的敌意和持久、反复地压抑愤怒使人死于心脏疾患的风险要超过吸烟、高血压和高胆固醇等常见风险因素（Harburg，Kaciroti，Gleiberman，Julius，& Schork，2008；Williams，Haney，Lee，Kong，& Blumenthal，1980）。

为什么会这样？Ironson 和他的同事（1992）让一些心脏病患者回忆曾经使他们感到愤怒的事情。有时，这些事件发生在很多年以前。一位曾经在第二次世界大战期间被关押在日本战俘营的患者一想起这件事就愤怒不已，尤其是当他想起美国政府给战时曾被关押的日裔美国人支付赔款的时候更是如此。Ironson 和同事比较了愤怒体验与应激事件（不涉及愤怒）所导致的心率增加。例如，一些被试者想象自己正在因入店行窃的指控而为自己辩护。另一些被试者努力在限定的时间内解决算术难题。然后，实验人员比较了被试者在愤怒和压力情境下的心率和他们在运动（骑功率自行车）中的心率，结果发现，在愤怒的情境下，心脏的泵血能力出现显著下降，但在压力和运动情境下却没有此种表现。实际上，即使回想愤怒的情形也足以产生愤怒的效果。如果被试者非常愤怒，他们心脏的泵血效率就会下降得更多，甚至有引发心律失常的风险。

这是首个证实了愤怒能通过降低心脏泵血效率影响心脏的研究，至少对心脏病患者来说是如此。其他研究，比如由 Williams 及其同事（1980）所做的实验也表明，愤怒也能影响正常人的心脏。经常发怒的医学院学生在 50 岁时死亡的风险是同班性情温和的同学的 7 倍。Suarez 等人（2002）解释了愤怒引发这一结果的机制。充满敌意的人免疫系统过度活跃，由此导致的炎症有可能导致动脉阻塞（并且降低心脏泵血的效率）。

有趣的是，采取宽容的态度似乎能中和愤怒对心血管活动的毒副作用。Larsen 等人（2012）让被试者分别从愤怒和宽恕的角度回忆他人对自己的冒犯，或者让他们关注中性的事件。然后，实验人员让所有被试者把注意力集中在中性的事件上，并保持 5 分钟。在这之后，实验人员让所有的被试者自由回忆令他们感到愤怒的事件。正如研究人员所预期的那样，与关注中性事件相比，从愤怒的角度回忆冒犯事件对心血管系统产生了明显的负面影响（血压和心率升高，等等），但选择宽容面对不仅使这种心血管反应大为减轻，而且在最后自由回忆冒犯事件的阶段，这一效应仍然存在，而先前只关注中性事件的被试者此时也在愤怒的刺激下出现了心血管系统的反应。

总之，这些研究结果为愤怒对心脏的影响提供了有力的支持。但是，我们能据此认为，心脏病就是由太多的愤怒所引发的吗？如果我们这样想，我们就陷入了另一种单维度的因果模型。包括以上研究的越来越多的证据表明，不仅愤怒和敌意会引发心脏疾患，其他很多因素也可以造成同样的结果，这些因素包括由遗传决定的生物易感性。我们将在第 9 章里讨论心血管疾病。

情绪与心理障碍

我们现在知道，抑制几乎任何情绪反应，例

如愤怒或恐惧，都将增加交感神经系统的活性，进而可能引发心理障碍（Barlow, Allen, & Choate, 2004; Campbell-Sills et al., in press; Fairholme et al., 2010）。其他情绪的影响似乎更为直接。在第5章里，我们将讨论惊恐及其与焦虑障碍的关系。有趣的是，惊恐发作可能仅仅是正常的恐惧情绪，只是发生在了错误的情境当中——并没有什么可以害怕的（Barlow, 2002）。一些患有心境障碍的患者变得过度兴奋和快乐，似乎全世界都是他们的，想做什么就做什么，想花多少钱就花多少钱。因为他们感到所有的结果都会是好的，任何微不足道的经历都成了他们经历过的最美妙、最兴奋的体验。这些都属于<u>躁狂发作</u>的表现，它是一种被称作双相障碍的严重心境障碍的症状之一（见第7章）。具有躁狂表现的人往往会交替出现兴奋和极度的悲伤、痛苦。兴奋过后，他们会觉得一切都毫无意义，世界是灰暗的，生活是绝望的。在极度悲伤和痛苦的时候，他们无法体验到生活中的任何快乐，甚至不愿下床走动。如果绝望感极为严重，他们就可能自杀。这种情绪状态就是<u>抑郁发作</u>，它是许多心境障碍的特征之一。

因此，恐惧、愤怒、悲伤和兴奋等基本情绪可能引发多种心理障碍，甚至可以用作诊断的依据。情绪和心境也能影响我们的认知过程。如果你的心境是积极的，那么你的联想、解释和印象也往往是正面的（Diener, Oishi, & Lucas, 2003）。你对他人的第一印象，甚至你对过往的回忆都在很大程度上受到你当时心境的影响。如果你总是感到悲观压抑，那么你对过去的回忆也很可能是不愉快的。看到装有半瓶水的瓶子，悲观沮丧的人会说瓶子是半空的。与此相反，开朗乐观的人却会透过玫瑰色的滤镜看待这个世界，在他们眼里，同样的瓶子是半满的。研究认知与情绪的科学家在这一方面做了大量的研究（Eysenck, 1992; Rottenberg & Johnson, 2007; Teasdale, 1993），特别是那些关注认知与情绪过程之间密切联系的研究者。前沿的心理病理学家已经开始探究情绪困扰（或失调）的本质，并弄清这些困扰在不同的心理障碍中是如何影响思维和行为的（Barlow et al., 2004; Campbell-Sills et al., in press; Gross, in press; Kring & Sloan, 2010）。

小测验 2.4

检查自己对行为和认知因素的理解。把下列选项填入相应的空白处：

A. 习得性无助　　B. 模仿学习
C. 预备学习　　　D. 内隐记忆

1. 卡伦注意到，每一次泰隆安静吃午餐时，老师都会表扬他。为了得到老师的表扬，卡伦决定向泰隆学习。_____
2. 乔希不再试图取悦他的父亲，因为他不知道，父亲是会为自己感到自豪，还是会大发雷霆。_____
3. 格雷格很小的时候掉进了湖里，差一点淹死。虽然格雷格早就忘了这件事，但他还是害怕游泳。_____
4. 胡安妮塔特别怕狼蛛，尽管她知道狼蛛不会伤害她。_____

文化、社会和人际因素

神经生物学和心理学的各种因素已经对我们的生活造成了各种各样的复杂影响，那么社会、文化和人际因素还有发挥作用的余地吗？很多研究已经开始探寻这些因素所产生的巨大而深刻的影响。现在，研究人员已经确定，文化和社会的影响可以要了你的命。看看下面的例子。

伏都教、邪眼等恐惧

在世界各地的许多文化当中，个体可能会患上<u>惊骇症</u>（fright disorders），其特点是夸张的惊恐反应，以及其他明显的恐惧和焦虑反应。比如拉丁美洲的<u>着魔惊恐</u>（susto），它有各种各样的症状表现，比如失眠、易怒、恐惧，以及多汗、心率增加（心动过速）等典型躯体症状。但着魔惊恐只有一个原因：受此困扰的人认为自己被施了魔法或巫术，并在突然间遭受巨大的惊骇。在一些文化当中，邪恶的势力被称为"邪眼"，由此而导致的着魔惊恐甚至可以让人送命（Good & Kleinman, 1985; Tan, 1980）。Cannon（1942）研究了海地伏都教致人死亡

一个"着了魔"的人接受伏都教仪式的治疗。

的现象，他认为，巫师给人宣判死刑能使人自动产生无法忍受的生理唤起，同时因缺乏社会支持，被判死亡的人对此无能为力。也就是说，经过短暂的悲伤后，朋友和家人会忽视被判死亡的人，因为在他们看来，死亡已经发生。最终，这一情境将导致被判死亡的人内脏器官受损，直至死亡。于是根据各种流传的说法，一个身心完全健康的人会迅速死亡，而原因就是社会环境的显著改变。

恐惧是常见的现象，遍布所有的文化。但是，我们恐惧什么却强烈地受到社会环境的影响。科学家研究了生活在以色列同一区域内的数百名犹太儿童和贝都因儿童的恐惧现象（Elbedour, Shulman, & Kedem, 1997）。虽然这些儿童都害怕可能危及生命的事件，但犹太儿童的恐惧比贝都因儿童要轻微。犹太社会强调个性和自主性，而贝都因社会是典型的家长式社会，族群和家庭处于核心位置，孩子很小就被教导要谨慎面对外部世界。贝都因儿童的恐惧对象与犹太儿童不同，也比后者更多，大多集中在恐惧家庭解体方面。因此，文化因素能够影响心理障碍的形式和内容，并且可以在同一个国家的相邻族群里造成不同的结果。

性别

性别角色对心理障碍的影响非常显著，有时也令人费解（Kistner, 2009; Rutter, Caspi, & Moffitt, 2006）。所有人都会经历焦虑和恐惧，恐怖症患者也遍布世界各地。不过，恐怖症有一个特别之处，那就是，罹患特定恐怖症的可能性与你的性别密切相关。例如，害怕昆虫或小动物，以至于不愿去野外或乡村的人几乎可以肯定是女性，因为患有此种恐怖症的人中有90%是女性（前面我们提过引发这一病症的可能原因）。但是，对于使人不愿参加聚会或会议的社交恐怖症来说，男性患者和女性患者所占据的比例差别不大。

我们认为，这些显著的差异至少部分地与社会对男性和女性的期待，或者说性别角色有关。例如，曾有过容易使人患上对昆虫或小动物恐怖症的经历（比如被昆虫或动物咬伤）的男性可能和女性一样多，但是在我们的社会当中，男性一般不可以表现出恐惧，甚至不能承认自己害怕。所以，男性更加倾向于隐藏和忍受自己的恐惧，直到有一天克服它。相反，女性承认自己害怕是被社会所接纳的，所以就产生了相应的恐怖症。与胆怯相比，男性害羞比较容易为社会所接纳，所以他们比较容易承认自己害怕社交。

为了避免或忍受惊恐发作（一种极致的恐惧体验），一些男性可能会选择喝很多酒，而不是承认他们害怕（见第5章），所以常常导致酗酒。酗酒是一种心理障碍，受其影响的男性要比女性多得多（见第11章）。原因之一在于，男性更加倾向于用酒精来消解他们的恐惧和害怕，所以更容易落入酗酒的

犹太文化强调个性和自主性，贝都因文化强调族群和家庭。生活在同一个社区的犹太儿童比贝都因儿童更不害怕陌生人。

陷阱。

甚至于，对于同样的、标准化的心理治疗，男性和女性所获得的疗效也可能不同（Felmingham & Bryant，2012）。对创伤后应激障碍（见第5章）进行暴露治疗后，男性患者和女性患者都有好转。但是，在治疗后的一段时间里，这一疗法对女性患者的疗效要显著优于男性患者。研究人员认为，女性回想情绪记忆的能力略高于男性，这一点可能有利于情绪的处理和疗效的长期保持。

神经性贪食症是一种严重的饮食障碍，患者几乎全部是年轻女性。为什么呢？正如你将在第8章里看到的，对于女性来说，我们的社会强调以瘦为美，这种审美观正在全球泛滥。与此相对的是，男性所受到的保持身材的压力要小得多。在少数患有神经性贪食症的男性当中，男同性恋占据了绝大部分。对他们而言，文化对身材的要求体现在诸多特定的情境当中（Rothblum，2002）。

最后，在一项激动人心的研究当中，Taylor（2002，2006；Taylor et al.，2000）发现，许多物种中的雌性都以非常独特的方式来面对压力。这种独特的应激反应叫作"照料与结盟"（tend and befriend）反应，即通过哺育（照料）以及与更大的社会群体（尤其是其他雌性动物）建立联盟来保护自身及其后代。Taylor等人（2000）认为，这一反应与女性应对压力的方式较为吻合，因为它建立在脑部的<u>依恋—照顾系统</u>（attachment-caregiving system）之上，并引发养育和亲和性的行为。此外，该反应还包含可识别的具有性别特异性的脑神经生物学过程。

性别本身不会引发心理障碍，但是，性别角色这一社会、文化因素却能影响心理障碍的形式和内容。所以，在后面的章节里，我们还会重点讨论与性别有关的话题。

社会因素对健康和行为的影响

许多研究表明，社会关系越丰富，社会交往越频繁，人的寿命就越长（Miller，2011）。相反，社交生活越单调，人的寿命就越短。得出这一结论的研究来自美国、瑞典和芬兰（Berkman & Syme，1979；House，Robbins，& Metzner，1982；Schoenbach，Kaplan，Fredman，& Kleinbaum，1986）。研究人员控制了被试者当时的健康状况和高血压、高胆固醇和吸烟习惯等导致早天的其他风险因素后，结果仍然相同。研究还发现，丰富的社会交往似乎能预防多种生理和心理疾病，如高血压、抑郁症、酗酒、关节炎，还能控制艾滋病的发展，防止生育低出生体重婴儿（Cobb，1976；House，Landis，& Umberson，1988；Leserman et al.，2000；Thurston & Kubzansky，2009）。相反，独居的人罹患抑郁症的风险要比非独居的人高出约80%，这一数字来自对抗抑郁药新开处方的统计（Pulkki-Raback et al.，2012）。此外，社会隔离所增加的死亡风险与吸烟不相上下，并且超过缺乏运动和肥胖（Holt-Lunstad，Smith，& Layton，2010）。有趣的是，不只是社会交往的绝对数量，实际的孤独感也非常重要。所以，有些独居的人很少受到缺乏社会交往的不良影响，而另一些经常参加社会交往的人也仍然感到孤独（Cacioppo & William，2008）。

甚至于，我们是否容易感冒也与我们社会关系网络的数量和质量密切相关。研究者使用滴鼻液让276名健康的被试者接触两种鼻病毒（感冒病毒）中的一种，然后将他们隔离观察一周。同时，研究人员测量了被试者的12种社会关系（例如配偶、父母、朋友和同事）、是否吸烟、睡眠质量好坏等有可能增加罹患感冒概率的其他因素。令人惊讶的结果是，社会关系越丰富，罹患感冒的概率就越低，即使考虑（控制）所有其他因素也仍然如此。那些拥有社会关系最少的被试者罹患感冒的概率是拥有社会关系最多的被试者的4倍多（Doyle，Skoner，Rabin & Gwaltney，1997）。人与宠物的关系也具有这一效应！与没有宠物的人相比，养宠物的人静息心率和血压都比较低。在实验室刺激的影响下，这些指标的上升幅度也较小（Allen，Bloscovitch，& Mendes，2002）。这是什么原因呢？我们还是要说，社会和人际因素似乎能影响，甚至显著影响免疫系统等心理学和神经生物学指标（Cacioppo & William，2008）。所以，在了解心理疾病（或躯体疾病）的心理和生理因素的时候，我们不能不考虑与相关疾病有关的社会和文化背景。

我们已经多次提及，要用多维度的视角来看待心理障碍的发病原因。下面这个以灵长类动物为实验对象的经典研究说明了忽视社会情境所造成的危害。研究人员为猴子注射了安非他明，这是一种中枢神经系统兴奋剂（Haber & Barchas, 1983）。奇怪的是，这种药物对猴子的作用非常不一致。当研究人员根据猴子在猴群中承担主导角色还是顺从角色进行分组后，戏剧性的一幕出现了。安非他明强化了社会等级高的猴子的主导行为；同时也强化了社会等级低的猴子的顺从行为。因此，如果不考虑实验的社会情境，我们就无法理解生物学因素（药物）对心理特征（行为）的影响。

我们再来看以人为对象的研究。社会关系为什么能对我们的身体和心理状况产生如此深刻的影响呢？我们并不确定这其中的原因，但我们已经获得了一些耐人寻味的启示（Cacioppo & William, 2008; Cacioppo et al., 2007）。有的人认为，人际交往能赋予生活以意义，让对生活有所企盼的人能克服身体病痛，甚至延缓死亡。也许你听说过，为了见证家庭的某个重大事件，比如孙辈从大学毕业，一位老人生存的时间比他（她）预想的长了很多。一旦这件事完成了，这位老人也就去世了。另一种常见的现象是，对于经历了漫长婚姻的夫妻来说，如果一方死亡（特别是妻子一方），另一方无论健康状况好坏通常也会很快死去。另一种可能的原因是，社会关系有助于个体采取促进健康的行动，比如减少酒精和药物的使用，保持充足的睡眠和寻求适当的医疗服务（House, Landis, & Umberson, 1988; Leserman et al., 2000）。

有时候，社会动荡能够为研究社交网络对个体机能的影响提供契机。在犹太人撤出犹太人定居点的时候（以色列与埃及在和谈中约定拆除位于西奈半岛的犹太人定居点），科学家在一个即将解体的犹太社区里进行了研究（Steinglass, Weisstub & Kaplan De-Nour, 1988）。他们发现，认为自己归属于某一社区与拥有社交网络同样重要。长期来看，那些认为（不管事实上是否如此）自己的社交网络正在瓦解的人的心理更容易出问题。

另一项研究显示，居住在城市还是乡村可能会影响一个人罹患精神分裂症（一种严重的心理疾病）的概率。研究发现，生长在城市的男性的精神分裂症的发病率比生长在农村的男性高38%（Lewis, David, Andreasson & Allsbeck, 1992）。我们很早就知道，城市的精神分裂症患者比农村多。但是研究

长寿和成功的人生通常离不开良好的社会关系和人际关系。

人员推测，这可能是因为精神分裂症患者迁移到了城市，或者是因为城市具有某些特性，比如药物滥用或家庭关系不稳定，但这项研究仔细地控制了这些因素。所以现在看来，除以上因素之外，与城市相关的某些因素确实有可能促进精神分裂症的发生（Boydell & Allardyce, 2012; Pedersen & Mortensen, 2006）。我们暂时还不知道这些因素是什么。如果这一发现再次被证实，我们可能就要注意向拥挤的城市地区大规模迁移所造成的影响了，尤其对欠发达国家来说。

综上所述，我们不能脱离社会和人际关系的影响来讨论心理障碍，我们还需要探索很多东西。很多严重的心理障碍，比如精神分裂症和重性抑郁障碍，似乎发生在所有的文化当中，但它们在不同文化中的表现可能各不相同，因为个体的症状受到社会和人际关系的强烈影响（Cheung, 2012; Cheung, van de Vijver, & Leong, 2011）。例如，你将在第7章里看到，抑郁症在西方文化中主要表现为内疚感和丧失自信，而在发展中国家主要表现为身体不适，比如疲劳或疾病。

在发展中国家，由政局混乱所导致的生活剧变影响着很多人的精神健康。

社会和人际因素对老年人的影响

最后，社会和人际因素对身体和心理疾病的促进作用可能与年龄有关（Charles & Carstensen, 2010; Holland & Gallagher-Thompson, 2011）。有科学家研究了118名65岁以上的独居老人。那些较少与亲戚保持有意义的接触并得到他们的社会支持的老人，抑郁水平更高，也更容易对生活质量表示不满。但是，如果这些老人出现身体不适，他们从家人那里获得的实质性帮助就要多于没有生病的老人（Grant, Patterson & Yager, 1988）。这一发现提示，老人生病可能是利大于弊的，因为生病能让他们重新建立起社会支持，从而赋予生活以意义。如果进一步的研究证实了这一点，我们就可以直觉地判断：在老人生病之前增加与老人的交往可能有助于他们保持身体健康（以及大幅降低医疗保健费用）。

对老年人的研究正在快速增长。在2010年，美国65岁以上的老人大约有4000万（占总人口的13%），而到了2030年，这一数字预计将达到7150万（占总人口的20%）（Federal Interagency Forum on Aging-Related Statistics, 2012）。与人口老龄化相伴，出现心理问题的老年人也会增加，其中许多人将无法得到适当的护理（Holland & Gallagher-Thompson, 2011）。正如你所看到的，认识老年人的心理疾病并采取必要的应对措施是非常重要的。

社会污名

在讨论心理病理学的时候，我们还要考虑另一些社会和文化因素的影响。在我们的社会里，心理疾病仍然背负着非常负面的印象（Hinshaw & Stier, 2008）。我们把焦虑症或抑郁症看作软弱和怯懦，把精神分裂症看作不理智和疯狂。士兵在战争期间负伤，我们会授予他们勋章，但是心理受到伤害的士兵却被我们蔑视和嘲笑。看过描写越南战争的影片《生于七月四日》（*Born on the Fourth of July*）或描写入侵伊拉克的2010年奥斯卡获奖影片《拆弹部队》（*The Hurt Locker*）的人都知道这一点。由于害怕同事知情，患有心理障碍的人往往不去找医疗保险机构报销医药费。与躯体疾病患者相比，心理疾病患者所获得的社会支持要少得多，所以，他们鲜有机会能完全康复，自杀的风险也更大。从伊拉克和阿富汗战场回到美国的退伍士兵就是这样。我们将在第3章和第16章讨论社会对心理障碍的态度所造成的某些后果。

心理障碍的全球发病率

来自世界卫生组织（WHO）的重要调查结果显示，心理障碍占全球各类疾病的13%（WHO, 2011, 2001）。在发展中国家，行为和心理健康问题因政治纷争、技术变革和人口从农村到城市的大规模迁移而愈加严重。在贫穷的国家，只有10%～20%的基层医疗服务提供给心理障碍患者，他们所患的心理疾病主要是焦虑和心境障碍（包括自杀企图），以及酗酒、药物滥用和儿童发育障碍（WHO, 2011）。美国对如抑郁症和成瘾行为等心理障碍的成功治疗无法在精神卫生保健条件有限的其他国家实施。2006年，柬埔寨只有26个精神科医生，他们要面对1200万人口。在撒哈拉以南的非洲，情况甚至更糟，每200万人口中仅有一名心理治疗师（WHO, 2011）。在美国，约20万精神卫生专业人员服务着近3亿人口，但只有1/3的心理障碍患者接受过某种形式的治疗（Institute of Medicine, 2001）。尽管比尔·盖茨和梅琳达·盖茨基金会进行了令人感动的努力，但该基金会所提出的"全球健康大挑战"的倡议目标中并不包含心理健康。这些令人忧心的统计数字表明，社会和文化因素不仅与心理障碍的发生有关，它们也与其发展密切相关——因为大多数社会尚未形成缓解并最终治愈心理障碍的社会环境。所以，在新世纪里，改变社会对心理障碍的态度就是我们所面临的挑战之一。

毕生发展

从生命全程的角度来看待心理障碍的心理病理学家指出，人们倾向于静态地看待心理障碍。也就是说，我们只把注意力放在人一生当中的某一个时点，并假设这一时点代表了个体的全部。我们应当清楚，这种看待问题的方式是有缺陷的。回想你过去几年的生活，那时候（比如说3年前）的你跟现在的你是不同的。而且，与现在的你相比，3年后的你也会在很多方面发生巨大的变化,即使我们所具有的"历史终结"这一认知偏差常常让我们误以为自己将来不会发生什么改变(Quoidbach, Gilbert, & Wilson, 2013)。要理解心理障碍,我们就必须明白不同发展阶段的经历如何影响我们遭遇各种压力或各类心理障碍的可能性(Charles & Carstensen, 2010; Rutter, 2002)。

我们在一生当中的各个阶段都会发生重要的变化。例如,成年期远不是一个相对稳定的时期,而是充满了变化。在进入老年之前,人会发生很多重要的变化。埃里克森(1982)提出,人一生要经历8大危机,每一个危机都取决于我们的生理成熟度和我们在特定阶段的社会需求。弗洛伊德曾说,人在青年之后就没有新的发展阶段了。但埃里克森认为,我们的成长和变化会一直持续到65岁以后。例如,在成熟期(即65岁以后),我们会回顾一生,同时产生满足或失望的感受。

虽然埃里克森的社会心理发展理论的很多方面都被批评为过于模糊,而且没有得到研究证据的支持(Shaffer, 1993),但它显示出从生命全程的发展角度看待个体发展的综合视角。初步的研究已经开始确认这种方法的重要性。一项研究分别把未成年期、成年期和认知能力开始下降(衰老)的老年期的动物放入复杂的环境当中。研究发现,这些动物的大脑根据所处发育阶段的不同而受到了不同的影响。大致说来,复杂和充满挑战性的环境增加了成年和老年动物的运动和感觉皮层神经元的体积和复杂程度。然而,与老年期动物不同的是,对未成年期的动物来说,这一环境却降低了脊柱神经元的体积和复杂程度。但是,这种降低与动物在成年后表现出更高的运动和认知技能有关。这就说明,在任何年龄阶段,富含刺激的环境都对脑功能有正面的影响。即便是出生前的体验似乎也能影响脑的结构,因为,怀孕期间处于丰富而复杂环境的母体的后代具有更为复杂的脑皮层回路(Kolb, Gibb, & Robinson, 2003)。你可能还记得我们在这一章的前面的部分讨论过的由Cameron等人(2005)所做的研究,其中,在幼鼠出生后的第一个星期内(而不是之后),母鼠的行为能够强烈地影响幼鼠在一生中应对压力的能力。

因此,我们可以推断,发育阶段和早期经验对心理障碍的发生和表现具有实质性的影响,这一论断也得到了Laura Carstensen等毕生发展心理学家的证实(Carstensen, Charles, Isaacowitz, & Kennedy, 2003; Charles & Carstensen, 2010; Isaacowitz, Smith, & Carstensen, 2003)。例如,在相同抗抑郁药物的使用中,患有抑郁(心境)障碍的儿童和青少年所获得的疗效不如成人患者(Hazell, O'Connell, Heathcote, Robertson, & Henry, 1995; Santosh, 2009),而且对他们当中的很多人来说,这些药物也会产生某些风险。而对成人患者来说,这些风险并不存在(Santosh, 2009)。此外,在青春期之前,抑郁症在两种性别间的分布几乎相等,但此后就多见于女孩了(Compas et al., 1997; Hankin, Wetter, & Cheely, 2007)。

一病多因原则

像发热一样,特定的行为或病症可能有很多种原因。我们在发展心理病理学领域运用**一病多因**(equifinality)原则,即我们必须考虑导致同一结果的多种可能原因(Cicchetti, 1991)。很多例子都反映了这一条原则。例如,妄想综合征可能是精神分裂症的一种表现,也可能由滥用安非他明引起。包括注意力难以集中的谵妄状态常见于手术后的老年人,但它也可以由硫胺素缺乏或肾脏疾患所引起。导致儿童发生自闭症的原因可能是母亲在怀孕期间得了风疹,也可能是母亲在分娩时遭遇难产。

在不同的发育阶段,心理学和生物学因素的相互作用也能产生不同的影响。一个人如何处理由身体原因导致的损伤可以深刻地影响其整体的心理状况。例如,脑损伤严重程度大致相同的人可以具有不同程度的心理障碍。在发生躯体(器质性)病变的情况下,那些拥有健康的社会支持系统(包括家人和朋友)和适应力强的个性特征(例如相信自身有能力应对挑战)的人可能只会发生轻微的行为和认知障碍;而那些没有相应的支持系统和个性特征的人则可能完全崩溃。想想身边那些身体有残疾的人,你或许能更清晰地认识这一点。有些因事故或疾病而腰部以下瘫痪(截瘫)的人能成为一流的运动员,或者在商业、艺术上做出成绩。而另一些遭遇相似处境的人却陷入沮丧和绝望,心灰意冷,甚至走上绝路。就连心理疾病所伴随的妄想和幻觉,以及患者的恐惧程度和治疗的困难程度也部分地决定于心理和社会因素。

研究人员不仅在探索是什么原因让人患上某种心理障碍，他们也在研究是什么原因让其他人免于遭受这种疾病的侵袭。例如，如果你想弄清楚人为什么会抑郁，你可能就会去研究那些表现出抑郁症状的人。但是，你也可以研究那些在类似情形下并未出现抑郁症状的人。以下对"适应力强的"孩子的研究就采用了这一方法。研究表明，社会因素可以保护某些孩子免受某些痛苦经历（例如父母一方或双方患有精神病）的伤害（Cooper, Feder, Southwick, & Charney, 2007; Garmezy & Rutter, 1983; Becvar, 2013; Goldstein, & Brooks, 2013）。除孩子可以借助自身能力来理解和应对不愉快的情形之外，一个充满爱心的成年人朋友或亲戚的影响也可以抵消这种环境所带来的负面压力。最近，科学家已经发现，在应对创伤和应激的时候，诸如社会支持、强烈的欲望、认为生命有意义等保护性因素能使人的生物性反应出现巨大的差异（Alim et al., 2008; Charney, 2004; Ozbay et al., 2007）。或许，当我们能更好地理解为什么有的人在类似的情形下不会遭遇同样的问题的时候，我们就能更加深刻地认识特定的心理障碍，从而更好地为患者提供帮助，甚至帮助其中一些人避免得病。

结　论

我们讨论了心理病理学研究中所采用的现代方法。我们发现，这一领域确实非常复杂。在这个简短（即使看上去可能并不简单）的概述中，我们已经知道，在讨论心理障碍的时候，我们必须考虑：①精神分析理论，②行为和认知科学，③情绪因素，④社会和文化因素，⑤遗传，⑥神经科学，⑦毕生发展因素所发挥的全部影响。尽管我们的知识仍然有限，但你还是可以看到，为什么我们永远都不能采用第1章里所描述的那些单一维度的思维模式。

然而，有关心理障碍的书籍和大众媒体中的新闻报道却往往从单一维度的视角来看待这类疾病，而不考虑其他因素的影响。例如，你可能已多次听说，某种心理障碍（例如抑郁症或精神分裂症）是由"一种化学物质失衡"所引起的。当你读到，某种心理障碍是由一种化学物质失衡引起的，那么这就像是在说其他因素都不重要，你所要做的只是纠正这种神经递质的失衡，然后就能"治愈"这种疾病了。

在后文中讨论具体的心理障碍的时候，我们将回顾很多研究。从中我们会发现，心理障碍毫无疑问与神经递质活动等脑功能的改变（化学物质失衡）有关。但是，通过这一章的学习，你应当已经了解到，化学物质的失衡可能受到了各种心理或社会因素的影响。这些因素包括应激、强烈的情绪反应、负面的家庭互动、衰老所导致的改变，以及更可能的是，所有这些因素的某些交互作用。因此，说某种心理障碍是由某种化学物质失衡"造成"的是不准确的、具有误导性的，尽管我们几乎可以肯定地说，化学物质失衡这一现象确实存在。

同样地，你已有多少次听说，酗酒等成瘾行为是由于"缺乏意志力"造成的？也就是说，只要这些人端正了态度，他们就能克服成瘾行为吗？毫无疑问，具有严重成瘾行为的人很可能有认知上的问题，比如对自己的行为进行合理化等各种错误的认识，或者把他们的问题归咎于生活或其他一些似是而非的借口所引发的压力。他们也可能错误地认识了酒精对他们产生的影响，而这些认知和态度又使成瘾行为进一步强化。但是，在分析成瘾行为的发病原因的时候，只考虑认知过程不考虑其他因素（比如基因和脑生理学）的做法，与把抑郁症归结为某种化学物质失衡一样，都是错误的。人际因素、社会因素和文化因素对成瘾行为的发展也有巨大的影响。所以，说酗酒等成瘾行为源于缺乏意志力或思维方式有问题也是过度简化的错误看法。

如果你从这本书当中只学到一件事，那么它应当是，心理障碍并非只有一个原因。引发心理障碍的原因很多，而且所有这些原因都在互相影响。我们必须了解这些因素之间的相互作用，这样才能全面地看待心理障碍的致病原因。要做到这一点，我们就必须采取多维度的综合视角。在讨论具体心理障碍的部分里，我们将再次讨论朱迪等人的案例，并且运用多维整合的视角来看待它们。不过，我们必须首先讨论对心理障碍进行测量和分类的评估和诊断过程。

小测验 2.5

下列叙述与影响心理疾病的文化、社会和年龄因素有关。在空格里填上适当的词语。

1. 我们_____什么受社会环境的强烈影响。
2. 你是否容易患上某种恐怖症与你的_____密切相关。
3. 大量研究表明，_____关系越丰富，社会_____越频繁，人的寿命就越长。
4. 在社会和人际因素的影响下，躯体和心理疾病可能会因患者_____的不同而呈现出不同的表现。
5. 我们在发展心理病理学领域运用_____原则，以此来表明，我们必须考虑导致同一结果的多种原因。

本章小结

单维度模型与多维度模型

- 异常行为的原因非常复杂，同时也充满趣味。如果你说，心理障碍是由先天原因（生物学因素）造成的，或者说，心理障碍是由后天原因（社会心理因素）造成的，那么，这两种说法都对，也都不对。
- 为了识别各种心理障碍的原因，我们必须考虑所有相关因素的交互作用。这些因素有：遗传、神经系统的作用、行为与认知过程、情绪因素、社会与人际因素和毕生发展（年龄）因素。所以，我们需要采取多维度的综合视角来探索心理障碍的原因。

遗传对心理病理学的影响

- 在很大程度上，影响我们的发育、行为、个性，甚至智商的遗传影响属于多基因遗传。也就是说，人的上述特征受到多种基因的影响。谈到异常行为，情况也是如此。尽管一些研究已经发现，某些严重的心理障碍只与为数不多的基因有关。
- 在对心理障碍的致病原因的研究中，研究人员分析了遗传和环境因素的相互作用。素质—应激模型认为，个体会从遗传中继承某种遗传易感性。在特定应激因素的刺激下，这种易感性就会让人更容易患上相应的心理疾病。在基因—环境关联模型或基因—环境交互模型中，个体对某种心理障碍的遗传易感性可能会使人更容易接触能够激发该遗传易感性的应激因素，进而使人更易罹患相应的心理障碍。在表观遗传学中，环境的直接影响（如生命早期的压力经验）能开启或关闭细胞内的特定基因。这一效应或许能传递好几代。

神经科学及其对心理病理学的影响

- 神经科学领域为我们解开心理病理学的谜团带来了很多有益的启示。在神经系统内，神经递质水平和神经内分泌活动以复杂的方式相互作用，以此来调节情绪和行为，并使人更容易罹患某些心理障碍。
- 理解心理障碍的关键是认识被称为脑环路的神经递质流动路径。我们讨论了5种有可能发挥关键作用的神经递质，它们分别是5-羟色胺、γ-氨基丁酸（GABA）、谷氨酸、去甲肾上腺素和多巴胺。

行为与认知科学

- 认知科学是较新的研究领域，在行为和认知因素如何影响我们一生中的学习和适应过程方面，它提供了一个非常有价值的视角。显然，这些因素不仅影响心理障碍的发生，它们也可能直接改变人脑的功能、结构，甚至基因表达。我们通过习得性无助、模仿学习、预备学习和内隐记忆等概念来讨论这一领域的某些研究。

情绪

- 情绪对脑功能的正常运转有直接且重大的影响，并在多种心理疾病中起核心作用。心境是较为持久的情绪状态，在心理障碍中往往会有明显的表现。

文化、社会和人际因素

● 社会和人际因素能深刻地影响心理疾病和躯体疾病。

毕生发展

● 在采用多维整合的视角来看待心理障碍的时候，我们要记住一病多因原则。它提醒我们，必须考虑导致某一结果的多种原因。

小测验答案

2.1
1.B　2.A（最佳答案）或 C
3.E　4.A，C

2.2
1.错（头 22 对）　2.对
3.对
4.错（基因—环境关联模型）
5.错（先天与后天因素的复杂相互作用）

2.3
1.B　2.C　3.F　4.G　5.D　6.E　7.H　8.A

2.4
1.B　2.A　3.D　4.C

2.5
1.恐惧　2.性别　3.社会，交往
4.年龄　5.一病多因

临床评估和诊断

心理障碍的评估
  评估中的核心概念
  临床访谈
  躯体检查
  行为评估
  心理测验
  神经心理测验
  脑成像：大脑的图像
  心理生理评估
心理障碍的诊断
  分类议题
  1980年之前的诊断
  DSM-Ⅲ和DSM-Ⅲ-R
  DSM-Ⅳ和DSM-Ⅳ-TR
  DSM-5
  创建一个诊断
  超越DSM-5：维度和谱系

第 3 章

学习目标

- 使用科学的推理方式来解释行为
- 描述采用基于本专业领域的问题解决方式而产生的实际应用
- 鉴别出行为解释所具有的基本的生物学、心理学和社会成分（例如，推论、观察、操作化定义和解释）(APA SLO 1.1a)。
- 描述相关的心理学原理在日常生活中的应用实例（APA SLO 5.3a）。

* 本章内容涵盖美国心理学会（APA，2012）建议的学习目标，旨在为心理学专业本科生提供指导。目标及建议学习成果（SLO）由APA定义。

心理障碍的评估

临床评估和诊断的过程对于学习心理病理学而言十分重要，而且是治疗心理障碍的核心。**临床评估**（clinical assessment）是对于一个有可能患有心理障碍的个体身上所具有的心理、生理和社会因素所做的系统评价和测量。正如DSM-5（美国精神病学会，2013）中所阐明的那样，**诊断**（diagnosis）是用来判定让个体感到痛苦的某个具体问题是否符合某种心理障碍的标准的过程。在本章中，我们首先会在一个真实个案的背景下向大家演示何谓评估和诊断，之后，我们将考察DSM如何发展成为一套运用广泛的异常行为分类系统。接下来，我们将回顾可供临床工作者所用的许多评估技术。最后，我们会讨论诊断的议题以及分类所面临的相关挑战。

弗兰克　严重焦虑的年轻人

弗兰克因为严重的痛苦和焦虑而被转介至我们的诊所进行评估，并有可能需要接受治疗。弗兰克的痛苦和焦虑主要与他的婚姻有关。他来的时候穿的是整洁的工作服（他是一位机械师）。他说自己24岁，并报告这是他有史以来第一次会见心理健康工作者。他并不确定自己是否需要（或者说"想要"）到这里来，但是他承认自己因为婚姻问题"快要崩溃了"。他琢磨着，来这里看看我们是否能够提供帮助肯定不会有什么坏处。下面记录的是这次初始访谈中的一部分内容。

治疗师：这个月你遇到了什么令人困扰的问题吗？

弗兰克：我的婚姻开始有了许多问题。我大概9个月之前结的婚，但是我在家里一直都很紧张，而且我们总是争吵。

治疗师：是最近发生的吗？

弗兰克：嗯。起初并不坏，但是最近变得越来越糟。我最近在工作上也特别烦，没能把活干好。

请注意，一开始，我们总是会让病人以一种相对开放的方式来向我们描述让他/她到诊室里来的主要困扰。当我们面对的是成年人，或者对方年龄足够大（或有足够的语言能力），有能力将他们的故事告诉我们时，这种策略一般都能打破僵局。它能帮助我们将病人在之后访谈中所透露的生活细节和透过病人的眼睛所看到的核心问题联系在一起。

在弗兰克围绕这个主要问题描述了一番之后，我们询问了有关他的婚姻、工作以及目前的生活处境等情况。弗兰克报告说，4年来，他在汽车修理店保有一份稳定的工作。9个月之前，他娶了一位17岁的女性。在我们对他目前的处境有了一定了解后，我们把注意力转向了他的痛苦和焦虑的感觉。

治疗师：当你在工作中感到烦躁时，它是不是和你在家里时的感受相同呢？

弗兰克：很像。我好像没有办法集中注意力。很多时候我会忘记我妻子正在跟我说什么，这会让她抓狂，然后我们就会大吵一架。

治疗师：当你注意力不集中时，你是在想别的事情吗？比如说你的工作，或者是其他的事情？

弗兰克：嗯，我担心会被解雇，然后就没有办法支撑我的家庭了。有许多时候我觉得自己好像会染上什么病，你明白的，生了病就没办法工作了。基本上我想我是害怕生病，然后就没法工作，婚姻也会失败，最后我的父母和她的父母都告诉我，我就是一个十足的蠢货。

在访谈的最初10分钟里，弗兰克似乎十分紧张和焦虑，他说话的时候常常低头看地板，只有偶尔抬眼进行目光接触。有时候他的右腿会抽搐一下。弗兰克还会紧闭眼睛两三秒钟，但不容易注意到这一点，因为他的视线一直是朝下的。而正是在这些他闭上眼睛的时间里，他的右腿发生了抽搐。

访谈又继续进行了半个小时，探索婚姻和工作。越来越清楚的是，弗兰克对处理自己生活中的困难感到无奈和焦虑。到了这个时候，他已经能够自由地表达自己，也更多地注视治疗师。但是他仍然会闭上眼睛，右腿也会轻微抽搐。

治疗师：你是否能察觉到当你在告诉我这些事情的时候，每隔一段时间你都会闭上眼睛？

弗兰克：我不是每次都能觉察到，但是我知道我会那么做。

治疗师：你知道你会这么做已经有多长时间了？

弗兰克：哦，我不知道，可能有一两年了吧。

治疗师：当你闭上眼睛时，你有没有在想什么事情？

弗兰克：嗯，事实上我在努力不去想一些事情。

治疗师：你指的是？

弗兰克：嗯，我有一些非常令人害怕而且愚蠢的想法，而且……甚至把它讲出来都很难。

治疗师：这些想法让人感到害怕？

弗兰克：是的。我一直在想，我会痉挛发作，然后我就会努力把它从我的脑子里赶出去。

治疗师：你能多给我讲讲这个痉挛发作吗？

弗兰克：嗯，你知道的，就是那些很可怕的事情。摔倒、口吐白沫、舌头会伸出来，而且会全身颤抖。你知道的，痉挛。我想大家把它叫作癫痫。

治疗师：你一直在努力把这些想法从你的脑子里赶出去？

弗兰克：哦，我会尽一切可能尽快地把这些想法从我的脑子里赶出去。

治疗师：我注意到了当你闭上眼睛的时候，你会动你的腿。这也是你努力的一部分吗？

弗兰克：是的，我发现如果我猛地动一下腿，然后很努力地祷告一下，这个想法就会消失。

(摘自 Nelson, R. O., & Barlow, D. H., 1981.Behavioral assessment: Basic strategies and initial procedures.In D. H. Barlow, Ed., *Behavioral assessment of adultdisorders*. New York: Guilford Press.)

弗兰克出了什么问题呢？通过初始访谈展现在我们面前的，是一位缺乏安全感的年轻男性。他怀疑自己是否能够应付婚姻和工作，因此体验到了相当严重的痛苦。他说自己十分爱自己的妻子，希望婚姻能够维持下去，而且也一直试图尽责地完成自己的工作，因为在这份工作中他能获得满足和享受。但同时，因为某种原因，有关癫痫发作的想法令他十分困扰。下面，让我们再来看一个案例。

布莱恩	多疑的念头

布莱恩现年20岁，最近被其服役的军队开除。他被一位精神科医生转介过来评估其性问题。下面是经过大量删减的对话概况。

治疗师：你有什么问题吗？

布莱恩：我是一名同性恋。

治疗师：你是一名同性恋？

布莱恩：是的，而我想成为一名异性恋。有谁会想当同性恋呢？

治疗师：你有任何同性恋的朋友或情人吗？

布莱恩：没有，我不会去靠近他们。

治疗师：你从事同性恋行为的频率如何？

布莱恩：嗯，我还没试过。但是大家都知道

> 我是个同性恋。我想，发生那种事只是时间问题。
>
> 治疗师：你脑子里有什么具体的人吗？你觉得有谁吸引你吗？
>
> 布莱恩：没有，但是别人会被我吸引。我从他们看着我的方式中就能够知道。
>
> 治疗师：他们看着你的方式？
>
> 布莱恩：对，他们的眼神。
>
> 治疗师：有没有同性追求过你？或者有没有人对你说一些有关你是同性恋的事情？
>
> 布莱恩：没有，没人对我说过；他们不敢。但是我知道他们在我背后议论我。
>
> 治疗师：你是怎么知道的？
>
> 布莱恩：嗯，有些时候他们会在隔壁房间聊天，而他们唯一能聊的事情就是我是一个同性恋。

那么，我们接下去该怎么办呢？你觉得布莱恩的这些想法是从哪来的呢？对于弗兰克，我们如何能够判定他是否患有心理障碍，或者他只不过和许多年轻男性一样，在刚刚开始的婚姻中经历着正常的应激，只需婚姻咨询就能让他获益呢？本章的目的即是向大家演示，心理健康领域的临床工作者如何以一种系统的方式来处理这些问题，如何对病人进行评估从而把握心理病理学的本质，以及如何做出诊断和制订治疗计划。

评估中的核心概念

在心理病理学中，临床评估过程往往被比作漏斗（Antony & Barlow, 2010; Hunsley & Mash, 2010）。一开始，临床工作者会收集许多的信息，这些信息涵盖了个体功能水平的诸多方面，从而决定问题可能在哪里。在获得了对个体整体功能水平的初步印象后，临床工作者会通过排除某些领域的问题，并将注意力集中在那些看上去最为相关的领域。

为了理解临床工作者评估心理问题的不同方式，我们需要理解三个基本概念，这些概念有助于确定评估的价值：信度、效度和标准化（Ayearst & Bagby, 2010）（见图3.1）。评估技术遵循各种严格的要求。其中重要的一点是，有证据（研究）证明该技术的确能达到其旨在达到的评估目标。而更为重要的要求是，该技术是可靠的。**信度**（reliability）指的是一种测量手段是否一致的程度。想象一下，如果你因为胃痛去找了4名有能力的医生，然后得到了4种不同的诊断和4种不同的治疗，你该有多恼怒啊！你会认为这些诊断都是不可信的，因为两个或两个以上的"评估者"（即医生）并没有就结论达成一致。一般而言，我们会期待呈现相同的症状会让不同的医生做出类似的诊断。心理学家用来改善信度的方式之一是仔细地设计评估工具，然后对这些工具进行研究以确认两个或两个以上的评估者会获得相同的答案，即**评分者间信度**（interrater reliability）。他们也会去判定这些评估技术在时间维度上是否稳定。换句话说，如果你在周二去找一位临床工作者，然后被告知你的智商评估结果是110，那么你应该可以预期如果你在周四再做一次测验，得到的结果会是类似的。这叫作**重测信度**（test-retest reliability）。当我们谈到诊断和分类的时候，我们将会再次回到信度这个概念上来。

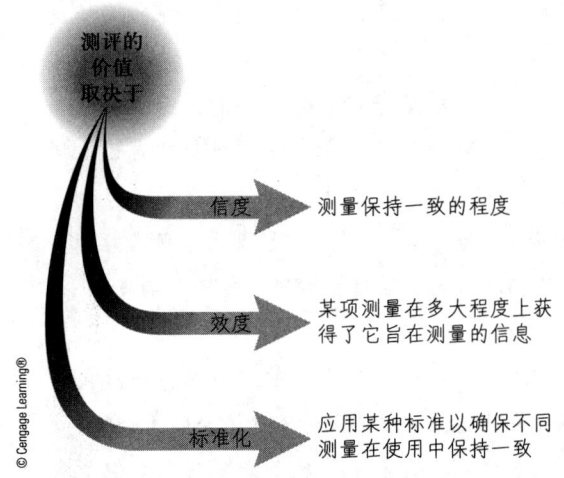

图3.1　临床评估中的关键概念

效度（validity）指一种技术是否测量到了它旨在测量的内容。将某种新的评估手段的测量结果与已有的权威评估手段的结果做比较，就可以判定前者的效度。这种比较方式被称为**同时效度**（concurrent validity）或者**描述性效度**（descriptive validity）。例如，如果由一种新的简短版智商测验所测量出的结果和由一种标准的复杂版智商测验所获得的结果是一致的，那么你就可以得出结论说，这个简短的版本具有同时效度。**预测效度**（predictive validity）指的是某个评估在多大程度上能够告诉你在未来会发生什么。比如说，它是否能够预测谁会在学业上获得成功以及谁无法获得成功？（对于智商测验来说，这很重要。）

标准化（standardization）指的是针对某项技术确定其某组标准或常模的过程，从而使其在不同测量的运用中能够保持一致。标准化可以体现在测验的过程、计分以及评估数据上。比如说，可能有许多人参加评估，而这些人在一些重要的因素上有所不同，例如年龄、种族、性别、社会经济地位和诊断；他们的分数会和那些与他们类似的人的分数放在一起组成一组，从而形成一个可供参照的标准或常模。比如说，如果你是一位非裔美国男性，现年19岁，具有中产阶级背景，那么你在某个心理测验中的得分应该和那些类似你的人进行比较，而不是和那些和你截然不同的人（例如来自工薪阶层的六十多岁的亚裔女性）。信度、效度和标准化对于所有的心理评估形式来说都是重要的。

临床评估包含了许多策略和程序，它们帮助临床工作者获得他们所需的信息；而获得这些信息正是为了理解和帮助病人。这些程序包括一次临床访谈，在此期间可以以正式或非正式的方式进行精神状态检查；往往也会包括一次全面的身体检查；还包括一次行为观察和评估；并进行必要的心理测验。

临床访谈

临床访谈是大多数临床工作的核心。心理学家、精神科医生以及其他心理健康领域的专业人员都会使用临床访谈。访谈会针对个体现在和过去的行为、态度和情绪，以及其一般生活和目前问题的详细历史收集信息。临床工作者会判定具体的问题是何时开始的，并且会鉴别出其他在同一时间发生的事件（例如，生活应激事件、创伤或是躯体疾病等）。此外，大多数的临床工作者会收集一些有关病人的目前和过往的人际历史和社会性历史的信息，包括家庭的构成（例如，婚姻状态、子女数量、单身者是否和父母同住等），以及个体是如何被抚养成人的。关于性心理发展、宗教态度（目前和过往的）、与文化相关的困扰（例如因为歧视而导致的应激），以及教育经历也可能成为被例行收集的信息。为了组织好在一次访谈中所收集的各种信息，许多临床工作者会使用精神状态检查。

在第一次会面时，心理健康领域的专业人员会把焦点放在让个体进入治疗的问题上。

精神状态检查

就其本质而言，**精神状态检查**（mental status exam）涉及对个体的行为进行系统的观察。这种类型的观察是在任何个体和另一个体的互动过程中进行的。我们所有人每天都会实施某种"伪"精神状态检查，而临床工作者的诀窍在于以某种方式对观察加以组织。这种组织的方式会给予他们充分的信息来判断个体是否患有某种心理障碍（Nelson & Barlow, 1981）。精神状态检查可以是一种结构化的细致观察（Wing, Cooper, & Sartorius, 1974），但在大多数时候，经验丰富的临床工作者在访谈病人或对病人进行观察的过程中会以相对快捷的方式来实施这一检查。这项检查包含五个方面的内容，下面让我们来一一介绍。

1、外表和行为。临床工作者会留意任何外显的躯体行为（例如弗兰克抽搐的腿），以及个体的穿着、整体的外观、姿势和面部表情。例如，缓慢且费力的运动行为有些时候属于精神运动性迟滞，可能预示存在严重的抑郁。

2、思维过程。临床工作者倾听病人讲话的时候，能很好地知悉这个人的思维过程。他们往往从几方面寻找信息。例如，语言的速度或流畅性如何？这个人的语速是快还是慢？换句话说，病人的话语是否有意义，或是所呈现出的想法之间缺乏关联？在某些患有精神分裂症的病人身上，很容易能观察到一种紊乱的语言模式，这种语言模式被称之为思维松散或思维不连贯。如果病人表现出难以持续地讲话，或者是语速缓慢，那么临床工作者可能会询问："你可以清晰地思考吗，还是说你在整合自己的想法时遇到了困难？你的想法是不是容易混在一起，或者是想法出现的速度很慢？"

除了语言的速度或流畅性以及连续性外，语言的内容又是什么样子的呢？有没有任何妄想（歪曲现实的观点）的迹象？典型的妄想可能是被害妄想，在这种情况下，个体会认为别人总是在追杀他，或是想要逮到他；或者是夸大妄想，在这种情况下，个体会认为她在某种程度上是全能的。个体可能也会出现牵连观念，即其他所有人所做的任何事情都和自己有关。最常见的例子是，认为在房间另一边的两个陌生人一定是在谈论你。幻觉指的是某一个人看见或听见事实上不存在的东西。例如，临床工作者可能会说："让我问你几个例行的问题，这些问题我每个人都会问。你是不是会看见某些东西，或者听见某些声音，即便你知道并不存在这些东西或声音？"

现在，让我们回过头来思考一下布莱恩的案例。针对布莱恩所提出的大量问题并没有揭示出他身上存在任何同性恋的性唤起、幻想或行为模式。事实上，他在过去的几年里一直是一个活跃的异性恋，并且具有明显的异性恋的幻想模式。那么，你会如何评价布莱恩在访谈中表现出的思维过程呢？他所表达的是什么样的想法呢？请注意当他恰巧看到其他男性在注视自己时所得出的结论。当一群男性恰好在交谈而他又不是其中的一员时，他的想法是什么呢？这可能是一个牵连观念的病例，即布莱恩认为其他人所做或所说的任何事情都是和他有关的。而他十分确定自己是同性恋这一点并没有任何现实的根据，它是一种妄想；另一方面，他明显具有对于同性恋的消极态度。

3、心境和情感。在精神状态检查中，判断心境和情感是其很重要的一部分。就像我们在第2章中已经提到过的那样，心境是个体内心占主导地位的感受状态。这个人的情绪看上去十分低落还是持续高涨？这个人是否在以一种抑郁或无望的方式与人交谈？这种心境有多普遍？是否有某些时候抑郁消失了？与之相反的是，情感指的是我们在特定时刻的感受状态。通常我们的情感是"合宜的"。当我们说了些有趣的事情时，我们会大笑，当我们讲述一些伤心的事情时，我们会显得悲伤。如果一个朋友告诉你他的母亲去世了，然后对此开怀大笑，或者说，如果你的朋友刚中了彩票大奖而她却在嚎啕大哭，那么你多少会觉得奇怪。一位心理健康领域的临床工作者则会注意到，你的朋友的情绪反应是"不合宜的"。同样，你可能会发觉你的朋友在谈论一系列快乐和伤心的事情时没有表现出任何的情感。在这种情况下，一位心理健康领域的临床工作者可能会说，这种情绪反应是"迟钝的"或"淡漠的"。

4、智力功能。临床工作者能够通过交谈来估计对方的智力功能水平。词汇量如何？是否可以使用抽象概念和隐喻来交谈（就像大多数人在大多数时候所做的那样）？临床工作者通常能够大概估算出那些显著偏离正常区间的智力水平，得出结论说这个人的智力水平在一般人之下或之上。

5、感知意识。感知意识（sensorium）一词指的是个体对于周围环境的一般觉察能力。对方是否知道今天是几号，现在是几点钟，自己目前身在何处，自己是谁，以及你是谁？大多数正常人都能完全觉察到这些事实。而出现永久性脑损伤或功能失调的人，或出现暂时的脑损伤或功能失常的人（常常是由药物或其他致毒状态造成的），可能并不知道这些问题的答案。如果病人知道自己是谁，知道临床工作者是谁，并且能很好地知晓时间和地点，那么临床工作者就会说这个病人的感知意识是"清晰的"，具备"三种定向能力"（即人、地点和时间）。

我们从这些非正式的行为观察中可以获得什么样的结论呢？它们能够让临床工作者做出一个初步的判断，决定在哪些领域需要对病人的行为和状况进行更为详细或更为正式的评估。如果个体有可能患有心理障碍，那么临床工作者会开始假设，存在的心理障碍到底是哪种。而这个过程则会让接下来的评估和诊断活动更加有的放矢。

如果再回到前面的案例上，那么我们从这次精神状态检查中能够获得什么信息呢（见图3.2）？观察到弗兰克会抽搐这种运动行为，让我们发现了这种行为和让他烦恼的有关癫痫的想法之间存在某种联系（功能性的关系）。此外，他的外表是合宜的，他的语言流畅性和内容是合理的，他的智力水平显然在正常的范围之内，而且他具有三种定向能力。

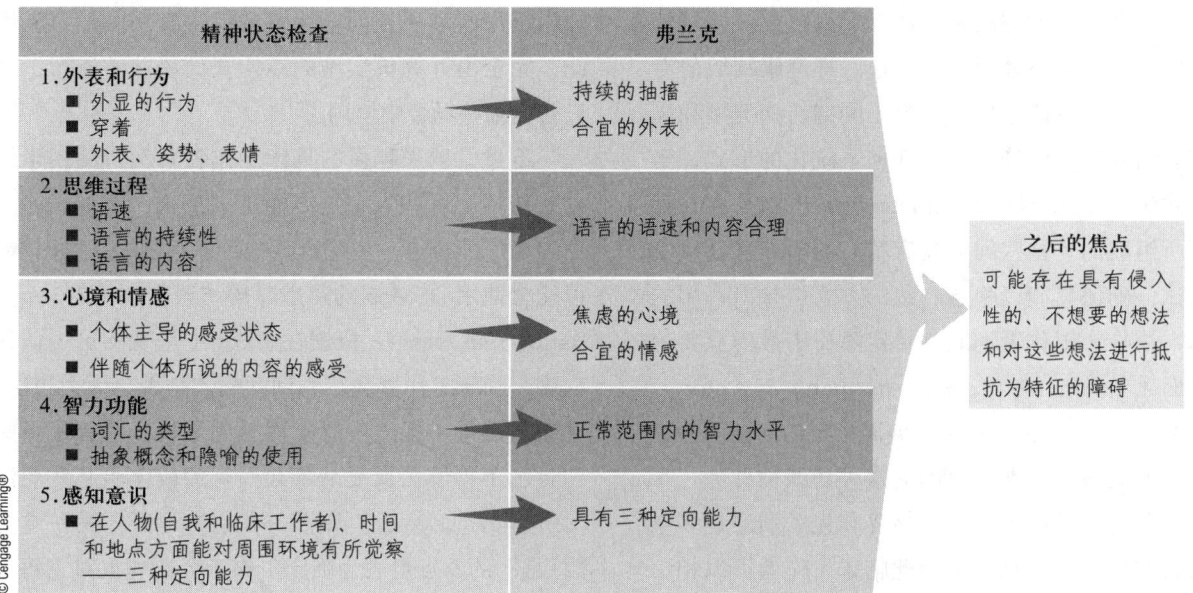

图 3.2 精神状态检查的组成部分

他的确表现出一种焦虑的心境,但是他的情感对于他所谈及的内容而言是合宜的。这些观察提示,我们需要用剩余的临床访谈时间以及额外的评估和诊断活动来鉴别他是否可能存在某种障碍。这种障碍的特征是侵入性的思维,并且个体试图抵抗它们,即所谓的强迫症。我们在之后会描述,从许多待选的评估策略中,我们可以选择一些特定的评估策略在弗兰克身上使用。

通常来说,病人对于自己主要的困扰在整体上有着不错的理解("我抑郁"或者"我有恐怖症")。但有些时候,在做完评估之后,病人之前所报告的问题可能在临床工作者眼中看来并不是主要的议题。弗兰克的案例就很好地诠释了这一点:他报告的是和婚姻问题有关的痛苦,但是临床工作者在初始访谈的基础上发现主要的问题在于其他方面。弗兰克并不认为他具有的侵入性想法是主要的问题,而且讲述这些想法对他来说有困难,因为它们让他很害怕。

这个例子说明了,以能激发病人的<u>信任和共情</u>的方式来实施临床访谈非常重要。心理学家和心理健康领域的其他专业人士接受了大量的训练,目的就是让他们能够实施让病人感到轻松和促进沟通的谈话方法,包括以一种不给人带来威胁的方式获取信息和恰当的倾听技能。在美国大多数的州,由病人向心理学家和精神科医生所提供的信息是受到"特许沟通"的法律或保密性原则保护的;也就是说,即便当局想要从治疗师那里获得病人所提供的信息,必须先经过病人的许可。唯一的例外情形是:临床工作者判断病人的状态会对其本人或他人造成某些迫在眉睫的危害或危险。在初始访谈开始的时候,治疗师应当告知病人他们的谈话所具有的保密特性以及不遵守保密原则的例外情形。

即便有这些对于保密性的保证和临床工作者的访谈技能,有些时候病人仍然难以主动地告知一些敏感的信息。在我们的档案中,有一位 20 岁出头的男病人进行了每周一次共 5 个月的治疗。在此期间,他一直想要解决自己缺乏人际交往技能和焦虑的问题。5 个月之后,他才偶然在一次情绪十分激动的会谈中透露了他真正的秘密。他发现小男孩对他具有强烈的性吸引力,而且坦白说,他感到自己几乎无法抗拒他们的脚以及与脚相关的物体(例如袜子和鞋子)。尽管他还没有接近过任何小男孩,但是在他的家里藏着大量他收集来的小袜子和小鞋子。保密原则早已经确认过了,治疗师也在努力提供帮助,所以并不存在任何理智上的原因让他不告诉治疗师。尽管如此,他还是发现自己几乎不可能主动透露这个信息。当然,在 5 个月的治疗中,很可能已经有迹象表明病人的问题涉及其他方面,但是治疗师没有能够捕捉到它们。

半结构式临床访谈

在完成专业训练之后,大多数的临床工作者会发展出一套自己的方法来从病人那里搜集必要的信息。会见过不同心理学家或其他心理健康领域的专业人员的病人可能会碰上相当不同的访谈类型和风格。非结构化的访谈不遵从任何系统化的形式，**半结构式访谈**（semistructured interviews）则是由各种问题所组成的。这些问题具有精心的措辞且已接受过测试，确保其能以稳定一致的方式引导出有用的信息，让临床工作者询问到特定障碍中最为重要的方面（Summerfeldt, Kloosterman, & Antony, 2010）。临床工作者可能也会偏离指定的问题而去进一步询问具体的议题——因此这种访谈被称为"半结构式"访谈。由于问题的措辞和先后顺序是多年细致研究所得到的结果，因此临床工作者可以相信半结构式访谈能够完成它的使命。但其劣势在于，它让访谈失去了两个人在谈论某一个问题时具有的一定自发性。此外，如果以一种过于僵化的方式实施半结构式访谈的话，那么它就有可能抑制病人吐露出某些和所提问题无关的但很有用的信息。因此，完全由计算机实施的结构式访谈并不流行，而只会在某些场合中使用。

不过，越来越多的临床工作者会例行使用半结构式访谈。有些人在这方面特别擅长。例如，弗兰克的治疗师在进一步探索其是否患有强迫症的时候，可能会使用DSM-5的焦虑障碍访谈程序（Brown & Barlow, in press）。根据在表3.1中呈现的这一访谈程序，临床工作者会首先询问病人是否会因为想法、意象或冲动（强迫观念）而感到困扰，或者是否感到自己不得不去反复从事某些行为或体验某些想法（强迫行为）。然后，参照一端为"从不"，另一端为"总是"的9点量表，临床工作者会让病人对于每一种强迫观念进行两类评分：持续—痛苦程度（它发生的频率以及它所产生的痛苦）和抗拒程度（病人为摆脱这一强迫观念所做的尝试类型）。对于强迫行为，病人要对它们的频率进行评定。

表3.1 评估强迫症的问题样例

1. 初始问题
目前你是否因为某些想法、画面或冲动而感到困扰？这些想法、画面和冲动会不断地出现，尽管它们似乎并不合时宜，或者完全没有意义，但是你无法制止它们出现在你的脑海中？ 是_____ 否_____
如果回答"是"的话，请具体说明 _____
目前你是否感到自己不得不去重复某些行为或是在你的头脑中一再重复某些事物，从而试图感觉更舒服一些？ 是_____ 否_____
如果回答"是"的话，请具体说明 _____
2. 强迫思维
请使用下列量度和问题对于每一种强迫思维分别进行持续—痛苦程度和抗拒程度的评分。
持续—痛苦程度

0	1	2	3	4	5	6	7	8
从不/没有痛苦		很少/轻度痛苦		偶尔/重度痛苦		经常/显著痛苦		总是/非常痛苦

抗拒程度
你（现在/过去）在多大程度上会尝试通过忽视、压制来摆脱这种强迫思维，或尝试用其他想法或行为来抵消这种强迫思维？

0	1	2	3	4	5	6	7	8
从不		很少		偶尔		经常		总是

	持续—痛苦程度	抗拒程度	备注
1. 怀疑（例如，门锁，关闭设备，以及是否完成了某个任务或是某个任务是否做得准确无误）	_____	_____	_____
2. 污染（例如，从门把手、厕所或钞票等处沾染细菌）	_____	_____	_____
3. 荒谬的冲动（例如，在公共场合大喊大叫或脱衣服）	_____	_____	_____

表3.1（续）

	持续—痛苦程度	抗拒程度	备注
4. 攻击冲动（例如，伤害自己或他人，摧毁物品）			
5. 不想要其出现的有关性的想法/画面（例如，让自己感到困扰的色情想法或画面）			
6. 不想要其出现的有关宗教/邪恶的想法/画面（例如，亵渎神明的想法或画面）			
7. 用制造事故来伤害他人（例如，用毒药伤害某个陌生人，或者用车撞人等）			
8. 恐怖的画面（例如，肢解的尸体）			
9. 荒谬的想法或画面（例如，数字、字母或歌曲）			
10. 其他：			
11. 其他：			

3. 强迫行为

请使用下列量度和问题对于每一种强迫行为分别进行频率评分。

频率：

你（现在/过去）强迫自己表现出这类行为的频率如何？

```
 0    1    2    3    4    5    6    7    8
 从不      很少      偶尔      经常      总是
```

目前的强迫行为

	频率	备注
1. 检查（例如，门锁，设备，开车路线，重要的文件，废纸篓等）		
2. 洗涤（例如，自己，家里的物品）		
3. 计数（例如，某种字母或数字，环境中的物体）		
4. 在心中重复（例如，句子、词语、祷告文）		
5. 坚持遵守某种规则或行为序列（例如，秩序/对称性/仪式性的行为，或者恪守某种日常行为习惯）		
6. 其他：		
7. 其他：		

来源：Adapted and reprinted, with permission, from Brown, T. A., & Barlow, D. H. (in press). Anxiety DisordersInterview Schedule for DSM-5 (AVIS.5). New York: Oxford University Press.

躯体检查

许多有心理困扰的病人首先会去找家庭医生，接受一次躯体检查。如果报告有心理问题的病人在最近一年里没有接受过躯体检查，那么临床工作者或许需要建议其做一次检查。特别要关注的是某些和特定心理问题联系在一起的医学问题。许多问题看上去属于行为、认知或心境障碍，但是如果进行全面细致的躯体检查就会发现，它们和某种短期的中毒状态有关。中毒可能是食物有毒、服药剂量或种类有误造成的，也可能是患上某种医学疾病的缘故。比如说，甲状腺方面的问题。甲状腺功能亢进（甲状腺过度活跃），可能会导致类似焦虑障碍的症状，看上去像是患上了广泛性焦虑障碍；甲状腺功能减低（甲状腺功能不足）则可能会导致类似抑郁的症状。某些精神病性的症状，包括妄想或幻觉，可能和脑部肿瘤有关。戒断可卡因时常常会产生惊恐发作，但是许多报告有惊恐发作问题的病人并不愿意主动提供有关自己物质成瘾行为的信息，这可能会导致临床工作者做出不恰当的诊断和不合宜的治疗。

一般而言，心理学家和其他心理健康领域的专业人员能够意识到那些可能造成病人所描述的心理问题的医学以及物质使用情形。如果病人目前面临某个医学问题，或存在某种物质滥用的情况，那么临床工作者就必须明确这些问题只是偶然和心理问题同时存在，抑或它们正是心理问题的原因。通常临床工作者的做法会是去探查问题是何时出现的。如果病人在过去5年里经历了几次严重的抑郁发作，并且在最近一年里开始出现甲状腺功能亢进或是服用镇静剂等情形，那么临床工作者就不会得出结论说，病人的抑郁是由于医学问题或药物使用而造成的。但是，如果抑郁是和开始服用镇静剂同时出现的，而且当病人不服用时，抑郁也在很大程度上减轻了，那么临床工作者就很可能会得出结论说，病人的抑郁乃是由物质使用所诱发的心境障碍。

行为评估

精神状态检查是以抽样调查的方式考察人们如何思考、感受和行为，以及这些活动何以造成或解释他们所具有的问题的一种手段。**行为评估**（behavioral assessment）则在一个特定的情境或背景下通过直接的观察来正式地评估某个个体的思维、感受和行为，从而让这个过程更进一步。对于年龄不够大或者不具备足够的技能来报告自身问题和体验的个体而言，行为评估要比访谈更为恰当。临床访谈有时候只能提供有限的评估信息。比如说，年幼的孩子，或是那些由于所患障碍的性质特殊而难以启齿的人，又或是那些由于认知缺陷或认知功能损伤而无法使用口头报告的人，都不是临床访谈的合适人选。正如我们之前已经提到过的，有时人们会有意地隐瞒某些让人尴尬的信息，有时人们也会在无意中遗漏某些看似不重要的信息。除了在办公室里和病人讨论某个问题以外，有些临床工作者会走入病人的家庭或是前往他们的工作场所，甚至是进入其所在的社区中去直接观察这个人以及他所报告的问题。另一些临床工作者会在临床机构中设立模拟情境，通过角色扮演来观察病人在一个和自己日常生活相似的环境中会有什么样的表现。这些技术都属于行为评估。

在行为评估中，临床工作者会鉴别出目标行为，并对其进行观察；观察的目的则是确定哪些因素能够影响目标行为。鉴别困扰某个特定个体的因素（即目标行为）看似容易，其实相当有挑战性。例如一位母亲为了患有严重品行障碍的7岁孩子到我们的诊所寻求帮助。在多次鼓励之下，她告诉临床工作者，孩子"不听她的话"，而且他有时候会"摆出某种姿态"。但是这个男孩的学校老师则描绘出了一幅相当不同的画面。老师坦率地指出了孩子所表现出的言语暴力行为——他会威胁其他孩子和她本人，而这些威胁在她看来绝非只是在开玩笑。为了能够更清楚地知晓实际情况，临床工作者在一个下午拜访了这家人。在家访开始大约15分钟之后，这个男孩离开了餐桌，但并没有拿走他喝水的杯子。当他的母亲怯生生地让他把杯子放到水槽里去的时候，他拿起水杯就往房间另一头扔了出去，碎玻璃溅得满厨房都是。然后他咯咯地笑了一阵，便径自回房间看电视去了。"看吧，"母亲说，"他不听我的话。"

显然，这位母亲对于儿子在家中行为的描述并没有表现出他真实的样子；也没有准确地描述出她对于儿子爆发的暴力行为的反应。如果不进行家访的话，临床工作者对于问题的评估和所给出的治疗建议可能就会有很大的不同。显然这一行为远不止是"不听话"。此后，我们发展出了一些策略来教这位母亲如何对她的儿子提出要求，以及如果他表现出暴力行为的话，她又如何去应对。

让我们再回到弗兰克以及他对婚姻的焦虑上来：我们如何知道他将自己和妻子之间关系的"真相"告诉了我们？他没有讲述的那些事情是否重要呢？如果我们去他家中观察弗兰克和他的妻子是如何互动的，或者如果他们在我们面前进行一次典型的对话的话，我们会有什么样的发现呢？大多数的临床工作者认为，如果要完整地了解某个人的问题，就需要在自然的环境中对其进行直接的观察。但是走进一个人的家庭、工作场所或学校并不总是现实可行的，因此临床工作者有时候会安排模拟情境，或是相似的情境（Haynes, Yoshioka, Kloezeman, & Bello, 2009）。例如，本书作者杜兰德研究的是患有自闭症谱系障碍的儿童（这种障碍的特点是社交退缩和沟通问题，参见第14章）。通过将儿童置于某个仿真情境之下，例如一个人坐在家里，和某个兄弟姐妹一起玩游戏，或者让其完成一个困难的任务，我们就能发现儿童击打自己（自伤行为）的原因（Durand, Hieneman, Clarke, Wang, & Rinaldi, 2013）。观察儿童在这些不同的情境中是如何表现的，有助于确定他们为何会击打自己，这样的话，我们就能够设计出成功的治疗方法来消除这一行为。也有研究者会通过催眠来创造模拟情境的评估方法（模仿真实生活中出现的临床症状或情境），他们的做法是在健康的个体身上诱发心理病理症状，从而以一种更为可控的方式来研究这些症状（Oakley & Halligan, 2009）。研究者在志愿者身上对妄想进行了研究，他们的做法是通过催眠让志愿者相信某种外在的力量正在控制其手臂的运动，而与此同时对这些志愿者的大脑进行扫描以查看脑部活动（Blakemore, Oakley, & Frith, 2003）。总之，研究者正在使用各种各样富有创造力的新技术来研究心理障碍。

对于某些心理病理学领域而言，如果不使用模拟法，很难对其进行研究。例如，有一项研究考察了某些男性对于女性进行性骚扰的倾向（Parrott et al., 2012）。研究者给男性放映了一些电影片段——有些片段的内容涉及一些潜在的性侵犯行为，有些片段则没有——然后让这些男性选择和一位女性一起观看哪一部电影，这位女性也是研究者（这一点那些男性并不知情）。选择放映可能会让人感到尴尬的电影的男性在自我报告中提到，之前自己在性方面有过强迫他人的行为。这种类型的评估让研究者能够在不让其他人遭受消极行为的情况下对性骚扰行为的某些方面进行研究。对于发展适当的筛查和治疗手段而言，这类评估十分有益。

观察的序列

观察式评估通常聚焦在此时此刻。因此，临床工作者的关注点经常指向当下发生的行为、其前因事件（在行为发生之前那一刻发生的事情）以及它的后果（行为之后发生的事情）（Haynes et al., 2009）。以有暴力行为的那个男孩为例，观察者可能会注意到，整个事件发生的顺序是：①母亲让他把杯子放进水槽里（前因事件）；②男孩把杯子扔了出去（行为）；③母亲对此没有反应（后果）。这个前因—行为—后果的序列表明，男孩突发的暴力行为因为无人让其清理他所制造的混乱场面而获得了强化。而且因为他的行为没有任何消极的后果（他的母亲并没有训斥他或责备他），在下一次他不想要做某些事情的时候，他很可能会再次表现出暴力行为（见图3.3）。

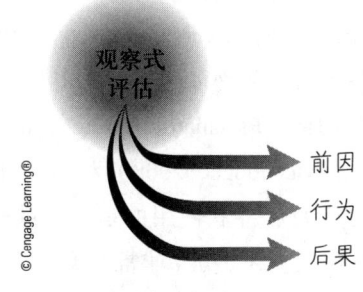

图3.3 观察的序列

这是一个**非正式观察法**（informal observation）的例子。这类观察所具有的一个问题是，它依赖于观察者的回忆以及观察者对事件所做的解释。正式观察需要鉴别出可以被观察和可以被测量的特定行为，即进行操作性定义。**操作性定义**（operational definition）会通过具体的界定，如"当男孩没有服从他母亲提出的合理要求的任意时刻"来澄清何谓"摆出某种姿态"。一旦选择并界定了这一行为，观察者就可以记录下每次它发生的时间，以及相应的前因和后果。搜集这一信息的目标是找出这一行为是否具有一定模式，以便根据其模式设计出某种治疗方法。

自我监控

人们也可以观察自己的行为从而发现其模式，这叫作**自我监控**（self-monitoring）或自我观察（Haynes, O'Brien, & Kaholokula, 2011）。试图戒烟的人可以记录下自己抽烟的数量、时间和地点。这一观察可以准确地告诉他们自己的问题有多大（例如，一天抽两包）以及在哪些情境中他们会抽烟（例如，打电话的时候）。在这些评估中，手机的使用变得越来越流行（例如，Luston, McCann, Bush, Mishkind, & Reger, 2011；Rutledge, Groesz, Linke, Woods, & Herbst, 2011）。手机可以帮助来访者更便利地监控自己的行为。当行为仅在私人场合出现时（例如患有贪食症的人出现的催吐行为），自我监控就是必不可少的了。因为有这类问题的人是最适合观察自己行为的人。临床工作者也常常会让病人对自己的行为加以自我监控从而获得更详细的信息。

一种更正式、更结构化的观察行为的方法是采用症状核查表和**行为评定量表**（behavior rating scales），这些会在治疗之前作为评估的工具来使用，也会在治疗期间使用从而评估个体行为的改变（Blacker, 2005；Myers & Collett, 2006）。在用来评估各类行为的许多这类工具中，**简明精神病评定量表**（Brief Psychiatric Rating Scale, Clarkin, Howieson, & McClough, 2008）对18个困扰领域进行了评估。每个症状使用的是7点量表的评分，从0分（不存在）到6分（非常严重）。这个评分量表用以筛查中度到重度的精神障碍，并且包括了诸如躯体困扰（对于身体健康过于担忧、害怕患上躯体疾病、疑病症）、内疚感（自责、羞耻、为过去的行为而感到后悔），以及夸大感（自负、傲慢、深信自己有非同寻常的力量或能力）等（美国精神病学会，2006）。

但是，一种叫作**反应性**（reactivity）的现象可能会歪曲观察所获得的任何数据。无论你在什么时候去观察人们的行为，你在现场这一事实就可能会导致他们改变他们的行为（Haynes et al., 2011）。为了测试一下反应性的存在，你可以告诉一位朋友，每次她说"喜欢"这个词的时候，你都会记录下来。不过，在你暴露你的意图之前，请你先花5分钟记录一下你朋友原本使用这个词的数量。你或许会发现，当你做记录的时候，你的朋友会较少地用这个词。也就是说，你的朋友通过改变行为对你的观察做出了反应。如果你去观察自己的行为，或进行自我监控的话，也会出现同样的现象。当人们进行自我监控的时候，人们想要增加的行为（例如在课堂中多发言）就往往会增加，而人们想要减少的行为（例如吸烟）则往往会减少（Cohen, Edmunds, Brodman, Benjamin, & Kendall, 2010）。因此，临床工作者有些时候会运用自我监控造成的反应性来增强治疗效果。

心理测验

几乎每周我们都能在大众媒体上遭遇所谓的心理测验："衡量你人际关系的12个问题"，"每个男人的私人婚姻检查表"，"你是不是Z型人格？"尽管许多人可能不想承认这一点，但大多数人都曾在某个时候购买一本杂志来做这些测验。这些测验往往只是为了娱乐而已，其目的是让你想一想这个话题（以及让你购买这本杂志）。一般来说，它们是为了配合某篇文章而写的，并且会包含一些看似很有道理的问题。人们之所以对这些测验感兴趣，是因为人们希望能更好地理解自己和他人的行为。但事实上，这些测验能告诉我们的东西非常有限。

与此相反，用来评估心理障碍的测验必须符合我们前面讲过的那些严格的标准。它们必须是有信度的，即两人或多人若对同一个人实施测验将对其问题得出相同的结论；它们也必须是有效度的，即它们能够测量出它们想要测量的东西（Hunsley & Mash, 2011）。

心理测验包括用以确定与特定障碍有关的认知、情绪或行为反应的工具，以及评估长期人格特点（例如多疑的倾向）的工具。还有专门化的测验领域，如确定认知的结构和模式的智力测验等。神经心理测验用于确定脑损伤或功能异常对病人造成的可能影响。脑成像技术则使用精密的科技来评估脑结构和功能。

投射测验

我们在第 1 章中提到，弗洛伊德让我们注意到潜意识如何存在于心理障碍之中，以及如何对其造成影响。而在这一章，我们要问的是："如果人们无法觉察到这些思维和感受，那么我们如何去评估它们呢？"为了回答这一有意思的问题，精神分析工作者们发展出了一些称之为**投射测验**（projective tests）的评估手段。在投射测验中，一些模糊的刺激（诸如人或物品的图片）会被呈现在人们面前，然后人们要描述自己从中看到了什么。其测验原理是：人们会将自己的人格和无意识中的恐惧投射在其他人和东西（即模糊的测验刺激）上，在自己觉察不到情况下将无意识的思维揭示在治疗师面前。

因为这些测验基于精神分析的理论，所以关于它们一直存在争议。即便如此，投射测验的使用仍然很常见，大多数的临床工作者至少偶尔会使用它们，而大多数的博士培养项目也会提供使用这些测验的培训（Butcher, 2009）。最为常见的三种测验是罗夏墨迹测验、主题统觉测验和句子完成法。

八十多年前，一名叫作赫尔曼·罗夏的瑞士精神病学家开发了一系列的墨迹图，最初用以研究感知觉的过程，然后用于诊断精神障碍。<u>罗夏墨迹测验</u>（Rorschach inkblot test）是最早的投射测验之一。在其目前的版本中，测验包括 10 张作为模糊刺激的墨迹图（见图 3.4）。测验者会一张一张将墨迹图呈现在被评估的个体面前，后者需要讲述自己看到了什么。

图3.4　这张意义不明的墨迹图片来自罗夏墨迹测验。

尽管罗夏倡导使用科学的方法来研究测验的答案（Rorschach, 1951），但他在 38 岁的时候就去世了，没能够发展出解释测验的系统化方法。因为缺乏有关信度或效度的数据，早年对罗夏测验的使用极富争议。直到最近，治疗师仍然会以任何他们认为合适的方式实施测验，尽管对于评估而言最为重要的原则之一就是同一个测验每次应该以相同的方式施测（即测验程序的标准化）。如果你鼓励某个人在一次测验时给出尽可能详细的回答，但是在另一次测验时却没有这样做，那么个体做出不同的反应可能是因为你在两个情境中实施测验的方式不同，而不是因为测验本身有问题或是因为由另外一个人来实施测验（评分者间信度）。

为了回应有关信度和效度的担忧，John Exner 发展出了一个标准化的罗夏墨迹测验版本，被称为 "综合系统"（Exner, 2003）。Exner 对罗夏测验进行施测和计分的系统明确规定了应该如何呈现墨迹卡片，测验者应该说什么，以及应该如何记录测验反应（Mihura, Meyer, Dumitrascu, & Bombel, 2012）。改变这些要素可以导致病人的反应发生改变。不幸的是，尽管人们努力对罗夏测验的使用进行标准化，但它仍然会引发争议。批评者们质疑有关综合系统的研究是否能支持罗夏测验成为一种针对心理障碍的有效评估技术（Hunsley & Mash, 2011；Mihura 等, 2012）。

<u>主题统觉测验</u>（Thematic Apperception Test，简称 TAT）或许是罗夏测验之外最知名的投射测验。它是由哈佛心理诊所的 Christiana Morgan 和 Henry Murray 在 1935 年编制而成的（Clarkin et al., 2008）。主题统觉测验包含 31 张卡片：30 张卡片上有图画，还有一张是空白的卡片；但每次施测时一般只使用 20 张卡片。罗夏测验会相当直接地让参加测验的人描述自己看到了什么，而主题统觉测验的指导语是让个体根据这张图片讲述一个戏剧化的故事。施测者呈现图片并告诉病人："这是一个有关想象力的测验，是智力测验的一种形式。"接受评估的人可以"自由发挥你的想象力，就好像在讲一个神话、童话或寓言故事那样"（Stain, 1978, p.186）。主题统觉测验也和罗夏测验一样，其所基于的观点是人们将会在所讲的有关图片的故事中显露出自己的无意识过程（McGrath & Carroll, 2012）。

主题统觉测验已经针对不同的群体发展出了几种不同的版本，其中包括儿童统觉测验（CAT），老年人统觉技术测验（SAT）。此外，主题统觉测验也针对各个种族和民族群体发展出了一些修订版，包括非裔美国人群体，印第安土著美国人群体，以及来自印度、南非以及南太平洋小群岛文化的群体（Bellak，1975；Dana，1996）。在这些修订版本中，图片场景和人物形象都发生了改变。就像罗夏测验使用综合系统一样，研究者也针对主题统觉测验发展出了正式的计分系统，如《社会认知和客体关系量表》（Westen，1991）等。

不幸的是，人们使用主题统觉测验及其各种版本的方式并不一致。评估者会根据自己的参考框架以及病人说了什么来解释人们对于这些图片所讲述的故事。因此心理病理学领域中对它的使用仍然充满争议（Hunsley & Mash，2011）。

尽管投射测验十分流行，而且对其进行标准化的工作也越来越多，但大部分使用这些测验的临床工作者都有他们自己的一套施测和解释方式。若将这些测验当作一种打破僵局的手段，即促使人们敞开心扉，谈谈自己对于生活当中所发生的事情有何感受，那么这些测验中的模糊刺激可以成为相当有价值的工具。但是，因其相对而言缺乏信度和效度，所以作为诊断性的测验而言，它们的价值并不那么大。围绕着不恰当的使用投射测验而产生的顾虑应该能够提醒你研究—实践者取向的重要性。临床工作者不仅担负着知晓如何施测的责任，而且要能够意识到这些测验作为诊断手段的局限性。

人格问卷

当你读到那些大众杂志上的心理测验问题时，一般来说都会觉得它们挺有道理的。这就是**表面效度**（face validity）：问题的措辞似乎和你希望得到的信息类型是相配的。但这是否有必要呢？已故的著名心理学家 Paul Meehl 在六十多年前就这一问题阐释了他的立场，并由此影响了整个有关**人格量表**（personality inventories，用来评估人格特质的自陈式问卷）的研究领域（Meehl，1945）。简单来说，Meehl 指出，对于这些类型的测验而言，这些问题在表面上看来是否合情合理并不那么重要，而是在于对这些问题的回答能够预测的是什么。如果我们发现患有精神分裂症的人倾向于对"我从来没有爱上过任何人"的问题给予肯定的回答，那么我们是不是有某种关于爱情和精神分裂症的理论并不那么重要。重要的是，如果患有某种障碍的人作为一个群体而言倾向于以一种特定的方式来回答一系列的问题，那么这种模式就可以预测谁会患有这种障碍。问题的内容变得无关紧要，重要的在于答案所能预测的是什么。

尽管目前市面上有许多的人格问卷，此处我们仅关注一下在美国使用最为广泛的人格问卷——**明尼苏达多项人格测验**（Minnesota Multiphasic Personality Inventory，MMPI）——这份问卷是在20世纪30年代末到40年代初开发的，并于1943年首次发表。和投射测验截然不同的是，MMPI 并不倚重某个做出解释的理论，它和其他类似的问卷所基于的乃是<u>实证取向</u>，即对数据的收集和评估。MMPI 的施测十分直接。接受评估的个体阅读一些陈述并回答这些陈述是"对"还是"错"。以下是来自 MMPI 的一些陈述：

- 容易哭泣
- 常常没有理由地感到开心
- 被人跟踪
- 害怕那些无法伤害到我的东西或人

和对于类似罗夏墨迹测验以及主题统觉测验等投射测验的回答不同的是，人们几乎无法对于 MMPI 的回答做出任何的解释。不过，施测 MMPI 所存在的一个问题乃是答题的时间过于冗长，在最初版本中共有530题，而在 MMPI-2 版中则有567题（发表于1989年）。适于青少年群体的版本 MMPI-A 于1992年问世，另外还有一些针对不同文化群体的修订版（Okazaki, Okazaki, & Sue, 2009）。MMPI 评估的不是针对某个陈述的回答，而是受测者的反应模式；关注这些模式是否类似于患有特定障碍的群体的模式（例如，某个受测者的模式和患有精神分裂症的群体的模式类似），而每个群体都有其独立的标准化分量表（见表3.2）。

幸运的是，临床工作者可以让计算机对受测者的反应进行计分。计算机计分系统还包含对结果的一份解释，这样一来就减少了有关信度的问题。在 MMPI 发展之初，曾有过这样一种担忧，即是否有

表3.2　MMPI-2的量表

效度量表	高分特征
无法作答（以原始分的形式报告）—（?CNS）	阅读困难，防备心，混乱，注意力不集中，抑郁，抗拒，或有强迫倾向
各类回答不一致（VRIN）	其作答方式和患有心理障碍的作答方式不一致
肯定反应不一致（TRIN）	以全部肯定或全部否定的方式作答
罕见回答（F）	表现出胡乱作答或精神病理问题
反向F（F_b）	在测验最后改变作答的方式
罕见—心理病理学（F_p）	自称的精神症状比预期的更多
症状效度（FBS）	试图表现出有更严重的困扰但其困扰并非属于精神疾病的范畴
说谎（L）	不诚实、欺骗，以及/或者防御
矫正（K）	此人非常警觉，高度防御
夸大的自我表现（S）	坚信人性本善并否认个人的缺点

临床量表	高分特征
疑病症	躯体化者，可能有医学问题
抑郁	恶劣心境，可能有自杀倾向
歇斯底里	对于应激有极大的反应，焦虑和时常悲伤
精神病态	反社会、不诚实，可能存在药物滥用
男性化—女性化	缺乏刻板印象中的男性兴趣，审美力和艺术气质
偏执	思维失常，有迫害观念，可能有精神病性的问题
精神衰弱	表现出心理痛苦和不适，极端焦虑
精神分裂	混乱，无序，可能有妄想
躁狂	躁狂，情绪不稳定，不现实的自我评价
社交内向	在社交情境中感到非常不安全和不适，胆小

来源：Excerpted from the MMPI®-2 (Minnesota Multiphasic Personality Inventory®-2) Manual for Administration, Scoring, and Interpretation, revised edition. Copyright © 2001 by the Regents of the University of Minnesota. Used by permission of the University of Minnesota Press. All rights reserved. "MMPI-2" and "Minnesota Multiphasic Personality Inventory-2" are trademarks owned by the Regents of the University of Minnesota.

可能某些人作答的方式会让人们低估他们的问题；那些有技巧的个体可能猜到诸如"担忧所说的话会伤害到别人"的陈述背后的目的是什么，并因此对自己的回答作假。为了评估这种可能性，MMPI包含了额外的分量表来确定每一次施测是否有效。举例来说，在说谎分量表中，如果对诸如"生气的时候曾经伤害过别人"这样的陈述给予否定的回答，则预示受测者或许会为了维护自己的形象而作假。另一些分量表包括罕见回答分量表和防御分量表，前者衡量的是个体是否在自己有心理问题方面作假，或者个体是否在胡乱作答，后者评估的是个体是否会以一些不现实的积极方式来看待自己（Nichols，2011）。

图3.5是一位接受临床评估的个体所得到的一份MMPI的剖面图，即一份计分总结。在我们告诉你这位27岁的男性（我们将称其为詹姆斯·S）接受评估的原因之前，让我们先来看看他的MMPI剖面图能告诉我们哪些信息（请注意，这些分数是基于最初的MMPI版本得来的）。前三个数据点代表的是效度问卷的分数；在这些分量表中，高分表示詹姆斯·S十分天真地尝试给评估者留下良好的印象，并且可能试图假装自己没有任何的问题。在他的剖面图中，另外一个重要的方面是他在精神病态分量表上得分非常高。该量表测量的是个体是否倾向于以一种反社会的方式行事。实施评估的临床工作者对于这一剖面图的解释是，詹姆斯·S是一个"富有攻击性的、不可靠的、不负责任的人；无法从经验中学习；可能起初会尝试给人留下一个良好的印象，但是在长期的接触中或在压力情景下，其所具有的精神病态的特点就会浮现出来"。

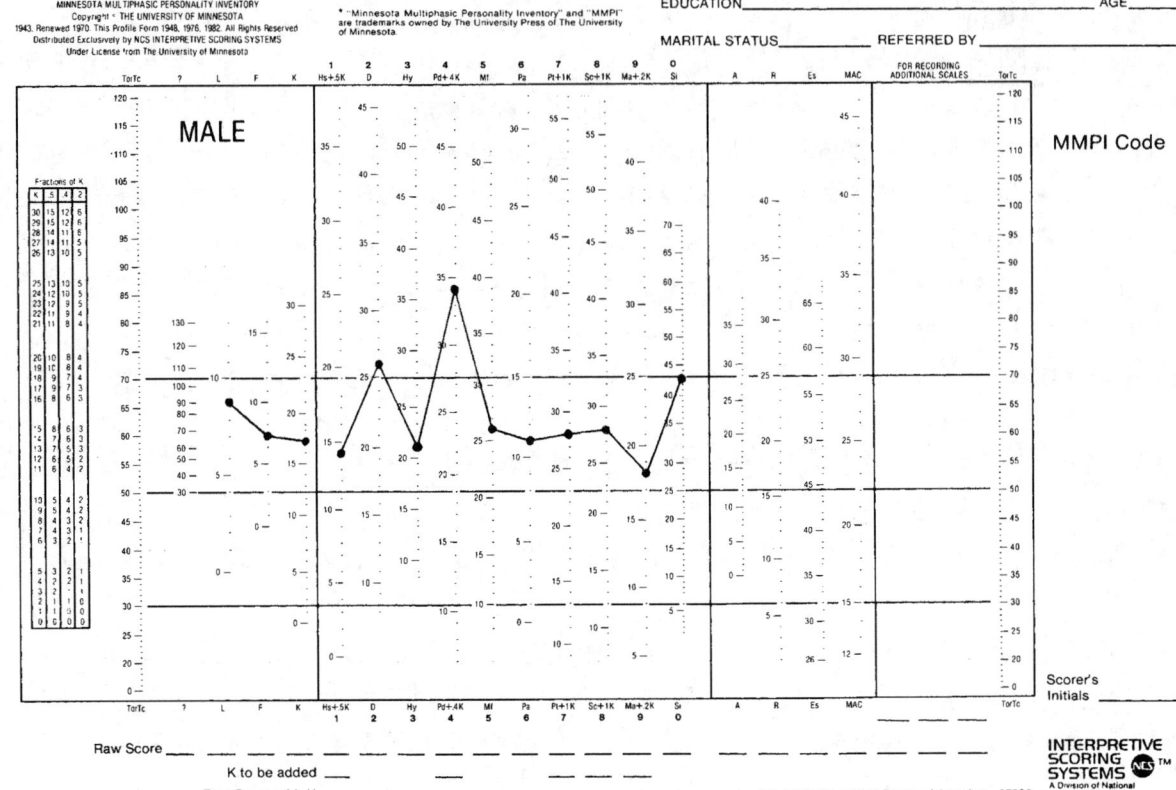

图 3.5　明尼苏达多项人格问卷剖面图

为什么詹姆斯·S 会接受评估呢？他是一位年轻的男性，从小就开始有犯罪记录。现在，他被控告绑架、强奸和谋杀一位中年女性，而这次评估是审判的一部分。在他接受审判的整个过程中，他编造出了好几个自相矛盾的故事好让自己看上去是无辜的（请回忆一下他在效度量表上的高分），甚至责备自己的兄弟。但因为证据确凿，他最终仍被判处终身监禁。他的 MMPI 得分模式与那些有暴力和反社会行为的人群的作答模式类似。

MMPI 是心理学中被研究得最多的评估工具之一（Cox, Weed, & Butcher, 2009）。最初的标准化群体——那些最早对测验中的陈述作答并且由此形成了标准答案的人——包括许多未患有任何心理障碍的明尼苏达州居民，也包括若干患有特定障碍的人群。这一测验最新的版本，MMPI-2 和 MMPI-A 消除了最初版本的一些问题，这些问题一部分和最初的取样有关，一部分和陈述的措辞有关（Ranson, Nichols, Rouse, &Harrington, 2009）。例如，有些陈述存在性别歧视问题。最初版本中，有一个问题询问女性受测者是否曾经因为自己是一个女孩而感到遗憾（Worell & Remer, 1992），有一个陈述是："任何愿意努力工作的男性都很可能会成功"（Hathaway & McKinley, 1943）。还有一些条目则因为它们对于文化多样性不敏感而受到了批评。例如，和宗教有关的问题几乎都只提到了基督教（Butcher, Graham, Williams, & Ben-Porath, 1990）。MMPI-2 所使用的标准化群体则反映出了 1980 年的美国人口状况，包括首次纳入了非裔美国人和印第安人群体。此外，也加入了一些新的条目来反映诸如 A 型人格、低自尊和家庭问题等当代议题。

当根据标准化流程来解释 MMPI 时，它的信度十分出色，而对于 MMPI 最初版本所进行的数以千计的研究也证明其在一系列心理问题上具有良好的效度（Nichols, 2011）。不过在这里有必要提醒大家，有些研究表明，MMPI 所提供的信息——尽管它能提供很有价值的信息——并不一定会改变治疗来访者的方式，也可能并不会改善他们的治疗结果（Liam et al.，2005）。

智力测验

"她一定非常聪明。我听说她的 IQ 是 180！"什么是"IQ"？什么是"智商"？它们在心理病理学中具有何种重要性？正如许多同学在你们的心理学导论课程中所学到的那样，智力测验是基于一种特定的目的被开发出来的：预测谁能在学校中表现优异。1904 年，法国心理学家阿尔弗雷德·比奈和他的同事西奥多·西蒙接受了法国政府的一项任务，开发一个能够鉴别出"迟钝的学习者"的测验，好让这些学生能通过额外补习受益。这两位心理学家根据假设鉴别出了一系列任务，这些任务能够测量儿童在学校中获得成功所需的技能，包括注意力、知觉、记忆、推理和口语理解等方面。比奈和西蒙对一大批儿童实施了他们最初的任务序列；随后他们删除了那些无法将迟钝的学生和表现优异的学生区分开来的任务。在几次修订和样本施测之后，他们得到了一个相对容易施测并且能够达成其使命（即预测学业成就）的测验。1916 年，斯坦福大学的 Lewis Terman 将这一测验的修订版翻译成了英文，开始在美国使用；从此，它便成为了著名的**斯坦福—比奈测验**（Stanford-Binet test）。

从这一测验中得来的分数被称为**智力商数**（intelligence quotient），即 IQ。最初，IQ 分数是使用儿童的**心理年龄**（mental age）来计算的。例如，一个通过 7 岁水平的所有测验条目，但完全没有通过 8 岁水平的任何测验条目的儿童会被归为心理年龄 7 岁。然后，用这一心理年龄除以这个孩子的实际年龄并乘以 100，即获得 IQ 分数。不过，使用这样的方程式来计算 IQ 存在问题。例如，一个 4 岁的孩子只需要获得超过其生理年龄 1 岁的得分就能被给予 125 的 IQ 分数，而一个 8 岁的孩子则需要获得超过其生理年龄 2 岁的得分才能被给予同样的 IQ 分数。因此，现在的测验所使用的是**离差智商**（deviation IQ）。个体的分数会和同年龄段的其他人的分数进行比较，而新的 IQ 分数则是在估计个体的学校表现和同年龄段其他孩子的平均表现之间有多大的差异（Fletcher & Hattie，2011）。

除了修订版的斯坦福—比奈测验之外（斯坦福—比奈测验第五版；Roid & Pomplun，2005），还有另一组广泛使用的智力测验，这组测验是由心理学家大卫·韦克斯勒开发的。韦氏测验包括了针对成年人的版本，即**韦氏成人智力量表**（Wechsler Adult Intelligence Scale）（第三版，或称 WAIS-Ⅲ），针对儿童的版本（韦氏儿童智力测验第四版，或称 WAIC-IV），以及幼儿版（韦氏学龄前儿童智力测验第三版，或称 WPPSI-Ⅲ）。所有这些测验都包含**言语量表**（测量词汇、对事实的知识、短期记忆以及语言推理技能）和**操作量表**（测量心理动作能力、非言语推理以及掌握新联系的能力）（Prifitera，Saklofske，& Weiss，2008）。

非心理学家（以及为数不少的心理学家）所犯的最大的错误之一便是混淆了 IQ 和智力。显著高于平均值的 IQ 分数意味着这个人在我们的教育系统中有杰出表现的可能性会显著高于平均概率，然而，低于平均值的 IQ 分数是否意味着一个人智力不高？并不一定。一方面，获得低分的原因有许多种。例如，如果使用英语来实施智力测验，而英语并非受测者的母语的话，那么其结果显然会受到影响。

另一方面，同时也是更为重要的在于，有关"智力是由什么构成的"的模型仍在不断地发展。IQ 测验会测量诸如注意力、知觉、记忆、推理和言语理解这类的能力，但是这些能力是否能代表我们所认为的智力的全部呢？一些新近的理论认为，我们所认为的智力涉及的东西更多，包括适应环境的能力、产生新观念的能力以及有效加工信息的能力（Gottfredson & Saklofske，2009）。后面我们将会讨论那些涉及认知缺陷的障碍，诸如谵妄和智力迟滞，而 IQ 测验常会用来评估这些障碍。但需要谨记在心

这名儿童正在专注地完成一项标准化的心理测验。

的是，我们所讨论的是IQ，它并不等于智力。不过，一般而言，IQ测验通常是可靠的，而且就它们能预测学业成就这一点而言，它们是有效的评估工具。

神经心理测验

现有的精密检测能确定脑功能失常的位置。幸运的是，我们都能得到这些技术，其价格也不高，而且电话视频会议领域的技术进步也让我们能够为边远地区的人实施这些评估（Lezak, Howieson, Bigler, &Tranel, 2012）。**神经心理测验**（neuropsychological tests）测量的是接受和表达语言、注意和注意力集中、记忆、运动技能、知觉能力以及学习和抽象能力等，这类评估可以让临床工作者相当准确地推断个体的表现以及是否存在脑损伤。也就是说，这种评估脑功能失调的检测方法是通过观察功能失调对于个体在完成某种任务时所造成的影响来实现的。尽管我们没有办法看到损伤，但是我们可以看到其影响。

一种经常用于儿童的相对简单的神经心理测验是**本德尔视觉—动作完形测验**（Bender Visual-Motor Gestalt Test, Brannigan & Decker, 2006）。在测验中，儿童会看到一系列画有各种线条和形状的卡片。这名儿童的任务是模仿画出卡片上画的内容。受测儿童在测验中出现的错误会与其他同龄儿童的结果做比较；如果出现的错误超过了一定数量，那么我们就会怀疑该名儿童存在脑功能失调。该测验相比其他的神经心理测验而言不那么精细，因为它无法确定问题的具体性质或功能定位。但它提供了一种易于实施且能够甄别潜在问题的简单筛查工具。在评估器质性（大脑）损伤并且更精确地确定问题位置的高级测验中，最为流行的两种是**鲁—内神经心理成套测验**（Luria-Nebraska Neuropsychological Battery, Golden, Hammeke, & Purisch, 1980）及**霍—赖神经心理成套测验**（Halstead-Reitan Neuropsychological Battery, Reitan & Davison, 1994）。这些测验各提供了一组精细的工具来评估青少年和成年人身上的多种技能。例如，霍—赖神经心理成套测验包含了节奏测验（要求个体比较节拍，从而评估其对声音的识别，注意力和注意力集中的情况）和触觉操作测验（要求测验参与者在双眼被遮蔽的情况下将木块放入模板中，从而测验学习和记忆技能）等（McCaffrey, Lynch, & Westervelt, 2011）。

有关神经心理测验的效度研究表明，它们在鉴别器质性损伤方面或许有用武之地。研究发现，霍—赖神经心理成套测验和鲁—内神经心理成套测验在其鉴别脑损伤的能力上是相当的，其准确性为80%左右（Goldstein & Shelly, 1984）。不过，此类研究也提出了有关误报和漏报的问题。对于任何评估而言，总有些时候它们会表现得存在实际上并不存在的问题（误报），而确实存在问题的时候却没能发现任何问题（漏报）。对于有关脑功能失调的测验而言，出现错误结果尤其令人困扰，它可能导致临床工作者错过某些需要干预的重要医学问题。幸运的是，神经心理测验主要被作为一种筛查工具来使用，并且通常都会配合其他评估手段来改善诊断的准确性。就测量的信度和效度而言，它们表现不错。其缺点在于每次需要数小时来施测，因此除非怀疑参与者存在脑损伤，否则不会轻易使用这些测验。

脑成像：大脑的图像

一个多世纪以来，我们逐渐了解到，我们所做的许多事情，我们进行的许多思考和记忆是由特定的脑区负责的。近年来，人们发展出了探测神经系统内部的能力，通过脑成像技术越来越精确地记录脑结构和功能的画面（Adinoff & Stein, 2011）。**脑成像**（neuroimaging）技术分为两大类。第一类检查脑结构，诸如不同部位的尺寸和是否存在损伤。第二类通过绘制脑血流和其他代谢活动的图像来呈现脑的实际功能。

大脑结构的图像

第一类脑成像技术问世于20世纪70年代初，主要是从不同角度给脑拍摄多重X光片；也就是说，用X射线扫描头部。由于骨对X射线的阻隔或削弱程度比脑组织更高，在头部另一侧的探测器最终会接收到不同强弱的射线。然后由计算机重构出不同切面的脑图像。这套程序需要大约15分钟，通常叫作**计算机轴向断层扫描**（computerized axial tomography scan，即CT扫描）。它是一种相对而言非侵入性的技术，而且已经被研究证明能有效地鉴别和定位大脑在结构或形状上存在的异常。CT扫描在鉴别脑肿瘤、损伤和其他结构及解剖异常方面尤为适用。不过，这类扫描具有的一个问题是，就像所有的 X 射线检查一样，它涉及重复的 X 辐射，因此存在发生细胞损伤的风险（Adinoff & Stein, 2011）。

新近问世的几种程序比 CT 扫描的分辨率（特异性和准确度）更高，而且没有 X 射线检查与生俱来的风险。目前常常使用的一种技术叫作**磁共振成像**（magnetic resonance imaging，MRI）。病人需要将头部置于一个高强度磁场中。这个磁场里布满了无线电频信号，这些信号会"激活"脑细胞，改变其氢原子中的质子。测量的内容包括改变的程度以及质子回归正常状态所需要的时间。当存在脑损伤或损害时，信号就会变得比正常情况下亮一些或暗一些（Adinoff & Stein, 2011）。现在的技术已经可以让计算机对大脑进行逐层观察，从而使得结构检查更为准确。MRI 检查要比 CT 昂贵，而且起初需要 45 分钟，但是随着技术的进展，较新 MRI 程序费用在不断降低，现在检查只需要 10 分钟。目前 MRI 仍然具有的一个缺点是受测者必须躺在一个封闭狭小的检查舱内，其头部环绕着电磁线圈。密闭恐怖症患者通常无法忍受 MRI 检查。

尽管脑成像技术在鉴别脑损伤方面十分有用，但直到最近它们才被用于诊断可能和心理障碍有关的脑结构异常或解剖异常。我们会在之后有关特定障碍的章节中回顾一些有趣的研究。

大脑功能的图像

另几种广泛使用的程序测量的并非大脑的结构，而是大脑的实际功能。第一种技术叫作**正电子发射断层扫描**（positron emission tomography，PET）。PET 的参与者会被注射一种放射性同位素（会出现特定反应的某类原子的追踪剂）。这一物质会和血液、氧或葡萄糖进行反应。当大脑的某些部位活跃起来的时候，血液、氧或葡萄糖就会涌入这些区域，创造出"热点"；而那些能够鉴别出同位素位置的探测器则会捕捉到这些热点（见彩页，图 3.6）。由此我们就可以知道大脑的什么部位正在工作，什么部位没在工作。为了获得清晰的图像，参与者必须静止 40 秒钟以上。这些图像也可以叠加在 MRI 图像之上，从而展现出活跃区域的精确位置。在定位由于脑损伤或中风而导致的损伤位置以及定位脑肿瘤

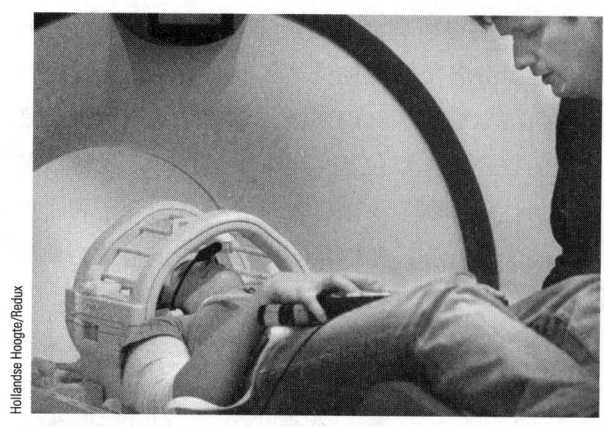

一名患者即将进行 MRI 扫描。

时，PET 还可以用于对 MRI 和 CT 扫描做补充。更重要的是，PET 越来越多地被用于审视可能和不同障碍有关的各类代谢模式。最近的 PET 研究已经证明，许多患有早期阿兹海默类型痴呆的病人表现出大脑顶叶的葡萄糖代谢减弱。使用 PET 十分昂贵，安装一台 PET 装置的费用约为 600 万美元，而每年的运作费约为 50 万美元。因此，只有大型的医疗中心中才会备有这类装置。

第二种用来测量大脑功能的程序叫作**单光子发射计算机断层扫描**（single photon emission computed tomography，SPECT）。其运作原理类似 PET，但使用的追踪剂有所不同。这一技术相对不那么准确。不过，它的价格较低，而且所需要的收集信号的设备也没有那么精密。因此，使用 SPECT 要比 PET 更常见（见彩页，图 3.7）。

最为令人兴奋的进展是发展出了相比常规 MRI 速度更快的技术（Adinoff & Stein, 2011）。这些技术会使用精密的计算机来拍摄工作中的大脑的实际照片，记录每一秒钟所发生的改变。因为这些手段能测量大脑的功能，所以它们被称为**功能性 MRI**（functional MRI，即 fMRI）。在一流的脑成像中心中，fMRI 程序在很大程度上已经取代了 PET，因为它们能够让研究者看到大脑面对一个短暂事件所做出的即刻反应，例如观看一张新面孔。BOLD-fMRI（Blood-Oxygen-Level-Dependent fMRI，即依赖血氧水平的 fMRI）是近来心理障碍研究中最常用的 fMRI 技术（Adinoff & Stein, 2011）。

在脑成像领域中的一些新近研究试图从最基本的突触水平上考察人类的脑。这些新技术可以检测出诸如多巴胺和 5-羟色胺等神经递质受体的活动情

况，因此使得研究者不仅能审视整个区域的活动，而且能区分各类特定的受体区域的活动情况。这些技术会在 SPECT 和 PET 成像中借助由放射性同位素标记的神经受体配位基（用来聚集在特定受体区域的放射性化学物质）来考察神经受体的分布和密度（Adinoff & Stein, 2011）。这一技术可能会成为研究大脑运作状况更为准确的手段。

脑成像技术在澄清神经生物因素对于心理障碍的影响方面具有巨大潜力。例如，在第 5 章中你将了解到，fMRI 程序对于像弗兰克这样患有强迫症的个体的脑功能揭示出了怎样的图景。

心理生理评估

还有一种评估大脑结构和特定功能以及一般的神经系统活动的方法叫作**心理生理评估**（psychophysiological assessment）。心理生理学指的是神经系统中能够反映出情绪或心理事件的那些可以测量到的变化。这些测量既可以直接在大脑层面实施，也可以从身体外周部位获得。

弗兰克害怕自己可能患有癫痫。如果我们有任何理由怀疑他可能有间断的失忆或有古怪的、恍惚的行为，即便只是出现很短暂的时间，那么让他接受一次**脑电图**（electroencephalogram，EEG）检查就很重要了。测量大脑中和特定神经元组放电有关的电活动能够揭示出脑电波的状态，而脑电波来源于神经元活动所发出的低伏电流。脑电波在个体觉醒和睡眠状态下都可以测量。在 EEG 中，多个电极会直接置于头皮的不同部位上，从而记录不同的低伏电流。

在近几十年中，我们对 EEG 已经有了许多了解（Kim et al., 2008）。一般而言，我们会测量大脑中正在进行的电活动。有时，我们会记录个体对于类似倾听一个有心理意义的刺激等特定事件所做出的反应的短期 EEG 模式。这类反应被称为**事件相关电位**（event-related potential，ERP），**或唤起电位**（evoked potential）。我们已经知道，EEG 模式常常会受到心理或情绪因素的影响，而且可以成为个体反应的指针，或是心理生理评估指标。

另外，一个正常、健康、放松的成年人清醒状态时脑电波活动的电压表现为有规律的变化，这种变化的模式叫作 **alpha 波**（alpha waves）。许多旨在减轻压力的治疗都会尝试增加 alpha 波的频率，通常的做法都是以某种方式让病人放松，因为 alpha 波是和放松以及平静联系在一起的。在睡眠中，我们的脑电波活动会经历几个阶段，它们在一定程度上可以通过 EEG 模式加以鉴别。最深且最为放松的睡眠阶段通常出现在个体入睡后的一两个小时之后。在这个阶段，EEG 会记录到一种 delta 波模式。delta 波比 alpha 波缓慢。而且不太规律，对于这个阶段的睡眠而言是十分正常的。你将会在第 5 章中看到，当个体熟睡状态时所出现的惊恐发作几乎都发生在 delta 波阶段。如果个体在觉醒时出现 delta 波的活动，它可能预示大脑局部区域存在功能失常的情况。

测量其他身体反应的心理生理评估手段可能也在评估中占有一席之地。这些反应包括心率、呼吸和皮肤电活动反应（由外周神经系统所控制的汗腺活动）。请回忆一下在第 2 章中提到的外周神经系统，尤其是自主神经系统中的交感神经系统，它会对应激和情绪唤起做出反应。

在许多障碍中，测量对于情绪刺激的心理生理反应十分重要，其中之一就是创伤后应激障碍。和创伤有关的画面、声音等刺激会唤起强烈的心理生理反应，哪怕病人当时并未意识到这一点。

心理生理评估也被用于许多和性有关的异常及障碍。例如，性唤起可以通过直接测量面对性刺激时男性的阴茎周长或女性的阴道血流量来获得，通常这些性刺激是以影片或幻灯片的形式呈现的（见第 10 章）。而有些时候，个体可能并未觉察到特定的性唤起模式。

生理评估在评估和治疗诸如头疼、高血压等问题时也有其重要性（Hazlett-Stevens & Bernstain, 2012）；它们构成了生物反馈治疗的基础。在**生物反馈**（biofeedback）治疗中，就像我们会在第 9 章里解释的那样，诸如血压指数等生理反应的水平会通过数字计量方式不断报告给病人，这样一来，病人就能够尝试调节这些反应。

尽管如此，生理评估并非没有局限，因为它需要大量的技能和专家。即使在其施测恰当的情况下，因为程序、技术等问题，或反应本身的特性，评估有时也会产生不一致的结果。因此，只有那些擅长治疗特定障碍的临床工作者才会在这些评估手段对该障碍特别重要时大量使用心理生理记录设备，而其较为直接的应用（例如在练习放松时监控心率）则常见一些。更为精密的心理生理评估最常用于对特定心理障碍（尤其是情绪障碍）的性质进行理论层面的探究（Barow，2002；Ovsiew，2005）。

小测验 3.1

请鉴别出在下列的情境中实施的是哪一类精神状态检查：

A. 外表和行为　　B. 思维过程
C. 心境和情感　　D. 智力功能
E. 感知意识

1. 斯旺医生仔细地倾听乔伊斯的语言模式，关注其语速、内容和连续性。他没有发现任何思维松散的情况，但的确察觉到了有关妄想思维和视幻觉的迹象。_____
2. 安德鲁在警察的陪伴下来到了诊所。尽管气温只有零下 5℃，但安德鲁只穿了短裤。有人看到他在大街上行走得十分缓慢，做出奇怪的表情，而且还在自言自语，因此将他的情况报了警。_____
3. 丽萨被带到米勒医生的办公室。医生询问她是否知道日期和时间，她的身份以及她现在人在何处。_____
4. 琼斯博士认为，在蒂姆谈及几乎让他丧命的事故后所表现出的笑容是不恰当的，而且注意到蒂姆看上去处于激越状态。_____
5. 荷莉的语言和记忆能力良好，这让亚当斯博士估计她具有中等程度的智力水平。_____

请对每一种测验打分来考察一下你对于信度和效度的理解，用 R 代表可靠，NR 代表不可靠；用 V 代表有效，NV 代表无效。

1. _____，_____ 用 EEG 来呈现患有癫痫的个体的脑电波活动。
2. _____，_____ 罗夏墨迹测验
3. _____，_____ 具有固定答案的结构访谈
4. _____，_____ 句子完成测验

心理障碍的诊断

到目前为止，我们已经审视了弗兰克个人的功能状况。也就是说，我们已经仔细地观察了他的行为、认知过程和心境，而且我们已经实施了半结构化访谈、行为评估和心理测验。这些操作告诉我们的是弗兰克所具有的独特性，而不是他和其他个体有何共通之处。

就弗兰克所呈现的问题而言，知道他和其他人可能有哪些相像之处十分重要。如果曾经有人发生过类似的问题或呈现出类似的心理剖面图，那么我们就可以回过头从他们的案例中寻找到许多信息，而这些信息可能适用于弗兰克。我们可以去寻找，对于其他人而言，这类问题是如何开始的？哪些因素似乎对问题有所影响？这类问题会持续多久？在其他案例中，这个问题是否曾自动消失？如果不是的话，是什么导致它持续下去的呢？这类问题是否需要治疗呢？最为重要的是，什么样的治疗帮助其他人解决了这个问题呢？这些一般性的问题之所以宝贵，是因为它们能发掘出相当丰富的临床和研究信息，这些信息使得研究者能够做出某些推论，预测今后可能会发生什么以及什么样的治疗或许管用。换而言之，临床工作者可以得出一般性的结论并建立某种预后的推断，这个术语我们曾在第一章中讨论过，它指的是某一障碍在某种条件下可能的未来进程。

这两类策略在心理病理学的研究和治疗中都是必不可少的。如果我们想要确定个体的人格、文化背景或处境有哪些独特之处，我们就会使用**个体策略**（idiographic strategy）（Barlow & Nock，2009）。这类信息让我们能够根据这个人调整治疗。但是为了能够运用在某个特定问题或障碍上已经积累的信息，我们必须能够确定目前主诉的问题归属于哪一大类。这就是**常规策略**（nomothetic strategy），即我们会试图命名这个问题或对这个问题进行归类。当我们鉴别出了某个特定的心理障碍（例如心境障碍）时，在临床情境下，我们就是在做出诊断。我们也可以通过类似 MMPI 等心理测验的特定人格剖面图来鉴别出问题的类型。比如，之前在 MMPI 那节中我们看到詹姆斯·S 在精神病态分量表中得分很高，因此我们可以推断，他和其他同样在这个分量表中获得高分的人都具有攻击性和不负责任等人格特征。接下来，让我们以更精确的方式来界定一些术语。

因为分类是科学中如此不可或缺的一部分，而

且在我们人类的经验中，我们的确也会各自描述它各种不同的方面（Millon，1991；Widiger & Crego，2013）。**分类**（classification）这一术语本身有着宽泛的意义，指的是尝试建立组别或类目，并将事物或人基于其共同拥有的特质或关系将其分配到这些类目中的努力（一种常规策略）。如果这个分类是在一个科学的情境中做出的，那么它最为常见的称谓是**分类学**（taxonomy），即因为科学目的而对实体所做的分类，例如昆虫、岩石，或者像心理学领域这样对行为进行分类。当你将一个分类学系统应用在心理学或医学现象或其他的临床领域之中，你就会使用**疾病分类学**（nosology）一词。所有在医疗情境中所使用的诊断系统，诸如那些用于传染病的诊断系统，都属于疾病分类系统。**命名法**（nomenclature）一词指的是障碍的名称或标签，这些名称或标签构成了疾病分类系统（例如，焦虑或心境障碍）。大多数心理健康领域的专业人员会使用DSM-5（美国精神病学会，2013）分类系统。这是美国精神障碍诊断的官方系统，它也在全世界被广泛使用。在做出诊断的过程中，临床工作者会参考DSM-5来鉴别出特定的心理障碍。

近几年来，如何对心理病理学进行分类的议题已经发生了许多的变化。因为这些发展对于临床工作具有很大影响，所以我们将仔细地去考察分类和诊断过程在心理病理学中的运用。我们首先来看一下不同的取向，检视一下信度和效度的概念在诊断方面的应用，然后我们将会讨论我们目前的分类体系，即DSM-5。

分类议题

分类在任何科学中都属于核心领域，而我们在这方面要讲的大部分内容都是常识。如果我们不将对象或经验进行排序和命名，那么科学家们就无法彼此沟通，而人类的知识也不会有任何进展，因为所有人都可能发展出一套对于其他人来说没有任何意义的个人系统。在你所上的生物学或地理学课程中，当你学习昆虫或岩石时，分类乃是基础。知道一类昆虫和另一类之间有何区别就能让我们去研究它们的功能和起源。但当我们面对人类行为或人类行为的障碍时，分类变得富有争议。有些人曾经质疑对于人类行为进行分类是否恰当，或是否符合伦理。即便在那些认可分类的必要性的人当中，在几个议题上也出现了重大分歧。例如，在心理病理学领域，如何界定"正常"和"异常"就存在争议。同样有争议的是假设某个行为或认知乃是某个障碍的一部分，而不属于另一个障碍。有些人更偏好以一种连续体的方式来讨论行为和感受，即从开心到伤心，或者从恐惧到不恐惧，而不是去创造出类似躁狂、抑郁和恐怖症这样的类别。不管怎么样，对行为和人进行分类是我们每个人都会做的事情。很少有人会通过使用一个量度上的数字（0代表完全不开心，100代表完全开心）来讨论自己或朋友的情绪，尽管这种取向或许更为准确一些。（"你对此感受如何？""大概65分吧。"）实际上我们更多谈论的是感到开心、伤心、愤怒、抑郁、恐惧等。

分类法和维度法

为了避免每次看到一组新的问题行为我们就得重新干一遍活儿，同时也为了能够找到有关心理病理学的一般性原则，我们可以用哪几种方式来对人类行为进行划分呢？我们已经谈到了两种可能性。一种做法是，我们可以确立彼此独立的障碍类别，使得不同障碍之间鲜有或没有任何共同之处。例如，你要么听到冰箱里有声音向你说话（幻听）并伴有其他精神分裂症症状，要么你完全没有这些症状。另一种做法是，我们可以将某种心理障碍的各种不同的特征按照若干维度进行量化，从而得出一个复合的分数。MMPI的剖面图就是一个很好的例子。另一个例子是将障碍"维度化"，比如，将抑郁标记在从晨间的轻微抑郁（我们中的大多数人都会短暂地有这类体验）到强烈抑郁和无望（感到自杀是唯一出路）的严重程度连续体上。哪一种系统更出色呢？两种都有其优劣（Brown & Barlow，2005；Helzer et al.，2008；Widiger，2013；Widiger & Edmundson，2011；Widiger & Samuel，2005）。让我们两种都来看一看。

经典分类法（classical categorical approach）源于埃米尔·克雷珀林（1856—1926）的工作和心理病理学研究中的生物学传统。在生物学传统中，我们假设每一个诊断背后都有其清晰的生理病理学原因，比如说细菌感染或是内分泌系统功能失调，而且每一种障碍都是独特的。当我们以这样的方式来思考精神障碍诊断，尽管其原因并非是生理病理方面的，而是心理或文化方面的，但是每一种障碍仍然只有一套病因因素，这套病因因素和其他障碍的病因因素之间并无重叠。因为每一种障碍本质上不同于其他的障碍，因此我们只需要一组界定标准，在这一类别下的每一个人都必须符合这组标准。假设，抑郁发作的标准是：①存在抑郁心境，②在没有节食的情况下出现严重的体重下降或上升，③思维或注意力集中的能力显著下降，以及7种其他具体症状。那么，一个人如果要被诊断为抑郁症的话，他就必须符合所有这些标准。在这种情况下，根据经典分类法，临床工作者是了解障碍的起因的。

Emil Kraepelin（1856—1926）是首批从生物学观点出发对心理障碍进行分类的精神病学家之一。

经典分类法在医学中十分有用。医生能够做出正确的诊断是相当重要的。如果一位病人出现了发烧并伴有胃痛的情况，那么医生必须迅速判断其原因是肠胃型感冒还是盲肠炎。这并不总是件容易的事情，但是医生所接受的训练有助于他们仔细地考察迹象和症状，让他们通常都能得出准确的结论。理解了症状（盲肠炎）的起因就能知晓什么治疗会是有效的（手术）。但是如果一个人出现了抑郁或焦虑的情况，其背后的原因也如此单纯吗？就像你在第2章中所看到的那样，或许并非如此。大多数心理病理学家相信，心理和社会因素会和生理因素出现交互作用，从而产生某种障碍。因此，尽管克雷珀林和其他生物取向的早期研究者有这样的信念，但是心理健康领域并没有采用经典的类别模型来界定心理病理学。经典分类法显然并不适应心理障碍具有的复杂性（Frances & Widiger, 1986; Helzer et al., 2008; Regier, Narrow, Kuhl, & Kupfer, 2009; Widiger & Edmundson, 2011）。

第二种策略是**维度法**（dimensional approach）。在这种方法中我们会留意病人所呈现出的各种认知、心境和行为，并将它们在某个维度上进行量化。例如，在1～10的量度上，某位病人可能会被评定为有严重的焦虑（10），中等程度的抑郁（5）和轻微的躁狂（2），从而获得一个情绪功能的剖面图（10，5，2）。尽管维度法早已应用于心理病理学中——尤其是人格障碍（Helzer et al., 2008; Widiger & Coker, 2003; Widiger & Samuel, 2005）——但比较起来它们并不令人满意（Brown & Barlow, 2009; Frances, 2009; Regier et al., 2009; Widiger & Edmundson, 2011）。大多数的理论家无法在究竟需要多少个维度这一议题上达成一致。有些人认为一个维度就够了；另一些人鉴别出的维度则多达33个（Millon, 1991; 2004）。

第三种对行为障碍进行组织和分类的策略近年来得到了越来越多的支持。这种策略被认为可以替代经典分类法或维度法；其不同之处在于它本质上将前两者中的一些特征组合在了一起。这种策略叫作**原型法**（prototypical approach）。它能鉴别出某个实体的某些本质特征，因此人们能对实体进行分类，同时它也允许存在某种非本质性的变化，这种变化并不必然会改变实体所属的类别。例如，如果让你去描述一条狗，你或许能很容易地给出一个一般化的描述（本质的、分类的特征），但是你可能没有办法准确地描述出一条具体的狗。狗有不同的毛色、大小，甚至种类也有所不同（非本质的、维度上的变化），但是它们都共同具有狗的特征，让你能够将它们同猫区分开来。因此，有一定数量的原型标准再加上某些额外的标准就已经足够了。这一系统并不完美，因为在类与类的边界处有些模糊，而且某些症状可以适用于不止一种障碍。但它也具有其优势，那就是它最为符合我们目前对于心理病理学的知识状态，而且相对来说它使用起来也更容易一些。

尽管狗之间具有相当大的物理差异，但所有的狗都属于同一分类。

若我们在对心理障碍进行分类时使用原型法的话，那么就要列出这个障碍具有的许多可能的特征或特性，而且任何病人必须满足足够的特征才能被归入这一类型。请看一看DSM-5对重性抑郁发作的部分标准：

在2周的时间内出现，5个（或以上）下列症状，而且功能水平表现出改变。其中，至少有一个症状是抑郁心境，或缺乏兴趣或快感。

注意：不包括那些显然由医学情形导致的症状。

1. 在一天中的大多数时间里存在抑郁心境，几乎每天如此。
2. 在一天中的大多数时间里，对所有或几乎所有的活动表现出显著的兴趣减少或愉悦感减少，几乎每天如此。
3. 在没有节食的情况下体重显著下降或上升。
4. 失眠或嗜睡，几乎每天如此。
5. 心理运动性激越或迟滞，几乎每天如此。
6. 疲倦或丧失精力，几乎每天如此。
7. 无价值感或存在过度或不恰当的内疚感，几乎每天如此。
8. 思维或集中注意力的能力降低，或者无法做出决策，几乎每天如此。
9. 反复出现有关死亡（而非只是害怕死亡）的念头，反复出现自杀的观念但无特定的计划，或者出现自杀企图，或者有自杀的特定计划（APA，2013）。

正如你看到的那样，这套标准包括了许多非本质的症状。但是如果你或者出现了抑郁心境，或者在大多数活动中表现出了显著的兴趣或乐趣缺失，并且在剩下的8个症状中出现了至少4种，那么你就足够接近重性抑郁发作的标准原型了。某个人或许表现出抑郁心境、显著的体重下降、失眠、心理运动性激越以及精力丧失，另一个人则可能表现出显著丧失兴趣或乐趣、疲倦、无价值感、思维或注意力集中困难以及想要自杀。这两个人都具有必要的5个症状，这些症状让他们与原型十分接近，但是他们彼此之间只共有一个症状，因此看来十分不同。这就是原型法的一个很好的例子。DSM-5正是基于这种方法。

信　度

任何分类系统都需要描述出一些容易观察到的具体的症状亚群，而且有经验的临床工作者可以很容易地将这些症状亚群鉴别出来。如果两个临床工作者对同一个病人在一天里不同的时段进行访谈（而且假设这个病人的状况在这一天里并没有发生任何变化），那么这两个临床工作者应该可以看到，并且或许能够测量到同样一组行为和情绪。这样一来，心理障碍就可以被可靠地鉴别出来。如果这个障碍对于两个临床工作者而言并不那么明显，那么所得出的诊断可能就会存在偏差。例如，某人的穿着可能会招致某些评论。一个朋友说："她今天晚上看上去有些邋遢。"而另一个朋友说："没有啊，她只是由着自己心情穿得很随性。"或许第三个朋友会说："实际上，我觉得她穿得挺整洁的。"你可能会纳闷，他们看到的到底是不是同一个人，因为他们的观察并无任何信度可言。如果要让这几位朋友对于某人的外表达成一致，你需要给出一套他们都同意的细致的标准。

就像我们之前已经注意到的那样，不可靠的分类系统受制于临床工作者做出诊断时的误差。在目前的分类系统中，最不可靠的分类之一就是人格障碍——一组长期存在的、类似特质的、不恰当的行为和情绪反应，这些行为和情绪反应反映出个体与世界的互动方式的特点。尽管在这个领域我们已经取得了相当大的进展，尤其是某些类型的人格障碍，但是用一次访谈来确定某种人格障碍是否存在仍然十分困难。研究者（Morey & Ochoa, 1989）询问了291名心理健康领域的专业人士，让他们描述他们最近见到的一位患有某种人格障碍的个体以及他们对这个人的诊断。研究者同时从这些临床工作者那里收集了这些病人身上实际存在的迹象和症状的详细信息。这样一来，他们就能够确定临床工作者所做出的诊断是否符合由这些症状所能确定的客观的诊断标准。换句话来说，即基于那些界定诊断的既存症状来说，这些临床工作者所做的诊断是否正确呢？

该研究发现，这些临床工作者在做出诊断方面存在显著的误差。例如，出于某些原因，那些有经验的或女性临床工作者会更多地做出并不符合标准的边缘型人格障碍的诊断。尽管临床工作者之间的误差始终是一个潜在问题，但疾病分类学或分类系统越是可靠，在诊断中就越难给误差以可乘之机。临床工作者之间在诊断人格障碍时缺乏信度，表明我们需要更可靠的标准。

效 度

除了可靠之外，疾病分类学的系统还必须是有效度的。之前，我们将效度描述为测量了其旨在测量的东西。诊断效度有好几种不同的类型。一种是这个系统应该有结构效度。这意味着被选为诊断标准的迹象和症状之间有着稳定的相关，或者说"会一起出现"，而且它们所鉴别出的分类和其他分类是不同的。符合抑郁诊断的人应该能和符合社交焦虑的人区别开。这一鉴别力不仅仅体现在目前存在的症状中，而且也体现在障碍的整个进程中，或许也能体现在治疗的选择中。它或许还可以预测家族聚集性（familial aggregation），即在何种程度上这个障碍可以在病人的亲属中发现（Blashfield & Livesley, 1991; Cloninger, 1989; Kupfer, First, & Reigier, 2002）。

此外，一个有效度的诊断能告知临床工作者原型病人可能会出现什么样的状况；它可以预测障碍的进程，以及不同治疗可能带来的效果。这种效度类型被称之为预测效度（predictive validity），有些时候则被称之为校标效度（criterion validity），如果我们将结果作为判断诊断分类是否有用的标准的话。最后，还有内容效度。内容效度意味着，假设你创造出了一套社交焦虑的诊断标准，它应该能够反映出这个领域中大多数专家对社交焦虑的理解，而不是反映出他们对抑郁的理解。换句话来说，你需要使用恰当的标签。

1980年之前的诊断

就像是那句老话所说的，心理病理学的分类有着"一个漫长的过去和一个短暂的历史"。对于抑郁、恐怖症或是精神病性症状的观察可以追溯到最早有记录的对于人类行为的观察。许多这些观察足够详细和完整，使得我们如今可以对其中所描述的个体做出诊断。尽管如此，直到最近我们才尝试完成这个困难的任务：创造一个全世界的科学家和临床工作者都能使用的正式的疾病分类学。1959年，世界范围内至少存在9个心理障碍分类系统，其实用性不一，但在9个系统中仅有3个将"恐怖症"列为单独的一种类型（Marks, 1969）。导致这一混乱局面的原因之一在于，创造出一个有用的疾病分类学实在是"说起来容易做起来难"。

早期对心理病理学进行分类的努力源于生物学传统，尤其是克雷珀林的工作，这在第1章和本章之前的篇幅中已经介绍过了。克雷珀林首先鉴别出了我们现在所知的精神分裂症的障碍。在当时，他给予这一障碍的术语是**早发性痴呆**（dementia praecox）（Kraepelin, 1949）。早发性痴呆意指在某些高龄人身上出现的大脑的退化（痴呆）早于其应发生的年龄就出现，或者说是"过早发生"（早发）。这一标签（之后被改为精神分裂症）反映出克雷珀林的信念，即该障碍的病因是大脑出现了病理问题。克雷珀林在1913年出版的巨著《精神病学：学生和医生用的教材》（*Psychiatry: A Textbook for Students and Physicians*）中不仅描述了早发性痴呆，也描述了双相情感障碍（当时被称为躁狂抑郁精神病）。克雷珀林还描述了多种器质性的大脑综合征。在那个年代，其他一些著名人物（例如法国精神病学家皮内尔）认为包括抑郁（忧郁症）在内的心理障碍乃是独立的实体，但克雷珀林则指出心理障碍本质上是生理上的困扰。他的理论对于我们的病理分类学的发展带来的影响最为深远，而且也导致早年对于经典分类法的强调。

直到1948年，世界卫生组织（WHO）才在第六版《国际疾病和相关健康问题分类系统》（International Classification of Diseases and Related Health Problems，简称ICD）中加入了心理障碍分类章节。不过，早年这一系统并不具备多大的影响力。由美国精神病学会在1952年出版的第一版《诊断和统计手册》（*Diagnostic and Statistical Manual*，简称DSM）也没有太多的影响力。直到20世纪60年代末，疾病分类学的诊断系统才开始对心理健康领域的专业人员产生了一定程度上真正的影响。1968年，美国精神病学会出版了第二版《诊断和统计手册》（DSM-Ⅱ）。1969年，WHO则出版了ICD第八版。尽管如此，这些系统缺乏准确性，彼此之间常常存在重大的差异，而且很大程度上依赖于未经验证的病原学理论，但这些理论又并未被所有的心理健康领域专业人员所接受。两个心理健康执业者若基于当年的疾病分类学检查同一个病人，常常会得出不同的结论。即便到了20世纪70年代，许多国家，比如法国和俄罗斯，仍然使用它们自己的疾病分类学。在这些国家中，同一个障碍也可能会得到不同的标签和解释。

DSM-Ⅲ和DSM-Ⅲ-R

1980年在疾病分类学的历史上具有里程碑意义：《精神障碍诊断和统计手册》（第三版，DSM-Ⅲ）（美国精神病学会，1980）出版。在Robert Spitzer的带领下，DSM-Ⅲ和它之前的两个版本相比存在重大区别。其中有三项改变尤为突出。第一，DSM-Ⅲ尝试以一种非理论的方式来对待诊断，即依赖临床工作者面前所呈现的障碍的精确描述，而非心理动力学或生物学的病因理论。DSM-Ⅲ的这个特性使其可以成为持有不同观点的临床工作者共同的工具。比如说，DSM-Ⅲ并没有将恐怖症分在以内心冲突和防御机制为特征的"神经症"这一大类下，而是让其自成一支，并归在一个新的大类——焦虑障碍——之下。

DSM-Ⅲ中第二项重要改变是，鉴别一个障碍所需的标准被详细具体地列了出来，让临床工作者可以去考察它们的信度和效度。尽管在DSM-Ⅲ（以及1987年出版的修订版DSM-Ⅲ-R）中，并非所有的分类都能够达到完美的或是良好的信度和效度，但相比之前的分类而言，这一系统已经有了极大的改善。第三，DSM-Ⅲ（以及DSM-Ⅲ-R）让人们对可能患有心理障碍的人在五个维度或轴上进行评分。障碍本身，例如精神分裂症或心境障碍，仅仅代表轴Ⅰ的诊断。被认为更为持久的（慢性的）人格障碍被列在了轴Ⅱ。轴Ⅲ包含的则是个体可能存在的任何躯体障碍和状况。在轴Ⅳ上，临床工作者会以维度的形式来评定个体所报告的心理压力的程度，而其目前的适应性功能水平则在轴Ⅴ中评定。这一**多轴系统**（multiaxial system）的框架使得临床工作者能够在多个领域收集有关个体的功能水平的信息，而不仅仅只是收集和障碍本身有关的有限的信息。

尽管其本身仍有诸多缺陷，例如在鉴别某些障碍上信度低，以及对许多障碍的诊断标准所做出的决策是武断且任意的，但DSM-Ⅲ和DSM-Ⅲ-R还是获得了相当大的影响力。Maser, Kaelber和Weise（1991）调查了各类诊断体系在国际上的使用情况，发现DSM-Ⅲ的流行乃是出于几个理由。其中最重要的理由是其精确的描述性形式和其在诊断背后的假设原因上所具有的中立性。强调对于整个人进行广泛考量而非只是狭窄地聚焦在障碍本身的这种多轴框架也被认为很有帮助。因此，在世界各地，都有更多的临床工作者自20世纪90年代初开始使用DSM-Ⅲ-R，而非意图在全世界推广使用的ICD系统（Maser et al., 1991）。

DSM-Ⅳ和DSM-Ⅳ-TR

到了20世纪90年代末，临床工作者和研究者都意识到需要有一套世界范围内一致的疾病分类学。ICD-10曾预计在1993年出版，而美国按照条约有义务在所有和健康相关的事务中都使用ICD-10分类系统。因此，为了能够让ICD-10和DSM尽量相容，ICD-10和DSM-Ⅳ的准备工作几乎是同步进行的。后者于1994年发表。DSM-Ⅳ工作组决定尽量少依赖专家之间的共识，任何在诊断系统上出现的变化都应该基于良好的科学数据。因此修订者们尝试在和诊断系统相关的各个领域进行海量的文献回顾（Widiger et al., 1996, 1998），并且鉴别出了大量的数据。这些数据原本是为了其他的原因而被收集起来的，但是在经过再次分析之后，这些数据对于DSM-Ⅳ十分重要。最终，12项独立研究或田野试验考察了几组替代性定义或标准的信度和效度，而且在另一些情况下，还考察了创造新诊断的可能性（Widiger et al., 1998；Zinbarg et al., 1994, 1998）。

DSM-Ⅳ中最重要的改变是去除了之前几个版本对于器质性障碍和心因性障碍之间所做的区分。正如你在第2章中所看到的那样，我们现在已经知道，即便是那些已知和大脑病理问题有关的障碍也会受到心理和社会因素的显著影响。同样，之前被描述为具有心理学病因的障碍肯定也具有生物学的病因因素，而且很可能会具有可以被鉴别出的特定大脑回路。

DSM-Ⅳ中的多轴系统

DSM-Ⅳ继续保留了多轴系统，但在五轴中有一些改变。具体来说，DSM-Ⅳ中仅有人格障碍和智力迟滞会在轴Ⅱ进行编码。之前在轴Ⅱ中评定的广泛性发育障碍、学习障碍、运动技能障碍和沟通障碍，都改在轴Ⅰ中编码。轴Ⅳ曾用于评定病人的心理社会压力程度，但因其用处不大而被新的内容所替换。新的轴Ⅳ被用来报告那些可能对于障碍产生一定影响的心理社会问题和环境问题。轴Ⅴ本质上没有变化。

2000年，工作组委员会更新了伴随DSM-Ⅳ诊断分类的研究文献，并且对于某些诊断本身做出了微调从而改进其一致性（First & Pincus, 2002；美国精神病学会，2000a）。这一修订版本（DSM-Ⅳ-R）帮助澄清了许多和心理障碍诊断相关的问题。

David Kupfer 是 DSM-5 工作组的主席，这一版于 2013 年出版。

DSM-5

在DSM-Ⅳ出版后的近二十年间，有关精神障碍的知识已经取得了极大的进展。而在近十年的共同努力下，DSM-5在2013年春天出版了。这一重量级的任务也是在和国际领军人物的合作下完成的——他们同时也在开展ICD-11的工作（2014年出版）——即每个负责一组障碍（例如，焦虑障碍）的"工作小组"都有一个国际专家深入工作之中。大家的共识是，DSM-5和DSM-Ⅳ相比并没有太大改变，尽管DSM-5引入了一些新的障碍，并且重新分类了另一些障碍。但在诊断手册本身的组织和结构上发生了一定的变化。例如，手册被分为三个主要的部分。第一部分介绍了手册并描述了如何能最好地使用它。第二部分呈现的是障碍本身，而第三部分描述那些在能够作为正式诊断成立之前还需要进一步研究的障碍或情形。

或许最为显著的改变是DSM-5移除了多轴系统，过去的轴Ⅰ、轴Ⅱ和轴Ⅲ被合并进了对障碍本身的描述，而临床工作者可以对相关的心理社会或文化因素（过去轴Ⅳ的内容），或和诊断有关的残疾程度（过去轴Ⅴ的内容）单独进行标注。DSM-5还加强了以相对统一的方式在各个维度上评定不同障碍的严重程度、强度频率或持续时间的做法，这一点呼应了之前的提议（Regier et al., 2009）。例如，对于创伤后应激障碍（PTSD）而言，LeBeau等人（in press）发展出了《全美应激事件调查PTSD简表》。这是一个基于一项对美国成年人进行的全国调查数据发展而来的9条目自评量表（Kilpatrick, Resnick, & Friedman, 2010）。DSM-5工作组对于这个量表进行了审议，并认可其能够就最近7天内PTSD症状的严重程度进行评估（美国精神病学会，2012），我们将在第5章中介绍它。

除了对于每一个障碍进行严重程度或强烈程度的维度评估之外，DSM-5还引入了跨维度的症状评估。这些评估并不具体到任何特定的障碍，而是从整体上去评价那些常常出现在所有病人身上的重要症状。示例包括焦虑、抑郁和睡眠问题。其初衷是为了在既存障碍的治疗过程中始终监控这些症状。

据此，我们可以诊断一个人患有双向障碍，并且也给出一个对既存的焦虑程度的维度评定，因为更高的焦虑程度能够预测更糟糕的治疗反应（Howland et al., 2009）。在DSM-5中，此类问题包括："在过去两周里，你在多大程度上（或多久）因以下情况而感到困扰：①感觉紧张、焦虑、害怕、担忧或者紧张不安？②感觉到惊恐或恐慌？③回避让你焦虑的情境？"（美国精神病学会，2013）。DSM-5的评估使用的是0～4点评分，0为没有焦虑，4为极为严重的焦虑。

请注意，这并不代表障碍分类本身出现任何的改变，而是说这些维度被添加到分类诊断之中，从而为临床工作者做出评估、制订治疗计划和监控治疗进程提供额外的信息。在后续章节中，我们将描述新的诊断以及诊断分类所出现的具体变化。

DSM-5 和弗兰克

在弗兰克的案例中，最初的观察提示可能诊断为强迫症。不过，弗兰克也可能具有长期的人格特质，导致他系统地回避社交接触。如果是这样的话，也可诊断为分裂样人格障碍。当临床工作者关注那些并非是障碍的一部分，但可能会让障碍变得更为严重或者影响治疗计划的心理社会或环境问题时，工作和婚姻方面的困扰也会进入临床工作者的视野。同样，就像上文描述的针对PTSD的评估那样，临床工作者会使用旨在满足这一目的的一个DSM-5量表定期对病人的整体严重程度和功能受损状况进行分维度的评估，从而监控其对治疗的反应（LeBeau et al., in press）。

在做出任何诊断时，功能受损的程度都是一个决定性因素；对这一点的强调是很重要的。比如说，如果某个人（比如弗兰克）具有所有强迫症的症状，但是发现它们只对自己造成了轻微的困扰，因为侵入性的思维并不那么严重，而且也不会频繁发生，那么这个人就不满足强迫症的诊断。至关重要的是构成诊断的各类行为和认知对功能水平造成了<u>相当严重</u>的干扰。因此，诊断的标准必须包括：障碍在病人的社交、职业或其他重要功能领域造成了临床上显著的困扰或损害。具有之前所提到的所有症状的个体，若他们并没有跨越这一损害程度的阈限，那么他们就不能被诊断为患有某种障碍。就像之前提到的那样，DSM-5的改变之一就是通过使用一个维度量表来将这一对严重程度和损害程度的判断变得更系统。在我们自己的诊所中，我们采取类似的办法已经有许多年了。也就是说，除了评估整体的功能损害程度外，也会评估和障碍具体相关的损害程度（如果有的话）。我们所使用的量度是0至8，0代表没有损害，8代表存在严重困扰或失能（通常是指整日呆在家中，且仅能勉强行使其功能）。某种障碍在严重程度上至少要得到4分（显然存在困扰或失能）才能符合诊断。许多时候，诸如强迫症这样的障碍得分为2分或3分，意味着尽管存在所有症状，但其严重程度过于轻微以至于未对功能造成损害；在这种情况下，我们说这种障碍低于<u>阈限值</u>。以弗兰克为例，他的强迫障碍的严重程度评分应为5分。

DSM-5中有关社会和文化的考量

通过强调环境中的压力水平，DSM-III和DSM-IV让我们更容易获得有关个体的完整画面。而DSM-IV将重要的社会和文化影响力整合入诊断之中，进一步补充了之前所遗漏的内容；这个特点也被保留在DSM-5中。"文化"指的是个体的价值观、知识和行为实践，这些价值观、知识和行为实践是从个体作为不同民族、宗教或其他社会群体的成员身份中获得的，也包括了群体成员的身份如何影响个体对自己的心理障碍体验的看法（美国精神病学会，2013）。而"文化概念化"项目使得我们可以结合病人的个人体验视角和其所属的主要社会和文化群体的视角（例如西班牙裔或华裔）去描述障碍。回答来自《DSM-5文化概念化访谈》（DSM-5 Cultural Formulation Interview，美国精神病学会，2013）中与文化有关的问题将有助于实现上述目标：

1. 部分问题举例：病人主要的文化参照群体是什么？对于最近移民到这个国家的移民以及其他少数种族而言，相比他们原有的文化，他们对"新"文化的投入程度如何？他们是否掌握了新国家的语言（例如，美国的英语），还是说持续存在语言问题？

2. 病人是否会使用来自其原有国家的术语和描述方式来描述这一障碍？例如，在西班牙语人群的亚文化中，"ataques de nervios"是某种类似惊恐发作的焦虑障碍。病人是否接受医疗系统中治疗障碍所使用的有关疾病或障碍的西方模型，还是说病人在原有文化中另有一个医疗系统（例如，华裔亚文化中的传统中医）？

3. "残疾"意味着什么？在某个文化中，哪种类型的"残疾"是可以接受的，哪种类型是不可以接受的？例如，躯体疾病是可以接受的，但焦虑或抑郁是不可以接受的？在这一文化中，典型的家庭、社会和宗教支持是怎样的？病人是否可以获得这些支持？临床工作者是否能够理解病人的母语以及这一障碍具有的文化意义？

DSM-5诊断指南考虑到了文化的因素。

在某个具体文化中，哪种残疾的状况可以接受乃是由社会所决定的。

做出诊断和计划治疗时绝对不应忽视这些文化方面的考虑，而且本书也会始终贯穿这些文化方面的考虑。但是，目前还没有研究支持这些文化概念化的指导原则的使用（Lewis-Fernandez et al., 2009）。目前的共识是，我们在这个领域中还需要做很多工作，才能让我们的疾病分类学真正具备文化敏感性。

对于 DSM-5 的批评

因为编制 ICD-11 和 DSM-5 时的团体间合作很成功，DSM-5（以及和其紧密相关的 ICD-11 心理障碍部分）显然是迄今为止最为先进和科学支持最有力的疾病分类学系统。尽管如此，任何疾病分类学系统的工作都应该不断进步（Brown & Barlow, 2005；Frances & Widiger, 2012；Millon, 2004；Regier et al., 2009；Smith & Oltmanns, 2009）。DSM-5 已经试着做好了相应的准备，允许在出现新信息的情况下对分类进行临时的修订（美国精神病学会，2013）。

目前我们的分类边界仍然不够清晰，导致临床工作者有时难以做出诊断决策。其结果是，个体常常同时获得不止一种心理障碍诊断，这种情况叫作**共病**（comorbidity）。如果我们面对的是一组障碍的话，我们如何能够对其中某一种障碍的进程、治疗反应或相关问题的概率做出确定的结论呢（Brown & Barlow, 2009；Helzer et al., 2008）？要解决这些棘手的问题仍然需要长期而缓慢的科学进步。

对于 DSM-5 和即将出版的 ICD-11 的批评主要围绕在另外两个方面。首先，这些系统极为强调信度，有时甚至牺牲了效度。这是可以理解的。因为除非你愿意牺牲一定的效度，否则信度很难达标。如果确立抑郁的唯一标准是你听到病人在访谈的某一个时刻表示"我感到抑郁"，那么在理论上诊断就能够达到完美的信度。但是这一良好的信度是在牺牲效度的情况下达成的，因为许多患有其他心理障碍或没有患任何心理障碍的人在某些时候都会说自己感到抑郁。因此，临床工作者可以同意这一陈述，但这一点没什么用处（Carson, 1991；Meehl, 1989）。其次，就像 Carson（1996）指出的那样，用来建构心理障碍疾病分类学的方法存在一种倾向，那就是会将那些经过了几十年传递到我们手上的这些定义固定下来，即便它们在本质上可能是有缺陷的。Carson（1991）有力地指出，更好的方法是每隔一段时间就重新来过——基于不断涌现的新知识创造出一个新体系，而不只是去对那些旧的定义进行微调。但这种情况不太可能发生，因为所需的精力和财力过于巨大。而且人们怀疑，是否有必要舍弃之前版本所积累下来的智慧呢？

除了心理病理学分类过程所具有的复杂性实在让人生畏之外，这些系统也会出现误用的问题。有些误用可能是危险且有害的。诊断分类只不过是一种对观察进行组织的便利形式，其目的在于帮助专业人员进行沟通、研究和做出计划。但是如果我们将一个分类实体化，把它实际上变成了一样"东西"，认为它具有实际上并不存在的某种意义，那会怎么样呢？因为新出现的知识时不时就可能会改变分类，因此没有事情是铁板钉钉的。如果一个案例落在不同诊断分类的模糊边界上，我们就不应该花费过多精力一定要将它塞进某一个分类中去。所有的事物都应该有其清晰的位置本身就是一种错误的假设。

警惕：关于贴标签和病耻感

当我们对人们进行分类时，一个必然会出现的相关问题就是**贴标签**（labeling）。《芝麻街》中的青蛙科米特说："长得一身绿色，活着真不容易。"人类本性中有些东西让我们使用某个标签（甚至是像肤色这样肤浅的东西）去描述整个人（"他是绿色的……他和我不一样"）。在心理障碍中我们会看到同样的现象（"他是个疯子"）。此外，如果某个障碍是和认知功能或行为功能损害有关的，这个标签本身就会具有贬义，而且会导致病耻感。所谓的病耻感是消极、刻板的信念、偏见和态度的总和。它会导致被贬低的群体生活机会变少，而患有心理障碍的个体就属于这类群体（Hinshaw & Stier，2008）。

多年来，我们花费了大量努力对智力残疾进行分类。绝大多数的分类是基于损害的严重程度，或是个体可以获得的最高发展能力水平。但是我们不得不每隔一段时间就改变对这些认知损害的分类所使用的标签，因为和它们有关的病耻感总会不断累积。早年有一个分类系统按严重程度将智力残疾分为痴愚者、低能者和白痴。当我们最初引入这些术语时，它们是中性的，只不过是在描述一个人的认知和发展功能损害的严重程度而已。但是当人们开始在日常语言中使用它们的时候，它们就逐渐成为了贬义词，并且被用来羞辱他人。由于这些术语渐渐成为了贬义词，我们就不能继续将它们作为分类来使用，并提出一组不那么具有贬低意味的、新的分类标签。最近一次更新是根据这些个体所需要的支持水平对智力残疾进行功能上的分类。换句话来说，一个人智力残疾的程度取决于其所需要的支持有多少（例如，间歇性、有限的、密集的、大量的）而非其 IQ 分数（Lubinski，2004；Luckasson et al.，1992）。在 DSM-5 中，"智力迟滞"这个词已经被弃用，取而代之的是更为准确的"智力残疾"，这和其他分类中所新近出现的改变是一致的（美国精神病学会，2013）（见第 14 章）。

总之，一旦被贴上了标签，患有某种障碍的个体就会被认为具有这一标签所携带的消极含义（Hinshaw & Stier，2008）。这会影响他们的自尊，尽管 Ruscio（2004）指出，如果诊断是以一种富有同情心的方式传达给病人的话，并不一定会导致和贴标签有关的消极意义。尽管如此，如果你想想自己对于心理疾病的反应，你或许就会意识到这种根据标签做出不恰当的推论的倾向。事实上，Hinshaw 和 Stier（2008）注意到，出于各种原因，对于患有心理障碍的个体的歧视实际上在增加而非减少。我们必须记住，心理病理学中的术语所描述的并不是个人，而是在某些情境下可能出现或者可能不出现的行为模式。因此，无论障碍是躯体障碍还是心理障碍，我们必须抵制将某个人和这种障碍等同起来的诱惑。请注意"约翰是个精神病"和"约翰是一个患有精神病的人"这两句话之间所隐含的不同意义。

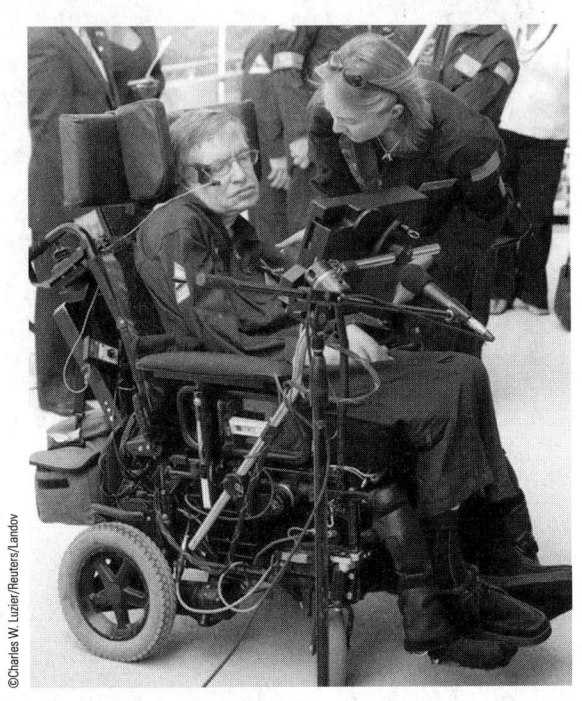

我们会给这个男人贴标签吗？史蒂芬·霍金是世界顶尖的物理学家之一。他因为肌萎缩性脊髓侧索硬化症（一种罕见的退行性脊柱疾病）而患有严重的残疾。因为他没有办法使用他的喉部，也没有办法移动他的嘴唇，霍金会将自己的话键入一个电子语音模拟器中来作为"代言"。他用拇指的指纹为他的自传签名。"我是一个幸运的人，"他说，"没有什么可让我愤怒的。"

创建一个诊断

DSM-Ⅳ 和 DSM-5 的出版背后有数以千计的人们殚精竭力。在修订过程中，人们也考虑过若干潜在的新诊断分类。因为我们中的一位是 DSM-Ⅳ 工作组（即监督 DSM 的编制且具有最终决策权的团队）的成员兼 DSM-5 的顾问，我们可以提供一些简短的例子来说明诊断分类是如何创建出来的。在一个例子中，一个潜在的新诊断最终没被纳入 DSM-5 中；而在第二个例子中，一个新的诊断确立了。

混合型焦虑抑郁

家庭医生办公室、诊所、医院等地方被叫作初级医疗机构，因为它们是一个遇到健康问题的人首先要去的地方。前往这些初级医疗机构的人常常抱怨那些最终被证明没有生理基础的轻微疼痛和不适，他们也会抱怨感觉紧张、情绪低落和焦虑。那些检查这些个体的医疗专业人员报告说，这些人同时具有的焦虑和抑郁症状是很典型的，但是其频率或严重程度没有达到满足焦虑障碍或心境障碍诊断标准的程度。

DSM-Ⅳ工作组出于几个理由对这样的议题十分关注。首先，因为许多人都会呈现出某个特定障碍的一些轻微症状，所以设立足够高的阈限从而让那些显然遭受一定功能损害的人可以满足分类的标准就很重要了。产生这一担忧的主要原因是，美国有相当多的法律和政策方面的后果是和某个诊断联系在一起的。也就是说，表现出一个显然符合诊断的心理障碍的个体会成为一个具有松散组织结构的医学法律系统的一部分，而且有资格要求（或提出诉讼）政府或私立的保险公司支付经济补偿或残疾金。这笔钱实际上是来自纳税人的，而高额的医疗费用已经让他们不堪重负了。显然，如果诊断系统包括了那些只有轻微症状的人（他们的功能并没有太多的损害，只是时不时地感到"情绪低落"而已）或是那些不喜欢自己的工作并且想要有残疾的名头的人（在心理健康诊所中这实在是太常见了），那么美国的医疗系统就会变得更捉襟见肘，而且治疗功能严重受损个体的资源也会变得更少。但是如果这些人体验到相当严重的痛苦和功能上的损害，那么他们就应该被纳入医疗卫生系统之中。因此，工作组不认为轻微的焦虑和抑郁的主诉严重到足以构成一个正式的诊断。

1989年，Klerman和Weissman报告了Wells等人（1989）所做的一个大规模研究的结果。他们发现，与健康对照组和有慢性医学问题的人相比，声称自己有焦虑和轻微抑郁的病人在好几个领域都表现出了功能受损的情况。这些人的功能受损情况比许多患有心脏疾病或肺部疾病等慢性疾病的人更糟糕。还有证据表明，这些人已经对于医疗系统造成了严重的负担，因为他们大量出现在社区诊所和家庭医生的办公室里。因此，我们认为，将这些人鉴别出来并且进一步探索这一问题的病因、进程和维持因素或许是有价值的。ICD-10的编著者们认识到，这一现象在全世界普遍存在，因此已经创造出了一个混合型焦虑抑郁的分类。但是他们并没有界定这个分类，也没有创建任何诊断标准以便进一步考察这一潜在障碍。因此，为了探索创建一个新诊断分类的可能性（Zinbarg & Barlow，1996；Zinbarg et al.，1994，1998），研究者开展了一项有3个具体目标的研究。第一，如果心理健康领域的专业人员能够仔细地实施半结构式访谈（ADIS-Ⅳ）的话，是否能够发现符合这一新诊断的病人？还是说，经过细致的考察会发现他们符合既有障碍的标准，只是那些没有受过心理障碍诊断训练的医疗专业人员忽略了这些标准？第二，如果混合型焦虑抑郁的确存在，相比心理健康专门机构中的门诊病人群体，这一问题是否在初级医疗机构中更为常见？第三，哪一组标准（例如，症状的类型和数量）可以最好地鉴别出这一障碍？

为了回答这些问题，研究在全球7个地方同时展开。（Zinbarg et al.，1994，1998）。结果显示，那些呈现出一些焦虑和抑郁症状但并不符合某个已有的焦虑障碍或心境障碍分类（因为他们并没有表现出正确的症状组合或者足够严重的焦虑抑郁症状）的人较常出现在初级医疗机构。他们在自己的职业和社会功能方面表现出了相当严重的损害，而且体验到相当大的困扰。进一步的分析揭示，若使用非常细致的评估手段，基于他们的症状，这些人是可以和患有既有的焦虑障碍或心境障碍的病人区分开来的。因为这些人同时表现出了焦虑和抑郁，所以潜在的新分类是具有内容效度的。

这一研究也确立了在决定这个有关混合型焦虑抑郁的新分类的结构效度时十分重要的一些标准。不过，因为这个分类太新了，所以在确立结构效度时所需要的其他重要标准方面（例如病程，对治疗的反应，以及在何种程度上这个障碍会在家庭中聚集），我们并没有什么信息；而且我们无法证实这个诊断的信度和任何预测效度。因此，DSM-Ⅳ工作组的决定是，将这一混合型焦虑抑郁的诊断放在附录中。附录就是为那些处于研究当中的新诊断所保留的位置。随着未来出现更多研究，这些诊断可能成为一个完整的诊断分类（First et al.，2002）。DSM-Ⅳ发表之后，有几个研究重新考察了这一议题，以决定混合型焦虑抑郁是否应该被纳入DSM-5（Weisberg，Maki，Culpepper，&Keller，2005）。最终的结论是，尽管人们的确会表现出这些症状，但这种情况在当前或之前没有患焦虑或心境障碍的人群中相对罕见。混合型的焦虑抑郁症状并不会持续太长时间，而且很难以一种可靠的方式来鉴别出这种状况。这些新发现让工作组不再考虑让混合型焦虑抑郁在DSM-5中作为一个新诊断出现。实际上，它甚至没有被放入第三部分（那里可以找到需要进一步研究的障碍），而且在未来的DSM版本中也不太可能再考虑它。

经前躁郁障碍

<u>经前躁郁障碍</u>（premenstrual dysphoric disorder）引发的是在创建每个诊断分类时的另一项考虑：误差和病耻感。对于这一极富争议性的分类的评估早在1987年出版DSM-Ⅲ-R之前就开始了。临床工作者发现，有一小部分女性会表现出和自己月经周期中的后黄体期有关的严重情绪反应，有时这些情绪反应甚至会让她们丧失行为能力（Rivera-Tovar, Pilkonis, & Frank, 1992）。因此，有人提议考虑将这一障碍纳入到DSM-Ⅲ-R之中。其支持者称，考虑到和这种状况相关的痛苦和功能损害程度，这些女性理应获得关注、关爱和经济支持，而将其纳入一个诊断分类就可以提供这一切。同时，就像混合型焦虑抑郁一样，创建这一分类可以推动研究这一障碍的性质和治疗的项目大幅增加。

尽管如此，反对建立这一分类的声音也不少。反对者注意到，无论是在临床文献还是在研究文献中有关这一问题的既存科学信息都很少。已有的信息不足以支撑一个新的诊断。更重要的是，有相当多的反对意见认为，所有女性或大多数女性都会经历这个正常的内分泌阶段，而她们可能会因为该问题成为一种精神障碍而遭到歧视。并且有人注意到，这和"歇斯底里"的分类有类似之处。在第1章中我们已经提过，歇斯底里曾经是一个被广泛接受的分类。（请回忆一下，这一所谓的障碍只在女性身上出现。其特征是让女性丧失行为能力的各种类型的躯体主诉，但这些主诉并没有任何医学基础；它曾被认为是由于子宫在体内漂移引起的。）有人质疑，这一障碍是否更适合被描述为一种内分泌或妇科问题，而非一种心理障碍？因为经前躁郁障碍只在女性中发生，那么是否也应该纳入一种与之相当的男性障碍——例如，和过高的雄性激素分泌有关的攻击性障碍？

DSM-Ⅲ-R工作组决定将这一障碍置于附录中，希望能借此推动进一步的研究。工作组也期待这一综合征能和经前综合征区分开来（后者的经前症状不那么严重也不那么具体）。于是，DSM-Ⅲ-R将这一问题命名为后黄体期恶劣心境障碍（LLPDD）。

DSM-Ⅲ-R出版之后，LLDPP在研究领域吸引了大量的关注。到了1991年，几乎每个月都有一篇关于LLPDD的文章发表（Gold et al., 1996）。众多发现逐渐积累起来，并且支持将LLPDD纳入DSM-Ⅳ的障碍分类之中。例如，尽管20%～40%的女性中会出现相当模糊和不那么严重的经前综合征症状（Severino & Moline, 1989），但她们当中仅有很少一部分（大约4.6%的女性）会遭受和LLPDD有关的更为严重、导致更多行动力丧失的症状（Rivera-Tovar & Frank, 1990）。而且，有相当一部分没有任何心理障碍的女性符合LLPDD的标准。其他支持将这一障碍纳入DSM-Ⅳ中的发现包括：临床上显著的经前恶劣心境和几项生物系统异常有关（Gold et al., 1996）以及有几种类型的治疗对LLPDD有一定效果（例如Stone, Pearlstein, & Brown, 1991）。Hurt等人重新分析了670名女性的数据之后，提出了这一障碍的一组标准。他们所建议的标准和在DSM-Ⅲ-R中所提出的标准基本相同（Hurt et al., 1992）。

尽管如此，反对将这一障碍纳入诊断系统的观点仍然存在。其中大多数与病耻感有关。反对者警告说，若承认这一障碍就可能会证实文化中的一些信念，即认为月经和其所导致的失能使得女性不适合承担重要的工作职责。（在几个争夺抚养权的案件中，不那么严重的经前综合征曾经被用来作为母亲不如父亲的证据；参见Gold et al., 1996）。反对者还指出，该问题中几项和愤怒有关的症状如果出现在男性身上，并不会被认为是不恰当的。

然而，有意思的是，许多患有这一障碍的女性对于这个标签表现得相当安然自若。与之形成鲜明对比的是，有些患有其他心理障碍（例如抑郁）的女性则拒绝接受自己患有某种"精神问题"的假设，而是坚持认为自己的问题其实是经前综合征（Rapkin, Chang, & Reading, 1989）。1994年年初，DSM-Ⅳ行动组决定仍然将这一障碍保留在有待进一步研究的附录当中。除了反对议题之外，委员会尤其想要看到更多根据新标准获得的发病率数据，以及这一问题和目前患有的心境障碍之间关系的更详细的数据。有几项研究发现显示，后黄体期恶劣心境障碍这个名称不够准确，因为其症状并不只和后黄体期的内分泌状态有关。因此，委员会决定将其名称改为经前躁郁障碍。

自 1994 年以来，有关经前躁郁障碍的性质和治疗的研究持续开展，研究速度不断加快。有数以千计的文章已经发表（Epperson et al., 2012; O'Brien et al., 2011; Hartlage, Freels, Gotman, & Yonkers, 2012; Gold, 1999; Grady-Weliky, 2003; Pearlstein, 2010; Pearlstein, Yonkers, Fyyad, & Gillespie, 2005）。世界各地开展的流行病学研究都支持，2%～5% 的女性中存在导致失能的经前症状，14%～18% 的女性会体验到中等严重程度的症状（Epperson et al., 2012; O'Brien et al., 2011; Cunninghum, Yonkers, O'Brien, & Eriksson, 2009; Gold, 1997; Ko, Lee, Chang & Huang, 1996; Pearlstein & Steiner, 2008）。美国妇产科医师协会也就此问题出版了系统的临床实践指南，推荐了具体的治疗方案（美国妇产科医师协会, 2002），有关有效治疗的新信息也在不断涌现（Epperson et al., 2012; Freeman, Rickels, Sammel, Lin, & Sondheimer, 2009）。在此期间研究者也遭遇了困难，其中之一就是如何将经前躁郁障碍和在经前会恶化的其他障碍区分开来，例如暴食障碍或心境障碍（Pearlstein 等, 2005）。对此，Hartlage 等人（2012）提出应仔细考虑症状的性质和出现的时间，比如说，的症状在月经来潮后应该消失或变得极为轻微。同样，经前躁郁障碍中至少有部分症状不同于心境障碍的症状，例如某些生理症状或焦虑。但目前所积累的证据提示，经前躁郁障碍最好还是被认为是一种心境障碍，而不是一种内分泌的障碍，并且也应该继续认为它是一种心理障碍（Cunningham et al., 2009; Gold, 1999）。目前，支持经前躁郁障碍的证据已经足以让其成为 DSM-5 心境障碍章节中一个独立的心理障碍（见第 7 章）。

超越 DSM-5：维度和谱系

随着科学的进展，改变现存的诊断标准和创建新的诊断标准的过程将会继续下去。在影响人类行为的大脑回路、认知过程和文化因素等方面的新发现可能会更加迅速地更新诊断标准。

正如我们之前提过的，虽然加入了一些新的障碍，并且将一些障碍从某一部分调整到了另一部分，但整体而言 DSM-5 与 DSM-Ⅳ 之间的变化并不大。然而，大多数参与这一修订过程的专业人员都认为，完全依赖彼此独立的诊断分类将无法获得一个足够客观且令人满意的疾病分类学系统（Krueger, Watson, & Barlow, 2005; Frances & Widiger, 2012）。不仅存在前面提到的有关共病和诊断分类之间边界不清的问题，而且鲜有证据能证实这些诊断分类的效度，例如能够发现每一个分类背后都有其特定的病因（Regier et al., 2009）。事实上，没有一项生物学指标（例如某个实验室的测验）能够将我们已经发现的一种障碍和另一种障碍清晰地区分开来（Frances, 2009; Widiger & Crego, 2013; Widiger & Samuel, 2005）。另一点很明确的是，目前的分类缺乏治疗特异性。也就是说，诸如认知行为治疗或抗抑郁药物这些特定种类的治疗对于很大一部分诊断分类都是有效的，尽管这些分类理应没有那么多相似之处。因此，尽管我们已经取得了一些进展，但是也有许多人已经开始认为：目前的诊断系统局限性相当大；若继续根据这些诊断分类进行研究，那么我们可能永远也无法成功地发现它们背后的因素，也无法帮助我们发展出新的治疗。

或许是时候采取一种新的方法了。大多数人同意新方法应包含维度策略，其力度将远远大于目前 DSM-5 中所使用的程度（Krueger et al., 2005; Widiger & Cregor, 2013）。谱系（spectrum）这一术语则以另一种方式描述共有某些基本的生物学或心理学特征或维度的障碍群体。例如，在第 14 章中你将会了解到 DSM-5 中所取得的重要进展，那就是将阿斯伯格综合征（一种轻度的自闭症）和自闭症障碍整合在一起，从而组成一个新的分类"自闭症谱系障碍"。不过，目前很清楚的一点是，研究还没有进展到足以让我们全面转向维度法或谱系法，因此大部分 DSM-5 中的分类和 DSM-Ⅳ 中的分类十分近似，但有一些语言上的更新，其精确程度和准确性也有所提升。在创建 DSM-5 的过程中，因为受到了研究和概念革新上所取得的进展的启发，目前我们正在发展在概念上更为深入且一致程度更高的维度法。或许在十到二十年内，它们将在 DSM 第六版中闪亮登场。

举例来说,在人格障碍领域,大多数研究者在同时研究人格障碍患者样本和社区样本后已经得出了这样的结论:人格障碍患者和社区样本中功能正常的个体所具有的人格特点并无本质区别(Livesley, Jang, Vernon, 1998; Trull, Carpenter, & Widiger, 2013)。人格障碍只是代表了普通的人格特质所具有的非适应性的或极端的变式(Widiger & Edmundson, 2011; Widiger, Livesley & Clark, 2009)。甚至人格的基因结构与各种独立的人格障碍分类也不一致。也就是说,定义更为宽泛的先天人格倾向(例如羞怯、抑制或外向),相比目前所界定的人格障碍,具有更强的基因影响(即基因载荷更高)(First et al., 2002; Livesley & Jang, 2008; Livesley et al., 1998; Rutter, Moffitt, & Caspi, 2006; Widiger et al., 2009)。就焦虑和心境障碍而言,Brown 和 Barlow (2009) 基于之前的研究已经提出了一个新的维度分类系统(Brown, Chorpita, & Brown, 1998)。这个系统所呈现的焦虑和抑郁之间的共同点要比之前设想的更多,甚至最好将它们视为同一个负性情感连续体或同一个情绪障碍谱系中的不同点(见 Barlow, 2002; Brown & Barlow, 2005, 2009; Clark, 2005; Mineka, Watson, & Clark, 1998; Watson, 2005)。即便对于那些基因影响似乎更强的严重障碍(例如精神分裂症)而言,维度策略或谱系法似乎也会成为更好的分类法(Charney et al., 2002; Harvey & Bowie, 2013; Lenzenweger & Dworkin, 1996; Toomey, Faraone, Simpson, & Tsuang, 1998; Widiger & Edmundson, 2011)。

与此同时,来自和大脑结构及功能有关的神经科学领域的新进展令人兴奋,它们也会为心理障碍的本质提供极为重要的信息。这些知识可以和更多心理、社会和文化方面的信息整合成为一个诊断系统。但即便是神经科学家也已经放弃了这样的观念,即他们可以发现某组基因或某条大脑回路和 DSM-5 诊断分类存在特异性的关联(就像第 2 章中提到的那样)。与此相反,目前的假设是,我们将会发现和具体的认知、情绪、行为模式或特质(比如,行为抑制)有关的神经生物学过程,而这些模式或特质并不一定和目前的诊断分类之间有密切的对应关系。

带着这一观点,我们可以将注意力转向目前我们对各类主要的心理障碍所积累的知识。但是首先,在下一章,让我们来回顾一下研究方法和策略这一极为重要的领域,我们就是用它们来获取心理病理学知识的。

小测验 3.2

请判断下列和心理障碍诊断有关的陈述是对(T)还是错(F)。

1. _____ 经典分类法假设每个障碍背后仅有一组病因因素,在障碍之间不存在任何重叠的病因因素,而原型法不仅会使用本质上能够界定障碍的特征,而且会使用一系列其他的特征。

2. _____ 一如之前的版本,DSM-5 保留了在器质性障碍和心因性障碍之间的区别。

3. _____ DSM-5 解决了共病的问题,即在同一人身上同时诊断出两种或两种以上的障碍。此前这一问题是因为分类不准确造成的。

4. _____ 如果两个或两个以上的临床工作者就一名病人的诊断达成了一致,那么这项评估就可以被认为是有效度的。

5. _____ 在心理学分类中存在的一个危险是,某个诊断标签可能会被用来代表一个人所有的个人特征。

本章小结

心理障碍的评估

- 临床评估是对于一个有可能患有心理障碍的个体身上所具有的心理、生理和社会因素所做的系统评估和测量;诊断是决定这些因素是否符合某种具体心理障碍的所有标准的过程。

- 信度、效度和标准化是确定一种心理评估是否有价值的重要成分。

- 为了评估心理障碍所具有的不同方面,临床工作者可以先对病人进行访谈和实施一次非正式的精神状态检查。对于行为所做的更为系统化的观察叫作行为评估。
- 在评估中可以使用各类心理测验，包括：投射测验，即病人通过对模糊的刺激进行反应将其无意识思维投射出来；人格问卷，即病人完成一个旨在评估个人特质的自陈式问卷；智力测验，负责提供一个智力商数（IQ）的分数。
- 心理障碍中的生物性方面可以通过神经心理测验来评估。这类测验旨在鉴别出可能存在脑功能失调的区域。脑成像技术可以更为直接地鉴别出脑结构和功能。而心理生理评估指的是神经系统中那些可被测量的改变，这些改变或许反映出和某种心理障碍有关的情绪或心理事件。

心理障碍的诊断

- 分类这个术语指的是任何尝试建立组别或类目，并将事物或人基于其共同特质或关系而分配到这些类目中的努力。分类的方法包括经典分类法，维度法以及原型法。我们目前的分类系统 DSM-5 是建立在原型法基础上的，即定义了某些本质性的特征，而某些"非本质"的变化也并不一定会改变分类。DSM-5 的分类是建立在实证发现的基础上的，这些发现旨在鉴别出每个诊断的标准。尽管这个系统就其科学基础而言是目前为止最好的系统，但它远不是完美的。有关心理障碍最优分类方式的研究仍然会继续下去。

小测验答案

3.1
1. B 2. A 3. E 4. C 5. D
6. R, V   7. NR, NV   8. R, V   9. NR, NV

3.2
1. T   2. F   3. F（共病问题仍然存在）
4. F（是有信度的）   5. T

研究方法

检查异常行为
    重要概念
    研究的基本要素
    统计显著性与临床显著性
    "平均"来访者
研究方法的类型
    个案研究
    相关研究
    实验研究
    单个案例实验设计
基因以及跨时间和跨文化的行为
    研究基因
    研究跨时间的行为
    研究跨文化的行为
    研究项目的效力
    可重复性
    研究伦理

第 4 章

学习目标

- 解释、设计和实施基本心理学研究
  - 能够描述心理学家所使用的研究方法，包括他们各自的优势和不足（APA SLO 1.4a）。
  - 能够定义心理学研究的关键特征性概念（例如，假设、操作性定义），并对这些关键概念和目的进行解释（APA SLO 1.4c）。
- 在科学调查中融入社会文化因素
  - 能够识别对心理学研究产生影响的因素，如社会文化、理论和个人偏见对于研究和评估所研究问题有效性的系统性影响（APA SLO 1.5a）。
- 能够在心理学科研与实践中应用伦理规范
  - 能够对反映APA伦理准则的相关伦理问题进行讨论（APA SLO 2.1c）。

* 本章内容涵盖美国心理学会（APA，2012）建议的学习目标，旨在为心理学专业本科生提供指导。目标及建议学习成果（SLO）由APA定义。

检查异常行为

行为科学家采用科学的方法探索人类行为，就像研究火山活动或研究使用手机对脑细胞影响的科学家一样。如前所述，异常行为是一个极具挑战性的主题，因为生物和心理维度存在交互作用。对于诸如"为何有些人会出现幻觉"或是"如何治疗想要自杀的人"这类问题，很少有简单的答案。

除了人性显而易见的复杂性之外，另一个因素也加剧了对异常行为进行客观研究的难度，那就是这一现象的很多重要方面都难以接近——我们无法直接走进人的内心。幸运的是，一些富于创造性的研究者接受了这一挑战，发展出很多巧妙的方法来科学地进行研究，探索哪些行为构成了问题，人为何会罹患行为障碍，还有如何治疗这些问题等。本书的读者当中，也将会有一些人应用本章中所描述的研究方法，最终为这一重要领域做出贡献。关于异常行为的很多关键问题仍然需要得到解答，而我们希望学生读者中有人能产生灵感，回答这些问题。除此之外，理解研究方法对于每个人来说也都非常重要。你或你生活中某个关系密切的人可能需要心理学家、精神科医生或心理健康工作者的服务。你可能会提出如下问题：

- 童年期的攻击行为是否应该受到重视，抑或这只是随着我的孩子长大就会度过的一个阶段？
- 一档电视节目刚刚报道说日照会减轻抑郁。我是否可以不去看治疗师，而是买张飞夏威夷的机票？
- 我在网上阅读到休克疗法有多恐怖。我是否应该建议我的邻居不要让她的女儿进行这种治疗？
- 我的兄弟已经看了3年心理治疗师，但没有任何好转。我是否应该让他去别处寻求帮助？
- 我的母亲只有五十多岁，但好像越来越爱忘事。朋友告诉我说，这属于正常的衰老情形。我该不该对此感到担心？

要回答这样的问题，你需要成为一个合格的研究"消费者"。当你理解获得信息的正确方法（也就是研究方法学）时，你就会了解你在处理的是实实在在而非虚构的东西。了解一时流行的概念与一套系统的研究问题方法之间的区别，就等同于面对一个困扰时要烦恼好几个月，还是能够迅速解决。

重要概念

本书开篇时已经言明，本书将检验关于异常行为的几个方面。第一，哪些问题引发了痛苦和功能受损？第二，为何有人以不同寻常的方式行事？第三，我们如何帮助他们习得更具适应性的方式？第一个问题关乎到人们所报告问题的性质；我们将探讨能帮助我们回答这一问题的研究策略。第二个问题关乎到异常行为的原因，或称病原学（etiology）；我们将探讨能发现障碍发生原因的策略。最后，因为我们想帮助患有障碍的人，所以我们将描述研究者如何评估治疗方法。进而，因为书中所讨论的是特定策略，所以我们还必须考虑几种通用的评价研究的方法。

研究的基本要素

基本的研究过程很简单。一开始，受过训练的你对你预期会发现的东西产生了一个猜想，称为**假设**（hypothesis）。当你决定如何检验这个假设时，你形成一个**研究设计**（research design），研究设计中包含你想要测量的研究对象的某些方面（**因变量**，dependent variable），以及对其行为产生影响的因素（**自变量**，independent variable）。最后，要明确研究的两种形式的有效性：内部有效性和外部有效性。**内部效度**（internal validity）是你在多大程度上确定因变量是由自变量的改变所引起的。**外部效度**（external validity）指的是研究结果与你研究之外的事情有多大程度的联系——换句话说，你的发现能够在多大程度上推广到被试以外的其他相似个体身上。尽管我们将讨论很多类型的研究策略，但它们都具有上述基本要素。表4.1列出了一个研究的必备要素。

表4.1 研究的基本要素

内容	描述
假设	一个受过训练的猜想或陈述，需要得到数据支持。
研究设计	检验假设的计划。受到要研究的问题、假设以及现实情况的影响。
因变量	研究中会测量的关于现象的某些方面，研究者期待它会被自变量改变，或受到自变量的影响。
自变量	被操纵或被认为会影响因变量的方面。
内部效度	研究结果在多大程度上对因变量产生贡献。
外部效度	研究结果在多大程度上能够推广或应用到当前研究以外。

假 设

人类寻找着秩序和目的。我们想要了解，世界为何像现在这样运转，人们为何这样或那样行事。

Robert Kegan（引自Lefrancois，1990）描述了人类作为一个"创造意义"的物种，如何持续不断地努力为我们周遭发生的事物寻找意义。事实上，社会心理学那些引人入胜的研究告诉我们，人可能还具有更高的为世界寻找意义的动机，特别是当人所经历的情境似乎对秩序感和意义感产生威胁时（Proulx & Heine，2009）。而对于那些不想了解别人为何那样行事的人，我们有时可能将其判断为一种心理病理障碍（例如，自闭症谱系障碍，参见第14章）。

常见的对意义和目的的搜索成为了异常行为领域的特征。根据定义可以看到，异常行为基本上违背了我们所渴望的规律性和可预测性。这种对正常的背离使得对异常行为的研究令人着迷。在尝试对这些现象给出意义的过程中，行为科学家首先构建假设，然后再进行检验。假设仅仅是一种受过教育和训练后对世界的猜测。你可能认为观看暴力电视节目会导致儿童具有更高的攻击性，你可能认为媒体展现的女性理想体型会对暴食障碍产生影响，你可能怀疑童年时遭受过虐待的孩子长大后更可能会虐待他们生活中的重要他人或孩子——这些想法都是可以被检验的假设。

科学家一旦决定研究什么，下一步就是把它用清晰且可检验的语言形式描述出来。设想一个研究要考察使用毒品安非他明（MDMA，参见第11章）对于长时记忆的影响（Wagner, Becker, Koester, Gouzoulis-Mayfrank, & Daumann, 2012）。来自德国科隆大学的研究者追踪了109名年轻的成年人长达一年，来考察这些使用了安非他明的人的记忆能力是否与那些没有使用该毒品的人一样。这些研究者首先提出如下研究问题："使用安非他明长达一年是否会导致认知成绩下降？"直到研究完成之前，研究者并不知道自己会发现什么，但用这种方式表述这一假设使其变得可以检验。举例来说，假使服用安非他明的人在认知任务上的表现与未使用毒品的人一样，那么研究者就会转而研究其他效果（例如，长期使用所产生的抑郁或焦虑等心理改变）。**可检验性**（testability，支持假设的能力）对于科学来说很重要，因为这一概念允许我们在上述情况下这样说：要么①经常使用安非他明削弱使用者的学习和记忆能力，或者②使用安非他明与认知表现之间没有关系。结果，研究者并没有发现使用安非他明与特定视觉导向学习任务上的不良表现之间存在强有力的联系，这一发现可能对理解药物性质和指导潜在使用者方面非常有用（Wangner et al., 2012）。

当研究者提出一个实验假设时，他们也就明确了因变量和自变量。因变量就是研究者期待会被研究改变或被影响的方面。研究异常行为的心理学家通常测量障碍的某一方面，例如外显行为、想法、感受或生物学症状。在 Wagner 及其同事的研究中，研究者使用不同类型的学习和记忆测量方法（例如数字广度测验、Stroop 测验、连线测验）来测量主要的因变量（认知表现）。自变量是研究者认为会影响因变量的那些因素。这个研究中的自变量是通过安非他明使用报告来测量的——也就是使用者确认在之前的一年中使用过至少 10 片安非他明。换句话说，研究者假设过去一年中是否使用过安非他明会影响后来的认知能力。

内部效度和外部效度

在安非他明对认知表现影响的研究中，研究者使用了一组神经心理学测验。如果他们发现在同意被追踪一年的被试（并不是所有人都同意这样做）中，那些使用安非他明的人的智商分数低于不使用的人，换句话说，使用安非他明的整个群体与同意追踪一年的群体之间存在一个系统差异（也就是智商分数不同），这可能会对数据产生影响，因此会限制研究者得出关于安非他明与认知能力关系的结论，从而可能改变其研究结果的意义。这种情形与内部效度有关，被称为**混淆变量**（confound variable），其定义是在研究中发生的任何造成结果不可解释的因素。因为除自变量（是否使用安非他明）之外，还存在其他可能会影响到因变量（认知能力分数）的变量（研究群体的属性）。

科学家使用很多策略来确保研究的内部效度，我们在此处讨论其中三种：控制组、随机化和模拟模型。**控制组**（control group）也叫**对照组**，其被试在各方面都与实验组相似，只有一点除外，那就是实验组的成员会暴露在自变量条件之下，而控制组不会。因为研究者无法防止人们接触到生活中很多可能影响研究结果的事物，所以他们就努力将获得治疗的被试与那些没有获得治疗、但在其他方面经历相似的人（控制组）进行比较。控制组让研究者可以不用考虑对结果的其他解释，由此加强了内部效度。

将人们作为群体的一部分进行研究，有时会产生个体差异。

随机化（randomization）是指通过某种方法将被试安排进入不同的研究小组，这种方法使每个人进入任何一个小组的机会都均等。举例来说，研究者可以随机地将被试安置入组，但最终一组中的特定人数可能仍多于另一组（例如，一组中的重症抑郁症患者比其他组更多）。通过扔硬币或使用随机数表来分组的方法可以消除分组过程中的任何系统性偏差，从而提升内部效度，但这种方法并不会必然消除研究中的偏差。读者将在下文中看到，被试有时会"自己把自己分入某组"，而这种自我选择可能会影响实验结果。如果一位治疗抑郁症的研究者为患者提供选项，患者可以进入治疗组，在 2 个月内每周到门诊治疗两次，也可以进入控制组在候诊表上等待，则意味着要过一阵子再进行治疗。那些最严重的抑郁症患者可能恰恰没有动机参加频繁的治疗，所以选择进入等待组。那么，如果几个月后治疗组的成员抑郁程度减轻，既可能是因为治疗获益，也可能是因为这一组从一开始抑郁程度就较轻。随机入组则会避免出现上述问题。

模拟模型（analogue models）创造了一种可以在实验室的控制条件下对研究现象进行的比较（模拟）（回想一下我们在第 3 章中介绍过的在评估中使用模拟）。贪食症研究者可能会让志愿者在实验室中大吃大喝，并在进食之前、之中和之后都询问他们这种吃东西的方式让他们的焦虑、内疚等情绪变多了还是变少了。如果研究纳入各种年龄、性别、种族或背景的志愿者，就可以不考虑研究对象的饮食态度可能产生的影响，而这种影响在小组中只有贪食症患者时是无法消除的。在上述方法中，如此"人为的"研究有助于增加内部效度。

在一项研究中，内部效度和外部效度似乎常常是相反的。一方面，我们希望能够尽可能控制很多事情，以便推论出自变量（研究中我们操纵的方面）能够说明因变量的改变（研究中我们希望改变的方面）。另一方面，我们希望研究结果不仅仅适用于研究参与者，还能适用于其他环境下的人，这就是**普适性**（generalizability），即研究结果在多大程度上能应用到一种特定障碍的每一位患者身上。如果我们控制了研究的所有方面，以至于只有自变量变化了，结果就与真实世界没有任何关联了。例如，如果你通过只研究男性而减少了性别的影响，通过只选择25～30岁的人来减少年龄的影响，最后你还限制所有参与者都得有大学学历，以便防止教育程度成为影响因素——那么，你的研究（在本例中，25～30岁的男性大学毕业生）结果可能与其他很多人群都没有关系。内部效度和外部效度就是通过上述方式经常呈现出反向的关联。研究者不断努力想要平衡这两个问题，而你将在本章稍后部分看到，满足内部效度和外部效度的最好解决方法可能是进行几个相关的研究。

统计显著性与临床显著性

统计方法的引入是心理学完成从前科学向科学原则进化的原因之一。统计学家收集、分析和解释从研究中得到的数据。在心理学研究中，统计显著性通常意味着碰巧获得这种观察结果的概率很小。比如说，设想一个研究要评估当一种药物（纳曲酮）被加入心理干预时，是否能帮助那些酒精成瘾者更长时间戒酒（Anton et al., 2006）。这一研究发现，联合使用药物和心理治疗会帮助成瘾者平均戒断77天，而获得安慰剂治疗的成瘾者平均戒断75天。这个差异在统计上是显著的。但是它真是一个重要差异吗？困难在于，在**统计显著性**（statistical significance，一种对组间差异的数学估算）和**临床显著性**（clinical significance，这种差异是否对病患有意义）之间存在分歧（Thirthalli & Raikumar, 2009）。

对结果的更进一步检验导致对效果大小的关心。因为这一研究调查了一大群酒精依赖的人（1383名志愿者），以至于这一很小的差异（75对77天）在统计上都呈现出差异。然而，较少人会认为为了多戒断仅仅两天值得吃药并参加大量治疗——换句话说，这一差异可能没有临床意义。

幸运的是，对结果的临床意义的关心导致研究者发展出一种统计方法，不仅能处理组间差异，还能检验这些差异有多大，差异的大小称为**效应量**（effect size）。估算真实的统计度量包含相当复杂的程序，以考量研究中每一个接受治疗和没有接受治疗的人是改善了还是变得更糟了（Durand & Wang, 2011; Fritz, Morris, & Richler, 2012）。换言之，这种方法不仅将全组看作一个整体来观察结果，还考虑到了个体差异。一些研究者使用更为主观的方法来确定治疗是否产生了真实而重要的改变。已故的行为科学家Montrose Wolf（1978）提倡他称之为社会效度（social validity）的评估。这种技术包括获得接受治疗者及其重要家人对改变的重要性进行评估的信息。在上面这个例子中，我们可能询问研究对象及其家庭成员，他们是否觉得治疗导致了对饮酒行为的真正改变。如果治疗的效果足够大到使得直接卷入的人印象深刻，那么治疗的效应就具有临床意义。测量效应量的统计技术以及评估对改变的主观判断将让我们对治疗结果有更好的评估。

"平均"来访者

经常发生的事情是，我们阅读研究结果并推论到某一群体中，而忽略了个体差异。Kiesler（1966）将这种将所有参与者视为一个同质性群体的倾向称为**病人一致性神话**（patient uniformity myth）。对不同小组的平均数进行比较（"A组比B组多改善了50%"）隐藏了个体对干预的反应差异。

病人一致性神话导致研究者对障碍及其治疗方法进行不准确的推论。让我们继续使用前文中的那个例子。如果研究酒精成瘾治疗的研究者得出结论，认为实验中的治疗方法是一种好方法，那会怎样呢？假设我们发现，尽管一些研究对象在治疗中获得改善，但另一些变得更糟糕了，又会怎样呢？这一差异在将小组视为一个整体进行分析时就可能存在，也就是说，对于在实验组的治疗中喝酒更多了的病人来说，"平均"病人的改善没带来任何不同。因为人们在年龄、认知能力、性别以及治疗历史等方面都有所不同，所以一个简单的组间比较可能会产生误导。处理各种类型障碍的实践工作者对于来访者的异质性有更深的理解，所以确定统计上显著的治疗对于某个既定个体来说是否有效会很有意义。在后文对多种障碍的讨论中，我们将会回到这一议题上。

> **小测验 4.1**
>
> 请用下列词语填空：假设、因变量、自变量、内部效度、外部效度、混淆变量。
> 1. 在治疗研究中，向研究对象引入的治疗方法被称为_____。
> 2. 在治疗研究完成后，你发现控制组中的很多人在研究以外接受了治疗。这叫作_____。
> 3. 一位研究者猜测一个研究可能发现的内容被称为_____。
> 4. 治疗之后，治疗组抑郁量表中分数改善了。这些分数变化可能被称为_____的改变。
> 5. 一个相对没有混淆变量的研究将有很好的_____，但对于结果更好的可推广性被称为好的_____。

研究方法的类型

人类行为的研究者在研究行为的原因时有几种常用的形式。我们现在来看一看个案研究、相关研究、实验研究和单个案例实验研究。

个案研究

想一想如下情境：一位心理学家认为她发现了一种新的障碍。她观察到几个男人似乎存在相似的特征。他们几个都抱怨一种特殊的睡眠障碍：在工作期间睡着。每个男人都有明显的认知损害，在初始访谈中就显而易见。所有人在体型上也很相似，每个人都有明显的脱发，而且都是梨型身材。最后，他们的人格类型也都是极度自我中心的。基于这些预先的观察，这位心理学家提出了一个尝试性的名称，荷马·辛普森障碍（译者注：荷马·辛普森是美国动画片《辛普森一家》中的男主人公之一），而且她描述了对这一疾病的调查和可能的治疗方法。但什么才是开始探索一个相对未知的障碍的最好方法呢？一种方法是使用**案例研究方法**（case study method），彻底地调查一个或多个展示了这种行为和躯体模式的个体（Yin，2012）。

一种描述案例研究方法的方式是留意它<u>不是</u>什么。案例研究方法不使用科学的方法。研究者并不费劲来确保研究内部效度，而且通常会有很多混淆变量存在，干扰结论。取而代之的是，案例研究方法依赖于临床工作者对于有障碍的个人或群体、罹患其他障碍的人以及没有心理障碍的人之间差异的观察。临床工作者通常收集尽可能多的信息，来获得对一个人的详细描述。历史上，在研究情境下访谈一个人会产生大量关于其个人和家庭背景、教育、健康、工作经历的信息，还有个人对于被研究的问题的性质及原因的看法。

这样的个案研究在心理学的历史上十分重要。弗洛伊德基于对十几个个案的观察提出了精神分析理论及方法。弗洛伊德和约瑟夫·布洛伊尔（Josef Breuer）对安娜·O 的描述（参见第 1 章）促使他们提出了被称为自由联想的临床方法。性行为的研究者 Virginia Johnson 和 William Masters 基于他们对大量案例的研究工作，澄清了关于人类性行为的众多传闻（Masters & Johnson，1966）。Joseph Wolpe 的代表作《交互抑制的心理治疗》（*Psychotherapy by Reciprocal Inhibition*，1958）也是基于他对于 200 余个案例的系统脱敏治疗而写成的。不过，随着我们对心理障碍的知识增加，心理研究者对个案研究方法的依赖已经逐渐减少。

依赖于个案研究的一个困难是，有时偶发的事件与研究所关注的疾病之间并不存在联系。不幸的是，生活中的偶发事件常常导致人们得出错误结论，认为某种疾病是由某种原因引起的，或认为某种疗法有效。因为个案研究并没有对实验研究的控制，所以结果可能对于一个既定的个体是独特的，而研究者没有意识到这可能源自某些没有观察到的因素的特定混合。使我们努力理解异常行为的过程变得更复杂的是，媒体往往用耸人听闻的方式描绘案例。例如，2007 年 4 月 16 日，弗吉尼亚理工大学内的校园枪手一人夺取了 32 位师生的性命。在这场恐怖的大规模屠杀之后，人们立即对这个枪手进行了很多猜测，包括早期受过欺凌，是一个"独行者"，还有一些描述将他标记为"富二代"、"骗子"或"丧尽天良"（Kellner，2008）。人们努力挖掘可以用来解释其后来行为的童年经历。然而，我们对于从这类哗众取宠的肖像侧写中得出的任何结论都必须非常谨慎，因为，譬如说，很多人小时候都曾被欺负过，但他们长大后并没有枪杀一群与自己无干的人。

很不幸的是，认知心理学家指出，公众和研究者本人往往更容易受到戏剧性描述而不是科学证据的影响（Nisbett & Ross，1980）。因为我们有忽略这一事实的倾向，所以在本书中，我们将更强调研究发现。要促进我们对于异常行为的性质、原因及治疗的理解，我们必须抵制不成熟和不准确的结论。

相关研究

科学家所提出的基本问题之一就是，两个变量是否彼此存在关联。两个变量间在统计上的关联被称为**相关**（correlation）。例如，精神分裂症是否与脑室的大小有关？抑郁症患者是否更倾向于进行消极归因（对他们自己和他人的行为进行消极解释）？老年人是否更容易出现幻觉？这些答案依赖于一个变量（例如幻觉的数量）如何与另一个变量（例如年龄）相关联。与实验设计操纵或改变实验条件不同，相关研究被用于研究那些<u>自然发生</u>的现象。相关研究的结果——变量是否一同发生变化——对于为了解异常行为而进行的研究来说非常重要。

科学界有一句老生常谈——相关不等于因果。换句话说，两件同时发生的事情并不意味着必然是其中一件引起的另外一件。例如，家庭中夫妻关系的问题与儿童行为问题相关（e.g., Yoo & Huang, 2012）。如果你在这个领域进行一个相关研究，你会发现夫妻关系存在问题的家庭中，孩子确实倾向于出现问题行为；在夫妻关系问题较少的家庭中，儿童的问题行为也较少。最常见的结论是，夫妻关系问题导致儿童行为不良。倘若事情如此简单就好了！婚姻困扰与儿童行为问题二者之间的关系性质可以有很多种解释。可能是婚姻中的问题引发了儿童的不良行为。然而，有些证据显示，相反的方向也可能真实存在：儿童的不良行为可能导致夫妻关系问题（Rutter & Giller, 1984）。此外，还有证据显示基因的影响可能在导致障碍与婚姻困扰中都扮演着重要作用（D'Onofrio et al., 2006; Lynch et al., 2006）。所以，在基因上更倾向于争吵的父母将这种基因传递给了孩子，使他们也更倾向于行为不良。

这个例子指出了在解释相关研究结果时的问题。我们知道变量 A（夫妻关系问题）与变量 B（儿童行为问题）相关。但从这个研究中，我们不知道是 A 导致了 B（婚姻问题导致儿童问题），还是 B 导致了 A（儿童问题导致婚姻问题），或者有第三个变量 C 导致了两个问题（基因影响婚姻问题和儿童问题）。

婚姻困扰与儿童问题行为之间的联系呈现出**正相关**（positive correlation）。这意味着一个变量很强或数量很多（很多婚姻问题）时，与另一个变量增强或数值增高（更多儿童问题行为）有关。同时，一个变量（婚姻问题）的值或数量较低，则另一个变量（儿童问题行为）的值或数量也较低。如果你对理解这些统计概念有困难的话，你可以把数学关系与社会关系类比。两个相处得很好的人总是倾向于在一起："你去哪儿，我就去哪儿！"这样的相关或**相关系数**（correlation coefficient）就呈现为 +1.00。加号意味着它们之间是正相关，而 1.00 则意味着"完美"的关系，也就是这两个人从不分离。显然，就算是两个彼此喜欢的人也不可能永远形影不离。因此，两人的关系会在 0.00（0.00 意味着没关系）和 +1.00 之间游弋。数值越高，关系越强，无论这个数值是正的还是负的（例如，+0.80 的相关比 +0.75 的相关强）。例如，你可以期待两个陌生人的关系是 0.00，因为他们的行为没有任何关系；他们有时出现在同一地点，但是这非常罕见而且随机。而两个彼此认识但相互讨厌的人可能表现出负面信号，最强烈的负性关系是 -1.00，意味着"你去哪儿，我绝不去那儿！"

借用这一类比，我们再来理解家庭中的婚姻问题和儿童的行为问题之间的关系。二者存在很强的正相关，相关系数大约是 +0.50，即它们倾向于一起出现。从另一方面来说，其他变量彼此是陌生的。精神分裂症与身高不相关，所以它们并不一起出现，其相关系数大约是 0.00（如果 A 和 B 之间不存在相关，它们的相关系数就接近 0.00）。另一些因素之间存在负相关：一个升高时，另一个降低。（图 4.1 显示了正相关和负相关。）我们在第 2 章讨论社会支持和疾病时使用了一个**负相关**（negative correlation）的例子。个体的社会支持越多，生病的可能性就越小。社会支持与疾病之间负相关的值大约是 -0.40。下一次谁想跟你分手的话，你可以问一下对方的目

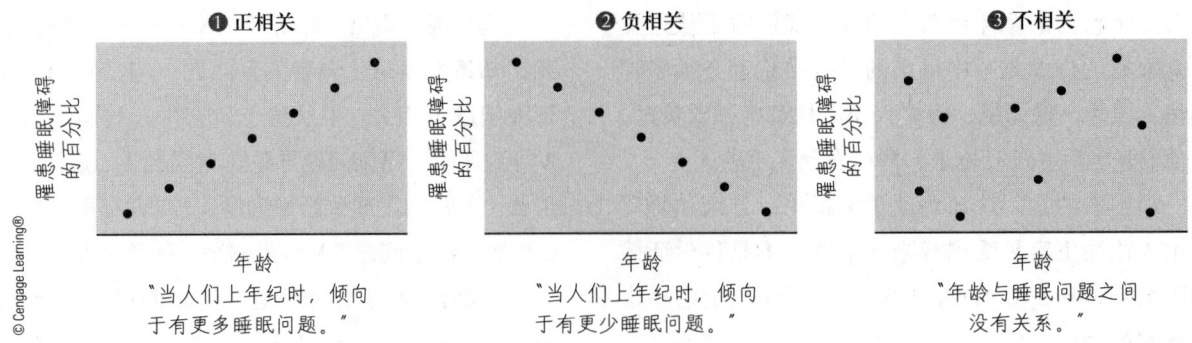

图 4.1 这三幅图代表了年龄和睡眠问题之间的三种相关假设

标是将你们的正向关系降到大约 +0.25（朋友），还是降至 0.00 那样的形同陌路，抑或是成为接近 -1.00 的仇人。

相关允许我们看到在两个变量之间是否存在关系，但并不能得出关于谁导致谁的任何结论。这就是**方向性**（directionality）的问题。在这个案例中，这意味着我们不知道是 A 引起了 B，还是 B 引起了 A，或是第三个变量 C 引起了 A 和 B。所以，即使两个变量间存在极强的相关（+0.90），也不能说明因果的方向。

流行病学研究

科学家常常自认为像侦探一样，能够通过研究线索搜寻真相。一种非常类似侦探工作的相关研究类型被称为**流行病学**（epidemiology），是关于某种特定问题或某组问题在某一群体或某些群体中的发病率、分布和后果的研究。流行病学家期待通过在很多人中追踪一种障碍来发现关于这种障碍为何会存在的重要线索。一种策略是确定<u>患病率</u>（prevalence），也就是在任一时段罹患某种障碍的人群数量。例如，酗酒（一次饮 5 杯或更多）在美国大学生中的患病率大约是 40%（Beets et al., 2009）。另一种相关的策略是确定某个障碍的<u>发病率</u>（incidence），也即在一段特定时期内出现的新案例的估计值。例如，大学生中酗酒发病率从 1980 年至今仅有轻微的下降（美国物质滥用与精神卫生管理局，2012），这一结果表明，尽管人们努力减少大量饮酒的行为，但它仍然是个问题。流行病学家在不同群体中研究某个障碍的发病率和患病率。例如，流行病学的研究显示，非裔美国人酒精滥用的患病率低于白人（美国物质滥用与精神卫生管理局，2012）。

尽管流行病学的基本目标是确定医学问题的发生范围，但它也对研究心理障碍有所帮助。在 20 世纪初，很多美国人表现出一些奇怪的心理障碍症状。这些症状与器质性精神障碍相似，而器质性精神障碍常常是因为使用了改变精神状态的药物或大量饮酒引起的。很多病人呈现出与紧张型（长时间僵住不动）或偏执型精神分裂症相似的症状。患者可能是非裔美国人或较为贫困，因此研究者推测他们有人种或社会阶层方面的劣势。然而，研究者 Joseph Goldberger 使用流行病学的研究方法发现，障碍与饮食之间存在相关。他进一步发现，障碍的原因是患者缺乏 B 类维生素烟酸。烟酸治疗和健康饮食成功地消除了这些症状。Goldberger 的这一发现导致 20 世纪 40 年代开始出现了富含维生素的面包，由此为美国带来了长期和普遍的益处（Colp, 2009）。

研究者还使用流行病学的方法来研究压力对心理障碍的效果。2001 年 9 月 11 日上午，约有 3000 人死于在曼哈顿世贸中心、五角大楼和宾夕法尼亚的三起恐怖袭击。DeLisi 及其同事（DeLisi et al., 2003）访谈了 1009 位遍布于曼哈顿各处的男性和女性，来评估他们对袭击的长期情绪反应，特别是那些接近遭到袭击的世贸中心的人。这些研究者发现，对创伤事件负性反应最强的个体是那些之前就存在心理障碍的人，还有那些暴露于创伤的程度最大的人（例如，从世贸中心被疏散出来的人）以及女性。最常见的负性反应包括焦虑和痛苦回忆。这是一个相关研究，因为调查者并没有操纵自变量。（恐怖袭击并不是实验的一部分。）

如果你对艾滋病病毒做了如下工作，你就是像流行病学家一样在研究一个问题了。在艾滋病开始流行的时候（20 世纪 80 年代），通过追踪这一疾病在几个人群（同性恋男性、静脉注射的吸毒者以及重要他人和孩子感染了病毒的个体）中的发病率，研究者获得了关于病毒是如何在人与人之间传播的重要信息。他们从这些群体从事的行为类型中推测，病毒很可能是借由体液传播的——通过没有防护措施的性行为，或是通过带有病毒的注射器针头。像其他类型的相关研究一样，流行病学研究并不能告诉我们特定的现象的根本原因。但关于心理障碍的患病率和病程的知识对于我们的理解仍然是非常有价值的，因为它们为研究者指明了方向。

人获得的社会支持越多，患病的可能性就越低。

实验研究

实验（experiment）包含着对一个自变量的操纵以及对其效果的观察。我们操纵自变量来回答因果关系的问题。如果我们观察到社会支持与心理障碍之间的相关，我们并不能得出结论说这两个变量中的哪个影响着另一个。但我们能改变社会支持的程度，来看看这是否会带来一个心理障碍的患病率方面的伴发性改变——换言之，这就是做一个实验。

这个实验会告诉我们在两个变量关系中的哪些事情呢？如果我们增加社会支持，并发现在心理障碍的发病率方面没有变化，那就可能意味着这样的支持并不影响心理问题。另一方面，如果我们发现心理问题因为社会支持的增加而减少，我们能够更确信缺乏支持确实对心理障碍有影响。然而，因为我们从来无法百分百地确定我们的实验是在内部有效的——也就是说无法确定其他解释都不成立——我们必须在解释结果时非常小心。下面，我们将描述研究者进行实验的不同方法，来看一看每种方法如何帮助我们更进一步理解异常行为。

实验组设计

在相关设计中，研究者观察不同的组来考察不同变量之间怎样联系。在实验组设计中，研究者更为主动。他们着手改变一个自变量，来看这个组中被试的行为如何受到影响。例如，研究者设计了一个干预，帮助老年人缓解失眠问题（Epstein, Sidani, Bootzin, & Belyea, 2012）。研究者治疗了很多个体，并追踪这些人10年，来看他们的睡眠模式是否得到改善。这个治疗就是自变量；也就是说，它不是自然发生的。然后，研究者评估治疗组，看他们的行为是否发生改变，以作为治疗的一项函数。以非自然发生的方式引入或撤销一个变量，被称为操纵变量（manipulating a variable）。

不幸的是，10年后，研究者发现参与睡眠治疗的老年人（作为一个组）每晚睡眠时间仍然少于8小时。这个疗法失败了吗？可能没有。这个研究没有办法回答如果这些人不接受治疗会怎样。很可能他们的睡眠模式会变得更糟糕。幸运的是，研究者设计出了更巧妙的方法，帮助澄清这些复杂问题。

心理障碍的治疗中越来越多使用到实验设计的一种特殊小组，叫作临床试验（clinical trial, Durand & Wang, 2011）。临床试验是用于确定某个或某些疗法的有效性和安全性的实验。其名称已经提示了它在操作方面的正式程度。临床试验本身并不是一种设计，而是一种评估方法，具备很多被普遍接受的原则。举例来说，这些原则包括应如何选择研究对象，应研究多少例个体，被试应如何分组，数据应如何分析——这仅仅是一部分。还有，治疗应使用正式协议，以确保每个人都接受同样的治疗。

描述这些实验所使用的术语可能会令人感到困惑。"临床试验"是一个首要的术语，用于描述符合上述标准的一大类研究。在临床试验类别中，还有"随机临床试验"，即将参与者用随机化的方式编入实验组。临床试验的另一个子集是"受控临床试验"，它依赖于控制条件来实现比较的目的。最后，进行临床试验的最佳方法是同时使用随机化和一个或多个控制条件，这被称为"随机控制试验"。下面我们将介绍控制组和随机化的性质，并讨论它们对于临床研究结果的重要性。

控制组

要回答"如果……将会怎样"的难题，就需要使用控制组——在其他方面都与实验组相似，唯一的区别在于没有暴露在自变量的改变之下。在前面对老年人的睡眠研究中，假设有另外一组没受治疗的被试，并且研究者也追踪了这组人，观察他们接下来10年内的睡眠模式，那么他们很可能会发现，在没有干预的情况下人们也倾向于年纪越大睡得越少（Cho et al., 2008）。所以，控制组成员的睡眠可能显著少于治疗组，当然治疗组的成员的睡眠可能也少于他们自己10年以前的睡眠。使用控制组能让研究者看到他们的治疗是否帮助参与者相对保持住了睡眠时间。

理想情况下，控制组最好与治疗组在年龄、性别、社会经济背景以及所报告的问题等因素上完全相同。进而，研究者应该在操纵自变量（例如，治疗）之前和之后对两组进行相同的评估。以此保证改变自变量之后两组之间的任何不同都是由改变带来的。

参与治疗组的人通常期待变得更好。当行为改变是由于某人期待改变而非实验者所进行的操纵所带来的改变时，这个现象就被称为**安慰剂效应**（placebo effect，源自拉丁文的"placebo"，其意为"我应该感到愉快"）。反过来，控制组的人可能因为没能接受治疗而感到失望。类似地，我们将此称为**失望效应**（frustro effect，源自拉丁文的"frusto"，其意为"失望"）。失望可能使参与者的情况变得更糟糕，这取决于他们所患的障碍类型（例如，抑郁）。同时，这一现象可能也使治疗组与控制组的对照结果看起来更漂亮。

研究者处理这些期待问题的方法之一就是使用**安慰剂控制组**（placebo control groups）。**安慰剂**（placebo）这个词通常是指没有作用的药物，例如一颗普通的糖丸。控制组的成员被给予安慰剂，从而相信自己接受了治疗（Kendall & Comer, 2011）。在药物研究中的安慰剂控制相对很容易，只需让控制组的人获得某种与治疗组看起来很相似的药物。然而，在心理治疗中，给予人们某种能让他们相信对自己有帮助、但实质上并不包含研究者所假设的有效成分的治疗，有时候很困难。这种类型的控制组中的来访者常常被给予一部分真实的治疗——但并不是研究者认为能够对改善起到作用的部分。

请注意，你可以把安慰剂效应视为所有治疗的一部分（Kendall & Comer, 2011）。如果你治疗的某人改善了，你可能得把这归功于你的治疗以及来访者对改善的期待（安慰剂效应）的结合物。治疗师希望他们的来访者期待改善；这有助于强化治疗效果。然而，当研究者进行实验来确定一个特定治疗的

在比较治疗研究中，不同组的人被施以不同的治疗，以便对这些治疗方法进行研究。

哪些成分对改善起作用时，安慰剂效应就成了一个混淆变量，稀释了研究效度。所以，研究者使用安慰剂控制组来帮助区分期待的结果和真正的治疗结果。

双盲控制（double-blind control）是安慰剂控制组程序的一种变形。就像它的名称所提示的，不仅是研究中的实验对象是"盲的"，不知道自己被分入的是哪组或接受的是何种治疗（单盲），而且提供治疗的研究者或治疗师也不知道这些信息（双盲）。这种控制消除了调查者对于研究结果存在偏见的可能性。如果比较两种疗法的研究者期待其中一种比另一种更有效，那么当"被期待"的疗法并没有像预想的运作得那样好时，他们就可能会"更努力"地去尝试；而如果不被期待的那种方法失败了，他们可能不会付出同样多的努力以促使其成功。这种反应不是有意为之的，但有时它确实会发生。这一现象被称为<u>忠诚效应</u>（allegiance effect，Munder, Fluckiger, Gerger, Wampold, & Barth, 2012）。如果实验对象和研究者（或治疗师）双方都是"盲的"，发生这种影响结果的偏见的概率就会小一些。

双盲安慰剂控制并非在所有情况下都运作得很理想。如果治疗方案中包括药物治疗，参与者和研究者可能会通过身体反应（副作用）来辨别自己是否参与了药物治疗。甚至在单纯的心理干预中，研究对象也常常能够判断出自己是否在接受一种有力的治疗，从而可能改变他们对治疗效果的期待。

比较治疗研究

有些研究者使用其他方法来替代控制组设计以帮助评估治疗效果，那就是比较不同治疗方法。在这种设计中，研究者对两个或更多由特定障碍患者组成的可比较的小组施以不同治疗，然后评估出每种治疗是否有效或如何帮助到了那些接受该治疗的病人。这被称为**比较治疗研究**（comparative treatment research）。例如，在前文提及的睡眠研究中，可以选择两组老年人，一组给予针对失眠的药物治疗，另外一组接受认知行为干预，这样结果就可以比较了。

当研究不同治疗方法时，治疗的过程和结果是最重要的两项考虑因素。<u>过程研究</u>（process research）聚焦于对行为改变产生作用的机制，即"为何有效"。在一个流传已久的笑话里，某人因听说了一种新发明的神奇感冒药而去看医生。医生给此人开了新药的处方，并告诉他只要服用此药，感冒就会在7到10天时痊愈。然而，众所周知，即便不使用任何药物，感冒通常都会在7到10天时改善。因此，这种所谓的神奇药物很可能对于治疗感冒没有任何作用。对药物干预的检验过程包括评估对改变起了作用的生物机制。例如，药物是不是降低了5-羟色胺水平从而对我们观察到的改变起了作用？相似地，在心理干预中，我们也要确定是什么"引起了"观察到的改变。因为，如果我们理解了什么是治疗的"有效成分"，通常就能排除不重要的方面，从而节约来访者的时间和金钱。例如，对失眠症的研究发现在治疗中增加放松训练成分没有额外的好处——这使得临床医生可以降低给病人的训练量，更关注那些能够真正改善睡眠的方面（例如认知行为治疗等，Harvey, Inglis, & Espie, 2002）。此外，了解干预中的什么成分是重要的，有助于我们创造出疗效更强的新疗法。

结果研究聚焦于治疗中正面或负面的结果，或同时关注两者。换句话说，结果研究关注的是这种疗法是否对病情有影响。记住，<u>治疗过程</u>（treatment process）是为了发现治疗方法为何或如何有效，而<u>治疗结果</u>（treatment outcome）是为了发现在治疗之后发生了哪些改变。

单个案例实验设计

B. F. 斯金纳使用科学方法进行的干预是他对心理病理学最重要的贡献之一。斯金纳定义了**单个案例实验设计**（single-case experimental designs）这一概念。这种方法包括对个体在不同实验条件下的系统研究。斯金纳认为，了解一个个体的很多行为要远远好于对一个大群体只做很少量的观察，因为群体存在"平均"反应。而心理病理学关心的是特定人群的痛苦，因此这种方法在很大程度上帮助了我们去理解在个体心理病理学中所包含的因素（Barlow, Nock, & Hersen, 2009）。本书中多处反映了斯金纳的方法。

单个案例实验设计与个案研究不同，它会使用多种策略来改善内部效度，从而减少混淆变量。你将在下文中看到，相比于传统的组间设计，这些策略有优势也有不足。尽管我们使用治疗研究中的例子来介绍单个个案实验设计，但它们其实像其他研究策略一样，也有助于解释为何人们出现异常行为，以及如何治疗异常行为。

重复测量

在使用单个案例实验设计时，一项重要的策略就是**重复测量**（repeated measurement），即一个行为被测量多次，而不是仅在改变自变量前后各测量一次。研究者使用相同的测量方法重复测量，以了解行为是如何变化的（如它每天在多大程度上发生变化），以及它是否显示出明显的倾向（如变得更好还是更糟）。假设有一名年轻女子温迪，来到门诊主诉说感到焦虑。当被问及她如何评估自己的焦虑水平时，她给出了9分（10分代表最糟糕的情形）。经过数周的治疗后，温迪评估自己的焦虑水平是6。我们能说是治疗降低了她的焦虑水平吗？未必。

假设我们在温迪看门诊前的一周中每天都测量了她的焦虑水平（重复测量），并且观察到焦虑水平的变化程度很大：在情况好的日子里，她评估自己的焦虑是5～7分；在情况不好的日子里，分数在8～10分之间。如果在治疗之后她每日的评估还是在5～10之间，那么，治疗之前评分是9和治疗之后评分是6，可能仅仅是她日常变化的一部分。这样的话，温迪也有可能在治疗之前的某一个好一点的日子里报告6，在治疗之后的坏日子里报告9，看起来治疗反而让她变得更糟了。

重复测量是每个单个被试实验设计中都**必须**包含的部分。它有助于确定一个人在干预之前和之后怎样，还有助于确定治疗是否对改变存在贡献。图4.2总结了温迪的焦虑，并增加了通过重复测量获得的信息。最上面那幅图显示了温迪在治疗前和治疗后焦虑的原始评分。中间的图显示的是获得了她每日评估的报告，而之前的偶然测量很可能会误导结果。在治疗前和治疗后她都有好日子和坏日子，这并不意味着治疗改变了很多。

最下面的那幅图显示了另一种可能：温迪的焦虑比治疗前降低了。但这种信息也可能在只做治疗前和治疗后两次测量时被掩盖。或许她本身已有所好转，而治疗并没有起到很大作用。中间的图显示出日常的**变异性**（variability）对于解释治疗结果可能非常重要，而最下面的图则显示了在确定任何改变的原因时考虑原本的**趋势**（trend）也很重要。这三幅图表明了重复测量的核心：①在不同干预条件下的行为改变**水平**（level）或程度（上图）；②随时间发生的变异性或改变程度（中图）；③改变的趋势或方向（下图）。我们再一次看到，治疗前和治疗后的分数本身并不必然说明什么因素对行为改变起了作用。

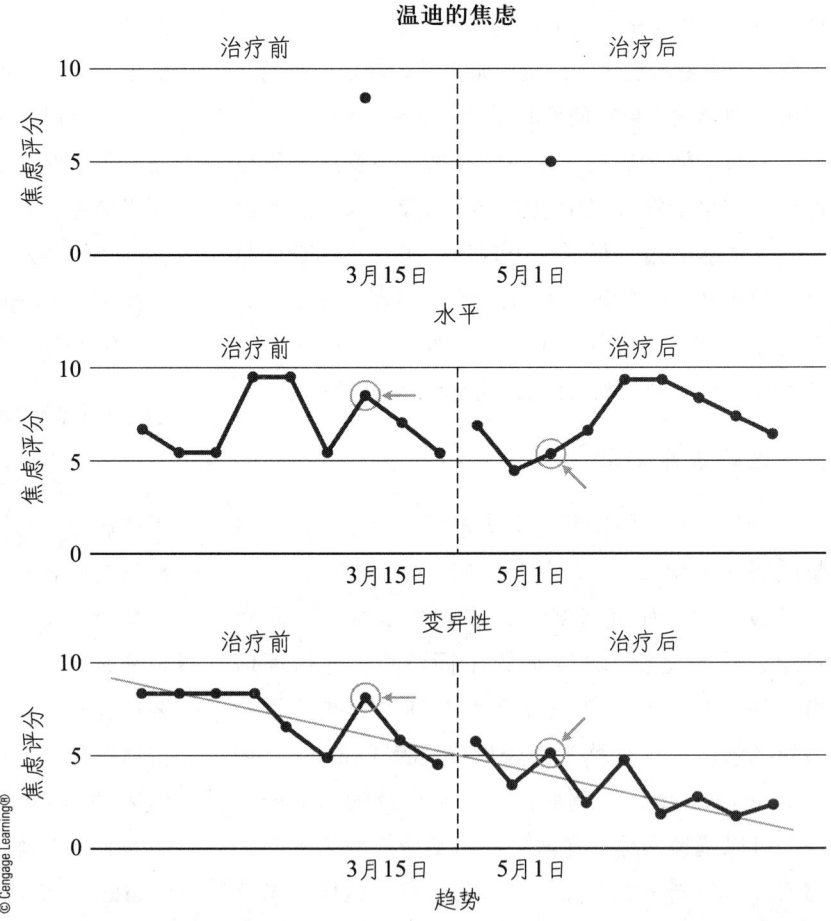

图4.2 最上面一幅图显示了温迪的焦虑在治疗之后显著下降（测量水平）。然而，当观察治疗前和治疗后报告的重复测量时，中间图告诉我们，温迪的焦虑情况几乎没有改变，因为她的焦虑波动很大（测量变异性）。下图显示出另一种情况（测量趋势）。她的焦虑也是变化的，但整体看来存在下降趋势（焦虑改善），甚至在治疗之前就存在这种趋势。这表明温迪可能在没有获得帮助的情况下就已经开始改善。检查变异性和趋势有助于提供关于改善的真实性质方面更多的信息。

撤销设计

在单个被试的研究中，一种更常见的策略是**撤销设计**（withdrawal design），在这种方法中，研究者试图确定单个自变量是否对行为改变有作用。温迪治疗的效果可以通过在某个时间点停止治疗并观察焦虑是否增加来检验。一个简单的撤销设计包含三个部分：第一，在治疗前评估个体的状况以建立**基线**（baseline）；第二，改变自变量——在温迪的案例中，是开始治疗；第三，撤销治疗（"回到基线水平"），研究者评估温迪的焦虑水平是否会作为这一步的函数再次发生变化。如果在接受治疗时问题的焦虑相比于基线水平得到了减轻，而在撤销治疗后又变得更糟糕，研究者就可以得出结论：治疗降低了温迪的焦虑水平。

撤销设计与个案研究有何不同？一个重要的区别是，前者是经过特殊设计的，用来观察治疗是否引起了行为变化。尽管个案研究中常常也包括治疗，但它们并不包含了解个人是否在没有治疗的情况下也会改善的研究设计。撤销设计能使研究者更清楚地观察到治疗本身是否引起了行为改变。

尽管撤销设计有上述优点，但它并不总是合适的。研究者撤销可能有效的治疗，在伦理上可能很难证明这种决定的正当性。在温迪的案例中，研究者必须有很充分的理由才能让温迪冒再次焦虑的风险。撤销设计也不适用于处理无法被去除的治疗情境。假设温迪的治疗内容包含着想象自己躺在热带岛屿的海滩上，那就很难让她停止想象这些事情。相似的是，还有些治疗会教会来访者一些技能，可能也无法使之再故意忘却。一旦温迪学会了如何在社交情境中体验到更少的焦虑，怎么能使她再重新经历社交焦虑呢？

多重基线

另一种常用的单个案例实验设计策略是**多基线**（multiple baseline），这种方法消除了撤销设计的缺点。研究者不是通过停止干预来看其是否有效，而是跨情境（在家或在学校）、跨行为（对伴侣或上司大吼）或跨群体地在不同时间开始治疗。让我们用一个例子来说明跨情境设计，假设对温迪在家和在公司的焦虑水平都重复测量（基线）了一段时间之后，临床医生首先在家里治疗她。当治疗开始发生效果后，也开始在公司的干预。如果她在家里的焦虑水平开始治疗后就有所改善，而在公司的焦虑水平在开始治疗之后也有所改善，我们就能得出结论：治疗是有效的。这是一个使用**跨情境多基线**的例子。当使用多基线时，内部效度是否也提高了？是的。任何时候，如果对结果的其他解释可以被排除，那么内部效度就提高了。温迪的焦虑只在那些她接受了治疗的环境中获得了改善，从而排除了对于她焦虑下降的竞争性解释。反过来说，如果她在开始治疗的同时买彩票中了大奖，而这使得她在所有情境中的焦虑都下降，我们就不能得出结论说她的问题是被治疗治好的。

假设一位治疗师想要研究一种针对儿童问题行为的治疗方法的有效性。治疗首先聚焦于儿童的哭闹，然后聚焦于第二个问题和兄弟姊妹打架。如果治疗首先只是减轻了哭闹，而有效地减少打架仅仅是在第二轮干预实施后才出现，研究者就可以得出结论说，没有除干预以外的其他事情可以解释改善。这就是**跨行为的多重基线设计**。

单个案例实验设计有时也受到批评。因为研究者倾向于仅在少数个案中进行这种设计，致使研究的外部效度遭到质疑。换言之，我们不能说在少数人身上看到的结果对于每个人来说都会是如此。然而，尽管这种设计被称为单个案例设计，研究者还是可以并且经常也会一次在好几个人身上进行，以应对外部效度问题。本书作者之一研究了对自闭症谱系障碍儿童的严重行为问题治疗的有效性（Durand, 1999，见图 4.3）。研究者通过使用一种被称为**功能性交流训练**（将在第 14 章中详细讨论）的程序，教会孩子如何沟通以替代不良行为。研究中使用了多重基线的方法，对 5 名儿童构成的一个小组进行治疗。因变量是儿童问题行为的发病率，还有他们所习得的新沟通技能。如图 4.3 所示，只有在实施治疗后，每个儿童的行为问题才获得了改善并开始了沟通。这一多重基线的设计让研究者排除了巧合因素，也排除了儿童生活中其他能被解释为改善原因的因素。

多基线设计为评估治疗带来的好处是：它并不要求撤销治疗。正如你所见，撤销治疗有时是困难的甚至是不可能的。而且，多重基线设计通常与治疗的自然实施方式相似。一位临床工作者很难帮助来访者

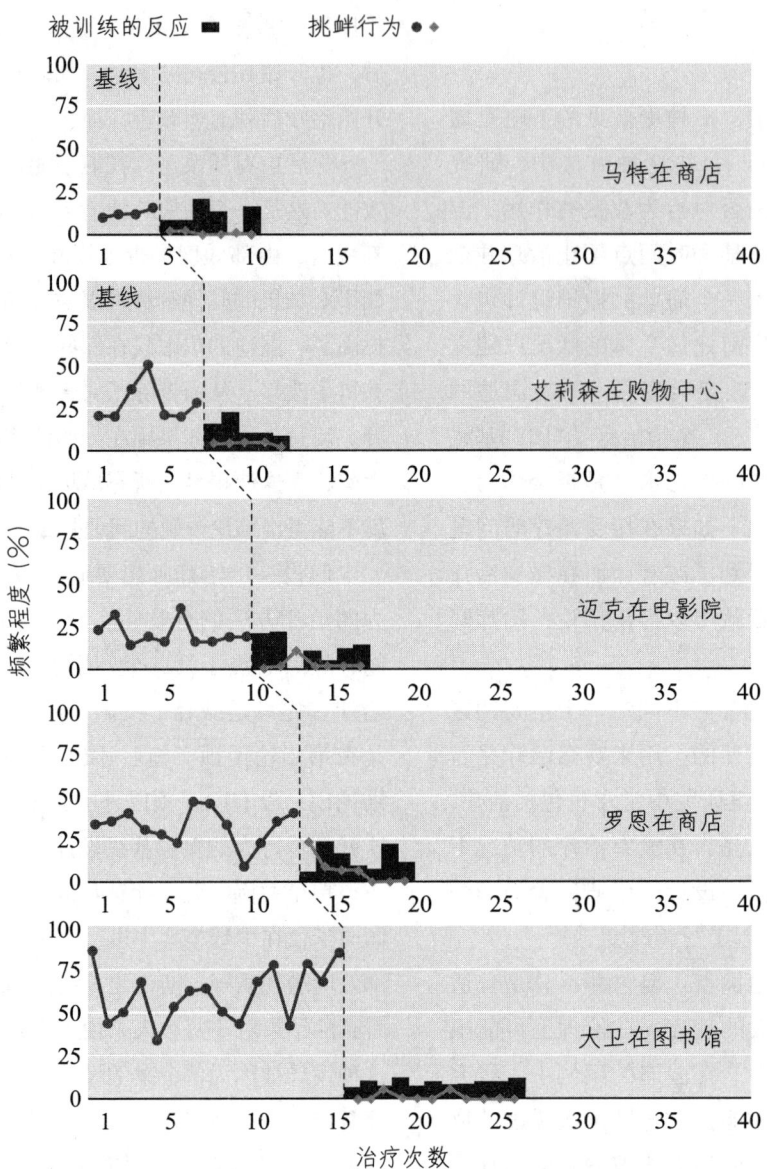

图 4.3 这幅图显示了一个多基线设计,用以说明治疗(功能性交流训练)对儿童行为有改善作用。圆点和菱形分别显示了每个儿童在基线前后多频繁地表现出问题行为(挑衅行为),而方块则表示他们在没有老师帮助时进行沟通(也就是自发沟通)的频繁程度。

Durand, V. M. (1999). Functional communication training using assistive devices: recruiting natural communities of reinforcement, Journal of Applied Behavior Analysis, 32(3), 247–267. Reprinted by permission of the Society for the Experimental Analysis of Human Behavior.

同时处理多个问题,但她可以对相关问题行为进行重复测量,并观察其变化。如果临床工作者观察到问题随着何时何地使用治疗而按照顺序发生了可预测的变化,她就可以做出结论说,是治疗引起了改变。

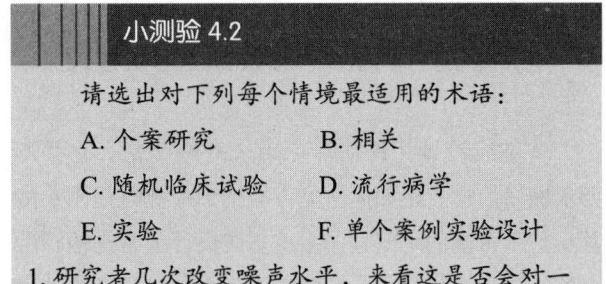

小测验 4.2

请选出对下列每个情境最适用的术语:

A. 个案研究　　B. 相关
C. 随机临床试验　D. 流行病学
E. 实验　　　　F. 单个案例实验设计

1. 研究者几次改变噪声水平,来看这是否会对一

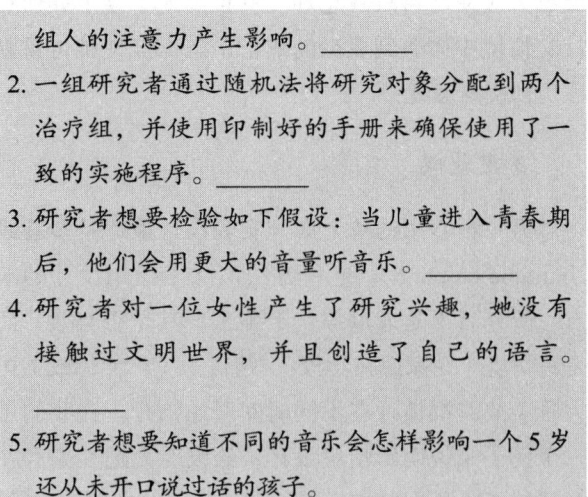

组人的注意力产生影响。_____
2. 一组研究者通过随机法将研究对象分配到两个治疗组,并使用印制好的手册来确保使用了一致的实施程序。_____
3. 研究者想要检验如下假设:当儿童进入青春期后,他们会用更大的音量听音乐。_____
4. 研究者对一位女性产生了研究兴趣,她没有接触过文明世界,并且创造了自己的语言。_____
5. 研究者想要知道不同的音乐会怎样影响一个 5 岁还从未开口说过话的孩子。_____

基因以及跨时间和跨文化的行为

审视个体行为问题或障碍的起因和治疗策略，要考虑几方面的因素，以涵盖多种可能的影响。这些因素包括明确遗传的影响有多大，行为会怎样改变或怎样在一段时间内保持不变，还有文化的作用。接下来我们将讨论这些问题，并将可重复性和研究伦理作为研究过程的关键因素。

研究基因

我们一般认为基因是指从父母身上遗传的方面："他继承了他妈妈的眼睛。""她很瘦，就像她父亲。""她像她妈妈一样固执。"这些关于我们如何成为现在的自己的简单观点意味着，我们如何看待、思考、感受以及行为都是预先注定的。但是，你在阅读了第2章后应该已经了解了，基因构成和个人经历之间的交互作用才是决定人如何成长的因素。行为遗传学家（研究行为的遗传原理的人）的目标就是梳理出基因在这些交互作用中所扮演的角色。

遗传研究者考察**表现型**（phenotype），也即可观察到的个体特征或行为，还考察**基因型**（genotypes），也即个体独一无二的基因构成。例如，唐氏综合征患者通常存在某种程度的智力残疾，还有多种其他躯体特征，例如斜视和舌厚。这些特征都是表现型，其基因型则是比普通人多出了一条21号染色体。

我们对不同心理障碍表现型的知识超过了对基因型的知识，但这种局面很快就会改变。自从1953年詹姆斯·华生（James Watson）和弗朗西斯·克里克（Francis Crick）发现了双螺旋结构，科学家们就意识到，如果想要完整地理解人类基因的话，我们就必须绘制出全部46条染色体上的基因结构和定位。因此，从1990年开始，全世界的科学家共同努力，启动了**人类基因组计划**（human genome project，基因组是指"有机体的所有基因"）。参与这一计划的科学家们运用分子生物学的最新成果，完成了一份包含约25000条人类基因的草图。这项工作明确了几百个能导致遗传病的基因。这些精彩的发现反映出科学界在破译基因的性质及其对心理障碍影响方面令人叹为观止的进步。

随着科学的飞速进步，另一个研究热点概念是**内表型**（endophenotype）。内表型是指造成心理障碍患者的症状和困难的潜在问题背后的基因机制（Grebb & Carlsson, 2009）。例如，对于精神分裂症（我们将在第13章中讨论这种障碍），研究者并不寻找"精神分裂症基因"（基因型），而是寻找影响这类障碍患者的工作记忆问题的一个基因或多个基因（内表型），以及对于患者身上的其他问题产生影响的基因。

下面是科学家在研究心理障碍中遗传和环境的交互作用时所采用的策略简评表。众多复杂的方法可以被总结归入四大类：基础遗传流行病学、高级遗传流行病学、基因识别以及分子遗传学（Kendler, 2005，见表4.2）。从表中可以看出，这些研究方法形成了一种递进关系。研究者从发现一种障碍是否有遗传成分（基础遗传流行病学）开始；一旦这一假设成立，研究者就开始通过考察遗传如何影响障碍的某些方面来探索遗传影响的性质（高级遗传流

表4.2 评估基因—环境对心理障碍的影响所使用的基本方法

途径	方法	问题
基础遗传流行病学	家庭、双生子和收养研究的统计分析	障碍是遗传性的吗？如果是的话，遗传对障碍有多大程度的贡献？
高级遗传流行病学	家庭、双生子和收养研究的统计分析	如果障碍是遗传性的，那么哪些因素对该障碍有影响？（例如，是在发育早期发生了某种改变吗？男性和女性之间有没有差别？基因会对环境中的高危因素产生影响吗？）
基因识别	对特定家族或个体的统计分析（连锁和/或关联研究）	影响障碍的一个或多个基因在什么位置？
分子遗传学	个体DNA样本的生物分析	基因如何影响了障碍症状发生的生物过程？

Adapted from Kendler, K. S. (2005). Psychiatric genetics: A methodological critique. In N. C. Andreasen (Ed.), *Research advances in genetics and genomics: Implications for psychiatry* (Table 1, p. 6). Washington, DC: American Psychiatric Publishing.

行病学）；进而，科学家使用复杂的统计方法（连锁和关联研究，我们将在后文中加以说明）来找出一个或几个基因在基因组中的定位（基因识别）；最后，科学家采用生物学策略来检查这些基因发生了怎样的作用，以及它们如何与环境交互作用，从而引发与心理障碍有关的症状（分子遗传学）。

下面我们将讨论遗传学研究中的具体研究方法：家族研究、收养研究、双生子研究、基因连锁分析及关联研究。

家族研究

在**家族研究**（family studies）中，科学家只在家族中考察行为模式或情绪特质。有该特征的家庭成员被挑选出来参加研究，称为**先证者**（proband）。如果存在遗传影响，则可以预料该特征在一级亲属（父母、兄弟姐妹或子女）身上出现的概率将比二级或更远的亲属身上更高，而在远亲身上出现这一特征的概率也比在一般人群身上更高。在第 1 章中，你看到了朱迪，那个有血液/注射/外伤恐怖症的青少年，在看到血时就会晕倒。这一障碍在家族中流传的概率高达 60%；也就是说，某个有血液—受伤—注射恐怖症的人，其一级亲属中有 60% 的人会或多或少的有相同反应。这是我们所研究的心理障碍中家族聚合比例最高的心理障碍。

家族研究的问题在于，家庭成员一般居住在一起，所以他们可能共享了环境中的某些因素，这也可能引起较高水平的家族聚合。例如，妈妈可能在年轻时目睹了一场严重的交通事故，之后每次她看到血液时都会有强烈的情绪反应。因为情绪具有传染性，看到妈妈有这样反应的孩子们很可能也出现相似的反应。于是，父母在成年期将这一问题这样传递给了自己的孩子。

收养研究

我们如何将家庭的环境影响从遗传影响中区分出来？一种方法是通过**收养研究**（adoption study）。科学家先确认一些存在某种特定行为模式或心理障碍的被收养者，然后努力找到他们在不同家庭环境中成长起来的一级亲属。假设科学家发现，有一个患有某种障碍的年轻人，他的兄弟从小被收养，在另一个家庭中长大，研究者就会检查他的兄弟，看他是否也显示出这种障碍的迹象。如果研究者拥有足够多的同胞研究对象（通常要经过很多努力才能找到），他们就能评估在不同家庭环境中长大的同胞兄弟姊妹是否显示出相同的障碍。如果不同家庭中长大的同胞出现这个障碍的概率大于偶然情况，研究者就能推论说，遗传是这种障碍的因素之一。

双生子研究

大自然中存在一种精妙的实验设计——同卵双生子——为行为遗传学家提供了一个绝佳的观察点，来理解基因在发展中的作用（Johnson, Turkheimer, Gottesman, & Bouchard Jr., 2009）。同卵双生子不仅相貌非常相似，还拥有完全相同的基因。同卵双生子之间存在的一些微小差异是因为在子宫中确实发生了一些化学标记（被称为**表观遗传标记**）方面的改变（Gordon et al., 2012）。而异卵双生子来自于不同的卵子，如同所有一级亲属一样，只有 50% 基因相同。在**双生子研究**（twin study）中，显而易见的科学问题是，同卵双生子是否比异卵双生子共享更多相同的特质，比如晕血。对于生理方面的特质（如身高）来说，要确定双生子是否分享了一些特质很简单。正如 Plomin（1990）所指出的那样，一级亲属和异卵双生子之间在身高方面的相关都是 0.45，而在同卵双生子之间是 0.90。这些发现表明，身高方面的遗传度约是 90%，即大约 10% 左右的身高变异是环境因素的结果。但有个案例中，连体同卵双生子呈现出不同的特征（我们曾在第 2 章中提到），这提醒我们：90% 的估算值只是**平均贡献**。受到过严重躯体虐待，或被选择性地剥夺了合适食物的同卵双生子，可能在身高方面存在很大差异。

Michael Lyons 及其同事（1995）利用越战时期双生子记录（Vietnam Era Twin Registy）进行了一项关于反社会行为的研究。研究被试中大约有 8000 名双生子男性在 1965 至 1975 年间服役。调查发现，同卵双生子在反社会特质方面比异卵双生子相似程度更高，也就是说，同卵双生子在成年期的行为比起异卵双生子来说更为相似，而在未成年期（童年期）的反社会行为方面，同卵双生子和异卵双生子之间都很相似。这一结果表明，对于未成年人的反社会行为来说，家庭环境是一个比基因更强有力的影响因素，而成年期的反社会行为则受到基因因素的影响较多。换句话说，在个体长大并离开原生家庭后，早期环境对反社会行为的影响变得相对不那么重要。然而，这种研究基因的方法并不完美。你可以假设同卵双生子有同样的基因构成，而异卵双生子没有，但复杂之处在于，同卵双生子拥有的相同经历或环境是否与异卵双生子一样呢？某些同卵双生子穿着同样的衣服，甚至拥有相似的名字；双生子自己也会影响彼此的行为。在一些案例中，同卵双生子彼此影响的程度可能比异卵双生子大得多（Johnson et al., 2009）。

处理上述问题的办法是结合收养研究和双生子研究。如果你找到一群同卵双生子，其中一个或两个人都从婴儿期开始被收养，你就能估计出基因和环境在行为模式发展过程中的相对角色（天性或养育）。

基因连锁分析和关联研究

家族研究、双生子研究和收养研究的结果可能会表明，特定障碍中有基因的成分，但它们不能提供相关基因或基因组的定位。要定位一个问题基因，通常有两种策略：基因连锁分析和关联研究（Zheng, Yang, Zhu, & Elston, 2012）。

基因连锁分析（genetic linkage analysis）的基本原理很简单：当研究一种家族障碍时也研究其他遗传特点。这些其他特点——称为**基因标记**（genetic marker）——是精心挑选出来的，研究者知道它们的准确定位。如果研究者发现了障碍与基因标记之间存在某些匹配或关联，那么与特定障碍有关的基因就很可能和基因标记处在同一条染色体上位置相近的地方。例如，研究者在一个庞大的阿米什家族中研究了双相情感障碍（躁郁症）（Egeland et al., 1987），发现11号染色体上的两个标记——胰岛素基因和一种已知的癌症基因——与该家族中存在的情绪障碍相关联，这表明双相障碍的基因可能位于11号染色体上。不幸的是，尽管这是一个基因连锁研究，但它显示出了过早得出研究结论的风险。这一连锁研究和另一个声称发现了双相障碍与X染色体之间关联的研究（Biron et al., 1987）至今都未能成功重复；也就是说，别的研究未能在其他家族中发现相似关联（Craddock & Jones, 2001）。

尽管家庭成员之间常常很相似，但遗传的影响比我们从父母那里继承了什么复杂得多。

这些研究所遇到的不可重复问题十分常见（Zheng et al., 2012）。人们过去认为，只有一个基因对某一复杂障碍负责，而此类研究的失败使人们对这一观念产生了质疑。下次你在媒体上看到报道说某个基因被确定引起某种障碍的话，请回想上面这一局限性。

定位特定基因的另一种策略是**关联研究**（association study），它也使用基因标记。基因连锁分析是在大量患有某种障碍的人群内部比较基因标记，关联研究则是将这些病人与没有这种障碍的人进行比较。如果特定的标记显著频繁地出现在这些病人身上，我们就可以推断此标记与和障碍有关的基因位置很近。这种类型的比较使得关联研究能够更好地确定相关联的基因，哪怕基因与某种障碍之间只存在微弱的关联。总之，这两种定位特定基因的策略都有助于揭示特定障碍起源的真相，并可能为新的治疗方法带来启示（Zheng et al., 2012）。

研究跨时间的行为

研究者有时想了解一种障碍或行为模式会随时间发生怎样的变化（或是保持不变）。这个问题非常重要。这一问题的答案有助于决定是否要治疗某个特定的人。例如，我们是否应该开始一个昂贵且耗时的治疗程序，来帮助一个在祖父过世后陷入抑郁的年轻人？如果你知道，即便他不接受治疗，仅通过正常的社会支持，抑郁也很可能会在几个月之后消失，那么你很可能不会选择去治疗他。另一方面，如果你有理由相信他的抑郁问题不会自行消失，你可能会决定开始治疗。例如，就像你将在后文中看到的那样，小孩子身上的攻击性通常并不会自行消失，所以应该及早处理。

除此之外，这个问题的答案也可以帮助我们理解异常行为的发展性变化，因为有时这种变化能够显示出问题是如何产生的，以及它们是怎样变得严重的。例如，后文中你将看到，研究者识别出了一些存在自闭症谱系障碍（ASD）风险的新生儿（参见第14章），然后在整个婴儿期追踪他们，直到其中一部分孩子发展出了这种障碍。这种类型的研究告诉我们，自闭症谱系障碍的实际发生模式与父母的事后报告存在很大出入（父母倾向于记住儿童行为的急剧改变，而事实上改变是逐渐发生的）（Rogers，2009）。前瞻性研究（在改变发生时记录它们随时间的变化）相比于回顾性研究（询问人们过去发生了什么）来说，有时可以呈现出心理障碍的发展或治疗过程中的巨大不同。

预防性研究

跨时间地研究临床问题的另一个原因是，我们需要设计干预来预防这些问题。显然，预防心理健康问题将会使很多家庭远离严重的情绪痛苦，并能够节约大量费用。很多年来，预防性研究一直在发展，包含了各种各样的方法。这些方法可以被分作四大类：积极发展性策略（健康促进）、一般性预防策略、选择性预防策略以及指向性预防策略（Daniels, Adams, Carroll, & Beinecke, 2009）。**健康促进**（health promotion）或**积极发展策略**（positive development strategies）努力覆盖全体人口（包括那些可能没有风险的人）来预防日后的问题并促进保护性的行为。这一干预并不是为了修复已存在的问题而设计的，而是聚焦于建立技能，比如如何在成长的过程中远离问题。举例来说，西雅图社会发展项目（Seattle Social Development Program）面向西雅图高犯罪率地区的学校系统，在该地区的公立小学中向教师和父母提供干预，使儿童能投身于学业和积极的行为。尽管并没有瞄准某一特定问题（例如吸毒），但对这些儿童的长期追踪显示，这一干预方法获得了多方面的积极效果，并且带来了犯罪率的下降（Bailey, 2009; Lonczak, Abbott, Hawkins, Kosterman, & Catalano, 2002）。**一般性预防策略**（universal prevention strategies）聚焦于整个群体，瞄准的是某种特定风险因素（例如，贫民区学校里的行为问题），而不是特定个体。第三种预防性干预方法——**选择性预防**（selective prevention），瞄准高风险群体（例如，丧亲儿童），并设计特定的干预方法以帮助他们避免未来的问题。最后，**指向性预防**（indicated prevention）主要对那些开始显示出问题迹象（例如，抑郁症状）但还没有发展为心理障碍的个体进行干预。

要评估每一种方法的有效性，预防性研究需要结合个体和小组研究方法，使用包括相关研究和实验设计在内的多种研究策略来检验跨时间的心理病理现象。接下来看看两种最常用的方法：横断设计与纵向设计。

横断研究设计 相关研究的一种变体是比较处于不同年龄段的不同被试。在**横断研究设计**（cross-sectional design）中，研究者会采用不同年龄段的横断样本，比较他们的一些特点。例如，如果研究者想了解酒精滥用和依赖的发展，可以取年龄在12、15和17岁的青少年，评估他们对于饮酒的观念。在早期的比较研究中，Brown和Finn（1982）发现了一些有趣的结果。他们发现12岁的青少年中有36%认为饮酒的主要目的就是喝醉。这一比例在15岁时升至64%，但是在17岁的学生中又回落到42%。研究者还发现，28%的12岁青少年报告说至少有时和朋友一起喝酒，而到15岁时这一比例升至80%，17岁时更升至88%。Brown和Finn运用上述信息提出如下假设：青少年过度饮酒是一种对喝醉的蓄意尝试，而不是受到酒精影响之后的错误判断。换句话说，青少年作为一个群体来说，似乎并不是因为喝了一两杯之后判断力下降最终才喝得过多。实际情况应当是，他们在喝酒之前的态度影响了他们之后会喝多少酒。

在横断研究设计中，每个年龄组中的研究对象被称为**同组群**（cohort）；Brown和Finn研究了三个同组群：12岁组、15岁组和17岁组。每个同组群中的成员在同一时间年龄都相同，所以经历也相似；一个同组群的成员与另一个同组群成员年龄不同，因此对文化和历史的经历也有所不同。你可以预期，20世纪80年代时12岁的孩子已经接受了很多关于毒品和酒精的教育（例如"对毒品说不"计划），而当时17岁的孩子则很可能没有接受过。在同组群之间关于酒精使用选择的差异可能与他们在不同年龄段上的认知和情绪发展有关，也可能与他们不同的经历有关。这一**同组群效应**（cohort effect），也即年龄与时代经历的混淆，是横断研究设计的一个局限。

研究者倾向于使用横断研究设计来研究跨时间的改变，一部分是因为它们比纵向研究设计（我们将在下文中讨论）更容易实施。另外，有些现象不太可能受到不同文化和历史经历影响，所以同组群效应较弱。例如，研究者认为阿尔茨海默氏病在60岁和70岁人群中的发病率受到生物学因素的强烈影响，而不太可能受到研究对象不同经历的显著影响。

横断研究设计回答的并不是问题在个体身上是如何发展的。例如，拒绝上学的儿童长大后是否会患焦虑障碍等问题。研究者不能通过简单地比较有焦虑问题的成人和拒绝上学的儿童来回答这一问题。研究者可以询问成人，他们在儿童时期是否对学校感到焦虑，但这一**回溯性信息**（retrospective information）（回头去看的信息）通常不那么准确。想要更好地观察个体在这些年中的发展历程，研究者需要使用纵向研究设计。

纵向研究设计 与横断研究设计考察各个同组群被试之间的差异不同，在纵向研究设计中，研究者会跟踪一个组一段时间来直接评估该组内成员的改变。**纵向研究设计**（longitudinal design）的好处是，不会出现同组群效应问题（图4.4展示了纵向研究设计和横断研究设计）。在一项纵向研究中，研究者追踪了11044个家庭长达三年，以评估家庭中的体罚如何影响儿童的行为（Gershoff, Sexton, Davis-Kean, & Sameroff, 2012）。研究者寻找了一些孩子在上学前班的家庭，调查父母是否用体罚作为一种纪律管理的办法，并考察这种方法到了儿童上小学三年级时对他们有何影响。研究发现，早期的体罚可以预测更多行为问题，如争吵、打架或愤怒。换言之，使用体罚在儿童长大的过程中可能导致更多的问题，而不会减少问题。这一研究支持了对体罚的批评，并显示了纵向研究设计在确定教养实践结果时的价值。

进行纵向研究，不仅研究者要坚持几个月甚至几年，参与研究的被试也要坚持。他们得有继续参与项目的意愿，而且研究者还得祈祷他们不要搬走，或者出现更糟糕的情况——死亡。纵向研究需要花费较多的资金和时间。而且，待到研究完成时，研

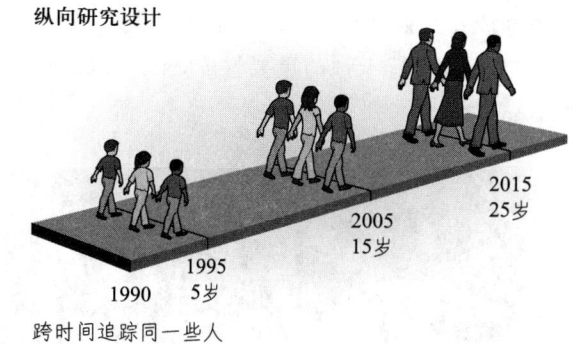

纵向研究设计

跨时间追踪同一些人

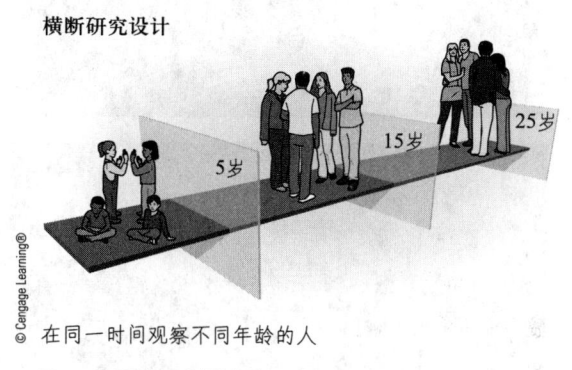

横断研究设计

在同一时间观察不同年龄的人

图4.4　两种研究设计

究问题可能已经变得不重要了。最后，纵向研究设计也会受到与横断研究设计中同组群效应类似现象的影响。**代际效应**（cross-generational effect）是指研究发现很难推论到那些与研究对象时代经历不同的人群身上。例如，在二十世纪六七十年代的青年，与二十世纪九十年代才出生的人，在个人使用毒品的历史上会有极大的不同。

有时心理病理学家结合使用纵向和横断研究设计，这种策略被称为**序列设计**（sequential design），包括对各个同组群进行跨时间的重复研究。例如，我们可以看一看Laurie Chassin及其同事对于儿童吸烟观念的研究（Chassin, Presson, Rose, & Sherman, 2001）。这些研究者从20世纪80年代早期开始追踪（纵向研究设计）了10个初中生和高中生的同组群（横断研究设计）。研究者通过调查问卷追踪了孩子们对与吸烟有关的健康风险的看法，从被试的青少年时期一直追踪到他们30多岁的时候。例如，研究者询问被试是否相信如下表述："吸烟不会给一个饮食适度、经常锻炼的人带来健康损害。"结果表明，初中生被试（11～14岁）认为吸烟对他们自身风险更小，并相信积极的心理获益（例如，吸烟让自己看起来更成熟）；这些信念在他们进入

高中和成年后发生改变。这一结果说明了在初中阶段瞄准吸烟进行干预的重要性（Macy, Chassin, & Presson, 2012）。

纵向研究会因代际效应而变得复杂。例如，二十世纪六七十年代时的年轻人的共同经历与现今的年轻人非常不同。

研究跨文化的行为

正如我们只研究一个特定年龄段的人时，关注点会变得狭窄一样，我们如果只研究来自某一种文化的人，也会错过一些重要内容。研究不同文化中人们行为的差异，能告诉研究者很多有关异常行为的起源和潜在治疗方法的信息。不幸的是，绝大多数研究文献来源于西方文化（Lambert et al., 1992），从而制造出一种民族中心型的心理学视角，限制了我们对于心理障碍的普适理解，给治疗方法也带来了局限（Gaw, 2008）。马来西亚（在那里心理障碍通常被认为是超自然力量引起的）的研究者描述的精神分裂症与西方文化中研究者描述的精神分裂症在不少重要的方面存在不同（Barrett et al., 2005）。通过比较这种障碍，并发现障碍的文化差异，我们是不是能更多地了解精神分裂症呢？现在，研究者逐渐意识到了以往研究中文化范围的局限性，因此心理病理学的跨文化研究出现了相应的增长。

我们在前文中介绍的研究设计也适用于异常行为的跨文化研究。一些研究者将不同文化的效果视为不同的治疗（Lòpez & Guarnaccia, 2012）。换言之，自变量是不同文化对行为的效果，而不是认知治疗与单纯的暴露疗法对治疗恐怖症的效果。然而，将文化视为一种"治疗"和典型的研究设计有着重要的区别。在跨文化研究中，我们无法将婴儿随机分配到不同文化环境中再观察他们的成长。来自于不同文化的人们可能在其他很多重要的方面都不一致——他们的遗传背景就是其中一项，而这些不一致完全有可能成为除文化原因以外对行为变异的解释。

不同文化的特点也可以使研究的尝试变得复杂。不同社会中的症状或对症状的描述可能是不尽相同的（Lòpez & Guarnaccia, 2012）。尼日利亚的抑郁症患者主诉是疲倦或感到头部发热，头部或腿部有蠕动感，体内有灼烧感以及腹部有水肿的感觉（Ebigno, 1982; James, Jenkins, & Lawani, 2012）。美国抑郁症患者则报告自己感到毫无价值，难以开始或结束任何事情，失去对日常活动的兴趣，并且有自杀的念头。而在中国大陆，抑郁症患者较少报告抑郁感或对原本感兴趣的事物失去兴趣，但同样有自杀念头以及毫无价值的感觉（Phillips et al., 2007）。这几个例子说明，如果在不同文化中使用同样的抑郁定义标准将带来差异巨大的诊断结果（Sue, Yan Cheng, Saad, & Chu, 2012）。

另一个导致情况复杂化的因素是不同文化对异常行为的容忍度或阈值不同。不同文化中的人会用不同的眼光看待同样的行为，导致研究者在比较发病率和患病率时就会遇到困难。例如，在中国传统习俗中，人们可以与死去的亲属以及当地的神灵说话，而这种行为在其他文化中可能是精神分裂症的特征（Lin Hwu, & Tsuang, 2012）。因此，理解文化态度和习俗对于这类研究非常重要（Lòpez & Guarnaccia, 2012）。

最后，治疗研究也会因跨文化差异而变得复杂。每种文化都会发展出反映自身价值观的治疗模式。在日本，精神科住院治疗是按照家庭模式组织起来的，看护人员承担的是父母的角色。这种家庭模式在19世纪的北美精神医疗机构中非常常见，后来被如今流行的医疗模式取代（Colp, 2009）。在沙特阿拉伯，女性在外出时必须戴面纱，即使在会见咨询师时也不能露出自己的脸。在这种条件下，想要在来访者与咨询师之间建立起信任且亲密的治疗性关系，非常困难（Ali, Liu, & Humedian, 2004；Dubovsky, 1983）。而且，沙特阿拉伯人认为医药和宗教是不可分隔的，因此药物治疗和宗教疗法也要结合在一起（Hakim-Iarson, Kamoo, Nassar-McMillan, & Porcerelli, 2007）。如你所见，即使只是比较治疗结果这类基本的研究问题，也会被跨文化情境高度复杂化。

同样的行为——女性在公共场合暴露自己的双腿，头部也不用面纱遮挡——在一些文化中是可行的，在另一些文化中则不被允许。

研究项目的效力

当我们对不同研究策略进行独立检验时（研究者们经常这样做），我们常常会产生这样一种印象：某些方法比另外一些更好。那么这种印象是否真实呢？由于提问的类型不同，以及问询方法的固有限制，任何研究技术都可能是适合的。重要的问题常常不会被一个完美的研究设计解决，而是在一个项目中通过一系列研究来检验问题的不同方面。下面我们用本书一位作者的研究来说明复杂问题是如何通过一系列研究设计得到解答的。

本书作者之一Durand研究了为何自闭症儿童（参见第14章）会表现出非理性的行为，例如自我伤害（打自己或咬自己）或自我攻击。研究者认为，我们对这些行为的原因理解得越透彻，就越有机会设计出有效的治疗方法。在一项早期研究中，研究者使用单个被试设计（撤销设计），来检验成人的关注以及对不愉快教育任务的回避对这些问题行为的影响（Carr & Durand, 1985）。研究发现，一些儿童在被成人忽视时会更频繁地打自己，另一些在学业遇到困难时会更频繁地打自己。这些发现表明，这些混乱的行为可能是患儿的一种原始交流方式（意味着"请过来"，或"这太难了"）。这些发现引导研究者进一步思考，我们是否可以教会这些孩子更恰当的沟通方式（Durand, 1990）。接下来的研究仍然使用单个被试设计。结果显示，教会患儿可接受的引起注意的方式，或者让患儿获得来自他人的帮助，显著减少了混乱的行为（Durand & Carr, 1992）。数十年来的研究显示，这一治疗方法（即功能性交流训练）能提升沟通技能，缓解不良行为，从而显著改善有上述严重问题行为的患儿的生活状况（Durand, 2013）。

这个领域的研究者还面临一个问题：为何一些孩子的问题行为变得越来越严重，而另一些孩子则没有。为了回答这一问题，研究者进行了一个为期3年的前瞻性纵向研究，从100多个自闭症儿童身上观察哪些因素可能使问题恶化（Durand, 2001）。研究者选择了一些3岁儿童，追踪他们至6岁。结果发现，下面两个因素是这些孩子严重行为问题的最重要指征：①父母悲观地看待自己帮助孩子的能力；②父母怀疑孩子做出改变的能力。这些父母会"放弃"，并允许孩子支配家里的很多日常规则（例如，在起居室里吃饭，或者不能去看电影，因为如果不遵守这些规则孩子就会发脾气）（Durand, 2001）。

这一重要发现引出了下一个问题：我们能让悲观的父母变得乐观吗？这能帮助预防孩子的问题恶化吗？接下来，研究者采用了随机临床实验设计，来看看加上认知行为干预是否会让悲观的父母变得乐观。研究者希望教会这些父母检查自己的悲观想法（例如，"我无法控制我的孩子"或"因为患上这种障碍，我的孩子不可能改善了"），并帮助他们用更有希望的视角来替换（例如，"我能帮助我的孩子"或"我的孩子能够改善自己的行为"）。研究者假设这一认知干预将帮助父母实施他们提供的养育策略（如功能性交流训练），并改善行为干预的结果。研究者将这些悲观的父母进行随机分组，一组只教父母如何与自己有行为问题的孩子相处，另一组不仅教授同样的技术，同时还帮助父母审视自己的悲观想法，并帮助他们用更积极的眼光看待自己和孩子。治疗是正式进行的，并签订书面协议以确保各组按照实验设计接受相应的干预（Durand & Hieneman, 2008）。结果表明，额外的认知行为干预达到了预期的效果——提升了父母的乐观程度，同时也改善了孩子的行为结果（Durand, Hieneman, Clarke, Wang, & Rinaldi, 2013）。

就像这个例子所显示的那样，研究者循序渐进地实施研究计划，从多个角度对一种障碍或一种治疗方法进行观察，从而获得完整的图景。

可重复性

人们常说"眼见为实"。在科学领域，这句话可以改为"再现为实"。大多数科学家，特别是行为科学家，从不确信某事是"真实的"。科学家在说明原因或治疗结果时始终抱有谨慎的怀疑。而重复研究结果能使研究者更有信心地认为，他们所观察到的并不是一个偶发事件。在前文中介绍个案研究方法时我们已经提到，如果研究者仅在一个人身上看到一种障碍，无论研究者将观察到的内容记录得多么仔细，我们都不能得出有力的结论。

研究项目的效力就在于它能够通过不同方法重复研究发现，从而建立起人们对于研究结果的信心。如果你回过头去看前文介绍的研究策略，你将会发现，可重复性是各种策略中最重要的方面。研究者越能够多次重复一个过程（而且所研究的行为也如预期那样改变的话），他们就越能确信改变的原因。

研究伦理

最后一个重要问题是在进行变态心理学研究时的伦理问题。举例来说，临床工作者为了满足实验设计的要求而推迟患者的治疗，这样做常常受到质疑；一种单个案例实验设计——撤销设计，会包含将治疗撤销；当组间实验设计使用安慰剂控制组时，不会为控制组提供治疗。因此，研究者不断地讨论何时使用安慰剂控制试验是恰当的（Fisher & Vacanti-Shova, 2012）。根本问题在于：科学家在保护研究内部效度方面的兴趣何时能重于当事人获得治疗的权利？

解决这一问题的一种方案是**知情同意**（informed consent）——研究被试在被完整告知研究性质以及参与者在其中的角色之后，正式同意参与研究合作（Fisher & Vacanti-Shova, 2012）。知情同意的概念源自第二次世界大战后的战争审判。纳粹曾强迫囚犯参加所谓的医学实验，审判过程对这类罪行的披露导致人们在战后建立起了沿用至今的知情同意指导原则。在使用推迟治疗或撤销治疗的研究中，被试会被告知为何要这样做，以及相应的风险和获益，然后询问他们是否接受这一程序。在安慰剂控制组研究中，被试会被告知他们可能不会接受一种积极的治疗（所有参与者都不知道自己会被安置在哪组），但是他们通常可以选择研究结束之后接受治疗。

但是，真正的知情同意有时仍然很难实现。知情同意的基本要素是胜任力、志愿性、完整的信息以及对于参与内容的理解力（Bankert & Amdur, 2006）。换言之，研究被试必须有能力自愿同意参与研究，他们必须是志愿而非被迫参与，他们必须了解做决定所需要的所有信息，并且他们必须理解自己将参与的研究内容。有时候，要满足上述所有条件是很困难的。例如，儿童常常很难完全理解研究程序。相似的，认知受损的个体（例如智力残疾和精神分裂症患者）可能也无法理解自己作为研究对象的角色或权利。在医疗机构中，也不该使被试感到自己不得不参与研究。并且，来自不同文化的人对于知情同意程序中哪些信息最重要可能也持有不同观点（Lakes et al., 2012）。

某些一般性的保护措施有助于确保这些问题得到恰当处置。首先，在大学或医疗机构中的研究必须得到伦理委员会批准（Fisher & Vacanti-Shova, 2012）。委员由大学教员和来自社区的非学界人士构成，他们的责任是审核研究对象的权利是否受到了保护。委员会的构成允许非研究人士了解研究程序，从而确保采取了足够的措施来保护研究对象的福祉与尊严。

为了保护心理学研究中的被试，并澄清研究者的责任，美国心理学会出版了《心理学工作者的伦理守则与行为规范》（*Ethical Principles of Psychologists and Code of Conduct*），其中涵盖了进行研究的一般性指导原则（Knapp, Gottlieb, Handelsman, & VandeCreek, 2012a, 2012b）。参与研究实验的被试必须得到恰当的保护以免受身体和心理的伤害。除知情同意之外，这套原则还强调了研究者对研究对象的福祉负有责任：与其他事项（如实验设计）相比，研究者必须将研究对象的福祉置于最优先的地位。

心理上的伤害很难确定，但是其定义提醒着研究者应负起责任。研究者必须对从研究对象那里获得的所有信息严格保密，研究对象有权在所有数据中隐藏自己的身份。如果研究过程中使用了欺骗或隐瞒的技巧，研究对象有权在事后听取汇报——也就是说，研究者需要在事后告知被试，使他们能够理解研究的真正目的，以及为何欺骗他们是必要的。

儿童发展研究学会（Society for Research in Child Development, 2007）发布了研究伦理指南，以处理在儿童研究方面的一些特殊问题。指南不仅主张保密原则、无伤害原则和汇报原则，还要求儿童监护人的知情同意，以及7岁及以上儿童本人的知情同意。这些指南详细规定了必须用儿童能理解的语言向他们解释研究，使他们能够决定是否愿意参与。除了对研究对象的保护，还有很多其他伦理事宜，包括研究者如何处理研究失误、学术造假以及归功于他人的恰当方式等。总之，做研究要考虑的问题比选择一个恰当的设计要多得多。

最后，本领域还有一个重要发展，即让实验对象参与心理障碍研究的诸多重要方面（Chevalier & Buckles, 2013）。人们不仅关心被试在研究中被如何对待，还关心信息被如何解读和使用。这样的关切促成政府机构颁布了指导纲要，说明成为研究目标的人（例如，精神分裂症、抑郁症或焦虑障碍患者）应如何参与研究过程。人们期待，当这些患者能够参与到研究的设计、实施和解释过程中去，研究的针对性及治疗方法的质量都将获得显著的提升。

小测验 4.3

下面是跨时间研究的一些优点和局限。请将它们分类，在属于横断研究设计的特点前标记 CS，在属于纵向研究设计的特点前标记 L。

优点：

1. _____ 显示个体发展
2. _____ 更容易实施
3. _____ 没有同组群效应

局限：

4. _____ 同组群效应
5. _____ 代际效应
6. _____ 没有个体发展数据

判断下列陈述是正确的（T）还是错误的（F）。

7. _____ 在所有研究对象都被告知实验的性质以及他们在实验中的角色之后，必须允许他们拒绝或同意签署知情同意书。
8. _____ 如果研究对象被分到控制组或者将使用安慰剂，就不需要知情同意了。
9. _____ 在大学或医疗机构中的研究必须得到伦理委员会批准，确认研究对象是否有足够的认知能力来保护自己免受伤害。
10. _____ 研究对象有权在所有被收集和报告的数据中隐去自己的身份信息。
11. _____ 当欺骗对于研究来说是必要的一部分时，不应向研究对象汇报使之听取研究的真正目的。

本章小结

检查异常行为

- 研究包括建立一个假设，然后检验之。在变态心理学中，研究目的在于检验有关某个障碍的性质、原因或治疗的假设。

研究方法的类型

- 个案研究被用于深入研究一个或多个个体。尽管个案研究在心理学的理论发展中起到了重要作用，但是它们并不受实验控制的影响，并且在内部效度和外部效度方面都受到怀疑。

- 相关研究能够告诉我们两个变量之间是否存在关系，但是它不能告诉我们这种关系是否是因果关系。流行病学研究是相关研究的类型之一，揭示了一种特定问题在一个或多个群体中的发病率、分布和后果信息。

- 实验研究可分为两大类设计：单个案例设计或小组设计。在这两类设计中，研究者都会操作一个（或几个）变量并观察效果，以确定因果关系的性质。

基因以及跨时间和跨文化的行为

- 基因研究聚焦于基因在行为中的角色。这些研究策略包括家族研究、收养研究、双生子研究、基因连锁分析和关联研究。
- 跨时间检验心理病理学的研究策略包括横断研究设计和纵向研究设计。二者都关注不同年龄人群的行为或态度差异，但前者是通过研究不同年龄的不同个体，而后者考察的是同一批个体在不同年龄段的情况。
- 预防研究可以分为四大类：健康促进或积极发展策略、一般干预策略、选择性干预策略以及指定性干预策略。
- 临床情境、病因以及治疗过程和结果都可能受到文化因素影响。
- 一项研究发现被重复得越多，就越具有可靠性。
- 研究过程中的伦理非常重要，很多专业组织发表了伦理指南来确保研究对象的福祉和尊严。
- 伦理问题可以通过知情同意来解决，还可以通过让研究对象参与到研究设计、实施和解释中来实现。

小测验答案

4.1
1. 自变量　2. 混淆变量　3. 假设
4. 因变量　5. 内部效度，外部效度

4.2
1. E　2. C　3. B　4. A　5. F

4.3
1. L　2. CS　3. L　4. CS　5. L　6. CS
7. T　8. F　9. T　10. T　11. F

焦虑、创伤和应激相关障碍，以及强迫性冲动和相关障碍

焦虑障碍的复杂性
    焦虑、恐惧和惊恐的定义
    焦虑和相关障碍的病因
    焦虑及相关障碍的共病
    与躯体障碍的共病
    自杀
焦虑障碍
广泛性焦虑障碍
    临床描述
    统计数据
    病因
    治疗
惊恐障碍和广场恐怖症
    临床描述
    统计数据
    病因
    治疗
特定恐怖症
    临床描述
    统计数据
    病因
    治疗
社交焦虑障碍（社交恐怖症）
    临床描述
    统计数据
    病因
    治疗
创伤和应激相关障碍
创伤后应激障碍（PTSD）
    临床描述
    统计数据
    病因
    治疗
强迫性及相关障碍
强迫性障碍
    临床描述
    统计数据
    病因
    治疗
躯体变形障碍
    整形手术和其他医疗方法
其他强迫性及相关障碍
    囤积障碍
    拔毛发癖和皮肤搔抓障碍

第5章

学习目标

● 使用科学原因解释行为	● 能够识别行为解释（例如，推论、观察、操作性定义和解释）中的基本生物、心理和社会成分（APA SLO 1.1a）。
● 创新和整合地思考和解决问题	● 能够操作性地描述问题，以便进行实证研究（APA SLO 1.3a）。
● 使用基于学科原则的问题解决方法进行应用	● 能够正确地识别行为和心理过程的前因和后果（APA SLO 5.3c）。
	● 能够描述日常生活中的相关例子和对心理学的实际应用（APA SLO 5.3a）。

* 本章内容涵盖美国心理学会（APA，2012）建议的学习目标，旨在为心理学专业本科生提供指导。目标及建议学习成果（SLO）由 APA 定义。

焦虑障碍的复杂性

正如弗洛伊德在许多年前意识到的那样，焦虑是复杂且令人费解的。从某种程度上来说，我们对焦虑的了解越多，它就越显得变幻莫测。"焦虑"是一种特殊的障碍类型，但又不仅限于此。它也是一种情绪，几乎与整个心理病理学范畴都有关系，因此，我们的讨论会涉及其生物和心理两方面的一般性质。接下来，我们还要讨论恐惧，这是一种与焦虑略有区别但又有明显关联的情绪。与恐惧有关的是惊恐发作，也即在没有什么可恐惧的事物出现时（不恰当的时机）发生的恐惧。在头脑中形成这些清晰的概念之后，我们再来关注特定焦虑及相关障碍。

焦虑、恐惧和惊恐的定义

你是否体验过焦虑？你可能会说，这真是个愚蠢的问题，因为绝大多数人几乎在生活中每一天里都会感到焦虑。你今天还有个没有"完美"准备好的测验吗？上周末你与某个新认识的人约会成功了吗？还有，你对即将到来的工作面试感觉怎么样？哪怕只是想一想这些都可能让你感到紧张。但是你是否停下来思考过焦虑的性质？焦虑是什么？又是什么引起了焦虑？

焦虑（anxiety）是一种负性情绪状态，其特征是躯体紧张症状以及对未来的忧虑（American Psychiatric Association，2013；Barlow，2002）。在人类身上，它可能是一种主观的不安感、一组行为（看起来忧虑紧张或坐立不宁）或一种生理反应，发端于大脑并反映为心率升高和肌肉紧张。因为很难针对人类被试进行焦虑研究，所以很多研究是在动物身上进行的。例如，我们可能教会实验室大鼠，灯光预示着即将发生电击。毫无疑问，当灯光亮起时，大鼠看起来很焦虑，在行为表现上也是如此。它们可能坐立不安、颤抖，还可能畏缩在角落里。我们可以给它们一种降低焦虑的药物，并注意到它们对灯光反应的焦虑下降。但是在大鼠身上进行的焦虑实验是否与人类相同？尽管看上去大体相似，但我们并不能确定。因此，焦虑仍然是一个谜团，我们只是刚刚开始探索之旅。同时，焦虑还与抑郁密切相关（Barlow，2000，2002；Brown & Barlow，2005，2009；Clark，2005；Craske et al.，2009），关于这一点，详情参见第7章。

焦虑令人不快，那么为何人类好像被设计成了这个样子——为何几乎在每次做重要的事情时我们都会体验到焦虑呢？令人惊讶的是，焦虑对我们有好处，至少在适量时情况如此。心理学家知道这一点已经有一个多世纪了：人们在轻微焦虑时表现更好（Yerkes & Dodson，1908）。如果你一点都不焦虑的话，你就不会在测验中取得好的成绩；在周末约会中，你会因为有点焦虑而变得更有魅力、更加生动；还有，如果你有点焦虑的话，你会为即将到来的工作面试做更多准备。简言之，社会、生理和智力的表现都会被焦虑所驱动和提升。如果没有焦虑，极少有人能做到那个程度。Howard Liddell（1949）首先提出这一观点，他称焦虑为"智力的影子"。他认为，人类为未来做详细计划的能力与这种折磨人的感受有关：事情可能会变糟糕，而我们最好为此做准备。因此，焦虑是一个未来导向的情绪状态。如果你将其转化为语言，你可能会说："有些情况可能要变糟糕，我不确定我是否能应对，但我准备好了去试一下。也许我最好复习得更努力点儿（或是在约会前再照照镜子检查一下，或是在面试之前再对公司多做一些研究）。"

但是，如果你焦虑过头了会怎样？你可能会考砸，因为你没法把注意力集中在解答问题上。当你过度焦虑时，你能想到的全都是如果你考砸了会有多么恐怖。你也可能因为同样的原因在面试中也受挫。当与一位新朋友约会时，你还可能整晚冒汗，胃不舒服，甚至一个有趣的话题也想不出。好东西过量了也会变得有害，不过，感觉麻木比严重到失控的焦虑危害性更大。

让情况变得更糟糕的是，严重的焦虑通常不会消失——也就是说，当"明知"没有什么可害怕的事情时，我们还会保持着焦虑。一个与这种非理性有关的例子是约翰·麦登（John Madden），他是一位已经退休的体育解说员和前专业足球教练。麦登患有幽闭恐怖症。他把自己的焦虑写了下来，作为电视商业广告中的幽默素材。在麦登的职业生涯中，他常常要今天在纽约解说一场比赛，第二天要到旧金山解说另一场。但他因为幽闭恐怖症而不能乘飞机，因此很长一段时间里，他都只能坐火车出差，后来不得不花钱装备了一辆高端私人大巴车。像麦登一样饱受焦虑障碍困扰的人不计其数，他们都清楚地意识到，这些让他们感到极具压力的情境其实并没有什么好害怕的。麦登很久以前就知道，乘飞机实际上是最安全的旅行方式，对他来说也是最省时的方式，能帮助他保住收益颇丰的职业。但他至今都没能改变自己的自我挫败行为。

本章中所讨论的所有障碍都以过度焦虑为特征，表现为多种形式。在第2章中，你们已经了解到，**恐惧**（fear）是对危险的一种即时警觉反应。和焦虑一样，恐惧也使我们获益。它通过激活自主神经系统的剧烈反应（例如，增加心率和血压）来保护我们，这一过程伴随着主观恐惧感受，激发我们回避（逃跑），或在有可能的情况下进攻（战斗）。因此，这一紧急情况下的反应常常叫作逃跑—战斗反应。

有很多证据显示，恐惧和焦虑反应在心理和生理方面均有不同（Barlow, 2002; Bouton, 2005; Craske et al., 2010; Waddell, Morris, & Bouton, 2006）。如前所述，焦虑是一种未来指向的心境状态，以忧虑为特征，因为我们不能预测或控制即将到来的事件。而恐惧则是一种对当前危险的即时情绪反应，其特征是强烈的逃避倾向，并且常常伴有自主神经系统中交感神经分支的反应激增（Barlow, Brown, & Craske, 1994; Craske et al., 2010）。

如果你在没有什么实质可怕事物的情况下体验到了恐惧的警觉反应，会发生什么呢？也就是说，如果你出现了虚假警觉会怎样？让我们来看看格蕾琴的案例吧，她是我们中心的一位门诊病人。

格蕾琴　惊恐发作

我在25岁时发生了第一次惊恐发作。那是在我出院的几周之后发生的。我切除了阑尾。手术进行得很顺利，我也没有任何危险，正因为如此，我不理解自己为何会出现惊恐发作。一天夜里，我睡着了，几个小时后醒来——我不确定到底有多长时间——但我醒来时就有了那种含糊不清的忧虑感。我能记得大部分事情：我的心脏如何开始咚咚地跳；我的胸口疼；我感觉就好像是快要死了——就像是心脏病发作。我还有一种奇怪的感觉，好像我与那种体验是分离的。我的卧室仿佛蒙着一层烟雾。我跑到我姐姐的房间里，但当我跑的时候，我觉得自己像木偶或机器人一样，在另外什么人的控制之下。我被自己吓坏了，我想我把姐姐也吓坏了。她叫来了救护车（Barlow, 2002）。

这种突发的剧烈反应就被称为**惊恐**（panic），源自希腊神话中潘神（Pan）用令人毛骨悚然的尖叫声惊吓旅人。心理学将**惊恐发作**（panic attack）定义为一种闯入性的强烈恐惧体验，或急性的不适感，伴随有躯体症状，常常包括心悸、胸痛、气短，还可能伴有头晕。

DSM-5 惊恐发作的诊断标准

一种突然出现的强烈恐惧或强烈不适，在几分钟之内达到顶峰，在这一过程中，满足四项（或更多）下列症状：

1. 心悸、心慌或心率增快
2. 出汗
3. 颤抖
4. 觉得气短或气闷
5. 窒息感
6. 胸痛或不适
7. 恶心或腹部难受
8. 感到头昏、站不稳、头重脚轻或晕倒
9. 发冷或发热的感觉
10. 感觉异常（麻木或刺痛感）
11. 环境解体（非现实感）或人格解体（感到并非自己）
12. 害怕失去控制或将要发疯
13. 害怕即将死亡

From American Psychiatric Association. (2013). *Diagnostic and statistical manual of mental disorders* (5th ed.). Washington, DC.

DSM-5 中描述了惊恐发作的两种基本类型：可预料的和不可预料的。如果你知道自己害怕高处或害怕在长桥上驾驶，你可能在这些情境下惊恐发作，但在其他情境则不会，这就是可预料的（有线索的）惊恐发作（expected/cued panic attacks）。相反，如果你对于下次在何时或何处可能发生惊恐发作没有任何线索，你可能经历不可预料的（无线索的）惊恐发作（unexpected/uncued panic attacks）。我们之所以提到这些惊恐发作类型，是因为它们在几种焦虑障碍中都起到了非常重要的作用。不可预料的发作对于惊恐障碍非常重要。可预料的发作在特定恐怖症或社交恐怖症中更为常见（见图 5.1）。

需要记住的是，恐惧是一种强烈的警觉情绪，伴随自主神经系统的能量激增，促使我们逃离危险。格蕾琴的惊恐发作听起来像是恐惧情绪吗？有大量证据表明这就是恐惧（Barlow, 2002; Barlow, Chorpita, & Turovsky, 1996; Bouton, 2005），这些证据包括恐惧体验和惊恐体验报告的相似性，逃跑行为倾向的相似性，以及潜在神经生物加工过程的相似性。

很多年来，我们从病人的生理评估中记录惊恐发作（Hofmann & Barlow, 1996）。图 5.2 显示了一个病人的生理激增记录。请注意第 11 分钟到 13 分钟之间心率的骤增，以及同时伴随的肌肉紧张（额肌 EMG）和指温的上升。这种巨大的自动激增在 3 分钟之内达到顶峰并消退。无论从病人还是研究者

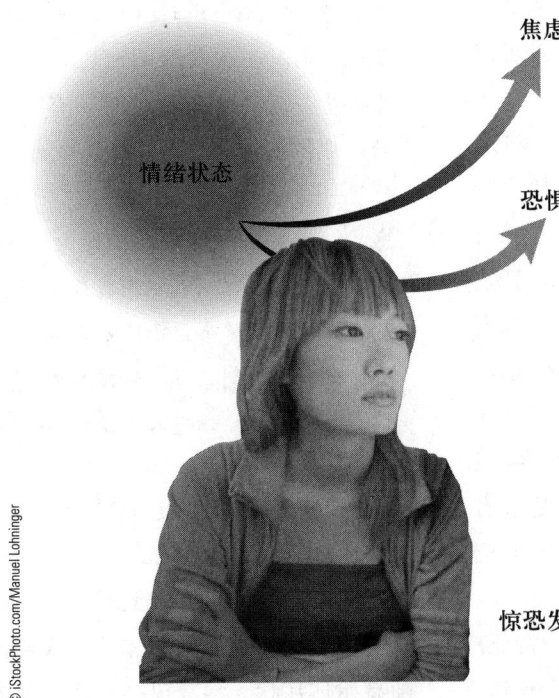

图 5.1　焦虑、恐惧和惊恐发作之间的关系

焦虑
- 负性反应
- 紧张的躯体症状
- 未来指向
- 不能预测或控制即将到来的事件的感觉

恐惧
- 负性反应
- 强烈的交感神经系统唤起
- 即时警觉反应，其特征是对于当前危险或威胁生命的紧急情况的逃避反应倾向

惊恐发作　发生在不恰当时刻的恐惧
- 可预料的
- 不可预料的

的视角来看，实验室中发生的惊恐发作都非常不可预测。如图所示，恐惧和惊恐的体验是突发的，它调动人对迫近的危险进行即刻反应。

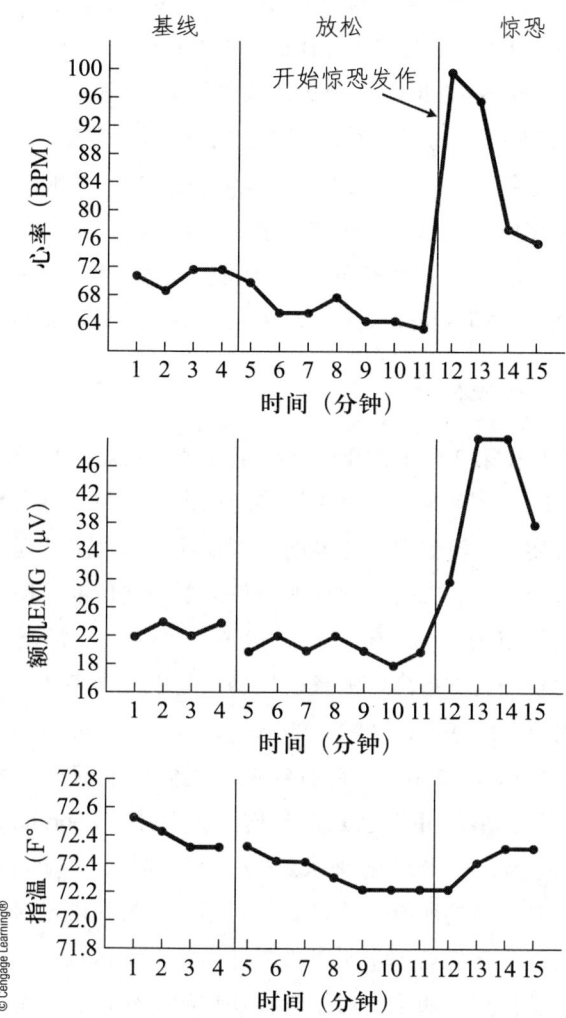

图 5.2 惊恐发作过程中的生理测量数据。BPM，每分钟心跳次数；EMG，肌电扫描术。[Reprinted, with permission, from Cohen, A. S., Barlow, D. H., & Blanchard, E. B. (1985). Psychophysiology of relaxation-associated panic attacks. *Journal of Abnormal Psychology*, *94*, 98 © 1985 by the American Psychological Association.]

焦虑和相关障碍的病因

你已经从第 1 章和第 2 章中了解到，过度情绪反应的根源并不是单一维度的，而是多种多样的。接下来，我们将探索生物、心理和社会的因素，以及它们在产生焦虑及相关障碍时是如何交互作用的。

生物因素

越来越多证据显示，人类会遗传一种紧张、不安和忧虑的倾向（Barlow et al., 2013；Clark, 2005；Eysenck, 1967；Gray & McNaughton, 1996）。惊恐的倾向似乎也在家族中传递，这说明它很可能有遗传成分，但在某种程度上与焦虑的遗传因素不同（Barlow, 2002；Craske & Barlow, 2013；Kendler et al., 1995）。就像几乎所有情绪特质和心理障碍一样，焦虑或惊恐目前看来并非由单一的基因引起。实际情况是，在适宜的心理和社会因素存在的情况下，染色体几个区域上的基因集合因素使个体变得易感。进而，基因的易感性并不直接引发焦虑和/或惊恐。也就是说，像我们在第 2 章中阐述的那样，应激或其他环境因素可以"开启"这些基因（Gelernter & Stein, 2009；Kendler, 2006；Owens et al., 2012；Rutter, Moffitt, & Caspi, 2006；Smoller, Block, & Young, 2009）。

焦虑还与特定的大脑回路以及神经递质系统有关。例如，γ-氨基丁酸（GABA）的耗竭、部分GABA—苯二氮䓬系统都与焦虑水平上升有关，尽管这种关系并不是非常直接。去甲肾上腺素系统也与焦虑的起因有关（Hermans et al., 2011）。并且动物研究和对人类正常焦虑的研究都有证据显示，血清素能神经递质系统也与焦虑有关（Lesch et al., 1996；Maier, 1997；Stein, Schork, & Gelernter, 2007）。但在过去几年里，更多研究聚焦于促皮质素释放因子（CRF）系统，以此作为焦虑（和抑郁）的主要表现，而前述的几组基因也增加了"开启"这一系统的可能性（Essex et al., 2010；Heim & Nemeroff, 1999；Khan, King, Abelson, & Liberzon, 2009；Smoller, Yamaki, & Fagerness, 2005；Sullivan, Kent, & Coplan, 2000）。这是因为促皮质素释放因子激活了下丘脑—脑垂体—肾上腺皮质（HPA）轴。我们在第 2 章中已经介绍过，这是 CRF 系统的一部分，而 CRF 系统对于大脑中牵涉到焦虑的领域——包括情绪脑（边缘系统，特别是海马与杏仁核）、脑干中的蓝斑、前额叶皮质区以及多巴胺神经递质系统——都具有普遍的效果。CRF 系统还与 GABA—苯二氮䓬系统、血清素能和去甲肾上腺素能神经递质系统直接相关。

大脑区域中常与焦虑有关的主要是边缘系统（Britton & Rauch, 2009；Gray & McNaughton, 1996；Hermans et al., 2011；LeDoux, 2002；见图 2.7c），它在脑干和皮层之间起到中介作用。初级的脑干监控和感受着身体功能的改变，经由边缘系统将这些潜在的危险信号传递给较高级的皮层加工。已故的英国著名神经心理学家 Jeffrey Gray 在动物的边缘系统中发现了一个大脑回路，与焦虑高度关联（Gray, 1985; McNaughton & Gray, 2000），并可能与人类有关。这一回路从边缘系统的中膈和海马区域出发，到达前额叶皮层。（中膈—海马系统被 CRF 激活，血清素能和去甲肾上腺素能的中介通路则发源于脑干。）Gray 将这一系统称为**行为抑制系统**（behavioral inhibition system, BIS），该系统会被脑干对预期之外的事件信号激活，例如身体功能的急剧改变可能预示着危险。而当我们看见某种可能具有威胁性的事物时，危险信号也会经由它从皮层下传至中膈—海马系统。行为抑制系统还接收到来自杏仁核的大量激增信号（LeDoux, 1996, 2002）。当行为抑制系统被脑干上传的信号与皮层下传的信号激活时，我们就很容易僵住，体验到焦虑，忧心忡忡地评估情境并确信危险的存在。

但行为抑制系统回路与惊恐发生时的回路不同。Gray（1982；Gray & McNaughton, 1996）以及 Graeff（1993；Deakin & Graeff, 1991）识别出了 Gray 称为**战斗—逃跑系统**（fight/flight system, FFS）的回路。这一回路始于脑干，途经几个中脑结构，包括杏仁核、海马的腹内侧核以及中枢灰质。当动物受到刺激时，这一回路会产生一个即刻的警觉—逃避反应，看起来非常类似人类身上的惊恐（Gray & McNaughton, 1996）。Gray 和 McNaughton（1996）以及 Graeff（1993）认为，这一系统有一部分是被血清素的不足所激活的。

环境中的因素很可能会改变上述大脑回路的敏感性，使个体对焦虑及其障碍的易感性程度不一，几个实验室研究都证实了这一发现（Francis, Diorio, Plotsky, & Meaney, 2002; Stein et al., 2007）。例如，一个重要的研究显示，青少年的吸烟行为与其进入成人期后罹患焦虑障碍（特别是惊恐障碍和广泛性焦虑障碍）的风险上升有很大联系（Johnson et al., 2000）。研究追踪了近 700 名青少年到他们成人之后。每天吸 20 支或更多烟的青少年比吸烟较少或不吸烟的青少年罹患惊恐发作的概率高出 15 倍，而罹患广泛性焦虑障碍的概率也高出 5 倍。一项新近研究也证实了吸烟与惊恐障碍之间复杂的交互作用（Feldner et al., 2009; Zvolensky & Bernstein, 2005）。一个可能的解释是，长期接触成瘾物质尼古丁加重了躯体症状和呼吸系统问题，启动了额外的焦虑和惊恐，所以增加了罹患焦虑障碍的生物易感性。

脑成像技术帮助我们获得了更多关于焦虑和惊恐的神经生物学信息（Britton & Rauch, 2009; Shin & Liberzon, 2010）。例如，现在研究者普遍同意，焦虑障碍病人的边缘系统（包括杏仁核）对刺激或新信息过度反应（自下而上加工异常）；同时，能够向下调节杏仁核过度兴奋的皮层控制功能不足（自上而下加工异常），符合 Gray 的行为抑制系统模型（Ellard, 2013; Britton & Rauch, 2009; Ochsner et al., 2009）。

心理因素

在第 2 章中，我们介绍了关于引发焦虑心理属性的一些理论。弗洛伊德认为焦虑是一种对再次激活婴儿恐惧情境的危险的心理反应。行为主义理论家认为，焦虑是早期经典条件反射、模仿或其他形式学习的产物（Bandura, 1986）。但是，不断增加的新证据支持焦虑的整合模型，其中包含多种心理因素（Barlow, 2002; Suárez, Bennett, Goldstein, & Barlow, 2009）。在童年期，我们可能获得一种认识：事件并不总是在我们的控制中（Chorpita & Barlow, 1998）。这种认识是一个连续体，一端是对控制生活的所有方面都有绝对信心，另一端是对自己以及自己处理未来事件的能力怀有深深的不确定感。例如，如果你对于学校功课感到焦虑，哪怕你所有的成绩不是 A 就是 B，你还是很可能会担心你下一次考试考不好。一种普遍的"不可控的感觉"会作为养育或其他破坏性或创伤性环境因素的函数，从童年期就发展起来。

有趣的是，在个体童年早期，父母的行为似乎对助长控制或无法控制的感觉起到了很多作用（Barlow et al., 2013; Bowbly, 1980; Chorpita & Barlow, 1998; Gunnar & Fisher, 2006）。普遍来讲，父母以一种<u>主动且可预期</u>的方式与孩子互动，特别是当孩子需要关注、食物或减轻痛苦等时候，通过响应孩子的需要与其互动；而这种互动执行了一个重要功能。这些父母教会自己的孩子，他们可以控制自己的环境，他们的反应对父母及环境有效果。此外，提供了"安全基地"的父母还允许孩子自己探索世界，并提供必要的接纳来应对不可预期的事情发生，使得孩子能够发展出一种健康的控制感（Chorpita & Barlow, 1998）。相反，过度保护和过度干涉的父母为孩子"开道"，从不让他们自己体验任何逆境，他们所创造的环境让孩子无法学会逆境来临时如何应对。大量证据支持上述观点（Barlow, 2002; Chorpita & Barlow, 1998; Dan Sagi-Schwartz, Bar-haim, & Eshel, 2011; Gunnar & Fisher, 2006; White, Brown, Somers, & Barlow, 2006）。控制感（或缺乏控制感）从这些早期经验中发展出来，成为影响个体在日后生活中对焦虑易感程度的心理因素。

关于惊恐心理（不同于焦虑）的大多数说明引用条件反射和认知方面的解释，二者很难被分离开来（Bouton, Mineka, & Barlow, 2001）。因此，强烈的恐惧反应一般最初发生于极度应激之下，或是环境中危险情境的结果（真实警觉）。这一情绪反应后来变得与大量外部和内部线索相联系。换句话说，这些线索（或称条件刺激）引发了恐惧反应和对危险的假设，甚至在危险并不真实存在时也是如此（Bouton, 2005; Bouton et al., 2001; Martin, 1983; Mineka & Zinbarg, 2006; Razran, 1961），所以实际上是一种习得的虚假警觉。我们在第 2 章中描述过这一条件反射过程。外部线索是与初始惊恐发作发生时相似的地点或情境。内部线索是与初始惊恐发作相关的心率或呼吸增加，即使现在它们是正常环境刺激（例如运动）的结果。所以，当你的心脏快速跳动时，你很可能认为这是一次惊恐发作而非正常的跳动，并继而真的体验到发作。而且，你可能无法意识到严重恐惧的线索或"扳机"，也就是说它们是无意识的，这一点最近已在惊恐障碍病人身上证实（Meuret et al., 2011）。这可能是因为，如同动物实验所显示的那样，这些线索经由眼睛直接到达情绪脑的杏仁核，而不经由意识的来源——皮层（Bouton et al., 2001; LeDoux, 2002）。

社会因素

应激性生活事件会扣动人们在生物与心理上对焦虑易感的扳机。事实上，它们绝大部分是社交和人际事件——结婚、分手、职场的困难、至亲的死亡、要在学校表现突出的压力等。还有一些可能是身体上的，例如受伤或生病。

这些压力源同样也能扣动生理反应的扳机，例如头痛或高血压，以及例如惊恐发作这样的情绪反应（Barlow, 2002）。我们对压力反应的特定方式会在家族中流传。如果你在应激下感到头疼，你家中的其他人也很可能是头疼反应。如果你有惊恐发作，你的家人也可能会经历惊恐发作。这一发现表明，其中可能存在基因因素，至少对于初始惊恐发作来说是这样。

整合模型

我们将这些因素以一种整合的方式聚在一起，提出焦虑发展的理论，称为<u>三重易感理论</u>（triple vulnerability theory）（Barlow, 2000, 2002; Barlow et al., 2013; Brown & Naragon-Gainey, 2012）。第一个易感性（或称素质）是<u>一般生物易感性</u>（generalized biological vulnerability）。我们能够看到，紧张不安或敏感的倾向是可以被继承的。但是要发展出焦虑，仅有一般生物易感性还不够。第二个易感性是<u>一般心理易感性</u>（generalized psychological vulnerability）。也就是说，你还可能在长大成人的过程中，基于早期经验相信世界是危险且不能控制的，当事情变糟糕时你是无法应对的。如果你对这一观点接受程度很高，你就对焦虑存在一般心理易感性。第三个易感性是<u>特定心理易感性</u>（specific psychological vulnerability），这是你从早期经验中习得的（例如被父母教会的），某些情境或物品充满了危险（即使它们本身并不危险）。例如，如果你父母中有一方害怕狗，或者在别人对他们做出负面评价时表现焦虑，你就很可能也发展出对狗或社会评价的焦虑。这种三重易感性在图 5.3 中直观呈现，而我们也会在描

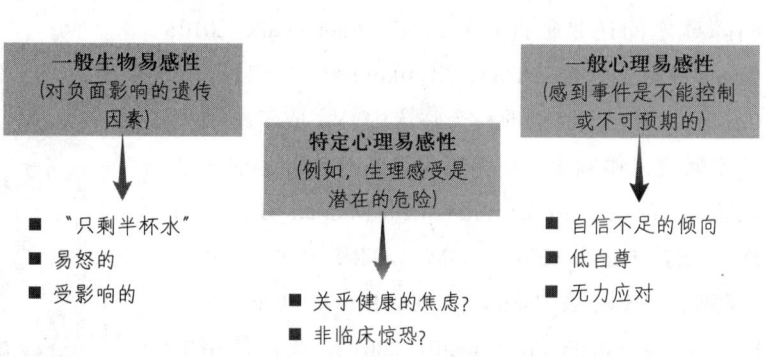

图 5.3 对发展焦虑障碍有贡献的三种易感性。如果上述三种特质个体全都有的话，那么该个体在经历一个压力情境后发展出焦虑障碍的概率就大大增加。（From Barlow, D. H.（2002）. *Anxiety and its disorders: The nature and treatment of anxiety and panic*（2nd ed.）. New York: Guilford Press.）

述每种焦虑和相关障碍时重提。如果你处于很大的压力之下，特别是面对人际方面的压力源时，这个特定的压力源就会激活你变得焦虑的生物倾向，以及你可能无法处理这一情境并控制压力的心理倾向。一旦这个循环启动，它就倾向于自我强化，而不会自行停止，哪怕特定的生活压力源已经消失。焦虑可以被泛化，被生活中许多方面所唤起。但是它通常聚焦于一个领域，例如社会评价或成绩（Barlow, 2002）。

如前所述，惊恐也是对应激的一种特征性反应，这种特征性反应也在家族中流传，但可能与焦虑的遗传成分不同。不过，焦虑和惊恐密切相关：焦虑增加了惊恐的可能性（Barlow, 2002; Suárez et al., 2009）。从进化的角度来看，这种关系很有意义，因为对未来可能发生的威胁或危险的感知（焦虑）会让我们做准备，当危险迫近时立即产生警觉反应（Bouton, 2005）。焦虑和惊恐并不是必然同时发生，但是它们常在一起是有道理的。

焦虑及相关障碍的共病

在描述具体障碍之前，很重要的一点是，要注意到障碍经常是并存的。像我们在第3章中所描述的那样，两种或更多障碍在同一个个体身上并存被称为<u>共病</u>（comorbidity）。焦虑及相关障碍（以及抑郁）具有很高的共病率，表明这些障碍共享了上述焦虑和惊恐的共同特征。它们还共享相同的生物和心理易感性，促使个体发展出焦虑和惊恐。各种障碍的不同之处仅仅在于启动焦虑或惊恐发作模式的事物不同。当然，如果每个焦虑或相关障碍的病人都同时罹患其他焦虑障碍，区分特定障碍的意义就不大了。但事实并非如此。尽管共病率很高，不同障碍之间还是彼此存在区别（Allen et al., 2010; Bruce et al., 2005; Tsao, Mystkowski, Zucker, & Craske, 2002）。我们的一个临床中心完成了一项大样本研究，检验了《精神障碍诊断与统计手册（第四版）》（Diagnostic and Statistical Manual of Mental Disorders, fourth edition, DSM-IV-TR）中的焦虑和心境障碍（Brown & Barlow, 2002; Brown, Campbell, Lehman, Grisham, & Mancill, 2001）。我们使用中心的半结构化访谈，对1127名被试进行详细诊断并收集数据。如果按评估时的共病率计算，那么有一项主要的焦虑或抑郁诊断的被试中，有55%至少还符合另外一项焦虑或抑郁障碍诊断。如果不仅按评估当时计算，而是考虑到患者在人生的任何时期是否符合另一种诊断，共病概率则上升至76%。

迄今为止，对于所有焦虑障碍来说，最普遍的共病诊断是重性抑郁。焦虑障碍病人身上重性抑郁的终生患病率为50%。在本章稍后讨论焦虑和抑郁的关系时，这一点十分重要。还有一个很重要的发现是，当个体正要从焦虑障碍中康复起来时，发生抑郁、酒精或毒品滥用的共病可能性较低；但是当个体已经康复但又复发时，共病的可能性会升高（Bruce et al., 2005; Huppert, 2009）。

与躯体障碍的共病

焦虑障碍还与几种躯体疾病共病。一项重要研究表明，每一种焦虑障碍的存在都与甲状腺疾病、呼吸疾病、胃肠疾病、关节炎、偏头痛以及过敏症有独一无二且重要的联系（Sareen et al., 2006）。因此，罹患这些躯体疾病的人很可能也患有焦虑障碍，但罹患其他心理障碍的可能性则没有升高。进而，焦虑障碍常常始于躯体障碍<u>之前</u>，暗示着（而非证明）与焦虑障碍有关的某些事情可能是躯体障碍的病因，或是对病因有贡献的因素。最后，如果某人既患有焦虑障碍，又患有上述某一种躯体障碍，那么比起只有这种躯体障碍的人来说，这个人更有可能因为自身的躯体问题和焦虑问题而丧失功能，并且生活质量更差（Belik, Sareen, & Stein, 2009; Sareen et al., 2006）。其他研究也发现了焦虑障碍（特别是惊恐发作）与心血管（心脏）疾病之间的相似联系（Gomez-Caminero, Blumentals, Russo, Brown, & Castilla-Puentes, 2005）。同样，现在DSM-5更澄清了惊恐发作常与

有特定躯体障碍（例如哮喘）的人，常常有罹患焦虑障碍的较高风险。

特定的躯体疾病共病，特别是心脏、呼吸、胃肠以及耳前庭（内耳）障碍，虽然大多数此类病人也并不符合惊恐发作的标准（Kessler et al.，2006）。

自 杀

基于流行病学数据，Weissman 及其同事发现惊恐障碍病人中有 20% 曾尝试自杀。他们的结论是，这种自杀尝试与惊恐障碍有关。他们还得出结论，惊恐障碍患者尝试自杀的风险与重性抑郁患者相当（Johnson，Weissman，& Klerman，1990；Weissman，Klerman，Markowitz，& Ouellette，1989）。这一发现令人震惊，因为惊恐障碍相当普遍，而临床工作者通常不会对此类患者尝试自杀的可能性予以防范。调查者还发现，甚至没有伴发抑郁的惊恐障碍患者也有自杀的风险。

Weissman 的研究表明，不仅仅是惊恐发作，任何焦虑或相关障碍都与产生与自杀有关的想法（自杀意念）或进行自杀尝试有独特联系（Sareen et al.，2006），但惊恐障碍和创伤后应激障碍与之关系最强（Nepon，Belik，Bolton，& Sareen，2010；Sareen，2011）。甚至是在个体罹患抑郁症的情况下（我们知道抑郁症患者尝试自杀的风险很大，参见第 7 章），焦虑障碍与抑郁共病的患者自杀风险显著高于只患有抑郁症的人。

我们现在将要分别阐述每一种焦虑及相关障碍。但需要牢记的是，罹患这类障碍的患者中大约有 50% 将患一种或多种其他焦虑或抑郁障碍，并且像后文中将要说明的那样，还可能患有别的障碍，特别是物质滥用障碍。出于上述原因，我们也在思考对焦虑障碍进行新的分类和治疗，而不再仅仅将其视为一种单一的障碍。

小测验 5.1

请使用以下词汇完成关于焦虑及其病因的陈述：

A. 共病　　　　B. 惊恐发作
C. 可预期的　　D. 神经递质
E. 大脑回路　　F. 应激性

1. _____ 是一种强烈恐惧或剧烈不适感的闯入性体验，伴随躯体症状，例如胸痛和气短。
2. _____ 惊恐发作发生在特定的情境中，在其他情境中不会发生。
3. 焦虑与特定的 _____（例如，行为抑制系统或战斗—逃跑系统）以及 _____ 系统（例如，去甲肾上腺素能）有关。
4. 在焦虑及其相关障碍中，出现 _____ 的概率很高，因为它们分享焦虑和惊恐的共同特征。
5. _____ 生活事件能够诱发对焦虑的生物和心理易感性。

焦虑障碍

传统上，归入焦虑障碍一类的障碍包括广泛性焦虑障碍、惊恐障碍和广场恐怖症、特定恐怖症以及社交焦虑障碍，现在，还有两种新的障碍，分离焦虑障碍和选择性缄默症。这些具体的焦虑障碍伴随惊恐发作或以焦虑为核心的其他特征；但是在广泛性焦虑障碍中，焦点被泛化到日常生活事件中。所以，我们首先讨论广泛性焦虑障碍。

广泛性焦虑障碍

你家中是否有人是个杞人忧天者或完美主义者？或许你就是那个人。绝大多数人都会在某种程度上有所担忧。而如前所述，担忧是有用的。它帮助我们为未来做计划，督促我们为考试做准备，或让我们再次确认出发度假之前考虑周全。但如果你不加区别地担忧每件事，会怎么样呢？进而，如果担忧是徒劳的，又会怎样呢？如果你在无论多么担忧的情况下，都不能决定对于即将到来的问题或情境做些什么，会怎样呢？如果你无法停止担忧，甚至你明知担忧对你没有任何好处，还可能让你身边的人痛苦，但你就是停止不了，会怎样呢？这些特征构成**广泛性焦虑障碍**（generalized anxiety disorder，GAD）。下面让我们来看看艾琳的案例。

艾琳	被担忧控制

艾琳是一位 20 岁的大学生，她楚楚动人，却几乎没有朋友。她来咨询中心寻求帮助，主诉是过度焦虑，并且在控制个人生活方面存在广泛困难。对于艾琳来说，每件事都是灾难。尽管她

的高中平均绩点是3.7分，她还是坚信自己每次测验都会不及格。结果是，在大学开学仅仅几周后，她就不断宣称要退课，因为她害怕自己听不懂、跟不上。

艾琳的焦虑一直持续到一个月后她从大学退学。她抑郁了一阵子，然后决定在当地的专科学校上几门课，因为她相信自己在专科学校里应该能较好地应付学业。艾琳在专科学校里上了两年，获得了一连串的A，之后她又在一个四年制的大学里登记入学。不久之后，她开始给一家咨询中心打电话，因为她感到极度焦虑不安，觉得必须得放弃这门或那门课程，因为自己应对不了。她的治疗师和父母都劝说她不要放弃这些课程，劝她寻求更多帮助，这一过程十分艰难。事实上，在艾琳真正完成的每一门课程里，她的成绩都是在A到B-之间，但她仍然担心所有的测验和论文，担心自己会崩溃，担心自己不能完成作业。

艾琳不仅担心学业的事情，她还担心自己与朋友的关系。当她和新男友在一起时，无论任何时候，她都害怕自己出丑并使他失去兴趣。她报告说，每次约会都进行得特别好，但她知道下一次很可能就是一场灾难。当关系进一步发展时，进行某种程度的性接触是十分自然的，然而艾琳对此担心得要命，她担心自己缺乏经验会使男友感到她幼稚和愚蠢。尽管如此，她报告说自己很享受已有的性接触，并承认男友似乎也很享受，但她还是确信下一次就会发生灾难。

艾琳还担心自己的健康。她监控血压，这可能是因为她有点胖。她严格控制每一餐的食物，好像如果吃错了某种类型或数量的食物就会死掉一样。于是她变得不愿意检查血压，因为害怕血压会很高，也不愿意称体重，因为害怕体重没有下降。她严格地限制饮食，结果是偶尔会出现暴食行为，尽管还没有频繁到令人担忧。

尽管艾琳有偶发的惊恐发作，但这不是她最主要的问题。一旦惊恐平息，她就会聚焦于下一场可能发生的灾难。除了高血压之外，艾琳还有紧张性头痛和一个感觉总是胀气的"焦虑的胃"，她有时会腹泻，还有一些腹部疼痛的症状。艾琳的生活是一系列"即将发生的灾难"。她的母亲报告说，她对艾琳打来的电话提心吊胆，更别说是艾琳回家了，因为那意味着她又要看到女儿经历一场危机。出于同样的理由，艾琳鲜有朋友。但即便如此，当她暂时放下焦虑时，和她相处还是很愉快的。

临床描述

艾琳患有广泛性焦虑障碍（GAD）。从很多方面来说，广泛性焦虑障碍的基本症状群也是本章所涉及的每种焦虑和相关障碍的特征（Brown, Barlow, & Liebowitz, 1994）。DSM-5明确规定，至少有6个月的时间，在绝大多数日子里有过度焦虑和担心（焦虑性期待）。进而，转移或控制焦虑过程必须很困难。这就是病理性担忧与人们在为即将到来的事件或挑战做准备时偶尔体验到的正常担忧之间的区别所在。绝大多数人都会担忧一阵子，但是能放下问题，并继续另一个任务。甚至在即将到来的挑战很大时，只要事情过去了，担忧也就停止了。而对于艾琳来说，担忧从不停止。她在当前的危机结束后，会立即转向下一个危机。

与广泛性焦虑和广泛性焦虑障碍有关的躯体症状在某种程度上与惊恐发作和惊恐障碍（稍后详述）有关的躯体症状不同。惊恐与自主的唤起有关，很可能是交感神经系统激增的结果（例如，心率加快、心悸、出汗和颤抖），而广泛性焦虑障碍的特征是肌肉紧张、心理躁动不安（Brown, Marten, & Barlow, 1995）、对疲劳敏感（很可能是长期肌肉过度紧张的结果）、有些易激惹，还存在睡眠困难（Campbell-Sills & Brown, 2010）。广泛性焦虑障碍患者集中注意很困难，因为其思绪快速地在危机之间转换。对于儿童来说，要诊断为广泛性焦虑障碍只需一个躯体症状，而研究证实了这种诊断策略的有效性（Tracey, Chorpita, Dougban, & Barlow, 1997）。绝大多数患有广泛性焦虑障碍的人都对日常琐事感到担忧，这是区别广泛性焦虑障碍与其他焦虑障碍的一个特征。当被询问到"你是否对琐事过度担忧"时，100%的广泛性焦虑障碍患者都会回答"是的"，而其他焦虑障碍的患者中仅有50%会作出肯定回答（Barlow, 2002）。这种差异在统计上是显

广泛性焦虑障碍的诊断标准

A. 在至少6个月的多数日子里,对于诸多事件或活动(例如工作或学校表现),表现出过分的焦虑和担心(焦虑性期待)。

B. 个体难以控制这种担心。

C. 这种焦虑和担心与下列6种症状(在过去6个月中,至少一些症状在多数日子里存在)中至少3种相伴随(儿童只需1项):

1. 坐立不安或感到激动或紧张
2. 容易疲倦
3. 注意力难以集中或头脑一片空白
4. 易激惹
5. 肌肉紧张
6. 睡眠障碍(难以入睡或保持睡眠状态,或休息不充分、睡眠质量不满意)。

D. 这种焦虑、担心或躯体症状引起有临床意义的痛苦,或导致社交、职业或其他重要功能方面的损害。

E. 这种情形不能归因于某种物质(例如,滥用的毒品、药物)的生理效应,也不能归因于其他躯体疾病(例如,甲状腺功能亢进)。

F. 这种情形用其他精神障碍无法更好地解释(例如,惊恐障碍中的焦虑或担心发生惊恐发作,社交焦虑障碍中的负性评价,等等)。

From American Psychiatric Association. (2013). *Diagnostic and statistical manual of mental disorders* (5th ed.). Washington, DC.

著的。重大的事件也会迅速变成焦虑和担忧的焦点。患有广泛性焦虑障碍的成人通常会担心孩子、家人健康、工作责任方面会遇到不幸,以及一些诸如家务活儿或是在约会中守时等小事会出现问题。罹患广泛性焦虑障碍的儿童通常担忧自己在学校的成绩、运动或社交表现,还有家庭问题(Albano & Hack, 2004; Furr, Tiwari, Suveg, & Kendall, 2009; Weems, Silverman, & La Greca, 2000)。年长的患者则倾向于关注健康,这是很好理解的(Ayers, Thorp, & Wetherell, 2009; Beck & Averill, 2004; Person & Borkovec, 1995);他们还有睡眠困难,这似乎使焦虑变得更糟糕(Beck & Stanley, 1997)。

统计数据

尽管担忧和躯体紧张很常见,但像艾琳所经历的那么严重的广泛性焦虑是相当罕见的。美国在一年内,大约有3.1%人口符合广泛性焦虑障碍标准(Kessler, Chiu, Demler, & Walters, 2005),而有5.7%的人在毕生中的某个时间段中会符合这一障碍的诊断标准(Kessler, Berglund, Demler, Jin, & Walters, 2005)。对于青少年(13~17岁)来说,一年中的患病率低于1.1%(Kessler et al., 2012)。但这仍是一个相当庞大的数字,使得广泛性焦虑障碍成为最常见的焦虑障碍之一。世界其他地方也报告了相似的数据,例如南非乡村(Bhagwanjee, Parekh, Paruk, Petersen, & Subedar, 1998)。然而,与惊恐障碍患者相比,广泛性焦虑障碍患者较少来临床治疗。我们所在的焦虑门诊报告,病人中只有约10%符合广泛性焦虑障碍标准,而符合惊恐障碍标准的有30%~50%。这可能是因为绝大多数广泛性焦虑障碍病人都到初级保健医师那里寻求帮助,在这些医师那里确实发现了许多这样的患者(Roy-Byrne & Katon, 2000)。

两个临床样本(Woodman, Noyes, Black, Schlosser, & Yagla, 1999; Yonkers, Warshaw, Massion, & Keller, 1996)和流行病学研究(流行病学研究中广泛性焦虑障碍个体经过人口普查确认)显示,大约有2/3的广泛性焦虑障碍患者是女性,但这些人并不一定都会寻求治疗(Blazer, George, & Hughes, 1991; Carter, Wittchen, Pfister, & Kessler, 2001; Wittchen, Zhao, Kessler, & Eaton, 1994)。这一性别比例可能对于发达国家是具有特异性的。在前文介绍的南非研究中,广泛性焦虑障碍在男性中更为常见。

一些患有广泛性焦虑障碍的病人报告自己的病症始发于成年早期,通常是从对某个生活压力源的反应开始的。然而,很多研究发现,比起其他大多数焦虑障碍来说,广泛性焦虑障碍的发病较早,过程具有渐进式的特点(Barlow, 2002; Brown et al., 1994; Beesdo, Pine, Lieb, & Wittchen, 2010; Sanderson & Barlow, 1990)。根据访谈结果，这一障碍的发病年龄中位数是31岁（Kessler, Berglund, et al., 2005），但是像艾琳一样，很多人在毕生中都感到焦虑和紧张。一旦发展起来，广泛性焦虑障碍就是长期的。我们的研究发现，只有8%的病人在两年后的追踪中显示症状消失了（Yonkers et al., 1996）。Bruce及其同事（2005）报告显示，广泛性焦虑障碍患者在发病12年后，康复的比例仍只有58%。而那些康复的人中有45%日后会复发。这表明广泛性焦虑障碍像大多数焦虑障碍一样，有着长期的病程，其特征是症状的反复消长。

广泛性焦虑障碍在老年群体中流行。在大规模的国民共病问题调查及重复研究中，研究者发现广泛性焦虑障碍在45岁以上的群体中最常见，而在接受调查的最年轻群体（15～24岁）中最少见（Wittchen et al., 1994; Byers, Yaffe, Covinsky, Friedman, & Bruce, 2010），而且研究报告说上述老年群体中广泛性焦虑障碍的患病率为10%。我们还知道老年人中使用弱效安定剂的比例很高，一项研究显示这一比例是17%～50%（Salzman, 1991）。目前我们还不清楚为何临床医生会这么频繁地给老人开药。一个可能原因是，他们并不完全是为了缓解焦虑症状才开药的。开处方药可能主要是因为睡眠问题或其他躯体疾病的继发反应。在任何情况下，苯二氮䓬类药物（弱效安定剂）都会干扰认知功能，并使老年人有更高危险发生摔倒和骨折，特别是容易摔折髋骨（Barlow, 2002）。但是，有很多困难阻碍着对老年人的焦虑情况进行调查，包括缺乏良好的评估工具和治疗研究，还有很大程度是因为研究兴趣不足（Ayer et al., 2009; Beck & Stanley, 1997; Campbell-Sills & Brown, 2010）。

在一项经典研究中，Rodin和Langer（1977）表明，老年人可能对于健康每况愈下特别敏感和焦虑，或是对其他开始削弱他们对生活掌控感的情境特别容易焦虑。这种不断恶化的控制感缺乏、健康每况愈下以及有意义功能的逐渐丧失，可能是西方文化对待年长者的方式带来的不幸的副产品，它严重损害了广泛性焦虑障碍老年患者的生活质量（Wetherell et al., 2004）。如果我们能够改变自身的态度和行为，我们就有可能降低老年群体中焦虑、抑郁和过早去世的概率。

大约每十位老年人中就有一位罹患广泛性焦虑障碍。

病　因

什么引发了广泛性焦虑障碍？我们在过去几年中了解到了大量信息。像绝大多数焦虑障碍一样，广泛性焦虑障碍似乎也存在一般生物易感性。针对广泛性焦虑障碍的基因研究反映出这一点，但Kendler及其同事（1995; Hettema, Prescott, Myers, Neale, & Kendler, 2005）坚信，被遗传的只是焦虑的倾向而不是广泛性焦虑障碍本身。

很长时间以来，广泛性焦虑障碍对于研究者来说是一个真正的谜团。尽管对于该障碍的定义相对较新，是在1980年的DSM-Ⅲ中才开始出现，但临床工作者和心理病理学家早在诊断系统发展出来之前就与广泛焦虑的病人打交道了。很多年来，临床工作者认为有广泛焦虑的病人只是没有把他们的焦虑聚焦在特定的事物上。所以，这种焦虑被描述为"四处漂散的"。但是现在科学家更进一步地发现了广泛性焦虑障碍与其他焦虑障碍之间有趣的不同之处。

第一个不同之处是广泛性焦虑障碍病人的生理反应。广泛性焦虑障碍患者对应激源反应并不像焦虑障碍患者那样强烈，后者的惊恐更为明显。几项研究都发现，相比于其他焦虑障碍患者来说，广泛性焦虑障碍患者在生理测量上敏感性较低，例如心率、血压、皮肤电和呼吸频率（Borkovec & Hu, 1990; Roemer & Orsillo, 2013）。所以，广泛性焦虑障碍患者被称为<u>自主神经限制者</u>（autonomic restrictors）（Barlow et al., 1996; Thayer, Friedman & Borkovec, 1996）。

当有广泛性焦虑障碍患者与没有焦虑的普通被试相比较时，有一个总能区分出焦虑组的生理指标——肌肉紧张。广泛性焦虑障碍患者有慢性肌肉紧张（Andrews et al., 2010; Marten et al., 1993）。要理解这一慢性肌肉紧张现象，我们可能需要了解在广泛性焦虑障碍患者心理发生了什么。通过认知科学的新方法，我们开始能够揭示广泛性焦虑障碍患者某些时候的无意识心理加工过程（McNally, 1996）。

有证据表明，广泛性焦虑障碍个体普遍对于威胁高度敏感，特别是对于与个人有关的威胁。也就是说，相比于并不那么焦虑的人来说，他们更倾向于向威胁的来源分配注意（Aikins & Craske, 2001; Roemer & Orsillo, 2013; Bradley, Mogg, White, Groom, & de Bono, 1999）。这种高敏感性可能被个人生活早期所体验到的无法应对的应激经历唤起（一般心理易感性）。进而，这种对潜在威胁的灵敏意识似乎完全是自动化或无意识的，特别是在威胁是个人化的情况下。使用第2章中描述的Stroop颜色命名任务，MacLeod和Mathews（1991）在屏幕上呈现威胁词仅20毫秒，仍然发现广泛性焦虑障碍的个体在命名这些颜色时会变慢。要知道，在这一任务中用带颜色字母构成的词语呈现时间非常短，而且被试被要求命名颜色而不是词语。而事实上，威胁词的颜色命名变慢，表明这些词语与广泛性焦虑障碍患者关系更密切，从而干扰了他们对颜色的命名——即使呈现这些词的时间根本不足以让个体意识到它们。其他研究者使用其他范式也得到了相似的结论（Eysenck, 1992; Mathews, 1997; McNally, 1996）。

心理过程是如何与广泛性焦虑障碍个体的自主神经限制倾向连接起来的呢？Tom Borkovec及其同事注意到，正如在EEG活动中表明的那样，尽管广泛性焦虑障碍个体的外周神经自动唤起受到限制，但他们的大脑额叶表现出强烈的认知加工，特别是他们的左脑半球。这一发现表明，他们可能存在一些忙乱而紧张的想法或担忧，而并不伴有图像（图像应反映在大脑右半球的活跃上，而不是左半球）（Borkovec, Shadick, & Hopkins, 1991; Roemer & Orsillo, 2013）。也就是说，他们对即将到来的问题奋力思考，以至于无法留出剩余的能力来进行完整的重要加工，所以也无法生成关于潜在威胁的图像，而图像可能会引发更本质的负性情感和自主神经活动。换句话说，他们<u>回避</u>了与威胁有关的图像（Borkovec et al., 2004; Fisher & Wells, 2009）。但从治疗的观点来说，"加工"图像以及与焦虑相连的负性情感都很重要（Craske & Barlow, 2006; Zinbarg, Craske, & Barlow, 2006）。因为广泛性焦虑障碍患者不能从事这一过程，他们可能因此回避掉了很多与负性情感和意象有关的不快和痛苦，但他们也一直无法解决问题或跳过它。所以，他们变成了慢性焦虑者，伴随着自主神经系统的僵化和严重的肌肉紧张。这样一来，强烈的担忧对于广泛性焦虑障碍的个体来说，可能起到了回避对恐怖症患者来说相同的作用。它们都防止了个体直接面对令其恐惧或感到威胁性的情境，所以导致个体一直无法达到适应。这是广泛性焦虑障碍患者对强烈焦虑试图进行调节的方式中一个主要的缺陷（Etkin & Schatzberg, 2011）。总而言之，某些个体继承了一种紧张的倾向（一般生物易感性），并在生活早期发展出一种感觉，即重要生活事件是不可控制且有潜在危险的（一般心理易感性）。重大应激让他们忧虑和警觉。这引发了产生生理变化的强烈焦虑，导致广泛性焦虑障碍的发生（Roemer et al., 2002; Turovsky & Barlow, 1996）。尽管已有很多数据支持这一模型（Borkovec et al., 2004; Mineka & Zinbarg, 2006），但我们还需要时间进一步检验这个模型的正确性。但研究者已经达成了一项共识，那就是焦虑是一种聚焦于潜在危险或威胁的未来导向的情绪状态，而不是对紧急情况或当前真实危险的警觉反应。图5.4中呈现了广泛性焦虑障碍的发展模型。

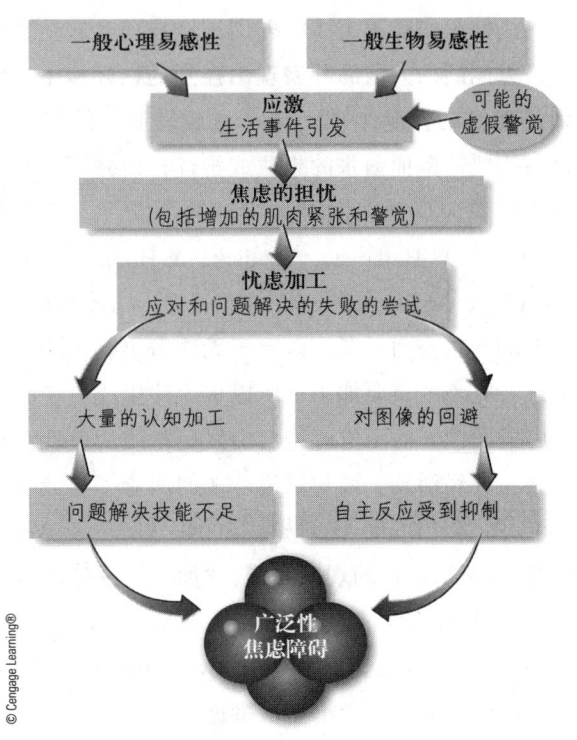

图 5.4 广泛性焦虑障碍的整合模型

治 疗

广泛性焦虑障碍非常普遍，并且可以获得有效的药物治疗或心理治疗。苯二氮䓬类药物是针对广泛性焦虑的最常见处方，有证据显示，此类药物会在一定程度上缓解症状，至少从短期看来能达到这样的效果。较少有研究考察这些药物在8周以后的效果（Mathew & Hoffman, 2009）。但是，它们的治疗效果相对来说仅是中度的。而且，苯二氮䓬类药物还带来一定的风险。首先，它们可能削弱认知功能和监控功能（Hindmarch, 1990; van Laar, Volkerts, & Verbaten, 2001）。具体来说，当人们服用苯二氮䓬类药物时，他们似乎在工作和学习上不那么机灵了。药物还可能削弱驾驶能力，而且服用此类药物的老年人似乎较容易摔倒并导致髋骨骨折（Ray, Gurwitz, Decker, & Kennedy, 1992; Wang, Bohn, Glynn, Mogun, & Avorn, 2001）。更重要的是，苯二氮䓬类药物似乎还会产生心理和生理依赖，使用者很难停止用药（Mathew & Hoffman, 2009; Noyes, Garvey, Cook, & Suelzer, 1991; Rickels, Schweizer, Case, & Greenblatt, 1990）。临床工作者普遍认同，使用苯二氮䓬类药物的最佳方法是在较短时间内缓解与临时危机或压力事件相关的焦虑，例如家庭问题（Craske & Barlow, 2006）。在这种情况下，医生可能会开具苯二氮䓬类药物处方，但一般不会超过一周或两周，到患者的危机获得解决时即可。有力证据表明，抗抑郁药物对于治疗广泛性焦虑障碍很有效，例如文拉法辛（venlafaxine）（Schatzberg, 2000）。这些药物被证明可能是一个更好的选择（Brawman-Mintzer, 2001; Mathew & Hoffman, 2009）。

从短期来看，心理治疗对广泛性焦虑障碍的收效似乎与药物治疗相似，但从长期来看心理治疗更为有效（Barlow, Allen, & Basden, 2007; Newman et al., 2011; Roemer & Orsillo, 2013）。近年来，对短程心理治疗革命性的报告也令人振奋。因为我们现在知道，广泛性焦虑障碍患者似乎在回避焦虑的"感觉"，同时也回避与威胁性图像相联系的负性情感，因此，临床工作者设计了一种治疗方案，使用图像来帮助广泛性焦虑障碍病人在情绪层面加工威胁性信息，从而使其感受（而不是回避）焦虑。这些治疗中也包含其他成分，例如教给病人如何深度放松以减轻紧张。Borkovec 及其同事发现此类治疗显著好于心理安慰剂治疗，其效果不仅显现在治疗刚结束时，在1年后追踪时依然存在（Borkovec & Costello, 1993）。

20世纪90年代早期，我们提出了一套针对广泛性焦虑障碍的认知行为治疗。治疗师在治疗过程中引发病人的担忧心理过程，并帮助其直面激起焦虑的图像和想法。病人学习使用认知治疗技术和其他应对技术来抵消和控制担忧加工（Craske & Barlow, 2006; Wetherell, Gatz, & Craske, 2003）。在一项重要研究中，一家初级保健中心（由家庭医生和护士组成）也使用了这种疗法的短程版本（针对初级保健中心经常遇到的有广泛性焦虑障碍主诉的病人）。结果显示，这种疗法成功地降低了病人的焦虑水平，改善了其生活质量（Rollman et al., 2005）。Borkovec 和 Ruscio（2001）综述了13篇有控制组设计的研究，评估了针对广泛性焦虑障碍的认知行为疗法，发现比起没有治疗或其他疗法（如心理动力学治疗等）的实验条件来说，认知行为治疗有实质性疗效。研究表明，这类短程心理治疗矫正了某些与广泛性焦虑障碍相联系的无意识认知偏差（Mathews, Mogg, Kentish, & Eysenck, 1995; Mogg, Bradley, Millar, & White, 1995）。

尽管有上述成果，但很清楚的一点是，对于这种顽疾，我们仍然需要更有效的药物治疗和心理治疗。最近，研究者提出了一种针对广泛性焦虑障碍的新的心理治疗方法。这种方法除包含认知治疗之外，还吸收了聚焦于接纳的程序，而不是回避令人苦恼的想法和感受。练习冥想有助于教会病人更能容忍和接纳这些感受（Orsillo & Roemer，2011；Roemer & Orsillo，2009；Roemer et al.，2002）。初步的结果令人振奋（Roemer & Orsillo，2007），而近期的临床试验报告所提及的最高成功率还需要被更多文献所证实（Hayes-Skelton，Roemer，& Orsillo，2013）。

一个特别鼓舞人心的证据是，心理治疗对患有广泛性焦虑障碍的儿童很有效（Albano & Hack，2004；Furr et al.，2009）。Kendall 及其同事（1997）随机安排了 94 位 9～13 岁的儿童进入认知行为治疗组或等待控制组。绝大多数入组儿童都被诊断为广泛性焦虑障碍，也有少数几个被诊断为社交恐怖症或分离焦虑。根据教师的评估，70% 接受了治疗的儿童在治疗后都功能正常，而且这种效果维持了至少一年。另一项针对儿童的重要临床实验显示，相比服用安慰剂药片的儿童，认知行为治疗和抗抑郁药舍曲林（又称左洛复）对于广泛性焦虑障碍和其他相关障碍的儿童在治疗后具有同样的即时效果，但认知行为治疗与舍曲林二者结合的治疗效果更好；后一种方法中有 80% 案例显示出实质的改善，而安慰剂组只有 24%（Walkup et al.，2008）。这项研究的长期追踪还在进行中。同样基于正念治疗的方法现在也在针对广泛性焦虑障碍患者进行应用和检验，有迹象表明这种方法对年轻人是成功的（Semple & Burke，2012）。类似地，一些重要研究显示，针对老年人的适应心理治疗也有相应的进展（Beck & Stanley，1997；Stanley et al.，2003；Wetherell，Lenze，& Stanley，2005）。一个大样本临床实验显示了这种治疗相比于其他护理方法来说，对 60 岁以上老人有非常明显的效果（Stanley et al.，2009）。

艾琳在尝试了很多种药物之后，接受了我们中心提出的认知行为方法进行治疗，并发现自己能更好地应对生活了。她完成了大学和研究生学业，结了婚，并在一家私立疗养院中做起了咨询师，而且很胜任她的工作。但即使到了现在，艾琳仍然很难完全放松和停止担忧。她继续体验到轻度到中度的焦虑，特别是在面临压力的时候；她偶尔需要服用弱镇定剂来支持她的心理应对技能。

小测验 5.2

下列表述正确（T）还是错误（F）？

1. _____ 广泛性焦虑障碍的特征是肌肉紧张、心理忧虑、易激惹、睡眠困难以及对疲劳敏感。
2. _____ 大多数研究显示，绝大多数广泛性焦虑障碍病例在成年早期始发，从对某个生活应激源的即时反应开始。
3. _____ 在美国社会中，广泛性焦虑障碍在老年人和女性中流行。
4. _____ 广泛性焦虑障碍没有遗传基础。
5. _____ 认知行为治疗和其他对广泛性焦虑障碍的心理治疗的长期效果比药物治疗更好。

惊恐障碍和广场恐怖症

你是否有某位亲戚，比如一个古怪的姨婆，似乎从来不能离开自己的房子？家庭聚会或是走亲戚总是得在她家里进行。她从不去任何其他地方。大多数人认为他们的老姨婆只是行为有些古怪，或者可能只是不喜欢旅行。当人们来串门时，她温和友好，从而和家人保持着联系。

你的姨婆可能并不是乖戾或古怪。她可能是患上了令人变得虚弱的焦虑障碍。这种障碍被称为**惊恐障碍**（panic disorder），患上这种障碍的人体验到严重而不可预计的惊恐发作。他们会认为自己要么是快死了，要么是失控了。在很多情况下（当然不是所有情况），惊恐障碍会伴随着一个很相近的障碍，叫作**广场恐怖症**（agoraphobia）。这种障碍的患者会害怕和回避任何使其感到不安全的情境，或是如发生了惊恐症状或其他躯体症状（诸如小便失禁之类）不能逃回家里或逃到医院的情境。人们之所以会发展出广场恐怖症，是因为他们从不知道惊恐症状或上述躯体症状何时会发生。在严重的个案中，有广场恐怖症的人们无法离开家，甚至导致多年都走不出家门，例如 M 太太。

M太太　自我监禁

M太太是一位67岁的老妇人，住在城市中产阶级低端地段的一栋无电梯公寓的二层。她有个女儿已经成年，是她在这个世界上仅有的几个有联系的人之一。女儿在取得M太太同意的前提下，想要我对其母亲做一个评估。我按了门铃，进入一个狭窄的过道；环顾一圈没见到M太太的身影。我知道她住在二楼，于是上了楼梯，敲了敲楼上的门。M太太应声让我进去后，我推开了门。她正坐在起居室里，而我一眼就能看清公寓的布局。起居室在前面，厨房在后边，连接着一个走廊。楼梯的右手边是卧室，对面则是卫生间。

M太太见到我很高兴，看起来非常友好。她给我倒了咖啡，还端来了自制的曲奇。我是在她最近3周里见到的第一个人。M太太已经20年没有离开过这个公寓了，而她罹患惊恐发作和广场恐怖症已经30多年了。

M太太在讲述自己的故事时，生动形象地描述了虚度的一生。而现在的她仍在困境中勉力支撑，尽量让自己能度好余生。甚至呆在公寓内部的一些地方，她也可能出现惊恐发作信号。她在过去的15年中没有亲自开过门，因为她不敢看走廊。她能够进厨房，也能进入放置着烤炉和冰箱的区域，但在过去10年里，她从未走进过能够俯瞰到后院或是能看到后门走廊的厨房区域。所以，她过去10年的生活范围被限制在卧室、起居室和厨房的前半部分。她依赖已成年的女儿，女儿每周来一次，带来生活用品。除女儿之外，她仅有的访客是教区牧师，他在力所能及的情况下每两三周会来交谈一次。此外，她仅有的与外界发生联系的方式就只剩下电视和收音机了。她的丈夫生前曾虐待她，不过他已经在10年前因为酗酒相关的原因去世。在她充满压力的婚姻早期，她有了第一次可怕的惊恐发作，并从那时起逐渐与外界脱离。只要她待在这间公寓里，她就不那么容易出现惊恐发作。因为这个原因，也因为她想象不出在自己生命的余下阶段会有什么需要冒险离开公寓的理由，最终，她谢绝了治疗。

DSM-5　惊恐障碍的诊断标准

A. 存在反复发生的不可预料的惊恐发作。

B. 在1个月之内至少有一次发作符合下列一项或多项：（a）持续的关注或担心再次出现的惊恐发作或惊恐发作的后果（例如，失控感、心脏病发作、"我快疯了"）；（b）行为上有与发作有关的明显适应不良的变化（例如，行为上刻意回避惊恐发作，例如回避运动或不熟悉的情境）。

C. 这种障碍不能归因于某种物质（例如，滥用的毒品、药物）的生理效应，或其他躯体疾病（例如，甲状腺功能亢进、心肺问题）。

D. 这种情形用其他精神障碍无法更好地解释（例如，惊恐发作并不仅是对社交情境的恐惧，像在社交焦虑障碍中那样）。

From American Psychiatric Association. (2013). *Diagnostic and statistical manual of mental disorders* (5th ed.). Washington, DC.

临床描述

在DSM-Ⅳ中，惊恐障碍和广场恐怖症被整合为一个障碍，称为惊恐障碍伴广场恐怖。但很多研究者发现，一些人经历了惊恐障碍，却没有发展出广场恐怖，还有一些人患有广场恐怖症，却没有惊恐障碍（Wittchen, Gloster, Beesdo-Baum, Fava, & Craske, 2010）。当然，很多时候这两种障碍是伴发的，所以在本节中我们将一道讨论这两种障碍。

在本章一开始，我们谈到了焦虑和惊恐现象的关联。在惊恐障碍中，焦虑和惊恐是联合在一起的，可能因为错综复杂的关系而变成像M太太感受到的那种灾难。很多有惊恐发作的人并不必然发展成惊恐障碍。个体必须体验到不可预料的惊恐发作，并发展出对于下一次发作可能性、与发作有关的暗示或后果的实质焦虑，才符合惊恐障碍的标准。换句话说，这个人必须认为每次发作自己都快要死亡了或功能丧失了。少数人没有报告对于再次发作的担心，但发作仍然改变了他们的行为，并且他们行为的方式表明确实是发作的痛苦引起了这种改变。他们可能不再去特定的场所，或者忽视了在家庭内外的责任，因为害怕如果自己过于活跃的话，发作就会再次发生。

广场恐怖症这一术语是德国医生 Karl Westphal 在 1871 年创造的，而在古希腊，这个词指的是对集市的恐惧。这是一个恰当的术语，因为希腊的集市也即城市广场（agora），是一个繁忙、熙熙攘攘的区域。而对于今天的广场恐怖症患者来说，最有压力的地方之一就是商场，也就是现代的"agora"。

绝大多数广场恐怖症患者的回避行为只是不可预期的严重惊恐发作带来的并发症（Barlow, 2002; Craske & Barlow, 1988; Craske & Barlow, in press）。简单来说，如果你曾有过不可预料的惊恐发作，并害怕自己可能会再次经历，你就会希望待在一个安全的地方，或者至少和一个能够应对你的发作的人待在一起。这样的话，如果再发生一次惊恐发作，你就可以快速到达医院，或者至少能快速回到自己家的卧室躺下来（家常常是一个安全场所）。我们知道，对于广场恐怖症患者来说，如果他们认为某个地方或某个人是"安全的"，焦虑就会降低——即使真发生什么事儿的时候那个人做不出什么有效的举动。出于这些原因，当这些患者确实要冒险外出时，他们总是谨慎地计划如何快速逃跑（例如坚持坐在门口）。我们在表 5.1 中列出了广场恐怖症患者通常回避的典型情境。

> **DSM-5 广场恐怖症的诊断标准**
>
> A. 对于以下两个或多个情境有明显的恐惧或焦虑：公共交通工具、露天场所、封闭的场所、排队或在人群中、独自离家外出。
> B. 个体害怕或回避这些情境，因为其认为在出现类似惊恐的症状或其他失能或尴尬的症状时（例如，老年人害怕跌倒，害怕大小便失禁等），自己可能很难逃脱或获得帮助。
> C. 广场恐怖性情境几乎总是激起恐惧或焦虑。
> D. 主动回避广场恐怖性情境，或要求人陪同，或是忍受强烈的恐惧或焦虑。
> E. 恐惧或焦虑的程度超出了广场恐怖性情境或社会文化情境所引发的真实危险。
> F. 恐惧、焦虑或回避持续存在，通常持续 6 个月或以上。
> G. 恐惧、焦虑或回避引起了临床上显著的痛苦，或导致个体在社交、职业或其他重要功能领域受损。
> H. 如果出现另一种身体疾病（例如，炎症性肠病、帕金森病），个体的恐惧、焦虑和回避明显是过度的。
> I. 恐惧、焦虑或回避用其他精神障碍无法更好地解释。例如，症状并不局限于特定的恐怖情境类型；不仅仅包含社交情境（像在社交焦虑障碍中那样），也不仅仅与强迫（像在强迫—冲动性障碍中那样）、感觉外貌存在瑕疵（像躯体变形障碍中那样）、有创伤性事件的提示物存在（像创伤后应激障碍中那样）或恐惧分离（像分离焦虑障碍中那样）有关。
>
> From American Psychiatric Association.（2013）. *Diagnostic and statistical manual of mental disorders*（5th ed.）. Washington, DC.

表5.1　广场恐怖症患者回避的典型情境

购物中心	离开家
轿车（作为司机或作为乘客）	独自待在家里
公交车	排队等候
火车	超市
地铁	商店
宽阔的街道	人群
隧道	飞机
餐馆	电梯
剧院	电动扶梯

Source, Adapted, with permission, from Barlow, D. H., & Craske, M. G.（2007）. *Mastery of your anxiety and panic*（4th ed., p.5）. New York: Oxford University Press.

著名厨师和节目主持人保拉·迪恩曾因为严重的广场恐怖症出不了家门，正是在这段时间，她对厨艺产生了兴趣。

虽然广场恐怖行为起初与惊恐的原因密切相连，但它能变得相对独立于惊恐发作（Craske & Barlow, 1988; White & Barlow, 2002）。换句话说，很多年没有惊恐发作的人仍可能有强烈的广场恐怖性回避，正如 M 太太所表现的那样。广场恐怖性回避似乎在很大程度上是被个体认为或预期另一次发作的程度决定的，而不是被个体实际发作过多少次或发作时有多严重决定的。所以，广场恐怖性回避是对不可预料的惊恐发作的一种应对方式。

其他应对惊恐发作的方式包括使用（以及最终滥用）药物或酒精。有些人并不回避广场恐怖性情境，而是带着"强烈的恐惧"忍受它们。例如，必须每天外出工作的人，或是在日常工作中包含出差的人，可能会为了完成工作而承受大量难以形容的濒死焦虑和惊恐。所以 DSM-5 注明，广场恐怖症可以以回避情境为特征，也可以以带着强烈的恐惧和焦虑忍受情境为特征。如上所述，流行病学的调查确定了一群人，他们似乎有广场恐怖症，但没有惊恐发作或其他恐惧方面的问题。事实上，在人口学调查中，大约 50% 的广场恐怖症个体符合这一描述，尽管在临床上这种案例相对少见（Wittchen, Gloster, Beesdo-Baum, Fava, & Craske, 2010）。这些个体可能有其他痛苦而不可预料的经历，例如间歇性眩晕、大小便失禁等，这些经历可能让他们永远不能远离房间，另一些人还可能害怕如果离开安全的地方，或是没有安全的人在场时，自己会因跌倒（特别是老年人）而带来尴尬或危险。大多数有惊恐障碍和广场恐怖性回避的病人还表现出另外一种类型的回避行为，我们称之为**内感受性回避**（interoceptive avoidance），即对躯体内部感受的回避（Brown, White, & Barlow, 2005; Craske & Barlow, in press; Shear et al., 1997）。这些行为包括避免参加可能产生生理唤醒的情境或活动，因为生理唤醒与惊恐发作刚开始时的体验相似。有些病人会回避运动，因为运动会导致心血管活动或呼吸活动加快，而这些会让他们想起惊恐发作，并认为惊恐发作可能要开始了。有些病人则会回避桑拿浴或任何有可能让他们出汗的房间。心理病理学家意识到，这些类型的回避行为像经典的广场恐怖性回避一样，从任何一点上来看都非常重要。表 5.2 列出了内感受性回避的常见情境或活动。

表5.2 广场恐怖症患者经常回避的内感受性日常活动

跑步上楼	进行"热烈的"辩论
在炎热的天气里步行外出	闷热不通风的房间
在门窗紧闭的浴室里洗澡	闷热不通风的汽车
闷热不通风的商铺或购物中心	桑拿浴
在寒冷的天气外出步行	运动
有氧操	喝咖啡或者任何含咖啡因的饮料
举重物	性行为
跳舞	看恐怖电影
吃巧克力	吃大餐
从坐姿快速站起	生气
看激动人心的电影或体育比赛	远足

Source, Adapted, with permission, from Barlow, D. H., & Craske, M. G.（2007）. *Mastery of your anxiety and panic*（4th ed., p.11）. New York: Oxford University Press.

统计数据

惊恐障碍十分常见。美国有接近 2.7% 的人在一年时间内符合惊恐障碍诊断标准（Kessler, Chiu, et al., 2005; Kessler, Chiu, Jin, et al., 2006），而在毕生中的某个时间点符合这一标准的有 4.7%，其中 2/3 是女性（Eaton, Kessler, Wittchen, & Magee, 1994; Kessler, Berglund, et al., 2005）。另外，有一个较小的群体（1.4% 在他们毕生的某个时间）在从未出现过全面惊恐发作的情况下发展出了广场恐怖症。

惊恐障碍的肇始通常是在成年早期——从青少年时期到 40 岁左右。初次发病的年龄中位数在 20 岁到 24 岁之间（Kessler, Berglund, et al., 2005）。现在已知的是，青春期之前的儿童经历不可预料的惊恐发作后偶尔也会发展出惊恐障碍，但是这种情况非常罕见（Albano, Chorpita, & Barlow, 1996; Kearney, Albano, Eisen, Allan, & Barlow, 1997）。绝大多数不可预料的惊恐发作开始于青春期或青春期之后。进而，很多因过度换气症状而去看普通内科医生的青春期前儿童实际上经历的可能是惊恐发作。不过，这些儿童并没有报告有关濒死感或失控感的恐惧，这可能是因为他们还没有达到相应的认知发展阶段，所以无法进行这种归因（Nelles & Barlow, 1988）。

针对老年人焦虑的重要研究表明，健康和活力是老年人焦虑的主要焦点（Mohlman et al., 2012; Wolitzky-Taylor, Castriotta, Lenze, Stanley, & Craske, 2010）。总体来说，惊恐障碍或惊恐障碍和广场恐怖症共病的流行率在老年群体中有所下降，从30～44岁时的5.7%下降到60岁时的2.0%或更低（Kessler, Berglund, et al., 2005）。

如前所述，大多数（75%以上）罹患广场恐怖症的患者是女性（Barlow, 2002; Myers et al., 1984; Thorpe & Burns, 1983）。很长时间以来，我们不知道这其中的原因，但现在，最合理的解释似乎是文化（Arrindell et al., 2003a; Wolitzky-Taylor et al., 2010）。对于女性来说，报告恐惧和想要回避紧张情境更易被接受。而男性则被期待必须强壮和勇敢，要"忍耐过去"。广场恐怖性回避的严重程度越高，其中女性患者的比例越大。例如，在我们治疗中心，伴有轻度广场恐怖症的惊恐障碍病人中，72%是女性；如果广场恐怖症的程度是中度，女性则占81%；如果广场恐怖症的严重程度是重度，这一比例上升至89%。

Michelle Craske 证明了广场恐怖性回避只是患者应对惊恐的一种方式。她和 Ron Rapee 以及 David H. Barlow 一起工作，发展出了一套对惊恐障碍十分有效的心理治疗方法。

那么，如果男性出现了不可预料的严重惊恐发作，会发生什么呢？我们的文化如此强硬地拒绝接纳男性的恐惧，是否导致绝大多数男性只能忍受惊恐？答案似乎是"否"。在出现过不可预期的惊恐发作的男性中，有很大比例采取了一种文化上可接受的方式去应对，也就是大量饮酒。问题是，他们因此患上了酒精依赖，很多人的状态开始螺旋式下降，最终成瘾。所以，男性可能以一个更严重的问题告终。因为酒精滥用的损害如此深重，临床工作者甚至可能没有意识到这些患者也有惊恐障碍和广场恐怖症。而即便他们的成瘾被成功治愈，也还是需要治疗焦虑障碍问题（Chambless, Cherney, Caputo, & Rheinstein, 1987; Cox, Swinson, Schulman, Kuch, & Reikman, 1993; Kushner, Abrams, & Borchardt, 2000; Kushner, Sher, & Beitman, 1990）。

文化影响

世界各地都有惊恐障碍，尽管其表现形式可能在每个地方有所不同。惊恐障碍的患病率在美国、加拿大、波多黎各、新西兰、意大利、韩国和中国台湾极为相近，仅在中国台湾概率略低一点点（Horwath & Weissman, 1997）。在伊朗大学生中，惊恐发作的概率和症状类型与在西方大学生身上也很相似（Nazemi et al., 2003）。在美国不同种族群体中的概率也是相近的，包括非裔美国人。而且，患有惊恐障碍的黑人和白人患者在症状方面也没有差异（Friedman, Paradis, & Hatch, 1994）。然而需要注意的是，在非裔美国病人身上，惊恐障碍经常与高血压共病（Neal, Nagle-Rich, & Smucker, 1994; Neal-Barnett & Smith, 1997）。

第三世界的文化可能会强调焦虑的躯体症状。畏惧或忧虑的主观感受可能不包含在某些文化之中；也就是说，在这些文化下的个体并不注意这些感受，也并不会报告它们，而是更多地聚焦于躯体感受（Asmal & Stein, 2009; Lewis-Fernández et al., 2010）。在第2章中，我们描述了拉丁美洲的一种恐怖障碍，被称为着魔惊恐（susto），这种障碍以出汗、心跳加快和失眠为特征，但是没有对焦虑或恐惧的报告，尽管如此，严重的恐惧仍然是其原因。对于西班牙裔美国人来说，特别是那些来自加勒比海地区的西班牙裔人中，有一个与焦虑相关的、文化界定的著名症候群被称为"ataques de nervios"（Hinton, Chong, Pollack, Barlow, & McNally, 2008; Hinton, Lewis-Fernández, & Pollack, 2009）。其症状与惊恐发作很相似，但相比于惊恐来说，诸如不可控的喊叫或哭泣这样的表现是其特有的。

最后，精神病学家兼人类学家 Devon Hinton 及其同事描述了在美国的柬埔寨和越南难民身上出现的令人困惑的惊恐障碍表现。这两个群体都似乎有很高的惊恐障碍比例。但是实质的惊恐发作数量与特定类型的眩晕（快速起立导致的眩晕）和"脖子痛"有关。Hinton 的研究小组发现，柬埔寨人"胃气过多"的概念（指在身体里有太多的"风"或气体，可能引起血管爆裂）变成了惊恐发作过程中被聚焦的灾难性想法（Hinton & Good, 2009; Hinton, Pollack, Pich, Fama, & Barlow, 2005; Hinton, Hofmann, Pitman, Pollack, & Barlow, 2008）。

夜间惊恐

回想一下格蕾琴的案例，我们在前面描述了她的惊恐发作。关于她的报告有何不同寻常之处吗？当惊恐发生时，她正在熟睡。接近60%的惊恐障碍患者经历过这种夜间惊恐（Craske & Rowe, 1997; Uhde, 1994）。事实上，惊恐发作在凌晨1:30至3:30之间发生的比例比其他任何时段都高。在一些案例中，患者甚至害怕晚上睡觉。在他们身上发生了什么？他们是做了噩梦吗？研究表明，并不是这样。一个睡眠实验室研究了夜间惊恐。病人花几个晚上的时间连接着脑电图扫描仪睡觉，仪器监控他们的脑波（见第3章）。我们会在脑电图扫描仪上看到不同的模式，显示出睡眠的不同阶段（睡眠的阶段将在第8章中全面讨论）。实验使我们了解到，夜间惊恐发生在delta波或慢波睡眠阶段，典型的是人在进入睡眠几小时后，这也是睡眠的最深度阶段。当惊恐障碍患者常常在开始进入delta睡眠时感到惊恐，然后就会惊醒，并陷入一次发作之中。对于这些患者来说，因为他们熟睡时没有明显的焦虑或恐慌的原因，所以他们中的绝大多数人都觉得自己快死了（Craske & Barlow, 1988; Craske & Barlow, in press）。

是什么引发了夜间惊恐？我们目前所知的最有价值的信息是，当人进入慢波睡眠时，睡眠状态的改变带来了身体上的"放松"感受，而这种感受使惊恐障碍患者受到了惊吓（Craske, Lang, Mystkowski, Zucker, & Bystritsky, 2002）。我们还会在下文讨论惊恐障碍的原因时再详述这一过程。睡眠中还会发生类似夜间惊恐的其他事件，所以一些人误以为这是夜间惊恐的原因。起初，人们认为这些事件是梦魇，但梦魇和其他似在梦中的活动仅会在一个睡眠阶段发生，那就是以快速眼动（REM）为特征的睡眠阶段，并且多发生在睡眠周期更靠后的时段。所以，当人们出现夜间惊恐时，他们并没做梦；这一结论与病人的报告相一致。一些治疗师没有意识到夜间惊恐发作的睡眠阶段，所以就假定病人是在"压抑"他们的梦境资料，因为梦境与早期过于痛苦的创伤有关，无法被意识承认。而正如我们所见，这是几乎不可能的，因为在夜间惊恐发作时，并没有充分发展的梦或梦魇活动。对于这些病人来说，当时他们不可能梦到任何东西。

一些治疗师假定有夜间惊恐的病人可能有一种被称为**睡眠呼吸暂停**（sleep apnea）的呼吸障碍，这是一种在睡眠过程中发生的呼吸暂停，可能让人感到窒息。这种疾病常被发现于严重超重的患者身上。但是睡眠窒息症有醒觉和再次进入睡眠的循环，而这并非夜间惊恐的特征。

发生在儿童身上的一个有关现象被称为**夜惊**（sleep terrors），我们将在第8章中详细描述（Durand, 2006）。儿童常常半夜突然起身，认为有东西在房间里追逐他们。对于儿童来说，尖叫和跑下床很常见，就好像真的有什么东西追着他们一样。然而他们并没有真正醒来，第二天早上也没有关于该事件的记忆。相反，经历夜间惊恐发作的人确实醒来了，并且事后也会清晰地记得事件。儿童的夜惊还倾向于发生在睡眠的最后一个阶段（睡眠第4阶段），而这是与梦游有关的一个阶段。

最后，还有一种容易混淆的疾病，叫作**睡眠麻痹综合征**（isolated sleep paralysis），这种疾病中似乎存在文化因素。你是否曾听说过"鬼压床"这种说法？如果你是白人的话，你可能没听说过，但如果你是非裔美国人，你就很可能至少知道有人有过这种可怕的经历，因为在非裔美国人群体中这种情况较为常见（Bell, Dixie-Bell, & Thompson, 1986; Neal-Barnett & Smith, 1997; Ramswh, Raffa, White, & Barlow, 2008）。睡眠麻痹综合征发生在睡眠和醒觉之间的过渡阶段，也即在一个人进入睡眠或是正在醒来时，但绝大多数是发生在正在醒来时。在这一阶段，个体不能移动，但经历到一种与惊恐发作相类似的恐惧爆发，有时还会有生动的幻觉。一种可能的解释是，REM睡眠外溢进入了醒觉循环。这似乎是可能的，因为REM睡眠的特征之一就是缺乏身体运动，同时生动的梦境可以解释幻觉体验。Paradis, Friedman和Hatch（1997）证实，相比于其他群体来说，睡眠麻痹综合征显著更频繁地（59.6%）发生在患有惊恐障碍的非裔美国人中（参见图5.5）。最近，Ramsawh及其同事（2008）成功重复了上述发现，并且进一步揭示，相比于没有睡眠麻综合征的人来说,患有睡眠麻痹综合征的非裔美国人大多有创伤的历史,并更常被诊断为惊恐障碍和创伤后应激障碍。更有趣的是,这一障碍似乎不发生在尼日利亚的黑人身上。在尼日利亚,黑人的情况与美国白人相同。目前还并不清楚产生这种分布的原因,但所有的因素都指向文化解释。

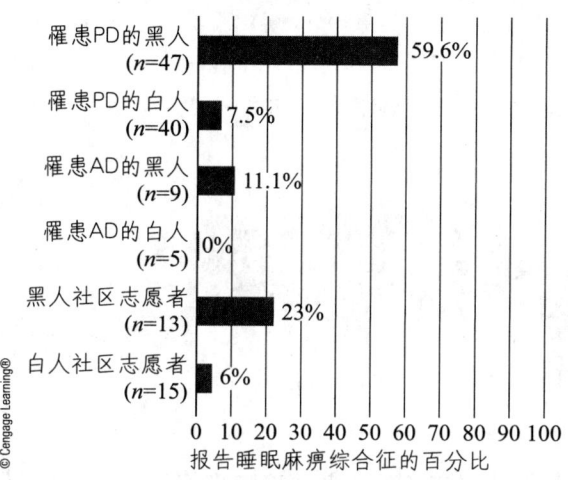

图 5.5 睡眠麻痹综合征在非裔美国人(黑人)、患有惊恐障碍(PD)的美国白人、罹患其他焦虑障碍(AD)但是不伴有惊恐障碍的患者以及没有任何障碍的社区志愿者中的比例 [Adapted from Paradis, C. M. Friedman, S., & Hatch, M. (1997). Isolated sleep paralysis in African–Americans with panic disorder. *Cultural Diversity & Mental Health, 3*, 69–76.]

病　因

如果不提及贯穿本书的三重贡献因素——生物、心理和社会因素,就不太容易理解惊恐障碍。有力的证据显示,广场恐怖症常常在一个人经历了不可预料的惊恐发作(或者是类似惊恐发作的感觉)之后发展起来。但如前所述,会否发展出广场恐怖症,以及它会变得多严重,似乎是社会和文化因素决定的。然而,惊恐发作和惊恐障碍似乎与生物和心理因素以及二者之间的互动联系更密切。

在本章开头,我们讨论了三重易感性模型,也即生物、心理和社会因素如何对发展和维持焦虑做出贡献,以及在出现最初不可预料的惊恐发作中产生了怎样的作用(Bouton et al., 2001; Suárez et al., 2009; White & Barlow, 2002)(见图5.3)。如前所述,我们都继承了(有些人继承得更多一些)一种对压力的易感性,这种易感性是指在日常生活事件中,在神经生理方面过度活跃的倾向(一般生物易感性)。但有些人比另外一些人在面对应激事件时有更突然的警觉反应(不可预料的惊恐发作)。应激事件可能包括工作或学校中的压力、所爱之人的去世、离婚或是一些同样会产生压力的积极事件,例如毕业并开始工作、结婚或者是换工作。(注意:其他人在相同类型的压力下更容易有头痛或高血压之类的反应。)特定情境很快与个体心理产生联系。在惊恐发作的过程中外部线索和内部线索都会出现(Bouton et al., 2001)。下次这个人在运动中心跳加快时,她可能会推测自己有了一次惊恐发作(条件反射)。无害的运动会成为惊恐发作的内部线索或条件刺激,而如果首次惊恐发作发生在电影院,电影院就可能成为一个外部线索,变成日后发生惊恐的条件刺激。因为这些线索与大量不同的内部和外部刺激通过学习的过程联系起来,所以我们称之为<u>习得性警觉</u>(learned alarms)。

但如果没有下一步的话,仅凭上述内容还不足以产生差异。为何一些人在经历发作时认为即将发生很可怕的事情,而另一些人却不这样想?在一项重要的研究中,研究者在几年内对焦虑障碍患病风险高的年轻女性进行前瞻性追踪。这些女性有很多躯体障碍的病史,且对自身健康感到焦虑,倾向于发展出惊恐障碍而不是其他诸如社交恐怖症之类的焦虑障碍(Rudaz, Craske, Becker, Ledermann, & Margraf, 2010)。这些女性可能在童年时期就习得了不可预料的身体感觉可能是危险的——然而其他经历惊恐发作的人则没有。这种认为不可预料的躯体感觉很危险的倾向,反映了容易罹患惊恐及相关障碍的特定心理易感性。图5.6显示了产生惊恐障碍的因果顺序。

全部人口中大约有8%～12%有偶发的不可预料的惊恐发作,这些人通常在发作的前一年中经历了一个压力非常大的阶段(Kessler et al., 2006; Mattis & Ollendick, 2002; Norton, Harrison, Hauch, & Rhodes, 1985; Suárez et al., 2009; Telch, Lucas, & Nelson, 1989)。但其中大部分人并没有发展成焦虑(Telch et al., 1989)。只有接近5%的人继续发展出了对未来惊恐发作的焦虑,因而符合惊恐障碍的标准。这些个体就是较为易感的人,他们对再次出现惊恐发作的可能性易于焦虑(一般心理易感性)。那些没有发展出焦虑的人身上发生了什么呢?他们似乎把发作归因为当时的事件,例如

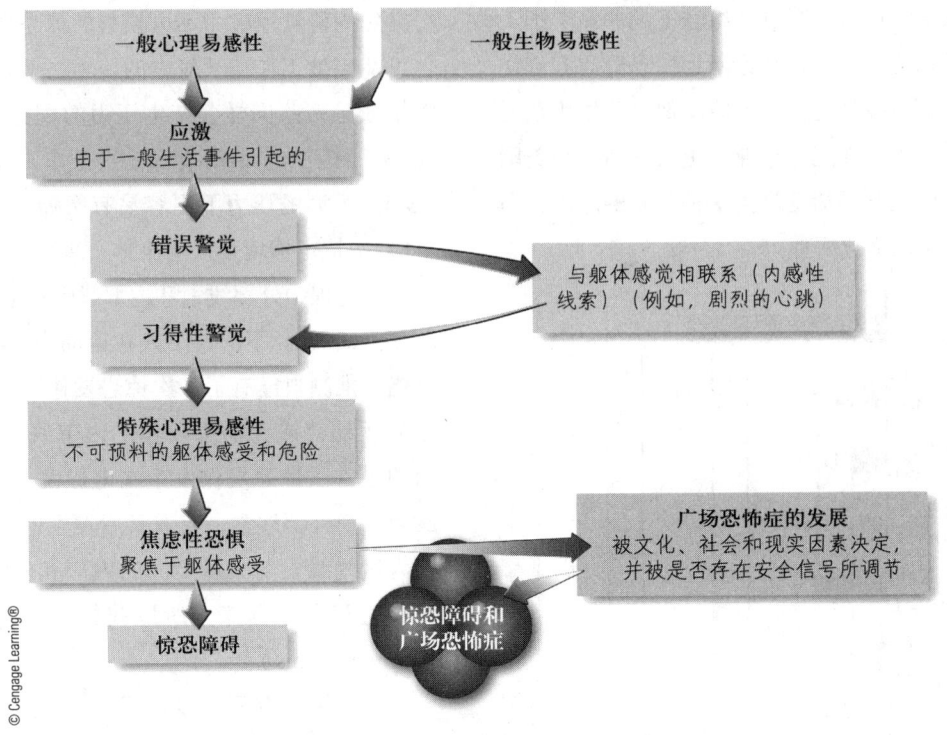

图5.6　惊恐障碍伴发或不伴发广场恐怖症的病因模型。[Reprinted, with permission, from White, K. S., & Barlow, D. H. (2002). Panic disorder and agoraphobia. In D. H. Barlow, *Anxiety and its disorders: The nature and treatment of anxiety and panic*, 2nd ed. New York: Guilford Press. ©2002 by Guilford Press.]

与朋友争吵、吃的某种食物或是糟糕的一天，然后就回到他们的生活中去了；很可能在他们再次处于压力之下时仍会偶尔经历惊恐发作。职业高尔夫球手 Charlie Beljan 最近发生的事例说明了上述情况。Beljan 的朋友称他为一个喜欢玩乐、无拘无束的家伙。但是在 2012 年末，在他即将赢得他的第一个职业高尔夫协会（PGA）邀请赛的决赛过程中，他经历了一次惊恐发作，当时他认为自己是心脏病发作。但他决心要完成比赛，而且他知道高尔夫球车中有医护人员陪同，所以他步履蹒跚地完成一击又一击，有时甚至不得不在球道上坐下来。就这样，他完成了当年度自己表现最佳的一轮比赛，而在结束后立即被救护车送往医院，并被诊断为惊恐发作（Crouse，2012）。2012 年的大师锦标赛冠军 Bubba Watson 对这一新闻做出回应，提到自己在职业生涯中至少发生过三次惊恐发作，并因此去了医院。

David Clark（1986，1996）提出的认知理论颇具影响力，这一理论详细解释了在惊恐障碍中可能发生的一些认知过程。Clark 强调，惊恐障碍患者的特定心理易感性是将正常的躯体感觉以一种灾难化的方式进行解释。换句话说，尽管我们通常都会在运动后体验到快速的心跳，但如果你有一种心理上或认知上的易感性，你可能将这一反应解释为危险的信号，并感受到焦虑的激增。反过来，这种焦虑又因刺激交感神经系统活跃而引发了更多的躯体感受；你将这些新增的感受知觉为更加危险的信号，于是开始了一种恶性循环并导致惊恐发作。所以 Clark 强调，在惊恐障碍中认知加工是最重要的。

一个假设是，惊恐障碍和广场恐怖症是从心理动力学原因演化过来的，表明早期的客体丧失和/或分离焦虑可能使个体在成年期容易罹患该疾病。分离焦虑是儿童可能感受到的分离威胁，或者是确实与一个重要养育者（例如母亲或父亲）分离。依赖型人格倾向常常使人成为广场恐怖症患者。研究者假设这些特征可能是对早期分离的一种反应。然而，尽管这些假设很具有吸引力，但很少有证据表明惊恐障碍或广场恐怖症患者相比于其他心理障碍患者，或是相比于此一方面的"正常人"，在儿童期经历了更多的分离焦虑（Barlow，2002；Thyer，1993）。不过，仍然存在一种可能性，也即早年的分离创伤可能从普遍意义上来说让人易于患上心理障碍。（分离焦虑障碍将在后边讨论。）

治 疗

像我们在第1章中提到的那样，关于新疗法有效性的研究对于心理病理学来说非常重要。对于某种特定治疗的反应，无论是药物治疗还是心理治疗，都可能提示出障碍的原因。我们下面将讨论关于药物治疗、心理干预以及结合两种治疗干预的优缺点。

药物治疗

很多影响去甲肾上腺素能、血清素能系统或GABA—苯二氮䓬神经递质系统的药物，或是某种混合药物，目前看来对于治疗惊恐障碍是有效的——包括高效苯二氮䓬类药物，例如百忧解和赛乐特这样较新型的选择性血清素再摄取抑制剂（SSRIs），还有最密切相关的血清素—肾上腺素再摄取抑制剂（SNRIs），例如文法拉辛（Barlow, 2002; Barlow & Craske, 2013; Pollack, 2005; Pollack & Simon, 2009）。

每一类药物都有优势和不足。SSRIs目前是治疗惊恐障碍的处方药，但基于所有目前可以获得的证据，服用该药物的病人中有75%甚或更高比例会出现性功能障碍（Lecrubier, Bakker, et al., 1997; Lecrubier, Judge, et al., 1997）。从另一方面来说，高效苯二氮䓬类药物，例如阿普唑仑（赞安诺），也普遍用于惊恐障碍。这些药物起效很快，但因为心理及生理的依赖和成瘾导致很难停药，所以它们并不像SSRIs那样得到推荐。然而，苯二氮䓬类仍然是在临床上使用最广泛的一类药物（Blanco, Goodwin, Liebowitz, Schmidt, Lewis-Fernandez, & Olfson, 2004），而且它们的使用仍然在增加（Comer, Mojtabai, & Olfson, 2011）。同样，所有苯二氮䓬类药物都对认知和监控功能有某种程度的不利影响。所以，大剂量服用该类药物的病人常常发现自己驾驶汽车或学习的能力有某种程度的下降。

经历过惊恐发作的病人中大约有60%只要服用有效的药物就不会再出现惊恐（Lecrubier, Bakker, et al., 1997; Pollack & Simon, 2009），但也有20%或更多的人在治疗结束前就擅自停药（Oltto, Behar, Smits, & Hofmann, 2009），而一旦停药复发率就很高（接近50%）（Hollon et al., 2005）。停止使用苯二氮䓬类药物的病人，复发率接近90%（Fyer et al., 1987）。

心理干预

心理治疗已被证明对惊恐障碍相当有效。起初，这类治疗的重点是减少广场恐怖性回避行为，使用的是基于对恐惧情境进行暴露的策略。这种治疗安排了一些条件，在这些条件下病人能够逐步面对恐惧情境并习得"那里没有任何事情值得害怕"。绝大多数有恐怖症的病人能够很理性地意识到这一点，但是他们必须在一定情绪水平上像通过"真实性检验"这种情境来确认一样，确信没有任何危险发生。有时治疗师会陪同病人进行暴露练习，有时治疗师只是帮助病人建立起自己练习的结构（通常是指从困难程度最低到最高的情境序列），并为他们提供多种心理应对机制，来帮助其完成练习。表5.3中列举了一个样例。

表5.3 情境暴露任务（情境由易到难）
在拥挤的超市独自购物30分钟
独自离开家五个路口以外
和伴侣或独自在车辆很多的高速公路开车5千米
在餐馆吃饭，坐在中间的位置
看电影时坐在某一排的中间位置

Source: Adapted, with permission, from Barlow, D. H., & Craske, M. G. (2007). *Mastery of your anxiety and panic* (4th ed., p.133). New York: Oxford University Press.

渐进式暴露练习，有时结合焦虑降低应对机制（例如放松或呼吸训练），被证明在帮助病人克服广场恐怖行为方面是有效的，无论该行为是否与惊恐障碍有关（Craske & Barlow, in press）。接受这种治疗的病人中有70%获得了实质性改善，他们的焦虑和惊恐程度降低了，广场恐怖性回避也大大减少。然而，很少有人彻底痊愈，因为很多人仍然体验到某种焦虑或惊恐发作，只是不太严重。

近期出现了直接治疗惊恐障碍的有效心理治疗方法，甚至可用于那些没有出现广场恐怖的个案（Barlow & Craske, 2007; Clark et al., 1994; Craske & Barlow, in press）。**惊恐控制疗法**（panic control treatment, PCT）是我们的一家治疗中心提出的，这种方法聚焦于让惊恐障碍患者暴露在内感性（生理）感受方面，因为这些感受会让他们联想到惊恐发作。治疗师尝试在办公室里制造"微型"惊恐发作，例如通过让病人运动来提升其心率，或者通过让他们在椅子上旋转来使其眩晕。该治疗中的很多练习都是根据这个目的发展起来的。同时，病人还接受认知治疗。通过上述方法，病人对客观上无害威胁感到恐惧的基本态度和感受被识别和修正。如前所述，很多病人过去意识不到自己的这些态度和观点。揭示这些无意识认知过程要求大量的治疗技巧。除此之外，有时病人还要学习如何放松或进行呼吸训练，以帮助他们降低焦虑和唤醒水平。但是我们较少使用这些策略，因为我们发现它们并不是必要的。

这些心理程序对于惊恐障碍非常有效。对接受惊恐控制疗法的病人进行的追踪研究显示，他们中的大多数人至少在2年之后仍保持着较好的状态（Craske & Barlow, in press; Craske, Brown, & Barlow, 1991）。更标准化的暴露练习可以用于治疗剩余的广场恐怖行为。

然而，有些人随着时间的推移会复发，所以我们的多中心合作团队开始研究治疗惊恐障碍的长期策略，包括在治疗完成之后为预防复发提供助推治疗的有效性。在初始阶段，256位惊恐障碍患者，无论其广场恐怖的水平如何，都完成了3个月的初始认知行为治疗（Aaronson et al., 2008）。然后，那些对治疗反应非常好的病人被随机分入两个组，一组（n=79）进行每月一次的助推治疗，共进行九个月，另一组（n=78）没有助推治疗。两组病人都在没有治疗的情况下额外追踪12个月（White et al., 2013）。助推治疗相比于只进行评估而没有助推治疗的小组来说，在21个月时的追踪中复发率显著较低（5.2%），工作和社交方面的损害也较少（18.4%，见图5.7）。所以，助推治疗可以强化短期治疗的效果，预防复发或抵消障碍的再次发生，并改善惊恐障碍和广场恐怖症的长期结果；即使是在病人一开始对治疗响应不良的情况下也是如此。

尽管这些治疗非常有效，但它们是相对较新的方法，很多罹患惊恐障碍的患者还不能获得，因为治疗师需要进行进阶训练才能掌握它们（Barlow, Levitt, & Bufka, 1999; McHugh & Barlow, 2010）。出于这个原因，调查者正在评估新的和创造性的方法，使需要者能够获得这些方法。举例来说，Michelle Craske 及其同事（2009）开发了一套计算机指南，来辅助初级保健医院的临床工作新手直接

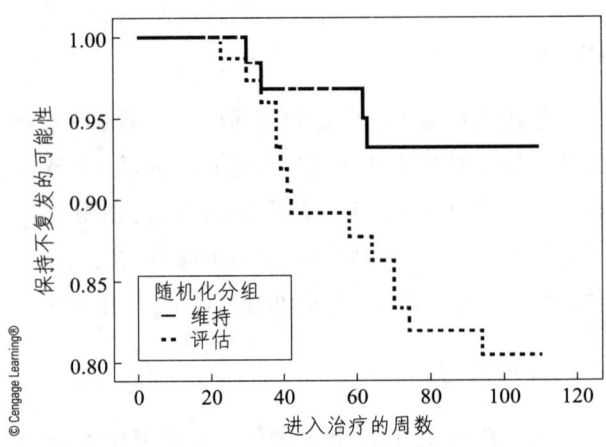

图5.7 在短期治疗完成后接受助推治疗组（维持）与没有助推治疗组（评估）的惊恐障碍病人的复发率比较

完成对惊恐障碍（以及其他焦虑障碍和抑郁）的认知行为干预。临床工作者可以和病人并排坐着，同时看到并使用屏幕上显示的这种被称为安宁生活工具（Calm Tools for Living）的程序。程序提示临床工作者进行特定的治疗任务，例如帮助病人建立一个恐惧等级、示范呼吸技巧、设计暴露作业等。将治疗程序计算机化的目的是，在由新手和相对缺乏训练的临床工作者操作时，加强认知行为治疗的整合性。近期研究结果显示，这个程序在初级保健医院的使用，相比于通常的治疗来说更成功（Craske et al., 2011）。这是一个很好的例子，说明了在心理治疗领域一个重要的研究方向，即如何尽可能向更多人传播治疗方法并使其获益。

结合心理治疗与药物治疗

当病人被转介到心理治疗机构时，他们往往已经开始服药了。这一部分是因为最初处置这些惊恐障碍患者的通常是初级保健医师，而患者在初级保健机构中往往无法获得心理治疗。所以，一个重要问题是，如何比较这些治疗方法？能否联合使用这些方法？美国国家心理健康研究所发起了一项重要研究，考察心理和药物治疗的独立效果和联合效果（Barlow, Gorman, Shear, & Woods, 2000）。在这项双盲研究中，病人被随机分入五种治疗条件：单独的心理治疗（认知行为治疗，简称CBT）；单独的药物治疗（丙咪嗪，简称IMI，一种三环类抗抑郁药，选择这种药是因为这项研究开始于SSRIs可用之前）；一种结合的治疗条件（IMI+CBT）；以及两种"控制"条件，一种单独使用安慰剂（PBO），另

一种使用 PBO+CBT（用以确定结合治疗所带来的任一项好处在多大程度上是安慰剂引起的）。

数据表明，所有治疗小组的效果都显著好于安慰剂组，但病人对药物和心理治疗的反应指数几乎是相同的，而结合治疗并不比单独的治疗更好。

病人还接受了 6 个月的额外维持治疗，并在此期间每月与研究者进行一次会面。结果显示，在 6 个月的额外维持治疗之后（也就是开始治疗 9 个月后），结合治疗在此时显示出一个微弱的优势，而安慰剂的效果消失了；除此之外，病人的情况与最初治疗结束时的结果看起来很相似。图 5.8 显示了最后一组结果，这是在额外维持治疗结束后 6 个月时（也即开始治疗后 15 个月时）。在这一时间点上，服药的病人，无论是否与 CBT 结合，都在某种程度上恶化了，而那些接受了 CBT 但没有用药的病人却保持住了绝大部分治疗效果。举例来说，如果将在追踪阶段脱落的病人也算作复发的话，使用 IMI+CBT 的 29 位病人（研究者试图追踪的病人数量）中有 14 位（48% 开始了 6 个月的追踪阶段但后来脱落了）复发了。而完成了追踪的全部 25 个人中只有 10 个人（40%）复发。注意，在包含 CBT 的条件下复发率要低得多。所以，包含 CBT 但没有药物的治疗方法值得被优先选择，因为这种方法的效果更为持久。

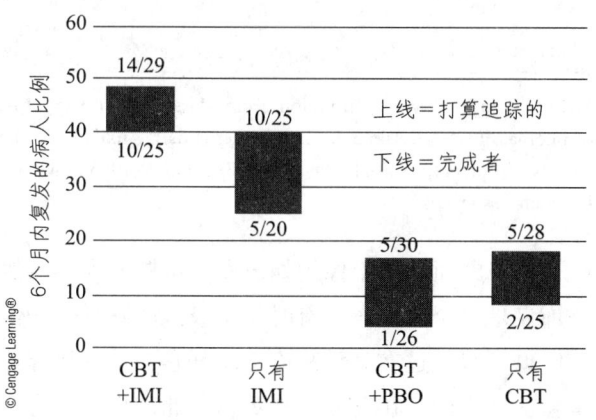

图 5.8　惊恐障碍病人治疗后的复发率。[Adopted from Barlow, D. H., Gorman, J. M., Shear, K. M., & Woods, S. W. (2000). Cognitive-behavioral therapy, imipramine, or their combination ofr panic disorder: A randomized controlled trial. *Journal of the American Medical Association, 283* (19), 2529-2536.]

绝大多数研究显示，药物（特别是苯二氮䓬类药物）可能干扰心理治疗的效果（Craske & Barlow, in press）。而且，苯二氮䓬类药物从长期看来与认知受损有关（Deckersbach, Moshier, Tuschen-Caffier, & Otto, 2011）。因为这个原因，我们的多中心合作团队提出一个问题，是否应该按照一定的顺序策略，延迟某一种治疗，而不是同时给予两种治疗；如果有些病人没有获得希望达到的治疗效果，再给予第二种治疗。这样做会比同时给予两种治疗效果更好。前文介绍的长期策略研究的第二部分就研究了这个问题（Payne et al., submitted），该研究考察了最初 256 位接受 CBT 治疗的病人中的 58 位，他们对初始治疗没有太多反应。于是研究者将这些病人随机分入两个研究组，一组继续接受 CBT 治疗，另一组接受 SSRI 药物帕罗西汀。药物组在随后的 12 个月里都接受帕罗西汀治疗，而 CBT 组的治疗则持续 3 个月。在 3 个月结束时，接受帕罗西汀治疗的病人比那些继续接受 CBT 治疗的人反应更好，但是在 1 年后的追踪中这种差异消失。具体来说，接受帕罗西汀治疗的病人中有 53% 在 3 个月时产生了效果，而继续接受 CBT 的病人产生效果的比例是 33%；但是在 12 个月之后，这一数字分别变成了 56% 和 53%。所以临床工作者必须判断，在某些病人身上是否值得为了快速反应而尝试药物治疗，因为使用药物治疗和继续使用心理治疗的效果在日后看来将是相同的。对于一些病人来说，马上见效可能非常重要，而另一些人如果知道自己在不吃药的情况下过一段时间也能改善，则很可能不愿意冒着副作用的风险吃药。

那些已经用药了的病人会怎么样？Craske 及其同事的研究（2005）显示，在初级保健医院，给那些已经用药的病人加上 CBT 治疗，相比那些只用药但没有增加 CBT 治疗的人来说，疗效明显改善。上述研究都表明，临床工作者首先采用"逐步治疗"的方法，然后在需要时再加上另一种治疗，可能优于从一开始就使用结合治疗。

上述研究的普遍结论表明，结合药物和 CBT 治疗对于惊恐障碍和广场恐怖症来说并没有什么优势。进而，心理治疗似乎在长期效果上（治疗结束后 6 个月）表现更好。因此，应该首先提供心理治疗，然后再为对心理治疗效果不好，或是根本得不到心理治疗的病人提供药物治疗。

> **小测验 5.3**
>
> 请判断以下说法正确（T）还是错误（F）？
> 1. _____ 患者处在"不安全"的情境时会触发惊恐障碍，体验到焦虑和惊恐。
> 2. _____ 大约有40%的人口在毕生中的某一点上符合惊恐障碍的标准。
> 3. _____ 一些有惊恐障碍的病人有自杀倾向、夜间惊恐，以及/或者有广场恐怖症。
> 4. _____ 对于惊恐障碍来说，心理治疗诸如PCT或CBT非常有效。

特定恐怖症

还记得第1章中提到的朱迪吗？当朱迪看到一段解剖青蛙的影片时，她开始感到恶心。最终，只要有人说一句"看我不撕你的嘴"，她就会晕倒。在本章前文中，你也读到了约翰·麦登的飞行困难。朱迪和约翰·麦登的共同之处被我们称为特定恐怖症。

临床描述

特定恐怖症（specific phobia）是对于特定事物或情境的一种特定恐惧，严重干扰了个人的功能。在DSM的早期版本中，这一类障碍被称为"简单"恐怖症，以区别于较复杂的广场恐怖问题，但现在我们意识到这种障碍并不简单。很多人可能害怕某件其实并不危险的事物，例如看牙医，或是对某些只有些许危险的事物存有夸大的恐惧，例如开车或坐飞机。调查表明，对于各种不同事物或情境的特定恐怖发生于很大的人口比例当中（Myer et al., 1984）。但由于恐惧甚至是严重的恐惧普遍存在，常常导致人们轻视特定恐怖症，而这其实是一种需要严肃对待的心理障碍。这种恐怖症可以使人在极大程度上丧失能力，就像我们在朱迪身上看到的那样。表5.4给出了一部分例子，都是我们在治疗中心看到的损害性很大的恐怖症（Antony & Barlow, 2002）。

表5.4 以字母"A"开头的恐怖症

英文术语	恐惧的内容
Acarophobia	昆虫、螨虫
Achluophobia	黑暗、夜晚
Acousticophobia	声音
Acrophobia	高处
Aerophobia	气流、过堂风、风
Agoraphobia	开放的场所
Agyiophobia	过马路
Aichmophobia	尖锐的、有尖头的物品；刀；被他人用手指指着
Ailurophobia	猫
Algophobia	疼痛
Amathophobia	灰尘
Amychophobia	撕裂伤；被爪子撕或挠
Androphobia	男人（与男人性交）
Anginophobia	心绞痛（短暂的胸部疼痛发作）
Anthropophobia	人类社会
Antlophobia	水流
Apeirophobia	无限性
Aphephobia	身体接触、被触碰
Apiphobia	蜜蜂，被蜜蜂蛰
Astraphobia	雷雨、闪电
Ataxiophobia	无秩序
Atephobia	废墟
Auroaphobia	北极光
Autophobia	独自一人、独处、自己、自我的

Source: Reprinted, with permission, from Maser, J. D. (1985). List of phobias. In A. H. Tuma & J. D. Maser (Eds.), Anxiety and the anxiety disorders (p. 805). Mahwah, NJ: Erlbaum, © 1985 Lawrence Erlbaum Associates.

另一方面，对于像约翰·麦登这样的人，虽然恐怖症是一个麻烦——有时是个极大的麻烦——但人们也可以通过在某种程度上绕开它，带着恐怖症重新适应生活。在美国的新英格兰北部地区，有些人害怕在雪中开车。我们治疗中心曾有一些病人，他们有非常严重的这类恐怖症，以至于一到冬天就想要离开家园，改换工作和生活方式，搬到南方去住。这是应对恐怖症的一种方式。我们将在本章末尾处讨论其他一些方式。

朱迪和麦登所共有的最主要特征体现在DSM-5诊断标准中：对一个特定事物或情境的明显恐惧和

焦虑；都意识到自己的恐惧和焦虑超出了真实危险的范围；都在相当大的程度上不惜代价地回避可能使他们发生恐惧反应的情境。

> **DSM 5　特定恐怖症的诊断标准**
>
> A. 由于存在或预期中存在某种特定事物或情境（例如，飞行、高处、动物、在注射时看到流血）而出现的显著的恐惧或焦虑。
>
> B. 恐惧的事物或情境几乎毫不例外地能立即引发恐惧或焦虑。注意：如是儿童，焦虑表现为哭闹、发脾气、惊呆或紧紧拖住他人。
>
> C. 主动回避恐怖的事物或情境，或是带着强烈的恐惧或焦虑容忍之。
>
> D. 恐惧或焦虑超出了该特定事物或情境能带来的真实危险，对于社会文化情境来说也是如此。
>
> E. 恐惧、焦虑或回避持续存在，通常持续 6 个月或以上。
>
> F. 恐惧、焦虑或回避引起了临床上显著的痛苦，或导致社交、职业或其他重要功能领域受损。
>
> G. 上述紊乱用其他精神障碍无法更好地解释，例如对下列情境的恐惧、焦虑或回避：与类似惊恐症状或其他使人丧失活动能力的症状（广场恐怖症）有关的情境；仅与强迫有关的物品或情境（强迫—冲动性障碍）；有创伤性事件的提示物（创伤后应激障碍）；离开家或是依恋对象（分离焦虑障碍）；或是社交情境（社交焦虑障碍）。
>
> 特定类型：
> 1. 动物型
> 2. 自然环境型（例如，高处、雷雨、水）
> 3. 血液/注射/外伤型
> 4. 情境型（例如，飞机、电梯、封闭空间）
> 5. 其他型（例如，惊恐地躲避会导致窒息、呕吐或感染疾病的场合；如是儿童，躲避响声或穿着某种服装的人。）
>
> From American Psychiatric Association.（2013）. *Diagnostic and statistical manual of mental disorders*（5th ed.）. Washington, DC.

共性到此为止——有多少种事物或情境，就有多少种恐怖症。由希腊和拉丁语词根而来的对各种恐怖症的命名种类繁多到令人震惊。Jack D. Maser 根据医学辞典和其他形形色色的来源编写了一份关于恐怖症的冗长列表，表 5.4 仅仅是其中以字母 a 开头的恐怖症（Maser，1985）。尽管这一列表的分类对于研究心理病理学的人来说几乎没什么价值，但它确实显示出被命名的恐怖症的广泛程度。

在 1994 年的 DSM-Ⅳ 出版之前，人们对特定恐怖症还没有进行有意义的分类。但我们现在知道，朱迪和麦登的案例代表了特定恐怖症的不同类型，它们在很多重要方面都有所区别。特定恐怖症的四种主要亚型已经被明确：血液—注射—外伤类型，情境类型（例如飞机、电梯或封闭空间），自然环境类型（例如高处、风暴或水），以及动物类型。第五个分类"其他"，包含了不符合上述四种主要类型的恐怖症（例如，可能导致窒息、呕吐或感染疾病的情境，对于儿童来说，对大声响或穿特定装束的人的回避）。尽管对特定恐怖症进行亚型分类的策略是有用的，但我们也知道，大多数罹患恐怖症的人可能同时罹患几种类型的多重恐怖症（LeBeau et al., 2010；Hofmann, Lehman, & Barlow, 1997）。

血液/注射/外伤恐怖症

恐怖症的亚型彼此之间有何不同？在朱迪的案例中，我们已经看到了一种主要的不同。朱迪体验到的不是通常的交感神经系统活动激增、心率和血压的增加，而是显著的心率和血压<u>下降</u>，其结果是晕倒。很多罹患恐怖症和经历惊恐发作的人报告说，他们在自己所恐惧的情境下感到自己就快晕倒了，但他们从来没有真的晕过去，因为心跳和血压实质上增加了。所以，那些患有**血液/注射/外伤恐怖症**（blood-injection-injury phobias）的人，在心理反应上几乎总是与其他类型的恐怖症患者有所不同（Barlow & Liebowitz, 1995；Hofmann, Alpers, & Pauli, 2009；Öst, 1992）。我们在第 2 章中还提到，血液/注射/外伤恐怖症比其他任何已知的恐怖症在家族中的患病率都更高。这可能是因为有这种恐怖症的人继承了对血液、外伤或注射的强烈的血管迷走神经性晕厥反应，所有这些都引发了血压的下降和晕倒的倾向。恐怖症在个体可能存在这种反应的基础上发展起来。这种恐怖症的平均发病年龄大约是 9 岁（LeBeau et al.，2010）。

情境恐怖症

以对公共交通工具或封闭场所的恐惧为特征的恐怖症被称为**情境恐怖症**（situational phobias）。幽闭恐怖症就属于情境型的，它是一种对狭小的封闭场所的恐惧，如同对飞行的恐惧。心理病理学家起初认为情境恐怖症与惊恐发作和广场恐怖症相似。情境恐怖症与惊恐发作一样，通常在十几岁到二十几岁之间首次发病（Craske et al.，2006；LeBeau et al.，2010）。惊恐障碍、广场恐怖症和情境恐怖症在家族中的流行率也很相似（Curtis, Hill, & Lewis，1990；Curtis, Himle, Lewis, & Lee，1989；Fyer et al.，1990），患者的一级亲属中大约有 30% 有同样或相似的恐怖症。但是一些研究分析并不支持除了这种表面的相似之外的其他相似性（Antony et al.，1997a；Antony, Brown, & Barlow，1997b）。情境恐怖症与惊恐发作之间的主要差异是，前者处于与所恐惧的事物或情境不相干的条件下时从不会惊恐发作。所以他们能在并不必须面对恐惧情境时放松下来。相反，惊恐障碍患者则可能在任何时候经历不可预料的、没有线索的惊恐发作。

自然环境恐怖症

有时候，很小的孩子会发展出对于自然情境或事件的恐惧。这些恐惧被称为**自然环境恐怖症**（natural environment phobias）。主要的例子是对高处、暴风雨和水的恐惧。这些恐惧似乎也聚合在一起（Antony & Barlow，2002；Hofmann et al.，1997）：如果你恐惧一种情境或事件，例如深水，你很可能也恐惧其他情境，例如暴风雨。很多这类情境本身也与某种危险有关，所以轻度到中度的恐惧或许是具有适应性的。例如，如果我们身处高处，或者在深水中，确实应该非常小心。正如我们在第 2 章中曾讨论过的那样，我们完全有可能已在某种程度上"准备好"对这些情境感到恐惧。我们的基因中存在一些东西，让我们在有任何危险信号存在时对这些情境产生敏感。这些恐怖症中的任一种的初次发病年龄集中在 7 岁左右。如果仅仅是暂时的恐惧就不是恐怖症，恐怖症必须是持续性的（至少持

很多特定恐怖症始于童年，包括对动物的恐惧。

续 6 个月），并且实质上干扰了个体的功能，导致其对于乘船旅行或者在山里过暑假（山里可能有暴雨）的回避。

动物恐怖症

对于动物和昆虫的恐惧被称为**动物恐怖症**（animal phobias）。同样，这类恐惧是很常见的，但在对个体功能产生了严重干扰时就会成为恐怖症。例如，我们在治疗中心见过这样的案例，有的人对蛇或老鼠有恐怖症，以至于不能阅读杂志，因为害怕会忽然看到一张这类动物的图片。他们还有很多地方没法去，即使非常想去也去不了，例如去乡下走亲访友等。动物恐怖症患者所体验到的恐惧与普通的轻微嫌恶不同。这类恐怖症的发病年龄和自然环境恐怖症一样，集中在 7 岁前后（Antony et al.，1997a；LeBeau et al.，2010）。

统计数据

大多数人都曾经历过对特定事物的恐惧。Agras，Sylvester 和 Oliveau（1969）对最常见的恐惧事物进行了分类，呈现在表 5.5 中。意料之中的是，对蛇和高处感到恐惧人数最多。还要注意的是，除了几个少数例外，在对其余常见事物的恐惧中，女性的比例远高于男性。少数的例外中包括对高处的恐惧，在这方面男女比例相当。报告特定恐惧的人中，很少有人达到恐怖症的程度。但总的来说，人口中大约有 12.5% 的人的恐惧程度很严重，足以诊

断为"恐怖症"。恐怖症在一年中的整体患病率是8.7%（Kessler, Berglund, et al., 2005），而在青少年中则是15.8%（Kessler et al., 2012）。这是一个很高的比例，这使得特定恐怖症成为美国以及全世界范围内最常见的心理障碍（Arrindell et al., 2003b）。如同常见的恐惧一样，特定恐怖症的性别比例也大约是4:1，女性占绝大多数；这一概率在全世界范围内也都一致（Craske et al., 2006；Lebeau et al., 2010）。

表5.5 强烈的恐惧和恐怖症的患病率

强烈恐惧的事物	每1000人口中的患病数	性别分布	性别标准误（SE）
蛇	253	男性：118 女性：376	男性：34 女性：48
高处	120	男性：109 女性：128	男性：33 女性：36
飞行	109	男性：70 女性：144	男性：26 女性：38
封闭场所	50	男性：32 女性：63	男性：18 女性：25
疾病	33	男性：31 女性：35	男性：18 女性：19
死亡	33	男性：46 女性：21	男性：18 女性：19
外伤	23	男性：24 女性：22	男性：15 女性：15
暴风雨	31	男性：9 女性：48	男性：9 女性：22
牙医	24	男性：22 女性：26	男性：15 女性：16
独自旅行	16	男性：0 女性：31	男性：0 女性：18
独自一人	10	男性：5 女性：13	男性：7 女性：11

Source: Adapted, with permission, from Agras, W. S., Sylvester, D., & Oliveau, D. (1969). The epidemiology of common fears and phobias. *Comprehensive Psychiatry*, 10, 151-156, © 1969 Elsevier.

虽然恐怖症可能干扰个体的功能，但只有最严重的个案才来做治疗，因为受影响程度较轻的人倾向于绕开恐怖的因素。例如，某个恐高的人可以让自己不上高楼或者不去其他高的地方。表5.6显示的是几年前到我们的焦虑障碍中心寻求治疗的40位病人的情况。特定恐怖症是他们的主要问题；我们按类型将他们细分。如你所见，对于诸如驾驶、乘坐飞机或小而封闭的空间等有情境恐怖症的人最常来寻求治疗。

表5.6 特定恐怖症的主要诊断或共同主要诊断

恐怖症类型	2005年数量	2006年数量
动物型	1	4
自然环境型	4	2
流血和注射型	0	2
情境型	11	6
其他类型	5	5
总数	21	19

注：这些病人是在2005年1月1日至2006年12月31日期间到作者所在的焦虑障碍中心（焦虑及相关障碍中心）求治的。

特定恐怖症发病年龄的中位数是7岁，是焦虑障碍中除分离焦虑障碍（见后文）之外发病年龄最低的障碍（Kessler, Berglund, et al., 2005）。个体一旦发展出某种特定恐怖症，它就倾向于持续一生（参见Antony et al., 1997a；Barlow, 2002；Kessler, Berglund, et al., 2005）；因此，对特定恐怖症的治疗非常重要。

尽管成人和儿童的大多数焦虑障碍看起来很相似，但临床工作者必须了解童年期所经历的正常恐惧和焦虑类型，这样才能将它们与特定恐怖症进行区分（Albano et al., 1996；Silverman & Rabian, 1993）。例如，婴儿会对巨大声响和陌生人都表现出明显的恐惧。在1到2岁时，儿童对于与父母分离感到焦虑是非常正常的，同时对动物和黑暗的恐惧也会发展起来，可能持续到生命的第四年或第五年。对于各种各样的怪物和其他想象生物的恐惧常始于3岁，并会持续好几年。在10岁时，儿童可能恐惧他人的评价，并对自己的外貌感到焦虑。一般来说，对恐惧的报告随年龄而下降，但对与某些活动表现相关的恐惧，例如参加考试或是在很多人面前讲话

在对儿童焦虑障碍的性质和治疗领域中，Tom Ollendick是位一流的研究者。

等，可能随年龄而增加。特定恐怖症似乎随年龄增长而减少（Ayers et al., 2009; Blazer et al., 1991; Sheikh, 1992）。

特定恐怖症的患病率在不同文化间存在差异（Hinton & Good, 2009）。西班牙人报告特定恐怖症的概率比同样是白人的非西班牙裔美国人高出两倍（Magee et al., 1996），其原因尚不完全清楚。在中国文化中，有一种恐怖症的变体被称为"怕冷症"（pa-leng），有时也被称为寒凉恐怖症（frigophobia）。此处对"怕冷"的理解要基于中国的传统观念——在这个例子里，要用到中国的"阴阳"概念（Tan, 1980）。中医认为人体内阴阳力量必须平衡，才能使人保持健康。阴代表寒冷、黑暗、风、消耗生命能量的方面；阳代表温暖、明亮、生命中产生能量的方面。怕冷症的人对于寒冷有一种病态的恐惧。他们持续关注着身体热量的丧失，甚至在大热天里套上好几层衣服。他们往往主诉打嗝和胀气，认为这表明"风"的存在，自己身体里有太多的阴。如前所述，这些观念在其他亚洲文化的恐怖症和焦虑障碍中也起到重要作用（Hinton, Park, Hsia, Hofmann, & Pollack, 2009; Hinton, Pich, Chhean, Pollack, & Barlow, 2004）。

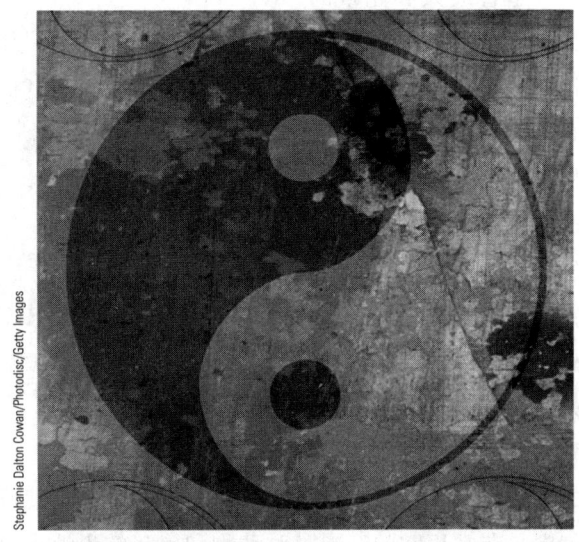

中医基于这样一种观念：身体内的阴（黑暗、寒冷、削弱活力的力量）和阳（光明、温暖、加强能量的力量）必须调和。注意，在这幅传统的阴阳平衡象征图中，每一面都包含了对立面的一部分。

病因

很长时间以来，我们一直认为特定恐怖症大多始于一个不寻常的创伤事件。例如，如果你被狗咬过，你可能发展出对狗的恐怖症。但是，现在我们知道情况并不总是这样（Barlow, 2002; Craske et al., 2006）——这并不是说创伤条件化的经历不会导致后来的恐惧行为。几乎每个窒息恐怖症患者都有过某种窒息经历；一个近期到我们中心就诊的幽闭恐怖症患者也报告说自己曾被长时间困在电梯里。这些都是通过<u>直接经验</u>发展出恐怖症的例子。在直接经验中，真实的危险或痛苦导致了警觉反应（真实警觉）。这只是发展出恐怖症的一种方式，同时，至少还有另外三种方式：在特定情境下<u>体验</u>到一个虚假警觉反应（惊恐发作），<u>观察</u>到他人经历严重恐惧（替代经验），或是在恰当的时候<u>被告知</u>有危险。

还记得我们前面讨论过的不可预料的惊恐发作吗？研究表明，很多恐怖症并不需要经历过来自于真实危险的真实警觉作为开端。很多人最初经历的是一个在特定场合下的不可预料的惊恐发作，可能与当时的生活压力有关，然后就发展出了特定恐怖症。Munjack（1984; Mineka & Zinbarg, 2006）研究了对驾驶有特定恐怖症的人。他注意到，大约有50%患者记得自己的恐怖症起始于因创伤经历（比如车祸）而经验到的真实警觉，而其他人则没有在开车时发生过任何可怕的事情。但是，他们经历了一次不可预料的惊恐发作，在这个过程中感到自己快要丧失对车的控制、要撞到街上的无数行人了。他们的实际驾驶能力并没有降低，而这些灾难化的想法只是惊恐发作的一部分。

人们还能替代性地（间接地）学会恐惧。看到别人有创伤经历，或是忍受强烈的恐惧，可能足以使观察者发展出恐怖症。记住，我们在前文中提及过，情绪是具有传染性的。如果和你待在一起的某人很高兴或是很恐惧，你可能也会感到有些高兴或恐惧。Öst（1985）描述过一个严重的牙医恐惧案例，就是通过这种方式发展起来的。一个青春期男孩坐在学校牙医的候诊室里，他的朋友正在接受牙医治疗。这个男孩只看到了事件的一部分，但从始至终都能听到声音。显然，接受治疗的男孩因为剧烈的疼痛突然移动，结果钻头击穿了他的脸颊。在候诊室中的男孩听到这一切，随即冲出了房间，之后发展出对牙医情境的强烈恐惧，并持续了很长时间。对于这个男孩来说，在他身上并没有发生什么事情，但你肯定能理解他为何会发展出恐怖症。有时候，仅仅被反复警告有一个潜在的危险也足以使人发展出恐怖症。Öst（1985）介绍了一个女病人的案例。她患有极端严重的蛇恐怖症，可是她从不曾遇到过蛇。实际上，她在成长的过程中只是被反复告知深草丛中可能有蛇。她被鼓励穿上长筒橡皮靴子来防御这种威胁——而她确实这样做了，甚至走在大街上时也是如此。我们把这种发展恐怖症的模式叫作**信息传输**（information transmission）。

可怕的经历本身并不产生恐怖症。如前所述，真正的恐怖症还要求焦虑<u>超过</u>极端创伤事件发生的可能性，或是存在虚假警觉而导致个体倾向于回避那些可怕事情可能发生的情境。如果个体没有发展出焦虑，那么他的反应通常属于正常的恐惧体验，而这是人口中超过半数的人都会有的体验。正常恐惧能引起轻微的痛苦，但它通常会被忽略或遗忘。Peter DiNardo 及其同事（1988）很好地证明了这一点。他们研究了一组狗恐怖症患者，同时设有一组没有恐怖症的匹配组。就像 Munjack（1984）研究的驾驶恐怖症一样，大约有 50% 的狗恐怖症患者曾经历过与狗有关的可怕遭遇（通常是被狗咬）。然而，在没有狗恐怖症的匹配组里，也有大约 50% 的人经历过与狗有关的可怕遭遇。为何他们没有变成恐怖症呢？因为他们没有发展出关于再次遭遇狗的焦虑，这一点与那些发展出恐怖症的人不同（反映出一般心理易感性）。特定恐怖症的病因见图 5.9。

总的来说，发展出恐怖症的人必须经历过几件事：第一，创伤性的条件化经历（对于某些人来说，甚至可能只是听说了一个可怕的事件）往往起着重要作用。第二，如果个体是"准备好"了的，恐惧就更有可能发展出来。也就是说，人们似乎携带了一种对某些总是具有危险性的情境（例如被野兽威胁或被困在狭小的地方）感到恐惧的遗传倾向（见第 2 章）。

第三，人们还必须具有一种易感性——对可能再次发生类似事件感到焦虑。我们已经讨论了焦虑的生物和心理原因，并看到至少有一种恐怖症（血液/注射/外伤恐怖症）是具有高度遗传性的（Öst, 1989; Ayala, Meuret, & Ritz, 2009; Page & Martin, 1998）。流血恐怖症病人很可能还继承了强烈的血管迷走神经性晕厥反应，使他们更容易晕倒。这本身并不足以让人发展出恐怖症，但它与焦虑的结合产生了很强的易感性。

Fyer 及其同事（1990）证明了大约有 31% 的恐怖症患者一级亲属也患有恐怖症，相比之下，"正常"的控制组中一级亲属罹患恐怖症的比例是 11%。在 Fyer 中心和我们中心近期进行的一项合作研究中，我们重复了这一结果，发现在恐怖症患者的一级亲属中患病率为 28%，而控制组亲属中这一数据仅为 10%。更有趣的是，似乎每种恐怖症的亚型都

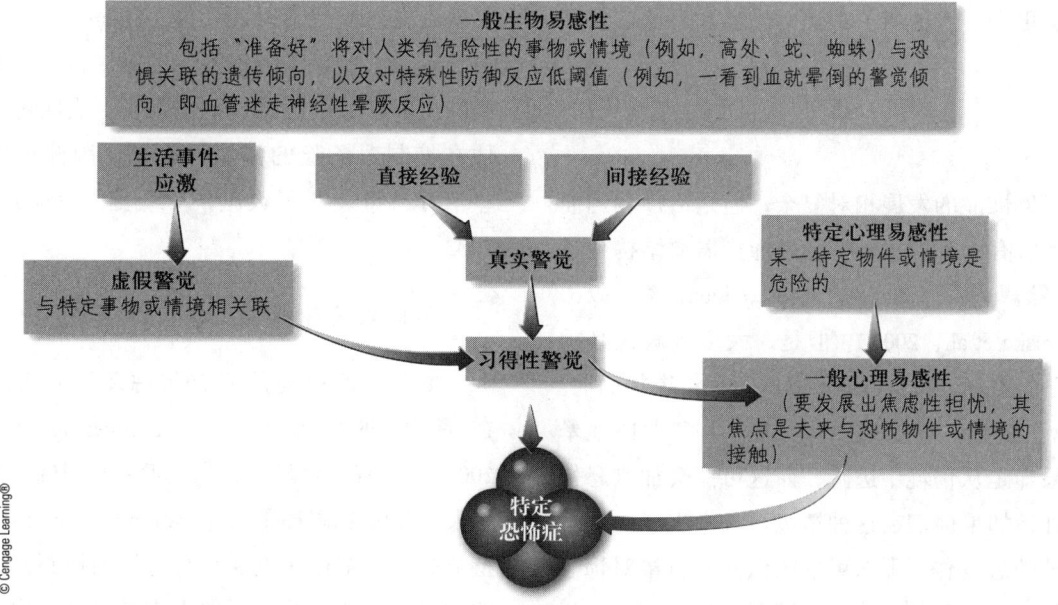

图 5.9 特定恐怖症可能发展的多途径模型。[From Barlow, D. H. (2002). *Anxiety and its disorders: The nature and treatment of anxiety and panic.* (2nd ed.). New York: Guilford Press.]

是"家族性"的，在亲属中更可能发现同类型的恐怖症。Kendler、Karkowski 和 Prescott（1999a）以及 Page 和 Martin（1998）发现，特定恐怖症的遗传性估计值相对更高。我们不能确定，恐怖症在家族中流行的倾向是源自基因还是源自模仿，但这一发现至少表明基因对特定恐怖症有独特的贡献（Antony & Barlow, 2002; Hettema et al., 2005; Smoller et al., 2005）。

最后，社会和文化因素对于发展和报告出有特定恐怖症的人来说具有强烈的决定作用。大多数社会几乎不接受男性表达恐惧和患上恐怖症。所以，女性中报告特定恐怖症的比例占绝对优势（Arrindell et al., 2003b; Lebeau et al., 2010）。对于男性来说发生了什么？他们很可能通过反复将自己暴露于恐惧情境中来努力克服恐惧。更有可能的是，他们只是忍受了恐惧，而不是告诉别人，也没有寻求帮助（Antony & Barlow, 2002）。Pierce 和 Kirkpatrick（1992）让男大学生和女大学生在看某个恐怖视频之前在两种条件下报告他们的恐惧。在第二次评估之前，被试被告知主试将监控其心率，以评估报告的"真实性"。女性在两种条件下的报告是相同的，而男性在被告知真实性很重要时报告的恐惧显著变高了。Ginsburg 和 Silverman（2000）则观察到，焦虑障碍儿童报告的恐惧水平没有生物学上的性别差异，而是有性别角色的差异。也就是说，一个较为男性化的"假小子"女孩相比于较女性化的女孩报告的恐惧更少。这证明了文化对恐惧和恐怖症发展的影响。

治疗

尽管恐怖症的发展相对复杂，但是治疗相当简单。几乎所有人都同意，特定恐怖症需要结构化且持续的暴露练习（Barlow, Moscovitch, & Micco, 2004; Craske et al., 2006）。但是，大多数病人必须在治疗性的监督下将自己逐渐暴露于恐惧事物面前。尝试进行这些练习的人往往倾向于太多太快地暴露，结果却是从情境中逃跑，而这可能会加剧恐怖症。此外，如果他们在这种情境下又发生了一次不可预料的惊恐发作，那么可取的做法是直接对惊恐发作进行治疗，就像对待惊恐障碍的治疗方法一样（Antony, Craske, & Barlow, 2006; Craske et al., 2006）。对于儿童的分离焦虑，治疗师常会邀请父母参与并帮助安排练习，同时也会处理父母对孩子焦虑的反应（Choate, Pincus, Eyberg, & Barlow, 2005）。最近，我们中心发展出一种对于8～11岁女孩的1周密集型治疗方法。在这个疗法最后阶段，女孩们会在治疗中心住一夜；这种方法被证明非常成功（Pincus, Santucci, Ehrenreich, & Ryberg, 2008; Santucci, Ehrenreich, Trosper, Bennett, & Pincus, 2009）。最后，在血液/注射/外伤恐怖症中，患者真的可能晕倒，因此必须以特殊方式进行渐进式暴露练习。个体必须在暴露练习中保持几组肌肉紧张，从而维持足够高的血压来完成练习（Ayala, Meuret, Ritz, 2009; Öst & Sterner, 1987）。治疗方面的新进展使治疗师可以在单次治疗中治疗多种特定恐怖症（包括流血恐怖症），这种单次治疗持续时间一般是2～6小时（参见 Antony et al., 2006; Craske et al., 2006; Hauner, Mineka, Voss, & Paller, 2012; Öst, Svensson, Hellström, & Lindwall, 2001）。治疗师主要利用大部分治疗时间与个体一起进行对恐怖事物或情境的暴露练习。然后，病人在家里练习接近恐怖情境，治疗师偶尔检查。有趣的是，这些病例中不仅恐怖症消失了，同时还显著减轻了流血恐怖症病人在看到血液时的血管迷走神经性晕厥反应倾向。如今，我们通过脑成像技术可以清楚地了解到，这些治疗通过调整诸如杏仁核、脑岛和扣带回皮层等区域的神经回路，改变了大脑处在忍受状态时的功能（Hauner et al., 2012）。治疗后，上述恐惧敏感网络的敏感性降低了，而前额叶皮层区域的敏感性则增加了，表明更多理性评估在抑制对危险的情绪性评估。因此可以说，这些治疗"重装"了大脑的"线路"（Paquette et al., 2003）。

分离焦虑障碍

本章中所描述的所有焦虑及相关障碍都可能在童年期发生（Rapee, Schniering, & Hudson, 2009），但有一种障碍直到最近才被明确与儿童关系更大。**分离焦虑障碍**（separation anxiety disorder）的特征是，儿童存在不现实且持续的担心，担心自己的父母、生活中的重要他人或是自己会出事，从而导致自己与父母分离（例如，他们会走失、被绑架、杀害或者在事故中受伤）。这些儿童常常拒绝上学，甚至拒绝离开家，并不是因为他们害怕学校，而是因为他们害怕与所爱之人分开。这些恐惧可能导致拒绝独自睡觉，还可能导致的其他特征包括与分离有关的噩梦，以及躯体症状、痛苦和焦虑（Barlow, Pincus, Heinrichs, & Choate, 2003）。

所有小孩子都会在某种程度上体验到分离焦虑；这种恐惧常常随年龄增长而下降。所以，临床工作者必须判断分离焦虑的程度是否超出了特定年龄的预期水平（Allen et al., 2010；Barlow et al., 2003）。同样重要的是，要区分分离焦虑和学校恐怖症。在学校恐怖症中，恐惧明确针对具体的学校情境下的某个事物；儿童可以离开父母或其他依恋对象，到学校以外的其他地方去。而在分离焦虑中，激起焦虑和恐惧的是与父母或依恋对象的分离行为。有4.1%的儿童，其分离焦虑的严重程度达到了障碍诊断标准（Shear, Jin, Ruscio, Walters, & Kessler, 2006）。几年前，研究者发现如果分离焦虑得不到治疗的话，约有35%的病例会一直延续至成人期（Shear et al., 2006）。进而，有证据表明我们忽视了在成人身上的这种障碍，它在成人人口中的终生患病率大约是6.6%（Shear et al., 2006）。有些病例是在成人期发病，而不是从童年期带来的。成人分离焦虑的焦点与儿童相同：在分离期间，伤害会降临到所爱之人的头上（Manicavasagar et al., 2010；Silove, Marnane, Wagner, Manicavasagar, & Rees, 2010）。当我们意识到分离焦虑障碍在毕生中都会发生，并且存在独一无二的表现特征，研究者决定将这一障碍提升为DSM-5中的一个独立诊断类别。如同任何一个新发现的障碍一样，研究者期望这一问题会获得更多研究关注，也希望受该问题困扰的所有年龄的个体都能够更容易获得所需的帮助。

在治疗儿童分离焦虑的过程中，父母常常会参与进来帮助安排练习，治疗也会处理父母对儿童焦虑的反应问题（Choate, Pincus, Eyberg, & Barlow, 2005；Pincus, Santucci, Ehrenreich, & Eyberg, 2008）。最近，研究者探索了实时教导父母的用处。他们把一个小麦克风放在父母的耳朵里，从而使治疗师在孩子抵抗分离时能同步指示父母如何做出最佳反应（Sacks, Comer, Pincus, Comacho, & Hunter, 2013；Puliafico, Comer, & Pincus, 2012）。其他创新的治疗形式也极大地提高了成功率。如前所述，对于8～11岁患有分离障碍的女孩进行1周密集型治疗，治疗的最后一天以在中心过夜结束（Santucci, Ehrenreich, Trosper, Bennett, & Pincus, 2009）。

社交焦虑障碍（社交恐怖症）

你害羞吗？如果是这样的话，你和20%～50%的美国大学生存在共同点（具体数字有赖于你读的是哪篇调查）。一小部分人在他人在场时问题会变得更加严重，他们患有**社交焦虑障碍**（social anxiety disorder），也被称为**社交恐怖症**（social phobia）。让我们来看看13岁男孩比利的案例。

> **比利　太害羞**
>
> 比利在家是模范男孩。他能自己完成作业，不惹麻烦，听父母的话，而且总是很安静，不太引起别人的注意。然而，自打他上初中起，他的父母开始注意到一些事情。比利没有朋友。他不愿意参与学校的社交或体育活动，甚至是班里绝大多数孩子都参加的活动。当他的父母决定向学校的辅导老师询问一下这方面情况时，他们发现辅导老师也恰好打算给他们打电话。老师说，比利没有社交，在班里也不说话。如果他知道老师

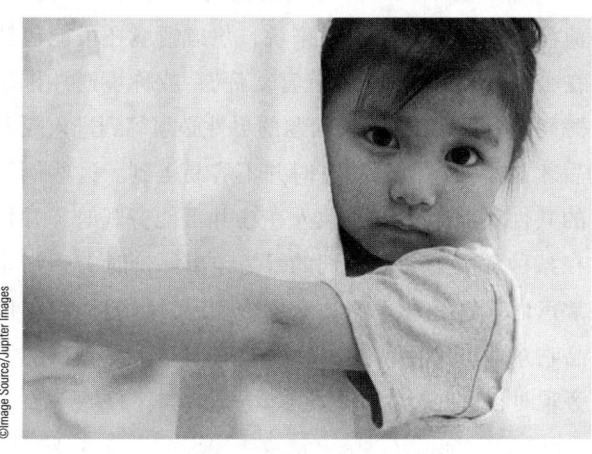

罹患分离焦虑障碍的儿童持续地担忧，如果自己不能和重要他人待在一起，可怕的灾难就会要么降临到对方身上，要么降临到自己身上。

要找他，就会一整天都觉得胃里难受。老师问他任何事时，最多只能得到"是"或"不是"的回答。更麻烦的是，老师发现午餐时他独自躲在男厕所的小隔间里，而不是吃午饭；他说自己已经这样做了好几个月了。当比利被转介到我们中心治疗时，我们诊断他患有严重的社交恐怖症，也即对社交情境存在一种非理性的极端恐惧。在除了父母以外的几乎任何人在场的情况下，他都害怕遭遇尴尬或丢脸。

临床描述

社交焦虑障碍不仅是过度害羞（Bögels et al., 2010；Hofmann et al., 2009）。史蒂文和查克的案例很典型，多年来这类事件不时见诸报端。

史蒂文和查克　明星球员？

在全美棒球全明星赛的第二局中，洛杉矶道奇队的二垒手史蒂夫·萨克斯接住了一个简单的地滚球，直接抛传向一垒，然后球落地弹起，跳过了一垒手奥尔·奥利弗，可是后者距离他还不到40英尺（约12米）。这是一个令人难以置信的失误。但是铁杆棒球迷们都知道，这只是给1983赛季中最大神秘事件又添了一笔：23岁的萨克斯，上一个赛季的全国棒球大联盟年度新秀，似乎无法正常地传球给一垒手（那个赛季中他的27记失误里，有22个是偏投）。

查克·诺布洛赫在1997年赢得了二垒手金手套奖，但在1999年的联赛中出现了26记失误，绝大多数都是暴投。解说员和记者观察到，如果他打得很艰苦并且不得不突然转身"不假思索"地投出一球时，他的投掷会很有力，并且能准确地传到一垒。但是如果他接到的是一个常规地滚球，且有时间考虑投球的准确性时，他的投球动作就会变得笨拙而缓慢，往往无法命中目标。解说员和记者得出结论说，鉴于他的胳膊能打好艰苦比赛，所以他的问题一定是"心理"的。在2001赛季中，他换到了左外野，以避免进行这种投球，后来在2003年退役。

类似的，棒球运动员瑞奇·威廉姆斯也中断了其职业生涯，部分是因为严重的社交焦虑。这一问题不仅发生于体育赛事中，也还出现在知名的演讲和表演中。女演员斯嘉丽·约翰逊多年来一直回避在百老汇表演，因为她无法忍受表演带来的焦虑，这种情况也被称为"舞台恐惧"。技术熟练的运动员丧失把棒球投到一垒的能力，或者是一个经验丰富的表演者不能上台演出，显然不符合我们都熟悉的"害羞"概念。这些人本身可能也是爱交际的人。还有，如果你和别人在一起时，总是担心自己的某个身体反应在别人看来非常显眼，但你又很难控制这种反应，那会怎么样？你会不会脸红到让自己感到非常尴尬的程度？或是手心出汗出得厉害，以至于不愿跟人握手？

什么使得这些看似不同的情境都从属于社交焦虑障碍的范畴？比利、诺布洛赫、萨克斯、威廉姆斯和约翰逊（以及任何担心过度脸红或流汗的人）都体验到显著的恐惧和焦虑，而其焦点都在于一个或多个社交或表演情境。在比利的案例中，他所害怕的情境是任何他可能不得不与人互动的情境。对于诺布洛赫和约翰逊来说，这些情境都属于当众表现某种特殊行为。表演焦虑是社交焦虑障碍的一个亚型。有这种障碍的人通常在社交互动方面没有困难，但是当他们必须当众做某件特定的事情时，焦虑就占据了主导，他们会特别关注发生尴尬的可能性。最普遍的表演焦虑类型是当众讲话，这也和大多数人都有关。其他会引发表演焦虑的情境包括在餐厅吃饭，或是当着另一个人的面或在很多人的注视下签字或核对。焦虑引起的身体反应包括脸红、流汗、颤抖。对于男性来说，焦虑情境还可能包括在公共厕所小便（"膀胱害羞症"，或称境遇性排尿障碍综合征）。有这种问题的男性必须等到进入隔间后才能小便，而隔间有时并不容易等到。这些例子的共性是，个体仅在他人在场并可能旁观时（并且在某种程度上会对他们的行为作出评价时）感到非常焦虑。这是真正的社交焦虑障碍，因为他们在自己吃东西、写字或排尿时并没有困难。只有在别人旁观时，这些行为才退化了。

统计数据

整体人口中有12.1%的人在生命中的某一时刻

社交焦虑障碍(社交恐怖症)的诊断标准

A. 处于一种或多种可能被别人仔细观察的社交场合时,产生显著的恐惧或焦虑。这些场合包括社交互动(例如,进行交谈、见不熟悉的人)、被观察(例如吃饭或喝水),或是当众表演(例如演讲)。注意:如为儿童,必须有证据表明焦虑不仅发生在与成年人交往的过程中,在与同年龄的伙伴交往时也会出现。

B. 个体害怕自己可能会做出一些行为或是显示出焦虑症状,让人有负面评价(例如,会被羞辱、遭遇尴尬、被拒绝或冒犯别人)。

C. 该社交场合几乎总能引起恐惧或焦虑。注意:如为儿童,恐惧或焦虑可能表现为在社交场合下哭闹、发脾气、冷淡、黏人、畏缩或说不出话来。

D. 患者总是回避这些社交场合,或是带着强烈的恐惧或焦虑忍受这些场合。

E. 恐惧或焦虑超出了该社交场合和社会文化背景下真实威胁的程度。

F. 恐惧、焦虑或回避持续存在,通常持续6个月或以上。

G. 恐惧、焦虑或回避引起了临床上显著的痛苦,或严重影响了社交、工作或其他重要的功能领域。

H. 这种恐惧或者回避的症状不是由于某种物质(如滥用毒品或药物)或者其他身体问题所造成的。

I. 这种恐惧、焦虑或回避用其他精神障碍无法更好地解释。例如惊恐障碍(对出现惊恐发作的焦虑)或分离焦虑障碍(害怕离开家或离开一个亲近的人)。

J. 如患有某种生理性疾病(例如,口吃、帕金森病、肥胖症或因烧伤或外伤而毁容),恐惧、焦虑或回避显然与这些疾病无关或是过度的。

特定类型:
表演恐惧型:恐惧仅限于当众讲话或表演时。

From American Psychiatric Association.(2013). *Diagnostic and statistical manual of mental disorders* (5th ed.). Washington, DC.

会受到社交焦虑障碍的困扰(Kessler, Berglund, et al., 2005)。社交焦虑障碍在一年中的患病率是6.8%(Kessler, Chiu, et al., 2005),而在青少年中是8.2%(Kessler et al., 2012)。这些数据使得社交焦虑障碍成为患病率第二高的焦虑障碍,仅次于特定恐怖症。根据当前的统计数据,仅在美国就有超过3500万人口患有社交焦虑障碍。更多的人只是害羞,但并没有严重到符合社交恐怖症的标准。与其他障碍女性占多数不同(Hofmann et al., 2009; Magee et al., 1996),社交焦虑障碍的性别比例接近1∶1(Hofmann & Barlow, 2002; Marks, 1985)。整体来说,45.6%罹患社交焦虑障碍的人都在最近12个月内寻求过专业帮助(Wang et al., 2005)。社交焦虑障碍通常开始于青春期,发病年龄在13岁左右(Kessler, Berglund, et al., 2005)。社交焦虑障碍在年轻人(18~29岁)、受教育水平低、单身和低社会经济阶层中更流行。社交恐怖症在60岁以上的人群中的患病率(6.6%)只有18~29岁人群中患病率(13.6%)的一半还不到(Kessler, Berglund, et al., 2005)。

考虑到社交焦虑障碍患者与别人交往的困难,就不难理解这一群体比普通人群的单身比例更高。在美国,白人比非裔美国人、西班牙裔美国人和亚裔美国人都更有可能被诊断为社交焦虑障碍(还有广泛性焦虑障碍和惊恐障碍)(Asnaani, Richey, Dimaite, Hintion, & Hofmann, 2010)。跨国数据表明,亚洲文化下的社交焦虑障碍患病率较低,而俄罗斯和美国样本中社交焦虑障碍的比例最高(Hofmann, Asnaani, & Hinton, 2010)。在日本,临床上呈现出的焦虑障碍都被贴上"神经质症"(shinkeishitsu)的标签。其中最常见的亚型之一是人恐怖症(taijin kyofusho),这种障碍在某种形式上类似于社交焦虑障碍(Hofmann et al., 2010; Kleinknecht, Dinnel, Kleinknecht, Hiruma, & Harada, 1997)。罹患这种类型社交焦虑障碍的日本人会强烈地恐惧与人对视,也害怕自己的表现(脸红、口吃、体臭等)会遭受指责。因此,这一障碍中焦虑的重点是冒犯他人或让别人尴尬,而不是像社交焦虑障碍中那样让自己处于尴尬的境地,尽管这两种障碍在相当程度上有所重叠(Dinnel, Kleinknecht, & Tanaka-Matsumi, 2002)。患有这种障碍的日本男性比女性多,其比例是3∶2(Takahasi, 1989)。最近已明确的是,全世界很多文化中都发现有这种症候群的存在，但主要还是在亚洲文化中（Vriends, Pafatz, Novianti, & Hadiyono, 2013）。不过，北美地区也报告了这组症状的表现之一，即"嗅觉关联综合征"（olfactory reference syndrome）（Feusner, Phillips, & Stein, 2010）。这种综合征的关键特征也集中于一个信念：个体因为体味让自己尴尬或冒犯了他人。在这点上，它似乎与强迫—冲动性障碍（下文讨论）而不是社交焦虑障碍更相似，并且对治疗强迫—冲动性障碍的心理疗法的响应也更好（Martin-Pichora & Antony, 2011）。

病 因

我们已经注意到，人类似乎通过进化而对特定的野兽和自然环境中的危险情境做好了恐惧的准备。相似地，人类似乎也做好了对愤怒、批评或拒绝的人感到恐惧的准备（Blair et al., 2008; Mineka & Zinbarg, 2006; Mogg, Philippot, & Bradley, 2004）。在一项系列研究中，Öhman及其同事（参见，例如 Dimberg & Öhman, 1983; Öhman & Dimberg, 1978）写道，我们学会了对愤怒的表情比其他面部表情更快地产生恐惧。Lundh和 Öst（1996）证明了患有社交焦虑障碍的人看到多幅脸部图片时，更可能会记住批评的表情；Mogg及其同事（2004）证实，相对于"正常"面孔来说，社交焦虑个体会更快地识别出愤怒的面孔，而"正常人"记住的是接纳的表情（Navarrete et al., 2009）。其他研究显示，社交焦虑障碍患者与"正常人"相比，前者对愤怒面孔的反应中杏仁核活动更多，而皮层控制或调节更少（Goldin, Manber, Hakimi, Canli, & Gross, 2009; Stein, Goldin, Sareen, Zorrilla, & Brown, 2002）。Fox 和 Damjanovic（2006）的研究显示，眼部是面部特别具有威胁性的区域。

我们为何会继承对愤怒面孔感到恐惧的倾向呢？也许我们的祖先就会回避带有敌意的、愤怒或专横的人，因为这些人可能会攻击或杀害他们。在所有物种中，支配性和攻击性更强的个体都处于更高的社会等级上，而其他个体倾向于回避它们。那些倾向于回避愤怒面孔的人类更可能存活下来，并将其基因传递给今天的人类。当然，这只是一种理论假说。

Jerome Kagan 及其同事（Kagan, 1994, 1997; Kagan & Snidman, 1999）证明了一些婴儿天生具有拘谨或害羞的气质特点，这种特点在4个月大时就表现得很明显。带有这种特质的4月龄婴儿与没有这种特质的婴儿相比，在被呈现玩具或其他适合该月龄婴儿的刺激物时，更加焦虑不安，哭闹得也更加频繁。现在有证据表明，过度行为抑制的人发展出恐惧行为的风险更高（Essex, Klein, Slattery, Goldsmith, & Kalin, 2010; Hirschfeld et al., 1992）。

Jerome Kagan 发现，害羞在婴儿4个月大时就很明显，并且很可能是遗传的。

社交焦虑障碍的病因模型与惊恐障碍和特定恐怖症模型有些相似。图5.10描绘了三种可能产生社交焦虑障碍的途径。一是，某人可能遗传了一种容易产生焦虑的一般生物易感性，或一种在社交上产生抑制的生物倾向，或是二者兼而有之。一般心理易感性——例如认为事件（特别是应激事件）是不可控的信念——的存在将增加个体的易感性。个体在处于应激之下时，焦虑感和对于自我的注意都可能会增加，甚至可能达到即使不存在虚假警觉（惊恐发作）的情况下也会干扰表现的水平。二是，某人可能在处于社交情境的应激中时发生了一次不可预料的惊恐发作，由此可能与社交线索相联系（条件化）。然后，这个人可能对自己在相同或相似的社交情境下再次出现惊恐发作感到焦虑。三是，某人可能经历了真实的社交性创伤，带来了真实的警觉；在相同或相似社交情境中的焦虑随后发展起来（条件化）。创伤性社交经历还可能回溯至童年期的困难。青春期早期（通常指12～15岁）的儿童可能惨遭同伴的嘲弄，而同伴此举是为了确立自身的权势。这种经历会给儿童带来焦虑和惊恐，而这些体验可能在日后的社交情境中重现。例如，McCabe、Anthony、Summerfeldt、Liss 和 Swinson（2003）发现，在他们的样本中，92%患有社交恐怖症的成人经历过儿童期的严重嘲弄和欺凌，而在其他焦虑障碍中只有35%～50%的人有过这样的经历。

但要发展出社交焦虑障碍，还有一个因素必须落实。那就是，具备上述易感性和经历的人还必须在成长中习得"社会评价可能是特别危险的"，从而对发展出社交焦虑产生一种特定的心理易感性。有证据表明，一些社交焦虑障碍患者预先倾向于把自己的焦虑集中在包含社会评价的事件上。研究者（Bruch & Heimber，1994；Rapee & Melville，1997）发现，社交恐怖症患者的父母比起惊恐障碍患者的父母来说，前者明显对社交更加恐惧，并且更关注他人的看法；而他们将这些感受传递给了子女（Lieb et al.，2000）。Fyer、Mannuzza、Chapman、Liebowitz 和 Klein（1993）报告，社交焦虑障碍患者的亲属比起非社交焦虑障碍患者的亲属有更高的罹患社交焦虑障碍的风险概率（16% 比 5%）——所以，图5.10中也描绘了特定心理易感性。如你所见，生物与心理活动的共同作用导致了社交焦虑障碍的发生。

治 疗

研究者已经针对社交焦虑障碍发展出有效的治疗方法（Barlow & Lehman，1996；Hofmann & Smits，2008；Heimberg & Magee，in press）。Clark 及其同事（2006）对一个认知疗法项目进行了评估。这一疗法在治疗过程中强调真实的生活体验，借此向患者证明他们对危险的自动化想法是错误的、不切实际的。这种治疗方法让 84% 接受治疗的患者大幅受益，而且效果维持了一年之久。这是针对此类难以处理的障碍最好的治疗结果，明显优于之前比较过的其他方法。后续研究显示，这种治疗方法要优于另外一种非常可靠的治疗方法——人际心理疗法（interpersonal psychotherapy，IPT），无论是在治疗后立即评估的效果，还是追踪一年后的效果。即使把患者送到一个专门从事人际心理治疗的中心进行治疗，结果也是如此（Stangier，Schramm，Heidenreich，Berger，& Clark，2011）。

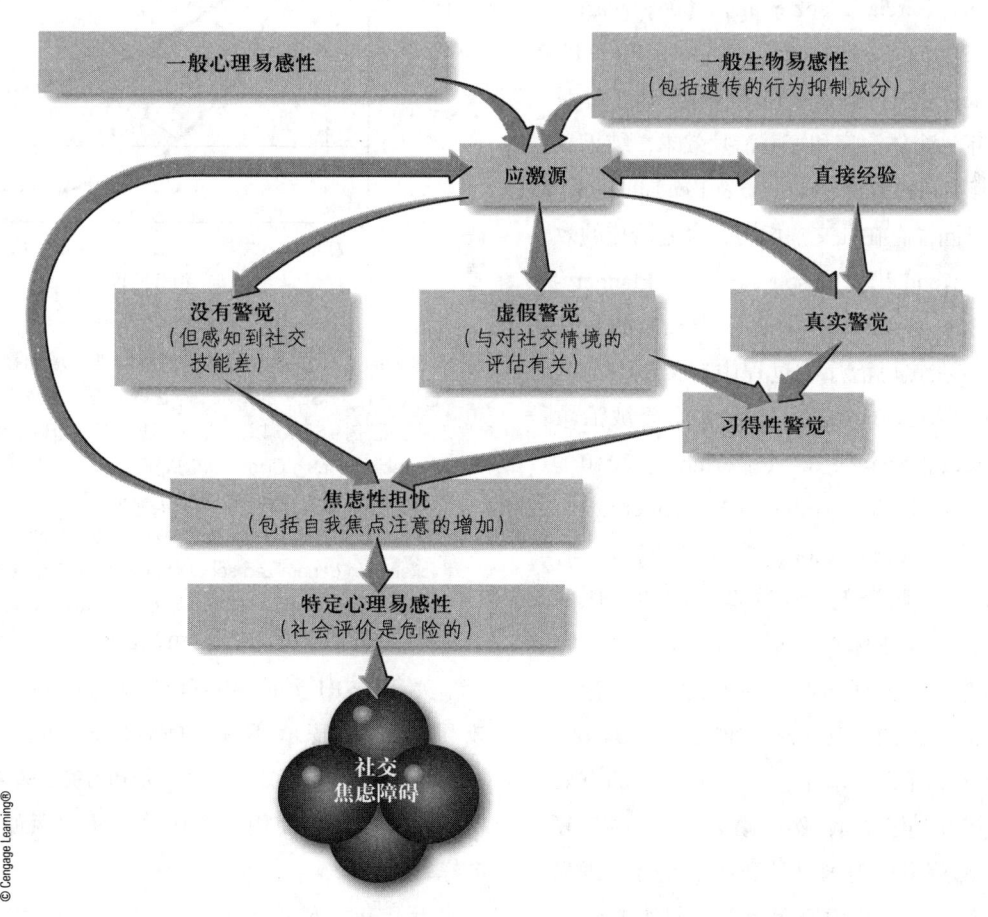

图 5.10　社交恐怖症发展的多途径模型。[From Barlow, D. H. (2002). *Anxiety and its disorders: The nature and treatment of anxiety and panic.* (2nd ed.). New York: Guilford Press.]

我们中心也发展出类似的治疗方法（Hofmann，2007b）。这种治疗重点针对维持该障碍的各项因素。为何社交焦虑障碍在患者反复暴露于社交线索的情况下还会持续存在？一个重要的原因是，社交焦虑障碍患者会使用多种回避和安全行为来降低自己被拒斥的风险，以及更宽泛地说，是要避免对自己的灾难化信念（例如，当试图跟某人交流时，自己看上去会多么尴尬和愚蠢）进行批判性的思考。<u>社交小事故暴露法</u>通过让患者直面这些小事故的真实后果，直接瞄准此类信念。比如，当你跟某人第一次交谈时，不小心把饮料洒了自己一身，然后会发生什么呢（Hofmann & Otto，2008）？在团体干预中，这项治疗的完成率为82%，响应率为73%，并在随后6个月的追踪中保持了这一效果（Hofmann et al.，2013）。

我们在青少年身上调整了治疗方案，让父母直接参与团体治疗过程。大量的研究结果显示，严重社交焦虑的青少年在接受了认知行为治疗之后，可以在学校或其他社交场合实现相对正常的功能（Albano & Barlow，1996；Garcia-Lopez et al.，2006；Masia-Warner et al.，2005；Scharfstein, Beidel, Finnell, Distler, & Carter，2011）。几个临床实验对比了针对社交焦虑青少年的个体治疗和家庭治疗效果，结果显示两种治疗具有相同的功效（Barmish & Kendall 2005）。但当孩子的父母同样存在社交焦虑时，家庭治疗的效果要更好些（Kendall, Hudson, Gosch, Flannery-Schroeder, & Suveg，2008）。最近一个长期的跟踪研究显示，那些在焦虑治疗的过程中有父母参与的青少年，在治疗结束3年之后更有可能会被治愈（Cobham, Dadds, Spence & McDermott，2010）。一些药物治疗也被发现是有效的（Van Ameringen, Mancini, Patterson, & Simpson，2009）。有段时间，临床医师曾认为β-阻滞剂（能降低心率和血压的药物，如普萘洛尔，或称心得安）可能会有效，特别是对于表演焦虑，但证据似乎并不支持这一论点（Liebowitz et al.，1992；Turner, Beidel, & Jacob，1994）。从1999年开始，基于与安慰剂对比的有效性研究，一些SSRI类药剂，例如帕罗西汀、左洛复和文拉法辛，都获得了美国食品和药物监督管理局的批准，用来治疗社交焦虑障碍（参见例如Stein et al.，1998）。

几项重要的研究对比了心理治疗和药物治疗的效果。其中一项引人瞩目的研究对比了克拉克认知疗法和SSRI类药物百忧解的治疗效果，同时指示社交焦虑障碍患者尝试参与更多的社交活动（自我暴露）。第三组被给予安慰剂，同时也接收到多参加社交活动的指令。治疗为期16周，在治疗开始之前、中间点、治疗结束时以及3个月的辅助治疗后都对患者进行评估。最后，研究者对两个治疗小组的病人追踪了12个月（Clark et al.，2003）。结果如图5.11所示。两种治疗都很有效，但心理治疗在所有时间点上的效果都显著更好，大多数患者都被完全治愈或基本治愈，几乎没留下什么后遗症。同样，在5年之后的评估中仍然可以看到认知疗法的效果持续存在（Mörtberg, Clark, & Bejerot，2011）。

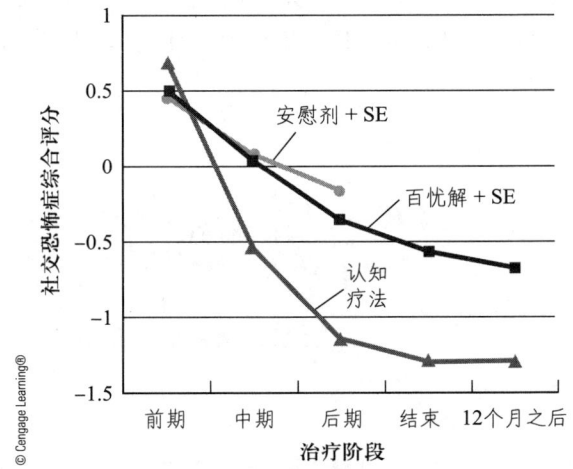

表5.11 图中显示的是使用三种方法治疗广泛社交恐怖症患者的比较结果，使用百忧解加尝试增加社交互动或"自我暴露"（SE）的指示（百忧解+SE），安慰剂加相同指示（安慰剂+SE），以及认知疗法（CT）。[Reprinted, With permission, from Clark, D. M., Ehlers, A., McManus, F., Hackmann, A., Fennell, M., Campbell, H., Flower, T., Davenport, C., & Louis, B.（2003）. Cognitive therapy versus fluoxetine in generalized social phobia: A randomized placebo-controlled trial. *Journal of Consulting and Clinical Psychology, 71*, 1058－1067, © 2003 American Psychological Association.]

关于SSRI类或相关药物与心理治疗结合的效果，证据显示不一。Davidson、Foa和Huppert（2004）发现，认知行为疗法和SSRI药物治疗效果相似，但结合使用并不比单独使用两种治疗效果更好。

近几年，又有几项激动人心的研究发现。在认知行为疗法中加入D-环丝氨酸（DCS）能有效增强治疗效果。一些神经科学家，例如埃默里大学的 Michael Davis，用大鼠做实验，发现 D-环丝氨酸可以使行为消退得更快，效果更持久（Walker, Ressler, Lu, & Davis, 2002）。进一步研究显示，这种药会作用于杏仁核，而杏仁核是大脑中参与习得和遗忘、恐惧与焦虑的区域。与 SSRI 类药物不同的是，这种药是通过改变谷氨酸盐系统中流动的神经递质来促进焦虑的消退，就像我们在第 2 章中介绍过的那样（Hofmann, 2007a）。

在给社交焦虑障碍（或惊恐障碍）患者使用 D-环丝氨酸时，要在实施消退或暴露训练前大约 1 小时左右服用，而患者不需要持续服药。例如，Michael Otto 及其同事（Otto et al., 2010）在我们的一家临床中心对惊恐障碍患者实施认知行为干预，患者分为服药和不服药两组（也就是说，一组服用药物，一组服用安慰剂，而患者和治疗师都不知道谁在药物组、谁在安慰剂组，属于双盲实验）。药物组在治疗期间相比安慰剂组有明显的改善。这点特别值得关注，因为惊恐障碍病人恐惧的线索是生理感觉，而 D-环丝氨酸有助于消除由心率和呼吸加快等感觉引发的焦虑。Stefan Hofmann 及其同事（2006）在社交焦虑障碍病人身上发现了类似的结果。这一早期实验最近有了新的进展，在 12 周的认知行为干预中，D-环丝氨酸在改善症状的严重程度和消除症状方面更快见效，与安慰剂组相比快了 24%～33%。然而，D-环丝氨酸相比于安慰剂来说，并不能提高患者对认知行为干预的响应度和症状消除的概率（Hofmann et al., 2013）。这些发现与其他研究都显示，D-环丝氨酸可以让治疗更快速见效，但并不会增加认知行为治疗的效果（Hofmann, Sawyer, & Asnaani, 2012）。如果这些结果是可重复的，那么该药物就不仅可以在短期内治疗社交焦虑障碍，还可能在短期内治疗所有焦虑障碍。

选择性缄默症

选择性缄默症（selective mutism）在 DSM-5 中与焦虑障碍同组，是一种罕见的儿童期障碍。其主要表现为，患儿在一种或几种被期待讲话的社交场合中说不出话来。表面看来，这种困难似乎很显然是由社交焦虑引起的，因为患儿不能讲话并不是因为缺乏知识或有生理困难，也不是其他问题引起的，比如极少讲话或讲话功能被削弱的自闭症障碍等。实际上，选择性缄默症通常只发生于某些特定场合（比如在家），而在其他场合（比如在学校）则没有这种问题。这是其为何会被冠以"选择性"这一称谓的原因。要符合选择性缄默症的诊断标准，患儿不能讲话的问题必须持续一个月以上，且不限于在学校的第一个月。研究发现，选择性缄默症与焦虑障碍，特别是社交焦虑障碍的共病率很高，这表明该障碍与社交焦虑高度相关（Bögels et al. 2010）。一项纳入了 50 名选择性缄默症儿童的研究显示，患儿几乎 100% 符合社交焦虑障碍的诊断标准（Dummit et al., 1997）。另一项近期研究发现，选择性缄默症儿童的社交焦虑大幅超出没有选择性缄默症的控制组儿童（Buzzella, Ehrenreich-May, & Pincus, 2011）。所有儿童中患有选择性缄默症的比例约为 0.5%，女孩多于男孩（Kumpulainen, 2002; Viana, Beidal, & Rabian, 2009）。

为什么选择性缄默症的患儿出现了在某些场合不能讲话的特殊症状，而非其他社交焦虑行为？原因目前还不完全清楚。但有些证据显示，好心的父母往往通过迅速地干预甚至"代替孩子说话"而促成了这种行为（Buzzella et al., 2011）。

对选择性缄默症儿童的治疗应用了很多与成功治疗社交焦虑儿童相同的认知行为原则，但是更加强调讲话。比如，我们的一个临床中心设立了一个专门项目，名为"波士顿大学勇敢伙伴营"（The Boston University Brave Buddies Camp）。这是一个为期一周的密集型团体治疗项目，针对那些被诊断为选择性缄默症的 4～8 岁儿童，或在社交或学校等场合与熟悉或不熟悉的同伴及成人存在讲话困难的孩子。波士顿大学勇敢伙伴营为儿童提供指导性的机会，与一些新认识的儿童和成人互动，参与类似课堂的活动（比如晨会、圆圈时间、展示与说明、团体创意活动），参加实地旅行（如去图书馆或公园），玩一些社交游戏，提升语言表达能力（"勇敢交谈"）和主动发言。这一方法使用诸如模仿、刺激消退和塑造等行为矫正技巧，让儿童逐渐暴露在语言环境中。这些技术在治疗中与行为奖励系统结合使用（Sacks, Comer, Furr, Pincus, &

Kurtz, 2011; Furr et al., 2012)。项目的结果非常鼓舞人心：参加训练营的15个儿童中有80%成功地开始讲话，而且追踪研究显示效果持续了两年以上。可惜的是，这种高度专业化的治疗项目目前规模很有限。

小测验 5.4

请鉴别下列陈述各属于哪类恐怖症：

A. 血液/注射/外伤恐怖症
B. 恐高症　　C. 动物恐怖症
D. 社交恐怖症　　E. 自然环境恐怖症
F. 其他

1. 马克在学校没有朋友，午餐和课间休息时都躲在男生盥洗室。＿＿＿
2. 丹尼斯害怕并极力避免暴风雨。不出所料，他第一次乘船出海旅行时发现自己同样也恐惧深水。＿＿＿
3. 丽塔在动物园里一度感到很自在，直到参观到昆虫展厅时，一种久违的恐惧紧紧攥住了她。＿＿＿
4. 阿曼多喜欢和同伴去钓鱼，也喜欢吃鱼。但当他被鱼刺卡住时，他感到一种难以忍受的恐惧。＿＿＿
5. 约翰被迫放弃了成为外科医生的梦想，因为他害怕见到血。＿＿＿
6. 瑞秋辞掉了几个需要公开讲话的高薪工作邀请，而去从事收入很低的文案工作。＿＿＿
7. 费拉无法去拜访她在乡下的朋友，因为她害怕蛇。＿＿＿

创伤和应激相关障碍

有一系列不同的障碍，都是个体在经历了一个应激生活事件（常常是一个非常应激或创伤性的生活事件）之后发展起来的；DSM-5将这些障碍整合到了一起。这类障碍——创伤和应激相关障碍——主要包括儿童期养育体验匮乏或有受虐经历所引起的依恋障碍，以应激生活事件所引起的持续焦虑和抑郁为特征的适应障碍，以及对创伤的反应，如创伤后应激障碍和急性应激障碍等。该领域研究发现，这类障碍与其以往所属的焦虑障碍等其他障碍并不类似。这是因为创伤和应激相关障碍都是由最近的应激事件引起，并伴随着强烈的情绪反应。同时，除了恐惧和焦虑之外，还可能伴随更广泛的情绪，如狂怒、厌恶、内疚和羞耻等，对于创伤后应激障碍来说尤是如此（Friedman et al., 2011; Keane, Marx, Sloan, & DePrince, 2011）。我们接下来就首先介绍创伤后应激障碍。

创伤后应激障碍（PTSD）

近年来，我们已听闻各种创伤事件之后出现了大量严重且持久的情绪障碍。对于美国人来说，恐怕21世纪最出名的创伤事件要数伊拉克和阿富汗的战争，2001年9月11日的恐怖袭击，以及飓风灾难（如2012年的桑迪飓风）。另外，这种情绪障碍也会出现在人身攻击（特别是强奸）、车祸、自然灾害或是至亲突然离世等事件之后。**创伤后应激障碍**（posttraumatic stress disorder，简称PTSD）是这类障碍中最广为人知的一种。

临床描述

DSM-5将PTSD的激发事件描述为遭遇创伤事件，在这一过程中个体体验到或目睹了死亡、严重伤害、性暴力或是受到上述威胁。发生在亲密的家人或朋友身上的创伤事件，或是持久而反复接触到创伤事件的细节（如恐怖袭击中处理遗骸的一线救援人员），也都可能成为激发事件。事后，受害者会通过回忆和噩梦重复体验该事件。当回忆突然出现时，会伴随强烈的情绪体验，而受害者会感觉自己再次经历到该事件，即出现闪回（flashback）。受害者往往会回避任何能让他们回忆起创伤的事物。他们常常在情绪反应上表现得克制或麻木，这可能会导致人际关系问题。他们有时可能记不起事件的某些特定方面。这可能是因为受害者无意识地试图回避情绪体验，就像惊恐障碍患者一样，因为强烈的情绪体验可能唤起他们对创伤的记忆。最后，受害者大多会经历长期的过度唤起，容易受惊、动怒。DSM-5在PTSD-E的诊断中添加了"不计后果或自我毁灭的行为"，作为唤起或反应性增强的标志。同时 DSM-5 还新增了"解离"亚型，此类患者并不必须经历创伤重现或过度唤起这类典型的 PTSD 症状。准确地说，体验到解离症状的 PTSD 患者唤起较低，而且常有不现实的（解离）感觉（Wolf, Lunney, et al., 2012; Wolf, Miller, et al., 2012）。患有 PTSD 的受害者如果符合解离亚型的诊断，会对治疗有不同的反应（Lanius, Brand, Vermetten, Frewen, & Spiegel, 2012）。

PTSD 最早是在 1980 年版的 DSM-Ⅲ 中命名的（American Psychiatric Association, 1980），但实质上它有更悠久的历史。1666 年，英国专栏作家塞缪尔·佩皮斯（Samuel Pepys）目睹了伦敦的特大火灾，这场火灾导致无数人员伤亡和财产损失，城市一度陷于混乱。他在一篇文章中记录了这场火灾，我们今天仍能查阅到这篇文章。佩皮斯本人也没能逃脱这场灾难事件的影响。6 个月后他写到："不知怎么会变成这样，我没有一晚不带着对大火的极度恐惧就寝；每天夜里都满脑子火灾的念头，一直到凌晨两点才能入睡。"（Daly, 1983, p. 66）。DSM-5 的诊断标准中显示，入睡困难和反复出现与事件有关的闯入性梦境是 PTSD 的主要特征。除此之外，佩皮斯还描述了看到他人死去而自己的性命和财产得以保全时的内疚感。他同样经历了解离感和关于火灾的麻木情绪，这些都是 PTSD 中的常见体验（Keane & Miller, 2012）。

下面来看一看来自我们治疗中心的琼斯一家的案例。

琼斯一家　一人受害，多人创伤

贝蒂·琼斯太太和她的四个孩子到农场拜访一位朋友（琼斯先生去上班了）。8 岁的杰夫是家里最大的孩子，接下来是 6 岁的玛西亚、4 岁的凯西和 2 岁的苏珊。琼斯太太在私家车道上停好车，就带着孩子们穿过庭院走向前门。突然间，杰夫听见房子附近有狗吠声。他还没来得及提醒其他人，一条巨大的德国牧羊犬就冲向了 6 岁的玛西亚，将她扑倒在地，开始撕咬她的脸。整个家庭震惊得无法动弹，无助地目睹这场可怕的攻击。感觉仿佛过了很长时间，杰夫猛冲向那条狗，随后狗跑掉了。狗的主人惊恐万状，冲进附近的房子求助。琼斯太太立即按住玛西亚脸上的伤口并试图止血。由于狗主人忘了去管那条狗，因此它仍然站在不远处，朝着惊慌失措的一家人狂吠。最终，狗被制服了，玛西亚被立即送往医院。玛西亚已经变得歇斯底里，急诊室的外科医生不得不将她束缚在带防护垫的木板床上，才能给她缝合伤口。

这个案例很不寻常，因为不仅玛西亚随后患上了 PTSD，她 8 岁的哥哥也是如此。另外，4 岁的凯西和 2 岁的苏珊，尽管年龄非常小，却也表现出 PTSD 的一些症状，而琼斯太太也一样（见表 5.7，Albano, Miller, Zarate, Côté, & Barlow, 1997）。杰夫出现了典型的幸存者内疚症状，他说他本来应当救下玛西亚，至少可以挡在玛西亚和恶犬之间。杰夫和玛西亚两个人都出现了退行现象，开始尿床（夜间遗尿）、做噩梦并有分离焦虑。此外，由于玛西亚曾被绑起来接受麻醉和缝针，她开始害怕所有常规医疗检查，甚至是日常卫生事务，比如剪指甲和洗澡。她开始拒绝大人给她裹好被子放在床上，而这是她之前一直喜欢的事情。杰夫开始吮手指，他已经好几年没有这样做过了。这些行为以及伴随的强烈分离焦虑都是很常见的，特别是在儿童当中（Eth, 1990; Silverman & La Greca, 2002）。4 岁的凯西在测试时表现出很多恐惧和回避，但在面对儿童心理咨询师时否认存在任何问题。2 岁的苏珊也表现出某些症状（如表 5.7 所示），但由于年龄太小而无法陈述出来。而在创伤事件发生几个月之后，她还会在毫无预兆的情况下反复说"狗狗咬姐姐"。

因为很多人都会对应激事件发生强烈反应，而这些反应往往在 1 个月内消失，所以 PTSD 的诊断要在创伤事件发生至少 1 个月之后才能作出。在延迟发作的 PTSD 中，个体并不会立即或在几个月内出现症状，而可能在至少 6 个月甚至几年之后，全面爆发 PTSD（O'Donnell et al., 2013）。为什么这些人会出现延迟发作，原因尚不清楚。

表5.7　玛西亚及其同胞的创伤后应激障碍（PTSD）症状

症状	杰夫	玛西亚	凯西	苏珊
反复回放创伤事件		×	×	×
噩梦	×	×	×	×
再次体验	×			
对于相似刺激感到痛苦	×	×	×	
回避谈论创伤事件	×	×		
避免回忆创伤事件	×			
行为退行		×	×	
疏离		×	×	
情感抑制		×	×	
睡眠紊乱	×	×	×	×
暴怒		×	×	
过度警觉	×	×		
惊跳反应	×	×		
符合DSM-Ⅲ-R的PTSD诊断		×		

Source: From Albano, A. M., Miller, P. P., Zarate, R., Côté, G., & Barlow, D. H. (1997). Behavioral assessment and treatment of PTSD in prepubertal children: Attention to developmental factors and innovative strategies in the case study of a family. *Cognitive and Behavioral Practice*, 4, 245-265.

如前所述，PTSD的诊断要在创伤事件发生一个月之后才能作出。在DSM-Ⅳ中介绍了**急性应激障碍**（acute stress disorder）。这也是一种PTSD，或者说是一种非常类似PTSD的障碍，发生于创伤后的第一个月内，使用不同的命名是为了强调某些人立即出现的严重反应。一些近期调查表明，约有50%的急性应激障碍会发展成PTSD（Bryant, 2010；Bryant, Friedman, Spiegel, Ursano, & Strain, 2011）。不过这些调查同样显示出，52%患上PTSD的创伤事件幸存者，在事件发生一个月内并没有出现急性应激障碍症状（Bryant et al., 2011）。DSM-Ⅳ之所以引入急性应激障碍，是因为如果不这样做，许多对创伤有强烈早期反应的人就无法获得诊断，从而无法获得保险理赔范围内的及时治疗。上述调查表明，那些对创伤事件有强烈早期反应的人生活会受到严重影响，并且可以从治疗中受益。但这些早期反应并不是判断个体是否会发展出PTSD的良好指征。

统计数据

确定PTSD的患病率似乎比较简单：只需观察创伤事件的受害者，看有多少人患上PTSD就可以了。然而，很多研究显示，创伤事件受害者的PTSD发病率非常低。Rachman在一项经典研究中报告经历过第二次世界大战的英国市民的情况，这些市民在二战中经历过无数次威胁生命的空袭。他总结道："与出现大面积恐慌的普遍预期相反，大多数经历空袭的人表现异常良好。处在反复遭受轰炸的环境之下，并不会导致精神病性障碍的显著增加。尽管一时之间的恐惧反应很常见，但令人惊讶的是持久的恐怖症反应很少出现。"（Rachman, 1991, p. 162）。在其他关于火灾、地震和洪水等经典研究中也发现了类似的结论（e.g., Green, Grace, Lindy, Titchener, & Lindy, 1983）。

20世纪80年代，Phillip Saigh（1984）在位于黎巴嫩贝鲁特的美国大学（American University）任教期间，正值以色列入侵黎嫩发生前后，于是他做了一些有趣的研究。在战争之前，Saigh在大学生中用问卷调查测量焦虑。当侵略开始后，这些学生中有半数逃到了周边安全的山区，另一半学生则经历了一段时间的激烈炮火攻击和轰炸。Saigh继续发放这些问卷，结果出乎意料。那些留在城里的学生中，除了个别几位由于近距离接触危险和死亡而确实出现了情绪反应并演变成PTSD之外，其余大部分人与逃往山区的学生之间并未出现长期的显著差异。相反，也有一些研究发现了灾难后PTSD的高发病率。现有一些关于伊拉克和阿富汗战争的退伍军人中PTSD患病率的大型研究。由于越战的经历，美国部队中的心理健康军官们担心PTSD患者的比例会超过30%（McNally, 2012）。幸运的是，实际结果比大家预想得要低。在一项对47000多名军人的研究中，只有4.3%的人出现了PTSD。亲历一线战斗者出现PTSD的比例是7.6%，没有经历一线战斗而出现PTSD的比例是1.4%（Smith et al., 2008）。当然，考虑到美国在过去十年中部署的大量军队人员的话，现有患上PTSD的官兵数量还是很庞大的。但是现在的军人与过去相比有相对更好的复原力，大概要归功于很多人对PTSD的认识加深，

创伤后应激障碍的诊断标准

A. 以下述一种（或多种）方式暴露于死亡、严重伤害或性暴力的切实风险或被威胁的风险：
  1. 直接经历创伤事件。
  2. 亲眼目睹发生在别人身上的创伤事件。
  3. 获悉亲密的家人或亲密的朋友身上发生了创伤事件。在家人或朋友遭遇的实际死亡或死亡威胁的案例中，创伤事件必须源于暴力或意外。
  4. 反复经历或极端暴露于令人厌恶的创伤事件细节中（例如，救援人员收集人体遗骸，警察反复接触虐待儿童的细节信息）。

备注：诊断标准 A4 不适用于通过电子媒体、电视、电影或图片的接触，除非此接触与工作相关。

B. 在创伤事件发生后，存在以下一项（或多项）与创伤事件有关的闯入性症状：
  1. 对创伤事件有反复、不由自主且闯入性的痛苦记忆。注：如是幼儿，可能反复进行表达创伤事件或相关主题的游戏。
  2. 反复且痛苦地梦及与创伤事件相关的内容和/或情感。注：如是幼儿，可能做可怕的梦但讲不清内容。
  3. 出现解离反应（例如闪回），感觉或动作好像是创伤事件正在重现（这种反应可能持续，最极端的表现是对当前环境完全丧失意识）。注：如是幼儿，可能在游戏中重演特定的创伤。
  4. 接触象征或类似创伤事件某方面的内在或外在线索时，产生强烈或持久的心理痛苦。
  5. 接触象征或类似创伤事件某方面的内在或外在线索时，出现明显的生理反应。

C. 创伤事件后开始持续地回避与创伤事件有关的刺激，符合以下一项或两项情况：
  1. 努力回避关于创伤事件或与其有关的痛苦记忆、思想、感受或谈话。
  2. 努力回避能唤起关于创伤事件或与其有关的痛苦记忆、思想或感受的外部提示（如人物、地点、对话、活动、物体、情境）。

D. 在创伤事件发生之后，开始出现或加重了与创伤事件有关的认知和心境方面的不良变化，符合以下两项（或更多）情况：
  1. 无法回忆起创伤事件的某个重要方面（通常是由于解离性遗忘症所致，而不是由于诸如脑损伤、酒精或毒品等其他因素所致）。
  2. 对自己、他人或世界存在持续而夸大的负性信念或预期（例如，"我很糟糕"，"没有人可以信任"，"这个世界极其危险"，"我的整个神经系统永久性损坏了"）。
  3. 由于对创伤事件的原因或结果存在持续性的认知歪曲，导致个体责备自己或他人。
  4. 存在持续性的消极情绪状态（例如害怕、恐惧、愤怒、内疚、羞愧）。
  5. 明显减少参加有意义的活动，或兴趣明显减少。
  6. 与他人有脱离或陌生的感觉。
  7. 持续地不能体验到积极情绪（例如，无法体验到快乐、满足或爱的感觉）。

E. 与创伤性事件有关的警觉或反应性显著改变，符合以下两项（或更多）情况：
  1. 激惹的行为和愤怒的爆发（在很少或没有挑衅的情况下）。
  2. 不计后果或自我毁灭的行为。
  3. 过度警觉。
  4. 过分的惊跳反应。
  5. 注意力出现问题。
  6. 睡眠问题。

F. 上述困扰（诊断标准 B、C、D、E）的持续时间超过一个月。

G. 上述困扰引起临床上明显的痛苦，或导致社交、职业或其他重要功能方面的损害。

特定类型：
延迟起病：如在事件发生后 6 个月以上才符合全部诊断标准（尽管有一部分症状可能在事件后立即出现）。

特定类型：
伴解离症状：患者的症状符合创伤后应激障碍的诊断标准。此外，作为对应激源的反应，患者还经历了持续或反复的人格解体或现实解体症状。

From American Psychiatric Association. (2013). *Diagnostic and statistical manual of mental disorders* (5th ed.). Washington, DC.

并有机会更早地接受治疗。调查显示，总人口中有6.8%的人毕生中的某一时刻会经历PTSD（Kessler, Berglund, et al., 2005），而在过去一年中的患病率是3.5%（Kessler, Chiu, et al., 2005），青少年群体中一年的患病率是3.9%（Kessler et al., 2012）。Breslau（2012）进行了大样本调查，发现了在不同类型灾难后出现PTSD的比例，结果如表5.8所示。从表中可以看到，患病比例最高的创伤事件包括强奸、囚禁、酷刑、绑架及严重殴打。Breslau把这些经历归为"暴力伤害"，其后发生PTSD的比例远远高于其他类别。而更糟糕的是反复遭受性虐待的女性，她们患上PTSD的比例更高。遭遇单次性虐待或强奸的女性患PTSD的比例要比非受害群体高出2.4～3.5倍，而反复遭遇性侵害的女性患PTSD的比例比非受害群体高出4.3～8.2倍（Walsh et al., 2012）。

表5.8 与特定创伤有关的创伤后应激障碍（PTSD）风险

特定创伤中PTSD的条件化风险	% PTSD（SE）
暴力攻击	20.9 (3.4)
军事战斗	0 (0.0)
强奸	49.0 (12.2)
遭受囚禁/酷刑/绑架	53.8 (23.4)
被射击/被刺伤	15.4 (13.7)
除强奸以外的性侵害（性骚扰）	23.7 (10.8)
行凶/武器威胁	8.0 (3.7)
严重殴打	31.9 (8.6)
其他伤害或打击	6.1 (1.4)
严重车祸	2.3 (1.3)
其他严重事故	16.8 (6.2)
自然灾害	3.8 (3.0)
威胁生命的疾病	1.1 (0.9)
儿童罹患威胁生命的疾病	10.4 (9.8)
目睹谋杀/严重伤害	7.3 (2.5)
发现尸体	0.2 (0.2)
从他人处获知	2.2 (0.7)
至亲被强奸	3.6 (1.7)
至亲被攻击	4.6 (2.9)
至亲发生车祸	0.9 (0.5)
至亲发生其他事故	0.4 (0.4)
突然发生的意外死亡	14.3 (2.6)
其他创伤	9.2 (1.0)

那么，如何解释伦敦和黎巴嫩经受枪林弹雨的市民中PTSD的低发病率，与暴力伤害受害者较高比例的PTSD发病率之间的差异？研究者目前的结论是，在空袭期间，很多人可能并没有直接体验到死亡和直接袭击的恐怖。近距离接触创伤似乎是产生这一障碍的必要条件（Friedman, 2009; Keane & Barlow, 2002）。这在越战退伍军人中很明显。美国的越战军人中有18.7%患上了PTSD，患病率与患者参与一线战斗的次数直接相关（Dohrenwend, Turner, & Turse, 2006）。对2005年卡特里娜飓风中76名受害者的调查显示，直接面临危险使重度精神疾患的发病率倍增（Kessler, Galea, Jones, & Parker, 2006）。"9·11"恐怖袭击后的PTSD发病情况也明显与和创伤事件的接近程度相关联。Galea及其同事（2002）对居住在曼哈顿110街的一个具有代表性的样本成年人进行调查，发现7.5%的人报告了急性应激障碍或PTSD的症状，而居住在世贸中心附近（坚尼街以南）的人PTSD患病率为20%。而且，那些亲身经历和直接面对灾难的人受到的影响最大。

另外，成千上万居住在事故地点附近的纽约市公立学校儿童经历了长期的噩梦，变得害怕去公共场所，并有其他一些PTSD症状。联邦政府支持了一项大规模调查，调查估计纽约市大约有75000名四到十二年级的在校生在"9·11"恐怖袭击后患上PTSD，占纽约市该年龄段学生总数的10.5%（Goodnough, 2002）。此外，有155人出现广场恐怖症，或是害怕离开安全的场所（例如害怕离家）。许多孩子害怕乘坐公共交通工具。该样本中2/3的儿童住在世贸中心附近，或是住在直接受灾难影响的社区，例如有很多人遇难的史坦顿岛，还有灾难后浓烟弥漫数日的布鲁克林区。我们还了解到，PTSD一旦出现就会持续下去，也就是说，它会转为一种慢性问题（Breslau, 2012; Perkonigg et al., 2005）。鉴于PTSD的诊断能够预测自杀企图，而且这种预测独立于酒精滥用等其他问题，因此每个病例都应被认真对待（Wilcox, Storr, & Breslau, 2009）。

但这就是全部的故事吗？似乎并不完整。有些人经历过最可怕的灾难，却保持了身心健康。而有些人遭受相对较轻的打击，却发展出全面的障碍。为了理解这些是如何发生的，我们必须要思考PTSD

的病因。

病 因

我们已知,PTSD 的成因至少包括某种诱发事件:某人亲身经历创伤,然后发展出障碍。然而,某人是否发展为 PTSD,出乎意料地包含复杂的生理、心理和社会因素。我们知道受到暴力攻击的强度是导致 PTSD 的病因之一(Dohrenwend et al., 2006;Friedman, 2009),但不会完全取决于它。让我们举个引人注目的例子,在越战中被俘虏的士兵中约有 67% 患上了 PTSD(Foy, Resnick, Sipprelle, & Carroll, 1987),但这意味着同样忍受了漫长的囚禁和虐待的俘虏中仍有 33% 没有患上这种障碍;也许其中最著名的就是参议员约翰·麦凯恩(John McCain)。类似地,经历过严重烧伤的儿童患上 PTSD 的比例与烧伤的严重程度及所遭受的疼痛相关(Saxe et al., 2005)。在较低级别的创伤后,有些人患上了 PTSD,但大多数人并没有。是什么导致了这种差异?

像解释其他障碍一样,我们要提出个体自身生理和心理易感性的观点。易感性越强,越有可能发展出 PTSD。如果你的家族中具有某种特质,你患上这种障碍的概率就会升高。与焦虑有关的家族史表明个体对 PTSD 存在一般生理易感性。True 及其同事(1993)报告说,双生子处于相同程度的创伤暴露环境中,当其中的一个患上 PTSD,那么同卵双生子中的另一个也患 PTSD 的概率要大于异卵双生子。同卵双生子的症状相关度为 0.28 ~ 0.41,而异卵双生子的相关度为 0.11 ~ 0.24,说明基因对于罹患 PTSD 存在某种影响。尽管如此,但如同其他障碍一样,并没有证据说明某些基因会直接导致 PTSD(Norrholm & Ressler, 2009)。相反,我们在第 2 章中介绍过的应激易感模型再次发挥作用,如果基因因素显示个体较容易紧张和焦虑,那么他就更有可能在经历创伤后出现 PTSD(Uddin, Amstadter, Nugent, & Koenen, 2012)。最近一项研究调查了目击 2008 年北伊利诺伊大学枪击事件的女大学生,研究结果证实了上述观点。在第 2 章中我们提到,带有包含两个短等位基因的 5- 羟色胺转运体基因的个体,出现抑郁的可能性更高(Caspi et al., 2003)。而在人们经历相同的枪击事件后,这一特征

遭遇创伤事件可能会让人产生强烈的恐惧和无助感。罹患 PTSD 的人可能会在闪回中重新体验到这些感觉,身不由己地重新经历可怕的事件。

同样增加了部分个体出现创伤后急性应激症状的可能性,即使在其他因素(如在枪击中的暴露程度等)被均衡处理后结果仍然如此(Mercer et al., 2012)。Wang 及其同事(2011)对退伍军人的研究也验证了相同的基因风险因素。

Breslau、Davis 和 Andreski(1995;Breslau, 2012)针对一个 1200 名被试的随机样本进行研究,结果显示个体的焦虑倾向特质,以及低教育程度等因素,可以预测个体在第一现场接触到创伤事件后出现 PTSD 的高风险性。Breslau、Lucia 和 Alvarado(2006)详细阐述了这一发现。他们的研究显示了存在外化(付诸行动)问题的 6 岁儿童更有可能遭遇创伤(比如殴打)——因为他们付诸行动——并随后发展出 PTSD。而高智力水平则可以预测暴露于此类创伤事件的低可能性。也就是说,至少有一部分可遗传因素(包括人格以及其他特质)可能将个体置于更容易发生创伤事件的(风险)环境当中,从而导致他们更容易经历创伤(Norrholm & Ressler, 2009)。回想一下第 2 章中介绍的基因环境交互作用研究。这些研究表明,存在一些包括可遗传因素在内的易感因素,有助于确定个体生活在何种环境中,进而可能会发展出什么类型的心理障碍。

另外,PTSD 背后也存在一般心理易感性;在其他障碍中,这种易感性与关于不可预料及不可控事件的早期经历有关。Foy 及其同事(1987)发现,在高级别创伤中,这些易感性并没有那么重要,比如,多数(67%)战俘都会患上 PTSD。但在低级别的应激或创伤中,易感性在很大程度上决定了个体是否会发展出障碍。家庭不稳定也是其中一个因素,因为这

会给个体带来世界是不可控的、有潜在危险的感觉（Chorpita & Barlow, 1998; Suárez et al., 2009）。因此，来自不稳定家庭的个体在经历创伤后患上 PTSD 的风险较高。一项针对 1600 多名越战老兵的研究发现，家庭不稳定是士兵患上 PTSD 的战前风险因素（King et al., 1996, 2012）。

Basoglu 及其同事（1997）研究了两组土耳其的受虐囚犯。34 名幸存者在被捕之前都没有参与政治活动的历史，没有加入任何政治团体或怀有任何政治企图，也没有预期到自己会被捕及受刑。与 55 名遭受虐待的政治活动家相比，上述普通囚犯受到的虐待相对较少，但显示出较严重的精神病理问题。这可能是因为政治活动家对虐待有心理准备，预料到了这些经历，所以之后出现的心理症状较少。这项研究进一步证实了心理因素也会降低或增加罹患 PTSD 的风险。

最后，社会因素在 PTSD 背后也扮演了重要角色（Ruzek, 2012; King et al., 2012）。很多研究结果一致显示出，在创伤之后，如果有强大的支持性团体在你身边，你就不太容易患上 PTSD（Friedman, 2009）。这些因素看起来在全世界范围内都一样，因为不同文化对创伤的反应都是相似的。一项对比美国和俄罗斯青少年的研究就证实了这一点（Ruchkin et al., 2005）。Vernberg、La Greca、Silverman 和 Prinstein（1996）进行过一项非常有趣的研究，他们在安德鲁飓风袭击了南佛罗里达州海岸 3 个月之后调查了 568 名小学生。超过 55% 的儿童报告了中度到重度的 PTSD 症状，这是这类灾难的典型结果（La Greca & Prinstein, 2002）。研究人员针对出现 PTSD 症状和没有出现症状的儿童所涉及的相关因素进行调查，发现从父母、亲密朋友、同学或老师处得到支持是重要的保护因素。类似地，包括主动解决问题在内的积极应对策略似乎也是保护因素，而那些变得愤怒并指责他人的个体有较高风险患上 PTSD。社会支持的网络越广越深，个体患上 PTSD 的概率就越低。2004 年查理飓风袭击了佛罗里达州，在飓风过后 9 个月及 21 个月时，研究者通过对儿童的长期跟踪研究，证实了强大的社会支持系统可以减少创伤后应激障碍的发生（La Greca, Silverman, Lai, & Jaccard, 2010）。

为什么会这样？回想第 2 章，你是否注意到，我们都是社会性动物，身边有能关爱和照料我们的人群会直接影响我们对应激的生理和心理反应？很多研究显示，来自所爱的人的支持可以减少儿童在应激条件下皮质醇的分泌，并减弱下丘脑—垂体—肾上腺皮质轴（HPA 轴）的活动（参见 Nachmias, Gunnar, Mangelsdorf, Parritz, & Buss, 1996）。越战老兵返回美国后缺乏社会支持，这可能也是他们与伊拉克和阿富汗战争老兵相比 PTSD 患病率更高的原因之一。

很显然，PTSD 包含很多神经系统的生理活动，特别是促肾上腺皮质素释放因子（CRF）的升高或抑制，可以增强 HPA 轴活性，这一点在本章前文和第 2 章中都描述过（Amat et al., 2005; Gunnar & Fisher, 2006; Shin et al., 2004; Shin et al., 2009; Yehuda, Pratchett, & Pelcovitz, 2012）。与 HPA 轴有关的长期唤醒以及其他一些 PTSD 症状，可能直接与脑功能及结构的变化有关（Bremner, 1999; McEwen & Magarinos, 2004）。例如，有证据表明在与战争相关的 PTSD 患者（Gurvits et al., 1996; Wang et al., 2010）、童年期受过性虐待的成年人（Bremner et al., 1995）以及处理重大灾难的消防人员（Shin et al., 2004）身上都存在海马受损现象。海马作为大脑的一部分，在调节 HPA 轴以及学习和记忆方面起到重要作用。所以，如果海马受损，个体可能会出现持续和长期的唤醒，并在学习和记忆方面受到干扰。通过对海湾战争老兵的研究（Vasterling, Brailey, Constans, & Sotker, 1998），以及将纳粹大屠杀幸存者中的 PTSD 患者与没有罹患 PTSD 的幸存者对比，或是与健康的犹太成年人对比（Golier et al., 2002），上述记忆的缺陷得到了证实。幸运的是，有证据显示海马受损是可逆转的。例如 Starkman 及其同事（1999）报告说，因库欣综合征而导致海马受损的病人会长期激活 HPA 轴，提高皮质醇的分泌水平。但他们发现这些患者在接受有效治疗后可以增加 10% 的海马容量。后续研究将确认是否可以通过治疗来逆转创伤所造成的后果。

之前我们描述的惊恐发作是一种适应性恐惧反应，只是出现在不合适的时间。我们推测，"警觉反应"也是一种惊恐发作，在惊恐障碍和 PTSD 中是相似的。但惊恐障碍中的警觉是虚假的；在 PTSD 中，最初的警觉是真实的，因为确实有真实的危险存在（Jones & Barlow, 1990; Keane & Barlow, 2002）。如果警觉的强度足够大，我们就可能对能让自己回想起创伤的刺激发展出条件化或习得性警觉反应（比如，玛西亚一被裹在被子里，就会想起急诊经历）（Lissek & Grillon, 2012）。我们还可能对其他不可控的情绪体验（例如闪回，这在 PTSD 中很常见）发展出焦虑。是否会发展出焦虑部分取决于我们的易感性。图 5.12 显示了 PTSD 的病因模型。

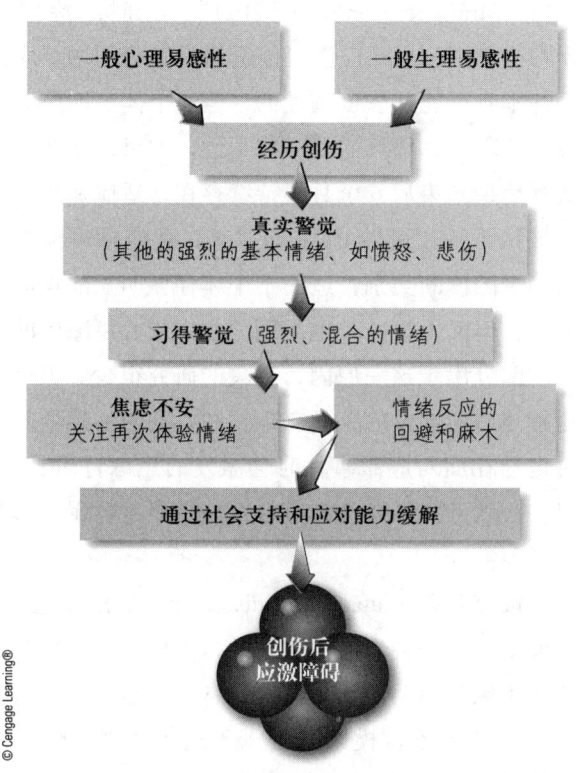

图 5.12　PTSD 成因的模型 [Reprinted, with permission, from Barlow, D. H. (2002). *Anxiety and its disorders: The nature and treatment of anxiety and panic* (2nd ed.). New York: Guilford Press, © 2002 Guilford Press.]

治　疗

从心理学的角度来说，大部分临床工作者都同意 PTSD 的受害者应直面原初创伤，处理紧张情绪，并建立有效的应对方式来克服这种障碍产生的损害（Beck & Sloan, 2012; Najavits, 2007; Monson, Resick, & Rizvi, in press）。在精神分析疗法中，再次体验情绪创伤来缓解情绪痛苦的方法被称为**宣泄**（catharsis）。这种方法是指安排再次暴露，使其成为一种治疗性过程，而非创伤性过程。与特定恐怖症中的恐惧对象不同，创伤事件是较难重现的，很少有治疗师想去尝试这样做。因此几十年来治疗师一直在使用**想象暴露**（imaginal exposure）（这种方法也被冠以很多其他不同名称），也即系统化地梳理创伤的内容以及伴随的情绪。目前，在青少年和成人中要达到这一目标最常用的策略是，治疗师与受害者一起，针对在治疗中已经广泛讨论的创伤体验建立一种新的叙事。认知疗法要矫正患者对创伤的负面推论——比如以某种方式责备自己，感到内疚，或两者兼而有之——这通常也是治疗的一部分（Najavits, 2007; Monson et al., in press）。

另一个难题是创伤的受害者往往会压抑他们对于事件记忆中的情绪部分，有时似乎也压抑了记忆本身。这种情况会无意识地自动发生。偶而，这些记忆会在在治疗下闪回，病人明显再次体验那些片段。尽管这对于病人和治疗师来说都可能很令人恐惧，但如果处理得当就会具有治疗性。不断增加的证据显示，在创伤事件后尽早对需要帮助的人进行早期的、结构化的干预可以有效预防 PTSD（Bryant, Moulds, & Nixon, 2003; Ehlers et al., 2003; Kearns, Ressler, Zatzick, & Rothbaum, 2012）。这些心理层面的预防手段看起来比药物更有效（Shalev et al., 2012）。举例来说，在 Ehlers 及其同事（2003）的研究中，经历了可怕车祸并明显有罹患 PTSD 风险的病人，在接受了 12 次认知治疗后，只有 11% 患上了 PTSD，而只是收到详细自助手册的人发病率为 61%，仅随时间推移被追踪评估却没有进行干预的人发病率为 55%。研究结束后对所有有需要的病人都进行了认知治疗。另一方面，有证据表明如果只是对创伤受害者进行单次询问，强制他们表达诸如是否痛苦等感受，很可能是<u>有害的</u>（Ehlers & Clark, 2003）。

那个遭遇狗咬的小女孩玛西亚及其哥哥杰夫都在我们中心接受了治疗。玛西亚的主要困难是不愿意见医生，也不愿接受任何身体检查，所以我们从轻到重列出了一系列她所害怕的经历（见表 5.9）。能轻微激发玛西亚焦虑的程序包括给她测脉搏、让她躺在检查台上，还有在偶然划伤后洗澡；最严重的挑战则是把她固定在木板床上。最初，玛西亚看着她的哥哥做这些检查。杰夫不害怕这些特定程序，只是对被固定在床上有些焦虑，因为这会让他想起玛西亚的可怕遭遇。当她看到哥哥在接受这些检查时并不怎么害怕，她也依次尝试了一遍。治疗师给她拍了很多快照，她可以在检查完成后保存。治疗师还让玛西亚画下这些情境。当她完成每项检查后，治疗师和家人都热烈祝贺她。由于玛西亚年龄尚小，她还并不擅长通过想象来重建对创伤性医疗程序的记忆。因此，她的治疗被设计为重现经历，来改变当前对这些情境的感觉。玛西亚的PTSD被成功治愈，而杰夫也因为帮助妹妹进行治疗而大大减轻了内疚感。

表5.9 玛西亚的恐惧和回避等级

	治疗前的恐惧评分	治疗后的恐惧评分
被固定在木板床上	4	0
做心电图	4	0
拍胸部X光片	4	0
医生主动听诊心脏	3	0
躺在检查台上	3	0
偶然划伤后洗澡	3	0
允许治疗师在伤口上缠绷带	2	0
要求治疗师听诊心脏	1	0
测脉搏	1	0
允许治疗师压着舌头检查喉咙	1	0

Source: From Albano, A. M., Miller, P. P., Zarate, R., Côté, G., & Barlow, D. H. (1997). Behavioral assessment and treatment of PTSD in prepubertal children: Attention to developmental factors and innovative strategies in the case study of a family. *Cognitive and Behavioral Practice*, 4, 254, ©1997 Association for Advancement of Behavior Therapy.

我们现在已经证实，上述策略可以带来持久改变。144名遭遇强奸的女性接受了经过实证研究验证的心理治疗，并在5～10年之后进行了重新评估。症状起初显著减轻，而且在之后很长时间内保持了稳定（Resick, Williams, Suvak, Monson, & Gradus, 2012）。另一项重要研究评估了40对伴侣（包含异性恋和同性恋）的治疗，伴侣中的一方符合PTSD诊断标准。在这项研究中，伴侣另一方直接参与治疗，以处理PTSD患者身上常伴随发生的亲密关系严重破裂以及由此导致的复发问题（Monson et al., 2012）。治疗明显改善了PTSD症状，同时也显著改善了亲密关系的满意度，而后者对患者的长期改善有实质贡献。药物对改善PTSD症状同样有效（Dent & Bremner, 2009; Schneier et al., 2012）。有些对各类焦虑障碍都均有疗效药物（比如百忧解和帕罗西汀等SSRIs类药物）同样有助于PTSD，可能是因为这些药物能缓解严重的焦虑和惊恐发作。

这个类别中除PTSD之外还包括了其他几个障碍。**适应障碍**（adjustment disorders）描述的是对生活应激的焦虑或抑郁反应，其表现要比急性应激障碍或PTSD温和，但还是会影响到工作、学习、人际关系或生活的其他方面（Friedman et al., 2011; Strain & Friedman, 2011）。有时，特别是在青少年中，生活应激可能会激发行为问题。应激事件本身可能并非创伤性的，但当个体不能应对情境的要求时，仍然需要一些干预。如果症状在应激或其后果结束后6个月还持续存在，适应障碍就可以被认为是"慢性的"。在过去，适应障碍经常作为剩余的诊断类别，适用于个体存在明显的焦虑或抑郁，但又不符合其他类别的焦虑或心境障碍的情况。部分出于这一原因，有关的研究很少。很可能这种障碍所涉及的人具有生物和心理的易感性，同时也与在面对应激事件时会激发的焦虑特质有关，但在程度上并没有达到符合其他更严重障碍的诊断标准。

依恋障碍（attachment disorders）是指儿童在5岁前出现的一种发展性的紊乱行为模式——患儿不能或不愿与主要照料者形成正常的依恋关系。这些严重的适应不良模式是由于不适当或虐待性的抚养经历导致的。在很多病例中，不适当的抚养模式体现在把幼儿安置在多个看护或寄养场所，造成主要照料者的频繁变更，也体现在幼儿在家庭中遭到忽视。无论是哪种情况，其结果都是无法满足幼儿对情感和抚慰的基本需要，甚至无法保障幼儿日常生活的基本需求。因此，这类障碍被视为患儿对早期极端应激的病理反应（Kay & Green, 2013）。在之前的DSM版本中，"反应性依恋障碍"的条目下包含两种不同的表现。DSM-5将两种障碍分开描述，第一种是情感退缩抑制型，第二种是盲目社交放纵型（Zeanah & Gleason 2010; Gleason et al., 2011）。

患有**反应性依恋障碍**（reactive attachment disorder）的儿童极少寻求照料者的保护、支持和喂养，并很少对照料者所做出的这些照料行为进行回应。总体来说，他们会表现为缺乏响应、积极情感受限、其他情绪化程度增强（比如强烈的恐惧和悲伤等）。在**去抑制性社会参与障碍**（disinhibited social engagement disorder）中，相似的抚养环境——可能包括早年持续的严厉惩罚——可能会导致儿童在接近成人时无所顾忌的行为模式。这类儿童可能会表现出不适宜的亲密行为，例如很快就愿意跟不熟悉的成人一起去某个地方，甚至不联系照料自己的人。这些行为模式在DSM-Ⅳ曾合并为一个障碍，但现在被分成两个不同的障碍，部分是因为这些不适宜的分离行为有明显不同的表现（Gleason et al., 2011）。

小测验 5.5

将下列情形与正确的诊断相匹配：
A. 创伤后应激障碍
B. 急性应激障碍
C. 创伤后应激障碍延迟发作

1. 3周前，朱迪的农场遭遇一场可怕的龙卷风袭击，她目睹了这一切。从那以后，她有很多次关于灾难事故的闪回，入睡也变得困难，暴风雨时不敢到户外去。_____
2. 6周前，杰克遭遇了一场车祸，另一辆车上的司机身亡。从那以后，杰克就不敢坐到车里去，因为这会让他回想起可怕的场景，他晚上不断做噩梦，严重影响了睡眠，还变得易怒，丧失了对工作和娱乐的兴趣。_____
3. 30年前，17岁的帕特里夏被人强暴。最近，这一事件不断在她脑海中闪回，她还出现睡眠困难，开始害怕与丈夫有性接触。_____

强迫性及相关障碍

DSM-5将几种具有相同特点（包括受驱使的重复行为以及其他一些症状）的障碍归在一起，组成了一类新的障碍，这些障碍都有相似的病程和治疗反应。在DSM-Ⅳ中，这些障碍还分散在不同的区域。除了直到DSM-5才被归于焦虑障碍的强迫性障碍之外，这一分类现在还包括关于囤积障碍、躯体变形障碍（之前属于躯体性障碍）和拔毛癖（之前属于冲动控制障碍）的独立诊断标准。此外，该组中还新增加了表皮脱落障碍（皮肤抓挠症）。下面我们从这组中最重要的障碍——强迫性障碍开始介绍。

强迫性障碍

在罹患焦虑和相关障碍的人群中，**强迫性障碍**（obsessive-compulsive disorder，亦称**强迫症**）很可能需要住院治疗。如果一个来访者接受了各种心理治疗和药物治疗都无效，而其痛苦又难以忍受，不得不被转介到心理外科（针对心理障碍的神经外科），那么他很有可能患的是强迫性障碍。强迫性障碍是焦虑障碍中最具破坏性的一种。患有强迫症的人常会体验到严重的广泛性焦虑、反复出现的惊恐发作、削弱能力的回避行为以及严重抑郁，这些都与强迫症状并发。对于强迫症患者而言，建立对生活中危险事件的控制点和预测性是如此无望，以至于有的患者会求助于"魔法"。

临床描述

在其他的焦虑障碍中，危险通常来自外在事物或环境，至少是记忆中的外在事物或环境。对于强迫症而言，危险事件是患者想要彻底避开的想法、图像或冲动，就如同恐蛇症患者要竭力回避蛇一样（Clark & O'Connor, 2005）。例如，是否有人曾告诉你不要去想粉色的大象？一旦你真的集中精力、运用各种心理方法努力不去想粉色的大象，你就会立刻意识到要压制一个想法或图像有多么困难。强迫症病人在一生的大部分时间里每天都在做这样的斗争，而且常常以痛苦失败告终。在第3章中，我们讨论过弗兰克的案例，他有很多不由自主的关于癫痫发作的念头，只能通过祈祷或晃腿来转移注意力。**强迫观念**（obsessions）是指个体努力抵制或消除的闯入性想法、图像或冲动，这些内容大多是无意义的。**强迫行为**（compulsions）是指用来压制强迫观念从而带来缓解的想法或行为。弗兰克既有强迫观念又有强迫行为，但相比于理查德来说他的症状还是要轻些。

理查德　仪式的奴隶

19岁的理查德是哲学系的大一新生，因仪式化行为丧失了正常学习生活的能力，目前不得不休学在家。他因难以克制的仪式行为每天不停地洗涤或打扫，以至于没有时间来做其他事情，甚至放弃了个人卫生。他不再理发、洗头、剃须、刷牙、换衣服，也很少离开房间，避免进行与卫生间有关的仪式；他在纸巾上排便，在纸杯里撒尿，把垃圾放在壁橱里。他只在晚上家人都睡着后吃东西。为了能吃东西，他需要先完全排气，因此而发出大量嘶嘶的噪音、咳嗽声和干咳声，然后往嘴里塞进尽可能多的食物，以便阻止空气进入肺部。他只吃一种花生酱、糖、可可、牛奶和蛋黄酱的特定混合物，其他食物都被他视为受了污染的。他走路时只迈很小的步子，还要不停地回头看，不停地检查再检查。偶尔，他会快步跑到目标位置。他绝不把左胳膊伸进衣袖里，因此看上去像个残疾人，衣服就像个口袋一样挂在身上。

像所有强迫症患者一样，理查德的生活变得一团糟，他脑中总有顽固的念头和冲动。这些念头和冲动与性、攻击和宗教有关。做出各种奇特的行为都是因为他在努力压制性和攻击的念头，或是在努力避免他所认为的如果没有进行仪式化行为就会发生的灾难性后果。理查德的表现符合DSM-IV的诊断标准。强迫行为可以是行为上的（洗手或检查等），也可以是心理上的（以特定的顺序思考某些特定词汇，或计数、祈祷等）（Foa et al., 1996; Purdon, 2009; Steketee & Barlow, 2002）。关键在于患者相信这些做法可以减缓压力或避免可怕事件发生。强迫行为通常是"有魔力的"，所以它们与强迫思维往往并没有逻辑上的关联。

强迫观念和强迫行为的类型

根据在统计上的关联分组，强迫观念分为四种主要类型（Bloch, Landeros-Weisenberger, Rosario, Pittenger, & Leckman, 2008; Mathews, 2009），每种类型都与一类强迫行为模式相联系（见表5.10）。在强迫观念中，对称观念最为常见（26.7%），随后依次是"被禁止的想法或行为"（21%）、清洁和污染（15.9%）、囤积（15.4%）（Bloch et al., 2008）。对称观念是指以完美的顺序排列事物，或用特定的方式去做事。当你还是小孩子时，是否曾在走路时注意回避缝隙？你和你的朋友们可能会这样玩上好几分钟。但如果你不得不耗费整个人生来回避缝隙，无论是步行还是开车，为的是阻止一些不好的事情发生，那会怎样呢？有攻击（被禁止的）强迫冲动的人可能感觉自己会在教堂里高声咒骂。我们有位病人是个年轻而品行端正的女性，她不敢乘坐公交车，是因为害怕当有男人坐在她旁边时自己会去抓他的裆部！实际上，这是她最不可能去做的事情，但由于这种冲动实在太可怕了，所以她想尽办法去压制它，并避免乘坐公交车，也回避任何可能引发冲动的类似场合。

特定类型的强迫观念与特定类型的仪式有很强的关联性（Bloch et al., 2008; Calamari et al., 2004; Leckman et al., 1997）。例如，表5.10中列出的被禁止的想法或行为似乎会导致仪式化检查。仪式化检查是为了避免想象中的灾难或事故。很多案例中的检查是合乎逻辑的，比如反复检查炉子关没关。但在严重案例中此类行为可能是不合逻辑的。例如，理查德认为如果自己没有按特定的方式吃饭就会变疯；如果不迈小步并回头看，家里就会有灾难发生。内心的活动（例如计数）同样也可以是强迫行为。对称性强迫观念会导致排序、整理或仪式化重复。污染强迫观念会导致为了重新找回安全和控制感而进行的仪式化洗涤（Rachman, 2006）。像理查德一样，很多病人都有好几种的强迫观念和强迫行为。

在某些罕见情形下，病人（特别是儿童）表现出强迫行为，但并没有或几乎没有明确的强迫观念。我们见过一个8岁大的孩子，总是强迫性地穿脱衣服，他每晚都要重复三次穿上睡衣然后再脱下的仪式，花费很长时间。但他对自己的行为没法给出特定的理由，只是感到自己必须要这么做。

强迫性障碍的诊断标准

A. 具有强迫观念或强迫行为，或两者皆有。

强迫观念符合如下两项定义：

1. 患者有时感受到反复出现并持续存在的想法、冲动或图像。患者感到这些内容是闯入性且不适宜的，大部分患者对此感到明显焦虑或痛苦。
2. 患者试图忽略或压制此类想法、冲动或图像，或用其他一些想法或行为来抵消它们。

强迫行为符合如下两项定义：

1. 存在重复行为（例如洗手、排序、检查）或心理行为（例如祈祷、计数、反复默诵字词）。患者感到这些重复行为或心理行为是为了应对强迫观念或根据必须严格执行的规则而被迫执行的。
2. 重复行为或心理行为的目的是防止或减少焦虑、痛苦，或防止某些可怕的事件或情况。然而，这些重复行为或心理行为与所要抵消或防止的事件或情况要么缺乏现实联系，要么是明显过度的。

B. 强迫观念或强迫行为耗费时间（例如每天消耗1小时以上），或这些症状引起了临床意义上的痛苦，或导致社交、职业或其他重要功能受损。

C. 该障碍不能归因于某种物质（例如滥用药物、毒品）的直接生理效应或其他躯体疾病。

D. 这种情形用其他精神障碍无法更好地解释（例如广泛性焦虑障碍中的过度担心，或躯体变形障碍中的贯注于外表）。

特定类型：

自知力良好或适当：患者意识到强迫性障碍的信念肯定或很可能是错误的，或者它们可能是也可能不是正确的。

自知力不良：患者认为强迫性障碍的信念很可能是正确的。

缺乏自知力/伴有妄想：患者完全确信强迫性障碍的信念是正确的。

特定类型：

与抽动障碍有关：患者目前患有抽动障碍，或以往有抽动障碍史。

From American Psychiatric Association.（2013）. *Diagnostic and statistical manual of mental disorders*（5th ed.）. Washington, DC.

表5.10 强迫观念和强迫行为的类型

症状类型	强迫观念	强迫行为举例
对称性/准确性/"刚刚好"	要求事物对称或有条理；不断重复做事的冲动，直到觉得它们是"刚刚好"的	将物品以特定的顺序摆放；重复仪式
被禁止的想法或行为（攻击/性/宗教）	害怕或有冲动伤害自己或他人；害怕冒犯神明	检查；回避；反复要求保证
清洁/污染	细菌；害怕病菌或污染	反复或过度洗手；做日常家务时戴手套或戴口罩
囤积	害怕扔掉任何东西	收集/保存少有或没有真实价值或情感价值的物品，比如食品包装袋

Source: Adopted from Mathews（2009）and Bloch et al.（2008）.

抽动障碍与强迫性障碍

抽动障碍（tic disoder）的主要特征是不由自主的动作（比如忽然抽搐或伸腿），这种障碍常常与强迫性障碍的共病（特别是在儿童患者身上），或是在家庭中共存（Grados et al., 2001; Leckman et al., 2010）。更加复杂的抽动包括不由自主的发声，称为**抽动秽语症**（Tourette's disorder, Leckman et al., 2010；参见第14章）。在部分案例中，动作并不是抽动，而是强迫行为。就像第3章中的弗兰克那样，当特定的想法出现在脑海里时，他就会开始持续晃腿。在患有强迫性障碍的儿童和青少年中，约有10%～40%在某种程度上存在抽动障碍（Leckman et al., 2010）。在与抽动问题有关的强迫性障碍患者身上，其强迫观念大多跟对称性有关。

研究者对一小部分表现出强迫性障碍和抽动的儿童进行观察，发现这些问题都发生在链球菌性喉炎发作之后。这种综合征是一种小儿自身免疫性障碍，与链球菌感染有关，也叫作"熊猫症"（"PANDAS"）（Leckman et al., 2010；Radomsky & Taylor, 2005）。这些病例中的强迫性障碍与没有"熊猫症"病史的强迫性障碍个案在几个方面有所不同。"熊猫症"患者中男性较多，在发烧或嗓子痛后突然发作强迫性或抽动症状，而在发作期的间隙中完全缓解，抗生素治疗后症状消退；有记录显示他们有链球菌感染史，并且有明显的行动笨拙（Murphy, Storch, Lewin, Edge, & Goodman, 2012）。最近，这一综合征在小儿自身免疫性神经精神综合征（Pediatric Autoimmune Neuropsychiatric Syndrome, PANS）的谱系下得到了修订和拓宽（Swedo, Leckman, & Rose, 2012）。这一疾病的患病率还有待明确。

统计数据

强迫性障碍的毕生患病率估计值是1.6%～2.3%（Calamari, Chik, Pontarelli, & DeJong, 2012；Kessler, Berglund, et al., 2005），而一年内的患病率是1%（Calamari et al., 2012；Kessler, Chiu, et al., 2005）。不是所有符合强迫性障碍诊断标准的案例都像理查德那么严重。如同大多数焦虑障碍的临床特征一样，强迫观念和强迫行为也是一个连续体。令人痛苦的闯入性念头在非临床（正常）个体身上也很常见（Boyer & Liénard, 2008；Clark & Rhyno, 2005；Fullana et al., 2009）。Spinella（2005）发现，一个"正常的"社区样本中有13%的人有中等程度的强迫观念或强迫行为，但没有严重到符合强迫性障碍的诊断标准。

如果连偶尔的闯入性念头或奇怪想法都压根儿没有，可能也是不寻常的。很多人都会有些离奇的、跟性有关的或攻击性的想法，特别是在无聊的时候——比如上自己不喜欢的课时。Gail Steketee 及其同事在没有强迫性障碍的普通人群中收集了这些想法，表5.11列出了其中一部分。

表5.11 非临床样本报告的强迫观念和闯入性想法*
伤害
从高楼窗户跳下去的冲动
跳到汽车前面的念头
将某人推到火车前的冲动
希望某人死
当抱着孩子时，忽然有踢他的冲动
扔掉孩子的念头
"如果我忘了跟某人说晚安，他就会死"的念头
"如果想到孩子身上发生某种可怕的事情，那件事情就会真的发生"的念头
污染或疾病
在公共泳池或其他公共场合染上某种病的念头
通过接触厕所坐便器染上某种病的念头
我的手总是很脏的念头
不合适的或不能接受的行为
向上司发出咒骂或叫嚷的念头
在公共场合做出难堪的事情，比如忘记穿上衣
希望某人不会成功
在宗教场所脱口而出某些话的念头
有关"反常"性行为的念头
对安全、记忆等的怀疑
"我没把门锁好"
"我把卷发器搁在地毯上，忘了拔插头"
"我忘了关电暖器和炉子"
"我知道我锁了车，但还是觉得车没锁好"
"东西没摆整齐"

* 这些例子来源于 Rachman and deSilva (1978) 以及 Dana Thordarson 博士、和 Michael Kyrios 博士未公开发表的研究（personal communications, 2000）。Source: Reprinted, with permission, from Steketee, G., & Barlow, D. H. (2002). Obsessive-compulsive disorder. In D. H. Barlow, *Anxiety and its disorders: The nature and treatment of anxiety and panic* (2nd ed., p. 529), © 2002 Guilford Press.

你是否有过这些想法呢？大多数人都有过，但都只是转瞬即逝的烦恼。然而，有些人会对这些想法感到恐惧，认为它们是外来邪恶力量的闯入信号。

与其他焦虑和相关障碍不同，强迫症患者的性别比例接近1∶1；尽管有证据显示在儿童中男性多于女性（Hanna, 1995），但只是因为男孩发病早些。到了青少年中期，性别比例就基本持平了（Albano et al., 1996）。强迫性障碍的起病时间从儿童期到30多岁，平均发病年龄为19岁（Kessler, Berglund, et al., 2005）。男性发病的高峰期（13～15岁）早于女性（20～24岁）（Rasmussen & Eisen, 1990）。强迫性障碍一旦发展起来，就倾向于转为慢性（Calamari et al., 2012; Steketee & Barlow, 2002）。

在阿拉伯国家，强迫性障碍很容易被识别出来，尽管在世界各地，文化中的信念和忧虑都同样影响着强迫观念的内容以及强迫行为的性质。在沙特阿拉伯和埃及，强迫观念主要与宗教活动有关，尤其是清洁方面。污染主题在印度同样很普遍。然而，不同文化下的强迫性障碍存在惊人的相似性。来自英国、印度、埃及、日本和挪威的研究发现，每个国家中的强迫观念和强迫行为在本质上都具有相似的类型和特征，来自加拿大、芬兰、非洲、波多黎各、韩国和新西兰等地区的研究也证实了这一点（Horwath & Weissman, 2000; Weissman et al., 1994）。

病　因

很多人都会时不时出现闯入性的、甚至是可怕的念头，偶尔也会做出仪式化行为，特别是在处于应激状态下时（Parkinson & Rachman, 1981a, 1981b）。但只有极少数人会发展出强迫性障碍。与惊恐障碍和PTSD一样，个体必须要对出现额外的闯入性念头的可能性产生焦虑，才会发展出强迫性障碍。

强迫性障碍那些反复出现、无法接受的闯入性念头目前认为是第2章中介绍过的大脑回路所调控的。然而，对额外的冲动念头产生焦虑的倾向与一般性的焦虑整体上有着相同的生物性和心理性先导因素（Barlow et al., 2013; Suárez et al., 2009）。

为什么强迫性障碍患者更关注偶然出现的闯入性念头带来的焦虑，而不是担心惊恐发作或其他外部环境因素呢？一个假设是，个体的早期经历教会他们有些想法是危险且不能接受的。因为他们所想到的可怕事情可能会发生，而他们要对此负责。这些早期经历会触发导致强迫性障碍的特定心理易感性。强迫性障碍患者会将这些想法和特定行为或这些想法所代表的活动对等起来，即<u>思想行动融合</u>（thought-action fusion）。思想行动融合往往是由于<u>承担过度责任的态度和对于后果的愧疚</u>所引起的，而这些态度和愧疚可能是在童年时期因为觉得不好的想法意味着邪恶的意图而发展起来的（Clark & O'Connor, 2005; Steketee & Barlow, 2002; Taylor, Abramowitz, McKay, & Cuttler, 2012）。恐蛇症患者通过错误的信息加工确信蛇是危险且无处不在的，强迫性障碍患者也可能从相同的错误信息加工中学会了这些。例如，有位病人相信，想到堕胎的事在道德上就等同于实施了堕胎。理查德最终承认自己有强烈的同性性冲动，而这对于他本人和他作为牧师的父亲来说都是无法接受的。他认为这种冲动和实际行动一样罪恶。很多坚守宗教教义——无论是基督教、犹太教还是伊斯兰教——的强迫性障碍患者，都表现出相似的承担过度责任的态度和思想行动融合。多项研究显示，与思想行动融合及强迫性障碍严重程度有关的是患者宗教信仰的强度，而非信仰的具体类型（Rassin & Koster, 2003; Steketee, Quay, & White, 1991）。当然，大多数有宗教信仰的人并不会发展出强迫性障碍。但如果生命中最让你害怕的不是蛇，也不是在公众场合讲话，而是你头脑中的可怕想法，那会怎样呢？你无法像回避蛇一样去回避想法，所以你只能去压制它，通过心理或行为的策略来"抵消"它，比如转移注意力、祈祷或检查。因此，这些策略会变成强迫行为，而且长期来看它们注定是失败的，因为这些策略只会适得其反，实际上增加特定想法出现的频率（Franklin & Foa, in press; Wegner, 1989）。

让我们再次强调，要发展出这种障碍，个体身上必须存在一般生物易感性和一般心理易感性；认为某些想法是不可接受且必须被压制的（特定心理易感性）则会增加个体罹患强迫性障碍的风险（Parkinson & Rachman, 1981b; Salkovskis & Campbell, 1994）。强迫性障碍的病因模型在某种程度上与其他焦虑障碍模型相似，如图5.13所示。

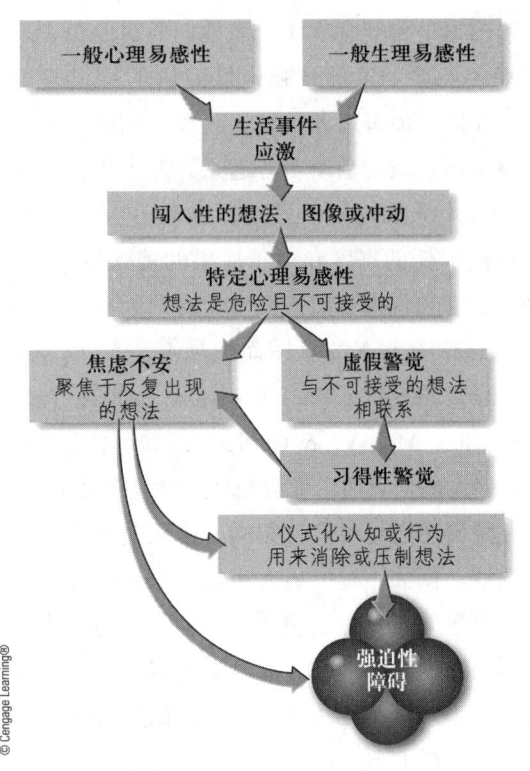

图 5.13 强迫性障碍的成因模型 [Reprinted, with permission, from Steketee, G., & Barlow, D. H. (2002). Obsessive-compulsive disorder. In *Anxiety and its disorders: The nature and treatment of anxiety and panic* (2nd ed., p. 536). New York: Guilford Press, © 2002 Guilford Press.]

治 疗

关于强迫性障碍的药物治疗效果已有广泛评估（Dougherty, Rauch, & Jenike, 2012; Stewart, Jenike, & Jenike, 2009）。最有效的药物似乎是那些血清素再摄取的特效抑制剂，例如氯丙咪嗪或 SSRIs 类药物，它们对 60% 的强迫性障碍患者有效，而这些药物中没有哪一种比其他更具优势。然而，症状在停药后往往会复发（Dougherty et al., 2012; Lydiard, Brawman-Mintzer, & Ballenger, 1996）。

高度结构化的心理治疗在某些方面效果要好于药物，但能够提供这样的治疗的机构不多。最有效一种方法叫作<u>暴露和反应阻止法</u>（exposure and ritual prevention，简称 ERP），它积极地阻止仪式化行为，将患者系统地逐渐暴露在其所恐惧的想法或情境中（Abramowitz, Taylor, & McKay, 2012; Franklin & Foa, in press）。例如，理查德可以被系统地暴露在他认为被污染了的无害事物或情境中，包括特定的食物和日化用品，而他的洗手和仪式化检查行为将被阻止。通常这只能通过与患者近距离工作来实现，因为要看到他们确实没有洗手或检查。对于更复杂的案例，患者可能需要入院治疗，或者拆掉患者家中的水龙头，以便在一段时间内阻止其反复洗手。无论通过什么方式阻止仪式化行为，这一过程都促进了"现实检验"，因为病人很快就会在情感层面学习到：无论他是否进行了仪式都不会造成有害结果。近期更多基于实证的强迫性障碍心理治疗技术富于创新性地检验了一些认知治疗的效果。这些治疗针对的重点在于对威胁的过高估计、控制闯入性想法的重要性、患者认为自己应为阻止一场灾难担负全部责任的感觉，以及对完美主义和确定性的需要（Whittal & Robichaud, 2012）。初步结果显示，这些策略和 ERP 治疗一样有效。

一些研究还评估了药物和心理治疗的联合效果（Tolin, 2012）。一项大型研究（Foa et al., 2005）将 ERP 治疗与氯丙咪嗪药物治疗相对比，同时还比较了二者联合使用的效果。结果显示，ERP 治疗无论在是否配合药物治疗的情况下效果都要好于单独的药物治疗，单独使用 ERP 的有效率为 86%，单独使用药物治疗的有效率则只有 48%，而两种方法联合使用并没有带来额外的优势。此外，单独使用药物治疗组在停药后复发率也更高。

精神外科手术（psychosurgery）是治疗强迫性障碍的更为激进的方法之一。"精神外科手术"其实是一个误称，其本意是指针对心理障碍进行的神经外科手术。Jenike 及其同事（1991）综述了 33 名强迫性障碍患者的病例，其中大部分都是极端严重的案例，药物和心理治疗都对他们无效。在给这些患者的<u>扣带束</u>（cingulate bundle）进行精确的手术损毁后，约有 30% 患者有实质上的改善。相似的，Rück 及其同事（2008）对 25 名此前五年治疗均无效的患者做了有关的手术，35%（9 人）有实质性的改善，但其中 6 人在术后出现了严重的副作用影响。这样的结果在外科手术领域是很典型的（Greenberg, Rauch, & Haber, 2010）。类似的方法还有脑深层刺激术，即在颅骨上钻出小洞放入电极，并在脑中连上类似心脏起搏器的装置。脑深层刺激术相比于传统外科手术的优点在于它是可逆转的（McLaughlin & Greenberg, 2012）。如果其他治疗都对患者没有效果，外科手术可以作为最后一种措施进行慎重的考虑。

躯体变形障碍

你是否曾希望能改变某部分外表？可能是鼻子的尺寸，也可能是耳朵的形状？大多数人都会幻想改善某些地方，但有些长相普通的人会觉得自己特别丑陋，因而拒绝与人接触，或即使能与人正常接触却总是害怕别人嘲笑自己丑陋。这种奇怪的疾病被称作**躯体变形障碍**（body dysmorphic disorder），其核心就是一个客观上长相十分正常的人却贯注于其所想象出来的外表缺陷。这种障碍以往也被称为"幻丑症"（Phillips, 1991）。让我们来看看吉米的案例。

吉米　羞于见人

吉米二十多岁，他被诊断为疑似社交恐怖症，通过另一位专业人士转介到我们临床中心。吉米当时刚刚完成在希伯来语学院的学业，并在邻近城市的一座犹太教堂获得了职位。然而，他发现自己因明显的社交困难而无法从事这个工作。逐渐地，他甚至因为害怕遇见熟人将不得不与之交谈而拒绝离开自己居住的小公寓。

吉米是个长相英俊的青年，中等体重，长着一头黑发和乌黑的双眼。尽管他有些沮丧，但是从针对现有功能和过往历史的心理状况测试和简短访谈中并没有发现什么明显的问题，也未见精神病性征兆（他并不脱离现实）。随后，当我们重点关注吉米的社交困难时，原有的预期是发现他对人际交往或在别人面前"做某事"的常见焦虑；但这些都不是吉米所担心的。确切地说，他确信每个人，包括他的好朋友在内，都会盯着他身上一个长得奇形怪状的地方看。他报告说，陌生人不关心他的畸形，而朋友们则不好意思向他提及。吉米认为自己的头是正方形的！就像《美女与野兽》中的野兽一样，它想不出人们除了对它感到厌恶之外还能有什么反应，吉米也不能想象别人会对他正方形的头视而不见。他只好尽可能地隐藏自己，冬天时戴上柔软蓬松的绒线帽子对他来说是最自在的，因为这样可以把自己的头完全盖住。而在我们看来，吉米的长相很正常。

躯体变形障碍多年来都被视为是一种躯体形式障碍，因为其核心特征是对于躯体（生理）的过度心理关注。但越来越多证据显示，它与强迫性障碍关系更密切，因此在 DSM-5 中迁移至强迫性及相关障碍中。例如，强迫性障碍常与躯体变形障碍共病，也常出现在躯体变形障碍患者的家庭成员身上（Chosak et al., 2008；Gustad & Phillips, 2003；Phillips et al., 2010；Phillips & Stout, 2006；Tynes, White, & Steketee, 1990；Zimmerman & Mattia, 1998）。还有其他一些相似性：躯体变形障碍患者主诉对外表存在持久且闯入性的可怕想法，同时他们也有一些强迫行为，比如不停地照镜子检查自己的生理特征。躯体变形障

DSM-5　躯体变形障碍的诊断标准

A. 过度关注一个或多个外表缺陷或瑕疵，而这种缺陷或瑕疵在他人看来是微小或观察不到的。

B. 在此障碍病程的某些时间段内，患者因担忧自己的外表而表现出重复行为（例如照镜子、过度修饰、搔抓皮肤、寻求肯定）或心理活动（例如，对比自己和他人的外貌）。

C. 这种过度关注引起临床意义上明显的痛苦，或导致个体社交、职业或其他重要功能方面受损。

D. 对外表的过度关注无法用符合进食障碍诊断标准的个体关注身体脂肪或体重的症状来解释。

特定类型：

自知力良好或适当：患者意识到躯体变形障碍的信念肯定或很可能不是真实的，或者它们可能是也可能不是真实的。

自知力不良：患者认为躯体变形障碍的信念很可能是真实的。

缺乏自知力/伴有妄想：患者完全确信躯体变形障碍的信念是真实的。

伴肌肉变形：患者过度关注自己体格太小或肌肉不够发达的想法。即使患者同时存在对身体其他部位的过度关注，也应对此进行特定说明。这种情况很常见。

From American Psychiatric Association. (2013). *Diagnostic and statistical manual of mental disorders* (5th ed.). Washington, DC.

碍和强迫性障碍起病年龄几近相同，病程也一样。一项脑成像研究显示，躯体变形障碍患者和强迫性障碍患者存在相似的脑功能异常（Rauch et al., 2003）。

表5.12总结了200名躯体变形障碍患者想象出来的缺陷部位，以便读者更好地了解躯体变形障碍患者向医疗工作者呈现的担忧类型。这些患者关注的身体部位平均为5~7个（Phillips, Menard, Fay, & Weisberg, 2005）。在另外一组由23名躯体变形障碍青少年患者构成的样本中，61%的人关注自己的皮肤，55%关注自己的头发（Albertini & Phillips, 1999）。躯体变形障碍患者常常试图用各种检查或补偿性仪式来缓解担忧，例如过度晒黑。表5.12涉及的200名病人中有25%试图通过晒黑来掩盖皮肤缺陷（Phillips, Menard, Fay, & Weisberg, 2005）。过度梳头和搔抓皮肤也很常见。很多患者还变得迷恋镜子（Veale & Riley, 2001）。他们经常反复检查自己假想出来的丑陋特征，看看是否发生了变化。而另一些患者则避免接触镜子，甚至到了恐惧的地步。进而，我们也很容易理解，自杀想法、自杀企图和自杀行为都成为了这种障碍的典型结果（Phillips, Menard, Fay, & Weisberg, 2005; Zimmerman & Mattia, 1998）。躯体变形障碍患者还会有"牵连观念"，他们认为自己世界里发生的每件事都与他们所想象出的缺陷有关。因此，这种障碍会在很大程度上扰乱病人的生活。严重者甚至会因害怕让别人看到自己而闭门不出。

表5.12 200名躯体变形障碍患者想象出来的缺陷部位

部位	百分比（%）	部位	百分比（%）
皮肤	80	整个面部	19
头发	58	体格小	18
鼻子	39	腿	18
腹部	32	脸的尺寸和形状	16
牙齿	30	下巴	15
体重	29	嘴唇	14.5
乳房	26	胳膊和手腕	14
臀部	22	髋部	13
眼睛	22	面颊	11
大腿	20	耳朵	11
眉毛	20		

Adapted from Phillips, K. A., Menard, B. A., Fay, C., & Weisberg, R. (2005). Demographic characteristics, phenomenology, comorbidity, and family history in 200 individuals with body dysmorphic disorder. *Psychosomatics*, 46 (4), 317-325. © 2005 The Academy of Psychosomatic Medicine.

如果你觉得这种障碍听起来太古怪，坦白说，不止你一个人有这样的感受。这种疾病过去被称为恐丑症（dysmorpho-phobia，意为害怕丑陋），几十年来一直被认为是一种精神病性的妄想状态，因为患者没有哪怕仅仅一瞬间能够意识到自己的想法是非理性的。

例如，在Phillips、Menard、Fay和Weisberg（2005）调查的200个病例中，还有在Veale、Boocock及其同事（1996）报告的50个病例中，有33%~50%的被试坚信他们想象出的身体缺陷是确实存在的，自己的担心是合理的。虽然在强迫性障碍患者中约有10%缺乏这种内省力，但若对比这两种障碍的患者，躯体变形障碍患者中缺乏内省力的人比例远远高于强迫性障碍（Phillips et al., 2012）。这算是妄想吗？Phillips、Menard、Pagano、Fay和Stout（2006）仔细观察妄想型的躯体变形障碍患者和非妄想型躯体变形障碍患者之间的差异，发现二者并没有什么明显不同，只不过妄想更多出现在病情较严重且受教育程度较低的病人身上。其他的研究支持了两个群体之间并没有本质不同的观点（Mancuso, Knoesen, & Castle, 2010; Phillips et al., 2010）。此外，两组对躯体变形障碍治疗的响应程度相当，治疗精神病性障碍的药物对妄想组并没有更多疗效（Phillips et al., 2010）。因此，在DSM-5中，病人无论是否存在妄想都会被诊断为躯体变形障碍。

躯体变形障碍的患病率很难估算，因为这种病的性质决定了患者倾向于把它当作秘密。因此最好的估计就是，它远比我们之前预想的要常见。如果不进行治疗的话，它可能会持续一生（Phillips, 1991; Veale, Boocock, et al., 1996）。Phillips及其同事（1993）报告的躯体变形障碍患者中，有一位9岁起病，症状持续了71年。如果你觉得你的某位大学生朋友有轻度的躯体变形障碍，那么你的判断很可能是正确的。研究表明，有70%的美国大学生对自己的身体至少有某种程度的不满意，他们中有4%~28%可能符合该障碍的诊断标准（Fitts, Gibson, Redding, & Deiter, 1989; Phillips, 2005）。然而，这项研究是通过问卷完成的，结果反映出的很大比例的学生可能只是担心自己的体重。另一项研究也调查了躯体变形障碍的患病率，收集了不同种族的566个青少年样本，年龄从14到19

岁不等。这个样本的整体患病率是2.2%，女孩对自己身体的不满意程度大于男孩；而无论男女，非裔美国人对身体的满意度都超过白人、亚裔和拉美裔（Mayville, Katz, Gipson, & Cabral, 1999; Roberts, Cash, Feingold, & Johnson, 2006）。总体而言，社区样本中1%～2%和学生样本中2%～13%的个体符合躯体变形障碍的诊断标准（Koran, Abujaoude, Large, & Serpe, 2008; Phillips, Menard, Fay, & Weisberg, 2005; Woolfolk & Allen, 2011）。躯体变形障碍患者中从事艺术或设计的比例要高于没有该障碍的人，这可能也反映出他们对审美和外貌有更强烈的兴趣（Veale, Ennis, & Lambrou, 2002）。

这类障碍在心理健康门诊并不常见，因为躯体变形障碍患者通常会寻求其他类型医疗工作者的帮助，比如整形外科医生或皮肤科专家。躯体变形障碍患者中的男女比例相当。在Phillips、Menard、Fay和Weisberg（2005）报告的关于200名患者的较大型系列研究中，68.5%为女性，不过，在日本另一项大型研究中罹患躯体变形障碍的人中，62%为男性。总体而言，男女在该障碍中的相似性要大于差异性，但研究者也已注意到男女间存在一些具体的不同（Phillips, Menard, & Fay, 2006）。男性患者倾向于关注体格、生殖器和头发稀疏，并且病情往往也更严重。对于肌肉缺陷和体格的关注几乎只发生在男性躯体变形障碍患者身上（Pope et al., 2005）。女性更关注身体的各个不同部位，并且更可能同时患有进食障碍。

躯体变形障碍的发病期从青春期早期到20多岁，高峰期是16～17岁（Phillips, Menard, Fay, & Weisberg, 2005; Veale, Boocock, et al., 1996; Zimmerman & Mattia, 1998）。患者往往不太情愿去寻求治疗。在很多案例中，亲属可能不得不强行要求患者去寻求帮助，这种坚持可能也反映出该障碍给家庭成员带来的困扰。这一障碍的严重性还体现在高自杀企图上。在Veale、Boocock及其同事（1996）报告的50个病例中，高达24%的患者曾经试图自杀；在Phillips、Menard、Fay和Weisberg（2005）报告的200个病例中这一比例则为27.5%；另外一组33个青少年病例中这一比例为21%（Albertini & Phillips, 1999）。

一项研究通过几种问卷测量调查了62名进行长期门诊治疗的躯体变形障碍病人，发现与抑郁症、糖尿病以及近期发作心肌梗死（心脏病发作）的病人相比，躯体变形障碍患者的心理压力和生活质量受损程度总体来说更严重（Phillips, Dufresne, Wilkel, & Vittorio, 2000）。相似的结论在另一项有176名病人的较大样本研究中也得到了证实（Phillips, Menard, Fay, & Pagano, 2005）。因此，躯体变形障碍属于较为严重的心理障碍，往往会导致抑郁和物质滥用（Gustad & Phillips, 2003; Phillips et al., 2010）。你可能已经想到，该障碍的患者中很少有人会结婚。Veale（2000）收集了25名曾试图做整容手术的躯体变形障碍患者的信息，更加反映出这种障碍所带来的痛苦。在这些患者中，有9位付不起高昂的手术费，或者是因为其他原因放弃了手术，于是就试图自己来大幅改变外表，这往往会导致悲惨的结局。一名男性过度关注自己的皮肤，认为自己的皮肤太"松弛"了，他用钉枪钉自己的双侧脸颊，试图让皮肤变得紧致，这一努力当然失败了，幸好没有伤及他的面部神经。另一个例子是，一名女性过度关注自己的皮肤和脸型，于是她锉掉自己的牙齿来改变下颌的形状。另一位女性患者关注身体的好几个部位，认为它们都非常丑陋。她渴望做抽脂手术，但付不起手术费用，于是就用刀子割自己的大腿，试图把脂肪挤出来。躯体变形障碍是种顽固的慢性病。一项针对183名患者的前瞻性研究显示，经过一年，只有21%出现了某种程度的改善，而其中15%在当年就复发了（Phillips, Pagano, Menard, & Stout, 2006）。

躯体变形障碍患者对他们自己所认为的可怕或丑陋的特征做出反应，因此，其心理病理性在于他们是对别人根本觉察不到的"畸形"做反应。社会和文化对美和身体意象的认知在很大程度上定义了什么是"丑陋"（最显而易见的是不同文化体重和体型的各不相同的标准，而这些标准在进食障碍中扮演着重要角色，详见第8章）。

我们能从世界各地的躯体变形障碍患者的自残行为中学到什么？躯体变形障碍患者的行为看起来非常怪异，因为他们<u>违背了现今的文化习惯</u>。今天人们较少强调对面部特征的改变，换言之，遵从其文化预期的人并不会被认为得了某种障碍（如第1章所言）。不过，外科整形手术，特别是针对鼻子和

躯体变形障碍 ◁ 191

嘴唇的手术，是被广泛接受的，并且因为有钱人经常去做这种手术，所以这种手术还戴上了一种提升地位的光环。从这一角度来看，躯体变形障碍可能就没那么奇怪了。像大多数心理病理问题一样，其独特的态度和行为可能只是放大了文化允许的正常行为。

我们对躯体变形障碍的具体病因知之甚少。关于该障碍是否在家庭范围内流传也几乎没有什么信息，因此我们无法考察特定的基因影响。我们同样也缺乏关于生理和心理素因或易感性的重要信息。精神分析的推测很多，其中大多数推测是围绕防御机制中的"置换"。也就是说，潜在的无意识冲突引发太多焦虑，以至于不能为意识所承认，因此病人将它转向针对身体的某个部位。

我们目前仅有的病理证据来自于躯体变形障碍与前文介绍的强迫性障碍之间的共病模式。躯体变形障碍与强迫性障碍之间存在明显的相似性，可能表明了在某种程度上相似的病因模式。有趣的是，在一组100名有进食障碍的患者中，接近15%同时患有躯体变形障碍，也即存在与体重和体型无关的对身体异常形态的忧虑（Kollei, Schieber, de Zwaan, Svitak, & Martin, 2013）。

更加意味深长的是，有且仅有两种治疗方法被证实对躯体变形障碍有效，而它们对于治疗强迫性障碍同样有效。第一，阻断血清素再摄取的药物，如氯丙咪嗪（安拿芬尼）和氟伏沙明（兰释），至少可以缓解一部分病人（Hadley, Kim, Priday, & Hollander, 2006）。一项针对躯体变形障碍药物疗效的控制研究显示，氯丙咪嗪对躯体变形障碍的治疗效果显著优于地昔帕明，甚至对伴有妄想型的躯体变形障碍也有效；而地昔帕明不是阻断血清素再摄取的特效药（Hollander et al., 1999）。另一项控制研究报告了关于氟西汀（百忧解）的相似发现，在治疗3个月后53%患者有良好的反应，而安慰剂组的这一比例是18%（Phillips, Albertini, & Rasmussen, 2002）。有趣的是，上述药物也是对强迫性障碍效果最强的药。第二，对强迫性障碍有效的认知行为疗法类型，包括暴露和反应阻止法，对于躯体变形障碍同样有效（McKay et al., 1997; Rosen, Reiter, & Orosan, 1995; Veale, Gournay, et al., 1996; Wilhelm, Otto, Lohr, & Deckersbach, 1999）。在Rosen及其同事（1995）的研究中，82%的病人对治疗有响应，尽管这些病人的病情可能不如其他研究中的那么严重（Wilhelm et al., 1999; Williams, Hadjistavropoulos, & Sharpe, 2006）。进而，躯体变形障碍和强迫性障碍对于这些治疗的响应率相似（Saxena et al., 2001; Williams et al., 2006）。像强迫性障碍一样，认知行为疗法对于躯体变形障碍的疗效也比单独使用药物治疗的效果更好且更持久（Buhlmann, Reese, Renaud, & Wilhelm, 2008），但认知行为疗法并不像药物治疗那么容易获得。

另一项关于躯体变形障碍病因的有趣推测来自对相似障碍的跨文化考察。你可能还记得日本文化下社交焦虑障碍的变体——人恐怖症，其患者可能认为自己有令人厌恶至极的口气和体臭，因此回避社交互动。但是，这些患者也具有社交焦虑障碍的所有其他特征。在美国文化下被诊断出躯体变形障碍的人，在日本和韩国可能仅被视为严重的社交焦虑。所以，社交焦虑在本质上很可能与躯体变形障碍存在联系，这种联系会给予我们理解这种障碍性质的进一步线索。事实上，西方国家近期一项关于躯体变形障碍的研究显示，与主观感知的别人对自己外貌的负面评价有关的担忧，和想象中的外貌缺陷自我评价同样重要（Anson, Veale, & de Silva, 2012）。关于共病的研究还显示，像强迫性障碍一样，社交焦虑障碍在躯体变形障碍患者中也很常见（Phillips & Stout, 2006）。

不同文化中的儿童头部或面部都被装饰出该文化想要的特征，例如图中这些缅甸女孩用额外的项圈来拉长颈部。

整形手术和其他医疗方法

躯体变形障碍患者相信自己的身体有某种畸形，因此会找医生试图矫正缺陷（Woolfolk & Allen, 2011）。Phillips、Grant、Siniscalchi 和 Albertini（2001）研究了 289 名躯体变形障碍患者寻求的治疗，包括 39 名儿童或青少年，发现 76.4% 的患者寻求了治疗，而 66% 正在接受治疗。皮肤科治疗是最常被接受的治疗方法（45.2%），其次是整形手术（23.2%）。用另外一个角度来看，一项针对 268 名皮肤科就诊患者的研究显示，其中 11.9% 符合躯体变形障碍诊断标准（Phillips et al., 2000）。

由于躯体变形障碍患者大多数关注的是自己的脸或头部，所以不足为奇的是，这种障碍成为了整形手术行业的商机。不过这是一种糟糕的商机，因为这些病人并不能从手术中受益，可能还会回来要求额外的手术，有时还会提出医疗诉讼。调查估计所有寻求整形手术的人中有 8%～25% 可能患有躯体变形障碍（Barnard, 2000；Crerand et al., 2004）。最常见的手术有鼻科整形、拉皮手术、眉毛提升术、抽脂手术、隆胸手术以及下颌整形。根据美国整形外科学会（American Society of Plastic Surgeons, 2012）的数据，2000—2012 年间美国整形手术总量增加了 98%。问题是针对躯体变形障碍患者的整形手术很难达到他们期望的结果。这些患者往往会因为同一处缺陷或是想象中新的缺陷再次回来要求做手术。Phillips、Menard、Fay 和 Pagano（2005）研究了 50 名寻求手术或有关咨询的个体，其中有 81% 对结果不满意。在一项针对躯体变形障碍患者的大样本研究中，88% 的人更愿意寻求手术而非心理治疗，但手术后这种障碍的严重程度和所伴随的痛苦并没有改变，甚至有所加重。类似的令人沮丧的负面结果也在其他形式的医疗中得到证实，比如皮肤治疗（Phillips et al., 2001）。对于整形外科医生来说，筛选出这些病人十分重要；很多整形医生选择和有医学背景的心理学家进行有关的合作（Pruzinsky, 1988）。

其他强迫性及相关障碍

囤积障碍

几年前，一群病人开始引起了心理专科门诊的注意。这些病人强迫性地囤积物品，害怕一旦扔掉了什么东西——哪怕是 10 年前的报纸——日后也有可能会迫切地需要它。起初，专科门诊认为这只是强迫性障碍的一种奇异变体，但很快人们就意识到这种障碍本身足以成为一个大问题。最近一系列电视节目录制了一些这类患者的生活，拍摄了他们几乎不适合人类居住的寓所，所有观看这些电视节目的观众也都意识到这种障碍本身就是个问题。据估计，这种**囤积障碍**（hoarding disorder）在人群中的患病率为 2%～5%，是强迫性障碍患病率的两倍；男女患者比例相近；在世界各地都有发现（Frost, Steketee, & Tolin, 2012）。这种问题的三个主要特征是过度购置物品、难以丢弃任何物品以及居所杂乱无章毫无组织性（Frost & Rasmussen, 2012；Grisham & Barlow, 2005；Steketee & Frost, 2007a, 2007b）。有些病人的房屋和庭院会引起公共卫生管理部门的注意，而且这样的情形并不罕见（Tolin, 2011）。一位病人因其房屋和庭院遭到了指责，因为垃圾堆得太高，不仅有碍观瞻且存在火灾隐患；而在她的囤积物中竟包含有 20 年来使用过的卫生纸！尽管囤积障碍患者的住所发生火灾的比例很小，但这类火灾占了所有造成死亡的火灾中的 24%（Frost et al., 2012）。

从根本上来说，这些人通常从青少年期开始就从购物或者收集物品中体验到了巨大的愉悦，甚至是欣快感。购物或收集物品可能是对情绪低落或抑郁的一种反应，有时这被戏称为"购物疗法"。但与大多数爱购物或收集的人不同，这些人在扔掉任何东西时都会体验到强烈的焦虑或痛苦。因为每件东

童年和成年时期的迈克尔·杰克逊。许多躯体变形障碍患者通过手术来改变自己的特征，然而，他们很少对手术结果满意。

西在他们心目中都有潜在的用处或情感价值，或只是其自身存在的延伸。他们的房屋或寓所可能变得无法住人。但这些人中大多数并不认为自己有问题，直到家庭成员或政府管理部门坚持让他们寻求治疗。像强迫性障碍一样，在做诊断时应就病人对囤积问题及其所造成的困难的自知力程度进行说明。这些人往往在囤积多年之后才来寻求治疗，所以就诊时的平均年龄约为50岁（Grisham, Norberg, & Certoma, 2012; Grisham, Frost, Steketee, Kim, & Hood, 2006）。他们往往是独居（Frost & Rasmussen, 2012; Mataix-Cols et al., 2010）。我们对囤积的详细分析表明，它与强迫性障碍以及冲动控制障碍之间既有相似也有不同。因此，最好将其视为一种独立的障碍，而现在的DSM-5就是这样呈现的。

例如，强迫性障碍倾向于时好时坏，而囤积行为从生命早年开始，并在日后的几十年中日趋严重（Ayers, Saxena, Golshan, & Wetherell, 2010）。患者认知和情绪的异常与前述的囤积有关，包括对财产异常强烈的情感依恋、对控制财产的夸大需求，以及在决定财产值不值得保留方面明显的缺陷（所有物品都被认为是等值的）。一项研究考察了人们在决策保留还是抛弃财物时的神经机制，研究将囤积障碍患者与没有囤积行为的强迫性障碍患者进行对照，结果发现两组患者在部分脑区存在特定差异，而这些脑区与确定某件物品的情感重要性并产生适宜情感反应有关（Tolin et al., 2012）。

囤积动物的人是一个特定群体，现在我们对这一群体有了进一步的了解。报纸上偶尔会出现这样的报道：某位房主，通常是位中年或老年的妇女，养了30只甚至更多动物（通常是猫）。有时其中一些死了，要么就陈尸在地板上，要么被贮藏在冰柜里。动物的数量如果多到异乎寻常，其囤积者就无法很好地照料它们，也无法给它们提供合适的食物和居所，而动物的大量排泄物还会造成环境不卫生，威胁到健康和安全（Frost, Patronek, & Rosenfield, 2011）。一项研究将符合动物囤积障碍诊断标准的个体与另外一组拥有大量动物但没有囤积症状的个体进行对比（Steketee et al., 2011）。两个群体中大多都是中年的白人女性，且都表现出强烈的照料者角色，并对动物有着特别强烈的爱和依恋，但囤积组赋予动物更多人类特征，表明他们在当前的人际关系中有较多功能失调，同时存在明显较多的心理健康问题。与其他有囤积障碍的人一样，动物囤积者尽管常与生病或死去的动物生活在一起，环境非常有碍健康，但他们很少意识到自身存在的问题。

我们中心针对囤积障碍患者发展出了一些新的治疗方法，教会患者给不同物品赋予不同的价值，以便在扔掉一些不太有价值的物品时减轻其焦虑感（Grisham et al., 2012; Steketee & Frost, 2007a）。初步结果显示这种方法有一定前景，但与针对强迫性障碍的治疗效果相比还是差了不少。另外，这些治疗的长期效果还有待研究。而目前针对动物囤积患者的几乎还没有有效的干预方法。

拔毛发癖和皮肤搔抓障碍

拔毛发癖（trichotillomania，也称拔毛症）的患者有从自己身体的任何部位（包括头皮、眉毛或手臂）拔掉毛发的强烈欲望。这种行为会导致明显的脱发、痛苦和社交损害。这种障碍经常会伴随严重的社交后果，而且患者会竭尽全力隐藏自己的行为（Lochner et al., 2012; Grant, Stein, Woods, & Keuthen, 2012）。这种强迫性的拔毛症状比以往人们认为的更常见，在大学生中的比例为1%～5%，女性多于男性（Scott, Hilty, & Brook, 2003）。拔毛症可能存在一些基因上的影响，一

有强迫性囤积的人害怕扔掉什么重要的东西，所以他们的家里堆满杂物。

项研究在一个小样本群体中发现了独特的基因突变（Zuchner et al., 2006）。

顾名思义，**皮肤搔抓障碍**（excoriation 或 skin picking disorder）患者的特点就是反复强迫性地抓挠皮肤，最后导致组织损伤（Grant et al., 2012）。很多人都会偶尔抓挠皮肤，但通常不会造成痛苦或对皮肤的严重损害。然而，总体人群中约有1%～5%的人会因抓挠对自己的皮肤造成明显损害，有时甚至需要看医生。这种障碍会在社交和职业等功能方面造成明显的难堪、痛苦和损害。有一名年轻的女性患者，每天花两三个小时抓挠自己的皮肤，导致脸上有数不清的结痂、伤疤和开放性的创口。结果是当创口太严重时，她往往会迟到或旷工。而且，因为这一障碍，她已经一年多没有跟朋友们联系过（Grant et al., 2012）。皮肤搔抓障碍也是主要发生在女性中的一种障碍。

在DSM-5之前的版本中，这两种障碍都被归于冲动控制障碍。但这两种障碍除了彼此常常共病之外，还常与强迫性障碍和躯体变形障碍共病（Grant et al., 2012；Odlaug & Grant, 2012）。出于上述原因，这些都有重复和强迫行为的障碍在DSM-5中统一归入强迫性及相关障碍中。尽管如此，这些障碍之间仍然存在明显差异。例如，躯体变形障碍患者可能偶尔会为了改善外貌而抓挠皮肤，而这与皮肤搔抓障碍患者的情形是非常不同的。

研究者曾假设反复拔毛和抓挠皮肤的行为是为了缓解压力和紧张。虽然很多病人似乎符合这种情形，但仍有相当数量的病人并不是为了缓解紧张才进行这种行为，也没有证据显示紧张得到了缓解。由于这个原因，在DSM-Ⅳ中有关缓解紧张的这条诊断标准在DSM-5中被删除了（Nock, Cha, & Dour, 2011）。

心理治疗——特别是一种被称为"习惯逆转训练"的方法，被证明对这两种障碍最具疗效。在这种治疗中，病人被详细地教授如何更及时地觉察到自己的重复行为，特别是在行为刚开始的时候，然后用另一种行为来替换重复行为，比如嚼口香糖、涂润肤乳或是其他能带来合理的快感但无害的行为。这一方法在仅仅4次治疗后就能产生明显的效果，但需要病人和治疗师协同工作，全天候地密切监控重复行为（Nock et al., 2011）。而最常见的药物治疗是血清素再摄取抑制剂，也显示出一些效果，特别是针对拔毛症效果良好（Chamberlain et al., 2007），但对于皮肤搔抓障碍来说结果尚不明确（Grant et al., 2012）。

> **小测验 5.6**
>
> 请完成下列关于强迫性障碍的填空。
> 1. _____ 是指个体想要消除或克制的闯入性想法、图像或冲动。
> 2. 为压制强迫观念或得到缓解而进行的洗涤、计数和检查的行为被称为 _____。
> 3. 强迫性障碍的毕生患病率约为 _____ 或更低。
> 4. _____ 是强迫性障碍的极端治疗方法，包括对扣带束的手术损毁。

争议 DSM

焦虑及相关障碍的分类

DSM-Ⅳ中的焦虑障碍现在被分为三组或者说三类独立的障碍，同时又新增了10种障碍，包括之前被归入其他类别中的障碍（如躯体形式障碍），也包括首次被引入DSM系统的新障碍。我们在第3章中介绍了新近的心理病理学理念让我们从强调分类（类型）诊断，转向考虑更广泛的维度或谱系，从而将相似或相关诊断归为一组。例如，一个谱系包含了各种所谓情绪障碍，包括焦虑和抑郁（Leyfer & Brown, 2011），但这种心理病理学的维度划分将给诊断方式带来怎样的改变呢？最近，我们就未来的诊断系统如何采用维度方法对情绪障碍进行有效诊断进行了思考（Brown & Barlow, 2009），而不断出现的理论发展和实证证据要比考虑大量个别分类诊断（像本章及第6章、第7章那样）更令人满意（Barlow, Sauer-

Zavala, Carl, Bullis, & Ellard, submitted)。下文用我们中心的一个病例来说明这种方法。

S先生是位50多岁的高中教师，来就诊前几个月出了一场非常严重的车祸。之后他开始出现与车祸有关的症状，包括对撞车的闯入性记忆，伴随着强烈情绪的事故"闪回"，妻子脸上的伤口和瘀青画面等。他还对任何能让他回想起事故的线索有非常强烈的惊跳反应，并且回避在与出事地点相似的地方驾驶。这些症状与他之前参加越战后的一系列创伤经历混在了一起。除了上述创伤症状之外，他还花费大量时间担心各种生活事件，包括自己和家人的健康。他同样担心工作表现，担心自己是否被其他同事看低，尽管他的教学一直得到高度评价。

考虑到S先生所说的每件事并在临床上进行评估之后，治疗师发现他符合PTSD的诊断标准。而且他对与车祸无关的日常生活事件也有实质性的担忧，因此同时还符合广泛性焦虑障碍的诊断标准。另外他还有轻度抑郁，可能部分是出于他正在经历的各种焦虑所致。总之，病人最终被诊断为PTSD，尽管他还具备广泛性焦虑障碍和抑郁的实质特征。但如果我们尝试用一系列维度来描述他的症状，而不是用这些症状是否符合某一类或另一类诊断标准来描述，会怎样呢？

图5.14显示的是一种可能的维度系统简化版本（Brown & Barlow, 2009）。在这份维度图示中，左边呈现的是"焦虑"（AN），因为所有焦虑或抑郁障碍患者都有某种程度的焦虑。很多个体（但不是全部）还会有一定程度的抑郁（DEP）（就像S先生那样）。S先生在焦虑上会得高分，而在抑郁方面得分会相对低些。我们再来看图的右端，S先生表现出许多回避行为，同时还回避生理上的感觉（内感受性回避，AV-BI）。他主要是不敢开车，回避与先前创伤有关的线索，并拒绝所有可能与战争有关的活动或谈话。另一个相关的回避类型是避免体验到强烈的情绪，或避免有关情绪体验的想法，我们称之为认知和情感回避（AV-CE）。S先生在这个方面的得分也相对较高。

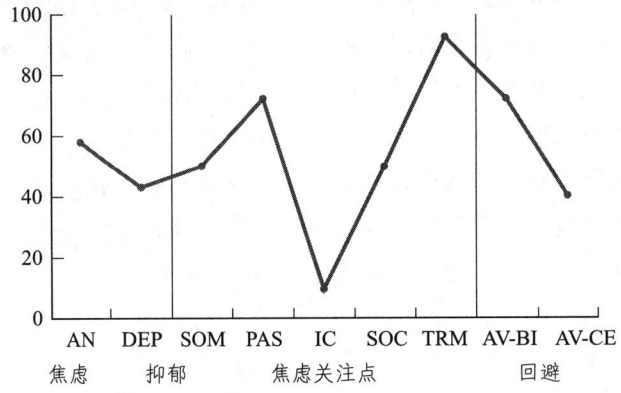

图5.14 对DSM-5（或DSM-6）PTSD患者的维度诊断提议。AN：焦虑；DEP：单相抑郁；SOM：躯体焦虑；PAS：惊恐和相关自主性活动激增；IC：闯入性认知；SOC：社会评价；TRM：既往创伤；AV-BI：行为和内感受性回避；AV-CE，认知和情感回避。Y轴（0-100）上的高分显示X轴上较高的维度，但Y轴的数值是主观的，仅用于说明目的。[Adapted from Brown, T. A., & Barlow, D. H. (2009). A proposal for a dimensional classification system based on the shared features of the DSM-IV anxiety and mood disorders: Implications for assessment and treatment. *Psychological Assessment, 21* (3), 267.© 2009 by American Psychological Association. Reprinted with permission]

但S先生焦虑的关注点是什么？我们在这里看到的是现有焦虑及相关障碍诊断类别的五个特征。首先来看一看创伤（TRM）的焦点，S先生的剖面图在这项得了最高分。他还对创伤事件有频繁闪回，你可能还记得，这与惊恐发作很相似，包括强烈的自主性活动激增，如心跳急剧加快等。所以，他在惊恐和相关自主性活动激增（PAS）维度上也得了高分。其他类型的闯入性强迫观念或念头并未出现，因此在相应维度（IC）上得分很低。他担心自己和家人的健康，导致在躯体焦虑（SOM）维度上得分较高，但是在社交焦虑（SOC）维度上得分则没那么高。

如你所见，这个维度剖面图提供了一幅对 S 先生临床表现更加全面的图景，而非仅仅判断他符合 PTSD 诊断标准。这是因为剖面图捕捉到焦虑和心境障碍患者经常会同时出现的几个关键特征的相对严重性，而在现行的类别诊断系统中患者可能仅仅是符合其中一种诊断标准。剖面图同样捕捉到 S 先生有些抑郁的事实，但在心境障碍中低于诊断标准的临界值。S 先生的剖面图一目了然，可以帮助临床工作者高效地针对其现有问题给出更恰当的治疗方案。

上述只是一个可能的例子，但它确实提出了一些关于未来诊断系统的设想。尽管这个系统在 DSM-5 中还无法实现，因为在如何使其更加有效地工作方面还需要进一步的研究，但这一系统有望在 DSM-6 中实现。

本章小结

焦虑障碍的复杂性
- 焦虑是一种未来导向的状态，其特征是由于个体关注不可控制的危险或灾难的可能性而引发负面情绪。相反，恐惧是一种指向当前的状态，其特征是在对当前危险进行响应时产生的强烈逃避倾向以及自主神经系统中交感神经活动的激增。
- 惊恐发作体现的是源于真实恐惧的警觉反应，但环境中并没有实际存在的危险。
- 惊恐发作可能是：（1）不可预料的（没有警告）；（2）可预料的（总是在特定情境下发生）。惊恐和焦虑结合形成不同的焦虑及相关障碍。有几种障碍都属于焦虑障碍。

广泛性焦虑障碍
- 在广泛性焦虑障碍（GAD）中，焦虑的关注点是每天发生的琐碎生活事件，而非一个重大的担忧。
- 目前认为，基因和心理易感性都对产生广泛性焦虑障碍有贡献。
- 尽管药物和心理治疗在短期来看都有效，但从长期来看，药物治疗并不比安慰剂效果更好。真正有效的治疗是帮助个体关注那些在其生活中真正产生威胁的事物。

惊恐障碍和广场恐怖症
- 惊恐障碍中可能伴随也可能不伴随广场恐怖症（对个人认为"不安全"的场合的恐惧和回避），其焦虑的重点是下一次惊恐发作。一些人也可能只有广场恐怖症而并没有惊恐发作或类似惊恐的症状。
- 我们对压力都有一些基因易感性，很多人对压力事件都会有神经生理的过度反应，也就是惊恐发作。有些人可能会发展出惊恐障碍，随后还可能发展出对下一次惊恐发作可能性的焦虑。
- 药物和心理治疗都能有效地治疗惊恐发作。一种名为惊恐控制疗法的心理治疗方法，主要是将病人暴露于能让他们想到惊恐发作的各类感受中。对于广场恐怖症来说，让病人在治疗师的监督下暴露于所恐惧的场景是最有效的方法。

特定恐怖症
- 恐怖症患者会回避那些能令其产生强烈焦虑、惊恐或二者皆有的情境。在特定恐怖症中，恐惧聚焦于某一特定物品或情境。
- 恐怖症可以因患者经历某个创伤事件而产生，也可以替代习得甚至被教会的。
- 恐怖症的治疗非常直接，主要是结构化且持续的暴露练习。

社交焦虑障碍（社交恐怖症）
- 社交焦虑障碍患者害怕被人围绕，特别是要在别人面前进行某种"表现"的情境。
- 尽管社交焦虑障碍的成因与特定恐怖症类似，但二者的治疗焦点并不相同，社交恐怖症治疗的焦点包括进行对社交恐怖情境的预演或角色扮演。另外，药物治疗也是有效的。

创伤后应激障碍
- 创伤后应激障碍（PTSD）的重点是回避有关既往创伤经历的想法或图像。
- 创伤经历显然是PTSD的诱因。但是仅仅接触到创伤是不够的。创伤经历的强度是个体是否会发展出PTSD的因素之一，而生理易感性以及社会和文化因素也起着重要作用。
- 治疗方法包括再次暴露在创伤中和重建安全感，借此克服PTSD对患者功能的削弱。

适应障碍
- 适应障碍是个体在对应激性而非创伤性事件进行响应时发展出的焦虑或抑郁。
- 有焦虑或抑郁倾向的个体在生活应激事件中通常可能会体验到焦虑或抑郁的增加。

依恋障碍
- 童年早期经历了不适当的养育、虐待或缺乏照料的儿童，不能与照料者发展正常的依恋关系。通常会导致两种不同的障碍。

- 反应性依恋障碍描述的是拘谨且情感退缩的儿童，他们无法与照料者形成依恋关系。
- 去抑制性社会参与障碍描述的是不适宜地接近所有陌生人并表现得似乎与他们一直都有牢固亲密关系的儿童。

强迫性障碍
- 强迫性障碍（OCD）患者回避其所恐惧或排斥的闯入性念头（强迫观念），或是使用仪式化行为来抵消这些念头（强迫行为）。
- 像所有焦虑障碍一样，生理和心理易感性在强迫性障碍的发展过程中似乎都起着作用。
- 药物治疗对强迫性障碍只有中等程度的疗效。最有效的治疗方法是一种被称为暴露和仪式化预防（ERP）的心理治疗方法。

躯体变形障碍
- 在躯体变形障碍（BDD）中，看起来外表正常的人强迫性地关注自己想象出来的外表缺陷（想象中的丑陋）。这些患者通常觉得自己有严重问题，可能会寻求整形手术来弥补。针对该障碍的心理治疗方法与强迫性障碍类似，效果也相当。

囤积障碍
- 囤积障碍的特征是过度购置物品，难以丢弃任何东西，生活空间过度堆放且杂乱无章。
- 囤积障碍的治疗方法与强迫性障碍相似，但疗效较弱。

拔毛发癖和皮肤搔抓障碍
- 拔毛发癖的特征是反复和强迫性地拔毛发，导致明显可察觉的脱发。皮肤搔抓障碍的特征是反复和强迫性地搔抓皮肤，导致组织损伤。

小测验答案

5.1
1. B 2. C 3. E, D 4. A 5. F

5.2
1. T 2. F 3. T 4. F 5. T

5.3
1. F（即使是在"安全"的环境中，惊恐障碍的惊恐发作也是不可预料的）
2. F（3.5%） 3. T 4. T

5.4
1. D 2. E 3. C 4. F 5. A 6. D 7. C

5.5
1. B 2. A 3. C

5.6
1. 强迫观念 2. 强迫行为 3. 1.6%
4. 精神外科手术

探索焦虑、创伤和应激相关障碍,以及强迫性冲动和相关障碍

焦虑障碍患者:
- 当没有实际危险时,感觉压倒性的紧张、不安和害怕
- 为了避免焦虑,可能会采取过激反应

生理影响
- 对焦虑和惊恐发作的遗传易感性
- 激发特定脑回路、神经递质和神经激素系统

触发点

病因

社会影响
- 社会支持可减少对于应激源的强烈的身体或情绪反应
- 缺少社会支持症状加重

行为影响
- 明显回避那些与害怕、焦虑或惊恐发作相关的情境或个人

情绪和认知影响
- 对于认为是威胁的情境或个人极度敏感
- 无意识的感觉到惊恐的躯体症状是灾难性的(强烈的躯体反应)

焦虑障碍

焦虑障碍的治疗

认知行为治疗
- 系统地暴露在引发焦虑的情境或想法中
- 针对消极行为或想法,学习替代性的积极行为或想法
- 学习新的处理技巧:放松、运动、控制呼吸等

药物治疗
- 通过影响脑化学物质来减轻焦虑障碍的症状
- 抗抑郁药(盐酸丙咪嗪,帕罗西汀,文拉法辛)
- 苯二氮草类(阿普唑仑,氯硝西泮)

其他治疗
- 通过养成健康的生活习惯来管理压力;放松、运动、营养、社会支持、适当饮酒、科学用药

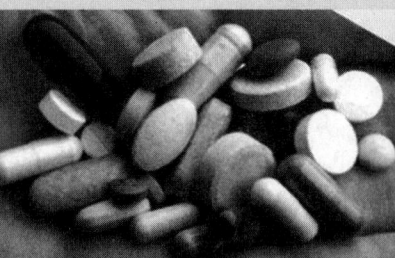
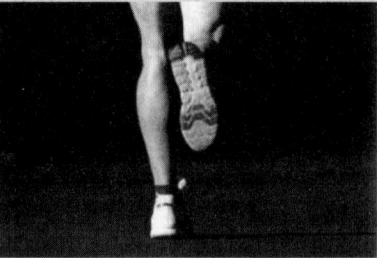

障碍的类型

惊恐

有惊恐障碍的人会有一次或多次惊恐发作，且对于未来的发作充满焦虑和恐惧

什么是惊恐发作？
惊恐发作的人会感觉到：
- 导致强烈恐惧的不安
- "发疯"或失去控制的感觉
- 痛苦的生理症状：心跳加快，呼吸急促，头晕眼花，恶心，感觉心脏病发作或濒死

什么时候/为什么会有惊恐发作？
惊恐发作有：
- 可预期的：总是发生在特定情境中
- 不可预期的：没有警示便发生

恐怖症

恐怖症患者会回避带来严重焦虑和惊恐的情境，有三种主要类型

广场恐怖症
- 害怕和回避那些如有惊恐发作会不安全的情境、人们和场所：商场、超市、公共汽车、飞机、隧道等
- 在更极端的情形中，不能离开家或者某个特定的房间
- 在某次惊恐发作后开始，会持续数年，即使没有再次发作

特定恐怖症
- 害怕特定物品或情境：高处、密闭空间、昆虫、蛇或飞行
- 从亲身或间接创伤经历发展而来，通常由物品或情境或错误信息引发

社交焦虑障碍
- 害怕做出某种"表现"而被他人评价：公开讲话，在公厕小便（男性）、与他人交往

其他类型

广泛性焦虑
- 对日常事件的不可控制的徒然的担心
- 即使在成功之后，依旧感觉有随之而来的灾难
- 不能停止担忧-焦虑循环：例如艾琳害怕学校人际关系失败和健康问题，尽管每件事看上去都很好
- 肌肉紧张等身体症状

创伤后应激障碍
- 害怕再次经历创伤事件：强奸、战争、威胁生命的情景等
- 噩梦或闪回（创伤事件）
- 通过情感麻木来回避对事件的强烈感觉

强迫症
- 害怕不想要的或强迫性的想法（强迫观念）
- 重复的仪式化行为或想法（强迫行为），用于抵消那些不想要的念头：例如理查德试图通过仪式化清洗来压制那些关于性、攻击和宗教的"危险"想法

躯体症状及其相关障碍与分离性障碍

躯体症状及其相关障碍
躯体症状障碍
疾病焦虑障碍
　　临床描述
　　统计数据
　　病因
　　治疗
影响身体状况的心理因素
转换性障碍（功能性神经症状障碍）
　　临床描述
　　其他密切相关的障碍
　　无意识过程
　　统计数据
　　病因
　　治疗
分离性障碍
人格解体—现实解体性障碍
分离性遗忘
分离性身份障碍
　　临床描述
　　特征
　　分离性身份障碍能够伪装吗？
　　统计数据
　　病因
　　易受暗示性
　　生物因素
　　真实记忆和虚假记忆
　　治疗

第 6 章

学习目标

- 采用创新与整合的方式思考问题并解决问题
- 描述如何应用学科基础知识解决问题
- 具有可操作性地描述实际生活中要研究的问题（APA SLO 1.3A）。
- 正确分辨行为的前因后果以及其中的心理过程（APA SLO 5.3c）。
- 使用心理学原理描述相关的实践应用中真实发生的实例（APA SLO 5.3a）。

* 本章内容涵盖美国心理学会（APA，2012）建议的学习目标，旨在为心理学专业本科生提供指导。目标及建议学习成果（SLO）由 APA 定义。

你认识疑病症患者吗？多数人都会认识几个。或许你自己可能就是一个！在 DSM-5 中，疑病症被给予了一个更准确的名称叫作"疾病焦虑障碍"，而对于疑病症患者他们通常的表现就是会夸大自己身体某种轻微的不适。许多人尽管并没有什么实质的疾病，却还是不断地去医院就诊。通常这种对自己的健康的过度关切是无伤大雅的，至多可能遇到别人善意的玩笑。但是对于其中的少数个体而言，这种对于自己身体健康或者外表的过度紧张占据了他们的整个生活。这种症状被统称为**躯体形式障碍**（somatoform disorders）。"soma"意为躯体，患者一开始的时候所关心的问题正是身体的某种不适。而这类精神障碍所共有的特征在于并没有可以导致这种躯体不适的相应的器质性病变。这些障碍有时会被归类为"医学无法解释的身体症状"（olde Hartman et al.，2009；Woolfolk & Allen，2011）。而在某些情况下，个体所表现出来的生理症状确实是有医学原因可循的，但由这种症状而带来的情绪上的痛苦或伤害的水平却明显超过了应有的程度，甚至会导致情形进一步恶化。

你曾经感到自己与自身或周围的环境"分离"吗？（"这不是真正的我"，"这看起来不像是我的手"或"这个地方看起来有些不真实"）。在这种体验中，有些人觉得自己像是在做梦。大多数人都偶尔有过类似的在意识或身份识别方面轻微的脱离或改变的体验，我们通常称之为**解离**（dissociation）或解离体验；这种现象非常正常。但对于少数人而言，这种体验会非常强烈和极端，以至于他们会感觉彻底脱离自我而"成为"另一个人，或是丧失记忆与真实感而难以正常生活。我们将在本章的后半部分讨论几种**分离性障碍/解离性障碍**（dissocitative disorders）。

在历史上，躯体形式障碍和分离性障碍往往十分紧密地联系在一起。证据显示，它们有许多共同的特征（Kihlstrom, Glisky, & Anguilo, 1994；Prelior, Yutzy, Dean, & Wetzel, 1993）。过去，它们曾被归于一类，统称为"癔症性神经症"（hyesterical neurosis）。你可能还记得，"癔症"这个词（见第 1 章）可以追溯到古希腊希波克拉底以及更早的古埃及时期。当时人们认为这种疾病的患者都是女性，而病因则在于所谓的"游走的子宫"。但"癔症性"这个词更多地是指缺乏已知器质性病变基础的躯体症状，或是指通常被认为女性特有的戏剧性或"歇斯底里"的行为。弗洛伊德曾提出**转换性癔症**（conversion hysteria）这一概念，指患者将无意识层面的情感冲突以另一种较容易被接受的形式来表现，即躯体症状。"转换"这个词现在还在使用（但已没有原来的那种理论含义），而不准确且带有偏见的"癔症性"一词已不再使用。

神经症（neurosis）这个词在精神分析理论中的定义指向某些精神障碍的特定病因，尤其是由于无意识里的冲突所造成的神经性精神障碍，以及因同样的原因和自我防御机制而产生的焦虑。由于神经症的概念模糊不清，几乎囊括了所有非精神病性障碍，而且还暗含了具体却又未被证实过的病因，所以，1980 年这个概念从诊断体系中被剔除。

躯体形式障碍及分离性障碍目前还没有得到很好的认识与理解，但是几个世纪以来，它们始终吸引着无数精神病学家及公众的好奇和关注。对它们进行深入研究有助于我们更加充分地理解和认识有可能会发展为各种扭曲的、奇怪的、使人丧失生活能力的精神障碍背后那些我们多数人都会具有的正常的心理特性。

躯体症状及其相关障碍

DSM-Ⅳ列举了5种基本的躯体症状及相关障碍：躯体症状障碍、疾病焦虑障碍、影响身体状况的心理因素、转换性障碍、自为障碍。在这每一种精神障碍中，患者都表现为病态地过度关注自己的身体功能。本节将要提到的前三种障碍，即躯体症状障碍、疾病焦虑障碍以及影响身体状况的心理因素，很大程度上存在交叉重叠。三者各自指向一种或一类躯体症状，患者都对此过分焦虑或担忧以致影响了正常功能，或表现为患者过分焦虑或担心会发生疾病（如疾病焦虑障碍）。

躯体症状障碍

1859年，一个名叫皮埃尔·布里凯（Pierre Briquet）的法国医生首先描述了这种症状，病人无休止地因各种躯体不适而前来就诊，但临床检查并未发现有任何器质性病变（American Psychiatric Association，1980）。尽管医生并未发现任何病变，但病人很快又会因为相同或略有不同的症状前来复诊。那时，这种病被称为布里凯氏综合征。1980年，该病被更名为**躯体症状障碍**（somatic symptom disorder）。我们一起来看一看琳达的病例。

> **琳达　全职病人**
>
> 琳达是一个30多岁的知识女性，因为疼痛及情绪低落而来就诊。她一坐下就说，前来就诊对于她是件非常困难的事，因为她呼吸困难而且手脚关节肿胀。而且她还有慢性的泌尿系感染，以致她不得不随时准备去厕所。但是她很高兴来到我们这里，因为至少她找到了一个地方有可能帮助她减轻痛苦。她说她知道就诊需要详细地询问病史，因此提前准备好了相应的材料以节约时间。第一部分长达五页纸，而且仅仅列出了她的"主要问题"，包括她历次就诊的日期、诊断、住院天数等。第二部分是一页半纸，罗列着她为治疗这些问题所服用的各种药物。
>
> 琳达觉得自己很可能得了一种没有医生能够准确诊断出来的慢性感染性疾病。她十几岁就开始出现这种症状。从那时起，她就经常与医生甚至牧师讨论她的症状和对此的恐惧。由于要经常去医院，她在高中毕业后干脆就报考了护士学校。但是在上学期间，她觉得自己的症状更加严重了：每次不论老师在讲哪种病，她都能在自己身上找到相应症状。巨大的精神压力最终迫使她从护校中途退学。
>
> 琳达曾经因为无法解释的双下肢瘫痪在精神病院住院一年，后来又恢复了正常。此后她开始领取残疾人救济金而不用做全职工作。现在她在一所地区医院里做志愿服务。但由于她的病情忽好忽坏，所以她有时候能去服务，有时候不能。她同时在一位家庭医生及六位专科医生处就诊，以检查不同方面的生理状况，此外她还经常向两个牧师进行咨询。

很明显，琳达已经达到甚至超过DSM-Ⅳ中关于躯体症状障碍的诊断标准。琳达的躯体症状已然非常严重，甚至出现过瘫痪（即转换性症状，参见后文）。患有躯体症状障碍的患者通常不急于采取行动，尽管他们一直感到身体虚弱，整天病快快的。他们会尽量避免锻炼身体，并认为体力活动会使自己的病情恶化（Rief et al.，1998）。琳达的整个生活都围绕着她的躯体症状。她曾告诉她的治疗师，这些症状就像是她的身份证，如果没有它们，她不知道自己是谁。她的意思是，除了讨论自己的症状，她都不知道还可以和别人谈些什么。她谈论自己的症状，就像其他人谈论办公室里的故事或孩子在学校里的成绩一样。她的仅有的几个朋友都不是医务工作者。她把他们当作朋友是因为他们有耐心倾听她的诉说，并会表示同情。她认为他们"理解"她的痛苦。琳达是一个很极端的案例，就如同之前我们提到过的，她已经完全接纳了自己的"病人角色"。

另一种很常见的躯体症状障碍的例子就是由心理因素主导的严重的疼痛感。不论是否有生理原因，躯体症状障碍患者的心理因素都在疼痛的延续甚至疼痛感加重方面起主要作用。让我们一起来看一看下面这个医科学生的案例。

医科学生　暂时性疼痛

一个平日里身体健康的25岁医科学生，在她第一次临床训练实习的过程中，遭遇了持续数周的间歇性腹痛。该学生说自己之前从来没有过类似的疼痛经历。体检结果并未发现任何生理问题，不过她告诉医生自己刚刚与丈夫分手。因此，该学生被转介给学校的心理治疗师，但并未发现任何精神方面的问题。心理治疗师教给她放松技巧，并提供支持治疗来帮助她应对她当时所面对的高应激情境。渐渐地，她的疼痛症状减弱消失，最终她顺利地完成了学业。

我们在此重申，这种状况下，是否有生理症状并不是重点。就像上面这个案例中讲述的，该医科生的疼痛并没有明确的医学原因，而是因为心理或行为因素（尤其是焦虑与担忧的状态）共同作用影响了生理症状的严重程度以及损害水平。DSM-5中新增了对此类障碍中的心理症状的陈述，这对于临床医师的诊断大有帮助，因为其中强调了关于躯体症状障碍的焦虑和关切的体验，并将它们作为治疗的重中之重（Tomenson et al., 2012；Voigt et al., 2012）。但是这些躯体症状（如疼痛）的一个重要特征是：它们是确实存在并能被真实感知到的——无论是否有确切的生理原因（Aigner & Bach, 1999；Asmundson & Carleton, 2009）。

疾病焦虑障碍

疾病焦虑障碍（illness anxiety disorder）曾经被称作"**疑病症**"（hypochondriasis），而且这个名称至今仍被大众广泛使用。根据我们目前的了解，疾病焦虑障碍患者的生理症状要么并非当下切实存在，要么感受轻微，它主要是一种十分严重的焦虑，其关注点是自身罹患严重疾病的可能性。如果患者有一种或多种生理症状相对严重，且伴随着焦虑和担忧，那么则会被诊断为躯体症状障碍。而在疑病症中，患者的关切围绕着自己可能患上重大疾病的想法，而不是躯体症状本身。疾病的威胁感如此真实，以至于有时即使医生反复解释，患者也不能被说服。我们来看一看盖尔的病例。

DSM-5　躯体症状障碍诊断标准

A. 存在一种或多种使个体痛苦并/或者严重影响个体日常生活的躯体症状。

B. 存在与躯体症状相关的或与担心健康有关的过分的想法、感受及行为，表现为如下至少一项：
1. 对自身症状的严重程度存在不协调且顽固的想法；
2. 与健康有关的高焦虑水平；
3. 花过多的时间以及过度的精力关注症状或健康问题。

C. 尽管症状并不一定会持续存在，但个体对于症状的陈述会一直延续（往往会持续6个月以上）。

特定类型：

伴随显著疼痛感（即原来的疼痛障碍）：此说明是针对那些躯体症状主要是疼痛的个体。

当前严重程度说明：

轻微：仅满足一项B标准所描述的症状。

中度：满足B标准所描述的两项或两项以上。

重度：满足B标准所描述的两项或两项以上，且个体有多种躯体问题（或有一种躯体症状非常严重）。

From American Psychiatric Association. (2013). *Diagnostic and statistical manual of mental disorders* (5th ed.). Washington, DC.

盖尔　无法被发现的疾病

盖尔21岁的时候结了婚，渴望从此过上一种崭新的生活。像许多中下阶层家庭的孩子一样，她觉得自己没什么能力，被人轻视，自尊心很低。她继父带来的哥哥喝醉之后，经常斥责和贬低她。而母亲和继父并不理会她的抱怨。但是她相信，婚姻会解决一切问题，她终将成为一个了不起的人。很不幸，事情并没有像她想象的那样发展。她很快发现丈夫与前女友还有瓜葛。

婚后三年，盖尔因焦虑来我们中心就诊。她在一家餐馆做非全日的服务员，感到工作压力很大。虽然她发现丈夫与前女友已经断绝来往，但她心里对这件事情还是耿耿于怀。

一开始，盖尔主诉焦虑与压力过大，但我们很快发现她的主要症状在于对自己健康的过度担忧。每一次她出现轻微的躯体不适，比如喘不过气来或者头痛，她都会想到一些严重的疾病上去，比如头痛可能提示有脑肿瘤，喘不过气来可能是急性心脏病发作的前兆等。其他的一些躯体不适也会被她很快和艾滋病、癌症等联系在一起。盖尔有时还会害怕上床睡觉，她担心自己会在睡梦中停止呼吸。她避免运动，从不喝酒，甚至不放声大笑，因为这些会引起她的不适。公共厕所，有时甚至是公用电话，她也尽量避开，因为它们可能是细菌感染的来源。

而最能引起她不可遏制的焦虑和恐惧的是报纸和电视里的新闻。每一次当某篇报道或者是某个节目中提到某种病症时，她就不由自主地被吸引住，特别关注这种疾病的症状。随后的几天中，她的警惕性都很高，在自己以及其他人身上寻找有无相符的症状。她甚至会仔细地研究自家的狗，看它是否有这种致命的疾病。最后她往往需要费尽全力花好几天时间才能打消这类念头。而每一次当周围朋友或者亲戚真的生病的时候，她更是惊恐万状，无法正常生活了。

当盖尔在婚后不久知道丈夫与前女友的事情后，这种恐惧更加严重了。起初，她花费了大量的时间和甚至超出她承受能力的金钱去四处求诊。但是几年下来，每次就诊她都听到同样的答复："你的身体非常健康，你没有什么病。"她终于相信自己只是忧虑过度，不再去医院。但是她的这种恐惧根深蒂固，无法克服，令她依然生活在痛苦之中。

临床描述

你能看出琳达的躯体症状障碍和盖尔的疑病症之间的区别吗？这两者之间确实有一些交错重叠的部分（Creed & Barsky, 2004; Leibbrand, Hiller, & Fichter, 2000）。但是，与琳达相比，盖尔较少关注某种特定的躯体症状，而是更担心自己是否患病。盖尔的症状属于典型的疾病焦虑障碍。

研究表明，疾病焦虑障碍与焦虑及心境障碍，特别是惊恐障碍的许多地方很相似（Crsake et al., 1996），比如相近的发病年龄、性格因素、家庭背景（家族性）。事实上，焦虑及心境障碍常与疾病焦虑障碍共病。一般情况下，如果疾病焦虑障碍患者同时患有另外一种精神障碍，则很可能是焦虑或者心境障碍（Côté et al., 1996; Creed & Barsky, 2004; Rief, Hiller, & Margraf, 1998; Simon, Gureje, & Fullerton, 2001; Wollburg, Voigt, Braukhaus, Herzog, & Lowe, 2013）。

疾病焦虑障碍的特点是对某种严重疾病的焦虑或恐惧。因此，根本的问题是焦虑，但是疾病焦虑障碍的临床表现与其他焦虑障碍不同，患者将焦虑集中于躯体症状上，并错误地将这些症状看成严重疾病的征兆。几乎所有的躯体不适都可能成为疾病焦虑障碍患者焦虑的基础。有些人过分关注正常的生理现象，如自己的心率、出汗等，另一些人则总是担心轻微的躯体不适，如咳嗽等。他们的主诉常常是疼痛、疲乏无力等含糊不清的症状。因为起因是躯体不适，所以患者常常首先去找家庭医生就诊，只有当家庭医生排除了他们器质性疾病的可能性后，他们才会去心理诊所就诊。

疾病焦虑障碍另外一项重要特征是，即使医生诊断他们是非常健康的，也不能打消他们的顾虑，或者至多仅能在短时间里起作用。许多像盖尔这样的病人，常常会认为这个医生误诊，于是过了几天就去找另一个医生。此类患者错误地坚信自己有病；这种对于生病的执着信念有时会被称作**患病信**

念（disease conviction）（Côté et al.，1996；Haenen，de Jong，Schmidt，Stevens，& Visser，2000）。所以，伴随对于可能生病的焦虑，患病信念便成为了这两种障碍的核心特征（Benedetti et al.，1997；Kellner，1986；Wollfolk & Allen，2011）。

对疾病焦虑障碍患者而言，正常的体验或感觉常常被当作某种致命疾病的表现。

如果你已经阅读过本书第5章，你可能会发现，惊恐障碍患者与疾病焦虑障碍患者很相像。惊恐障碍患者也会错误地把躯体不适看作惊恐发作的前兆，而且认为自己将会因此死去。Craske与其同事（1996），还有Hiller，Leibbrand，Rief及Fichter（2005）提出了惊恐障碍和躯体症状障碍的区别。第一，虽然二者都是对躯体不适的过分关注，但是惊恐障碍患者害怕的是几分钟之内就发生的致命灾难，他们因此而万分恐惧，而疾病焦虑障碍患者担心的是患上某些经过较长时间才能致命的疾病（如癌症或艾滋病）。第二，疾病焦虑障碍患者总是不停地找新的医生，以期能排除（或确定）自己患有某种疾病。然而，即使无数次被告知没有患病，他们也总是拒绝相信，不肯打消顾虑。相反，惊恐障碍患者虽然仍然觉得惊恐发作会致其死亡，但其中绝大多数人在多次被医生告知身体并未患病后，就会停止去看医生。第三，惊恐障碍的症状主要是与惊恐发作有关的10至15项交感神经症状，而疾病焦虑障碍的症状范围则广泛得多。但不管怎么说，这两者之间的相似之处仍多于不同之处。

另外，儿童常常出现一种类似疾病焦虑障碍的现象。他们经常抱怨腹痛但检查发现并无器质性病变。在大部分病例中，这是对应激的<u>一过性反应</u>，一般不会发展成慢性的疾病焦虑障碍。

疾病焦虑障碍的诊断标准 (DSM-5)

A. 完全陷入对于患上或患有严重疾病的恐惧。

B. 没有躯体症状，或有轻微的躯体症状。如果出现某种医学情形，或存在出现某种医学情形的风险（例如，有家族病史），个体会明显过度关注或表现出与症状不相称的注意程度。

C. 对健康的焦虑程度很高，同时个体对于自身的健康情况非常警觉。

D. 个体表现出过度关注健康的行为（例如：反复检查自己的身体寻找患病的信号），或病态的回避（例如：预约就诊但不赴约，拒绝去医院）。

E. 对疾病的关注持续至少6个月以上，但是所担心的疾病的种类可能会在这段时间内发生改变。

F. 这种情形用其他精神障碍无法更好地解释，比如躯体症状障碍、广泛性焦虑障碍或强迫症等。

特定类型：
寻求帮助的类型：经常使用医疗服务，包括看医生、做检查等。
回避帮助的类型：极少使用医疗服务。

From American Psychiatric Association.（2013）. *Diagnostic and statistical manual of mental disorders*（5th ed.）. Washington, DC.

统计数据

目前我们只能通过关于与此相似的DSM-Ⅳ中的一些障碍（与当前的DSM-5中的相应定义略有不同）的研究来估计整体人口中躯体症状障碍的患病率。例如：DSM-Ⅳ中的疑病症（覆盖了DSM-5中的疾病焦虑障碍和部分躯体症状障碍）患病率估算值为1%～5%（APA，2000）。据统计，在美国的基层医疗单位中，疑病症患病率的中位数为6.7%，其中因躯体症状而痛苦的患病率的中位数高达16.6%，而这个数据应该十分接近躯体症状障碍与疾病焦虑障碍的患病率之和（Creed & Barsky，2004）。很长一段时间里，人们都认为躯体症状障碍多见于老年人群体，但事实并非如此（Barsky, Frank, Cleary, Wyshak, & Klerman, 1991）。实际上，这些障碍的患病率在成年期的各个年龄段中相当一致。当然，有更多老年人会去看医生，因而使得这个年龄段中获得躯体症状障碍诊断的病人数量较年轻人更多，但此类患者在相应年龄段人口中所占的比例是一致的。像大多数焦虑和心境障碍一样，躯体症状障碍也是慢性的（Taylor & Asmundson, 2009; olde Hartman et al., 2009）。

琳达在青春期发病，这正是发病的典型年龄。多项研究表明，那些如今应被诊断为患有躯体症状障碍的个体，多是女性、未婚、社会经济地位低下（Creed & Barsky, 2004; Lieb et al., 2002; Swartz, Blazer, George, & Landerman, 1986）。例如，在 Kirmayer 和 Robbins（1991）的大样本的研究中，68％的病人是女性。除了躯体困扰以外，患者也常有其他心理困扰，常见的有焦虑或者心境障碍。（Adler et al., 1994; Kirmayer & Robbins, 1991; Lieb et al., 2002; Reif, 1998）。事实上，Lenze, Miller, Munir, Pornoppadol 和 North（1994）的研究表明，在那些偶然来心理诊所就诊的本病患者除了躯体症状以外，往往还有说不完的心理症状，甚至包括一些精神病性症状（Lenze, Miller, Munir, Pornoppadol, & North, 1999）。蓄意表现自杀企图但并不真正尝试自杀的行为也很常见（Chioqueta & Stiles, 2004）。而且，患有躯体症状障碍的个体滥用了医疗服务，其用药量是所有病人平均用药量的 9 倍（Barsky, Orav, & Bates, 2005; Hiller, Fichter, & Rief, 2003; Woolfolk & Allen, 2011）。还有研究显示，这种障碍的患者中 19％有残疾（Allen, Woolfolk, Esco-bar, Gara, & Hamer, 2006）。虽然躯体症状会时好时坏，但是躯体化精神障碍及其相应的病态行为却是慢性的，常常会持续到老年。

与焦虑障碍类似，躯体症状障碍中不同类型的综合征与其文化背景有关（Kirmayer & Sartorius, 2007），例如：缩阳症（koro）。某些地方流传着一种奇怪的观念，人们认为外生殖器会缩入腹腔，从而引发严重的焦虑甚至惊恐。这种病虽然偶有女性患者的报道，但是大部分患者是华人男性，西方文化环境中罕有发病者。为什么缩阳症会发生于中华文化背景下呢？Rubin（1982）指出，这与性功能在华人男性心目中极端重要有关。他注意到，此类患者往往对自己过度手淫、性交不顺利及淫乱的行为有负罪感。这些事件可能将男性的注意力集中于自己的生殖器，就像在焦虑障碍中那样，加深焦虑并引发情绪唤醒。

另一种常发生在印度的文化特异性障碍是因在性行为中失去精液而感到担忧。这种叫作"dhat"的病包括了多种暧昧不清的躯体症状，如头昏眼花、虚弱无力、疲乏等。患者将这些轻度忧郁或焦虑症状的原因归结为自己失去了精液。其他与文化有关的躯体症状还包括多见于非洲居民的头部灼热感或脑中有东西爬过的怪异感觉（Ebigno, 1986），以及巴基斯坦和印度地区居民的手脚烧灼感（Kirmayer & Wiess, 1993）。

长期以来，我们认为将心理痛苦表述为躯体不适的情形在非西方国家或发展中国家更为普遍。但现在，我们发现这种偏颇的观点可能只是由于早期的研究方法不正确造成的（Cheung, 1995）。事实上，心理痛苦的"躯体化"现象十分常见，而且在世界范围内分布相当均衡（Gureje, 2004）。只是在发展中国家里，由于营养状况差，寄生虫及感染性疾病流行，而且不容易获得准确的诊断，因此应特别认真地检查躯体症状。表 6.1 中的数据来自世界卫生组织的一项大型研究，研究对象是在医院就诊人群中那些有医学无法解释的躯体症状（此项已不再是 DSM-5 的诊断标准之一）的患者，他们可能符合也可能不符合躯体症状障碍的诊断标准。可以看到，在世界范围内，此类人群的比例及男女比例几乎是一样的（Gureje, Simon, Ustun, & Goldberg, 1997）；而在那些达到诊断标准的病人中，女性与男性的比例约为 2:1。

病　因

对疾病焦虑障碍的病因，不同研究者观点不尽相同。但绝大多数人认为疾病焦虑障碍的核心是对躯体不适进行了错误解释，将其看作严重疾病的证据。所以，从根本上讲，疾病焦虑障碍是一种有强烈感情因素的认知性或知觉性精神障碍（Adler, Côté, Barlow, & Hillhouse, 1994; olde Hartman et al., 2009; Taylor & Asmundson, 2004, 2009; Witthöft & Hiller, 2010）。

表6.1 跨文化研究中，两种形式的躯体化精神障碍症状患病率（N=5438）*

地区	ICD-10 诊断的躯体化精神障碍（%）			有躯体症状但未达诊断标准的（%）		
	男	女	整体	男	女	整体
安卡拉，土耳其	1.3	2.2	1.9	22.3	26.7	25.2
雅典，希腊	0.4	1.8	1.3	7.7	13.5	11.5
班加罗尔，印度	1.3	2.4	1.8	19.1	20.0	19.6
柏林，德国	0.3	2.0	1.3	24.9	25.9	25.5
格罗宁根，荷兰	0.8	4.1	2.8	14.7	19.9	17.8
伊巴丹，尼日利亚	0.5	0.3	0.4	14.4	5.0	7.6
美因茨，德国	1.0	4.4	3.0	24.9	17.3	20.6
曼彻斯特，英国	0	0.5	0.4	21.4	20.0	20.5
长崎，日本	0	0.2	0.1	13.3	7.9	10.5
巴黎，法国	0.6	3.1	1.7	18.6	28.2	23.1
里约热内卢，巴西	1.5	11.2	8.5	35.6	30.6	32.0
圣地亚哥，智利	33.8	11.2	17.7	45.7	33.3	36.8
西雅图，华盛顿州，美国	0.7	2.2	1.7	10.0	9.8	9.8
上海，中国	0.3	2.2	1.5	17.5	18.7	18.3
维罗纳，意大利	0	0.2	0.1	9.7	8.5	8.9
总计	1.9	3.3	2.8	19.8	19.7	19.7

注：该研究使用国际疾病分类标准（ICD，第10版）。*加权第一阶段（引入）的样本。
来源：Adapted from Gureje, O., Simon, G. E., Ustun, T. B., & Goldberg, D. P. (1997). Somatization in cross-cultural perspective: A World Health Organization study in primary care. *American Journal of Psychiatry, 154*, 989–995.

疾病焦虑障碍患者体验到的生理感觉对我们正常人来说是很常见的，但他们会把注意力集中到那些感觉上。这种注意行为本身可以导致唤醒水平升高，让个体体验到的生理感觉强度比实际的更大（见第5章）。如果个体把这种感觉错误地解释为某种疾病的症状，焦虑水平就会更高。不断增长的焦虑将引发更多生理反应，从而进入一个恶性循环（参见图6.1，原本针对DSM-IV中的疑病症，但目前也适用于DSM-5中的躯体症状障碍与疾病焦虑障碍）（Salkovskis, Warwick, & Deale, 2003; Warwick & Salkovskis, 1990; Witthöft & Hiller, 2010）。

运用认知科学的方法，比如Stroop测验（参见第2章），一些研究者（Hitchcock & Mathews, 1992; Pauli & Alpus, 2002）证实了疾病焦虑障碍患者对疾病相关线索的知觉敏感度高于一般人，他们也更容易把模棱两可的刺激当作威胁（Haenen et al., 2000）。因此，他们对任何可能的疾病信号更加警觉（和恐惧）。即使是很轻微的头痛，他们也会认为是自己患有脑部肿瘤的确凿信号。Smeets, de Jong和Mayer（2000）的研究表明，疾病焦虑障碍的患者与正常人相比，采取"安全第一"的应对方式，即使只是轻微的躯体不适也要尽快求诊。从根本上讲，他们的健康观念非常僵化，认为没有任何躯体不适才能算是健康（Rief et al., 1998）。

这种对躯体的敏感和扭曲的信念是如何形成的呢？虽然我们尚不知道具体答案，但是我们可以很有把握地说它不会只有生物学或心理学单方面的因素。综合各个角度的观察，疾病焦虑障碍最根本的病因可能与焦虑障碍类似（Barlow, 2002; Barlow et al., 2013）。例如，有报告表明疾病焦虑障碍有家族遗传性（Bell, 1994; Guze, Cloninger, Martin, & Clayton, 1986; Katon, 1993），而且遗传因素对此障碍的贡献为中等（Taylor, Thordarson, Jang, & Asmundson, 2006）。但是这种遗传因素可能是非

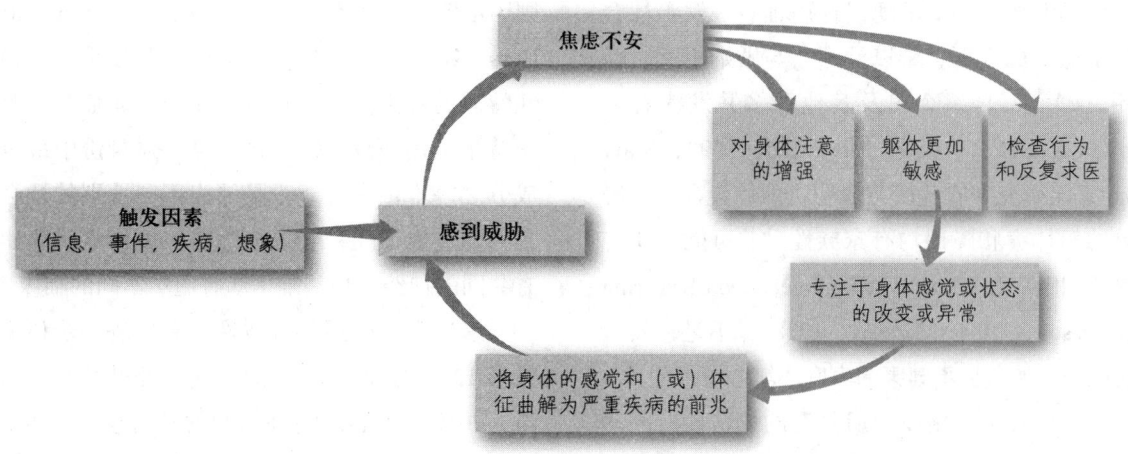

图 6.1 疾病焦虑障碍病因的整合模型（Based on Warwick, H. M., & Salkovskis, P. M. [1990]. Hypochondriasis. Behavior *Research Therapy, 28*, 105–117.）

特异性的，比如易于对心理应激过度反应等，因此很难与焦虑障碍的非特异性遗传因素区分开来。认为负性生活事件无法预测且不可控制的倾向，与过度反应倾向相结合，使得疾病焦虑障碍患者随时随地地保持高度警觉（Noyes et al., 2004; Barlow et al., 2013）。正如我们在第 5 章提到的那样，这些因素构成了个体对于焦虑的生物易感性和心理易感性。

为什么疾病焦虑障碍患者的焦虑会针对生理感觉和躯体疾病呢？我们知道有疾病焦虑问题的儿童所报告的躯体不适往往是其他家庭成员曾经报告过的（Kellner, 1985; Kirmayer, Looper, & Taillefer, 2003）。因此很有可能像惊恐障碍患者一样，躯体症状障碍和疾病焦虑障碍的患者从家庭成员那里习得了针对具体生理状况或疾病的密切关注。

还有三个因素也可能在此类障碍的病理过程中发挥了作用（Côté et al., 1996; Kellner, 1985）。第一，像某些其他障碍（尤其是焦虑障碍）一样，此类障碍常发生在应激生活事件之后。而这些事件中往往会出现疾病或死亡（Noyes et al., 2004; Sandin, Chorot, Santed, & Valiente, 2004）。第二，如果一个儿童有着患病异常频繁的家庭成员，那么该个体成年后就容易发展出此类障碍。即使个体在成年之前没有患上躯体症状障碍，他们也会对疾病印象深刻，从而容易因此产生焦虑。第三，社会及人际关系方面的因素也发挥了重要作用（Noyes et al., 2003; Barlow et al., 2013）。某些个体的家庭将生病当作一件非常严重的事，因此他们很快就能习得：病人会得到更多的关注。向往这种患病得来的

"好处"也是此类障碍发病的促进因素。一个"病人"往往因为生病受到更多的注意而且承担较少的责任，这也被称为"患病角色"。

在其中一些严重的情况中，专注于躯体症状障碍的研究者还有一些令人惊讶的发现。躯体症状障碍在家族研究及遗传研究中与反社会人格障碍密切相关（见第 12 章），后者的特征包括破坏公共财物、持续撒谎、偷盗、在金钱及工作方面缺少责任感、有直接的身体攻击行为（Bell, 1994; Guze, Cloninger, Martin, & Clayton, 1986; Katon, 1993）。反社会人格障碍患者漠视惩罚，对自己常常发生的冲动行为带来的负面后果无动于衷，而且显然体会不到焦虑或愧疚感。

反社会人格障碍多见于男性，而严重的躯体症状障碍多见于女性，但它们之间有许多的共同

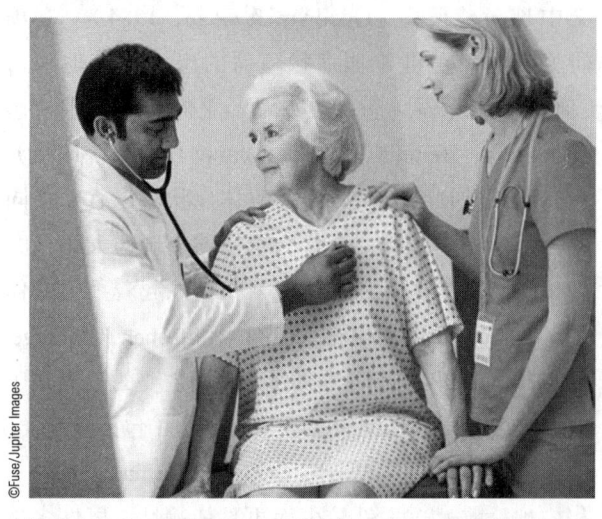

躯体症状障碍患者最重要的社会关系往往是和医护人员的关系，因此，患者的症状就是他们的身份。

点。二者都发病较早、呈现慢性病程、多发于社会经济地位低下的人群、难以治疗，与婚姻不幸、药物滥用、酗酒、自杀企图及其他众多并发症有关（Goodwin & Guze，1984；Lilienfeld，1992；Mai，2004）。家族研究和收养研究表明，反社会人格障碍和严重的躯体症状障碍均有家族性，并可能与遗传因素紧密相关（Bohman，Cloninger，Von Knorring & Sigvardsson，1984；Cadoret，1978），不过，其行为模式也有可能是从不健康的家庭环境中习得的。

然而，反社会人格障碍所具有的攻击性、冲动性、情感淡漠的特征与严重的躯体症状障碍看上去似乎恰好相反。那么，什么东西是这两种精神障碍所共有的呢？尽管目前我们还没有确切的答案，但是Lilienfeld（1992；Lilienfeld & Hess，2001）为我们总结了各种相关假说。我们在下面稍作介绍，以作为生物—心理整合范式在心理病理学中应用的绝佳例子。

一种有不少支持者的假说认为，躯体症状障碍和反社会人格障碍有着共同的神经生物学基础，它们都属于以冲动行为为特点的<u>去抑制综合征</u>（disinhibition syndrome）（参见Cloninger，1987；Gorenstein & Newman，1980）。证据表明，冲动行为在反社会人格障碍患者中广泛存在（例如Newman，Windom，& Nathan，1985）。那在躯体症状障碍患者中情况如何呢？躯体症状障碍患者的行为同样具备以牺牲长期利益为代价换取短期利益的冲动特征。不断产生新的躯体症状可以使他们在短期内得到人们的同情和注意，但从长远来看，这会使他们在社交中越来越孤立（Goodwin & Guze，1984）。一项研究表明，重度躯体症状障碍的患者比其他障碍（比如焦虑障碍）患者更冲动，更倾向于追求快感（Battaglin, Bertella, Baso, Politi & Bellodi, 1998）。

如果反社会人格障碍及躯体症状障碍有着相同的神经生物学基础，为什么它们的表现却大相径庭呢？我们认为社会和文化因素在其中起着重要的作用。Cathy Spatz Windom（1984）和Roberz Cloninget（1987）均指出，这两种精神障碍最主要的不同在于<u>依赖程度不同</u>。在绝大多数哺乳动物（包括啮齿类）中，雄性总是更具攻击性（Gray & Buffery，1971），相应地，雌性攻击性较少而更具依赖性。男性多患反社会人格障碍与其攻击性较强紧密相关，而女性则因依赖性较高多患上躯体症状障碍。Linlienfeld和Hess（2001）研究发现，大学生中有反社会和攻击性特质的女生倾向于报告更多的躯体症状。此结果支持了上述假设。<u>性别角色</u>是个体身份中最重要的成分之一。很有可能正是因为不同性别的社会期待不同，造成了反社会人格障碍和躯体症状障碍虽然有共同的神经生物基础，却有迥然不同的临床表现。

这一理论模型的有效性仍有待进一步研究（参见第12章）。但是这样的理念已经触及精神病学前沿，并体现了心理病理学中的整合模式（回顾第2章），而这正是当前必然的发展趋势。

那么，这些假说是否适用于琳达或她的家庭呢？琳达的姐姐结婚很草率，目前已育有两个孩子。她成年后的大部分时间都在不停地求医问药。她曾因各种各样的躯体不适前去求诊，而她的主要问题是不明原因的周期性失忆。这种失忆的情形常持续数日。这种神奇的症状常常将她冲到医院去的那几天的记忆完全抹去。

调查记录显示，这个家族中确实存在性方面的冲动问题与反社会人格障碍。琳达姐姐的大女儿有一个非常叛逆的青春期，经常旷课逃学，甚至触犯法律，最后因为毒品及暴力行为入狱。而在我们的一次治疗中，琳达提及自己记录了一张与其发生过性行为的男性名单。琳达提供的名单长达二十余人，而且其中大多数性行为发生在精神健康专业人员或牧师的办公室！

琳达与这些助人者的隐秘关系非常重要。琳达十分重视这些关系中的性行为，认为只有这样才表示那些精神健康专业人员或牧师真正把她当作一个人看待，只有这样她才能感到自己在对方心目中是重要的。但是，这些关系均以悲剧告终，其中数人婚姻解体，而且有一位专业人员自杀身亡。琳达本人虽然从未从这些关系中感到满足或充实，但每一次悲剧的结局仍然使她受到极大的伤害。美国心理学会（APA）已经明确规定，在治疗过程中<u>任何</u>阶段与病人发生的<u>任何</u>性接触均是不道德的。突破这一伦理规则只能导致悲惨的结局。

治 疗

很不幸，目前我们对于如何治疗此类障碍知之甚少。尽管在过去的临床实践中常通过心理动力学疗法揭示患者无意识的心理冲突，然而，这类治疗的有效性却鲜有报告。

实施科学控制的研究是近些年才出现的（Taylor & Asmundon，2009；Witthoft & Hiller，2010；Woolfolk & Allen，2011）。令人惊奇的是，临床报告表明，在某些病例中，重复告知患者无病对部分患者是有效的（Haenen et al.，2000；Kellner，1992）。所谓"惊奇"是指，根据这一障碍的诊断定义，患者的忧虑应该不能被医学诊断所消除。反复确认患者无病通常只是由没有时间为患者提供持续支持的家庭医生简单告之。而心理健康专业人士不仅能以更加高效和富于针对性地方式反复确认无病，并且他们有足够的时间去处理患者的各种忧虑，关注症状背后的"意义"（例如，可能是患者心理应激引起的）。在 Fava, Grandi, Rafanelli, Fabbri 和 Cazzaro（2000）的研究中，20名符合DSM-Ⅳ中疑病症诊断标准（即同时涵盖了躯体症状障碍和疾病焦虑障碍）的病人被分为两组。一组接受解释疗法，临床医生对他们感到躯体不适的根源进行详尽的解说。并且在治疗完成后及6个月追踪时对病情进行评估。另一组为对照组，在6个月内不作处理，6个月后才开始解释疗法。所有病人在此期间均接受自己医生的一般医学治疗。两组患者在接受有关此类障碍性质的细致解释教学后，他们对躯体症状的恐惧以及错误观念均明显减少，使用医疗服务的次数也显著减少，而且这种疗效在追踪时仍然保持着。就对照组而言，这种疗效在他们开始接受治疗以后出现，这充分说明了解释疗法是有效的。虽然这项研究规模不大，而且仅仅追踪了6个月，但是它的结果是令人期待的；不过，这种解释疗法多数情况下只对那些轻度障碍的患者有效（Taylor, Asmundson, & Coons，2005）。参与支持小组也可以为患者提供他们所需要的安慰和保证。

目前，研究者已经对更加稳健的治疗方法进行了测评（Clark et al.，1998；Kroenke，2007；Thomson & Page，2007）。在一项很有说服力的研究中，Barsky 和 Ahern（2005）随机选取了187名被DSM-Ⅳ诊断为疑病症的患者，分别接受治疗。一部分患者接受由经过专业培训的治疗师带领的6期认知行为治疗，另一部分患者则接受来自家庭医生的常规医学治疗。其中，认知行为疗法主要识别并挑战患者在生理感受方面与疾病有关的错误观念，并向患者展示专注于身体某部位的行为将如何制造出"躯体症状"。这些知识被运用到患者自己身上后，有效地说服了很多人，让他们感到这些症状都在自己的掌控之中。同时，患者还练习如何不再就自己忧虑的问题频繁寻求医生的确认。治疗结果参见图6.2 中的 Whiteley 量表疑病症症状得分。认知行为疗法在治疗完成之后的后续阶段作用显著，它在减轻疑病症症状与改善患者的功能以及生活质量两方面持续发挥效果。不过疗效仍然限于"中等"，而且许多符合治疗条件的患者拒绝使用认知行为疗法，因为他们坚信自己的病是生理方面的，而非心理方面的。在另一项有影响力的研究中，Allen 等人（2006）发现，临床数据显示，接受认知行为治疗的重度躯体症状障碍患者中有40%（接受一般医学治疗的此类患者中仅有7%）表现出临床上的改善，而且其改善持续了至少一年。Escobar 等人（2007）也报告了类似的结果。

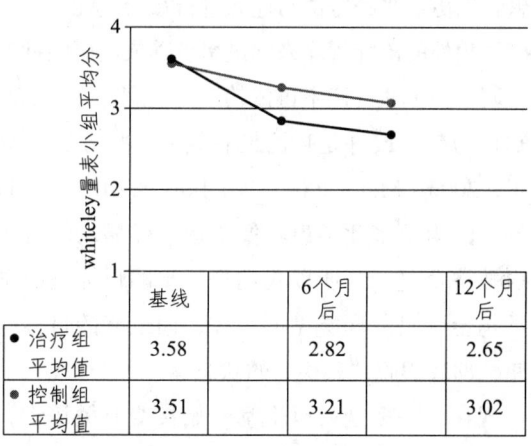

图6.2 使用6期认知行为疗法或常规医学疗法治疗疾病焦虑障碍的症状减轻情况（Adapted from Barsky, A. J., & Ahern, D. K. [2005]. Cognitive behavior therapy for hypochondriasis: A randomized controlled trial. *JAMA*, *291*, 1464-1470.）

近期的一些研究报告显示，药物也可以帮助一部分躯体症状障碍患者（Fallon et al.，2003；Kjernisted, Enns, & Lander，2002；Kroenke，2007；Taylor et al.，2005）。毫不奇怪，这些对躯体症状障碍有疗效的药物对治疗焦虑症和抑郁症也有作用。在一项研究中，认知行为疗法与药物帕罗西汀——一种选择性血清素再摄取抑制剂（SSRI）都有效，但是只有认知行为疗法的疗效能够显著区别于安慰剂效应。值得一提的是，在研究过程中，认知行为治疗组中有45%的患者对治疗有反应，相比之下，帕罗西丁治疗组有30%的患者有反应，至于安慰机组，有疗效反应的患者仅有14%。

在我们的治疗中心，治疗重点是给此类患者提供无病确认、降低应激，并且尤其注意减少他们求诊的行为。在这些患者身上最常见的情形是，为了处理自身症状而一周内约见众多医生和专家，而每次约见一位新的医生（或者很久之前曾见过的医生）都得重复大量的医学检查，从而带来一笔不小的开销（Barsky et al., 2005; Witthöft & Hiller, 2010）。在治疗过程中，为了限制这样的约见，我们会安排一名医生担当"守门员"，对患者提出的所有躯体主诉进行筛选，患者向任何医生求诊都必须经过"守门员"医生的同意。在建立了积极治疗关系的前提下，大多数患者都适应这样的设置。

额外的治疗关注主要是为了减少患者以躯体症状为由从身边人那里索取社会支持的行为。同时我们鼓励患者以更适当的方法与他人进行社会交往，并且我们提供额外的治疗程序来促进患者养成健康的社交与个人调节的模式，而不再依赖于"生病"。就此而论，认知行为疗法或许是目前最有效的治疗方法（Allen et al., 2006; Mai, 2004; Woolfolk & Allen, 2011）。另外，因为很多此类患者像琳达一样靠从政府领取残疾救济金过活，所以我们进一步的目标是鼓励患者承担至少是兼职类型的工作，而最终的目标则是能使她彻底摆脱"残疾"的状态。

现在，许多全科医生都开始接受有关培训，学习如何运用这些原则来更好地面对此类患者（Garcia-Campayo, Claraco, Sanz-Carrillo, Arevalo, & Monton, 2002），但到目前为止，效果尚不明朗（Woolfolk & Allen, 2011）。

影响身体状况的心理因素

一种与躯体症状障碍有关的障碍叫作**影响身体状况的心理因素**（psychological factors affecting medical condition）。这种障碍的主要特征是，已确诊的医学问题（如哮喘、糖尿病，或者由已知的生理状况如癌症等引起的剧烈疼痛）受到了一个或多个心理或行为因素的负面影响（频率增加或程度加重）。这些行为或心理因素会对原有医学问题的病程甚至治疗产生直接影响。举个例子，比如焦虑水平高至一定程度会明显加重哮喘的发作。再举一个例子，糖尿病患者需要按时检查胰岛素水平并进行干预，而有些患者会否认这一切，有时这种模式甚至会贯穿整个糖尿病的病程，但是此时患者的否认和拒绝显然是一种对其健康产生负面影响的心理或行为因素。这种诊断需要与适应障碍（见第5章）区别开，后者更适合因为严重的身体状况而产生压力或焦虑的情形。在第9章中，我们将会讨论健康心理学以及心理因素对生理疾病（如心血管疾病、癌症、艾滋病以及慢性疼痛）所能产生的影响。

转换性障碍（功能性神经症状障碍）

转换这个词从中世纪时开始使用（Mace, 1992），而弗洛伊德使之流行起来。弗洛伊德认为，焦虑是由无意识中的冲突造成的，并转换成躯体症状表现出来，这使得个体可以不经历焦虑将其释放一部分。如各种恐怖症，就是患者无意识中的冲突造成的焦虑被"替换"到了另一个客体上。在DSM-5中，"功能性神经症状障碍"属于转换性障碍，因为后者常被神经科的医生使用。这些医生面对的病人多数都患有转换性障碍，而且这个诊断对于患者来说更容易接受。"功能性"意味着患者的症状是没有器质性病因的（Stone, LaFrance, Levenson, & Sharpe, 2010）。在未来更新的DSM版本中，"转换性"这个概念最终很可能将会被舍弃。

临床描述

转换性障碍（conversion disorder）通常指失去某种躯体功能，如瘫痪、失明或失语，而实际上并没有任何可导致这种失能的相应器质性病变。虽然客观上转换性障碍可以模拟出诸多种类的身体功能障碍，但是绝大部分患者的临床表现集中在那些可以影响感觉运动系统的神经问题上。

转换性障碍给我们提供了许多很有趣甚至很惊人的心理病理学实例。在视觉系统一切正常的情况下，一个人怎么可能会突然失明呢？或是没有任何神经方面的损伤，为什么会发生肢体瘫痪呢？来看爱洛维丝的病例。

爱洛维丝　忘记如何走路

爱洛维丝跪坐在椅子上，拒绝把脚放在地上。母亲坐在她旁边，随时准备在她需要站起或走动时提供帮助。母亲预约了这次门诊，并在一个朋友的帮助下把爱洛维丝带进了医生的诊室。爱洛维丝今年20岁，她只具有边缘智力水平，但十分友好，讨人喜欢。第一次与医生会面时，她带着微笑回答了每一个问题。显然，她很乐意与人交往。

爱洛维丝行走困难有5年时间了。一开始她右腿无力，这使得她经常摔倒。情况越来越糟，住院6个月前，病情已经发展到她只能在地上爬行的地步。

然而，各种检查均未发现器质性病变。爱洛维丝所得的正是典型的转换性障碍。尽管她并没有瘫痪，但她双腿无力，无法保持平衡以至经常跌倒。这种类型的转换性障碍症状叫作立行不能（astasia abasia）。

爱洛维丝和她母亲住在一起。母亲在一个小镇上经营自家屋前的一间小礼品店。爱洛维丝在特殊教育学校里上到15岁，之后便没有了适合她年龄的课程。当她开始待在家里时，行走困难就出现了。

DSM-5　转换性障碍的诊断标准

A. 有一种或多种影响自主运动系统或感觉功能的症状。
B. 临床检查发现，此类症状与识别出来的神经或医学问题之间不匹配。
C. 此类症状或缺陷用其他生理或精神障碍无法更好地解释。
D. 此类症状及缺陷导致了临床上显著的痛苦，或对个体的社交、工作或其他重要领域的功能造成损害，或者导致患者求医。

From American Psychiatric Association. (2013). *Diagnostic and statistical manual of mental disorders* (5th ed.). Washington, DC.

除了失明、瘫痪、失语之外，转换性障碍的症状还包括喑哑症、触觉丧失等。有些患者甚至会有癫痫样的发作，但是其脑电图（EEG）却未发生明显改变。这种心因性的癫痫样发作通常被称为<u>心理性非癫痫发作</u>。另一种常见的症状是<u>癔球症</u>（globus hystericus），患者感觉到咽喉处有一个肿物，造成吞咽、进食困难，有时甚至连说话都吃力（Finkenbine & Miele, 2004）。

其他密切相关的障碍

在转换性障碍的诊断中，应注意鉴别有否真正的疾病，以及是否存在**诈病**（malingering）。想要做出这种鉴别有时很困难，有几点有助于鉴别诊断的因素。但是，有一种被广泛认为是诊断指标的症状，实际上对诊断毫无帮助。

长久以来，人们认为转换性障碍患者与一部分重度躯体症状障碍患者一样，变得对症状比较淡漠。这种态度被称为**泰然淡漠**（la belle indifférence）。它曾经被认为是转换性障碍的标志，但不幸的是，事实并非如此。研究者（Stone, Smyth, Carson, Warlow, & Sharpe, 2006）发现，这种对疾病的漠然态度有时也会发生在一些真正有生理障碍的患者身上，而一部分有转换性症状的个体有时也会变得非常沮丧、痛苦不堪。具体说来，在356个转换性障碍患者中，只有21%表现出泰然淡漠，相比之下，157个有器质性疾病的患者中则有29%有泰然淡漠表现。

与这个因素相比，其他因素可能对诊断鉴别更有帮助。转换性症状常常是由显著的心理压力引起的。这种压力经常以躯体损害的形式表现出来。在一项大规模调查中，869名患者中有324人（占比37%）报告此前曾发生过躯体损害（Stone, Carson, Aditya, et al., 2009）。但是存在可识别的压力源并不能作为鉴别转换性障碍的可靠标志，因为有很多其他的障碍也与压力事件相关，而且对于没有任何障碍的人来说，他们在生活中常常也面对压力事件的考验。正因如此，在DSM-5中已经剔除了先期压力事件这一诊断标准。尽管通常来说转换性障碍患者的躯体功能都是正常的，但他们确实意识不到自己仍有正常功能或是压根忽略了感觉信息的输入。例如，以失明为主要表现的转换性障碍患者告诉你他们没有看见视野中的物体，但却能够避开它们。

类似的情况也发生在那些"瘫痪"的患者身上。在紧急情况下，他们会突然站起身来逃跑，这时他们才会意识到自己是有能力站起来的。一些参加宗教仪式后奇迹般痊愈的患者很有可能就是得了转换性障碍。虽然这些因素有助于区分转换性障碍和真正的躯体疾患，但是临床医生还是不可避免地会有一些误诊，不过，依靠先进的诊断技术，误诊概率并不高。例如，Moene 与同事（2000）细致地再测了85 名被诊断为转换性障碍的病人，发现其中 10 人（11.8%）在初诊大约两年半后出现了神经性的障碍。Stone, Zeidlez 和同事（2005）总结了一系列研究，估算出将真正的躯体问题误诊为转换性障碍的概率是 4%，较前几十年已经降低了许多。总之，排除症状背后的生理因素是诊断转换性障碍的关键，同时，考虑到医学筛查程序的优先性，这就是在 DSM-5 中的主要诊断标准。

有些转换性障碍的症状包括非自主性震颤等动作。但究竟是什么导致了自主或非自主性的动作呢？在一项十分完善的研究中，神经学家试图找出问题的答案（Voon et al., 2010）。研究评估了 8 名没有神经基础而出现震颤运动（转换性震颤）的患者。在实验中，研究者使用核磁共振成像技术（fMRI）对比在转换性震颤与自主模拟震颤（患者根据指令有意识有目的地模拟震颤）过程中的脑活动。研究发现，相比自主震颤，转换性震颤时患者右侧半球顶叶下皮质活动水平较低。有意思的是，这一脑区的功能是将内部预期与真实事件做比较。换句话说，如果一个人想要挪动胳膊，那么当她决定要挪动胳膊时，这个脑区负责告诉她这个动作是否发生了。因为我们在做出动作之前都会先产生相应的念头，因此我们的脑会做出结论（大部分情况下正确）说是我们的意志导致了动作的发生。但是如果这个脑区功能失调，那么脑就会做出结论说该动作是非自主性的。

当然，目前还不能确定这种大脑的活动与转换性症状之间孰因孰果，但是这些复杂精巧的脑成像技术最终将带领我们一步一步接近真相，至少，能够逐渐解开一些转换性症状的谜团。

而要区分真正的转换性障碍患者与那些善于表演症状的诈病者也是相当困难的。诈病者被揭穿后，我们会发现其动机通常很明显。他们可能想逃避一些东西，如工作或法律上的困境，或者是他们想得到某些东西，比如金钱上的收益。诈病者完全明白自己在做什么，并企图通过欺骗和操纵他人来达到自己的目的。

还有另一种更令人困惑的情形，它介于诈病与转换性障碍之间，叫作**自为障碍**（factitious disorder）。这种自为障碍的症状是可以由患者意识控制的，这一点与诈病相同，但是这种患者缺乏制造症状的明确动机，或只是想得到人们更多的注意。很不幸的是，这种精神障碍可能影响到家庭的其他成员。成年患者（几乎全是母亲）有时会为了得到人们给予患病儿童的母亲的注意及同情，而蓄意使孩子出现躯体症状。这种故意使他人出现躯体症状的情形叫作<u>针对他人的自为障碍</u>（factitious disorder imposed on another），也曾经叫作<u>代理性孟乔森综合征</u>（Munchausen syndrome by proxy）。它实际上是一种不典型的儿童虐待（Check, 1998）。表 6.2 列出了典型的儿童虐待及代理性孟乔森综合征之间的区别。

这些患者有时采取一些非常极端的手段来制造孩子得病的假象。比如，有一个母亲拿自己经期使

表6.2　典型的虐待儿童与代理性孟乔森综合征导致的虐待儿童

	典型的虐待儿童	代理性孟乔森综合征导致的虐待儿童
儿童的躯体情况	由与儿童身体的直接接触导致；通过体检可发现相关线索	错误地表现出急性或意外发生的疾病或创伤，在体检中不易被发现
获得诊断	罪犯抵触他人发现与虐待有关的证据	罪犯会主动将与虐待有关的证据提供给医疗机构
受害儿童	儿童作为罪犯发泄愤怒和沮丧的工具，或遭到不应承受及不恰当的惩罚	儿童作为母亲获取关注的工具；愤怒通常不是主要动机
当事者是否认为存在虐待	是	否

来源：Reprinted, with permission, from Check, J. R. (1998). Munchausen syndrome by proxy: An atypical form of child abuse. *Journal of Practical Psychiatry and Behavioral Health*, 4(6), p. 341, Table 6.2. © 1998 Lippincott, Williams & Wilkins.

用过的卫生棉条搅拌孩子的尿液标本，另一个母亲把粪便混入孩子的呕吐物中（Check，1998）。由于这些母亲处心积虑地提供各种医学的证据，很少有人会对孩子的病情起疑心。而且这些母亲总是非常合作，积极地照顾孩子，全力以赴地给孩子提供各种良好的条件。事实上，这些母亲过度监护孩子，经常督促孩子服药，核对所有的化验结果，还常常提出诊治上的建议。因此她们能成功地避免怀疑。在孩子住院期间把母亲和孩子分开一段时间，并进行电视监控，对于诊断这种针对他人的自为障碍很有帮助。一项重要研究表明，病房里的电视监视对诊断这种障碍很有效。研究对 41 名因难以诊治的慢性躯体疾病入院的病人进行病房电视监控。结果有 23 名病人的诊断变更为针对他人的自为障碍，即他们的父母制造了他们患病的假象；其中超过一半是由电视监控证据证明了这一点，其余的则是经由实验室检查或是当场抓住作假行为而证明的。监控发现，一名病人多次复发的大肠杆菌感染是由于他的母亲偷偷地把自己的尿液注射到他的静脉中而造成的。在另一个病例中，一位母亲抠自己的喉咙引发呕吐，然后告诉医生这些呕吐物是她的孩子吐出来的（Hall, Eubanks, Meyyazhagan, Kenhey, Cochran, & Johnsson, 2000）。

DSM-5 自为障碍的诊断标准

A. 伪造某些躯体或心理症状，或是引发伤害或疾病；具备欺骗性。
B. 个体在他人面前表现得像是一个生病、受伤了的人。
C. 上述欺骗行为即使在缺乏明显外部奖励时依旧出现。
D. 行为表现用其他精神障碍（例如妄想或急性精神病等）无法更好地解释。

特定类型：
单次发作
重复发作：两次或多次伪造疾病和/或引发损伤。

From American Psychiatric Association. (2013). *Diagnostic and statistical manual of mental disorders* (5th ed.). Washington, DC.

无意识过程

尽管无意识过程没有弗洛伊德认为的那样不可或缺，但它在心理病理学中仍然占有一席之地。这个因素在转换性障碍及相关障碍中扮演着远比在其他方面更加重要的角色。为了更好地描述无意识过程的作用，我们先简单回顾一下安娜的病例（参见第 2 章）。

也许你还记得，安娜 21 岁的时候照料着病重的父亲。这是一段艰难的时光。她说，长期守在病榻旁边，自己变得有点神志恍惚了。忽然她仿佛看见（梦见？）一条黑色的蛇爬过病床，正要去咬她的父亲。她想抓住这条蛇，却发现右臂麻木而无法移动。当她看自己手的时候，她仿佛看到自己的手指变成一条条小毒蛇。她吓坏了，她所能做的只有祈祷，但是出现在她脑海中的祷词全是英文的（安娜的母语是德语）。此后，每当她回忆起这个恐怖的情景，她的右臂就发生瘫痪。这种瘫痪逐渐发展到整个右半身，有时还发生在其他部位。同时她也出现了其他的转换性症状，包括耳聋、丧失说德语的能力等（尽管她的英语仍很流利）。在布洛伊尔对安娜的治疗中，安娜在想象中重新体验了那次创伤。在催眠状态下，安娜再次创造出了那场可怕的幻觉。在她重新经历了那场幻觉后，瘫痪的问题消失了，她也恢复了讲德语的能力。布洛伊尔称这种重新经历情绪创伤的治疗方法为**宣泄**（catharsis）。正如我们在第 5 章中提过的，研究证明宣泄疗法对多种情绪性障碍都是有效的治疗手段。

安娜的症状真的是无意识的吗？或者事实上她在某一个意识层次中清楚地知道自己的手臂或其他部分并未瘫痪，只是她出于某种目的而不去移动身体？这个问题曾长期困扰着心理病理学家们。现在，我们对无意识层面的认知过程的了解有了一些重要进展（参见第 2 章）。我们都可以在毫无觉察的状态下从多个感觉通道（如视觉和听觉）接受并加工信息。关于这一点，大家可以回忆一下**盲视**（blind sight）或**无意识视觉**（unconscious vision）。Weiskrantz（1980）和其他学者发现，某些脑中特定部位受到较小的局部损伤的个体可以看到视野中的东西，但他们意识不到自己看到了。这种事情有可能发生在没有脑部损伤的人身上吗？看一下塞列的病例。

> **塞列** 盲人所见
>
> 15岁的女孩塞列突然看不见了。很快，她恢复了一部分视力，但眼前仍然一片模糊，导致她无法阅读。当她来到诊所时，心理治疗师给她安排了一系列复杂的视觉测试，但并不需要她报告能否看见东西。其中一个测试是让她检查三个屏幕上三个不同的三角形，并按那个尖角朝上的三角形屏幕下面的按钮。塞列完美地完成了测试而并未意识到自己事实上看见了东西（Grosz & Zimmerman，1970）。塞列在装病吗？她没有。因为如果她在装病，她会有意地犯错误。

Sackeim，Nordlie 和 Gur（1979）研究过真正的无意识过程和装病之间的潜在区别。他们催眠了两名被试，使他们相信自己是盲人。其中一名被试被告知必须让其他人相信她的确是盲人，而另一名则未接受进一步的暗示。前者严格按照暗示去做，尽力使别人相信自己是盲人。她在类似于塞列的三角形测试的视觉测试中表现得一塌糊涂，几乎每一道题她都答错了。而后者虽然报告说自己看不见任何东西但在视觉测试中顺利过关。这个结果可能有助于我们鉴别诈病。在一个更早的研究中，Grosz 和 Zimmerman（1965）报告了一名起初被诊断为转换性失明的男性患者，但他在这些视觉测试中表现得非常糟糕。后来研究者通过其他途径的信息确认他是诈病。从上述情形可以看出：一个真正的盲人在这些视觉测试中应得到类似随机选择的成绩；而一个转换性障碍患者因为事实上是可以看到东西的，所以在测试中应当表现得很好；而一个视觉完好的诈病者（也许还包括自为障碍患者），则会尽一切努力以使人们相信他们是真的失明，所以往往成绩特别糟糕。

统计数据

我们已经知道，转换性障碍可以与其他精神障碍（特别是躯体症状障碍）伴发，就像在琳达的病例中出现的情况那样。琳达的瘫痪持续了几个月，之后没有再复发，虽然她偶尔会报告"感觉好像"复发了。与焦虑和心境障碍发生共病也很常见（Pehlivanturk & Unal，2002；Rowe，2010；Stone，Carson，Duncan，et al.，2009）。转换性障碍患者在心理诊所就诊人群中十分罕见，但这很可能是因为这类病人倾向于求助神经科或其他专科医师。在神经科病人中，转换性障碍的患病率较高，约为30%（Rowe，2010；Stone，Carson，Duncan，et al.，2009）。最近一项调查表明，就诊于癫痫中心的患者中有30%是心因性癫痫样发作（Benbadis & Allen-Hauser，2000；Schoenberg，Marsh & Benbadis，2012）。

与严重的躯体症状障碍一样，转换性障碍多见于女性（Brown & Lewis-Fernandez，2011；Deveci et al.，2007），典型的发病时期是在青春期或者稍后。但转换性障碍在参加过战斗的士兵中并不少见（Mucha & Reinhardt，1970）。这些症状常常在一段时间内消失，而在再次经历与之前类似的心理应激或者情境时复发。一项研究对56名（16名男性，40名女性）平均病史为8年的心因性癫痫样发作患者在其初次获得相应诊断之后进行了为期18个月的随访（Ettinger，Devinsky，Weisbrot，Ramakrishna，& Goyal，1999）。结果很不乐观，仅仅一半左右的病人情况好转。即使在这些好转的病人中，再次求医的比例也很高。大约20%的病人试图自杀，这个比例在好转及未好转的病人中没什么差别。但是，如果病人相信医生的诊断，认为自己没有器质性病变及功能障碍，足以胜任日常的工作、生活任务，那么他们好转的概率就会大一些。幸运的是，儿童或青少年的长期预后比成年人好。在土耳其进行的一项研究发现，40名转换性障碍患儿中，有85%在初诊4年后恢复正常，而且治疗越早，康复的概率越高（Pehlivanturk & Unal，2002）。鉴于这种疾病的患病率在世界各国的一致性，这个结果可能在其他国家也适用。在这一章的开头，我们曾提到转换性障碍与分离性障碍有着许多共同的特点，有一些研究提供了这方面的证据（Brown & Lewis-Fernandez，2011）。研究将72名转换性障碍患者与对照组的96名其他情绪精神障碍患者按年龄及性别配对后进行问卷调查。统计分析后发现，转换性障碍患者报告分离性症状（如不现实感等）的比例显著高于对照组（Spitzer，Spelsberg，Grabe，Mundt，& Freyberger，1999）。这个结果在另一项对54名转换性障碍患者与50名配对的心境或焦虑障碍患者

癫痫发作和恍惚这样的转换性症状在美国乡村的原教旨主义宗教团体中很常见。

的比较研究中再次得到了证实（Roelofs, Keijsers, Hoogduin, Naring, & Moene, 2002）。在某些文化中，部分转换性症状常常出现在宗教或治疗仪式（巫术）中。癫痫样发作、瘫痪和恍惚在美国乡村的某些原教旨主义宗教团体中是很常见的（Griffith, English, & Mayfield, 1980）。它们常被视为"通灵"的证据，表现出这些症状的人会因此在团体中获得更高的地位。应当注意，这种症状如果不是持续的、影响个体功能的，就不符合"精神障碍"的诊断标准。

病 因

弗洛伊德认为，转换性障碍的发生发展可分为四个基本环节。第一，患者经历了创伤事件，即个体难以接受的无意识冲突。第二，因为这种心理冲突及随之产生的焦虑无法被接受，个体压抑这种心理冲突，使之进入无意识层面。第三，焦虑持续地增长，成为一种将要进入意识中的威胁，这时个体就将其"转换"成躯体症状，以释放这种心理压力，避免去面对这种心理冲突。而焦虑的减少成为个体的<u>初级收益</u>，并成为强化转换性症状发生及维持的因素。第四，个体因此从他人那里得到比以往多得多的关注和同情，可以回避许多任务和困难。弗洛伊德认为，这种关注及回避是症状维持的<u>次级收益</u>并进而成为症状的强化因素。

尽管目前缺乏支持这些论点的证据，而且弗洛伊德的学说比刚才介绍的要复杂得多，但我们认为弗洛伊德的解释至少有三点，甚至四点，是基本正确的。许多转换性障碍患者经历了创伤事件，而且他们无论如何都想逃避这种处境（Brown & Lewis-Fernandez, 2011; Stone, Carson, Aditya et al., 2009），比如死亡随时可能降临的战争或某些难以忍受的人际关系。在绝大多数情形下，直接逃避是不可接受的。社会能接受的一种逃避方法就是生病；但故意使自己生病也是不可接受的，所以这种念头从意识里被删除。由于这种逃避行为（转换性症状）能够有效地掩盖创伤情境，所以会持续下去到潜在的问题解决为止。一项新近的研究证实（至少是部分证实）了这种假说（Wyllie, Glazer, Benbadis, Kotagil & Wolgamuth, 1999）。这项研究中共有 34 名儿童或青少年患者（其中 25 名为女性），均被诊为心因性癫痫样发作。经过评估后发现，其中许多儿童及青少年还有其他心理障碍，包括 32% 的心境障碍，24% 的分离性焦虑及厌学，还有些人有一些焦虑性的障碍。仔细研究这些孩子的生活后发现，其中绝大多数患者存在严重的应激因素，包括曾经遭遇性虐待、近期父母离婚或亲近的家庭成员去世、躯体虐待等。研究者得出结论，心境障碍及严重的创伤应激，特别是性虐待，在以假性癫痫样发作为主要症状的青少年及儿童转换性障碍中普遍存在。其他研究也报告了类似结论（Roelots et al., 2002）。

另一项研究比较了 15 名从童年期开始就有心因性视觉障碍的青少年患者和童年期起病的器质性视觉障碍的青少年患者对照组。患有转换性障碍的青少年大多经历过高度的应激及适应困难，比如在学校里遇到严重困难或失去人生中的重要人物。而且，他们认为母亲过度干涉或过度保护他们。这一点提示我们，母亲可能十分关注并因此强化了孩子心因性视觉障碍的症状（Wynick, Hobson, & Jone, 1997）。

弗洛伊德的解释中一个引起争议的地方是关于初级收益的问题。初级收益造成了泰然淡漠，即患者对自己的躯体症状不觉痛苦而是无动于衷。根据弗洛伊德的解释，这些症状只不过反映了个体解决心理冲突的无意识努力，所以个体并不为这些症状而痛苦。但是针对这一特征的测验却并不支持弗洛伊德的解释。例如，Lader 和 Sartorions（1968）比较了两组患者，一组患者有转换性障碍，对照组是没有转换性症状的焦虑障碍患者。结果表明，转换性障碍患者的焦虑及躯体唤醒水平与对照组相同，甚至更高。同样，Stone 及其同事（2006）的研究描述了转换性障碍患者的"淡漠"，结果显示患有转换性障碍的患者与有器质性疾病的患者对于各自症状的痛苦程度并无差异。

社会文化因素对转换性障碍也有影响。与躯体症状障碍类似，转换性障碍也多见于那些受教育程度低，对疾病知识了解较少的社会经济地位低下的人群（Brown & Lewis-Fernandez, 2011; Kirmayer et al., 2003; Woolfolk & Allen, 2011）。例如，Binzer等人（1997）报告其研究中 30 名有运动残疾症状的转换性障碍成年患者中仅有 13% 上过高中，而由器质病变引发运动残疾的对照组患者中则有 67% 上过高中。曾经见过真正的疾病症状（通常是在家庭其他成员患病时）对于后来表现出的具体转换性症状也是有影响的；人们更容易患上他们比较熟悉的症状（Brady & Lind, 1961）。另外，此类障碍的发病率几十年来明显下降（Kirmayer et al., 2003）。最有可能的解释是病人及其亲属越来越理解造成这些躯体症状的真正原因，使得患者因这些症状而获得的关注减少或消失，从而不再对这些症状的维持起强化作用。

最后，许多转换性症状看起来更像是广大的心理病理学集合中的一部分。比如，琳达患有宽泛的躯体症状障碍，同时也伴有严重的转换性症状，二者共同导致她必须住院治疗。正如在前文关于躯体症状障碍的讨论中提及的那样，在许多类似病例中，面对应激时是否出现转换性障碍与患者的生物易感性有关。神经学家通过脑成像技术发现越来越多的证据表明转换性症状与调节情绪的脑区（如杏仁核）密切相关（Bryant & Das, 2012; Rowe, 2010; Voon et al., 2010）。

然而，在无数其他病例中，人际因素（如爱洛维丝母亲的行为）的影响远远大于生物因素的作用。接下来，我们将讨论对爱洛维丝的治疗。你将看到爱洛维丝的痛苦和成功解决如何反映她的心理学和社会学病因。

治疗

尽管目前还没有什么疗法经过系统的控制研究证明对转换性障碍的治疗有确切效果，但我们中心经常要治疗这类患者，其他诊所也是这样（例如：Campo & Negrini, 2000; Moene, Spinhoven, Hoogduin, & van Dyck, 2002, 2003）。我们所用的疗法是根据前面介绍的病因假说设计的。转换性障碍与躯体症状障碍有不少共同点，所以许多治疗原则也很类似。

治疗的主要策略是识别和关注那些对现在有影响的创伤或应激事件，不论是仍在发生的或仅存于记忆中的。比如在安娜的病例中，治疗者帮助她再次经历那种可怕的事件（宣泄），就是符合以上原则的合理的第一步治疗。

同时，治疗者必须致力于减少维持或强化症状的因素（次级收益）。例如，在爱洛维丝的病例中，很明显，母亲觉得当她在前面小店里忙碌的时候，如果爱洛维丝一天中大部分时间都待在同一个地方，会很方便。所以爱洛维丝不能行动的症状被母亲的注意和关切所强化和维持，任何不必要的走动都会遭到惩罚。治疗者必须在患者本人及患者家庭两个方面联合采取治疗措施才能解决问题。

很多时候，减少次级收益做起来远不像说起来那么轻松。爱洛维丝在诊所中的治疗很成功。她每天在诊所工作人员的帮助、鼓励与表扬下练习行走。但是当她母亲来探视她时，工作人员注意到她的母亲虽然在口头上对爱洛维丝的进步表示欣喜，但她脸上的表情却是另一回事。她们住得离诊所很远，所以不能坚持来诊所治疗。虽然爱洛维丝的母亲保证在爱洛维丝出院后会在家中继续她的训练日程，但是她没有做到。工作人员在爱洛维丝出院 6 个月后的随访中发现，障碍复发了。当她母亲在前面的店里忙着做生意的时候，她几乎全天都待在后面的房间里无所事事。

在参与了类似的认知行为治疗后，45 名患有转换性运动障碍（例如行走困难）的病人中，65%有明显好转。有趣的是，对其中约一半患者同时进行了催眠治疗，但几乎没有带来任何疗效上的改善（Moelle et al., 2002, 2003）。

小测验 6.1

请为下面描述的精神障碍选择相应的诊断：

A. 疾病焦虑障碍

B. 躯体症状障碍

C. 转换性障碍

1. 艾米丽经常担心自己的健康。她为了确保自己没有患癌症或其他重病而向很多医生求医，即便她什么躯体症状也没有。但轻微不适（头疼，肚子疼等）也会被她看作重病的征兆，加剧其焦虑。_____
2. 迪杰带着一个装满了医疗记录、症状档案、各种治疗和药物处方的文件夹来到医生的办公室。好几个医生联合检查了迪杰的问题，包括胸部疼痛和吞咽困难等。迪杰最近因为请太多病假而失去了他的工作。_____
3. 16岁的杰德突然间手臂无法动弹，却查不出任何医学原因。手臂瘫痪的情形渐渐改善，现在他稍稍可以抬起手臂。但他仍然不能开车，无法举起东西，也不能完成大多数日常生活中的手臂动作。_____

分离性障碍

在本章的开头，我们提到了分离性的体验，即个体觉得自己从自身或所在的环境中分离出来，仿佛身在梦境中或是在一部电影的慢镜头中。美国《变态心理学杂志》（*Journal of Abnormal Psychology*）的创始人 Morton Prince，在100多年前就注意到许多人发生过分离性的体验（Prince, 1906, 1907）。这种体验大多发生在一件极端的心理应激事件之后，例如一次车祸（Spiegel, 2010）。它也有可能发生在个体非常疲劳或睡眠被剥夺的情况下，比如考试前通宵背书（Giesbrecht, Smeets, Leppink, Jelicic, & Merckelbach, 2007）。如果你曾经有过分离性体验，知道其发生的原因，那么它可能不会给你带来太多困扰（Barlow, 2002）。否则的话，它可以是非常非常可怕的。在一生中曾体验过分离感的人大约占总人口的一半，而且研究表明，遭遇创伤事件的个体中约有31%～66%在那段时间会有分离体验（Hunter, Sierra, & David, 2004; Keane, Marx, Sloan & DePrince, 2011）。不过，由于分离体验很难测量，所以创伤事件与分离体验之间的关系仍然存在争议。

斯坦福大学的研究人员调查了一批见证了加利福尼亚州几十年来第一例死刑执行的记者（Freinkel, Koopman & Spiegel, 1994）。死刑犯 Robert Alton Harriss 因残忍地杀害两名年仅16岁的少年而被判处死刑。按照惯例，监狱方面邀请了不少记者来报道这次行刑。但是，行刑的过程中出了不少问题，导致记者们整整一夜坐在那里反复目睹死刑犯被带进毒气室后又被带出来，最终行刑已是破晓时分。几周后，这些记者填写了一份关于急性应激反应的问卷。结果发现，40%～60%的记者出现了不同程度的分离性症状。比如，在观看行刑的过程中，他们觉得周围的事物变得不真实，自己像在做梦一样，而且感到时间停止了。他们还感到与其他人之间变得疏远了，而且自己也远离了自己的情绪，其中很多人甚至感到不认识自己了。通宵未眠的情况显然对这些记者的分离性感受起到了推动作用。

这些体验可分为两个类型。在**人格解体**（depersonalization）的发作中，你的感知觉发生了改变，使你暂时失去了对自身真实性的感受。在**现实解体**（derealization）的发作中，你丧失了对外界真实性的感受。事物的形状和大小会发生变化，人看起来像是死的或是机械的，这种"不真实"的感觉是分离性障碍的特征。因为在一定程度上，这是一种"脱离"现实的心理机制。而人格解体往往是一系列严重情形（客观现实、主观体验甚至自身身份发生了解体）中的一部分。在日常生活中，我们都非常清楚自己是谁，对别人的身份也有一般性的了解。我们清楚地意识到周围的事物，知道自己在哪里以及为何会在那里。最后，除了偶尔遗忘一些片段，我们的记忆总体上保持完整性，也就是说，我们知道生活是如何进展到当下的。

但是，如果我们记不起来我们为何会在那里甚至记不起来自己是谁的时候，会发生什么呢？当我们丧失对周围事物的真实感的时候，会发生什么呢？最后，当我们不仅仅忘了自己是谁，而且还认为自己是另一个人，一个有着不同的人格，不同的记忆，甚至不同的躯体反应，比如发生一种从未有过的过敏反应的时候，会发生什么呢？关于这类解体体验，有许多病例报告（Dell & O'Neil, 2009; Spiegel, 2010; Spiegel et al., 2013; van der Hart & Nijenhuis, 2009）。在每个病例中，个体与自己、与世界、与记忆的关系都发生了改变。

虽然关于这类障碍还有许多东西有待探索，但在讨论尤其令人困惑的分离性身份障碍之前，我们先简单介绍一下其中两种障碍：人格解体—现实解体性障碍和分离性遗忘/解离性遗忘。你将会看到，社会及文化因素对分离性障碍有重要影响。即使在严重病例身上，个体的病理性表现也不会远离社会和文化所认可的模式（Giesbrecht et al., 2008; Kihlstrom, 2005）。

人格解体—现实解体性障碍

当不真实的感觉变得非常严重和可怕，以致主宰了个体的生活，妨碍了其正常功能的时候，心理治疗师会给予一种十分罕见的诊断：**人格解体—现实解体性障碍**（depersonalization-derealization disorder）。让我们一起来看一下邦妮的病例。

> **邦妮　跳舞的人不是我**
>
> 邦妮是一名二十多岁的舞蹈教师，她在丈夫的陪伴下前来初次就诊，主诉"弹出"问题。当我们问"弹出"是什么意思的时候，她说："那是世界上最恐怖的事情。它经常发生在我上现代舞蹈课的时候。我会站在全班的前面，觉得所有人的注意力全部在我身上。但就在我演示舞步的时候，我觉得跳舞的人不是我，我并没有真正在控制自己的双腿。有时候，我觉得我只是站在自己背后观看。同时，我还会有管状视觉，只能看到我正前方一束狭小的空间。我觉得自己好像从那些正在我周围发生的事物中分离出来了。接着，我就开始恐慌、出汗、全身发抖。"邦妮的问题是十年前她第一次吸食大麻之后出现的。当时，她出现了同样的症状，感到惊慌失措，在朋友的帮助下才恢复过来。后来这种症状出现得越来越频繁，越来越严重，特别是当她在教舞蹈课时。

你或许还记得第5章中提过的一个现象。在强烈的惊恐发作过程中，许多患者（大约50%）会体验到不真实感。在严重应激之下或是经历创伤事件的个体也常会出现类似症状，目前叫作**急性应激障碍**（acute stress disorder）。许多严重的精神障碍中

人格解体—现实解体性障碍的诊断标准

A. 持续性或周期性地感觉人格解体、现实解体，或两种情况同时出现：

人格解体：对自己的思想、情绪、感觉、身体或动作感到不真实、脱离或以自身以外的视角在观察（例如：感知觉变化、时间感扭曲、感到自己不真实或不存在、情绪或身体麻木）。

现实解体：对周围环境感到不真实、脱离（例如：感到身边的人或事物是不真实的、像梦一样的、朦胧的、没有生命，或是视觉上发生扭曲）。

B. 在人格解体或现实解体的体验发生期间，从有关真实性的测试中并未发现损害。

C. 这些症状导致个体感到临床上显著的痛苦，或对个体在社会、工作或其他重要领域造成功能损伤。

D. 这种紊乱情形不是特定物质（如滥用的药物或治疗用的药物）造成的生理效应，也不是其他医学情形（如癫痫发作）导致的。

E. 这种紊乱情形用其他精神障碍（如精神分裂症或惊恐障碍）无法更好地解释。

From American Psychiatric Association. (2013). *Diagnostic and statistical manual of mental disorders* (5th ed.). Washington, DC.

都会出现人格解体或现实解体（Giesbrecht et al., 2008; Spiegel et al., 2011; Spiegel et al., 2013），但是，当严重的人格解体和现实解体成为根本问题的时候，个体更符合人格解体—现实解体性障碍的诊断标准（APA, 2013）。调查显示，这种障碍在总人口中约占0.8%～2.8%（Johnson, Cohen, Kasen, & Brook, 2006; Spiegel et al., 2011）。Simeon、Knutelska、Nelson和Guralnik（2003）描述了117个案例，其中男女人数基本相当。表6.3中显示了一项研究中根据DSM-IV诊断标准（与DSM-5中的标准十分相似）总结出的10名患者的症状。这一障碍的平均发病年龄为16岁，病程多为慢性。所有患者均受到严重的功能损害。焦虑、心境以及人格障碍在这些患者身上也十分常见（Simeon et al., 2003; Johnson et al., 2006）。在前

述研究的 117 名患者中，73% 在某一阶段患过心境障碍，64% 在某一阶段患过焦虑障碍。

有两项研究（Guralnik, Giesbrecht, Knutelska, Sirroff, & Simeon, 2007；Guralnik, Schmeidler, & Simeon, 2000）使用全面的神经心理测验评估比较了人格解体—现实解体性障碍患者和正常对照组个体的认知功能。尽管两组人员的智力水平相当，但那些患有人格解体—现实解体性障碍的个体表现出了特别的认知特征，在注意、信息加工、短时记忆以及空间逻辑推理等方面存在一些具体的认知缺陷。基本上，这些病人很容易分心，并且感知和处理新信息的速度非常缓慢。目前尚不清楚这些认知和知觉缺陷是如何产生的，但看起来它们似乎与患者"管状视觉"（知觉扭曲）以及"头脑空空"（难以吸收新信息）的特征息息相关。

表6.3 117名人格解体—现实解体性障碍患者在分离性体验量表上的项目得分（降序排列）

项目简述	平均分	标准差
周围事物看起来不真实	67.4	29.6
世界看起来朦朦胧胧的	60.0	37.3
身体好像不属于自己	50.6	34.7
对话中有些片段听不见	43.6	29.3
对熟悉的地方感到陌生或不再熟悉	35.3	33.0
出神发愣，没有时间感	32.7	31.8
记不清刚才是否做过或想过某事	31.6	28.8
草率或主动地去做通常很困难的事	31.2	31.2
行为上/看起来像是两个不同的人	28.7	32.5
独处时大声跟自己交谈	28.4	32.2
SD-5 个标准差		

Adapted from Simeon, D., Knutelska, M., Nelson, D., & Guralnik, O. (2003).Feeling unreal: A depersonalization disorder update of 119 cases. *Journal of Clinical Psychiatry,* 185, 31–36. . Physicians Post Graduate Press, Inc.

人格解体与大脑功能的特定方面有关（例如，Sierra & Berrios, 1998；Simeon, 2009；Simeon et al., 2000）。Sierra 及其同事（2002）比较了 15 名人格解体—现实解体性障碍患者、11 名焦虑障碍患者以及 15 名没有精神障碍的对照组被试的皮肤电反应（一种测量情绪反应的心理物理法）（参见第 3 章）。人格解体—现实解体性障碍患者的情绪反应显著弱于其他两组，这反映了此类患者选择性地抑制情绪表达的倾向。脑成像研究则已证实，此类患者在知觉（Simeon, 2009；Simeon et al., 2000）和情绪调节（Phillips et al., 2001）方面存在缺陷。还有研究发现，与正常人相比，此类患者的 HPA 轴功能不良（Simeon, Guralnik, Knutelska, Hollander, & Schmeidler, 2001；Spiegel et al., 2013），再次提示他们可能存在情绪反应上的缺陷。关于这一障碍的心理学疗法，尚未无系统性研究。有报告表明，药物百忧解与安慰剂对此类障碍的疗效没有任何区别（Simeon, Guralnik, Schneider, & Knutelska, 2004）。

分离性遗忘

在严重的分离性障碍中，最容易理解的或许就是这种**分离性遗忘/解离性遗忘**（dissociative amnesia）。它包括好几种不同类型。如果人们什么事都记不住，包括不知道他们自己是谁，那么就被称为**广泛性遗忘**（generalized amnesia）。广泛性遗忘可以是终生的，也可以是遗忘最近一段时间，如前 6 个月或一年。下面我们就来看一个案例。

失去记忆的女人

几年以前，一个 50 多岁的妇女带着她的女儿来到我们的治疗中心。她女儿拒绝上学，并有许多严重的破坏性行为。孩子的父亲拒绝与她们一起来。他好与人争吵、酗酒，有时还有虐待行为。女孩的哥哥已经 20 多岁，但还住在家里，是整个家庭的负担。每周家里都要爆发好几次冲突，每个人都在指责其他人。这种冲突最后总是以高声吼叫、互相推搡而结束。这位母亲是一位坚强的妇女，是家里的调停者，维系着这个家不至于分崩离析。大约每 6 个月，通常是在一次家庭冲突之后，这位母亲会失去记忆，其他人会把她送进医院。远离这种争吵几天之后，她就恢复了记忆回家去了，然后又开始了新一轮周期。虽然我们并没有对这个家庭进行治疗（他们住得太远了），但是在孩子们陆续搬出去后，这位母亲的心理应激减少，情况就自发地缓解了。

比广泛性遗忘常见的是**局限性或选择性遗忘**（localized or selective amnesia），指不能回忆在一定时期中发生的具体事件，通常是创伤事件。事实上，分离性遗忘在战争时期是非常常见的（Cardeña & Gleaves, 2003；Spiegel et al., 2013）。Sackeim 和 Devanand（1991）描述了一个有趣的女性病例。患者很小的时候就被父亲遗弃，后来在她14岁的时候，她被迫做过一次流产。多年以后，这名患者因经常性的头疼而来求诊。在治疗时，她很平静地叙述了这些事件（例如流产），但在催眠过程中，她重新体验那次流产时情绪变得非常激动，并且想起来在此之后她被这个给她做流产手术的人强奸了。同时，她还回忆起自己在姑妈的葬礼上看见过父亲；她只见过父亲很少的几次，而这次是其中之一。但是，从催眠中醒来后，她完全不记得自己曾经情绪激动地回想起这些事，她甚至奇怪自己刚才为什么会哭。在这个病例中，患者并没有遗忘事件本身，她遗忘的是对事件的情绪反应。在人格解体—现实解体性障碍中经常出现的，并且已经经脑成像研究证实的<u>缺乏情绪主观体验</u>的现象在这个病例中清楚地表现了出来（Phillips et al., 2001）。在大多数分离性遗忘的病例中，被遗忘的部分都选择性地集中于创伤性事件或回忆而不是泛化的。

像痴呆这样的认知障碍（见第15章）也以严重的遗忘或者说失忆为特征，但它与分离性遗忘之间存在诸多不同，见表6.4。

分离性遗忘中还有一类叫作**分离性漫游/解离性漫游**（dissociative fugue）（Ross, 2009）。在这类奇特的病例中，记忆的丧失围绕着一桩特定事件——一次（或多次）说走就走的旅行。绝大多数情况下，患者突然离开，之后发现自己在另一个地方，但无法回忆起自己为什么在这里以及怎么来的。通常他们还会发现自己在身后留下一堆麻烦。在此类旅行中，患者有时会认为自己是另一个人，或至少对自己原本的身份迷惑不清。让我们一起来看一下杰弗瑞，一个居住在华盛顿州，某日却突然发现自己身处丹佛的40岁男性的故事。

杰弗瑞 一次麻烦的旅行

周二，一位失忆症患者在未婚妻的陪同下回到了华盛顿州。他的母亲表示，这一个多月以来，他一直在寻找自己的身份，但是他始终没能记起来自己过往的生活以及到底发生了什么。

40岁的杰弗瑞·阿伦·英格兰姆在丹佛被诊断患上了一种叫作分离性漫游的遗忘症。

他的未婚妻潘妮·汉森表示，他曾有过遗忘症发作的历史，可能是压力过大引起的。有一次他足足消失了9个月。9月6日，本来杰弗瑞是要去加拿大看望他的一个患了癌症快要离世的朋友，结果他再次走失。

"我想当他面对最好的朋友即将离世时，那种压力、悲伤、难过的心情，以及离开我独自在外，这些事叠加起来使他再一次堕入失忆状态。"汉森告诉 KCNC-TV 的记者。

表6.4 分离性遗忘与认知障碍中的遗忘的区别

区 别	分离性遗忘	认知障碍
由已知的医学障碍或身体原因引起	否	是
发病与心理创伤/极端应激有关	是	否
因应激而恶化	是	是/否；焦虑可以削弱认知障碍患者的记忆表现
主要是个人历史方面的记忆受损	是	否，可能出现某一段回溯记忆受损以及/或者随着病情进展而发生的个人历史记忆的普遍受损
可通过催眠找回缺失的记忆	是	否
服用镇静剂或安眠药可带来改善	是，或无影响	否，或更糟糕
分离的心理成分入侵意识层面的程度和性质多种多样	是	否
学习新信息的能力正常；运用事实信息和中性信息的能力大体正常（比如，财务，当前事件等）	是	否
身份的迷失一般只出现在病程后期	否	是

9月10日,英格兰穆发现自己身处丹佛,但他甚至连自己是谁都不记得了。他说他在街上徘徊了6个小时向路人寻求帮助,最终他来到了一家医院。警方发言人弗吉尼亚·琨斯表示,英格兰穆在这家医院被诊断患上了一种名叫分离性漫游的遗忘症。

上周,英格兰穆登上了多家新闻报道,公开向公众寻求帮助:"如果任何人认识我,知道我是谁,请与有关部门联系。"于是,他的身份终于浮出水面。

"潘妮的哥哥看到新闻之后立即给她打了电话,电话里他问潘妮'你看新闻了吗?''新闻里的那个人应该是杰弗瑞,他上电视了。'"马丽兰·米汉,汉森的发言人说道。

汉森曾在英格兰穆没有在去往加拿大的途中按时到达位于华盛顿州贝灵汉市的她母亲家之后发出过寻人启事。警方搜寻过他的踪迹,但一无所获。

周一晚上,两名丹佛警察陪英格兰穆一同搭上了去往西雅图的飞机,在那儿他和自己的未婚妻重聚了。

英格兰穆的母亲住在加拿大艾伯塔省奴湖县,她哭着描述了她的儿子还有她的家庭所面对的困难。

"未来的生活困难重重,但是我想我可以做到。"她告诉艾特蒙顿地区的CTV新闻记者。"我之前也面临过这样的问题,所以这一次也一样可以渡过难关。只要是为了我儿子,多少次我都不在乎。"

1995年,英格兰穆曾经历过一次遗忘症发作,当时他在去超市的途中走失。根据华盛顿州惠斯顿郡当地政府的记录,9个月后,他在西雅图的一家医院里被找到。他的母亲说英格兰穆一直没能完全恢复记忆。

和汉森一起在国家公用事业及运输委员会工作的同事米汉说,汉森和她的未婚夫暂时无法接受采访,目前他们正在集中精力帮助恢复英格兰穆的记忆。

"他们正在一点一点努力。"米汉说。

"英格兰穆说,尽管因为失忆,他不太能记得起汉森的面容,但是他们的心始终在一起。"米汉说,"尽管他不能够记起自己家,但是他说他俩的家对他来说就像自己家一样。"

©2006 The Associated Press. All rights reserved. This material may not be published, broadcast, rewritten or redistributed.

从华盛顿州走失一个月之后,杰弗瑞·阿伦·英格兰穆发现自己身处丹佛,他不知道自己是谁,也不知道自己为什么会出现在这里。

分离性遗忘通常不会在青春期之前出现,而常常在成年期发病。第一次发病很少出现50岁以后(Sackeim & Devanand, 1991)。然而,分离性障碍一旦发病,就将持续到老。患病率的估计值为1.8%~7.3%,说明在所有的分离性障碍中分离性遗忘是最为常见的(Spiegel et al., 2011)。

这种漫游状态通常会突然结束,然后患者就回家去了。即使不能全部回忆起来,患者也通常能记起大部分发生的事情。在这种精神障碍中,解体的体验不止记忆丧失,至少还包括身份的部分瓦解(如果患者还没有完全采用一个新的身份的话)。

有一种独特的分离状态在西方文化中尚未发现过,它叫作**狂暴症**(amok)。此类障碍的患者大多数是男性。狂暴症之所以引人注目,是因为当患者处于这种恍惚状态下时常常残忍地攻击有时甚至是杀害他人或动物。如果患者没有害死自己的话,他可能根本记不起来他在发作期间的经历。**奔走性狂暴症**(running amok)是众多"奔走"综合征中的一种,后者是指个体进入恍惚状态后,突然充满了神秘的力量,奔走很长一段时间。除了狂暴症,其他的奔走障碍和大部分分离性障碍一样,在女性中患病率较高。北极的原住民将奔走障碍称为"pivloktoq"，印第安纳瓦霍部落则将其取名为"狂怒魔力"。尽管不同文化的表达方式不尽相同，但奔走障碍看起来十分符合分离性漫游的诊断标准，只是狂暴症可能除外。

在不同的文化中，分离性障碍的表现也不同。在世界上的许多地区，分离性症状可以表现为"元神出窍"或"走火入魔"。在某些文化中，分离性症状（比如突然间的人格改变）被看作神灵附身；这个"神灵"还常常从患者的朋友和亲人那里索要礼物及好处。像其他分离性障碍一样，恍惚或附体状态也多发于女性。而且，与分离性遗忘及分离性漫游类似，它与当下而非以往的心理应激及创伤事件有关。

当然，恍惚与附体在一些宗教仪式或者文化传统中时受认可的；在这种情况下就不能认为它是一种病态了。它常发生在印度、尼日利亚、泰国等亚洲和非洲国家（Mezzich et al., 1992；Saxena & Prasad, 1989；van Duijil, Cardeña, & de Jong, 2005）。在美国，这种从文化角度被认可的分离性体验主要发生在非洲裔的祈祷聚会（Griffith et al., 1980）、印第安人的宗教仪式（Jilek, 1982）及波多黎各人的通灵聚会上（Comas-Diaz, 1981）。在巴哈马人和美国南方的黑人群体中，这种恍惚综合征俗称"出窍"（falling out）。新加坡一项对58名具有分离性恍惚的患者进行的人格测验研究表明，他们比正常新加坡人更易紧张、易激动、情绪不稳定（例如，Yap, Su, Lim, & Ong, 2002）。尽管在西方文化中几乎没有这种恍惚和附体的报道，但它是世界其他地区最常见的分离性状态。因此，只有当这种恍惚状态不是人们想要的效果，在本文化中被认为是病态，特别是个体感到自己被"魔鬼"或另一个人（见下文）附身的时候，它才能被诊断为"其他未列明的分离性障碍（**分离性恍惚／解离性恍惚**）（dissociative trance）"（APA, 2013）。

分离性身份障碍

分离性身份障碍／解离性身份障碍（dissociative identity disorder）的患者可以创造出100个不同的人格并让它们同时存在，不过一般情况下每个患者平均拥有的人格在15个左右。在有些病例中，这些人格是完整的，每一个人格都有自己的行为模式、语调和体态。但是，在许多病例中，这些人格都只有一部分独立性，仅有几个特征是不同的；认为患者拥有"多个"完整人格只是一种误解。正因如此，DSM以往版本中的多重人格障碍如今更名为分离性身份障碍。让我们来看一下由Ludwig, Brandsma, Wilbur, Bendfelet和Jameson（1972）报告的琼那的例子。

分离性遗忘的诊断标准

A. 无法回忆起重要的个人历史信息，此类信息往往具有创伤性或心理应激性，这已太过严重而无法用普通的遗忘来解释。注意：分离性遗忘中最常见的是对具体事件的局限性或选择性遗忘，或是对身份和个人历史的广泛性遗忘。

B. 这些症状引起了临床上显著的痛苦，或损害了个体的社会、工作或其他重要领域的功能。

C. 这种紊乱情形不是特定物质（如滥用的酒精、药物或治疗用的药物）造成的生理效应，也不是神经或其他医学情形导致的（如：癫痫发作、短暂的全面遗忘、闭合性颅脑损伤／颅脑创伤后遗症、或其他神经状况）。

D. 这种紊乱情形用其他精神障碍（如分离性身份障碍、创伤后应激障碍、急性应激障碍、躯体症状障碍或重度及轻度的神经认知障碍）无法更好地解释。

特定类型：

存在分离性漫游：明显有目的的旅行或迷惘徘徊，与身份或其他重要个人历史信息的健忘有关。

From American Psychiatric Association. (2013). *Diagnostic and statistical manual of mental disorders* (5th ed.). Washington, DC.

> **琼那　令人困惑的记忆断片**
>
> 琼那27岁，是一名黑人。他有难以忍受的严重头痛，而且每次头痛持续的时间越来越长。除了有时能依稀记得过了很长一段时间外，他无法回忆起在他头疼的时候发生了什么事情。最终，在一个头疼得特别严重的夜晚之后，他再也无法忍受了，住进医院进行治疗。但是，真正促使琼那去医院求诊的是别人告诉他的在头疼发作期间他做的事。例如，他被告知昨天晚上他和另外一个男子打了一架，并试图刺死对方。他逃离现场后在一场高速的追逐中还遭到警察的枪击。妻子也告诉他，以前有一次他头疼发作的时候，他拿着菜刀威胁他的妻子和3岁大的女儿，并把她们追出屋外。在他头疼发作并变得暴力的时候，他自称是"末世之子乌索法·阿卜杜拉"。有一次他差点把一名男子溺死在河中。最后这名男子幸存了下来，而琼那逆流而上游了四百多米逃走了。第二天早上，当他在自己床上醒来的时候，发现自己全身湿透，却记不起来关于此事的任何情况。

临床描述

在琼那住院治疗期间，医务人员有机会直接观察他在头疼和其他记忆缺失时期的行为。在这些时期中，他以不同的名字自称，行为发生改变，看起来就像完全变了一个人似的。医务人员从中分辨出了三个新身份，或称**分身**（alter，即分离性身份障碍患者其他的身份或人格）。第一个分身叫萨米，理智、冷静、能控制自己。第二个分身叫金佑，掌管性活动，努力寻求着尽可能多的异性间的性爱。第三个分身就是狂暴而危险的乌索法·阿卜杜拉。琼那对三个分身一无所知，但萨米很清楚另外两个人格。金佑和乌索法·阿卜杜拉间接地对其他人格有一点了解。

在医院里，心理学家确认萨米在琼那6岁时目睹母亲刺伤父亲之后第一次出现。琼那的母亲私下里有时喜欢把琼那打扮成一个女孩。萨米出现后不久，有一次在这种场合下，金佑出现了。在琼那9岁或10岁的时候，某次他被一群白人青少年围殴。在这个时候，乌索法·阿卜杜拉出现了，并宣称自己存在的全部意义就是为了保护琼那。

在DSM-5中，分离性身份障碍的诊断标准包括了遗忘，就像分离性遗忘那样。但是，在分离性身份障碍中，患者的身份认同也解体了。至于一个身体中有多少种人格则无关紧要，无论是三四个还是一百个。这种障碍的核心特征就是患者人格中的特定方面发生了分离。

特　征

前来就医时的人格通常是患者的**主人格**（host）。主人格往往会试图整合自己的身份碎片，却发现自己力不从心。第一个要求就医的人格很少是患者原本的人格。一般来说，主人格出现得较晚（Putnam, 1992）。许多患者都有一个冲动的分身掌管着性并创造收入，所以有时这个人格表现得像个娼妓。而在另一些病例中，所有的分身都保持禁欲。跨性别的分身也很常见。例如，一名娇小活泼的女性患者可能有一个强大的男性人格充当保护者的角色。

从一种人格到另一种人格的转变过程称为**切换**（switch）。通常切换是瞬间完成的（尽管在电影和电视中为了达到戏剧性的效果切换会持续较长时间）。人格切换的同时会发生一些躯体方面的改变，包括姿态、面部表情、脸上皱纹的模式等，甚至可能出现残疾。在一项研究中，37%的病例发生了优势手的改变（Putnam, Guroff, Silberman, Barban, & Post, 1986）。

分离性身份障碍能够伪装吗？

人格的这种碎裂是"真实"的，还是患者伪装出来逃避责任或压力的？就像在转换性障碍中遇到的问题一样，有好几个原因使得这个问题很难回答（Kluft, 1999）。有证据显示，分离性身份障碍患者都非常易受暗示影响（Bliss, 1984; Giesbrecht et al., 2008; Kihlstrom, 2005）。在心理治疗中或在催眠状态下，分身可以由治疗者提出的诱导性问题引导出来的。

分离性身份障碍的诊断标准

A. 存在至少2种不同的人格状态，导致身份断裂。这些不同的人格状态在有些文化中被描述为附身的经历。这种身份断裂的标志是自我感和控制感不连续，且伴随着情感、行为、意识、记忆、感知、认知和/或感觉运动功能等方面的转变。这些线索和症状可以被其他人观察到，也可以由个体本人报告出来。

B. 个体回忆日常事件、重要个人信息和/或创伤事件时，反复出现记忆空白，并且这一情形无法用正常的遗忘来解释。

C. 这些症状引起了临床上显著的痛苦，或损害了个体的社会、工作或其他重要领域的功能。

D. 这种紊乱情形在个体所属的文化或宗教实践中是不正常的。注意：儿童如有此类症状，并非由其想象中的玩伴或其他幻想型游戏引起。

E. 这种症状不是特定物质造成的生理效应（例如酒精中毒时记忆断片或行为混乱），也不是其他医学情形（例如癫痫发作）导致的。

From American Psychiatric Association. (2013). *Diagnostic and statistical manual of mental disorders* (5th ed.). Washington, DC.

肯尼斯　丘陵杀手

20世纪70年代后期，肯尼斯·白安奇（Kenneth Bianchi）在美国洛杉矶地区残暴地强奸并杀害了10名年轻妇女，并把她们的裸尸抛到不同的丘陵上。虽然无数的证据证明肯尼斯就是那个"丘陵杀手"。但是他一直声称自己是无辜的，由此引起专业医师认为他或许是个分离性身份障碍患者。他的律师带来一名临床心理学家催眠了肯尼斯，然后提问肯尼斯身体里是否有另一部分可以出来对话。你猜怎么着？一个叫"斯蒂夫"的人回答了他，声称自己杀了那些人，并指出肯尼斯对此毫不知情。据此，律师做出了无罪辩护。

针对这种情况，检方请出了Martin Orne。Orne是一名杰出的临床心理学家及精神医学家，同时也是世界顶尖的催眠及分离性障碍专家（Orne, Dinges & Orne, 1984）。Orne使用了和我们讨论转换性失明时所提及的方法类似的手段来鉴别肯尼斯是伪装成有分离性身份障碍还是真有这一障碍。例如，在一次与肯尼斯的深入会谈中，Orne提出一个真正的多重人格障碍的患者应至少有三种人格——不久，肯尼斯就产生了第三种人格。同时，通过向肯尼斯的朋友与亲戚了解情况，Orne得出结论：没有证据能够证明肯尼斯在被捕之前具有不同人格。心理测试也没能表明他的不同人格间存在显著差异，而真正的身份碎裂的患者在人格测试中表现出的各个分身间的差异极显著。另外，在肯尼斯的房间中发现了好几本心理病理学教科书，由此可以推测他研究过相关问题。最后，Orne做出结论：肯尼斯只是假装被催眠，而不是真的被深度催眠了。在Orne证词的基础上，肯尼斯罪名成立并判处了无期徒刑。

一些研究者致力于研究正常人伪造分离性体验的能力。Spanos, Weeks和Bertrand（1985）在一项实验中发现，在作假被认为是合理选择的情况下，大学生可以在像肯尼斯在会谈中那样模拟出一个分身。实验中，所有学生均被要求扮演一名宣称自己无辜的谋杀案嫌疑人。其中一组接受的访谈与Orne对肯尼斯进行的访谈一字不差。结果，超过80%的人伪装出了另外一个人格以期逃过法律的制裁。而另外一组被给予含糊的指示，并没有直接提示他们可能有不同人格存在，结果他们很少采用这一方式为自己脱罪。

使用认知科学方法对记忆，尤其是内隐（无意识）记忆进行的客观评估，揭示出分离性身份障碍患者的记忆过程与正常人的并无不同（Allen & Movius, 2000; Huntjens et al., 2002; Huntjens, Postma, Peters, Woertman, & van der Hart, 2003）。Huntjens及其同事（2006）发现，分离性身份障碍患者的表现更像是对其他身份进行模拟；关于他们所说的没有记忆（跨身份遗忘），研究者认为很可能是伪装的。这与访谈研究所报告的分离性身份障碍患者的每个分身记忆不同的结果相矛盾。而且，Kong、Allen和Glisky（2008）发现，与绝大多数正常的被试一样，分离性身份障碍患者在某个身份状态下学习单词，在切换身份之后仍能够回忆起相应的单词，而这跟他们自己声称的跨身份遗忘的情况恰恰相反。

这些关于伪装及催眠效果的发现使Spanos（1996）得出结论：分离性身份障碍的症状大部分源于治疗者轻率地对一个能够接受这种暗示的个体暗示了其他人格的存在。这实际上是一种社会认知模型，个体身份碎裂的可能性和早期创伤被治疗者强化了（Lilienfeld et al., 1999）。一项近期的调查表明，关于分离性身份障碍诊断的科学性，在心理病理学领域内部意见也不统一，只有三分之一的专家认为分离性身份障碍诊断可以毫无保留地列入DSM中（Pope Oliva, Hidson lsodkin, & Gruber 1999）。

另一方面，客观测验表明，许多人格分裂的患者并非是有意识地、自主地伪装而成的（Kluft, 1991, 1999）。Condon、Ogston和Pacop（1969）研究了一部关于Chris Sizemore的影片，她正是书和电影《三面夏娃》（The Three Faces of Eve）的真实原型。他们发现，Chris的一个分身（Eve Black）有短暂的斜视（外侧眼球共轭运动失调），而这个问题并未出现在其他人格上。这种眼睛功能的差异也被S.D.Miller（1989）证实。他发现，分离性身份障碍患者的分身身上眼睛功能发生改变的比例比伪装出人格切换的个体高4.5倍。Miller认为，眼睛功能的改变，包括视敏度检查、验光及眼部肌肉的平衡等，非常难于伪装。Ludwig等人（1972）发现，琼那的不同人格对情绪词有着不同的生理反应，包括皮肤电反应和脑电波等。用现代化的功能性核磁成像（fMRI）也可以发现，大脑的功能在患者从一种人格切换到另一种人格的时候发生了改变。具体而言，这名患者在切换之后，其海马及颞叶中部的活动性发生了变化（Tsai, Conbie Wu, & Chang, 1999）。此后的一系列研究证实，每个分身都有自己独特的生理心理特征。Kluft（1999）提出了一系列临床的方法用来区分真正的分离性身份障碍患者及装病者，包括装病者总是急于显示自己的症状并且表演得十分流畅，而分离性身份障碍患者往往试图掩盖自己的症状。

1957年的电影《三面夏娃》改编的是Chris Sizemore的故事。作为一个分离性身份障碍的病例，这部电影将这种具有争议的诊断展现在公众面前。

安娜·O 被揭露的人

让我们再一次审视这个著名病例。它导致人们把目光投向无意识领域，并促进了精神分析的发展。前面我们描述了安娜的转换性症状：右臂麻木，右半身瘫痪，而且失去了讲母语（德语）的能力（尽管她还能正常地讲英语）。但是当她重新体验了给她造成严重心理创伤的记忆（她一直照顾着病重的父亲，最后看着他死去）以后，她的躯体症状迅速地好转了。

安娜·O的真名叫作Bertha Pappenheim，她是一位了不起的女性。许多人所不知道的是，她从来没有被完全治愈。布洛伊尔医生于1882年放弃了对她的治疗。接下来的十年里，她几次因为出现转换性症状的严重复发而住院治疗，此后终于开始慢慢好转。她努力奋斗，成为社会工作的先驱者，而且是反对对妇女性虐待运动的忠实支持者（Putnam, 1992）。她把自己的一生都投入到拯救在欧洲、俄罗斯和近东等地区陷入卖淫火坑或遭受奴役的妇女的事业中。她冒着生命危险到妓院里去把那些妓女从她们的奴役者那里救出来。她还写了一个剧本，名字就叫作《妇女的权利》，是关于那些性变态的男人和他们对女人的性虐待的。1904年，安娜成立了一个犹太妇女联盟，她还在1907年建立了未婚母亲之家。为了纪念安娜作为一名坚强的女权主义者以及她为妇女平等事业做出的杰出贡献，德意志联邦共和国后来还发行了一张纪念邮票（Sulloway, 1979）。

朋友们谈起安娜时是这样评价她的：安娜像是过着"双重生活"。一方面，她是女权主义者和改革家，另一方面，她又是19世纪末的维也纳文化精英。从布洛伊尔医生对她的病历记录中能够看得很清楚，现实中存在着"两个安娜"——安娜患的是分离性身份障碍。她的一个人格有点抑郁，有点焦虑，但其他方面还是相对比较正常的；但转瞬之间，她的人格就会变得一片阴暗，充满了危险的预兆。布洛伊尔认为，这个时候安娜已经成为了另一个人，一个有幻觉并且在言语上虐待他人的人。这个人就是第二个安娜，具有转换性症状的安娜。第二个安娜只会讲英语或是讲一些混合了四五种语言的话。第一个安娜则能很流利地讲法语和意大利语，讲得和她的母语——德语一样好。分离性身份障碍的一个特征在于，当一种人格"离开"后，另一种人格对之前发生的事根本没有记忆。几乎任何事情都能引起人格切换，如看到一只桔子，因为桔子是安娜照顾病重的父亲时他能吃的最主要的营养品。Putnam（1992, p.36）写道，在安娜1936年死于癌症的时候，"据说她分别用两只手写下了两份遗嘱"。

统计数据

琼那有四个不同的人格，安娜则有两个，而临床医生的调查报告显示平均每个分离性身份障碍患者拥有15个人格分身（Ross, 1997; Sackeim & Devanand, 1991）。分离性身份障碍患者中女性与男性的比例高达9:1。这些数据是对既往病历的总结，而不是抽样调查的结果（Maldonado, Butler, & Spiegel, 1998）。此种障碍发病一般都是在儿童时期，甚至常常可以早到4岁的时候，但多数是症状出现7年以后才得到诊断（Maldonado et al., 1998; Putman et al., 1986）。这种障碍一旦发病，如不治疗就会持续终生。尽管一部分证据显示，随着年龄的增长人格切换的频率会下降（Sakheim 和 Devanand, 1991），但一般来说，分离性身份障碍在患者的一生中不会有本质改变。如果有了新的环境条件，也许会出现新的人格，就像琼那的情况那样。

目前缺少在大规模人群中调查分离性身份障碍流行病学情况的可靠研究，但现在大部分的研究者认为这种障碍比原先估计的要更为普遍（Kluft, 1991; Ross, 1997）。例如，对有严重精神障碍的住院病人进行的大规模半结构化访谈研究分析发现，北美地区分离性身份障碍的患病率为3%～6%（Ross, 1997; Ross, Anderson, Fleisher, & Norton, 1991; Saxe et al., 1993），而荷兰大约是2%（Friedl & Draijer, 2000）。目前为止最好的针对非临床病人（社区）样本的研究显示，过去一年中分离性身份障碍的患病率是1.5%（Johnson et al., 2006）。

有很大比例的分离性身份障碍患者同时患有其他心理障碍，如焦虑、物质滥用、抑郁以及人格障碍等（Giesbrecht et al., 2008; Johnson et al., 2006; Kluft, 1999; Ross et al., 1990）。在一项超过100个病人的样本调查中，平均每个病人还有至少7项其他的诊断（Ellason & Ross, 1997）。另一项包括了42名病人的研究则显示他们身上往往伴有人格障碍，包括严重的边缘特征（Dell, 1998）。在有些病例中，这种高比例的共病说明，有些精神障碍，如边缘型人格障碍，与分离性身份障碍有许多共同的特点，例如自我毁灭、自杀行为以及情绪不稳定等。一些研究者认为，大部分分离性身份障碍的症状都可以用边缘型人格障碍的特征来解释（Lilienfeld & Lynn, 2003）。因为幻听非常常见，所以分离性身份障碍还经常被误诊为精神病性障碍。但是分离性身份障碍患者报告声音的来源是来自于头脑里面，而不是像精神病性障碍患者那样来自外界。而且，分离性身份障碍患者通常能意识到这些声音是一种幻觉，所以他们往往并不向医生报告，而是自己想办法压制这种声音。这些声音常常煽动患者去做一些违背其意愿的事情，所以有的病人，特别是某些文化环境中的病人，就像是着了魔一般（Putnam, 1997）。尽管还缺乏系统性的研究，但是分离性身份障碍在全世界各种文化背景中都存在，尤其是人们常谈论的"神灵附体"，就是分离性身份障碍的一种表现。(Boon & Draijer, 1993; Coons, Bowman, Kluft, & Milstein, 1991; Ross, 1997）。例如，Coons等人（1994）报告在21个国家发现了分离性身份障碍患者。

病 因

如同我们稍晚些要做的，回顾整理现有的研究证据对寻找分离性障碍的病因很有帮助；不过，我们在这一节的重点是分离性身份障碍的病原学。生活环境对分离性身份障碍的作用，至少从某一角度是可以肯定的。几乎所有有这种障碍的病人都曾对自己的心理健康专家提到自己在童年时受到过极为恐怖，甚至无以言表的虐待。

想象一下你在那样的环境中度过了你的童年。你能怎么做？你还太小，不会逃跑，也不懂得如何报警求助。尽管那种痛苦难以忍受，但你根本就不知道这是不正常或错误的。只有一件事你可以做，那就是让自己躲进一个虚幻的世界！在这个世界里，你可以成为另外一个人。只要躲进这样一个虚幻的世界里能暂时减轻你躯体上和情感上的痛苦，或能使得接下来的几个小时好过一点点，那么你就会再一次寻求这种躲避方式。你渐渐明白，只要自己需要，你能创造的身份数量是没有限制的。15 个？25个？100 个？这样的数目都曾在一些病例中记录过。为了解脱生活的痛苦，你在所不惜。大多数的调查都显示，分离性身份障碍患者在儿童时期遭遇创伤的比例相当高（Gleaves, 1996; Ross, 1997）。Putnam 等人（1986）分析了 100 个分离性身份障碍病例，发现有 97% 的病人曾经受到过严重创伤，而且往往是躯体虐待或性虐待；68% 的病人报告了乱伦行为。Ross 等人（1990）研究的 97 例病人中，95% 报告有躯体虐待或性虐待。有的孩子曾被活埋，有的被火柴、熨斗烫，有的被刮胡刀或玻璃片划。尽管 Kluft（1996, 1999）提出，部分病人的叙述中有不实之处，有些是想象的事件，但是最近研究者通过询问病人的亲戚和朋友并查找过往记录，调查了 12 个分离性身份障碍病人，证明了至少有一部分患者在早期的确遭遇了性虐待（Lewis, Yeager, Swica, Pincus, & Lewis, 1997）。

当然，并不是所有的精神创伤都是由虐待引起的。Putnam 描述了在战火纷飞地区的一个小女孩，她亲眼目睹了双亲被一颗地雷炸成碎片。令人更加悲痛的是，她试图一点一点地把他们的尸体拼凑在一起。

总之，这些研究发现达成了一个广泛的共识，即分离性身份障碍根源于患者想从残酷虐待所引起的无穷无尽的负面情感中逃避或是"分离"出来的倾向（Kluft, 1984, 1991）。在遭遇虐待时或遭遇虐待后缺乏社会支持对此也深有影响。一项针对 428 对双胞胎青少年的研究发现，分离性体验的成因中有高达 33%～50% 可归于混乱无序、缺乏支持的家庭环境。个人经历和人格因素也对分离性体验的形成有影响（Waller & Ross, 1997）。

在一定程度上，构成分离性障碍的行为和情绪，是我们每个人都有的一些正常的倾向性。我们这些正常的个体在遭遇情绪和躯体上的痛苦时，也常常采取逃避方式（Butler, Duran, Jasiukaitis, Koopman, & Spiegel, 1996; Spiegel et al., 2013）。Noyes 和 Kletti（1977）调查了从各种致命险境中活下来的 100 名幸存者，发现绝大多数人都有不同形式的分离性体验，比如不真实的感觉、对情绪和躯体疼痛感到麻木，甚至有"灵魂出窍"的感觉。分离性遗忘和漫游显然就是对极端生活应激的反应。但这种生活应激和精神创伤主要是目前存在，而不是以往的。例如，一个过度牵挂孩子的母亲就可能受到分离性遗忘的困扰。很多病人都在逃避官司或生活和工作中重大压力（Sackeim & Devanand, 1991）。但是，复杂的统计分析表明，"正常"的分离性反应与我们前面所描述的病态的分离性体验有本质上的不同（Waller, Putnam, & Carlson, 1996; Waller & Ross, 1997）；而且至少有一部分人无论所承受的应激有多大，也不会产生病理性的分离性体验。这些发现和我们的素质—应激模型相吻合。在我们的模型中，只有具备适当的易感性（素质），个体才会在应激下出现病理性的分离。

你也许已经注意到，分离性身份障碍和创伤后应激障碍在病原学方面非常相似。两者都是经历了严重创伤后产生的强烈情绪反应（Bulter et al., 1996）。但是回想一下，并不是所有人在遭遇严重创伤后都会有创伤后应激障碍。只有对于焦虑同时具备生物和心理易感性的个体，才有对中度及以上的创伤发展出创伤后应激障碍的风险。不过，创伤程度越重，人们发展出创伤后应激障碍的概率就越高，其中有一些还会发展出创伤后应激障碍的分离性亚型。但是，仍然有一些人即使承受了最极端的创伤，也不会成为创伤后应激障碍患者。这表明，个体的心理和生物因素与创伤之间存在交互关系，它们共同作用，决定了创伤后应激障碍是否出现。

有一种观点认为，分离性身份障碍是创伤后应激障碍的一种极端亚型。其核心不是焦虑症状而是精神分离的过程，尽管这两者在两种障碍中都存在（Bulter et al., 1996）。一些证据还显示，对于儿童时期受到虐待而产生分离性身份障碍的情形，个体易感性的"可发展窗口"时段大约在9岁之前（Putnam, 1997）。过了9岁，虽然仍会出现严重的创伤后应激障碍，但分离性身份障碍就不太可能再产生了。如果真是这样，那么这是一个说明发展在心理病理学病因中所扮演的角色的绝佳例子。

必须记住，我们对分离性身份障碍的了解十分有限。我们的结论都是以回顾性案例研究或相关研究为基础的，而不是对承受了严重创伤后有可能发展出分离性身份障碍的个体的前瞻性研究（Kihlstrom, 2005; Kihlstrom, Glisky, & Anguilo, 1994）。因此，现在还很难说哪些心理和生物因素起了作用，但是，的确有线索提示个体差异可能扮演了一定角色。

易受暗示性

易受暗示性（suggestibility）就像身高、体重一样，是一种在人群中成正态分布的人格特质。有些人比其他人容易受暗示得多，有些人则很不容易受暗示，而大多数人介于两者之间。

童年时的你是否曾有过一个虚构的玩伴？很多人都有这样的经历，这体现了一种使生活更加丰富多彩的能力。它对生活有帮助，并使个体更具适应性。但这种能力似乎与易受暗示性或易受催眠性（hypnotizability）有关（有些人把易受暗示性等同于易受催眠性）。催眠性恍惚和分离状态非常相似（Butler et al., 1996; Spiegel et al., 2013）。恍惚状态下的人往往将精神全力集中于周围世界中一个狭小的方面，由此变得非常容易受到催眠师的暗示影响。另外，还存在自我催眠的现象，在这种情况下，一个人能从其周围的世界中分离出来并"暗示"自己，例如，让自己的一只手不再感到疼痛。

按照自动催眠模型（autohypnotic model）的解释，易受暗示的人把分离作为了一种应对严重创伤的防御机制（Putnam, 1991）。多达50%的分离性身份障碍患者能够清楚地记得自己儿童时期虚构的玩伴（Ross et al., 1990），但目前还不清楚这些虚构的玩伴是在个体遭遇创伤之前还是之后创造出来

的。当创伤难以忍受的时候，个体原本的身份便分裂为多个分离的身份。而孩子会随着年龄的增长逐渐形成清晰地区分现实和虚幻的能力，这可能说明了为什么分离性障碍很少在9岁之后出现。那些不易受暗示的人则更容易发展出严重的创伤后应激障碍，而不是分离性的反应。需要再一次强调的是，这些解释只是推理出来的，因为目前还缺乏对这种现象的实验研究（Giesbrecht et al., 2008; Kihlstrom et al., 1994）。

处于催眠性恍惚状态下的人有很强的易受暗示性，他们会沉浸在一种特殊的体验中。

生物因素

虽然创伤后应激障碍中存在生物因素的证据更充分，但我们也几乎可以肯定分离性身份障碍背后存在生物易感性，只是还缺少强有力的证据。例如，在前面提到的大规模双生子研究（Waller & Ross, 1997）中，对于双胞胎之间的差异，没有识别出什么影响因素是归因于遗传的：所有的差异都是由环境因素引起的。当然，像所有的焦虑障碍那样，更基础的遗传特点（如紧张和对应激的反应性）会增加易感性。另外，与PTSD类似，与正常个体相比，患者的海马与杏仁核的体积都较小（Vermetten, Schmahl, Lindner, Loewenstein, & Bremner, 2006）。

一些有趣的观察也许能为了解分离状态下的大脑活动情况提供部分提示。有特定神经问题的患者，特别是癫痫患者，往往会体验到许多分离性症状（Bowman & Coons, 2000; Cardeña, Lewis-Fernandez, Bear, Pakianathan, & Spiegel, 1996）。Devinsky、Feldman、Burrowes和Bromfield（1989）报告，约有

6%的颞叶癫痫病人自述有"灵魂出窍"的体验。另外一项研究中大约50%的颞叶癫痫病人表现出各种各样的分离性症状（Schenk & Bear，1981），包括身份变化或身份碎裂。

在有分离体验的病人中，有癫痫发作的与没有癫痫发作的存在显著差异（Ross，1997）。有癫痫问题的那些病人是在成年以后才出现分离性症状的，而且与创伤没有关系。据此，他们与没有癫痫症状的分离性身份障碍患者形成了鲜明对比。这种差别将来肯定是一个重要的研究方向（Putnam，1991）。

脑外伤及其造成的脑组织损伤可以导致失忆或其他类型的分离体验。但这种情况往往容易诊断，因为其后果是泛化的、不可逆的，而且有可观察到的脑外伤（Butler et al.，1996）。最后，强有力的证据证明睡眠剥夺会导致分离症状，如明显的幻觉（Giesbrecht et al.，2007；van der Kloet，Giesbrecht，Lynn，Merckelbach，& de Zutter，2012）。实际上，当分离性身份障碍患者感到疲倦的时候，其症状会越发严重。Simeon 和 Abugal（2006）报告，分离性身份障碍患者常会有严重的时差反应，即在他们跨时区旅行的时候情况会变得更糟糕。

真实记忆和虚假记忆

目前异常心理学领域中最富争议的问题之一，就是早期精神创伤的记忆是否完全真实，特别是性虐待的记忆。有的人提出，这些记忆很多仅仅是轻率的治疗者的强烈暗示的结果。这种争论影响极大，因为它可能损害到任何一个方面的无辜者。

一方面，如果早期确实发生了性虐待，但是因为患者的分离性遗忘而没有被回忆起来，那么一个有经验的治疗师为了纾解患者现在的痛苦而让他重新回忆和体验以前的创伤是非常重要的。如果不这样治疗，病人也许会一直受到创伤后应激障碍或分离性障碍的折磨。此外，通过法律系统使施暴者为他们的错误承担责任也非常重要。因为这种虐待是一种罪行，必须预防这种犯罪。

在另一方面，如果对早期创伤的记忆是在一名轻率的治疗者的暗示下虚构出来的，而且在患者看来非常真实，那么错误地控告患者的亲人会导致无法挽回的家庭破裂，甚至可能使对方被判有罪而坐牢。最近几年，由于错误记忆而牵连无辜者，已经导致多起针对治疗师的诉讼，引发至少数百万美元的赔偿。与任何达到这种争论程度的问题一样，最终的结论不会是非黑即白的。因为有无可辩驳的证据证明，根据目前我们已充分理解的心理机制可以创造出十分合理的虚假记忆（Bernstein & Loftus，2009；Ceci，2003；Frenda，Nichols，& Loftus，2011；Geraerts et al.，2009；Lilienfeld et al.，1999；Loftus & Davis，2006；McNally，2003，2012；Toth，Harris，Goodman，& Cicchetti，2011）。但是也有很强的证据证明，早期的创伤经历能够导致有选择性的分离性遗忘，从而对心理功能造成严重影响（Gleaves，Smith，Butler，& Spiegel，2004；Kluft，1999；Spiegel et al.，2013）。

虚假记忆引起的诉讼案件的受害者们已经成立了一个组织，叫作虚假记忆综合征基金会（False Memory Syndrome Foundation）。这个基金会的宗旨之一就是向法律工作者和社会大众普及有关心理治疗引起的虚假记忆问题。在没有其他证据的情况下，仅凭患者的这种"回忆"不应定罪。

著名认知心理学家 Elizabeth Loftus 曾做过这样的一个实验。Elizabeth Loftus、Coan 和 Pickrell（1996）成功地使一些被试坚信他们曾在5岁的时候失踪过一段时间（事实上并非如此）。研究者邀请被试所信任的人来植入这种"记忆"。在一个14岁男孩的例子中，他哥哥告诉他，他在5岁的时候曾经在附近的一个大超市里走失，后来被一位老人给救了，最终才得以与家人团聚。受到这个暗示几天以后，这个男孩就报告说想起来了那次事件的一些情况，并且说自己当时感到非常恐惧。随着时间的推移，男孩想起来的事情越来越多，甚至包括对那位老人的详细描述，大大超过了植入"记忆"时所提到的内容。最终，当别人告诉他这件事根本就没有发生过的时候，男孩感到非常吃惊；他继续有声有色地讲述这件事，就像真的一样。最近，Bernstein 和 Loftus（2009）还评价了一系列此类实验研究。例如，给被试捏造一个关于食用鸡蛋沙拉后生了病的虚假记忆。此后被试变得不爱吃鸡蛋沙拉，并且讨厌鸡蛋沙拉的味道长达4个月。然而在这个实验中，研究者只是在测验他们的食物偏好而已。

很小的孩子在准确汇报事件细节方面相当不可靠（Bruck，Ceci，Francouer，& Renick，1995），尤其是情绪方面的事件（Howe，2007；Toth et al.，2011）。在一项研究（Bruck et al.，1995）中，35名3岁女孩在常规体检中进行了生殖系统检查，另一对照组在常规体检时则不接受生殖系统检查。体检完成后，研究者要求每一个女孩在母亲的陪同下描述出医生都接触了她哪些部位。然后，研究者再给每个女孩一个人体结构完全准确的娃娃，让她在娃娃身体上指出医生接触了她哪些部位。结果发现，孩子们在回答究竟发生了什么事情时，答案非常不准确。不管用不用洋娃娃，都大约有60%的接受过生殖系统检查的女孩拒绝承认曾经被接触过外生殖器区域。而另一方面，对照组的女孩当中约有60%叙述说医生有插入生殖道及其他冒犯行为，但实际上这些事情并未发生。

在另外一系列研究中（Ceci，2003），一组学龄前儿童被要求仔细回忆他们以前曾经发生过的真实事件，如某次事故；同时再设想一些虚构的事件，如手指被捕鼠夹给夹住了，不得不上医院。在连续10周的时间里，每一周研究者都会要求孩子选择其中的一个场景，然后"努力回想，告诉我这件事是否真的在你身上发生过。"于是孩子就会努力思考，在相当一段时间内在脑海中反复呈现真实和虚幻的场景。10周以后，一个没有参加过前面实验的研究者重新对孩子进行测验。

Ceci及其同事用这种模式做了好几次实验（Ceci，1995，2003）。在其中一项研究中，58%的学龄前儿童把虚构事件描述得像真实发生过，另外25%的孩子在大部分时间里把这些虚构事件描述得像真实发生过。更重要的是，这些孩子的叙述非常详细，有条理，而且以与最初暗示时不同的方式加以渲染。甚至，在另一项研究中，当研究者告诉孩子他们的记忆是错误、虚假的之后，27%的孩子还是坚持声称他们的确记得这样的事情发生过。

Clancy及其同事在一个非常成功的实验里研究了虚假记忆的形成过程。其中的被试自述恢复了对不可能发生的事件（被外星人劫持）的创伤性记忆。被试共分三组：认为自己曾被外星人劫持并恢复相关记忆组，认为自己曾被外星人劫持却没有任何相关回忆（记忆被压抑）组，以及无上述经历或记忆组。结果显示，三组之间存在一些有趣的差异（Clancy，McNally，Schacta，Lenzenweger，& Pitman，2002；McNally，2012）。与第三组相比，前两组被试在实验室认知任务中表现出更多的错误记忆，并且在易受暗示性和抑郁两方面的得分都比较高。以上研究的结果提示我们，记忆具有可塑性且容易被扭曲。这在一些具有特定人格特质和特点（如想象特别生动、对不同寻常的观点持开放态度）的个体身上表现得更为突出（McNally，2012）。

但是，也有大量的证据提示，分离性障碍或创伤后应激障碍患者也许不能完全记得创伤的情况，而治疗师应当对相关线索保持敏感。即使病人记不起以前的创伤经历，但是有时可以通过其他方式证实（Coons，1994）。在一项研究中，Williams（1994）调查了129名有童年期性虐待记录（如住院记录）的妇女。但是，面对经过了全面调查的历史记录，仍然有38%的妇女想不起在至少17年前就已报告给有关部门的这些严重事件。如果患者受害时年龄很小且认识施暴者，那么不能回忆的情况就更严重。但是在Goodman等人（2003）访谈的175名有童年期性虐待记录的个体中，大部分人（81%）能够想起并说出了自己所受的虐待。在虐待结束时年龄较大并且在虐待初次被发现后得到情感支持的个体中能够回忆并报告的比例较高。McNally和Geraerts（2009）的研究也显示，有的人在许多年过去后自然遗忘了早年的经历，但当在治疗之外再次遇到外界刺激时就会回想起来。因此不必调用压抑、创伤或错误记忆等概念，只是简单的遗忘而已。总之，在那些报告了性虐待记忆的个体中，有的人确实是经历过并一直牢记，有的人则可能创造了虚假记忆，有的人会在治疗中恢复被"压抑"的记忆，还有一部分人只是单纯地遗忘，但之后可能又会回忆起来。

怎么解决这种争议呢？因为虚假记忆可以通过权威人士反复强烈的暗示而产生，所以治疗师必须充分意识到发生这种事情的可能，特别是对小孩子进行治疗的时候。这需要对记忆机制和其他心理功能有广博的知识。没有经验或没有经过足够相关培训的治疗师进行这方面的工作是很危险的。关于一些在日托中心的老太太对孩子进行骇人听闻的虐待的故事，很有可能是激进或鲁莽的治疗师或法律机构制造的（Lilienfeld et al.，1999；Loftus & Davis，2006；McNally，2003）。在此类案件中，有些老人因此而被判刑终生监禁。

另一方面，许多分离性障碍或创伤后应激障碍患者在遭受残酷虐待和创伤后痛苦不堪，以致这些痛苦从意识中分离出去。将来的研究也许会发现，分离性遗忘的严重程度与易感个体所受到的创伤的严重程度直接相关（Toth et al., 2011），而且还可能会证明这种严重的分离性反应与我们所有人偶尔会经历的"正常"分离性体验有质的区别（Kluft, 1999; Waller et al., 1996）。对于这个问题，辩论双方的支持者都同意，临床科学应该尽快明确植入虚假记忆的具体机制，并尽快地定义真实的分离性创伤经历表现出来的特征（Frenda et al., 2011; Goodman, Quas, & Ogle, 2010; Kihlstrom, 1997, 2005; Lilienfeld et al., 1999; Pope, 1996, 1997）。在这些问题被解决之前，心理健康专业人士必须非常小心谨慎，以免对真正的虐待受害者或被诬告的无辜者造成不必要的痛苦。

治疗

有分离性遗忘或分离性漫游的患者常常自发缓解，并回忆起他们忘掉的事情。这些疾病的发作与患者当时生活压力的关系非常明确，所以预防再一次发作的措施通常包括心理治疗以缓解痛苦，同时提高个人的应对能力。在必要的情况下，治疗重点在于让患者回忆遗忘或漫游发作期间发生的事情。这常常需要有了解确切情况的患者朋友或者家属的帮助，以便患者能够面对真实情况并把它整合到自己的意识经历中。对于一些非常困难的病例，目前多使用催眠方法或苯二氮䓬类药物（轻度镇静剂），并在治疗师的暗示鼓励下帮助患者回忆起来（Maldonado et al., 1998）。

但是，对于分离性身份障碍，治疗就不是那么容易了。因为患者的身份碎裂成许多不同的片段，人格的重新整合似乎是没有希望的。幸好情况并不总是这样。尽管还没有实验研究报告治疗方法的有效性，但是有许多通过长期的心理治疗，成功地将患者的身份重新整合在一起的记录（Brand et al., 2009; Ellason & Ross, 1997; Kluft, 2009）。然而，大部分病人的预后还有待观察。Coon（1986）发现，在20个病人中只有5个病人的分离身份全部整合成功。最近，Ellason 和 Ross（1997）报告说54个病人中有12人（22.2%）在治疗两年以后实现了整合，而且对这些病人的治疗大多仍在继续进行。当然，这样的结果也许是其他方面的因素引起的，因为现在还没有进行实验对照（Powell & Howell, 1998）。

目前治疗师所应用的分离性身份障碍患者的治疗方案，主要基于临床智慧的积累以及在创伤后应激障碍中获得成功的治疗方法（Gold & Seibel, 2009; Keane, Marx, Sloan, & De Prince, 2011; Maldonado et al., 1998；见第5章）。其基本目标是找出触发创伤回忆、分离状态的线索或刺激物，并将其无害化。更重要的是，患者必须面对和重新体验早期的创伤，并且找回对这些可怕事件的控制感——至少是当它们重现在脑海中的时候（Kluft, 2009; Ross, 1997）。治疗师必须有技巧地、缓慢地帮助患者想象并重新体验创伤的各个方面，直到它变成过去的一次可怕记忆而不是正在发生的事件，从而使患者获得稳定的、持续的控制感。因为这种记忆是无意识的，所以患者和治疗师往往都对这些经历了解不足，直到它们在治疗过程中逐渐浮现出来。催眠疗法常用于探索这些无意识记忆，并让患者与治疗师能观察到各个分身。因为分离的过程和催眠的过程非常相似，所以催眠可以成为了解创伤性记忆的有效途径（Maldonado et al., 1998）。（当然目前还没有证据表明催眠疗法是治疗中必不可少的一部分。）鉴于分离性身份障碍病程很长，并且很少会自发缓解，因此我们有理由相信，现在的治疗方法虽然有些原始，但确实有一定效果。

创伤性记忆再次出现有可能导致分离性症状加重。所以治疗师必须小心谨慎，避免这种情况的发生。信任对于任何治疗关系都很重要，而它在治疗分离性身份障碍时更是绝对必要的。对于此类障碍，心理治疗有时可以结合使用药物，但没有证据说明它能起到很大作用。只有一些极少量的临床证据显示抗抑郁药物适合某些病例（Kluft, 1996; Putnam & Loewenstein, 1993）。

小测验 6.2

选择下列选项对分离性障碍做出诊断：

A. 分离性恍惚

B. 人格解体—现实解体性障碍

C. 广泛性遗忘
D. 分离性身份障碍
E. 局限性遗忘

1. 安娜被人发现在街上游荡,并且无法想起任何重要的个人信息。医生在检查她的钱包并在其中找到一个地址之后,联系上了她的母亲。此时他们发现,安娜刚刚经历了一场可怕的事故,她是唯一的幸存者。安娜想不起她的母亲或是事故的任何细节。她感到非常沮丧。_____

2. 卡尔是被他母亲带来就诊的。母亲很担心卡尔,因为有时他的行为会变得很古怪。他说话的方式,他与周围打交道的方式都会发生戏剧性的改变;就好像他突然变成另一个人。而最让她和卡尔烦恼的是,他根本记不起来这些时段里发生的事情。_____

3. 泰莉抱怨说自己感到失去控制。她说她有时觉得自己好像飘浮在天花板下方观察着她身边的事物。她还体验到管状视觉并感到自己仿佛从她身边的事物中脱离出来。这总是让她恐慌不安,全身冒汗。_____

4. 64岁的亨利刚刚来到镇上。他不记得自己从哪里来,也不记得自己是怎样来的。尽管随身的驾驶执照上有他的名字,但是他不确定那是不是自己的驾驶执照。他身体状况很健康并且没有服用任何药物。_____

5. 卡罗尔不记得上个周末发生了什么。星期一她被送进了医院,浑身都是割伤、擦伤和撞伤,并且看起来曾经受到过性侵犯。_____

争议 DSM

彻底改变分类

正如本章开头处所提到的,躯体症状及其相关障碍与分离性障碍都是最早被承认的心理障碍。但是最近的研究结果显示,这些障碍还有很多性质有待我们研究,而且对于这两类障碍,我们都还没有找出能够准确将其分类的共同特征(Mayou et al., 2005)。例如,直到最近,躯体症状障碍这一大类的归类才开始建立在同一个假设之上,即"躯体化"是一种常见的心理过程,在这个过程中,心理障碍通过生理症状的形式表现出来。其中各种具体的障碍,其实只是症状在生理方面的不同形式的表达。但是,这些障碍的分类问题确实是一个很重要的问题(Noyes, Stuart, & Watson, 2008; Voigt et al., 2010; Voigt et al., 2012)。

具体来说,各类躯体症状障碍都有一个共同的表现,即躯体症状都伴随有错误归因或过分关注躯体症状等形式的认知扭曲。这些认知扭曲可能包括对身体健康或躯体症状过分焦虑,存在总往坏处想或是"妖魔化"这些症状的倾向,并且坚持认为医生低估了自己的生理症状。而且,这些障碍的患者总是会把关注健康作为他们生活的中心,换句话说,他们已经接纳了"病人的身份"。正因为如此,在DSM-5中关于这些障碍的定义发生了很大的变化,将定义的重点放在了两个主要方面:躯体症状的严重程度与数量,以及由症状而导致的焦虑严重程度和行为改变程度。疾病焦虑障碍甚至可以没有生理症状,只要个体总是抱怨并且抱怨的内容主题集中于因为生病或将要生病的想法而造成严重焦虑。对于这种策略的有效性与实用性的初步探索结果表明,这个新的维度同时反映出了生理与心理症状的严重程度,并且可以帮助临床工作者预测病程并选择合适的治疗方式(Noyes et al., 2008; Voigt et al., 2010; Voigt et al., 2012; Wollburg et al., 2013)。

这种思路的另一个优点,就是当医生对躯体症状是否存在生理原因(如DSM-Ⅳ中那样)这样的棘手问题下结论时不会有过重的负担。相反,通过慢性躯体症状以及伴随着的对症状的错误归因和过分关注,就足以作出诊断。这个新的类别还包括影响身体状态的心理因素(见第9章)以及自为障碍,因为它们都有躯体症状以及关注身体疾病的表现。当然，这个在障碍的主要归类方面的重大变化还是很有争议的，因为可以证明新分类方法效度和诊断信度的数据实在太少。但这仍然是一次进步，并且临床研究者早已开始尝试肯定或否定这种新思路的实用性。

本章小结

躯体症状及其相关障碍

- 躯体症状及其相关障碍的患者病态地关注自己躯体的外表或功能，并为此求诊，而医生往往发现并没有什么器质性病变可以解释他们的躯体症状。
- 躯体症状及其相关障碍包括几种类型。躯体症状障碍的特征是关注一个或多个躯体症状，并伴随着症状产生显著的焦虑和沮丧，但症状的性质或严重程度与患者的焦虑和沮丧不相匹配。这种情形甚至主宰了患者的生活和人际关系。疾病焦虑障碍是指患者相信自己得了重病，并对这种可能性感到非常焦虑，哪怕并不存在任何明显的躯体症状。转换性障碍患者会出现功能障碍（如瘫痪），但找不到什么明显的躯体病变。要区分转换性反应与真正的躯体疾病或诈病，有时十分困难。要分辨出自为障碍则更加困难。此病患者的症状是其自主假装出来的，就像诈病者那样，但与诈病者不一样的是，他们缺乏明显的动机。
- 躯体症状及其相关障碍的病因目前尚不清楚，但似乎与焦虑障碍密切相关。
- 躯体症状及其相关障碍的治疗既包括非常基本的反复确认无病以及提供社会支持，也包括那些旨在减少心理应激和去除行为次级收益因素的方法。近来，专门为此设计的认知行为疗法被证明获得了成功。

分离性障碍

- 分离性障碍的特征是感知觉发生变化：一种从自己、从所在世界或从记忆中脱离出去的感觉。
- 分离性障碍包括：人格解体—现实解体性障碍，患者丧失对自身的真实感（人格解体）且丧失对外部世界的真实感（现实解体）；分离性遗忘，患者无法回忆起重要的个人信息；广泛性遗忘，患者无法回忆起任何事情；更常见的是局限性或选择性遗忘，患者无法回忆起一段特定时间里发生的特定事件；分离性漫游作为分离性遗忘的一种亚型，患者丧失记忆并伴随着一次（或多次）计划外的出行；在极端情况下，新的人格或分身会被构建出来，这就是分离性身份障碍。分离性障碍的病因至今尚不明确，但一般认为与逃避创伤性事件导致的应激或记忆的心理倾向有关。
- 分离性障碍的治疗主要围绕帮助患者在可控制的治疗条件下再次体验创伤性事件，以期患者能习得较好的应对技巧。分离性身份障碍的治疗过程是长期的，治疗师与患者之间的信任感是治疗的根本所在。

小测验答案

6.1

1.A 2.B 3.C

6.2

1.A 2.D 3.B 4.A 5.E

探索躯体症状及其相关障碍与分离性障碍

这两类障碍有一些共同的特点，在历史上都被称为"癔症性神经症"（hysterical neyroses）。它们都相对少见，并且研究者对它们的认识都有限。

躯体症状及其相关障碍
特点是对躯体的外表及功能的病态关注

疾病焦虑障碍	特 征	治 疗
焦虑加剧 → 对躯体症状的错误理解 → 对症状的强烈关注 →（病因循环）	■ 对躯体问题严重焦虑，尽管没有发现生理学病变 ■ 对男性女性的影响相同 ■ 可能在任何年龄阶段发生 ■ 可出现在多种不同文化下	■ 心理治疗以改变对疾病的认识 ■ 咨询和/或互助团体提供确认支持

躯体症状障碍	特 征	治 疗
最终被社会孤立 → 不断产生新症状 → 立即得到同情和关注 →（病因循环）	■ 报告多种没有医学基础的生理症状 ■ 家族中流行，可能存在遗传因素 ■ 罕见，多数发病者来自低收入未婚女性群体 ■ 通常少年期发病，持续至老年	■ 很难治疗 ■ 认知行为疗法提供确认，减轻压力，从而减少求助行为 ■ 治疗致力于增强患者与他人的联系

转换性障碍	特 征	治 疗
社会性影响（从观察真正的疾病或损伤中习得症状）→ 生活应激或心理冲突 → 应激与冲突程度因失能的症状而减轻 →（病因循环）	■ 无相应躯体基础病变的严重生理机能障碍（瘫痪、失明） ■ 患者确实没有意识到他们的功能实际上是正常的 ■ 可能同时患有其他疾病，特别是躯体症状障碍 ■ 多数患者来自社会经济底层群体，女性，以及在极度心理应激下的男性（例如：士兵）	■ 与躯体症状障碍的治疗相类似，重点在于应对创伤事件和减少寻求帮助的行为。

分离性精神障碍
特别是从自身分离（人格解体）和从客观环境中分离（真实感丧失）

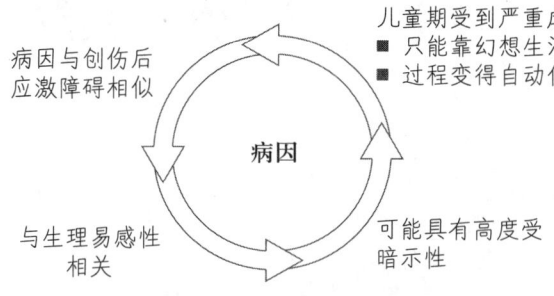

- 病因与创伤后应激障碍相似
- 儿童期受到严重虐待
  - 只能靠幻想生活逃离痛苦
  - 过程变得自动化，而后不自觉
- 可能具有高度受暗示性
- 与生理易感性相关

病因

争议
科学界关于多重身份到底是真实还是虚假存在分歧。有研究表明，"虚假记忆"可以由治疗师创建并植入，另一些测试则证实多重人格确实存在生理方面的不同。

类别	特征	治疗
分离性身份障碍	■ 受影响的个体采用了新的身份，或改变了人格，甚至不同的人格并存；改变的人格可能是完整的且具有鲜明的人格特征，或仅仅部分独立。 ■ 平均人格数目是15 ■ 儿童期发病，女性多于男性 ■ 患者往往同时患有其他心理疾病 ■ 西方文化之外的地区人群少有发病	■ 长时间的心理治疗可使25%的患者重整分离的人格 ■ 治疗相关创伤的方法与创伤后应激障碍的治疗方法相似；如果不进行治疗症状将持续终生
人格解体—现实解体性障碍	■ 严重和可怕的解体感主宰着个体的生活 ■ 受影响的个体就像一个旁观者，在旁观着他或她自己的心理或身体进程 ■ 造成相当大的痛苦或功能损伤、尤其是情感表达和感知方面 ■ 一些症状类似于惊恐障碍 ■ 罕见；通常起病于青少年期	■ 与惊恐障碍治疗方式类似的心理治疗可能会有帮助 ■ 与障碍发作相关的应激需要处理 ■ 病程往往持续终生
分离性遗忘	■ 广泛的：无法记起任何事，包括身份；比较罕见 ■ 局部的：不能回忆起某些事件（通常为创伤性事件）；常发生在战争中 ■ 比一般的健忘更常见 ■ 这两种类型通常均为成年发病 ■ 分离性漫游亚型：记忆丧失伴随有目的的旅行或迷惘徘徊	■ 若当前生活应激事件被解决，则通常会自愈 ■ 如有需要，治疗的侧重点为检索丢失的信息
分离性恍惚	■ 突然的个性改变，伴随恍惚或"被附身" ■ 造成严重痛苦及/或功能损害 ■ 常常与应激或创伤有关 ■ 全球范围发病，通常发生在宗教背景下，很少在西方文化中出现 ■ 在女性中比男性中更常见	■ 知之甚少 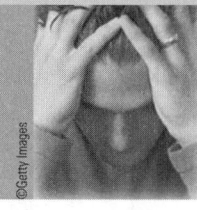

心境障碍与自杀

心境障碍的理解与定义
    抑郁和躁狂概述
    心境障碍的结构
    抑郁性障碍
    附加的抑郁障碍诊断标准
    其他抑郁障碍
    双相障碍
    双相障碍的附加定义标准

心境障碍的患病率
    儿童、青少年和老年人中的患病率
    毕生发展对心境障碍的影响
    跨文化研究
    在杰出人物中

心境障碍的病因
    生物学影响因素
    其他关于脑结构和功能的研究
    心理学影响因素
    社会和文化影响因素
    一种整合的理论

心境障碍的治疗
    药物
    电痉挛疗法和经颅磁刺激
    抑郁的心理疗法
    抑郁的联合治疗
    预防抑郁的复发
    双相障碍的心理疗法

自　杀
    统计数据
    病　因
    风险因素
    自杀会传染吗？
    治　疗

第 7 章

学习目标

- 使用科学的推论方法解释行为
  - 确定行为解释中的基本生理、心理以及社会成分（APA SLO 1.1a）。

- 描述心理学中的主要概念、原则以及重要主题
  - 分析动物物种内部以及跨物种的行为和心理过程的多样性和连续性（APA SLO 1.2d2）。

- 应用创新型和综合性的思维解决问题
  - 借助对问题的操作性描述在实际生活中进行研究（APA SLO 1.3A）。

- 获得心理学领域的工作知识
  - 了解心理学史上的重要历史事件、理论观点、著名人物以及其与当代研究趋势的关联（APA SLO 5.2c）。

- 描述使用学科基础解决问题的应用
  - 正确认识行为的前因后果以及其中的心理过程（APA SLO 5.3c）。
  - 描述日常生活中心理学原理及其实际应用的实例（APA SLO 5.3a）。

* 本章内容涵盖美国心理学会（APA，2012）建议的学习目标，旨在为心理学专业本科生提供指导。目标及建议学习成果（SLO）由 APA 定义。

心境障碍的理解与定义

回忆一下你上个月的生活，各个方面都很正常：你平常去学习，周末去参加社交活动，偶尔还会思考一下自己的未来。你很可能会高兴地期待着下一个假期或者与朋友、恋人的下一次见面。但是，也有可能在过去的这个月里你的考试成绩意外的低，或者你刚刚和恋人分手，甚至你可能遇到了某些更糟糕的情况，比如你非常亲密的某个人去世了，这些都可能使你感到某种程度的情绪低落。仔细回想你在这段时期里的心情。你有过悲伤忧愁吗？你可能曾经哭过，也许还会感到无精打采，连和朋友一起出去玩的力气都没有了。还有可能，每隔一段时间你就会无缘无故地有这些感觉，以至于朋友们都认为你是个忧郁的人。

像大部分人一样，你的这些消极情绪很快就会过去。在几天或者一周内你就重新做回原来的那个自己。实际上，如果你从来没有感觉到过情绪低落，总是只看到事情好的一面而看不到其不利的一面，这要比偶尔感到沮丧忧郁更加不同寻常（相信你的朋友们也会这么认为）。沮丧（和喜悦）的感觉都普遍存在，使得我们往往难以理解心境障碍。这类障碍严重时可以导致患者完全失能，以至于看起来哪怕实施暴力性的自杀也比活下去要好得多。让我们来看看凯蒂的例子。

凯蒂　天气抑郁症

凯蒂今年16岁，富有魅力，但同时非常害羞。她是和父母一起来到我们治疗中心的。她患有比较严重的社交焦虑，因此已经好几年没怎么和家庭以外的人交往过。上学早已是非常困难，而且，随着社会交往日趋减少，她的生活变得死气沉沉，毫无色彩。到了16岁的时候，她的生活已经被浓厚的抑郁层层笼罩。她后来这样描述当时的情形：

"抑郁的感觉就像掉入了一个又深又黑的大洞，你想爬但是爬不出来。往下掉的时候，你大声惊叫，可是没有人能够听得见。有些时候你根本就没想做什么，可是会有一种向上飘浮的感觉，而还有些时候，你会希望能够触到洞底，这样就不会继续往下掉了。抑郁会影响你对事物的看法，它可以左右你看待自己和他人的方式。我记得，

我照镜子的时候会认为自己是世界上最丑陋的怪物。后来，当我又一次想起这些念头的时候，我学会试着提醒自己我昨天还没有那些想法，而且我明天或者再下一天也很有可能不会有那样的想法。这有点儿像平时人们在等候天气的变化一样。"

但是，在16岁那年，凯蒂还没有学会这样看待自己的病情。她总是在每天快结束的时候哭上好几个小时。她从15岁那年就开始喝酒，而且奇怪的是，这竟然得到了她父母的同意——也许他们觉得既然医生的处方没有效果，那就试试其他办法。晚餐时来一杯葡萄酒可以使凯蒂的心情暂时平和一些。绝望中的凯蒂和她的父母不惜试用任何方法来让凯蒂变得积极一些。但是，一杯酒渐渐不够了，她喝得越来越多，而且变得不喝酒就无法入睡。她察觉到，其实这是一种逃避："我对使自己变得积极一些已经不抱什么希望了，而且我周围的人对我也不报什么指望了。我易怒，愤世嫉俗，情绪痛苦深重。"于是，凯蒂的状态持续恶化。

几年来，凯蒂不时考虑过自杀，将阴霾密布的生活做一个彻底的了结。13岁的时候，她曾经当着父母的面向一个心理学家吐露过这种想法。她的父母不由得哭了，他们的泪水深深地打动了凯蒂。从此，她再也没有表露过此类想法。但是，有关自杀的念头一直挥之不去。到了16岁的时候，她对于自杀的关注程度升级了。

"我觉得自己已经精疲力竭了。我厌倦了日复一日、无休止的焦虑和抑郁。我曾经和别人有过为数不多的交往，和我最亲密的朋友、我母亲还有我大哥，但很快我就发现，连这样的交往我也提不起一点兴趣了。别人和我说话，我几乎从不搭理。我成天陷在愤怒和挫折之中。有一天，我终于到达了崩溃的边缘。我和妈妈为了一些鸡毛蒜皮的小事大吵了一架，然后我回到自己的卧室，那里搁着一瓶威士忌或是伏特加或是其他什么我当时在喝的玩意儿。我开始喝酒，直到喝不下去；我使尽全身力气掐自己，却感觉不到疼痛。这时我拿出了一把我一直藏着的锋利小刀，开始用力割自己的手腕。我没有任何感觉，除了鲜血流过手腕时的那种温暖。

"我躺在床上，鲜血不断涌出，渐渐流到床旁边的地板上。突然，我意识到我失败了，我发现这不足以让我离开这个世界。我从床上起来，开始放声大笑。我试着用面巾纸止血。整个过程我一直处于平静和一种令人恐惧的愉悦之中。

"我走到厨房，喊我妈妈。我想象不出她看到我的衬衫和裤子上染满了鲜血会是什么感觉，然而她表现得出奇镇定。她让我把伤口给她看，告诉我伤口不会自己停止流血，我必须立即去看医生。我记得，医生给我注射局部麻醉剂的时候说，我肯定在割腕以前对自己用了麻醉剂。我感觉不到他在注射，也感觉不到他在缝合。

"从那以后，自杀的想法变得更加频繁也更加真切。我父亲让我许诺永远不会再做那种傻事，我答应了他，但这对我来说毫无意义。我知道那只是减轻他的痛苦和恐惧，而不是我的。我仍然一心求死。"

回想一下你曾经体验过的抑郁的感觉。你和凯蒂之间主要的区别是什么？很明显，凯蒂的抑郁在强度和持续时间两方面都远远超出了正常范围。而且，她的严重的或者说具有临床意义的抑郁症已经严重妨碍了她的学习、生活和社会交往。最终，伴随这种程度的抑郁会出现一系列的心理和生理的症状。

心境障碍常常会导致非常悲惨的结局，因此我们必须尽可能透彻地认识和理解它。在这一章里，我们会对不同的情绪体验及症状如何共同导致具体的心境障碍展开描述。对于不同的心境障碍，我们会提供详细的介绍并审视它们的诊断标准。另外，我们还会讨论焦虑和抑郁之间的关系以及心境障碍的病因和治疗方法。最后，我们会讨论自杀的问题。

抑郁和躁狂概述

本章将要讨论的心理障碍，以前在分类时曾经用过一些不同的名称，诸如"抑郁性障碍"（depressive disorders），"情感障碍"（affective disorders）甚至"抑郁性神经症"（depressive neuroses）之类的。DSM-Ⅲ标准出台以后，因为这些心理障碍都以心境的异常为特征，所以都被归入**心境障碍**（mood disorders）

这一大类里。

所有的心境障碍从根本上都包含抑郁或者躁狂的体验。有些只有其中一种，有些二者皆有。我们将分别介绍这两种体验，对它们在不同心境障碍中的表现形式也会予以讨论。然后我们会概括地介绍一些比较具体的心境障碍，讨论它们的诊断标准、特征或者是症状。

最常见和最严重的抑郁是**重性抑郁发作**（major depressive episode）。DSM-5 将其定义为一种极其抑郁的心境状态，持续至少两周，包括认知方面的症状（如价值虚无和优柔寡断的感觉）以及躯体功能的失调（如睡眠模式改变，食欲和体重显著变化或者精力明显丧失），以至于即使是进行最简单的活动、做出最轻微的动作都要花费身体的全部努力。发作期间的典型表现还包括整体上对事物丧失兴趣以及无法从生活（比如与家人及朋友的人际互动、工作和学习方面的成就）中获得任何快乐。虽然所有的症状都很重要，但最近的证据提示：重性抑郁发作的核心指标是躯体方面的改变（有时称为躯体症状或者植物神经性症状）（Bech，2009；Buchwald & Rudick-Davis，1993；Keller et al.，1995；Kessler & Wang，2009），以及行为或情感方面的"关闭"（表现为在行为激活量表上得分较低）（Kasch, Rottenberg, Arnow, & Gotlib，2002；Rottenberg, Gross, & Gotlib，2005）。相比于报告悲伤或沮丧的情绪，快感缺乏（anhedonia，指丧失精力，或失去从事愉快活动的能力）是此类严重的抑郁发作中更具特征性的症

重性抑郁发作的诊断标准

A. 连续两星期出现至少 5 项下述症状，并且功能水平发生变化。其中，抑郁心境和丧失兴趣或快感两者应至少出现其一。

注意：不包括明显可归因于一般医学情形的症状，或者情绪失调所致的幻觉或妄想。

1. 几乎每天的大部分时间里个体都处于抑郁状态下，此情形可由个体主观报告（例如：感到悲伤或者空虚），也可由他人观察发现（例如：含泪或悲伤的样子）。注意：如为儿童或者青少年，可表现为易激惹的状态。
2. 几乎每天，对所有或几乎所有活动的兴趣或愉悦感明显降低（可由个体主观报告或他人观察发现）。
3. 在没有节食的情况下体重明显降低，或者体重明显增加（在一个月内体重变化超过 5%），或者几乎每天的食量都会减少或增加。注意：如为儿童，可能表现为体重未达到正常发育进程的预期增量。
4. 几乎每天都会失眠或者睡眠过度。
5. 几乎每天都表现出心理运动性激越或迟滞（应由他人观察所见，不应仅依靠个体报告激越或迟滞的主观感觉）。
6. 几乎每天都感到疲劳或丧失精力。
7. 几乎每天都有价值虚无感，或者有过度或不恰当的愧疚感（可能是妄想，并且不仅仅是由于生病而带来的自我谴责和愧疚感）。
8. 几乎每天都会有思考能力降低，集中注意力的能力降低，或者优柔寡断的情况（可由个体主观报告或他人观察发现）。
9. 反复想到死亡（不仅仅是对死亡的恐惧），反复出现自杀念头但还没有具体的计划，或者已有自杀的企图，或者已有实施自杀的具体计划。

B. 此类症状及缺陷导致了临床上显著的痛苦，或对个体的社交、工作或其他重要领域的功能造成损害。

C. 此类症状不属于某种物质（如滥用的药物或医生开具的药物）或一般医学情形（例如：甲状腺功能低下）直接造成的生理影响。

From American Psychiatric Association. (2013). *Diagnostic and statistical manual of mental disorders* (5th ed.). Washington, DC.

状（Kasch et al., 2002）。同样，在抑郁和非抑郁个体身上哭泣的发生概率是相同的（两种情况多数都发生于女性），因此哭泣并不能反映出抑郁的严重程度，甚至不能用于判断抑郁是否发作（Rottenberg, Gross, Wilhelm, Najmi, & Gotlib, 2002）。而快感缺乏不仅表现为高水平的消极情感，也表现为低水平的积极情感，因此可以反映出抑郁的发作（Brown & Barlow, 2009；Kasch et al., 2002）。如果不予治疗的话，每次重性抑郁发作的平均持续时间为4～9个月（Hasin, Goodwin, Stinson, & Grant, 2005；Kessler & Wang, 2009）。

心境障碍中另一种基本状态是异常夸张的欢欣喜悦或者是愉快。在这种**躁狂**（mania）状态下，个体在任何活动中都能体会到极度的快乐；实际上，一些患者把他们在躁狂状态下的日常生活体验比作持续的性高潮。他们变得异常活跃好动，几乎不需要睡眠，制订一些很夸张的计划，而且认为自己可以达到任何想要的目标。DSM-5中特别强调这一特征，将其描述为"持续增长的目标导向活动或居高不下的精力水平"。他们的语速很快，而且很可能语无伦次，这是因为他们急于把太多激动人心的想法一下子全表达出来；这种特征一般被称为<u>思维奔逸</u>（flight of ideas）。

DSM-5中对躁狂发作的持续时间仅为一个星期，如果情况特别严重以致要住院治疗的话，对时间的要求还可以降低。比方说，如果患者采取了自我毁灭式的购买行动，花费几千美元以期第二天就

躁狂发作的诊断标准

A. 出现明显异常和持续的高涨、膨胀或易激惹的心境状态，以及持续增长的目标导向活动或居高不下的精力水平。此类症状几乎出现在每一天的大部分时间里，持续时间至少一周。（如果必须住院则无此时间限制）。

B. 在心境紊乱以及精力和活动性高涨发作期间，出现至少3项下述症状（如果心境状态仅仅是易激惹则需要4项或以上），达到显著的程度，并且相比平时的行为有明确的变化：
 1. 膨胀的自尊或是夸张的想法。
 2. 睡眠需求降低（例如：只睡3个小时就感到休息得很充分了）。
 3. 比往常更加健谈或者感到必须不停地说话。
 4. 思维奔逸或者主观上感到思想在奔驰。
 5. 可观察到或者主观报告存在注意力涣散的情况（例如：非常容易将注意力转向不重要的或是无关系的外部刺激）。
 6. 对于目标导向活动表现亢进（可以是社会性的，如工作或学习，也可以是性欲方面的），或表现出精神运动性激越。
 7. 对于很可能招致苦果的活动过分投入（例如：无节制的疯狂消费，放纵的性生活，或愚蠢的商业投资）。

C. 此类心境紊乱的情形显著损害了患者的社交和工作能力，或必须住院以免伤害自己和他人，或伴有精神病的症状。

D. 此类症状无法归因于某种物质（如滥用的药物或医生开具的药物）或一般医学情形（例如：甲状腺功能低下）造成的生理影响。

注意：在抗抑郁治疗（例如：药物治疗，电痉挛治疗）出现的躁狂发作，如果其症状已经超越治疗所能引起的生理效应，持续达到充分的水平，则应诊断为双相I型障碍。

From American Psychiatric Association. (2013). *Diagnostic and statistical manual of mental disorders* (5th ed.). Washington, DC.

能赚回一百万美元，这时就有住院的必要了。易激惹状态一般是躁狂发作的一部分，通常出现在较晚的阶段。反常的是，焦虑或抑郁也是躁狂发作中的常见成分，我们在后面会讲到这一点。如果不予以治疗的话，躁狂发作的持续时间一般为3～4个月（Angst，2009；Solomon et al.，2010）。

DSM-5还定义了**轻躁狂发作**（hypomanic episode）。这种发作没有躁狂发作那么严重，对于社会和工作能力的损害也不太显著；其诊断标准中只要求持续至少4天，而非一周。轻躁狂发作本身并不是很严重的问题，但是它被纳入了某些心境障碍的诊断标准之中。

心境障碍的结构

体验到抑郁或躁狂的个体一般被认为患有**单相心境障碍**（unipolar mood disorder），因为他们的心境停留在通常所说的**抑郁—躁狂连续体**（depression-mania continuum）上的一端。单纯的躁狂虽然存在但是非常少见（Bech，2009；Solomon et al.，2003），绝大多数单相心境障碍都是单纯的抑郁。而且，单纯的躁狂发作在青少年时期发生得较为频繁（Merikangas et al.，2012）。交替处于抑郁和躁狂状态的患者被认为患有**双相心境障碍**（bipolar mood disorder），他们的心境可以在抑郁—躁狂连续体两端之间来回变换。然而，"单相"和"双相"这样的说法有时会造成误导。因为抑郁和兴奋并不完全是心境状态中互相对立的两极；实际上，虽然彼此关联，但它们通常是相对独立的。一个患者可以在有躁狂症状的同时体验到某种程度的抑郁或是焦虑，也可在抑郁之中体验到一些躁狂的症状。对于这样的发作，我们说其具有**混合性特征**（mixed features）（Angst 2009；Angst et al.，2011；Hantouche，Akiskal，Azorin，Chatenet-Duchene，& Lancrenon，2006；Swann et al.，2013）。研究表明，以躁郁（焦虑或抑郁）为特征的躁狂发作比我们之前所想的更加普遍，且躁郁的程度可以很严重（Cassidy et al.，1998；Swann et al.，2013）。在一项研究中，1090名患者中有30%因为急性躁狂的混合发作而住院治疗（Hantouche et al.，2006）。在另一项精心设计的研究中，超过4000名患者中多达2/3在双相抑郁发作期间表现出躁狂的症状，其中最常见的是思维奔逸、注意涣散和焦躁不安。同时，这些患者的受损程度也比没有并发抑郁和躁狂的患者严重得多（Goldberg et al.，2009；Swann et al.，2013）。那些极少数只有单相躁狂发作的患者也可以符合双相心境障碍的诊断标准，因为经验表明，这些人会在其后或长或短的时期内表现出抑郁的症状（Goodwin & Jamison，2007；Miklowitz & Johnson，2006）。在DSM-5中，"混合性特征"要求首先确认是否存在以躁狂或抑郁为主的发作，随后则确认是否出现了足够多的另一类症状以满足混合性特征的标准。

确认抑郁或躁狂发作的病程或时间模式是非常重要的。例如，是否反复发病？若反复发病，在间歇期间，患者是完全康复（两次发作期间至少相隔两个月）还是仍保有某些抑郁症状（即部分康复）？患者是否交替表现出抑郁发作和躁狂（或轻躁狂）发作？以上提到的这些心境障碍的模式非常重要且值得注意，因为它们可以帮助医生做出正确的诊断。

病程的重要性在于，它决定了对心境障碍的治疗目标和对其他精神障碍不同。医师们竭尽全力让像凯蒂这样的患者脱离目前的抑郁状态，并且还有一个同样重要的目标是防止将来的再次发作——也就是说，帮助像凯蒂这样的患者在较长时间内维持良好的状态。现在，针对治疗是否能达到第二个目标已开展了许多研究（Fava，Grandi，Zielezny，Rafanelli，& Canestrari，1996；Hollon，Stewart，& Strunk，2006；Otto & Applebaum，2011；Teasdale et al.，2001）。

抑郁性障碍

DSM-5描述了几种抑郁性障碍，它们在抑郁症状的频繁程度和严重程度以及症状存在的时间（慢性——连续不断——或非慢性）上有所不同。实际上，强有力的证据表明，严重性和长期性是描述心境障碍时的两个最重要的因素（Klein，2010）。

临床描述

最容易识别的心境障碍是**重性抑郁障碍**（major depressive disorder）。这种类型必须满足的条件是在其发作之前或发作期间没有躁狂和轻躁狂的发作。我们现在知道，一生中只有一次孤立的抑郁发作的情况是非常少的（Angst，2009；Eaton et al.，2008；Kessler 和 Wang，2009）。

如果患者经历过两次或者两次以上的重性抑郁发作，而且两次发作至少间隔两个月，在间隔期内患者未出现抑郁症状，那么可以诊断其为**反复发作**（recurrent）的重性抑郁障碍。而对于其他方面，这种障碍的诊断标准和单次发作的重性抑郁障碍则是一样的。重性抑郁发作是单次的还是反复的，对于判断其预后以及选择治疗方法都非常重要。重性抑郁障碍反复发作型的患者通常都有抑郁的家族史，这一点与单次发作型的患者不同。那些经历过单次发作的患者中，有大约35%～85%的人会经历再一次的发作（Angst, 2009; Eaton et al., 2008; Judd,

1997, 2000）。这个结果是经过23年的追踪调查而得到的（Eaton et al., 2008）。发作后的第一年里，再次发作的概率为20%，但到了第二年，再次发作的概率就高达40%（Boland & Keller, 2009）。最近几年，根据这些发现以及后来的一些研究结果，临床医学家们得出结论：单相抑郁症多数情况下是慢性的，虽然症状时轻时重，但是很少会完全消失（Judd, 2012）。不同研究得出患者一生中重性抑郁发作的中位数为4到7次；在一次大样本调查中，25%的病例经历过6次或以上的发作（Angst, 2009; Angst & Preizig, 1996; Kessler & Wang, 2009）。重性抑郁障碍反复发作时的一次发作持续时间的中位数为4～5个月（Boland & Keller, 2009; Kessler et al., 2003），这要比第一次发作持续时间的平均数短一些。

基于这些标准，对于凯蒂的情况该如何诊断呢？凯蒂的症状包括严重的抑郁心境，个人价值的虚无感，难以集中注意力，反复想到死亡，睡眠困难以及丧失活力。很明显，她的情况符合重性抑郁障碍反复发作型的诊断标准。凯蒂的抑郁发作时症状非常严重，但她也有不发作的时候，从而经历发作与不发作之间的循环。

> **DSM 5 重性抑郁障碍的诊断标准**
>
> A. 至少出现一次重性抑郁发作（见前文中重性抑郁发作的诊断标准）。
> B. 用分裂情感性障碍、精神分裂症、精神分裂样障碍、妄想性障碍、其他已分类或未分类的精神分裂谱系障碍及其他精神病性障碍无法更好地解释这种重性抑郁发作。
> C. 从未出现过躁狂发作或轻躁狂发作。注意：如果所有的躁狂样发作或轻躁狂样发作都因某种物质所致，或属于其他医学情形直接导致的生理效应，则这一标准不适用。
>
> 注明最近一次发作的临床状态和特点：
> 单次或反复发作
> 轻度、中度、重度
> 伴有焦虑苦恼
> 伴有混合特征
> 伴有忧郁特征
> 伴有非典型特征
> 伴有与心境一致的精神病性特征
> 伴有与心境不一致的精神病性特征
> 伴有紧张性特征
> 围产期发病
> 具有季节性模式（反复发作时适用）
> 部分缓解或完全缓解
>
> From American Psychiatric Association. (2013). *Diagnostic and statistical manual of mental disorders* (5th ed.). Washington, DC.

当他的新娘在等待行礼的时候，亚伯拉罕·林肯受到了抑郁发作的折磨。情况非常严重，以致婚礼不得不推迟到几天以后。

持久性抑郁障碍（persistent depressive disorder）也称**心境恶劣**（dysthymia），其症状和重性抑郁障碍有很多相似之处，但是病程不同。心境恶劣的症状比重性抑郁的症状要少，但是可以在长时间内保持相对稳定，有时长达30年以上（Angst,

 **持久性抑郁障碍（心境恶劣）的诊断标准**

A. 一天中绝大部分时间处于抑郁心境中，出现此类症状的天数多于无症状的天数，可由主观叙述和他人观察所见，这种情况持续至少2年。注意：如为儿童和青少年，可能表现为易激惹心境，持续时间至少为1年。

B. 出现抑郁症状的同时，符合以下至少两点：
1. 食欲不佳或者过量饮食
2. 失眠或者嗜睡
3. 活力不足或者感到疲劳
4. 自尊心下降
5. 难以集中注意力或者很难作出决定
6. 有无望的感觉

C. 在此类症状持续的2年（对于儿童和青少年是1年）中，每次A和B中的症状消失的时间不超过两个月。

D. 达到重性抑郁发作标准的情形可能持续两年。

E. 从未出现过躁狂发作或轻躁狂发作，也不符合环性心境障碍的诊断标准。

F. 用持久性的分裂情感性障碍、精神分裂症、妄想性障碍、其他已分类或未分类的精神分裂谱系障碍及其他精神病性障碍无法更好地解释这种紊乱情形。

G. 这些症状不是某种物质（例如：滥用的药物，治疗用的药物）以及其他医学情形（例如：甲状腺功能低下）所导致的直接生理效应。

H. 此类症状及缺陷导致了临床上显著的痛苦，或对个体的社交、工作或其他重要领域的功能造成损害。

特定类型：
轻度、中度、重度
伴有焦虑苦恼
伴有混合特征
伴有忧郁（melancholic）特征
伴有非典型特征
伴有与心境一致的精神病性特征
伴有与心境不一致的精神病性特征
围产期发病
发病早（21岁以前发病）
发病晚（21岁或以后发病）

注明（对于最近2年内发作的心境恶劣障碍）：
单纯性心境恶劣综合征：如果重性抑郁的全部标准未出现至少2年。
伴随持续性重性抑郁发作：近2年内一直符合重性抑郁的全部标准。
间歇性重性抑郁发作，当前发作：当前符合重性抑郁发作的全部标准，但两年期间至少有8周时间，症状达不到重性抑郁发作的标准。
间歇性重性抑郁发作，无当前发作：当前不符合重性抑郁发作的标准，但是近两年内有一次或多次重性抑郁发作。
完全缓解或部分缓解

From American Psychiatric Association. (2013). *Diagnostic and statistical manual of mental disorders* (5th ed.). Washington, DC.

2009；Cristancho, Kocsis, & Thase, 2012；Klein, 2008；Klein, Shankman, & Rose, 2006；Murphy & Byrne, 2012）。

持久性抑郁障碍（心境恶劣）被定义为一种持续的抑郁心境，病程至少为2年，其中症状发作的间隔期（即无症状的时期）一次最长不超过两个月。心境恶劣与重性抑郁的症状数目不同，但更重要的区别的在于长期性。一般来说，心境恶劣障碍与其他抑郁障碍相比更为严重，因为患者同时患上其他心理障碍的概率更高，且对治疗反应欠佳，并且长时间治疗通常收效甚微。Klein及其同事（2006）在一个为期10年的前瞻性研究中发现，长期性（而不是非长期性）是最具区分度的诊断指标，无论呈现出的症状是否符合重性抑郁障碍的标准（如上所述）；因为这两个组（长期和非长期性）的不同不仅仅体现在病程长短上，还表现在家族病史和认知风格上。重性抑郁发作的患者中大约有20%的人报告说某次发作持续了至少两年，因此符合了持久性抑郁障碍的标准（Klein, 2010）。

另外，还有22%的持久性抑郁患者原本症状较少，后来则逐渐经历了重性抑郁发作（Klein et al., 2006）。这种同时遭受重性抑郁和心境恶劣折磨的情形，叫作**双重抑郁症**（double depression）。典型的情况是，心境恶劣障碍先出现，而且很可能是在比较年幼的时候；然后会出现一次或多次重性抑郁发作，发作结束后又回复到原先潜在的抑郁模式（Boland & Keller, 2009；Klein et al., 2006）。界定这种特别的类型十分重要，因为它可能意味着更加严重的心理病理问题和将来麻烦重重的病程（Boland & Keller, 2009；Klein et al., 2006）。例如，Keller, Lavori, Endicott, Coryell 和 Klerman（1983）经过2年的追踪发现，61%的双重抑郁症患者没有从潜在的抑郁模式中恢复过来；而且他们还发现，叠加有重性抑郁发作的患者恢复以后，有相当大的比例会出现反弹和复发。我们来看看杰克的病例。

杰克　人生的下坡路

杰克是一名49岁的白人男子。和妻子离婚以后，他带着10岁的儿子住在他母亲的家里。他对我们诉说了慢性抑郁带来的困扰，他发现自己需要帮助。他说他是个悲观主义者，对自己的生活处处担忧。他总是感到某种程度的沮丧和抑郁，很少从生活中体会到乐趣。他总是犹豫不决，对未来很悲观而且不怎么考虑到自己。在过去的20年里，他能记得的自己情绪"正常"或不是那么抑郁的时间最长也只持续了四五天。

虽然有这样那样的困难，杰克还是完成了学业并取得公共管理的硕士学位。人们都说他的未来一片光明，他可以在州政府中谋得一个不错的岗位。但是杰克不这么想。他在一个为州政府服务的代理处找了一份低级文员的工作，认为自己能一步步向上爬。然而这一切并没实现，他在同一张办公桌前工作了20年。

杰克的妻子受够了他无休止的悲观、缺乏自信和对日常生活的淡漠，最后她终于失去信心，和杰克离了婚。杰克搬到母亲那儿去住，这样可以让母亲帮助照顾儿子，还可以降低生活的开支。

大约在来到我们治疗中心的5年之前，杰克经历了一次抑郁发作，其严重程度超过以往任何一次。他的自尊心从很低的水平降到几乎完全没有的地步。因为优柔寡断，他已经完全不能决定任何事情。他总是感觉精疲力竭，胳膊和腿好像灌了铅一样，挪动一下都非常困难。他无法完成计划中的工作或者不能按时完成任务。在绝望中，他开始考虑自杀。杰克的雇主再也无法忍受他多年来的散漫表现，终于解雇了他。

大约6个月以后，这次重性抑郁发作终于有所缓解。杰克又回到程度较轻的慢性抑郁状态。虽然他仍然怀疑自己的能力，但他总算可以从床上爬起来完成一些事情了。然而，他还是不能够找到新的工作。他一直在等一切出现转机，但是几年后，他终于认识到靠自己无法解决问题。如果没有外界的帮助，他的抑郁症会一直持续下去。经过彻底的评估后，我们诊断杰克属于双重抑郁症的典型病例。

持久性抑郁障碍还可以根据是否有重性抑郁发作成分来进一步细化。因此，一个人可能满足了"伴随单纯性心境恶劣综合征"的标准，即说明该个体在至少近两年内不满足重性抑郁发作的标准；"伴随持续性重性抑郁发作"，即指个体的重性抑郁发作持续了超过两年;"伴随间歇性重性抑郁发作",即杰克所患的双重抑郁症。在这些情况下,有一点非常值得注意,那就是病人目前是否正处于重性抑郁发作中。对于重性抑郁发作和持久性抑郁障碍,不同的病程模式描述见图7.1。

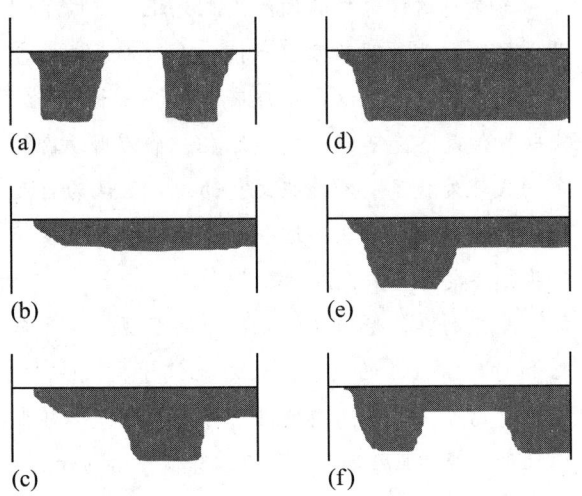

图7.1 非双相抑郁中的不同病程模式。横轴表示时间,纵轴表示心境。水平线表示愉快或正常的心境,而向下延伸的幅度越大表示抑郁越严重。图(a)是非慢性重性抑郁障碍(本例属于反复发作,表现为两个抑郁发作图示)。图(b)是持久性抑郁障碍伴随单纯性心境恶劣综合征。图(c)是双重抑郁症(在心境恶劣过程中出现重性抑郁发作)。图(d)为慢性重性抑郁发作。图(e)是部分缓解的重性抑郁。图(f)是间隔期内未完全恢复的反复发作型重性抑郁。[Based on Klein, D. N. (2010). Chronic depression: Diagnosis and classification. *Current Directions in Psychological Science, 19*(2), 96–100.]

附加的抑郁障碍诊断标准

让我们再次看一看DSM-5中的重性抑郁障碍诊断标准,请注意最下面列出的近期抑郁发作的各种特征。这些说明之所以被列在此处,是因为这些细分症状有可能与抑郁障碍同时发生;当它们与抑郁障碍同时发生时,这些特征就能够帮助医生选择更合适的治疗方案。

除了严重程度分为轻度、中度以及重度之外,临床医生还使用如下8项特征来描述抑郁障碍,包括:①精神病性特征(与心境一致或不一致),②焦虑苦恼的特征(轻度到重度),③混合特征,④忧郁特征,⑤紧张性特征,⑥非典型性特征,⑦围产期发病,⑧季节性模式。其中的一些特异性特征仅适用于重性抑郁障碍,另一些则可同时适用于重性抑郁障碍和持久性抑郁障碍。下面我们来分别介绍一下。

1. **精神病性特征**(psychotic features specifiers)。一些正处于重性抑郁(或躁狂)发作期间的个体可能会有精神病性症状,特别是**幻觉**(hallucination)(看见或听见并不存在的影像或声音)和**妄想**(delusion)(强烈但不正确的观念)(Rothschild, 2013)。患者可能存在躯体妄想(somatic delusion),比如:他们觉得自己的身体正在从内部腐烂,或将会被侵蚀不见。有些患者可能会"听到"指责他们如何邪恶和罪恶的声音,即**幻听**(auditory hallucination)。这种幻觉和妄想就属于**心境一致**(mood congruent)的,因为它们看上去都与抑郁有直接的关系。在极其特殊的情况下,抑郁患者可能还会有其他类型的幻觉或妄想,比如夸大妄想(delusions of grandeur)(坚信自己具有超能力或是超级天才等)。这类看上去并不符合抑郁心境的症状则被称为**心境不一致**(mood incongruent)的幻觉或者错觉。尽管这相当罕见,但它标志着严重的抑郁发作,而且很可能发展成为精神分裂症(或者可能是精神分裂症的初始症状)。伴随着躁狂发作的夸大妄想则是心境一致的状态。整体来说,抑郁发作中伴随精神病性症状的情况是很少见的,大约只有5%~20%的抑郁患者会出现这样的情况(Flores & Schatzberg, 2006; Ohayon & Schatzberg, 2002)。研究经过10年以上的调查发现,比起不伴精神病性症状的抑郁患者,伴精神病性症状的患者对治疗反应不佳,功能的损害更明显,而且症状缓解的时间也更短(Busatto, 2013; Flint, Schaffer, Meyers, Rothschild, & Mulsant, 2006)。

2. **焦虑苦恼的特征**(anxious distress specifier)。这种伴随焦虑苦恼的抑郁发作,不论患者是否同时患有焦虑障碍(焦虑症状满足焦虑障碍的诊断标准)或焦虑症状不满足其他障碍的诊断标准,只要它出现,就说明患者情况较为严重(Goldberg & Fawcett, 2012; Murphy & Byrne 2012)。这也许是DSM-5中最重要的关于心境障碍的增补特征。对于所有的抑郁和双相障碍,出现焦虑症状说明患者病情更重,更容易有自杀意向,更可能实施自杀行为,治疗的预后效果也更差。

3. **混合特征**(mixed features specifier)。以抑郁发作为主导,期间伴随几个(至少三个)前文描述过的躁狂症状即表现为混合特征,适用于重性抑郁障碍和持久性抑郁障碍中的重性抑郁发作。

4. 忧郁特征（melancholic features specifier）。这种表现仅适用于完全符合重性抑郁发作标准的情况，无论是否存在持久性抑郁障碍的背景。忧郁表现包括一些更加严重的躯体症状，例如早醒，体重下降，力必多（libido，性驱力）下降，过度或者不适当的愧疚感，以及快感缺乏（对各种活动丧失兴趣或者愉悦感）。"忧郁"的概念意味着严重的抑郁发作，除此之外，它是否还具有其他意义尚待进一步探索（Johnson, Cueller, & Miller, 2009; Klein, 2008; Parker et al., 2013; Sun et al., 2012）。

5. 紧张性特征（catatonic features specifier）。这种表现适用于重性抑郁发作甚至躁狂发作。不过这种情况非常少见，而且在躁狂发作时更加少见。这种非常严重的情形主要包括不能动作（一种麻木的状态）或者僵直（catalepsy）（患者的肌肉处于木僵或者蜡样屈曲状态，胳膊或者腿脚固定于某种姿势不能移动）。紧张性的表现也可以包括过多随机或者无目的的动作。在精神分裂症中僵直状态比较常见，但最新的研究结果表明，相较精神分裂症，这种僵直在抑郁症中更为常见（Huang, Lin, Hung, & Huang, 2013）。新近的理论提出，这种反应很可能是生物面临危险状况时的"最终状态"，很多动物在遭遇捕食者袭击时会表现出这样的状态（Moskowitz, 2004）。

6. 非典型性特征（atypical features specifier）。这种表现适用于抑郁发作，无论是否具有持久性抑郁障碍的背景。多数患者在发作期间总是伴有睡眠减少和食欲降低，但具有这种表现的患者在抑郁期间会变得睡眠过多和饮食过量而增重，从而导致罹患糖尿病的风险升高（Glaus et al., 2012; Kessler & Wang, 2009; Klein, 1989）。虽然这些患者也有明显的焦虑，但是还是能够对一些事情产生兴趣或者感到快乐，这一点与大部分抑郁患者不同。另外，具有这些非典型性表现的抑郁与其他抑郁类型相比，前者中的女性患者较多，发病年龄也较早。这一类型的抑郁所表现出的症状较多，程度较重，自杀企图较多，与其他障碍（如酗酒）共病的比例较高（Bech, 2009; Blanco et al., 2012; Glaus et al., 2012; Matza, Revicki, Davidson, & Stewart, 2003）。

7. 围产期发病（peripartum onset specifier）。围产期的"围"表示在某段时间的前后，在这里是指从产妇生孩子之前到之后的那段时间。这种表现对重性抑郁发作和躁狂发作均适用。约有13%～19%的产妇符合抑郁的诊断标准，即围产期抑郁（peripartum depression）。在一项研究中，有7.2%的产妇的状态完全符合重性抑郁发作的标准（Gavin et al., 2005）。通常情况下，产妇在产后相较怀孕期间更有可能罹患抑郁（Viguera et al., 2011）。另一项近期的重要研究显示，在参与研究的1000名产妇中有14%符合抑郁标准，而在这些抑郁的新妈妈当中，19.3%有过强烈的自伤念头（Wisner et al., 2013）。在围产期（孕期以及分娩后6个月）若发现产妇有精神病性抑郁或躁狂发作，应尽早就医确诊，因为一些严重的病例会产生非常悲惨的后果——产妇在发病期间杀死了自己的新生儿（Purdy & Frank, 1993; Sit, Rothschild, & Wisner, 2006）。与此类似的是，爸爸们也不能完全避免新生儿出生所引发的情绪影响。Ramchandani等人（2005）在新生儿出生后8周内跟踪调查了11833位母亲和8431位父亲。这些母亲中有10%抑郁症状显著增多，而这一数据在父亲中则为4%。如果将研究时间扩展至从妊娠初始到分娩后一年，则父亲抑郁的概率为10%，而母亲甚至上升至40%。父亲的产后抑郁与孩子在3.5年后的不良情绪及行为有关（Paulson & Bazemore, 2010）。

对于婴儿出生的较轻微反应，叫作"婴儿忧郁"（baby blues），通常会在产后1～5天内发生于40%～80%的产妇身上，并且持续几天的时间。在这期间，新妈妈容易落泪，并会有暂时的情绪波动，但这是对于分娩的正常应激反应，而且很快就会消失（O'Hara & McCabe, 2013; Wisner, Moses-Kolko, & Sit, 2010）。但是，对于围产期抑郁，大多数人，包括产妇自己，都难以理解为什么会这样，因为人们普遍认为这是值得庆祝的幸福时刻。许多人忘记了分娩过程造成的生理耗竭、全新的生活节奏、对抚育重任的调适以及其他伴随生育而来的变化都会带来沉重的压力。还有证据表明，有围产期抑郁史且符合重性抑郁发作诊断标准的妇女可能受到产后生殖激素急剧下降的影响（Wisner et al., 2002; Workman, Barha, & Galea, 2012），或可能出现胎盘中的促肾上腺皮质激素释放因子水平升高

（Meltzer-Brody et al., 2011；Yim et al., 2009），而这些因素都可能导致了围产期抑郁。但是这些研究结果仍需要验证，因为在分娩后，所有产妇都会经历非常剧烈的激素水平变化，但只有少数罹患抑郁症。也有证据表明，发生围产期抑郁和没发生围产期抑郁的女性之间激素水平存在显著差异（Workman et al., 2012）。一项对围产期抑郁的细致调查显示，这种心境障碍和其他类型的心境障碍没有什么本质的差别（O'Hara & McCabe, 2013；Wisner et al., 2002）。换句话说，围产期抑郁没有必要在DSM-5中单列出来作为一种独立的类型，只需作为抑郁障碍的一类细分。（其治疗方法也与其他类型的抑郁没什么区别。）

8. **季节性模式**（seasonal pattern specifier）。这种表现特征适用于反复发作型重性抑郁障碍（及双相障碍）。它伴随着在特定季节发生的心境障碍发作（例如：冬季抑郁）。最常见的模式是抑郁发作从深秋开始，到第二年的初春结束。（在双相障碍中，患者很可能会在冬天处于抑郁状态而在夏天处于躁狂状态。）此类发作应至少出现两年，并且期间没有出现任何非季节性的重性抑郁发作。这种情况被称为**季节性情感障碍**（seasonal affective disorder）。

虽然有些研究也报告了季节循环性躁狂发作的病例，但是季节性心境障碍绝大多数还是表现为冬季的抑郁发作，在北美估计有2.7%的人有这种情况（Lam et al., 2006；Levitt & Boyle, 2002）。总人口中有15%～25%可能会或多或少被季节的变化影响情绪，但尚未达到季节性心境障碍的诊断标准（Kessler & Wang, 2009；Sohn & Lam, 2005）。和那些较为严重的抑郁类型不同的是，冬季抑郁患者倾向于睡眠过量（而不是睡眠不足），以及食欲和体重的增加（而不是食欲不足和体重下降），这些症状倒是和非典型性抑郁发作相似。虽然季节性情感障碍似乎和其他重性抑郁发作有些不同，但是家族性研究表明，冬季抑郁症尚不足以成为一个真正独立的类型（Allen, Lam, Remick, & Sadovnick, 1993）。

最近的研究提示，季节性情感障碍和昼夜以及季节变化所产生的褪黑激素（由松果体分泌）有关。褪黑激素的分泌在光照下会受到抑制，它只在黑夜的时候分泌。冬季白天变短，光照减少，褪黑激素的分泌也会增加。一种理论认为，褪黑激素分

光照疗法对季节性情感障碍有明显的疗效，通常仅治疗几天后患者的抑郁症状就会得到缓解。

泌的增加诱发了易感人群产生抑郁发作（Goodwin & Jamison, 2007；Lee et al., 1998）。Wehr等人（2001）的研究表明，季节性情感障碍患者的褪黑激素在冬天增多，而在健康的控制组中则未发现这种变化。（我们在讨论抑郁背后的生物学因素的时候会回到这个话题）。另外一种可能就是心境状况可能和生理性昼夜节奏有关，而后者在冬季会出现延迟（Bhattacharjee, 2007；Lewy & Sack, 1987；Wirz-Justice, 1998）。

认知和行为因素也与季节性情感障碍有关（Rohan, 2009；Rohan, Sigmon, & Dorhofer, 2003）。同其他情况相似但未患抑郁的女性相比，患季节性情感障碍的女性一年到头都表现出更严重的自发性消极思维，在实验室中对光照的情绪反应也更为强烈（光照量少通常引发低沉心境）。患者在秋季的忧虑或反刍思维等表现的严重程度往往能预测其在冬季的抑郁症状严重程度。

正如你预期的那样，在南北半球的高纬度地区，季节性情感障碍的患病率要比其他地方高，因为纬度越高，冬季光照越少。研究表明，在美国佛罗里达州（纬度较低）季节性情感障碍的患病率不到2%，而在新罕布什尔州（纬度较高）则接近10%（Terman, 1988）。人们俗称这种情形为"独居症"。季节性情感障碍在阿拉斯加州费尔班克斯（高纬度地区）的患病率很高，有9%的人完全符合该障碍的诊断标准，另外还有19%的人表现出季节

性抑郁的症状。这种心境障碍似乎也非常稳定。在一项对 59 名患者长达 9 年的跟踪调查中，86% 的人每年冬天都要抑郁发作，而只有 14% 的人恢复了健康。其中 26 名患者（占 44%）抑郁发作开始时的症状非常严重，他们在其他季节也出现了发作（Schwartz, Brown, Wehr & Rosenthal, 1996）。儿童和青少年的患病比例在 1.7% ~ 5.5% 之间。根据一项研究，后青春期的女孩发病率更高一些（Swedo et al., 1995）。

一些医生认为，对于季节性情感障碍患者，暴露于强光下可能会减弱其褪黑激素的分泌（Blehar & Rosenthal, 1989; Lewy, Kern, Rosenthal & Wehr, 1982）。目前的疗法是在病人早上起来后立刻让其暴露于非常强烈（2500 勒克斯）的光照下并持续 2 小时。如果有效的话，患者在随后 3 ~ 4 天内心境就会好转，冬季抑郁的情况在接下来 1 ~ 2 周内就会消退。这种疗法还要求患者在晚上避免亮光的照射（例如在大型购物商场之类的地方），以免干扰早晨的治疗效果。但是这种治疗方法也有副作用。大约 19% 的患者会感到头痛，17% 感到眼睛疲劳，还有 14% 会感到很"兴奋"（Levitt et al., 1993）。近期的不少研究都肯定了光照疗法的疗效（Eastman, Young, Fogg, Liu, & Meaden, 1998; Reeves et al., 2012; Terman, Terman, & Ross, 1998）。这些研究多数将早晨的光照和晚上的光照作比较，后者通常被认为效果较差。在其中的两项研究中，研究者在对照组中应用了设计巧妙的所谓"负离子发生器"来作为安慰剂。患者坐在仪器前面"期待"着如研究者事先说明的那样进行治疗，而实际上并没有光照。结果如表 7.1 所示。我们可以看出，早晨光照组的效果明显好于晚上光照组以及安慰剂组，而晚上光照组的效果好于安慰剂组。现在，研究者还没有完全弄清楚光照疗法的机制，但是最近的一项研究表明，早晨光照优于晚上光照的原因是早晨光照可以使褪黑激素的分泌节律提前，这意味着昼夜节律的提前可能在治疗中起着重要作用（Terman, Terman, Lo, & Cooper, 2001）。无论如何，现在已经比较清楚的是，光照疗法是应对冬季抑郁的首选（Golden et al., 2005; Lam et al., 2006）。

独特的认知和行为因素与季节性情感障碍密切相关，正如之前所提到的，这意味着认知行为疗法可能有效。在 Rohan 等人（2007）的一项研究中，61 名成年被试都接受了如下其中一种条件处理：光

表7.1 缓解率总结

	缓解比例 %（患者人数）		
	早晨光疗组	夜晚光疗组	安慰剂（负离子发生器）
Terman et al., 1998			
首次治疗	54% 46 人中 25 人有所缓解	33% 39 人中 13 人有所缓解	11% 19 人中 2 人有所缓解
交叉实验	60% 47 人中 28 人有所缓解	30% 47 人中 4 人有所缓解	未进行
Eastman et al., 1998			
首次治疗	55% 33 人中 18 人有所缓解	28% 32 人中 9 人有所缓解	16% 31 人中 5 人有所缓解
Lewy et al., 1998			
首次治疗	22% 27 人中 6 人有所缓解	4% 24 人中 1 人有所缓解	未进行
交叉实验	27% 51 人中 14 人有所缓解	4% 51 人中 2 人有所缓解	未进行

Source: Adapted from Klein, D. N. (2010). Chronic depression: Diagnosis and classification. *Current Directions in Psychological Science*, *19*(2), 96–100.

照疗法、认知行为团体疗法（一周两次，共六周）、认知行为与光照结合疗法，以及无治疗对照。这三种治疗的效果都比无治疗要好，其中结合疗法的效果尤其显著，该组被试中有73%反应良好。另外，在第二年冬天对被试的跟踪调查中（Rohan, Roecklein, Lacy, & Vacek, 2009），曾接受认知行为疗法或结合疗法的被试中只有5%～6%抑郁复发，而只接受光照疗法的被试中有39%复发。这些研究结果仍需要进一步验证，才能最终确认认知行为疗法对季节性情感障碍是否有更加稳定的长期效果。

发病和病程

通常来说，在十几岁以前，患重性抑郁障碍的概率相对较低，但达到这一年龄阶段后，患病概率呈持续（线性）上升趋势（Rohde, Lewinsohn, Klein, Seeley, & Gau, 2013）。美国一项包含了43000名被试的具有代表性的抽样调查结果显示，重性抑郁障碍的平均发病年龄为30岁，但在重性抑郁患者中有10%在55岁之后才第一次经历抑郁发作（Hasin et al., 2005）。一项令人警醒的研究结果表明，抑郁症的发病率和其导致的自杀行为正在持续增加。Kessler等人（2003）对四个年龄组的样本进行了比较，发现18～29岁年龄组中25%的人有过重性抑郁的经历，这一比例要远远高于较大年龄组在这一年龄阶段经历重性抑郁的比例。Rohde等人（2013）也在四个年龄段人群中调查了重性抑郁障碍的发病情况。他们发现，在5～12岁年龄段，有5%的孩子患有重性抑郁症，而这一数据在13～17岁的青少年中为19%，在成人初显期（18～23岁）为24%，在成年早期（24～30岁）为16%。

正如我们之前提到的，一次抑郁发作的持续时间可长可短，有些短到只有两个星期，有些则可能持续几年。总的来说，如果不经治疗的话，第一次发作的持续时间通常为2～9个月（Angst, 2009; Boland & Keller, 2009; Rohde et al., 2013）。虽然9个月的严重抑郁发作是一次漫长的折磨，但有证据显示，即使是在非常严重的病例中，一次发作在1年内缓解概率达到90%（Kessler & Wang, 2009）。而且即使是那些发作持续时间长达5年及以上的严重病例中，38%仍有希望逐步恢复（Mueller et al., 1996）。但是，抑郁发作偶尔也有可能不会完全消失，而是残留一些症状。在这样的病例中，再次发作且不能完全缓解的概率就要高得多了（Boland & Keller, 2009; Judd, 2012）。再次发作或许和发作间隔期的不完全缓解有关。认识到这一点对制定治疗计划非常重要，因为对于这类病例，治疗的时间应该更长。

最近的证据帮助研究者界定了持久性抑郁障碍的一些重要亚型。根据目前的估计，该障碍的典型发病年龄为二十多岁的头几年。Klein, Taylor, Dickstein和Harding（1988）发现，21岁以前甚至更早年龄的发病和三个特征有关：①更强的持续性（持续时间更长），②预后相对不好（对治疗反应较差），③患者有较大概率具有该障碍的家族史。其他的研究也验证了这些情况（Akiskal & Cassano, 1997）。同重性抑郁障碍患者相比，心境恶劣发病较早的患者中有较大比例同时患有人格障碍（Klein, 2008; Pepper et al., 1995）。这一发现可以解释早发性持久性抑郁障碍背后潜藏着深层的心理病理问题。研究还发现，儿童表现出持续的轻度抑郁症状的比例（0.07%）比成年人（3%～6%）要小得多（Klein et al., 2000），但是这些轻度的抑郁症状将贯穿整个童年期（Garber, Gallerani, & Frankel, 2009）。Kovacs, Akiskal, Gatsonis和Parrone（1994）发现此类儿童中有76%后来发展出了重性抑郁障碍。

持久性抑郁障碍可能会持续20年至30年甚至更长时间，不过，有研究报告说成年患者的病程中位数约为5年（Klein et al., 2006），儿童患者则为4年（Kovacs et al., 1994）。Klein等人（2000）对97名心境恶劣（伴随或多或少的轻度抑郁症状的持久性抑郁障碍）患者进行了长达10年的追踪调查，发现74%的被试在某一时刻恢复了，但是这些被试中有71%出现了复发。在10年追踪期间，整个97名患者群体有大约60%的时间都符合某种心境障碍的诊断标准。相比之下，同样追踪调查了10年的重性抑郁障碍患者中，这一数据为21%。更加糟糕的是，在5年的时间内，抑郁症状不那么严重的持久性抑郁障碍（心境恶劣）患者，比起重性抑郁障碍（非持久性）发作期间的患者，更容易尝试自杀。正如之前所讲，重性抑郁发作和心境恶劣相伴发作的情况（双重抑郁症）是十分常见的（Boland & Keller, 2009; McCullough et al., 2000）。多达79%的心境恶劣患者在其一生中的某个时刻会经历重性抑郁发作。图7.2显示了10年跟踪调查的患者所表现出的根据DSM-IV定义的心境恶劣、非长期性重性抑郁障碍及双重抑郁症。心境恶劣组，平均而言，都保持抑郁。双重抑郁组发病时更加严重，重性抑郁发作结束后会恢复，就像杰克的例子中所讲到的那样，但是10年后仍然保持着很严重的抑郁水平。非长期性重性抑郁组（平均来说）恢复的最好。这些研究结果再一次强调了在诊断抑郁障碍时考虑长期性或持续性因素非常重要。

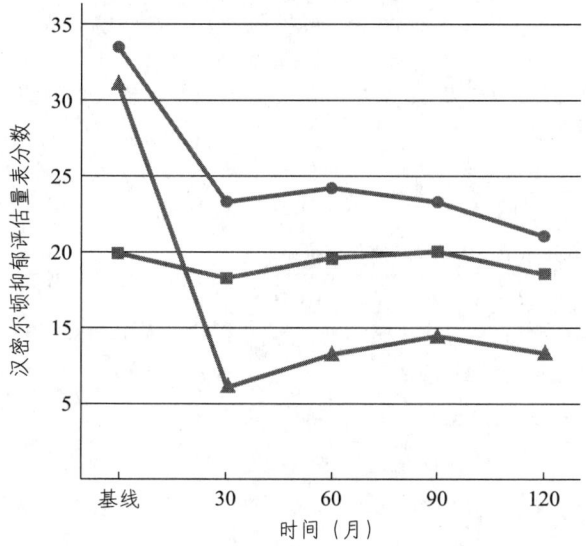

图7.2　以上是使用汉密尔顿抑郁评估量表在对三组患者进行10年跟踪调查中所获得的数据。
Based on Klein, D., Shankman, S., & Rose, S.（2006）. Ten-year prospective follow-up study of the naturalistic course of dysthymic disorder and double depression. *American Journal of Psychiatry*, 163, 872–880. © American Psychiatric Association.)

从悲伤到抑郁

在这一章的开头我们提到，几乎每个人都有过悲伤抑郁的感觉。但是，如果你的亲爱之人去世了——尤其是不曾预料的和近亲属的死亡——在对创伤事件的最初反应过去之后，你身上可能会出现诸多抑郁症状，以及焦虑、麻木、否认事实（Kendler, Myers, & Zisook, 2008; Shear, 2012; Shear et al., 2011）。当个体出现很严重的症状，例如经历完整的重性抑郁发作，并且可能伴随有精神病性特征、自杀意向、体重急剧减轻、丧失精力甚至无法正常生活时，就需要立刻采取措施（Maciejewski, Zhang, Block, & Prigerson, 2007）。我们必须面对死亡和因此而产生的情感波动。所有的宗教和文化中都具备相关的仪式，例如哀悼的仪式和下葬的典礼等，通过亲朋好友的支持和爱来帮助人们走过生命中的这段痛苦经历（Bonanno & Kaltman, 1999; Gupta & Bonanno, 2011; Shear, 2012）。通常这种悲伤的情绪会在创伤发生后6个月内达到顶峰，但是也有一些人的哀伤会持续1年或者更长时间（Currier, Neimeyer, & Berman, 2008; Maciejewski et al. 2007）。我们大多数人都会感到的这种剧烈的悲痛会逐渐演变成所谓的整合哀伤（integrated grief），即我们承认死亡终结了一切，并且接受和适应了失去亲爱之人的事实。绝大多数关于逝者的记忆尽管可能苦乐参半，但还是积极的，将不再支配或干扰我们的生活，而是纳入心中珍藏保存（Shear et al., 2011）。

对于丈夫阿尔伯特王子的离去，维多利亚女王（左）沉浸在深重的悲痛之中，以至于在之后的几年中都无法行使君主的职责。2013年4月，著名女演员凯瑟琳·泽塔琼斯（右）再次因双相Ⅱ型障碍而求医，她接受有关的治疗已经好些年了。

在某些重要的纪念日，例如亲爱之人的生日、祭日等时候，整合哀伤也会复发。这些反应都是非常正常的。心理健康专家认为，如果一个人面对死亡事件却没有悲伤的感觉时，反而值得关注；因为悲伤是我们面对和解决因为失去而痛苦的自然过程。但当悲伤持续时间超过正常范围，也会引起心理健康专家的关注（Neimeyer & Currier, 2009）。在6个月后到1年左右这段时间，不经治疗而从严重的悲伤中恢复过来的概率明显降低；失去亲属的人们之中有大约7%，会从自然的悲伤过程发展出某种障碍（Kersting, Brahler, Glaesmer, & Wagner, 2011; Shear et al., 2011）。在这个阶段，自杀的念头大量浮出，主要目的是想要与逝者"团聚"（Stroebe, Stroebe, & Abakoumkin, 2005）。此时，想象未来事件的能力会遭到损害，因为个体感到失去逝者后自己看不到生活的未来（MacCallum & Bryant, 2011; Robinaugh & McNally, 2013）。个体很难调节自己的心态，情绪往往会变得僵化（Gupta & Bonanno, 2011）。总体来说，很多心理和社会因素都与心境障碍相关，包括曾经的抑郁发作史；同时，它们也能预测所谓的**复杂性哀伤**（complicated grief）的发展，不过即使原本不存在抑郁状态，也可以出现这种反应（Bonanno, Wortman, & Nesse, 2004）。

儿童和成年早期的个体，如果突然失去父母，会很容易表现出严重的抑郁，超出正常的悲伤时间；此时便需要对他们立即采取干预行动（Brent, Melhem, Donohoe, & Walker, 2009; Melhem, Porta, Shamseddeen, Payne, & Brent, 2011）。正常的哀伤、整合哀伤以及复杂性哀伤的特征都列在表7.2中（Shear et al., 2011）。事实上，有些研究者提出，结合其他一些区别，这种特定的症状集群应该足以使复杂性悲伤成为一个区别于抑郁的单独的诊断分类（Bonanno, 2006; Shear et al., 2011）。例如，复杂性悲伤中的强烈渴望似乎与多巴胺神经递质系统的活跃有关，而这一点与重性抑郁障碍不同，后者的多巴胺神经递质系统的活动是减弱的（O'Connor et al., 2008）。最近的脑成像研究结果显示，除与一般性情绪反应相关的脑区外，哀伤者脑中另一个与亲密关系和依恋有关的区域也尤为活跃（Gündel, O'Connor, Littrell, Fort, & Lane, 2003）。目前，复杂性悲伤作为需要进一步研究的一种诊断，列在DSM-5的第三部分中。

用来帮助人们面对和接受死亡的仪式对复杂性哀伤是没有效果的。类似于对创伤后应激的受害者的治疗，治疗师主张在严格的监督下让悲伤的人们再次体验那些创伤事件（Shear, 2010）。通常，治疗师会鼓励哀伤者在体验到相关情绪的过程中谈论逝去的亲爱之人，谈论死亡以及失去带来的痛苦，直到患者能够回到现实生活中。这会帮助个体将与记忆相联系的积极情绪整合到因失去而产生的严重消极情绪中，使患者认识到他们能够应对这种痛苦，相信生活终将继续等，即最终达到整合哀伤的状态（Currier et al., 2008）。一些研究表明，这种方法比其他针对哀伤的心理疗法更为有效（Neimeyer & Currier, 2009; Shear, Frank, Houck, & Reynolds, 2005）。

表7.2　正常的哀伤和复杂性哀伤

创伤事件后的急剧哀伤持续时间一般为6～12个月，且症状在正常范围之内：

- 反复出现要与逝者"团聚"的强烈渴望，甚至可能有与逝者一同离开人世的念头。
- 深深地感到哀伤或悔恨，不时痛哭或抽泣，通常会有间歇性的平息甚至积极情绪。
- 脑海中持续出现逝者的音容笑貌，可能还会产生类似幻觉的生动体验，如看到逝者或者听到其声音。
- 难以接受逝者死亡的事实，想要抗拒现实；对死亡感到痛苦或愤怒。
- 出现躯体性的哀伤症状，例如：不自觉的叹息，消化不良，食欲不振，口干，情感空虚，睡眠紊乱，疲劳，精疲力竭或虚弱，漫无目的，难以开始或完成有组织的活动，感官意识发生改变。
- 感到自己与他人和世界毫无瓜葛；淡漠，对外界失去兴趣，易激惹。

在正常范围内的整合哀伤症状：

- 感觉正在调节情绪面对失去的痛苦。
- 兴趣和目标感，正常工作和生活的能力，以及感到快乐和满足的能力渐渐恢复。
- 情绪上的孤独感可能仍旧存在。
- 哀伤和渴望的感受依然存在，但趋于缓和。
- 依旧会想起逝者，而且感到苦乐参半，但是这种思绪不再霸占个体的脑海。
- 偶尔可能还会出现关于逝者的类似幻觉的体验。
- 可能会在纪念日或其他有纪念意义的时刻爆发哀伤。

复杂性哀伤：

- 急剧哀伤的症状既持久又强烈。
- 个体的想法、感受或行为反映出其过度沉浸在逝者故去的环境或阴影中无法自拔。

Source: Shear, M. K., Simon, N., Wall, M., Zisook, S., Neimeyer, R., Duan, N., & Keshaviah, A. (2011). Complicated grief and related bereavement issues for DSM-5. *Depression and Anxiety, 28*, 103–117.

其他抑郁障碍

经前躁郁障碍和破坏性心境失调障碍，这两种抑郁障碍目前都已添加到DSM-5中。

经前躁郁障碍

经前躁郁障碍（premenstrual dysphoric disorder）作

经前躁郁障碍的诊断标准

A. 在多数月经周期中,在经期前一周出现至少五个症状,经期开始后几天内开始缓解,经期结束后一周内症状消失。

B. 必须出现如下一个(或多个)症状:
1. 明显的情感不稳定(例如心境波动,突然悲伤或流泪,对拒绝的敏感度增加)。
2. 明显的易激惹、愤怒或人际冲突增加。
3. 明显的抑郁心境、绝望,或有自我轻蔑的想法。
4. 明显的焦虑、紧张,感觉快要崩溃。

C. 如下所列的附加症状中,必须出现一个(或多个)症状,以与B标准中的症状相加达到五个。
1. 对常见的活动(如:工作、学习、社交、爱好等)兴趣减弱。
2. 难以集中注意力。
3. 困倦、易疲劳或明显缺乏活力。
4. 明显的食欲变化;暴饮暴食;极其渴望特定的食物。
5. 嗜睡或失眠。
6. 感到被压垮或失去控制。
7. 躯体症状,如乳房压痛或肿胀、关节或肌肉疼痛,感到"胀气",或体重增加。

注意:近一年内大多数生理周期都需满足A到C的诊断标准。

D. 这些症状导致临床上显著的工作、学习、正常社交活动或人际关系的窘迫或困扰(例如回避社会交往,在工作、学习和家庭生活中的效率下降)。

E. 这种紊乱并非其他障碍的加重情形,如重性抑郁障碍、惊恐障碍、持久性抑郁障碍(心境恶劣)或人格障碍。(但是其可以与任何一种障碍发生共病)。

F. 诊断标准A应该在至少两个生理周期中通过每日记录来进行评估确认。

注意:在完成确认之前可以先临时作出这种诊断。

G. 这些症状都不是来源于物质(例如滥用的药物、治疗用的药物)或其他医学情形(如:甲状腺功能减退)对生理的影响。

From American Psychiatric Association.(2013). *Diagnostic and statistical manual of mental disorders*(5th ed.). Washington, DC.

为一种诊断分类的发展历程可以追溯到几十年以前(参见第3章)。临床医生发现,大约2%~5%的女性在经期之前会出现很严重的情绪反应,甚至可能导致失能(Epperson et al., 2012)。但是,强烈的反对意见认为,将女性都会遇到的正常生理周期反应诊断成一种疾病,无异于对此泼脏水。目前已经确认,这一小部分女性所面临的情形与20%~40%的女性会经历的经前不适症状相比,在各方面都有所不同。大部分女性的经前不适症状并不会损害她们的正常功能。除了各种身体上的症状,这段时间内剧烈的心境波动和焦虑会导致患者丧失某些能力(Hartlage, Freels, Gotman, & Yonkers, 2012)。所有证据都表明,经前躁郁障碍被归为心境障碍比被归为生理障碍(如内分泌紊乱性疾病)更为合适;就像我们在第3章中提到的,确立这个诊断类别能够很大程度上帮助成千上万遭受这种折磨的女性,使她们得到相应的治疗以缓解痛苦,并恢复她们的正常功能。

破坏性心境失调障碍

近些年来,美国儿童和青少年被诊断为患双相障碍的比例大幅增加。从1995年到2005年,被诊断为患有双相障碍的儿童总体增长了40倍,仅在社区医院被确诊的孩子数量就翻了两番(多达40%)

（Leibenluft & Rich，2008；Moreno et al.，2007）。为什么会出现如此大幅度的增长呢？因为很多临床医务人员使用的诊断标准都比较宽泛，并不完全符合当前对于双相Ⅰ型或双相Ⅱ型障碍的定义，只是根据儿童的长期易激惹性、愤怒、攻击性、过度反应、经常不合情境地发脾气（感觉上孩子似乎是循环进入躁狂发作期，因为有时易激惹会伴随离散型的躁狂发作）等症状将其归于标准比较模糊的"其他未细分的双相障碍"中。

但是，研究者观察发现，这些孩子并没有表现出阶段性的心境高涨（躁狂），而这一点恰恰是双相障碍必须具备的诊断指标（Liebenluft, 2011）。其他一些研究表明，这些表现出长期严重的易激惹性，并难以控制情绪而导致经常发脾气的孩子，患上其他抑郁或焦虑障碍（而不是躁狂发作）的风险较高；并且没有证据显示这些孩子的家人中患双相障碍的比例更高，而这一点恰恰是我们确诊真正的双相障碍时应该发现的。有研究发现，这种严重的易激惹现象比双相障碍普遍得多，但是尚未得到充分的研究（Brotman et al., 2006）。这种易激惹性与孩子自身所承受的症状的干扰有关，反映出其带来了长期的负面情感，并会显著影响到家庭生活。这些对症状的宽泛定义确实很像是在描述典型的双相障碍症状（Biederman et al., 2005；Biederman et al., 2000），所以即使孩子的症状更加符合注意力缺陷/多动障碍（ADHD）或品性障碍（见第14章），医生也可能会误诊。这样一来，医生很可能会给儿童进行针对双相障碍的药物治疗，而不对症的药物的副作用给孩子带来的风险远大于其好处。但是，这些孩子的情形与典型的ADHD或品性障碍也存在差异，因为似乎是强烈的负面情感导致了患儿易激惹以及难以调节情绪。根据上述这些区别性特征，对于12岁以下有这类症状的儿童来说，他们更应该被诊断为患上了**破坏性心境失调障碍**（disruptive mood dysregulation disorder），而不是继续被误诊为双相障碍或品行障碍。我们治疗中心曾接待一个病例，9岁的小女孩贝希被爸爸带来接受严重焦虑的评估。尽管贝希是一个出生于中上阶层家庭的很聪明的小孩，在学校成绩也很不错，但她长期以来总是易怒，而且跟家人相处得越来越糟糕，经常因为极轻微的理由而产生激烈的争吵，特别是和她妈妈。她的情绪

破坏性心境失调障碍的诊断标准

A. 严重的复发型脾气爆发，表现为语言（如：口出恶语）和/或行为方面（如：对他人或财物进行物理攻击）；此种爆发在强度和持续时间上与个体面对的情境或挑衅严重不成比例。

B. 脾气爆发的水平与个体发展水平不一致。

C. 脾气爆发平均每周三次或更多。

D. 在脾气爆发的间隔期，个体几乎在每天的大部分时间里都保持着易激惹或愤怒的状态，而且这种状态周围人（例如父母、老师、同伴）能够观察发现。

E. 标准A到D中的症状已持续至少12个月。并且在此期间，A到D中的症状没有任何一次完全消失超过3个月。

F. 标准A和标准D中的症状在家庭、学校、同伴三种情境中的至少两种中出现，且在其中至少一种情况下表现严重。

G. 首次诊断时，儿童的年龄必须在6～18岁之间，未满6岁或超过18岁后皆不可做出此种诊断。

H. 通过历史记录或观察，符合A到E标准的症状发病时间应在10岁之前。

I. 任何一次所有症状（除了持续时间）都符合躁狂或躁狂发作诊断标准的情形都没有存在超过一天。

注意：与发展阶段相适应的心境高涨（如经历了某个非常积极的事件），不应该被认为是躁狂或轻躁狂的症状。

J. 此类行为并不仅仅在重性抑郁发作才出现，并且用其他精神障碍（例如自闭症谱系障碍、创伤后应激障碍、分离焦虑障碍、持久性抑郁障碍）无法更好地解释。

K. 这些症状不属于特定物质或其他医学情形及神经状况造成的生理效应。

From American Psychiatric Association. (2013). *Diagnostic and statistical manual of mental disorders* (5th ed.). Washington, DC.

经常迅速恶化到翻天覆地的程度，她会冲回自己的房间，有时还会摔东西。她拒绝和家人一起吃饭，但由于常常与家人吵闹，大家都觉得她在自己房间

吃饭反而比较好。因为实在没有什么别的办法能让女儿的情绪平静下来，爸爸便用上了当贝希还是小婴儿时哄她的方法，开车带她出去兜风。一段时间后，贝希会慢慢放松下来。但是，在一次长时间兜风的过程中，贝希忽然对爸爸说："爸爸，求求你帮帮我，让我感觉好受一点。再这样下去，我还不如去死。"

目前，研究者一个非常重要的目标就是发展和评估治疗这种棘手障碍的心理学手段和药物方法。例如，一种针对严重情绪失调的正在发展中的心理疗法，可能会对此类患儿有效（Ehrenreich, Goldstein, Wright, & Barlow, 2009）。

双相障碍

双相障碍的关键特征是躁狂发作和重性抑郁发作交替出现的趋势，就像乘坐永不停止的过山车，在兴奋的巅峰和绝望的谷底间来回穿梭。除了这一点，双相心境障碍在其他很多方面和抑郁类障碍是相似的。例如，躁狂发作可能只发生一次，也可能反复出现。让我们来看看简的例子。

简　风趣、聪明而绝望

简是一位著名外科医生的妻子，也是有三个孩子的好妈妈。一家人和所养的宠物一起住在城区边缘一座很大的乡村别墅里。简快50岁了，两个大孩子已经搬出去独自生活，而最小的孩子，16岁的麦克，在学习上存在明显的困难而且对此十分焦虑。于是简把他带到我们治疗中心，想看看他究竟有什么问题。

当他们进入办公室的时候，我注意到简穿得十分漂亮，她整洁、活泼，而且很潇洒——她几乎是一步一跳地进来。她几乎还没和麦克在座位上坐好就开始讲述她精彩而成功的家庭生活。相反，麦克非常安静而且拘束。他看上去十分温顺，而且似乎很庆幸在这次面谈中自己可以缄口不言。当简坐定的时候，她已经讲完了她丈夫的优良品行和重要成就，大孩子的杰出和美丽，正在介绍第二个孩子。但是在介绍结束之前，她忽然注意到一本有关焦虑障碍的书，便狼吞虎咽地阅读起来，随后开始喋喋不休地叙述她认为干扰了麦克的各种各样与焦虑相关的问题。

同时，麦克坐在角落里，嘴边显露出一丝微笑，似乎在掩饰自己的烦恼以及对母亲下一步行动的不安。随着面谈的进行，我们渐渐发现麦克患的是强迫性障碍，这使他无论在学校里还是学校外都难以集中注意力，导致他所有的课程都不及格。

同样清晰的另一个面谈结果是：简自己正处于轻躁狂发作的状态。她无拘无束的热情、浮夸的知觉、无法打断的言语，以及她提到自己每天只需要很少时间睡眠的叙述都可以证明这一点。正如她从介绍自己的孩子急转到桌子上的书所显现的那样，她还容易注意力涣散。当被问及她自己的心理状态时，简很爽快地承认了自己有"躁狂抑郁症"（双相障碍的旧称），并且说她的感觉会迅速地在"世界之巅"和抑郁之间切换；她正在为此接受药物治疗。我立即想到，麦克的强迫观念可能与他妈妈的情况有关。

麦克曾经因为强迫观念和强迫行为集中治疗过一段时间，但收效甚微。他说，当妈妈处于抑郁状态的时候，家庭生活会变得非常困难。她有时会连续3个星期起不了床。她会陷入抑郁性的恍惚之中，动弹不得。这时孩子们不仅要照顾自己还要照顾妈妈，包括要喂她吃饭。因为两个大孩子已经离开了家，这个责任就全落到麦克肩上。简的严重抑郁发作一般持续3个星期后会恢复正常，但她马上就会进入轻躁狂的状态，而这有可能持续几个月或更长的时间。处于轻躁狂状态时，在绝大部分情况下，简是非常风趣好玩的，与之相处会很愉快——如果你能插得上嘴的话。通过向她的治疗师进行进一步了解，我们得知治疗师给简开了很多药，但是至今也不能控制她的心境波动。

简患的是**双相Ⅱ型障碍**（bipolar Ⅱ disorder），即重性抑郁发作和轻躁狂发作（而不是躁狂发作）交替出现。正像我们之前提到的那样，轻躁狂发作没有那么严重。虽然在轻躁狂发作的时候简处于一种明显的"兴奋"状态，但是她的各项功能仍能保持良好。而**双相Ⅰ型障碍**（bipolar Ⅰ disorder），除了要求完全的躁狂发作之外，其诊断标准和双相Ⅱ型障碍是一样的。和重性抑郁障碍类似，在两次躁狂发作之间必须有至少 2 个月的无症状期，否则，后一次发作就会被视为是前一次发作的延续。

比利的例子说明了一次完全的躁狂发作。我们第一次接触到这个病例的时候他已经住院了。

在躁狂或轻躁狂阶段，患者经常否认自己有问题，比利也有这样的特征。即使这些患者已经花费了异乎寻常的大量金钱或做出一些极其愚蠢的商业行为，他们还是沉浸在狂热和自大之中，认为自己的行为都是合理的。这样的情况在完全的躁狂发作期间尤其明显。这种在躁狂状态时的亢奋让患者感

双相 II 型障碍的诊断标准

A. 至少有一次符合轻躁狂发作的诊断标准，并且至少有一次符合重性抑郁发作的诊断标准。轻躁狂发作诊断标准与躁狂发作诊断标准中的相应内容一致，但有如下几项区别：①至少持续 4 天；②尽管发作时一定会出现功能改变，但这种改变还不至于显著损害个体的社交和工作能力，或不至于需要住院治疗；③没有精神病性特征。

B. 从未出现过躁狂发作。

C. 出现的轻躁狂发作和重性抑郁发作，用分裂情感性障碍、精神分裂症、精神分裂样障碍、妄想性障碍、其他已分类或未分类的精神分裂谱系障碍及其他精神病性障碍无法更好地解释。

D. 抑郁症状和由频繁的抑郁轻躁狂交替发作带来的不可预测性，导致了临床上显著的痛苦，或社交、工作以及其他重要方面的功能损害。

注明（对于当前的或最近的发作）：
轻躁狂：如果当前（或最近）处于轻躁狂发作状态
抑　郁：如果当前（或最近）处于重性抑郁发作状态

特定类型：
伴有焦虑苦恼
伴有混合性特征
伴有快速循环特征
伴有与心境一致的精神病性特征
伴有与心境不一致的精神病性特征
伴有紧张性特征
围产期发病
具有季节性模式

注明病程（如果当前并不完全符合心境发作的标准）：
完全缓解，部分缓解

注明严重程度（如果当前完全符合心境发作的标准）：
轻度、中度、重度

From American Psychiatric Association. (2013). *Diagnostic and statistical manual of mental disorders* (5th ed.). Washington, DC.

到如此愉悦,以至于他们可能会在感到痛苦和消沉的时候停止服药,以期能够回到躁狂发作的状态。这对医生来说是个重大的挑战。

> **比利 一切都是世界上最棒的**
>
> 比利进入病房之前你就可以听见他的笑声以及浑厚的嗓音,听起来他总是非常快乐。当护士带比利进入大厅要把他介绍给工作人员时,他看见了大厅里的乒乓球台,随即大声喊道:"乒乓球!我喜欢乒乓球!我只玩过两次但是我到这儿就是要玩乒乓球!我会成为世界上最棒的乒乓球运动员!这个球桌太棒了!我马上就要在这张桌子上打乒乓球了,而且我要让它成为世界上最棒的球桌!我要把它打磨光、拆开、重新组合,直到每一处都完美无缺!"当然,比利说完这些话,很快又把注意力完全转到其他吸引他的事物上去了。
>
> 上一周,比利从银行取出了所有的积蓄,拿着自己和父母(他和父母住在一起)的信用卡,用所有的钱买了他所能找到的全套高级音响。他认为自己可以成立一个本地最出色的音像工作室,然后出租给从世界各地大老远跑来的客户们,以赚得上百万美元。这次发作让比利住进了医院。

再回到简的病例。我们对简的儿子麦克进行了持续数月的治疗。但是在这个学期结束之前,我们收效很少。因为麦克的学习成绩糟糕透顶,学校通知他的父母说,下学期麦克不用再去上学了。麦克和他的父母做出了一个明智的决定:让麦克离开家一段时间,换个环境。于是,麦克到一家滑雪和网球训练场打工并住在那里。几个月后,他的父亲打电话告诉我们,自从离开家以后,麦克的强迫观念和强迫行为就完全消失了。麦克已经在那儿重新上学,而且学业有很大起色。他的父亲认为麦克应该继续待在那儿。现在,他终于开始认同我们之前的评价,即麦克的状态与他和母亲的关系有关。几年以后,我们又听到简的消息——在抑郁和恍惚的状态中,她自杀了。这是双相障碍患者最悲惨的结局。

环性(心境)障碍(cyclothymic disorder)是一种程度较轻但更加持久的双相障碍形式,它在很多方面与持久性抑郁障碍相似(Akiskal,2009;Parker,McCraw,& Fletcher,2012)。和持久性抑郁障碍一样,环性障碍(作为心境高涨和抑郁交替出现的慢性过程)的严重程度比不上躁狂发作或者重性抑郁发作。环性障碍患者常年处于两种心境状态的其中一种之中,而处于中性(正常)心境的时间段相对很少。其诊断标准要求这种模式应持续至少2年(对于儿童和青少年为1年)。环性障碍患者的心境状态在较轻的抑郁症状(类似杰克的心境恶劣状态)和某种程度的轻躁狂状态(类似简的情况)之间交替转换。这两者都没有达到使得个体住院或者立即接受干预的严重程

环性(心境)障碍的诊断标准

A. 出现若干具有轻躁狂症状但未达到轻躁狂发作标准的时期,并且出现若干具有抑郁症状但未达到重性抑郁发作标准的时期;此种情形持续至少2年(对于儿童和青少年则至少1年)。

B. 在上述这2年中(对于儿童和青少年为1年),具有轻躁狂和抑郁症状的时期占据至少一半的时间,而且症状完全消失的情形从未持续超过2个月。

C. 个体从未符合重性抑郁发作、躁狂发作或轻躁狂发作的诊断标准。

D. 标准A中的症状用分裂情感性障碍、精神分裂症、精神分裂样障碍、妄想性障碍、其他已分类或未分类的精神分裂谱系障碍及其他精神病性障碍无法更好地解释。

E. 症状不属于特定物质(例如滥用的药物、治疗用的药物)或其他医学情形造成的生理效应(例如甲状腺机能亢进)。

F. 这些症状造成了临床上显著的痛苦,或社交、工作以及其他重要方面的功能损害。

特定类型:

伴有焦虑苦恼

From American Psychiatric Association. (2013). *Diagnostic and statistical manual of mental disorders* (5th ed.). Washington, DC.

度。很多时候这些患者只是被认为情绪不稳。但是，根据其定义，这种慢性的心境波动最终还是会影响患者的正常功能。而且，环性障碍发展为更加严重的双相Ⅰ型或双相Ⅱ型障碍的风险较高，所以，患者还是需要治疗（Akiskal，2009；Goodwin & Jamison，2007；Otto & Applebaum，2011；Parker et al.，2012）。

双相障碍的附加定义标准

对于抑郁障碍，我们已经讨论了附加的定义标准，它们可能会伴随心境障碍出现，也可能不会。而且，我们已经指出，这些附加的表现特征或症状对于帮助医生制定有针对性的治疗方案起到至关重要的作用。前面我们介绍的8项附加特征都适用于双相障碍。具体来说，紧张性特征主要适用于重性抑郁发作，而几乎不适用于躁狂发作。而精神病性特征则主要适用于躁狂发作，因为在躁狂发作时患者常会产生夸大妄想。焦虑苦恼特征也可能会出现在双相障碍中，因为这种特征在抑郁障碍中会出现。DSM-5中新增了"混合性特征"，用来描述重性抑郁或躁狂发作时存在相反症状的情形，例如抑郁发作时可能伴随某些躁狂症状。季节性模式特征也适用于双相障碍，有些患者可能会表现为冬季抑郁，夏季躁狂。最后，躁狂发作也有可能在围产期（主要是产后）发作。

正如对待抑郁那样，如果个体因躁狂发作而求诊，在诊断时一定要确定此人以前是否有过重性抑郁发作或躁狂发作，以及是否从这些发作中完全恢复。正如确定重性抑郁发作之前是否存在心境恶劣（双重抑郁症）非常重要一样，确定双相障碍发病之前是否存在环性障碍也至关重要。如果患者原先存在环性障碍，那么在发作间隔期彻底恢复的概率就会减小（Akiskal，2009）。

快速循环特征

快速循环特征（rapid-cycling specifier）是双相Ⅰ型障碍和双相Ⅱ型障碍特有的细分指标。有些患者频繁体验到抑郁和躁狂发作。如果一个双相障碍患者在一年内经历了四次以上躁狂或抑郁发作，就符合快速循环特征。伴有这种特征的双相障碍属于较为严重的亚型，并且对常规治疗方法反应不佳（Angst，2009；Kupka et al.，2005；Schneck，Miklowitz，Calabrese，et al.，2004；Schneck，Miklowitz，Miyahara，et al.，2008）。Coryell及其同事（2003）发现，在89名双向障碍患者中，与没有快速循环特征的患者相比，有快速循环特征的患者更有可能尝试自杀，并有更严重的抑郁发作。Kupka及其同事（2005）以及Nierenberg等人（2010）也发现，这些患者的症状在多项测量指标上都更加严重。有证据表明，一些替代性的药物，如抗惊厥药和心境稳定剂等，比常规治疗使用的抗抑郁药物对此类患者更有效（Kilzieh & Akiskal，1999）。

大约20%～50%的双相障碍患者体现出快速循环特征，并且其中60%～90%都是女性，所占性别比例高于双相障碍的其他亚型（Altshuler et al.，2010；Coryell et al.，2003；Kupka et al.，2005；Schneck et al.，2004）。这项发现经过了10个相关研究的反复验证（Kilzieh & Akiskal，1999）。在多数情况下，快速循环的频率会逐渐加大，直至患者不停地在躁狂和抑郁发作之间转变，没有间歇的时间。这种从一种心境状态直接跳跃到另一种心境状态的情况，一般叫作快速切换（rapid switching）或心境快速切换，非常难于治疗（MacKinnon，Zandi，Gershon，Nurnberger，& DePaulo，2003；Maj，Pirozzi，Magliano，& Bartoli，2002）。有意思的是，服用抗抑郁药物（医生给不少双相障碍患者开具此类处方药）可能会加重快速循环，因为相比于未服用抗抑郁药物的患者，服药患者的快速循环频率要高得多（Schneck et al.，2008）。幸运的是，快速循环特征并不是永久性的，只有3%～5%的患者在5年后仍然呈现出这一特征（Coryell，Endicott，& Keller，1992；Schneck et al.，2008），有80%的患者在两年内恢复到非快速循环模式（Coryell et al.，2003）。

发病和病程

双相Ⅰ型障碍的平均发病年龄为15～18岁，双相Ⅱ型障碍则为19～22岁，但是二者都可以在童年起病（Angst，2009；Judd et al.，2003；Merikangas & Pato，2009）。这比重性抑郁障碍的平均发病年龄要早一些，而且双相障碍发病更迅速（Angst & Sellaro，2000；Johnson et al.，2009）。双相障碍中大约有1/3始于青少年时期，而且发病之前往往存在轻度的心境波动或者心境循环（Goodwin & Ghaemi，1998；Goodwin & Jamison，2007；Merikangas et al.，2007）。双相Ⅱ型障碍患者中只有10%～25%会发展出完全的双相Ⅰ型障碍（Birmaher et al.，2009；Coryell et al.，1995）。

尽管单相和双相障碍的区别十分显著，但Angst和Sellaro（2000）对历史上的有关研究进行综述后，估算出接近25%的抑郁症患者后来经历了完全的躁狂发作。Cassano及其同事（2004）、Akiskal（2006）以及Angst等人（2010）的研究也都发现，有67.5%的单相抑郁患者会表现出某些躁狂症状。这些研究引发了对单相和双相障碍区别的质疑，并且有人提出二者可能共存于同一谱系上（Johnson et al.，2009；Merikangas et al.，2011）。

双相障碍在40岁后发病的例子相当罕见。一旦发生这种情况，则病程趋于慢性，也就是说躁狂和抑郁会长时间地交替下去。对于双相障碍，往往要通过持续服药来防止躁狂和抑郁的反复发作。双相障碍中一个非常常见的后果就是自杀，而且几乎总是发生于抑郁发作的时候，正如我们在简的例子看到的那样（Angst，2009；Valtonen et al.，2007）。据研究估算，双相障碍患者在其一生中实施过自杀的大约占12%～48%不等，比没有患双相障碍的人高出了20倍（Goodwin & Jamison，2007）。双相障碍患者成功自杀的比例是重性抑郁障碍反复发作型患者的4倍（Brown, Beck, Steer, & Grisham, 2000；Miklowitz & Johnson, 2006）。即使经过治疗，双相障碍也没有多少好转。一项大样本研究表明，治疗结束后的头5年中，60%的患者调适能力依然糟糕（Goldberg, Harrow, & Grossman, 1995；Goodwin et al.，2003）。一项对219名患者进行的更加全面和长期的追踪调查显示，只有16%的患者恢复正常，52%的患者仍处于反复发作中，16%的患者趋于慢性功能残疾，还有8%的患者走向了自杀的不归路（Angst & Sellaro，2000）。在另一个为期40年的长期跟踪研究中，11%的患者自杀（Angst, Angst, Gerber-Werder, & Gamma, 2005）。自杀的高风险不仅仅体现在西方国家，在全世界其他国家中也是如此（Merikangas et al.，2011）。

在典型病例中，环性障碍是持续终身的慢性疾病。这种心境循环波动的患者中有1/3～1/2会发展出完全的双相障碍（Kochman et al.，2005；Parker et al.，2012）。一项对环性障碍患者的调查发现，样本中60%为女性，而且发病年龄多为十几岁或者更早的时候，其中数据显示最常见的发病年龄为12～14岁（Goodwin & Jamison，2007）。这种疾病往往难以识别，人们认为这些患者仅仅是高度紧张、脾气暴躁、喜怒无常或者过分活跃（Akiskal，2009；Goodwin & Jamison，2007）。环性障碍可以再细分几个亚型：以轻度抑郁症状为主，以轻躁狂症状为主以及二者程度相差无几的类型。

小测验 7.1

请指出下列描述分别属于哪种情况：
A. 躁狂　　　　　B. 双重抑郁症
C. 持久性抑郁障碍　D. 重性抑郁发作
E. 双相Ⅰ型障碍

1. 瑞恩上周又和朋友一起出去喝酒了，一直玩到天亮，感觉自己身处世界之巅。今天瑞恩根本没力气起床去上班、见朋友，甚至连灯也打不开。这种情况在瑞恩身上每三个月发生一次。_____

2. 查理斯感到自己这次肯定能中彩票。他整晚都在亢奋地购物，眉头也不皱一下就把所有信用卡刷了个精光。他已经不是第一次像这样感到极度兴奋和快乐了。_____

3. 阿雅娜过去曾有过一些心境障碍问题，尽管她不是每天都那么糟。但有许多天她感到自己跌入谷底。尽管她咬牙坚持，但由于缺乏自信，她还是难以做出决定。_____

4. 过去的几周中，詹妮佛一直睡得很多。她感觉自己一无是处，甚至没有力气走出家门，体重也骤减。她的问题是一种最常见的极端心境障碍。_____

5. 尤西奥的心情总是低落而忧郁，但有些时候他的抑郁会让他感到一切都失去了乐趣。_____

心境障碍的患病率

最近几年，研究者们展开了几项大型的针对心境障碍患病率的流行病学调查研究（Kessler &

Bromet, 2013; Kessler & Wang, 2009; Merikangas & Pato, 2009; Weissman et al., 1991)。世界性的心境障碍患病率的评估结果显示，大约16%的人在一生中曾患过重性抑郁障碍，大约6%的人在过去一年里患有重性抑郁障碍（Hasin et al., 2005; Kessler et al., 2003; Kessler, Chiu, Demler, & Walters, 2005）。对于持久性抑郁障碍，心境恶劣和慢性重性抑郁加在一起的终身患病率和过去一年里的患病率均为3.5%（Kessler & Wang, 2009; Wittchen, Knäuper, & Kessler, 1994）。对于双相障碍，终身患病率大约为1%，去年患病率约为0.8%（Merikangas & Pato, 2009; Merikangas et al., 2011）。心境恶劣与双相障碍各自的终身患病率和去年患病率都十分接近，说明这些是慢性障碍，并且会在患者的一生中存在很长时间。有研究表明，女性患有心境障碍的比例是男性的两倍（Kessler, 2006; Kessler & Wang, 2009），但是这种性别差异主要源于重性抑郁障碍和持久性抑郁障碍（心境恶劣），而双相障碍在男女中患病率基本相同（Merikangas & Pato, 2009）。尽管如此，在双相障碍中也存在着其他的性别差异。正如前文所述，女性比男性更有可能表现出快速循环特征，更容易焦虑，也更容易进入抑郁阶段而非躁狂阶段（Altshuler et al., 2010）。有趣的是，黑人中患重性抑郁障碍和心境恶劣的比例显著低于白人（Hasin et al., 2005; Kessler et al., 1994; Weissman et al., 1991），不过，在双相障碍中没有发现这样的差异。一项关于美国黑人重性抑郁障碍的社区抽样研究发现，有3.1%的黑人在过去一年里患有重性抑郁障碍（Brown, Ahmed, Gary, & Milburn, 1995），另一项研究显示该数据为4.52%（Hasin et al., 2005），而白人中该数据为5.53%。一般或较差的健康状况是非裔美国人患抑郁的主要预测指标。很少有非裔能接受适当的治疗，只有11%的非裔患者与心理健康专业人士取得了联系（Brown et al., 1995）。另一方面，美国原住民的抑郁患病率则显著的高（Hasin et al., 2005）。不过，由于将抑郁翻译成美国原住民文化中的对应概念存在一定困难，所以这项发现尚需要更多深入研究（Beals et al., 2005; Kleinman, 2004; 见后文中关于文化的介绍）。

儿童、青少年和老年人中的患病率

一直以来，对于儿童和青少年心境障碍患病率的估计差别很大，不过更加成熟的研究正在逐步显现。一般的结论是，抑郁障碍在前青春期儿童中的患病率低于成人，但是，进入青少年期后就增长得非常迅速（Brent & Birmaher, 2009; Garber et al., 2009; Kessler et al., 2012; Rohde et al., 2013; Rudolph, 2009）。在2～5岁的儿童中，患重性抑郁的比例为1.5%，5岁以后的儿童患病率略低（Garber et al., 2009）。但是，20%～50%的孩子有着不同程度的抑郁症状，尽管这些症状的频率和程度都没有达到抑郁的诊断标准，却仍会对孩子造成多多少少的损害（Kessler, Avenevoli, & Ries Merikangas, 2001; Rudolph, 2009）。青少年中重性抑郁障碍的患病率与成年人相同（Kessler et al., 2012; Rohde et al., 2013; Rudolph, 2009）。在儿童期，抑郁障碍患者的性别比例大致相等。进入青少年时期后，这种平衡被戏剧性地打破了。在青少年中，患重性抑郁障碍的大部分是女孩（在后文中我们将继续谈到抑郁的性别差异）。青春期似乎是一个打破性别平衡的起点（Garber & Carter, 2006; Garber, Clarke et al., 2009; Nolen-Hoeksema & Hilt, 2009）。有意思的是，这种性别的不平衡在轻微的抑郁中并不明显。

65岁以上人群的重性抑郁障碍患病率大约为全年龄层人口患病率的50%（Blazer & Hybels, 2009; Byers, Yaffe, Covinsky, Friedman, & Bruce, 2010; Fiske, Wetherell, & Gatz, 2009; Hasin et al., 2005;

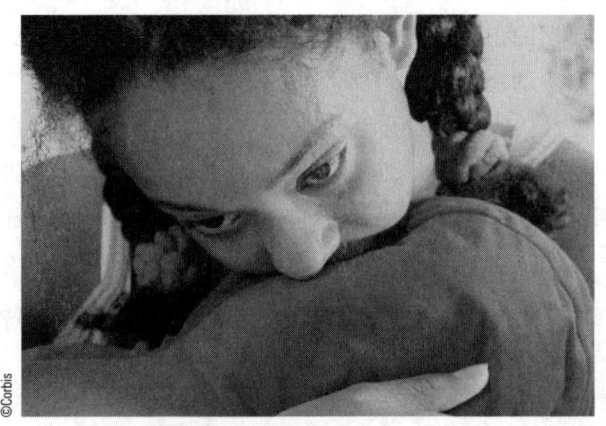

在青少年期，严重的重性抑郁障碍主要发生在女孩身上。

Kessler et al., 2003），这或许是因为能够触发重性抑郁发作的压力生活事件随年龄的增大而减少了。但是，不满足重性抑郁障碍诊断标准的轻微抑郁症状在老年人中较为普遍（Beekman et al., 2002；Ernst & Angst, 1995；Gotlib & Nolan, 2001），而且这些症状与疾病、身体虚弱有关（Delano-Wood & Abeles, 2005；Roberts, Kaplan, Shema, & Strawbridge, 1997）。

双相障碍的患病率在儿童、青少年以及成人中都差不多（约1%）（Brent & Birmaher, 2009；Kessler et al., 2012；Merikangas & Pato, 2009）。双相障碍的临床诊断比例已有明显增长，不过，由于前述的各种原因放宽了对儿童的诊断标准，使得一些如今应当被诊断为破坏性心境失调障碍的，也被归入了双相障碍中。考虑到心境障碍的长期性和严重性（Gotlib & Hammen, 2009），心境障碍在所有年龄层次中的发病率确实都很高，这一点说明心境障碍不仅会影响到患者及其家人，同时足以对社会产生影响。

毕生发展对心境障碍的影响

心境障碍的患病率会随着年龄而变化，同时个体的年龄和发展水平也会影响心境障碍的许多特性。让我们来回顾一下之前强调过的这些个体发展特征，先谈儿童和青少年，再谈老年人。你可能会认为，必须有一定的生活经历，例如消极事件积累到一定程度才会产生悲观的情绪，从而导致抑郁。正如心理病理学中许多曾经看似合理的猜想一样，这并不总是正确的。有证据表明，即使只有3个月大的婴儿也有可能抑郁！抑郁的母亲生下的孩子即使和并不抑郁的成年人互动时也会表现出明显的抑郁行为（面容悲伤、运动缓慢、反应减少等）（Garber et al., 2009；Guedeney, 2007）。现在还不十分清楚这种行为或者气质是从母亲那里继承而来的遗传倾向，还是生命早期和抑郁的母亲进行互动的结果，抑或二者兼而有之。

大部分研究者认为，儿童和成人的心境障碍在本质上是类似的（Brent & Birmaher, 2009；Garber et al., 2009；Weiss & Garber, 2003）。因此，在DSM-5中没有专门的"儿童型"心境障碍分类，而唯一的例外是针对12岁以下儿童的破坏性心境失

母亲抑郁的孩子可能会在不到1岁时便表现出抑郁行为。

调障碍诊断。这与同样只在早期出现的某些焦虑障碍并不一样。但是，抑郁症的"外表"似乎会随着年龄而发生变化。例如，3岁以下儿童的抑郁症可能通过表情悲伤、易激惹、疲劳、苦恼、大发脾气以及饮食和睡眠方面的问题表现出来。在极端情况下，这种情况可能会发展成破坏性心境失调障碍。但在9～12岁的孩子中，上述很多症状特征并不会出现。Luby等人（2003）对学龄前儿童（6岁及以下）的研究表明，搁置两周病程这一诊断要求是十分必要的，因为对这个年纪的儿童来说，心境发生这样的波动是很正常的事。另外，如果儿童清晰地表现出诸如悲伤、易激惹和快感缺乏等核心症状，则符合4个（而不是5个）症状就足以作出诊断。不过，即使是快感缺乏、绝望、睡眠过量和社会退缩等核心症状也会随着年龄而变化，通常会越来越严重（Garber & Carter, 2006；Weiss & Garber, 2003）。

让我们再来看看躁狂的情况。相比典型的躁狂状态，9岁以下的患儿会表现得更加易激惹和情绪化，特别是易激惹（Fields & Fristad, 2009；Leibenluft & Rich, 2008）。但我们必须牢记，单纯

的易激惹并不足以诊断躁狂，因为它与许多儿童期的问题都相关（易激惹对于躁狂障碍来说是非特异性的）。"情绪波动"或震荡性躁狂状态在成人中并不独有，它也可以成为患病儿童的特征，比如短暂的或快速循环的躁狂发作可能出现在一天中的部分时间（Youngstrom，2009）。

在个体发展方面，儿童和青少年与成人的一个区别在于各自的共病模式。例如，儿童期抑郁（和躁狂）经常会联系到甚至被误诊为 ADHD，或者品行障碍，后者中攻击性和破坏行为都十分常见（Fields & Fristad，2009；Garber et al.，2009）。品行障碍和抑郁往往会在双相障碍中同时出现。但是，需要再次强调的是，很多孩子目前最好还是被诊断为破坏性心境失调障碍，因为这一诊断能够最好地解释这种共病模式。对潜在抑郁的任何成功治疗（或自发恢复）都可以缓解这些患者身上的 ADHD 或品行障碍问题。双相障碍的青少年患者也可能会有攻击性、冲动性、性挑动倾向和事故倾向（Carlson，1990；Keller & Wunder，1990）。

不管其表现如何，考虑到可能带来的后果，儿童和青少年的心境障碍都需要严肃对待（Garber et al.，2009）。Fergusson 和 Woodward（2002）在一项大型前瞻性研究中发现，1265 名青少年中有 13% 在 14～16 岁时发展出了重性抑郁障碍。同未患抑郁的对照组相比，这些青少年在 16～21 岁时，发生重性抑郁、焦虑障碍、尼古丁依赖、实施自杀、滥用药物及酒精、学业成绩差以及过早成为父母等情形的概率显著较高。Weissman 等人（1999）调查了 83 名在青春期之前发病的重性抑郁障碍未成年人患者，并且追踪了 10～15 年。整体而言，这组被试成年以后的状态很糟糕，与没有重性抑郁障碍的同龄被试相比，实施自杀和社会功能受损的比例非常高。有趣的是，这些前青春期的孩子更有可能出现像成年人那样的物质滥用等其他障碍，这一点与患重性抑郁障碍的青少年是不同的。Fergusson、Horwood、Ridder 和 Beautrais（2005）发现，可以通过青少年期抑郁症状的数量和严重程度来预测成年后抑郁症状的数量和自杀行为。显然，在童年或青少年期患抑郁是非常危险的，如可能，应尽全力及早治疗或预防。

在老年人中

直到最近，我们才开始认真关注老年人的抑郁问题（Wittchen，2012）。一些研究估计，在养老院中有 14%～42% 的老年人经历过重性抑郁发作（Djernes，2006；Fiske et al.，2009）。最近的一项大型研究对 56～85 岁的抑郁老人进行了为期 6 年的追踪观察，结果发现，其中 80% 未出现好转，而是持续抑郁状态（或时好时坏），尽管他们的症状严重程度并未达到障碍的诊断标准（Beekman et al.，2002）。晚发的抑郁症会伴有明显的睡眠困难、疾病焦虑障碍（焦虑集中在可能患病或受到某种形式的伤害）和激越表现（Baldwin，2009）。诊断老年人的抑郁比较困难，因为患有身体疾病或者已经开始显出痴呆的老年人可能会抑郁，但是其症状很可能被归因于身体疾病或痴呆问题，从而被遗漏了（Blazer & Hybels，2009；Delano-Wood & Abeles，2005）。事实上，50% 的阿尔茨海默症患者同时患有抑郁，这使他们的家庭面临更大的困难（Lyketsos & Olin，2002）。

在老年人中，焦虑障碍往往会伴随着抑郁（约 1/3 到 1/2 的老年患者），尤其是广泛性焦虑障碍和惊恐障碍（Fiske et al.，2009；Lenze et al. 2000）；当伴发这些障碍的时候，患者的抑郁情况会更加严重。根据 DSM-5 的规定，医生现在必须在诊断心境障碍时说明焦虑症状是否存在及其严重程度，因为这些信息对估计心境障碍的严重程度和病程以及选择适当的治疗方法都很有帮助。1/3 的老年患者还伴随有酗酒现象（Devanand，2002）。一些研究表明，进入绝经期也会增加没有抑郁病史的女性患抑郁的概率（Cohen，Soares，Vitonis，Otto，& Harlow，2006；Freeman，Sammel，Lin，& Nelson，2006）。这有可能是这段时期内的生物因素，比如激素变化，或是令人沮丧的躯体症状及其他生活事件而造成的。在老年人中，抑郁症还有可能会诱发身体疾病甚至死亡（Blazer & Hybels，2009）。事实上，抑郁使得有心脏病发作和中风历史的老年患者的死亡风险翻倍（Schulz，Drayer，& Rollman，2002；Whooley & Wong，2013）。Wallace 和 O'Hara（1992）在一项历时 3 年的纵向研究中发现老年人的抑郁程度在不断加重。他们认为，这种趋势和身体疾病的增加以及社会支持的减少有关（Wittchen，2012）；换句话说，当我们逐渐变得虚弱和孤单，其心理结果就是产生抑郁，而这会进一步导致我们更加虚弱，社会支持更少。Bruce（2002）的研究也证实：配偶的死亡、照料患病配偶的沉重负担以及因疾病丧失独立生活能力是这个年龄组中抑郁的最大风险因素。这种恶性循环是致命的——和其他年龄组相比，老年人的自杀率是最高的（Conwell, Duberstein, & Caine, 2002）。不过，这一自杀率近来有所降低（Blazer & Hybels, 2009）。

65岁以后，抑郁患者中的性别失衡现象显著缓和。在童年早期，男孩比女孩患抑郁的可能性更大，但是女性青少年抑郁患者占据了压倒性的比例，造成了性别失衡现象。这种情况一直持续到年老的时候，老年男性抑郁患者的大幅增加使得男性和女性的患病率变得相差无几（Fiske et al., 2009）。就整个一生来看，从童年早期开始，这是抑郁的性别比例第一次接近平衡。

跨文化研究

之前我们谈到过，焦虑在某些文化中有表现为躯体形式的强烈趋势。很多人选择抱怨自己胃痛、胸痛、头痛或者心脏不适，对恐惧、惊慌或广泛性的焦虑则避而不谈。心境障碍中也存在类似的跨文化差异。考虑到焦虑和抑郁的密切关系（Kessler & Bromet, 2013），这并不令人惊讶。虚弱或疲劳的主观感受是抑郁特有的表现，同时伴有精神或者躯体动作的缓慢或迟滞（Kleinman, 2004; Ryder et al., 2008）。有些文化对于抑郁有他们自己的称呼，例如，美国原住民部落之一霍皮（Hopi）族，将抑郁状态称为"心碎"（Manson & Good, 1993），而在澳大利亚中部原住民则将抑郁归咎于精神状态脆弱或受到了伤害（Brown et al., 2012）。

虽然心境障碍的特征性躯体症状在不同文化中大致相同，但是比较患者的主观感受仍然存在困难。人们看待抑郁的方式很可能受到其文化观点和社会角色的影响（Jenkins, Kleinman, & Good, 1990; Kleinman, 2004; Ryder et al., 2008）。例如，在注重<u>个人</u>而不是<u>集体</u>的社会中，往往听到患者叙述"我感到沮丧"或者"我有些抑郁"。但是，在那些个人利益融合到集体的社会中，患者往往会说"我们的生活失去了意义"，指的是患者所归属的集体（Manson & Good, 1993）。

在具体的地区，抑郁的患病率会有鲜明的差异。Kinzie、Leung、Boehnlein 和 Matsunaga（1992）使用结构化面谈来确定美国一座原住民村庄中符合心境障碍诊断标准的成年人比例。结果显示，对于所有的心境障碍，男性的终身患病率为19.4%，女性为36.7%，整体上是28%，比总体人口中的患病率大约高了4倍。具体而言，数据上几乎所有的增多都来自重性抑郁障碍的超高患病率。在同一村庄中，物质滥用的人数比例与重性抑郁障碍类似（参见第11章）。Hasin 及其同事（2005）在另一村庄发现，总患病率相对较低，为19.7%；但是这一数字仍然比白人高出1.5倍，并且这一差异达到显著水平。另一方面，Beals 等人（2005）报告了另外两个部落中相当低的患病率。这种患病率的差异可能是因为所用的访谈方法不同或因为各地区在条件和文化上的巨大差异所导致的。不过，原住民所处的众多保留地的社会和经济发展状态普遍恶劣，人们长期生活在巨大的慢性压力下，而这与心境障碍（尤其是重性抑郁障碍）的发病之间有很强的联系。

在杰出人物中

在美国历史的早期，Benjamin Rush——美国精神病学的奠基人及《独立宣言》的签署者之一——观察到一些有趣的现象（Rush, 1812）：

> 根据一些异乎寻常了不起（但没有疾病）的大脑，人类的心智有时不仅可以展现出非凡的力量和敏锐，还可以展现出某些以前从未表露过的天赋。在口才、诗歌、音乐、绘画以及机械方面的杰出才能，往往就包含在这种疯狂的状态之中。

几千年来，这样的临床观察已经进行了许多次，不但涉及创造力，还涉及领导力。亚力士多德曾经指出：最优秀的哲学家、诗人、政治家和艺术家都有种"忧郁"的倾向（Ludwig, 1995）。

音乐家 Demi Lovato 在治疗其他心理健康问题的时候被诊断出了双相障碍。

天才，同时也是疯子，这个结论是不是正确的呢？众多研究者，包括 Kay Redfield Jamison 和 Nancy Andreasen，都试图找出答案。结果是令人吃惊的。表 7.3 列出了一些著名的美国诗人，其中不少人得过普利策奖。你可以看到，几乎所有人都有双相心境障碍，并且有许多都自杀了。《新牛津美国诗歌集》（*The New Oxford Book of American Verse*）中收录了 36 位 20 世纪出生的美国诗人的优秀作品，表 7.3 中所列的 8 位诗人都名列其中。也就是说，这 36 位诗人中，大约 20% 有双相障碍（而总体人口的患病率略小于 1%）；但是，Goodwin 和 Jamison（2007）认为，20% 仍然是保守的估计，因为缺少足够的细节来判断其余的 28 名诗人是否也患有双相障

碍。Andreasen（1987）对 30 名创造型作家的研究结果也与表 7.3 类似。Kaufman（2001，2002）通过观察得出结论，即使和其他艺术家及领导者相比，女性诗人患双相障碍比例也仍然要高得多。为什么偏偏是女性诗人呢？Kaufman 和 Baer（2002）猜想，在一个要求女性承担支持和附属角色的社会里，女性诗人所共有的与创造力紧密联系的独立性甚至叛逆性可能让她们面临着更大的压力。

有很多艺术家和作家，不管是否有患心境障碍的可能，都曾谈到当灵感来袭时，自己思维迅速、情绪高涨而且浮想联翩（Jamison，1989，1993）。躁狂状态的一些内在特质或许对创造力有助推作用，并且近期研究表明，创造力只与躁狂发作有关，而与抑郁发作无关（Soeiro-de-Souza, Dias, Bio, Post, & Moreno, 2011）。另一方面，心境障碍的遗传易感性可能独立地与创造力的禀赋先天伴生（Richards, Kinney, Lunde, Benet, & Merzel, 1988）。换句话说，双相障碍的基因模式可能同时承载着创造力的火花。后续的一系列研究证明，双相障碍（而非单相障碍）患者在创造力测试中的成绩确实较好；即使不在躁狂或抑郁发作的功能正常时期，依旧如此（Santosa et al., 2007; Srivastava et al., 2010; Strong et al., 2007）。这些观点还需要更多验证，但是，对于每个文化都高度重视的创造力和领导力，进一步理解"疯狂"的概念会有助于研究者获得更多成果（Goodwin & Jamison, 2007; Ludwig, 1995）。

表7.3　部分20世纪重要美国诗人的躁狂—抑郁（双相障碍）病史纪录

诗　人	普利策诗歌奖	因为重性抑郁接受治疗	因为躁狂接受治疗	自杀
Hart Crane（1899—1932）		✓	✓	✓
Theodore Roethke（1908—1963）	✓	✓	✓	
Delmore Schwartz（1913—1966）		✓	✓	
John Berryman（1914—1972）		✓	✓	✓
Randall Jarrell（1914—1965）	✓	✓		✓
Robert Lowell（1917—1977）	✓	✓	✓	
Anne Sexton（1928—1974）	✓	✓		✓
Sylvia Plath*（1932—1963）	✓	✓		✓

* Plath 尽管没有接受躁狂的治疗，但很可能患有双相 II 型障碍。
Source: Goodwin, F. K., & Jamison, K. R. (1990). *Manic depressive illness*. New York, NY: Oxford University Press.

> **小测验 7.2**
>
> 判断下面各项陈述的对错。对的写 T, 错的写 F。
>
> 1. _____ 女性被诊断为患有心境障碍的概率是男性的两倍。
> 2. _____ 抑郁建立在生活经历的基础之上,所以婴幼儿不会患上抑郁障碍。
> 3. _____ 对于老年人来说抑郁症的诊断非常困难,因为它的某些症状与老年期的躯体疾病或痴呆相似。
> 4. _____ 各个文化中心境障碍患者的躯体症状都差不多。

心境障碍的病因

我们在第 2 章中曾经谈过,不同的病因可能产生相同的结果。正像发烧可能有很多原因一样,抑郁也可能有很多原因。例如,冬季发生的抑郁的诱因就有别于亲友死亡之后发生的抑郁,虽然它们表面上十分相像。然而,不论诱因如何千差万别,心理病理学家们正致力于找出导致心境障碍的主要的生物,心理和社会因素。一种有关心境障碍病因的整合理论考虑到上述诸因素的相互作用以及焦虑和抑郁之间的紧密联系,在对其进行描述之前,我们先看看每种因素的有关证据。

生物学影响因素

确定一种或者一类障碍的遗传学影响因素,这样的研究在设计上是比较复杂而困难的。但家族研究及双生子研究等方法可以帮助我们对生物学因素进行评估。

家族及遗传影响

在家族研究中,研究者选定一个已经患有某种障碍的个体(先证者),然后调查其一级亲属(包括父母、子女及同父同母的兄弟姐妹)的患病率。我们已经发现,这些先证者(心境障碍患者)的亲属的患病率是控制组(未患心境障碍者的亲属)的 2 ~ 3 倍(Lau & Eley, 2010; Klein, Lewinsohn, Rohde, Seeley, & Durbin, 2002; Levinson, 2009)。

先证者的发病年龄早、障碍日益严重以及反复发作(就重性抑郁而言)都与其亲属中的抑郁比例高有关(Kendler, Gatz, Gardner, & Pedersen, 2007; Klein et al., 2002; Weissman et al., 2005)。

基因和心境障碍有关的最佳证据来自于双生子研究。我们观察了同卵双生子和异卵双生子,前者基因完全相同,而后者只有 50% 的基因相同(和一级亲属一样)。如果某种障碍中存在遗传因素的话,那么同卵双生子都患此种障碍的概率就会远大于异卵双生子。最近的几项双生子研究都证明,心境障碍是可遗传的(Kendler, Neale, Kessler, Heath, & Eaves, 1993; McGuffin et al., 2003)。图 7.3 显示了一项有力的研究证据(McGuffin et al., 2003)。我们可以看到,如果双生子之中的先证者患有某种心境障碍,那么另外一个如果是同卵双生子,其患心境障碍的概率要比另外一个是异卵双生子的概率高 2 ~ 3 倍(若双生子中的先证者患双相障碍,则另一个同卵双生子患单相或双相障碍的概率为 66.7%,而异卵双生子仅为 18.9%;若双生子之中的先证者患单相障碍,则另一个同卵双生子患单相或双相障碍的概率为 45.6%,而异卵双生子仅为 20.2%)。值得注意的是,若同卵双生子之一患单相心境障碍,则另一双生子患双相障碍的可能性几乎是零。

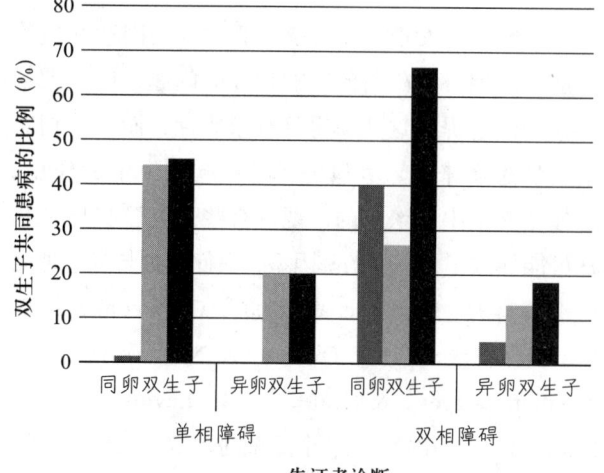

图 7.3 双生子心境障碍的共同患病比例

Source: Adapted from McGuffin, P., Rijsdijk, F., Andrew, M., Sham, P., Katz, R., & Cardno, A. (2003). The heritability of bipolar affective disorder and the genetic relationship to unipolar depression. *Archives of General Psychiatry, 60*, 497–502, © 2003 American Medical Association.

最近，有两项研究显示抑郁的遗传易感性存在着性别差异。Bierut等人（1999）研究了2662对澳大利亚双生子，发现女性的抑郁比例显著高于男性，并估算女性的遗传性为36%～44%。这和其他研究的结果是一致的。同时，研究还估算男性的遗传性要低一些，为18%～24%。这和Lyons等人在美国对男性的研究结论也基本相同。于是，研究者们认为：在产生抑郁的过程中，环境事件对男性的影响要大于女性。

注意，上述研究表明先证者患有双相障碍与其近亲属罹患某种心境障碍的高风险有关，但不一定是患双相障碍的风险。这个结论支持了以前的一种观点：双相心境障碍只是一种更为严重的心境障碍，而本质上与单相障碍是相通的。不过，对于同卵双生子二者都患某种心境障碍的情况，其中有80%类型也是一致的。换句话说，如果同卵双生子之一患有单相心境障碍，则另一患单相心境障碍的概率为80%。这个发现则反映出：这些障碍是分别遗传的，而且仍是独立的障碍（Nurnberger，2012；Nurnberger & Gershon，1992）。

McGuffin等人（2003）对此的结论是：以上两种结论均部分正确。他们提出，在两类心境障碍中，遗传因素对抑郁的影响是相同或类似的，但对躁狂的影响则大相径庭。因此，双相障碍患者中抑郁的遗传影响普遍较大，而躁狂的遗传影响则各不相同。这一假说尚有待进一步确认。

虽然这些发现并没有解决心理社会因素和遗传因素对产生心境障碍的影响程度的问题，但是大量的证据已经提示这些障碍具有家族性，而且特别对于女性患者来说，其遗传易感性起到一定的作用。正如第2章中所谈到的，现在有些研究已找出了几种可能导致了易感性的基因型，它们至少与某些种类的抑郁有关（Bradley et al.，2008；Caspi et al.，2003；Garlow，Boone，Li，Owens，& Nemeroff，2005；Kendler，Aggen，& Neale，2013；Levinson，2009；Nurnberger，2012）。在这个复杂的领域，人们还会发现许许多多对各种抑郁起一定作用的其他基因组合。

总之，对于抑郁中遗传作用的最佳估计是：女性大约为40%，而男性要低得多（约20%）。基因的影响对于双相障碍会大一些，这意味着抑郁的病因中有60%～80%要归结于环境因素。此外，最近的研究发现基因与各种精神障碍之间的关联存在很大的异质性。所以上述百分比（女性40%，男性20%）也许不能反映任何一种遗传模式与特定基因组合的关联，而可能是多组不同的基因各自构成了不同的遗传模式（Kendler，Jaffee，& Roemer，2011；McClellan & King，2010）。例如，顶级行为遗传学家之一的Ken Kendler及其同事最近报告，有三个遗传因素分别影响着重性抑郁，其中一个因素与认知和精神运动症状有关，第二个因素和心境有关，而第三个因素与植物神经（忧郁）症状有关（Kendler et al.，2013）。正如我们在第4章中看到的，行为遗传学家们将环境因素分解为双生子共同经历的事件（在同一个屋檐下接受同样的抚育，而且很有可能经历同样的应激事件）和非共同经历的事件。我们的哪些经历会带来抑郁呢？现在已经达成共识，是那些非共同经历的事件和生物易感性相互作用，从而导致了抑郁（Lau & Eley，2010；Plomin，DeFries，McClearn，& Rutter，1997）。

焦虑和抑郁：相同的基因？

虽然许多研究都单独考察具体的障碍类型，但现在的趋势是对于一组相关障碍的遗传性进行研究。现有的证据已经表明抑郁、焦虑和惊恐（以及其他情绪障碍）之间有非常密切的关系。例如，家族研究的数据提示，先证者的焦虑和抑郁的症状越多，那么其一级亲属和子女中出现焦虑、抑郁或两者皆有的比例就越大（Hudson et al.，2003；Leyfer & Brown，2011）。在多篇重要的研究报告中，Ken Kendler和他的同事们通过对超过2000对女性双生子的调查（Kendler，Heath，Martin，& Eaves，1987；Kendler，Neale，Kessler，Heath，& Eaves，1992b；Kendler et al.，1995）也发现，焦虑和抑郁有着共同的遗传因素。社会和心理因素似乎可以对焦虑和抑郁的不同之处作出解释。这些发现又一次提示，除了躁狂外，心境障碍的生物易感性与具体的障碍类型很可能并非一一对应，而是反映了更为宽泛的焦虑或心境障碍的遗传素质，甚至是所有情绪障碍背后潜在的共同气质特征（如神经质等）（Barlow et al.，2013）。而某种特定类型的障碍是心理学、社会学或额外的生物学因素共同作用的结果（Kilpatrick et al.，2007；Rutter，2010）。

神经递质系统

在心理病理学领域，关于心境障碍的神经生物学研究数量是最多的（精神分裂症可能是个例外）。在第2章，我们已经知道神经递质系统分为多种类型，而且通过许多复杂的途径与神经调节因子（内分泌系统的产物）相互作用。研究表明，心境障碍患者体内5-羟色胺（即血清素）水平比较低，但这只是与其他神经递质（包括去甲肾上腺素和多巴胺）相比（Thase, 2005, 2009）。记住，5-羟色胺最基本的作用是调节我们的情绪反应。例如，当我们体内5-羟色胺水平比较低的时候，我们会更加冲动，心境波动的范围也更大。这可能是因为5-羟色胺的功能之一是调节去甲肾上腺素和多巴胺系统。根据这样的假设，当5-羟色胺水平比较低的时候，其他神经递质变化范围就比较大，处于失调状态（去甲肾上腺素的减少是结果之一），从而导致心境不稳（包括抑郁状态）。最近，Mann等人（1996）运用复杂的脑成像技术（PET扫描）确认了抑郁症患者脑中的5-羟色胺能系统受到了损伤，但后续的研究表明这一联系仅仅存在于有自杀倾向的比较严重的患者身上（Mann, Brent, & Arango, 2001; Thase, 2009）。目前的观点是，不同神经递质之间的平衡以及它们与自我调控系统之间的交互作用，比某种神经递质的绝对水平更为重要（Carver, Johnson, & Joormann, 2009; Whisman, Johnson, & Smolen, 2011; Yatham et al., 2012）。

在这种精巧的平衡中，多巴胺扮演了一个令人感兴趣的角色，尤其是在和躁狂发作之间的关系上以及与精神病性特征的关系上（Dunlop & Nemeroff, 2007; Garlow & Nemeroff, 2003; Thase, 2009）。例如：多巴胺的激动剂左旋多巴（以及多巴胺的其他激动剂）似乎可以导致双相障碍病人的轻躁狂发作（Van Praag & Korf, 1975; Silverstone, 1985）。慢性应激会降低多巴胺水平，并导致类抑郁行为（Thase, 2009）。但是，与这一领域的其他研究一样，确定任何对应关系都是非常困难的。

内分泌系统

在过去的几年里，人们的注意力已经从神经递质转移到内分泌系统及抑郁病原学的"应激假说"上（Nemeroff, 2004）。这个假说重点强调负责产生应激激素的HPA轴的过度活跃问题。请再次注意，第5章中对焦虑的神经生物学描述（Barlow et al., 2013; Britton & Rauch, 2009; Charney & Drevets, 2002）与此类似。研究者注意到，有内分泌系统疾病的患者会变得抑郁，因而对内分泌系统越加感兴趣。例如，甲状腺功能低下或者库欣综合征与肾上腺皮质功能有关，会导致肾上腺皮质激素的过度分泌，从而往往产生抑郁（或焦虑）。

在第2章和第5章中，我们讨论过HPA轴中的脑回路部分，它从下丘脑到达脑垂体，而后者负责调节内分泌系统（见图2.10）。研究者发现，下丘脑的神经递质活动会调节某些激素的释放，而后者可以影响HPA轴。**神经激素**（neurohormones）由此逐渐引起了人们的注意（Garlow & Nemeroff, 2003; Hammen & Keenan-Miller, 2013; Nemeroff, 2004; Thase, 2009）。神经激素有成千上万种，找出它们和神经递质系统之间的关系（以及确定它们对中枢神经系统的独立作用）无疑是一项非常复杂的工作。肾上腺皮质是受垂体影响的腺体之一，它可以分泌应激激素皮质醇。皮质醇被称为**应激激素**（stress hormones）是因为发生应激性事件时它的分泌是增加的（对此第9章有更多讨论）。现在我们已经知道，抑郁患者的皮质醇水平也会提高，因此这使得我们开始考虑抑郁和严重生活应激之间的关系（Barlow et al., 2013; Bradley et al., 2008; Thase, 2009）。

根据这种联系，临床上出现了一种有关抑郁的生物学试验——**地塞米松抑制试验**（dexamethasone suppression test，简称DST）。地塞米松是一种<u>糖皮质激素</u>，在正常被试身上可以抑制皮质醇的分泌。但是，当给抑郁患者地塞米松后，这种抑制作用非常小，而且即使有持续时间也很短（Carroll, Martin, & Davies, 1968; Carroll et al., 1980）。大约有50%的患者出现了这种抑制作用的减弱，尤其是那些程度比较严重的病人（Rush et al., 1997）。对此的解释是：由于抑郁患者的肾上腺皮质分泌了足够多的皮质醇，从而抵消了地塞米松的抑制作用。这个理论非常重要，它为心理障碍确立了第一个在实验室进行的生物学试验。但是，随后的研究表明，其他障碍（尤其是焦虑障碍）的患者也表现出这种抑制作用的减弱或消除现象（Feinberg & Carroll, 1984; Goodwin & Jamison, 2007），这对于是否能用这种试验来诊断抑郁提出了质疑。

近十年来的研究出现了令人鼓舞的转折。在认识到应激激素在抑郁（和焦虑）患者体内分泌增加之后，研究者开始重点关注分泌增加所带来的后果。初步研究发现，这些激素对神经元有害，它们能使一种保持神经元健康生长的关键成分减少。我们已经在第5章中了解到，应激激素长时间高水平分泌的个体脑中的海马结构有所萎缩。和其他某些部位一道，**海马**（hippocampus）不仅负责监控应激激素保持在适当的水平上，还在促进短期记忆等认知过程中起重要作用。新的研究（至少是在动物研究中）发现，长期大量分泌应激激素使生物体失去生成新神经元（神经发生）的能力。因此，有的理论提出，高水平应激激素和抑郁之间的联系在于前者会抑制海马中的神经发生过程（Glasper, Schoenfeld, & Gould, 2012; Heim, Plotsky, & Nemeroff, 2004; Snyder, Soumier, Brewer, Pickel, & Cameron, 2011; Thase, 2009）。证据显示，母亲患有反复发作型抑郁障碍的女儿，相比于母亲没有抑郁障碍的女儿，前者的海马体积变小，患抑郁的风险也变得更高（Chen, Hamilton, & Gotlib, 2010）。这一发现表明，较小的海马体积可能是抑郁发病的前兆，甚至有可能与发病有因果关系。下文将提到，科学家观察发现，有些抑郁治疗方法（包括电痉挛治疗法）之所以成功，可能是因为它们能促成海马中的神经发生机制，从而逆转上述过程（Duman, 2004; Santarelli et al., 2003; Sapolsky, 2004）。最近，动物实验研究表明，锻炼身体可以促进神经发生。这很可能就是某些包含了身体锻炼的心理疗法成功的原理；例如，后面将要讲到的行为激活技术（Speisman, Kumar, Rani, Foster, & Ormerod, 2013）。当然，这一看法目前仅仅停留在理论阶段，尚需未来的长期验证。

睡眠和昼夜节律

我们已经知道睡眠紊乱是很多心境障碍的特点。更重要的是，一般人从入睡以后到**快速眼动睡眠**（rapid eye movement sleep，简称REM）开始之前会有一段时间，而抑郁症患者这段时间明显缩短。你可能还记得你的普通心理学或生理学课程上说过，睡眠分为两个主要的阶段：快速眼动睡眠和非快速眼动睡眠。当我们入睡以后会经历若干睡眠逐渐加深的阶段，正是这些阶段的睡眠让我们获得绝大部分的休息。大约90分钟以后，我们开始了快速眼动睡眠。这时，大脑被唤起，我们开始做梦。我们的眼球在眼睑的遮盖下快速地来回转动，快速眼动睡眠即由此得名。随着夜晚的延续，我们的快速眼动睡眠也在增多（我们将会在第8章讨论有关睡眠过程的更多细节）。除了进入快速眼动睡眠比正常人更迅速之外，抑郁患者的快速眼动活动也更加紧张，而且深睡眠状态，即**慢波睡眠**（slow wave sleep）阶段，在很久以后才会出现，有时甚至根本没有（Jindal et al., 2002; Kupfer, 1995; Thase, 2009）。目前看来，睡眠的某些特征只出现在抑郁期间，而不发生在其他情况下（Riemann, Berger, & Voderholzer, 2001; Rush et al., 1986）。但有证据表明，至少在一些比较严重的反复发作型抑郁病例中，即使个体并非处在抑郁期间，仍可能出现持续的睡眠紊乱和深度睡眠的减少（Kupfer, 1995; Thase, 2009）。

睡眠模式的紊乱在抑郁患儿中表现得不如成人那么明显，这可能是因为儿童的睡眠普遍很深，而这也再一次说明了个体的发展阶段对心理病理学的重要影响（Brent & Birmaher, 2009; Garber et al., 2009）。但是，睡眠紊乱对于患有抑郁的老年人则影响非常严重。实际上，失眠这个在老年人中相当普遍的问题，正是抑郁发病和持续的风险因素之一（Fiske et al., 2009; Perlis et al., 2006; Talbot et al., 2012）。在一项很有趣的新研究中，研究者发现对于同时患有失眠和抑郁障碍的病人，直接治疗其失眠可以促进对抑郁的疗效（Manber et al., 2008）。睡眠紊乱也发生在双相障碍患者身上，而且格外严重。它不仅体现在进入快速眼动睡眠的时间缩短上，而且还体现在严重的失眠和嗜睡（过度睡眠）上（Goodwin & Jamison, 2007; Harvey, 2008; Harvey, Talbot, & Gershon, 2009）。最近，Talbot等人（2012）研究了既不处于抑郁期也不处于躁狂期（即间隔期）的双相障碍患者的睡眠和心境的关系，并与一组单纯的失眠患者做了比较。结果表明，双相障碍患者和失眠患者较健康对照组均有较大的睡眠紊乱，而且这两组的睡眠和心境都是相互影响的关系。也就是说，消极心境可以预测睡眠紊乱，而睡眠紊乱的持续又会加重消极心境。因此，看起来这种关系可以跨越不同的诊断，因此对于睡眠紊乱的治疗可以对失眠和心境障碍患者都产生直接的积极影响。

另外一项有趣的发现是，剥夺抑郁患者的睡眠，尤其是后半夜的睡眠，会使他们的状态暂时好转（Giedke & Schwarzler，2002；Thase，2009）；这一方法对处于抑郁阶段的双相障碍患者尤其有效（Johnson et al.，2009；Harvey，2008），然而当他们恢复正常睡眠之后抑郁状态又会回到从前。无论如何，由于睡眠反映了生物节律，所以季节性情感障碍、抑郁患者的睡眠紊乱以及更为广泛的生物节律失调之间可能存在某种关系（Soreca, Frank, & Kupfer，2009）。如果这一结论得到证实，并不会让人感到吃惊。因为大部分哺乳动物对其居住的特定纬度的白昼时间长短感觉很敏锐，并依此"生物钟"来控制自己的进食、睡眠和体重变化。因此，昼夜节律受到破坏对于某些易感人群来说确实是一个不小的问题（Moore，1999；Sohn & Lam，2005；Soreca et al.，2009）。

最后，异常的睡眠模式，尤其是快速眼动睡眠的失调和睡眠质量的下降，往往预示着患者对心理治疗的反应不佳（Buysse et al.，1999；Thase，2009；Thase, Simons, & Reynolds，1996），这进一步支持了直接治疗睡眠问题的潜在作用。

其他关于脑结构和功能的研究

我们在第3章中已经介绍了用脑电图（EEG）来测量脑电活动的研究方法，同时也提到α波意味着平静和积极的感觉。在20世纪90年代，Davidson（1993）以及Heller和Nitschke（1997）都发现，抑郁患者右侧大脑半球前部（尤其是前额叶）的活动比未患抑郁者要强（而左侧大脑半球则较弱，并且是α波活动较弱）（Davidson, Pizzagalli, Nitschke, & Putnam，2002）。而且，这种右侧大脑半球前部活动较强烈的现象也存在于那些不再抑郁的个体身上（Gotlib, Ranganath, & Rosenfeld，1998；Tomarken & Keener，1998）。这一发现说明这种脑功能模式可能在患者发生抑郁之前就已经存在，代表着对于抑郁的易感性。追踪研究还发现，患有抑郁的母亲，相比于没有患抑郁的母亲，她们的孩子在青少年时期更倾向于表现出这种模式（Tomarken, Dichter, Garber, & Simien，2004）。同时，有研究表明这种脑功能模式可以作为抑郁的生物易感性的预测依据（Gotlib & Abramson，1999）。但有意思的是另一个研究与此结论相反。这项最近的研究结果表明，有双相谱系问题的患者（个体心境在一定阈值之间波动）的左脑额叶电活动增强而非减弱，并且这种脑电活动能够预测完全的双相Ⅰ型障碍的发病（Nusslock et al.，2012）。在研究前额叶和海马之余，神经学家还研究了抑郁患者的前扣带回皮层和杏仁核，来帮助理解抑郁障碍中的脑功能，同时寻找抑郁患者与正常人相比哪些脑区不够活跃，而哪些脑区更加活跃，以验证上述脑电活动研究结果（Davidson, Pizzagalli, & Nitschke，2009）。这些脑区相互关联，并且看上去与个体奋力追求目标时抑制作用的增加有关，而这恰好是抑郁的特征之一。科学家希望通过未来对于脑回路的深入研究进一步理解抑郁患者与常人之间区别的根源，以及究竟是像某些研究所提示的那样，是这些脑电活动的差异导致了抑郁，还是抑郁导致了脑电活动的差异。

心理学影响因素

到目前为止，我们已经讨论过与抑郁有关的遗传和生物因素，包括神经递质、内分泌系统、睡眠和昼夜节律，以及特定脑区的有关活动。但是这些因素都与社会和心理维度密不可分。科学家们也在这两个维度上积极寻找与抑郁有关的因素。现在，我们就来看一看这些研究和发现。

应激生活事件

在所有心理障碍的产生过程中，应激和创伤都是最重要的心理学因素之一。这一观点整个心境病理学当中都有所反映，因此也是素质—应激相互作用模型（描述可能存在的遗传和心理易感性）得以被广泛接受的基础。这些我们在第2章已经讨论过（而且会贯穿全书）。为了寻找是什么激活了这种易感性（素质），我们经常把目光投向应激性或者创伤性的生活事件。

压力和抑郁

你可能觉得，去询问病人在抑郁（或者其他心理障碍）发病之前曾经经历过什么重大生活事件，这样就足够了。大部分患者也的确会告诉你一些诸如失业、离婚、生子，或者毕业后找工作之类的事情。但是，正如大多数心理病理学研究一样，我们真正想要寻找的重大生活事件的重要性不是那么容易被发现的（Carter & Garber, 2011；Hammen, 2005；Hammen & Keenan-Miller, 2013；Monroe & Reid, 2009；Monroe, Slavich, & Georgiades, 2009）。因此，大部分研究者已经不再仅仅询问患者发生的哪些事情是不好的（或者好的），而是开始研究这些事件的发生背景以及对于患者的意义。

例如，失业对于大部分人来说都会带来应激，而且对于其中一部分人尤甚，但一些人也有可能将之看作一件幸事。如果你是某大公司的一位经理，因为公司改组而被解雇了，但是你的妻子是另一个公司的总裁，可以保证足够的收入来供养家庭，这样的话，失业可能就不会让你感到那么糟糕。另外，如果你是一位有抱负的作家或者艺术家，但是因为失业没有时间去精进你的技艺，这时失业也许正是一个机会，尤其是在你的丈夫一直劝告你应该积极追求理想的情况下。

现在，假设你是一位带着两个孩子的单身母亲，靠着一份临时工作艰难度日。最近，医院给你发来了催款的账单，可你不得不立刻在水电费账单和买食物之间做出选择……即使应激生活事件是一样的，但是其背景可能大相径庭，从而导致事件对个体产生的影响也大不一样。如果更复杂一些，还可以想象一下这位单身母亲对于失业会如何反应。有的母亲可能会觉得自己是一个彻底的失败者，生活再也支撑不下去了；另外一位母亲可能会觉得失业并不是自己的过错，然后报名参加公益性的职业培训计划，设法渡过难关。因此，生活事件的背景和它们所产生的意义都是非常重要的。这种研究生活事件的方法是由 George W. Brown 及其同事（1989b）在英国创立的，如图 7.4 所示。

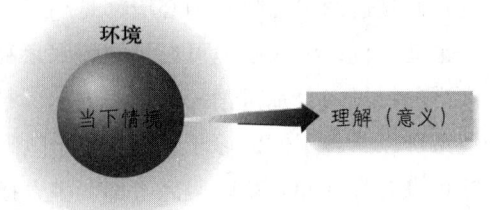

图 7.4 生活应激情境中的环境与意义
（Reprinted, with permission, from Brown, G. W. [1989b]. Life events and measurement. In G. W. Brown & T. O. Harris, Eds., *Life events and illness*. New York, NY: Guilford Press, © 1989 New York, NY: Guilford Press.）

不过这种方法实施起来有些困难，其方法论也还在形成的过程当中。Scott Monroe 和 Constance Hammen 等心理学家（Hammen, 2005；Monroe et al., 2009；Monroe, Rohde, Seele, & Lewinsohn, 1999；Dohrenwend & Dohrenwend, 1981）都发展了新的方法。但无论使用哪种方法，患者在回忆以前的事件时所产生的偏倚是至关重要的。如果你问患者 5 年前当他们第一次抑郁之前究竟发生了什么，那么他们现在是否处于抑郁状态就很有可能带来不同的答案，因为当前的心境状态可以使回忆发生扭曲。很多学者认为，研究应激生活事件唯一可靠的方法就是提前对患者进行追踪调查，由此才能正确认识生活事件的真实性质及其与随后的心理病理学结果之间的关系。

不管怎样，综合大量的研究结果可知，应激生活事件和心境障碍的发病显然有着很强的相关性（Grant, Compas, Thurm, McMahon, & Gipson, 2004；Hammen, 2005；Kendler & Gardner, 2010；Monroe et al., 2009；Monroe & Reid, 2009）。通过对人口进行随机抽样调查来评估生活事件的背景和影响，很多研究都发现严重的（有时是创伤性的）生活事件和抑郁发病有显著的关系（Brown, 1989a；Brown, Harris, & Hepworth, 1994；Kendler et al., 1999b；Mazure, 1998）。除去少数有忧郁和精神病性特点的患者以外，在所有类型的抑郁发病之前都出现了重大的生活应激（Brown et al., 1994）。重大生活应激对抑郁首次发作的预测作用要比对非首次发作更强（Lewinsohn, Allen, Seeley, & Gotlib, 1999），而且，对于反复发作型的抑郁，在最近一次发作之前或发作初期遭遇严重生活应激，可以预测患者对治疗的反应不佳、需要较长的时间才能恢复（Monroe et al., 2009；Monroe, Kupfer, & Frank,

1992），以及再次复发的可能性较大（Monroe et al., 2009；Monroe, Roberts, Kupfer, & Frank, 1996）。尽管应激事件的背景和意义往往比其本身更为重要，但有些事件确实比另一些事件更容易导致抑郁。其中之一是关系破裂，这对青少年（Carter & Garber, 2011；Monroe, Rohde, Seeley, & Lewinsohn, 1999）和成人（Kendler, Hettema, Butera, Gardner, & Prescott, 2003）来说都是一种艰难的体验。Kendler等人（2003）通过一项设计巧妙的双生子研究发现，如果双生子之一有生离死别的经历，比如失去了挚爱的人，其患抑郁的可能性就比没有这种经历的另一个双生子高10倍。而当这种经历伴随着羞辱感时，比如，当你的男朋友或丈夫离开你而选择了你最好的朋友，而你和他们在日常生活中的接触又不可避免，和有相同遗传特征而无此经历的双生子相比，有此经历的那个双生子患抑郁的可能性要高20倍。科学家证实，羞辱、失去和社会拒斥是最有可能导致抑郁的强烈应激事件。

显然，应激和抑郁有着密切的相关，除此之外，科学家正在尝试逐步探索二者之间的因果联系。还记得在第2章里我们曾经提到，遗传素质有时可以提高我们经历应激生活事件的概率。我们称之为<u>基因—环境交互模型</u>（gene-environment correlation model）（Kendler, 2011；Kendler, Jaffee, & Roemer, 2011）。例子之一是有的人由于遗传而来的个性特征而更容易卷入麻烦的人际关系，从而引发抑郁。现在，Kendler等人（1999a）报告说应激生活事件和抑郁的相互联系中，大约有1/3并不表现为应激诱发抑郁的情况，而是表现为部分抑郁易感人群将自己置于一个容易带来应激的环境中，比如麻烦的人际关系或是常常发生不良后果的高风险环境。重要的是，这一相互作用模型可以同时以两种形式表现在同一个个体身上：应激触发抑郁，而抑郁的个体同时制造或追求应激事件。有趣的是，如果你询问那些有抑郁问题的青少年的母亲，她们一般会说是患有抑郁的孩子制造了麻烦，而患病青少年则会抱怨生活中的应激事件本身（Carter, Garber, Cielsa, & Cole, 2006；Eley, 2011）。根据这一相互作用模型，真相很可能就在这两种观点之间。

应激和双相障碍

应激事件和双相障碍的发病之间的相关性也很强（Alloy & Abramson, 2010；Goodwin & Jamison, 2007；Johnson, Gruber, & Eisner, 2007；Johnson et al., 2008）。但是，双相障碍的病因中还有几项特别的情况（Goodwin & Ghaemi, 1998）。第一，一般负面的应激生活事件似乎可以诱发抑郁，与此相反，而一组较为积极的生活应激事件似乎会引发躁狂（Alloy et al., 2012；Johnson et al., 2008）。特别是努力争取重要目标的经历，例如申请研究生成功、获得新工作、升职、结婚、或任何指向名誉或经济获益的目标活动都可能触发易感人群患上躁狂（Alloy et al., 2012）。第二，目前来看，应激生活事件可以诱发初次的躁狂和抑郁，但是随着这种障碍继续发展，它开始拥有了自己的进程。换句话说，一旦这样的循环开始，障碍心理学或者生理病理学过程就会主导着自己的内在机制，使自己不断发展下去（Post, 1992；Post et al., 1989）。第三，有一些突如其来的躁狂发作可能和缺少睡眠有关，例如在围产期（Goodwin & Jamison, 2007；Harvey, 2008；Soreca et al., 2009）或倒时差的时候。也就是说，和昼夜节律失调有关。尽管如此，在大部分双相障碍的病例中，应激生活事件不但可以成为复发的诱因，而且是预防复发的不利因素（Alloy, Abramson, Urosevic, Bender, & Wagner, 2009；Johnson & Miller, 1997）。

最后，虽然几乎每个抑郁患者都经历过明显的应激事件，但总体来说，大部分经历过应激事件的人并没有患上抑郁。尽管估算的数据准确性还不够理想，但目前认为大约有20%～50%经历了严重事件的人会变得抑郁。也就是说，另外50%～80%的<u>人不会发生抑郁</u>（也许还包括其他任何心理障碍）。以上数据又一次证明了应激生活事件和某种易感性（不管是遗传、心理，或者更有可能，它们的共同影响）之间存在相互作用（Barlow, 2002；Kendler, Kuhn, Vittum, Prescott, & Riley, 2005；Thase, 2009）。

如果既存在遗传易感性（素质），又存在严重的生活事件（应激），那么结果如何呢？现在的研究手段已经可以将一些心理学过程和一些生物学过程分离开来考察。为了更好地理解，让我们再看看凯蒂的例子。她的生活事件是去新学校上学。凯蒂失去控制的感觉引发了抑郁中另外一个重要的心理学因素：习得性无助。

凯蒂　艰难升学

"我是一个严肃、敏感的快进入青春期的 11 岁女孩，我现在面对的是许多十几岁和快要到十几岁的同龄人都要遇到的问题——从小学升入初中：新的学校，新的面孔，新的责任，新的压力。到现在为止我的学习成绩还行，但是我对自己感觉不好而且缺乏自信。"

凯蒂开始体会到严重的焦虑反应。随后她得了严重的流感。当康复以后再回到学校时，凯蒂发现她的焦虑比以前严重了。更重要的是，她感到自己正在失去控制。

"当我回忆从前的时候我可以确定是哪些事件使我的焦虑和恐惧进一步恶化，但是以后每件事似乎都变得突如其来而且莫名其妙。我开始无法理解自己的情绪和身体反应。我感觉对自己的情绪和身体失去了控制。一天又一天，我像个小孩子一样期待我身上正在发生的这一切会奇迹般地结束。我希望有一天早上我一醒来就发现我又回到几个月以前的那个样子。"

习得性无助

让我们再回忆一下第 2 章的讨论，Martin Seligman 发现狗和大鼠对它们无法控制的事情会产生非常有趣的情绪反应。当大鼠受到偶然的电击的时候，如果它们可以通过某种办法去避免这种电击（例如按压一根杠杆），那么它们就可以表现得很好。但是如果它们发现自己无法避免这种打击，它们最终会变得非常无助、绝望，并且表现出动物意义上的抑郁（Seligman，1975）。

人类的反应是不是一样呢？Seligman 指出，人类也是这样，但是有一个重要的条件——人们只有在将原因归结为自己无法控制生活中的应激事件时才会变得焦虑和抑郁（Abramson，Seligman，& Teasdale，1978；Miller & Norman，1979）。这些发现演变成了一个重要的模型：抑郁的习得性无助理论（learned helplessness theory of depression）。然而人们常忽略 Seligman 的观点，即人们对应激情境的第一反应是焦虑。抑郁可能在对处理应激生活事件感到绝望之后产生（Barlow，1988，2002）。抑郁性的归因类型主要有：①内在归因，患者把消极的生活事件归结于个人的失败（"这全是我的错"）；②稳定归因，即使在消极生活事件过去之后，患者仍然会认为"发生其他不好的事情也是我的错"；③全方位归因，患者把抑郁性的归因方式应用在各种各样的问题上。对这个有趣的概念的研究还在继续，我们可以看看如何将其应用到凯蒂身上：在她刚开始为上学所困扰时，她认为事情完全不能控制，因此她压根就不去采取措施。更重要的是，在她看来这些都是自己的错："我为我缺乏控制力而感到羞愧。"然后情况越来越糟，最终导致了重性抑郁发作。

但是，还有一个重要的问题：习得性无助究竟是抑郁的病因还是抑郁的副产物呢？如果是病因，那么习得性无助应该存在于抑郁发作之前。一项在儿童中进行的为期 5 年的纵向研究说明了这个问题。Nolen-Hoeksema、Girgus 和 Seligman（1992）报告，在年幼儿童中，消极的归因类型并不能预测其后会产生抑郁的症状，而应激生活事件才是抑郁症状的主要催化剂。当这些在应激条件下生活的孩子长大后，其认知模式倾向于消极，而这种消极的模式可以预测他们在经历了新的消极事件后产生抑郁症状的表现。Nolen-Hoeksema 等人推测，在孩提时代经历有重大意义的消极生活事件会导致消极归因模式的逐步形成，从而使这些儿童在未来遭受生活应激时更容易产生抑郁发作。确实，多数研究都表明消极认知模式出现在抑郁之前，而且是抑郁的风险因素之一（Alloy & Abramson，2006；Garber & Carter，2006；Garber et al.，2009）。

根据抑郁的习得性无助理论，人们对生活中的压力（应激）感到无法控制的时候就会变得抑郁。

这些想法提示我们重新思考焦虑障碍产生过程中的心理易感性（Barlow，1988，2002；Barlow et al.，2013）。对焦虑或者抑郁具有非特异性遗传易感性的人遭遇应激生活事件后会产生一种心理感受：生活事件是不可控制的（Barlow，2002；Chorpita & Barlow，1998）。有证据表明，消极的归因模式不只是对抑郁有影响，它在焦虑障碍患者身上也有体现（Barlow，2002；Hankin & Abramson，2001；Barlow et al.，2013）。这或许说明，对于心境障碍来说，心理（认知）易感性并不比遗传易感性更具有特异性。这两种易感性很可能是很多心理障碍的共同基础。

Abramson、Metalsky 和 Alloy（1989）对习得性无助理论作出了修改，不再强调归因的影响，而是把**绝望感**（sense of hopelessness）的发展作为各类抑郁症的关键病因；只有对绝望感的发展起作用的归因才是重要的。这十分符合近期有关焦虑和抑郁之间关键差异的观点。焦虑和抑郁的患者都会感到无助，认为自己缺乏控制力，但是只有在抑郁期间，患者才会放弃努力，并对重新获得控制力感到绝望（Alloy & Abramson，2006；Barlow，1991，2002；Chorpita & Barlow，1998）。

消极的认知模式

1967 年，Aaron T. Beck（1967，1976）提出，抑郁的产生可能是因为患者倾向于用消极的方式解释生活事件。根据 Beck 的说法，抑郁的人们总是对事情做最坏的打算；对于他们来说，生活中微小的挫折都意味着极大的灾难。在大量的临床工作中，Beck 观察到他的所有抑郁症病人都是这么考虑问题的，他便将这些特征归纳为**认知偏差**（cognitive errors）。在他所总结的一系列特征中，有两个代表性的例子：**武断的推理**（arbitrary inference）和**过度泛化**（overgeneralization）。武断的推理是指抑郁患者总是强调事物的消极而不是积极方面。比方说，一位高中老师发现在他的课上有两位同学睡着了，他就觉得自己是个糟糕的老师。他不会想到可能有其他原因（例如熬夜等）导致学生睡觉，只是简单地断定自己备课失败。而关于过度泛化，比方说，以前你若干论文的成绩都很好，这门课程教授也对你的表现作出过许多正面的评价，但他对你最近的一篇论文提出了批评，你就认为这门课自己过

不了了。你把仅仅一次不够好的表现过度泛化了。根据 Beck 的观察，抑郁患者总是这样考虑问题。他们的认知过程存在偏差，导致消极地对待自己、周围的世界以及未来。我们把在这三个领域中的认知偏差称为**抑郁认知三联征**（depressive cognitive triad）（见图 7.5）。

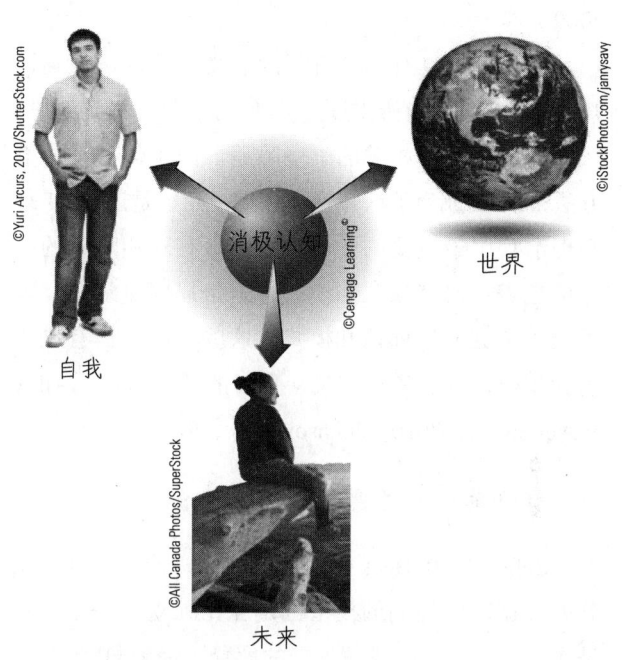

图 7.5 抑郁认知三联征

另外，Beck 的理论还包括，经过童年时代一系列的消极生活事件后，人们可能产生一种根深蒂固的**消极图式**（negative schema），即对生活的消极认知信念系统（Alloy et al.，2012；Beck, Epstein, & Harrison，1983；Gotlib & Krasnoperova，1998；Young, Rygh, Weinberger, & Beck, in press）。在**自我谴责**（self-blame）的图式中，患者认为自己应该对每一件糟糕的事情负责。有消极自我评价图式的人认为自己做不好任何事情。在 Beck 看来，这种认知偏差和图式是自动加工的，并非有意识进行。实际上，患者很可能觉察不到自己的思维方式是消极和不合逻辑的。因此，即使是非常小的消极事件都有可能导致一次重性抑郁发作。

有许多证据支持情绪障碍的认知理论，既有整体上的支持证据，也有单独针对抑郁的支持证据（Gotlib & Joorman，2010；Hammen & Keenan-Miller，2013；Ingram, Miranda, & Segal，2006；Mazure, Bruce, Maciejewski, & Jacobs，2000）。抑郁者的想法总是比非抑郁者更加消极（Gotlib &

Abramson，1999；Joormann，2009），在上述的认知三联征里的三个方面都是如此（Garber & Carter，2006）。抑郁性的认知来源于患者扭曲的信息自动加工过程。抑郁状态的患者比起他们不抑郁的时候，或者比起非抑郁的人群，更有可能回忆起消极事件（Gotlib，Roberts，& Gilboa，1996；Joormann，2009）。

这一理论具有非常重要的意义。通过认识到认知偏差和潜在的消极图式，我们可以使之得到纠正，从而缓解抑郁及相关的心境障碍。由于创立了这类方法，Beck成为了认知疗法之父，而这是近50年来心理治疗中最重要的发展之一。患有双相障碍的个体也会表现出消极认知模式，但是局面更复杂。除了较为常见的抑郁认知模式，这些个体还具有雄心勃勃积极进取、完美主义、自省的认知特征（Alloy & Abramson，2010；Johnson et al.，2008）。

抑郁的认知易感性：理论整合

Seligman和Beck提出了各自的理论，而且有充分的证据表明他们的模型也是互相独立的——其一是人们总是对事物进行消极的解释（绝望归因），其二是人们总是用消极的观点看待问题（功能失调性态度）（Joiner & Rudd，1996；Spangler，Simons，Monroe，& Thase，1997）。然而，两种理论的基本前提有较大重合，还有大量的证据显示抑郁总是和悲观的解释模式以及消极的认知联系在一起。还有证据表明，认知的易感性使一些人倾向于用非常消极的方式看待问题，这导致他们罹患抑郁的风险较高（Abela et al.，2011；Alloy et al.，2012；Ingram，Miranda，& Segal，2006；Reilly-Harrington et al.，1999）。

对这一结论的有力证据来自正在进行的一项抑郁的认知易感性研究（Temple-Wisconsin研究），研究者为Lauren Alloy和Lyn Abramson（Alloy & Abramson，2006；Alloy，Abramson，Safford，& Gibb，2006）。在实验开始阶段，研究者选定没有抑郁症状的大学一年级新生，然后在随后5年里每隔几个月对他们评估一次，以检验他们是否经历过应激生活事件或者表现出可诊断的抑郁发作及其他心理病理学情形。重要的是，在第一次评估时，研究者会通过测量功能失调性态度和绝望归因的调查问卷来确定这些大学生是否存在抑郁的认知易感性。到目前为止的结果表明，和低危被试相比，具有功能失调性态度的高危被试显示出了较高的抑郁比例。但更重要的是该研究的前瞻性部分。消极认识模式确实预示着对于此后发作抑郁的易感性。即使这些被试以前从来没有过抑郁障碍，那些高危被试出现重性抑郁发作的概率，比起低危被试要高出6～12倍。而且，有16%的高危被试经历了重性抑郁发作，而低危被试中只有2.7%；产生轻微抑郁症状的比例在高危被试中为46%，而在低危被试中只有14%（Alloy & Abramson，2006）。在另一项重要研究中，Abela和Skitch（2007）证明，患有抑郁的母亲在轻微应激下也会在孩子面前表现出她们的抑郁性认知模式，导致这些孩子的抑郁风险升高。最后，还有一项令人担忧的研究结果显示，这种抑郁的认知易感性会传染。在这项研究中，大学生和抑郁易感性较强的室友住在一起，就会渐渐形成相似的认知模式，并且抑郁症状也会增多。所有的数据都确证了抑郁的认知易感性的存在，如果再伴有生物学易感性，则更加容易罹患抑郁。

社会和文化影响因素

一系列社会和文化因素都能导致抑郁的发生或维持其发展。这些因素中最突出的包括婚姻关系、性别和社会支持。

婚姻关系

婚姻的不如意与抑郁（包括双相障碍）之间具有很强的相关；前文也提到关系的破裂通常导致抑郁（Davila，Stroud，& Starr，2009）。Bruce和Kim（1992）收集了695名女性和530名男性的数据，并且在一年后再次访问调查。这期间一些参与者与配偶分居或者离婚了，但大部分人的婚姻还是稳定的。在婚姻破裂的女性中，大约有21%的人经历了严重的抑郁，这个比例比婚姻稳定的女性要高3倍。在婚姻破裂的男性中，大约有17%的人经历了严重的抑郁，这个比例比婚姻稳定的男性要高9倍。即使只考虑那些没有抑郁病史的参与者，仍有14%的婚姻破裂的男性在此期间经历了严重的抑郁，而女性则为5%。换句话说，只有男性在婚姻破裂后会面临首次罹患心境障碍的较高风险。难道保持婚姻关系对于男性比女性更为重要吗？似乎是这样的。

另一项有充足证据支持的发现是，抑郁（包括双相障碍），尤其是当它持续不断的时候，可能会导致婚姻关系根本性的恶化（Beach, Jones, & Franklin, 2009; Beach, Sandeen, & O'Leary, 1990; Davila et al., 2009; Uebelacker & Whisman, 2006）。理解这一点并不困难。整天和一个思想消极、脾气恶劣和悲观的人生活在一起，过不了多久就会筋疲力尽。因为情绪是会传染的，患者的配偶也会感觉很糟糕。这样的互动会带来争吵，甚至使那些并不抑郁的配偶想要离开（Joiner & Timmons, 2009; Whisman, Weinstock, & Tolejko, 2006）。

但是，婚姻中的冲突对男性和女性的影响似乎是不一样的。抑郁使男性退出或者干脆中断婚姻关系。而对于女性，其婚姻问题则相对更容易导致抑郁。因此，不管是男性还是女性，婚姻中的问题和抑郁是联系在一起的，但是其因果方向却是不一样的（Fincham, Beach, Harold, & Osborne, 1997）。Spangler、Simons、Monroe 和 Thase（1996）的研究结果也与此一致。基于这些事实，Beach、Jones 和 Franklin（2009）建议，治疗心境障碍的同时应该尽力弥合患者婚姻关系，以此提高治疗的成功率并预防复发。患有双相障碍的个体较不容易成婚，即使他们能够结婚，也较容易离婚；但是，那些能够保持婚姻关系的双相障碍患者在某种程度上预后较好，这或许是因为配偶在督促他们坚持治疗和服药方面起到了积极作用。

女性的心境障碍

心境障碍的患病率数据显示出极大的性别失衡。虽然双相障碍的男性和女性患病率相差无几，但是几乎 70% 的重性抑郁障碍和心境恶劣患者都为女性（Hankin & Abramson, 2001; Kessler, 2006; Kessler & Bromet, 2013）。尽管心境障碍的总患病率在国家间有很大的差异，但是这种性别的不平衡却是非常类似的（见图 7.6）（Kessler & Bromet, 2013; Seedat et al., 2009; Weissman & Olfson, 1995）。类似的性别比例失衡在大部分焦虑障碍，尤其是惊恐障碍和广泛性焦虑障碍中经常被忽视。在特定恐怖症中，女性患者所占的比例甚至更高。这是什么原因呢？

这种情绪障碍产生过程中的性别差异跟人们对"失控"的感知有很大的关系（Barlow, 1988; Barlow et al., 2013）。如果你认为你能掌握自己的生活，在遇到绝大多数人通常会遇见的艰难境遇时能够应付自如，那么，你可能偶尔会感到压力，但是不会产生焦虑和心境障碍中的无助感。这种差异来源于文化，来源于社会对于男性和女性的不同性别角色的设定。社会总是鼓励男性要独立、掌控和果断；相反地，社会通常期待女性被动、体贴他人，而且比男性更具依赖性（附属感需求）（Cyranowski, Frank, Young, & Shear, 2000; Hankin & Abramson, 2001）。虽然这种典型模式已经在慢慢改变，但是在很大程度上仍可以代表当前社会的性别角色。但是这种文化诱导下的依赖和被动性很可能增加女性的失控感和无助感，从而增加其罹患心境障碍的风险。越来越多的证据表明，如果父母鼓励这种刻板的性别角色，则会让孩子产生早期的心理易感性，增加其以后发生抑郁或者焦虑的概率（Chorpita & Barlow, 1998; Barlow et al., 2013; Suárez et al., 2009）；在父母过分溺爱从而使子女失去主动性的情形中，这种现象表现得尤为突出。同样有趣的是，前面提到过的青春期女孩经历到抑郁的"突然冲击"。很多人认为这一现象是建立在生物学基础上的。然而，Kessler（2006）指出，如果女孩进入只包括七年级到九年级的初中学校，这

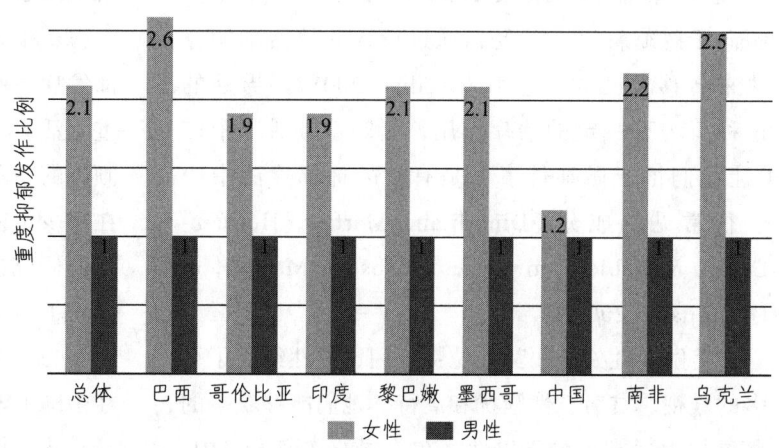

图 7.6 全球抑郁诊断性别比例示意图。这些比例展现了过去一年中世界各国经历重性抑郁发作的男女比例（以男性为基准）。例如，在巴西，女性去年一年中经历重性抑郁发作的比例是男性的 2.6 倍。[Adapted from Bromet et al. (2011), p. 11 of 16.]

种低自尊的情况会在她们一入校时就出现，而如果女孩是从一个拥有从学前班到八年级的一贯制学校升入四年制的高中学校就读，这种低自尊现象直到九年级时才会出现（Simmons & Blyth, 1987）。这些结果表明，青春期女孩进入一个新的学校时，无论是在七年级、九年级或是其他年级，都会感到压力。另外，生理早熟的女生相比于其他女生更可能产生窘迫和抑郁（Ge, Conger, & Elder, 1996）。

女性比男性更看重亲密关系，这样一来，坚强的社会网络会成为一种保障，但是也可能使她们陷入风险之中。这些关系的破裂，以及关系破裂后的无力应对，对女性造成的伤害远大于男性（Nolen-Hoeksema & Hilt, 2009; Rudolph & Conley, 2005）。Cyranowski 等人（2000）的研究显示，女性青少年有通过排斥其他少女的方式来表达攻击性的倾向，如果再结合女性青少年对拒绝过度敏感的特征，导致她们比男性青少年更容易产生抑郁发作。Kendler、Myers 和 Prescott（2005）也观察到，女性比男性倾向于建立更大且更亲密的社会网络，她们通过这些提供情绪支持的朋友群体来预防抑郁。不过，Bruce 和 Kim（1992）的研究结果显示，如果婚姻关系恶化到离婚的程度，此前表现正常的男性患抑郁的风险更大。

Susan Nolen-Hoeksema 提出了另一个潜在的性别差异（1990, 2000; Nolen-Hoeksema, Wisco, & Lyubomirsky, 2008）。相比于男性，女性更倾向于反复思量自己的处境，也更容易因为抑郁而感到自责。这种反应模式可以预测未来遇到压力时发生抑郁（Abela & Hankin, 2011）。男性则倾向于忽略自己的感受，通过投入其他活动的方法来转移自己的注意力（Addis, 2008）。男性的这种行为有一定的治疗作用，因为"激活"个体（让他们忙于做某件事）是有效的抑郁疗法中一个很常见的成分（Dimidjian, Martell, Herman-Dunn, & Hubley, in press; Jacobson, Martell, & Dimidjian, 2001）。

美国女性处于弱势地位：她们比男性经受了更多的歧视、贫穷、性骚扰和虐待。她们能够获得的尊重权力通常也少于男性。在美国的贫穷人口中，妇女和儿童占 3/4。女性，尤其是单身母亲，拥有一份稳定工作的机会很小。已婚职业女性的抑郁水平

自责和反复思量可能导致了女性罹患心境障碍的比例高于男性。

与同类型的男性相当，而独身、离婚和寡居的女性的抑郁水平则显著高于同类型的男性（Davila et al., 2009）。这并不意味着每个人都必须找到工作来预防抑郁。实际上，不管是男性还是女性，在扮演社会大力支持的持家者和家长的角色时体会到的支配感、控制感和价值感都与较低的抑郁比例存在相关。

最后，其他的障碍也可能反映出刻板的性别角色，但是方向相反。与攻击性、过度活跃和物质滥用有关的障碍在男性中的患病率要远高于女性（Barlow, 1988, 2002）。探究心理病理障碍中性别失衡的原因对于找出这些障碍的病因有重要意义。

社会支持

在第 2 章里，我们曾讨论了社会因素对我们的心理学和生物学功能的巨大影响。因此，社会因素影响着抑郁的产生也不会令人感到惊讶（Beach et al., 2009）。举个例子来说，独自生活的个体患抑郁的概率要比与他人一起生活的个体高出 80%（Pulkki-Råback et al., 2012）。在一项早期的标志性研究中，Brown 和 Harris（1978）首次提到了社会支持在抑郁发病中所扮演的重要角色。通过对大量经历过严重生活事件的女性的调查，他们发现在有一个可以倾诉的朋友的被试当中，只有 10% 会变得抑郁，而在缺少亲密社会支持的被试中则有 37%。后来的前瞻性研究也确认了社会支持（或缺乏社会支持）在预测以后的抑郁症状中的重要性（Joiner, 1997; Kendler, Kuhn et al., 2005; Monroe et al., 2009）。在中国（Wang, Wang, & Shen, 2006）和其他国家，社会支持对于防止抑郁发作同样意义重大。还有研究表明，社会支持对促进患者从抑郁发作中恢复也起着重要作用（Keitner et al., 1995; Sherbourne,

Hays, & Wells, 1995）。有趣的是，一些研究试图检验社会支持对双相障碍患者从躁狂发作和抑郁发作中恢复的作用，得到了一个令人吃惊的结果：朋友和家庭等社会支持网络有助于加速患者从抑郁发作中恢复，但是对从躁狂发作中恢复却没有这种作用（Johnson, Winett, Meyer, Greenhouse, & Miller, 1999；Johnson et al., 2008, 2009）。这一发现凸显出躁狂发作的独特性（McGuffin et al., 2003）。不管怎样，这些关于社会支持的重要研究发现，带来了一种针对情绪障碍的新的心理疗法——**人际心理疗法**（interpersonal psychotherapy），我们将在下一节对此进行讨论。

让我们再一次回到凯蒂的例子。回想那段动荡的时光，死亡似乎比生存更有价值，渐渐地，凯蒂心里清晰地感觉到：

在那些日子里，我的父母是真正的英雄。我会永远对他们的力量、爱和承诺感到崇敬。我父亲高中毕业，我母亲只念到八年级。但是他们处理的是非常复杂的法律、医学和心理学问题。他们没能从朋友和专家那里获得多少支持，但是他们坚持不懈地向最好的方向努力。在我的眼里，没有比这更伟大的勇气和爱了。

凯蒂的父母并没有获得多少社会支持来帮助他们渡过那些艰难的日子，但是凯蒂得到了。我们以后还会讨论她的病例。

一种整合的理论

我们如何把上述讨论联系到一起呢？基本上，抑郁和焦虑有着共同的、遗传决定的生物学易感性（Barlow, 2002），它是一种对应激生活事件的过度活跃的神经生物学反应。这种易感性背后的基因模式之一就是前面讲过的与 5-羟色胺转运体基因有关的多态性。我们要再次重申，这种易感性是一种产生抑郁（或者焦虑）的一般倾向，而不是针对抑郁（或者焦虑）的特定易感性。为了更好地理解抑郁的原因，我们必须将心理易感性和生活经历相结合，来探索它们与遗传易感性之间的交互作用。

心境障碍的患者还具有一种心理易感性，可以表述为面临困难时难以应付的感觉以及绝望的认知风格。对于焦虑障碍，我们可能在儿童时代就有这种有关"控制"感觉了（Barlow, 2002；Chorpita & Barlow, 1998）。这种感觉可能处于"有完全的信心"和"完全不能应付"两个极端的中间某一点。当易感性被触发后，悲观放弃的过程似乎是抑郁发病的关键（Alloy et al., 2000；Alloy & Abramson, 2006）。

上文提到的这些无助的心理过程和抑郁性的认知与某种基因模式的结合起来，产生了神经质气质或消极情感（Barlow et al., 2013）。你应该还记得第 5 章中讲到的神经质与和应激、抑郁有关的生化标志之间（Nemeroff, 2004；Thase, 2009），以及两个脑半球的不同唤醒程度（脑半球偏侧化和激活特定脑回路）之间（Barlow et al., 2013；Davidson et al., 2009；Liotti, Mayberg, McGinnis, Brannan, 和 Jerabek, 2002）存在联系。最近的研究说明，遗传易感性和泛化的心理易感性之间有密切的关联（Whisman, Johnson, & Smolen, 2011）。有充分证据表明，在很多病例中，应激生活事件诱发了易感人群的抑郁状态，尤其是抑郁的初次发作（Jenness, Hankin, Abela, Young, & Smollen, 2011）。那么，这些因素之间是如何相互作用的呢？目前认为，应激生活事件激活了易感个体的应激激素，而后者能够对神经递质系统产生广泛的影响，尤其是包含了 5-羟色胺（即血清素）、去甲肾上腺素和促肾上腺皮质激素释放因子的那些系统。Booij 和 Van der Does（2007）的研究指出了神经递质功能与消极认知模式之间如何相互作用。他们研究了 39 位曾有一次重性抑郁发作但目前已经恢复的患者。这些患者参加了两个生物学测试（或者说是"挑战"），即**急性色氨酸缺失**（acute tryptophan depletion，简称 ATD）实验，该实验会暂时降低被试的血清素水平。实验的过程很简单，就是在一天中通过改变被试的饮食结构来限制色氨酸（血清素的前体）的摄入，并增加被试体内必须的氨基酸混合物。当然，被试充分了解实验会产生的影响，并且愿意配合实验。

在这个实验中，Booij 和 Van der Does（2007）发现，这种生物学挑战就像往常一样，可以有效地在部分被试身上诱导出多种抑郁症状，而这些症状在那些具有认知易感性的人中表现得尤为明显。也就是说，在进行生物学挑战之前，认知易感性的评估结果就能清楚地预测抑郁反应。有趣的是，这一实验并不能在健康人群样本中引发显著的心境变化，其诱导效果仅限于抑郁易感人群。

到目前为止，我们建立的是一种可能的素质—应激模型。最终，看起来诸如人际关系或认知模式等因素都可能能够帮助我们抵御应激的影响，从而避免罹患心境障碍。或者，这些因素至少会决定我们是否能够从这些障碍中快速康复。但是切记，双相障碍，以及尤其是躁狂发作的激活，可能具有某种不同的遗传基础，所以它们对于社会支持的反应亦不相同。科学家近来提出一种理论，认为患有双相障碍的个体可能是因为某种过度活跃的脑回路（称为行为方式系统），使其除了对上述所有因素之外，也对生活中与追求目标有关的事件有着高度的敏感性（Alloy & Abramson，2010；Gruber, Johnson, Oveis, & Keltner，2008）。在这些情况下，即使应激生活事件本身是比较积极的，但依旧会对个体产生压力。比如，开始一份新的工作或通宵达旦完成重要的学期论文，都可能为躁狂发作而非抑郁发作埋下伏笔。双相障碍患者同样也对昼夜节律紊乱高度敏感。所以双相障碍患者可能拥有某些使他们易患抑郁或躁狂的脑回路，而关于这种假设的相关研究才刚刚开始。

总的来说，生物、心理和社会因素对心境障碍的产生都有影响，如图7.7所示。双相障碍中的躁狂可能的确与某种独特的遗传因素有关系，并且会被上述某些特定的生活事件所触发。不过，这个模型目前还不能圆满地解释心境障碍的多样化表现（季节性、单双相，等等）。为什么一个具有潜在的遗传易感性的人，在经历了应激生活事件后会产生双相障碍而不是单相障碍或者焦虑障碍？对于焦虑障碍或者其他应激性障碍的患者，某些特定的心理社会环境（例如早期学习经历）可能会和特定的遗传易感性及人格特征相互作用，从而导致各种各样的情绪障碍。

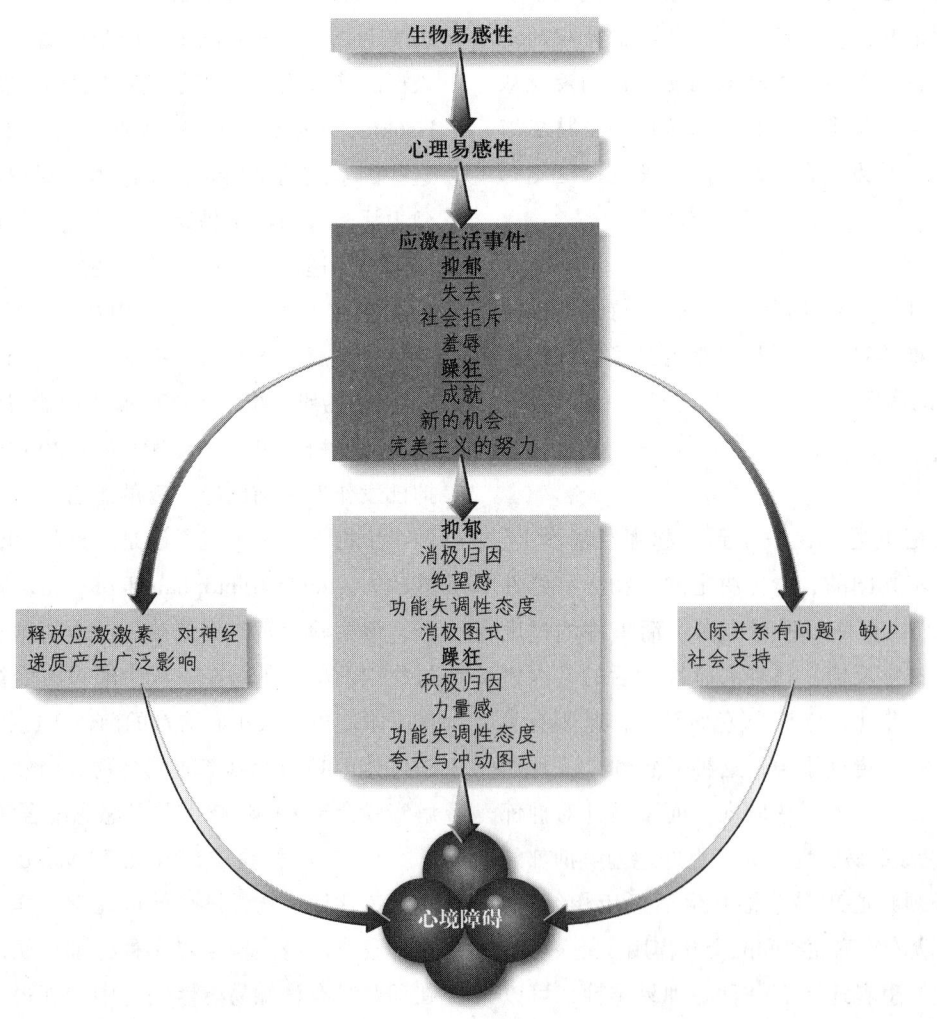

图 7.7　心境障碍的整合模型

> **小测验 7.3**
>
> 1. 请列出 5 个对心境障碍有影响的生物学因素。
>   _____ _____ _____
> 2. 哪些心理学因素对心境障碍有影响?
>   _____ _____ _____
> 3. 请列出几个影响心境障碍的社会和文化因素。
>   _____ _____ _____

心境障碍的治疗

在过去的几年里我们已经对心境障碍的神经生物学机制了解了很多。对于神经化学物质间复杂相互作用的发现，使心境障碍的本质变得清晰起来。正像我们已经注意到的，药物治疗的作用就是改变这些神经递质和其他有关的神经化学物质的水平。其他的生物学治疗，例如电痉挛疗法，也可以显著地改变大脑的化学环境。但是更有趣的是，有力的心理治疗也可以改变大脑的化学环境。从 1987 年到 2007 年的 20 年间，美国门诊治疗抑郁症的比例大幅增加。但几乎所有的增长都因配合抗抑郁药的治疗所致（占所有接受治疗患者的约 75%）。此期间接受心理治疗的比例实际上有所下降（Marcus & Olfson, 2010）。尽管存在这些进展，但仍有很多抑郁患者没有获得治疗，因为不管是健康专家还是患者自己都没有意识到自己正在患病或者没能得到正确的诊断。而且，还有很多专家和患者都不清楚一些比较成功的疗法的存在（Delano-Wood & Abeles, 2005; Hirschfeld et al., 1997）。因此，认识抑郁的治疗方法十分重要。

药 物

有许多药物都对治疗抑郁有效；关于新药物以及对原有药物效果的评估在持续进行。

抗抑郁药

目前用来治疗抑郁障碍的药物有四种基本类型：选择性 5- 羟色胺再摄取抑制剂、混合再摄取抑制剂、单胺氧化酶抑制剂和三环类抗抑郁剂。不同的抗抑郁药之间有效性的差异即使有的话也是微乎其微的，注意到这一点是很重要的；近 50% 的患者会取得部分效果，另 50% 的患者的功能会恢复到接近正常水平。如果不考虑中途脱落的被试，只计算那些完成了全部治疗的患者的数据，那么取得一定治疗效果的患者比例至少可以提高到 60% ~ 70%（American Psychiatric Association, 2010）。然而，彻底的元分析表明，对于轻度至中度抑郁的患者来说，抗抑郁药与安慰剂相比没有什么效果。抗抑郁药与安慰剂相比，仅在严重抑郁患者身上具有明显的优势（Fournier et al., 2010）。

近年来，有一类药物被认为是治疗抑郁障碍的首选，它们似乎对 5- 羟色胺神经递质系统有特异性的效果（虽然它们对其他系统也有某种程度的效果）。这些**选择性 5- 羟色胺再摄取抑制剂**（selective-serotonin reuptake inhibitors，简称 SSRI）特异性地阻断 5- 羟色胺的突触前再摄取。这样可以暂时性地升高突触后受体位点处的 5- 羟色胺水平。尽管 5- 羟色胺的水平会因此逐渐升高，但其长期作用机制目前还不是很清楚（Gitlin, 2009; Thase & Denko, 2008）。这一类药物中最广为人知的是**氟西汀**（fluoxetine）。和其他许多药物一样，氟西汀最初被认为是一种突破性的药物，甚至登上了《新闻周刊》（Newsweek）的封面（Cowley & Springen, 1990）。然而，后来陆续有报道称它可以导致强烈的自杀意向和偏执反应，有时还会增加暴力行为（Mandalos & Szarek, 1990; Teicher, Glod & Cole, 1990）。于是，百忧解从奇迹药物沦为现代社会的威胁。但这两种极端结论都是不正确的。有研究发现，使用这种药物导致的自杀风险并不高于其他抗抑郁药（Fava & Rosenbaum, 1991），而其有效性与包括三环类在内的其他抗抑郁药的效果相差无几。

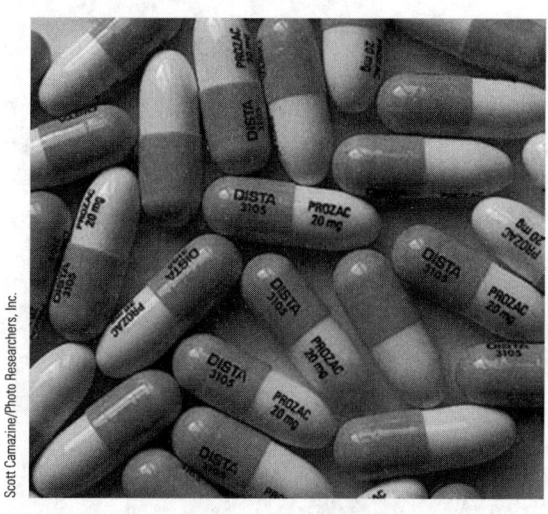

氟西汀（百忧解）是合成药物中应用最广泛的。

几年前，有关自杀风险上升的担忧再次浮出水面，而这一次的关注看起来十分合理，尤其是对青少年使用者来说（Baldessarini, Pompili, & Tondo, 2006; Berman, 2009; Olfson, Marcus, & Schaffer, 2006）。有关的发现导致了美国食品和药品管理局（FDA）及世界各地其他监管机构对于这些药物的警告。另一方面，Gibbons、Hur、Bhaumik 和 Mann（2006）发现，在美国，处方中 SSRI 含量较高的地区实际的自杀率较低。此外，一项大型社区调查表明，和未服用 SSRI 的青少年抑郁患者相比，服用该药物青少年的自杀倾向反而略有降低（统计上达到显著水平）（Olfson, Shaffer, Marcus, & Greenberg, 2003）。这些发现都来自相关研究，这意味着我们并不能做出增加 SSRI 处方会导致自杀率降低的结论。对于这一重要问题，仍需进一步探索。但一种可能的推测是，SSRI 类药物会导致一些青少年的自杀意向在最初的几个星期内增强，而当他们平安服用超过了一个月时，这种由抑郁引发的自杀倾向反而会被阻断（Berman, 2009; Simon, 2006）。百忧解等 SSRI 类药物有其副作用，最突出的有躯体的躁动不安、性功能失调、性欲减退（非常普遍，见于 50%～75% 的病例）、失眠以及胃肠道不适。但是总的来说，除了性功能出现问题之外，这些副作用给大部分患者带来的困扰要小于三环类抗抑郁剂的副作用。另一类抗抑郁药混合再摄取抑制剂（mixed reuptake inhibitors）的神经生物学作用机制则有所不同。最有名的抑郁障碍治疗用药文法拉辛（venlafaxine）和三环类抗抑郁剂有关，但是其作用方式上又与三环类有所区别，它通过阻断对去甲肾上腺素和 5-羟色胺的再摄取而起效。文法拉辛相对于 SSRI，有些副作用（如心血管系统受损的风险）减轻了，但有些典型的副作用依然存在，包括恶心和性功能障碍。表 7.4 列出了临床上最常用的抗抑郁药物。

单胺氧化酶抑制剂 [monoamine oxidase（MAO）inhibitors] 的作用机制与前两者不一样。顾名思义，此类药物阻断了可以降解去甲肾上腺素和 5-羟色胺等神经递质的单胺氧化酶的作用过程。由于没有被降解，这些神经递质集中于突触，最终导致机体减少其分泌。单胺氧化酶抑制剂的效果类似于三环类抗抑郁剂或略强于后者（American Psychiatric Association, 2010），而且副作用也相对较少。一些证据提示它们对于非典型抑郁相对更有效（American Psychiatric Association, 2010; Thase & Kupfer, 1996）。但是单胺氧化酶抑制剂的临床应用却很少，这是由于存在两项重大风险。其一，只要患者食用含有酪氨酸的饮食（如奶酪、红酒或啤酒），就会导致严重的高血压发作，甚至偶尔还会导致死亡。其二，很多常见药品，如感冒药，会和单胺氧化酶抑制剂发生相互作用产生危险甚至致命的后果。因此，医生往往只有在确定三环类抗抑郁剂无效的时候，才会让患者使用单胺氧化酶抑制剂。

在人们使用 SSRI 治疗抑郁之前，三环类抗抑郁剂在抑郁治疗中的应用最为广泛，但现在使用得不是很普遍（Gitlin, 2009; Thase & Denko, 2008）。

表7.4 最常用的抗抑郁药：分类、药品名称、剂量、副作用

分类	英文名	中文名	常规剂量（mg/天）	主要副作用
选择性 5-羟色胺再摄取抑制剂（SSRI）	Citalopram	西酞普兰	20～60	
	Escitalopram	依他普仑	10～20	
	Fluoxetine	氟西汀	20～60	恶心、腹泻、失眠、性功能失调、躁动不安、日间镇静
	Fluvoxamine	氟伏沙明	100～300	
	Paroxetine	帕罗西汀	20～50	
	Sertraline	舍曲林	50～100	
混合再摄取抑制剂	Bupropion	安非他酮	300～450	恶心、呕吐、失眠、头痛、癫痫发作
	Venlafaxine	文法拉辛	7～225	恶心、腹泻、精神紧张、多汗、口干、肌肉抽搐、性功能失调
	Duloxetine	度洛西汀	60～80	恶心、腹泻、呕吐、精神紧张、多汗、口干、头痛、失眠、白天困倦、性功能失调、震颤、肝酶升高

最广为人知的可能是**丙咪嗪**（imipramine）和**阿米替林**（amitriptyline）。这些药物是如何作用的还不是很清楚，但是至少最开始的时候，它们阻断了某些神经递质的再摄取，使之存留于突触，从而对某种特异神经递质产生脱敏作用或者减少其传递。三环类抗抑郁剂似乎对降低去甲肾上腺素系统的活动水平最有效，但对于其他神经递质（尤其是5-羟色胺）系统也有效果。这个过程对神经递质活动的突触前和突触后调节都能产生复杂的影响，最终使其恢复适度的平衡。此类药物的副作用包括视物模糊、口干、便秘、排尿困难、困倦、体重增加（平均至少增加6千克），还可能出现性功能失调。因此，有多达40%的患者会停止治疗，因为治疗后果感觉上可能比疾病本身更糟糕。但是，如果小心处理，很多副作用随着时间的流逝会消失。医生要考虑的另外一个问题是，过度服用三环类抗抑郁剂的结果是致命的。因此，给有自杀倾向的患者开此类处方的时候，一定要慎之又慎。

最后，几年前人们发现一种草药，圣约翰草（St.John's wort，中文名：**贯叶金丝桃**），也有抗抑郁的性质。圣约翰草在欧洲较为流行，几项初步研究已经表明它比安慰剂有效，其效果和低剂量的其他抗抑郁药相当（American Psychiatric Association, 2010）。圣约翰草的提取物生产起来较容易，而且副作用也很小。现在它主要在药店和保健食品店等地方出售，但是不管何种品牌的圣约翰草制品，其成分都未经正式检验和保证。一些初步的证据提示这种草药也能改变5-羟色胺的功能。然而，美国国家健康研究院（National Institutes of Health in the United States）就其疗效已经完成了一项大型研究（Hyperisum depression trial study group, 2002）。结果出人意料，这项研究**并未发现**圣约翰草和安慰剂之间存在任何差异。

在所有接受药物治疗的患者中，约有50%因为SSRI和其他药物在一定程度上缓解了抑郁症状，但只有25%～30%的抑郁消失或几乎消失（称为**缓解**）（Trivedi et al., 2006）。那么，当抑郁症对药物治疗反应不佳时（通常称为抗治疗性抑郁症），临床医生该怎么办？一项依序替换治疗方案以缓解抑郁症的研究（简称STAR*D研究）考察了添加或改换药物对没能缓解的患者是否有效。结果发现，约20%（改换另一种药物）至约30%（添加第二种药物）的患者获得了缓解。当在对前两种药物反应不佳的患者身上再尝试使用第三种药物时，效果则不算太好（10%～20%的患者达到缓解）（Insel, 2006; Menza, 2006; Rush, 2007）；并且，很少有临床医生在两种药物都不起作用的情况下还让同一患者使用第三种药物（Gitlin, 2009）。因此，只要患者愿意尝试第二种药物，坚持一下可能很有价值。在后文中，我们还会报告心理治疗与药物治疗相结合的结果。总之，大型临床试验显示，所有抗抑郁药物的作用基本相同，但有时某一种药物对患者不起作用，而另一种药物则疗效更显著。

现在的研究表明，对于成人有效的药物治疗不一定对儿童也有效（American Psychiatric Association, 2000; Geller et al., 1992; Kaslow, Davis, & Smith, 2009; Ryan, 1992）。有报道提及服用三环类抗抑郁剂的14岁以下儿童的猝死，尤其是在运动的时候，而这些运动只是学校常规的体育比赛（Tingelstad, 1991）。这些药物对心脏的副作用可能与这些死亡相关。但有证据表明，与三环类抗抑郁剂不同的是，SSRI中至少有一个——氟西汀——是安全的。有证据显示，氟西汀对青少年在最初（Kaslow et al., 2009; Treatment for Adolescents with Depression Study Feam, 2004）和随后（Treatment for Adolescents with Depression Study Feam, 2009）的治疗中都有效，尤其是结合认知行为疗法的时候（March & Vitiello, 2009）。传统抗抑郁药物对于老年患者通常是有效的，但是对其使用必须谨慎，因为这种药物对老年患者产生的许多副作用在年轻人身上可能并无体现，包括记忆力损伤和躯体躁动不安等（Blazer & Hybels, 2009; Delano-Wood & Abeles, 2005; Fiske et al., 2009）。和一般的看护方法相比，在门诊场所任命一名抑郁管理负责人来鼓励患者遵照医嘱服药、监控老年患者特有的药物副作用并实施少量的心理治疗，这样的治疗效果会好得多（Alexopoulos et al., 2005; Unutzer et al., 2002）。

医生和研究者们认为，抑郁的恢复虽然很重要，但可能并不是最重要的治疗结果（Frank et al., 1990; Thase, 2009）。绝大部分人都能从重性抑郁发作中恢复过来，有些甚至非常快。更重要的目标是，尽量**延缓**或者甚至彻底地**杜绝**下一次的发作（National

Institute of Mental Health，2003；Thase，2009；Thase & Kupfer，1996）。对于仍有一些抑郁症状的患者，以及有慢性抑郁或多次抑郁发作病史的患者，这一点尤其重要（Forand & DeRubeis，2013；Hammen & Keenan-Miller，2013）。这些因素都会使患者的复发风险升高，所以，医生推荐在一次抑郁发作结束的时候继续使用抗抑郁药6～12个月，甚至更长时间（American Psychiatric Association，2010；Insel，2006）。然后在几周或几个月内逐渐减少直到停止使用药物（我们将会在后面继续讨论如何维持治疗效果）。关于长期使用抗抑郁药，目前还没有进行广泛的研究；甚至，有证据表明连续数年使用抗抑郁药物治疗会导致病情恶化（Fava，2003）。

药物治疗缓解了严重抑郁，而且无疑在全世界范围内防止了成千上万的患者自杀，特别是对较严重的抑郁病例来说。虽然这些药物已经十分大众化，但是仍然有很多人拒绝使用或者不适于使用它们。一些人担心其存在长期的副作用。服用抗抑郁药的育龄妇女要谨防怀孕的可能，因为这些药物可能对胎儿有害。最近，在一项对丹麦在十年间出生的所有婴儿的研究中，母亲在怀孕期间服用SSRI类药物但不服用其他抗抑郁药，则婴儿的Apgar评分（出生后立即进行的婴儿健康测量，用于预测智商和学业成绩，以及包括脑瘫、癫痫、可多年持续的认知功能障碍等神经系统的残疾）较低的风险增加两倍。母亲在怀孕前和怀孕期间患有抑郁但没有服用抗抑郁药，则与Apgar评分较低无关（Jensen et al.，2013）。此外，大约30%～40%完成了整个疗程的患者对这些药物的反应不够充分，有相当一部分患者仍有残余症状。

锂 盐

另一种抗抑郁药，**碳酸锂**（lithium carbonate），在自然界中广泛存在（Nemeroff，2006）。我们的饮用水中就有锂盐，但是量太小，不足以产生药效。然而，达到治疗剂量的锂盐产生的副作用比其他种类的抗抑郁药都要严重。因此在使用的时候必须小心掌握剂量，以避免中毒和甲状腺功能降低，后者会加重缺乏活力的抑郁症状。体重增加也是常见的副作用。尽管如此，与其他抗抑郁药相比，锂盐有一个主要的优点：对于躁狂发作的预防和治疗很有效。由于这个原因，经常把它用作**心境稳定剂**（mood-stabilizing drug）。有些抗抑郁药物即使在没有双相障碍病史的患者身上也可以诱发躁狂发作（Goodwin & Ghaemi，1998；Goodwin & Jamison，2007），而锂盐则是治疗双相障碍的金牌标准（Nivoli，Murru，& Vieta，2010；Thase & Denko，2008）。

研究结果表明，开始的时候，有50%的双相障碍患者对锂盐反应非常好，这意味着，躁狂症状至少减少了50%（Goodwin & Jamison，2007）。虽然有效果，但是锂盐并不能完全满足许多病人的治疗需要。对锂盐反应不佳的病人可以选择其他有抗躁狂效果的药物，包括抗惊厥药如<u>卡马西平</u>（carbamazepine）和<u>丙戊酸</u>（valproate），以及钙离子通道阻断剂如<u>维拉帕米</u>（verapamil）（Keck & McElroy，2002；Sachs & Rush，2003；Thase & Denko，2008）。在治疗双相障碍上，丙戊酸现在已经取代锂盐成为了最常用的心境稳定剂（Thase & Denko，2008），甚至对快速循环的症状也同样有效（Calabrese et al.，2005）。但也有研究表明，这些药物有一个显著的缺点：在预防自杀方面效果不如锂盐（Thase & Denko，2008；Tondo，Jamison，& Baldessarini，1997）。Goodwin和同事们（2003）总结了超过两万患者（服用丙戊酸或锂盐）的病案记录，发现服用丙戊酸的患者自杀率比服用锂盐的患者高2.7倍。因此，对于双相障碍，锂盐仍是首选的药物，只是其他心境稳定剂经常与治疗剂量的锂盐结合使用（Dunlop，Rakofsky，& Rapaport，2013；Goodwin & Jamison，2007；Nierenberg et al.，2013）。这一关于心境稳定剂的重要发现在一项大规模临床试验中得到了证实：将心境稳定剂（如锂盐）与传统的抗抑郁药（如SSRI）结合使用**没有优势**。

对于那些对锂盐反应较好的患者，有些研究通过5年的追踪表明，即使持续服用锂盐，最终还会有70%的病人复发（Frank et al.，1999；Hammen &

Kay Redfield Jamison是双相障碍方面的国际权威，但是她自己从青少年时期开始就受到这种障碍的困扰。

Keenan-Miller，2013）。尽管如此，对于反复发作型的躁狂发作患者，我们还是推荐维持使用锂盐或相关的药物来预防复发（Yatham et al.，2006）。有关双相障碍药物治疗的另外一个问题是：患者通常很喜欢躁狂所带来的欣快或亢奋，因此经常停止服药以求维持或者再次获得这种状态，也就是说，他们不按医嘱服药。我们已经非常清楚，停药后复发风险很高，所以现在经常应用其他方法（通常是心理疗法）来提高患者的配合程度。

电痉挛疗法和经颅磁刺激

如果患者对药物治疗反应不好（或者病情极度严重），医生可能会考虑用一种更强力的治疗方法——**电痉挛疗法**（electroconvulsive therapy，简称 ECT），这是继精神外科手术后争议最大的治疗方法。在第 1 章里，我们描述了 20 世纪早期 ECT 的应用。ECT 在很多时候不幸被滥用了。如今 ECT 也有了明显的改变。现在，对于使用其他方法效果不佳的严重抑郁，ECT 是一种安全的、疗效可靠的方法（American Psychiatric Association，2010；Gitlin，2009；Kellner et al.，2012；National Institute of Mental Health，2003）。

在目前经过了改良的 ECT 中，患者会用到麻醉剂和肌肉松弛剂，来减轻不适和防止在痉挛过程中发生骨折，因此较为安全，也容易被患者接受。这种方法在短时间（小于 1 秒）内将电流直接通过大脑，以诱发一次癫痫发作和若干短暂的痉挛，一般会持续数分钟。现在治疗的频率一般是隔天做一次，一共 6～10 次（如果患者心境好转则可减少次数）。其副作用非常少，一般仅限于短期的记忆丧失和迷茫，一两个星期以后就会消失，当然不排除少数患者可能会发生长期的记忆问题。对于伴有精神病性症状的严重的住院病人，对照研究表明，ECT 对大约 50% 对药物治疗毫无反应的患者有效。随后通过药物或者心理疗法进行持续治疗是非常必要的，因为其复发率可达 60% 甚至更高（American Psychiatric Association，2010a；Gitlin，2009）。例如，Sackeim 和他的同事（2001）用 ECT 治疗了 84 例抑郁患者，然后把他们随机分配到安慰剂组或者用几种抗抑郁药物中的一种继续进行治疗。所有分配到安慰剂条件下的患者都在 6 个月内复发，而分配到药物治疗的患者则有 40%～60% 在 6 个月内复发。因此，与抗抑郁药物或心理治疗相结合进行后续治疗是十分必要的，否则复发率就会很高。但是，对于有精神病性症状和紧迫自杀风险的住院的抑郁患者，先花 3～6 周来考察药物或者心理疗法的效果并不是最好的选择；在这些情况下，应该立即进行 ECT。

对于 ECT 的作用机制，我们还没有完全理解。显然，反复发生的癫痫会导致脑功能大面积改变，甚至发生脑结构的改变，这或许是其疗效所在。有证据表明，ECT 能提高 5-羟色胺的水平，阻断应激激素，并促进海马的神经发生。因为这种疗法本身存在争议，因此在 20 世纪 70 年代和 80 年代，其应用大幅度减少（American Psychiatric Association，2001）。

最近，研究者发展出了一种新的抑郁治疗方法：通过建立一个强磁场区域来改变大脑的电活动。这种方法被称为**经颅磁刺激**（transcranial magnetic stimulation，简称 TMS），其工作原理是将磁导线覆盖在患者头部，以产生精准的电磁脉冲。患者不需麻醉，副作用也仅限于头疼。初期研究表明，按照最新的实施程序，这种方法对治疗抑郁有效（Fitzgerald，Brown，et al.，2003；Fitzgerald，Benitez，et al.，2006）。最近的观察和评价也已经证实，TMS 可以是有效的（Mantovani et al.，2012；Schutter，2009）。但是从几项针对严重或难治的精神病性抑郁患者的临床试验结果来看，ECT 显然比 TMS 更有效（Eranti et al.，2007）。或许相对于 ECT，TMS 更适合与抗抑郁药物在一起作比较；新近的一项研究报告称，TMS 和药物结合使用，比单独使用二者之一效果要好一点（Brunoni et al.，2013；Gitlin，2009）。

其他一些针对难治型抑郁的非药物方法也正在研发当中。**迷走神经刺激术**（vagus nerve stimulation）植入一个类似起搏器的装置以使颈部的迷走神经产生搏动，从而影响脑干和边缘系统中的神经递质（Gitlin，2009；Marangell et al.，2002）。足够的证据使得 FDA 已经批准了这一程序，但效果微弱，应用极少。**深部脑刺激**在几个严重的抑郁症患者身上尝试应用。这一方法是指将电极通过外科手术的方式植入边缘系统（情绪脑），同时，这些电极也连接到一个类似起搏器的装置（Mayberg et al.，2005）。初步结果给了难治型患者一些希望，但其效用仍需等待时间检验（Kennedy et al.，2011）。

抑郁的心理疗法

目前，在对抑郁障碍有效的心理疗法中，两种主要方法的支持证据最多。第一种是认知行为疗法，Aaron T. Beck 是其创始人。第二种方法是人际心理疗法，是由 Myrna Weissman 和 Gerald Klerman 发展起来的。

认知行为疗法

通过观察根深蒂固的消极想法在抑郁中的作用，Beck 发展出了**认知疗法**（cognitive therapy）（Beck，1967；Young et al.，in press）。治疗师会帮助患者学会在抑郁期间仔细审视自己的想法，并找出其中的"消极"偏差。这并不容易，因为很多想法是自动产生的，患者意识不到；对患者来说，消极的想法十分自然。治疗师会让患者认识到，是思维上的偏差直接导致了抑郁。治疗包括纠正认知偏差，代之以不那么消极和比较现实的想法及评价。在后期阶段，治疗的目标主要是潜在的消极认知图式（患者世界观的特点），因为它可以触发特定的认知偏差；这样的治疗不仅在治疗师的办公室里进行，在患者的日常生活中也同样要进行。治疗师有目的地采取一种苏格拉底式的方法（通过提问进行教学，请参阅下面的对话），让患者相信治疗师和病人是一个整体，合作去发现那些错误的思维模式和潜在的图式。因此，治疗师必须训练有素。以下是 Beck 和一位名叫 Irene 的患者一次真实的对话记录。

Beck 和 Irene　一次对话

因为 Irene 已经由另外一名治疗师做了首诊，所以 Beck 并没有花太多时间来仔细回顾她的症状或了解她的病史。随着 Irene 开始描述自己"伤心的状态"，Beck 也开始提炼出她在抑郁发作期间的自动化思维。

治疗师（以下简称"治"）：上周当你产生这种悲伤情绪的时候，你有些什么样的想法呢？

患者（以下简称"患"）：嗯……我猜我在想这一切有什么意义。我的生活已经完蛋了。不是这样的……我想的是，我该怎么办？……有时候，我非常生他的气，你知道的，就是我的丈夫。他怎么能离开我？但我这样想是不是太差劲了？我出了什么问题？我怎么能生他的气呢？他只是不希望死得那么恐怖……我早该做得更多。当他第一次开始头痛的时候，我就应该让他去看医生……哦，有什么用……

治：听起来你现在感觉非常糟糕。是吗？

患：是的。

治：跟我说说你现在心里在想些什么。

患：我什么也改变不了……完蛋了……我不知道……一切都显得那么凄凉和绝望……我还能指望些什么呢……疾病和接下来的死亡……

治：所以你有一个想法是你改变不了什么，而且事情不会出现任何好转？

患：是的。

治：某些时候，你完完全全就是这么想的？

患：是的，我是这么想的，有时是的。

治：此时此刻你也这么想吗？

患：我是这么想的——是的。

治：此时此刻你认为自己改变不了什么，而且事情不会往好的方向发展？

患：嗯，有一线希望，但是几乎……

治：你的人生里有什么能够让你继续走下去的期待吗？

患：嗯，我期待……我喜欢看到我的孩子们，但他们现在非常忙碌。我儿子是一名律师，我女儿在读医学院……因此，他们都非常忙……他们没有时间陪我。

通过探究患者的自动化思维，治疗师开始了解她的想法——她会永远孤单一人。这种**对未来的绝望**是大多数抑郁患者的特征。这段询问的第二个收获是治疗师让 Irene 开始注意到审视自己的想法，而这正是认知疗法的核心（Young et al.，in press）。

针对抑郁的有关认知行为方法，包括<u>心理治疗的认知行为分析系统</u>（Cognitive-Behavioral Analysis System of Psychotherapy，CBASP）（McCullough，2000，in press），集成了认知、行为和人际策略，注重问题解决技巧，特别是在重要关系的背景下。这种治疗方法是为持久性（慢性）抑郁患者设计的，并且已经通过了一项大规模临床试验的测试（见下文）。最后，<u>以正念为基础的认知疗法</u>（mindful-based cognitive therapy，简称 MBCT）整合了冥想与认知疗法（Williams, Teasdale, Segal, & Kabat-Zinn, 2007; Segal, Williams, & Teasdale, 2002）。经过评估发现，MBCT可以有效帮助已经从抑郁发作中缓解的患者预防复发或再次发作。此方法对于抑郁障碍较严重（此前已有3次或更多抑郁发作）的患者特别有效（Segal et al., 2002; Segal et al., 2010）。

最近，Neil Jacobson及其同事的研究表明，仅凭增加身体活动就能改善自我概念、减轻抑郁（Dimidjian et al., in press; Jacobson et al., 1996）。初步的评估显示，它和认知疗法疗效相当甚至更有效，因此这种更具行为特征的治疗方法正在进一步改善（Hollon, 2011; Jacobson, Martell, & Dimidjian, 2001）。这种方法的重点在于，防止患者逃避能够引发负面情感和抑郁的社会和环境线索，因为这样的逃避只会导致患者退缩、活动性低下。相反，患者会在治疗师的帮助下发展出更好的应对技能，以学会面对上述线索或诱发因素，从而解决它们及其所导致的抑郁。类似的，持续数周或数月的有计划的锻炼对抑郁的效果出人意料的有效（Mead et al., 2009; Stathopoulou, Powers, Berry, Smits, & Otto, 2006）。事实上，Babyak等人（2000）研究观察了4个月以后的疗效发现，和仅仅使用抗抑郁药（一种SSRI药物）以及抗抑郁药和锻炼结合疗法相比，有计划的每周三次有氧锻炼具有同样疗效。更重要的是，在治疗结束6个月后，锻炼比药物治疗或药物锻炼结合治疗在预防复发方面效果更佳，尤其是当患者坚持锻炼的情况下。另外有一些新的证据显示，锻炼能够促进海马的神经发生，而这与抵御抑郁有关。这种侧重健身活动的一般性治疗方法，也是我们目前已知的改变情绪失调最有效的方法（Barlow, Allen, & Choate, 2004; Campbell-Sills, Ellard, & Barlow, in press），我们期待着不久的将来能有更多相关的研究问世。

人际心理疗法

我们已经了解到，人际关系的重大挫折是一类非常重要的应激源，可以触发心境障碍（Joiner & Timmons, 2009; Kendler et al., 2003）。而且，那些严重缺乏社会交往的人们更容易罹患并持续其心境障碍（Beach et al., 2009）。**人际心理疗法**（interpersonal psychotherapy）（Bleiberg & Markowitz, in press; Klerman, Weissman, Rounsaville, & Chevron, 1984; Weissman, 1995）注重解决现有人际关系方面的问题，并帮助个体学会建立新的重要人际关系。

与认知行为方法类似，人际心理疗法高度结构化，而且一般不会超过15到20次面谈，通常也都是一周一次（Cuijpers et al., 2011）。在确定生活中可能会导致抑郁的应激源之后，医生和患者共同去解决患者目前的人际关系问题。这通常包括下列四个方面：①处理人际关系角色冲突，如婚姻的冲突；②适应某种人际关系的丧失，如亲爱之人离世之后的悲痛；③获得新的人际关系，如结婚或者建立工作关系；④找出并弥补社会技能方面的缺陷，以免这些缺陷妨碍患者建立或维持重要的社会关系。

一般来说，治疗师首先要找出并界定人际关系的冲突（Bleiberg & Markowitz, in press; Weissman, 1995）。比方说，妻子希望依靠丈夫生活但不得不自己去工作以支付账单，而丈夫也希望妻子能为家庭收入作出平等的贡献。如果这种冲突导致了某些抑郁症状或带来无休止的争执，那么它就是人际心理疗法所要关注的。

在确定了这种冲突以后，下一步就是找到解决方法。首先，治疗师帮助患者把冲突分为几个阶段：

1. 谈判阶段（negotiation stage）：冲突双方都意识到这是一种冲突，从而试着用谈判来解决。
2. 僵局阶段（impasse stage）：冲突在暗地里蔓延，产生某种程度的愤慨，但没有付出努力去解决问题。
3. 解决阶段（resolutin stage）：冲突双方都采取一些行动。例如，离婚、分手，或复合等。

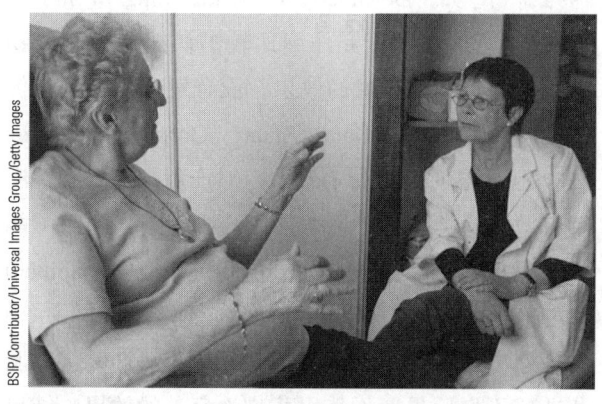

在人际心理治疗中，治疗师和患者一起探索减缓社交冲突和形成新关系的策略。

治疗师和患者一起来确定冲突，然后找出具体的解决策略。用类似的方法，Daniel O'Leary、Steve Beach 等人以及 Neil Jacobson 等人的研究证明，婚姻疗法可适用于很多抑郁患者，尤其是有婚姻问题的妇女（这类情况约占所有抑郁患者的50%）（Beach & O'Leary, 1992; Beach et al., 2009; Jacobson, Fruzzetti, Dobson, Whisman, & Hops, 1993）。

有些研究将认知疗法、人际关系疗法的效果和三环类抗抑郁剂的效果以及其他对照条件作了对比。结果发现，对于重性抑郁障碍和持久性抑郁障碍，心理疗法和药物疗法在治疗刚刚完成时的效果十分接近，而且这两种治疗方法的效果都比安慰剂、短程心理动力疗法及其他对照条件更好（Hollon, 2011; Hollon & Dimidjian, 2009; Miller, Norman, & Keitner, 1989; Paykel & Scott, 2009; Schulberg et al., 1996）。尽管各个研究对"成功"的定义不同，但大约有50%或更多患者的治疗效果达到了显著水平，而安慰剂或其他对照条件组则只有约30%有效（Craighead, Hart, Craighead, & Ilardi, 2002; Hollon, 2011; Hollon & Dimidjian, 2009）。

有关抑郁儿童和青少年的研究也报告了类似的结果（Kaslow et al., 2009）。Brent 等人（2008）在一项重要的临床试验中发现，对于使用 SSRI 不见效的300多名严重抑郁的青少年来说，改用认知行为治疗比改用另一种抗抑郁药物更有效。Kennard 等人（2009）的研究也表明，当青少年接受了9次以上的认知行为治疗时，上述结果尤为适用。

同时，研究并没有发现治疗效果对于不同程度的严重抑郁有差异（Fournier et al., 2010; Hollon, Stewart, & Strunk, 2006; McLean & Taylor, 1992）。例如，DeRubeis、Gelfand、Tang 和 Simons（1999）通过四项研究仔细比较了认知疗法和药物治疗对严重抑郁患者的效果，没有发现其中一种优于另外一种。O'Hara、Stuart、Gorman 和 Wenzel（2000）报告称，人际心理治疗对产后抑郁的女性患者有效（这类患者不愿意使用药物，因为她们可能要为婴儿哺乳）。在一项重要的相关研究中，Spinelli 和 Endicott（2003）比较了人际心理治疗和另一种心理疗法对50名抑郁孕妇（她们因担心药物会对胎儿造成不良后果而不采用药物治疗）的效果。结果显示，60%的患者得到了康复。因此，这些研究者建议将人际心理治疗作为抑郁孕妇的首选治疗方法，不过，认知行为治疗也可以带来类似的结果。另外，人际心理治疗已经成功地通过接受了相应培训的驻校心理治疗师来对抑郁青少年进行恰当的治疗（Mufson et al., 2004）。这种务实的做法有望帮助更大范围内的更多抑郁青少年。

预 防

考虑到儿童和青少年中心境障碍的严重性，有关的预防工作现在已经展开（Horowitz & Garber, 2006; Muñoz, Cuijpers, Smit, Barrera, & Leykin, 2010; Muñoz, Beardslee, & Leykin, 2012）。美国医学研究院（Institute of Medicine, IOM）给出了三种方案：<u>通用方案</u>，适用于每一个人；<u>选定干预</u>，针对由于如离婚、家族酗酒史等因素而存在抑郁风险的个人；<u>显示干预</u>，针对已经显示出轻度抑郁症状的个体（Muñoz et al., 2009）。作为选定干预的一个例子，Gillham 和他的同事（2012）向400多名年龄10～15岁因消极思维方式而有抑郁风险的学生教授认知和社会方面的问题解决技巧。结果发现，这一预防组被试在后续追踪过程中报告的抑郁症状要少于未做任何处理的对照组。Seligman、Schulman、DeRubeis 和 Hollon（1999）选择具有悲观认知模式的大学生为研究对象，给予类似的引导。3年后，接受了8次面谈的大学生表现出来的焦虑和抑郁要少于只接受了测试未接受面谈的对照组。这些研究表明，对于儿童和青少年，尤其是在他们进入青春期之前，教给他们适当的认知和社会技能，有助于他们对抑郁产生"心理免疫"。

一项将"选定"和"显示"方法合二为一的重大临床试验报告了有关青少年抑郁风险的结果（Garber et al., 2009）。共有316名青少年参与了试验，其父母要么当前患有抑郁障碍，要么曾经患有抑郁障碍；而这些青少年本人，则必须有抑郁病史，或目前有抑郁症状，只是尚未达到诊断标准，抑或两者都有。所有青少年都被随机分配到认知行为预防方案或常规看护中。在认知行为预防组的青少年接受8周的团体面谈以及6个月每月一次的延续访谈。常规看护组则积极运用心理健康或保健服务，但不包括任何认知行为组中的程序。如图7.8所示，研究结果表明：认知行为预防方案比起常规治疗更能有效地防止未来的抑郁发作，但只对那些父母当

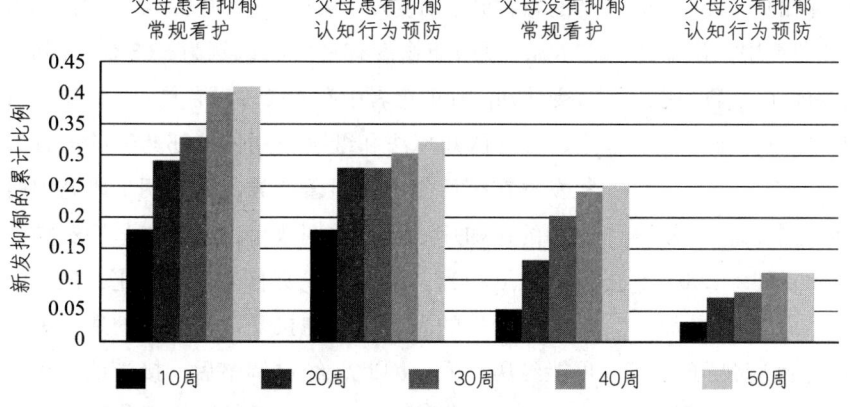

图7.8　干预情况下新发抑郁的风险与干预条件和父母抑郁情况的基线条件
Adapted from Garber, J., Clarke, G. N., Weersing, V. R., Beardslee, W. R., Brent, D. A., Gladstone, T. R. G., Iyengar, S. [2009]. Prevention of depression in at-risk adolescents: A randomized controlled trial. *Journal of the American Medical Association, 301*, 2215–2224.

前未处于抑郁发作期间的青少年有效。如果青少年接受护理时父母正在抑郁发作，那么尽管他们报告说自己的抑郁程度减轻了，但追踪显示他们的抑郁发作并没有显著减少。这些结果非常重要，因为它们不仅表明预防计划有潜在的效果，而且还在一定程度上表明了和患有抑郁的父母一起生活会降低疾病预防计划的效果（Hammen, 2009）。这一结果还说明，为防止未来的抑郁发作，需要协调整个家庭中的抑郁治疗方案。

近期的另一项研究也表明，以整合的方式将家庭成员聚在一起，包括有抑郁病史的父母和他们9～15岁的孩子（存在抑郁风险，因为父母患有抑郁症），能够在追踪期间成功预防家中发生抑郁（Compas et al., 2009）。其他研究表明，预防抑郁可以在老年人的初级保健医院（van't Veer-Tazelaar et al., 2009）以及脑卒中患者（抑郁高危群体）中进行（Robinson et al., 2008; Reynolds, 2009）。鉴于抑郁已经对社会造成了巨大的负担，预防抑郁成为公共卫生领域的全球优先项目已达成共识（Cuijpers, Beekman, & Reynolds, 2012）。

抑郁的联合治疗

药物和心理联合治疗对抑郁障碍来说是否比使用单一方法更有效呢？由Keller等人（2000）所进行的一项大型研究中，来自全美12家治疗机构的681名慢性抑郁患者被分到药物（萘法唑酮）治疗组、认知行为治疗（CBASP，前文提过）（McCullough, in press）组，以及联合治疗组。研究发现，前两组中约有48%的患者达到临床满意的疗效，而最后一组中则有73%。因为这项研究只是针对慢性抑郁症患者，所以要推广到一般的抑郁障碍还需要更多研究来证实。而且，这项研究的设计条件没有考虑认知行为治疗与安慰剂联合的情况，所以我们还无法从联合治疗效果增强的部分中排除安慰剂的因素。不过，目前研究者的共识是联合治疗确实存在一些优势。请注意，这个结论不同于第5章中有关焦虑的结论，联合治疗对于焦虑障碍没有任何优势是显而易见的。但结合两种治疗方法的费用不菲，所以很多专家认为，当第一种选择（也许患者偏爱此种治疗或者此种治疗最方便）的效果不能完全令人满意时再切换到另一种治疗方案（Lynch et al., 2011; Schatzberg et al., 2005）。

预防抑郁的复发

不管怎样，药物治疗和认知行为治疗的机制显然是不一样的。药物治疗如果有效，见效会比心理疗法快得多，而心理疗法在增强患者长期的社会功能（尤其是人际心理治疗）和预防复发（尤其是认知行为疗法）方面更有优势。因此，联合治疗可能会同时具有药物治疗快速起效和心理社会疗法预防复发的优点，从而使最终停止服药成为可能。例如，Fava、Grandi、Zielezny、Rafanelli和Canestrari（1996）选取了药物治疗成功的患者，然后应用认知行为治疗来处理残留的症状或使用标准的临床管理。4年以后，应用认知行为疗法的患者复发率（35%）要明显低于标准临床管理的患者（70%）。另一项针对反复发作型抑郁障碍的研究也得到了类似的结果（Fava, Rafanelli, Grandi, Conti, & Belluardo, 1998），并且在随后6年的追踪中，接受认知行为治疗的被试复发率为40%，相较之下，标准临床管理组的复发率为90%（Fava et al., 2004）。

对于使用药物治疗的患者，如果在他们最后一次抑郁发作后4个月内停药的话，则会有超过50%的患者发生复发（Thase, 1990）。考虑到抑郁的高复发率，这一发现并不令人意外。因此，**维持治疗**

(maintenance treatment)，防止长期范围内的复发或反弹，就成了一个很重要的问题。在一些研究中，认知疗法比用抗抑郁药治疗减少后续复发抑郁症患者的比率超过50%。(Hollon et al., 2005, 2006; Teasdale et al., 2000)。

在一项近期最令人印象深刻的研究中，患者分别使用抗抑郁药物或认知疗法（Hollon et al., 2005; Hollon, Stewart, & Strunk, 2006），然后与安慰剂相比较（DeRubeis et al., 2005）；所有反应良好的患者在接下来的两年时间接受追踪调查。在第一年里，第一组最初接受抗抑郁药物治疗的患者继续用药，但在第二年停止用药。这一组中也包括了严格按照医生的规定服用抗抑郁药物的患者，研究者预计他们应该得到最大程度的药物治疗收益（完美遵循医嘱）。第二组最初接受认知疗法的患者在第一年里接受了三次额外（强化）治疗，但是之后不再做任何治疗。第三组患者原本也使用治疗抗抑郁药物，但后来改用安慰剂。两年的追踪结果见图7.9。第一年，从使用药物改为使用安慰剂的患者明显比继续用

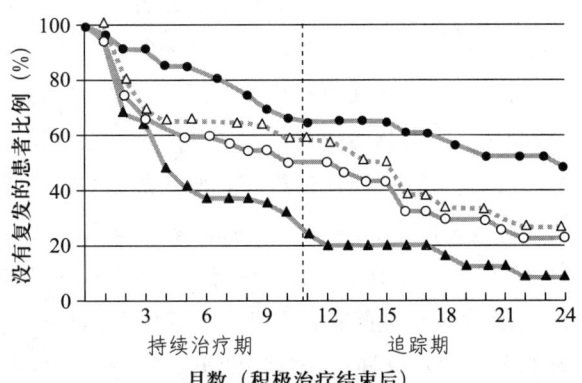

图7.9 没有复发的患者在持续治疗期（前12个月）和追踪期（第13-24个月之间）的累计比例。认知疗法在急性反应（前12个月）内提供了三次强化治疗，但在后续的恢复阶段（第13-24个月）没有任何治疗。服用抗抑郁药物的患者（药物条件）在急性反应（前12个月）内继续坚持药物治疗，但在后续的恢复阶段（第13-24个月）完全停药；医嘱是指药物条件内的一个子集，患者完全按照医生规定来服药，以达到最大收益。使用安慰剂的患者在急性反应（前12个月）内停药并改用安慰剂，并在后续的恢复阶段（第13-24个月）不服用任何药剂。Adapted, with permission, from Hollon, S., Stewart, M., & Strunk, D. [2006]. Enduring effects for cognitive behavior therapy in the treatment of depression and anxiety. *Annual Review of Psychology, 57*, 285-315, © 2006 American Medical Association.

药的患者更容易复发（服用安慰剂没有复发的比例为23.8%，服用药物没有复发的比例为52.8%）。同时，接受认知治疗的患者中有69.2%没有复发。在这一点上，接受认知疗法和继续服用抗抑郁药物的患者的复发率在统计学上无显著差异。这表明，研究中所使用的认知疗法具有长期效果，至少与坚持药物治疗的效果相当。第二年，所有治疗都停止，最初使用药物治疗的患者比最初接受认知疗法的患者更有可能经历复发。因此，经过调整后，接受认知疗法的患者的复发率为17.5%，而坚持使用药物治疗的患者的复发率为56.3%。这些研究表明，心理治疗在持续预防抑郁复发方面具有最佳效果。

双相障碍的心理疗法

虽然药物治疗，尤其是锂盐，是治疗双相障碍的必要措施，但大部分医生还是强调应该有心理方面的干预来帮助患者解决人际关系和现实问题（例如：双相障碍带来的婚姻和工作上的麻烦）(Otto & Applebaum, 2011)。直到最近，心理干预的主要目的还只是提高患者服用药物（如锂盐）的依从性。我们已经注意到，躁狂状态所带来的"快乐"可能让患者拒绝继续服药。然而，在发作间隔期停药或者在发作时随意调整剂量将显著影响疗效。因此，提高对服用药物的依从性是非常重要的（Goodwin & Jamison, 2007）。例如，Clarkin、Carpenter、Hull、Wilner和Glick（1998）对给住院患者在药物治疗之外加上心理治疗的疗效进行评估，发现它对所有患者坚持用药都有促进作用，同单纯接受药物治疗的患者相比，大多数病情严重患者的总体疗效有所提高。

最近，心理治疗开始侧重于治疗双相障碍中与心理社会有关的方面。Ellen Frank 和同事们在测试了一种新疗法的有效性，这种疗法通过帮助患者控制饮食、睡眠周期及其他日常活动来调节他们的生理节律，并且更有效地应对应激生活事件，特别是人际交往问题（Frank et al.,

Ellen Frank 和她的同事们发展出了预防心境障碍复发的新疗法。

2005；Frank et al.，1997；Frank et al.，1999）。这种方法叫作人际与社会节律疗法（interpersonal and social rhythm therapy）。与接受标准化的密集临床管理的患者相比，接受人际与社会节律疗法的患者保持不出现新的躁狂或抑郁发作的时间更长。有关青少年被试的初步研究结果也十分乐观（Hlastala，Kotler，McClellan，& McCauley，2010）。

David Miklowitz 和他的同事们发现，家庭关系紧张和双相障碍的复发有关。初步研究表明，通过治疗来帮助家庭成员了解症状，并且学会新的应对技巧和沟通方法，能有效改变家庭成员的交流方式（Simoneau，Miklowitz，Richards，Saleem & George，1999）并预防复发（Miklowitz，in press）。Miklowitz、George、Richards、Simoneau 和 Suddath（2003）的研究表明，在开始治疗后一年内，给予患者药物和以家庭为中心的联合治疗，其复发率要低于同期接受药物和危机管理的患者（见图 7.10）。具体而言，和对照组 54% 的复发率相比，接受药物和家庭中心联合疗法的患者复发率仅为 35%。而且，接受家庭疗法的患者平均在一年半（73.5 周）之后才复发，保持健康的时间明显长于对照组。Rea、Tompson 和 Miklowitz（2003）将这一疗法与另一项个人化的心理疗法（患者在同一时期接受数量相同的治疗）相比较，结果发现家庭疗法在 2 年后的追踪中依然疗效更佳。Reilly-Harrington 等人（2007）发现的一些证据表明，认知行为治疗对有快速循环特征的双相障碍患者是有效的。前面我们已经提到抗抑郁药物对于治疗双相障碍抑郁阶段相对无效，针对这一问题，Miklowitz 等人（2007）的重要研究报告显示，多达 30 次的密集心理治疗明显比常规治疗更有效，能够促进患者从双相障碍的抑郁中恢复并保持良好的状态。考虑到抑郁是双相障碍中最常见的阶段，而且抗抑郁药对其基本无效，这种疗法对双相抑郁具有特异性的疗效无疑将为综合治疗双相障碍做出重要贡献。Otto 等人（2008a，2008b）则以这些双相障碍心理疗法的证据为基础，综合发展出了一套新的治疗方案。

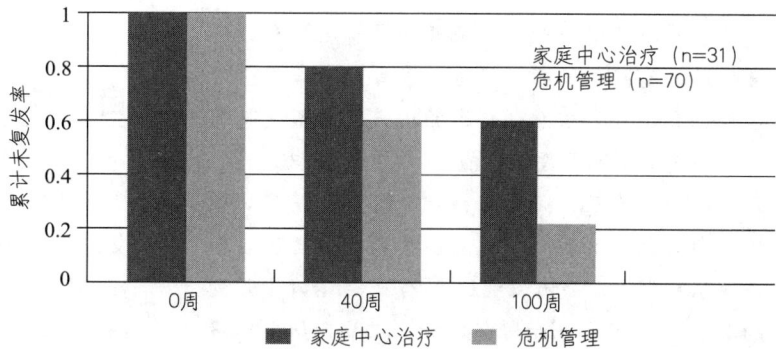

图 7.10 双相心境障碍患者未复发的情况，比较了家庭中心治疗结合药物治疗与危机管理结合药物治疗两种条件。通过对比发现，接受家庭中心治疗的患者复发间隔时间比接受危机管理的患者明显要长。(Wilcoxon X^2_1=8.71, P=0.003). (Based on Miklowitz, D. J., George, E. L., Richards, J. A., Simoneau, T. L., & Suddath, R.L. [2003]. A randomized study of family-focused psychoeducation and pharmacotherapy in the outpatient management of bipolar disorder. *Archives of General Psychiatry, 60*, 904–912.)

让我们再回到凯蒂的例子，你肯定还记得在一次重性抑郁发作的时候她曾尝试过自杀。

凯蒂　战胜自己

像绝大多数患有严重心理障碍的患者一样，凯蒂此前从未接受过完整的治疗，虽然她经过了多位心理健康专家的评估。她生活在乡村，一个难以得到专业治疗的地方。她的青春在与焦虑和抑郁斗争的过程中流逝。当她能够充分控制自己的情绪的时候，她偶然地参加了高中的一个独立学习项目。凯蒂发现自己能在学习中获得很大的乐趣。在 19 岁那年，她考入了当地一家社区学院而且成绩非常好，尽管她连高中一年级都没有读完。在社区学院里，她获得了高中同等学力证书。然后她进入当地一家工厂工作。但是她仍然酗酒，服用安定；偶尔，焦虑和抑郁会再次复发，破坏她的生活。

最后，凯蒂离开了家，进入了一家全日制学院，并且坠入爱河。但这只是一场单相思，她被拒绝了。

"一天晚上和他通了一次电话以后，我喝了很多酒，几乎把自己喝死。我一个人待在单人宿舍里，不停地喝伏特加，直到我喝不下去为止。我睡着了。当我醒过来的时候，我满身都是呕吐物，想不起来自己是睡着了还是生病了。第二天我又喝了很多。当我再一次醒过来的时候，我意识到呕吐物可能会让我窒息而死。更重要的是，我终于认识到我可能不是那么想死。那以后，我再也没有喝过酒。"

凯蒂决定做出改变。她开始学着运用自己曾接受过的有限的治疗，用另一种目光来审视生活和自己。她开始注意到自己的优点，而不是总想着自己是多么的罪恶和无能。"现在我认识到我必须学会接受自己，是什么样就什么样，并且勇敢地面对我遇到的挫折。我应该尽可能使自己生活得快乐和舒适。我有权利这么做。"从治疗中学到的其他一些东西也开始有效果，凯蒂开始更加清晰地意识到自己的情绪波动：

"我学会了客观看待自己的抑郁，它只是一段有'感觉'的时间。这是我的一部分，但并不是全部的我。当我有那种感觉的时候，我会认识到这一点；当我感到难以捉摸的时候，我会和信任的人谈谈这些感觉。我努力让自己相信，这样的日子都只是暂时的。"

凯蒂还发展出了其他方法成功地应对了生活中的困难：

"我要专注于我的目标和对我重要的东西。我已经知道如果一种方法没有效果，还可以去试试另一种方法。我的忍耐力是我的天赋之一。耐心、投入和自律都非常重要。我身上发生的所有变化都不是立即和自动产生的。我所赢得的一切包含着时间、努力和坚持。"

凯蒂有一个梦想：如果她足够努力，就可以帮助那些和以前的她一样的患者。她为了实现这个梦想而不懈努力，最终获得了心理学博士学位。

小测验 7.4

请判断以下描述各指对心境障碍的哪种治疗：

1. 这是一项有争议但从一定程度上讲成功的治疗方法，通过对大脑施加电流诱发癫痫。_____
2. 这种治疗方法教导患者仔细审查自己的思维过程，并认识到意识中的"抑郁"模式。_____
3. 这种治疗方法有三种主要类型（三环类抗抑郁剂、单胺氧化酶抑制剂和选择性5-羟色胺再摄取抑制剂），但存在诸多副作用。_____
4. 使用这种抗抑郁药物须格外谨慎，以防引起其他疾病，但它对控制躁狂发作非常有效。_____
5. 这种治疗方法的重点是解决现有关系中的问题，并学习建立新的人际关系。_____
6. 这种治疗方法致力于长期预防复发和再次发作。_____

自 杀

我们经常看到一些有关科学家努力征服癌症和艾滋病的报道，我们也经常听到一些要注意饮食和运动以预防心脏疾病的忠告。但是，现在还有一项致死率排名很高的问题，能够导致非常可怕和危险的医学情形。每年，仅在美国就有超过40000人选择结束自己的生命，而这样的选择在别人看来，实在难以理解。

统计数据

想象一下，从全世界随机选出1000个人。每年，这1000人里就有4个人会自杀，有7个人会计划自杀，有20个人会认真考虑自杀（Borges et al., 2010）。

据官方统计，自杀是美国排名第11位的死亡原因（Nock, Borges, Bromet, Cha, et al., 2008），并且根据大多数流行病学家的估计，实际自杀的数字要比统计数字高2～3倍。这些没能计入统计的通常是那些驾驶汽车故意撞上桥梁或冲下悬崖的自杀者（Blumenthal, 1990），而且以往将自杀错误判断为医学原因致死的情况也很常见（Marcus, 2010）。在全世界范围内，每年自杀致死的数量远比杀人或艾滋病致死的数量多得多（Nock, Borges, Bromet, Cha, et al., 2008）。

在美国，自杀者中白人占据了压倒性的比例。一些少数民族群体，包括非裔和拉美裔美国人则很少会做出这种绝望的选择（见图7.11）。但你可能会想到美国原住民中抑郁的高发率。的确，他们的自杀比例极高，远远超过其他种族（Centers for Disease Control and Prevention [CDC], 2013; Beals et al., 2005; Hasin et al., 2005; Nock, Borges, Bromet, Cha, et al., 2008）；不过部落之间的差异很大（例如Apache部落的自杀率是全美平均自杀率的4倍）（Mullany et al., 2009）。需要特别重视的是，近年来自杀率大幅提高，尤其是青少年自杀现象增加。在美国，每10万人中，因自杀死亡的人数已经从原来的1.29（10～14岁年龄组）增长至现在的12.35（20～24岁年龄组）（CDC, 2010b; Nock, Cha, &

Dour, 2011）。2007年，自杀是十几岁的青少年中排在第三位的死因，仅次于意外伤害（如车祸）和他杀（CDC, 2010b）。图7.11显示，自杀情况在不同种族之间差异很大，而这个事实充分提示我们在对青少年自杀进行干预的时候务必要考虑到文化背景。

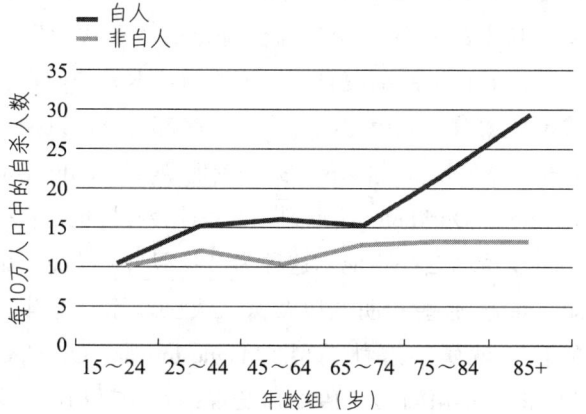

图7.11 美国白人和非白人的自杀率，按照年龄分组。
From Centers for Disease Control and Prevention (2003). Deaths:Final data for 2001. *National Vital Statistics Reports*, 52(3). Hyattsville, MD: National Center for Health Statistics

图7.12显示，比起相对年轻的年龄组，老年人的自杀率也存在急剧的增长。这和老年人躯体疾病的增加和社会支持的减少（Conwell, Duberstein, & Caine, 2002），以及由此导致的抑郁障碍有关（Fiske et al., 2009; Boen, Dalgard, & Bjertness, 2012）。正如我们已经注意到的，疾病、虚弱和绝望、抑郁之间存在很密切的联系。

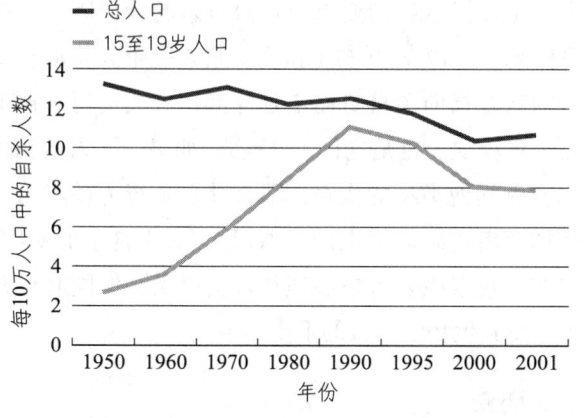

图7.12 美国总人口和15～19岁人口的自杀率
From Centers for Disease Control and Prevention (2003a). Deaths: Final data for 2001. *National Vital Statistics Reports*, 52(3). Hyattsville, MD: National Center for Health Statistics.

其实，不只是青少年和成年人会自杀。曾有若干报道表明，2～5岁的幼儿实施过至少一次自杀，而且许多都把自己伤害得很严重（Rosenthal & Rosenthal, 1984; Tishler, Reiss, & Rhodes, 2007）。在5～14岁的人群中，自杀是排在第五位的死因（Minino et al., 2002）。

把所有年龄段都算上，在全世界范围内，除了中国之外，男性<u>实施</u>自杀的比例都要比女性高出4倍（CDC, 2010b; Nock et al., 2011; World Health Organization, 2010）。这个令人吃惊的事实似乎和两性自杀方式的不同有一定关系。男性通常选择非常暴力的方式，例如开枪和上吊；女性则选择相对温和的方式，如过量服药等（Callanan & Davis, 2012; Nock et al., 2011）。男性大多在老年阶段实施自杀，而女性大多则在中年阶段实施自杀；这有一部分原因在于大部分老年女性的自杀企图都以失败告终（Berman, 2009; Kuo, Gallo, & Tien, 2001）。

男性经常选择暴力方式来实施自杀。著名歌手Kurt Cobain用枪结束了自己的生命。

只有在中国，女性实施自杀的比例高于男性，尤其是在农村（Sun, 2011; Wu, 2009; Nock, Borges, Bromet, Cha, et al., 2008; Phillips, Li, & Zhang, 2002）。这种反常的现象是什么造成的呢？中国的学者们认为中国的自杀率可能是世界上最高的，因为自杀行为在中国没有被污名化。实际上，在中国古代文学作品中，自杀，尤其是女性的自杀，是一种解决问题的合理途径。对于传统的中国农村妇女，家庭就意味着整个世界。如果家庭解体了，自杀则是一种受人尊敬的解决问题的方法。而且，剧毒的农药在农村随处可见，因此，也许很多妇女并不是真的想自杀，只是因为误服了农药而死亡。

除了已经完成的自杀，自杀行为中还包含另外三个重要概念：**自杀意向**（suicidal ideation，指认真考虑自杀）、**自杀计划**（suicidal plans，指自杀的具体方法）和**自杀尝试**（suicidal attempts，指实施了自杀计划但并没有成功）（Kessler et al., 2005; Nock et al., 2011）。Nock和Kessler（2006）将"尝试者"（求死导致自身受伤）与"造势者"（并非求死，只是通过伤害自己来求助或影响和操纵他人）区分开来。一项使用了统一定义的跨国研究发现，终其一生，约9.2%的人有自杀意向，约3.1%的人有自杀计划，还有2.7%的人尝试自杀（Nock, Borges, Bromet, Alonso, et al., 2008）。尽管在全球大部分区域，男性成功自杀的人数要多于女性（例如，CDC, 2013），但女性尝试自杀的人次至少是男性的3倍（Berman & Jobes, 1991；Kuo et al., 2001）。而且，女性非致命性的自杀想法、计划以及尝试（未遂）都要比男性高出40%～60%（Nock et al., 2011）。这种高频率的自杀行为可能是更多女性比男性受到抑郁影响的表现，是抑郁使得她们相对频繁地尝试自杀（Berman, 2009）。同样有趣的是，除了在成功自杀的比例上白人远远高于其他种族之外，在自杀意向、自杀计划和自杀尝试方面，并没有发现显著的民族或种族差异。在青少年中，想到自杀和尝试自杀的人数比例在3∶1到6∶1之间。换句话说，在想到过自杀的青少年中，约有16%～30%付诸了行动（Kovacs, Goldston, & Gatsonis, 1993；Nock, Borges, Bromet, Cha, et al., 2008）。这里所说的"想法"并不是哲学意义上转瞬即逝的思绪，而是一种严肃的沉思。在自杀这条危险的路上，第一步就是想到自杀。

在一项关于大学生（自杀是这个群体的第二大死亡原因）的研究（Wilcox et al., 2010）中，大约有12%的大学生在过去12个月内认真思考过自杀，但这其中只有少数人（大约10%）付诸行动，成功自杀的人则寥寥无几（Schwartz, 2011）。不过，考虑到自杀的严重性，即使只是想到自杀，也需要心理健康专家认真对待。

病　因

2003年春天，法国有史以来最杰出的厨师之一，Bernard Loiseau，发现他名下一所餐厅的排名在一本重要的法国餐厅指南（*Gault Millau*）上有所下降。这是他职业生涯中第一次出现自己的餐厅排位下降的情况。这周晚些时候，他自杀了。虽然警察很快确定他是自杀，但大多数法国人并不认同这一结论。他的厨师同事指责那本餐厅指南是凶手！他们认为他受到餐厅降级以及书中预测他将失去一家米其林三星（全世界最著名的餐厅指南中的最高评级）餐厅的巨大影响。这一系列事件在法国，甚至是全球餐饮界，都引起了巨大震动。真的是餐厅指南害死了Bernard Loiseau吗？让我们来看看自杀的病因。

以往的概念

杰出的社会学家Emile Durkheim（1951）基于产生自杀的社会和文化条件，界定了若干自杀类型。其中的一种是受到社会肯定的"形式化"自杀，比如日本的剖腹自杀。传统的日本人若使自己或家族蒙羞，就用刀剖开自己的腹部自杀，以挽回名誉。Durkheim称这种方式为利他型自杀（altruistic suicide）。Durkheim注意到，失去社会支持也是自杀的重要诱因之一；他称这种为自我型自杀（egoistic suicide）。那些和朋友以及家人失去联系的老年人的自杀就属于这种类型。Magne-Ingvar、Ojehagen和Traskman-Bendz（1992）发现，在75位认真尝试过自杀的人中，只有13%拥有足够的社会网络。同样，最近的一项研究表明，与未尝试自杀的人相比，自杀尝试者感知到的社会支持较少（Riihimaki, Vuorilehto, Melartin, Haukka, & Isometsa, 2013）。紊乱型自杀（anomic suicide）是因现有状态遭到显著破坏（例如突然失去一份很好的工作）而造成的（此处的"紊乱"是指失去和迷茫的感觉）。最后，宿命型自杀（fatalistic suicide）源于对自身命运失去控制。比如，1997年39名邪教"天堂之门"信徒的集体自杀就属于这一类型，因为他们的生命都操纵在其教主Marshall Applewhite的手中。Durkheim的上述工作提示我们要重视导致自杀的社会因素。弗洛伊德（1917/1957）认为，自杀是个人将潜意识中的敌意指向了自身而不是外部的人或情境（抑郁在一定程度上也是这样）。确实，如果一个人遭到拒绝或者其他类型的伤害，那么其自杀行为就能对那些加害者进行心理上的"惩罚"。对于自杀的病因，现在的观点主要考虑心理和社会因素，但同时也开始注意到生物学因素的重要作用。

风险因素

Edward Shneidman是研究自杀风险因素的先驱（Shneidman, 1989；Shneidman, Farberow, & Litman, 1970）。他和其他专家用来研究导致个体对自杀易感的环境和事件的方法叫作**心理尸检**（psychological autopsy）。这种方法是指对了解自者在死前一段时间内的思想和行为的朋友和家庭成员进行广泛调查，从而勾勒出自杀者在自杀前的心理轮廓。研究者通过这种以及其他方法找出了许多自杀的风险因素。

家族史

如果家庭中有一个成员自杀了，那么其他成员的自杀风险也比较高（Hantouche, Angst & Azorin, 2010; Berman, 2009; Kety, 1990; Mann, Waternaux, Haas, & Malone, 1999; Mann et al., 2005; Nock et al., 2011）。最近的研究结果表明，抑郁患者的有效自杀预测指标之一就是是否有家族自杀史。Brent等人（2002）的研究显示，尝试过自杀的个体的后代与没尝试过自杀的个体的后代相比，前者尝试自杀的比例要高出6倍；如果兄弟姐妹们中也有人尝试过自杀，则这一比例还会更高（Brent et al., 2003）。这很容易理解，因为自杀的大部分人都有抑郁等相关障碍，而抑郁存在家族聚发现象（Nock et al., 2011）。但是，仍然存在一个问题：那些自杀的人们仅仅是学会了他们从家族中目睹的问题解决之道（自杀），还是某些遗传的特性（例如冲动）导致了家族中高比例的自杀行为呢？这两个因素都可能有影响。如果个体的心境障碍发病较早，并伴有攻击性或冲动性等特征，那么该家族的成员就有更高的自杀行为风险（Mann et al., 2005）。一些关于领养子女的研究结果也支持遗传特性的说法。其中一项研究发现，有自杀行为的被领养者与没有自杀行为的被领养者相比，前者的生物学亲属自杀率较高（Nock et al., 2011）。同时，Brent和Mann（2005）回顾了关于领养子女及其血缘家庭与领养家庭的研究，发现被领养个体的自杀行为只能由其血缘亲属的自杀行为来预测。这一结果提示我们，自杀受生物学（遗传学）因素的影响，即使其影响相对比较小；但这一点或许不能与抑郁及其相关障碍中的遗传因素完全区别开。

神经生物学

很多证据提示，低水平的5-羟色胺和自杀行为以及暴力性的自杀尝试有关（Asberg, Nordstrom, & Traskman-Bendz, 1986; Cremniter et al., 1999; Winchel, Stanley, & Stanley, 1990）。我们已经提过，极低水平的5-羟色胺和冲动性、不稳定性以及对情境做出过度反应的倾向有关（Spoont, 1992）。因此，低水平的5-羟色胺很可能导致了对冲动行为的易感性，从而可能也影响着自杀这种冲动的行为。而且，Brent等人（2002）的研究也证实，心境障碍的易感性（包括冲动等特质）的传递，可能调节着自杀企图在家族中的传递。

已有的心理障碍及其他心理风险因素

80%以上的自杀者都存在心理障碍，尤其是心境障碍、物质滥用或冲动控制障碍（Berman, 2009; Brent & Kolko, 1990; Conwell et al., 1996; Joe, Baser, Breeden, Neighbors, & Jackson, 2006; Nock, Hwang, Sampson, & Kessler, 2009）。心境障碍常常和自杀联系在一起，而且很可能是自杀的原因。多达60%的自杀（对于青少年则为75%）与已有的心境障碍有关（Berman, 2009; Brent & Kolko, 1990; Oquendo et al., 2004）。但是，很多患有心境障碍的人并没有尝试自杀，而与此同时，很多没有心境障碍的人却实施了自杀。因此，抑郁和自杀之间虽然有很密切的关系，但仍是相对独立的。一些研究者进一步审视心境障碍和自杀的关系后发现，绝望（抑郁的成分之一）可以单列出来，成为自杀的有力预测指标（Beck, 1986; Goldston, Reboussin, & Daniel, 2006）。而且，这种绝望感还可以预测患有除抑郁之外其他心理健康问题的个体的自杀行为（David Klonsky et al., 2012; Simpson, Tate, Whiting, & Cotter, 2011）；这项结论在中国也同样适用（Cheung, Law, Chan, Liu, & Yip, 2006）。最近，一项重要的自杀理论"自杀的人际理论"提出了一种解释：感到自己是别人的负担以及归属感减弱，可以作为绝望和随之而来的自杀行为的有力预测指标（van Orden et al., 2010）。

在大学生（Lamis, Malone, Langhinrichsen-Rohling, & Ellis, 2010）和青少年（Pompili et al., 2012; Berman, 2009; Conwell et al., 1996; Hawton, Houston, Haw, Townsend, & Harriss, 2003）中，大约25%～50%的自杀和饮酒、酗酒有关。事实上，Brent及其同事（1988）发现，在自杀成功的青少年中，大约有1/3死前处于神志不清的状态，而且还有更大比例的青少年当时受到了所服食的药物的影响。几种障碍发

生共病，例如成人同时患有物质滥用和心境障碍、儿童和青少年同时患有心境障碍和品行障碍等情况，个体的自杀易感性就会比患任何单一障碍的时候更强（Conwell et al., 1996; Nock, Hwang, et al., 2010; Woods et al., 1997）。例如，Nock、Hwang及其同事（2010）的研究发现，仅凭抑郁并不能够预测自杀意向或自杀尝试，但如果抑郁和冲动控制障碍及焦虑、易激惹相伴随，则预测较准确。Woods等人（1997）发现，物质滥用结合其他冒险行为（例如斗殴、持枪或者吸烟）有可能预测青少年是否自杀；这可能是因为冒险行为可以反映出问题少年身上的冲动性特质。还有一种密切相关的特质是<u>感觉寻求</u>（sensation-seeking），在其与抑郁和物质滥用的联系之外，也可以预测青少年的自杀行为（Ortin, Lake, Kleinman & Gould, 2012）。过往的自杀尝试也可以成为较强的风险因素，必须要加以重视（Berman, 2009）。Cooper和他的同事们（2005）追踪研究了近8000名因为故意自我伤害而被送进急诊室的个体。研究持续了4年之久。其中，有6个人自杀身亡，这相当于整体人口自杀概率的30倍。

有一种以冲动性而不是抑郁为特征的障碍叫作边缘型人格障碍（见第12章）。边缘型人格障碍患者经常会做出一些要自杀的冲动性的姿态以操纵他人，并不是真正想要自杀，但是其中约有10%会误杀自己。边缘型人格障碍和抑郁障碍同时发生的话，将是致命的（Perugi et al., 2013; Soloff, Lynch, Kelly, Malone, & Mann, 2000）。

自杀和严重心理障碍（尤其是抑郁）之间的联系，证明"自杀是健康个体的失望反应"这种说法是站不住脚的。

应激生活事件

对自杀来说，最重要的风险因素可能是带来严重羞辱的应激事件，例如学业或工作的失败（现实中或想象中的）、意外被警察逮捕或者被所爱的人拒绝等（Blumenthal, 1990; Conwell et al., 2002; Joiner & Rudd, 2000）。身体虐待或性虐待也是重要的应激来源（Wagner, 1997）。有证据表明，自然灾害造成的应激也会增加自杀的可能性（Stratta et al., 2012; Krug et al., 1998）。尤其是那些比较严重的自然灾害，比方说大地震（Matsubayashi, Sawada & Ueda, 2012）。在20世纪80年代，Krug及其同事（1998）对337个经历过自然灾害的乡村的调查发现，在严重洪灾后4年内自杀率上升了13.8%，在飓风后2年内上升了31%，而在地震后1年内上升了62.9%。如果已经存在一些易感性——包括心理障碍、冲动性的性格特征和缺乏社会支持——应激性事件往往会使一个人临近自杀的边缘。图7.13是有关自杀行为病因的整合模型。

自杀会传染吗？

大多数人听到自杀消息的反应是悲伤和好奇，而有些人的反应则是去尝试自杀，而且往往使用的就是他们听到的自杀事件里的方式。Gould（1990）

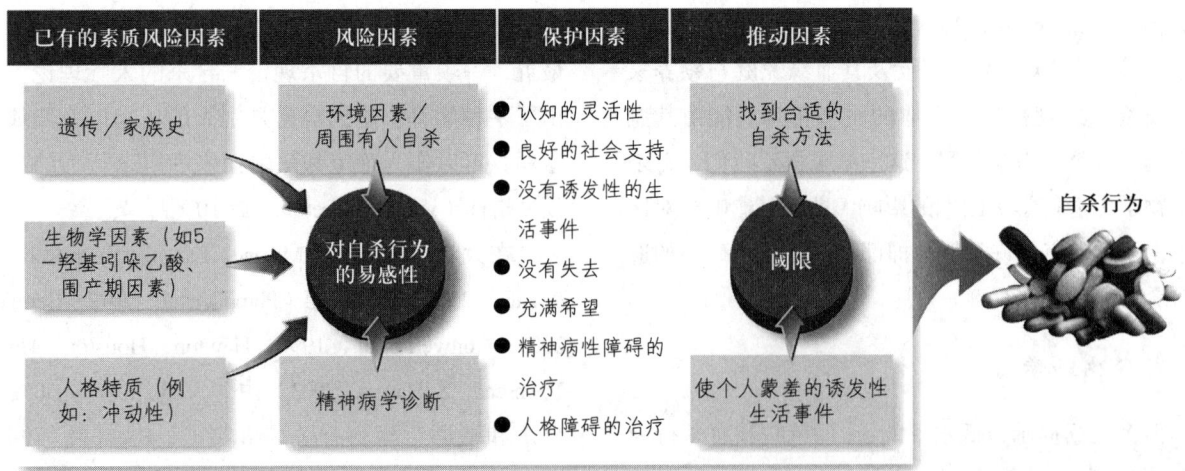

图7.13 自杀行为的阈限模型
Reprinted, with permission, from Blumenthal, S. J., & Kupfer, D. J. (1988). Clinical assessment and treatment of youth suicide. *Journal of Youth and Adolescence, 17,* 1–24. © 1988 by Plenum Publishing.

报告称，在一起自杀事件被媒体广泛传播后的9天内，自杀现象增多了。而近期的一项综述研究也发现了自杀行为和暴露于与自杀有关的媒体信息之间存在正相关关系（Sisask & Varnik，2012）。自杀的群体发作（若干人模仿某个人的自杀行为）在青少年中表现得最为突出，大约有5%的青少年自杀案例源于模仿（Gould，1990；Gould, Greenberg, Velting, & Shaffer，2003）。

为什么会有人模仿别人的自杀行为？首先，自杀在媒体的宣传中往往富有浪漫色彩：一个充满魅力的年轻人因为无法承受巨大的压力而自杀了，在朋友和同伴心里成了一位殉道者，甚至给这个（成人）世界造成了难堪的局面。而且，媒体经常过分渲染死者自杀所用的方法，从而为一些潜在的自杀行为提供了指导；却对自杀未遂造成的肢体瘫痪、脑损伤或其他悲剧性的后果，以及自杀往往和严重的心理障碍有关等情况报道得很少。更重要的是，很少有人指出这种方式并不能解决任何问题（Gould，1990；O'Carroll，1990）。为了预防这些惨剧，心理健康专家们应该立即对学校或其他有可能"传染"自杀的场所中的人们进行干预（Boyce，2011）。现在还不清楚自杀究竟是否会像疾病那样"传染"，但朋友自杀或其他重大应激带来的压力显然会对一些本来就有心理障碍的个体造成影响（Joiner，1999；Blasco-Fontecilla，2012）。

治 疗

尽管已经界定了不少重要的风险因素，但预测自杀仍是十分困难的。一些没有推动性因素的人会毫无征兆地实施自杀，而许多生活在难以想象的压力和疾病中，缺乏社会支持或科学指导的人却能存活下来，而且克服了他们的困难。

心理健康专家们要接受全面系统的训练，才能评估潜在的自杀意向（Fowler，2012；Joiner et al.，2007）。其他人或许不敢提出有关自杀的问题，害怕把有关自杀的想法输入到患者的头脑中。但是，我们知道，去积极探究这些"秘密"比无所作为重要得多，因为受到启发而产生自杀想法的风险很小，但不去主动发现而听之任之造成的后果却可能很严重（Berman，2009）。Gould和他的同事们（2005）在一项筛查项目中发现，被问到是否有过自杀想法或实施过自杀行为的1000多名高中生，与另一组参与同样的筛查但并没有被问到自杀问题的1000多名高中生相比，前者产生自杀想法的风险并没有升高。因此，如果有任何迹象表明有人想要自杀，心理健康专家们就应该直接询问："最近你有过放弃生活，或伤害自己、杀死自己的想法吗？"

使用这种方法的一个难点是，有时自杀想法是内隐的或当事人自己未能觉察的。Cha、Najmi、Park、Finn和Nock（2010）通过对认知心理学实验进行改编，开发出了针对<u>内隐（潜意识）认知</u>的测量方式，来评估内隐的自杀意向。这种评估方法使用Stroop实验（见第2章），内隐的自杀意向会从"死亡"、"自杀"与"自己"这几个词的关联上反映出来，即使当事人自己没有意识到。未来的6个月内，具有这种内隐联系的人尝试自杀的概率是没有这种联系的人的6倍。这种方法比病人自己以及临床医师的预测都更加有效（Nock, Park, et al.，2010）。研究结果见图7.14。这一程序对于筛查自杀高危人群有很大的帮助。

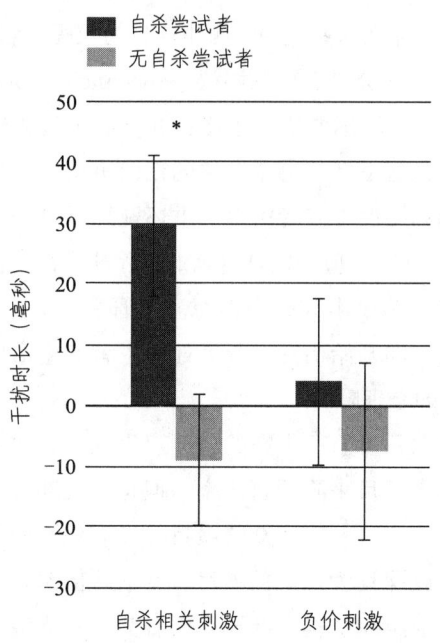

图7.14 自杀尝试者与无自杀尝试者相比，对自杀相关刺激表现出注意偏好。在精神科急诊室接受的成年患者（N=124）中，后来尝试自杀的那些被试，相比于后来没有尝试自杀的那些被试，在实验中对自杀相关刺激表现出了较大程度的注意偏好（即在Stroop实验中受到较大的干扰，反应时较长）。

Adapted from Cha, C. B., Najmi, S., Park, J. M., Finn, C. T., & Nock, M. K. [2010]. Attentional bias toward suicide-related stimuli predicts suicidal behavior. *Journal of Abnormal Psychology, 119*, 616–622.

心理健康专家们还应该探究患者近期是否经历了羞辱，从而判断是否存在导致自杀的高危因素。例如，想要自杀的人是有了详细的计划还是只有一个模糊的念头？如果有详尽的计划，包括时间、地点和方式，那么其自杀的风险显然很高。这个计划是否包括了把个人的事务都安排好，分配所有财物或者其他临终行为？如果是这样，自杀的风险更高。当事人考虑使用哪种自杀方法？一般来说，计划使用的方法越致命越暴力（枪、上吊、服毒等），其自杀风险就越高。患者是否真的认识到会带来什么后果？许多人并不清楚自己打算过量服食的药物会有什么作用。最后，患者有没有采取措施来防止其自杀行为被发现？如果有，自杀风险就达到了顶点（American Psychiatric Association, 2003）。总之，临床医师必须评估：①自杀欲望（意向、绝望、压力、感到被困住）；②自杀能力（以往的尝试、高度焦虑或愤怒、可用的手段）；③自杀意图（可行的计划、表达求死意愿、为自杀做准备）（Joiner et al., 2007）。如果这三点全部出现，那么就需要立刻进行干预。

如果存在这些危险，医生应努力获得患者同意，与其签订一份"不自杀协议"（no-suicide contract）。在协议中患者通常需要承诺：在与心理健康专家取得联系之前不做与自杀有关的任何事情。如果患者拒绝签订协议（或者医生严重怀疑患者是否能信守承诺），则医生应判定其自杀的风险非常高，需要立即住院，哪怕本人并不愿意。不管患者是否住院，都必须立即开始治疗，着手处理患者的生活应激源和已有的心理障碍。

考虑到自杀所带来的公共卫生问题，政府已实施了很多项目来降低自杀率。但是，大部分研究表明，这些针对一般民众的项目并没有什么效果。其中包括以课程为基础的项目，专家队伍深入到学校或者其他组织机构，教导人们有关应对生活压力和加强社会支持的知识（Berman, 2009; Garfield & Zigler, 1993）。比较有效的办法是针对自杀的高危人群开展预防措施，比如如果有青少年在学校里自杀了，这时对其他学生进行干预就能起到一定效果。美国医学研究院（The Institute of Medicine, 2002）建议，对自杀者的朋友和亲戚应当立即提供帮助。其中非常重要的一点是针对自杀高危人群加强致命

认知行为团体治疗可以减少之前尝试过自杀的个体的自杀行为。

武器的管理。最近的一项分析说明，这可能是美国自杀预防项目中最有力的一部分（Mann, 2005）。热线电话和其他危机干预服务似乎也是有效的。不过，正像Garfield和Zigler（1993）指出的那样，热线电话的志愿者必须有具备相应资质的心理健康专家的支持，因为后者能分辨出潜在的重大风险。一个大型的健康维护组织对大约20万名因为有自杀风险而来寻求服务的成员进行了认真筛选，并对他们中确有自杀风险信号的个体进行了干预。这个很有发展前景的帮助项目成功地降低了成员中的自杀率（Hampton, 2010）。

对于自杀高危人群的具体治疗方法也已经发展起来。例如，针对老年人的自杀预防项目主要关注减少自杀的风险因素（例如：治疗抑郁）而不是增加如家庭支持那样的保护性因素，而且可以通过纳入患者的社交网络来改善疗效（Lapierre et al., 2011）。其他干预项目主要针对与自杀相关的具体心理健康问题。例如，Marsha Linehan和她的同事们研发出了一种非常值得重视的针对边缘型人格障碍的治疗方法，这种方法可以解决与边缘型人格有关的冲动性自杀行为。

实验研究表明，认知行为干预可有效降低自杀风险。例如，David Rudd和同事们针对有自杀危机的年轻人发展出了一种短程心理疗法；这些年轻人有自杀意向，并且曾经尝试过自杀，而且患有心境障碍或物质滥用障碍（Rudd et al., 1996）。治疗后经过2年的追踪测评，结果表明患者的自杀意向和自杀行为都减少了，而解决问题的能力则明显提高了。这种方法的有效性已经获得了实证研究的支持（Rudd, Joiner, & Rajab, 2001）。一项更重

要的研究表明，经过 10 次认知治疗后，近期尝试过自杀的患者在接下来的 18 个月里再次尝试自杀的概率降低了差不多一半（Brown et al., 2005）。具体来说，常规看护条件下的被试再次尝试自杀的比例为 42%，而认知治疗组的被试再次尝试自杀的比例只有 24%。由于认知疗法普及面较广，所以这一方法将成为自杀预防工作中的一项重大进步。

自杀率正在不断增长，尤其是对于青少年来说。这种悲惨而荒诞的行为引起了公共卫生部门越来越多的重视，人们将继续寻求更加有效的方法来防止自杀——心理障碍最严重的后果。

小测验 7.5

为下列描述选择相应的自杀类型：

A. 利他型自杀　　B. 自我型自杀
C. 紊乱型自杀　　D. 宿命型自杀

1. 洛夫的妻子带着孩子离开了他。他是一位著名的电视节目工作者，但是，由于和新老板有冲突，他刚刚被解雇了。如果洛夫自杀了，则这种自杀属于 _____。
2. 山姆在越南当战俘的时候自杀。_____
3. 施巴住在非洲的一个偏僻的乡村里。最近她被发现和邻村一个男人通奸。她的丈夫要杀了她，但是他不需要这样做，因为当地传统要求她自杀。她从附近的"寡妇崖"上跳了下去。_____
4. 玛贝尔在疗养院里生活了很多年。最初的时候，她的家人和朋友经常来看望她；现在他们只有在圣诞节的时候才过来。她在疗养院里最要好的两个朋友最近都去世了。她已经没有什么爱好和乐趣了。如果 Mabel 自杀了，则属于 _____。

争议 DSM

正常的哀伤何时应该被算作重性抑郁障碍？

在 DSM-5 出台之前，如果你在亲友去世后的两个月内符合重性抑郁发作的诊断标准，你不会被诊断为重性抑郁障碍（除非你的症状非常严重，例如有强烈的自杀意向或出现精神病性特征）。这种情况被称作"丧亲例外"。但 DSM-5 因为各种原因去掉了这一例外情形（Zisook et al., 2012）。例如，有人认为重性抑郁发作通常是易感人群遭遇应激事件而非丧失亲友造成的，而如果个体符合重性抑郁发作的所有诊断标准，那么似乎并没有理由单纯因为发生了丧失亲友的事件而排除诊断。另外，多方数据显示，由丧失亲友所引起的抑郁发作与其他原因所引起的抑郁发作并无区别；同时，无论抑郁发作的诱因是否是丧失亲友，由生物、心理以及社会因素构成的重性抑郁易感性都是一样的（Shear et al., 2011；Zisook et al., 2012）。最后，数据表明，取消"丧亲例外"并没有明显增加需要治疗重性抑郁的人数（Gilman et al., 2012；Zisook et al., 2012）。

然而，这种改动存在争议。有些人认为 DSM-5 把自然的哀伤过程也定义为抑郁障碍，从而使得抗抑郁药物被频繁应用在那些只是正在经历正常哀伤的个体身上（Fox & Jones, 2013；Maj, 2008）。这只是对 DSM-5 的一大类负面评论中的一小部分，这类评论指责 DSM-5 改动的主要目的就是给心理健康专家增加生意，并且保证大型制药公司能够持续盈利。而支持取消"丧亲例外"的人则指出，人们普遍认同重性抑郁障碍或创伤后应激障碍都是对其他重大生活事件的反应，那么人们也应该认同有些人对丧失亲友的反应就是产生重性抑郁障碍。此外，这些支持者还认为悲伤情绪和重性抑郁发作之间有很多不同。经历悲伤情绪的个体会感到一波一波袭来的空虚和失落，这种"哀伤的痛苦"是由对逝者的思念引发的。但经历哀伤的个体同时也能够体验到某些积极的情绪，他们的幽默感和自尊一般都完好无损。而在重性抑郁发作期间，抑郁的感受持续存在，很少会出现积极的情绪体验。个体的思维普遍非常悲观，而且常常自我批判，同时还会伴随有很低的自尊和毫无价值的感受（APA，2013）。

一些心理健康专家建议，所有强烈的哀伤或压力——或与丧失亲友、创伤、压力相称的抑郁——都不应该算作障碍，因为这是人类自然的情绪体验（Wakefield, Schmitz, First, & Horwitz, 2007）。总之，时间将会告诉我们，把"丧亲例外"从重性抑郁障碍的诊断中剔除，是对还是错。

本章小结

心境障碍的理解与定义

- 心境障碍是最常见的心理障碍之一。它在世界范围内的患病率正在增加，尤其是对于年轻人来说。
- 所有的心境障碍都包含有抑郁发作或者躁狂发作这两种基本体验；有时只有其中一种，有时二者皆有。程度稍轻的，没有对社会或职业功能造成显著损害的躁狂发作称为轻躁狂发作。伴有焦虑或者抑郁的躁狂发作称为混合性发作或混合状态。
- 只有单纯的抑郁发作的情形称为单相障碍。抑郁和躁狂交替发作的情形称为双相障碍。
- 重性抑郁障碍可以单次发作也可以反复发作，但是每次都只持续一段时间；持久性抑郁障碍（心境恶劣）则是另一种类型的抑郁，其症状稍轻但是长期保持稳定。在有些情况下，能观察到的症状比重性抑郁发作要少，但却可以持续至少两年之久（心境恶劣）；在另一些情况下，重性抑郁障碍也会持续两年以上（慢性重性抑郁发作）。双重抑郁症是持久性抑郁障碍中的一类，指的是患者既有重性抑郁发作又有心境恶劣的情形。
- 丧失亲友的人中约有20%会发生复杂性哀伤反应，即从正常的哀伤反应发展为完全的心境障碍。
- 界定双相障碍的关键在于躁狂发作和重性抑郁发作是否交替进行。环性心境障碍比双相障碍症状稍轻，但是病程更长。
- 心境障碍可能伴有某些模式特征；它们能够预示病程或者患者对治疗的反应。其中一种类型，季节性情感障碍经常在冬天发生。

心境障碍的患病率

- 儿童心境障碍的患病率和成人类似。
- 老年人的抑郁症状明显增加。

- 不同的文化对焦虑的体验不同，因此，很难加以比较；试图比较抑郁的主观感受时则尤其如此。

心境障碍的病因

- 心境障碍是由生物、心理和社会因素的复杂相互作用产生的。从生物学观点看，研究者对应激假设和神经激素尤为感兴趣。而有关抑郁的心理学理论则关注习得性无助、消极认知图式和人际关系的破裂。

心境障碍的治疗

- 有很多治疗方法，不管是生物的还是心理的，都被证明对心境障碍有效；至少在短期内是这样。那些使用抗抑郁药或者心理疗法无效的患者，有时会应用一种特殊的生理治疗——电痉挛疗法。两种心理社会治疗方法，认知疗法和人际心理疗法，对抑郁性障碍也是有效的。
- 从长期来看，心境障碍的复发和反弹是十分常见的现象。因此，必须重视维持治疗来预防复发和反弹。

自杀

- 自杀经常和心境障碍联系在一起，但是在没有心境障碍或有其他心理障碍的情况下也会发生。自杀是美国排名第11位的致死原因，而青少年的自杀则是该年龄段排名第3位的死因。
- 为了理解自杀行为，要知道三项重要的指标：自杀意向（认真考虑自杀）、自杀计划（自杀的具体方法）和自杀尝试（实施了自杀计划但并没有成功）。同样重要的是，在对自杀风险因素的研究中，心理学家们应用心理尸检这一方法来重建自杀者的心理轮廓以找出线索。

小测验答案

7.1
1. E 2. A 3. C 4. D 5. B

7.2
1. T 2. F（并不要求生活经历） 3. T 4. T

7.3
1. 遗传，神经递质系统异常，内分泌系统，昼夜或睡眠节律，神经激素；

2. 应激生活事件，习得性无助，抑郁认知三联征，失控感；

3. 婚姻问题，性别，缺少社会支持

7.4
1. 电痉挛疗法 2. 认知治疗 3. 抗抑郁药物
4. 锂盐 5. 人际心理治疗 6. 维持治疗

7.5
1. C 2. D 3. A 4. B

探索心境障碍

心境障碍患者有如下一种或两种体验：
- 躁狂：疯狂的情绪高涨，伴有极端的自负和充沛的能量，经常导致不顾后果的行为
- 抑郁：极端的低迷，缺乏精力、兴趣、信心和生活的快乐

- 消极或者积极的生活变化（所爱之人去世，职务晋升等）
- 身体疾病

触发因素

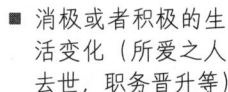

生物影响因素
- 遗传易感性
- 神经递质和神经激素系统的改变
- 睡眠剥夺
- 生理节律的紊乱

社会影响因素
- 妇女和少数民族：社会地位不平等，控制感降低
- 社会支持可以减少症状
- 缺乏社会支持可以加重症状

病因

行为影响因素

抑郁
- 一般情况下动作缓慢
- 对责任和外貌的忽视
- 易激惹；对于无关紧要的小事情的抱怨

躁狂
- 过分活跃
- 不顾后果的或者异常的行为

心境障碍

情绪和认知影响因素：

抑郁
- 情绪平抑或空虚
- 不能感到快乐
- 记忆力差
- 难以集中注意力
- 绝望和/或习得性无助
- 性欲丧失
- 对家庭和朋友丧失温暖的感觉
- 自我责备或内疚感升级
- 过分泛化
- 自尊心丧失
- 自杀的想法或行动

躁狂
- 欣快感和兴奋感升级

心境障碍的类型

抑郁性障碍

重性抑郁障碍
- 突发的，经常是被危机、变化或者丧亲事件所触发
- 非常严重，影响正常功能
- 可能长期存在，如果不治疗可能持续几个月到几年
- 一些人只有一次发作，但是往往是多次反复发作或者症状持续很长时间

持久性抑郁障碍
长期稳定的，症状相对轻微的抑郁症，如果不治疗有时会持续20～30年。对日常功能的影响不很显著，但是其损害效果会累积

双重抑郁症
重性抑郁和心境恶劣交替发作的情形

双相障碍

双相障碍的患者生活在永不停止的"情感过山车"中

双相障碍的类型
- 双相Ⅰ型：重性抑郁和完全的躁狂
- 双相Ⅱ型：重性抑郁和轻度的躁狂
- 环性（心境）障碍：轻度的抑郁和轻度的躁狂，长期持续

在抑郁阶段，患者会：
- 对愉快的活动或朋友失去兴趣
- 感到没有价值，无助和绝望
- 难以集中注意力
- 没有刻意的努力但体重有所增加/减轻
- 睡眠困难或者比以往睡得多
- 时刻感到疲惫
- 感到身体的疼痛，但是没有器质性的病因
- 想到死亡或者有自杀企图

在躁狂阶段，患者会：
- 在日常生活的每项活动中感到极端的快乐
- 过分活跃，生活计划过分充实
- 睡得很少，但是不感到疲惫
- 制订了宏大的计划，行为不计后果；无节制的购物，不慎重的性行为，愚蠢的商业投资等等
- "思维奔逸"，说话快，内容又多又杂
- 易激惹，注意力易转移

心境障碍的治疗

如果开始较早，心境障碍的治疗是最有效也最容易的。大部分情况下应用的是以下几种方法的联合治疗。

治 疗

药物治疗 抗抑郁药有助于控制症状和恢复神经递质功能	- 三环类 - 单胺氧化酶抑制剂，可能会有严重的副作用，尤其是在与某种食物或者其他患者在药店自购的药物共同服用时。 - 选择性5-羟色胺再摄取抑制剂是比较新的药物，其副作用要少于三环类药物和单胺氧化酶抑制剂。 - 锂盐对双相障碍来说是首选治疗药物。但它可能导致非常严重的副作用，因此用量须严格控制。
认知行为治疗	- 学会改变消极的抑郁的想法，代之以更积极的想法 - 学会有效应对问题的技能和行为
人际心理治疗	- 重视可以诱发抑郁的社会和人际关系因素（例如所爱之人的去世） - 学会处理人际交往间的冲突和建立新的关系的技能
电痉挛治疗	- 当其他方法都无效时，可应用于严重的抑郁症患者。通常有暂时性的副作用，如记忆力丧失和嗜睡。对于部分病人，可能会有永久性的智力和/或记忆功能损害。
光照治疗	- 应用于季节性情感障碍

进食和睡眠障碍

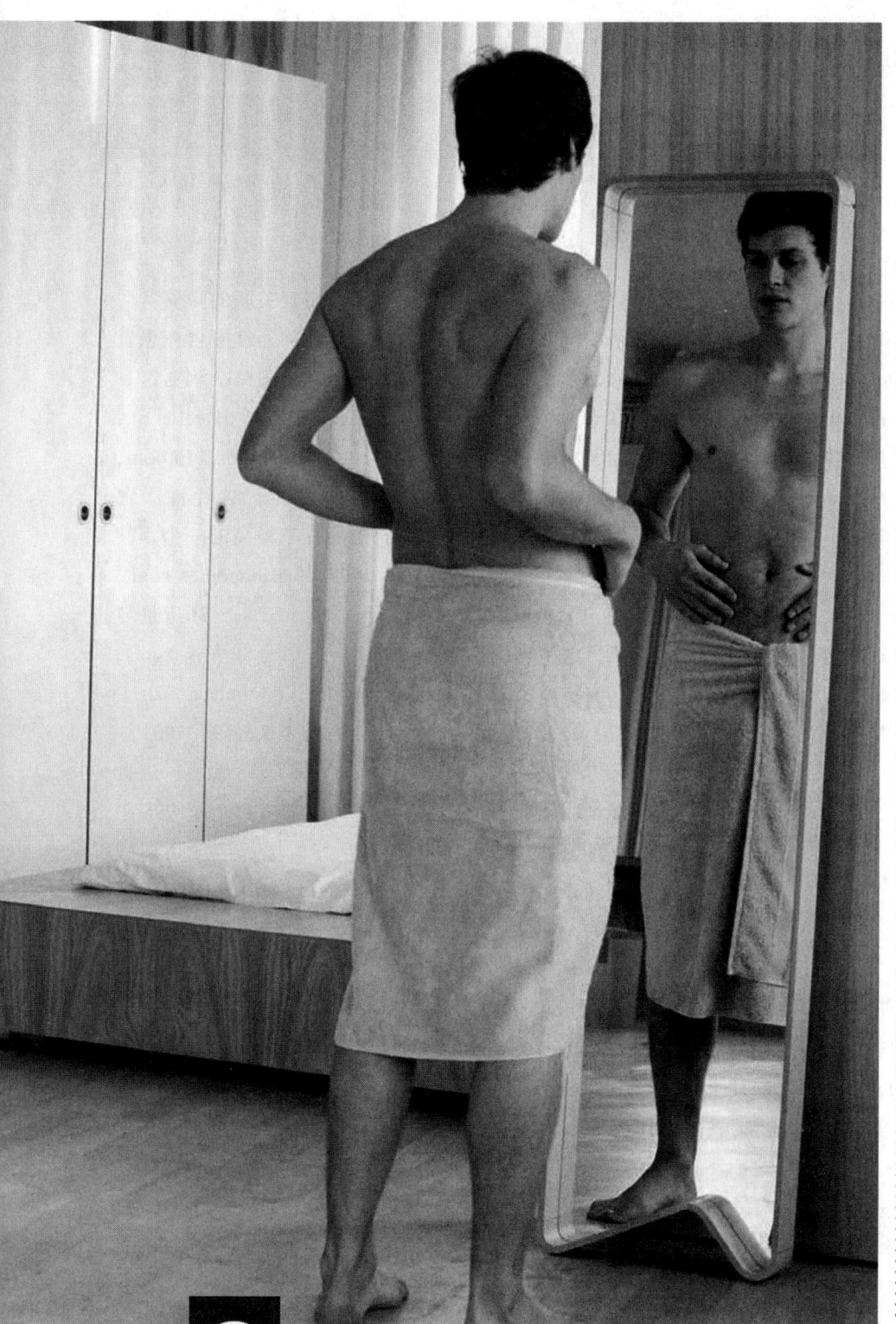

进食障碍的主要类型
    神经性贪食症
    神经性厌食症
    暴食障碍
    统计数据
进食障碍的病因
    社会因素
    生理因素
    心理因素
    整合模型
进食障碍的治疗
    药物治疗
    心理治疗
    进食障碍的预防
肥　胖
    统计数据
    肥胖患者的进食模式问题
    病　因
    治　疗
睡眠障碍
    睡眠障碍概览
    失　眠
    过度睡眠障碍
    突发性昏睡病
    呼吸相关的睡眠障碍
    昼夜节律睡眠障碍
睡眠障碍的治疗
    药物治疗
    环境治疗
    心理治疗
    睡眠障碍的预防
    异态睡眠及其治疗

第 8 章

学习目标

- 运用科学思维解释行为
- 运用创新性和整合性的思维和问题解决办法
- 描述本章内容在问题解决上的应用

- 找出行为解释中基本的生理、心理和社会成分（例如，推理、观察、操作化定义和解释）（APA SLO 1.1A）。
- 操作化地描述行为，使之能接受实证检验（APA SLO 1.3A）。
- 正确辨识行为的刺激事件、结果以及心理过程（APA SLO 5.3c）。描述心理原理在日常生活中的相关和实际应用（APA SLO 5.3a）。

* 本章内容涵盖美国心理学会（APA，2012）建议的学习目标，旨在为心理学专业本科生提供指导。目标及建议学习成果（SLO）由APA定义。

从本章开始的三章是一个系列，我们将介绍与生理功能有关的心理、社会因素交互作用。大多数人以理所当然的态度对待自己的身体。早上醒来，我们假设自己足够清醒以处理日常事务；我们每天吃两到三顿饭也许再加一些零食；我们可能会剧烈运动，有些时候，我们还会进行性活动。我们对自己的身体功能通常并不关注，除非疾病搅扰了正常功能。但是，心理和社会因素能够显著干扰这些"生存必需活动"。

本章我们将讲述心理因素对两种相对自动化的行为的影响，进食和睡眠。这两类行为进而对我们其他的行为会有深刻影响。在第9章，我们将探讨心理因素在躯体困扰（即躯体疾病）中的作用。最后，在第10章我们会探讨性行为。

进食障碍的主要类型

虽然在本章中讨论的几种障碍都能致死，但许多人可能没有意识到它们的普遍性。进食障碍从二十世纪五六十年代开始增加，在接下来的几十年中逐渐扩散。**神经性贪食症**（bulimia nervosa），指的是在无法控制的**暴食**（binge）行为发作之后，采用自行引发呕吐、使用泻药或者其他方式试图清除所进食物的障碍。而**神经性厌食症**（anorexia nervosa）的患者只吃尽可能少量的食物，以致体重降到危险程度。**暴食障碍**（binge-eating disorder）患者会经常性地暴食，并为此感到痛苦，但是他们不会试图清除所进食物。这几个相互关联的障碍背后是压倒性地努力变瘦的渴望。对神经性厌食症患者的长期跟踪显示，大概20%的患者最终会因为这一障碍死亡，其中5%以上死于10年内（Keel et al., 2003; Miller et al., 2005; Papadopoulos, Ekbom, Brandt, & Ekselius, 2009）。事实上，神经性厌食症是本书谈到的心理障碍中死亡率最高的一个，甚至高于抑郁症（Park, 2007; Papadopoulos et al., 2009）。与厌食症有关的死亡中，20%～30%是自杀，这一比例是全体人口中自杀率的50倍（Agras, 2001; Arcelus, Mitchell, Wales, & Nielsen, 2011; Chavez & Insel, 2007; Thompson & Kinder, 2003）。

针对不同国家和地区的更多研究显示，进食障碍是广泛存在的。进食障碍在1960到1995年期间在西方国家显著增加，其后增长速度逐渐减缓（Bulik et al., 2006; Hoek, 2002; Russell, 2009; Steiger, Brucie, Israel, 2014）。神经性贪食症的数据要更戏剧性些（Russell, 2009）。Garner和Fairburn（1988）回顾了加拿大一家大型的进食障碍治疗中心几十年间接受转诊的数量。在1975到1986年间，神经性厌食症的转诊数量仅是缓慢增加，但神经性贪食症的转诊数量迅猛增加，从几乎为零到每年超过140例。在世界其他地方的研究也发现了类似的结果（Hay & Hall, 1991; Lacey, 1992）。不过，近期的数据显示，神经性贪食症的新发病率已进入平稳期，甚至相较于20世纪90年代的高峰有所下降（Keel, Heartherton, Dorer, Joiner, & Zalta, 2006）。尽管如此，一项大型问卷研究的数据（Hudson，Hiripi，Pope，& Kessler，2007）显示，相对更年长的人群来说，进食障碍在1972到1985年出生的人口中患病比例仍然较高。Favaro、Caregaro、Tenconi、Bosello 和 Santonastaso（2009）发现，近年来神经性厌食症和贪食症的发病年龄都有所提前。因此所谓进入平稳期，即便是真的，也只是最近的事情。

前面我们提过的进食障碍患者的死亡率，相比于一般人群要高出6倍（Arcelus et al., 2011; Crisp, Callender, Halek, & Hsu, 1992; Papadopoulos et al., 2009）。而进食障碍在2000年出版的DSM-IV中才第一次被收录为单独的一组障碍。

20世纪后半叶，进食障碍普遍增加的现象已经足够让人困惑，更令人无法理解的是进食障碍通常只发生在特定的文化内。直到最近，进食障碍，尤其是神经性贪食症，才开始出现在食品可能短缺的发展中国家，而进食障碍最常见的地方，却是食品充足的西方发达国家。现在这一点有所改变，有证据表明，进食障碍已经逐渐全球化了。譬如，最近的研究显示，在中国和日本，进食障碍的患病率已经接近美国和其他西方国家（Chen & Jackson, 2008; jackson & Chen, 2011; Chisuwa & O'Dea, 2010; Steiger et al., 2013）。并不是世界上所有人都有患进食障碍的风险；进食障碍通常只影响人口的一小部分。超过90%的严重进食障碍患者是生活在社会竞争激烈环境中的年轻女性。而且，这些患有进食障碍的年轻女性会通过互联网宣扬和鼓励厌食症和贪食症行为。她们建立此类网站并借助社交网络彼此寻求支持，甚至彼此激励（譬如，my-pro-ana, 2013; Peng, 2008），导致其身心健康进一步恶化。

进食障碍在某种性别以及年龄段上的聚集现象是独一无二的，这使得其形成原因更加吸引研究者的关注。进食障碍似乎更多是社会文化因素而不是心理或者生理因素造成的。

肥胖（obesity）在DSM中并不是一种正式的障碍，但肥胖是全球公共卫生专家公认的当今世界面临的最危险的流行病，因此我们有必要对其加以讨论。最近的调查数据显示，美国将近70%的成年人**超重**（overweight），超过35%的成年人达到肥胖的诊断标准（Flegal, Carroll, Kit, & Ogden, 2012）。这些数据近几十年来一直处于持续上升状态，虽然目前在北美相关数据开始趋于平稳（Flegal et al., 2012; Ogden et al., 2006）。对于体重过轻、超重和肥胖我们之后会进一步讨论，但是它们都建立在和体脂（body fat）密切相关的**身体质量指数**（body mass index，简称BMI）之上。BMI是用以千克（kg）为单位的体重数除以以米为单位的身高的平方（m^2）得出的数字，即BMI=kg/m^2。大致说来，BMI在18以下为过轻，19～24为健康，25～29为超重，30以上为肥胖。需要注意的是BMI对某些人来说可能不准确，譬如肌肉结实的橄榄球运动员的BMI可能属于超重范围。但是这一判断标准对绝大多数人来说是可行的，并且在世界各地广为应用。本章的重点将放在严重营养不良（BMI低于18.5）以及肥胖（BMI高于29）问题上。

如果一个人身高确定，其体重超过标准越多，对健康的危害就越大（Convit, 2012）。这些危害涉及健康很多方面，可能会提高心血管疾病、糖尿病、高血压、中风、胆囊病、呼吸系统疾病、肌肉骨骼问题以及与激素相关的癌症的患病率（Convit, 2012; Flegal, Graubard, Williamson, & Gail, 2005; Henderson & Brownell, 2004）。本章我们将介绍超重，因为超重的原因是摄入的能量超过消耗的能量。实际上，肥胖的人要么吃得更多，要么锻炼更少。虽然我们之后会谈到，过量饮食和锻炼过少的行为倾向中毫无疑问有遗传的成分，但是问题的核心是过量饮食；这也是为什么肥胖会被看作一种进食障碍的原因。

让我们先从神经性贪食症、神经性厌食症和暴食障碍谈起，然后我们再简要介绍肥胖。

神经性贪食症

从你自己身上或者从朋友那里，你可能已经对神经性贪食症有一些了解。这是美国大学校园里最常见的心理障碍之一。让我们来看看菲比的案例。

> **菲比** 貌似完美
>
> 菲比是个漂亮姑娘，她聪明、有才华、受欢迎。她在中学期间已经十分引人注目。她在高中时一直是班长，并且在高二时被选为年度舞会的"公主"，高三时被选为毕业舞会的"王后"。她有很多特长，譬如美妙的嗓音以及杰出的芭蕾天分。

每年圣诞节期间，她所在的芭蕾舞团都要演出《胡桃夹子》，而菲比作为主演受到了很多关注。此外，她还参加了学校的若干运动队，同时保持了平均 A- 的学习成绩，被公认为模范学生，必能进入顶尖的大学。

但是菲比有一个秘密：她认为自己很胖很丑。每吃一口东西，她都会担心这会让自己从受欢迎的巅峰上跌落并一蹶不振。菲比从 11 岁起就开始担心自己的体重。她一直是个完美主义者，从初中开始她就控制自己的饮食。即使她妈妈强烈反对，她仍然拒绝吃早餐，中午只吃一小碟脆饼干，晚上只吃给她准备的晚餐份量的一半。

这种行为一直持续到高中。在她持续限制自己的饮食期间，她偶尔也会暴食垃圾食品。有些时候她在暴食后会把手指伸到喉咙里（她甚至有一次用过牙刷）来催吐，但是这个方法并不成功。在高二的时候，她达到了约 1.60 米的成年身高。在整个高中期间，她的体重在 47～50 千克之间浮动。到了高三，她总是困扰于什么时候吃东西以及吃什么。她花费自己所有的意志力尝试去限制饮食，但是有些时候她还是达不到自己的标准。高三那年秋季的一天，她从学校回家，一个人坐在电视机前，吃了两大盒糖果。在低落的情绪、负罪感和绝望感的共同推动下，她在洗手间把手指伸到了喉咙里之前从来不敢探入的深度，结果她吐了又吐。虽然之后她感到极度疲劳以致于不得不在地上躺了半个小时，但她却体验到了从未体验过的轻松，以及从暴食带来的焦虑、内疚和紧张情绪中的解脱。她意识到自己虽然吃了所有的糖果，但现在她的胃是空的。这对她来说是完美的问题解决方案。

菲比很快学到了什么食物更容易吐出来。而且她开始大量喝水。她的节食变得更加严重，但同时暴食频率也开始提高。

这种情况持续了 6 个月，直到次年 4 月份。菲比变得无精打采，学业也出现了退步。老师注意到了这个情况，并且发现她气色很差。她总是感到疲劳，皮肤开始长出很多青春痘，面部浮肿，尤其是在嘴周围。她的老师和母亲怀疑她也许有进食障碍。当他们就此询问她时，她感到了一种解脱：终于不用再隐瞒下去了。她停止暴食了一段时间，但是因为太害怕体重增加以及不再受同伴欢迎，她又回到之前的模式，但这次她更好地掩藏了自己的问题。6 个月内，菲比暴食并且催吐的频率达到每周 15 次左右。

这年秋天，当菲比开始上大学之后，她的处境变得更困难了。她有了几个室友，因此她更坚定地要保守自己的秘密。虽然学校的学生健康中心提供了面对大学新生的进食障碍知识工作坊及讲座，但是菲比知道如果要解决她的问题，将不得不冒着增重的风险。为了避免被室友发现，她找到了宿舍附近一个少有人去的地方催吐。

她一直对自己的问题严格保密，直到大学二年级的一天晚上。当她在聚会中喝了啤酒吃了炸鸡之后，她又试图催吐来解除内疚和焦虑，然而，她的咽反射失效了。陷入崩溃的她给男朋友打电话，告诉他，她准备自杀。她的哭声吸引了室友的注意，她们试图安慰她。菲比坦承了她的问题，并给父母打了电话。她终于意识到，她对自己的生活已经失去了控制，她需要专业帮助。

临床描述

神经性贪食症的主要特点是在短时间内吃下比一般人的量大得多的食物，而且通常都是垃圾食品而不是水果或者蔬菜（Fairburn & Cooper, 1993）。神经性贪食症的病人通常会认同这个特点，虽然暴食带来的实际能量摄入对不同的病人来说有很大差别（Franko, Wonderlich, Little, & Herzog, 2014）。和进食量同等重要的是进食所伴随的<u>失控感</u>（Fairburn & Cooper, in press; Sysko & Wilson, 2011），菲比的症状符合这两项诊断标准。

还有一项重要的标准是病人试图用各种方式，通常是各种<u>清除手段</u>（purging techniques），来补偿暴食和体重增长。这些方式包括在进食后自行催吐、使用泻药以及利尿剂（可提高排尿频率，会造成身体水分流失）等。有些人采用这些方式，有些人则尝试用其他方式来补偿。比如，有些人会过度锻炼（虽然过度锻炼在神经性厌食症中更常见，但是 Davis 等研究者在 1997 年发现，有 81% 的神经性厌食症患者以及 57% 的神经性贪食症患者会过度锻炼）。还有些人在各次暴食之间持续断食。神经性贪食症在DSM-Ⅳ-TR的诊断定义中分为两类，清除行为类（呕吐、泻药、利尿剂）和非清除行为类（锻炼和断食）。后一类患者较少见，大概只占神经性贪食症患者的6%~8%（Hay & Fairburn, 1998; Striegel-Moore et al., 2001）。近期研究发现，清除行为类和非清除行为类的患者之间不存在显著差别，没有证据表明他们在心理病理严重程度、暴食发作频率，或者重性抑郁和惊恐障碍的患病率上有显著差别（Van Hoeken, Veling, Sinke, Mitchell, & Hoek, 2009）。因此，在DSM-5中就不继续做这样的区分了。

清除行为并不是减少能量摄入的有效手段（Fairburn, 2013）。进食后立刻呕吐能够去除大概50%的能量摄入，但是如果进食和呕吐之间有延迟，摄入的能量去除得会更少（Kaye, Weltzin, Hsu, Mcconaha, & Bolton, 1993）。泻药以及类似的方法在暴食后去除能量摄入的效果很小（Fairburn, 2013）。

1994版DSM-Ⅳ中神经性贪食症诊断标准所做的最重要的增补是注明了一个在菲比的案例中非常清晰的心理特征。无论她取得了多少成绩，她都感到自己的自尊和受欢迎程度仅仅取决于她的体重和身材。Garfinkel（1992）发现，在107位因为神经性厌食症寻求治疗的女性中，只有3%不秉持这种态度。最近的研究也肯定了神经性贪食症的几条主要标准（暴食、清除行为、过分关注身材体重等）通常会"集结"在有问题的病人身上，进一步支持了这个诊断的效度（Bulik, Sullivan, & Kendler, 2000; Fairburn, & Cooper, in press; Fairburn, Stice, et al., 2003; Franko et al., 2004）。

医学后果

长期伴有清除行为的神经性贪食症会导致一系列的生理后果（Mehler, Birmingham, Crow, & Jahraus, 2010; Russell, 2009）。呕吐会造成唾液腺肿大，使脸部看起来有些浮肿；在菲比身上可以看到这个现象。持续呕吐也会腐蚀食道以及牙齿内侧表面的牙釉质。更重要的是，持续呕吐会让体液失衡，影响包括钠和钾在内的重要元素的水平。这种情况，被称为<u>电解质失衡</u>（electrolyte imbalance），

神经性贪食症的诊断标准

A. 反复出现暴食发作，每次暴食发作有如下两个特点：
   1. 在一定时间段内（例如，2个小时内）吃下大量食物，且此进食量大于绝大多数人在类似情况下和类似时长内的进食量。
   2. 在暴食发作时感到失去了控制（例如，感到无法停止进食或者控制进食的种类和数量）。
B. 重复进行不恰当的补偿行为以防止体重增加，例如：自行引发呕吐；使用泻药、利尿剂或者其他药物；断食；过量运动。
C. 暴食和不适当的补偿行为以平均每周至少1次的频率出现，至少持续3个月。
D. 自我价值感受到体形和体重的过度影响。
E. 以上问题并不仅仅出现在神经性厌食症发作期间。

From American Psychiatric Association. (2013). *Diagnostic and statistical manual of mental disorders* (5th ed.). Washington, DC.

如果不经评估和治疗，放任此种情况发生，可能导致心率不齐、痉挛、肾脏衰竭等致命后果。让人吃惊的是，患有神经性贪食症的年轻女性和年龄以及体重匹配的健康女性相比，体脂比例更高（Ludescher et al., 2009），而这正是她们所极力避免的。正常的饮食能够很快矫正这种不平衡。滥用泻药也可能导致严重的肠道问题，譬如造成严重的便秘或者永久性的结肠损伤。最后，部分神经性贪食症患者的手指或者手背上会有明显的硬茧，这是患者用手指伸入喉咙引发咽反射时，这些部位和牙齿以及喉咙反复摩擦所形成的。

相关的心理障碍

神经性贪食症患者通常也会有其他的心理障碍，尤其是焦虑和心境障碍（Steiger et al., 2013; Swaonson, Crow, Le Grange, Swendsen, & Merikangas, 2011; Sysko & Wilson, 2011）。一项针对进食障碍以及相关心理障碍患病率的全国性调研结果显示，神经性贪食症患者的焦虑障碍的终生患病率为80.6%（Hudson et al., 2007）。在接受研究访谈时，66% 的神经性贪食症青少年患者同时满足一种焦虑障碍的诊断标准（Swanson et al., 2011）。但是，焦虑障碍患者未必有更高的进食障碍患病率（Schwalberg et al., 1992）。心境障碍，尤其是抑郁，也是神经性贪食症的常见并发症。大概 20% 的神经性贪食症患者在接受访谈时满足一种心境障碍的诊断标准，50%～70% 的患者在其神经性贪食症病程中，曾经符合某种心境障碍的诊断标准（Hudson et al., 2007; Swansn et al., 2011）。

过去一些年里，曾经有一个流行的理论认为进食障碍不过是抑郁的一种表达方式。但是更多证据显示，进食障碍先于抑郁出现，抑郁是对进食障碍的反应（Brownell & Fairburn, 1995; Hsu, 1990; Steiger et al., 2013）。另外，神经性贪食症也常伴随物质滥用。例如，Hudson 及其同事（2007）通过研究访谈发现，36.8% 的神经性贪食症患者以及 27% 的神经性厌食症患者满足物质滥用的诊断标准；同时，进食障碍患者的物质滥用终身患病率也更高。Wade、Bulik、Prescott 和 Kendler（2004）在双生子研究中发现，神经性贪食症、焦虑障碍和物质滥用的高共病率和它们共同的风险因素相关，其中包括对新异刺激的追求和情绪的不稳定性；不过这些因素存在着性别差异。总而言之，神经性贪食症和焦虑障碍的相关性最强，和心境障碍以及物质滥用的相关性略低。这些相关关系可能源于患者情绪不稳定和追求新异刺激的特质。

神经性厌食症

正如菲比那样，绝大多数神经性贪食症患者的体重在正常体重上下 5% 以内（Fairburn & Cooper, in press; Hsu, 1990）。相反，神经性厌食症患者（"anorexia nervosa" 字面上的意思是"神经质性地丧失胃口"——这个定义是错误的，因为患者胃口通常是健康的）和神经性贪食症患者在体重上有显著差别。神经性厌食症患者的体重如此低，使得她们的生命可能受到威胁。神经性贪食症和厌食症患者都对增加体重以及丧失对进食的控制怀着病态的恐惧，两者的主要差别在于患者是否能够成功减重。神经性厌食症患者通常为自己的饮食结构以及卓越的控制力而感到骄傲，而神经性贪食症患者通常因为自己的饮食问题和丧失控制力而感到羞耻（Brownell &

Lady Gaga：我曾患有神经性贪食症

Lady Gaga 在青春期曾经和神经性贪食症斗争过。2012 年 2 月，她在和 Maria Shiver 的访谈中谈起了她过去的进食障碍问题。她为什么以及如何患上进食障碍的？Lady Gaga 承认："我在高中的时候经常催吐。那时我很没有自信。我想要成为一名纤瘦的芭蕾舞者，可实际上我是个丰满的意大利裔，每天的晚餐总有肉丸子。我也和我爸爸提过，'爸，你干嘛总让我们吃这种东西？我需要减肥。'但他说，'你就好好吃你的意大利面吧。'"

那 Lady Gaga 对那些受体重和身材困扰的人有什么建议呢？她仔细想了想后，是这样回答的："我知道这很难，但是，你需要找人谈谈。催吐让我的嗓音变差，所以我必须停止。胃酸对声带有影响，这很糟糕。"

现在的 Lady Gaga 很有名、很成功，她的音乐才华被很多歌迷崇拜。但是她围绕体重、身材和自信的斗争一直在持续。"我仍然在和体重做斗争。我的每个视频和每张杂志封面都经过了后期修整，让我看起来很完美，但这不是实际情况。我想对女孩子们说，你得停止节食，不能再节食下去了。因为最终这会影响到孩子们，而且会让女孩子身体出问题。"

有意思的是，在 2010 年，Lady Gaga 曾在《纽约杂志》(*New York Magazine*) 的访谈中提到："偶像明星不应该吃东西。"而杂志则尽责地描写 Lady Gaga "食谱能饿死人，但是气色还好"。

Source: Adapted from http://www.huffingtonpost.com/2012/02/09/lady-gaga-reveals-she-was-bulimic-in-highschool_n_1266646.html

Fairburn，1995）。下面我们看看朱莉这个个案。

朱莉　越瘦，越好

朱莉第一次求助时是17岁。尽管她已经眼窝深陷，皮肤干枯苍白，可仔细看也能发现她曾经很美丽；但是当时，她呈现的只是羸弱不堪的病态。18个月之前，她曾经超重，身高1.55米，体重64千克。她的妈妈是一个好心肠但是控制欲很强的女人，总是碎碎叨叨地批评朱莉的外表。朱莉的朋友虽然温和些，但也是唠叨不断。朱莉从来没有和男生约会过。一个朋友告诉朱莉她很可爱，如果能减肥成功，她肯定会很受欢迎。于是朱莉开始减肥。在之前多次减肥失败之后，她下定决心这次一定得成功。

执行了几周严苛的饮食计划后，朱莉发现她的体重减轻了。她感到从未有过的掌控感，而且获得了很多来自朋友和母亲的积极反馈。朱莉的自我感觉开始变好。可问题是她减重太快，月经停止了。但什么也无法阻止她继续通过限制饮食的方式减肥。当她到进食障碍诊所求助时，她的体重仅为34千克！可她认为自己没有问题，甚至还可以再减一点。她的父母开始忧心忡忡，但朱莉并没有因为进食行为而求助。她的左下肢出现麻木感，左脚前端甚至无法抬起。朱莉所求助的神经学家认为这些症状是营养不良导致的腹膜神经麻痹，是这位神经学家把朱莉转介到我们这里来的。

和很多有进食障碍的患者相似，朱莉口头上说她也许能够增加一些体重，但实际上她不这样认为。她觉得自己看起来很好，只是"没有胃口"。这种说法并不准确，因为大多数神经性厌食症的患者至少在有些时候会极度渴望食物，只是她们会控制住这种渴望。尽管有这些问题，朱莉仍照常参加绝大多数日常活动，并且在学业和课外活动上都取得很好的成绩。她的父母很高兴，并给她买了大量市面上销售的健身录像。朱莉开始每天做一段健身，然后增加到两段。当父母提出她锻炼的强度已经足够，甚至有些过量了，朱莉开始在没人的时候悄悄锻炼。每顿饭后，她都跟着健身录像做运动，直到她自己感觉把吃进来的能量全部消耗掉为止。

在名人和模特界中神经性厌食症造成的悲剧性后果已经由媒体的报道而广为人知了。2006年11月，21岁的巴西模特Ana Carolina Reston去世，死时体重仅有40千克。她身高1.72米，BMI为13.5。于此同时，禁止BMI低于18的模特走顶级时装秀的运动从西班牙开始，逐渐扩散到意大利、巴西和印度。目前尚不清楚这种限制会如何影响大众对理想身材的看法。

2006年11月，巴西模特 Ana Carolina Reston 因神经性厌食症去世。她身高1.72米，去世时体重仅40千克。

临床描述

神经性厌食症不如神经性贪食症常见，但是这两者有很多重合。譬如，许多神经性贪食症患者都有神经性厌食症病史，也就是说她们曾用限制饮食的方法将自己的体重减到正常范围以下（Fairburn & Cooper, in press; Fairburn, Welch, et al., 1997）。虽然体重降低是神经性厌食症的最显著特点，但它**并不是**核心特点。许多人因为躯体疾病导致体重降低，而神经性厌食症患者对肥胖有强烈的恐惧，对瘦有永无止境的追求（Fairburn & Cooper, in press; Hsu, 1990; Russell, 2009）。正如朱莉一样，神经性厌食症通常出现在超重或者自认为超重的青少年身上。朱莉开始节食，并且发展出对瘦的**强迫性**追求。正如我们之前指出的，几乎

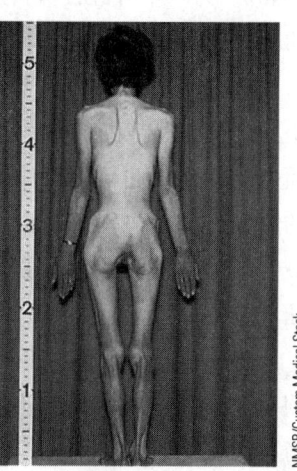

图中的两位女性处于神经性厌食症的不同阶段。

是惩罚性的过量运动也很常见（Davis et al., 1997；Russell, 2009）。通过严苛的节食或者伴随清除行为的严苛节食，患者体重得以迅速下降。

DSM-5中注明了神经性厌食症的两种亚型。在<u>限制饮食型</u>（restricting type）中，个体通过限制能量摄入来减重；在<u>暴食—清除型</u>（binge-eating-purging type）中，个体依靠清除行为减重。和神经性贪食症不同的是，暴食—清除型的神经性厌食症患者在暴食时摄入相对较少量的食物，而更多地采用各种清除行为，甚至每次进食都伴随着清除。将近半数满足神经性厌食症诊断标准的患者有暴食和清除的行为（Fairburn & Cooper, in press）。对138名神经性厌食症患者在8年内收集的纵向数据显示，神经性厌食症的两种亚型之间在症状严重程度或者人格特点上没有显著差异（Eddy et al. 2002）。在8年后，原本是限制饮食的患者中约62%开始出现暴食或清除行为。也就是说，这种分类在预测障碍的未来发展上没有太大帮助，但是它可能描述了处于不同阶段的神经性厌食症。这一点在最近的研究中也得到佐证（Eddy et al., 2008）。因此，DSM-5的诊断标准注明区分亚型应基于最近3个月的症状（Pet, Mitchell, Hoek, & Wonderlich, 2009）。

神经性厌食症患者永远不会因体重降低获得满足。如果今天和昨天的体重相同，或者增加了些许，神经性厌食症患者就会感到强烈的恐慌、焦虑和抑郁。只有体重持续<u>降低</u>才能带来暂时的满足感。虽然DSM-5的诊断标准给的是"显著低于"应有体重的15%，实际上当患者真正寻求治疗的时候，其平均体重通常已经低于正常体重的25%～30%（Hsu, 1990）。另一个神经性厌食症的核心诊断标准是扭曲的**身体意象**（body image）。朱莉在镜子里看到的自己和其他人看到的有显著差别。其他人看到的朱莉是一个把自己饿到瘦骨嶙峋、弱不禁风的病态女孩，而朱莉看到的自己是身体某些部分还需要再减一些的女孩。朱莉可能感到自己的脸和臀部有必要再减减，其他患者则可能关注其他身体部分，譬如手臂、腿部或胃部。

在看了很多医生之后，像朱莉一样的患者可能很善于说些其他人期待听的话。她们可能会表示同意其他人的看法：自己体重过轻，需要增加些体重。但是，实际上她们完全不以为然。如果继续问，她们仍然可能会表示镜子里的自己太胖了。因此，神经性厌食症患者很少自主寻求治疗，通常是来自家人的压力使得她们求诊（Agras, 1987；Fairburn & Cooper, in press）。也许是要为了显示对进食有着完全的控制力，部分神经性厌食症患者会对食物和烹饪表现出很强的兴趣。一些患者成为专业厨师，或为全家准备食物，还有一些在自己房间里储藏食物，并且会反复检视储存的食物。

医学后果

神经性厌食症对身体的一个常见影响是停经，这在神经性贪食症中也很常见（Crow, Thuras, Keel, & Mitchell, 2002）。这是一个客观显示节食严重程度的生理指标，但是并不具有一致性，因为不是所有严重节食的病例都会出现停经现象（Franko

---

神经性厌食症的诊断标准

A. 限制能量摄入（相对于身体所需），导致体重显著过低（相对于年龄、性别、生长曲线、和生理健康）。体重显著过低的定义是体重低于正常标准的最低值；对儿童和青少年来说，是低于最低预期标准。

B. 即便体重已经显著过低，仍对增加体重或者变胖感到强烈恐惧，或者其行为阻碍体重增加。

C. 对于自身体重或者体形的感受上存在紊乱，自我价值感受到体重或体形的过度影响，或者对自身体重显著过低的危害性缺乏知觉。

特定类型：

限制饮食：在过去3个月内，个体没有重复的暴食或者清除行为（即自行引发呕吐或者滥用泻药、利尿剂、灌肠剂等）。这种亚型描述了那些主要通过节食或过度锻炼达到降低体重目的的个体的表现。

暴食—清除：在过去3个月内，个体重复出现暴食或者清除行为（即自行引发呕吐或者滥用泻药、利尿剂、灌肠剂等）。

From American Psychiatric Association. (2013). *Diagnostic and statistical manual of mental disorders* (5ᵗʰ ed.). Washington, DC.

et al.，2004）。因为这种不一致性，在DSM-5中停经未被列入诊断标准之内（Attia & Roberto，2009；Fairburn & Cooper，in press）。神经性厌食症其他的一些生理影响包括皮肤干枯、头发或指甲脆弱、对低温敏感或者耐受性降低。还有一个相对常见的生理现象是胎毛的出现，也就是在四肢和面颊部出现的绒毛。神经性厌食症还可能造成心脏的相关问题，包括长期低血压和心率过缓。如果患者有催吐行为的话，也会导致和神经性贪食症类似的电解质失衡以及心脏和肾脏问题（Mehler et al.，2010）。

相关的心理障碍

和神经性贪食症类似，在神经性厌食症患者身上常常也会见到焦虑障碍和心境障碍（Argas，2001；Russell，2009；Sysko & wilson，2011）。神经性厌食症患者中，抑郁障碍的终生患病率为73%（Godart et al.，2007）。很有意思的是，强迫症作为焦虑障碍的一种，常常和神经性厌食症共存（见第5章，Keel et al.，2004）。神经性厌食症患者体验到的不愉快想法主要集中在变胖上，患者会用各种行为来摆脱这些想法，包括采取一些仪式性行为。进一步研究显示，神经性厌食症和强迫症实际上很相似。物质成瘾在神经性厌食症患者中也很常见（Keel et al.，2003；Root et al.，2010；Swanson et al.，2011）。物质成瘾和神经性厌食症发生共病，是患者死亡（尤其是自杀）的重要预测变量。

暴食障碍

从20世纪90年代起，研究者开始注意到一类没有补偿行为，因而不满足神经性贪食症诊断标准，但又因为暴食感到强烈痛苦的个体（Castonguay, Eldredge, & Agras, 1995；Fairburn et al., 1998）。这些人患有暴食障碍。在DSM-Ⅳ-TR中，暴食障碍被列为需要进一步研究的心理障碍；到了DSM-5中，暴食障碍被列为正式的心理障碍之一（Wonderlich, Gordon, Mitchell, Grosby, & Engel, 2009）。暴食障碍在诊断体系中升级的部分原因在于，有证据显示和其他进食障碍相比，它具有不同的遗传模式（Bulik et al., 2000），而且更可能在年纪更长些的男性身上出现。和其他进食障碍相比，暴食障碍对治疗的反应更好，复发率更低（Stregel-Moore & Franko，2008；Wonderlich et al., 2009）。

暴食障碍的诊断标准

A. 反复出现暴食发作，每次暴食发作有如下两个特点：
   1. 在一定时间段内（例如，2小时内）吃下大量食物，且此进食量大于绝大多数人在类似情况下和类似时长内的进食量。
   2. 在暴食发作时感到失去了控制（例如，感到无法停止进食或者控制进食的种类和数量）。
B. 每次暴食发作都满足以下三种（或更多）特点：
   1. 比正常进食吃得更快。
   2. 吃到有不舒适的饱胀感。
   3. 在没有生理饥饿感的情况下大量进食。
   4. 单独进食，因为怕被人看到自己进食量而感到羞耻。
   5. 暴食时候觉得自己恶心、感到抑郁或者非常内疚。
C. 暴食造成显著精神痛苦。
D. 平均每周至少暴食1次，持续3个月以上。
E. 暴食并没有像神经性贪食症那样和不适当的补偿行为共同出现，而且暴食并不仅仅出现在神经性贪食症或者神经性厌食症病程中。

From American Psychiatric Association.（2013）. *Diagnostic and statistical manual of mental disorders*（5th ed.）. Washington, DC.

满足暴食障碍诊断标准的个体经常出现在各种减肥项目中。例如，Brody、Walsh和Devlin（1994）的研究发现，在一个提供给轻度肥胖患者的减肥项目中，大概有18.8%的参与者满足暴食障碍的诊断标准。在其他参与者肥胖程度不等的减肥项目中，大概有30%的参与者满足暴食障碍的诊断标准（Spitzer et al.，1993）。不过，Hudson及其同事（2006）认为，暴食障碍是一组与肥胖成因不同的因素造成的。目前的共识是，参与减肥项目的肥胖患者中约20%有暴食行为，准备接受减肥手术（针对严重病态肥胖的手术）的肥胖患者中约50%有暴食行为。Fairburn、Cooper、Doll、Norman和O'Connor

（2000）找到了 48 名患有暴食障碍的患者，并且针对其中的 40 位进行了 5 年的追踪研究。其预后相对不错，5 年之后，大概只有 18% 的人仍满足暴食障碍的诊断标准。但是，这组被试中体重达到肥胖的比例从 21% 提高到了 5 年后的 39%。

约半数的暴食障碍患者在暴食之前曾试图通过节食的方式减肥，而另一半则先是暴食，然后再试图节食（Abbott et al., 1998）。先暴食的个体通常受到暴食障碍的影响更严重，并且更可能出现其他障碍（Spurrell, Wilfley, Tanofsky, & Brownell, 1997）。暴食障碍患者有着与神经性厌食症和贪食症患者类似的一些对身材及体重的担忧，这是区分肥胖但没有暴食障碍的个体和暴食障碍患者的一个要素（Fairburn & Cooper, in press; Goldschmidt et al., 2010; Grilo, Masheb, & White, 2010; Steiger et al., 2013）。大概 33% 的暴食障碍患者通过暴食缓解糟糕的情绪（Grilo, Masheb, & Wilson, 2001; Steiger et al., 2013; Stice, Akutagawa, Gaggar, & Agras, 2000）。这部分患者受到的心理困扰要严重于其余 67% 不用暴食调节情绪的暴食障碍患者（Grilo et al., 2000）。

统计数据

神经性贪食的个案记载已经有超过千年的历史了（Parry-Jones & Parry-Jones, 2002），但是神经性贪食症作为一类独特的心理障碍得到承认是从 20 世纪 70 年代才开始的（Boskind-Lodahl, 1976; Russell, 1979），因此，其流行病学的数据相对比较近期。

绝大多数（90%～95%）寻求治疗的神经性贪食症患者是女性。神经性贪食症的男性患者通常发病年龄略长于女性患者，并且其中不小的比例是同性恋或者双性恋（Rothblum, 2002）。例如，Carlat、Camargo 和 Herzog（1997）收集了 135 位进食障碍男性患者的资料，发现其中有 42% 是同性恋或双性恋，表明此类人群的进食障碍比例要显著高于异性恋男性（Feldman & Meyer, 2007）。从事需要控制体重的运动（如摔跤）的男性运动员是另一个容易患上进食障碍的男性群体（Ricciardelli & McCabe, 2004）。1998 年，媒体广泛报道了三位死于进食障碍并发问题的摔跤选手（Dominé, Berchtold, Akré, Michaud, & Suris, 2009）。有意思的是，神经性贪食症患者中的性别不平衡现象不是一直如此的。研究心理病理的历史学家发现，在几百年前，有记载的神经性贪食案例绝大多数是男性（Parry-Jones & Parry-Jones, 1994, 2002）。当今神经性贪食症患者以女性为主，因此本书中绝大多数病例都是女性。

青少年女性的患病风险最高。最近，一项针对 498 名青少年女性的 8 年纵向研究显示，在她们 20 岁的时候，超过 12% 的被试报告自己曾有过某种形式的进食障碍。在另一个针对 1498 名大学一年级女生进行的 4 年纵向研究中，研究者发现只有 28%～34% 左右的被试从未有过进食相关问题。29%～34% 的被试因为担心身材或者体重一直努力节食，14%～18% 的被试有过过度饮食或者暴食行为，14%～17% 的被试既节食又有暴食行为，6%～7% 的被试有类似于神经性贪食的问题。这些问题在绝大多数被试的四年大学生活中都比较稳定（Cain, Epler, Steinley, & Sher, 2010）。

针对整个人群（而不仅仅是青少年）的神经性贪食症患病率相关研究提供了另一种视角（Hudson et al., 2007）。研究数据来自全美共病调查，包括终生患病率和 12 个月内的患病率，不仅仅涵盖本书描述的三种主要进食障碍，还包括了"亚临床"的暴食障碍（暴食频率达到诊断标准，但没达到其他诊断标准，如对暴食行为没有"显著痛苦"）。虽然这个研究是在 DSM-5 发布之前进行的，但它采用的是症状持续 3 个月的标准，也就是 DSM-5 的标准，而不是 DSM-Ⅳ-TR 所要求的症状持续 6 个月的标准。该研究的数据见表 8.1。尽管暴食是表 8.1 里其他进食障碍的症状之一而不是一个独立症状，但只要暴食行为每周至少两次、持续三个月以上，那么这一病例就被算入表中最后一栏"任何暴食行为"之下。设置这一栏是为了全面显示出暴食的患病率。如你所见，进食障碍在女性中的终生患病率通常是男性的 2 到 3 倍，只有亚临床的暴食障碍除外。这一性别比例略低于其他研究，但是因为在针对进食障碍的任何研究中，男性比例都很低，所以性别比例数据一直不稳定。在这个研究样本中，过去 12 个月内没有发现神经性厌食症患者。在芬兰进行的一个通过电话访谈获得数据的大型研究中，神经性厌食症的终生患病率在 2.2%，但其中半数患者从没进入医疗系统求助（Keski-Rahkonen et al., 2007）。因此在一些问卷调查中，神经性厌食症的患病率可能被低估了。在采用13～18岁青少年样本的一个类似于全美共病研究的问卷调查项目中，研究者发现神经性厌食症的终生患病率是0.3%（表8.1中该数据为0.6%），神经性贪食症是0.9%（表8.1中该数据为1.0%），暴食障碍是1.6%（表8.1中该数据为2.8%）（Swanson et al., 2011）。这表明神经性厌食症和暴食障碍的很多患者发病时间在18岁之后，而在神经性贪食症中则不是这样。

表8.1 DSM-Ⅳ-TR进食障碍和相关问题的终生患病率和12个月患病率

	男性(%)	女性(%)	总数(%)
终生患病率			
神经性厌食症	0.3	0.9	0.6
神经性贪食症	0.5	1.5	1.0
暴食障碍	2.0	3.5	2.8
达到亚临床标准的暴食障碍	1.9	0.6	1.2
任何暴食行为	4.0	4.9	4.5
12个月患病率*			
神经性贪食症	0.1	0.5	0.3
暴食障碍	0.8	1.6	1.2
达到亚临床标准的暴食障碍	0.8	0.4	0.6
任何暴食行为	1.7	2.5	2.1
被试人数	1220	1760	2980

* 没有被试在12个月内达到神经性厌食症的诊断标准
Source: Hudson et al. (2007). The prevalence and correlates of eating disorders in the national comorbidity survey replication. *Biological Psychiatry, 61,* 348-358. © Society for Biological Psychiatry.

几种进食相关障碍的发病年龄中位数在18～21岁之间（Hudson et al., 2007）。对神经性厌食症来说，这个发病年龄是相对比较稳定的，年轻病例通常从15岁开始，而神经性贪食症最早可能从10岁开始，譬如菲比的案例。

一旦患者发展出神经性贪食症，它就很可能成为慢性问题，尤其是在没有治疗的情况下（Fairburn, Stice, et al., 2003; Hudson et al., 2007）。研究显示，满足神经性贪食症诊断的女性被试身上对瘦的追求以及相关症状在10年之后再次被追访时仍然存在（Joiner, Heatherton, & Keel, 1997）。在之前提到的一项关于神经性贪食症病程的重要研究中，

Fairburn及其同事（2000）找到了102名获诊神经性贪食症的女性被试，并对其中的92名进行了长达5年的追踪。每一年大概有1/3的被试症状好转到不再满足诊断标准，但是有另外1/3的被试症状出现反弹。这5年中，每一年结束时都有50%～67%的患者存在严重的进食障碍症状，表明这个障碍的预后相对不太好。在追踪研究中，Fairbur和Stice等人（2003）发现慢性神经性贪食症最重要的预测因素是儿童时期的肥胖以及对瘦的持续过度关注。此外，贪食症的症状倾向于长期存在，而不容易转变为其他进食障碍的症状（Eddy et al., 2008; Keel et al., 2000）。

类似的，神经性厌食症一旦发展起来，也倾向于成为慢性问题；虽然可能比不上神经性贪食症，尤其是如果在早期就被发现并且得到治疗的话（Hudson et al., 2007）。但是，患有神经性厌食症的个体会在很长一段时间内保持较低的BMI以及对身材和体重的扭曲认知，因此即使他们不再符合神经性厌食症的诊断标准，也仍然会节制饮食（Fairburn & Cooper, in press）。也许正是出于这个原因，神经性厌食症患者与神经性贪食症相比，更抗拒治疗；这一现象得到临床研究支持（Vitiello & Lederhendler, 2000）。在一项针对接受了治疗的进食障碍患者的7年期跟踪研究中，只有33%的神经性厌食症患者在某个时间点上达到完全康复，而神经性贪食症患者的这一数据为66%（Eddy et al., 2008）。

跨文化考量

我们已经提到过，神经性厌食症和贪食症具有<u>文化特异性</u>。一个让人震惊的发现是这些障碍也出现在西方发达国家的新移民中（Anderson-Fye, 2009）。Nasser（1988）对50名在英国伦敦的几所大学里就读的埃及女性以及60名在埃及开罗的几所大学就读的女性进行了一项很有意思的经典研究。在开罗的样本中，没有一起进食障碍，但是在伦敦的埃及女性中有12%发展出了进食障碍。Mumford、Whitehouse和Platts（1991）针对生活在美国的亚裔女性的研究也发现了类似的结果。

我们将在后文讨论的新移民群体的肥胖率上升可能对这些结果有影响（Goel, McCarthy, Phillips,

神经性厌食症很少在北美黑人女性中出现。

总的来说,神经性厌食症和神经性贪食症有许多相似之处,而且这两者(尤其是神经性贪食症)一直和西方文化之间存在压倒性的关联,直到近些年才出现新变化。过去少数族裔进食障碍的患病率和发病模式和西方主流文化有所差别,但是这些差异在逐渐缩小(Marques et al., 2011)。

进食障碍与个体发展过程

因为绝大多数病例都始于青春期,因此神经性贪食症和厌食症都和个体发展有着很强的相关性(Smith, Simmons, Flory, Annus, & Hill, 2007; Steiger et al., 2013)。正如两个经典研究(Striegel-Moore, Silberstein, & Rodin, 1986; Attie & Brooks-Gunn, 1995)指出的,男性和女性不同的生理发育

& Wee, 2004)。北美各少数族裔的进食障碍患病率也有差异。早期的一些调查显示,非裔美国少女相对于白人少女,较少担忧体形和体重,有更积极的自我认知,并且对自己体重的估计要低于实际体重(Celio, Zabinski, & Wilfley, 2002)。另一个研究(Hoek et al., 2005)是在相对封闭的位于加勒比海的荷兰属安迪列斯群岛中的库拉索岛上进行的,当地人口仅有12万。那里占多数的黑人在1995到1998年间神经性厌食症的发病率为0,但是在占少数的白人和混血人群中,神经性厌食症的发病率接近荷兰或者美国的数据。

几年前,Striegel-Moore及其同事(2003)对平均年龄为21岁的985名白人女性和1061名黑人女性(都是参与跨度长达10年的政府资助的成长与健康研究的被试)进行了问卷调查。图8.1显示的是两个群体在10年间发展出神经性厌食症、神经性贪食症和暴食障碍的比例。进食障碍的主要风险因素包括超重、高社会阶层和对主流文化的接纳度(Crago et al., 1997; Grabe & Hyde, 2006; Wilfley & Rodin, 1995)。Greenberg 和 LaPorte(1996)做过一个实验,发现年轻的白人男性相较于黑人男性更喜欢体形偏瘦一些的女性,或许是这一点造成了黑人女性中进食障碍的低发病率。但是最近的调查显示,这些种族差异也在变化中。Marques(2011)发现,进食障碍的患病率在以下群体中正变得越来越接近,包括非拉美裔白人、非裔美国人、亚裔美国人和拉美裔女性。进食障碍在北美原住民(印第安人)中相对其他族裔更为常见(Crago, Shisslak, & Estes, 1997)。

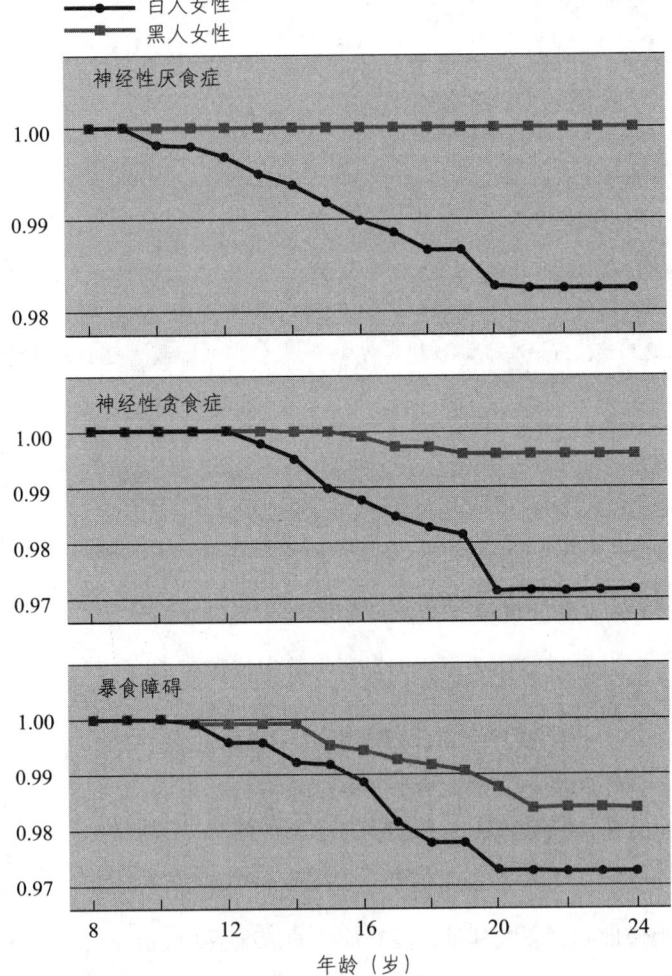

图8.1 2046名年龄在19～24岁之间的白人和黑人女性,10年间症状曾满足DSM-5中神经性厌食症、神经性贪食症和暴食障碍诊断标准的比例
Reprinted, with permission, from Striegel-Moore, R. H., Dohm, F. A., Kraemer, H. C., Taylor, C. B., Daniels, S., Crawford, P. B., & Schreiber, G. B. (2003). Eating disorders in white and black women. *American Journal of Psychiatry*, 160(7), 1329, © 2003 American Psychiatric Press.

模式和文化影响交互作用，推动了进食障碍的发生。在进入青春期后，女性的体重增加主要来自脂肪组织，而男性则来自肌肉组织。在西方发达国家，男性的理想外形是高而且肌肉结实的体形，女性则是瘦而且偏前青春期的体形。因此男性的青春期生理发育让他们更接近理想外表，而女性则是更远离。

进食障碍，尤其是神经性厌食症，偶尔也会在11岁以下的儿童身上发生（Walsh, 2010）。如是患有神经性厌食症的儿童，她们在限制食物摄入之外还有可能会限制液体摄入，这或许是因为他们不了解液体和食物的差别（Gislason, 1988; Walsh, 2010）。这种情况更加危险。在年幼的儿童身上，对体重的担心不是那么普遍。但是，对于超重的负面态度最早在3岁就可能出现了，超过一半的6～8岁的女孩希望自己能够更瘦些（Striegel-Moore & Franko, 2002）。20%的9岁女孩报告说自己曾经试图减肥，而到了14岁，则有40%的女孩曾经试图减肥（Field et al., 1999）。

神经性贪食症和厌食症也可能延后出现，尤其是在55岁之后。Hsu 和 Zimmer（1988）发现，这样的患者绝大多数都有过多年进食障碍的历史。还有少数例子是在没有进食障碍历史的情况下较晚出现进食障碍的。到底什么因素导致了这种情况出现尚不清楚。通常来说，对身体意象的担心随着年龄的增长会减少（Tiggemann & Lynch, 2001; Whitbourne & Skultety, 2002）。

小测验 8.1

为以下各种情况选出对应的进食障碍：
A. 神经性贪食症
B. 神经性厌食症
C. 暴食障碍。

1. 曼尼在短时间内吃下大量食物。这种情况多次出现，导致他增加了不少体重。_____
2. 我注意到依琳娜一次吃下了整个派、一个蛋糕、两袋薯片，当时她不知道我也在那儿。吃完后她跑进卫生间，听起来好像在里面呕吐。这种障碍会导致电解质失衡，带来严重的生理后果。_____
3. 珠妍会在短时间内吃下大量食物，然后她通过服用泻药和长时间锻炼来防止自己增重。她在过去几个月内每天都这样做。她感到自己即便只增重30克，也会变得十分丑陋，毫无价值。_____
4. 最近，珂斯汀的体重又降低了，已经不足40千克。她每次只吃很少的食物，担心自己每天只摄入500卡路里也会变胖。她的月经停止了。照镜子时，她感到自己仍然很胖。_____

进食障碍的病因

和本书中讨论的其他心理障碍类似，生物、心理和社会因素共同促成了严重的进食障碍。许多研究证据表明，其中起到更大作用的是社会和文化因素。

社会因素

神经性厌食症和贪食症是我们所知道的最具有文化特异性的心理障碍。是什么让这么多年轻人采取了饥饿、清除这些具有惩罚性甚至能致死的行为呢？对许多年轻女性而言，外貌比健康更重要。对身处竞争环境的年轻女性来说，自我价值、幸福和成功很大程度上取决于身材及外表等实际上与长期的幸福及成功基本没什么相关性的因素。西方文化中"以瘦为美"的观念直接导致了女性节食，也就是通往神经性厌食症和贪食症的危险的第一步。

Levine 和 Smolak（1996）指出，杂志和电视有过度美化纤瘦体形的现象，我们在媒体上看到的绝大多数女性形象比一般的美国女性要瘦。媒体上出现的超重男性数量是超重女性的2～5倍，可见这种以瘦为美的信息很明显是针对女性的。Grabe、Ward 和 Hyde（2008）回顾了77个相关研究，发现在受到以瘦为美的媒体信息影响程度和对身体意象的担心之间有着很强的正相关。对于电视黄金时段情景喜剧的分析显示，12%的女性角色都曾经节食或者针对自己的体重和体形做出过自我贬低的评论（Tiggemann, 2002）。有意思的是，在《乌木》（*Ebony*）杂志（主要面向非裔美国女性）上，通常不会有这种以瘦为美的宣传，这似乎也反映了非裔美国女性较少受到身体意象困扰的情况（Thompson-

Brenner, Boisseau, & St. Paul, 2011)。最后，Thompson 和 Stice（2001）发现，发展出进食障碍的风险高低和女性对媒体信息及以瘦为美观念的内化程度有直接关联，这个结果也得到 Cafri、Yamamiya、Brannick 和 Thompson（2005）的研究支持。

当今所谓的标准身材已越来越难以达到了。因为随着营养条件的改善，近几十年来女性的体重有所增加，体形也有增大的趋势（Brownell, 1991; Brownell & Rodin, 1994）。无论这种增长背后的原因是什么，我们的文化和实际生理都是相冲突的（Brownell, 1991; Fairburn & Brownell, 2002），而冲突的负面后果之一就是女性对自己的身材不满。

在一项案例研究中，Fallon 和 Rozin（1985）对男女大学进行了调研，发现男大学生对自己目前的体形、理想的体形和自认为对异性最具有吸引力的体形是比较接近的，而且他们对于女性理想体形的估算要重于女性认为的对男性最有吸引力的体形（见图 8.2）。而女大学生则认为，自己现在的体形重于对异性最有吸引力的体形，而后者还要重于理想体形。这种现实和时尚之间的冲突和如今进食障碍的流行有着密切的关系。

其他学者也得出了类似的数据，支持了 Fallon 和 Rozin 的发现，也就是男性对于身体意象的自我认知与女性有所不同。Pope 及其同事（2000）发现，男性通常希望自己比实际体重更重一些、更有肌肉一些。这些研究者测量了来自三个国家（奥地利、法国和美国）的大学男生的身高、体重和体脂。他们让被试针对以下四个方面做出估计：①他们实际的体重；②他们的理想体重；③同龄男性的平均体重；④女性青睐的男性体重。三个国家的被试所选择的理想体重都要比自己的实际体重平均高出约 13 千克，而他们认为女性青睐的男性体重比自己的实际体重平均高出约 14 千克。和一般人印象相反的是，Pope 及其同事（2000）在初步研究中发现，绝大多数女性青睐一般男性的体重，并不需要更多的肌肉分量。使用合成代谢类固醇来增加肌肉、让自己块头更大的男性在这几个方面（肌肉、体重和理想体重）的信念扭曲程度显著大于那些不使用类固醇的男性（Kanayama, Barry, & Pope, 2006）。

这些态度是如何通过社会化过程影响到青春期少女呢？我们目前对此已有一些了解。Paxton、Schutz、Wertheim 和 Muir（1999）在他们的研究里探索了朋友圈对于身体意象、减肥和极端节食行为的影响。通过一个巧妙的实验设计，研究者在 523 名青春期少女中找出了 79 个小团体。他们发现，这些小团体内部在针对身体意象、节食和减肥重要性的态度上有着很高的相似度。他们因此假设，小团体与个体对身材体重的担忧以及进食行为有着很强的相关。也就是说，如果你的朋友们倾向于采用严苛节食或者其他极端的减肥手段，你很可能也会如此（Hutchinson & Rapee, 2007）。最近的一项研究提供了更明确的证据，显示年轻女孩倾向于共享身体意象的担忧，但小团体未必是这些态度或者有问题的进食行为的成因；相反，青春期少女通常会找和自己态度相似的人做朋友（Rayner, Schniering, Rapee, Taylor, & Hutchinson, 2012）。无论如何，对进食障碍的治疗都必须要考虑到社交网络对维持进食障碍态度的影响。

对肥胖的极端憎恶可能造成悲剧性后果。一项早期研究观察到有些富裕家庭的幼童被带到医院，原因是孩子由于营养不良而出现生长和发育严重受阻。在这些病例中，父母为了预防肥胖而限制孩子的饮食，即使孩子本身健康，只是因为年幼而有

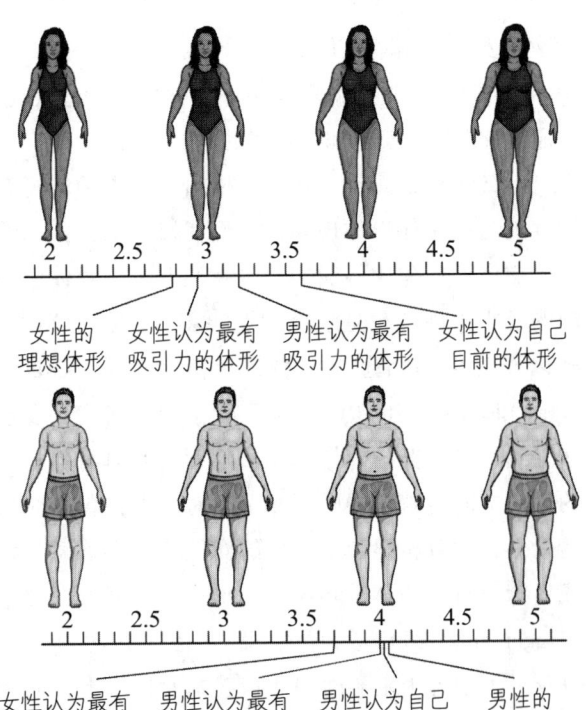

图 8.2　男性和女性对体形的评分（Fallon & Rozin, 1985）

理想体重的变化如图所示。左边是17世纪Peter Paul Rubens的绘画作品，而右图是当今时尚模特的照片。

些肉乎乎的（Pugliese、Weyman-Daun、Moses、& Lifshitz, 1987）。患有神经性厌食症的母亲不仅限制自己的饮食，也限制子女的饮食，全然不顾这样做会损害孩子的健康（Russell, 2009）。

尽管很多节食的人并没有发展出进食障碍，但是Patton、Johnson-Sabine、Wood、Mann和Wakeling（1990）的纵向研究发现，节食的青春期女孩在一年后患上进食障碍的概率是不节食女孩的8倍。Telch和Agras（1993）的研究也表明，201名肥胖女性在严格节食过程之中及之后暴食行为显著增加。

Stice及其同事（1999）指出，减肥可能会导致进食障碍的原因之一是青春期女性努力减肥很可能导致体重上涨而不是下降。这项研究考察了692名少女，测量了她们初始体重，并且追踪了4年。那些曾经试图减肥的女孩后来患上肥胖的风险是没有试图减肥女孩的3倍。研究结果见图8.3。

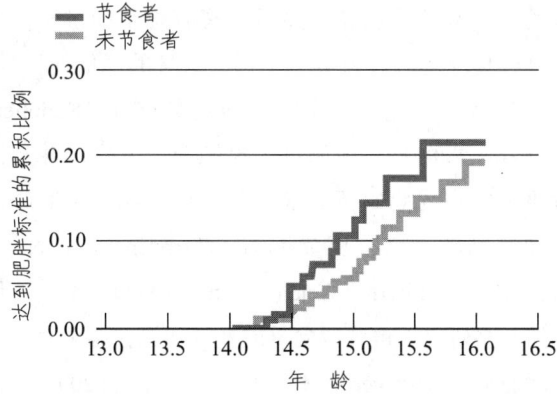

图8.3 四年内自我定义的节食者和非节食者达到肥胖标准的情况
From Stice, E., Cameron, R. P., Killen, J. D., Hayward, C., & Taylor, C. B. [1999]. Naturalistic weight-reduction efforts prospectively predict growth in relative weight and onset of obesity among female adolescents. *Journal of Consulting and Clinical Psychology*, 67, 967–974.

为什么减肥反而导致体重上升？Cottone及其同事（2009）在实验中给老鼠喂食垃圾食品，直到老鼠明确地偏好垃圾食品而不是减肥药丸，然后他们把垃圾食品拿走，只剩下减肥药丸。和从来没有吃过垃圾食品的老鼠相比，这些老鼠开始变得非常焦虑；而且，这些偏好垃圾食品的老鼠比对照组老鼠吃了更多的减肥药丸，仿佛这是它们缓解应激的手段。由此可见，反复节食似乎会引发应激相关的戒断反应，就像成瘾药物那样，导致更大量的摄取。

Fairburn、Cooper、Doll和Davies（2005）研究了2992名减肥的年轻女性，其中104名在之后2年内发展出了进食障碍。他们由此确定了几个进食障碍的风险因素，包括已存在的暴食和清除行为、偷偷摸摸进食的行为、表现出对空胃的渴望、对食物的过度关注以及对进食失去控制的担心。

男性的身体意象扭曲也会造成悲剧性后果。Olivardia、Pope和Hudson（2000）指出，男性（尤其是在男性举重运动员）中存在一种被称作"反向进食障碍"的问题。有这种问题的男性特别担心自己看起来弱小（即使他们实际上是肌肉男）。许多有这种问题的男性会避免去海滩、健身房的换衣间以及其他别人会看到他们身体的地方。这些男性也倾向于使用合成代谢类固醇好让自己看起来更健壮，即使这样做会带来生理和心理上的种种风险。因此，虽然在扭曲的身体意象上存在着显著的性别差异，女人觉得自己块头太大，而男人觉得自己块头太小，但这两种扭曲都可能导致严重的心理和生理后果（Corson & Andersen, 2002; Kanayama et al., 2006）。

即便人的体形能够随心所欲的调整，这种身体意象的扭曲仍会带来不良后果，更何况我们没有办法按照自己想法改变体形。诸多证据表明，体形受到遗传的强大影响，也就是说，有些人天生会比另一些人更重，我们天生就在体形上有差异。虽然我们中大多数人身体健康，但是能够达到目前社会上推许的身材的只有一小部分人。在生理上，这基本是不可能的（Brownell, 1991; Brownell & Fairburn, 2002）。当今社会的许多年轻人试图用极端节食的方式来对抗先天的生理限制。在青春期，社会文化标准常常通过同伴压力的方式施加影响，其力度超过了理性和事实。同性恋男性患进食障碍的比例远高于异性恋男性，其中部分原因就在于同性恋男性有保持身材瘦削的压力（Carlat et al., 1997；Feldman & Meyer, 2007）。而另一方面，让身材更健美、肌肉更发达的压力影响着很大比例的男性。

饮食限制

第二次世界大战期间的一项饥饿研究现在已经成为经典。Keys 及其同事（Keys, Brozek, Henschel, Michelson, & Taylor, 1950）选取了 36 名充满社会责任感的男性被试（译者注：研究目的是考察饥饿对人的身心影响以及如何最好地恢复正常饮食，以应对战争结束后获释的大量长期处于饥饿状态的集中营囚犯）。在前 6 个月，研究者只给这些健康男性大概是他们正常食量一半的食物。之后的三个月是恢复期，食物配给逐渐恢复正常。在节食期，被试平均减掉正常体重的 25%。整个实验过程记录得十分细致，尤其是心理影响方面。

研究者发现，被试变得无时无刻不在想着食物和进食，谈天、阅读和白日梦都围绕着食物。许多被试开始收集食谱并且囤积与食物相关的东西。

如果西方文化让瘦变得如此重要，以至于促发进食障碍，那么在这种保持纤瘦的压力越大的地方，进食障碍也应该越严重。例如，芭蕾舞演员就处于这种巨大的压力之下。Garner、Garfinkel、Rockert 和 Olmsted（1987）追踪了一组 11～14 岁的芭蕾学校的女孩。保守估算，这些女孩中有 25% 在 2 年内发展出进食障碍。类似的结果在运动员中也有发现，尤其是女性运动员，譬如体操选手。为什么学习芭蕾会对女孩子有这么负面的结果呢？

我们可以再看一下菲比的例子。

菲比 跳舞跳到毁灭

菲比清楚地记得在她开始练芭蕾的几年里，一些较年长的女孩无休止地讨论体重。菲比跳得很好，很期待能够获得一些特别的称赞。可芭蕾舞老师更愿意评论她的体重而不是舞蹈，经常对她说"如果你减点肥就会跳得更好了"。如果有女孩通过节食减了一点点体重，老师总能指出来："你减肥减得非常好。大家应该向她学习。"一天，老师毫无征兆地突然对菲比说："在下节课之前你得减个 5 磅（约合 2 千克）才好。"当时，菲比身高 1.60 米，体重 44 千克，而下节课就在两天之后。在这样的警告以及几天的严苛节食之后，菲比第一次出现了暴食症状。

上高中不久，菲比放弃了芭蕾舞学习，转而追求其他兴趣。但她并没有忘记她作为年轻舞者演绎过的光彩夺目的角色。她独自一人的时候偶尔还会跳舞，并保持了专业舞者自然流露的优雅。但是到了大学，当她把头塞在马桶里在同一天里第三次呕吐，吐到胆汁都出来的时候，她终于意识到自己还保留着在芭蕾舞学校学到的最深刻的一点：要瘦，无论付出什么代价。

因此，节食是影响进食障碍的一个重要因素（Polivy & Herman, 2002），并和对身体不满一起，构成了导致进食障碍的主要风险因素（Stice, Ng, & Shaw, 2010）。

家庭影响

在过去，临床工作者和研究者对进食障碍患者的家庭相处模式非常关注。一些心理治疗师和研究者（Attie & Brooks-Gunn, 1995；Bruch, 1985；Humphrey, 1989；Minuchin, Rosman, & Baker, 1978）观察到，神经性厌食症患者家庭的典型特征是成功、非常努力、关注外表、追求和谐。为了达成这些目标，家庭成员通常会否认或者忽略冲突以及负面情绪，并倾向于对问题进行外部归因，而无法在家庭内部进行坦诚的沟通（Fairburn, Shafran, & Cooper, 1999；Hsu, 1990）。

Pike 和 Rodin（1991）的研究表明，成员有进食问题的家庭的互动和对照组家庭有一定的区别。女儿有进食问题的母亲似乎是社会信息的"信使"，她们希望女儿变瘦，至少在最开始是这样（Steinberg & Phares, 2001）。她们自己也倾向于节食，并且比对照组家庭的妈妈更追求完美，这表现在对家庭成员和家庭和谐度有更多不满（Fairburn, Cooper, et al., 1999；Fairburn, Welch, et al., 1997）。不过，最近的一些研究不再强调父母或者其他家庭因素对进食障碍的影响（Steiger et al., 2013；Russell, 2009）。针对这一变化，进食障碍学会（the Academy of Eating disorders）（le Grange, Lock, Loeb, & Nicholls, 2010）指出：

进食障碍学会的立场是：虽然家庭因素在进食障碍的发生及维持上有一定作用，但是目前的研究并不支持家庭因素作为进食障碍的唯一或主要风险因素的观点。(p.1)

不管原本的关系如何，在进食障碍（尤其是神经性厌食症）发生之后，家庭关系会很快恶化。没有什么能比看着自己的女儿在食物丰盛的餐桌前严苛节食更让人有挫败感。那些对进食障碍有一定了解的父母，甚至包括一些对进食障碍非常了解的心理学家或者精神病学家，都报告说自己曾努力让女儿把食物放在嘴里，却没有任何效果，因而在极度挫败感中有过暴力行为（打或者扇耳光）。这些父母的内疚和痛苦是难以描绘的。

生理因素

如其他很多心理障碍一样，进食障碍会在家族中流传，因此可能具有一定的遗传性（Trace, Baker, Penas-Lledo, & Bulik, 2013）。研究显示，进食障碍患者的亲属患上进食障碍的概率是一般人群的4～5倍，如果是厌食症患者的女性亲属则概率更高（Strober, Freeman, Lampert, Diamond, & Kaye, 2000; Strober & Humphrey, 1987）。在 Kendler 及其同事（1991）针对神经性贪食症以及 Walter 和 Kendler（1995）针对神经性厌食症的重要研究中，2163对女性双生子被试接受了结构性访谈以确定这两种障碍的患病率。研究者发现，同卵女性双生子均患有神经性贪食症的比例是23%，而异卵女性双生子则只有9%。因为迄今为止尚未有领养研究的相关报告，我们还无法排除社会文化因素的强大影响，而且不同研究得到的结果并不一致（Fairburn, Cowen, & Harrison, 1999）。神经性厌食症因为研究样本过小，无法进行精确预测。但如果双生子中的一位患有神经性厌食症，则另一位患厌食症和贪食症的风险会显著提高。Bulik 及其同事（2006）进行过一项大型双生子研究，他们估算进食障碍的遗传率大概是0.56。目前的共识是，遗传因素占神经性厌食症和贪食症成因的一半左右（Trace et al., 2013）。

但是，对于遗传的究竟是什么，目前还没有共识（Steiger et al., 2013; Trace et al., 2013）。两组研究者（Hsu, 1990; Steiger et al., 2013）假设遗传的是非特

Tim Walsh 为认识和理解进食障碍作出了杰出贡献。

异性的人格特质，譬如情绪的不稳定性，或者糟糕的冲动控制。换句话说，个体可能遗传到的是对应激事件的过度情绪化反应，其可能后果就是通过冲动进食的方式来缓解压力和焦虑（Kaye, 2008; Strober, 2002）。Klump 及其同事（2001）提出，遗传的是完美主义和负面情感。这种生物易感性和社会心理因素共同作用，造成进食障碍的发生。Wade 及其同事（2008）针对1002对同性别的双胞胎的研究支持了这个观点。他们发现，神经性厌食症和家庭成员中盛行的完美主义以及对秩序的需要相关。

生理过程在进食的调节和控制中起着积极作用，因此对进食障碍也有着影响。有充足证据表明，下丘脑在其中起着重要作用。研究者考察了下丘脑以及经过下丘脑的重要的神经递质系统（包括去甲肾上腺素、多巴胺、5-羟色胺），试图确定在进食障碍是否和生理过程的异常有关（Kaye, 2008; Vitiello & Lederhendler, 2000）。5-羟色胺系统是最常和进食障碍有联系的系统（Russell, 2009; Steiger, Bruce, & Groleau, 2011），因为它和一般性的冲动行为以及暴食都有关联（见第2章）。因此，目前正在研究的治疗进食障碍的药物绝大多数针对的都是5-羟色胺系统（Grilo, Crosby, Wilson, & Masheb, 2012; Kaye, 2008）。

即便研究者发现了在生物神经功能和进食障碍之间的高相关，仍存在孰因孰果的问题。目前的共识是，进食障碍患者身上的确存在某些生物神经功能异常（e.g., Marsh et al., 2011; Mainz, Schulte-Rüther, Fink, Herpertz-Dahlmann, & Konrad, 2012）。但是这些异常可能是饥饿或者暴食—清除行为的结果，而非原因；不过，一旦这些异常发生，则可能会促进进食障碍的维持。

心理因素

多年的临床观察表明，许多患有进食障碍的年轻女性缺少个人控制感以及对自身能力和才华的信

心（Bruch，1973，1985；Striegel-Moore, Silberstein, & Rodin，1993；Walters & Kendler，1995）。这可能会表现为低自尊（Fairburn, Cooper, & Shafran，2003）。患者可能有完美主义倾向，也许习自或者遗传自家庭，表现为试图完全控制生活中的各种事件（Fairburn, Welch, et al.，1997；Joiner et al.，1997）。Shafran、Lee、Payne 和 Fairburn（2006）用实验控制方式让无进食障碍的女性被试提高其标准，实验指示是在接下来的24小时内在所有要做的事情上追求完美。这样的指示使得被试进食低能量食物、限制食量、在进食后体验到更多内疚（相对于另一组被试，其收到的实验指示是在24小时内以最低标准要求自己），即便在实验指示中并没有明确指出在进食上要追求完美。但是，完美主义本身与进食障碍的发展只有微弱相关，只有在个体认为自己超重而且低自尊的情况下，完美主义的特质才会起作用（Vohs, Bardone, Joiner, Abramson, & Heatherton，1999）。不过，当个体对自己身体意象有扭曲认知时，完美主义特别能影响进食行为（Lilenfeld, Wonderlich, Riso, Crosby, & Mitchell，2006；Shafran, Cooper, & Fairburn，2002）。有进食障碍的女性非常在意自己在别人眼里的形象（Fairburn, Stice, et al.，2003；Smith et al.，2007）。她们还常常感觉到，如果自己显得还可以或者足够好，实际上是在欺骗他人，营造虚假印象。在这一点上，她们和高社交焦虑个体在熟悉的社交群体里感到自己是虚张声势的骗子有相似之处（Smolak & Levine，1996）。这可能也解释了为什么她们会选择和自己在进食和身材上有类似态度的人做朋友（Rayner et al.，2012）。Striegel-Moore及其同事（1993）提出，这些社交上的缺陷会让女性在一定程度上孤立自己，从而进一步恶化进食障碍的影响。

对于自己身材的错误认知往往随着日常生活体验的变化而变化。McKenzie、Williamson 和 Cubic（1993）发现，患有神经性贪食症的女性在吃了一块糖或者喝了一点饮料之后就会觉得自己变胖了，而对照组（没有进食障碍）的女性对自己的判断不会因为吃了些零食就改变。也就是说，很小的日常生活事件就能够激活患者对于增重的恐惧，从而加重扭曲的身体意象，并且增加用清除行为来补偿增重的概率。

Rosen 和 Leitenberg（1985）观察到，患者在吃零食前后都会体验到强烈的焦虑。他们认为，清除行为的作用是缓解这些焦虑。我们喜欢做更多能给我们带来快感或者缓解焦虑的事情，因此这种对焦虑的缓解强化了清除行为。这一点在菲比身上也可以看到。不过，其他证据显示，在治疗神经性贪食症的时候，与其缓解与进食相关的焦虑，不如努力克服导致暴食和清除行为的严苛节食行为以及与其相关的对自己身材体重的负面态度（Fairburn & Cooper, in press）。

Christopher Fairburn 发展出了针对神经性贪食症的有效治疗。

另一个重要的临床观察是，至少有一部分进食障碍患者很难容忍任何负面情绪，他们可能会用暴食或者其他行为，譬如呕吐或者剧烈运动的方式来调节情绪（Haynos & Fruzzetti，2011；Paul, Schroeter, Dahme, & Nutzinger，2002）。例如，Mauler、Hamm、Weike 和 Tuschen-Caffier（2006）调查了在饥饿情况下，患有神经性贪食症的女性与没有进食障碍的对照组对食物线索的反应。结果发现，患有神经性贪食症的女性在饥饿的时候看食物照片会有更强的负面情绪（痛苦、焦虑、抑郁），并且在之后吃自助餐时吃得更多。因此，她们可能是用大量进食来减少焦虑和痛苦，让自己感到好受一些，即使吃得更多会造成更多的长期问题。可以想象，这些患者在吃得更多之后，将表现出更强烈的负面情绪。

整合模型

虽然三种主要的进食障碍都各有特点，并且每一个诊断都有其效度，但是很明显，这几个进食障碍背后有些共同的成因。或许更有帮助的是把这些进食障碍放在一个诊断类目下，然后标注出具体特点，如节食、暴食或者清除行为。最近，Christopher Fairburn 及其同事提出了一个整合的模型（Fairburn et al.，2007；Fairburn & Cooper, in press）。据此，我们可以对进食障碍的成因进行一套整合的讨论。

在我们把对进食障碍的所知整合在一起的时候，需要特别记住的是没有哪个因素能够单独造成进食障碍（见图 8.4）。进食障碍的患者或许有一些和焦虑障碍类似的生理易感性（例如对应激事件的高反应性）（Kendler et al., 1995; Rojo, Conesa, Bermudez, & Livianos, 2006）；焦虑障碍和心境障碍在进食障碍患者的家庭中也很常见（Steiger et al., 2013）；对负面情绪的低容忍度也造成了很多患者暴食。此外，不少对焦虑障碍有效的药物和心理治疗对进食障碍也有效。实际上，我们可以把进食障碍看作一种特殊的焦虑障碍，其焦虑集中在对长胖的恐惧上。

不管是哪种进食障碍，社会文化中变瘦的压力都是节食的主要动力，而进食障碍患者常常极端地节制饮食。要记住的是，很多人都有过严苛节食的经历，但是其中只有少数人会发展出进食障碍，因此仅凭节食并不能解释进食障碍。还要注意的是，高成就家里的互动模式也起到了一些作用。这些家庭对外表和成就的强调以及完美主义的倾向，推动个体形成对外表、受欢迎和成功的极端追求，并且这些态度会在社交小团体中得到强化。最后，还有一个问题是为什么有一小部分进食障碍患者能成功控制饮食，直到体重过低（神经性厌食症），而大多数患者无法把体重降到如此低的程度，而会出现暴食和清除行为的循环（神经性贪食症）（Eddy et al., 2002; Eddy et al., 2008）？这些差异，至少在最开始的时候，可能是生理因素决定的，譬如最初由基因决定的体重和体形区间。另外还有人格特质，譬如超强的控制倾向，也是决定个体发展出哪种进食障碍的决定性因素。不过，绝大多数神经性厌食症患者到了病程后期也都会出现暴食和清除行为。

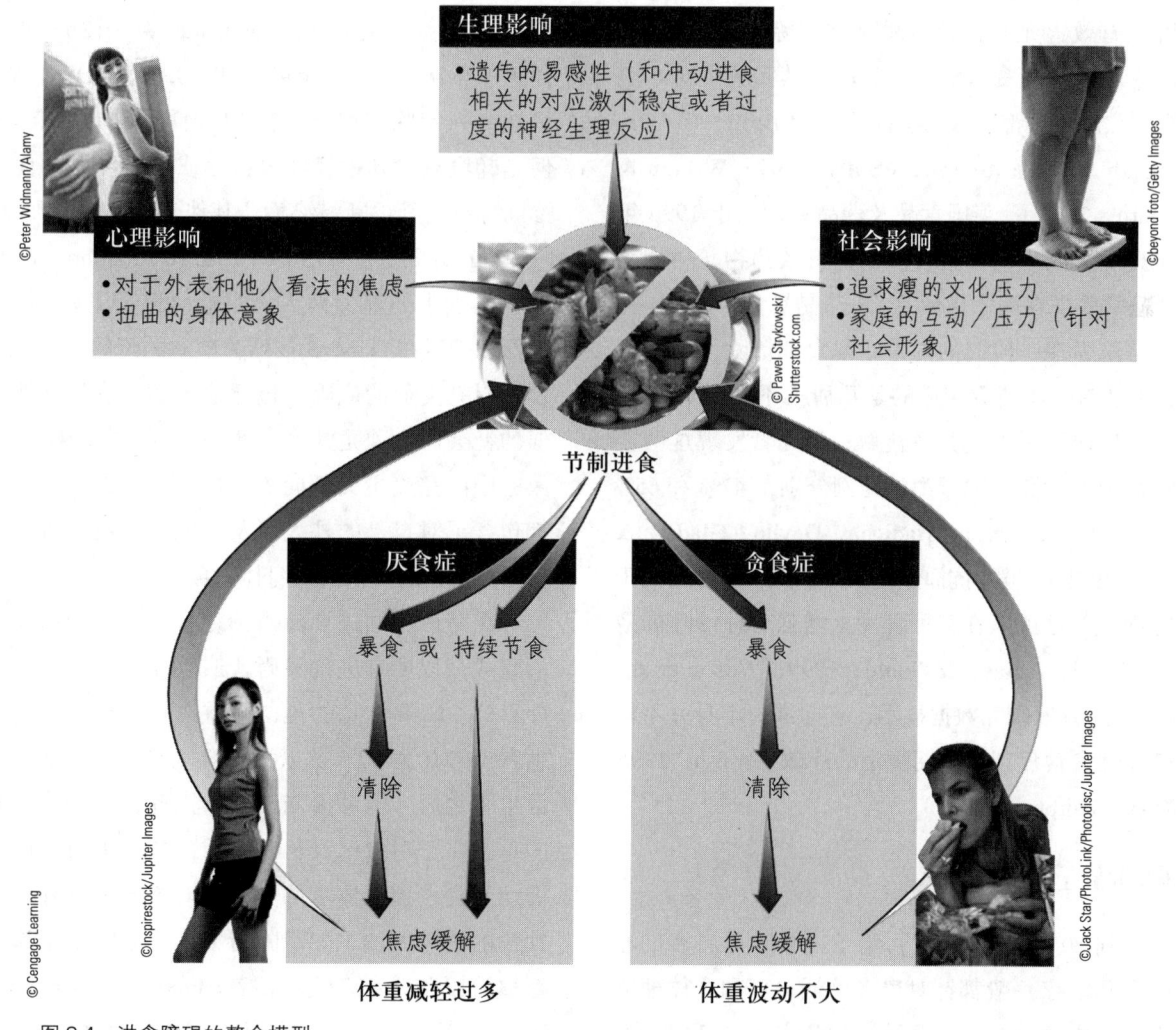

图 8.4　进食障碍的整合模型

进食障碍的治疗

对神经性贪食症的治疗直到20世纪80年代才开始出现,而对神经性厌食症的治疗虽然出现得早得多,但并没有很好的发展。迅速积累的研究显示,至少有一种或者两种心理治疗对进食障碍(尤其是神经性贪食症)是有效的。有些药物也可能会有帮助,虽然尚未有很强的研究支持。

药物治疗

目前尚未发现对神经性厌食症有效的药物治疗(Crow, Mitchell, Roerig, & Steffen, 2009; Wilson & Fairburn, 2007)。例如,有研究报告指出,氟西汀在体重恢复正常之后对于阻止神经性厌食症患者的症状反弹没有什么效果(Walsh et al., 2006)。另一方面,有证据显示,药物对部分神经性贪食症患者可能有效,尤其是针对暴食和清除行为的循环。被认为对神经性贪食症有效的药物其实就是对心境障碍和焦虑障碍都有效的抗抑郁药。(Broft, Berner, & Walsh, 2010; Shapiro et al., 2007; Wilson & Fairburn, 2007)。美国食品及药品管理局于1996年批准百忧解成为治疗进食障碍的有效药物。药物有效性通常表现在两个指标上,一个是暴食的频率,另一个是至少在一段时间内停止暴食和清除行为的患者比例。有一项研究采用的是几种三环类抗抑郁药,而另一项研究采用的是百忧解;研究者发现这两类药物减少暴食和清除行为的比例分别是47%和65%(Walsh, 1991; Walsh, Hadigan, Devlin, Gladis, & Roose, 1991)。虽然抗抑郁药在短期内有效性要高于安慰剂,并且可以在某种程度上增强心理治疗的效果(Whittal, Agras, & Gould, 1999; Wilson et al., 1999),但新近研究数据显示,抗抑郁药本身并不能对神经性贪食症产生长期稳定的疗效(Walsh, 1995; Wilson & Fairburn, 2007)。

心理治疗

直到20世纪80年代,给予进食障碍患者的心理咨询和治疗一般都针对患者的低自尊和个体建立身份认同中的困难,有些治疗的焦点还包括家庭互动和沟通的不良模式。但是,这些治疗并没有带来临床心理学家所期望看到的效果(Minuchin et al., 1978; Russell, Szmukler, Dare, & Eisler, 1987)。短程认知行为治疗则关注有问题的进食行为本身以及夸大体重和身材重要性的态度,因此逐渐成为了治疗神经性贪食症的首选(Fairburn & Cooper, in press; Sysko & Wilson, 2011)。

随着十多年不断积累临床经验,认知行为治疗也有了进一步发展,主要体现在两个方面。首先,出现了促进治疗效果的新技术;其次,因为对身材和体重的恐惧是所有进食障碍的核心问题,治疗现在变成跨诊断的,也就是说,治疗可以应用于进食障碍的不同变种。这是一个很重要的发展,因为在DSM-IV-TR中,进食障碍还被认为是彼此不兼容的。譬如,根据DSM-IV-TR的指南,一个人不可能同时满足神经性厌食症和神经性贪食症的诊断标准。但是这一领域的研究者发现,不同进食障碍的特点之间实际上是有很多交叉的(Fairburn, 2008; Keel, Brown, Holland, & Bodell, 2012)。而且,很大一部分病人(可能超过50%),满足DSM-IV-TR里达到一定临床严重程度的进食障碍的诊断标准,但是却没有达到神经性厌食症或者神经性贪食症的诊断标准,其诊断最终为"其他未分类的进食障碍"(Eating Disorder NOS)(Fairburn & Bohn, 2005);这个类别中的部分病人满足暴食障碍的诊断标准,而暴食障碍在DSM-5被列为独立的障碍。不同的进食障碍有类似的成因,包括遗传的生物易感性、相似的社会压力(尤其是以瘦为美的文化影响)以及家庭中的完美主义倾向等。最后,所有的进食障碍都包含了对自己的外表以及对他人如何看待自己外表的焦虑,还有扭曲的身体意象。

在跨诊断的进食障碍治疗里,核心的认知行为治疗成分以所有进食障碍普遍存在的成因为主要治疗目标。需要注意的是,体重过轻的神经性厌食症患者(BMI为17.5及以下)必须等到体重恢复到正常水平之后才能够参与治疗。因此,这个治疗方式的重点在于对自己身材和体重的扭曲评价、试图用极端节食来控制体重的不良应对方式以及补偿过度饮食的消极方法(如清除行为)。Fairburn把这种治疗称为加强版认知行为治疗(Fairburn & Cooper, in press)。这类治疗对不同进食障碍的疗效有所不同。

下面我们来逐一总结针对每种进食障碍的治疗及其效果。

神经性贪食症

在 Fairburn（2008）开创的加强版认知行为治疗中，第一步是教导患者暴食以及清除行为的生理后果，以及为什么呕吐和滥用泻药对于控制体重是无效的。需要让患者了解的还包括节食的负面效应。在这个阶段，患者每天有计划地进食五六餐，每餐食物的分量都较小且可控，各餐（包括零食）之间的间隔不超过3小时，以此来消除神经性贪食症的核心症状——暴食和节食之间的反复。接下来，加强版认知行为治疗把重点放在改变适应不良的、与体形体重和进食有关的想法和态度上。治疗师还要和患者一起制定抵制暴食和清除冲动的应对方式，譬如在治疗早期和患者商议每天的日程表，让患者在进食之后没有独处的机会（Fairburn & Cooper, in press）。对于早期版本的短程认知行为治疗（大概3个月）在神经性贪食症中的应用，早期的研究评估结果很好，治疗效果优于其他心理治疗方式，这不仅仅体现在减少暴食和清除行为上，也体现在改善适应不良的想法和抑郁上。而且，治疗效果看起来能够持续下去，不仅限于短期（Pike, Walsh, Vitousek, Wilson, & Bauer, 2003; Thompson-Brenner, Glass, & Westen, 2003）。不过，也有一部分患者对治疗的反应没有那么好。

在一个被广为引用的研究中，Agras、Walsh、Fairburn、Wilson 和 Kraemer（2000）把220名满足神经性贪食症诊断标准的患者随机分到认知行为治疗组（包括19次治疗，是加强版认知行为治疗之前的版本）或旨在改善人际功能的人际心理治疗组。结果发现，在所有完成了治疗的患者中，认知行为组的效果要显著优于人际组。在认知行为组中，约30%的患者症状消除，而人际治疗组中只有8%。认知行为组有50%以上的患者有一定改善（还存在些问题，但不再满足诊断标准），而人际组只有30%左右。一年以后的追踪研究显示，这两组之间的差异没有那么显著了，人际组的患者似乎"追上了"认知行为组。具体研究结果见图8.5。大概40%的认知行为组被试仍然保持了症状消除状态，而27%的人际组被试在1年后的追踪研究中处于症状消除

状态。对于症状改善的被试，结果也是类似的。对数据的后继分析表明（Argras, 2000），在头6次治疗之后是否出现显著改善是对治疗结果的最佳预测变量。

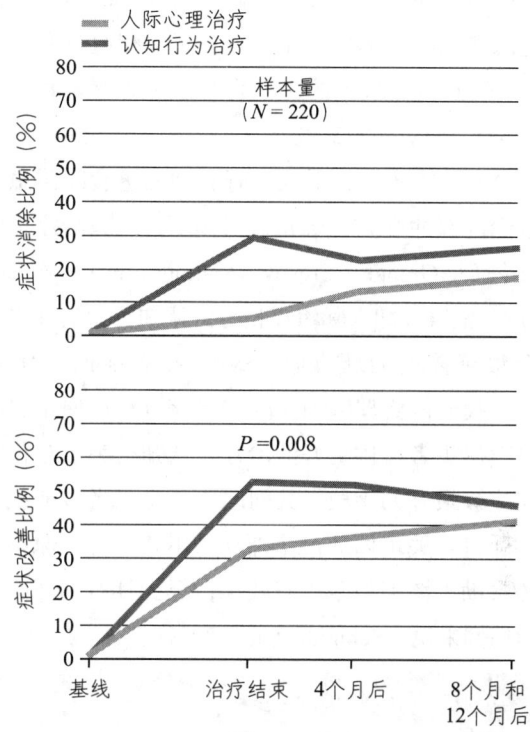

图8.5 完成治疗的被试在不同时间点症状消除以及改善的比例；两组存在明显差别。
From Agras, W.S., Walsh, B.T., Fairburn, C.G., Wilson, G.T., & Kraemer, H.C. [2000]. A multicenter comparison of cognitive-behavioral therapy and interpersonal therapy for bulimia nervosa. *Archives of General Psychiatry*, 57, 459-466. ©2000 American Medical Association

研究者根据数据得到的结论是，认知行为治疗是针对神经性贪食症的更好的治疗方式，因为它起作用很快。但是，有意思的是人际治疗在一年后的效果和认知行为治疗相差无几。然而，人际治疗的焦点完全不在有问题的进食方式上，而主要在处理患者的人际关系上。对加强版认知行为治疗的最新研究数据更让人振奋，该研究包含了更广泛的存在类似神经性贪食症症状的患者（Fairburn et al., 2009）。一个大型临床研究比较

Stewart Agras 为我们了解进食障碍作出了很大的贡献。

了疗程为20周的加强版认知行为治疗和疗程为2年的长程精神分析治疗（每周会谈），被试是70名神经性贪食症患者。这两种治疗方法都带来了改善，而且接受这两种治疗的患者对治疗本身都感到很舒适。但是，在第5个月的时候，42%的认知行为治疗组患者的症状消失，而精神分析治疗组只有6%。两年后，这两组病人的这一数据分别是44%和15%（Poulsen et al., in press）。

家庭治疗主要针对处于青春期的进食障碍患者的家庭内部冲突。有研究证据显示，家庭治疗也很有效果（le Grange, Crosby, Rathouz, & Leventhal, 2007）。把家庭和人际治疗整合到认知行为治疗中是一个很有前途的新方向（Sysko & Wilson, 2011）。显然，我们需要理解如何改进治疗方法以便给更多进食障碍患者提供更好的治疗。认知行为治疗作为目前疗效最好的手段，其问题之一是患者可能找不到接受过相关培训的治疗师。采用认知行为原则所写的自助类图书似乎也有效果，至少针对不那么严重的病例来说（Schmidt et al., 2007）。

> **菲比　找回自己的生活**
>
> 菲比在大学二年级的时候，参与了一个短程认知行为治疗项目。这个项目和前文中介绍的类似。她在头几个月里取得了很大进步。她注意规律进食，以便重新获得对进食的控制。她确保自己在高风险的时刻（可能会暴食或者催吐的时候）总是和别人在一起，并且做好计划在感到自己吃得太多或者在聚会上喝了太多的啤酒因而很想催吐的时候，通过一些其他的方式来减少呕吐的风险。在最初的两个月，菲比有三次短暂地回到从前的模式。治疗师和她讨论了到底什么造成了暂时的退步。让菲比惊讶的是，尽管她没有增加运动量，但参加治疗并没有让她增重。只是她仍然总是想着食物，总是担心自己的体重和外表，并且在认为自己有一点点吃过量的情况下，就特别有去呕吐的冲动。
>
> 在治疗完成后第九个月，菲比报告说她催吐的冲动有所减弱，虽然她有一次在吃了块很大的披萨并喝了好多啤酒的情况下有过一次退步。她对呕吐感到非常厌恶，在这次退步之后她重新认真地按照治疗计划进食。在完成治疗后的第二年，菲比报告说她催吐的冲动已经完全消失了，她的父母也肯定了她的进步。现在，她对进食障碍仅仅剩下一些逐渐模糊的回忆。

对神经性贪食症的短期治疗，虽然对很多患者有效，但也许不是持久的解决方案。实际上，一部分患者并不能从短程认知行为治疗中获益。有证据表明，结合药物治疗和心理治疗可能提高总体治疗效果，至少在短期内看是如此（Whittal et al., 1999; Wilson et al., 1999）。在迄今为止进行过的最大规模的临床研究里（Walsh et al., 1997），针对神经性贪食症，认知行为治疗要显著优于支持性治疗（在支持性治疗中，治疗师理解、同情并且鼓励病人达成他们的目标）。如果在认知行为治疗基础上再加上两种抗抑郁药（其中包括选择性5-羟色胺再摄取抑制剂），认知行为治疗效果会有中度提升。但是认知行为治疗要优于单纯使用药物（Sysko & Wilson, 2011）。还有证据显示，那些对认知行为治疗反应不佳的患者可能会从人际心理治疗（Fairburn, Jones, et al., 1993）或者抗抑郁药物治疗中获益（Walsh et al., 2000）。

暴食障碍

针对神经性贪食症的认知行为治疗经过调整之后也可用于对暴食障碍的治疗，早期的一些相关研究显示治疗效果很好（Smith, Marcus, & Kaye, 1992）。例如，Agras、Telch、Arnow、Eldredge和Marnell（1997）追踪了患有暴食障碍的肥胖患者一年的时间，发现在认知行为治疗刚刚结束时，有41%的患者停止暴食，72%的患者暴食频率有所降低；一年之后，33%的患者完全停止暴食，64%的患者暴食频率有所降低。重要的是，那些在治疗期间停止暴食的患者在一年中体重平均降低了4千克，而那些继续暴食的患者体重则增加了3.5千克。因此，停止暴食对于肥胖患者降低体重至关重要，这一点也得到了其他相关研究的支持（Marcus et al., 1990）。

和神经性贪食症不同的是，在对暴食障碍的治疗中，人际治疗和认知行为治疗效果相当。Wilfley及其同事（2002）为162名超重或肥胖的暴食障碍患者提供了认知行为治疗和人际治疗，结果发现两者效果相近；共有60%的患者在一年后的追踪调查中完全停止暴食。但是，在一项检验抗抑郁药物百忧解和认知行为治疗的疗效研究中，百忧解没有表现出任何效果，并且结合使用百忧解和认知行为治疗时，百忧解并未提升认知行为治疗的效果（Grilo, Masheb, & Wilson, 2005）。认知行为治疗的积极效果在一年以后仍然很显著（Grilo et al., 2012）。如果患者很早（前四周内）就对认知行为治疗有较好的反应，那么他们对认知行为治疗的短期和长期反应都会相当好（Grilo, Masheb, & Wilson, 2006）。

有意思的是，针对暴食障碍且有肥胖问题的患者有一些广为应用的行为减重项目（如体重监测项目），它们对暴食也有一些积极的效果，但还比不上认知行为治疗（Grilo, Masheb, Wilson, Gueorguieva, & White, 2011）。在寻求治疗的暴食障碍患者中，存在明显的种族差异（Franko et al., 2012）：非裔美国人的BMI通常会更高，而拉美裔美国人对体形和体重的担忧会更严重。因此，针对不同的种族调整治疗方式可能会有所帮助。

幸运的是，一些自助型项目在对暴食障碍的治疗上或许有用（Carter & Fairburn, 1998; Wilson & Zandberg, 2012）。例如，以自助形式进行的认知行为治疗比标准的行为减重项目要更有效，这一点不仅体现在治疗刚结束的时候，也体现在2年后的追踪调查中（Wilson, Wilfley, Agras, & Bryson, 2010）。同样的自助治疗在家庭医生诊室的环境下应用也是有效的（Striegel-Moore et al., 2010）。针对这些结果，自助项目应该作为暴食障碍患者最先使用的治疗方式，排在昂贵耗时的心理治疗之前。不过，和神经性贪食症类似，较严重的暴食障碍病例需要强度较大的专业心理治疗，尤其是除了暴食障碍之外还存在其他问题或者心理障碍的患者（Wilson et al., 2010）。还要强调的是，如果一个人除了肥胖的问题之外还有暴食的问题，那么标准的行为减重项目是不会有效的，必须直接针对暴食行为进行治疗。

神经性厌食症

在神经性厌食症的治疗中，最重要的初始目标是帮助病人把体重恢复到至少是正常偏低的范畴内（American Psychiatric Association, 2010b）。如果体重在平均健康体重的85%以下，或者体重降低很快而个体仍然拒绝进食足够多的食物，这种情况建议住院治疗（American Psychiatric Association, 2010b; Russell, 2009）。因为如果体重不恢复到正常水平，就可能带来严重的医学后果，尤其是急性心脏衰竭。如果体重降低得比较缓慢或体重趋于稳定，那么有可能在不住院的情况下恢复正常体重。

恢复体重可能是治疗中最容易的一部分。来自不同地方的治疗神经性厌食症的临床工作者报告说，至少有85%的患者能够成功增重。体重通常每天增加200~400克，直至达到正常范围。应当让患者知道在她们的体重达到正常范围之前她们不能离开医院，因为这个认知本身通常足以成为改变的动机（Agras, Barlow, Chapin, Abel, & Leitenberg, 1974）。朱莉在住院的5周里长了约8千克。虽然不是很困难，但是体重的恢复至关重要，因为长期的饥饿状态会导致大脑灰质的损失和激素失调（Mainz et al., 2012），而这些变化随着正常体重的恢复也会恢复正常。

体重恢复之后就是治疗困难的开始。正如Hsu（1988）和其他研究者指出的，最初的体重恢复很难预测神经性厌食症的长期治疗效果。如果不关注患者内心和体重相关的非适应性信念以及人际失调，几乎可以肯定病情会反弹。对于神经性厌食症患者，治疗需要聚焦在她们对于发胖以及失去对进食的控制的强烈恐惧上，也需要关注她们把瘦和自我价值、幸福以及成功密切联系在一起的倾向。从这一点上来说，对厌食症有效治疗非常类似于对贪食症的治疗，尤其是如果我们采用之前描述过的跨诊断治疗方法（即加强版认知行为治疗，Fairburn & Cooper, in press）的话。在一项精心设计的研究（Pike, Walsh, Vitousek, Wilson, & Bauer, 2003）中，一年后追踪时，认知行为治疗在防止复发上的效果要显著好于营养咨询，只有22%的失败率（包括复发或者被试脱落），而营养咨询组的失败率高达73%。Carter等人（2009）也得出了类似的研究结果，而且这两个研究都显示营养咨询作为单独的治疗方式是无效的。一个有99名成人参与的针对神经性厌食症的加强版认知行为治疗显示，这种跨诊断的治疗方式是有效的。之所以说是"显示"而不是"支持"或"证明"，是因为在这个研究中没有设置控制组或者对照组。完成了40次治疗会谈的患者中，有 64% 体重显著增加，进食障碍的各项特征都有改善，而且这种改善在第 60 周随访的时候仍然很稳定（Fairburn et al., 2013）。

此外，治疗要尽可能纳入整个家庭。这主要有两个原因：第一，家庭内部关于食物和进食的负面沟通必须停止，而且进食要变得更有计划、更有强化性；第二，针对体形和扭曲的身体意象的讨论需要在家庭中进行。治疗师必须要关注这些态度，否则神经性厌食症患者可能终生都会沉浸在有关体重和体形的困扰中，挣扎着维持处在正常边缘的体重和社会适应，甚至会反复入院治疗。针对以上目标的家庭治疗是有效的，尤其是对 19 岁以下、进食障碍史较短的女性患者来说（Eisler et al., 2000; Lock, le Grange, Agras, & Dare, 2001）。直到最近，神经性厌食症的长期治疗效果一直比不上神经性贪食症，在 7.5 年内的完全康复率要远远低于神经性贪食症（Eddy et al., 2008; Herzog et al., 1999）。不过，这一点正在发生变化。在近期进行的一项重要临床研究中，121 名患有神经性厌食症的青少年接受了 24 次以家庭为基础的治疗或个体治疗。在治疗结束的时候，接受家庭为基础治疗的患者有 42% 表现出改善，在一年后的追踪中有 49% 表现出改善；而接受个体治疗的患者在这两个时间点有所改善的都只有 23%（Lock et al., 2010）。此外，加强版认知行为治疗对患有神经性厌食症的青少年也获得了积极的效果（Dalle Grave, Calugi, Doll, & Fairburn, 2013）。

进食障碍的预防

目前研究者已经做出了一些预防进食障碍的努力（Field et al., 2012; Stice, Rohde, Shaw, & Marti, 2012）。发展成功的预防技术非常重要，因为许多进食障碍患者抗拒治疗。许多人被折磨很多年也没有接受治疗，甚至终其一生都不接受治疗（Eddy et al., 2008）。青春期发生进食障碍是成年后出现各种额外问题和心理障碍的风险因素，包括心血管问题、慢性疲劳、传染性疾病、酗酒、物质滥用、焦虑和心境障碍（Field et al., 2012; Johnson, Cohen, Kasen, & Brook, 2002）。在采用任何预防项目之前，都必须要先确定针对的行为有哪些。Stice、Shaw 和 Marti（2007）在回顾了一些预防项目（针对 15 岁以上的女性）之后，得到的结论是：减弱对体形体重的过分关注、鼓励接纳自己的身体，可能是预防进食障碍的最佳角度。这个结论和预防抑郁的研究结论有些相近。在抑郁预防中，针对高风险个体的预防项目要比针对某个年龄组内所有人的预防项目更加有效（Stice & Shaw, 2004）。Stice 等人（2012）采用这种更有针对性的方法，发展出了"健康体重"预防项目。研究对比了这个项目和单纯发放教育资料的效果。被试则是因其担忧体形体重而有患上进食障碍风险的 398 名大学女生。研究者带领了每周一次、一共四次的小组活动，每个小组有 6～10 名被试。小组活动内容围绕着食物和进食习惯的相关信息，并且运用动机性访谈鼓励被试改变进食习惯。进食障碍的风险因素和症状在"健康体重"预防项目结束之后显著减少，尤其是对那些患病风险特别高的被试，而且这种效应在 6 个月以后的随访中仍然保持着。

那么这种预防项目能否在网络上进行呢？目前看来相当可行。Winzelberg 及其同事（2000）研究了一组大学女生，她们在参与研究时没有进食障碍，但是对身体意象和超重感到十分担忧。总的来说，大学女生是一个高风险群体，参加了姐妹会（sorority）的女生风险更高一些（Becker, Smith, & Ciao, 2005）。研究者创建了一个叫作"学生身体课程"（Winzelberg et al., 1998）的线上预防性项目。这是一个结构化、互动性的健康教育项目，旨在提高大学女生的身体意象满意度。研究结果显示，这个项目非常成功。和对照组相比，高风险组被试对身体意象的满意度显著提高，并且对瘦的渴望显著降低。接下来，研究者努力改进这个项目，使得脱落率降低到 15%（Celio, Winzelberg, Dev, & Taylor, 2002）。在此基础上，研究者建立了一个更短、更有效、不需要心理学家参与的线上干预项目，叫作"身体计划"（eBody Project; Stice, Rohde, Durant, & Shaw, 2012）。初步研究结果显示，这个项目的有效性和需要通过心理学家以小组形式实施的干预项目相当。

总之，考虑到进食障碍的危害性和长期性，如果能通过广泛的教育和预防措施阻止进食障碍的发展，肯定比等待进食障碍出现后再进行干预要好得多。

小测验 8.2

请判断下列陈述的正误。对的写"T",错的写"F"。

1. _____ 许多患有进食障碍的年轻女性是完美主义者,对生活的控制感较低,对自己的才能信心不足,并且过多地关注他人如何看待自己。
2. _____ 在社会压力下,试图用节食和锻炼达到不现实的体重目标,是目前许多人患上神经性厌食症和神经性贪食症的原因之一。
3. _____ 研究表明,男性认为有吸引力的女性体重要低于女性对此的预期。
4. _____ 抗抑郁药能够帮助人们对抗神经性厌食症,但对神经性贪食症没有影响。
5. _____ 认知行为治疗和人际心理治疗都对神经性贪食症有效,但认知行为治疗更受青睐。
6. _____ 需要特别关注神经性厌食症患者对自己体形体重的不良态度,否则病情在治疗结束后很可能复发。

肥 胖

正如本章开头提到的,肥胖在 DSM 中并不是一种正式的进食障碍。肥胖人群中患焦虑和心境障碍的比例仅仅稍高于普通人群,而物质滥用的比例实际上要略低于普通人群(Phelan & Wadden, 2004; Simon et al., 2006)。但是到了 2000 年,人类的肥胖问题走到了历史的转折点。从全球范围来看,人类进化史上第一次出现了超重的成年人数量超过了体重不足的成年人数量的现象(Caballero, 2007)。实际上,肥胖的患病率如此之高,已经达到了在统计上可以看作"正常"的程度——如果不考虑其对健康、社会和心理功能的严重影响的话。

统计数据

2000 年,美国肥胖人群(BMI 达到或者超过 30)的比例达到了 30.5%,2002 年为 30.6%,2004 年为 32.2%,2008 年为 33.8%,到了 2010 年则升至 35.7%,而且没有男女差异(Flegal et al., 2010; Flegal et al., 2012; Ogden et al., 2006)。特别让人困扰的是,肥胖比例在 1991 年时仅有 12%,2010 年的数据几乎是 1991 年的 3 倍。用于应对肥胖和超重的相关医疗开支已经达到了 1470 亿美元,占全美医疗健康开支的 9.1%(Brownell et al., 2009)。肥胖问题还显著提高了整个人群的死亡率(Flegal, Kit, Orpana, & Graubard, 2013)。肥胖和死亡率(指非自然死亡)的直接关系见图 8.6。若 BMI 为 30,死亡风险增加 30%,若 BMI 为 40,死亡风险提高 100% 甚至更多(Manson et al., 1995; Wadden, Brownell, & Foster, 2002)。因为 BMI 在 40 及以上的成年人占美国总成年人口的 6.3%,因此,单单在美国就有超过 1000 万的肥胖人群面临着非常高的死亡风险。

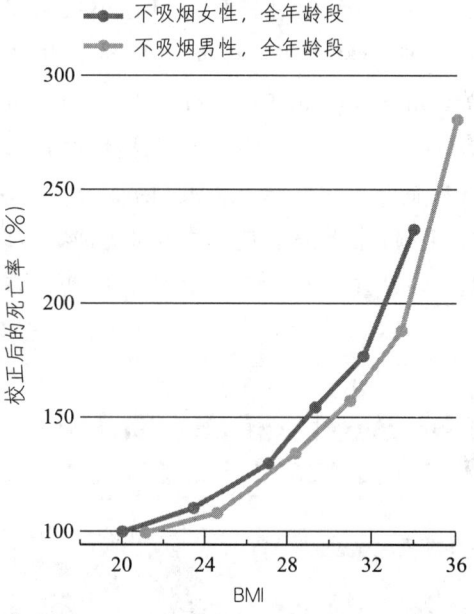

图 8.6 参与美国癌症协会研究的全年龄段不吸烟男女的 BMI 和死亡率之间的相关

Reprinted, with permission, from Vanitallie, T. B., & Lew, E. A. [1992]. Assessment of morbidity and mortality risk in the overweight patient. In T. A. Wadden and T. B. Vanitallie, Eds., *Treatment of the seriously obese patient* [p. 28]. New York: Guilford Press, © 1992 Guilford Press.

儿童和青少年的相关数据更加触目惊心。超重的儿童和青少年在过去 25 年间翻了 3 倍(Critser, 2003)。2~19 岁人口的肥胖比例从 2000 年的 13.9% 增加到了 2004 年的 17.1%(Ogden et al., 2006),不过 2008 到 2010 年间这个比例停滞在了 16.9%(Ogden, Carroll, Curtin, Lamb, & Flegal, 2010; Ogden, Carroll, Kit, & Flegal, 2012)。学龄

前儿童的肥胖比例甚至出现一定程度的下降（Pan, Blanck, Sherry, Dalenius, & Grummer-Strawn, 2012），这表明有关的公众教育可能终于初见成效了。目前，儿童和青少年超重（BMI超过年龄组内第85百分位数）或肥胖的比例是30.4%。肥胖的坏名声极大地影响着日常生活质量（Gearhardt et al., 2012; Neumark-Sztainer & Haines, 2004）。例如，很多人都在学校、工作场所甚至家里因超重受到过偏见和歧视（Gearhardt et al., 2012）。对肥胖儿童的嘲笑和捉弄可能会造成抑郁和暴食，使得情况进一步恶化（Schwartz & Brownell, 2007）。

肥胖并不是北美独有的问题。在东南欧国家，肥胖比例高达50%（Berghöfer et al., 2008; Bjorntorp, 1997）；这个比例在发展中国家上升尤快。在日本，虽然肥胖率相对较低，但是1992年至今，男性肥胖率已经翻番，而女性肥胖率也接近翻番（Organization for Economic Co-operation and Development, 2012）。中国的情况虽然没有那么严重，但是肥胖率也在提升（Henderson & Brownell, 2004）。中国人的肥胖比例在7年间从6%提高到了8%（Holden, 2005）。肥胖是造成II型糖尿病的主要原因之一，而目前II型糖尿病已经称得上是流行病了。连《外交政策》（*Foreign Policy*）这样的国际政治权威期刊（见图8.7）都刊文讨论了肥胖在全球蔓延的现状及后果（Brownell & Yach, 2005）。

种族也与肥胖率有关。在美国，58%的非裔女性和41%的拉美裔女性肥胖，而白人女性的肥胖比例是32%（Flegal et al., 2012）。少数族裔青少年的肥胖比例则更让人担忧。表8.2显示了非裔和拉美裔青少年的肥胖和超重比例显著高于白人青少年。

表8.2　美国12~19岁各种族青少年的肥胖或超重比例

	拉美裔青少年	非裔青少年	非拉美裔白人青少年
BMI≥年龄组内第95百分位数	19.8%	24.8%	14.7%
BMI≥年龄组内第85百分位数	41.9%	45.1%	27.6%

Adapted from Odgen, C.L., Carroll, M.D., Kit, B.K., & Flegal, K.M. (2012). Prevalence of obesity and trends in body mass index among US children and adolescents, 1999-2010. *Journal of American Medical Association*, 307, 483-490.

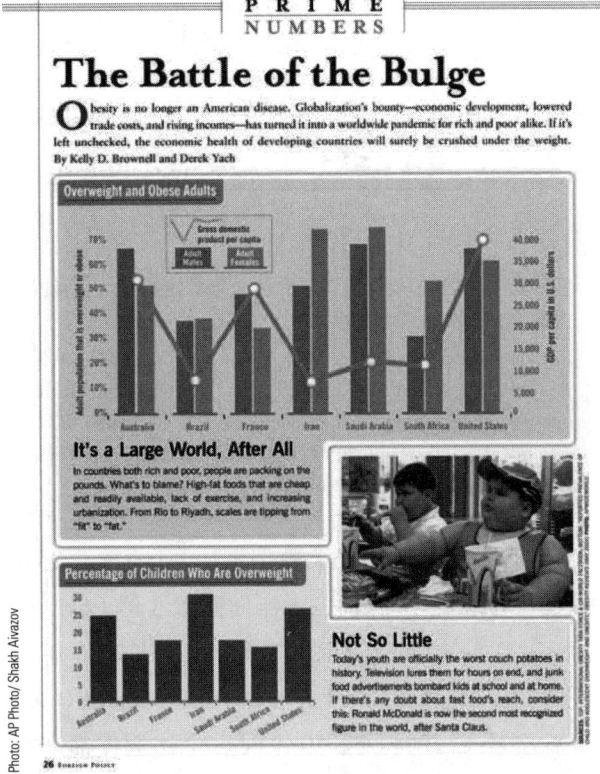
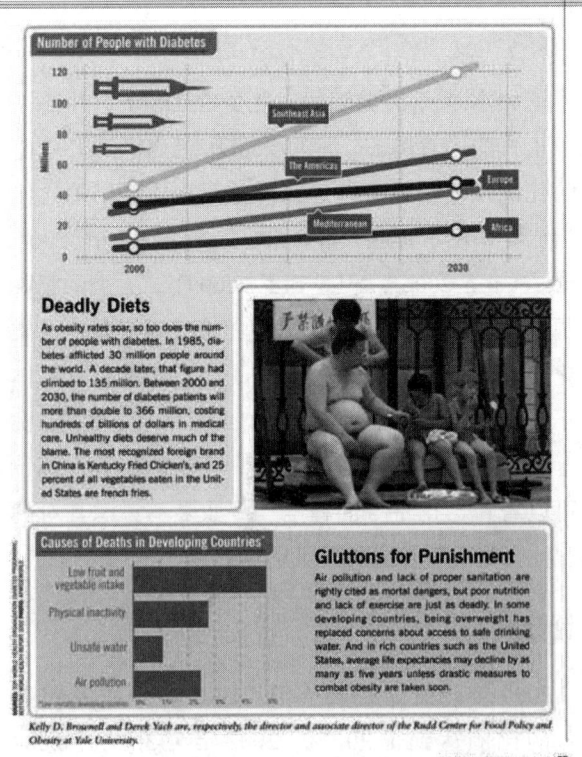

图8.7　《外交政策》（*Foreign Policy*）关于肥胖问题的报道
From Brownell, K.D., & Yach, D. [2005]. The battle of the bulge. *Foreign Policy*, 26-27

肥胖患者的进食模式问题

肥胖人群中有两种有问题的进食模式。第一种是暴食，第二种是**夜间进食综合征**（night eating syndrome）（Lundgren, Allison, & Stunkard, 2012; Striegel-Moore, Franko, & Garcia, 2009）。我们已经讨论过暴食障碍，但需要注意的是只有7%～19%的肥胖患者有暴食问题。如果存在暴食，那么针对暴食的治疗应该作为减肥项目的一部分进行。

很有意思的是，在寻求减肥治疗的肥胖人群中有6%～16%存在夜间进食综合征，但是在寻求减肥手术（之后我们会对这个手术进行讨论）的极端肥胖人群中这一比例则高达55%（Colles & Dixon, 2012; Lamberg, 2003; Sarwer, Foster, & Wadden, 2004; Stunkard, Allison, & Lundgren, 2008）。有夜间进食综合征的个体在晚餐之后的进食量达到每天食量的1/3或更多，并且夜里至少会从床上起来一次吃高能量零食。早上，他们通常不饿，会省去早餐。这些人在晚间进食的时候一般不会暴食，也很少有清除行为。没有肥胖问题的个体偶尔晚间也会吃东西，但是这种行为在肥胖以及超重个体身上特别常见。在图8.8中，你可以看到夜间进食综合征和肥胖程度呈正相关关系（Colles, Dixon, & O'Brien, 2007）。这个问题和睡眠障碍部分中会谈到的晚间睡眠进食综合征有所不同。在晚间睡眠进食综合征中，个体晚上起来扫荡冰箱，但并不处于清醒状态。相反，夜间进食综合征的个体在夜间是清醒地进食的。任何针对肥胖的干预项目都需要把夜间进食综合征作为重点，以调整进食模式，让个体在白天能量消耗较多的时候进食更多，而不是在晚上。

病因

Henderson和Brownell（2004）提出，肥胖的泛滥和现代化直接相关。换句话说，随着科技的进步，人类才变得更胖。科技进步助长了久坐少动的生活方式，加上对高脂肪高热量食物的消费增加，造成现在肥胖流行的局面（Caballero, 2007; Levine et al., 2005）。Kelly Brownell（2003; Brownell et al., 2010; Gearhardt et al., 2012）指出，现代社会的人们总是会接触到很多推广便宜、高脂、低营养食品的广告。大量进食这类食物，加上少运动的生活方式，导致如今肥胖比例不断上升。Brownell把这种情况称作"毒性环境"（Schwartz & Brownell, 2007）。有关这一现象的最佳例子来自一项针对墨西哥Pima部落印第安人的经典研究。这个部落的一部分人口迁移到了美国亚利桑那州。Ravussin、Valencia、Esparza、Bennett和Schulz（1994）发现，迁移到亚利桑那州的Pima部落女性能量摄入中平均有41%来自油脂，她们的平均体重超过留在墨西哥的Pima部落女性20千克，而后者的能量摄入中平均只有23%来自油脂。因为这是一个相对较小的部落，并且保留着很强的基因相似性，因此看起来是现代美国的"毒性环境"导致了亚利桑那州Pima部落女性的肥胖问题。整体而言，移民在美国生活超过15年后，其肥胖率从8%提高到了19%（Goel et al., 2004）。

不是所有居住在现代化环境中的人都会变得肥胖；肥胖是基因、生理和人格共同作用的结果。平均来说，基因比文化的影响要小，但是基因有助于解释为什么同一环境下有些人肥胖而有些人没有。例如，基因影响着个体的脂肪细胞数量、存储脂肪的可能性以及个体的活动水平（Cope, Fernandez, & Allison, 2004; Hetherington & Cecil, 2010）。通常认为，肥胖成因中有30%应由基因负责（Bouchard, 2002）。但是，这样单提基因并不准确，因为还需

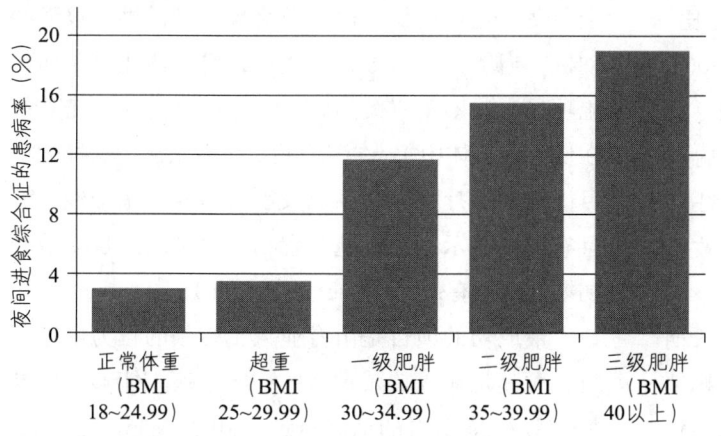

图8.8 夜间进食综合征的患病率和肥胖严重程度的关系
Colles, S.L., Dixon, J.B., & O'Brien, P.E. [2007]. Night eating syndrome and nocturnal snacking: Association with obesity, binge eating, and psychological distress. *International Journal of Obesity*, 31, 1722–1730

要一个"毒性环境"才能让基因起作用。生理过程，尤其是激素对食欲的调节，在进食开始和维持过程中起着重要作用，而且有很大的个体差异（Friedman，2009；Smith & Gibbs，2002）。有着成瘾性肥胖进食行为（包括对进食控制感不足以及一旦获得食物的渠道受限就会出现戒断感受）的个体和那些物质成瘾的个体有着类似的大脑奖励神经回路（reward neurocircuitry）（Gearhardt et al.，2011）。情绪调节（例如，在感到沮丧的时候吃东西以试图振作）、冲动控制、对食物的态度和动机以及对进食后果的反应都很重要（Blundell，2002；Stice, Presnell, Shaw, & Rohde，2005）。在一些低收入群体，尤其是非裔美国人中，不健康的饮食和饮酒貌似缓解了压力，但实际上产生了各种负面后果（Jackson, Knight, & Rafferty，2010）。许多与进食相关的态度和习惯还会受到家庭和亲密朋友的影响。Christakis 和 Fowler（2007）在 30 多年里研究了 12000 多人的社会网络（亲密朋友和邻居）。他们发现，如果伴侣、兄弟姐妹，甚至是一个亲密朋友患有肥胖，那么个体患上肥胖的概率就会从 37% 升到 57%；而如果仅仅是邻居或者同事的话，肥胖概率就不会出现这样的提升。由此可见，肥胖能够通过社会网络传播。虽然肥胖的病因非常复杂，但正如其他障碍一样，生理和心理的交互作用加上环境和文化的影响提供了最强有力的解释。

治疗

肥胖的治疗在个体水平上仅有中等程度的成功率（Bray，2012；Ludwig，2012）。和成人相比，儿童的长期有效性要好一些（Sarwer et al.，2004；Waters et al.，2011）。肥胖的治疗通常是分层的。第一层是自助性的减肥，譬如买一本目前畅销的减肥书。通常的结果是短期内减些体重，但是往往会再长回来。而且，这些自助书很少能帮助个体改变长期以来的饮食和锻炼习惯（Freedman, King, & Kennedy，2001）。很少有人能借助这类书获得长期的疗效，而这也正是最新的减肥书总会出现在畅销书排行榜上的原因。与此类似的是，没有证据显示医生的建议能够带来任何改变（Wing，2010）。尽管如此，医生在提供具体的治疗建议（包括把病人转诊到专业人士）上还是起着很重要的作用的（Sarwer et al.，2004）。

有几项研究比较了目前最流行的减肥饮食计划，譬如 Atkins（控制碳水化合物）、Ornish（控制油脂）、Zone（营养素平衡）、体重监督（控制能量）等。通常来说，采取不同减肥计划的效果差不多，一年后平均减重 2～3 千克。但是，只有 50%～65% 的人能够坚持饮食计划（Dansinger, Gleason, Griffith, Secker, & Schaefer，2005；Gardiner et al，2007）。根据这几项研究的结果，Atkins 减肥计划似乎是最安全的，这和过去一些有关限制碳水化合物效果的假设是相反的。

治疗的第二层是商业自助项目，例如体重监督计划（Weight Watchers）和 Jenny Craig。体重监督计划号称每周全球共有超过 130 万人参加了超过 45000 次会面（Weight Watchers International，2013）。这些商业性的自助项目和完全自助的项目相比在成功率上略有提高（Jakicic et al.，2012；Wing，2010）。一项研究（Heshka et al.，2003）考察了在项目结束时减肥成功以及项目结束 6 周后仍能维持减肥成果的人们，发现 19%～37% 的被试在 5 年后仍能将体重维持在目标体重上下 2 千克之内（Lowe, Miller-Kovach, Frie, & Phelan，1999；Sarwer et al.，2004）。不过，这也意味着约 80% 的人即便起初减肥成功，但长期结果仍然不理想。

最近的一项临床研究表明，如果在减肥项目中加入一个设置，那么参与者不但脱落率变得极低，而且两年后的减肥效果要比加入设置前好两倍（Rock et al.，2010）。这个设置是什么呢？参加项目全免费，包括食物。这样做给参与者提供了很强的动机。当然，很多人会说凭什么要贴钱让人参加减肥项目呢？鉴于有关的医疗开支十分庞大（尤其是在低收入群体中），许多公共卫生专家认为这样的项目能够为医疗卫生体系以及财政节省大量金钱。而且有研究显示，提供免费食物等奖励的项目在减肥初期的确很有效（John et al.，2011）。

最成功的项目是由专业人士带领的行为矫正项目，尤其是在成功减重后的一年里病人能够定期参加疗效维持小组的话（Bray，2012；Wing，2010）。在一项重要研究里，Svetkey 等人（2008）招募了 1032 名超重或肥胖的成年人，这些人在 6 个月的行为矫正项目中减掉了至少 4 千克。研究者把这些被试随机分配到以下三类持续30个月的后期维持方案：每月和治疗师会面一次，以维持减肥成果（私人接触组）；通过定期登录一个专门设立的网站维持成果（互动科技组）；依靠自己维持成果的对照组。结果显示，71%的被试体重仍然低于研究开始前。然而，这些方案的效果都不能令人满意。尽管这些被试在最初6个月的行为矫正项目里平均减重8千克，但是对照组和互动科技组的被试在两年半的维持期内又增重了约5.5千克，而私人接触组的被试也增重了近4千克。

针对那些体重处在危险区域的肥胖患者，目前的推荐是低能量饮食、药物治疗（或许需要），再加上行为矫正项目。低能量饮食通常包括每天4~6份流体正餐替代产品（又被称作"奶昔"）。患者通过这样的低能量饮食大概能减重20%。三四个月以后，他们开始采用低能量平衡饮食。不过，和所有的减肥项目类似，患者通常在治疗结束1年之后会恢复减掉的体重的50%（Wadden & Osei, 2002）。但是，至少一半的患者能够维持减重5%的水平，这对体重过高的肥胖患者来说仍是很重要的成果（Sarwer et al., 2004）。药物治疗能够减少饥饿信号，也许有一定效果，尤其是结合针对生活方式的行为矫正治疗时；但是，这类药物可能提高心血管疾病的风险（Morrato & Allison, 2012）。目前美国食品和药品监督管理局只批准了少数几种药物，譬如罗卡西林（lorcaserin）和芬特明（phentermine）。西布曲明（sibutramine）于2010年因为心血管方面的副作用而被撤下市场（Kuehn, 2010）。最后，**减肥手术**（bariatric surgery）主要针对的是BMI超过40的患者。这个手术目前越来越受欢迎（Adams et al., 2012; Courcoulas, 2012; Livingston, 2012）。美国不少名人都接受过这项手术，包括音乐制作人、美国偶像节目评委Randy Jackson，电视主持Sharon Osbourne和Al Roker。前面提到过，6.3%的美国人口目前BMI在40以上（Flegal et al., 2012）。2009年，有超过22万患者接受了减肥手术（American Society for Metabolic & Bariatric Surgery, 2010）。这种手术的效果通常要优于饮食治疗，术后患者通常能减掉20%~30%的体重，而且能维持数年的时间（Adams et al., 2012; Buchwald et al., 2004）。Sjöström及其同事（2012）研究了超过2000名接受减肥手术的病人，发现他们2年后平均减重23%左右，20年后平均减重18%，而另外2000名没有接受手术的病态肥胖病人体重基本没有变化。但是，这个手术只能提供给病态肥胖的病人，也就是那些面临因肥胖造成的即时健康风险的病人，因为这个手术是永久性的。通常，病人必须有一个以上和肥胖有关的健康问题，如心脏病或糖尿病等。通常这一手术是在胃靠近食道的地方造一个小胃袋，以极大地限制进食量。另一种手段则是胃旁路手术，这种方式的手术不仅限制进食量，还限制了能量的吸收。

近15%接受了减肥手术的患者并没有能够显著降低体重，或者在手术后恢复了体重（Latfi, Kellum, DeMaria, & Sugarman, 2002）。而一小部分患者，大概在0.1%~0.5%之间，会因手术死亡；还有15%~20%的患者在术后一年内因为严重并发症不得不再次入院接受额外的手术，并且自此之后每两年都要再做一次手术（O'Brien et al., 2010; Zingmond, McGory, & Ko, 2005）。在不常做这种手术的医院（每位医生相关手术经验少于100台），术中死亡率会更高，达到2%，术后30天的死亡率平均在1%左右，术后5年内的死亡率接近6%（Omalu et al., 2007）。有证据显示，对于未做手术的病态肥胖患者，其5年后的体重和接受了手术的患者没有显著差异（Livingston, 2007）。如果手术成功，那么肥胖相关疾病（例如糖尿病）的致死率会显著下降；有些研究显示这一下降幅度可高达90%（Adams et al., 2007）。不过，最近的大型研究数据（Sjöström et al., 2012）显示，心血管突发疾病致死率有显著下降但是下降比例并不高；而且这一

名人Star Jones和Al Roker均承认采用减肥手术来解决自己病态肥胖的问题。

下降并不仅仅和体重下降有关。这表明可能还有一些其他生活变化在起作用。这也提示我们，减肥手术目前还不应成为常规治疗方法（Livingston, 2012）。通常，医生会要求病人穷尽其他治疗方法，并经过非常详细的心理评估，才能确定其是否能够适应术后进食模式的急剧变化（Kral, 2002; Livingston, 2010; Sarwer et al., 2004）。为了让病人能够为手术做好准备，并且帮助病人在术后恢复，研究者设计了一些心理干预项目（Apple, Lock, & Peebles, 2006）。借助这些新项目，手术也许能成为病态肥胖患者的最好选择；只是目前因为手术的高争议性，接受手术的患者仍然只占很小的比例（Livingston, 2007; Santry, Gillen, & Lauderdale, 2005）。不过，随着技术的不断改进和成熟，以及我们对手术为何有帮助的进一步理解，这种现象在未来可能会改变。另一方面，随着我们对节食和锻炼项目的深入了解，和之前的假设不同的是，我们发现经过精心设计的此类项目对严重肥胖患者也是有帮助的（Goodpaster et al., 2010; Ryan & Kushner, 2010）。

食品税可以收集资金用于对抗肥胖、推广相关教育、促进食品政策改变。政府能不能让健康食物更便宜而不健康食物更昂贵，从而促使人们更愿意消费健康食物呢？耶鲁大学的食品政策与肥胖研究中心针对这个问题做了深入研究。截止到2009年，美国共有40个州通过法案对零食或者软饮料征税（Brownell & Frieden, 2009）。很多州还把出售软饮料和其他不健康零食的自动售货机从公立学校内移除。纽约市在2012年尝试禁止销售规格超过16盎司（约合470毫升）的加糖饮料。虽然这些举措被

我们能预防肥胖吗？

现代社会越来越关注如何能够制止肥胖蔓延。"毒性环境"推动人们吃不健康的食物并且减少运动，因此旨在改变这些"毒性"因素的预防政策有可能带来最大的效果（Brownell, 2002; Gearhardt et al., 2012）。

例如，图8.9列出了过去30年来糖和加糖食物对比健康新鲜食物的价格。几年前，Kelly Brownell（目前是杜克大学公共政策学院院长和教授）在纽约时报上发文指出，政府应该考虑对高能量、高脂以及高糖食物征税，以便应对肥胖的蔓延。这篇文章立即引爆了争议。即便如此，税收仍是全球很多国家的政府所采取的设置政策和改变公民行为的手段（Brownell & Frieden, 2009）。比方说：大幅提高香烟税的目标是减少公民吸烟和增强公民身体健康；增加对矿物燃料（包括汽油）的税收是促进节约能源、减少有害物质排放、减缓全球变暖的重要手段；对新能源（譬如风能和太阳能）减税则是政府促进对这些能源使用的手段。

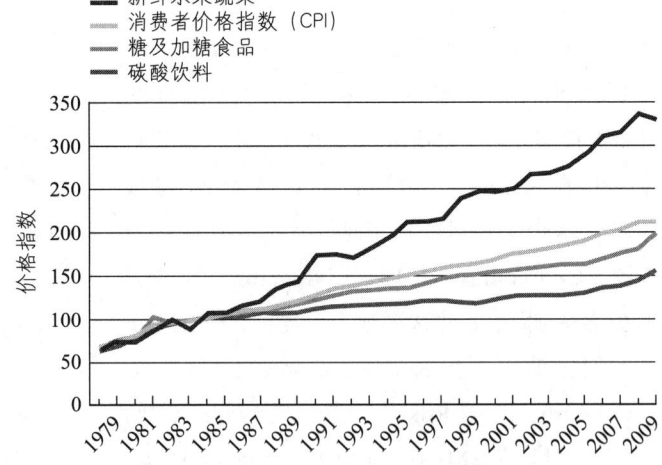

图8.9 1978到2009年水果蔬菜、糖及加糖食品和碳酸饮料价格变化对比

From Brownell, K.D., & Frieden, T.R. [2009]. Ounces of prevention: The public policy for case for taxes on sugared beverages. *New England Journal of Medicine*, 360, 1805-1808.

纽约高等法院叫停，但是市长已经开始了申诉过程。有9个州已经向联邦政府申请取消食品福利券对加糖饮料的购买权限，这个申请得到了美国医学会的支持（Brownell & Ludwig, 2011）。

这样做的理由是，如果税收能够显著增加开支，就能成为一个重要的消费遏制因素。目前，一些知名的科学家在《新英格兰医学杂志》上提出，对所有附加能量增甜剂的饮品加收每盎司一美分的税。这样做能把一瓶20盎司（约合590毫升）的软饮料价格提高20%。当然，政府运用税收手段总会面临很多争议甚至批评。但是，政府有责任制定政策来促进民众健康（Brownell et al., 2010）。

关于税收的争议不仅仅在美国有，在世界其他地方也都很盛行。那么到底应该怎么做呢？要不要建议政府通过经济手段来影响公民的营养摄入呢？或者我们是否应该完全依靠公共教育或者其他的手段来影响公民行为呢？政府必须做出选择，因为肥胖问题的泛滥是可见的将来对人类健康的最大威胁之一。

和成人干预不同，不管是从短期还是长期来看，对儿童和青少年（尤其是儿童）的肥胖治疗都取得了更好的疗效（Cooperberg & Faith, 2004; Epstein, Myers, Raynor, & Saelens, 1998; Oude Luttikhuis et al., 2011）。研究显示，行为矫正项目（尤其是那些让父母也参与进来的项目）能将体重减低20%左右，并且这一变化至少能维持几年。这些行为矫正项目包含了各种改变饮食习惯的措施，尤其是减少食用高能量和高脂零食的措施。这些项目也努力改变肥胖患儿少动的生活习惯，譬如长时间看电视、打游戏、用电脑等。这些干预项目比成人项目更加成功的原因可能是父母通常能够积极参与其中，起到建设性作用，并且提供持续支持（Ludwig, 2012）。这一点很重要，因为许多不参加此类干预项目的父母通常会限制超重的孩子吃东西，而这样做往往只会起到反效果，让孩子吃得更多（Agras et al., 2012）。另外，儿童的饮食习惯不像成年人那么根深蒂固。同时，一般来说，儿童如果有合适的活动选择，就会比成年人更活跃（Cooperberg & Faith, 2004）。那些直接针对儿童及其父母的干预项目如果时间较短、比较密集，并且把全部重点都放在饮食和锻炼上，那么比起泛泛谈论健康问题的项目

似乎能够取得更好的成效（Stice, Shaw, & Marti, 2006）。目前，针对BMI超过35的病态肥胖的青少年，并且和成年人手术相比更少侵入性和更安全的一种手术方式正在接受研究评估（O'Brien et al., 2010）。

绝大多数人都意识到进食对生存的重要性。睡眠对生存也同样重要，但睡眠是一个相对更加神秘的过程。它对我们的日常功能十分重要，而且许多心理障碍都伴随着睡眠问题。下面，让我们把注意力转向睡眠，了解人类是如何以及为何会因为睡眠的紊乱而受到影响。

小测验 8.3

请判断下列陈述的正误。对的写"T"，错的写"F"。

1. _____ 肥胖是目前美国代价最高昂的健康问题，超过了吸烟和酗酒。
2. _____ 有夜间进食综合征的个体在晚饭后吃进超过整日进食量二分之一的食物。
3. _____ 美国目前肥胖的流行与高脂食物和科学技术无关。
4. _____ 在专家指引下进行的行为矫正项目是目前最成功的肥胖治疗项目。

睡眠障碍

每年我们有将近3000小时在睡觉，也就是说，我们一生中有三分之一的时间在睡觉。对很多人来说，睡眠让我们恢复精力，不管是身体上还是心理上。但不幸的是，还有很多人睡眠不足。在美国，有28%的人白天感觉极度困乏（Ohayon, Dauvilliers, & Reynolds, 2012）。绝大多数人都知道晚上睡不好是什么感觉：第二天没精打采，而且可能变得烦躁易怒。研究显示，即便是24小时内有轻微的睡眠不足，也足以影响我们清醒思考的能力（Joo, Yoon, Koo, Kim, & Hong, 2012）。那么，想象一下许多年不曾好眠带来的影响。你的人际关系可能会受损，你可能很难集中精力，你的工作效率和生产力会下降。缺少睡眠也会有生理影响。睡眠不足的人更容易得病，譬如感冒。这也许是因

为免疫系统功能由于睡眠不足而减弱了（Ruiz et al.,
2012）。

你也许会问，为什么睡眠障碍会出现在一本变态心理学教材里？睡眠问题难道不是纯粹的医学问题吗？然而，和其他生理疾病类似，睡眠问题常常和心理因素相互影响和作用着。

睡眠障碍概览

对于睡眠的研究长久以来一直影响着变态心理学。19世纪时用于治疗严重心理疾病的道德疗法就包括鼓励患者获得充足睡眠（Charland, 2008）。弗洛伊德强调了对梦的解析，他通过和患者讨论梦的涵义来深入理解他们的情感（Ursano, Sonnenberg, & Lazar, 2008）。研究者曾经尝试长时间不让被试睡觉，发现长期睡眠剥夺有着严重的负面影响。一项早期研究（Tyler, 1955）让350名志愿者在112小时内不睡觉，结果有7名志愿者表现出了类似于精神病性症状的古怪行为。后继研究表明，如果一个人已经有心理问题，那么睡眠剥夺会产生类似的、让人不安的后果（Brauchi & West, 1959）。本书涵盖的诸多精神障碍都伴有睡眠方面的问题，包括自闭症谱系障碍、精神分裂症、重性抑郁、双相障碍以及与焦虑有关的障碍等。你也许会认为睡眠问题是心理障碍的后果之一。譬如，担心尚未发生的事件（例如明天的考试）会影响你入睡。但其实睡眠问题和精神健康之间的关系要复杂得多（Reynolds, 2011）。睡眠问题既会造成人们在日常生活中的种种困难（McKenna & Eyler, 2012; Talbot et al., 2012; van der Kloet, Giesbrecht, Lynn, Merckelbach, & de Zutter, 2012），也可能是次发于心理障碍的常见问题。例如，边缘型人格障碍（见第12章）患者的睡眠问题可能是与昼夜节律有关的基因造成的（Fleischer, Schäfer, Coogan, Häßler, & Thome, 2012）。

在第5章，我们解说了边缘系统中的脑环路如何和焦虑相联系。我们知道，这个脑区也和做梦睡眠——即**快速眼动睡眠**（rapid eye movement sleep）——有关（Steiger, 2008）。这个神经生理结构的共同点表明，焦虑和睡眠之间密切相关；但我们对这种关系的性质尚不清楚。睡眠不足可以造成过度进食，并且可能导致肥胖问题恶化（Hanlon & Van Cauter, 2011）。在第7章，我们提到过快速眼动睡眠似乎和抑郁有关（Wiebe, Cassoff, & Gruber, 2012）。睡眠异常可能是严重临床抑郁的先兆，换句话说，睡眠问题可以帮助我们预测谁患心境障碍的风险更大（Terman & Terman, 2006）。在一项很有意思的研究里，研究者发现认知行为治疗不仅改善了一组男性被试的抑郁症状，还使得他们的快速眼动睡眠模式恢复了正常（Nofzinger et al., 1994）。此外，睡眠不足对有些抑郁患者来说有短暂的抗抑郁效果，但是对另一些没有抑郁的人来说却可能会导致抑郁心境（Wiebe et al., 2012）。我们尚未充分了解心理障碍是如何与睡眠相关的，但是目前的研究证据显示，如果我们想充分了解异常心理的话，必须很好地了解睡眠。

睡眠障碍可以分成两大类：**睡眠失调**（dyssominias）和**异态睡眠**（parasomnias）（见表8.3）。睡眠失调指的是难以获得足够睡眠、入睡困难（早上9点上课，但是直到凌晨2点还睡不着）以及睡眠质量问题（例如即使睡了一整晚但仍觉得没有充分休息）。异态睡眠则是指睡眠过程中会出现异常行为或者生理情况，譬如噩梦或者梦游。

想获得对睡眠习惯最全面清晰的了解，可以做一次**多功能睡眠记录仪评估**（polysomnographic evaluation）（Morin, Savard, & Ouellet, 2012）。个体在睡眠实验室睡一个或数个晚上，在此期间检测和记录多项指标，包括呼吸、血氧饱和度下降、腿部活动、脑电波活动、眼球活动、肌肉活动以及心脏活动。个体白天的行为和典型的睡眠模式也会被记录下来，譬如是否使用药物或者酒精、是否因为工作或者人际问题而焦虑、是否午睡、是否有心理障碍等。获取这些信息通常需要不少时间而且花费昂贵，但对于做出准确的诊断并制订治疗计划很有意义。除全面评估之外，另一个可能的措施是使用手表大小的**体动记录仪**（actigraph）。这个仪器能够记录胳膊移动的次数，相关数据可以上传到电脑上，以便确定个体睡眠的长度和质量。研究检验了这种仪器是否可用于测量宇航员在太空中的睡眠质量，结果发现它能够可靠地测量到宇航员何时入睡、何时醒来，以及睡眠质量（Barger, Wright, & Czeisler, 2008）。

此外，临床工作者和研究人员发现，如果知道

表8.3 DSM-5睡眠障碍小结

睡眠障碍	描述
睡眠失调	（睡眠时间或质量相关问题）
失眠	入睡困难，难以整晚保持睡眠状态，或者即使有足够睡眠也无法让个体感到获得了充分休息。
过度睡眠障碍	过度瞌睡，表现为睡眠超过正常时间或者在白天频繁入睡。
突发性昏睡病	每天多次无法抗拒地陷入睡眠状态，并且伴随着短暂的肌张力丧失。
呼吸相关的睡眠障碍（阻塞性睡眠呼吸暂停、中枢性睡眠呼吸暂停、睡眠相关的换气不足）	在睡眠期间发生的几种呼吸障碍，可能导致过度困乏或者失眠。
昼夜节律睡眠障碍	个体休息所需的昼夜节律和环境要求（譬如工作安排）不符，其后果是过度困乏或者失眠。
异态睡眠	
觉醒障碍	在非快速眼动睡眠期间出现的肢体运动或者行为，包括不完全醒觉、夜游或者夜惊（突然从睡眠中惊醒，伴随着惊叫）。
噩梦障碍	经常因为极端惊悚的噩梦被惊醒，导致严重的痛苦和日常功能受损。
快速眼动睡眠行为障碍	在快速眼动睡眠期间醒觉并作出可能给自己或他人带来伤害的行为。
不宁腿综合征	因为让人不快的感觉（有时被描述为四肢有"什么东西在爬"、"拖"、"拉"的感觉）而有不可抑制地想要动腿的冲动（也被称作 Willis-Ekbom 病）。
物质引发的睡眠障碍	因为物质使用或者戒断反应而出现的严重睡眠困扰。

Source: Adapted from American Psychiatric Association. (2013). *Diagnostic and Statistical Manual of Mental Disorder* (5th Edition). Washington, D.C.: American Psychiatric Association.

每天平均睡眠的小时数会很有帮助，可以计算**睡眠效率**（sleep efficiency），即真正的睡眠时间占个体躺在床上的总时间的百分比。睡眠效率可以用实际睡眠时间除以床上时间获得。如果你的睡眠效率是100%，意味着你头一碰枕头就睡着了，而且整晚都没有醒来；睡眠效率50%，表示你有一半时间是醒着的。这一测量指标为临床工作者提供了确定睡眠质量的客观方法。

一种确定某个人是否有睡眠问题的方法是观察和了解这个人白天的活动，即醒时的行为。例如，如果你晚上需要90分钟才能入睡，但你白天仍然觉得获得了足够的休息，那么你可能没有睡眠问题。而另一个花90分钟入睡的人，则可能会觉得这段时间延迟让人非常焦虑，第二天白天也觉得很疲劳，那么这个人就会被看作是有睡眠问题的。某种程度上来说，这是一个<u>主观判断</u>，它部分取决于人们如何看待问题以及如何进行反应。

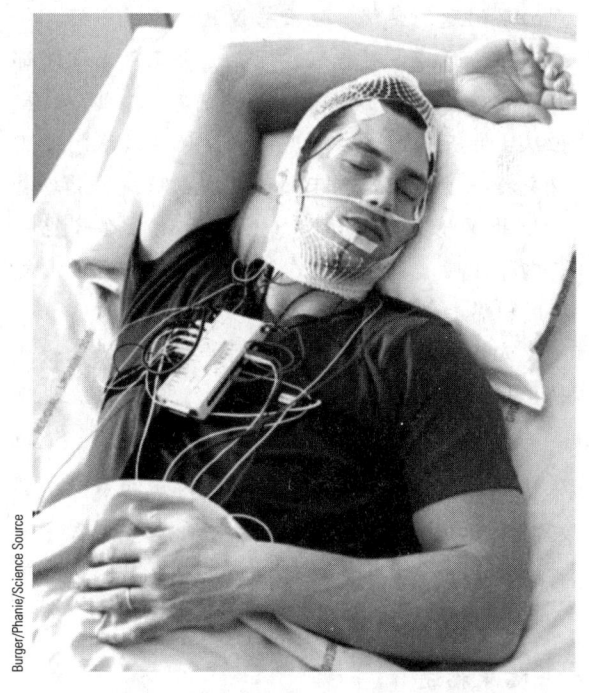

这名被试在使用多功能睡眠记录仪。这是一种评估整夜睡眠模式的电子仪器。

失 眠

失眠是最常见的睡眠障碍。当想到失眠，出现在你脑子里的可能是某个一直醒着的人的样子。实际上，没有人能够完全不睡觉。例如，在持续一两晚无眠之后，个体可能开始出现**短暂昏睡**（microsleep）现象，也就是只睡几秒或者稍长一些（Morin et al., 2012）。在**致死性家族失眠症**（fatal familial insomnia）（一种退行性脑部疾病）中，完全无法睡眠会逐渐导致死亡（Parchi, Capellari, & Gambetti, 2012）。虽然我们在使用"失眠"这个词的时候通常指的是"没有睡眠"，但实际上这个词可以用于多种情况。如果一个人夜间很难入睡，或难以维持睡眠，夜间频繁醒来，又或早上醒得很早并且无法再次入眠，再或即便睡足时间但仍然不觉得休息得好，这些情况都可被称为失眠。我们来看看索尼娅的例子。

> **索尼娅　总是想着学校**
>
> 索尼娅是一名23岁的法学院学生，她一直受到睡眠问题的困扰。她报告说她总是睡不好，入睡困难，而且很早就醒。她在过去几年里每周都有几个晚上通过服用夜间用感冒药来帮助入睡。但从去年开始入读法学院以来，她的睡眠问题变得更糟糕了。她躺在床上但无法入眠，总是想着学校的事情，直到清晨。她每天晚上都只能睡三四个小时。到了早上，她很难起床，经常没能按时出席上午的课程。
>
> 索尼娅的睡眠问题及其对学业的干扰让她开始出现越来越严重的抑郁。此外，她还报告说有一天半夜，她体验到一次严重的惊恐发作，把她从睡眠中惊醒。所有这些困难使得她和家人、朋友日渐疏远，最终家人和朋友说服了她来寻求帮助。

临床描述

索尼娅的症状符合DSM-5中**失眠障碍**（insomnia disorder）的诊断标准，因为她的睡眠问题并不是其他医学情形或者心理问题造成的，因此也被称为**原发性失眠**（primary insomnia）。但是睡眠问题和心理问题（如焦虑和抑郁）的确有一定重合。睡不着觉会让人焦虑，而焦虑影响睡眠，然后个体就更加焦虑，如此恶性循环。所以，很难找到一个人仅有睡眠障碍而没有其他相关问题。

索尼娅就是一个睡眠障碍的典型病例。她在入

失眠障碍的诊断标准

A. 主诉是对睡眠数量或者质量的不满，有以下一种及以上的相关症状：
 1. 难以入睡（在儿童身上可能表现为没有照顾者的干预，儿童难以自行入睡）；
 2. 难以维持睡眠状态，表现为经常醒来或者醒来后再次入睡困难（在儿童身上可能表现为没有照顾者的干预，儿童难以醒来之后再次入睡）；
 3. 很早醒来，并且难以再次入睡。

B. 睡眠困扰导致了临床上显著的痛苦，或对个体的社交、工作或其他重要领域的功能造成了损害。

C. 睡眠困难每周至少出现3个晚上。

D. 睡眠困难持续至少3个月。

E. 睡眠困难即使在有适宜睡眠机会的情况下仍然出现。

F. 此种失眠用其他睡眠相关障碍（例如，突发性昏睡病、呼吸相关的睡眠障碍、昼夜节律睡眠障碍、某种异态睡眠问题）无法更好地解释，而且也不仅仅出现在其他睡眠相关障碍的病程中。

G. 此种失眠不是某种物质（例如，滥用的物质或医用的药物）造成的生理影响。

H. 同时存在的心理障碍和医学情形不足以解释失眠的主诉。

特定类型：

短期：症状至少持续1个月但不超过3个月

长期：症状持续3个月及以上

反复发作：在1年内出现2次（或者更多）发作

From American Psychiatric Association. (2013). *Diagnostic and statistical manual of mental disorders* (5th ed.). Washington, DC.

睡和维持睡眠上存在困难。还有人可能整晚都在睡但是醒来的时候仍然觉得自己没有充分休息。虽然绝大多数人都能完成必需的日常任务，但是难以集中精神仍有可能会造成十分严重的后果，譬如在开长途车或者处理危险情境（譬如电工）时出现事故。像索尼娅这样有失眠问题的学生可能因为难以集中精神而严重影响到成绩。

统计数据

在任何一年里，全体人口中有 1/3 都会体验到一些失眠症状（Roth et al., 2011）。对很多人来说，睡眠困难是一个终生的问题（Mendelson, 2005）。约有 35% 的老年人白天感到过度困乏，其中非裔老年男性报告的这个问题更严重（Green, Ndao-Brumblay, & Hart-Johnson, 2009）。

有几种心理障碍和失眠有关。在抑郁、物质滥用、焦虑障碍和阿尔茨海默病造成的认知神经障碍中，睡眠总量通常会减少。酒精使用和睡眠障碍的关系尤为复杂。酒精经常被用来促进入睡（Morin et al., 2012）。少量酒精的确能够让人感到昏昏欲睡，但却会影响睡眠质量；而睡眠被影响又会造成焦虑，导致人们继续使用酒精促进睡眠，从而形成恶性循环。

报告有失眠问题的女性数量是男性的两倍。女性常常报告入睡困难，这可能和激素差异有关，也可能和不同性别对睡眠问题的不同报告倾向有关，因为女性更容易受到低质量睡眠的负面影响（Jaussent et al., 2011）。有意思的是，有几个保护性因素能够促进女性睡眠，例如一顿地中海式大餐（包含大量蔬菜、豆类、水果和以橄榄油形式摄入的大量不饱和脂肪酸），外加适度的酒精和咖啡因摄入（Jaussent et al., 2011）。正如人们的正常睡眠需求会随着年龄的增长而变化，不同年龄的人们出现失眠问题的频率和方式也有差异。儿童如果感到难以入睡通常会发脾气或者不想上床；许多孩子在半夜醒来的时候会大哭。对儿童失眠率的估算从 20% 到超过 40% 不等（Price, Wake, Ukoumunne, & Hiscock, 2012）。更多的证据显示，青春期的睡眠问题既有生理原因也有文化原因。当个体步入青春期的时候，其生理节律使得睡眠时间变得较晚（Mindell & Owens, 2009）；而至少在美国，对孩子的期望仍是早起上学，由此导致了长期的睡眠不足。这个问题并没有在所有青少年身上同样存在，而是有着种族文化的差异。例如，一项研究发现华裔美国青少年相较而言失眠较少，而墨西哥裔青少年睡眠问题最多（Roberts, Roberts, & Chen, 2000）。当人们年纪渐长，睡眠问题也随之增长。一项全国性的睡眠调查显示，55～64 岁年龄组的人有 26% 有睡眠问题，但 65～84 岁年龄组的这一数据减少到了 21%（National Sleep Foundation, 2009）。随着年龄增长，睡眠时间在减少，因此在老龄人群中相对较高的睡眠问题比例是可以理解的。65 岁以上每天睡眠少于 6 小时而且夜里醒来数次的人并不少见。

病　因

与失眠同时存在的可能有很多生理和心理问题，譬如疼痛、躯体不适、白天少运动及呼吸系统问题。有些时候失眠可能和生物钟及其在体温调节上的异常有关。有些人晚上不能入睡也许是因为温度节律推迟：他们的体温不下降，因此直到很晚才觉得困倦。整体而言，失眠的人的平均体温要高于睡眠很好的人，而且他们的体温变化范围很小；这种体温缺少波动的情况可能干扰了睡眠（Lack, Gradisar, Van Someren, Wright, & Lushington, 2008）。

其他影响睡眠的因素包括使用药物以及一系列环境影响（光线、声音、温度等）。住院的病人常常会有睡眠困难，因为医院里的噪声和日程安排和家里很不一样。其他的睡眠障碍，譬如睡眠呼吸暂停（和睡眠过程中呼吸受阻有关的障碍）或者周期性肢体运动障碍（periodic limb movement disorder）（过多的腿部惊觉抽动运动）都能影响睡眠并导致类似失眠的情况。

最后，不同的心理应激也会影响睡眠。例如，一项研究探讨了医学院和牙医学院的学生参与尸体解剖课程这一特殊应激事件造成的影响（Snelling, Sahai, & Ellis, 2003）。在学生报告的各项影响中包括了降低睡眠能力。

失眠的人还可能对自己所需要的睡眠时间（"我必须睡够 8 小时"）以及睡眠问题造成的影响大小（"如果我只睡 5 小时就没办法思考或者工作"）有着不合理的预期（Morin & Benca, 2012）。每个人实际需要的睡眠量有个体差异，通常由对日间活动影响来确定。特别重要的是，应意识到认知本身能直接影响睡眠。

睡眠困难是不是一种习得的行为呢？目前普遍认可的观点是，有睡眠问题的人会把卧室和床与失眠所伴随的焦虑和挫折感联系在一起，最终变得到了睡眠时间就焦虑（Morin & Benca, 2012）。对于儿童，某些和睡眠相关的活动可能会造成睡眠问题。研究发现，如果家长有抑郁问题并且对孩子的睡眠有消极看法，会对婴儿夜间醒来的问题产生负面影响（Teti & Crosby, 2012）。研究者还认为，有些儿童习得的行为是只有在和家长在一起的时候才会睡觉，如果夜间醒来发现自己一个人，他们就会非常恐慌而影响睡眠。尽管很多人认可学习在失眠中的作用，但针对这一观点的相关研究实际上很少，也许部分原因是这种类型的研究需要在特别私人的时间和空间里（家里、卧室里）进行。

睡眠的跨文化研究主要集中在儿童身上。在美国，父母通常期望婴儿在自己的小床上自己入眠；如果可能的话，最好还在单独的房间里（见表8.4）。而在其他的文化下，不管是在危地马拉、

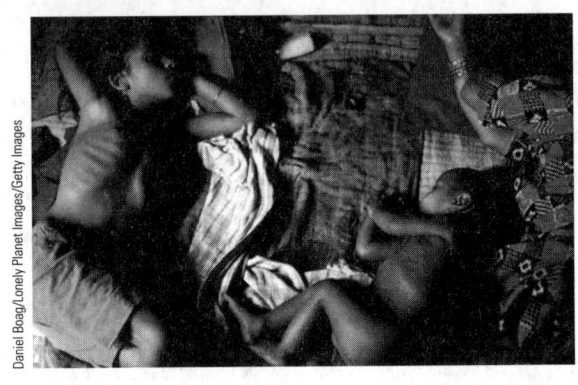

在美国，儿童通常独自睡觉（上图）。而在其他许多文化中，大人和孩子会共用一张床（下图）。

韩国农村还是日本都市里，孩子生命中的头几年都是和母亲在同一个房间里度过的，有的时候还

表8.4　儿童睡眠的跨文化差异

睡眠时间	
美国	和非白人儿童相比，白人儿童更晚上床，更晚起床，睡的时间更短。
意大利	意大利儿童晚上睡眠时间比美国儿童要短，他们上床更晚，起床更早。
日本	日本儿童睡得较少，他们晚饭后有些时候会小睡一下，但是会起来学习到深夜。
荷兰	荷兰的婴儿睡得时间更长，上床时间更早。
印度尼西亚巴厘岛	巴厘岛的儿童可能偶尔会参加夜间进行的宗教活动，因此会断断续续地睡。
中国	中国儿童的睡眠随季节变化，可能因为要适应家长的工作模式。
睡前例行活动	
危地马拉、西班牙、希腊、意大利	在这些国家里，没有睡前例行活动。儿童通常在家庭活动中睡着，然后被放到床上。
印度尼西亚巴厘岛	巴厘岛的婴儿全天被抱着，随需睡觉。
睡眠地点	
意大利	意大利儿童通常和父母在一个房间睡觉。
日本	日本儿童通常和父母同床睡觉。

Adapted from Durand, V.M.（2008）. *When children don't sleep well: Interventions for pediatric sleep disorders, a therapist guide.* New York, NY: Oxford University Press. Jenni, O.G., & O'Connor, B.B.（2005）. Children's sleep: An interplay between culture and biology. *Pediatrics, 115*（1）, 204-216.

会在同一张床上（Burnham & Gaylor，2011）。很多文化中的母亲都认为，当孩子哭的时候她们必须有所回应，而不是置之不理（Giannotti & Cortesi，2009）。这和美国的情况差别很大，因为很多美国儿科医生都建议当婴儿超过一定年龄后在晚上哭泣时父母不要理会他们（Moore，2012）。从研究中得到的结论是，睡眠会受到文化规范的影响。要求不被满足可能会导致应激，最终对儿童的睡眠产生消极影响（Durand，2008）。

整合模型

关于睡眠障碍的整合观点包括几个假设。第一，从某种程度上说，绝大多数睡眠问题中都同时存在生理和心理因素。第二，多重因素彼此相互作用和影响。这一点可以在我们之前提到的研究中看到，家长的抑郁和对儿童睡眠的消极看法会影响到儿童夜间醒觉（Teti & Crosby，2012）。换句话说，人格特点、睡眠困难和家长的反应之间交互作用，引起并且维持睡眠问题。

有些人从生理上就容易发生睡眠困扰。这种易感性有着很大的个体差异，能够造成从轻度到严重的睡眠困扰。譬如，一个人可能睡眠很轻（容易惊醒），或者有失眠、突发性昏睡病、睡眠呼吸受阻的家族病史。所有这些因素都能导致夜间睡眠问题。这些影响被称为诱发因素（Spielman & Glovinsky，1991）；虽然它们本身未必一定造成睡眠问题，但是它们可以和其他因素共同作用干扰睡眠（见图 8.10）。

生理上的易感性也许会和**睡眠应激**（sleep stress）交互作用（Durand，2008）。睡眠应激包括各种能够影响睡眠的应激行为和事件，如不良的睡前习惯（喝太多酒或咖啡）会造成入睡困难（Morin et al.，2012）。需要注意的是，生理易感性和睡眠应激是互相影响的（见图 8.10）。虽然我们可能凭直觉认为生理因素是第一位的，但是外部影响，譬如不良的睡眠卫生（能够影响睡眠的日间活动）会影响到睡眠的生理方面。一个很有代表性的例子是旅行中的时差，人们的睡眠模式会因为飞过了几个时区而受到影响（有时甚至很严重）。而这些影响是否会持续或者更加严重，部分取决于人们如何反应。比方说，许多人在有睡眠困扰的时候会服用安眠药。但是，很多人不了解**反弹性失眠**（rebound insomnia），它指的是在戒断药物时，睡眠问题可能会再次出现，甚至更加严重。这个反弹会让人以为他们仍然有睡眠问题，于是继续吃药，然后重复这个模式。换句话说，使用安眠药会让睡眠问题持续下去。

对睡眠问题的其他一些应对方式也会让问题持续下去。如果一个人晚上睡得不够，貌似合理的做法是白天补觉。但是，补觉虽然能缓解白天的疲劳，却会继续影响晚上的睡眠。焦虑也能让问题延续。躺在床上担心学校、家庭关系、甚至担心自己无法入眠，都会影响睡眠（Uhde, Cortese, & Vedeniapin，2009）。家长的行为也可能会推动儿童睡眠问题的持续。如果孩子在晚上醒来的时候得到了家长的大量积极关注，那么他们可能醒来得更频繁（Durand，2008）。这些不适当的反应方式，结合生理易感性和睡眠应激，共同解释了睡眠问题持续的原因。

过度睡眠障碍

失眠是指无法获得足够睡眠，而**过度睡眠障碍**（hypersomnolence disorders）指的是睡得过多。有些人即使整个晚上都睡得很好，白天仍然会睡好几次。我们来看看安的经历。

> **安 在公众场合睡觉**
>
> 安是一名大学生，她到我的办公室来讨论了一下她在上次测验里犯的错误。在她准备离开的时候，她说自己从来没有在我的课上打盹。这听起来有点像赞美，于是我向她表示感谢。她说：

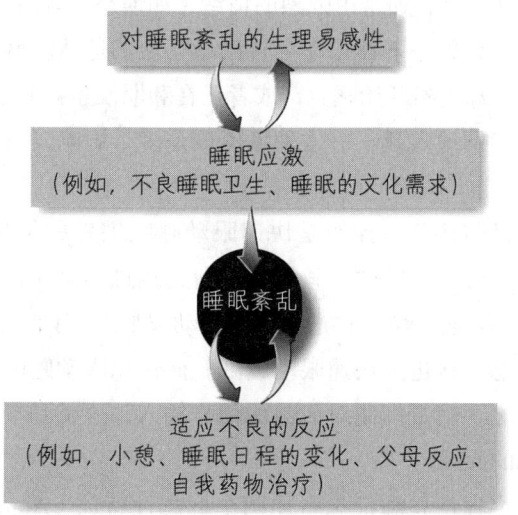

图 8.10 睡眠紊乱的多维度整合模型

"不，你没明白。我通常在所有的课上都会睡着，但是在你的课上没有过。"我还是不太明白她到底想告诉我什么，只好开玩笑说她选课时应该更谨慎。她笑了："也许你说的没错，不过我的确有睡得太多的问题。"

我们开始严肃地讨论起这件事情。安告诉我，她从青春期开始就有睡眠过多的问题。有的时候，她所处的情境比较无聊、重复性较强，她就会睡着。这种情况一天可能发生几次，主要取决于她在做什么。最近，除非讲课的老师特别活跃或者特别有趣，上课也开始成为问题了。而她看电视或者长途驾驶时也会出现问题。

安说，她的父亲也有类似的情况。他最近被诊断为突发性昏睡病（我们后面会讨论），正在一家诊所求医。她和她的弟弟都被诊断为患有过度睡眠障碍。大概在四年前，医生给安开了利他林（Ritalin），但这种药物只能有限地帮助她在白天保持清醒。她说药物帮助她减少了白天的入睡次数，但是不能完全解决问题。

DSM-5 中过度睡眠障碍的诊断标准不仅仅包括安所描述的过度瞌睡，还有对这个问题的主观印象（American Psychiatric Association，2013）。我们之前讲过，失眠是不是问题取决于它给当事人带来了怎样的影响。安觉得睡眠问题妨碍了她的正常生活，譬如驾驶和上课。过度睡眠造成了她在学业上不够成功，影响了她的情绪，这两点都是这个障碍的主要特征。她每天晚上睡 8 小时，所以白天的瞌睡不是睡眠不足造成的。

有些情况下格外困倦并不是过度睡眠障碍。例如，如果一个人有失眠障碍（睡眠时间不足），那这个人白天通常会很疲劳。相反，过度睡眠障碍患者晚上能睡好，醒来的时候貌似精力恢复得好，但是白天仍然会出现过度疲劳的状态。还有一种睡眠障碍，即被称为**睡眠呼吸暂停**（sleep apnea）的一种与呼吸有关的睡眠障碍，也会造成过度困倦。有这种障碍的人们睡觉的时候会出现呼吸困难。患者经常会出现如下症状：打鼾声音大、呼吸间出现暂停、早上醒来时嘴干、头痛。因此，在诊断过度睡眠障碍的时候，需要排除失眠、睡眠呼吸暂停以及其他可能导致白天困倦的原因（American Psychiatric Association，2013）。

过度困乏会干扰正常生活。

目前我们才刚开始了解过度睡眠障碍的性质，所以关于其成因的相关研究仍然很少。在一些病例中，遗传影响似乎是因素之一。携带特定基因（HLA-Cw2 和 HLA-DR11）的人们更容易有这个问题（Buysse et al.，2008）。还有些患者曾经受过单核细胞增多、肝炎、病毒性肺炎等病毒感染。也就是说，成因可能不止一种（Hirshkowitz，Seplowitz，& Sharafkhaneh，2009）。

突发性昏睡病

安提到她的父亲有**突发性昏睡病**（narcolepsy），这是另一种睡眠障碍（Ahmed & Thorpy，2012）。除了日间困倦，有一些人会出现**猝倒**（cataplexy）的情况，也就是突然丧失肌张力。猝倒出现在个体清醒的时候，其程度从轻到重可以从面部肌肉稍微有些软弱到全身肌肉完全松懈。猝倒可以持续数秒钟或者几分钟，通常由强烈的情绪（如愤怒或者高兴）促发。想象一下你正在为自己最喜欢的球队获胜而庆祝，却突然开始睡觉，或者正在和朋友争论某事，却突然倒地入睡——这种障碍该是多么影响当事人的生活。

目前认为，猝倒是快速眼动睡眠突发的结果。患者未经历正常的入睡周期（即先经过四个非快速眼动睡眠阶段然后再进入快速眼动睡眠），而是从清醒状态直接进入快速眼动睡眠。而快速眼动睡眠的结果之一就是抑制对肌肉的信号输入，这就是导致猝倒的原因。

突发性昏睡症患者还两个标志性特征（Ahmed & Thorpy，2012）。一是他们会有**睡眠麻痹**（sleep

> **DSM-5 过度睡眠障碍的诊断标准**
>
> A. 虽然已经有至少 7 小时的一次主要睡眠，但自我报告仍有过度困乏（过度睡眠）情况，并出现以下至少一种症状：
>   1. 在同一天内反复短期陷入睡眠或昏睡状态；
>   2. 将每天一次的主要睡眠时间延长至 9 小时以上仍感到休息不足；
>   3. 醒来之后难以彻底清醒。
> B. 这种过度睡眠每周至少出现 3 次，至少持续 3 个月。
> C. 这种过度睡眠伴随着显著痛苦或者认知、社会、职业、或者其他功能领域的显著受损。
> A. 这种过度睡眠用其他睡眠相关障碍（例如，突发性昏睡病、呼吸相关的睡眠障碍、昼夜节律睡眠障碍、某种异态睡眠问题）无法更好地解释，而且也不仅仅出现在其他睡眠相关障碍的病程中。
> B. 这种过度睡眠不是某种物质（例如，滥用的药物、医用的药物）造成的生理影响。
> C. 同时存在的心理障碍和医学情形不足以解释过度睡眠的主诉。
>
> 注明：
> 急性：症状持续少于 1 个月
> 半急性：症状持续 1～3 个月
> 长期：症状持续超过 3 个月
>
> **注明当前严重程度：**
>   症状严重程度是建立在维持日间醒觉的困难程度基础上的，表现在任意一天内多次出现不可遏制的严重困乏，例如在无活动时、开车时、访友时或者工作时。
> 轻度：每周 1～2 天较难维持日间醒觉
> 中度：每周 3～4 天较难维持日间醒觉
> 重度：每周 5～7 天较难维持日间醒觉
>
> From American Psychiatric Association.（2013）. *Diagnostic and statistical manual of mental disorders*（5th ed.）. Washington, DC.

paralysis），也就是在醒来之后短时间内无法动弹或者说话，这会令患者感到极大的恐慌。另一个特征则是**入睡前幻觉**（hypnagogic hallucinations）。在陷入睡眠状态的时候，患者会有一些特别生动而且让人非常恐惧的体验。这些体验太过真实，因为它们不仅仅包括视觉，也包括触觉、听觉，甚至是自身肢体运动的感受。入睡前幻觉像睡眠麻痹一样，会带来极度的恐慌，会产生例如身陷火海或者在空中飞过的逼真幻觉。突发性昏睡病十分罕见，其发病率占整个人口的 0.03%～0.16%，性别比例相当。突发性昏睡病的相关问题通常在青春期开始出现，偶尔也有儿童案例的报道。最先出现的症状通常是过度困乏，猝倒则同时或者滞后出现。幸运的是，随着患者年纪的增长，入睡前幻觉和睡眠麻痹发生的频率会逐渐减少，但日间过度困倦的问题似乎并不因为年龄的变化而变化。

入睡前幻觉和睡眠麻痹或许能够解释一个现象，即那些见到不明飞行物（通常叫作 UFO）的经历（Kinne & Bhanot, 2008）。每年都有无数人宣称自己见到了 UFO，甚至有些人声称自己被外星人带领参观了 UFO 的内部。有些科学家检查了声称有 UFO 相关经历的人，把他们分成两组，强烈体验组（看到并且和外星人沟通过）和非强烈体验组（只看到空中 UFO 的灯光和轮廓）（Spanos, Cross, Dickson, & DuBreuil, 1993）。结果发现，绝大多数看到 UFO 的经历都是在晚上发生的，而且强烈体验组被试的相关经历 60% 都和睡眠有关。具体来说，强烈体验组被试对事件经历的描述和人们对入睡前

幻觉和睡眠麻痹的描述很接近,例如(Spanos et al., 1993):

> 我面对着墙躺在床上。突然,我的心跳加速。我可以感觉到身边有三个生命体。我无法挪动我的身体,但是我的眼睛还能转。有一个生命体是男性。他对我大笑,并不是发出声音的那种笑,而是在头脑中笑。他让我觉得自己很愚蠢。他用传心术告诉我:"你难道现在还不明白吗?除非我们让你动,否则你什么也做不了。"(p.627)

那些 UFO 的现实版或者惊恐版目击故事可能不全都是发达想象力或催眠的产物,但至少有一部分故事可能是睡眠障碍造成的。入睡前幻觉和睡眠麻痹偶尔也会在一些没有突发性昏睡病的人身上出现,因此并非所有有奇幻体验的人都有突发性昏睡病。睡眠麻痹经常和焦虑障碍共存,这种情况被称作睡眠麻痹综合征(见第 5 章)。

目前,已经有了突发性昏睡病的特定基因模型(Tafti, 2009)。对杜宾毛猎犬和拉布拉多犬的研究表明,突发性昏睡病和 6 号染色体上的一组基因相关,可能是常染色体隐形遗传特质。突发性昏睡病患者似乎损失了大量特定类型的神经细胞(hypocretin,即增食欲素神经细胞)。这些神经细胞负责生产在清醒状态中至关重要的一种神经肽。至于为什么这些患者会恰好缺少这种神经细胞,目前尚不明了(Burgess & Scammell, 2012)。

呼吸相关的睡眠障碍

对于一些人来说,白天嗜睡或者晚上的睡眠问题有着生理原因,也就是睡眠时的呼吸问题。在 DSM-5 中,这类问题被称作**呼吸相关的睡眠障碍**(breathing-related sleep disorders)。人们如果在睡眠中呼吸受阻,通常会经历短暂的唤醒(arousal),导致八九个小时的睡眠之后仍感觉没有得到充分休息(Overeem & Reading, 2010)。对我们所有人来说,上呼吸道都会在睡眠中放松,在一定程度上,缩紧呼吸道会让呼吸变得困难。不幸的是,一些人的呼

突发性昏睡病的诊断标准

A. 在同一天内多次不可遏制地需要睡眠、陷入睡眠状态中。这种情况每周至少出现 3 次,持续至少 3 个月。

B. 至少出现下列一种症状:

1. 猝倒,满足下面(a)或(b)的标准,每个月至少出现几次:
   (a) 长期有这种问题的个体,短暂(几秒到几分钟)丧失双侧肌张力,但保持知觉,通常由之前的大笑或者开玩笑引发;
   (b) 在儿童或者这种问题出现的时间短于 6 个月的个体身上,没有显著的情绪触发点,自发出现下颚打开舌头伸出或鬼脸,或者出现广泛的肌张力低下。

2. 缺乏增食欲素神经细胞,可通过测量脑脊液中增食欲素 -1 的免疫反应值获知(小于等于采用同种检测的健康被试免疫反应值的 1/3,或者小于等于 110pg/ml)。

3. 晚间多功能睡眠记录仪监测显示快速眼动睡眠潜伏期小于等于 15 分钟,或者多次睡眠潜伏测验显示平均睡眠潜伏小于或者等于 8 分钟,又或者两次及以上的睡眠始于快速眼动睡眠阶段。

注明当前严重程度:

轻度:不频繁(小于 1 周 1 次)的猝倒,每天需小睡 1~2 次,夜间睡眠较少受到干扰

中度:1 天 1 次或者数天 1 次的猝倒,夜间睡眠受干扰,每天需要多次小睡

重度:1 天多次猝倒且对药物没有反应,几乎持续不停地感到困乏,夜间睡眠受干扰(活动、失眠、鲜活的梦境)

From American Psychiatric Association. (2013). *Diagnostic and statistical manual of mental disorders* (5th ed.). Washington, DC.

阻塞性睡眠呼吸暂停的诊断标准

A. 满足下面两项之一：
1. 多功能睡眠记录仪评估显示每小时睡眠中至少发生 5 次阻塞性呼吸暂停或者呼吸不足，并且有下面两种中的一种睡眠症状：
   （a）夜间呼吸困扰：打鼾、鼻孔大声出气／大声喘气、睡眠中呼吸暂停
   （b）日间困乏、疲劳，或者即使有充分睡眠也无法通过睡眠恢复精力，且这种情况无法用其他心理障碍（包括睡眠障碍）或者医学情形解释。
2. 多功能睡眠记录仪评估显示每小时睡眠中至少发生 15 次阻塞性呼吸暂停和／或呼吸不足，无论有没有其他睡眠症状。

注明当前严重程度：
轻度：呼吸暂停呼吸不足指数小于 15
中度：呼吸暂停呼吸不足指数在 15～30 之间
重度：呼吸暂停呼吸不足指数大于 30

From American Psychiatric Association.（2013）. *Diagnostic and statistical manual of mental disorders*（5th ed.）. Washington, DC.

吸道会出现严重缩紧，导致**换气不足**（hypoventilation），甚至会出现短时间（10～30 秒）内呼吸停止的极端情况，这被称作<u>睡眠呼吸暂停</u>。通常患者对自己的呼吸困难几乎没有察觉，因此并不认为睡眠问题是呼吸造成的。而与患者同床共枕的人往往都会注意到患者鼾声很大（睡眠呼吸暂停的可能症状之一），或者会注意到令人恐慌的呼吸暂时中止的情况。呼吸困难的其他症状还包括夜间大量出汗、早上头痛还有白天陷入睡眠（睡眠发作）却感到休息不充分（Overeem & Reading, 2010）等。

睡眠呼吸暂停分为三种类型，每一种都有各自的成因、症状以及治疗方法。这三种睡眠呼吸暂停分别是阻塞性、中枢性和混合性。**阻塞性睡眠呼吸暂停**（obstructive sleep apnea hypopnea）是指呼吸系统仍在运作时出现呼吸暂停的问题（Mbata & Chukwuka, 2012）。其成因有些是呼吸道过窄，还有一些是异常情况或损伤阻碍了呼吸。在一项研究中，阻塞性呼吸暂停综合征患者均报告存在夜间打鼾的情况（Guilleminault, 1989）。肥胖和年龄都和这个问题有关。有研究显示，服用毒品摇头丸也可以导致年轻人和健康成年人出现阻塞性睡眠呼吸暂停（McCann, Sgambati, Schwartz, & Ricaurte, 2009）。阻塞性睡眠呼吸暂停常见于男性；其患病率大概在 10%～20%之间（Jennum & Riha, 2009）。

第二种是**中枢性睡眠呼吸暂停**（central sleep apnea），其特点是呼吸系统活动暂时停止。它往往与特定的中枢神经系统障碍相关，譬如脑血管疾病、头部创伤、退行性疾病（Badr, 2012）。与阻塞性睡眠呼吸暂停患者不同的是，中枢性睡眠呼吸暂停患者夜里会频繁醒来，但是白天通常没有过度嗜睡，

中枢性睡眠呼吸暂停的诊断标准

A. 多功能睡眠记录仪评估显示每小时睡眠中至少发生 5 次阻塞性呼吸暂停。
B. 这种紊乱情形用另一种睡眠障碍无法更好地解释。

注明当前严重程度：
中枢性呼吸暂停的严重程度评定是根据呼吸困扰的发生频率以及与其相关的氧饱和程度和睡眠连续性程度作出的。

From American Psychiatric Association.（2013）. *Diagnostic and statistical manual of mental disorders*（5th ed.）. Washington, DC.

> **DSM-5 睡眠相关的换气不足的诊断标准**
>
> A. 多功能睡眠记录仪评估显示短期呼吸不足并且伴随二氧化碳水平升高（注意：如果没有客观的二氧化碳测量，在没有睡眠呼吸暂停/呼吸不足的情况下持续出现低血氧饱和度也可能意味着存在睡眠相关的换气不足）。
> B. 这种紊乱情形用另一种睡眠障碍无法更好地解释。
>
> 注明当前严重程度：
>
> 　　根据睡眠中低氧血症和高碳酸血症的程度以及这些异常情况造成的器质损伤（例如，右侧心脏衰竭）来判断严重程度。在醒觉时出现血中气体异常则是更为严重的标志之一。
>
> From American Psychiatric Association.（2013）. *Diagnostic and statistical manual of mental disorders*（5th ed.）. Washington, DC.

而且一般意识不到自己有严重的呼吸问题。由于白天没有症状，所以患者通常不会寻求治疗，因此我们对此障碍的患病率和病程知之甚少。第三种是**睡眠相关的换气不足**（sleep-related hypoventilation），指的是呼吸没有完全停止但是空气流动减缓的情况，造成的问题是体内二氧化碳浓度升高，因为人体和外界环境氧气交换不足。所有这些呼吸问题都能影响睡眠，并且造成一些和失眠类似的症状。

昼夜节律睡眠障碍

在美国，很多人用"春向前，秋向后"这句话提醒自己在春天把表调前一个小时，在秋天调后一个小时。对许多人来说，夏令时仅仅意味着调一下表而已，因此当人们看到它对另一些人造成的影响时会大吃一惊。在调整时间后至少一两天内，我们可能在白天会更困，晚上更难入睡，就好像我们在倒时差。这种影响并不仅仅在于我们多睡或少睡个1小时，对此，我们的身体其实很容易适应。真正困难的是，我们的生物钟如何对这种时间上的变化进行调整。新的时间要求我们到点该睡觉了，但是我们的大脑却不这样认为。如果这种不协调持续一段时间，我们可能会出现**昼夜节律睡眠障碍**（circadian rhythm sleep disorder）。这种障碍的特点是大脑无法协调自身的睡眠节律与现实的昼夜节律相匹配，因此造成睡眠问题（失眠或日间过度困倦）。

20世纪60年代，德国和法国的科学家发现有几种身体节律是自我调节的，不受外界环境信号的影响（Aschoff & Wever, 1962; Siffre, 1964）。这些节律和昼夜的24小时并不完全吻合。可如果我们的昼夜节律和24小时并不吻合，为什么睡眠没有一直受到干扰呢？

幸运的原因在于，我们的大脑有一种机制能帮助我们和外部世界协调同步。我们的生物钟位于下丘脑的视交叉上核（suprachiasmatic nucleus）。有一条神经通路自眼部开始，连接着视交叉上核。我们早上和晚上看到的不同光线向大脑发射信号每天重设生物钟。不幸的是，有些人因为昼夜节律的问题在想睡的时候睡不着，其原因可能来自外部（譬如，短时间内跨越多个时区），也可能来自内部。

不能和正常的清醒和睡眠周期同步会使人的睡眠受到影响。昼夜节律睡眠障碍有几种不同的类型。**飞行时差型**是因为短时间跨越多个时区造成的（Kolla, Auger, & Morgenthaler, 2012）。受到飞行时差影响的人们通常会出现睡眠时间难以入睡以及白天疲劳的问题。通常来说，向西飞行2个及以上

> **DSM-5 昼夜节律睡眠障碍的诊断标准**
>
> A. 主要由于昼夜节律的改变，或昼夜节律与物理环境、社会或工作需求决定的睡眠日程安排之间无法协调而造成持续性或反复出现睡眠紊乱。
> B. 这种紊乱情形导致格外困倦、失眠，或两者皆有。
> C. 这种紊乱情形造成了临床上显著的痛苦，或社会、工作及其他领域的功能损害。
>
> 注明当前严重程度：
>
> 短期：症状持续至少1个月但是少于3个月
> 长期：症状持续3个月及以上
> 重复出现：在1年内出现2次及以上的短期症状
>
> From American Psychiatric Association.（2013）. *Diagnostic and statistical manual of mental disorders*（5th ed.）. Washington, DC.

的时区会对人们造成最大的影响。人们对向东飞行少于或者等于 3 个时区的耐受性要好一些（Kolla et al., 2012）。对老鼠的研究显示，飞行时差的影响可能很严重，尤其对年纪较大的人来说。倒班型和工作日程有关（Åkerstedt & Wright Jr., 2009）。很多人（如医生、护士、警察、消防员等）需要在夜间工作或者工作时间不确定，这使得他们可能出现睡眠问题或者在醒着的时候非常困倦。而且，在非正常时间工作以及在非自然时间保持清醒不仅能够影响睡眠，还可能促发心血管疾病、胃溃疡和乳腺癌（Richardson, 2006）。大概有 2/3 倒班工作的人睡眠不佳（Neylan, Reynolds, & Kupfer, 2003）。

飞行时差以及倒班相关的睡眠问题都是由外因造成的，与这些问题相反的是内因造成的的几种昼夜节律睡眠障碍。"夜猫子"指的是那些睡得很晚起得也很晚的人。这类人一般属于睡眠时相位延迟型（delayed sleep phase type），即他们的睡眠时间推迟得比正常睡眠时间要晚。而另一个极端，有睡眠时相位提前型（advanced sleep phase type）问题的人睡得很早起得也很早，他们的入睡时间比一般人的入睡时间要早。最后两种类型是不规则睡眠清醒型（irregular sleep-wake type）（同一个人的睡眠节律变化很大）以及非 24 小时睡眠周期型（non-24-hour sleep-wake type）（以 25 或者 26 小时为一个周期，导致睡觉时间越来越晚）。这些类型显示，昼夜节律睡眠障碍患者彼此之间的差异可能很大。

对于为什么我们的睡眠节律会出现问题，现在已有了很大的研究进展。我们逐渐开始了解昼夜节律。科学家认为，**褪黑素**（melatonin）有助于设置生物钟，告诉我们何时入睡。这种激素是由位于大脑中心位置的**松果体**（pineal gland）产生的。褪黑素也被戏称为"吸血鬼激素"，因为它的产生受黑暗环境的刺激而开始，在白天则停止。当我们的眼睛看到黑夜，这个信息会传递给松果体，令其开始生产褪黑素。研究者认为，光线和褪黑素共同作用设置着体内的生物钟（Kolla et al., 2012）（见图 8.11）。

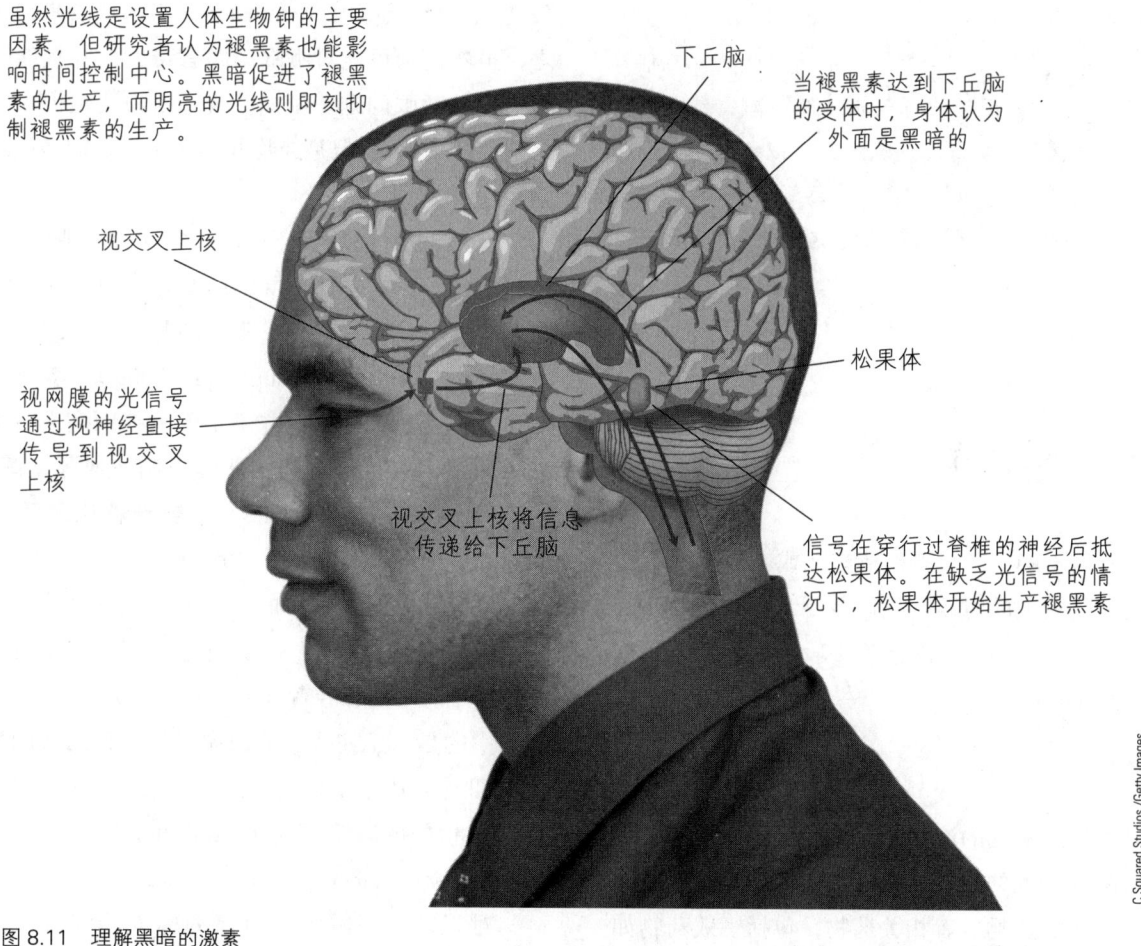

图 8.11　理解黑暗的激素

Based on *New York Times*, 1992, November 3.

> **小测验 8.4**
>
> 为下列有关睡眠问题的陈述选择恰当的术语:
> A. 猝倒　　　　　　B. 过度睡眠障碍
> C. 失眠　　　　　　D. 睡眠呼吸暂停
> E. 睡眠麻痹　　　　F. 突发性昏睡病
> G. 昼夜节律睡眠障碍
> H. 呼吸相关的睡眠障碍
>
> 1. 提摩西夜里经常醒来,因为他感觉喘不上气。他好像总是呼吸不了足够的空气。妻子许多次把他叫醒,告诉他不要打鼾。_____。
> 2. 索尼娅白天很难保持清醒。在打电话或者乘坐公共汽车的过程中,她会无法预料地失去肌张力,短暂陷入睡眠状态。这种情况是因为_____。
> 3. 杰米有些时候虽然醒来却不能移动也不能说话。这种让他非常恐惧的体验被称作_____。
> 4. 布莱特刚开始一份新工作,每个月有不同的轮班时间。有些时候是白班,有些时候是晚班。自从新工作开始,他的睡眠开始出现问题。这属于_____。
> 5. 拉摩有严重的肥胖问题。他的妻子怀疑他可能有_____,因为他每天晚上都打鼾,经常从疲倦中醒来,就好像整晚没睡觉似的。
> 6. 玛林睡足一整晚之后,白天还会睡着。这种情况在她很早上床很晚起床时仍会出现_____。

睡眠障碍的治疗

当我们不能入睡、总是醒来,或者当睡眠不能让我们恢复精力的时候,我们需要专业的帮助。目前,有一些生理和心理的治疗手段可以帮助人们重新恢复良好的睡眠。

药物治疗

对失眠最常见的治疗是药物治疗。如果向医疗工作者陈述失眠的问题,那么医生很可能会开出某种苯二氮䓬类药物或者相关药物,包括短效药物如三唑仑(triazolam)、扎来普隆(zaleplon)、唑吡坦(zolpidem),以及长效药物如氟西泮(flurazepam)。短效药物(那些只能造成短期困倦效果的药物)通常是首选,因为长效药物有些时候到了早上仍然有效,造成一些人白天瞌睡。长效药物在某些时候也会成为首选,因为有些人服用短效药物会出现白天焦虑的副作用(Neubauer, 2009)。旨在帮助人们入睡并且能够持续睡眠状态的新药还在不断研发中,包括那些直接针对褪黑素系统的药,如雷美替胺(ramelteon)。超过 65 岁的人更容易使用药物来帮助睡眠,不过医生有可能给任何一个年龄段的人开出治疗失眠的处方,包括儿童(Durand, 2008)。

药物方法治疗失眠有几个缺点。第一,苯二氮䓬类药物可能导致过度困乏。第二,患者可能产生对药物的依赖性以及很容易滥用药物(不管是故意地还是无意地)。第三,这些药物只适用于短程治疗,而不建议在超过 4 周的长程治疗中使用。长期使用药物不仅容易造成依赖,而且会引起反弹性失眠。另外,对部分药物还有一个新的担忧是它们可能会提高夜游症出现的可能性,导致例如睡眠相关进食问题等(Morgenthaler & Silber, 2002)。总之,虽然药物可能对睡眠问题有帮助,并且能够改善短期的睡眠问题(例如,改善因为住院带来的焦虑造成的失眠),但是药物并不适用于长期慢性睡眠问题。

针对过度睡眠障碍或者突发性昏睡病,医生通常会开兴奋剂(stimulants),例如哌醋甲酯(methylphenidate,就是安服用的利他林)或者莫达非尼(modafinil)(Nevsimalova, 2009)。猝倒可以用抗抑郁药物治疗。这并不是因为猝倒病人有抑郁症,而是因为抗抑郁药物能够压制快速眼动睡眠。羟丁酸钠(sodium oxybate)也被推荐用于猝倒的治疗(Morgenthaler et al., 2007)。

呼吸相关睡眠障碍的治疗要点是帮助病人能够在睡眠时更好地呼吸。对部分患者来说,有效的建议是减肥。一些肥胖者颈部的软组织会压迫呼吸道。但不幸的是,正如我们前面说过的,自助式的减肥从长期看成功率很低。因此,减肥作为一种治疗,对呼吸相关的睡眠障碍的效果尚未得到充分肯定(Sanders & Givelber, 2006)。

对阻塞性睡眠呼吸暂停的标准治疗方法是使用一种叫作连续正气压睡眠呼吸机(Continuous

Positive Air Pressure，CPAP）的医疗仪器，用以改善呼吸（Patel，White，Malhotra，Stanchina，& Ayas，2003）。病人会戴上一个面罩，它能在睡眠中提供略微加压的空气，藉此帮助病人在晚上更正常地呼吸。但是很多人在使用仪器上有困难，有时是舒适度的问题，还有些病人会出现某种程度的幽闭恐惧。为了帮助这些病人，人们使用了不同的策略，包括心理治疗（幽闭恐惧的脱敏治疗），给病人及其伴侣提供更多信息，以及动机性访谈（一种咨询手段，用来帮助病人把目标和行为匹配起来）（Olsen，Smith，Oei，& Douglas，2012）。还有几种呼吸问题可能需要用手术的方式移除呼吸道某些地方的阻碍。

有研究者和瑞士一名迪吉里杜管（didgeridoo）乐师合作，共同探索了一种针对轻度睡眠呼吸暂停的很有意思的治疗方式。迪吉里杜管是一种很长的管乐器，从被白蚁蛀空的树干取材而制成。这名乐师注意到，练习这种乐器的人白天较少出现嗜睡的情况。研究证据显示，持续几个月每天用这个乐器练习能够改善人们在睡眠中呼吸受阻的情况（De Dios & Brass，2012）。

环境治疗

因为药物并不总是被推荐的治疗方法，人们尝试了很多其他改善睡眠节律的方法。在治疗昼夜节律睡眠障碍中，一个基本原则是<u>推迟睡眠时间要比提早睡眠时间更容易</u>。换句话说，人们更容易比正常时间晚睡几个小时，而不是早睡几个小时。因此，按照顺时针方向调整工作时间能更好帮助雇员适应。人们可以每天晚上床几个小时，直到调整到期望的入睡时间，这样就能够较好地调整睡眠模式（Sack et al.，2007）。但这种方法的一个问题是需要人们白天睡几天，因此日间有正常工作或者职责的人很难使用。

另一个策略是使用光线来让大脑重设生物钟（我们在第 7 章介绍了光照治疗对季节性情感障碍的作用）。研究显示，光线能够帮助有昼夜节律睡眠障碍的患者调整睡眠模式（Kolla et al.，2012）。人们通常会坐在照度超过 2000 勒克斯的一片光源前，这个强度显著高于一般的室内光线（照度为 250 勒克斯）。在这样的强光下呆几个小时，能够有效调整很多人的昼夜节律。这种治疗方式给一些由于日程安排导致睡眠问题的患者带来了希望。

心理治疗

你可能已经猜想到，因为药物治疗对睡眠障碍的种种局限，心理治疗得到了发展。表 8.5 列出了针对失眠的一些心理治疗方法。不同的治疗方法针对不同的失眠问题。例如，放松疗法可以缓解因身体紧张造成入睡困难的人。有些人针对工作、关系或其他情境的焦虑让他们很难入睡或者容易在睡眠中醒来。为了解决这个问题，人们使用认知疗法。

表8.5 失眠的心理治疗

睡眠治疗	描述
认知	这一治疗取向强调改变与睡眠有关的不合理期望和信念（"我必须每天晚上睡 8 小时""如果我睡得少于 8 小时，我就会生病"）。治疗师试图通过提供相关信息（例如正常睡眠量是多少，以及人们能够补偿缺失的睡眠）来改变患者对睡眠的信念和态度。
引导式意象放松（guided imagery relaxation）	有些人在出现入睡困难时会变得焦虑，而这种方式运用冥想或意象帮助人在睡着之前或者夜醒之后放松。
渐进式消退	针对入睡时发脾气或者夜间醒来哭泣的儿童，这种方式要求父母逐渐拖延去查看孩子状况的时间，直到孩子自行入睡。
矛盾意向（paradoxical intention）	这一技术让人们去作出和期望后果相反的行为。例如让入睡困难的人躺在床上，尽可能长时间地保持清醒，目的是降低和尽快入睡有关的焦虑。
渐进式放松	放松身体各部分的肌肉，以便让人进入昏昏欲睡的状态。

Copyright ©Cengage Learning®

研究显示，有些针对失眠的心理疗法比另一些心理疗法要更有效。对于成年人的睡眠问题，首要建议是<u>刺激控制</u>。例如，人们应当只把卧室作为睡觉和进行性行为的地方，而不应用于工作或者其他能引发焦虑的活动（例如，看新闻节目）。对于某些患者来说，单独使用渐进性放松或者**睡眠卫生**（sleep hygiene）（改变影响睡眠的日常生活习惯）可能不如单独使用刺激控制的效果好（Means & edinger，2006）。因为睡眠问题非常常见，导致越来越多的人想要发展以互联网为基础的治疗，并评估睡眠障碍患者是否能在有适当指引的情况下自助。例如，一项研究把成年被试随机分为互联网教育组和对照组（Ritterband et al., 2009）。互联网教育组通过网络收到关于如何正确使用几种心理治疗的指导（例如，限制睡眠、刺激控制、睡眠卫生、认知重建、预防反弹）。其治疗效果非常好，表明睡眠问题不仅可以通过网络来实现治疗，而且这一组被试的睡眠改善在6个月后仍然保持着。在特定情况下，人们可以使用循证指导（即教育人们使用循证治疗方法）来改善几种心理障碍。

索尼娅，之前我们提到过的法学院学生，她的睡眠问题借由几种方式获得了改善。首先，她被要求在床上的4小时只用于睡眠（限制睡眠），这也是目前她每晚的睡眠时间。当她的睡眠开始改善，这个时间也被延长。索尼娅还被告知不要在床上做作业，如果她过了15分钟还没睡着，她就应该离开床（刺激控制）。最后，治疗师挑战了她关于多少睡眠对她的年龄来说是足够的不合理预期（认知治疗）。在经过3个星期的治疗之后，索尼娅的睡眠时间显著延长（从4、5个小时变为6、7个小时），并且睡眠过程更少遭遇干扰。她在早上起床时也感到自己休息得更好，白天精力更旺盛了。因此，研究结论称：整合不同的治疗策略在治疗成年人的失眠问题中是有效的（Savard, Savard, & Morin, 2011）。一项采用随机安慰剂对照组的重要研究发现，认知行为治疗在对成年人失眠治疗中的效果也要好于药物干预（Siddiqui & D'Ambrosio, 2012）。

对于儿童来说，有些认知治疗方法并不现实，因而其治疗通常包括设立入睡前的常规，例如洗澡、听故事以及父母哄着入睡。**渐进式消退**（graduated extinction）在针对入睡问题以及夜醒上有效，但并不总是这样（Durand, 2008）。

睡眠障碍的预防

睡眠研究专家有一个共识：睡眠问题在很大程度上能够通过一些日常行为来预防。这些日常行为方式统称为睡眠卫生，它们相对简单易操作，能够有效预防失眠问题（Goodman & Scott, 2012）。睡眠卫生的建议旨在让大脑自然入睡的驱力取代阻碍睡眠的行为限制。例如，按时睡觉按时起床能够让晚上入睡更容易，避免咖啡因和尼古丁（都是兴奋剂）的摄入也能够预防夜醒的问题。表8.6列出一些睡眠卫生程序，可以用来预防睡眠问题。虽然针对睡眠障碍的预防还没有多少有对照组的纵向研究，但是实践睡眠卫生似乎是目前最有效的预防措施。

表8.6　良好的睡眠习惯

设置睡前例行活动
设定常规睡眠时间和醒来时间
在睡前6小时内不摄入含有咖啡因的食物或者饮品
限制酒精和烟草的使用
在睡前喝些牛奶
保持膳食平衡，限制脂肪摄入
在困倦的时候上床，如果不能在15分钟内入睡，离开床
不要在睡前几小时内锻炼或者从事高强度的活动
建立一个每周白天的锻炼计划
在床上只从事有助于睡眠的活动
减少卧室的噪声和光线
在白天多接触自然光
避免卧室温度过高或者过低

有研究探索了教育父母关于儿童睡眠的相关知识以预防睡眠问题的有效性。Adachi及其同事（2009）为4个月大婴儿的父母提供了10分钟的小组形式的指导以及一份简单的教育手册。他们在3个月后进行了追踪，发现和随机抽选的对照组婴儿相比，父母获得相关资讯的婴儿在睡眠上出现的问题较少。鉴于很多儿童都有睡眠问题，这种预防措施能够显著提高家庭的生活质量。

异态睡眠及其治疗

有没有人告诉过你，你睡着的时候会起来行走或者说话？你有没有做过噩梦？晚上是不是磨牙？如果你对以上问题有一个或更多肯定答复（很可能如此），那么你的睡眠困扰可能属于**异态睡眠**（parasomnias）的范畴内。异态睡眠并不是睡眠本身有问题，而是指在睡眠中或者睡眠清醒交界时刻出现的一些异常现象。有些异态睡眠现象本身（例如，走到厨房打开冰箱门往里看）并不反常，如果它们发生在你清醒期间的话；但是如果它们在你睡觉的时候出现就是另外一回事了。

DSM-5 描述了几种不同的异态睡眠（American Psychiatric Association，2010）。你可能已经猜到，<u>噩梦</u>（nightmares）通常出现在快速眼动睡眠期间（Augedal, Hansen, Kronhaug, Harvey, & Pallesen, 2013）。大概 10%～50% 的儿童和 9%～30% 的成<u>人经常性</u>地做噩梦（Schredl，2010）。如果要达到 DSM-5 中噩梦障碍的诊断标准，这种经常性的噩梦体验需要造成很大的痛苦，以至于影响了个体的正常活动（例如太过焦虑以至于无法入睡）。一些研究者区分了噩梦和不好的梦之间的差别，用是否会惊醒当事人作为指标。噩梦被定义为那些惊悚或者痛苦到让你醒来的梦，而不好的梦不足以让人惊醒。按照这个标准，美国大学生报告了每年平均 30 个不好的梦和 10 个噩梦（Zadra & Donderi，2000）。

DSM-5 噩梦障碍的诊断标准

A. 反复出现有一定长度的、让人极度不愉快并且记得很清楚的梦。一般包括努力躲避威胁到生存、安全和身体完好的危险，通常发生在主要睡眠时程的后半部分。
B. 从上述不愉快的梦中醒来后，个体迅速恢复意识并达到警觉状态。
C. 此种睡眠困扰带来临床上显著的痛苦，或造成社交、职业及其他重要功能领域的损害。
D. 此类噩梦症状不属于某种物质（例如，滥用的药物或医用的药物）带来的生理影响。
E. 如果存在生理或心理共病，这些疾病无法解释上述不愉快的梦的主诉。

注明当前严重程度（根据噩梦频率评定）：
轻度：平均每周少于 1 次
中度：每周一次或者更多，但是少于每晚一次
重度：每晚都有

From American Psychiatric Association. (2013). *Diagnostic and statistical manual of mental disorders* (5th ed.). Washington, DC.

噩梦被认为受到遗传（Hublin, Kaprio, Partinen, & Koskenvuo, 1999）、创伤、药物的影响，并且和一些心理障碍（例如，物质滥用、焦虑、边缘型人格障碍和精神分裂谱系障碍）相关（Augedal et al., 2013）。对于噩梦的研究显示，心理干预（例如认知行为治疗）和药物治疗（例如哌唑嗪）都有帮助（Augedal et al., 2013；Aurora et al., 2010）。

噩梦给孩子和父母都带来痛苦。

觉醒障碍（disorder of arousal）包括<u>在非快速眼动睡眠期间出现的一些躯体活动和行为</u>，例如夜游、夜惊和不完全醒觉。**夜惊**（sleep terrors）在儿童中最常见，通常由一声尖叫开始。孩子表现得极端沮丧，经常汗流浃背，还伴随着心跳加速。从表面上看，夜惊和噩梦有相似之处，孩子大叫并且看起来非常惊恐。但是夜惊出现在非快速眼动睡眠期间，因此<u>并不是</u>由噩梦造成的。出现夜惊的孩子很难被唤醒和安抚，而唤醒和安抚做噩梦的孩子则没有什么困难。儿童通常不会对夜惊有记忆，即便他们的表现给旁观者造成了深刻的印象（Durand，2008）。约 6% 的儿童（男孩多于女孩）发生过夜惊，成年人中这一数据则在 2% 左右（Buysse, Reynolds, & Kupfer，1993）。对于夜惊，我们所知甚少，虽然已经有了几种理论解释。其中可能有一定遗传成分，因为夜惊倾向于在家庭内出现（Durand，2008）。应对夜惊的首选建议是等待和观察，看看这种情况是

否会自行消失。

缓解长期夜惊的一个方法是**定时唤醒法**（scheduled awakenings）。在针对这种方法的第一项对照研究里，Durand 和 Mindell（1999）要求那些几乎每晚都会夜惊的孩子的父母在夜惊出现前（夜惊基本上每晚在相同时间出现）30 分钟左右把孩子唤醒。在随后的几周内逐步减少这种简单方法的使用；结果很成功，几乎完全消除了夜惊。

夜游（sleepwalking）出现在非快速眼动睡眠阶段，这也许令你吃惊（Shatkin & Ivanen-ko, 2009）。这意味着人们在睡眠中行走的时候并不是在把梦境付诸行动。这种异态睡眠通常出现在睡眠的头几个小时里，当人们处于深度睡眠阶段时。DSM-5 对夜游的诊断标准要求个体离开床，但不那么活跃的夜游可能只涉及较少的躯体活动，例如从床上坐起、抱起被子或者摆出一些姿势。因为夜游通常在深度睡眠期间出现，因此唤醒夜游中的人很困难。即便把人唤醒了，他或她通常也不会记得发生了什么。唤醒一个夜游中的人很危险的传言其实是错误的。

夜游主要是发生在儿童阶段的问题，但也有一小部分成人患者。相当一部分（15%～30%）儿童有过至少一次夜游经历，大概有 2% 报告说有多次夜游经历（Neylan et al., 2003）。绝大多数情况下，夜游的病程很短，很快就会消失；很少有人超过 15 岁仍然持续出现这种情况。

我们仍不太清楚为什么有些人会夜游，尽管极度疲劳、之前的睡眠剥夺、使用镇静药物和应激等因素可能起了一定作用（Shatkin & Ivanenko, 2009）。少数情况下，夜游和暴力行为有关，包括杀人和自杀（Cartwright, 2006）。有一名患者在夜游时驾车驶入其岳父母的房子，杀死了岳母，并且试图杀死岳父但没有成功。他用夜游作为辩护理由，并且最终被判无罪（Broughton, Billings, & Cartwright, 1994）。虽然有证据显示夜游中可能出现暴力行为，但这样的案例仍然很有争议。同样，夜游中可能也存在遗传因素，因为在同卵双生子以及同一家族中夜游的发病率较高（Broughton, 2000）。

另一类相关障碍是**晚间睡眠进食综合征**（nocturnal eating syndrome），指的是人们在睡眠中起床吃东西（Striegel-Moore et al., 2010）。这个问题和本章进食障碍部分讨论的夜间进食综合征不同。晚间睡眠进食综合征可能比我们之前认为的更常见。一项研究发现，因为失眠而被转诊的病人中近 6% 有这个问题（Manni, Ratti, & Tartara, 1997; Winkelman, 2006）。还有一类不太常见的异态睡眠是**梦游性交**（sexomnia），指的是在睡眠中做出性行为（例如自慰或性交）但是却没有记忆（Béjot et al., 2010）。这种罕见的障碍可能会导致关系问题；在极端情况下，例如在未经对方同意情况下与其发生性行为或者和未成年人发生任何性行为，甚至会导致严重的法律问题（Howell, 2012; Schenck, Arnulf, & Mahowald, 2007）。

DSM 5 非快速眼动睡眠觉醒障碍的诊断标准

A. 在睡眠过程中反复发生不完全醒觉，通常出现在主睡眠时程的前三分之一；并伴随下面两条中的一条：
   1. 夜游：反复出现在睡眠中起床、走动的情况。在夜游时，个体面无表情、眼睛圆瞪；相对于他人做出的与之沟通的努力来说缺乏反应，唤醒难度很大。
   2. 夜惊：反复出现在睡眠中突然惊起的情况，通常从发出惊恐的尖叫开始。这一过程每次都伴随着强烈的恐惧以及自主神经唤起的表现，例如瞳孔放大、心跳过速、呼吸急促、排汗。在此期间，个体相对于他人做出的安抚的努力来说缺乏反应。
B. 个体无法或者极少（例如，只有某个单独的画面）回忆起任何梦境。
C. 个体对发生过的不完全醒觉过程没有记忆。
D. 此类睡眠困扰给个体带来临床上显著的痛苦，或造成社交、职业以及其他重要功能领域的损害。
E. 此类症状不属于某种物质（例如，滥用的药物或医用的药物）带来的生理影响。
F. 如果存在生理或心理共病，这些疾病无法解释夜游或夜惊。

From American Psychiatric Association. (2013). *Diagnostic and statistical manual of mental disorders* (5th ed.). Washington, DC.

快速眼动睡眠行为障碍的诊断标准

A. 反复出现在睡眠中与言语以及/或者复杂躯体行为有关的唤起。

B. 这些行为出现在快速眼动睡眠期间，因此通常发生在睡眠开始 90 分钟之后，并且常见于主睡眠时程的后半部分，很少见于白天小睡时。

C. 在从这种状态中被唤醒后，个体是完全清醒、警觉的，没有困惑或者失去时间方向感的情况。

D. 出现下面两种情况中的任意一种：
   1. 多功能睡眠记录仪上没有快速眼动睡眠延迟的记录。
   2. 有指向快速眼动睡眠行为障碍的历史，以及已确立的突触核蛋白病诊断（例如，帕金森氏病、多系统萎缩）。

E. 这些行为给个体带来临床上显著的痛苦，或造成社交、职业以及其他重要功能领域的损害（可能伤害自己或者同床睡觉的人）。

F. 此类症状不属于某种物质（例如，滥用的药物或遵医嘱用的药物）或其他医学情形带来的生理影响。

G. 如果存在生理或心理共病，这些疾病无法解释此类行为。

From American Psychiatric Association. (2013). *Diagnostic and statistical manual of mental disorders* (5th ed.). Washington, DC.

人们越来越意识到，良好的睡眠对我们的身心健康都很重要。睡眠问题和很多其他障碍经常同时出现，给那些已经受到心理问题困扰的人们雪上加霜。随着研究者越来越深入地了解睡眠的本质及其相关障碍，我们预期在未来数年内对睡眠问题的治疗也会有所突破。

小测验 8.5

请对以下睡眠问题给出恰当的诊断：

A. 晚间睡眠进食综合征
B. 夜惊
C. 噩梦

1. 杰奎琳的爸爸有时会被女儿的尖叫声惊醒。他跑到杰奎琳的房间里去安抚她，帮助她平静下来。杰奎琳有时会解释说她被一只巨大的独眼恶魔追逐。这种情况通常发生在她和朋友看恐怖片之后。_____

2. 秀珍的父母很多次在夜里听到她撕心裂肺的叫喊。他们跑到她的房间去安抚她，但她对此没有反应。她心跳加速、睡衣被汗浸透。第二天起床时，她却不记得发生了什么。_____

3. 杰克在过去一个月里很注意自己的饮食，但是却持续增重。他不记得自己吃过东西，但是他发现自己冰箱里的食物莫名其妙地减少。_____

请在空白处填上与睡眠障碍有关的内容：

4. 凯伦晚上常常发出尖叫，大汗淋漓。她的父母试图安慰她却都无济于事。第二天，她对发生了什么总是毫无记忆。为了帮助她减少夜惊，儿科医生建议 _____。

5. 自从妻子去世后，乔治没有办法入睡。为了帮助他渡过最困难的一周，医生给他开了 _____ 治疗失眠。

6. 卡尔表示很担心自己的睡眠问题，医生建议他对生活方式做一些简单的改变，即 _____。

争议 DSM

暴食障碍

暴食障碍在 DSM-5 中是一种新的诊断。和很多新加入的诊断类似，有一些争议围绕着它。Alan J. Frances 是制定 DSM-Ⅳ 的专家组的主席，他反对 DSM-5 中引入的多个新障碍，包括暴食障碍。他注意到，在心理健康领域的分类系统历史中存在少量危害大于收益的诊断（Frances, 2012）。他认为，暴食障碍可能就是这样一种诊断。他指出，在 3 个月内至少 12 次超量进食（参见暴食障碍的诊断标准）可能仅仅是由于现代工业社会美食太容易获得，而人们又嘴馋（Frances, 2012）。我们中有多少人在过去一个月内每周"大快朵颐"一次呢？只要你持续这样 3 个月，那么你就有可能满足暴食障碍的诊断标准。

但让我们再审视一下暴食障碍的诊断标准。注意，只有少数超重并且参加商业性的减肥项目的人有暴食问题。而在那些病态肥胖到需要做减肥手术的人群中，暴食比例显著增加。就是这些人，而不是那些超重却没有暴食的人。他们和神经性厌食症和贪食症患者相似，对体形和体重十分看重，他们暴食的目的往往是为了减少负面情绪。此外，暴食障碍倾向于在家族内流行，存在遗传成分，而且对其他进食障碍有效的治疗对暴食障碍也有效（这一点不适用于那些超重但没有暴食的人）。这些加在一起，足以支持进食障碍工作组和 DSM-5 专家组把暴食障碍作为一种诊断。当暴食被纳入诊断体系之后，它就会获得更多的关注。对暴食障碍的治疗能得到医疗保险的赔付，就可以增加暴食障碍患者获得适当治疗的机会。

本章小结

- 进食障碍的患病率在过去 50 年中迅猛上升。因此在 DSM-IV-TR 中，它们首次作为一个独立的障碍组出现。

神经性贪食症、暴食障碍和神经性厌食症

- 常见的进食障碍有三种。在神经性贪食症中，节食导致失控的暴食，并且伴随着用催吐或其他方式来清除所进食物。在暴食障碍中，暴食并不伴有清除行为。在神经性厌食症中，进食量被大大限制，以至于体重显著下降，甚至到了危险的程度。

进食障碍的统计数据和病程

- 神经性贪食症和神经性厌食症多见于发达国家的年轻女性。她们以瘦为美，受到社会文化因素的很大影响。但从生理上说，其减肥目标基本不可能达到。
- 在没有治疗的情况下，进食障碍会成为慢性问题；在某些情况下会导致死亡。

进食障碍的病因

- 除了社会文化压力，还包括可能的生理上和遗传上的易感性（进食障碍在家庭中更加流行）、心理因素（低自尊）、社交焦虑（害怕被拒绝）以及扭曲的身体意象（个体的体重正常却觉得自己既胖又丑）。

进食障碍的治疗

- 有几种有效的治疗方法，包括认知行为治疗结合家庭治疗和人际治疗。目前来看，药物治疗有效性不如心理治疗。

肥胖

- 肥胖虽然不是 DSM 所列出的障碍，但却是当今世界面临的最危险的流行病之一。鼓励高脂食物的文化加上遗传和其他因素共同导致了肥胖。肥胖非常难以治疗。在专家指引下进行的节制饮食和锻炼的行为矫正项目成功率仅为中等，目前最有希望的应该是旨在预防的政府营养政策的改变。

睡眠障碍

- 睡眠障碍的患病率较高。它主要包括两类问题：睡眠失调（睡眠发生紊乱）和异态睡眠（睡眠中出现的异常事件，例如噩梦、夜游）。
- 睡眠失调中最常见的是失眠，包括入睡和维持睡眠困难，或者是整夜睡眠后仍然觉得休息不充分。其他睡眠失调包括过度睡眠障碍（睡眠过多）、突发性昏睡病（突发而且无法抗拒的睡眠）、昼夜节律睡眠障碍（因为身体无法使得睡眠节律和日夜相协调而导致的困乏或者失眠）、呼吸相关的睡眠障碍（有生理原因的睡眠困扰，例如睡眠呼吸暂停导致的过度困乏或者失眠）。
- 对睡眠障碍的正式评估一般通过多功能睡眠记录仪进行。它可以监测在实验室中处于睡眠状态的来访者的心脏、肌肉、呼吸、脑电波等多种生理功能。除了这样的监测，它还有助于测量个体的睡眠效率，也就是个体实际睡眠时间和在床上试图进入睡眠状态的比例。

- 苯二氮䓬类药物在许多睡眠失调问题的短期治疗中有帮助，但是必须谨慎使用，因为它们可能导致反弹性失眠，在停药后会加重睡眠问题。睡眠问题的长期治疗都需要包含心理干预，例如刺激控制和睡眠卫生。
- 噩梦等异态睡眠出现在快速眼动睡眠期间，夜惊和夜游出现在非快速眼动睡眠期间。

小测验答案

8.1
1. C　2. A　3. A　4. B

8.2
1. T　2. T　3. F　4. F　5. T　6. T

8.3
1. T　2. F　3. F　4. T

8.4
1. H　2. F　3. E　4. G　5. D　6. B

8.5
1. C　2. B　3. A　4. 定时唤醒法
5. 苯二氮䓬类药物　6. 睡眠卫生

探索进食障碍

患有进食障碍的个体：
- 变瘦的驱力大于一切，不可抑制
- 绝大多数是女性，来自中等和中高等阶层的家庭，生活在社会竞争激烈的环境中
- 在近些年以前，只生活在西方国家

心理：失去控制感和自信降低，导致低自尊；扭曲的身体意象

社会：文化和社会以瘦为美，导致个体对自己身体的不满和对食物和进食的过度关注

病因

生理：可能存在与冲动控制较弱、情绪不稳定以及完美主义有关的遗传因素

进食障碍

分类	特点	治疗
神经性贪食症	■ 在短时间内失去控制地进食超量食物（绝大多数都是非营养性食物） ■ 通过自行引发呕吐或滥用泻药、利尿剂清除食物 ■ 作为对暴食的补偿，一些患者会过度锻炼或者在各次暴食之间节食 ■ 呕吐可能会造成唾液腺肿大（导致两腮肿大），腐蚀牙釉质，造成可能引发心脏衰竭或者肾脏问题的电解质失衡 ■ 体重通常在正常体重上下10%以内 ■ 发病年龄通常是18到21岁，但也可以早到10岁	■ 药物治疗，例如抗抑郁药 ■ 短程认知行为治疗，针对与进食和身体意象相关的行为和态度 ■ 人际治疗用于改善人际功能 ■ 如果不经治疗，常转为慢性问题
神经性厌食症	■ 强烈担心自己肥胖，总是对自己的减重效果不满 ■ 严重节食，有时还伴随着过度锻炼以及一些清除行为，可以达到濒临饿死的状态 ■ 严重节食可能会导致停经、四肢和两颊长出绒毛、皮肤干枯、头发或者指甲脆弱、畏寒以及心脏或肾脏衰竭 ■ 体重不足正常体重的85% ■ 平均发病年龄是18到21岁之间，低龄案例可能于15岁发病	■ 低于正常体重的70%时应当住院 ■ 门诊治疗，恢复体重，改变对进食和身体意象的态度 ■ 家庭治疗 ■ 如果不治疗，容易转为慢性问题；但此类患者相对神经性贪食症患者来说对治疗更抵触
暴食障碍	■ 和神经性贪食症类似，发生不可抑制的暴食，但是没有清除食物的行为或者其他补偿行为 ■ 体验到显著的生理和情感痛苦；一些患者可能用暴食来缓解糟糕的情绪 ■ 暴食障碍患者对体重和身材的担忧和神经性贪食症和厌食症患者有相似之处 ■ 患者年龄通常比神经性贪食症和厌食症患者大	■ 短程认知行为治疗，针对与进食和身体意象相关的行为和态度 ■ 人际治疗用于改善人际功能 ■ 药物治疗减少饥饿的感觉 ■ 自助式干预项目

障碍	特点	治疗
肥胖	■ 接近70%的美国成年人超重，超过35%的美国成年人肥胖 ■ 世界性问题；城市肥胖风险高于乡村 ■ 两种不良的进食模式，暴食和夜间进食综合征 ■ 提高罹患心血管疾病、糖尿病、高血压、中风和其他生理疾病的风险	■ 自我引导的减肥项目 ■ 商业性自助减肥项目 ■ 专业人士带领的行为矫正项目，是最有效的治疗 ■ 手术，作为最后的治疗选择

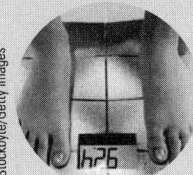

心理：影响与进食相关的冲动控制、态度、动机，以及对进食后果如何反应

社会：科技进步助长了久坐少动的生活方式和高脂食物的消耗

病因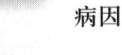

生理：基因影响个体的脂肪细胞数量、囤积脂肪的倾向以及活跃程度

探索睡眠障碍

睡眠障碍给日常生活带来极大的困扰,同时也是许多心理障碍的重要因素之一。

睡眠障碍

睡眠障碍的诊断

多功能睡眠记录仪监测呼吸气流、大脑活动、眼球活动、肌肉活动和心跳活动,从而得到对个体睡眠习惯的整体评估。其结果和睡眠效率可以结合起来使用。

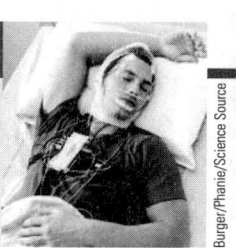

睡眠失调
与睡眠时间、数量或质量有关的紊乱

障碍	特点	病因	治疗
失眠	■ 入睡困难,睡眠状态难以持续,或者即使有足够数量的睡眠也仍然感到未充分休息	■ 包括疼痛、锻炼不足、药物使用、环境影响、焦虑、呼吸问题和生理易感性	■ 药物治疗(苯二氮䓬类药物)或心理治疗(减少焦虑,促进睡眠卫生);两者结合通常最为有效
突发性昏睡病	■ 白天突发快速眼动睡眠,伴随着肌张力的丧失(可能是轻微的,也可能导致完全失控);经常伴随睡眠麻痹或入睡前幻觉	■ 很可能与遗传有关	■ 药物治疗(兴奋类药物)
过度睡眠障碍	■ 非正常的过度睡眠和瞌睡,以及白天非自主性睡眠;只有在主观感到这种情况带来很大干扰时才被认为是障碍	■ 可能有遗传因素以及过多的5-羟色胺	■ 通常为药物治疗(兴奋类药物)
呼吸相关的睡眠障碍	■ 因为换气不足或者睡眠呼吸暂停而导致的睡眠困扰和日间疲劳	■ 包括呼吸道狭窄或阻塞、肥胖和年龄	■ 标准治疗手段是连续正气压睡眠呼吸机;减肥也是推荐的治疗方法
昼夜节律睡眠障碍	■ 困乏或失眠	■ 因为时差、倒班、过晚睡或者过早睡导致睡眠节律和昼夜无法协调	■ 包括逐渐推迟睡眠时间来调整入睡时间,以及借助光照重新设定生物钟

异态睡眠
在睡眠中出现的异常行为

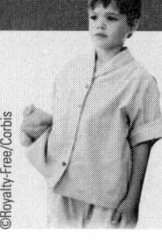

噩梦

令人恐慌的快速眼动睡眠中的梦,能够让人惊醒。当噩梦影响到日常功能时,就可以被看作一种障碍。原因尚不明确,但通常随年龄增大而缓解。

夜惊

在非快速眼动睡眠期间出现,多见于儿童。发生夜惊时,睡眠中的个体突然尖叫、哭喊、流汗、心跳加速;很难被唤醒或安抚。夜惊的男孩比女孩更常见。这个问题常在家族内流行,因此可能有遗传因素。通常随年龄增长会缓解。

夜游

通常发生在非快速眼动睡眠期间,影响着15%~30%的15岁以下儿童。其成因可能包括过度疲劳、睡眠不足、使用镇静类药物、应激。成年人如发生夜游,一般和其他心理障碍有关。可能存在遗传成分。

生理疾病和健康心理学

影响健康的心理和社会因素
  健康和健康相关行为
  应激的性质
  应激的生理过程
  影响应激反应的因素
  应激、焦虑、抑郁和兴奋
  应激和免疫反应
心理社会因素对生理疾病的影响
  艾滋病
  癌　症
  心血管问题
  高血压
  冠心病
  慢性疼痛
  慢性疲劳综合证
生理疾病的心理社会疗法
  生物反馈
  放松与冥想
  应激和疼痛的综合管理方案
  药物与应激管理方案
  将否认作为一种应对方式
  改变行为，促进健康

第 9 章

学习目标

- 运用科学思维解释行为
  - 找出行为解释中的基本生理、心理和社会成分（例如，推理、观察、操作化定义和解释）（APA SLO 1.1A）。
  - 评估心身交互作用如何影响生理和心理健康（APA SLO 5.3B）。

- 使用创新性和整合性的思维和问题解决
  - 操作化地描述行为，使之能接受实证检验（APA SLO 1.3a）。
  - 正确辨识行为的刺激事件、结果以及心理过程（APA SLO 5.3c）。

- 描述本章内容在问题解决上的应用
  - 总结影响个体追求健康生活方式的心理因素（APA SLO 5.3b）。

* 本章内容涵盖美国心理学会（APA，2012）建议的学习目标，旨在为心理学专业本科生提供指导。目标及建议学习成果（SLO）由 APA 定义。

影响健康的心理和社会因素

美国卫生部以及其他机构指出，在20世纪初，人们死亡的主要原因是传染性疾病，例如流感、肺炎、白喉、肺结核、伤寒、麻疹和胃肠系统感染。一个多世纪以来，这些疾病造成的年死亡率大幅度降低，从38.4%降到了4%（见表9.1）。这一变化表明，公共卫生系统的第一次革命成功消除或者说控制了大量传染性疾病。但是，公共卫生系统在降低疾病死亡率上取得的这一重大成就揭示了另一个更加复杂和更富挑战性的问题：目前造成疾病和死亡的主要因素在于心理和行为（Ezzati & Riboli，2012；Marteau，Hollands，& Fletcher，2012）。

在第2章，我们介绍了心理和社会因素对大脑结构和功能的深刻影响。这些因素影响着神经递质的活动以及内分泌系统中神经激素的分泌，并且在更深层次上影响着基因表达。我们多次看到生理、心理和社会因素在心理障碍的形成和维持中的复杂交互作用。但是心理和社会因素对某些疾病格外重要，包括糖尿病等内分泌障碍、心血管疾病、免疫系统疾病（例如获得性免疫缺陷综合征，即艾滋病）。本章中涉及的这些以及其他几种疾病显然是生理病（physical disorders）。它们是由已知（或者由充足证据推断得出）的生理原因造成的，并且大多数有可见的生理病理情形（例如，生殖器疱疹、受损的心肌、恶性肿瘤或者测量出的高血压）。这和第6章中的躯体症状障碍相反。例如，转换性障碍患者的主诉是生理损伤或者疾病，但是却没有任何生理病理表现。

表9.1　美国1900年和2007年十大死亡原因（相对总死亡人数的百分比）

1900年	百分比	2010年	百分比
肺炎和流感	11.8	心脏病	24.2
结核	11.3	癌症	23.3
痢疾、肠炎、肠溃疡	8.3	慢性下呼吸道疾病	5.6
心脏疾病	8.0	中风（心脑血管疾病）	5.2
血管源性颅内病变	6.2	事故（意外伤害）	4.9
肾炎	5.2	阿尔茨海默病	3.4
事故（意外伤害）	4.2	糖尿病	2.8
癌症和其他恶性肿瘤	3.7	肾炎、肾病	2.0
衰老	2.9	流感和肺炎	2.0
白喉	2.3	故意伤害自己（自杀）	1.6
其他	36.1	其他	25.0

Source: Figures for 1900 from Historical Tables: Center for Disease Control, National Vital Statistics System. *Leading Causes of Death, 1900–1998*. Figures for 2010 from Murphy, S. L., Xu, J., & Kochanek, K. D. (2013). *Deaths: Final data for 2010*. National Vital Statistics Reports, 61(4). Retrieved from http://www.cdc.gov/nchs/data/nvsr61/nvsr61_04.pdf.

在过去，有关影响生理疾病的心理和社会因素的研究和主流的心理病理学几乎是分离的。最早，这个领域被称为**心身医学**（psychosomatic medicine）（Alexander，1950），指的是心理因素影响身体功能的情形。**心理生理障碍**（psychophysiological disorders）这一标签也传达了类似的含义。但是，这些专有名词目前用得不多，因为它们都有一定的误导性。把一个有明显生理成分的疾病称为心身疾病会造成这样一个印象：心境和焦虑等心理障碍中并没有显著的生理成分。实际上，这个印象并不成立。生理、心理和社会因素在每一种障碍（不管是心理的还是生理的）的形成和维持中都有作用。

心理因素对生理疾病的形成和治疗的影响已经得到了广泛研究。有些发现甚至可以说是心理学和生理学中最令人激动的研究成果。例如，我们在第 2 章提到，如果一个人应激水平较低并且拥有由家人和朋友构成的良好的社会支持系统，那么他或者她很可能身体更加健康，活得更加长久，并且在衰老过程中认知能力降低更缓慢（Cohen & Janicki-Deverts，2009）。而远离社会支持系统的老年人更容易出现生理和心理状态的快速恶化（Hawkley & Cacioppo，2007）。

健康和健康相关行为

这种从传染性疾病到心理因素的重心转移被称为公共卫生系统的第二次革命；从中建立了两个新研究领域。第一个领域是**行为医学**（behavioral medicine）（Agras，1982；Meyers，1991），即将行为科学中的知识应用在预防、诊断和治疗等医学问题上。这是一个跨学科的领域，需要心理学家、医生和其他健康领域的专业人员密切合作，共同开发新的预防方法和治疗手段（Schwartz & Weiss，1978）。第二个领域是**健康心理学**（health psychology），它通常被认为下属于行为医学。健康心理学专家主要研究对促进和维持健康起重要作用的心理学因素，此外，他们还从心理学的角度分析和提出改善医疗系统以及医疗卫生政策的建议（Feuerstein, Labbe, & Kuczmierczyk, 1986；Nicassio, Greenberg, & Motivala 2010；Taylor, 2009）。

心理和社会因素通过两种不同的方式影响健康和生理问题（见图 9.1）。首先，它们能够影响基本生理过程，从而导致疾病。其次，个体长期的行为模式使其更容易发展出某种生理疾病。有些时候，这两种方式共同作用助推了疾病的产生或者维持（Ezzati & Riboli，2012；Miller & Blackwell，2006；Schneiderman，2004；Williams, Barefoot, & Schneiderman，2003）。让我们以生殖器疱疹为例来看一下这个过程。你的朋友中很有可能有人患有生殖器疱疹，只是没有告诉你。这并不难理解，因为生殖器疱疹是一种无法治愈的性传播疾病。据估计，美国有超过 5 千万人（约占总人口的 20%）感染有单纯疱疹病毒，影响部位要么在口腔，要么在生殖器部位（Brentjens, Yeung-Yue, Lee, & Tyring，2003）。生殖器疱疹主要在年轻人身上出现，因此这个年龄段人口的患病率比其他年龄段要高得多。这种病毒长期潜伏，周期性发作。当它在生殖器部位发作时，受感染的个体可能表现出不同的症状，包括疼痛、瘙痒、阴道或尿道分泌物增多，还有最常见的生殖器外部的开放性溃疡。开放性溃疡每年大概复发 4 次，但也有可能更多。近些年生殖器疱疹病例显著增多，而其背后的心理和行为因素与生理因素同等重要。虽然生殖器疱疹是生理疾病，但它的迅速增

① 心理社会因素（例如负面情绪和应激）会扰乱基本的生理过程，从而导致生理问题或疾病。

应激　　　　缺乏控制感

② "危险"行为能导致或助推多种生理问题或疾病。

吸烟
饮酒
饮食不良
缺乏锻炼

图 9.1　心理社会因素通过两种方式直接影响生理健康

长源于人们拒绝采取能降低感染概率的行为，譬如最简单的：使用避孕套。

应激影响着此类疱疹的发作（Chida & Mao, 2009；Coe 2010；Goldmeier, Garvey, & Barton, 2008）。能够控制应激反应的各种手段，尤其是放松训练，能够降低生殖器疱疹的发作频率以及每次发作的持续时间。其作用可能是通过对免疫系统的积极影响实现的（Burnette, Koehn, Kenyon-Jump, Huttun, & Stark, 1991；Pereira et al., 2003）。

类似的悲剧性例子还有艾滋病。艾滋病是一种免疫系统疾病，直接受到应激的影响（Cohen & Herbert, 1996；Kennedy, 2000）；应激能够加快艾滋病的恶化。这是一个心理因素直接影响生理过程的例子。我们知道，有一些行为能够增大我们感染艾滋病的可能性，例如无保护的性行为或者共用针具。因为医学对艾滋病尚未有治愈方法，所以我们最好的武器是大规模的行为改变，以<u>预防艾滋病</u>（Fauci & Folkers, 2012；Mermin & Fenton, 2012）。

其他一些行为模式也能促发疾病。在美国前十大致死原因中，有50%都可以追究到特定生活方式中的一些常见行为上（Centers for Diease Control and Prevention, 2003b；Kaplan, 2010；Taylor, 2009）。抽烟是美国排名第一的可预防的致死原因，它导致了70%的肺癌相关死亡以及20%的其他原因造成的死亡（Centers for Diease Control and Prevention, 2007；Ezzati &Roboli, 2012）。其他不健康行为还包括糟糕的饮食习惯、缺乏锻炼和人身伤害预防不足（例如乘车时不系安全带）。这些行为被统称为<u>生活方式</u>（lifestyle），因为它们大多数都是构成一个人每天生活模式的习惯（Lewis, Statt, & Marcus, 2011；Oldenburg, de Courten, & Frean, 2010）。我们在本章末尾讨论如何通过改变生活方式促进健康的时候，会重新仔细讨论生活方式问题。

对于心理因素如何影响生理疾病，我们仍有许多需要研究的地方。目前的证据表明，在心理疾病中起作用的因果变量（社会、心理、生理因素）在一些生理疾病中同样起作用（Mostofsky & Barlow, 2000；Uchino, 2009）。不过，有一个因素特别引人注目，那就是应激——尤其是应激反应中的神经生物学成分。

应激的性质

1936年，加拿大蒙特利尔有一位年轻的科学家叫Hans Selye。在他给一组老鼠注射了一种化学提取物之后，它们出现了胃溃疡等各种生理问题，包括免疫系统组织萎缩。与此同时，他注意到一个奇怪的现象：另一组每天被注射生理盐水的对照组老鼠竟然也出现了同样的问题。

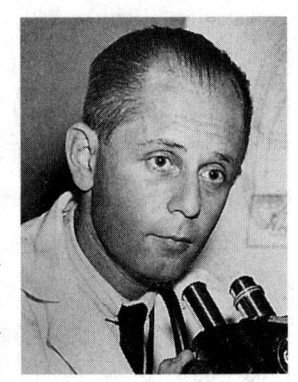

Hans Selye 在 1936 年提出，应激影响着特定的生理问题。

Selye对这个意料之外的结果进行了进一步研究，发现导致老鼠健康变差的原因并不是注射了什么，而是每天进行注射这个行为本身。而且，许多不同类型的环境变化都能导致类似的结果。他决定借用工程学中的"应激"（stress）一词来命名这种非特异性反应。像在科学研究中常见到的那样，一个意外发现最终打开了一个新的研究领域；在Selye的例子里，这个新领域是**应激生理学**（stress physiology）（Selye, 1936）。

Selye假设，身体在面对持续应激时要经过几个反应阶段。第一个阶段是针对眼前的危险或威胁出现的一种<u>警戒</u>（alarm）反应。如果应激持续，我们就进入<u>阻抗</u>（resistance）阶段，试图采用多种手段来应对应激。最后，如果应激过于强烈或者持续时间过长，我们可能会进入<u>耗竭</u>（exhaustion）阶段。在这个阶段，我们的身体会遭受永久性的损害甚至死亡（Selye, 1936, 1950）。Selye把这个过程叫作**一般适应综合征**（general adaptation syndrome，简称GAS）。虽然Selye的理论并不完全正确，但是慢性应激能对身体造成永久伤害或者促成疾病发生的假设已经在最近些年的研究中得到了支持，并且正在被进一步阐发（Kemeny, 2003；Robles, Glaser, &Kiecolt-Glaser, 2005；Sapolsky, 1990, 2000b）。

应激这个词在现代社会有多重含义。在工程学里，"stress"指的是当一辆负重卡车驶过桥梁时对桥梁造成的压力，即桥梁对卡车的<u>反应</u>。但是应激也是一种<u>刺激</u>。卡车对桥梁来说是一个"应激源"，就好像丢掉工作或者面临期末考试对个体来说是一个刺激或者应激源一样。同一名词背后不同的含义可能造成混淆，但在本书中我们主要采纳应激是个体对应激源的生理反应这个含义。

应激的生理过程

在第2章，我们描述了应激早期阶段的生理反应，主要包括应激对交感神经系统的激活，从而在面对危险和挑战时动员内部器官，让身体做好立刻行动的准备（战斗或逃跑）。这些变化能提高我们的力量和加强心智活动。我们也在第2章讲到，当人们处于应激状态时，内分泌系统会更加活跃，主要是激活下丘脑-垂体-肾上腺轴（HPA轴）。虽然神经系统内有许多种神经递质，但研究的重点集中在内分泌系统的**神经调质**（neuromodulators）和**神经肽**（neuropeptides）。这些由内分泌系统分泌并直接释放到血液里的激素能直接影响神经系统（Chaouloff & Groc, 2010; Owens, Mulchahey, Stout, & Plotsky, 1997; Taylor, Maloney, Dearborn, & Weiss, 2009）。这些神经调质激素就像神经递质一样，携带着大脑的信号到身体的各个部位。其中，下丘脑分泌的**促肾上腺皮质激素释放因子**（corticotropin-releasing factor）能刺激脑垂体。接下来，沿着HPA轴，脑垂体（以及自主神经系统）激活肾上腺，然后肾上腺分泌**皮质醇**（cortisol，一种激素）以及其他一些物质。因为这些激素与应激反应的密切关联，皮质醇和其他有关激素被统称为**应激激素**（stress hormones）。

HPA轴和边缘系统有密切关联。下丘脑位于脑干上方，毗邻边缘系统；而边缘系统包括海马，这一结构调节着人的情感记忆。海马对皮质醇有反应。当受到HPA轴活跃时分泌的激素刺激，海马会帮助关闭应激反应，在边缘系统和HPA轴不同部分之间完成一个反应回路（见图9.2）。

因为多种原因，这个回路十分重要。在对灵长类动物的研究中，Robert Sapolsky及其同事（Sapolsky & Meaney, 1986; Sapolsky, 2000b, 2007）发现，因长期应激导致的皮质醇水平的提高可能会杀死海马中的神经细胞。如果海马的活动因此受到影响，皮质醇的分泌就会过量，并且随着时间推移，关闭应激反应的能力会下降，从而进一步导致海马的老化。这些研究结果显示，长期应激能够导致皮质醇的长期分泌，并且对我们的生理功能造成长期影响，包括脑损伤。在老年人中，神经元死亡可能进一步导致解决问题能力的下降，并且最终造成痴呆。这个生理过程还能够影响个体对传染性疾病的抵抗力以及从其他疾病生理过程中恢复的能力。Sapolsky的研究还让我们了解到，海马在长期应激下的神经细胞死亡在创伤后应激障碍（第5章）以及抑郁患者（第7章）身上也会发生。目前尚不清楚这种脑细胞死亡的长期影响。

影响应激反应的因素

应激生理过程受到心理和社会因素的深刻影响（Lovallo, 2010; Taylor et al., 2009）。Sapolsky的研究深入展现了这一关联（1990, 2000b, 2007; Gesquiere et al., 2011）。Sapolsky的研究对象是生活在肯尼亚国家自然保护区里的狒狒。这些狒狒的主要应激源是心理因素，这一点与人类相近。和许多

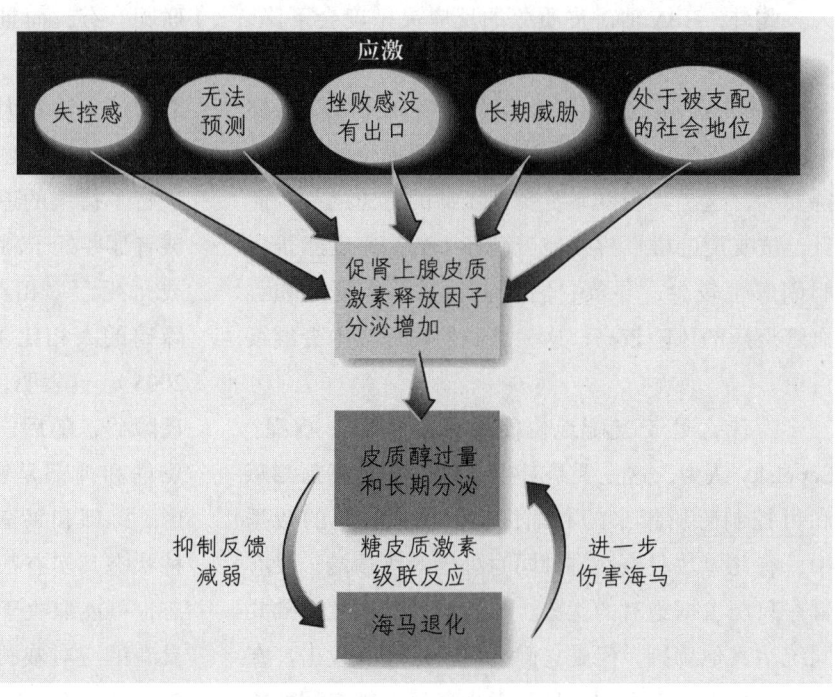

图9.2 心理应激对HPA轴和海马的影响
Adapted from Sapolsky (1992, 2007) and Sapolsky and Ray (1989).

生物一样，狒狒生活在严格的等级之中；等级顶部是具有支配力的成员，而底部是被支配的成员。处于支配地位的狒狒对底层狒狒的不断欺凌使得它们的生活非常困难（Sapolsky 称之为"充满应激"）：底层狒狒对食物的获取、对休息地和配偶的选择都受到极大的限制。尤其有意思的是，Sapolsky 发现狒狒所处的社会等级与其皮质醇的分泌水平紧密相关。我们之前介绍过，在 HPA 轴中，肾上腺分泌皮质醇是从边缘系统开始的一系列激素分泌过程的最后一步。皮质醇的分泌在短期内促进机体的唤醒和资源的调动，但是如果它长期分泌则会损伤海马，同时还可能造成肌肉萎缩、生殖能力下降（睾酮水平下降）、高血压和免疫系统抑制。Sapolsky 发现，占统治地位的雄性狒狒在一般静息状态下的皮质醇水平要<u>低于</u>底层的雄性狒狒；如果出现紧急情况，占统治地位的雄性狒狒的皮质醇提高速度要高于处被支配地位的狒狒。

Sapolsky 及其同事由下至上研究 HPA 轴，去寻求这种差异的原因。他们发现，被支配的狒狒存在促肾上腺皮质激素释放因子（源自下丘脑）分泌过多的现象，而且其脑垂体（受到促肾上腺皮质激素释放因子刺激）的敏感性也有下降。因此，被支配的狒狒和处于支配地位的狒狒不一样的是：它们会持续分泌皮质醇，这可能是因为它们的生活压力太大。此外，HPA 轴对皮质醇的反应灵敏度会下降，因此在关闭应激反应上也没有那么有效。

Sapolsky 还发现，被支配的雄性狒狒处于循环中的淋巴细胞（白细胞）比处于支配地位的雄性狒狒要少，这是其免疫系统受到压抑的标志之一。而且，被支配的雄性狒狒处于循环中的<u>高密度脂蛋白胆固醇</u>也较少，导致它们患上动脉粥样硬化和心血管疾病的风险较高；这一点我们在后文中会继续讨论。

为什么处于支配地位能够带来积极影响呢？Sapolsky 认为，这主要是对生活事件拥有<u>可预测感</u>和<u>可控制感</u>所带来的心理优势。在他收集的数据中，有几年数只雄性狒狒同时处于等级顶端，没有哪一只能占据绝对的优势。虽然这几只雄性狒狒共同统治其他狒狒，但是它们会不断地相互攻击。在这种情况下，它们的各种激素水平<u>接近</u>被支配的雄性狒狒。因此，支配地位加上稳定性能够带来最佳

处于社会等级中支配地位的狒狒感到生活是可控和可预测的，这使得它们能更好地应对问题并保持生理健康。而处于底层的狒狒则表现出较多的应激反应，因为它们在获得食物、休息地和配偶上只有很少的可控感。

的应激激素水平。在应激生理过程的调节中，最重要的一个因素是心理上的可控感（Sapolsky & Ray, 1989）。这一结论在后续研究中得到了强力支持（Kemeny, 2003; Sapolsky, 2007）。对社会情境有一定控制感，加上能够应对出现的任何紧张状况，这两点在很大程度上能缓解应激带来的长期影响。

应激、焦虑、抑郁和兴奋

当你读完焦虑、心境等心理障碍的章节，你也许会发现，应激事件加上心理易感性（例如缺乏可控感）无论在生理疾病还是心理疾病中都是一个重要因素。那么在心理疾病和生理疾病之间有没有关联呢？有，而且很强。在一项经典研究中，George Vaillant（1979）在 1942 年到 1944 年间研究了 200 多名哈佛大学的大二男生，这些男生无论是心理上还是生理上都是健康的。他在随后 30 年间对这些男生进行了持续的追踪，结果发现，那些出现心理障碍或者那些处于高度应激下的人更容易患上慢性疾病，或是死亡率相对（与那些适应良好而且没有心理障碍的人相比）较高（Katon, 2003; Robles et al., 2005）。这表明，与应激相关的心理因素既会促发心理障碍，随后同样也会促发生理疾病，而且应激、焦虑和抑郁是密切相关的。你能够分辨应激、焦虑、抑郁和兴奋的差别吗？也许你可以。但是这四种状态其实有很多相通之处。你感受到的是哪种状态，可能取决于你当时的控制感或者你认为自己所具有的应对威胁或挑战的能力水平（Barlow, 2002; Barlow, Sauer-Zavala, Carl, Bullis, & Ellard, submitted; Suárez, Bennett, Goldstein, & Barlow,

2009）。兴奋、应激、焦虑和抑郁的主观感受连续性见图9.3。

回想一下你兴奋时的感受。你可能突然感到心跳加速、浑身是劲、胃部略有不适。但如果你为迎接挑战准备得很好，例如你是一名已经准备好上场竞技并且对自己的能力充满信心的运动员，或是一名相信自己能够完成出色演奏的音乐家，那么这些兴奋的感受是令人愉悦的。

有时当你面对挑战，你觉得要有更多时间或者需要一些帮助才能搞定，但是你却没有时间或者没人帮助，你可能会感到有压力。因此，你可能会更努力工作以便尽善尽美。如果你的压力太大，你可能会紧张烦躁，或者出现头痛或胃难受的情况。这就是应激的感受。如果你感到实实在在受到了威胁，你认为自己已经无法可想，你可能会感到焦虑。让你感到威胁的情境可以是物理攻击也可以是你感到自己在他人面前像个傻瓜。当你的身体准备面对挑战时，你没有办法停止担忧。此时你的控制感要比你感到应激时低很多。有些时候，可能这个情境本身并不严重，但是我们除了感到生活中的某些方面失去控制之外还莫名其妙地焦虑。最后，那些总把生活视为威胁的个体可能最终丧失恢复控制的希望，陷入抑郁之中，不再试图应对。

总的来说，这些情绪状态的内在基本生理过程存在相似之处。这也是为什么我们在讨论焦虑、抑郁和应激相关疾病时会提到类似的交感神经唤醒和特定神经递质和神经激素激活模式。另一方面，它们之间也有些差别。当面临的挑战看上去超出了应对资源，使得个体控制感降低（焦虑和抑郁）时，血压会升高，但是在兴奋或应激状态中，血压没有变化（Blascovich & Tomaka, 1996）。无论如何，心理因素，确切地说是控制感和应对应激或挑战时的信心，也就是班杜拉（1986）的**自我效能感**（self-efficacy），在这几种情绪中有较大的差异，带来了不同的主观体验（Taylor et al., 1997）。

应激和免疫反应

你在过去几个月有没有感冒过？你是怎么得的感冒？你接触过其他感冒的人吗？你上课的时候周围有人打喷嚏吗？接触感冒病毒是患上感冒的必要条件。但是，正如在第2章中提到的，你当时的应激水平在很大程度上决定了接触病毒是否能导致你患病。Sheldon Cohen 及其同事（Cohen, 1996; Cohen, Doyle, & Skoner, 1999）让志愿者接触到一定剂量的感冒病毒，并且密切追踪这些志愿者。他们发现，志愿者是否发病与其在过去一年里经历的应激直接相关。Cohen 及其同事（1995）发现，接触感冒病毒时的应激和负面情绪和感情的严重程度（以痰量为依据）密切相关。有意思的是，Cohen、Doyle、Turner、Alper 和 Skoner（2003）发现，社会关系的数量和质量也会影响你在接触病毒后是否会得病，这或许是因为正面的社交关系能够缓解应激（Cohen & Janicki-Devarts, 2009）。最后，积极和乐观的认知方式也能够防止感冒发生（Cohen & Pressman, 2006）。这些研究都经过了良好的控制和设计，它们均表明了应激及其他相关因素能够增加感染疾病的风险。

想想你的上一次考试。你（或者你的室友）有没有感冒？考试是能够引发较多感染（尤其是上呼吸道感染）的应激源之一（Glaser et al., 1987, 1990）。因此如果你容易感冒，也许应该逃掉期末考试；不过，更好的解决办法是尽早学会如何在考试前和考试期间调节压力。当然了，应激对疾病易感性的影响是通过**免疫系统**（immune system）实现的，免疫系统的作用是保护身体免受进入身体的外界物质影响。

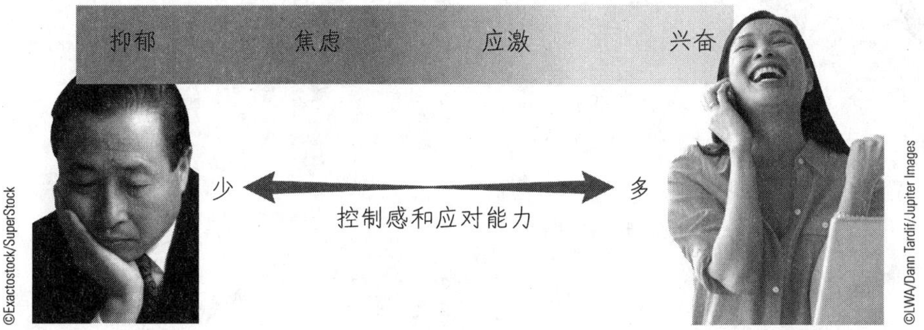

图9.3 对威胁和挑战的反应，我们的感受处在从抑郁到焦虑到应激到兴奋的连续体上，它部分取决于我们的控制感和应对能力

Adapted, with permission, from Barlow, D. H., Rapee, R. M., & Reisner, L. C.（2001）. *Mastering stress 2001: A lifestyle approach.* Dallas, TX: American Health, © 2001 American Health Publishing.

从最早 Selye（1936）的研究开始就有证据表明，应激对免疫功能起着负面影响。应激状态下的个体明显更容易被传染疾病，包括感冒、疱疹、单核细胞增多症（Coe, 2010; Cohen & Herbert, 1996; Taylor, 2009）。有直接证据显示，多种应激情境都和免疫系统功能下降有关，这些应激情境包括婚姻纠纷或关系问题（Kiecolt-Glaser et al., 2005; Kiecolt-Glaser & Newton, 2001; Uchino, 2009）、失业、所爱之人去世（Hawkley & Cacioppo, 2007; Morris, Cook, & Shaper, 1994; Pavalko, Elder, & Clipp, 1993）。而且，这些应激事件能迅速对免疫系统造成影响。实验数据显示，暴露于应激源2小时后，免疫功能就开始出现减弱现象（Kiecolt-Glaser & Glaser, 1992; Weisse, Pato, McAllister, Littman, & Breier, 1990; Zakowski, McAllister, Deal, & Baum, 1992）。Cohen 等人（1999）让55名志愿者接触了 A 型流感病毒；如他们所预期的，这些被试的应激水平越高，其流感就越严重。Cohen 及其同事（1999; Coe, 2010）还发现，应激激素能够触发白细胞介素6。它是免疫系统的组成部分之一，能够产生组织炎症；而这种炎症反应是应激降低人们抵抗感染和受伤能力的机制之一。

我们已经说过，心理疾病让我们更容易发展出生理疾病（Katon, 2003; Robles et al., 2005; Vaillant, 1979）。有直接证据显示，抑郁能够削弱免疫系统功能（Herbert & Cohen, 1993; Miller & Blackwell, 2006），尤其是在老年人身上（Herbert & Cohen, 1993）。抑郁，尤其是伴随着大多数抑郁患者的失控感，是破坏免疫系统工作的核心机制；这一机制存在于大多数负性的应激生活事件中，例如失去工作（Miller & Blackwell, 2006; Robles et al., 2005）。抑郁也可以导致对自己照顾不够以及倾向于采取高风险行为。人类就像 Sapolsky 研究的狒狒，在应激事件发生时保持控制感，可能是心理因素对身体健康的最重要贡献。

大多数关于应激和免疫系统的研究检验的是突发的应激事件。但是长期应激可能问题更大，因为其造成的影响也会是长期的（Schneiderman, 2004）。例如，研究发现，那些照顾患有慢性疾病家庭成员（例如阿尔茨海默病患者）的人，免疫系统功能有所下降（Holland & Gallagher-Thompson, 2011; Mills et al., 2004）。

为了了解免疫系统是如何保护我们的，我们必须要先了解免疫系统如何工作。下面我们简要介绍一下免疫系统（参见图9.4），然后我们再详细谈谈心理因素如何影响与免疫系统功能关系密切的两种生理疾病过程（艾滋病和癌症）。

免疫系统如何工作

免疫系统能够辨识和清除外源性的物质，也就是所谓的**抗原**（antigens）。抗原可以是各种各样的物质，包括细菌、病毒、寄生虫，等等。除此之外，免疫系统还会攻击机体自身的异常细胞或者遭受了

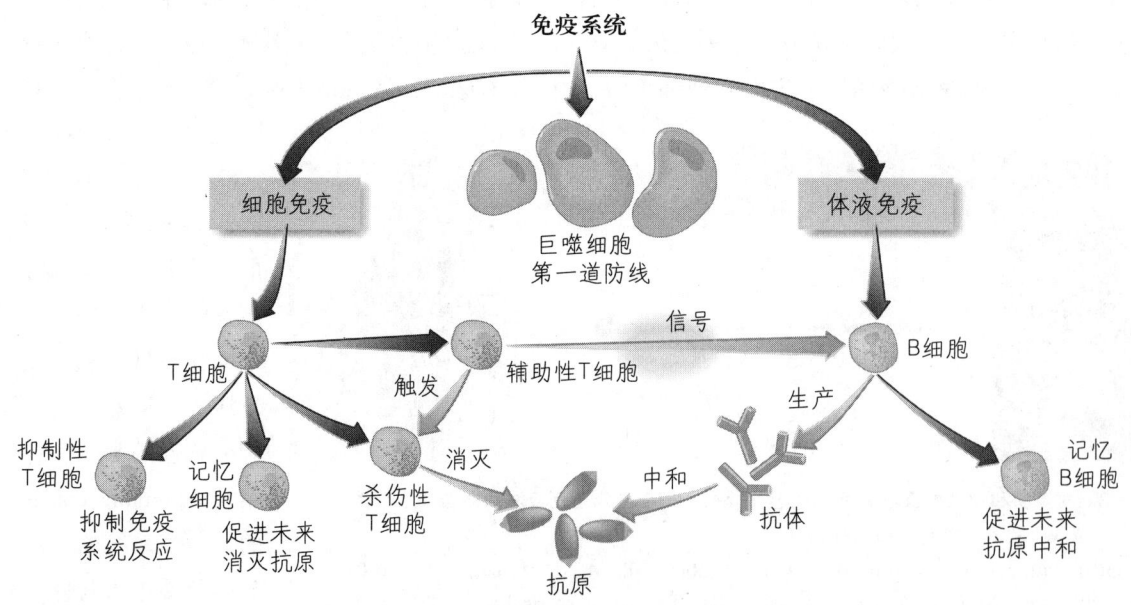

图9.4　免疫系统概览

损伤的细胞,例如恶性肿瘤。手术移植的器官也是异质的,免疫系统也会对其进行攻击,因此在器官移植之后一段时间内需要抑制免疫系统的功能。

免疫系统有两个主要部分:体液免疫和细胞免疫。特定的细胞同时为这两个部分服务。**白细胞**(leukocytes)负责主要的工作,有几种类型。**巨噬细胞**(macrophages)是机体免疫的第一道防线。它们会包围辨识到的抗原,并消灭它们。它们也会给淋巴细胞(lymphocytes)发出信号。而淋巴细胞有两种:B 细胞和 T 细胞。

B 细胞(B cells)在体液免疫中起作用,B 细胞向血液和其他体液中释放分子,捕捉抗原,并意图中和它们。B 细胞负责生产叫作免疫球蛋白(immunoglobulins)的高度特异性分子。免疫球蛋白作为抗体和抗原结合,以中和抗原。抗原被中和之后,体内会出现一种**记忆 B 细胞**(memory B cells);这样,如果免疫系统再次遇到同一类抗原,其反应速度会加快。这也正是疫苗接种会起作用的原因。疫苗里含有少量(不足以致病)目标抗原。经过接种,你的免疫系统会"记住"这种抗原,当你再次接触到这种抗原时,免疫系统就能够防止你病倒。

另一种淋巴细胞叫作 **T 细胞**(T cells),它在细胞免疫中工作。这类细胞不产生抗体。相反,T 细胞中的一种,**杀伤性 T 细胞**(killer T cells)能够直接破坏病毒感染和癌变进程(Dustin & Long, 2010; Wan, 2010)。当这个过程完成后,**记忆 T 细胞**(memory T cells)被生产出来,使得人体再次面对相同抗原时能够加快反应速度。其他几类 T 细胞能帮助调节免疫系统。例如,**T4 细胞**(T4 cells)又被叫作**辅助性 T 细胞**(helper T cells),因为它们能够通过给 B 细胞发出生产抗体的信号以及通知其他 T 细胞消灭抗原的方式来增强免疫反应。**抑制性 T 细胞**(suppressor T cells)则在不再需要 B 细胞的时候抑制其抗体生产。

辅助性 T 细胞的数量是抑制性 T 细胞的 2 倍。如果前者过多,免疫系统过于活跃,可能会攻击正常的机体细胞,而不仅仅是抗原。这种情形属于**自身免疫性疾病**(autoimmune disease),例如类风湿性关节炎。如果后者过多,那么人体就容易受到各种抗原的入侵。**人类免疫缺陷病毒**(HIV)直接攻击辅助性 T 细胞,因此这种攻击会极大地削弱人体免疫系统,导致艾滋病发病。

Robert Ader 证明了免疫系统能对环境刺激作出反应。

直到 20 世纪 70 年代中期,大多数科学家仍然相信大脑和免疫系统的工作是彼此独立的。但是在 1974 年,Robert Ader 及其同事(Ader & Cohen, 1975, 1993)有了一个惊人的发现。在经典条件反射范式下,他们给老鼠喂有甜味的水以及一种抑制免疫系统的药。Ader 和 Cohen 发现,即使只给老鼠带甜味的水,其免疫系统也会发生类似的变化。换句话说,在对有甜味的水进行反应时,老鼠"学习"(即建立经典条件反射)到了抑制自身的免疫系统。我们现在知道,神经系统和免疫系统有很多联系。这些研究发现催生了一个新的研究领域,**心理神经免疫学**(psychoneuroimmunology)(Ader & Cohen, 1993; Coe, 2010);简单地说就是研究心理过程如何影响作用于免疫系统的神经反应。

现在,研究者对心理和社会因素如何影响免疫系统功能已有了很多了解。我们已经知道,大脑(中枢神经系统)、HPA 轴(激素)和免疫系统有直接关联。针对应激事件的行为改变,例如吸烟增多、饮食习惯变糟则会抑制免疫系统(Cohen & Herbert, 1996)(见图 9.5)。目前,科学家已经发现,一系列分子变化可以通过激活特定基因将应激和疾病的发生联系在一起(Cole et al., 2010)。简单来说,应激似乎能够激活细胞内部的特定分子,从而激活基因(转录因子)。例如,GABA-1 转录因子可以激活白细胞介素 6 基因。这个基因能够制造产生炎症反应的蛋白质,从而激活免疫系统中的抗感染细胞到达相应部位。如果你不小心割伤了自己,那么这个过程很有帮助;但是如果长期如此,反而会造成损害。长期的炎症反应能够推动癌症、心脏病和糖尿病的恶化,缩短个体的寿命。其他的基因,例如第 2 章提到的 5-羟色胺转运体基因,也会让人在面对特定应激源时更具易感性(Way & Taylor, 2010)。随着时间推移,毫无疑问,我们对应激反应涉及的基因和心理生理路径将会有更多发现(Segerstrom & Sephton, 2010)。

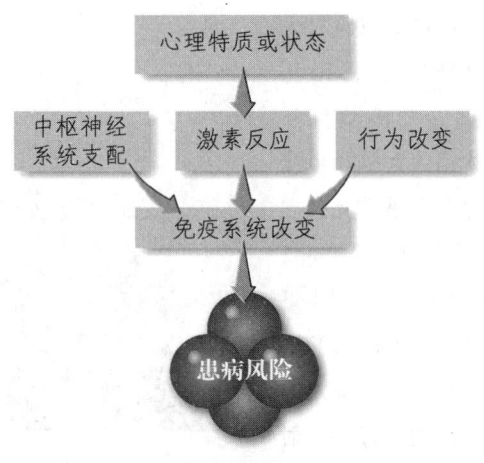

图 9.5 心理因素通过免疫系统影响疾病产生的路径图。（为简明起见，箭头仅指向一个方向，即从心理特点到疾病，但这并不表明没有其他指向存在。）
From Cohen, S., & Herbert, T. B.（1996）.Health psychology: Psychological factors and physical disease from the perspective of human psychoneuroimmunology. *Annual Review of Psychology, 47,* 113–142.

小测验 9.1

请把免疫系统的不同部分与其功能配对：

A. 巨噬细胞　　　　B. B 细胞
C. 免疫球蛋白　　　D. 杀伤性 T 细胞
E. 抑制性 T 细胞　　F. 记忆 B 细胞

1. 这一类细胞能够直接毁掉抗原，从而对抗病毒感染。_____
2. 白细胞的一种，能够包围辨识到的抗原，并且消灭它们。_____
3. 高度特异性分子，可作为抗体和抗原结合并且中和抗原。_____
4. 淋巴细胞，在体液免疫中发挥作用，在血液和体液中循环。_____
5. 这些细胞的功能在于，当特定抗原再次出现时，免疫系统的反应能够更快。_____
6. 这些 T 细胞能够阻止 B 细胞在不需要的时候继续生产抗体。_____

心理社会因素对生理疾病的影响

情绪与行为因素会对人类的免疫系统产生影响。随着对这一领域了解的加深，我们接下来要介绍的是这些因素如何影响某些具体的生理疾病。

艾滋病

艾滋病（AIDS）传播所带来的危害如此巨大，世界各国的公共卫生系统都把这种疾病视为头号工作重点。全世界携带 HIV 的病人数量在持续增长，2011 年已达到了约 3420 万，比 2000 年时高出了 22%（Kates, Carbaugh, Rousseau, & Jankiewicz, 2012）。直到 2004 年，世界上部分国家和地区的成年人和儿童的艾滋病死亡率才由于积极治疗和预防措施得以控制（Bongaarts & Over, 2010; Fauci & Folkers, 2012）。然而，上述手段效果有限，仅在 2010 年就有 180 万人死于艾滋病。艾滋病最高发的区域是南非，该国的成年人中有 15%～28% 为 HIV 阳性，其患者数量占全世界患者数量的 2/3。这种状况带来了另一项恶果，在南非大约有 1800 万儿童成为了"艾滋孤儿"（Kates et al., 2012; Klimas, Koneru, & Fletcher, 2008）。同时，艾滋病也在世界其他人口密集的地区和国家迅速传播开来，其中包括印度、中国（Normile, 2009）和拉丁美洲；这些国家和地区的患者数量从 2006 年的 200 万一路飙升到 2015 年的 350 万（Cohen, 2006）。除亚洲之外，在世界其他国家和地区，少数民族（或少数群体）更容易受到这种致命疾病的侵害。事实上，由于缺少有效的治疗手段，在美国非常明显的一个现象是，艾滋病在某些性少数群体中尤为横行肆虐（Pellowski, Kalichman, Matthews, & Adler, 2013）。幸运的是，无论在美国还是世界其他地方，人们都能够感受到这个问题的迫切程度在近十年间出现了明显的下降。

虽然静脉毒品注射和同性恋性行为仍然是美国人感染 HIV 的主要途径，但是在世界绝大多数国家和地区（尤其是欠发达地区），异性之间的性行为才是人们感染 HIV 的途径（见表 9.2）。对于个体而言，一旦感染上了 HIV，那么每个人的病程会表现出不同的特征。有些人在几个月到几年时间里并不会表现出明显的症状，已感染的患者只会出现一些"小"问题，诸如体重降低、发烧以及半夜盗汗——所有这些症状被统称为**艾滋病相关综合征**（AIDS-related complex，简称 ARC）。就艾滋病本身的诊断标准而言，直到患者出现诸如孢子菌肺炎、癌症、痴呆或者其他真正使身体机能出现衰退和恶化的综合征之

表9.2 艾滋病传播途径分类占总数的估计百分比（世界：2009；美国：2008）

传播途径	世界	美国*
男性与男性的性接触	5%~10%	50%
毒品注射	10%	17%
男性与男性的性接触且有毒品注射		5%
异性之间的性接触	59%~69%	32%
其他**	16%~21%	1%

* 由于总数计算和人群分类无关，因此各项百分比数据之和不一定为100%。

** 包括血友病、输血、围产期暴露、医疗卫生场所内的传播，以及一些没有报告或没有被鉴别出的风险因素。

Source: Figures for the world adapted from UNAIDS (2009, November), *AIDS epidemic update*. Figures for the U.S. adapted from Centers for Disease Control and Prevention (2010), *Diagnosis of HIV infection and AIDS in the U.S. and dependent areas, 2008* (HIV Surveillance Report, Volume 20).

后，医生才会将患者诊断为患有艾滋病。从最初被艾滋病病毒感染到艾滋病症状全部表现出来，时间跨度大约为7.3到10年，甚至可能更长（Pantaleo, Graziosi, & Fauci, 1993）。临床科学家已经研发出了一种有效的新型药物组合，称为高活性抗逆转录病毒疗法（highly active antiretroviral therapy，简称HAART），用来抑制HIV感染者体内的病毒；这种疗法即使在病情进展已经比较严重的患者身上仍然能够取得良好的效果（Hammer et al., 2006；Thompson et al., 2010）。目前，这种疗法已经在减缓患者病程发展以及降低患者死亡率方面取得了积极的效果。例如，绝大多数患者在被确诊为艾滋病后的1年时间里死亡，这种情况在许多发展中国家中尤其普遍。但是，使用HAART疗法之后，患者被确诊为艾滋病并存活2年及更长时间的比例在2005年上升到了85%。在美国，接受HAART疗法的患者死亡率从2002年到2010年至少降低了50%。需要指出的是，美国是使用这种疗法最普遍的国家，患者相对更容易获得这些药物（Fauci & Folkers 2012）。图9.6显示了从2002年到2010年美国白人和黑人男性死于艾滋病的比例（CDC, 2013）。然而，HAART只是一种治疗方法，却不是一种治愈方法。最近得到的证据显示，HAART疗法几乎无法消灭病毒，它只能减少病毒的数量并且让病毒进入"休眠"状态；所以，艾滋病患者必须终身服用多种药物（Buscher & Giordano, 2010；Thompson et al., 2012）。除此之外，一项研究结果显示，有高达61%的患者会在治疗途中放弃HAART疗法，因为这种疗法会导致极为严重的副作用，例如恶心、痢疾等（O'Brien, Clark, Besch, Myers, & Kissinger, 2003；Thompson et al., 2012）。出于上述原因，除非被感染的患者处于迫在眉睫的危险状态之下，医生通常不太会推荐这种疗法（Cohen, 2002；Hammer et al., 2006）。但是，鉴于HAART疗法对于刚刚感染HIV的患者疗效良好，医生会考虑对刚感染的患者使用这种疗法，并且这种疗法介入的时间越早越好；医生同时还会与患者密切配合，确保患者能够按时吃药（Mermin & Fenton, 2012；Thompson et al., 2012）。最近的研究结果显示，HAART疗法对于艾滋病易感高风险人群具有预防效果（Cohen, 2011；Mermin & Fenton, 2012）。而坏消息是，HIV的耐药性在增加，其耐药菌株目前已经被发现。

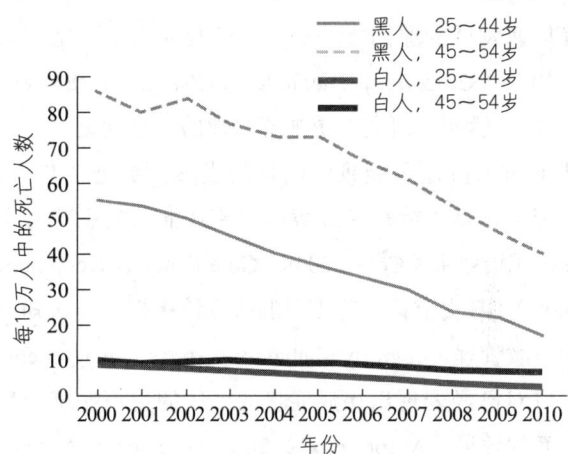

图9.6 从2000年到2010年，在25~44岁的美国白人和黑人男性中，HIV导致的死亡率降低了大约70%。45~54岁的美国黑人男性和白人男性由HIV导致的死亡率分别降低了53%和34%。从2000年到2010年，美国黑人男性由HIV导致的死亡率是美国白人男性的至少6倍。From Centers for Disease Control and Prevention. [2013]. Human Immunodeficiency Virus (HIV) disease death rates among men aged 25-54 years, by race and age group—national vital statistics. *Morbidity and Mortality Weekly Report, 62*[9], 175.

由于艾滋病是一种相对较新的疾病，并且病程的发展需要至少几年的时间，因此我们还在努力了解这种疾病的过程中，希望能够找到包括可能的若干心理因素在内的提高患者存活率的办法（Klimas et al., 2008；Taylor, 2009）。研究人员已经发现了这样一群人，他们反复暴露于艾滋病病毒环境中，但是却没有被感染。这群人和"普通人"的区别在于他们的免疫系统特别强大（Ezzel，1993），出现这种现象的部分原因是由于他们的先天遗传因素（Kaiser，2006），但是心理因素似乎也在其中发挥了作用。例如，一项研究的结果显示，有些人虽然身上带有病毒，但是却没有发展为艾滋病。这些人身上的特征包括了对临床医生全心的信任以及从自己所爱的人身上获得的有力社会支持，而这些因素都与强大的免疫系统功能相关联（Ruffin, Ironson, Fletcher, Balbin, & Schneiderman，2012）。因此，能够提升机体免疫系统功能的方法也许能够有助于预防艾滋病。

鉴于心理因素对免疫系统功能的影响，研究者便开始着眼于考察心理因素是否也能影响HIV的发展进程。例如，高应激水平、高抑郁水平加上低社会支持水平与疾病病程更迅速的发展相关（Leserman，2008；Leserman et al.，2000）。导致病程加速发展的原因之一是，抑郁与人们不再坚持服药相关（Gonzalez, Batchelder, Psaros, & Safren，2011）。然而，研究者更加感兴趣的一个问题是，心理干预手段是否能延缓病程的发展；更进一步说，心理干预是否能在已经表现出疾病症状的患者身上发挥积极效果（Cole，2008；Gore-Felton & Koopman，2008）。事实上，一些重要的研究结果提示，<u>认知行为应激管理</u>（cognitive-behavioral stress-management）可以对已经表现出疾病症状的个体的免疫系统产生正面的效果（Antoni et al.，2000；Carrico & Antoni，2008；Lerner, Kibler, & Zeichner，2013；Lutgendorf et al.，1997）。具体而言，Lutgendorf等人（1997）在实验组被试身上使用了心理干预技术，在对照组被试身上没有使用。结果发现，和对照组相比，实验组被试抑郁和焦虑的程度确实显著降低了。更为重要的是，研究人员发现，在实验组被试身上出现了单纯疱疹Ⅱ型病毒抗体的显著降低，在对照组被试身上则未能观察到这种现象。这些结果反映出实验组被试免疫系统中的细胞成分对病毒的控制作用更有力。Antoni等人（2000）在研究中考察了73名男性患者，这些患者要么是同性恋者要么是双性恋者，他们都感染了HIV并且已经表现出了疾病的症状。研究人员把这些男性患者分配到实验组和对照组。实验组在接受常规治疗之外还会接受心理干预，即认知行为应激管理，对照组则只接受常规治疗。这项研究的结果与前人类似，接受心理干预的男性患者在治疗后的焦虑、愤怒以及可感知到的应激水平上都要好于对照组，这就表明了心理干预的有效性。更重要的是，在接受了为期1年的心理干预之后，实验组的男性患者表现出了更好的免疫系统功能（其指标是更高水平的T细胞）。你可以在图9.7中看到这些研究发现。与上述研究相似，Goodkin等人（2001）指出，为期10周的心理治疗能够显著延缓HIV载量的增加，而HIV载量的增加是艾滋病晚期全面发病的有效且可靠的预测指标；在这项研究的对照组被试身上则没有观察到这种现象。不久，Antoni等人（2006）将自己团队的研究又向前推进了一步。他们向HIV检测阳性并且正在使用HAART疗法的男性患者提供为期10周的服药培训。这个培训的目的是帮助这些男性

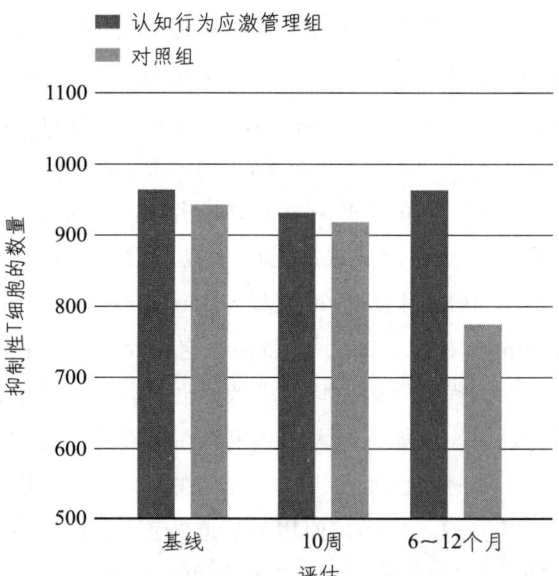

图9.7　HIV阳性的男同性恋者在认知行为应激管理组（n=47）和对照组（n = 26）在干预前（基线）、干预后（10周）以及追踪（6～12个月）三个时间点的抑制性T细胞平均数。认知行为应激管理对已经出现症状的HIV阳性的男同性恋者以下三个方面产生作用：焦虑水平、24小时尿液中去甲肾上腺素水平和随时间的抑制性T细胞变化。

Adapted from Antoni, M. H., Cruess, D. G., Cruess, S.,Lutgendorf, S., Kumar, M., Ironson, G., Klimas, N., Fletcher, M. A., & Schneiderman, N. [2000]. Cognitive-behavioral stress management intervention effects on anxiety, 24-hr urinary norepinephrine output, and T-cytotoxic/suppressor cells over time among symptomatic HIV-infected gay men. *Journal of Consulting and Clinical Psychology, 68*, 31–45.)

尽可能地按照医生处方上的剂量和用药时间做到准确服药。在这一研究中，一半男性被分配到了实验组，他们不但接受服药培训，而且还会接受认知行为应激管理的干预；另一半男性被试被分配到了对照组，只接受服药培训。结果发现，接受知行为应激管理干预的男性患者在15个月后出现了病毒载量的降低，而在对照组男性身上却没有出现这种现象，即他们体内的病毒载量没有变化。病毒载量的降低主要是患者抑郁水平降低，进而导致应激激素皮质醇水平降低的结果。因此，即便是在发展中且已经表现出症状的HIV患者身上，心理干预手段也是有效的。这种干预不但提高了患者的心理适应性水平，同时也对他们的免疫系统功能产生了影响，并且这种影响效应是可以持续相当长一段时间的。

虽然Antoni等人（2000，2006）的研究结果确实在这方面提供了证据支持，但如果现在就说心理干预的效果是强有力的或持续有效的，并且这种效果已经可以"转化"为艾滋病患者存活时间，那么这种结论仍然太过草率。如果心理压力及其相关变量如上文所述的若干研究（Cole，2008；Leserman，2008）那样确实能在临床上对HIV感染患者的免疫反应、免疫功能以及病程发展产生显著影响，那么心理干预有可能强化患者的免疫系统，继而有可能提高患者的存活率；更进一步说，在最理想的情况下，心理干预能够使患者的免疫系统不再逐渐恶化下去（Carrico & Antoni，2008；Kennedy，2000）。当然，最有效的干预方式一定是告诫人们一开始就不要做出可能让自己感染上HIV的行为，比如减少高风险行为，确保性行为的安全（Mermin & Fenton，2012；Temoshok，Wald，Synowski，& Garzino-Demo，2008）。这一点对少数群体而言尤其关键，例如拉美裔美国人和非裔美国人（Gonzalez，Hendriksen，Collins，Duran，& Safren，2009）。除此之外，鉴于被社会边缘化的群体难以得到医疗卫生服务，并且他们又是最易感染HIV的人群，那么应针对这些群体大力实施复合型的干预策略。这一系列复合策略包括，让HIV阳性患者更早且更充分地了解这种疾病，促使他们更早开始治疗以及帮助他们尽量坚持服药和治疗。所有这些目标的实现都有赖于行为的改变（Grossman，Purcell，Rotheram-Borus，& Veniegas，2013），因而，对行为疗法和健康心理学的研究和探索就显得愈发迫在眉睫了。

癌 症

虽然难以置信但却事实确凿的是，对疾病的研究发现，不同种类癌症的发展和病程都会受到患者心理层面的影响（Emery，Anderson，& Andersen，2011；Fagundes et al.，2012；Giese-Davis et al.，2011；Williams & Schneiderman，2002）。这就催生了一个新的研究领域，**心理肿瘤学**（psychoncology）（Antoni & Lutgendorf，2007；Helgeson，2005；Lutgendorf，Costanzo，& Siegel，2007）。肿瘤学指的是对癌症的研究。有一项研究经常被学者们提及，这项研究是由哈佛大学的精神科医生David Spiegel及其同事完成的（Spiegel，Bloom，Kramer，& Gotheil，1989；Spiegel，2013）。这项研究的对象是86位乳腺癌晚期女性患者，她们的肿瘤已经转移到身体的其他部位了，并且医生预计这些患者的生命会在2年内结束。很明显，对这些乳腺癌患者来说，预后的确很差。虽然Spiegel等人也没有对治好这些患者的癌症抱有什么希望，但是他们希望为这些女性患者提供团体心理治疗；至少这种方式能够减轻她们的焦虑、抑郁和疼痛。

所有86位患者都接受了对癌症的常规医学治疗，并且其中有50名患者分成若干小组接受了心理治疗。她们每周与自己的治疗师进行一次会面，同时接受团体心理治疗，每一个治疗小组的人数不多。让所有人大跌眼镜的是（当然这其中也包括了Spiegel），接受团体治疗后的患者存活时间要远远长于对照组的患者。对照组的患者只是不接受心理治疗，但她们接受的依然是当时最好的医学治疗。心理治疗组患者的平均存活时间（大约3年）是对照组患者平均存活时间（大约18个月）的两倍。在这项研究开始后的4年时间里，1/3接受心理治疗的患者依然健在，而所有接受当时最好的医疗处理但没有接受心理治疗的患者此时都已经过世了。接下来，研究人员再次仔细分析了这些患者的数据后确认，心理治疗组患者和对照组患者所接受的医疗处理质量相同，不存在差异，因此造成患者存活时间不同的原因就是心理治疗的介入（Kogon，Biswas，Pearl，Carlson，& Spiegel，1997）。这些发现并不意味着心理干预对晚期癌症患者具有治愈的效果。在研究进行10年之后，86位女性中只有3人依然健在。

接下来的研究结果似乎支持了这样一种发现：心理治疗能够延长癌症患者的存活时间，降低癌症的复发率，并且对不同种类的癌症均有这种效果（Fawzy, Cousins, et al., 1990; Fawzy, Kemeny, et al., 1990）。但是，另一些研究却没有重复出上述结果，这些研究并没有发现心理治疗有延长寿命的效果（Coyne, Stefanek, & Palmer, 2007）。有一项研究显示，心理治疗确实能够降低患者抑郁与疼痛的水平，并且提升患者的整体幸福感，但是没有发现能够延长患者存活时间的作用（Goodwin et al., 2001）。

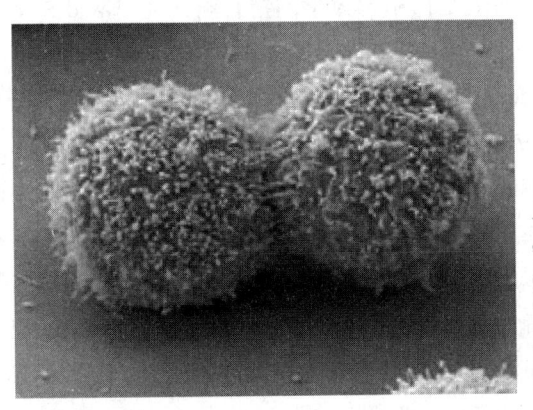

乳腺癌细胞。

最近，Andersen等人（2008）进行了一项研究，他们把277位接受过手术的乳腺癌患者随机分配到了实验组和对照组。实验组被试接受心理干预和评估，对照组被试只接受评估。心理干预包括降低患者的应激水平、提升情绪状态、促进健康行为（减少吸烟、加强锻炼等）以及坚持癌症治疗和保健。这些方式的确成功地降低了患者的应激水平，改善了情绪，并且增加了健康行为（Andersen et al., 2007）。更重要的是，在接下来平均11年的时间里，这些接受过心理干预的患者死于乳腺癌的风险降低了57%，乳腺癌复发的风险降低了45%。这一研究结果再一次支持了心理干预能够延长癌症患者存活时间的潜在效果（见图9.8）。与此相似的是，心理干预还表现出了其他积极作用，比如它减少了乳腺癌转移的幸存患者的抑郁症状（Giese-Davis et al., 2011）。

研究的结果表明，心理治疗能够降低多种癌症患者的应激水平，提高他们生活的质量，甚至有可能延长他们的存活时间，降低复发率；这些效果现已经成为许多人的共识（Manne & Ostroff, 2008; Penedo, Antoni, & Schneiderman, 2008）。心理治疗在延长患者存活时间方面所取得的早期成果（至少在部分研究中这种效果得到了证实）引发了研究者们更大的兴趣，他们希望了解在心理治疗的这种积极效果背后是怎样的机制在发挥着作用（Antoni et al., 2009; Antoni & Lutgendorf, 2007; Emery et al., 2011; Nemeroff, 2013）。研究人员考察的潜在影响因素包括更加健康的行为习惯、坚持药物治疗以及改善有关应激的内分泌功能，所有这些都有增强免疫系统功能的作用（Antoni et al., 2006, 2009; Foley, Baillie, Huxter, Price, & Sinclair, 2010; Emery et al., 2011; Nezu et al., 1999）。例如，在过去一年内经历一件压力巨大的生活事件（尤其是对那些早年亲子关系糟糕的个体而言），能够预测免疫系统对基底细胞癌（皮肤癌）的反应出现显著的降低（Fagundes et al., 2012）。不但如此，任何能够帮助癌症患者获得更亲密或密切的社会支持的手段对他们来说都是相当重要的，因为这可以舒缓患者的

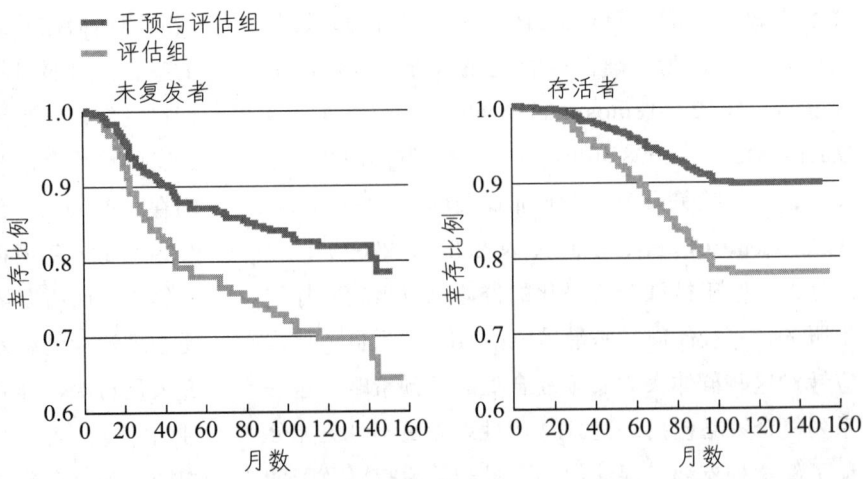

图9.8　乳腺癌患者在心理干预后数月的复发率和存活率
From Andersen et al. [2008]. Psychologic intervention improves survival for breast cancer patients. *Cancer, 15,* 3456.)

应激状态（Hostinar, Sullivan, & Gunnar, 2013），并延缓疾病的恶化（Antoni et al., 2006; Foley, Baillie, Huxter, Price, & Sinclair, 2010; Nezu et al., 1999）。目前还有一些初步的证据证明，心理因素可能不仅能对癌症和其他疾病的病程产生影响，同时还会对疾病的发展产生影响（Antoni & Lutgendorf, 2007; Lutgendorf et al., 2007）。如果人们知觉到缺乏控制感、没有足够的应对方法和手段、各种应激生活事件扑面而来，或者使用不恰当的应对方法和手段（例如否认），那么这些都会诱发癌症发展的可能；也许是通过改变人们的免疫功能，也许还会通过其他方式诱发癌症，包括改变致癌病毒的活动方式、改变DNA的修复过程以及改变控制肿瘤生长的基因表达方式（Antoni & Lutgendorf, 2007; Lutgendorf et al., 2007; Nemeroff, 2013）。例如，长期的心理应激状态会加速细胞老化，其明显的指标是细胞端粒的长度缩短。端粒位于染色体的末端，是DNA的基本蛋白复合物。DNA负责遗传信息的编码，而端粒的作用是保护DNA免受损害。然而，我们要再次强调，不是应激事件本身的绝对水平导致细胞加速老化，而是人们对应激事件的负面主观诠释和评价（O'Donovan et al., 2012）。

因癌症而产生的部分结果过去曾经被忽视，而上述这些研究发现让人们的目光再次投向了这些被忽视的事实。那就是，人们发现了癌症带来的一些积极后果。例如，许多乳腺癌患者说，患病之后自己的目标感更强了，有了更深层次的精神感悟，和他人的关系更加紧密了，对生活中各方面孰轻孰重有了全新的认识和排序（Lechner & Antoni, 2004; Park, Edmondson, Fenster, & Blank, 2008; Yanez et al., 2009）。所有这些体验和感悟都是有益的发现，而且它们反映出部分患者的特质类型，比如应对技巧、控制感以及潜藏在心理弹性背后能够降低应激负面影响的乐观态度（Bower, Moskowitz, & Epel, 2009）。这些特质和技术也是心理治疗希望达成的最重要的目标。Antoni等人（2006）对上述观点进行了考察，他们的研究对象是199名患有乳腺癌的女性，并且所有患者身上的癌细胞都还没有发生转移。Antoni等人使用了认知行为应激管理技术，结果发现，在接受治疗的一年期间，这种技术确实能够提高患者的生活质量。

对于患有癌症的儿童患者来说，心理因素在治疗和康复期间也能够发挥重要作用（Koocher, 1996）。对于不少癌症来说，治疗时需要使用侵入性且会引发疼痛的手段；这种持续性的疼痛对于儿童本人来说难以忍受，而且家长和医务人员也会于心不忍。儿童在接受这种治疗时通常会歇斯底里地哭闹反抗，因此为了完成治疗，医务人员必须对很多孩子实施身体上的约束。可想而知，这种约束会带来负面效果，而且反复的剧痛也会使儿童处于应激和焦虑的状态，继而导致疾病恶化。专门的心理介入手段能够降低这些儿童患者的疼痛与应激水平，这些手段包括呼吸训练，观看治疗过程的影片从而让孩子了解治疗并降低他们心中的不安，以及在玩具娃娃身上排练治疗过程。所有这些均有助于让年幼的患者增大对治疗的接受度，从而提高治疗的效果（Brewer, Gleditsch, Syblik, Tietjens, & Vacik, 2006; Hubert, Jay, Saltoun, & Hayes, 1988）。Melamed和她的同事成功证明了在儿童医疗过程中加入心理干预的重要性（see, for example, Melamed & Siegel, 1975）。在所有的案例中，儿科心理学家都越来越多地将心理干预作为常规的临床治疗手段。

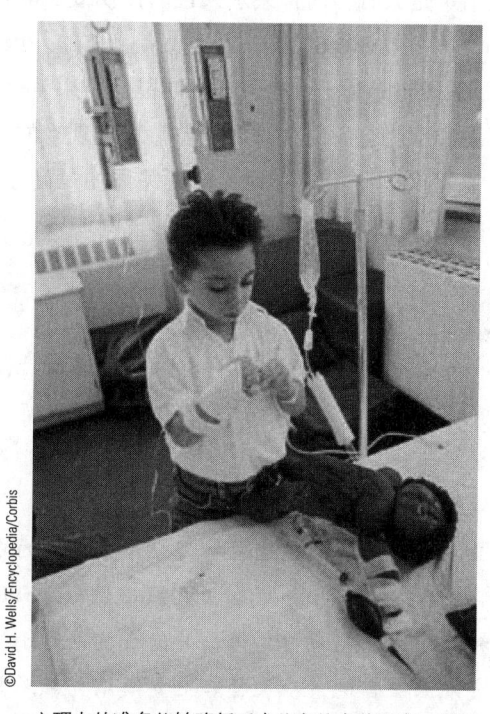

心理上的准备能够降低手术儿童的痛苦程度，并促进他们复原。

几乎所有的家长在听到孩子患有癌症的噩耗之后都会出现创伤后应激症状，因此降低家长的应激水平也是相当重要的；如果能够降低他们的应激水平，那么随后他们就能给儿童患者提供更有支持性的照料（Kazak, Boeving, Alderfer, Hwang, & Reilly, 2005）。Sahler等人（2005）研究的对象是一群孩子刚刚被确诊出患了癌症的母亲，他们为其中一部分母亲提供一种名为认知行为问题解决技术的心理干预，为另一部分母亲只提供常规支持。接受心理干预的母亲出现的负面情绪更少，应激水平更低，解决问题的技巧也更好。当然，孩子患上癌症对于每个母亲来说都是一场悲剧，而通过心理干预获得上述结果对于这些母亲来说会是一种积极的帮助。

心血管问题

心血管系统的组成包括心脏、血管以及控制心脏和血管功能的复杂机制。这个系统如果出现问题就会导致**心血管疾病**（cardiovascular disease）。例如，很多人，特别是老年人，会出现**中风**（stroke）或**脑血管意外**（cerebral vascular accidents，简称CVA）。中风是脑血管的暂时性阻塞或者脑血管破裂，其导致的结果是大脑暂时性或永久性的损伤或功能丧失。雷诺氏病（Raynaud's disease）患者身体的外周部分（诸如手指与脚趾）会丧失循环功能，结果就是患者的双手和双脚会感到些许疼痛并持续出现冷的感觉。在心血管问题中目前受到最广泛关注的是高血压和冠心病。首先，让我们看看约翰的案例。

约翰 人形火山

约翰今年55岁，是一名企业管理人员，已婚，有两个十几岁的孩子。在约翰成年之后，大多数时间他都保持着每天一包香烟的习惯。约翰一直保持着忙碌且积极的状态和工作日程，但和商业伙伴及同事的频繁聚餐部分导致了他的中度肥胖。从42岁开始，约翰开始服用控制高血压的几种药物。医生考虑到约翰的父亲就是由于心脏病突发而去世的，多次警告他要戒烟并且多做运动。虽然约翰偶尔会感觉到胸口疼，但他还是无法放弃自己这种忙碌且高压力的生活方式。让他慢下来实在很难，因为他的生意在过去10年间可以说得上顺风顺水。

除此之外，约翰坚信人生苦短，认为自己根本没有时间慢慢来。他忽视家庭，几乎每天都工作到很晚。就算他人在家里，通常也会工作到深夜。对他来说，放松下来很难；他总感觉到时不我待，有许多事情要做，而且他喜欢多项工作同时展开。例如，约翰通常同时一边审阅文件，一边打着电话，并且嘴里还吃着午饭。他觉得，自己工作上的成功就是得益于这种工作方式。但除了事业成功之外，约翰周围的人都不太喜欢他。他的同事和员工经常觉得他蛮横专制，很容易受挫不满，有时候甚至还充满敌意。下属抱怨说，约翰完全没有耐心，并且对他们的工作异常挑剔。

你觉得约翰身上有没有什么问题？大多数人都会认识到，他的行为和态度让他的生活充斥着不愉快，甚至有可能要了他的命。在上述行为和态度中，有一部分会对人的心脑血管系统产生直接的影响，比如导致高血压和冠心病的发生。

高血压

高血压（hypertension/high blood pressure）不但是中风和心脏病的主要风险因素，同时也是肾病的风险因素。因此，高血压是一种极为严重的医学疾病。当体内器官和身体外周部位的血管收缩（变窄），使得血液流向身体中央部位的肌肉时，血压就会升高。由于大量血管的收缩，心脏肌肉就必须更加努力地工作，使血液流向身体各处，这个过程会引起血压的增强。这些因素会导致一直处于收缩状态的血管出现损耗，导致心血管疾病的发生。有一小部分的高血压病例是由于特殊的生理异常导致的，例如肾病或出现在肾上腺部位的肿瘤（Chobanian et al., 2003; Papillo & Shapiro, 1990）。但是绝大多数（达到90%）情况下，患者身上没有显著的生理诱因，这种情况被称为**原发性高血压**（essential hypertension）。虽然临床上通常对收缩压140、舒张压90以上就诊断或考虑诊断为高血压（Chobanian et al., 2003; Taylor, 2009; Wolf-Maier et al., 2003），但是世界卫生组织（World Health Organization）对高血压的诊断标准设定在收缩压160、舒张压95

（Papillo & Shapiro, 1990）。血压数字中前一个是收缩压，即心脏收缩并向外泵血时的压强；第二个是舒张压，即两次心跳之间心脏处于休息状态时的压强。以舒张压的高低作为心脏病风险的指标更加有效。

一项综合调查的结果显示，北美地区35～64岁的人口中有27.6%存在高血压问题，而这一数据在欧洲六国达到了令人震惊的44.2%（Wolf-Maier et al., 2003）。最近一项美国的调查以郡（译者注：州的下一级行政单位）为单位对美国人的高血压患病率进行了考察，结果让人吃惊，美国男性高血压患病率的中位数为38%，女性为40%（Olives, Myerson, Mokdad, Murray & Lim, 2013）。表9.3把上述美国人在治疗和控制高血压方面的数据按照种族进行了分类。当你把高血压视为疾病时，就会发现与这种疾病相关的数据是非常恐怖的。高血压被称为"无声的杀手"，因为它极少表现出症状，并且绝大多数高血压患者都不知道自己已经患上了这种疾病。高血压的数据比任何一种心理障碍的数据都要高出许多。图9.9展示的是，各个国家的高血压患病率与中风死亡风险之间的关系。这些数据表明，高血压和潜在死亡率之间存在相关。尤其突出的是，对于非裔美国人来说，无论男性还是女性，他们罹患高血压的风险是美国白人的1.5～2倍（CDC, 2011; Egan et al., 2010; Lewis et al., 2006; Yan et al., 2003）。除此之外，在患有高血压和其他种类心血管疾病的人群中，少数群体患病后能够获得的治疗和干预也比白人匮乏（McWilliams, Meara, Zaslavsky, & Ayanian, 2009）。近期美国黑人、白人和拉美裔人口的高血压患病率如图9.10所示。更为重要的是，非裔美国人罹患与高血压有关的血管疾病的概率是白人的5～10倍。这就意味着，高血压是美国非裔人口中一种需要特别关注的疾病。Saab等人（1992）通过一项经典研究发现，那些没有高血压疾病的非裔美国人在实验室应激测试中的血管反应较强，其中包括血压的升高。因此，一般而言，非裔美国人罹患高血压的可能性更高。其他研究指

表9.3 美国成年人口中高血压的患病率、治疗与控制情况（2001/2009）

	患病率（%）		治疗比例（%）		控制比例（%）	
	2001	2009	2001	2009	2001	2009
男性	32.58	37.56	64.96	73.05	47.25	57.69
	(23.56～47.25)	(23.53～54.43)	(44.74～75.03)	(55.04～82.01)	(32.03～55.49)	(43.42～65.86)
白人	32.35	37.23	64.17	72.29	49.32	58.63
	(23.75～40.93)	(26.83～46.95)	(41.72～74.75)	(51.04～82.23)	(29.89～58.1)	(39.37～66.31)
黑人	45.57	50.84	64.73	72.24	47.07	55.68
	(34.94～54.97)	(38.67～60.92)	(43.41～74.78)	(52.19～81.77)	(29.24～54.96)	(38.12～62.7)
西班牙裔	33.65	38.13	58.99	67.41	40.95	50.46
	(25.03～42.10)	(27.72～47.70)	(37.21～70.32)	(45.86～78.67)	(23.37～49.83)	(31.84～58.84)
其他	36.48	41.39	61.70	69.86	45.87	55.10
	(27.27～45.29)	(30.43～51.22)	(39.63～72.52)	(48.56～80.28)	(27.26～54.61)	(36.22～62.95)
女性	35.69	38.85	68.95	75.53	43.20	57.93
	(26.75～52.97)	(28.52～57.88)	(50.87～81.53)	(57.68～86.43)	(30.86～53.48)	(43.04～65.46)
白人	35.69	38.85	68.95	75.53	43.20	57.93
	(26.60～42.95)	(28.35～48.01)	(51.62～78.76)	(59.06～84.53)	(29.78～53.46)	(43.98～67.66)
黑人	50.60	54.39	80.32	84.80	50.46	63.70
	(39.16～58.89)	(41.85～64.18)	(67.44～86.65)	(73.72～90.13)	(39.55～58.13)	(54.29～69.86)
西班牙裔	39.19	42.64	69.11	75.80	45.23	59.53
	(29.58～46.70)	(31.68～81.98)	(51.96～78.82)	(59.76～84.53)	(31.61～55.32)	(45.81～68.76)
其他	42.66	46.03	65.12	71.98	42.16	56.10
	(33.19～50.01)	(35.27～55.16)	(47.55～75.51)	(55.03～81.64)	(28.48～52.52)	(41.77～65.98)

Source: Adapted from Olives, C., Myerson, R., Mokdad, A. H., Murray, C. J., & Lim, S. S. (2013).Prevalence, awareness, treatment, and control of hypertension in United States counties, 200122009. *PLoS One, 8*(4), e60308.

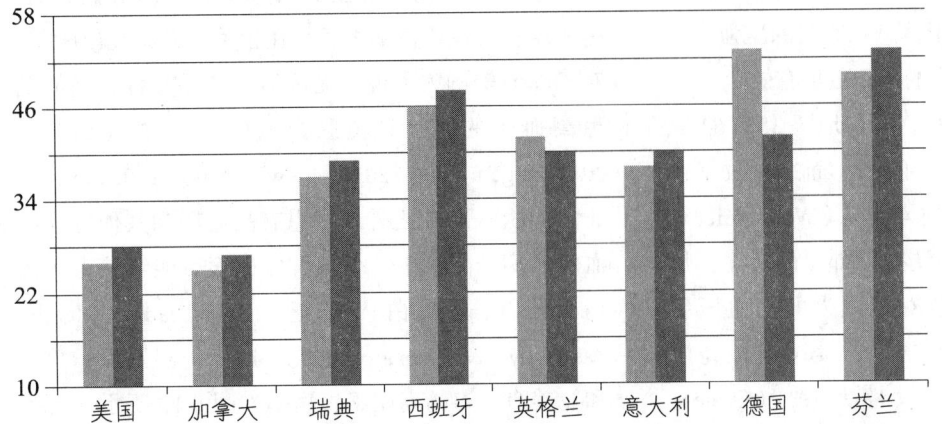

图9.9 六个欧洲国家和两个北美国家中，35～64岁人口的高血压患病率和中风死亡率。在八个发达国家中，更高的高血压患病率与更高的中风死亡率普遍相关。
Adapted from Wolf-Maier, K., Cooper, R. S., Banegas, J. R., Giampaoli, S., Hense, H., Joffres, M., Kastarinen, M., Poulter, N., et al. (2003). Hypertension prevalence and blood pressure levels in six European countries, Canada, and the United States. *JAMA: Journal of the American Medical Association, 289,* 2367 [Figure 4], © 2003 American Medical Association.)

出，非裔美国人罹患高血压的风险更高可能是因为长期受到刻板印象的威胁所致（例如，非裔美国人常常担心别人会因为自己的种族而对自己怀有负面印象），无论是正在经历刻板印象威胁，还是经历过后，这些人的血压都会升高（Blascovich, Spencer, Quinn, & Steele, 2001）。

也许你对此一点都不感到讶异，生物、心理、社会因素共同导致了潜在的致命疾病。很久之前研究人员便已确认，高血压会在家族内部遗传，这种疾病受到遗传基因的显著影响（Fava et al., 2013; Papillo & Shapiro, 1990; Taylor, 2009; Williams et al., 2001）。在实验诱导出的应激状态下，两组实验前血压处于正常水平的被试表现不同。一组被试的父母有高血压的问题，另一组被试的父母血压正常，而结果是前一组被试在实验应激状态下的血压水平要高于后一组被试（Clark, 2003; Fredrikson & Matthews, 1990）。换句话说，要想触发遗传而来的易感性并不是一件困难的事。父母患有高血压疾病的孩子也患上高血压的可能性是父母血压正常的孩子的2倍（Taylor, 2009）。然而，另一些学者指出，遗传因素（作为其他相关因素的反面，其他相关因素包括后天养育）并不是问题的全部；特定的基因变异也可以影响人们罹患高血压的风险，虽然这种影响只占其中一小部分（Kurtz, 2010）。

有研究对高血压的神经生物学进行了考察，研究的重点是对血压调控具有重要作用的两个因素：一是自主神经系统，二是肾脏的钠盐调控机制。当自主神经系统的交感神经激活时，带来的效应之一就是血管收缩；它会对血液循环产生更强的阻力，也就是血压会升高（Joyner, Charkoudian, & Wallin, 2010; Guyton, 1981）。由于交感神经系统是人类面对应激时做出反应的生理机制，所以许多研究人员很长一段时间以来都持有这种观点：应激是导致高血压的主要且核心的因素。对钠盐和水的调控是人肾脏的功能之一，同时这也是对血压的一种重要调节手段。身体中钠盐的浓度过高会导致血量增加以及血压升高。这也就是为什么医生总是强调高血压患者要控制生活中钠盐的摄入量。

诸如人格、应对风格以及应激水平等心理因素也能够用来解释在人们在血压方面的个体差异

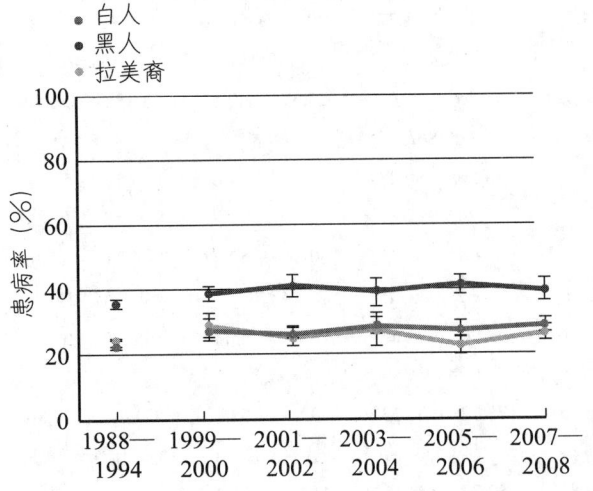

图9.10 1988—1994和1999—2008（以2年为单位）美国各种族的高血压临床患病率
From Egan et al. [2010]. U.S. trends in prevalence, awareness, treatment, and control of hypertension, 1988—2008. *JAMA: Journal of the American Medical Association, 303,* 2048.

（Lehman, Taylor, Kiefe, & Seeman, 2009; Taylor, 2009; Winters & Schneiderman, 2000）。例如，Uchino及其同事（1996）的一篇综述对28项研究进行了回顾，发现在社会支持水平和个体的血压之间存在着显著相关；而且在近期的研究中也获得了类似的发现（Hawkley, Thisted, Masi, & Cacioppo, 2010）。孤独、抑郁以及丧失控制感可能是导致社会支持与血压之间产生相关关系的原因。事实上，一项对已婚夫妻进行的研究发现，夫妻之间可以使用温暖抚触（双方经常充满感情地相互抚触）作为彼此传递爱与支持的手段，并且这种方式会显著地降低他们的血压（Holt-Lunstad, Birmingham, & Light, 2008）。

非裔美国人罹患高血压的比例相对更高。

一项长期研究发现了两种危险的心理因素；其中每一种因素单独作用都能让人们罹患高血压的风险翻倍。一种是敌意，特别是人际间的敌意；另一种是时间紧迫感，或者说缺乏耐心。做出上述结论的研究名为"青年人冠状动脉风险的发展"（Coronary Artery Risk Development in Young Adults，简称CARDIA）。这项研究持续了15年之久，参与者超过5000名（有黑人也有白人）（Yan et al., 2003）。研究发现，当上述两种心理因素合在一起共同作用时，人们罹患高血压的风险更大。除此之外，无论是愤怒还是敌意都与血压升高有关，在实验室中如此，在日常生活中也是如此（Brondolo et al., 2009; Mezick et al., 2010; Miller, Smith, Turner, Guijarro, & Hallet, 1996）。

敌意或者被压抑的敌意是高血压（以及其他种类的心血管问题）的有效预测指标，这一观点可以追溯到Alexander（1939）。Alexander提出，如果人们不具备适当表达愤怒的能力，就会导致患上高血压和其他心血管疾病。愤怒被压抑与否不是关键，关键是在应激情境下人们体验到愤怒和敌意的频率以及人们向他人表达愤怒和敌意的频率（Brondolo et al., 2009; Miller et al., 1996; Winters & Schneiderman, 2000）。让我们回看一下约翰的案例。你在约翰的案例中看到愤怒了吗？约翰的高血压问题很可能和他充斥着压力、应激、挫败以及敌意的生活方式有关。如果找到一种能够以积极正面的方式表达愤怒的办法，并以此来调节自己的愤怒，那么绝大多数人都能够有效地降低自己的血压（Haukkala, Konttinen, Laatikainen, Kawachi, & Utela, 2010; Taylor, 2009）；这种方式不但对普通人有效，对高血压患者同样有效。因此，导致高血压的因素包含有：互动中高水平的应激反应（这可能有遗传基础），经常暴露于应激情境中，不恰当的应对技巧和反应，同时还有敌意和愤怒（Brondolo et al., 2009; al'Absi & Wittmers, 2003; Taylor, 2009）。

冠心病

心理和社会因素与高血压相关已经不是什么新鲜观点了，但如果人们改变行为和态度是不是就能起到预防心脏病发作的效果呢？答案尚不明朗。但是越来越多的证据显示，社会和心理因素与冠心病的确是有关联的（Kivimaki et al., 2012; Clark et al., 2012; Emery et al., 2011; Winters & Schneiderman, 2000）。为什么这是一个有价值的问题？因为，心脏病是西方国家的头号致死原因（参见表9.1）。

冠心病（coronary heart disease），很简单，就是动脉向心脏肌肉（即心肌）的供血受到了妨碍或阻断。描述心脏病的术语有很多。动脉阻塞引起的胸口疼痛称为**心绞痛**（angina）。脂肪性物质或者血小板在动脉中堆积并造成梗阻或狭窄，就会导致**动脉**

粥样硬化（atherosclerosis），也称动脉硬化。**局部缺血**（ischemia）指的是，由于斑块堆积而造成的动脉狭窄，进而导致流向身体某部位的血液减少。**心肌梗死**（myocardial infarction）或者心脏病发作（heart attack）指的是，某一条特定的动脉被斑块栓塞，继而引起心脏组织的坏死。除了斑块之外，动脉还可能因为其他各种原因（例如，滞留在动脉中的血凝块）而出现狭窄或梗阻。

毫无疑问的是，先天遗传特征影响着我们对冠心病（以及其他多种疾病）的易感性，后天很多因素也会对我们的心血管健康状况产生影响，包括饮食、体育锻炼以及我们身处的文化等（Allender, Peto, Scarborough, Boxer, & Rayner, 2007; Thoresen & Powell, 1992）。然而，心理因素和冠心病之间又是什么关系呢？

不少研究结果显示，应激、焦虑以及愤怒，伴随着糟糕的压力应对技巧和社会支持的匮乏，与冠心病密切相关（Jiang et al., 2013; Emery et al., 2011; Matthews, 2005; Suls & Bunde, 2005; Taylor, 2009）。诸如获悉家庭成员突然离世的噩耗等严重应激事件在少数情况下会导致人们出现心肌顿抑，从本质上说就是心脏衰竭（Wittstein et al., 2005）。最近一项研究结果表明，虽然概率很低，但是情绪诱发事件和心脏病发作之间存在着关联；在负面情感以及社会抑制水平较高的个体身上，上述关联尤为显著（Compare et al., 2013）。一些研究显示，即便是原本健康的男性，在经历了应激事件一段时间之后，他们罹患冠心病的可能性也会高于那些低应激群体（Rosengren, Tibblin, & Wilhelmsen, 1991）。对于这部分人来说，降低应激水平的方案可能会起到预防患病的重要作用。已经有很多研究证实，降低应激水平的方案能够保护人们免受未来可能出现的心脏病发作的伤害，并且能够延长人们的寿命（Orth-Gomer et al., 2009; Emery et al., 2011; Williams & Schneiderman, 2002）。一篇报告总结了过往37项研究，并对这些研究的结果进行了元分析，然后指出降低应激水平的方案对于缓解冠心病来说效果是相当明显的。具体而言，这些研究结果显示，降低应激水平方案能够将心脏病发作致死率降低34%，将心脏病发作的再次发生概率降低29%；同时，它还能够对血压、胆固醇水平、体重以及其他冠心病风险因素产生积极的作用（Dusseldorp, van Elderen, Maes, Meulman, & Kraaij, 1999）。另一项重要的临床研究结果表明，对于一组已经被诊断为患有心脏病的被试而言，降低应激水平并参与体育锻炼能够减少其情绪上的忧郁，提高心脏功能，并且降低未来出现心脏病发作的可能性（Blumenthal et al., 2005）。上述这些结果让我们不禁开始思考一个重要的问题：在首次心脏病发作之前，我们是否能够预测处在高应激水平下的个体什么时候会出现首次发作？这个问题的答案似乎是肯定的，但现实情况比我们最初预想的要复杂得多。

临床研究人员在几十年前发现，某些个体在应激状况下会出现一组特定的行为，而这会导致他们更容易患上冠心病。这些行为包括过分热衷于竞争、总感觉时不我待、缺乏耐心、努力更多更快地处理事情以及暴躁易怒。这一系列行为被称为**A型行为模式**（type A behavior pattern），最初是由Meyer Friedman 和 Ray Rosenman（1959，1974）提出的。**B型行为模式**（type B behavior pattern）这个概念也是由临床工作者提出来的，基本上就是用来描述与A型行为模式相对的那些行为。换句话说，B型行为模式的人更加放松，对截止日期没有那么"纠结"，较少感受到压力，也不会在面对挑战时兴奋异常并展现出"指点江山"的雄心壮志。

A型人格或行为模式这个概念在美国这种力争上游且目标导向强烈的文化中广为人们所认可。然而事实上，一些早期的研究显示，A型行为模式会导致人们罹患冠心病的概率升高（Friedman & Rosenman, 1974），而且A型人格中的一些组成部分（例如，愤怒）也会产生类似的效果，导致人们罹患心血管疾病的概率升高（Chida & Steptoe, 2009）。最有说服力的证据来自于两项前瞻性研究，这两项研究对数千名患者进行了相当长时间的追踪，旨在回答这样一个问题：患者的行为与心脏病之间是什么关系？第一项研究是"西部协作组研究"（Western Collaborative Group Study，简称WCGS）。研究的参与者是3154名39～59岁的健康男性。在研究的开始阶段，研究人员通过访谈的方式对参与者属于哪种行为模式进行评估和判定；随后对这些参与者进行为期8年的追踪。这项研究的一个基本结果是:在研究初期被评估为 A 型行为模式的参与者在追踪期间患上冠心病的概率是 B 型行为模式参与者的 2 倍。研究人员将相对年轻的参与者(39～49岁)的数据单独拿出来进行了分析,结果更加让人震惊:A 型参与者出现冠心病的可能性是 B 型参与者的 6 倍左右(Rosenman et al., 1975)。

第二项重要的研究是"弗雷明汉心脏研究"(Framingham Heart Study),这项研究持续了 40 多年的时间(Haynes, Feinleib, & Kannel, 1980)。我们目前所知的关于冠心病患病和病程发展的许多知识都源自这项研究。研究的参与者是 1674 名被评估为 A 型或 B 型的健康男性和女性,研究人员对他们进行了为期 8 年的追踪。结果再一次表明,无论是男性还是女性参与者,A 型参与者患上冠心病的可能性都是 B 型参与者的 2 倍(单独就男性参与者而言,这个数据达到了 3 倍之多)。对于那些被评估为 A 型行为模式的女性参与者来说,罹患冠心病风险最大的一组女性的特征是受教育程度低(Eaker, Pinsky, & Castelli, 1992)。

对欧洲人口的大规模研究也重复了上述结果(De Backer, Kittel, Kornitzer, & Dramaix, 1983;French-Belgian Collaborative Group, 1982)。有意思的是,对生活在夏威夷的日本男性进行的研究却没能重复出上述结果(Cohen & Reed, 1985)。日本男性中 A 型行为的比例要远低于美国男性(日本男性的数据为 18.7%,美国男性的数据为 50%)。与这一数据相映成趣的是,日本男性中冠心病患者的比例也比美国低(弗雷明汉心脏研究得到的数据是,日本 4%,美国 13%)(Haynes & Matthews, 1988)。在一项研究中,文化产生的效应更加明显。研究人员对 3809 名日裔美国人根据他们具备"传统日本人"特征的程度进行了分组("传统日本人"在这里指的是,在家说日语,遵循日本的传统价值观和行为准则等)。结果显示,"最日本"的日裔美国人罹患冠心病的概率最低,其患病率和在日本生活的日本人没有显著区别;而"最不日本"的日裔美国人患冠心病的概率则高出了 3～5 倍(Marmot & Syme, 1976;Matsumoto, 1996)。显而易见,社会文化差异在此起到了重要的作用。

尽管这些研究结果一目了然,但是至少在西方文化背景下,A 型的概念比科学家想的要复杂得多,因此也更加难以捉摸。第一,使用结构化访谈、问卷量表或者其他测量工具很难界定一个人是否属于 A 型,因为这些测量工具之间常常难以达成共识。很多人身上只是具备一些而不是全部的 A 型特征,还有一些人则既有 A 型的特征也有 B 型的特征。把世界上的人统统一分为二的这种理念(这个领域的早期研究工作确实遵循着这样的假设)早已经被人们所抛弃。因此,后续研究已无法再支持 A 型行为与冠心病之间存在相关的结论了(Dembroski & Costa, 1987;Hollis, Connett, Stevens, & Greenlick, 1990)。

慢性负面情绪的影响

很多研究人员认为,有关 A 型的理念本身在一定程度上存在着错误(Matthews, 1988;Rodin & Salovey, 1989)。研究者逐渐形成了这样一种共识:在罹患冠心病这个问题上,代表着 A 型人格的一些行为和情绪可能确实起到了重要的作用,但 A 型人格不是对冠心病的发生产生所有影响的根源。和 A 型与冠心病的关系有关的一个影响因素可能是愤怒(Chida & Steptoe, 2009;Miller et al., 1996)。如果你在本书第 2 章中读到过 Ironson 的研究,也读完了本章介绍高血压的部分,那么得到上述结论就是水到渠成的。也许读者还记得,Ironson 等人(1992)在研究中要求被试想象两种情境,一种情境是在被试自己的生活中让他们感到愤怒的情境或事件,另

A 型行为和冠心病都是由文化决定的。

一种情境是不包含愤怒的其他情境，比如说锻炼身体；然后，研究人员比较了想象两种不同情境时被试心率增加的情况。他们发现，愤怒会损害心脏泵血的效率，增加个体的心脏节律出现异常分布（心律失常）的风险。这项研究结果为早期的研究发现提供了支持：经常体验到愤怒与随后出现冠心病有关（Houston，Chesney，Black，Cates，& Hecker，1992；Smith，1992）。另一项研究获得的重要结果也为上述结论提供了支持证据。Iribarren 等人（2000）对 374 名健康的年轻成年人（有白人也有黑人）进行了评估，并且在接下来 10 年时间里对他们进行了追踪。研究者在那些表现出高敌意和高愤怒水平的个体身上发现了冠状动脉钙化的证据，而这种现象正是冠心病的早期表现。

通过文献综述，一些研究者得出结论，焦虑和抑郁同愤怒一样是冠心病发生的重要影响因素（Albert，Chae，Rexrode，Manson，& Kawachi，2005；Barlow，1988；Frasure-Smith & Lesperance，2005；Strike & Steptoe，2005；Suls & Bunde，2005），甚至在人们年轻的时候焦虑和抑郁的特征就能很明显地看出来（Grossardt，Bower，Geda，Colligan，& Rocca，2009）。在一项研究中，Frasure-Smith 等人（Frasure-Smith，Lesperance，Juneau，Talajic，& Bourassa，1999）关注的对象是 895 名曾经出现过心脏病发作的患者。他们发现，那些有抑郁问题的患者在心脏病发作后的 1 年时间里死亡的可能性是没有抑郁问题的患者的 3 倍；无论之前那次心脏病发作有多严重，这个结论都是成立的。在另一项研究中，Whooley（2008）对象是 1017 名冠心病患者。他们发现，和没有抑郁症状的患者相比，有抑郁症状的冠心病患者出现心脏问题（诸如，心脏病发作或心律失常）的概率会高出 31%。如果患者出现重性抑郁的问题，那么他们极有可能会出现心血管损伤（Agatisa et al.，2005；Emery et al.，2011）。此外，还有一项研究对 80000 名 54～79 岁女性进行了考察，其中曾有过抑郁病史的人出现中风的可能性比没有抑郁症状史的人高出 29%（Pan et al.，2011）。因此，也许可以这样说，长期的负面情绪和随着这些负面情绪而来的神经生物活动共同组成了影响冠心病发生的最重要的心理因素，其中长期的负面因素包括了应激（愤怒）、焦虑（恐惧）以及（持续不断的）抑郁；而且，也许这些不但对人们患上冠心病是最重要的心理因素，对其他生理疾病也是如此。事实上，对于冠心病患者而言，能够对未来出现心律失常、心肌梗死以及其他心血管问题做出预测的，不只是抑郁，还包括了焦虑（Martens et al.，2010；Shen et al.，2008；Todaro，Shen，Raffa，Tilkemeier，& Niaura，2007）。近期，一项时间超过 40 年，包含了将近 50000 名瑞典男性的研究结果发现，早期发病的焦虑对后来出现的冠心病具有预测作用（Janszky，Ahnve，Lundberg，& Hemmingsson，2010）。

由于上述研究发现的影响，一些研究人员提出了另一种人格类型，D 型人格。这种类型的特点是社会退缩并且会强化自身的负面情绪。最近一项研究结果显示（Compare et al.，2013）D 型人格与冠心病相关，但并不是所有的研究都认为 D 型行为与心血管疾病风险相关（Larson，Barger，& Sydeman，2013），因此还有待进一步探索确证（Hausteiner，Klupsch，Emeny，Baumert，& Ladwig，2010）。

对于负面情绪对冠心病的影响，研究人员也正在持续挖掘。再次说明，与（伴随着负面情绪的）应激反应相关的炎症过程在其中发挥了主要作用，因为炎症反应与动脉粥样硬化和心脏衰竭直接相关（Matthews et al.，2007；Taylor，2009）。Gallo 和 Matthews（2003；Matthews，2005）提出了一个心理因素与冠心病之间关系的模型（见图 9.11）。在图中第一个框里面的是低社会经济地位（socioeconomic status，简称 SES）和极少的资源或低社会声望。在图中第二个框里面的是应激生活事件。应对技巧和社会支持在模型中是作为储备能量出现的，其作用是缓冲应激事件的影响；这些都在模型的第三个框里。负面情绪和消极的认知风格共同构成了冠心病出现的主要风险因素，而正面情绪和乐观的认知风格则会降低冠心病的风险（Davidson，Mostofsky，& Whang，2010；Giltay，Geleijnse，Zitman，Hoekstra，& Schouten，2004）；这些负面／消极的内容和正面／乐观的内容对冠心病产生的作用是同等重要的。正面和负面情绪都体现在模型的第四个框里。这个模型很好地总结了心理因素与冠心病之间的关系。

慢性疼痛

疼痛本身不是一种疾病，但是对于我们中绝

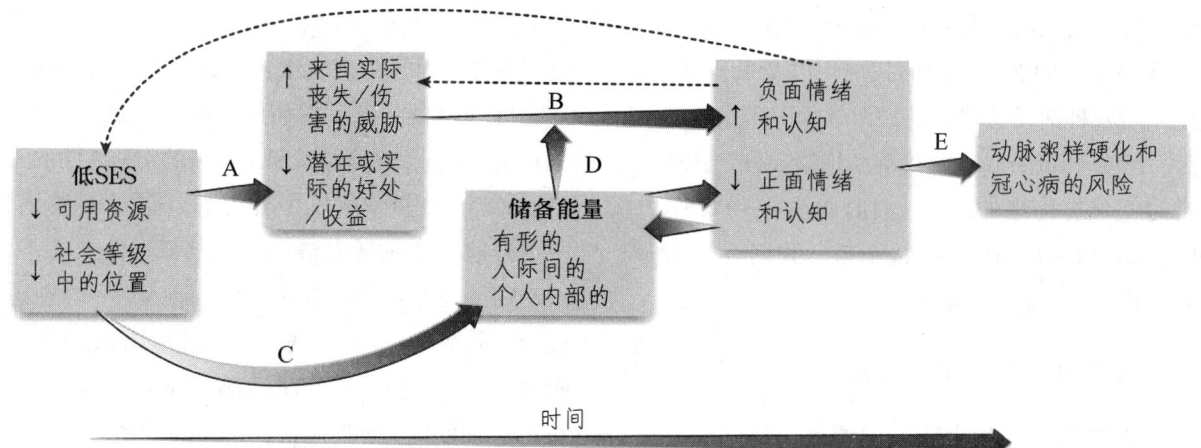

图 9.11 这个模型包括了环境因素（低 SES、应激体验、心理社会资源）、情绪因素、认知因素，以及这些因素和冠心病之间的关系。注意：箭头 A 指的是当人们在暴露在应激条件下时 SES 产生的影响。箭头 B 指的是应激对情绪和认知的影响。箭头 C 指的是在应激管理时人们可用的 SES 条件和资源库（即储备能量）。箭头 D 指的是储备能量对应激和情绪－认知因素间关系的潜在调节作用。箭头 E 指的是情绪－认知因素对动脉粥样硬化和冠心病患病风险的影响作用。虚线是可能发生的反向作用。

Adapted from Gallo, L. C., & Matthews, K. A. [2003]. Understanding the association between socioeconomic status and physical health: Do negative emotions play a role?" *Psychological Bulletin, 129*, 34 (Figure 1), ©2003 American Psychological Association. Reprinted, with permission, from Matthews, K. A. [2005]. Psychological perspectives on the development of coronary heart disease. *American Psychologist, 60*(8), 791 (Figure 2), ©2005 American Psychological Association.

大多数人来说，疼痛是伤痛和疾病的基本信号。不应低估疼痛在我们生活中的重要价值。如果不是我们身体中各种系统提供的低强度疼痛反馈，我们必然会出现更严重的伤害和病痛。例如，如果没有这些小疼痛，你可能会在阳光下暴晒时间过长，导致皮肤被严重灼伤。如果没有这些小疼痛，你可能在睡觉的时候一直都不会翻身，在坐着的时候一直保持同一个姿势，这在一定程度上会造成血液循环不畅进而导致身体损害。人们的这种疼痛反应是<u>自动</u>产生的，也就是说，我们一般是意识不到不舒适的；只有当疼痛超过了意识的阈限，我们才会采取行动缓解疼痛。当然，不同人的阈限水平也是不同的。如果我们自己无法缓解疼痛，或者不确定是什么引起了疼痛，那么我们就会去寻求医疗帮助。美国国家健康研究院（The National Institutes of Health）已经将慢性疼痛列为美国医疗支出最高的问题。在美国，至少有 1 亿 1 千 6 百万人受到这个问题的困扰，每年花在治疗慢性疼痛上的支出以及由此造成的劳动力损失加在一起达到了 6350 亿美元（Institute of Medicine, 2011）。美国人每年花在治疗慢性疼痛上的支出达到了 1250 亿美元，其中包括美国人购买非处方类止疼药的支出；美国人购买这些非处方药用来减缓头疼、感冒以及其他一些小病引发的疼痛（Gatchel, 2005; Taylor, 2009）。在美国，80% 的病人是由于疼痛问题去看内科医生的（Flor & Turk, 2011; Gatchel, Peng, Peters, Fuchs, & Turk, 2007），而疼痛也是人们看全科医生最常见的理由（Otis, MacDonald, & Dobscha, 2006）。但是，现在绝大多数研究人员都认为，从根本上，是心理因素和社会因素共同导致了慢性疼痛以及随之而来的卫生保健系统的巨大负担（Gatchel et al., 2007; Taylor, 2009; Turk & Monarch, 2002）。

临床上有两种疼痛：一种是急性的，一种是慢性的。**急性疼痛**（acute pain）通常伴有某种外伤或损伤，一旦伤愈或得到了有效的治疗，急性疼痛通常会在 1 个月之内消失。与此相反，**慢性疼痛**（chronic pain）可能最初表现为急性发作，但在伤愈或得到了有效治疗的条件下，这种疼痛仍然没能随着时间而减轻。一般来说，慢性疼痛较常出现的部位是肌肉、关节或肌腱，特别是后腰处。由于血管扩张而带来的慢性血管疼痛，多见于头痛患者；由于机体组织慢性恶化引起的疼痛，多见于绝症患者；而当癌症肿瘤生长压迫到痛觉感受器时，也会导致疼痛（Otis & Pincus, 2008; Taylor, 2009）。

为了更好地界定疼痛的感受，临床工作者和研究人员使用不同的术语对此加以区分。疼痛是一种主观体验，是患者自己报告出来的感受；**疼痛行为**（pain behaviors）指的是疼痛感受的外显临床表现。

疼痛行为包括人们坐姿和行走姿势的改变，持续向他人抱怨疼痛问题，脸部的扭曲，以及最重要的，避免参与各种活动（特别是工作或休闲娱乐活动）。最后，忍受（suffering）是疼痛的情绪成分，这种状态有时候伴有疼痛的发生，有时候没有（Fordyce, 1988; Liebeskind, 1991）。接下来，我们首先看一下心理和社会因素对疼痛的影响。

疼痛中的心理和社会因素

中度的慢性疼痛会让人们烦恼不已，最终让你精疲力竭，让你的生活了无趣味。严重的慢性疼痛可能会导致人们失业，远离自己的家人，放弃生活中的乐趣，并且把全部的注意力都放在寻找缓解疼痛的方法上。一种有意思的现象是，疼痛的严重程度并不能对人们的疼痛反应做出预测。有些人虽然经常感受到严重的疼痛，但是他们可以继续工作并有所产出，很少去看医生，生活如常；另一些人则会被疼痛搞得一团糟。导致上述差异的主要原因是心理因素（Dersh et al., 2002; Flor & Turk, 2011; Gatchel, 2005; Gatchel & Turk, 1999）。这里所说的心理因素与和应激反应以及其他负面情绪状态（比如焦虑和抑郁）有关的因素类似（Ohayon & Schatzberg, 2003; Otis, Pincus, and Murawski, 2011）。这里起到决定性作用的因素似乎是通常情况下个体对于所处环境的控制感：自己是否能够以一种有效且有意义的方式处理疼痛及疼痛所带来的后果。如果人们有足够的控制感，再加上对未来的乐观态度，那么在他们身上就较少会出现心理上的痛苦和损害（Keefe & France, 1999; Otis & Pincus, 2008; Zautra, Johnson, & Davis, 2005）。积极的心理因素也能够促使人们去尝试一些应对技巧，比如说体育锻炼和其他保健方法，这些都是消极忍受的对立面（Gatchel & Turk, 1999; Otis et al., 2011; Zautra et al., 2005）。此外，对抑郁的有效治疗也能够消除人们的慢性疼痛（Teh, Zaslavsky, Reynolds, & Cleary, 2009）。

在一项经典研究中，Philips 和 Grant（1991）对117名受伤后出现背部和颈部疼痛的患者进行了考察。从医学角度看，这117名患者都应当能够很快复原，但是其中有40%的人在6个月后仍然说自己感受到疼痛，因此这部分患者就达到了慢性疼痛的界定标准。余下60%的人在6个月后说自己不再感受到疼痛，而且他们中大多数人是在受伤大约1个月之后就说自己没有疼痛的问题了。此外，Philips 和 Grant 指出，疼痛体验和接下来的伤残之间的关系并不如疼痛严重程度与其他因素之间的关系那么强，所谓其他因素包括人格和社会经济地位上的差异，以及随后是否就受伤事故进行法律起诉等。在患病或受伤前就已经存在的焦虑和人格问题能够预测这些患者身上会出现慢性疼痛（Flor & Turk, 2011; Taylor, 2009）。通常而言，一组因素的集合能够对多种类型的慢性疼痛做出预测，这些因素包括负面情绪（如焦虑和抑郁）、糟糕的应对技巧、社会支持程度低以及由于疼痛致残而获得补偿的可能性低（Dersh et al., 2002; Gatchel et al., 2007; Gatchel & Dersh, 2002）。如果人们能够发展出更强的控制感以及对疼痛更低的焦虑，那么他们出现严重疼痛和机体损害的可能性也就更低（Burns, Glenn, Bruehl, Harden, & Lofland, 2003; Edwards et al., 2009; Otis et al., 2011）。最后，Zautra 等人（2005）对124名由于关节炎和纤维肌痛而出现严重疼痛问题的女性进行了观察。结果发现，有些女性保持了积极的心态和情绪，有些女性则没有；而前者在接下来几周内再出现疼痛的可能性低于后者。

幻肢痛（phantom limb pain）可以说是支持疼痛体验在很大程度上与疾病或伤病无关的最好的证

有些慢性疼痛或身有残疾的患者能够应对得宜，并且取得相当高的成就。

据。这是一种较为罕见的问题，失去手臂或腿部的患者仍然会感受到手臂或腿部剧烈的疼痛——虽然这些部位已经做了截肢。除此之外，这些患者还能丝丝入扣地描绘他们疼痛的具体位置，以及自己感受到的是哪种类型的疼痛，例如是一种钝痛还是一种被锋利物体切割时的疼痛。他们完全明白自己已经被截肢了，但是明白这一事实压根不能缓解他们的疼痛。很不幸的是，2013年4月波士顿马拉松爆炸案的部分受害者就出现了幻肢痛的问题；而通过和同样出现这种问题的病友之间的交流，能够部分缓解这个问题。还有其他一些应对方式能够为这些爆炸案受害者提供帮助，比如每天早上在一人高的镜子中凝视自己的身体几分钟，这样做的目的是让大脑<u>重置</u>自己的身体形象，告诉自己的大脑有一部分肢体已经不在原处了。有证据显示，大脑感觉皮层的变化与这种现象有关（Flor et al., 1995；Katz & Gagliese, 1999；Ramachandran, 1993）。通常来说，如果人们认为疼痛是一种灾难，是一个人无法控制的，或者是一个人人生失败的标志，那么和没有这些想法的人相比，持有上述想法的人更有可能会感受到强烈的疼痛和心理上的痛苦（Edwards et al., 2009；Gatchel et al., 2007）。因此，慢性疼痛的治疗方案应当重点关注心理因素。

社会因素也会影响人们对疼痛的体验（Fordyce, 1976, 1988）。例如，以前严格且高要求的家庭成员会变得关心他人并富有同情心（Kerns, Rosenberg, & Otis, 2002；Otis & Pincus, 2008）。这种现象是人们对疼痛行为的一种<u>操作性</u>控制手段，因为很明显，人们的行为受到了社会后果的控制（Flor & Turk, 2011）。但是，这些后果与人们感受疼痛之间的关系尚不清楚。

相反地，强有力的社会支持关系可能会将减缓人们的疼痛。Jamison和Virts（1990）对521名慢性疼痛患者进行了考察（其中包括了背部、腹部和胸部疼痛患者）。结果发现，缺乏家人支持的患者身上疼痛的位置会更多，同时他们也会表现出更多的疼痛行为，例如卧床不起。这些缺乏家人支持的患者也会表现出更严重的情绪痛苦，而很多疼痛问题比前者更严重但拥有家人支持的患者却没有出现这种情况。那些拥有家人支持的患者会更早地返回到自己的工作岗位上，对药物的依赖程度更低，同时他们的身体的活力水平也会更高。即便只是看一看自己所爱之人的照片也能降低人们的疼痛感（Master et al., 2009）。

虽然这些结果似乎与关于疼痛操作性控制的研究结果相反，但有可能是不同的机制在起作用。社会支持可能会降低人们与疼痛和外伤相关的应激水平，并且强化人们应对问题的技巧，增强人们的控制感。但是，如果人们只把自己的关注重点局限在疼痛行为上，再加上缺乏社会支持，那么这只会导致人们的不良行为越来越多。这是一个错综复杂的问题，仍有待进一步探索。

疼痛的生物学问题

没有任何一个人会认为疼痛只是单纯的心理问题，就像没有人会认为疼痛只是单纯的生理问题一样。就想我们对其他疾病的讨论一样，对疼痛问题我们也必须要考虑生理与心理因素之间的交互作用。

疼痛感受和疼痛控制的机制　**疼痛闸门控制理论**（gate control theory of pain）（Melzack & Wall, 1965, 1982）包含了心理和生理两方面的因素。根据这一理论，疼痛刺激会引发神经冲动，这种冲动首先到达脊髓，然后从脊髓到达大脑。**脊椎背侧角**（dorsal horns of the spinal cord）在这个过程中起到了一扇"闸门"的作用，如果疼痛刺激强度达到一定水平，脊髓背侧角就会开放并将疼痛的信号上传。某些特定的神经纤维，也就是**细小纤维**（small fibers，即A-delta纤维和C纤维）和**粗大纤维**（large fibers，

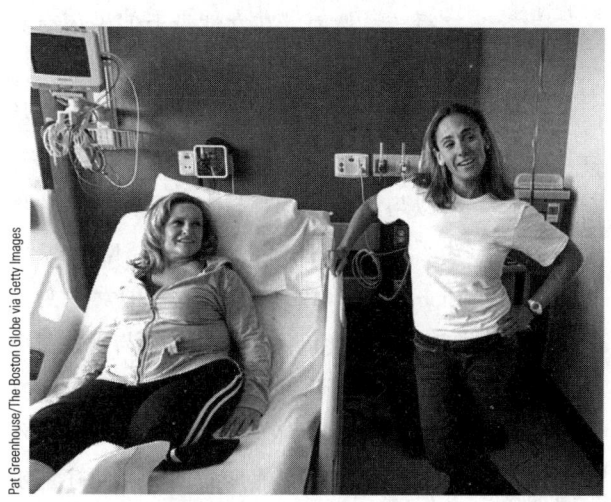

有些患者会在截肢后出现幻肢痛。

即 A-beta 纤维），决定了刺激的模式和强度。细小纤维的作用是打开闸门，从而允许更多的疼痛信号得以传输，而粗大纤维的作用是关上闸门。

这其中一个重要的环节是，大脑会将信号重新向下传递给脊髓，从而对闸门机制产生影响。例如，如果一个人体验到强烈的负面情绪，诸如恐惧或焦虑，那么他感受到的疼痛就会更加强烈，因为这时候大脑传来的基本信号是需要对潜在的危险或威胁警惕起来。如果一个人的情绪处于相对积极的状态或者当一个人全心投入某种高兴奋度的活动时（例如，在长跑快到终点时的冲刺），那么大脑就会发出抑制信号，关闭闸门，继而降低人们的痛觉感受。虽然有许多人认为闸门控制理论太过简单（该理论会定期更新，见 Melzack，1999，2005），但是不少研究发现都支持这一理论的基本原理，特别是有关疼痛感受中对心理和生理因素复杂交互作用的表述（Edwards et al.，2009；Gatchel et al.，2007；Otis & Pincus，2007）。

内源性阿片 大脑抑制疼痛的神经生化途径是一项重要的发现（Taylor，2009）。海洛因和吗啡等药物是从阿片类物质中提取出来的；现在发现，人的身体中存在**内源性阿片类物质**（endogenous opioids）。它们被称为**内啡肽**（endorphins）或者**脑啡肽**（enkephalins），其工作方式与神经递质类似。由于内源性阿片广泛分布在体内各处，因此它们与多种精神病理学症状和问题相关，例如耐受性、依赖性、进食障碍和应激反应（Bodnar，2012）。它们通常和所谓的"跑步兴奋"（runner's high）有关，这种兴奋状态出现在高强度的（有时是痛苦的）体育锻炼活动之后。这时候，即便身体上出现了明显的组织损伤或外伤，大脑也会通过内啡肽来"关闭"人们的痛感。班杜拉等人（1987）发现，如果人们感受到了更强的自我效能感和控制感，那么他们对疼痛的耐受性就要高于那些自我效能感低的人。班杜拉等人还发现，如果人们的自我效能感高且控制感强，那么他们在面对引发疼痛的刺激时会产生更多的内源性阿片。最近，Edwards 等人（2009）进一步探索了能够成功改善人们疼痛体验的心理应对方式背后的神经生物过程（见图 9.12）。这些心理应对方式（比如重新对疼痛加以评估，而不是对疼痛"小题大做"或只看到消极的一面）能够激活一系列的大脑回路来调控或减低疼痛的体验，并能够让人们回到正常的功能状态。

疼痛的性别差异 过去绝大多数动物和人类的研究都使用雄性或男性被试，目的在于避免激素的波动对实验结果产生影响。但是，男性和女性感受到的疼痛类型存在不同。一方面，女性除了在经期和生产时会发生特定的疼痛之外，和男性相比，她们出现周期性偏头痛、关节炎（痛）、腕管综合征（痛）以及下巴部位的颞下颌关节痛的可能性更高（Lipchik, Holroyd, & Nash, 2002；Smitherman, Burch, Sheikh, & Loder, 2013）。另一方面，男性出现心脏痛和背痛的可能性更高。虽然男性的内源性阿片系统功能更强大，但是在男性和女性身上都存在着内源性阿片系统。然而，在女性身上似乎还有其他的与男性不同的疼痛调节机制。女性的神经化学基础也许是一种雌激素依赖型的神经系统，这个系统由进化而来，可以帮助女性应对与生殖行为相关的疼痛（Mogil, Sternberg, Kest, Marek, & Liebeskind, 1993）。这是一种女性身上"额外"的疼痛调节通路，它与女性身上的其他疼痛调节通路无关；如果移除女性身上的激素，这种"额外"通路就不再工作了，而其他疼痛调节通路还能够继续工作。通过这项发现，我们可以得

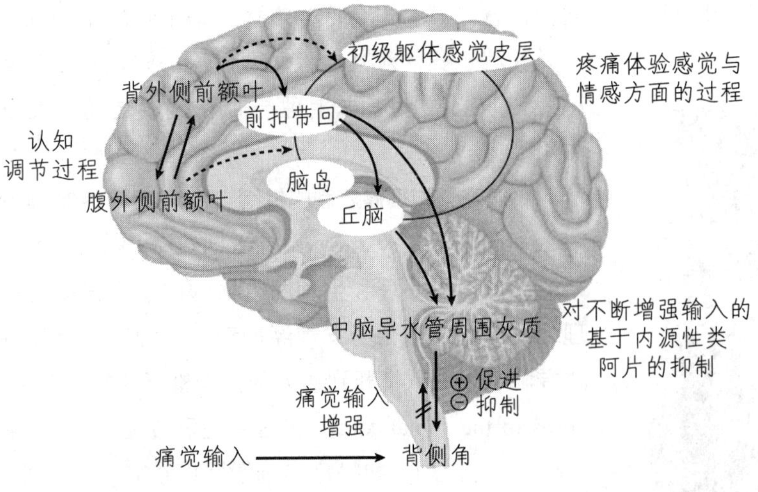

图 9.12 疼痛应对的神经生物学机制
From Edwards, R. R., Campbell, C., Jamison, R. N., & Wiech, K. [2009]. The neurobiological underpinnings of coping with pain. *Current Directions in Psychological Science, 18,* 237–241.

到这样的提示：如果希望达到管理和控制疼痛的最佳效果，那么对男性和女性可能需要使用不同的药物、不同的心理干预方式，或者说，要使用不同的药物和心理干预的组合。

疼痛问题上心理和生理因素的不可分离性

前面我们介绍了心理因素对脑功能和脑结构的复杂影响，并且以冠心病和艾滋病为例介绍了心理干预手段对生理疾病可能产生的作用。关于安慰剂反应的研究得到了相当有价值的结果，丰富了我们对这个问题的认识。比方说，"假"药片，即安慰剂药片，是不是真的能够降低人们的疼痛——还是说，安慰剂客观上并没有降低人们的疼痛，只是人们自己认为或者报告说疼痛的感受降低了？在安慰剂反应研究领域，这是个焦点问题，不但在疼痛问题上是如此，在诸如抑郁障碍等问题上也是如此。

得益于最新的脑成像技术，这一问题得以解答。在一些研究中，研究人员先给被试服用安慰剂，然后通过某种方式引发被试的疼痛感受（例如，对他们的下巴部位注射盐水）。结果发现：如果被试服用了安慰剂，那么他们大脑的工作方式就和实实在在觉得疼痛减少了是一样的；这种大脑工作模式与只是单纯地"认为"或"报告"疼痛减少的被试的大脑工作模式是完全不同的（Wager, 2005; Zubieta et al., 2005）。具体而言，服用安慰剂激活了被试大脑的多个区域，其中最重要的激活区域可能就是内源性阿片系统（或者说内啡肽），从而发挥了抑制痛感的作用。在各个被激活的脑区中，内啡肽活动的增加都与被试对疼痛强度的主观评价变低有关，也与痛感抑制和疼痛情绪反应减少有关。最近，一项有趣的研究考察了分散注意力与疼痛减轻之间的关系。人们都知道，如果能心无旁骛地投入到工作或其他任务中，疼痛的感觉会减轻；而研究结果发现，大脑在分散注意力这种条件下激活的回路与大脑在安慰剂条件下激活的回路相同（Buhle, Stevens, Friedman, & Wager, 2012）。在研究中，研究人员设计了三种情境。在第一种情境中，被试会全身心投入一项分散注意力的任务中，研究人员会通过提高温度引起被试胳膊上灼热的痛感；在第二种情境中，研究人员在被试身上使用了安慰剂（他们在被试的皮肤上涂上了一种乳霜，并告诉被试它能够减轻疼痛），然后以同样的方式引起被试胳膊上灼热的痛感；在第三种情境中，被试作为对照组，研究人员也在他们的胳膊上涂上了一种乳霜，但是告诉被试，这种乳霜没有降低疼痛的作用。结果显示，无论是注意力分散组还是安慰剂组的被试，他们体验到的疼痛都变低了。而且，把这两种方式结合在一起时，研究人员发现了一种累加效应；这种累加效应不仅能确实实降低人们的疼痛感，并且效果比单用任何一种方法都要好。这一点提示我们，不同的方式在一定程度上与不同的脑回路有关。因此，这些研究的结果表明，安慰剂效应并非"只存在脑袋里"，它确实有效。"假"药片或其他带有安慰剂效果的物质可以导致脑中产生化学改变，从降低人们的疼痛感。

但是，会不会还有其他可能性呢？医学治疗（比如说，药物）是不是会对人们的心理过程产生影响的下一个问题是，如果医学治疗确实会对心理过程产生影响，并且二者希望达到同样的目标，那么医学治疗影响到的脑区和纯心理干预手段影响到的脑区是否相同？例如，我们知道，药物是可以缓解人们的焦虑和抑郁的，但是人们认为药物和心理治疗会在大脑的不同区域产生作用。一些研究证明，生理上的疼痛（例如，由身体外伤导致）和社会性的疼痛（例如，由社会拒绝导致人们觉得被伤害了）可能拥有某些相同的行为和神经机制（DeWall et al., 2010; Eisenberger, 2012）。在一项实验中，一组被试服用镇痛常用药扑热息痛（商品名为"泰诺"），另一组被试服用安慰剂。然后，在接下来3周时间里研究人员每天都会使用表格记录两组被试的疼痛感受。服用扑热息痛的被试的确比服用安慰剂的被试报告出的疼痛感受更少。在第二项实验中，研究人员发现，当被试遭遇社会拒绝时，如果他们服用了扑热息痛，那么他们负责处理社会拒绝脑区的神经反应就会被降低，这部分脑区（背侧前扣带皮层和前脑岛）也正是负责处理社会性疼痛和生理性疼痛的部位。这些发现证明，社会性疼痛和生理性疼痛确实存在着重叠（Eisenberger, 2012; Wager, 2005）。最后，另一项近期很有价值的研究结果显示，如果刺激右腹外侧前额叶皮层，那么人们在受到社会排斥之后感受到的痛感就会被降低，大脑右腹外侧前额叶皮层的功能与人们在面对负面刺激时的情绪调节相关（Riva, Lauro, DeWall, & Bushman, 2012）。以上所有这些发现都再次强调了本书的主旨：有些大脑功能与生化因素有关，有些大脑功能与心理因素（其中包括预期与评价）有关，不能单纯地将二者割裂开来看待。人的身体与意识的确是无法分离的，只有对人们的反应连续体加以多维度整合式的考察才能够充分理解人类的行为，无论是人类正常的行为还是病态的行为，都应当遵循着这种思路。

慢性疲劳综合征

19世纪中期，很多人患上了一种缺乏活力且疲劳感明显的病症，同时还伴有各种疼痛与间歇性的低烧；而且当时出现这种问题的患者数量增长很快。但是，在这些患者身上并没有发现生理病理学问题，于是George Beard（1869）把这种状况命名为**神经衰弱**（neurasthenia）。从字面上看，这个术语的意思是"神经缺乏力量"（Abbey & Garfinkel, 1991；Costa e Silva & De Girolamo, 1990）。人们把这种疾病出现的原因归因于时代变化所致，其中包括对物质的追求，对工作的强烈投入以及妇女角色的变化。后来，神经衰弱在20世纪的西方文化中消失了，但是它却成为中国临床心理工作者最常做出的诊断之一（Good & Kleinman, 1985；Kleinman, 1986）。现在，**慢性疲劳综合征**（chronic fatigue syndrome）在西方世界流行了起来（Brown, Bell, Jason, Christos, & Brown, 2012；Jason, Fennell, & Taylor, 2003；Prins, van der Meer, & Bleijenberg, 2006），而它的症状和神经衰弱的症状几乎完全相同（见表9.4）。人们认为造成慢性疲劳综合征的原因有很多种，其中包括了病毒感染——起初认为是人类疱疹病毒第四型（Epstein-Barr virus）感染，最近认为是XMRV病毒（一种逆转录酶病毒，与HIV相似）感染（Cohen & Enserink, 2011；Kean, 2010）——以及免疫系统功能紊乱（Straus, 1988）、暴露于有毒物质以及患有抑郁障碍（Chalder, Cleare, & Wessely, 2000；Costa e Silva & De Girolamo, 1990）。虽然偶尔有让人看到希望的证据出现，但是目前人们还不了解这种疾病的成因，没有证据对上述任何一种假定的生理致病因素提供足够的支持（Kean, 2010；Prins et al., 2006）。具体说来，有些研究证据支持XMRV病毒是导致慢性疲劳综合征的病因，但是，这些研究已经被证明是有误的，并且已经被彻底推翻了（Cohen & Enserink, 2011）。Jason等人（1999）设计了一项精巧复杂的调查，目的是了解慢性疲劳综合征的社区患病率，结果发现，在他们调查的样本中慢性疲劳综合征患病率为0.4%；和白人相比，这种疾病在拉美裔和非裔美国人群中的患病率更高。在美国基层医疗诊所的患者中，慢性疲劳综合征的患病率达到了3%；受这种疾病侵害的主要是女性；通常在成年早期发病（Afari & Buchwald, 2003），但是也能在小到7岁的孩子身上看到这种疾病（Sankey, Hill, Brown, Quinn, & Fletcher, 2006）。一项研究调查了4591对双胞胎，结果发现这种疾病的患病率是2.7%（Furberg et al., 2005），对53岁同辈团体的大规模前瞻性研究结果显示，有1.1%的人被诊断为患有慢性疲劳综合征（Harvey, Wadsworth, Wessely, & Hotopf, 2008）。为了更好地了解这种疾病的流行情况，心理学家需要对大规模的人群开展调查。

表9.4　慢性疲劳综合征的定义（诊断标准）

通过临床评估，医学上难以解释的疲劳感持续至少6个月，在此期间有如下情况
新发病（并非从出生时即出现）
并非由正在处理的事件造成的
通过休息无法得到切实的缓解
活力水平与之前的相比，出现明显的下降
下列症状出现四种或四种以上：
主观上感受到记忆力受损
嗓子疼
淋巴结肿大
肌肉疼痛
关节疼痛
头痛
睡眠后仍感到疲劳
体力或脑力劳动后身体不适持续24小时以上

Source: Adapted from Fukuda, K., Straus, S. E., Hickie, I., Sharpe, M. B., Dobbins, J. G., & Komaroff, A. L. (1994). Chronic fatigue syndrome: A comprehensive approach to its diagnosis and management. *Annals of Internal Medicine, 121*, 953–959.

慢性疲劳综合征患者相当痛苦，并且由于这种疾病会持续很长时间，导致患者通常不得不放弃自己的事业（Taylor et al., 2003）。研究人员在18个月的时间里追踪了100名慢性疲劳综合征患者，结果发现，79%的患者身上没有出现显著的好转迹象。

初始精神状况较好、较少服用镇静类药物以及把患病更多归因于"心理层面"而不是医学问题，能够带来较好的结果（Schmaling, Fiedelak, Katon, Bader, & Buchwald, 2003）。从长期追踪的研究中我们能看到一些让人乐观的数据。有研究用 25 年的时间追踪了 25 名被诊断为慢性疲劳综合征的患者，结果发现，25 年后只有 5 个人还报告说自己仍然患有这个病，而其他 20 名患者都已经不再符合慢性疲劳综合征的诊断标准了。但是，和从来没有患上慢性疲劳综合征的对照组被试相比，尽管这 20 位患者出现了好转，但他们的状况也比对照组要差一些（Brown et al., 2012）。当然，这只是一个小型研究，因而我们对结果的解读要谨慎。幸运的是，慢性疲劳综合征患者在因病致死或自杀方面的数据和普通大众持平，他们在这两方面不属于高危人群（Smith, Noonan, & Buchwald, 2006）。

Abbey 和 Garfinkel（1991）以及 Sharpe（1997）都指出，无论是 19 世纪的神经衰弱还是 20 世纪到现在的慢性疲劳综合征，这两种疾病都要归因于充斥着极度应激的环境、妇女角色的改变以及信息技术的爆发式蔓延。这两种疾病都在女性身上更加常见。虽然如前文所述，目前为止对慢性疲劳综合征病因的探索是令人失望的，但无论是病毒感染还是免疫系统特定功能的紊乱，总有一天我们会知道是什么导致了人们患上慢性疲劳综合征。Abbey 和 Garfinkel（1991）提出了另一种疾病成因，他们认为慢性疲劳综合征是一种对应激的非特异性反应；Heim 等人（1996）发现，和健康人相比，慢性疲劳综合征患者在面对早期应激事件时出现的对抗性水平比不疲劳的对照组被试要高（读者可以回想一下本章前面提到的 Sapolsky 用狒狒进行的研究）。此外，另一项大型研究对慢性疲劳综合征患者的人格特质进行了考察，结果发现，他们在患病前就已经存在应激和情绪不稳定的问题；这说明这两点可能是这种疾病的重要影响因素（Kato, Sullivan, Evengard, & Pederson, 2006）。但是，目前仍有一些问题是研究人员没有搞清楚的，为什么有些人对应激的反应是出现慢性疲劳综合征而不是出现其他心理障碍或生理疾病呢？Michael Sharpe（1997）提出了一个慢性疲劳综合征病因模型（见图 9.13）；模型包括了多个因素，是提出最早的针对该病病因几

个模型之一。Sharpe 认为，如果个体的生活方式带有强烈的成就导向特征（驱力产生的原因可能是一种单纯的"永不满足"感），那么她或他会在一段时间内发生极度应激或急性疾病。挥之不去的症状包括疲劳感、疼痛以及功能低下，这些症状不但会被当事人"误读"，而且一直持续下去就会演变成一种疾病；对于这种疾病来说，如果当事人好好休息它

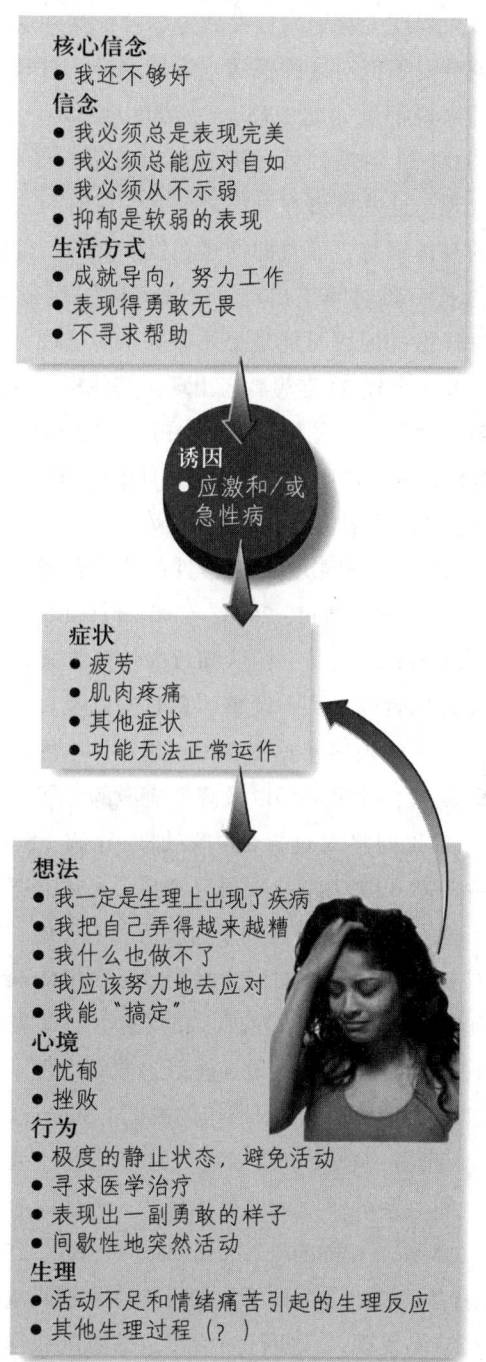

图 9.13 慢性疲劳综合征病因模型
Adapted, with permission, from Sharpe, M. [1997]. Chronic fatigue syndrome. In D. M. Clark & C. G. Fairburn, Eds., *Science and Practice of Cognitive Behavior Therapy*. Oxford, UK: Oxford University Press, pp. 381–414, ©1997 Oxford University Press.

就会缓解，如果当事人继续"积极上进"它就会恶化。继而出现的结果是行为上的逃避、无助感、抑郁以及挫折感。人们会觉得自己应该有能力去克服这些问题，解决这些症状。而长期的"无所作为"会导致人们精力低下、虚弱、抑郁和无助感增加，这反过来会促使人们出现偶尔"爆发式的"长时间工作，但之后就是感到更深的疲乏。应激和心理因素在多大程度上会引发慢性疲劳综合征受到遗传因素的调节；不但对这种疾病来说是这样，对其他所有疾病来说都是如此（Kaiser，2006）。Harvey 等人（2008）对 34 名慢性疲劳综合征患者进行了研究，结果发现，这些患者在发病之前有一段时间去做高强度的身体锻炼，而且即便是在发病之后，他们也会在很长一段时间里出现"爆发式的"疯狂锻炼；患者这样做的原因可能是想用锻炼来对抗疲劳。没有证据显示上述 34 名患者还出现了其他疾病或在环境中会接触到各种病毒，所以，在这些以努力上进和成就导向为人生准则的患者身上，导致他们患上慢性疲劳综合征的原因之一就是过度锻炼。

研究证明，药物治疗对慢性疲劳综合征没有效果（Afari & Buchwald，2003；Chalder et al.，2000）。于是，Sharpe 提出了一种认知行为治疗方案，其中包括提高患者的活力、调整休息时间以及直接的认知治疗，具体内容参见图 9.13。此外，这种方案还包括了放松、呼吸训练以及降低应激的一般干预手段；后面我们将对这方面内容加以介绍（Sharpe，1992，1993，1997）。一项研究考察了上述方案的有效性，把 60 名被试分配到了实验组和对照组。实验组的被试接受的是认知行为治疗，对照组的被试接受的是常规治疗。结果发现，在实验组中有 73% 的被试在疲劳度、无能感和疾病信念方面出现了极大的改善，状况显著好于对照组的被试（Sharpe et al.，1996）。而另一项关于认知行为治疗与慢性疲劳综合征之间关系的研究设计更加精巧，评估内容也更丰富（Deale，Chalder，Marks，& Wessely，1997）。60 名患者被随机分配到了认知行为治疗组或放松训练组。结果发现，认知行为治疗组的被试在降低疲劳感和增强整体功能方面有更加显著的改善。如表 9.5 所示，在接下来的 6 个月时间里，接受认知行为治疗的被试有 70% 在身体机能方面出现了实质性的改善，而只做放松训练的被试中只有 19% 出现了改

善。在接下来的 5 年时间里，被试获得的改善效果似乎还在持续（Deale，Husain，Chalder，& Wessely，2001）。后续研究证实，上述方式不但能给成年人带来收益（Knoop，Prins，Moss-Morris，& Bleijenberg，2010；Price，Mitchell，Tidy，& Hunot，2008），也能给青少年带来好处（Chalder，Deary，Husain，& Walwyn，2010）。目前研究的重点集中在如何预防过度锻炼的爆发（Harvey & Wessely，2009；Jason et al.，2010）。有部分研究显示，中等强度且强度分级的体育运动能够缓解慢性疲劳综合征，而高强度的密集运动则会恶化这种疾病；如果患者同时还伴有焦虑和抑郁的问题，那么认知行为疗法在一定程度上是极为有效的一种治疗方案（Castell，Kazantzis，& Moss-Morris，2011；White et al.，2011）。对生活中疲劳的意义进行认知上的重新评估并且强化人们的自我效能感，似乎是一种应对慢性疲劳综合征的重要手段（Friedberg & Sohl，2009）。

表9.5 慢性疲劳综合征患者在治疗后6个月时的好转情况*

研究分组	N	%
完成治疗的患者		
认知行为疗法（N=27）	19	70
放松训练（N=26）	5	19
完成治疗加中途退出的患者		
认知行为疗法（N=30）	19	63
放松训练（N=30）	5	17

* 使用《一般健康状况的医疗效果研究简式调查量表》（*Medical Outcome Study Short-Form General Health Survey*）对患者的生理功能进行了考察，从前治疗阶段到随后的 6 个月时间，增加的分数超过 50 分，或总分超过 83 分。
Source: Reprinted, with permission, from Deale, A., Chalder, T., Marks, I., & Wessely, S. (1997). Cognitive behavior therapy for chronic fatigue syndrome: A randomized controlled trial. *American Journal of Psychiatry, 154*, 408–414, ©1997 American Psychiatric Association.

小测验 9.2

关于生理疾病中的心理社会因素，请回答下列问题。

1. 下面哪一项不是疼痛感受的一部分：＿＿＿＿
   A. 患者报告出的对疼痛的主观印象
   B. 疼痛行为或明显的疼痛临床表现

C. 割伤、擦伤以及其他外伤
D. 一种被称为忍受的情绪成分

2. 一些研究显示，心理因素可能会对癌症、艾滋病和其他疾病的病程和_____产生影响。

3. 心理因素和生理因素对_____的发生有影响，这种潜在致死疾病的特征是血压不正常；心理因素和生理因素对_____的发生也有影响，这种疾病的特征是向心脏肌肉供血的动脉不畅。

4. 心理学家发现，行为模式会影响人们的生理健康。_____型行为和疾病的关系更加密切，_____型和疾病的关系不那么密切。

5. 有一种疾病往往会导致人们放弃自己的事业并深受其苦，而这种疾病的生理致病原因目前不明，它就是_____。

生理疾病的心理社会疗法

实验证据表明，疼痛不但会对你造成伤害，而且还有可能夺走你的生命。Liebeskind 和他的同事（Page, Ben-Eliyahu, Yirmiya, & Liebeskind, 1993）证明，如果大鼠在手术后出现疼痛问题，那么它们身上的肿瘤向肺部转移（扩散）的概率会翻倍；如果一组大鼠在接受腹部外科手术时没有使用吗啡止痛，另一组大鼠接受了同样的手术但使用了吗啡，那么术后前者出现肺转移的概率是后者的两倍；如果一组大鼠在外科手术时使用了止痛药，另一组大鼠没有接受手术，那么前者出现肿瘤转移的风险要低于后者。

导致出现上述结果的原因可能是疼痛与机体免疫系统之间的交互作用。疼痛可能会减少免疫系统中天然的杀伤性细胞的数量，这也许是免疫系统对疼痛的一种常规应激反应。因此，如果大鼠感觉极度疼痛，那么疼痛导致的应激反应就会进一步恶化疼痛，这是一种恶性循环。这些发现可能同样适用于人类（Flor & Turk, 2011; Taylor, 2009）。而且，上述发现是极其重要的，因为对于很多人来说，他们"根深蒂固"地反感在治疗慢性疾病（比如说，癌症）时使用止疼药物。有数据估计表明，在美国，只有不到一半的癌症患者接受了足够的疼痛缓解治疗。在接受手术的患者身上尽早介入止痛治疗对他们来说是有益的，在这一点上有直接的证据支持（Coderre, Katz, Vaccarino, & Melzack, 1993; Keefe & France, 1999; Taylor, 2009）。在做手术前就服用止痛药的患者在手术后感受到的疼痛较少，而且手术后需要服用的止痛药量也会较少。无论是药物治疗还是心理干预，足量的疼痛管理方案是慢性疾病治疗过程中相当关键的一个组成部分。

适用于生理疾病和疼痛缓解的心理治疗方法有很多，其中包括生物反馈、放松训练以及催眠等（Kerns, Sellinger, & Goodin, 2011; Otis & Pincus, 2008; Otis et al., 2011）。但是，由于应激在诱发疾病和恶化疾病方面有至关重要的影响作用，因此综合性的应激管理方案现在越来越多地被纳入医学治疗之中。下面，我们将简要介绍几种针对生理疾病的心理社会疗法，并介绍一种有代表性的应激管理综合模式。

生物反馈

在生物反馈（biofeedback）过程中，患者能够清晰地了解到自己身上某些特定的生理活动，而在通常情况下这些生理活动是无法被外显地了解的，比如心率、血压、局部的肌张力、脑电图以及血流模式（Kerns et al., 2011; Schwartz & Andrasik, 2003）。外显地认识自己的生理活动是生物反馈的第一步，而更为关键的是第二步。20 世纪 60 年代，Neal Miller 报告说，大鼠可以学会直接控制许多自身的生理反应。Miller 通过一系列操作性条件反射程序对实验动物进行了强化，让他们增加或减少某些生理反应（N. E. Miller, 1969）。虽然随后的研究很难在实验动物身上重复出上述结果，但是当临床医生把类似的程序用在人类身上时却获得了相当好的效果。由于各种生理疾病或应激相关问题（比如说，高血压和头痛等）而感到不适的患者通过这种方式能够获得很好的疗效。

临床医生使用生理指标监控设备让患者看到或听到自己的生理反应，例如心率。接下来，患者和医生合作来学习控制自身生理反应的方法。如果患者达成目标，仪器就会出现一些提示信号。例如，如果被试能够成功地把自己的血压水平降低到某一个特定值，那么仪器就会在计量器上给患者提供一个视觉或声音的反馈信号。研究人员直到最近几十年才发现，人类是有能力对自主神经系统中的各种变化加以区分的，并且这种区分可以达到相当高的准确度（Blanchard & Epstein，1977）。那么接下来问题就变成了：为什么人类一开始难以对自身的内在状态加以区分呢？Zillmann（1983）认为，人类最初是具备这些能力的，但是经过数千年之后，由于长期不使用它们，人类就丧失了这些技能。Shapiro（1974）认为，从进化论的视角看，人类忽视对内部反应的准确监控也许是一种适应性的表现。他继续指出，对于人类来说，无论他或她的角色是狩猎者还是采集者，是在家里还是办公室里工作，如果持续不断地观测自身的内部状态和反应会导致注意力分散，而这是对效能的一种浪费。换句话说，如果人类想要更加有效地完成手头的任务，那么我们就不得不忽略自身的内部功能运作，并且把内部监控的工作留给大脑中更加自动化且更加无意识的部分去负责。但内部的感觉常常能够控制我们的意识，让我们充分觉察到自己的需求和需要。例如，在饥饿或需要排泄的状态下，身体就会发出强有力的信号提示我们：该吃东西了，或该去厕所了。在各种情况下，人类似乎都能通过精确的生理反馈来学习控制自己的反应，虽然目前对这种现象的生理机制还不是非常了解。

生物反馈的目标之一是降低头部肌肉和头皮的紧张程度，从而缓解头痛。Edward Blanchard、Ken Holroyd 和 Frank Andrasik 首先对生物反馈在上述方面的成效进行了研究，结果发现生物反馈确实有效

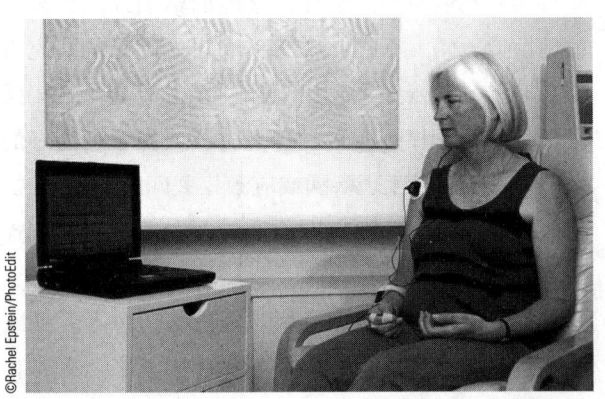

在生物反馈的实施过程中，患者要学会通过观察屏幕上的信号控制自己的生理反应。

（Holroyd，Andrasik，& Noble，1980），但是这种方法的效果和深度肌肉放松程序的效果不分伯仲，很难说哪种方法更有效（Andrasik，2000；Blanchard & Andrasik，1982；Holroyd & Penzien，1986）。因此有些人认为，如果想要达到缓解紧张性头痛的目的，那么只要教会人们如何放松就够了。但是，Holroyd 等人（1984）指出，生物反馈的起效机制——至少在缓解头痛方面——也许并不是缓解紧张状态，而是在一定程度上让人们获得对疼痛的<u>控制感</u>。无论背后的起效机制是什么，生物反馈和放松程序都要比吃安慰剂药片更加有效；这两种治疗方式是无法相互取代的，有些人使用生物反馈的疗效更好，而另一些人则使用放松程序的疗效更好。因此，两种方法都尝试是更好的选择（Andrasik，2000；Kerns et al.，2011）。一些综述发现，对于使用生物反馈或放松程序的患者来说，有38%～63%显著缓解了头痛问题；对于服用安慰剂的患者来说，大约有35%达到了上述效果（Blanchard，1992；Holroyd & Penzien，1986）。除此之外，生物反馈和放松程序产生的良好效果似乎可以持续相当长的时间（Kerns et al.，2011；Andrasik，2000）。

在生物反馈的发展和测试领域，Edward Blanchard 是一位先行者。

放松与冥想

在治疗生理疾病患者和疼痛患者的过程中，人们用到了各种各样的放松和冥想；有时候是单独使用放松和冥想，有时候是结合其他疗法使用（Kerns et al.，2011）。Edmund Jacobson 在 1938 年提出了**渐进式肌肉放松法**（progressive muscle relaxation），这种方法要求人们首先有意识地按一定顺序收紧不同的肌肉群（比如，小臂和大臂等，详见表 9.6），然后再放松这些收紧的肌肉群。通过这种方式，人们能够意识到不同肌肉群的紧张状态，并且能够学习如何放松这些肌肉。以冥想为基础的程序则要求人们把注意力集中在身体的某个具体部位、某个想法或者脑海中的某个画面上。这种方法要求人们在集

中注意力的同时调整呼吸，按照一种缓慢且有节奏的方式吸气呼气。有一种方法叫作**超觉冥想**（transcendental meditation），它要求人们把注意力全部集中一个不断重复的音节上，或者集中在某种吟颂词句上。

表9.6　如何收紧肌肉

大肌肉群	如何收紧
小臂	握拳，掌心向下，手腕向上臂方向弯曲
上臂	收紧肱二头肌；高举胳膊，两臂相对但不相互接触（这个过程中避免小臂肌肉紧张，保持小臂的放松状态）
小腿和脚	脚趾向膝盖方向回勾
大腿	脚用力蹬地
腹部	向背部的方向收腹
胸口和呼吸	深呼吸然后屏气，保持十秒后放松
肩膀和脖子下部	提起肩膀，努力让肩膀碰到耳朵
后颈	仰头，用力靠向椅背
嘴唇	用力抿嘴；不要咬牙，也不要收紧下颌
眼睛	双眼紧闭，但不要太用力（如果带着隐形眼镜，请额外注意）
额头下部	紧锁眉头（努力让两侧眉毛靠近）
额头上部	抬眉毛，使额头皱起

Herbert Benson 对超觉冥想法进行了改造，去除了其中他认为不重要的部分，然后提出了一种简化程序，称为**放松反应法**（relaxation response）。放松反应法要求人们不出声地在心中重复吟颂某一段特定的语句，从而达到心无旁骛的状态，即"关闭"自己的意识，摒除各种想法和思维的"入侵"。Benson 强调对"一"（one）这个概念的关注，"一"可以是一个中性的单词或短语。每天练习 10～20 分钟冥想的人报告说，他们体验到了更深层的平静或更彻底的放松，而且这些感受能充实一整天的时间。虽然这些程序十分简单，但是它们带来了明显的效果。这些程序能够对某些神经递质和应激激素起到抑制作用，增加掌控感（Benson，1975，1984）。Benson 的理论已经广为人们所接受，美国有 60% 的医学院会向学生教授这种方法，许多知名的医院也向患者提供这些疗法（Roush，1997）。虽然有些时候效果一般，但是在头痛、高血压以及急性和慢性疼痛的治疗中，放松都能起到积极的作用（Taylor，2009）。无论如何，放松和冥想通常都会被包含在疼痛的综合管理方案中。

应激和疼痛的综合管理方案

在我们自己的应激管理方案中（Barlow，Rapee，& Parini，in press），我们要求参与者使用多种应激管理程序，并发给每位参与者一本小册子。首先，参与者需要学习密切监控自己的应激状态，

每日应激记录表（示例）

周_____

应激程度等级：8 极度应激／6-7 高度应激／4-5 中度应激／2-3 轻度应激／1 无应激

日期	(1) 开始时间	(2) 结束时间	(3) 最高应激水平	(4) 诱发原因	(5) 表现/症状	(6) 想法/思维
1-5	上午10:00	上午11:00	7	销售会议	出汗、头疼	我的形象很糟糕
1-7	下午5:15	下午5:35	6	堵车	紧张、不耐烦	我永远回不了家了
1-8	下午12:30	下午12:32	3	钥匙不见了	紧张	我找不到钥匙了
1-9	下午3:30	下午4:30	4	等客户	出汗、恶心	他们迷路了吗？

图 9.14　监控应激的方法

Source: Adapted, with permission, from Barlow, D. H., Rapee, R. M., & Reisner, L. C. (2001). *Mastering stress 2001: A lifestyle approach.* Dallas, TX: American Health, pp. 113–114, © 2001 American Health Publishing.

并且在每天的生活中鉴别出哪些是应激事件。我们会教授参与者如何记录出现应激的时间、应激的强度以及可能导致应激出现的诱因；每天的应激记录表如图9.14所示。我们还会提示参与者，当处于应激状态时，他们可能出现哪些身体症状和想法。在方案实施过程中，这些记录内容都是非常重要的。把这些内容记录下来本身就能够对参与者产生帮助作用，让他们意识到导致自己应激状态的诱因以及自己的应激模式究竟是怎样的，从而帮助参与者更好地应对这些问题。

在学会如何监控并记录自己的应激状况后，参与者还要学习深度肌肉放松方法。这种方法要求参与者首先收紧不同的肌肉群（参见表9.6）。通过这种方式，参与者会明确地感受到不同肌肉在身体上的不同位置。参与者接下来要学习的是如何放松这些肌肉群，所谓放松不是让这些肌肉处于静止或不活动的状态，而是主动"释放"肌肉的紧张感。对应激的主观评价和态度是另一个重要的部分，参与者会发现，虽然日常生活中会发生这样或那样的事，但是自己对这些事件的消极影响的评价未免夸大其词了。在这个过程中，治疗师会使用认知疗法来帮助参与者形成对生活事件现实的主观评价和态度，比如莎莉的这个案例。

莎莉 改善自己的知觉

（患者莎莉是一名45岁的地产经纪人。）

患者：我母亲总是恰好在我处理重要事务的时候打来电话，这让我特别生气。我有点烦她了。

治疗师：让我们尝试用另一种方式来看待你刚才所说的话。你说她总是在你处理事务的时候打电话，也就是说无论她什么时候打来电话，你100%都在处理重要事务。这是真实情况吗？请问，当您的母亲打来电话时，您确确实实正在处理重要事务的概率有多大？

患者：呃……其实回想一下她之前10次电话，大多时间我只是在看电视或者读书。有一次我正在做饭时她打来电话。因为她的电话，我把饭烧糊了。另一次她打来电话的时候我正在家里处理从办公室带回来的工作。我想她打来电话而我正在处理重要事务的概率是20%。

治疗师：好的，很好。让我们再做进一步探讨。那么，如果您母亲打来电话的时间正好是你不方便的时候，接下来会发生什么？

患者：嗯，我的第一反应是，她觉得我在做的所有事情都不重要。但是，我明白您要说什么。我知道自己有点反应过头，因为她在打电话的时候明显不知道我正在干嘛。但是，我还是觉得她的电话来得不是时候，对我造成很大的干扰。

治疗师：说下去。对你造成很大干扰的概率有多大？

患者：当我工作的时候，电话会让我忘记自己本来在做什么，而且挂了电话我还要花10分钟才能让自己再回到工作状态。当然，这也不是特别糟糕，毕竟只有10分钟。而且，晚餐烧糊了那次也不是真的就那么糟糕，只是有一点点糊。何况这也有我的一部分责任，我应该在接电话之前关火。

治疗师：那么，听上去这给你带来不便的概率相当小，尽管您的母亲确确实实打扰到您了。

患者：的确如此。而且我知道你接下来要说什么。即使这真的是一种很大的不方便，但也算不上世界末日。在工作中，我常常要处理比这个问题大得多的麻烦。

在应激管理方案实施过程中，参与者要努力鉴别出自己各种不切实际的消极想法，并且一旦出现消极想法，他们会迅速发展出新的主观评价和态度。这种评价通常来说是最困难的部分。在这次治疗之后，莎莉开始运用自己学到的认知策略重新评价生活中的应激情境。最后，应激管理方案的参与者会发展出一套新的应对策略，其中包括时间管理和自我肯定训练。**时间管理训练**（time-management training）帮助参与者学会给自己要处理的事情或要参与的活动按照轻重缓急进行排序，同时减少对非关键性需要的关注。**自我肯定训练**（assertiveness training）帮助参与者学会通过适当的方式对自己给予鼓励与支持。除了这两种方式，参与者还会学习其他处理日常问题的手段。

很多研究对不同的综合性方案进行了评估。结果发现，对于长期疼痛（Keefe et al., 1992；Otis & Pincus, 2008；Turk & Monarch, 2002）、慢性疲劳综合征（Deale et al., 1997）、紧张性头痛（Lipchik et al., 2002）、高血压（Ward, Swan, & Chesney, 1987）、颞下颌关节（下巴）痛（Turner, Mancl, & Aaron, 2006）以及癌症导致的疼痛（Andersen et al., 2007; Crichton & Morey, 2003）等问题来说，相比放松训练法或生物反馈法，包含多种方法的综合性方案都比单用一种方法的效果要好得多。一项包含了 22 个研究的元分析结果也表明，在治疗慢性下背部疼痛方面，综合性心理治疗是有效的（Hoffman, Papas, Chatkoff, & Kerns, 2007）。

药物与应激管理方案

我们已经提到过，在美国有非常多的人使用非处方类止痛药，并且对这些药物很依赖。在头痛患者群体中这个现象尤其明显。一些证据显示，长期依赖这些药物会削弱综合性方案对头痛的疗效，并且可能会导致患者的情况进一步恶化。因为一旦药力消退或者患者停止服药，他们就会觉得头痛更厉害了（Capobianco, Swanson, & Dodick, 2001）。在一项经典研究中，Michultka、Blanchard、Appelbaum、Jaccard 和 Dentinger（1989）对止痛药的高剂量使用者（大量服药的人）和止痛药的低剂量使用者（极少服药或不服药的人）进行了考察，并且将两组被试在年龄、头痛持续时长以及对综合性治疗方案的反应三个方面进行了匹配。结果发现，如果目标是将头痛发生的频率和严重程度降低至少 50% 的话，那么高剂量使用者中有 29% 达到目标，而低剂量使用者中则有 55% 达到了目标。

此外，Holroyd、Nash、Pingel、Cordingley 和 Jerome（1991）对比了综合性认知行为治疗方案和抗抑郁药阿米替林（amitriptyline）在治疗紧张性头痛方面的疗效。心理治疗帮助研究样本中 56% 的患者至少减轻了 50% 的头痛，而阿米替林只在 27% 的患者身上达到了这样的疗效。Grazzi 等人（2002）对 61 位服用过量止痛药的偏头痛患者进行了考察。他们首先让这些患者停止使用止痛药，然后让他们接受更加综合性的且成瘾可能性更低的治疗方案；这些方案要么包含药物治疗配合生物反馈和放松技术，要么只包含药物治疗。3 年后，那些治疗方案里面只包含药物的患者出现了病情的反复，他们重新开始服用止痛药，并且觉得偏头痛问题更加严重了；并且，在只用药物治疗组中出现上述情况的患者人数要显著多于使用药物和其他方法结合的治疗组。而另一方面，在 Grazzi 等人（2002）的研究结果中，我们看到心理治疗有效且持续地降低了患者的服药量。而且这样的结论既不限于此一研究，也不限于头痛问题；在治疗严重高血压患者时，心理治疗也能发挥上述作用。

将否认作为一种应对方式

我们一直在强调，直面自己的感受，处理好自己的感受，这非常重要；尤其是在经历过应激性或创伤性事件之后，这一点就变得更加重要了。从弗洛伊德开始，心理健康工作者就意识到了缓解或处理强烈情绪体验的重要性；把这些情绪处理好，并发展出更恰当的应对反应技巧，事关重大。例如，接受了冠状动脉搭桥手术的患者在术后 6 个月的时间里，如果能够保持乐观的心态，那么他们恢复的速度会更快，重新开始正常活动所需的时间会更短，并且生活品质也会更高；这些都是相对于术后心态不乐观的患者来说的（Scheier et al., 1989）。Scheier 等人还发现，乐观的人不太可能将否认作为一种应对方法来处理严重的应激源，比如说外科手术。Bruce Compas 等人（2006）对 164 名腹痛反复发作的青少年患者的焦虑和疼痛抱怨情况进行了考察。如果这些青少年使用否认、回避和胡思乱想的方式应对疼痛，那么他们出现焦虑和身体症状抱怨的可能性就会更高；如果这些青少年尝试以更加直接的方式应对疼痛，那么他们出现上述问题的概率就会较低。绝大多数心理健康专业人士都在自己的执业过程中把"否认"这种方式清除干净，因为它会带来许多消极的影响。例如，如果人们以否认的方式来应对疾病带来的剧痛，那么他们很可能难以察觉疾病也有积极的一面，并且通常会逃避治疗或复健方案。

但是，否认总是有害的吗？著名的健康心理学家 Shelley Taylor（2009）指出，大多数人在身体没有异状的时候都会否认自己罹患严重疾病的潜在可能，至少最初他们是这样的。常见的反应是，人们认为自己得的不是什么大病，或者觉得自己一定会很快痊愈。大多数人都会出现这类行为反应，包括癌症患者和冠心病患者。一些科研团队（Hackett &

Cassem，1973；Meyerowitz，1983）发现，在经历极端应激事件的过程中，例如某人第一次被确诊出重大疾病时，否认可能<u>有助于</u>患者接受这样的"晴天霹雳"；患者随后能够发展出更恰当的应对反应方式。如果将否认作为一种应对机制，那么它的价值可能更多地与事件进程中的时间点有关，而不是和其他因素有关。但是，否认依然不是长久之计。从长远的角度看，所有的证据都显示，到了某一个时刻，我们再不情愿也得面对现实，处理情绪，学会接受并正视当前的困境。

改变行为，促进健康

在本章开头，我们讨论了心理和社会因素影响健康和生理疾病的两种方式：其一，直接影响机体的生理过程；其二，通过不健康的生活方式。在本节中，我们要讨论的是不健康的生活方式对人们的影响。

早在1991年，美国国家健康研究院的院长就指出，"我们的研究显示，许多常见疾病是能够加以预防的，另一些疾病能够通过简单地改变生活方式来延缓或控制发病"（U.S. Department of Health and Human Services，1991）。不健康的饮食习惯、缺乏体育锻炼和吸烟是最常见的三大不良行为，长期来看这些行为会让很多生理疾病找上我们（Lewis et al.，2011）。另一些高风险因素还包括不安全（无保护）的性行为、没有采取避免外伤的保护措施、过度饮酒以及阳光暴晒等。在此我们仅列出了少数几条，其中许多行为会导致人们患上疾病或出现生理问题，疾病和生理问题在人们的致死原因中名列前茅。致死原因不但有冠心病和癌症，也有各种各样的意外事故（比如，由饮酒和不系安全带导致的）、肝硬化（比如，由过量饮酒导致的）以及各种各样的呼吸系统疾病，包括流行性感冒和肺炎（比如，由吸烟和应激导致的）（Lewis et al.，2011）。即便是现在，美国成年人中仍有21%的人是经常吸烟者（CDC，2007）。吸烟是排在首位的可预防的致死原因；在美国，每年的死亡总人数中有20%（大约443000人）与吸烟有关，这里所说的死亡总人数是包含了各种死因和命案的总和（CDC，2008；Ezzati & Roboli，2012）。研究人员为开发有效的行为矫正方法投入了大量精力，希望通过这些方法帮助人们改善饮食结构、按医嘱坚持服药，并且养成锻炼的习惯。接下来，我们会介绍四个方面的内容：避免受伤、预防艾滋病、中国的控烟情况以及一项重大的社区干预项目，即斯坦福三个社区研究（Stanford Three Community Study）。

避免受伤

在1~45岁的美国人口中，意外伤害事故排在人们致死原因的首位；在美国全体人口中，意外伤害事故排在人们致死原因的第五位（参见表9.1）。除此之外，意外伤害还导致了个人和社会生产力的损失，常年有人因为事故受伤而一命呜呼；因此和排在前四位的致死原因（心脏病、癌症、呼吸系统疾病和中风）相比，意外事故是更加严重且严峻的问题（Institute of Medicine，1999；National Safety Council，2013）。例如，美国国家安全委员会（National Safety Council）估算，假如一个人死于交通事故，那么这个人给社会造成的平均损失（包括直接经济损失和由此造成的他人生活品质下降）达到了令人惊愕的450万美元！即使在交通事故中没有人员死亡，那么事故受伤导致的损失也在5万～22.5万美元之间（National Safety Council，2013）。因此，美国政府十分关注能够减少意外伤害的方法（Scheidt, Overpeck, Trifiletti, & Cheng, 2000；CDC，2010）。Spielberger和Frank（1992）指出，心理变量和导致意外伤害的所有因素都是实实在在相关的。一个极佳的例子是已故学者Lizette Peterson和她的同事所做的工作（Peterson & Roberts, 1992；Damashek, Williams, Sher, & Peterson, 2009）。Peterson对预防儿童意外事故特别感兴趣。在儿童致死原因中，意外事故排在首位，并且排在第二到第七位的六项原因加在一起导致的儿童死亡人数都不如意外事故一项多（Scheidt et al., 1995；Taylor, 2009）。在美国，每年所有的中毒案件中接近一半案件的受害者是6岁以下的儿童（CDC，

Lizette Peterson 发展出一套重要的行为改变程序，防止儿童受伤。

2006）。然而，我们大多数人都没能充分思考和重视如何预防儿童受伤，即便对自己的孩子也是如此。因为人们常常觉得"孩子磕磕碰碰没什么大不了"，于是便听之任之（Peterson & Roberts，1992）。除此之外，还有部分家长认为"孩子不摔长不大"，让孩子在成长过程中受点小伤是有好处的，这就可能导致孩子的照顾者忽略了保护孩子（Lewis, DeLillo, & Peterson，2004）。

幸好，已经有不少行为改变方法可以有效地避免孩子受伤（Sleet, Hammond, Jones, Thomas, & Whitt，2003；Taylor，2009）。例如，应该按部就班地教给并教会孩子远离火源（Jones & Haney，1984）、识别紧急情况并向大人报告（Jones & Ollendick，2002；Jones & Kazdin，1980）、安全地过马路（Yeaton & Bailey，1978）、安全地骑自行车（Peterson & Thiele，1988）以及学会处理诸如严重割伤等部分外伤（Peterson & Thiele，1988）。在许多这类保护方案中，儿童需要进行几个月的学习来掌握安全技巧，并且在学习之后要保持学习效果——只要学过这些技巧，大人就应当不断地对孩子进行评估并帮助他们演练。因为证据显示，对于孩子来说，反复的口头警告对于避免受伤基本没用，改变他们的行为才是关键。最近的证据还显示，如果对家长进行认知行为干预，那么他们对避免孩子受伤的重视程度和行为反应就能得到改善，从而更好地照顾孩子（Marsac, Kassam-Adams, Hildenbrand, Kohser, & Winston，2011）。

预防艾滋病

在本章的前面部分，我们介绍了艾滋病让人毛骨悚然的传播速度和状况，发展中国家的情况尤其堪忧。表9.2展示了从2008年和2009年艾滋病在美国和世界范围内的传播状况。在发展中国家（例如，非洲各国），艾滋病和异性之间的性活动密切相关。在这些国家，人们患上艾滋病是因为自己的异性性伴侣是感染者。目前还没有针对艾滋病的疫苗，改变高危行为才是最有效的预防手段（Grossman, Purcell, Rotheram-Borus, & Veniegas，2013；Mermin & Fenton，2012）。

综合性方案对于预防艾滋病尤为关键。因为仅仅通过检查了解一个人是HIV阳性还是阴性和改变这个人的行为之间基本没有关系（Grossman et al.，2013），即便对高危人群进行教育和宣导也对改变他们的高危行为没什么效果。最成功的行为改善方案之一是一项在艾滋病刚刚开始流行的时候，研究者在美国旧金山实施的项目。表9.7列出了该项目希望改善的具体行为，以及在不同群体中改善这些行为的方式。在这个项目开始之前，参与者实施未加保护的不安全性行为频率较高，在男性同性恋参与者中有37.4%经常出现不安全性行为，在其他参与者中这一数据则为33.9%（Stall, McKusick, Wiley, Coates, & Ostrow，1986）。到1988年研究者进行追踪调查时，这两类参与者的这一数据分别降低到了1.7%和4.2%（Ekstrand & Coates，1990）。而在没有实施该项目的类似人群中，没有发现他们在减少不安全性行为方面的改善。

另一个关键点是，这类改善项目也被应用于少数族裔和女性群体中。这些群体中的人们通常不认为自己有感染艾滋病的风险，这可能是因为到目前为止美国媒体对艾滋病的关注点依然集中在白人男同性恋群体上。但是，2003年，新增艾滋病患者中有50%是女性（World Health Organization，2003）。另外，艾滋病患病风险最高的女性群体年龄为15～25岁；风险最高的男性群体年龄为25～35岁。女性罹患艾滋病的风险高低与其境遇有关。例如，为了摆脱贫困，有些女性会去卖淫。因此，针对男性和女性的行为改善方案是截然不同的（World Health Organization，2000）。

有一项针对城镇中心贫民区非裔女性青少年的预防艾滋病方案叫作"黑珍珠宣导、治疗、生存与权益"项目（Sistas Informing, Healing, Living, Empowering），简称SiHLE（DiClemente et al.，2004，2008）。现实状况明确而严峻，美国青少年，尤其是非裔美国青少年，是HIV和其他性传播问题的高发群体（Weinstock, Berman, & Cates，2004）。对于居住在城市中心贫民区的非裔女性青少年来说，她们的有些人际交往和社交行为可能导致她们感染HIV，比如说和较为年长且性需求旺盛的男性成为性伴侣、约会的对象有暴力倾向、面临来自媒体的刻板印象压力、认为美国社会对非裔青少年漠不关心以及难以向自己的性伴侣要求进行安全性行为等；SiHLE的目标就是改变她们身上的这些行为模式。和有些预防艾滋病的项目不同，SiHLE关注的重点

表9.7 旧金山模式：减少新HIV感染的社区协作项目

信 息	
媒体	性传播疾病、计划生育以及药物滥用治疗中心
宣传什么样的方式会传播HIV，什么样的方式不会传播HIV。	发放介绍HIV病毒传播和预防的宣传材料。
保健服务机构和提供者	社区组织（如俱乐部等）
提供有关HIV传播的教育资料和课程。	组织讲座、提供相关材料和视频。
学校	工作场所
发放介绍HIV传播和预防知识的宣传材料。	发放介绍HIV传播和预防的宣传材料。
疾病控制中心（负责抗体检测）	
发放介绍HIV传播和预防的宣传材料。	
动 机	
提供多种案例，说明许多人都可能感染HIV。	提供感染了HIV的同事的案例。
询问所有人是否知道HIV传播的高危因素。	对HIV感染风险进行细致评估。
建议高危病人进行HIV抗体检测。	提供HIV感染检测建议。
提供青少年感染HIV的案例。	展示案例，其中感染HIV的个体与参与者所在的俱乐部等团体中的成员相似。
技 术	
展示如何清洁针头，如何使用避孕套和杀精剂。	以上课和示范的方式讲授安全性行为和药物注射技术。
示范如何与他人沟通以拒绝不安全的性行为和注射。	在医疗和咨询服务中提供安全性行为和药物注射的指南。
以上课和视频的形式展示安全性行为相关内容。	以上课和视频的形式展示降低艾滋病患病风险的相关内容。
规 范	
广泛告知公众，高危行为并不是主流。	广泛告知学生，安全性行为是令人向往的。
广泛告知公众，有关安全性行为的课程和避孕套的广告都是人们希望看到的。	创造一种氛围，在这种氛围中HIV感染者能够被接纳。
向患者提供有关社区主流规范的建议。	创造一种氛围，在这种氛围中感染HIV的学生和老师能够被接纳。
政策与立法	
让人们关注政策层面的有关问题。	动员人们提出更多有关治疗方案和设施的需求。
从政策和法律层面预防HIV的扩散。	宣传有益的相关法律与政策。
动员学生和教职员工允许在学校开展性教育。	宣传保密性和不要歧视患者。
在公共浴室安装避孕套贩卖机。	允许HIV感染患者外出工作。

Source: Reprinted, with permission, from Coates, T. J. (1990). Strategies for modifying sexual behavior for primary and secondary prevention of HIV disease. *Journal of Consulting and Clinical Psychology, 58*(1),

不仅仅在于改善这些女孩的认知决策技能，同时还关注：①发展这些女孩与亲人之间的关系；②"点燃"她们的成就动机，提升自豪感、自我效能感、自我价值感，并了解社区的重要性；③改善同龄人彼此之间原有的负面影响。这些干预手段的目的是为这些青少年创造一个更好的环境，在这个环境中她们能够远离高风险性行为，并且能够做出保护自己免受感染的行为。522名14～18岁并且已经有过性经验的非裔美国女孩参与了该研究，她们中有一半人被随机分配到了SiHLE项目中，另一半人被分配到了对照条件中。SiHLE项目包括了4次时长为1小时的小组讨论，讨论的内容主要集中在种族自豪感、性别自豪感、HIV感染相关知识、沟通技巧、如何使用避孕套以及什么是健康的恋爱关系。对照条件也包含了小组讨论，但是讨论的内容集中在体育锻炼和饮食营养方面。结果发现，SiHLE项目的效果非常显著（DiClemente et al., 2004, 2008）。SiHLE项目组的女孩们随后使用避孕套的频率大大提升，不安全的性行为减少了，性伴侣的数量减少了，她们被性传播疾病感染的概率降低了；和对照条件下的女孩们相比，SiHLE项目组的女孩们在接下来1年中意外怀孕的概率也更低。近期，研究者正在努力把家庭也纳入到行为改变项目中，让青少年和自己的家人以及咨询师一起坐下来讨论。这样

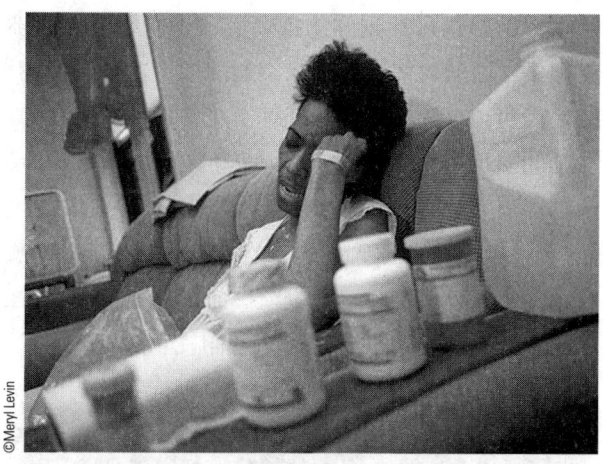
女性感染艾滋病的风险正在日益增加。

做的目的是推迟青少年首次发生性行为的年龄，减少他们性伴侣的数量，并且帮助他们减少不健康的行为，比如不安全的性行为。

在非洲各国，HIV的主要传播方式是异性之间的性行为。目前，已经有一些预防艾滋病的项目开展起来了，这些项目主要关注改善高危人群的人际和社交系统。近期，有一刚刚开展起来的新项目，其重点是伴侣而不是个人，强化双方的疾病预防行为（Grabbe & Bunnell，2010）。有研究显示，在非洲只有22%年龄在15～49岁的成年人知道自己是否感染了HIV。而且在非洲，固定性伴侣之间使用避孕套的可能性极低，因为人们觉得自己的伴侣是"安全的"，与伴侣间的性行为是没有风险的。鉴于上述情况，这个针对伴侣的项目就显得尤为重要了。在新感染HIV的患者中，有55%～93%是一起居住的伴侣。这就意味着，疾病的传播主要是在伴侣之间，而造成这种问题的原因是他们并不知道自己已经感染。针对伴侣的咨询与病毒检测已经成功地在卢旺达、乌干达和肯尼亚三国开展起来了。预防HIV感染的伴侣心理咨询也已经运用到了母婴健康和儿童保健服务当中。

中国的控烟情况

尽管中国政府一直在努力降低国民的吸烟率，但中国仍然是全世界烟草成瘾问题最严重的国家之一。在中国，烟民的数量大约是3亿2千万，比美国的总人口数量还要多。中国90%的烟民是男性。中国的烟草消费占世界总量的33%，而且据估算在接下来的50年时间里因吸烟致死的中国人数量大约会达到1个亿（Gu et al.，2009；Lam, Ho, Hedley, Mak, & Peto，2001；Zhang & Cai，2003）。

Unger等人（2001）报告，在中国，47%的男生和16%的女生在初中时就已经尝试过吸烟。健康领域的专业人员早期在戒烟方面的尝试借助了中国家庭中牢固的亲子纽带，让孩子作为父亲的规劝者，帮助父亲戒烟。虽然没有发表公开报告，但专业人员还是进行了一项大规模的研究。1989年，他们组织了一个戒烟夏令营，参与夏令营的有浙江省杭州市的23所小学。孩子们把戒烟的文字资料和问卷拿回家给自己的父亲，收到这些材料男性大约有10000名。然后，这些孩子会给父亲写一封信，请他们戒烟；而且这些孩子在接下来的一段时间里每个月都会向学校报告父亲的吸烟习惯。大约9个月之后，研究人员对夏令营的效果进行了评估。的确，孩子的行为对父亲产生了一定影响。戒烟干预组的父亲有近12%在过去6个月时间里戒了烟；相反，对照组的父亲（另外10000名男性）只有0.2%在过去6个月时间里戒了烟。

自此之后，中国政府对戒烟工作投入了更多努力。例如，Ma等人（2008）报告了中国烟民身上的一些典型特征：①认为吸烟是个人自由的标志；②认为香烟在社会和文化互动中都占据着重要的地位；③认为只要有节制地吸烟，那么吸烟对健康的影响就在自己的控制范围内；④认为烟草对国家经济举足轻重。现在，中国政府已经在考虑如何打破人们的这些观念谬误，并且以此作为全面有效实施控烟的前奏。

斯坦福三个社区研究

在努力降低社区中疾病风险因素的各种项目中，最著名也是效果最显著的是斯坦福三个社区研究（Meyer, Nash, McAlister, Maccoby, & Farquhar，1980）。虽然这项研究是几十年前开展的，但是至今仍是该领域的典范之作。从1972年到1975年，研究人员选取了美国加利福尼亚州中部的三个完整的社区，并以这三个社区中的三个群体作为研究对象；此外，这三个社区在规模和居民组成方面都是相似的。研究的目的是降低人们罹患冠心病的风险。研究人员向社区居民介绍了一系列积极行为，其中包括减少吸烟、控制血压、健康饮食和降低体重。在特雷西（Tracy）社区，研究人员没有采取任何干预手段，但是他们通过随机抽样的方式采集了社区居民在如下两个方面的详细数据：对冠心病风险因素的了解是否会随着时间推移而增加，以及风险因素是否会随着时间推移而改变。此外，研究人员还对特雷西社区居民的心血管状况进行了医学评估。吉尔罗伊（Gilroy）社区的全部居民和沃森维尔（Watsonville）社区的部分居民则遭遇了一场媒体"轰炸"。他们通过媒体了解到，哪些行为是导致冠心病的危险因素、减少这些因素的重要性以及如何去做的各种建议。沃森维尔社区的大部分居民还会接受一种面对面的干预，并且行为咨询师面向的是那些被判定为患冠心病的风险特别高的居民。在研究开展的3年期间，三个社区的居民每年接受一次调查。结果发现，在这些社区中，研究人员所使用的干预手段确实能够成功地降低居民罹患冠心病的风险（见图9.15）。除此之外，对于沃森维尔社区中既接受媒体宣传又接受面对面干预的那部分居民来说，他们的患病风险会更低，且效果非常显著。无论是和作为对照组的特雷西社区居民比，还是和吉尔罗伊社区的居民比，甚至是和同社区中只接受媒体宣传的那部分居民比，上述结论都是成立的。而且，这些沃森维尔的居民不但患病风险最低，对致病风险的相关知识掌握得也更好。

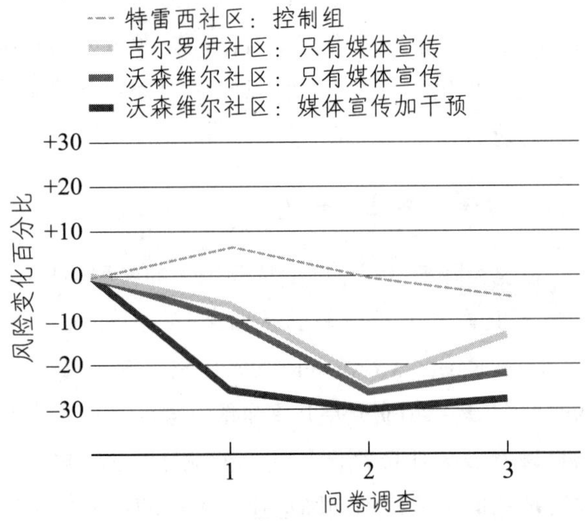

图 9.15　斯坦福三个社区研究结果

Reprinted, with permission, from Meyer, A. J., Nash, J. D., McAlister, A. L., Maccoby, N., & Farquhar, J. W. [1980]. Skills training in a cardiovascular health education campaign. *Journal of Consulting and Clinical Psychology, 48*, 129–142, © 1980 American Psychological Association.)

像斯坦福研究这样的项目实在是耗资巨大，不过很多社区的媒体都乐于在类似的工作上投入时间。结果表明，在类似这样的工作上花费资金是值得的，在个体层面、社区层面以及政府的公共健康工作层面都能有所收益。这样的项目能够挽救许多人的生命，能使许多人免于致残。这些积极的效果远比项目本身的成本更加可观。但不幸的是，像斯坦福社区研究这样的项目至今也没有被推广开来。

小测验 9.3

请将下列治疗方法与适用条件和表述加以匹配：

A. 生物反馈　　　B. 放松和冥想
C. 认知应对策略　D. 否认
E. 改变行为，促进健康
F. 斯坦福三个社区研究

1. 玛丽经常因为别人的愚蠢行为而烦心不已。医生希望她能够意识到自己对这些事件的夸大评价，并且建议她运用 _____。
2. 泰伦好像无法对工作中的任何事情集中注意。他觉得压力特别大。他需要 _____；这种减少侵入性思维的手段，能够帮助泰伦尽快投入到工作中。
3. 哈利感到有压力时，他的血压就会升高。医生向他演示了 _____。这种方法能够帮助哈利更好地觉知自己身体的生理过程。
4. 在一次世界大会上，各国领导人聚集一堂讨论如何解决公共卫生问题，包括减少儿童受伤、减少艾滋病的风险因素以及减少和吸烟相关的疾病。专业人员建议，可以采用一套包含教会人们如何 _____ 的项目。
5. 在最初阶段，强烈的 _____ 能够帮助患者处理听到噩耗时的震惊；但是，这种方式随后会抑制或阻碍人们的复原过程。
6. 在控制社区疾病风险因素方面，_____ 是最著名的研究之一。

本章小结

影响健康的心理和社会因素
- 心理和社会因素在多种生理疾病的发生和持续方面起到了重要作用。
- 对使用心理因素控制疾病日益增加的兴趣催生了两个新的研究领域，行为医学和健康心理学。行为医学将行为科学技术应用在医学问题的预防、诊断和治疗上。健康心理学关注的是心理因素在提升健康水平和幸福感方面能够发挥的作用。
- 心理上的应激会影响人们的免疫系统和其他生理功能，心理和社会因素通过这种方式直接推动疾病的发生。
- 如果免疫系统受到损害，那么它就无法对侵入体内的抗原进行有效的攻击；还有一种可能是，免疫系统甚至会转而开始攻击身体内其他正常的组织，即发生自身免疫性疾病。
- 随着对神经系统和免疫系统之间关系日益深入的了解，一个新的研究领域应运而生，即心理神经免疫学。
- 某些疾病可能与应激对人体自身免疫系统造成的影响有一定关联。这类疾病包括艾滋病、心血管疾病和癌症。

心理社会因素对生理疾病的影响
- 长时间的行为模式或生活方式可能会导致人们患上某些生理疾病。例如，不健康的性行为可能导致感染艾滋病和其他性传播疾病；不健康的行为模式，比如说糟糕的饮食习惯、缺乏锻炼或A型行为，可能会引发人们患上心血管疾病，包括中风、高血压和冠心病等。
- 美国排在前十位的致死原因中，有50%的人的死亡原因与不健康的行为有关。
- 心理和社会因素还与慢性疼痛相关。通过自然分泌的内源性阿片，大脑可以抑制疼痛，但这个过程很有可能被各种心理障碍所破坏。
- 慢性疲劳综合征是一种新近出现的疾病。究其原因，至少部分和应激有关；但是还有可能和一种未确认的病毒或者免疫系统的紊乱有关。

生理疾病的心理社会疗法
- 各种心理社会治疗手段日益增多，其目的是治疗或预防生理疾病。这些心理社会治疗手段包括了生物反馈技术和放松冥想等多种方式。
- 综合性的应激与疼痛管理方案不但包括放松及其相关技术，还包括了帮助人们有效应对的新策略，比如应激管理、现实评价以及改变态度的认知疗法。
- 一般而言，和单独使用任何一种方法相比，综合性方案都是更加有效的。
- 其他干预手段旨在改变人们的一些不良行为，其中包括不安全性行为、吸烟以及不健康的饮食习惯等。在避免受伤、预防艾滋病、戒烟以及控制疾病（如，冠心病）风险等多个领域，人们正在做出努力，以期获得良好的效果。

小测验答案

9.1
1. D 2. A 3. C 4. B 5. F 6. E

9.2
1. C 2. 发展 3. 高血压，冠心病 4. A型，B型 5. 慢性疲劳综合征

9.3
1. C 2. B 3. A 4. E 5. D 6. F

探索生理疾病和健康心理学

心理和行为因素对疾病和死亡有重要影响
- 行为医学将行为科学应用于医学问题
- 健康心理学关注的是心理对健康的影响以及改善健康的方式

心理和社会因素对生物学的影响作用

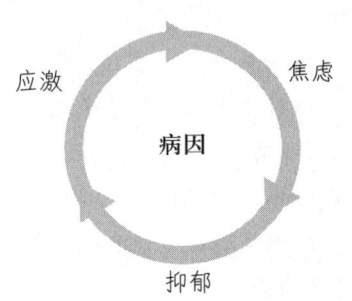

应激　　焦虑

病因

抑郁

人们对威胁和挑战做出的反应可能预测应激效应对身体免疫系统的影响

抑郁　焦虑　应激　兴奋

对控制或应对能力的感受

低控制感　　　　　　　　高控制感

被削弱的免疫系统／神经系统的"妥协"

生病

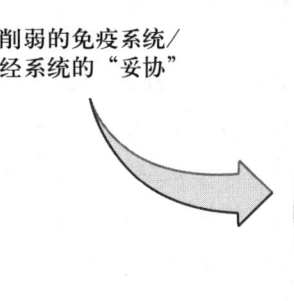

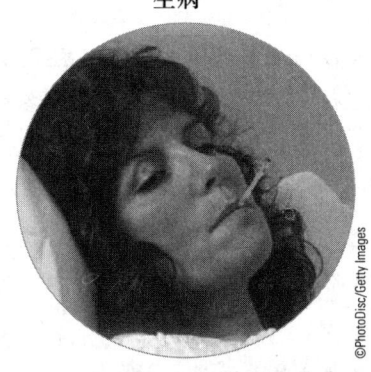

艾滋病（获得性免疫缺陷综合征）

- 人类免疫缺陷病毒（HIV）攻击免疫系统，机会性感染不受控制地发展。
- 心理治疗努力强化免疫系统功能和控制感。
- 虽然药物治疗可以控制病毒发展，但是目前还没有有效的生物预防手段，并且艾滋病仍然是绝症。

心血管问题

- 心脏和血管会由于下列原因受到损害：
  —中风：脑血管梗阻或破裂。
  —高血压：身体器官和四肢的血管收缩，对心脏造成额外的压力，最终导致削弱心脏功能。
  —冠心病：动脉梗阻，影响对心脏的供血。
- 生理、心理和社会因素能够引起上述所有问题，也能够通过治疗解决这些问题。

慢性疼痛

- 在初始阶段可能会出现急性发作，但是随着外伤逐渐痊愈，疼痛却仍未消失。
- 通常出现在关节、肌肉和肌腱处；可能的原因有血管扩张、组织坏死或恶性肿瘤。
- 生理和社会因素可能引起慢性疼痛，致使慢性疼痛持续存在，并达到非常严重的程度。

癌症

- 细胞异常增殖导致恶性肿瘤的出现。
- 心理社会治疗可以延长患者寿命、缓解症状、减少抑郁和疼痛。
- 不同的癌症有不同的治愈率和死亡率。
- 心理肿瘤学是一门研究心理社会因素对癌症病程发展和治疗作用的学科。

生理障碍的心理社会疗法

和疼痛有关的应激反应可能降低免疫系统中天然的杀伤性细胞的数量。

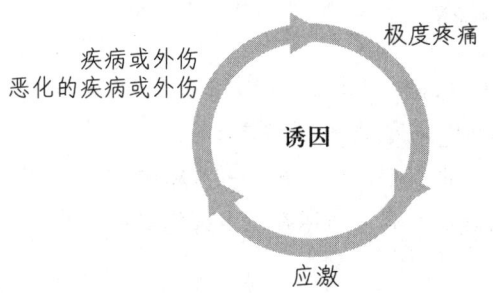

生物反馈

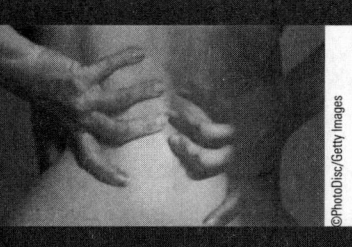

- 通过电子监控设备将个体的生理反应（如心搏、血压等）可视化或可听化。
- 患者学习如何增强或减弱自己的反应，从而改善机体功能（降低紧张程度）。
  —患者培养出的控制感也会产生治疗效果。

放松和冥想

- **渐进式肌肉放松**：个体学会找出自己身上紧张的部位，然后通过放松具体的肌肉群来缓解这个部位的紧张状态。
- **冥想**：把注意力集中在身体的特定部位、特定过程、肯定的想法或想象中的图像上。在某些形式的冥想中，需要集中注意力去默声重复音节（吟诵）以"清空"自己的脑海。冥想的过程应伴随着缓慢而有节奏的呼吸。
  —每天冥想至少10～20分钟能够减少体内的某些神经递质和应激激素，同时增加人们的控制感；这些都会把人带入一种平和的状态。

改变行为，促进健康

许多外伤和疾病都能够通过改变生活方式来预防和控制。改变的内容包括不健康的饮食、物质滥用、缺乏锻炼以及安全保护措施。

避免受伤

- 受伤是1～45岁的人口的首要致死原因；儿童尤甚。
- 大多数人认为受伤是不可控事件，因而不去改变自己的高风险行为。
- 对于儿童来说，避免受伤的方式主要包括：
  —远离火源
  —安全过马路
  —使用汽车安全座椅、使用安全带、骑自行车时带头盔
  —学会急救

预防艾滋病

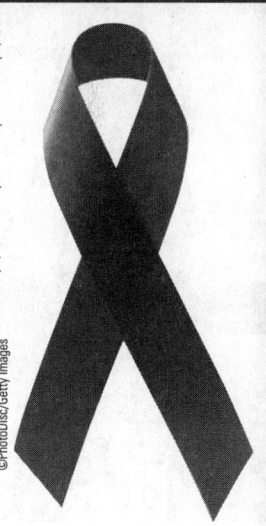

- 通过对个人和社区的教育宣导而改变人们的高危行为是预防艾滋病唯一有效的策略。
  —通过认知行为自我管理训练和社会支持系统能够戒绝不安全性行为。
  —教会物质滥用者如何清洁针头，并做到安全注射。
- 少数族裔和女性并不认为自己有感染艾滋病的风险，但他们实际上正是高危人群。
  —媒体的报道总是关注白人男同性恋者群体。
  —越来越多的女性因为与异性的性行为而感染艾滋病，其数量要比通过静脉注射而感染艾滋病的女性数量更多。

性功能障碍、性欲倒错障碍和性别焦虑症

何谓正常的性
　　性别差异
　　文化差异
　　性取向的发展
性功能障碍概述
　　性渴望障碍
　　性唤起障碍
　　性高潮障碍
　　性疼痛障碍
　　对性行为进行评估
　　性功能障碍的病因和治疗
　　性功能障碍的治疗
　　总　结
性欲倒错障碍：临床描述
　　恋物癖
　　窥阴癖和暴露癖
　　异装癖
　　性施虐癖和性受虐癖
　　恋童癖和乱伦
　　女性中的性欲倒错障碍
　　性欲倒错障碍的病因
性欲倒错障碍的评估和治疗
　　心理治疗
　　药物治疗
　　总　结
性别焦虑症
　　性别焦虑症的界定
　　病　因
　　治　疗

第10章

学习目标

- 使用科学的推理方式来解释行为
- 使用创新思维和整合性的思维及问题解决
- 描述采用基于本专业领域的问题解决方式而产生的实际应用

- 能够鉴别出行为解释所具有的基本的生物、心理和社会成分（例如，推论、观察、操作化定义和解释）（APA SLO 1.1a）。
- 以操作定义的方式对于问题加以描述从而能够对它们进行实证研究（APA SLO 1.3a）。
- 正确地鉴别出行为和心理过程的前因和后果（APA SLO 5.3c）。
- 描述相关的心理学原理在日常生活中的应用实例（APA SLO 5.3a）。

*本章内容涵盖美国心理学会（APA，2012）建议的学习目标，旨在为心理学专业本科生提供指导。目标及建议学习成果（SLO）由 APA 定义。

何谓正常的性

你可能会在流行杂志或网络调查中读到过有关性行为的某些夺人眼球的信息。根据一项调查，男性可以在一天内达到15次以上的高潮（事实上，这种能力是很罕见的），而女性会幻想自己被强奸〔女性的确会在自己被他人渴望的前提下有一种关于服从的理想化的幻想，但这种幻想和她们对真实强奸的想象相去甚远（Critelli & Bivona, 2008）〕。这类的调查之所以让我们失望乃是基于两点：首先，它们声称揭示出了性规范，但实际上它们所报告的大部分内容不过是歪曲的片面之词而已；其次，它们所呈现出的事实往往并未基于任何能够保证信息可靠的科学方法——尽管它们的确会让杂志大卖。

那么，何谓正常的性行为？正如你在本章将要看到的，这取决于多种因素。一种更好的提问方式是：在何种情况下以及何种程度上，性行为会偏离正常的范围而变成一种障碍？同样，这也取决于多种因素。目前的理论观点对于各种不同的性表达持相当容忍的态度，即便它们是不同寻常的，除非这种行为是和显著的功能损害有关的，或者涉及诸如儿童等无法做出有效知情同意的个体。两种类型的性行为符合这一标准。患有**性功能障碍**（sexual dysfunction）的个体发现自己在性交的时候难以顺利圆满地行使功能。例如，他们可能无法出现性唤起，或者无法达到高潮。而**性欲倒错障碍**（paraphilic disorders）这个相对较新的术语形容的是偏离常态的性行为。在这类障碍中，性唤起主要发生在面对不恰当的物体或个体的时候。在英语中，"philia"指的是强烈的吸引或喜爱，而"para"则表明这种吸引是不正常的。性欲倒错障碍患者的性唤起往往局限于相当狭隘的对象，而且很少包括双方都有意愿的成年伴侣（即便存在这种渴望）。实际上，性欲倒错障碍和性功能障碍除了都包含性行为以外，彼此没有什么关系。出于这一原因，性欲倒错障碍在目前的DSM-5中是一个独立的分类。另一种已经完全从性障碍内分离出来的处境是**性别焦虑症**（gender dysphoria）。在性别焦虑症中，个体对于自己在出生时被认定的性别（男孩或女孩）存在一种不和谐的状态以及心理上的痛苦和不满。这一障碍和性行为无关，而是个体在作为男性或女性的感受上出现了紊乱。在具体介绍这三种情形之前，让我们先回到我们最初提出的问题，"何谓正常的性行为？"据此，我们可以获得一种重要的视角，这对于理解性功能障碍和性欲倒错障碍而言尤其重要。

如果要想准确地确定性实践的发生频率，那就需要在人群中进行随机取样的细致调查。在一项质量可靠的科学调查中，Mosher、Chandra 和 Jones（2005）报告了基于12571名美国15～44岁男性和女性的数据，该项调查是由疾病控制和预防中心所进行的全美家庭发展调查中的一部分。详情见图

10.1。受访者接受了访谈，这比让他们自己填写问卷更为可靠；然后，研究人员对他们的回答进行了仔细的分析。这项调查的目的之一是找出青少年和成年人感染上包括艾滋病在内的多种性传播疾病的风险因素。最近的调查来自疾控中心的《全美健康和营养状况调查》，发表于 2007 年 6 月（Fryar et al., 2007）。超过 6000 名男性和女性参与了这一研究，为我们提供了一些最新的数据，尽管这项研究在性行为方面的取样相对有限一些。

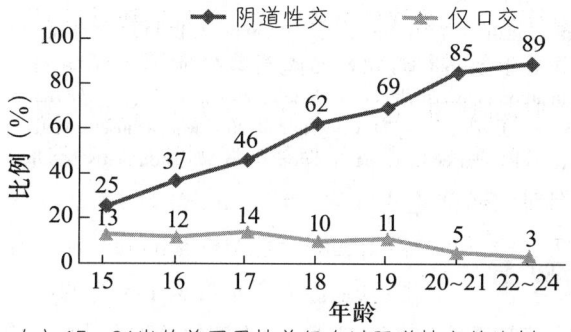

（a）15~24 岁的美国男性曾经有过阴道性交的比例，以及男性仅和女性有过口交但没有过阴道性交的比例；横轴为年龄（美国，2002）。

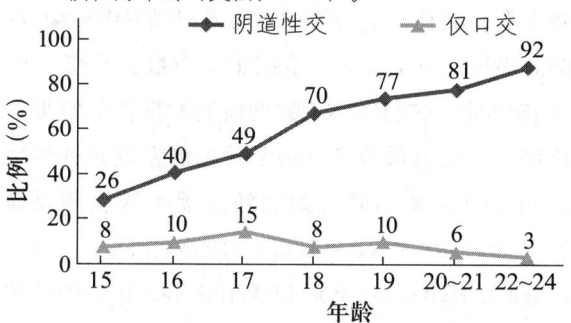

（b）15~24 岁的美国女性曾经有过阴道性交的比例，以及女性仅和男性有过口交但没有过阴道性交的比例；横轴为年龄（美国，2002）。

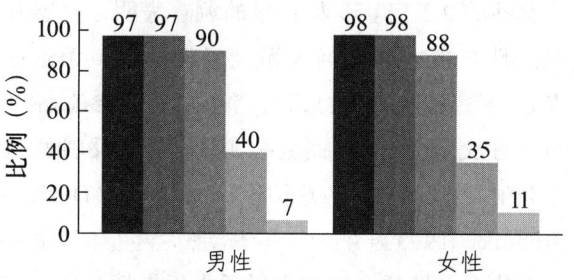

（c）25~44 岁美国男性和女性曾有过的各种性接触的比例（美国，2002）。

图 10.1　一项关于男性和女性性经历的调查结果
Mosher, W. D., Chandra, A., & Jones, J. [2005]. *Sexual behavior and selected health measures: men and women 15-44 years of age, United States, 2002*. Atlanta, GA: US Department of Health and Human Services, Centers for Disease Control and Prevention, National Center for Health Statistics.)

在 Mosher 等人以及 Fryar 等人所调查的男性和女性中，几乎所有人都有性体验，其中阴道性交几乎是一项普遍的性经历，甚至对于那些从未结婚的人也是如此。即便在 15 岁时，也已经有约 1/4 的美国男性和女性经历过阴道性交，而随着个体年龄的增长，这一比例也在稳定地上升。在 Mosher 及其同事所做的研究样本中，有 90% 的男性和 88% 的女性尝试过口交，40% 的男性和 35% 的女性尝试过肛交，而后者对于艾滋病的传播而言是一项高危行为。令人更加忧虑的数据来自 Billy 及其同事（1993）的一项更早的研究。他们发现，有 23.3% 的男性曾有过 20 个及以上的性伙伴，这则是另一项高危行为；不过，有超过 70% 的人在过去一年中仅有一位性伙伴，而不足 10% 的人在同一时期内有 4 个及以上的性伙伴。Fryar 等人（2007）所做的研究也报告了类似的数据，有约 29% 的男性一生中有 15 个及以上的性伙伴（女性的这一比例是 9%），而仅有 17% 的男性和 10% 的女性报告说在过去一年中有 2 个及以上的性伙伴。在 Mosher 和其同事（2005）的研究中，绝大部分的男性只进行**异性性行为**（heterosexual behavior），而约有 6.5% 的成年男性曾经进行过某种形式的**同性性行为**（homosexual behavior）。在这个样本中，92% 的男性报告仅被女性吸引，3.9% 的男性报告大多数情况下被女性吸引，1.0% 的男性会被男性或女性吸引，而 2.2% 的男性仅被男性吸引，女性中的数据与此类似。另一项精心设计的调查发现，近 9% 的女性和 10% 的男性报告了一定程度的同性性吸引或性行为。在青少年中，约 5% 的男性和 11% 的女性报告了一定程度的同性性行为，但大多数情况下这些人也报告了异性性行为，而且这些青少年中的大部分人都自认为是异性恋（Diamond, Butterworth, & Savin-Williams, 2011；Mosher, Chandra, & Jones, 2005）。有意思的是，当调查中提供了"其他"的选项时，约有 4% 的男性和女性报告自己既非异性恋，也非同性恋或双性恋；这提示目前的分类方法可能不足以覆盖性取向的范围（Mosher, Chandra, & Jones, 2005）。

一项来自英国的研究（Johnson, Wadsworth, Wellings, Bradshaw, & Field, 1992）和一项来自法国的研究（Spira et al., 1992）在各自国家调查了超过 20000 名男性和女性的性行为。他们的结果和那些在美国男性中报告的结果极其相似。在英国和法国的研究中，超过70%的全年龄段受访者报告在过去一年里的性伙伴数量不超过1个。相比于男性，女性在某种程度上更可能拥有两个及以下的性伙伴。仅有4.1%的法国男性和3.6%的英国男性报告曾经有过一个男性性伙伴。而如果我们仅考虑最近5年来的情况，那么在英国男性中，上述比例下降为1.5%。几乎肯定的是，<u>仅进行同性性行为的男性比例会更低</u>。这些数据在三个国家中体现出的一致性表明：至少对于西方国家而言，上述结果已经相当接近常模了。这一模式也在一些类似的调查中（Mosher et al., 2005; Seidman & Fieder, 1994）得到了验证。一项更新的英国调查（Johnson et al., 2001）提示，在过去5年里人们的性伙伴数量有略微的上升，但是在安全套的使用比例上也有所上升。在所有年龄段中，仍有53%的男性和62%的女性报告在过去的5年中拥有的性伙伴不超过一个。同样也很有意思的是，目前在全世界范围内，性实践情况和性满意程度的决定因素都十分接近，这一点在最近一项对于中国城市成年人的大型调查中得到了体现（Parish et al., 2007）。

另一组有意思的数据和我们有关老年人性行为的许多观点是不一致的。性行为完全可以持续至老年，甚至对于有些人而言，80岁后仍有性行为。表10.1呈现了在一个社区样本中，不同年龄组的老年人中处于性活跃状态并仍然有性交的人群比例（Lindau et al., 2007）。值得注意的是，在75～85岁年龄段内，有38.5%的男性和16.7%的女性处于性活跃的状态。男性和女性之间为何存在这样的差异则尚不完全清楚。不过，考虑到男性的死亡年龄早于女性，许多更年长的女性可能缺乏合适的伴侣；还有可能的是，有些女性和更年长的男性群体中的男性结婚的。但也有许多更年长的女性表示，性"完全不重要"；而且在总体上，相比同年龄段的男性而言，她们也报告了更低的性兴趣。性活动的减少和老年人的整体活动水平下降以及各类疾病进程和所服用的药物（可能会降低性唤起水平）相关最为密切。对全世界范围内40～80岁的老年人所做的一项大型调查发现，相比女性而言，男性整体的性满意度更高，尤其是在非西方国家中；而良好的身体和心理健康以及和伴侣的良好关系，是性满意度的最佳预测因子（Laumann et al., 2006）。

表10.1 老年人的性活动比例（按照年龄和性别进行分类）

与性伙伴进行性活动

年龄	在最近12个月里		每个月超过2～3次*	
	男性 (%)	女性 (%)	男性 (%)	女性 (%)
57～64	83.7	61.6	67.5	62.6
65～74	67.0	39.5	65.4	65.4
75～85	38.5	16.7	54.2	54.1

*受访者报告在过去12个月中有过性行为时，他们才会被询问这一行为或活动。

From Lindau, S. T., Schumm, L. P., Laumann, E. O., Levinson, W., O'Muircheartaigh, C. A., & Waite, L. J. A study of sexuality and health among older adults in the United States. *New England Journal of Medicine, 357*(8), 762–774. Copyright © 2007 Massachusetts Medical Society. Reprinted with permission from Massachusetts Medical Society.

性别差异

尽管男性和女性都倾向于表现出单配偶式的（单一性伙伴）的性关系模式，但性行为中的性别差异的确存在，而且其中的某些不同还相当突出。最近，Petersen 和 Hyde（2010）总结了来自数百个考察性态度和性行为中的性别差异的研究，报告了精细的分析结果。在性调查中，一个普遍的发现是，男性报告自慰（自我刺激直到达到高潮）的比例要显著高于女性（Oliver & Hyde, 1993; Pelau, 2003; Petersen & Hyde, 2010）。Pinkerton 等人（2003）调查了233名大学生，他们也发现了这一差异（98%的男性报告自己曾经自慰，而女性的比例仅有64%）。

在那些报告会自慰的人群中，男性的自慰频率是女性的2.5倍。一项更早的调查表明，自慰和之后的性功能并无任何关系；也就是说，无论这个人是否在青春期自慰，这与他们是否会有性交经历、性交频率、伴侣数量，或者其他反映性适应程度的变量都没有关联（Leitenberg, Detzer, & Srebnik, 1993）。

为什么女性的自慰频率远远少于男性？这一点让性研究者们迷惑不解；尤其是在性行为中其他曾经长期存在的性别差异（例如婚前性交的比例），几乎已经消失的情况下（Clement, 1990; Petersen & Hyde, 2010）。在解释自慰行为的性别差异上，一种传统观点认为，女性被教导将性和浪漫以及情感上的亲密联系在一起，而男性则对生理上的满足更感兴趣。但是，即便性态度上存在的性别差异不断降低，这一差异仍然存在。一个更有说服力的理由是解剖上的差异。因为男性会出现勃起反应，以及他们相对而言容易提供充分的刺激来达到高潮，自慰对于男性来讲就比女性更容易实施一些。这可能也解释了为什么自慰中的这种性别差异在灵长目动物和其他动物中也存在（Ford & Beach, 1951）。总之，自慰的比例仍然是目前性行为中最大的性别差异。

另一个持续存在的性别差异反映在随意性行为（casual sex）的比例、对待随意的婚前性行为的态度以及色情制品的使用上，男性对于上述行为和态度表现出的许可程度更高。对于随意性行为而言，最近使用的一个词，尤其是在大学生中，是"钓人"（hooking up）（译者注：本意是勾住、联结的意思），具体指的是在一段彼此承诺的关系之外出现的各类身体上的亲密行为（Owen, Rhoades, Stanley, & Fincham, 2010）。有关"钓人"的研究结果和那些过去关于随意性行为的研究发现类似：酒精常常会催生这种行为，而且女性相比男性较少将其视为一种积极体验。例如，Owen & Fincham（2011）发现，更高的酒精摄入量会导致更多地发生"炮友"关系（钓人的一种具体类型，指一种持续存在的非恋爱的性关系），而且这一点特别适用于女性。有意思的是，即便女性有意进行随意性行为，但性伙伴数量越多与女性报告更多的担忧及脆弱感有关；而在男性中则正好相反（Townsend & Wasserman, 2011）。因此我们很容易理解，尽管钓人的发生率很高——在一项研究中，40%的美国女大学生在她们大学生涯的第一年中会出现这一行为——但对于女性而言，在一段恋爱关系中发生性行为的比例仍然是钓人行为的两倍（Fielder, Carey, & Carey, 2013）。

与之相反的是，来自众多研究的结果表明，在有关同性恋的态度（总体上可以接受）、性满意度的体验（对双方都重要）或是对自慰的态度上（总体上可以接受）目前都没有显著的性别差异。在对于已经订婚或在一段彼此承诺的关系中发生婚前性行为的态度上（男性比女性更加赞同）以及在对待婚外性行为的态度上（男性同样比女性更加赞同）存在低度到中等程度的性别差异。至于在英国和法国的研究中，性伙伴的数量以及性交的频率上男性略高，而且男性发生初次性行为的年龄也略早于女性。从1943年到1999年，几乎所有存在的性别差异都随着时间的推移在变弱，尤其是在关于婚前性行为的态度上。具体而言，在1943年，仅有12%的年轻女性赞同婚前性行为，而到了1999年，这个比例高达73%（Wells & Twenge, 2005）。在近期的研究中，在20世纪90年代末以及2000年以后，调查者注意到，性伙伴的数量有下降的趋势，男性青少年中也表现出了性交推迟的趋势，这或许是由于对艾滋病的恐惧。在这个阶段中，女性青少年身上并未观察到太多的改变（Petersen & Hyde, 2010）。

尽管整体来说性别差异在减少，但是在性行为和性态度方面，这些差异仍然存在（Paplau, 2003; Petersen & Hyde, 2010）。比如，性唤起的模式上存在男女差异（Chivers, Rieger, Latty, & Bailey, 2004）。男性在唤起模式上表现出更高的特异性和局限性。也就是说，异性恋男性会被女性的性刺激所唤起，而不会被男性的性刺激所唤起；对于同性恋男性来说，则正好相反。患有性别焦虑症的男性（在后文中会讨论）若通过手术变为女性则会保留这一特异性的特点（被男性而非女性所吸引）。而在另一方面，无论是异性恋还是同性恋的女性，对于男性刺激和女性刺激都可以表现出唤起，这表明女性具有一种更宽泛的、更一般化的唤起模式。

在一系列令人赞叹的研究中，Barbara Andersen和她的同事们衡量了个体在其自我中的性方面所具有的基本或核心的信念是否存在性别差异。这些有关性的核心信念被称之为"性的自我图式"（sexual self-schema）。具体来说，在一系列的研究中（Andersen & Cyranowski, 1994; Andersen, Cyranowski, & Espindle, 1990; Cyranowski, Aarestad, & Andersen, 1999），Andersen和她的同事们发现，女性倾向于报告，体验到激情和浪漫的感受乃是她们性欲中必不可少的一部分，同时还报告了对于性体验的开放性。不过，有相当高比例的女性也持有一种尴尬、保守或羞怯的性图式，这在有些时候会和她们所具有的积极的性态度产生矛盾。另一方面，男性除了有激情的、充满爱意的和对体验保持开放的态度之外，在他们的性欲中明显表现出了充满力量的、独立的和攻击性的感受。而且，男性总体上并不具有羞怯、尴尬或感觉到行为抑制等消极的核心信念。Peplau

(2003)总结了目前在人类的性领域的性别差异研究结果,得出:①男性相比女性会表现出更多的性渴望和唤起;②女性比男性更强调彼此承诺的关系是性的前提;③男性的性自我概念和女性不同,其一部分特征是力量、独立和攻击性;④女性的性观念更灵活,即她们更容易受到文化、社会和情境因素的塑造。例如,女性更有可能随着时间的推移而改变性取向(Diamond, 2007; Diamond et al., 2011)或者在性行为的频率上表现得更多变,会在高频阶段和低频阶段(如果她们的性伙伴离开她们的话)间变动。

那么,性解放(sexual revolution)的影响力体现在哪里呢?始于20世纪60年代和70年代的那种在性表达和性满足上"什么都可以"的态度所具有的影响力究竟去了哪里呢?显然,的确发生了一些改变。双重标准已经消失了,大多数女性不再觉得自己受制于一种对于性行为更为严格的、更保守的社会标准。男女两性在态度和行为上毫无疑问是在向彼此靠拢的,尽管仍然存在一定的差异。无论男女,绝大多数的个体会在一对一的伴侣关系的背景下进行异性恋的阴道性交。基于这些数据,性解放在很大程度上或许只是媒体的产物,是媒体把焦点放在了极端的案例或耸人听闻的案例上。事实上,在性方面对于我们有吸引力的东西有着强大的进化基础,其目是促进种群的繁衍。例如,容貌"富有魅力的"男性(对女性而言)精子质量更高;身材"富有魅力的"女性(对男性而言)生育能力更强;声音"富有魅力的"男性和女性都会更早地脱离童贞(Gallup & Frederick, 2010)。因此,性吸引力(和行为)是和进化指令紧密联系在一起的,反映出了这一行为对于种群繁衍的重要性。

John Bancroft 是首批描述性行为乃是由生物学和心理学因素的交互作用所决定的研究者之一。

文化差异

在西方文化中正常的东西并不一定在世界其他地方也被认为是正常的(McGoldrick, Loonan, & Wohlsifer, 2007)。巴布亚新几内亚地区的萨姆比亚人(Sambia)相信,精液是部落中的男孩成长和发展所必需的物质。他们也相信,精液并不是自然产生的;也就是说,身体是无法自发制造出精液的。因此,部落中的所有男孩,从他们大约7岁的时候开始,需要通过和十几岁的男性青少年从事同性口交的活动来接受精液。只有口交是被允许的,自慰是被禁止的,而且也不会出现自慰行为。到了青春期早期,男孩们就会转换角色,成为给年幼的男孩提供精液的人。异性恋的关系,甚至是和异性的接触在男孩进入青春期之前都是被禁止的。到了青春期晚期,男性青少年会被期待结婚并从此开始只进行异性恋活动;而他们的确会这样做,无一例外(Herdt, 1987; Herdt & Stoller, 1989)。与之相反的是,印度东北部的蒙达人(Munda)中,青少年和儿童住在一起,并且男孩和女孩混居;而性活动完全是异性之间的行为,大部分由爱抚和相互手淫组成(Bancroft, 1989)。

甚至在西方文化内部也存在一定的多样性。Schwartz(1993)在近200名美国女大学生中调查了她们对于第一次婚前性交的态度,并且将她们的回答与瑞典的一个类似样本的结果相比较。在瑞典,人们对性行为的接纳程度相对更高一些。女性第一次性交的平均年龄及其伴侣的年龄见表10.2,表中同时还列出了两国女性认为在各自的文化中可以接受的发生初次性行为的年龄。在瑞典,对于男性和女性而言,可以接受的性行为发生年龄都显著比美国更年轻;而且和美国不同的是,两者的年龄基本相当。但是,其他的差异则很少,除了一个令人惊讶的例外:73.7%的瑞典女性在她们第一次性交时会采取某种避孕手段,而这个数字在美国女性中仅为56.7%。自此之后的调查结果也没有发生多少变化(Herlitz & Forsberg, 2010; Weinberg, Lottes, & Shaver, 1995)。在对全世界超过100个社会所做的调查中,有将近一半的社会文化接受和鼓励婚前性行为,而另一半则正相反(Bancroft, 1989; Broude & Greene, 1980)。对中年的性行为来说,无论是在婚姻还是非婚姻的背景下,甚至仅仅就美国人而言,在性态度和性实践中也存在很大不同。比如,在对美国各种族的中年女性进行的一次大型调查中,华裔和日本裔的女性相比白人女性而言，更加不会报告性是非常重要的事情，而非裔女性则更有可能认为性非常重要（Cain et al., 2003）。此外，对于那些在近6个月中有过性行为的人而言，拉美裔的女性相比其他种族的女性，更少报告自己从事性行为的原因是"为了获得乐趣"。因此，在一个文化中正常的性行为在另一个文化中并不一定也是正常的，哪怕在同一个国家的不同文化中也是如此。因此，在诊断是否存在障碍的时候必须考虑到性表达的范围。

表10.2 美国女大学生和瑞典女大学生的婚前性行为情况

变量	美国 平均值（标准差）	瑞典 平均值（标准差）
首次性交的年龄	16.97（1.83）	16.80（1.92）
第一个性伙伴的年龄	18.77（2.88）	19.10（2.96）
认为社会接受女性从事婚前性行为的年龄	18.76（2.57）	15.88（1.43）
认为社会接受男性从事婚前性行为的年龄	16.33（2.13）	15.58（1.20）

性取向的发展

报告显示，同性恋具有家族遗传性（Bailey & Benishay, 1993），而且在同卵双胞胎中，同性恋的共同发生率要比异卵双胞胎或一般的兄弟姐妹之间更高。在两项出色的双生子研究中，同卵双胞胎同时具有同性恋取向的比例接近50%；在异卵双胞胎当中，这一比例为16%～22%；在并非双胞胎的兄弟或姐妹中，都是同性恋的比例与之几乎相当，或略低一些（Bailey & Pillard, 1991; Bailey, Pillard, Neale, & Agyei, 1993; Whitnam, Diamond, & Martin, 1993）。精心设计的针对同性性行为原因的研究发现，在男性中，基因可以解释34%～39%的变异，而在女性中，基因可以解释18%～19%的变异；其余的因素则受到环境的影响（Langstrom, Rahman, Carlstrom, & Lichtenstein, 2010）。请回忆一下，在第2章中，环境的影响因素可能会包括独特的生物学经历，例如，在子宫中（出生前）的激素暴露水平不同。其他的报告表明，同性恋以及在儿童期出现的<u>非典型性别行为</u>（gender atypical behavior）和激素暴露水平的差异有关，尤其是子宫内的非典型雄性激素水平（Auyeng et al., 2009; Enrhardt et al., 1985; Gladue, Green, & Hellman, 1984; Hershberger & Segal, 2004）。而且，相比具有异性恋唤起模式的人，同性恋的个体的脑结构也有可能有所不同（Allen & Gorski, 1992; Byne et al., 2000; LeVay, 1991）。

有几项发现为子宫内的激素暴露差异理论提供了支持。一项研究观察到，具有同性恋取向的个体出现非右利手的概率要高出39%（Lalumiere, Blanchard, & Zucker, 2000），但这一结果没能在样本规模更大的研究中得到重复（Mustanski, Bailey, & Kaspar, 2002）。也有发现表明，同性恋/双性恋男性的身高和体重都显著低于异性恋男性，但在女性中没有发现这类差异（Bogart, 2010）。另一项有意思的发现是，异性恋男性和男性化的女同性恋者的无名指往往要比食指长，而异性恋女性和同性恋男性的食指和无名指长度差异不明显，或者甚至食指要长于无名指（Brown, Finn, Cooke, & Breedlove, 2002; Hall & Love, 2003）；但是，这一发现似乎也会受到种族身份的影响（Loehlin, McFadden, Medland, & Martin, 2006; McFadden et al., 2005）。一项20世纪90年代的研究还曾经提出，在X染色体上可能存在某一个（或一组）同性恋的基因（Hamer, Hu, Magnuson, Hu, & Pattatucci, 1993）。

多年以来，媒体所得出的主要结论是，性取向具有某种生物学上的原因。最初，同性恋权益活动家们对于这些发现到底有没有价值截然分为两派。有一些对于生物学解释十分满意，因为主流人群再也无法像以前那样，认为同性恋者这种"偏离常态的"唤起模式乃是一种"道德堕落的"选择。但是，其他人注意到主流人群中的某些人非常迅速地就这一发现的潜在意义大做文章：因为具有同性恋唤起模式的人在生物学方面存在某种异常，那么某一天这种异常可能会在胎儿期时被发现并得到预防，这或许可以通过基因工程来完成。

这类围绕着生物因素的争论是不是听起来有些耳熟？请回想一下第2章中提到的一些研究，它们都曾尝试将复杂的行为和特定的基因联系在一起。然而，这些研究结果无法复制，因此研究者们转投向另一个理论模型——遗传对于行为特质和心理障碍的贡献来自多个基因，而每一个基因就某种易感性而言所具有的影响都是相对有限的。这种综合的生物易感性会以一种复杂的方式和各种环境条件、人格特质及其他决定行为模式的因素发生交互作用，也就是说，某种学习经历和环境事件可能会影响到大脑的结构和功能以及基因的表达，即发生遗传和环境的互动。

现如今，在性取向上也发生着同样的事情。例如，Beiley和其同事（1999）以及Rice、Anderson、Risch和Ebers（1999）都没能重复出同性性行为由特定基因决定的研究结果（Hamer et al., 1999）。大多数的理论模型会概括地描述性取向背后存在复杂的交互作用。这些模型指出，在发展出同性恋或异性恋这一点上，可能存在许多的路径，而且没有一种单一因素——生物学的或心理学的——可以预测结果（Bancroft, 1994; Byne & Parsons, 1993）。在那些最为有意思的发现中，有一项来自Bailey及其同事所做的双生子研究。他们发现，在具有完全相同的基因结构和相同成长环境（在同一个家庭中长大）的同卵双胞胎中，约有50%性取向并不相同（Bailey & Pillard, 1999）。同样有趣的发现是，在一项对于302名男同性恋者的研究中，那些仅仅和兄长一起长大的人较有可能成为同性恋，而有姐姐或弟弟妹妹的情况和之后具有的性取向则并无相关。这个研究还发现，每多有一个兄长，个体成为男同性恋者的概率就会增加三分之一。这一发现已经被重复验证了好几次，它被称为"兄弟出生顺序假设"（fraternal birth order hypothesis）。这一发现表明了环境影响的重要性，尽管其背后的机制目前尚未鉴别出来（Blanchard, 2008; Blanchard & Bogaert, 1996, 1998; Cantor, Blanchard, Paterson, & Bogaert, 2002）。

也有其他的可能性。或许将来研究者会发现同性恋（可能也包括异性恋）中存在着不同的类型，其背后的成因有所不同（Diamond et al., 2011; Savin-Williams, 2006）。甚至还有可能的是，性取向是可以被塑造的，或者可以随着时间而发生变化，至少对于一部分人而言是如此（Mock & Eibach, 2012）。Lisa Diamond博士对女性进行了持续的调查（纵向研究）后发现，人际和情境因素对于女性的性行为模式和性身份认同都会造成相当大的影响，这个发现对于男性而言则不那么适用（Diamond, 2007, 2012; Diamond et al., 2011）。10年过后，在这些最初认为自己是异性恋、同性恋、双性恋或"无法标定"的女性中，约有2/3已数次改变了她们的性身份标签。当女性改变她们的性身份认同时，她们一般都会扩大而非缩小她们所能感受到的吸引力和可以建立的关系的范围。

为什么这种现象会发生在大部分女性而不是男性身上？研究者还不能确定其原因，但是这类富有创造力的纵向研究已经在性取向的起源方面给我们带来了不少的启发。

无论如何，一种过于简化的单一维度的观点，即认为同性恋是由于某种基因造成的，或者异性恋是因为健康的早期发展而形成的，在一般大众中仍然有其影响力。然而，这两种解释都不太可能得到充分的证据支持。几乎可以肯定，生物学因素会设立某种限制，而在这种限制内，心理学和社会因素会对发展造成影响。科学家最终会找出性取向背后的关键生物学因素，无论是在同性恋还是异性恋中，而他们也会发现，环境和经历能够有力地影响这些潜在的性唤起模式的发展路径（Diamond, 1995; Diamond et al., 2011; Langstrom et al., 2010）。

性功能障碍概述

在我们介绍**性功能障碍**（sexual dysfunction）之前，需要注意的是，这类问题是在性互动（sexual interactions）的背景下出现的，也就是说，在异性恋和同性恋的关系中都可能会发生。无法唤起或无法达到高潮在同性恋关系中和在异性恋关系中同样普遍，但是我们会在异性恋关系的背景下来探讨它们，而我们在治疗中心中所遇到的大部分案例也是异性恋的案例。性反应周期的各个阶段中，有三个——渴望、唤起和高潮（见图10.2）——都和具体的性功能障碍有关。此外，疼痛也可能和女性的性功能有关，这导致女性中还存在另一种性功能障碍。

表10.3中以概述的形式列出了DSM-5中的性功能障碍分类。读者可以看到，男性和女性可能发生的障碍类型大多同等，但这些障碍由于男女解剖结构的差异和其他性别各异的特征而有着特定的模

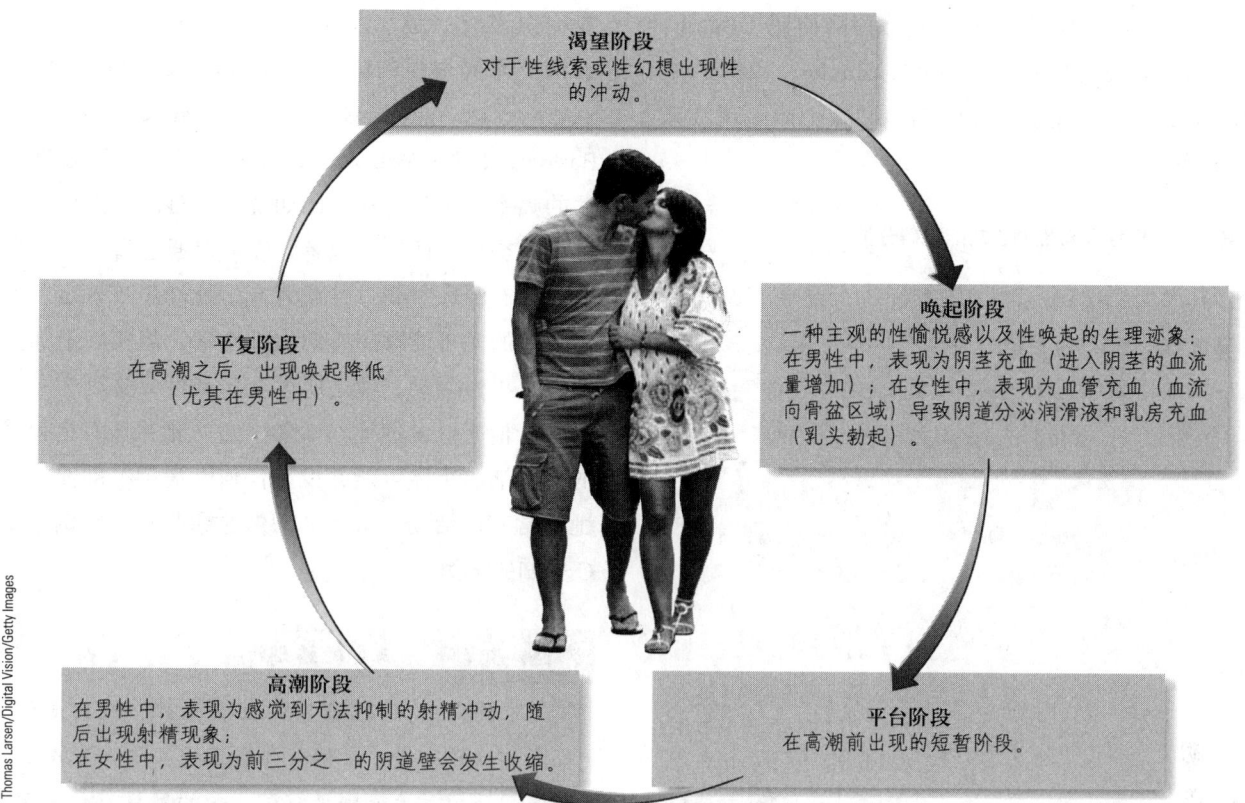

图 10.2　人类性反应周期
Based on Kaplan, H. S. [1979]. *Disorders of sexual desire.* New York, NY: Brunner/Mazel, and Masters, W. H., & Johnson, V. E., [1966]. *Human sexual response.* Boston, MA: Little, Brown.)

式。不过，两种障碍具有性别特异性：早泄（指过早射精）仅在男性身上发生，而生殖器—骨盆疼痛/插入障碍（指在性交中和插入有关的各种困难；在很多情况下，这是由于阴道出现了令人疼痛的收缩或痉挛）仅在女性身上发生。性功能障碍既可以是终身性的，也可以是获得性的。终身性指的是一种慢性的情形，它在个体整个性生活历史中都存在；而获得性指的是在这种障碍发生之前，个体的性活动曾经相对正常。此外，这些障碍可以是泛化的，即在个体每次尝试性活动的时候都会发生，或者也可以是情境性的，仅在和某些伴侣在一起时或仅在某些情况下发生，但是不会在另外一些伴侣身上或者另外一些情况下发生。在我们讨论特定的性功能障碍的患病率之前，我们需要先介绍一下 Ellen Frank 及其同事（1978）的一项经典研究。他们对 100 对受过良好教育且婚姻幸福的伴侣进行了细致的访谈；这些伴侣没有寻求过治疗。在这些伴侣中，超过 80% 的人报告，他们的婚姻和性关系是快乐而令人满意的。令人惊讶的是，40% 的男性报告自己偶尔会出现勃起和射精方面的困难，而 63% 的女性会报告自己偶尔出现唤起或高潮方面的困难。但关键的发现是，这些功能异常并没有拉低受访者在整体上的性满意度。在另一个研究中，仅有 45% 存在高潮困难的女性认为这是一个问题（Fugl-Meyer & Sjogren Fugl-Meyer，1999）。Bancroft、Loftus 和 Long（2003）在一项涉及将近 1000 名美国女性的调查中进一步扩展了这一分析。这些女性都处于一段已经持续了至少 6 个月的异性恋关系中。调查结果显示，尽管 44.3% 的女性符合在表 10.3 中所列出的障碍之一的客观诊断标准，但仅有 24.4% 的女性因为它而感到困扰；许多人并不认为这是一个问题。的确，对于这些女性而言，能预测性困扰的最佳因素是缺乏整体上的情绪幸福感，或者在性关系中缺乏和伴侣的情感联系，而不是缺乏润滑或高潮。这些研究提示，性满意度和偶尔的性功能异常并不是互斥的（Bradford & Meston，2011；Graham，2010）。在一段健康关系的背景下，人们可以很容易顺应偶尔的或部分的性功能障碍。但是，这向性功能障碍的诊断提出了质疑。如果个体明显存在功能障碍，但是他或她对此并不感到困扰的话，那么这一问题应该被诊断为某种障碍吗（Balon, Segraves, & Clayton, 2007; Zucker, 2010）？DSM-5 要求，症状必须明确地导致个体出现临床上显著的困扰。

表10.3 男性和女性的性功能障碍分类

性功能障碍

障碍类型	男性	女性
渴望	性欲低下障碍（很少或没有发生性行为的渴望）	性兴趣/性唤起障碍（很少或没有发生性行为的渴望）
唤起	勃起障碍（难以产生或维持勃起）	性兴趣/性唤起障碍（很少或没有发生性行为的渴望）
高潮	延迟射精；早泄	性高潮障碍
疼痛		生殖器—骨盆疼痛/插入障碍（和性活动有关的疼痛、焦虑和紧张；阴道痉挛，即阴道出现肌肉痉挛从而阻碍阴茎插入）

Source: American Psychiatric Association. (2013). *Diagnostic and statistical manual of mental disorders* (5th ed). Washington, DC: Author.

性渴望障碍

有三种障碍反映的是性反应周期中的渴望阶段或唤起阶段所具有的问题。其中有两种障碍的特征是对于性活动很少或没有兴趣，而这给个体带来了显著的困扰。在男性中，这种障碍叫作**男性性欲低下障碍**（male hypoactive sexual desire disorder）。在女性中，对性的兴趣低下几乎总是伴随着一种难以被性刺激或性活动所唤起，或感到性兴奋的能力下降的现象。因此，在女性中，兴趣或唤起能力方面的缺陷被合并为一种障碍，叫作**女性性兴趣/性唤起障碍**（female sexual interest/arousal disorder）（Basson, Wierman, van Lankveld, & Brotto, 2010; Brotto, 2010a）。对于男性而言，还存在一种特定的有关唤起和勃起功能的障碍。

男性性欲低下障碍和女性性兴趣/性唤起障碍

患有性欲低下障碍的男性和患有性兴趣/性唤起障碍的女性对于任何类型的性活动都很少有兴趣或完全没有兴趣。去评估低性欲不是一件容易的事情，需要很强的临床判断能力（Leiblum, 2010; Segraves & Woodard, 2006; Wincze, Bach, & Barlow, 2008; Wincze, 2009）。你可能会通过性活动的频率来衡量它——比如说，一对已婚夫妇每个月的性交少于两次。或者，你可以通过看一下当事人有没有曾经想到过性或者有过性幻想来确定。但是，有的人可能每周有两次性生活，但实际上却并不想从事性活动，他之所以会想到性只是因为妻子想要让他充分发挥他在婚姻中的功能并且有更频繁的性生活。个体可能并没有任何性渴望，即便他或她常常有性活动。来看一下朱迪和艾勒的案例以及 C 夫妇的案例。

朱迪和艾勒 充满爱的婚姻？

朱迪是一名近 30 岁的已婚女性。她打电话给我们治疗中心，说她认为自己的丈夫艾勒有了外遇，而她对此感到很难过。她的假设有什么理由吗？朱迪说，丈夫在过去三年里都没有表现出任何性兴趣，而且他俩已经 9 个月没有性生活了。不过，丈夫艾勒愿意来治疗中心就诊。

当对他进行访谈的时候，逐渐变得清楚的是艾勒并没有什么外遇。事实上，他连自慰也没有，甚至很少想到性。他表示，他爱自己的妻子，但是在她提出这个议题之前，他压根就没有考虑过这个问题，因为他有太多其他的事情需要想，而且他觉得他们最终会再次回到有性生活的状态中。现在他终于意识到，妻子对于这种情况感到十分困扰，特别是他们还考虑到了要孩子的事。

尽管艾勒的性经历不算丰富，但他在结婚之前的确有过几段性关系。关于这些，朱迪是知道的。在一次单独的访谈中，艾勒承认在他婚前的那些性关系中，他只要想到自己的那些情人就会"硬起来"；而这些女性都有滥交的特点。与之相反的是，妻子朱迪是社区中的典范人物。尽管朱迪也很迷人，但和那些女性截然不同。他想到妻子的时候不会因此而被唤起，所以他并没有主动提出性的要求。

> **C 先生和 C 太太　如何开始**
>
> C 太太是一位 31 岁的成功职业女性，她嫁给了一位 32 岁的律师 C 先生。他们有两个孩子，一个 2 岁，一个 5 岁。两人在结婚 8 年的时候前来求诊，主诉的问题是 C 太太缺乏性欲。这对夫妇在初始评估阶段分别接受了访谈，而且两个人都表示，自己的伴侣对自己是有吸引力的，自己也是爱他/她的。C 太太报告，当她投入性活动的时候，她能够享受性，而且几乎总是会达到高潮，然而问题是她缺乏投入性活动的兴趣。她会回避丈夫所提出的性的要求，而且会抱着极大的怀疑态度来面对他的情感和浪漫行为，甚至常常还会伴随着愤怒和眼泪。C 太太在一个中上阶层的家庭中长大，家人给了她很多的支持和关爱。但是，在 6 岁到 12 岁期间，一个大她 5 岁的表兄曾经多次强迫她和他进行性活动。这些性活动都是由她的表兄发起的，并且违背她的意愿，但是他并没有对她使用过暴力。她从未将这些事告诉父母，因为她对此感到极度羞愧。而 C 先生所做出的亲密举动似乎会唤起表兄虐待她的回忆。

性兴趣或性渴望的问题在过去会被认为是婚姻问题而非性方面的困难。不过，自从 20 世纪 80 年代，研究者认识到性欲低下是一种特定的障碍之后，有越来越多寻求性治疗的伴侣出现了其中一人报告这一问题的情况（Kleinplatz, Moser, & Lev, 2013; Leiblum, 2010; Pridal & LoPiccolo, 2000）。对此所做的最好的估算表明，在寻求性治疗的人当中，超过 50% 的人的主诉是性渴望或性兴趣低下（Leiblum, 2010; Pridal & LoPiccolo, 2000）。在许多诊所，它是女性中最为常见的主诉，而男性更常见的是勃起障碍（Hawton, 1995）。美国的调查证实，有 22% 的女性和 5% 的男性会受到性兴趣低下的困扰（在男性中的性欲低下障碍）。但是在更大型的跨国调查中发现，有高达 43% 的女性会报告这一问题（Laumann et al., 2005）。对于男性而言，患病率会随着年龄的增长而升高；对于女性而言，它会随着年龄的增长而下降（DeLamater & Still, 2005; Laumann, Paik, & Rosen, 1999）。Schreiner-Engel 和 Schiavi（1986）注意到，患有这一障碍的病人很少有性幻想，很少自慰（35% 的女性患者和 52% 的男性患者从来都没有自慰过，而在剩余的样本中，患者自慰的频率不超过每个月 1 次），而且尝试性交的次数仅为每月一次或更少。

男性性欲低下障碍的诊断标准

A. 持续且反复出现缺乏（或没有）性/色欲的想法或幻想以及对性活动的渴望的现象。需由临床工作者做出上述判断，并需考虑到影响性功能的因素，例如个体的年龄以及所属的社会文化背景。

B. 诊断标准 A 中的症状最少已经持续了 6 个月。

C. 诊断标准 A 中的症状导致个体出现临床上显著的痛苦。

D. 这种性功能紊乱用和性无关的心理障碍、严重的关系问题或其他严重的应激无法更好地解释，而且也无法归因于某种物质/药物或其他医学情形的影响。

特定类型：

终身型

获得型

泛化型

情境型

From American Psychiatric Association. (2013). *Diagnostic and statistical manual of mental disorders* (5th ed.). Washington, DC.

性唤起障碍

勃起障碍（erectile disorder）是一种特定的唤起障碍。患者的问题并非是没有欲望；许多患上勃起障碍的男性有频繁的性冲动和性幻想，以及对性交的强烈渴望。他们的困扰在于如何出现躯体上的唤起。而对于女性而言，在唤起方面存在的缺陷则表现为无法达到或维持足够的润滑（Basson, 2007; Rosen, 2007; Wincze, 2009; Wincze et al., 2008）。我们来看一下比尔的案例。

比尔　老婚姻，新问题

比尔是一位 58 岁的男性，由泌尿科医生转介到了我们的门诊。他是一名退休的会计，和他 57 岁的妻子结婚已 29 年了。妻子是一位退休的营养师；他们没有孩子。在过去的几年里，比尔在达到和维持勃起方面出现了困难。他报告说，自己和妻子逐渐学会用一套僵化的例行程序来处理这一问题。他们把性生活安排在周日上午。不过，比尔必须先完成几件家务，包括把狗放到院子里去、洗碗和刮胡子。这对夫妻目前的性行为主要是用手给予对方刺激。比尔在妻子达到高潮之前"不被允许"尝试插入。妻子十分明确地表示，她不会改变自己的性行为去"变成一个妓女"；其中包括拒绝使用润滑剂。虽然对于绝经之后润滑减少的情况来说，她使用润滑剂并无不妥。现在，妻子将他们的性生活描述为"跟女同性恋似的"。

比尔和妻子都认为，尽管他们多年来都有婚姻问题，但是直到最近的问题开始之前，他们至少还维持着不错的性关系。而且，正是性让两人在早年婚姻遇到困难时仍然能够在一起。在对两人的单独访谈中，我们获得了一些有用的信息。比尔会在周六晚上自慰，以控制自己在第二天早晨的勃起状况；而他的妻子对此并不知情。此外，当他在我们的实验室里独自看色情画报时，他能很快达到充分勃起（这让评估者十分吃惊）。比尔的妻子则在单独访谈中承认，自己对比尔在 20 年之前的一次外遇感到愤怒。

在最后一次会谈中，治疗师给出了具体的建议：对于比尔来说，停止在性交前的晚上自慰；对于夫妻来说，使用润滑剂，并且把例行的家务推迟到他们过完了性生活之后再做。这对夫妻在一个月后打电话来报告，他们的性活动有了很大的改善。

在过去，对于男性的勃起问题以及女性的性兴趣及唤起困难所使用的词是<u>性无能</u>和<u>性冷淡</u>。这些标签不仅带有贬义，而且不够准确，因为它们并没有指出这一问题所处的具体的性反应阶段。通常，男性相比女性会感觉到自己的问题给自己带来了更大的损害。达到和维持勃起出现问题会导致性交困难甚至无法性交。而无法达到足够的阴道润滑的女性可以通过使用专门的润滑剂来弥补这一缺陷（Leiblum, 2010; Wincze, 2009）。在女性当中，唤起和润滑的能力在<u>任何时候</u>都有可能下降，但是在男性中，这类问题往往和<u>衰老</u>有关（Bartlik & Goldberg, 2000; Basson, 2007; DeLamater & Sill, 2005; Rosen, 2000）。此外，在过去的年代，许多女性并不像男性那么在意自己是否可以从性活动当中获得强烈的愉悦，只要能够完成这一行为即可；但现在的情况则不再一样了。在男性中，完全不能勃起的病例是很罕见的。更为常见的是像比尔这种情况，即在自慰的时候或许可以完全勃起，在性交的时候则只能部分勃起，导致其硬度不足，无法插入。

勃起障碍的患病率高得吓人，而且会随着年龄增加而增长。尽管美国的数据显示，在 18～59 岁的男性中，有 5% 的男性完全符合勃起障碍的一系列严格标准（Laumann et al., 1999），但这依然是低估的数字，因为勃起障碍在 60 岁以上的男性中会显著增多。Rosen、Wing、Schneider 和 Gendrano（2005）总结了来自世界各地的数据后发现，60 岁及以上的男性中，有高达 60% 会受到勃起障碍的困扰。来自另一项研究的证据（见图 10.3）表明，在四十多岁的男性中，约有 40% 会存在一定程度的勃起功能受损，而在七十多岁的男性中，这个数字为 70%（Feldman, Goldstein, Hatzichristou, Krane, & McKunlay, 1994; Kim & Lipshultz, 1997; Rosen, 2007）。随着年龄的增长，发病率会急剧上升。在六十多岁的男性中，每年每 1000 名男性中的新增病例数为 46 例（Johannes et al., 2000）。因此，勃起障碍成为了男性最为常见的求诊理由，在因性问题转介就诊的男性患者中占到了 50% 以上（Hawton, 1995）。

女性性兴趣/性唤起障碍的患病率则有些难以估计，因为许多女性并不认为缺乏唤起是一个问题，更不要说是一种障碍了。美国的研究调查称，女性体验到某种唤起障碍的患病率为 14%（Laumann et al., 1999）。但是，因为渴望、唤起和高潮障碍常常有所重叠，因此难以准确地估算在前往性诊所求助的女性中，到底有多少女性患有兴趣和唤起障碍（Basson, 2007; Wincze & Carey, 2001）。

女性性兴趣/性唤起障碍的诊断标准

A. 缺乏性兴趣/性唤起或性兴趣/性唤起显著降低,表现为符合以下至少三种情况:
 1. 对于性活动缺乏兴趣或兴趣降低;
 2. 性/色欲的想法或幻想缺乏或减少;
 3. 不主动提出性活动或主动性降低,并且往往对于伴侣尝试发起性行为没有反应;
 4. 对于性活动中的绝大部分或全部(大约75%~100%)性接触(在可以鉴别出的情境背景下,或,若为泛化型,则在所有背景下)都缺乏兴奋/愉悦,或兴奋/愉悦减弱;
 5. 对于任何内部或外部的性/色欲线索(例如,书面的、语言的、视觉的)都缺乏性兴趣/性唤起,或性兴趣/性唤起减弱;
 6. 对于性活动中的绝大部分或全部(大约75%~100%)性接触(在可以鉴别出的情境背景下,或,若为泛化型,则在所有背景下)缺乏生殖器或非生殖器区域的感受,或感受减弱。

B. 诊断标准A中的症状最少已经持续了6个月。
C. 诊断标准A中的症状导致个体出现临床上显著的痛苦。
D. 这种性功能紊乱用和性无关的心理障碍、严重的关系问题或其他严重的应激无法更好地解释,而且也无法归因于某种物质/药物或其他医学情形的影响。

特定类型:
终身型
获得型
泛化型
情境型

From American Psychiatric Association. (2013). *Diagnostic and statistical manual of mental disorders* (5th ed.). Washington, DC.

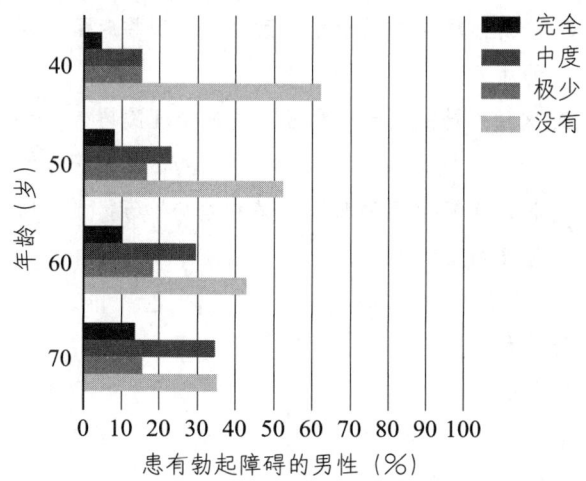

图10.3 1290名40~70岁的男性样本中勃起障碍的患病情况
Adapted from Feldman et al. (1994). Impotence and its medical and psychosocial correlates: Results of the Massachusetts male aging study. *Journal of Urology, 51*, 54–61.

性高潮障碍

在性反应周期中的高潮阶段可能出现多种损害。其结果是,要么高潮在不恰当的时机发生,要么完全不发生。

尽管有充分的性渴望和性唤起但无法达到高潮的情况多见于女性,在男性中并不常见。有些男性必须花费极大努力才能达到高潮,或者完全无法达到高潮,这种情况一般叫作**延迟射精**(delayed ejaculation)。在女性中这种情况被称为**女性性高潮障碍**(female orgasmic disorder)(Kleinplatz et al., 2013; Wincze, 2009)。来看一下格丽塔和威尔的案例。

> **格丽塔和威尔** 爱情中的不和谐音符
>
> 格丽塔是一名老师,威尔是一名工程师。当他们一起来做初次访谈时,给人的印象是一对很有魅力的伴侣,而且对彼此的爱意显而易见。他们已经结婚五年,两人都将近30岁。当被问及他们来访的原因时,格丽塔迅速回答说,她不认为自己曾经达到过高潮——她甚至不确定什么是高

潮。她爱威尔，而且偶尔会主动要求做爱，但近几年来，这种频率在不断降低。

威尔肯定地认为格丽塔没有达到过高潮。他报告说，两人显然在性方面背道而驰，因为格丽塔的兴趣在不断下降。刚结婚的时候，她偶尔会主动要求做爱，而如今她已经不再主动提要求，除了每六个月会出现短暂的爆发（在爆发期间，她会在一周里主动要求2～3次）。但格丽塔表示，爆发期间她最想要的是躯体上的亲密感，而不是性的快乐。我们进一步询问后发现，她的确偶尔会出现性的唤起，但是从来都没有达到过高潮，即便在她婚前进行的几次自慰中也没有。格丽塔和威尔都为性的问题感到担忧，因为他们婚姻的其他方面一切正常。

格丽塔出身于一个严格但也会提供爱和支持的天主教家庭。家中有意无意地对性采取了一种漠视的态度。父母总是很谨慎地不在格丽塔面前表现出他们的感情。有一次，母亲发现格丽塔触摸自己的生殖器区域，严肃地警告她应该避免这种活动。

我们将在之后讨论格丽塔和威尔的治疗。

无法达到高潮是因为性的问题而求助的女性中最常见的主诉。尽管美国的调查并没有估计女性性高潮障碍的具体患病率，但是约有25%的受访女性报告自己在达到高潮方面具有明显的困难（Heiman, 2000; Laumann et al., 1999），不过这一数据也存在不小的差异（Graham, 2010）。这个问题在不同年龄群体中的患病率相当，而未婚女性相比已婚女性，前者患有高潮障碍的可能性为后者的1.5倍。在诊断这一问题时，有必要确定当事人"从未或几乎从未"达到过高潮（Wincze & Carey, 2001）。这一标准之所以重要，是因为仅有约20%的女性在性交中能够比较稳定地经常体验到高潮（Graham, 2010; Lloyd, 2005）。也就是说，约有80%的女性不会在每次性交中都体验到高潮，这与大多数男性截然不同。因此，在诊断性高潮障碍时，询问有关"从未或几乎从未"的问题非常重要，此外还需要确定女性对此感到困扰的程度。

在美国的调查中，约有8%的男性报告在性交中有延迟射精或无法射精的情况（Laumann et al., 1999）。男性很少会因为这个问题而寻求治疗。很有可能在许多情况下，有些男性可以通过其他形式的刺激来达到高潮，而且其伴侣也可以适应这一状况（Apfelbaum, 2000）。

有些和伴侣在一起时无法射精的男性患者在自慰时可以实现勃起和射精。偶尔男性会受到**逆向射精**（retrograde ejaculation）的困扰，即精液没有射出体外而是回流进入了膀胱。这种现象通常都是某种药物或者某种既存的医学情形造成的，应避免和延迟射精相混淆。

另一种更为常见的男性性高潮障碍是**早泄**（premature ejaculation），即射精远远早于当事人及其伴侣所期望的时间（Althof, 2006; Polonsky,

---

女性性高潮障碍的诊断标准

A. 存在以下的症状中的一条，并且在性活动中的绝大部分或全部（大约75%～100%）性接触（在可以鉴别出的情境背景下，或，若为泛化型，则在所有背景下）中都体验到了该症状：
1. 达到高潮的时间显著延迟，或很少甚至无法达到高潮；
2. 高潮体验的强度显著减弱。

B. 诊断标准A中的症状最少已经持续了6个月。

C. 诊断标准A中的症状导致个体出现临床上显著的痛苦。

D. 这种性功能紊乱用和性无关的心理障碍、严重的关系问题或其他严重的应激无法更好地解释，而且也无法归因于某种物质/药物或其他医学情形的影响。

特定类型：

终身型

获得型

泛化型

情境型

注明：

在任何情境下都从未达到过高潮

From American Psychiatric Association. (2013). *Diagnostic and statistical manual of mental disorders* (5th ed.). Washington, DC.

2000；Wincze，2009）。在 DSM-5 中，其被定义为在插入约 1 分钟内射精。请看一下盖里这个相当典型的案例。

> **盖里　战战兢兢**
>
> 　　盖里是一位 31 岁的销售代表，每个月和妻子有 3～4 次性生活。他承认自己想要更多次性生活，无奈他的工作日程太紧张，每周得工作 80 个小时。他最大的困扰是无法控制自己射精的时机。大约 70%～80% 的性生活中，在插入几秒之后他就会射精。从他 13 年前认识他妻子开始，这种模式就一直存在。而更早以前他和其他女性在一起时，并没有早泄的问题。为了推迟射精的时机，盖里通过想一些和性无关的事情（球赛或工作）来让自己分心，而且有些时候在刚射精之后又马上再次尝试做爱，因为在那样的情况下不太容易很快达到高潮。盖里报告自己很少自慰（一年最多两三次）。当他自慰时，他通常会努力很快达到高潮。这个习惯是他在青春期的时候养成的，目的是避免被家人发现。
>
> 　　他最为担忧的是没有办法满足妻子，而且他绝对不想让妻子知道他在寻求治疗。进一步的询问发现，他会在妻子要求的情况下购买昂贵的物品，哪怕这会让他们的经济状况吃紧，只因为他想讨好她。他觉得，如果他和妻子现在才认识的话，她或许都不会接受他的约会邀请。因为他的头发已经掉了一大半，而她则比以前更苗条，看起来更有魅力了。

　　我们很快就会介绍对盖里和他妻子的治疗。

　　早泄的患病率似乎相当高。在美国的调查中，有 21% 的男性符合早泄的标准，使得它成为最为常见的男性性功能障碍（Laumann et al.，1999）。同时，这一问题在因性相关障碍而寻求治疗的男性中占到了 60% 之多（Polonsky，2000）。在一家诊所中，16% 的男性患者把早泄列为自己主要的困扰（Hawton，1995）。

　　尽管 DSM-5 具体界定的持续时间是约 1 分钟以下，但是如何界定"过早"仍然不容易。在射精之前的时间多长才算"足够长"是因人而异的。Patrick 及其同事（2005）发现，有早泄主诉的男性在插入后射精的平均时长是 1.8 分钟，相比之下，没有这一主诉的男性的平均时长是 7.3 分钟。不过，对于早泄而言，更重要的心理因素是知觉到自己<u>无法控制高潮</u>（Wincze et al.，2008）。偶尔的早泄是正常的，持续的早泄似乎主要发生在更没有经验且所接受的性教育更少的男性身上（Lauman et al.，1999）。

早泄的诊断标准

A. 在有伴侣的性活动中出现一种持续的或反复出现的射精模式，即在阴道插入约 1 分钟之内且早于个体期望之前射精。注意：尽管早泄的诊断可以被应用在从事非阴道性交的性活动的个体，但对于这类活动还未确立具体的时长标准。

B. 诊断标准 A 中的症状最少已经持续了 6 个月，且必须在性活动中的绝大部分或全部（大约 75%～100%）性接触（在可以鉴别出的情境背景景夏，或，若为泛化型，则在所有背景下）中都体验到了症状。

C. 诊断标准 A 中的症状导致个体出现临床上显著的痛苦。

D. 这种性功能紊乱用和性无关的心理障碍、严重的关系问题或其他严重的应激无法更好地解释，而且也无法归因于某种物质／药物或其他医学情形的影响。

特定类型：

终身型

获得型

泛化型

情境型

From American Psychiatric Association.（2013）. *Diagnostic and statistical manual of mental disorders*（5th ed.）. Washington, DC.

性疼痛障碍

　　有一类性功能障碍是女性特有的，它指的是尝试性交时出现与插入有关的困难，或者是在性交过程中体验到明显的疼痛。这一障碍被称为**生殖器—骨盆疼痛／插入障碍**（genito-pelvic pain/penetration disorder）。对于有些女性而言，她们具有性渴望，而且也容易唤起并达到高潮，但是在尝试性交过程中发生的疼痛如此严重以至于阻断了性行为。在另一些情况下，如果患者预期性交中会出现疼痛，则很可能经历严重的焦虑甚至是惊恐发作。

这一障碍最常见的表现形式叫作**阴道痉挛**（vaginismus），即阴道前三分之一处的骨盆肌肉在尝试性交的时候会出现不自主的痉挛（Binik et al., 2007; Kleinplatz et al., 2013）。这种痉挛反应可能在任何尝试插入的情况下发生，包括妇科检查或使用卫生棉条时（Beck, 1993; p.384）。来看一下吉尔的案例。

吉尔　性和痉挛

吉尔是由另一位治疗师转介至我们治疗中心的，因为她已经结婚一年却还没有完成过性交。23岁的她是一位富有魅力且对丈夫充满爱意的妻子。她管理着一家汽车旅馆，她的丈夫则是旅馆的财务。尽管吉尔和丈夫以各种姿势尝试了许多次，但她严重的阴道痉挛使得任何插入都无功而返。吉尔也无法使用卫生棉条。在万不得已下，吉尔会接受妇科检查，但频率很低。她和丈夫的性行为包括相互手淫，而偶尔吉尔会让丈夫用阴茎摩擦她的乳房直到射精。她拒绝进行口交。这位焦虑的年轻女性来自一个很少谈及性的家庭，而父母之间的性接触在好几年之前就停止了。尽管她享受爱抚，但总体而言，她认为性交是令人恶心的。此外，她也表达了对于怀孕的恐惧，尽管两人会做好充分的避孕措施。她还认为，即使能够进行性交的话，她的表现也会很差，会让她在丈夫面前丢脸。

尽管还没有数据可得知社区样本中阴道痉挛的患病率，但目前最可信的估计是它会影响到6%的女性（Bradford & Meston, 2011）。根据Crowley、Richardson和Goldmeir（2006）的数据，在报告因某种性功能障碍而感到困扰的女性中，有25%会体验到阴道痉挛。由于性交中的阴道痉挛和疼痛体验在女性中有很大的重叠，因此这些情形在DSM-5中被统称为生殖器—骨盆疼痛/插入障碍（Binik, 2010; Bradford & Meston, 2010; Payne et al., 2005）。美国的调查结果显示，约有7%的女性会遭受某一种性疼痛障碍的困扰，在更年轻和受教育程度更低的女性中报告这一问题的比例更高（Laumann et al., 1999）。DSM-5称，有15%的北美女性报告在性交中反复出现疼痛，这个比例比其他报告的比例略高一些（APA，2013）。

对性行为进行评估

在评估性行为时，要考虑三个主要的方面（Wiegel, Wincze, & Barlow, 2002）：

1. **访谈**。通常需要使用多种问卷加以辅助，因为相比口头的访谈，病人可以在纸上提供更详尽的信息。

2. 一次彻底的**医学检查**，以排除各种可能导致性问题的医学状况。

女性生殖器—骨盆疼痛/插入障碍的诊断标准

A. 持续或反复出现以下一种（或更多）困难情形：
1. 在性交的插入阴道过程中；
2. 在尝试插入时或性交过程中，出现明显的外阴阴道或骨盆处的疼痛；
3. 在预期有阴道插入时，或插入过程中，或插入之后，对于可能发生外阴阴道或骨盆处的疼痛体验到明显的恐惧或焦虑；
4. 在尝试阴道插入时，骨盆壁肌肉出现明显的紧张或挛缩。

B. 诊断标准 A 中的症状最少已经持续了6个月。

C. 诊断标准 A 中的症状导致个体出现临床上显著的痛苦。

D. 这种性功能紊乱用和性无关的心理障碍、严重的关系问题或其他严重的应激无法更好地解释，而且也无法归因于某种物质/药物或其他医学情形的影响。

特定类型：

终身型

获得型

From American Psychiatric Association.（2013）. *Diagnostic and statistical manual of mental disorders*（5th ed.）. Washington, DC.

3. 一次心理生理评估，直接评估性唤起的生理方面。

访谈

所有针对性问题实施访谈的临床工作者都应该重视几个前提条件（Wiegel et al., 2002；Wincze, 2009）。例如，他们必须通过自己的行动和访谈的风格向病人展示，他们可以自在地谈论这些议题。因为许多病人并不知道专业人员用来描述性反应周期和性行为中各个方面的诸多临床术语，因此临床工作者必须持续准备好使用病人的口头语，并且要意识到这些语言因人而异。

下面是在我们的治疗中心进行的半结构访谈里使用的一些问题样例：

- 你会怎么描述你最近对性的兴趣？
- 你会避免和伴侣发生性行为吗？
- 你有性幻想吗？
- 你目前自慰的频率是多少？
- 你进行性交的频率是多少？
- 在不性交的情况下，你们进行互相的爱抚或拥抱的频率是多少？
- 你曾经遭遇过性虐待、强奸或者其他任何和性有关的负面经历吗？
- 你在勃起上有困难吗？（或者）你在达到或维持阴道润滑上有困难吗？
- 你曾经在达到高潮上有困难吗？
- 你曾经体验过和性有关的疼痛吗？

每一位临床工作者都必须谨慎地询问这些问题，询问的方式要能使病人感到放松。一次访谈大约需要2小时；临床工作者会在其中涵盖和性无关的躯体健康和关系议题，并且筛查是否存在其他心理障碍。在条件允许时，伴侣会同时进行访谈。

病人可能会主动写下一些他们没有准备好讲述的信息，因此通常都会给他们填写各类问题，从而帮助他们展露出性的活动和关于性的态度。

医学检查

处理人类性问题的临床工作者会例行询问可能影响到性功能的各种医学情形。各类药物（包括治疗高血压、焦虑和抑郁的常见药物）往往会破坏性唤起和性功能。必须对近期的手术或当前存在的医学状况进行评估，从而确定它们对于性功能的影响。外科医生或者主治医生也许不会介绍可能出现的副作用，或者病人可能并没有向医生反馈某个医疗程序或药物影响了自己的性功能。有些患有特定性功能障碍（例如勃起障碍）的男性在来性诊所之前，已经去看过泌尿科医生（治疗生殖器、膀胱和相关结构的医生），而许多女性则已经看过妇科医生了。这些专家可能已经检查了与性功能有关的激素水平，而在男性中，可能已经评估了勃起反应所必须的血管功能水平。

心理生理评估

许多临床工作者会在各种条件下，通过使用心理生理的评估手段来衡量个体体验性唤起的能力，病人在这些测量中可以处于清醒状态，也可以处于睡眠状态。对于男性患者，需要直接测量阴茎勃起的程度，比方说使用（由我们治疗中心发明的）**阴茎张力计**（penile strain gauge）（Barlow, Becker, Leitenberg, & Agras, 1970）。当阴茎充血时，张力计会感觉到变化并且将之记录在多导生理记录仪上。请注意，被试对于这些有关其唤起的客观测量往往不够敏感；也就是说，他们主观报告的唤起水平和客观的测量水平是不一样的，而且两者的差异大小会因为所属的性问题的类型而有所不同。测量阴茎的硬度在诊断勃起障碍时也很重要，因为即使阴茎的体积变大但硬度不够的话也很难进行性交（Wiegel et al., 2002）。

对女性患者而言，类似的测量装置叫作**阴道光电容积描记器**（vaginal photoplethysmograph），是由James Geer和他的同事们发明的（Geer, Morokoff, & Greenwood, 1974；Prause & Janssen, 2006；Rosen & Beck, 1988）。这个装置的体积比一根卫生棉条还要小，可以插入女性的阴道之中。在这个仪器的顶端有一个光源，而仪器两侧的两个光感受器能够记录阴道壁所反射回来的光量。因为在唤起时，血液会大量流入阴道壁，因此唤起水平越高，能够穿透阴道壁的光量就越少。

 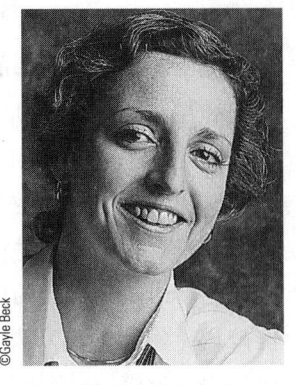

Ray Rosen(左)和Gayle Beck(右)是在对性唤起进行心理生理测量研究方面的先驱。

在我们的治疗中心,求诊者接受生理评估时需要观看2~5分钟色情影片,或者偶尔会听色情录音(Bach, Brown, & Barlow, 1999; Weisburg, Brown, Wincze, & Barlow, 2001)。病人在此期间的性反应情况会通过使用刚才介绍过的张力计或光电容积描记器来记录。病人也会就自己所体验到的性唤起程度进行主观报告。这一评估使得临床工作者可以仔细地观察病人可以在何种条件下出现唤起。例如,许多患有基于心理因素的性功能障碍的人可以在实验室里达到高度的唤起,但是和性伙伴在一起时却无法做到这一点(Bancroft, 1997; Bradford & Meston, 2011; Sakheim, Barlow, Abrahamson, & Beck, 1987)。

小测验12.1

请为下列陈述选择最恰当的性功能障碍诊断:

1. 在鲍勃的橄榄球队赢得冠军之后,他对于性活动的兴趣也在消失。他所有的思考和幻想都集中在橄榄球以及下个赛季再次夺冠上,而他的妻子则威胁要离开他。他的问题可能是:(A)男性性欲低下障碍;(B)阴道痉挛;(C)阴茎张力计;(D)男性性高潮障碍。

2. 凯利对于性没有什么渴望。她进行性活动只是因为如果她总是拒绝的话,丈夫可能会离开她。她的问题可能是:(A)和性有关的不安全感;(B)性欲低下障碍;(C)厌倦;(D)女性性兴趣/性唤起障碍。

3. 阿达缺乏控制射精的能力。在绝大部分性交经历中,他在插入几秒钟后就射精了。他的问题可能是:(A)勃起障碍;(B)应激;(C)早泄;(D)男性性欲低下障碍。

4. 萨曼莎深爱自己的丈夫,但是已经很久没有主动要求做爱了,因为她无法达到高潮。她的问题可能是:(A)女性性高潮障碍;(B)女性性兴趣/性唤起障碍;(C)阴道痉挛;(D)不爱丈夫。

性功能障碍的病因和治疗

就像大多数的障碍那样,生物学、心理学和社会因素都会影响性功能障碍的发生。针对这些问题,可以接受心理治疗或者医学治疗。

性功能障碍的病因

性功能障碍很少单独出现。一般而言,被转介至性诊所的病人会报告多种类型的性问题的主诉,尽管其中一个可能最让其感到担忧(Rosen, 2007; Wincze, 2009)。一位45岁的男性最近被转介到我们的治疗中心。他原本没有任何问题,大约10年前,他面临巨大的工作压力,并且同时在准备一场和职业生涯有关的重要考试。他开始在一半的时间里体验到勃起困难,而目前已经发展到在80%的时间里都会出现这种情况。除此之外,他还报告自己无法控制射精,常常会在只勃起了1/4的情况下,在没有插入前就射精了。最近五年来,他对性活动已经失去了大部分兴趣,只是在他妻子的坚持下才前来治疗。由此可见,这位患者身上同时存在勃起障碍、早泄和性欲低下的问题。

因为多种问题同时存在的情况很常见,所以我们会将各类性功能障碍的原因放在一起来讨论。我们将简要地总结一下生物、心理和社会影响因素,然后具体说明仅和某一种障碍有关的特异性的病因。

生物因素

有不少生理和医学情形都会对性功能造成影响(Basson, 2007; Bradford & Meston, 2011; Rosen, 2007; Wincze et al., 2008)。尽管这并不让人感到惊讶,但不幸的是,大多数病人,甚至是许多医护人员,都未能留意这一联系。神经疾病以及会影响到神经系统的其他医学情形(例如糖尿病和肾脏疾病),都可能降低生殖器区域的敏感度,从而直接干扰到性功能,而且它们也是导致男性勃起障碍的一种常见原因（Rosen，2007；Wincze，2009）。Feldman和其同事（1994）报告，28%男性糖尿病患者会出现完全的勃起困难。血管类的疾病，也是造成性功能障碍的一个主要原因，因为男性的阴茎勃起和女性的阴道充血都要依靠足够的血流量。在男性中，有关的血管问题是动脉供血不足（动脉狭窄，导致血液难以到达阴茎）和静脉回流漏血（血液流出的速度过快导致难以维持勃起）（Wincze & Carey，2001）。

慢性疾病也可以间接影响性功能。例如，曾经历过心肌梗死的个体可能会过度担忧性活动中所需要的运动量。尽管医生告诉他们，性活动对于他们来说是安全的，但他们仍然无法出现唤起（Cooper，1988）。同样，冠状动脉的疾病和性功能障碍也常常共存，而且目前对于存在勃起障碍的男性而言，医生也推荐他们进行心血管疾病的筛查（Jackson，Rosen，Kloner，& Kostis，2006）。

导致性功能障碍的另一个生理原因是处方药的使用。治疗高血压的药物中有包括心得安在内的所谓的β阻滞剂（beta-blockers），而它们可能导致性功能障碍。5-羟色胺再摄取抑制剂（即SSRI）类的抗抑郁药物和其他抗抑郁及抗焦虑的药物也可能会干扰男性和女性的性渴望和唤起（Balon，2006；Kleinplatz et al.，2013）。许多这些药物，尤其是精神活性类药物，都有可能会降低性渴望和唤起，其机制是改变了大脑中某种5-羟色胺亚型的水平。性功能障碍——尤其是性欲低下和唤起困难——是诸如百忧解这类SSRI抗抑郁药物所具有的最普遍的副作用（见第7章），而且在服用这些药物的人群中，有多达80%的个体会体验到某种程度的性功能障碍，尽管更可靠估计是50%（Balon，2006；Montejo-Gonzalez et al.，1997）。有些人可能会觉察到，酒精能够抑制性唤起。但是他们可能不知道的是，滥用其他药物，例如可卡因和海洛因，也会在吸毒者中造成广泛的性功能障碍，无论男女。研究者报告，在一个使用海洛因的被试大样本中，有多达60%的吸毒者存在至少一种性功能障碍（Cocores，Miller，Pattash，& Cold，1988；Macdonald，Waldorf，Reinarman，& Murphy，1988）。在这一研究的被试群体中，有些人还同时存在酗酒问题。

认为酒精会促进性唤起和性行为是一种误解。实际的情况是，低水平或中等水平的酒精摄入会降低社交抑制，因此人们会更想要发生性行为（即更容易提出这类要求）（Wiegel，Scepkowski，& Barlow，2006）。然而在生理上，酒精是中枢神经系统的抑制剂；在中枢神经被抑制的情况下，男性要勃起和女性要达到阴道润滑都会变得更为困难（Schiavi，1990）。慢性的酒精滥用还可能会导致永久性的神经损伤，甚至会消除整个性反应周期。这类滥用会导致肝脏和睾丸受损，致使睾酮水平下降，以及与之相关的性渴望和性唤起水平的下降。酒精的这一双重效果（解除社交抑制但导致生理抑制）早在莎士比亚时代就已经被认识到了："它激发了欲望，却降低了表现"（《Macbeth》II，iii，29）。

慢性酗酒还会导致男性和女性出现不孕不育的问题（Malatesta & Adams，2001）。Fahrner（1987）考察了男性酗酒者的性功能障碍患病率，并且发现，75%的人存在勃起困难、性欲低下、早泄或延迟射精的问题。

有些人报告可卡因或大麻会增进性快感。尽管我们尚不清楚大麻在不同使用情况下到底有何效果，但是其所具备的生物化学效应不太可能会增加快感。而是说，对于报告了性快感增加的个体而言（许多人并没有体验到这一现象），这种效果可能是心因性的，因为他们的注意力完全集中在感官刺激上（Buffum，1982），而这个因素似乎也是健康的性功能中一个十分重要的部分。如果是这样的话，不使用药物但可以提升想象力和注意力聚焦程度的程序（例如冥想），可能能够改善性功能以及提升性快感。最后，来自Mannino、Klevens和Flanders（1994）的报告表明，在对超过4000名男性退伍军人进行的调查中，在控制了诸如酒精摄入和血管疾病等其他因素之后，仅吸烟一项就被发现和勃起障碍的增加有关（Wincze et al.，2008）。

心理因素

多年以来，大多数关注性问题的研究者和治疗师都认为，导致性功能障碍的主要原因是焦虑（Kaplan，1979；Masters & Johnson，1979）。我们在实验室中发现，在评估焦虑对性功能的影响时，事实并不那么简单。在某些情况下，焦虑会增进性唤起（Barlow，Sakheim，& Beck，1983）。我们设计了一个实验,在这个实验中,性功能良好的年轻男性参与者被分为三组,在三种条件下观看色情影片。在观看影片之前,所有参与者都在前臂处受了一次无害但有痛感的电击。然后,我们尝试重现在一次性互动中男性可能体验到的表现焦虑(performance anxiety)类型。在第一种作为控制组的条件下,参与者被告知可以放松地享受影片,不会有被电击的可能。在第二种条件下,参与者被告知,在观看色情电影的过程中,无论他们做什么,他们都有60%的可能性会在某个时候被电击(非随因的电击威胁)。第三种条件和某些个体可能会体验到的表现焦虑类型最为接近。这组参与者被告知,如果他们没能达到之前的参与者达到的平均勃起水平,那么他们有60%的可能性会被电击(随因的电击威胁)。实际上,无论在哪一组中,没有任何参与者在观看影片的时候被电击,只是相信自己有可能会被电击。

实验结果呈现在图10.4中,可以看到,非随因电击威胁组与没有电击威胁的控制组相比,性唤起水平增加。不过,更让人惊讶的是,随因电击威胁组(即参与者被告知,如果没有达到足够的勃起水平的话,有60%的可能性会被电击)相比没有电击威胁的控制组,其性反应也有显著的增加。Hoon、Wincze和Hoon(1997)、Palace(1995)以及Palace和Gorzalka(1990)也都在女性身上发现了类似的结果。只是他们的实验范式稍有不同,并且使用的是阴道光电容积描记器(Wiegel, Scepkowski, & Barlow, 2006)。

一些研究者在实验室之外也发现了这些违背直觉的结果。Sarrel和Masters(1992)在一项非同寻常的惊人报告中陈述了男性能够在存在身体伤害威胁的情境下进行性活动。这些男性是被一群女性强迫轮流进行性活动的受害者。他们之后报告说,尽管自己持续地被人用刀和其他武器威胁,如果无法从事性活动就会受到身体伤害,但他们还是能够勃起并且重复进行性交。他们肯定体验到了极端的焦虑,但是他们报告说,自己的性表现并未受到影响。

既然焦虑并不必然损害性唤起和性表现的话,那么罪魁祸首又是谁呢?候选人之一是分心。在一项实验中,参与者要在观看色情影片的同时通过耳机听一段录音,而且之后需要报告这段录音的内容以确保他们在听。因为聆听录音而分心的情况,相比没有分心的情况,阴茎张力计测量结果表明那些性功能原本无碍的男性被试表现出了显著较低的性唤起水平(Abrahamson, Barlow, Sakheim, Beck, &Athanasiou, 1985)。对于那些尝试把注意力集中在棒球比赛的分数或者其他无关事件上以降低不想要的唤起的男性而言,这个结论并不令人惊讶。对于那些患有勃起障碍并且排除了任何生理问题的男性而言,他们对于电击威胁和分心的反应和功能正常的男性有些不同。由电击威胁所引发的焦虑("如果你没有达到足够的唤起水平,你就会被电击")能够降低那些性功能障碍男性的性唤起水平。而我们刚刚讲过,对于性功能正常的男性而言,事情正好相反。与之相矛盾的是,Abrahamson(1985)的实验中所用的那种中性的分心条件并不会降低那些原本就有性功能障碍的男性的唤起水平。这个发现尚难以解释。

另外两个来自不同实验的发现也很重要。第一个实验发现,有勃起障碍的病人总是会低估他们实际的唤起水平。也就是说,在同样的勃起反应下(由阴茎张力计所测得的水平),患有性功

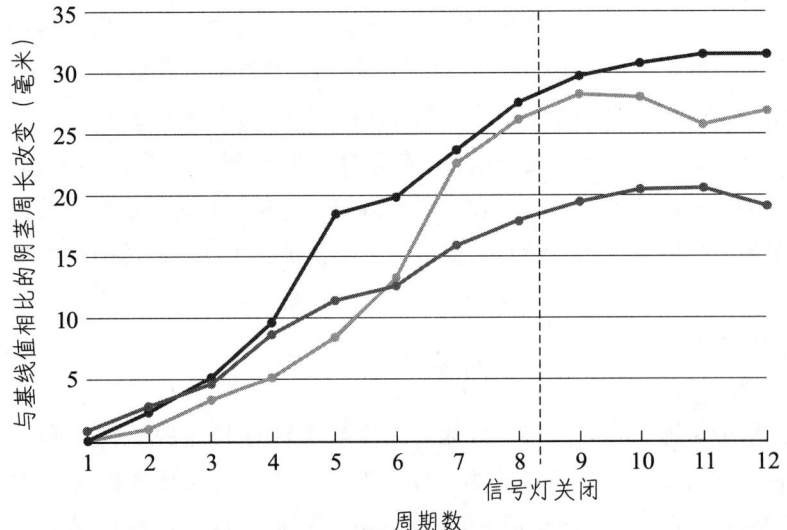

图10.4 男性中的表现焦虑和性唤起。在图中标出的是在三种条件下男性性唤起出现的平均变化(阴茎周长改变的程度)。一个周期为10秒钟。
From Barlow, D. H., Sakheim, D. K., & Beck, J. G. [1983]. Anxiety increases sexual arousal. *Journal of Abnormal Psychology, 92,* 49–54.

能障碍的男性所报告的性唤起水平远远低于性功能正常的男性所报告的水平（Sakheim et al., 1987）。这个结果似乎也适用于有性功能障碍的女性（Meston & Gorzalka, 1995; Morokoff & Heiman, 1980; Wiegel et al., 2006）。另一项研究发现，通过播放愉快或悲伤的音乐来诱发积极或消极的心境会直接地影响性唤起；至少在正常人中，悲伤的音乐会降低性唤起（Mitchell, DiBartolo, Brown, & Barlow, 1998）。尽管上文中介绍的这些富有原创性的研究大多是在男性中进行的（因为阴茎张力计的问世更早一些），但后续在女性中的研究也得到了相似的结果（Bradford & Meston, 2006）。

我们应如何解读从心理学角度解释性功能障碍的这一系列复杂的实验结果呢？从根本上，我们需要将表现焦虑的概念分解为几个不同的成分：唤起、认知过程和负性情感（Wiegel et al., 2006; Wincze et al., 2008）。

当面对发生性行为的可能性时，那些有性功能障碍的个体往往只会预期最糟糕的情况，而且会对情境有更加消极和不愉快的感受（Weisburg et al., 2001）。他们会尽量回避任何和性有关的线索（因此就难以准确认识到自己的生理唤起水平，从而会低估自己的唤起）。他们也可能会用负性的思维来让自己分心，例如"我会让自己丢脸的""我永远都没有办法兴奋起来""对方会觉得我像一个傻子"。我们知道，当唤起增加的时候，个体的注意力会变得更为集中和恒定；而关注负性思维的个体则会发现，自己难以达到性唤起。

性功能正常的个体会在性活动的情境中做出积极的反应。他们会将自己的注意力放在和性有关的线索上，而且不会分心。当他们出现唤起时，他们的注意力会更强烈地集中在性以及引发性欲的线索上。图 10.5 中的模型同时呈现了正常和异常的性唤起（Barlow, 1986, 2002）。这些实验表明，性唤起会极大地受到心理因素（尤其是认知和情绪因素）的影响，这些因素的力量强大到足以决定血液是否会流向恰当的区域（例如生殖器区域）。而这一点再次证明，在我们绝大多数的功能中都体现出了心理和生理因素的明显互动。

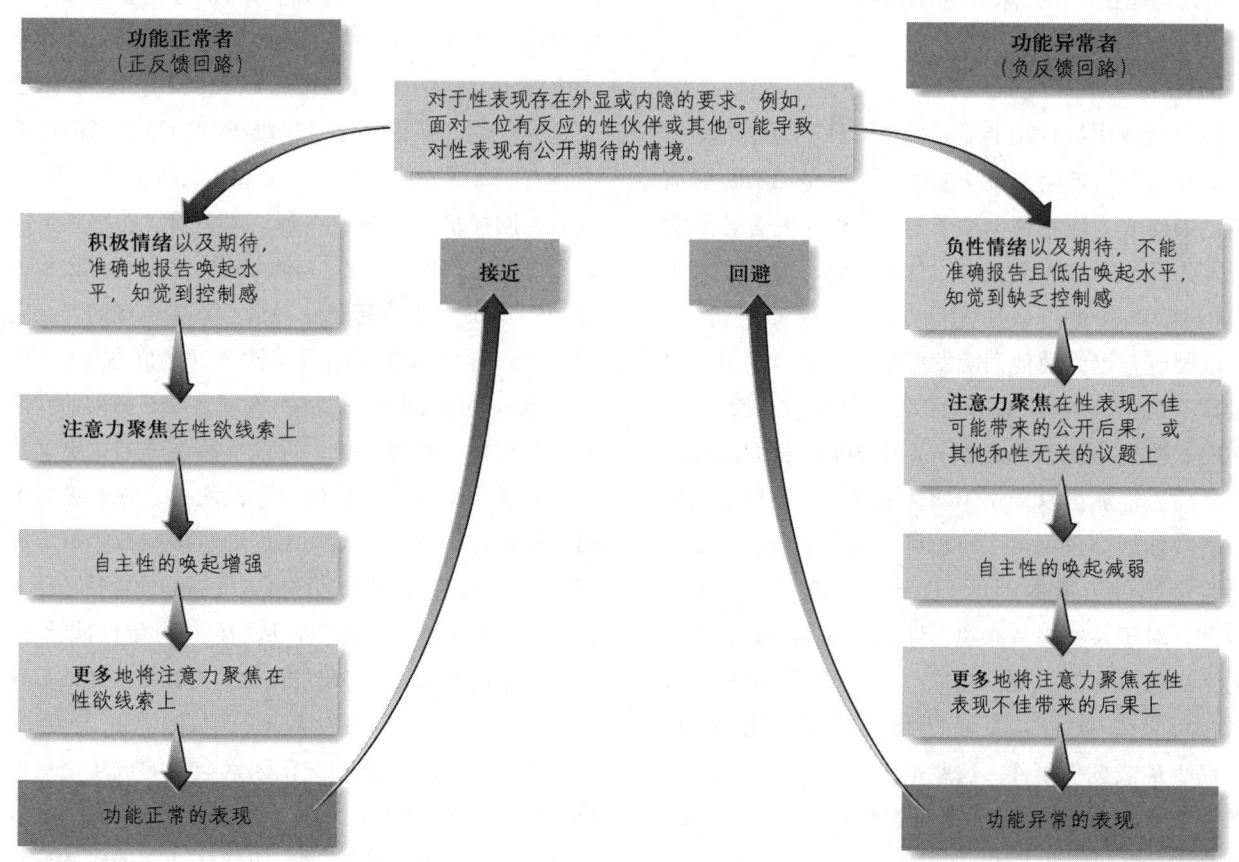

图 10.5 功能正常和功能异常的性唤起模型

Adapted from Barlow, D. H. [1986]. Causes of sexual dysfunction: The role of anxiety and cognitive interference. *Journal of Consulting and Clinical Psychology, 54,* 140–148.)

总之，功能正常的个体会在对性表现有要求的条件下表现出性唤起水平上升，体验到积极情感，不会被和性无关的刺激分心，而且能够准确地认识自己的唤起水平。而性功能有问题的个体，例如患有勃起障碍的男性，会在对其性表现有要求的情境中表现出性唤起水平降低，体验到消极情感，会被和性无关的刺激分心，而且无法准确地认识自己的唤起水平。这一模型适用于大多数的性功能障碍，但它尤其适用于性唤起障碍（Wiegel et al., 2006）。

尽管对于和早泄相关的心理（或生理）因素的了解还不多（Althof, 2007; Bradford & Meston, 2011; Weiner, 1996），但我们知道这种情况在年轻男性中最为常见，而且交感神经系统的过度生理唤起很可能会导致迅速射精。这些现象提示，或许有些男性天生的射精阈限就较低；也就是说，使他们达到高潮所需要的刺激和唤起都较少。不幸的是，焦虑这一心理因素也会增加交感神经系统的唤起。因此，当一个男性对于过早射精出现焦虑时，他的担忧只会让问题变得更为严重。我们在后文中会再次谈及焦虑在性功能障碍中的作用。

社会和文化因素

图 10.5 中的性功能障碍模型解释了为什么某些个体在当时当地会出现功能障碍，但是无法解释他们是如何成为现在这个样子的。尽管研究者还不能肯定为什么有些人会发展出这些问题，但许多人很早就学到——性可以是负面的，而且在某种程度上会威胁到自己，而他们所发展出来的反应则折射出了这一信念。Donn Byrne 及其同事把这种负面的认知图式称之为**性恐怖症**（erotophobia）。他们已经证明，性恐怖症可以于童年期从家庭、宗教权威机构或者其他人那里习得，而它可以预测个体后来是否会发展出性方面的困难（Byrne & Schulte, 1990）。因此，对于某些患者来说，性的线索很早就和负面的情感联系在了一起。在另一些情况下，男性和女性都可能在一段适应良好的性体验之后遭遇特定的负面事件或创伤事件。这些负面的事件可能包括突然无法唤起，或者是类似强奸这样的真实的性创伤，也可能是早年的性虐待。

Laumann 和其同事（1999）从他们在美国进行的调查中发现，早年创伤性的性事件对于之后的性功能会有显著的影响，尤其是在女性中。例如，如果女性在青春期之前被成年人性侵，或者被迫进行了某种形式的性接触，她们相比那些在青春期之前没有被性侵，或者从来没有被强迫发生性行为的女性而言，出现性高潮障碍的可能性要高出一倍。对于成年人和儿童性接触中的男性受害者而言，相比没有过这类接触的男性，前者出现勃起障碍的可能性是后者的 3 倍。耐人寻味的是，那些承认自己性侵女性的人，相比那些没有这类行为的男性而言，前者报告勃起障碍的可能性是后者的 3.5 倍。因此，各种类型的创伤性的性行为对于后来的性功能都具有长期的影响，无论男女；甚至在事件发生数十年之后，它的影响仍然存在（Hall, 2007）。这类应激事件会激发负面情感，这些个体可能会感觉到无法控制自己的性反应周期，继而陷入图 10.5 所描述的功能异常的模式之中。在一段极度应激的时期出现过勃起困难的男性常常在应激情境已经过去之后仍然体验到性功能问题。

除了整体上的负面态度或是和性互动有关的负面经历之外，还有一些其他的因素可能会导致性功能障碍。在这些因素中，最常见的是亲密关系的恶化（Wincze, Bach, & Barlow, 2008）。如果你越来越讨厌你的伴侣，你就很难维持一段满意的性关系。有些时候，伴侣中的一方或许会失去性吸引力。最后，同样很重要的一点是，你必须自己感到自己是有吸引力的。Koch、Mansfield、Thurau 和 Carey（2005）发现，女性越是觉得自己不如曾经的那么有吸引力，她就越有可能出现性方面的问题。Kelly、Strassberg 和 Kircher（1990）发现，缺乏高潮的女性对待自慰的态度更消极，性内疚感更强烈，更加执迷于有关性的误解和传闻，除此之外，她们更加不愿意告诉伴侣何种性活动（例如直接刺激阴蒂）能够增加其唤起或者导致其高潮。而糟糕的性技巧接下来会导致性活动频频失败，从而最终导致性欲低下。例如，相比没有勃起障碍的男性，有这类问题的男性所报告的性行为范围更为狭窄（Wincze et al., 2008）。

由此可见，社会和文化因素会影响成年之后的性功能。John Gagnon 对这一现象进行了研究，并且构建出了一个重要的概念，叫作性功能的**脚本理论**（script theory）。根据这一理论，我们所有人都会根据脚本来行事，而这些脚本反映着社会和文化期待，并且引导我们的行为（Gagnon，1990；Laumann, Gagnon, Michael, & Michaels，1994）。在个体身上和不同文化中发掘出这些脚本能够让我们更全面地理解性。例如，若一个人学习到性具有潜在威胁、性是肮脏的或被禁止的，那么这个人在之后的人生中就更有可能发展出性功能障碍。这个模式在对于性采取约束态度的文化环境中表现得最为明显（McGoldrick et al.，2007）。例如，在北美，阴道痉挛相对来说比较罕见，但在爱尔兰和土耳其则常见得多（Dogan，2009；McGoldrick et al.，2007）。文化脚本也会影响到个体究竟出现何种类型的性功能障碍。例如，在印度，Verma、Khaitan 和 Singh（1998）报告，在前往印度某个性诊所就诊的一个大样本群体中，有 77% 的男性患者的主诉是早泄，同时有 71% 的男性报告自己特别担忧和色情梦境相关的遗精问题（"梦遗"）。这些研究者认为，这种问题高度集中在射精上的现象极有可能是印度文化影响的结果。因为在印度文化中，人们十分相信失去精液会导致生理和心理能量的枯竭。同样有意思的是，在前往这家诊所求助的 1000 名病人中，仅有 36 名是女性。这很有可能反映了印度的宗教和社会文化对于女性性体验的贬抑。

即便在美国自己的文化中，尽管我们对性抱有一种相对开明和宽容的态度，社会中传播的某种期待和态度仍然会从我们身上体现出来。Barbara Andersen 和她的同事们（Cyranowski et al.，1999）发现，个体对于性抱有情绪化的和羞怯的态度（一种负面的性的自我图式）可能会在应激情境下导致其出现性方面的困难。Zilbergeld（1999）是男性性欲领域的权威学者之一，他曾经介绍过许多有关性的误解和传闻，因为有太多男性都相信这些。Baker 和 DeSilva（1988）将 Zibergeld 在更早年的时候对于这些传闻的描述改编成了一个问卷，并在一群性功能良好和有性功能障碍的男性中施测。他们发现，有性功能障碍的男性相比性功能正常的男性而言，更相信这些传闻。我们会在有关治疗的讨论中进一步探讨这些传闻。

心理和生理因素的交互

在梳理了各种原因之后，此刻我们必须承认，鲜有任何性功能障碍仅仅与心理因素或生理因素有关（Bancroft，1997；Rosen，2007；Wiegel et al.，2006）。更常见的情况是，这些因素以巧妙的方式结合起来施加影响。举一个典型的例子，一位年轻的男性具有发展出焦虑的易感性，而且还怀有某些对性的误解（社会因素的贡献）。他可能会在某次饮酒之后意外地体验到了勃起困难（生理因素的贡献），就像许多男性都可能会遇到的情况那样。自此，他可能会带着焦虑来设想以后的性体验，担忧自己的失败是否还会再次出现。无论他是否还会喝酒，过去的经历和焦虑的念头都可以共同激活图 10.5 中描绘的心理过程。

总而言之，在社会中传递的有关性的<u>消极态度</u>可能会和个体的<u>关系问题</u>以及个体所具有的表现<u>焦虑易感性</u>交织在一起，最终导致性功能障碍。从心理学的视角来看，我们还不清楚为什么有些个体会发展出这一种障碍而非另一种障碍，尽管同一个病人身上出现多种障碍也是比较常见的情况。一种可能性是，个体特定的生物素质会和心理因素发生交互作用，从而发展出特定的性功能障碍。

性功能障碍的治疗

和本书中讨论的大多数障碍不同的是，有一种简单的治疗对于众多性功能障碍患者来说都是有效的，那就是性教育——这或许让你吃了一惊。缺乏有关性反应周期和性交的基本常识往往会导致长期的功能障碍（Bach, Wincze, & Barlow，2001；Wincze et al.，2008；Wincze & Carey，2001）。请看一下卡尔的案例，他是一位近期造访我们的性功能门诊的病人。

卡尔　永远不算晚

卡尔是一位 55 岁的白人男性，他因为难以维持勃起而被自己的泌尿科医生转介至我们治疗中心。尽管他从来都没有结过婚，但目前他有一位 50 岁的女朋友。不过，这仅仅是他人生中第二段性关系。他不太愿意邀请女朋友也到治疗中心来，因为他对于讨论性的话题感到十分尴尬。在访谈中我们得知，卡尔每周会有两次性生活。当医生请他详细描述自己的性活动时，发现了一个不寻常的模式：卡尔会跳过前戏，直接开始性交。不

> 幸的是，由于他的伴侣还没有充分唤起和达到润滑，他也就没有办法插入。他锲而不舍的尝试有时候会导致双方都感到摩擦带来的痛苦。之后的两次会谈中医生为卡尔提供了大量的性教育，包括教授他如何进行前戏的具体步骤。这让卡尔对于性活动产生了一种全新的视角。他第一次有了成功的、令人满意的性交体验，这让他和他的伴侣都感到很高兴。

在性欲低下障碍中，如果一对伴侣在性欲水平上存在显著差异，常常会导致其中一位被贴上性欲低下的标签。比如说，如果伴侣中的一人对于每周一次的性生活频率十分满意，而另一人希望每天都有性生活，那么后者就会抱怨前者性欲低下；更加不幸的是，前者很可能会同意。促进沟通足以解除这些误会。幸运的是，对于患有这种障碍以及其他更复杂的性功能障碍的个体而言，现在已经有了治疗的手段，既有心理治疗也有药物治疗。在过去的几年里，研究者在药物治疗上取得了令人惊叹的进展，尤其是在勃起障碍方面。下面，我们将首先介绍一下心理社会治疗，然后再来考察最新的医学方法。

John Wincze（左）和 Michael Carey（右）发明了治疗性功能障碍的新方法。

心理社会治疗

在有关性行为的知识领域所取得的众多进展中，没有什么比 William Masters 和 Virginia Johnson 在 1970 年发表的《人类的性无能》（*Human Sexual Inadequacy*）更令人惊叹的了。这本书为性功能障碍提供了一套简短、直接且有效的治疗方案，完全颠覆了原本的性治疗。这一方案再次强调了大多数性功能障碍所具有的共同基础，对于所有病人，无论男女，都采取了相似的治疗取向；该方案仅根据特定的性问题（例如，早泄或性高潮障碍）而略有不同。这一密集的治疗方案需要一位男性治疗师和一位女性治疗师来促进存在性功能障碍的伴侣之间的沟通。（Masters 和 Johnson 就是最初的男性和女性治疗师）。治疗每天都会进行，共持续 2 周。

治疗方案本身是十分直接的。除了提供有关性功能的基本教育，改变根深蒂固的误解和增进沟通之外，临床工作者的主要目标是消除心因性的表现焦虑（参见图 10.5）。为了达成这一目标，Masters 和 Johnson 引入了**感受集中**（sensate focus）和**无需求型取悦**（nondemand pleasuring）。在这一训练程序中，伴侣双方被告知<u>不要性交</u>，也不要抚摸生殖器区域，而只是通过触摸、亲吻、拥抱、按摩或类似的行为去探索和享受彼此的身体。第一阶段要获得非生殖器区域的愉悦感，此时乳房和生殖器区域都被排除在训练之外。在成功地完成了这一阶段之后，伴侣进展到下一个阶段，即获得生殖器区域的愉悦感；但是，禁止两人达到高潮和性交，而且会清楚地告诉男性一方，出现勃起并非是这个阶段的目标。

到了这个阶段，性唤起应该能够重新建立，而且伴侣双方也应该做好了性交的准备。为了避免进展得过快，这个阶段也会被分解成为多个部分。例如，临床工作者可能会指导一对伴侣开始尝试插入，也就是说，插入的深度和持续的时间会逐渐增加；同时，伴侣也要继续努力获得生殖器和非生殖器区域的愉悦感。最终，伴侣可以完成插入和完整的性交。Masters 和 Johnson 报告，在为期两周的密集治疗之后，790 名性功能障碍患者中的绝大多数实现了康复，但不同障碍的康复率之间存在一定差异。早泄患者的康复率接近 100%，而对于持续终身且泛化型的勃起障碍这类较为困难的病例而言，其康复率也接近 60%。

基于 Masters 和 Johnson 这一开创性的工作，性专科诊所在全美范围内开始建立起来。后续的研究发现，这一治疗项目中许多结构性的部分似乎并不是必要的。例如，一位治疗师可以获得与两位治疗师同样的效果（LoPiccolo, Heiman, Hogan, & Roberts, 1985），而且每周见病人一次也和每天见他们一样有效（Heiman & LoPiccolo, 1983）。研究者在之后的几十年里还发现，Masters 和 Johnson 所取得的疗效要好于那些在全美各地开设的使用类似方法的诊所。目前尚不完全清楚这一现象背后的原因。一种可能性是，鉴于病人需要请 2 周的假而且还得从美国各地飞到圣路易斯市去见 Masters 和 Johnson，所以他们的动机是相当高的。

多年以来，由于知识的不断积累（Bradford & Meston, 2011；Rosen, 2007；Wincze et al., 2008），性治疗进一步拓展并修订了这些治疗方法。针对勃起障碍的治疗结果表明，60%～70% 的患者至少能在几年内维持积极的疗效，尽管几年之后效果可能出现下滑（Rosen, 2007；Segraves & Althof, 1998）。为了更好的治疗具体的性功能障碍，治疗师会将特定的治疗手段整合到综合性的治疗框架内。比如说，在治疗早泄时，大多数治疗师会使用由 Semans（1956）发展出来的<u>挤压技术</u>（squeeze）。在使用这种技术时，首先刺激阴茎使其充分勃起；这一步通常由伴侣来完成。然后，伴侣会在阴茎头和阴茎体交界处施力挤压阴茎，从而迅速降低唤起。重复进行上述步骤，直到阴茎短暂地插入阴道，但不进行抽动。如果唤起发生得太快，那么就退出阴茎，然后再次使用挤压技术。通过这样的方式，男性患者能够发展出对于唤起和射精的<u>控制感</u>。过去 20 年来，有 60%～90% 的男性患者因这一疗法而受益；但是，在 3 年之后或时间更长的随访中发现，这一成功率会下降至 25%（Althof, 2007；Polonsky, 2000）。31 岁的销售代表盖里就接受了这种治疗；在治疗过程中，他的妻子也十分配合。额外进行的简短的婚姻治疗也减轻了盖里的不安，他原本认为妻子不再觉得他有吸引力，但实际上他的想法是没有根据的。治疗完成后，他在一定程度上减少了自己的工作时间，而这对夫妻的婚姻质量和性关系也都得到了改善。

持续终身的女性性高潮障碍可以通过自慰训练来治疗（Bradford & Meston, 2011）。例如，即便在完成了性治疗的基本步骤后，格丽塔在她的丈夫用手刺激她的情况下仍然无法达到高潮。在这种情况下，根据针对这一问题的某种标准化治疗方案（Heiman, 2000；Heiman & LoPiccolo, 1988），格丽塔和威尔购买了一个振动棒，而格丽塔被教导放下自己的矜持，说出自己在性唤起时的感受——如果她愿意的话甚至可以大喊或尖叫。在获得恰当的生殖器区域愉悦感和练习去除抑制的背景下，振动棒让格丽塔第一次体验到了高潮。随着练习和沟通的不断进展，这对夫妇终于学会了如何让格丽塔在没有振动棒的情况下达到高潮。尽管夫妇双方都对此感到很高兴，但是威尔开始担心，格丽塔在高潮时的尖叫会引起邻居的注意！从一系列研究的结果来看，有 70%～90% 的女性患者能够从治疗中受益，而这些受益是稳定的，甚至会随着时间而获得更大的改善（Heiman, 2007；Heiman & Meston, 1997；Segraves & Althof, 1998）。

为了治疗生殖器—骨盆疼痛/插入障碍中的阴道痉挛和与插入有关的疼痛，女性，随后是其伴侣，可以按照女方的节奏逐渐尝试插入直径不断增大的扩张器。在患者本人及其伴侣可以插入最大直径的扩张器之后，女性可以逐渐尝试让阴茎插入阴道。这些练习应在女性获得了生殖器和非生殖器区域的愉悦感的前提下进行，从而维持性唤起的水平。必须密切关注的是，和这个过程联系在一起的恐惧和焦虑是否会增加，因为这些恐惧和焦虑可能会激发早年性虐待的回忆，而这些性虐待或许正是导致这一问题出现的因素之一。这类方法的成功率很高，绝大部分（80%～100%）的女性患者都可以在相对较短的时间里克服阴道痉挛（Binik et al., 2007；Leiblum & Rosen, 2000；ter Kuile et al., 2007）。

针对性渴望低下的问题，研究者也已经发展出了各种治疗手段（Pridal & LoPiccolo, 2000；Wincze, 2009, Wincze & Carey, 2001）。这些治疗的核心是标准化的性教育和传统性治疗中的沟通程序，也有可能还会加上自慰训练以及观看色情材料等。每一位患者都需要个性化的治疗策略。还记得被表兄强奸的 C 太太吗？针对她的治疗包括帮助这对夫妇理解，早年多次发生的性体验对于 C 太太的负面影响，以及如何开始性活动能够让 C 太太在前戏中感觉更为舒适自在。渐渐地，她不再觉得一旦开始性活动，自己就会丧失控制权。她和丈夫尝试学会如何一起开始性活动，以及如何暂停性活动。认知重构也被用来帮助 C 太太用一种积极的视角而非怀疑的目光去看待她丈夫示爱的举动。一般来讲，大约 50%～70% 有性欲低下问题的患者能够从性治疗中获益，至少在一开始是如此（Basson, 2007；Brotto, 2006）。

在治疗性功能障碍患者时，治疗师通常都会同时会见其伴侣。

医学治疗

近年来，研究者发展出了各种药物和手术技术来治疗性功能障碍，但这些治疗几乎全部集中在男性勃起障碍上。1998年问世的<u>万艾可</u>（Viagra，俗称"伟哥"，成分名西地那非），以及之后问世的诸如乐威壮（Levitra）和西力士（Cialis）等药物是其中最著名的几种。我们来看一看四种最为流行的治疗方式：口服药物、在阴茎上直接注射血管活性物质、手术以及真空装置治疗。在我们开始介绍之前，请注意：<u>任何医学治疗都应当和全面的心理教育以及性治疗项目一起实施</u>，以保障病人能够从中获得最大的收益。

1998年，万艾可进入市场以治疗勃起障碍。1998年初，美国食品药品管理署就批准其上市。来自几个临床实验的结果表明，在一个大样本的男性群体中，有50%～80%的男性患者可以因其获益（Conti, Pepine, & Sweeney, 1999; Goldstein et al., 1998），达到性交所需的勃起程度。相比之下，在安慰剂组中，只有约30%的男性有所获益。不过，大约有30%的男性服药后会出现剧烈头痛，尤其是服用剂量较大的话（Rosen, 2000, 2007; Virag, 1999）。而且有报告指出，服药的男性并没能获得最佳的性满意度。例如，Virag（1999）评估了一大组接受万艾可治疗的男性，发现有32%的男性可以成功勃起（即其勃起程度足以进行性交），而且能够在一个0—10点的满意度量表中至少获得7分；29%的男性的治疗结果可谓不错，他们报告可达到足够的勃起程度，但其性满意度的评分仅为4～6分；而对于其余39%的男性来说，治疗结果并不令人满意，他们不仅没能达到足够的勃起，而且性满意度的评分也在0～3分之间。因此，61%的男性服药后可以获得足够坚挺到能够完成性交的勃起程度，该结果和其他的研究结果相一致；但是，仅有32%的男性认为最终效果是令他们满意的，这说明他们还需要额外的药物或心理治疗。如果男性对于性活动感到特别焦虑的话，那么药物的效果也不会十分理想（Rosen et al., 2006）。另外，绝大部分男性会在尝试了几个月或一年后停止服用药物，这提示人们，药物的长期效果或许并不理想（Rosen, 2007）。为了考察这一问题，Bach、Barlow和Wincze（2004）评估了同时使用万艾可和认知行为治疗的效果。结果是令人鼓舞的，因为在同时接受药物治疗和认知行为治疗之后，相比仅服用药物的治疗阶段而言，伴侣双方报告了更高的性满意度以及性活动频率的增加。

万艾可曾被认为有望治疗绝经期女性的性功能紊乱，但结果是令人失望的（Bradford & Meston, 2011; Kaplan et al., 1999）。Berman及其同事（2003）报告万艾可能够在某种程度上改善绝经期女性的性唤起障碍，但仅对于性渴望没有降低的女性有效。

曾有一段时间，睾酮（Schiavi, White, Mandeli, & Levine, 1997）被用于治疗勃起障碍。尽管它是安全的且相对副作用较小，但研究发现，它对于勃起障碍的效果微乎其微（Mann et al., 1996）。有些泌尿科医生会建议病人在他们想要性交之前直接向阴茎注射诸如<u>罂粟碱</u>（papaverine）或<u>前列腺素</u>（prostaglandin）这类血管舒张素药物。这些药物能够扩张血管，使得血液大量流入阴茎从而在15分钟内产生勃起，其效果可维持1～4个小时（Rosen, 2007; Segraves & Althof, 1998）。因为注射会造成一点痛苦（尽管并不像想象中那么大），不少男性患者（一般是50%～60%）过不了多久就会停止使用这一方法。在一项研究中，100名患者中有50名会出于各种原因停止使用罂粟碱（Lakin, Montague, Vanderbrug Medendorp, Tesar, & Schover, 1990; Segraves & Althof, 1998）。含有罂粟碱的软胶囊也可以直接塞入尿道，但这种方法比较痛苦，而且效果也不如直接注射。因此这一方法的处境一直都比较尴尬，未能被广泛接受（Delizonna, Wincze, Lisz, Brown, & Barlow, 2001）。通过手术植入阴茎假体或填充物的方法已经问世100年了，但直到最近该手术的质量才足以让患者重获基本正常的性功能。其中一种做法是植入一根半硬的硅棒，男性可以将其弯到合适的位置来进行性交，而在其他时候则对其进行不同的塑形。另一种更受欢迎的做法是通过手术在阴囊内植入一个小泵，男性通过挤压这个小泵而使得液体流入一根可膨胀的柱体，从而让阴茎勃起。还有一种更新的阴茎假体装置是一根内带有泵的可膨胀柱体，它相比泵在柱体之外的装置而言更为方便。不过，对于大多数的患者来说，手术都无法很好地让其恢复到以前的性功能水平，或保证其性满意度（Gregoire, 1992; Kim & Lipshultz, 1997）。目前，一般仅在其他方法都无效的时候才会使用手术。另一方面，对于因为癌症而必须摘除前列腺的男性而言，手术治疗是有益的。因为前列腺摘除术往往会导致勃起障碍，尽管新近的"神经保留"手术在某种程度上减少了这一影响（Ramsawh, Morgentaler, Covino, Barlow, & DeWolf, 2005）。

另一类做法是<u>真空装置治疗</u>（vacuum device therapy），即将一根内部真空的柱体装在阴茎上。血液被真空环境引入阴茎后，由置于阴茎底部的一个经过特殊设计的圆环保留住这些血液。尽管使用真空装置的确会让人感到尴尬，但有70%～100%的使用者都报告获得了令人满意的勃起，尤其是当心理层面的性治疗对这些患者无效的时候（Segraves & Althof, 1998; Witherington, 1988）。相比手术或注射来说，该方法的侵入性较低，但它仍然令人感到尴尬且不自然（Delizonna et al., 2001）。

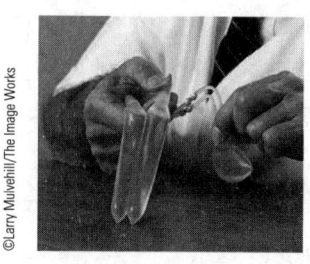

可膨胀的阴茎假体可以帮助性功能不良的男性。

总 结

无论是心理治疗还是药物治疗，这些治疗项目都为大多数罹患性功能障碍的人提供了希望。不幸的是，这些治疗在许多地方都难以获得，因为在心理健康和医学领域，鲜有专业人员接受过相关培训来应用这些治疗方法；不过，用于治疗男性勃起障碍的药物使用得很普遍。针对性唤起障碍的心理治疗还需进一步的改进，而且针对缺乏性渴望的治疗在很大程度上都未得到过检验。每年我们都会取得新的医学进展。虽然诸如万艾可这样的药物对于勃起障碍已经表现出了一定的效果，而且还有许多类似的药物正在研发之中，但是大多数方法仍然具有较高的侵入性，且使用起来也较为不便。

不幸的是，大多数健康领域的专业人员都倾向于忽略相对年长的成年人群体中的性议题。除了例行地强调沟通、教育和感受集中之外，对于年长的成年伴侣而言，任何有关性方面的咨询都应该讨论如何在女性身上恰当地使用润滑剂以及如何运用多种方法来最大化地提升男性的勃起反应。更重要的是，即便是在生理能力下降的情况下，继续维持并不一定包括性交在内的性关系，也应该是步入老龄的伴侣关系中令人愉悦且重要的一部分。今后针对性功能障碍的研究和治疗都应该着手处理所有这些议题。不过，绝大部分专业人士所达成的共识是，在合适的情况下，同时使用心理治疗和药物治疗仍是首选的治疗策略。

小测验 10.2

根据性功能障碍的原因和治疗，请判断下列陈述是正确（T）还是错误（F）。

1. _____ 许多生理和医学情形以及对它们的治疗（例如某些处方药）会导致性功能障碍，但许多医生都没有意识到这一联系。
2. _____ 焦虑常常会降低甚至完全消除性唤起。
3. _____ 对于伴侣越来越强烈的憎恶、创伤性的性事件或是童年期因为性行为而遭到负面的教训都可能会导致性功能障碍。
4. _____ 对于许多障碍而言，一种简单而有效的治疗就是性教育。
5. _____ 所有的性功能障碍都可以用相同的心理社会技术来治疗。
6. _____ 近年来，大多数手术和药物治疗都集中在勃起障碍上。

性欲倒错障碍：临床描述

如果你和大多数人一样，那么你的性兴趣会指向另一个在生理上成熟的成年人（或一个处于青春期后期的人）；这些人都能够自由地给予或收回他们的许可。但是如果你并非被另一位成年人所吸引，而是被某样物品或某个不是成年人的个体所吸引，例如一台吸尘器（这是真事！）或一种动物（尤其是马或狗）（Williams & Weinberg, 2003），那又是怎么一回事呢？又或者说，如果你获得性满足的唯一手段是实施一次残忍的谋杀，那又该怎么办呢？这类性唤起的模式以及其他数不胜数的性唤起模式在许多人身上都存在，这不仅给他们带来了无法言说的痛苦，而且如果他们的行为涉及到其他人的话，那么也会给有关的人造成痛苦。正如本章一开始所提到的那样，这些有关性唤起的障碍如果会造成个体的痛苦或功能损害，或者会伤害到当事人及其他人，那么这种障碍就被称为**性欲倒错障碍**（paraphilic disorders）。需要注意的是，按照 DSM-5 的标准，除非这种状况和当事人的痛苦、功能损害或伤害有关，或者有可能对其他人造成伤害，否则就不会被诊断为性欲倒错障碍。因此，存在不同寻常的性吸引力模式并不足以符合障碍的诊断标准。这是 DSM-5 中所发生的一项富有争议的改变（参见本章末的"争议 DSM"栏目）。

多年以来，我们对许多存在性欲倒错问题和患有性欲倒错障碍的人进行了评估和治疗，其中既包括程度轻微的怪人，也包括某些在任何地方都可能遇到的最为危险的杀人犯或强奸犯。正如前文所提到的那样，不少人身上存在一些无伤大雅的"非常"模式，例如某些恋物癖的唤起模式。这类性唤起模式不会伤害任何人，也不令当事人感到痛苦或损害其功能，因此不符合障碍的诊断标准。我们将会先简要介绍性欲倒错障碍的几种主要类型，其中所涉及的病例都来自我们治疗中心的档案。像性功能障碍一样，个体很少只有一种性欲倒错的唤起模式（Bradford & Meston, 2011; Laws & O'Donohue, 2008）。我们的许多病人都有两种、三种甚至更多模式，不过一般而言其中有一种是主要的（Abel, Becker, Cunningham-Rathner, Mittelman, & Rouleau, 1998; Brownell, Hayes, & Barlow, 1977; American Psychiatry Association, 2013）。此外，患有性欲倒错障碍的个体同时也患有心境障碍、焦

拥挤的地铁车厢是发生摩擦癖行为的典型场所。在这种环境中，个体会借助和陌生人发生物理接触来实现唤起。

虑障碍和物质滥用障碍的情况也不罕见（Kafka & Hennen, 2003; Raymond, Coleman, Ohlerkin, Christenson, & Miner, 1999）。性欲倒错障碍的患病率总体来说并不高，而且也难以估算，但其中有些障碍，例如异装癖（穿着异性的装束，见后文）相对而言似乎比较普遍（Bancroft, 1989; Mason, 1997）。如果你生活在大城市，或许可能曾经是**摩擦癖**（frotteuristic disorder）的受害者。这种情况通常发生在拥挤的地铁或公交车上，乘客们就像沙丁鱼罐头一样挤在一起。在这种环境中，女性有时会感受到来自背后的冲撞和推挤比平时更为强烈。她们可能会发现，一位具有摩擦癖唤起模式的男性试图在她们身上蹭来蹭去，直到这一刺激能让他射精为止。由于人群拥挤使得受害者不易逃脱，所以摩擦癖的行为常常都能获得成功（Lussier & Piche, 2008）。

DSM-5 摩擦癖的诊断标准

A. 反复多次通过触摸或摩擦一个无意欲的人来获得强烈的性唤起；这种情况可表现为性幻想、冲动或行为，并持续至少 6 个月。

B. 个体曾对一位无意欲的人实施过上述性冲动，或者该性冲动或幻想导致了个体临床上显著的痛苦，或显著损害了个体在社交、职业或其他重要领域的功能。

From American Psychiatric Association. (2013). *Diagnostic and statistical manual of mental disorders* (5th ed.). Washington, DC.

恋物癖

在**恋物癖**（fetishistic disorder）中，个体在性方面会被没有生命的物品所吸引。几乎可以说，世界上有多少种物品就有多少种类型的恋物癖。不过，女性的内衣和鞋子最为常见（Darcangleo, 2008; Kafka, 2010）。恋物癖的性唤起和两项因素联系在一起：一个没有生命的物体或一种特定的触觉刺激来源（例如橡胶，尤其是用橡胶制成的衣物，或者是亮闪闪的黑色塑料）（Bancroft, 1989; Junginger, 1997）。个体的大部分性幻想、冲动和渴望都会集中在这一物体上。第三种吸引力的来源有时被称为**部分身体性欲癖**（partialism），其性欲对象是身体的某一个部分，例如脚、臀部或头发。

在美国的某个城市里，连续几个月在一位女性的后院晾衣绳上所晾晒的内衣都不见了。这个地区的女性居民很快就开始议论此事，并且发现附近几个街区里每一条晾衣绳上所晾晒的内衣都不见了。警察抓住这名盗窃犯之后，发现他对于女性内衣有着强烈的恋物癖。再举一个和触觉刺激有关的恋物癖的常见例子。泌尿科的医生被请到急诊室里通过手术将一个狭长的物体从男性的尿道中取出，它可能是铅笔，也可能是眼镜架的腿。将这类物体插入尿道的男性认为，用这种方式部分地堵塞尿道能够增加自慰时的射精强度。不过，一旦整个物体都滑入阴茎之中，那么就需要进行较大的医学干预了。

DSM 5 恋物癖的诊断标准

A. 反复多次通过使用没有生命的物体或聚焦于非生殖器区域的特定身体部位来获得强烈的性唤起；这种情况可表现为性幻想、冲动或行为，并持续至少6个月。

B. 上述性冲动或幻想导致了个体临床上显著的痛苦，或显著损害了个体在社交、职业或其他重要领域的功能。

C. 恋物癖的对象并不限于在异装行为（即在异装癖中那样）中所使用的衣物，也不限于那些为了在触觉上刺激生殖器而设计的特定器材（例如，振动棒）。

From American Psychiatric Association. (2013). *Diagnostic and statistical manual of mental disorders* (5ᵗʰ ed.). Washington, DC.

窥阴癖和暴露癖

窥阴癖（voyeuristic disorder）是通过观察不知情的他人脱衣服或赤身裸体来实现唤起的行为。**暴露癖**（exhibitionistic disorder）则正好相反，是通过将生殖器暴露在不知情的陌生人面前来达到唤起和满足（Langstrom, 2010）。来看一看罗伯特的例子。

罗伯特　躲在窗帘之外

罗伯特是一位31岁的已婚蓝领工人。他报告自己最初是从14岁的时候开始向窗户里"偷窥"的。他曾在晚上骑车在居民区里逛，而当他从窗户里看到某位女性的时候，他就会停下来盯着看。在许多次这类行为中，有一回他第一次感到了强烈的性唤起。渐渐地，他开始一边看一边自慰，这样一来就暴露了他的生殖器，尽管没有人发现。当他长大之后，他会开着车逛来逛去，直到发现一些刚进入青春期的女孩子。他会把车停在她们附近，拉开自己的裤子拉链，然后把她们叫过来尝试和她们聊天，但不涉及任何性的内容。后来，有时他能够说服女孩与他相互手淫或者为他口交。尽管他几次被捕，但荒谬的是，被捕的威胁增加而非降低了他的性唤起（Barlow & Wincze, 1980）。

请回忆一下，焦虑在某些情况下会增加唤起程度。许多窥阴癖患者在某些酒吧里观看真实上演的脱衣舞时并不会获得同样的性满意度。暴露癖常常和较低的教育程度有关，但并非总是如此。应当特别注意的是，冒险所具有的刺激因素是暴露癖中很重要的一部分。

需要公交车的律师

几年前，一位知名律师前来求助，因为他的事业正岌岌可危。他是一位聪明且英俊的单身男士。他表示，在他的职业生涯中，他可以和任何一位美丽的女性发生性关系，而这绝非在自夸。然而，他唯一能够获得性唤起的方式是离开办公室，走到某个公车站，然后乘车在城市里转悠，等待某位年轻漂亮的女性上车。他会在下一站到站时对其暴露自己，然后马上冲下车，有时还会有人在背后追打他。为了获得最大程度的唤起，

> 这辆公交车既不能很满，也不能很空；车上得有几个人坐在那里，而且上车的女性的年龄也必须符合他的要求。有些时候，他不得不等上几个小时这些条件才能一一满足。这位律师发现，即便他不会因为暴露癖而被解雇，他也会因为如此长时间的旷工而失去工作。有几次，他要求一位女友在他的公寓里扮演坐在车上的女性。尽管他在她面前暴露了自己，但是他仍然无法获得性唤起和满足，因为这个活动并不刺激。

尽管尚不清楚这一障碍的患病率（Murphy & Page，2008），但在挪威随机抽取的一个由2450位男性构成的样本中，有31%的人报告说至少有一次因为在陌生人面前暴露了自己的生殖器而体验到了性唤起，而有7.7%的人报告至少有一次因为偷窥其他人性交而体验到性唤起（Langstrom & Seto，

2006）。不过，要符合暴露癖的诊断标准，这种行为必须重复发生，而且必须具有强迫冲动，或感到无法控制。

异装癖

在**异装癖**（transvestic disorder）中，性唤起是和穿着异性衣物的行为（或幻想）密切联系在一起的（Blanchard，2010；Wheeler，Newring，& Draper，2008）。请看一下M先生的案例。

穿裙子的猛男

M先生是一位31岁的已婚警察，他因为无法控制自己想要穿着女性服装出现大家面前的强烈冲动而来求助。他这样已经16年了，而且曾因为异装而被海军陆战队开除。从那以后，他好几次冒险穿着女性服装出现在公共场合。M先生的妻子曾因为他的异装行为威胁要和他离婚，但尽管如此，她还是会经常为他购买女性的衣服，并且在他穿着这些衣服时表现出了"同情心"。

请注意，M先生在加入警队之前曾在海军陆战队服役。某些有着强烈异装倾向的男性会为了弥补自己的这一行为而加入所谓充满男子汉气概的组织。在我们治疗中心的异装病人中，有一部分曾经加入过各个半军事化组织。尽管如此，大多数患有这种障碍的病人并不会表现出这种补偿行为。在之前提到过的挪威的调查中发现，约有2.8%的男性和0.4%的女性报告自己至少经历过一次异装癖的发作（Langstrom & Seto，2006）。通过粗略的统计得知，这一障碍在男性中的患病率约为3%；这一估计也为大多数临床专业人员所接受（APA，2013）。

有意思的是，许多异装癖患者的妻子不仅接受自己丈夫的这种特殊行为，而且如果这一行为只发生在夫妇两人之间，她们甚至相当支持丈夫这样做。Docter和Prince（1997）报告，在超过1000名异装癖男性患者中，60%在接受调查时处于已婚状态。有些人（包括已婚和未婚）会加入异装俱乐部，定期见面，或者会订阅有关这个话题的新闻简报。如果性唤起主要集中于衣服本身，那么诊断时就需要标明其具有"恋物癖"的特点。研究表明，这种类型的异装癖在绝大多数方面和其他恋物癖没有太多

窥阴癖和暴露癖的诊断标准

窥阴癖

A. 反复多次通过观察不知情者的裸体、脱衣行为或性活动来获得强烈的性唤起；这种情况可表现为性幻想、冲动或行为，并持续至少6个月。

B. 个体曾对一位无意欲的人实施过上述性冲动，或者该性冲动或幻想导致了个体临床上显著的痛苦，或显著损害了个体在社交、职业或其他重要领域的功能。

C. 体验到该类唤起，并且/或者实施了性冲动的个体必须年满18岁。

暴露癖

A. 反复多次通过将自己的生殖器暴露在一位不知情者面前来获得强烈的性唤起；这种情况可表现为性幻想、冲动或行为，并持续至少6个月。

B. 个体曾对一位无意欲的人实施过上述性冲动，或者该性冲动或幻想导致了个体临床上显著的痛苦，或显著损害了个体在社交、职业或其他重要领域的功能。

From American Psychiatric Association．（2013）．*Diagnostic and statistical manual of mental disorders*（5th ed.）．Washington，DC．

> **DSM 5　异装癖的诊断标准**
>
> A. 反复多次通过穿着异性的服装来获得强烈的性唤起；这种情况可表现为性幻想、冲动或行为，并持续至少6个月。
> B. 上述性冲动、幻想或行为导致了个体临床上显著的痛苦，或显著损害了个体在社交、职业或其他重要领域的功能。
>
> 注明：
> 伴有恋物癖
> 伴有变性幻想癖
>
> From American Psychiatric Association. (2013). *Diagnostic and statistical manual of mental disorders* (5th ed.). Washington, DC.

不同（Freund, Seto, & Kuban, 1996）。异装癖的另一种特殊情况是，性唤起模式并不是和衣物本身联系在一起，而是和把自己当作一名女性的念头或画面联系在一起。这种特殊情况被称为自我女向癖（autogynephilia）。请看一下最近来到我们治疗中心求诊的罗恩的案例。

罗恩和兰达　性的困惑

罗恩（Ron，男子名）是一位47岁的男性，离异。他6岁的儿子和他的前妻住在一起。在过去的几年里，罗恩都和自己的女友以及她女友7岁的女儿、母亲和妹妹住在一起。他块头很大，肌肉发达，蓄着短短的络腮胡。他最初来求诊时主诉是严重的社交焦虑，他觉得这焦虑已经干扰了他交友的能力，而且也妨碍了他的职业发展，因为他只能寻找一些很少需要和人打交道的工作岗位。他报告自己很爱女友，想要结婚，同时非常担忧自己是否能够给6岁的儿子做一个好父亲。治疗中心安排他参加团体治疗来处理社交焦虑问题。但是，在第一次团体会谈时，他穿着一件女士雪纺衬衫、一条牛仔迷你裙和一双及膝皮靴出现，这让我们极为惊讶。在这次会谈中，他表达了自己对于自身的性别认同存在极大的困惑。我们判断，个体治疗更能够满足他的需要。

从那以后，他要求我们称呼他兰达（Rhonda，女子名，拼写与发音均与罗恩相近），然后主动报告自己的异装历史，以及不时到访男同性恋俱乐部的情况。他还说到，自己的第一段婚姻在当时的妻子发现了他穿着她的婚纱的照片后就结束了。目前，让他最为兴奋的是想象自己穿着围裙做家务，或者为一名男性伴侣下厨。他很清楚，让他获得性唤起的并不是衣服本身，而是自己作为女性的意象。他也报告自己会从事高危的性行为，例如在没有保护措施的情况下性交，在停车场和陌生人从事性行为，将自己的裸体照片或暴露的照片发给潜在的性伙伴，以及在诸如健身房的浴室等公共场合从事性行为——所有这些都始于他身着女装并扮演女性的角色。他向自己的女友隐瞒了这些行为，将自己的女性服装藏在车的后备箱里，或是办公室的衣橱里。尽管如此，但他仍然和女友保持着频繁且良好的性活动，同时又极为害怕自己会感染艾滋病，然后传染给自己的女友。他也无法想象自己放弃和儿子之间良好的关系。治疗的重点放在了消除高危性行为，并且帮助他明确自己在生活中的价值取舍。他选择了女友和儿子。经过一段时间的治疗之后，在偶尔的随访会谈中他提到自己已经平静地接受了自己的决定，并且放弃了高危的不忠行为，而且没有报告任何复发。

关于这一特殊情况，存在很大争议，因为罗恩所体验到的"性的困惑"在某种程度上和性别焦虑症（见后文）有许多重叠之处。而且有些人认为，若诊断为性别焦虑症，能够更好地把握这种混乱状况的核心。的确，对于患有这种性欲倒错障碍的个体而言，他们之后发展出性别焦虑症并且要求进行变性手术的概率较大（Blanchard, 2010）。但是，就像我们在罗恩的案例中看到的那样，在他的主诉中，性别焦虑症并不是主要的问题，而且他从来都没有考虑过做变性手术；只是说，他会因为把自己视为一个女人的念头或想法而获得强烈的性唤起。

性施虐癖和性受虐癖

性施虐癖（sexual sadism）和**性受虐癖**（sexual masochism）与要么对他人施加痛苦或羞辱（施虐

癖），要么承受痛苦或羞辱（受虐癖）有关（Kuncker, 2008；Krueger, 2010a, 2010b；Yetes, Hucker, & Kingston, 2008），而且其性唤起也和在这些情境中出现的暴力和伤害联系在一起（Seto, Lalumiere, Harris, & Chivers, 2012）。尽管 M 先生尤其担心自己的异装行为，但同时他也因为另一个问题深感困扰。为了在和他的妻子性交时获得最大程度的性快感，他会让她佩戴颈圈，把她绑在床上，并把她铐起来。有时他也会用绳子、锁链、手铐或电线把自己绑起来；所有这些都是在他异装的时候。M 先生担心，总有一天他可能会严重地伤害到自己。作为一名警察，他曾经听说过这种情况，而且自己还曾亲自调查过一起因此而死亡的事件，当时死者完全被手铐和绳子紧紧地捆绑住。在许多这类案例中，因为发生了某种意外，当事人把自己给勒死或吊死了。这种状况应该和另一种相近情形区分开来，即所谓的**窒息癖**（hypoxiphilia）（在这种情境中，个体通过自我窒息的手段来降低进入大脑的血氧含量，以试图增强高潮时的快感。）个体要么向他人施加痛苦，要么承受痛苦才能够获得性唤起或许看起来有些不可思议，但实际上这样的情况并不少见。在许多案例中，行为本身比较轻微，不会造成什么伤害（Krueger, 2010a；2010b），但它们也有可能变得十分危险并造成严重后果。M 先生同时具有三种异常的性唤起模式（性受虐癖、性施虐癖和异装癖）的案例也不算罕见。

施虐式的强奸

除了谋杀外，强奸是一个人可以对另一个人实施的**最具破坏性**的攻击行为。它并没有被划分为一种性欲倒错障碍。因为大多数强奸案例都是由一位男性（或在某些很罕见的情况下，由一位女性）实施攻击，但此人的性唤起模式并**不**具有性欲倒错的特征。实际上，许多强奸犯更符合反社会型人格障碍的诊断标准（参见第 12 章），而且可能会表现出各类反社会行为和攻击行为（Bradford & Meston, 2011；McCable & Wauchope, 2005；Quinsey, 2010）。许多强奸案例都带有机会主义的属性，即一名具有攻击性或反社会行为特点（缺乏共情能力并且对于向他人施加痛苦毫不在乎）的个体（Bernat, Calhoun, & Adams, 1999），自发地利用了一位易于下手且毫不知情的女性。部分未经事先预谋的攻击行为时常发生在抢劫或其他犯罪行为的过程之中，但强奸也可以因为对特定女性的愤怒和报复心理而发生，此时可能会有事先预谋（Hucker, 1997；McCabe & Wauchope, 2005；Quinsey, 2010）。

杀人犯 Jeffrey Dahmer 通过施虐行为和食人行为来获得性满足。（他后来在狱中被同室的囚犯杀死。）

DSM-5 性施虐癖和性受虐癖的诊断标准

性施虐癖

A. 反复多次通过其他人在心理上或躯体上遭受的痛苦来获得强烈的性唤起；这种情况可表现为性幻想、冲动或行为，并持续至少 6 个月。

B. 个体曾对一位无意欲的人实施过上述性冲动，或者该冲动或幻想导致了个体临床上显著的痛苦，或显著损害了个体在社交、职业或其他重要领域的功能。

性受虐癖

A. 反复多次通过从被羞辱、被殴打、被束缚或其他遭受痛苦的行为来获得强烈的性唤起；这种情况可表现为性幻想、冲动或行为，并持续至少 6 个月。

B. 上述性幻想、冲动或行为导致了个体临床上显著的痛苦，或显著损害了个体在社交、职业或其他重要领域的功能。

From American Psychiatric Association.（2013）. *Diagnostic and statistical manual of mental disorders*（5th ed.）. Washington, DC.

几年前，我们从治疗中心的病例中逐渐发现，某些强奸犯的确符合性欲倒错障碍的诊断——或许更应该称他们为性施虐癖患者。自此之后，这一发现也得到了持续的验证（McCabe & Wauchope, 2005; Quinsey, 2010; Seto et al., 2012）。我们录制了两份录音，一份描述了双方都享受的性交，另一份描述了在男性强迫下发生的性交（强奸）。对于每一位选出的听者而言，每一份录音带都播放了两次。非强奸犯会对描述双方都享受的性交录音产生唤起，而非后者；强奸犯则对两份录音都产生唤起（Abel, Barlow, Blanchard, & Guild, 1977）。

在我们所评估的强奸犯中，有一群人似乎特别容易在涉及到强迫和残忍行为的情境下出现唤起。为了更完整地评估这一反应，我们录制了第三份录音，其中包含不涉及性内容的攻击和暴力。有部分被试对于强奸录音和不涉及性行为的攻击录音表现出了强烈的性唤起，但是对双方都享受的性交录音表现出很少的性唤起，或者完全没有唤起。我们治疗中心有一位病人是我们曾遇到过的最为残忍的强奸犯。按照他自己的报告，他曾经实施了超过100次强奸。他最后一名受害者因为各种损伤而在医院里住了两周。他会啃咬受害人的乳房，用烟头灼烫对方，用皮带和树枝抽打对方，在将物品插入对方阴道时拔去其阴毛。尽管有些证据表明，他可能至少杀死了三名受害人，但这些证据尚不足以给他定谋杀罪。尽管如此，他还是因为犯有多起攻击和强奸罪行而将在州立监狱中看守最严密且安全等级最高的监区中被终身监禁。当意识到自己的行为完全没有被控制的希望时，他十分盼望能去监狱服刑。他报告说，在所有他清醒的时间里，他都在无法抑制地反复咀嚼自己施虐的幻想。他知道自己将在监狱中度过余生，而且很可能是单独监禁，但是他仍然希望我们能够做些什么来缓解他的强迫思维。从任何一方面来看，此人都符合性施虐癖的诊断标准。

恋童癖和乱伦

或许在性方面，最具有悲剧色彩的异常状态就是被儿童（或者一般而言不满14岁的青少年）所吸引，这种情况被称为**恋童癖**（pedophilia）（Blanchard, 2010; Seto, 2009）。当天主教会的丑闻广为人知之后，世界各地的人们都开始逐渐意识到这一问题。在这些丑闻中，神父多次虐待儿童，但结果只是被调往另一个教区，而他们仍然会再犯；其中许多人都符合恋童癖的诊断标准。具有这种唤起模式的患者可能会被男女儿童所吸引。在一次调查中，约有12%的男性和17%的女性报告他们小时候曾被成年人以不恰当的方式触摸过；另一项调查估计，美国遭到性侵犯的儿童在20世纪90年代增加了125%，数量达到了330000名（Fagan, Wise, Schmidt, & Berlin, 2002）。约有90%的侵犯者是男性，10%是女性（Fagan et al., 2002; Seto, 2009）。和成年人的强奸一样，40%～50%的性侵犯者不具备性欲倒错的唤起模式，也不符合性欲倒错障碍的诊断标准。他们的侵犯行为大多和具有机会主义属性的反社会行为和攻击行为有关（Blanchard, 2010; Seto, 2009）。

前不久，美国媒体上有关儿童色情作品的调查引发了众多关注。下载儿童色情作品而被指控的人常常会辩解说，自己"只不过是看看"，而不是恋童癖。但是，现在有一项重要研究表明，被指控犯有与儿童色情作品相关的罪名乃是恋童癖的最佳诊断指标之一（Seto, Cantor, & Blanchard, 2006）。

2002年，美国天主教会迫于压力，承认自己隐瞒了多起涉及数名神职人员的恋童癖事件，其中包括后来被剥夺了神父资格的Paul Shanley。

如果儿童是侵犯者的亲属，那么恋童癖就是以**乱伦**（incest）的形式出现的。尽管恋童癖和乱伦有许多共同之处，但恋童癖的受害者多数是幼儿，而乱伦的受害者往往是刚开始发育的女孩（Rice & Harris, 2002）。通过阴茎张力计的测量，Marshall、Barbaree和Christophe（1986）以及Marshall（1997）的研究都表明，一般而言，有乱伦行为的男性相比患有恋童癖的男性，被成年女性所唤起的程度要高，后者的性唤起对象往往只限于儿童。因此，相比恋童癖，乱伦关系往往和是否有机会下手以及家庭内部的人际问题关系更密切，就像在托尼的案例中那样。

恋童癖的诊断标准

A. 反复多次通过涉及和一位青春期前期的青少年（一般不满14岁）或儿童进行性活动的行为来获得强烈的性唤起；这种情况可表现为性幻想、冲动或行为，并持续至少6个月。

B. 个体已经实施了这些冲动，或者这些性冲动或幻想已经造成了显著的痛苦或人际困难。

C. 个体至少年满16岁，或者至少比诊断标准A中的青少年或儿童大5岁。

请注意：不包括处于青春期晚期的青少年和一位12岁或13岁的青少年之间的性关系。

特定类型：
排他型（仅被青少年或儿童所吸引）
非排他型
注明：
被男性所吸引
被女性所吸引
同时被男性和女性所吸引
注明：
仅限于乱伦

From American Psychiatric Association.（2013）. *Diagnostic and statistical manual of mental disorders*（5th ed.）. Washington, DC.

托尼 算不算父亲？

托尼是一名52岁的已婚电视机修理员，来访时正处于抑郁当中。约10年前，他和他12岁的女儿开始了性活动。轻轻一吻和某些抚摸逐渐升级为热烈的爱抚，并且最终变成了相互手淫。女儿16岁时，他的妻子发现了这一持续已久的乱伦关系，果断与托尼分居并最终与其离婚，而且带走了他们的女儿。很快，托尼就再婚了。就在他第一次到访我们的治疗中心之前，他去看望了自己现在已经22岁的女儿，她独自生活在另一个城市里。此时，他们已经5年没有见面了。很快他们又见了第二面，并再次发生了乱伦行为。至此，托尼变得极度抑郁，并且将事情的始末告诉了现在的妻子。在他的配合下，她联络了我们，而他的女儿也在另一个城市开始寻求治疗。

我们将在之后讨论托尼的案例，不过在这里还是先指出几个特征。首先，托尼爱自己的女儿，而且因为自己的行为而感到极为失望和抑郁。有些时候，儿童侵犯者表现出虐待和攻击的行为，甚至可能杀死自己的受害者。在这些案例中，侵犯者常常同时患有性施虐癖和恋童癖。但是，大多数侵犯儿童的人并不会在躯体上实施虐待行为。他们很少在躯体上强迫儿童或让儿童受伤。从侵犯者的角度来看，因为不存在躯体上的强制或威胁，所以他们也就没有对儿童造成伤害。儿童性侵者常常会合理化自己的行为，认为自己是在"爱"孩子，或是给儿童在性方面"传授一些重要经验"。儿童性侵犯者几乎从来都不会考虑到受害者所承受的心理伤害。孩子们常常会在不抗议的情况下参与性行为，同时内心感到非常恐惧并且不情愿。儿童常常会感到自己应该为性侵犯负责，因为成年的一方并没有使用明显的暴力或威胁手段。只有当遭受侵犯的儿童长大之后，他们才能够理解，当时他们毫无保护自己的力量，而且也不应为自己所遭受的伤害负责。

其他特定的性欲倒错障碍的诊断标准

这一诊断适用于某些特殊情形，在此类情形中，个体表现出某些性欲倒错障碍的特征症状，并且导致了临床上显著的痛苦或显著损害了社交、职业或其他重要领域功能，但其症状又并不完全符合前述任何一种性欲倒错障碍的诊断标准。此类障碍的例子包括但不限于：电话猥亵（打淫秽电话）、奸尸癖（尸体）、兽交癖（动物）、食粪癖（粪便）、灌肠癖（灌肠）以及恋尿癖（尿液）。

From American Psychiatric Association.（2013）. *Diagnostic and statistical manual of mental disorders*（5th ed.）. Washington, DC.

女性中的性欲倒错障碍

性欲倒错障碍很少见于女性，而且多年以来都被认为不会发生在女性身上（除了施虐受虐行为之外）。但是，近年来发表了一些关于个案或小样本病例的报告（Seto, 2009）。目前的统计表明，在所有的性侵犯者中，约有5%～10%是女性（Logan，2009；Wiegel，2008）。例如，Federoff, Fishell和Federoff（1999）曾经报告，在他们的诊所中有12名性欲倒错障碍的女性患者。有部分女性患者表现出不止一种性欲倒错障碍；在这12人中，有4位表现出暴露癖的问题，3位表现出施虐受虐的倾向。

我们来看几个例子。一位女性患者因为性侵由她看护的一名9岁男童而被起诉；该名男童和她没有血缘关系。她触摸了男童的阴茎，并且让男童在自己观看宗教节目的时候在她面前自慰。患有性欲倒错障碍的个体会通过从事其他在他们看来道德正确或积极向上的活动来合理化自己的行为，所以说，这种情况并不少见。而另一位来寻求治疗的女性是因为"无法控制"自己的某些仪式行为。她会在自己的公寓窗口前脱衣服并手淫，差不多每个月5次。此外，她偶尔会开车在街区里穿巡，尝试通过给猫狗喂食而和它们亲近起来。然后她会在自己的生殖器部位弄上蜂蜜或其他食物，以吸引动物来舔舐。和大多数性欲倒错障碍患者一样，这位女性发现这种行为能够给自己带来强烈的性唤起，但她也对这样的行为感到十分恐惧，想寻求治疗来消除它。Wiegle（2008）的报告中有超过175名女性承认自己对儿童或青少年实施过性侵犯。

性欲倒错障碍的病因

尽管个案的历史无法替代科学研究，但是它们往往能够提供可被科学观察所检验的假设。让我们回到罗伯特和托尼的病例中，来看一看他们的个人史是否能够提供一些线索。

> **罗伯特** 向压抑复仇
>
> 罗伯特（因暴露癖而来寻求治疗）被严苛的权威式的父亲和被动的母亲在得克萨斯州的一个小镇上抚养长大。他的父亲是一位对过去时代的宗教十分虔诚的信徒，常常会对家人宣讲性的邪恶之处；除了这一点，罗伯特从父亲那里没有学到任何和性有关的知识。因此，他压抑着头脑中出现的所有有关异性的冲动和幻想。在青春期时，旁边有同龄的女孩就会让他感到十分不安。一次偶然的机会，让他发现了一种获得性满足的隐秘方式：透过窗户盯着不知情的漂亮女人看。这让他有了第一次自慰行为。
>
> 罗伯特在回忆过去时表示，被捕本身并不糟糕，因为它能让他的父亲感到耻辱，而这是他报复父亲的唯一方式。法庭对他的量刑很轻（这有些不寻常），但他的父亲在众人面前丢尽了脸面，不得不举家搬离。

> **托尼** 过早启蒙
>
> 因为和女儿的乱伦关系而寻求帮助的托尼报告了自己的历史，其中包含了不少值得探究的事件。他在一个相对较为慈爱和表面上十分正常的天主教家庭中长大，但同时他有着一位和这一家庭模式并不相容的舅舅。大约在他9岁的时候，托尼在舅舅的鼓励下观看了舅舅和邻居的妻子玩脱衣服扑克牌游戏。他还看到舅舅在一家快餐店里抚摸女招待。之后没多久，他就在舅舅的指导下抚摸了表妹。也就是说，他很早就有了一位互相爱抚和手淫的榜样。而且，他以这样的方式从和年幼表妹的交往中获得了一些乐趣。尽管这位舅舅从来都没有碰过托尼，但他的行为本身明显具有虐待的性质。托尼13岁的时候，他和自己的亲妹妹以及她的好友相互爱抚；在他记忆中，那是十分快乐的。后来，当托尼18岁的时候，姐夫带他去嫖娼。那是他第一次性交，但并不令人满意。在这一次以及之后和妓女的交往中，他都早泄了——这和他早年与年幼女孩之间的交往形成了鲜明的对比。和其他成年女性的交往也不能让他满意。当他参军并在海外服役期间，他常常去找当地的雏妓，有些女孩甚至只有12岁。

这些病例提醒我们，异常的性唤起模式常常出现在其他有关性和社交的问题背景之下。这些不理想的唤起模式可能和难以对<u>有意欲的成年人</u>产生"理想"的性唤起有关；这一点显然在罗伯特和托尼的病例中都适用，他们都缺乏与成年人的完整的性关系。在许多病例中，无法和恰当的人建立足够的社会联系从而产生性关系与发展出不恰当的性欲宣泄方式有关（Marshall，1997）。事实上，有关性欲倒错障碍的各种整合理论都提到了儿童期和青春期的人际关系问题，它们可能导致个体在性方面的发展出现了缺陷（Marshall & Barbaree, 1990; Ward & Beech, 2008）。不过也要注意，许多缺乏性和社交技巧的人并没有发展出异常的唤起模式。

早年的经历所造成的影响也许具有相当程度的<u>偶然性</u>。托尼早年的性经历可能恰好与他之后发现能够给自己带来性唤起的模式相重叠。许多性欲倒错障碍患者报告自己小时候曾被虐待，而研究发现这一点能够很好地预测个体成年后是否对他人实施性虐待（Fagan et al., 2002）。罗伯特的第一次性体验是在他偷窥时发生的，但是大部分普通人的性唤起模式并没有体现出早年经历的痕迹。

另一个因素可能是个体<u>早年的性幻想</u>。例如，Rachman 和 Hodgson（1968，也见于 Bancroft, 1989）早已证明，性唤起可以和一个中性的物体联系在一起——例如，一双靴子——如果这双靴子反复出现在个体产生性唤起的时候。发展出异常性唤起模式，背后的最主要的原因可能是早年的性幻想借由自慰带来的强烈性快感而反复得到强化（Bradford & Meston, 2011）。在一名恋童癖或施虐癖患者对他人实施相应的行为之前，他可能已经在自慰时将这一情境幻想了千百次。从临床范式或操作条件化范式的角度来看，这个例子仍然与<u>学习</u>有关，即某个行为（对于具体的物体或活动产生了性唤起）和一种愉悦的后果（高潮）联系在了一起，从而得到了反复的强化。这一机制或许可以解释为什么性欲倒错障碍几乎只有男性患者。因为男性和女性之间存在自慰频率上的差异，而且这一差异是跨文化的，它可能会带来性欲发展路径上的分化。不过，正如我们已经说过的，在一些罕见的情形下，的确也存在女性性欲倒错的病例（Federoff et al., 1999; Ford & Cortoni, 2008; Hunter & Mathews, 1997; Logan, 2009）。

但是，如果早年的经历会对于之后的性唤起模式造成重大影响，那么那些在儿童期和青春期早期完全实行同性性行为，而在青春期晚期之后又完全实行异性性行为的萨姆比亚人又是怎么一回事呢？在这类高度集群的社会中，针对性活动的社会要求或"脚本"要比我们社会中的更为强大和僵化，因此可能会盖过早期经历的影响（Baldwin & Baldwin, 1989）。

此外，关注性欲倒错障碍的治疗师和研究者也观察到，这些患者身上似乎存在特别强烈的性驱力。

一些个体会一天自慰三四次，而且这种情况十分常见。我们治疗中心负责的一名施虐的强奸犯成天每半个小时就要自慰一次，仿佛只要生理上允许，他就会去自慰一样。我们在其他地方曾经提出过这样的猜测，即这种消耗性的举动可能和强迫性障碍中的强迫观念有一定的联系（Barlow, 2002）。在这两种情况下，越是努力压抑不想要的、具有情感载荷的想法和幻想，越容易带来相反的效果，那就是<u>增加</u>这些念头和强度和频率（见第5章）。在患有进食障碍和成瘾障碍的个体身上也存在这种机制——努力压制强烈的成瘾式渴望可能会导致想要去除的行为出现无法控制的增长。

心理病理学家也开始对于在众多性欲倒错障碍中普遍存在的抑制控制不足的现象产生了兴趣，它可能意味着脑中的<u>行为抑制系统</u>较为薄弱（Ward & Beech, 2008）。（你或许还记得在第5章中学到过，行为抑制系统位于边缘系统，是和焦虑以及抑制相关的脑回路。）

图10.6 呈现的模型整合了目前认为影响性欲倒错障碍发展的各种因素。尽管如此，所有的这些假设，包括我们已经描述的假设，尚没有得到足够的科学证据支持。这个模型没有包括生物学维度，而

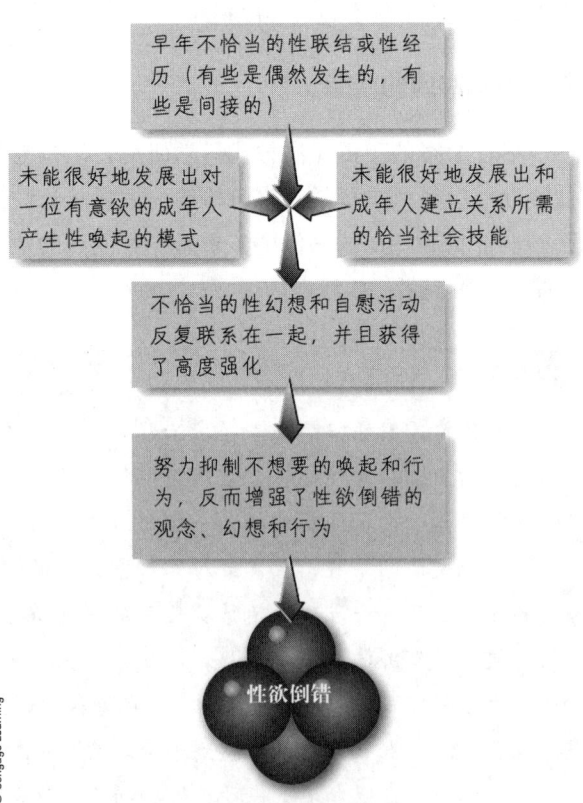

图 10.6　性欲倒错障碍的发展模型

性欲倒错障碍中存在的过度唤起可能存在生物学基础。总之，在我们做出任何论断之前，还需要更多的研究。

性欲倒错障碍的评估和治疗

近年来，研究者已经发展出了一套精密的方法来评估具体的性唤起模式（Ponseti et al., 2012；Wincze, 2009）。这一进步对于研究性欲倒错障碍而言意义重大。因为有些时候，当事人自己都不能完全肯定究竟是什么引发了性唤起。曾经有一名患者到访我们的治疗中心，其主诉是无法控制自己对于女性所穿的露趾白色凉拖产生唤起。他注意到，自己会对于穿这类鞋子的女性产生无法抗拒的渴望，甚至会尾随对方好几个街区。这种异常的冲动占据了他在夏天里的大部分时间。我们通过评估发现，这种鞋子本身并不能引发此人的性唤起，对他有强烈吸引力的是女性的脚，尤其是正在以某种方式运动的脚。

运用图10.6中的性欲倒错障碍理论模型，我们不仅会评估病人是否存在性欲倒错式的唤起，而且还会评估他们对于成年人产生性唤起的水平，及其社交技能和建立关系的能力。托尼在社交技能方面没有问题：他现年52岁，目前婚姻状况良好，而且整体来说和他的第二任妻子相处得不错。他的紊乱在于面对女儿时持续感到强烈的乱伦渴望。尽管如此，他爱自己的女儿，而且真心希望自己能够成为一名正常的父亲。

心理治疗

有不少治疗手段可以用来降低不想要的唤起水平。其中大多数都是行为治疗的手段，重点在于改变联结以及背景情境，让性欲倒错的对象从愉快的、能引发唤起的刺激变为中性的刺激。有一种方法完全在病人的想象中进行，叫作**内隐致敏法**（covert sensitization），由Joseph Cautela（1967，也可参见Barlow, 2004）首次提出。按照这一疗法，病人要在想象中将能够引发性唤起的意象和若干说明这些行为有害或危险的理由联系在一起。在治疗之前，病人就知晓这些理由，但是，性活动所提供的即时的愉悦和有力的强化足以压倒任何将来可能遭遇伤害或危险的念头。这个过程同样发生在在许多有害的成瘾行为中，即短期的满足压倒了长期的危害。

在想象中，负面的后果将和不良的行为以及异常的唤起直接联系在一起；这种联系会以一种强有力而且充满情感载荷的方式产生。对托尼来说，其行为最大的负面后果就是一旦被现任妻子发现，自己会感到无地自容。因此，他在治疗师的引导下进行了想象。

> **托尼　最糟糕的情况**
>
> 你独自和你的女儿呆在自己的拖车里。你意识到你想要抚摸她的乳房。你将她抱在自己的怀里，把手伸进了她的衣服里，开始抚摸她的乳房。拖车的门突然被打开了，你的妻子走了进来。你的女儿马上跳起来冲了出去。你一个人和妻子留了下来。她看着你，等着你对于她刚才看见的一切给出解释。过去了几秒钟，但仿佛有几个小时那么长。你知道她站在那里看着你的同时她在想的是什么。你感到丢脸，想要说些什么，但是你似乎没有办法找到合适的词语。你意识到妻子不会再像之前那样尊敬你了。终于，她对你说："我无法理解，这不像是你做的事情。"你们两个都开始流泪。你意识到你可能会失去妻子对你的爱，而她对你来说是非常重要的人。她问你："你知道这会对你的女儿造成什么样的影响吗？"你在思考这个问题，接着，你听见你的女儿在哭泣——她嚎啕大哭。你想要逃跑，但是你无路可走。你感觉自己糟糕透了，极度鄙视自己。你不知道你是否还能从妻子那里获得爱和尊敬。

在6～8次会谈期间，治疗师会以一种戏剧性的方式来读出这类场景，指导病人每天都去想象这些场景，直到异常的性唤起完全消失。托尼的治疗结果呈现在图10.7中。"分类卡片计分"是在测量相较于和女儿进行正常交往的愿望而言，他想和她性交的渴望程度。治疗进行了3～4周之后，托尼对于乱伦的唤起就已经极大地减轻了，而且没有影响到他想和女儿进行健康的交流的愿望。这些结果在针对他的性唤起反应进行的心理生理评估中也得到了验证。在3个月后的随访中，唤起程度忽然升高，这促使我们去询问托尼在他的生活中是否发生了一些不同寻常的事情。他承认他的婚姻状况变差了，而且和妻子的性生活完全停止了。幸运的是，经过一段时间的婚姻治疗，他在之前治疗中获得的效果又重新恢复了（见图10.7）。几年之后，当他女儿的治疗师认为她已经准备好了之后，她和托尼重新建立起了一段没有任何性色彩的关系，这也是两人都希望的。

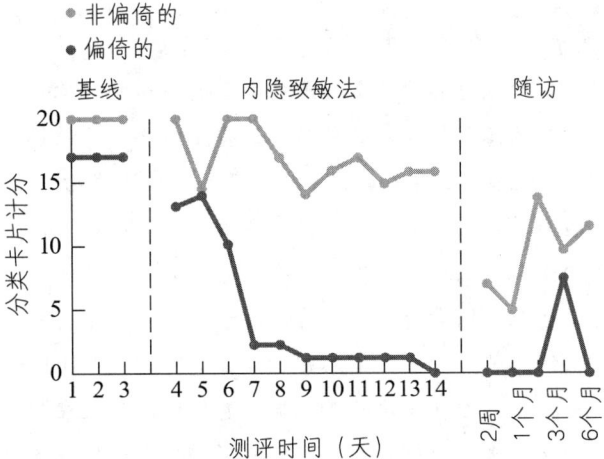

图10.7 在实施内隐致敏法的过程中，对托尼的乱伦冲动（偏倚的）和渴望与女儿正常互动的愿望（非偏倚的）强度所做的测量。
Reproduced, with permission, from Harbert, T. L., Barlow, D. H., Hersen, M., & Austin, J. B. [1974]. Measurement and modification of incestuous behavior: A case study. *Psychological Reports, 34*, 79–86, © 1974 Psychological Reports.）

在托尼的生活中，有两个主要的领域需要进行治疗：偏倚的（乱伦）性唤起和婚姻问题。大多数具有性欲倒错模式的个体都需要我们对其家庭的功能或其他人际系统给予大量的关注（Fagan et al., 2002; Rice & Harris, 2002）。此外，许多患者都希望治疗能够帮助他们强化恰当的性唤起模式。在**高潮重建**（orgasmic reconditioning）方法中，病人先根据自己不寻常的性幻想进行自慰，但是在射精之前将其替换为正常的性幻想。经过重复练习后，病人逐渐能够在自慰过程中越来越早地运用正常的性幻想，同时保持住他们的唤起程度。这个技术首先是由Gerald Davison提出的（1968），在各种条件下都具有一定效果（Brownell et al., 1977; Maletzky, 2002）。最后，针对那些快感最为强烈但需要去除的

行为（包括成瘾在内），治疗师需要注意为病人提供防止复发的应对技巧。针对成瘾而设计的防止复发的治疗模式（Laws & O'Donohue, 1977）就可以起到这样的效果。病人将学会识别诱惑的早期信号，并在他们的冲动变得过于强烈之前实施一系列自我控制程序。

目前，针对性侵犯者的心理治疗收效不一。对于已经进入司法程序的性侵犯者（包括那些已经被监禁的病情严重者）而言，试图预防再次出现侵犯行为的结果也只是差强人意而已。回顾大量针对这类人群所做的研究比较困难，因为各项研究在估算再犯率上所使用的方法和手段之间存在较大差异。不过，几个对性侵犯者进行了4～5年随访的大样本研究都发现，那些接受过心理治疗的病人相比接受常规治疗的病人而言，性再犯率（即再次性侵他人）的降低幅度要多11%～20%，其中，认知行为治疗项目在降低性再犯率上最为有效（Hanson et al., 2002; Losel & Schmucker, 2005）。但是，在加利福尼亚州进行的一项大型研究中发现，在因性侵而被监禁的被试出狱后的8年随访期间，任何干预对他们的性侵行为或暴力行为都鲜有效果（Margues, Wiederanders, Day, Nelson & van Ommeren, 2005）。

另一方面，有一定的证据表明，对于门诊病人而言，当治疗由一位有经验的专业人士实施时较为成功。例如，Barry Maletzky是俄勒冈大学医学院的一名精神科专家，他和同事（Maletzky, 2002）报告在20年间针对超过8000名性侵犯者进行了各种类型的治疗，他们在三四个月内。这一报告值得关注的地方在于，除了病人所报告的进展之外，Maletzky几乎在每个病人身上都运用阴茎张力计采集了客观的生理指标数据。对于许多病人，他还从其家庭和司法系统处获得验证疗效的信息。

在他对这些病人的随访中，Maletzky（2002）将成功的治疗界定为出现以下的情况：①完成了所有的治疗会谈；②在任何一年的随访评估会谈中，都没有在客观的生理指标上表现出任何偏倚的性唤起模式；③在治疗结束后，没有再报告出现过任何偏倚的唤起或行为；④没有因为偏倚的性活动而有任何犯罪记录，即便是极为轻微的违法行为。他将任何没有获得成功的病例都界定为治疗失败，任何出于任何理由而没有完成全部治疗的病人都被认为是

治疗失败者，哪怕有些病人可能从部分治疗中获得了不小的收益，而且有可能继续康复。使用这一标准，根据其性侵犯类型（例如恋童癖、强奸或窥阴癖）的不同，有 75%～90% 的个体获得了成功的疗效。不过，这一研究结果并非来自于科学的临床对照实验，所以依然有其局限性。

在所有仅被诊断出一种障碍的个体中，男性强奸犯获得的成功率最低（75%），而同时患有多种性欲倒错障碍的个体获得的成功率是最低的。Maletzky（2002）还考察了和失败有关的因素。对治疗失败最有力的预测因素是不稳定的社会关系史、不稳定的就业史、强烈否认问题的存在、曾侵害过不止一个人，以及性侵者和一名受害人持续生活在一起（乱伦病例中的典型情况）。这些问题中的多个因素可能也是那些被监禁的病情严重者的特征。

尽管如此，使用类似治疗方法的其他小组也获得了相近的成功率（Abel, 1989; Becker, 1990; Fagan et al., 2002）。治疗师的知识和专长对于能否成功地实施这类治疗从而预防病人再犯而言至关重要。

Judith Becker 在一个针对城市中心贫民区的青少年性侵犯者的项目中使用了之前描述的方法（Becker, 1990; Morenz & Becker, 1995）。结果表明，完成治疗的个体再次实施性犯罪的比例相对较低，为 10%。这些发现十分重要。这不仅是因为不少青少年性侵犯者携带艾滋病病毒，因此会直接威胁到受害者的生命；而且也因为在不加治疗的情况下，性侵犯的再犯率是相当高的（Hanson, Steffy, & Gauthier, 1993; Nagayama Hall, 1995），就像所有那些愉快但却不良的行为（例如物质滥用）一样。最近，一项重要研究发现，相比使用游戏治疗（play therapy）而言，使用认知行为治疗来对 5～12 岁的儿童所具有的带有攻击性、侵犯性或极为不恰当的性行为进行干预，能够有效预防他们在 10 年后进入青春期及成年期时出现性侵行为（Carpentier, Silovsky, & Chaffin, 2006）。在这些接受了认知行为治疗的儿童中，仅有 2% 后来成为了性侵犯者。如果这些研究结果能得到复制的话，在预防成年性侵行为上就能取得重大进展。

药物治疗

在用于治疗患有性欲倒错障碍的个体时，最为流行的药物是一种被称为乙酸赛普龙（cyproterone acetate）的抗雄性激素剂（Bradford, 1997）。这种"化学阉割剂"式的药物可以通过急剧降低睾酮的水平来消除性渴望和幻想，而一旦停药，性唤起就会很快再次产生。另一种药物叫作醋酸甲羟孕酮酸酯（medroxyprogesterone），这是一种能够降低睾酮的激素因子（Fagan et al., 2002）。这些药物或许适用于那些危险且其他替代治疗无效的性侵犯者，或者那些要求降低性唤起水平的病人。这些药物能够暂时压抑性唤起，但并不总是有效。在 Maletzkey 所做的一系列报告中，一篇较早期的报告（1991）指出，在大约 5000 名患者中，仅有 8 人需要进行药物治疗，因为各类心理治疗对他们都没有效果。Rosler 和 Wiztum（1998）报告，使用曲普瑞林（triptorelin）对 30 名长期患有严重性欲倒错障碍的男性成功地实施了"化学阉割"；这种药物会抑制男性身上的促性腺激素的分泌。基于这一项研究发现，这种药物相比本章中提及的其他药物似乎更为有效，其副作用也更小。当然，这种药物只有定期服用才会起效，但是大多数的个体在不服药就得去坐牢的情况下，对于积极治疗还是具有相当强的动机的。

总 结

基于来自各类条件的研究证据表明，针对性欲倒错障碍的心理社会治疗的疗效不一，对于那些通常来说不那么严重的、比较稳定的门诊病人而言，其成功率更高。但是，大多数结果都来自几个临床研究中心所做的未设置对照组的观察研究。总之，就像治疗性功能障碍一样，除了专门的治疗中心，患者很难得到针对性欲倒错障碍的心理社会治疗。与此同时，对患有这类障碍的大多数个体而言，前景并不乐观，因为性欲倒错障碍是一种慢性障碍，复发十分普遍。

小测验 10.3

请为下列情境选择恰当的标签进行匹配：

A. 暴露癖　　　　B. 窥阴癖
C. 恋物癖　　　　D. 性受虐癖

1. 梅喜欢在前戏时被皮鞭鞭打。没有这类刺激，她就无法在性交中达到高潮。_____

2. 凯收集了众多女性的内裤，他会因为这些内裤而体验到唤起。他喜欢看它们，收集它们，把它们穿在身上。_____
3. 山姆会在公园里走到陌生人面前并暴露自己的生殖器，从而获得唤起。_____
4. 汤姆喜欢透过苏西的卧室窗户偷看她脱衣服。在她脱衣服的时候，他会变得极为兴奋。_____
5. 汤姆没有意识到的是，苏西知道他在偷窥。她会因为在别人观看的情况下慢慢脱衣服而获得性唤起，而且她会幻想他们脑子里会想些什么。_____
6. 汤姆震惊地发现，"苏西"实际上是司各特，一个只有在自己穿着女性服装时才能产生唤起的男人。司各特的情况属于_____

性别焦虑症

是什么让你认为自己是一个男人？或是一个女人？显然，性别，不仅仅是你的性唤起模式或你的生理解剖结构，也不仅仅是你的家庭和社会给予你的反应和体验。你的男性气质或女性气质的核心乃是一种深藏的个人感受，通常称之为<u>性别认同</u>（gender identity），即你实际上体验到的性别。如果个体的物理性别（男性或女性的解剖结构，也称为"出生"性别）和个体所感觉到的自己是谁不一致，或者和自己体验到的性别不一致的话，就出现了**性别焦虑症**（gender dysphoria）。性别焦虑症可以在一个连续的谱系上发生（美国心理学会性别认同和性别多样性工作组，2008；Cohen-Kettenis & Pfafflin, 2010）。在这一连续体的极端乃是那些完全拒绝其出生性别，并且希望能改变性别的个体。患有这种障碍的人常常觉得自己被禁锢在了一个错误的性别中。请看乔的案例。

> **乔 禁锢在了错误的身体里**
>
> 乔是一位17岁的小伙子，是家里五个孩子中最小的一个。尽管他的母亲怀他时期待的是一个女孩，但是乔出生后仍然成为了她最喜欢的孩子。父亲的工作时间很长，因此和乔的接触不多。自乔记事以来，他一直都认为自己是一个女孩。他还不满5岁时就已经开始自愿穿着女装，而且直到初中都保持异装。他因为阅读一本百科全书而发展出了对于烹调、编织、钩针和刺绣的兴趣。他的哥哥经常会因为他不喜欢诸如打猎等"男子汉"的活动而斥责他。
>
> 在这一时期，乔主要是和女孩来往，尽管他记得自己在一年级时曾深深地被一个男孩所吸引。在他自12岁左右发展起来的性幻想中，他把自己想象为一名和男性发生性关系的女性。当他在15岁进入高中时，他极为女性化的行为让他成为了被斥责和嘲笑的对象。平常就很被动且没有自信的他离家出走，甚至尝试自杀。无法继续高中学业之后，他改上秘书学校，而他是班上唯一的男生。在他和治疗师的第一次会谈中，他报告说："我是一个被禁锢在男人身体里的女人，我想要通过手术变为真正的女人。"

如果出生时的性别是女性，但强烈地体验到自己的性别（性别认同）是男性，那么这个个体一般被称为变性男性，或<u>变性男</u>（transman）；同理，出生性别为男性但性别认同是的女性的人则是<u>变性女</u>（transwoman）。如果个体已经完成了转变，在整个生活中都以自己所体验到的性别身份来生活（以稳定一致的方式按照自己渴望的性别来与他人交往），并且准备接受变性手术或者已经完成了变性手术，那么他们就会被称为<u>"变性后个体"</u>（posttransition），而这一点也已在性别焦虑症的诊断中被注明。

性别焦虑症的界定

性别焦虑症必须和异装式恋物癖区分开来，后者乃是一种性欲倒错障碍（前文已经讨论过），患者一般都是男性，他们通过穿着和异性有关的服饰来获得性唤起。尽管某些具有异装癖性唤起模式的男性身上可能存在对于女性角色的偏好，但是他们异装的主要目的是获得性满足。而对于性别焦虑症，患者的主要目标并不是获得性满足，而是渴望公开地以异性的行为方式来生活。

性别焦虑症也可以发生在患有<u>性别发育障碍</u>

性别焦虑症的诊断标准

在儿童中

A. 个体自己体验到/表现出的性别和被认定的性别之间存在显著的不一致；此种情形持续至少 6 个月，并表现出下列症状中至少 6 种（其中必须包括第 1 条）：

1. 强烈渴望成为异性，或者坚持认为自己是异性（或和自己所被认定的性别不同的其他某种性别）。
2. 男性（被认定的性别）个体存在强烈的异装偏好，或者模仿女孩的打扮；女性（被认定的性别）个体存在只穿着典型的男性化服装的强烈偏好，或者强烈抗拒穿着女性服装。
3. 在假装游戏或幻想游戏中强烈偏好异性的角色。
4. 强烈偏好异性所使用的或所从事的那些具有典型性别刻板印象的玩具、游戏或活动。
5. 强烈偏好异性的玩伴。
6. 男性（被认定的性别）个体强烈拒绝典型的男性化玩具、游戏或活动，并且强烈地回避粗野的游戏；女性（被认定的性别）个体强烈拒绝典型的女性化玩具、游戏或活动。
7. 非常不喜欢自己的性解剖结构。
8. 强烈渴望具有和自己所体验到的性别相匹配的第一性征以及/或者第二性征。

B. 上述情况导致了个体在临床上显著的痛苦，或者损害了其在社交、学业及其他重要领域的功能。

在青少年和成年人中

A. 个体自己体验到/表现出的性别和被认定的性别之间存在显著的不一致；此种情形持续至少 6 个月，并表现出下列症状中至少 2 种：

1. 在自己体验到/表现出的性别和第一性征以及/或者第二性征（对于青少年，是即将或正在出现的第二性征）之间存在显著的不一致。
2. 强烈渴望能够摆脱自己的第一性征以及/或者第二性征（对于青少年，是渴望避免发展出即将出现的第二性征），因为其与自己所体验到/表现出的性别存在显著的不一致。
3. 强烈渴望异性所具有的第一性征以及/或者第二性征。
4. 强烈渴望能够成为异性（或和自己所被认定的性别不同的其他某种性别）。
5. 强烈渴望能够被作为异性（或和自己所被认定的性别不同的其他某种性别）来对待。
6. 极为深信自己具有异性（或和自己所被认定的性别不同的其他某种性别）的典型感受和反应。

B. 上述情况导致了个体在临床上显著的痛苦，或者损害了其在社交、学业及其他重要领域的功能。

From American Psychiatric Association.（2013）.*Diagnostic and statistical manual of mental disorders*（5th ed.）.Washington，DC.

（disorders of sex development）的个体身上。这类患者之前曾被称为双性人（intersexuality）或雌雄同体人（hermaphroditism）。他们先天具有难以区分性别的生殖器官，这种状况被认为和激素或其他生理异常有关。根据所呈现出的混合特征的具体情况，这些患有性别发育障碍的个体通常会在出生时被"指派"一个特定的性别，有些时候还会接受手术和激素治疗，从而改变他们的性解剖结构。如果在性别发育障碍的背景下出现了性别焦虑症，那么在做出诊断时就应该指明这一点。但要注意的是，大多数患有性别焦虑症的个体并不存在生理上的畸形。

最后，性别焦虑症必须和有时候会表现出女性化的行为且具有同性性唤起模式的男性（或有着同性性唤起模式并表现出男子气概的女性）区分开来。这类个体并不觉得自己是一个被禁锢在男性身体里的女性，也没有任何成为女性的渴望，反之亦然。同样需要注意的是，就像 DSM-5 的诊断标准所描述的那样，性别认同是和性唤起模式相互独立的

（Savin-Williams，2006）。比如，一个变性女（生理性别为男性，但强烈地体验到女性的性别认同）可能会被女性吸引。Eli Coleman 和同事们（Coleman, Bockting, & Gooren, 1993）报告了 9 名被男性所吸引的变性男（生理性别为女性，但强烈地体验到男性的性别认同）。因此，这些原本为异性恋的女性在做完手术后就会变成同性恋的男性。Chivers 和 Bailey（2000）比较了被男性吸引的一群变性男（极为少见）和被女性吸引的一群变性男（通常的模式）在手术之前和手术之后的区别。他们发现，两组人在他们性别认同（作为男性）的强度上没有区别，尽管后一组在性方面更自信，而且对于用手术来建构一根人工阴茎更感兴趣。

Lawrence（2005）在手术前和手术后对 232 名变性女进行了研究，发现其中多数被试（54%）在手术前主要是异性恋（被女性吸引）。术后有些人只发生了轻微的变化，而有些人则出现了重大的转变。例如，仅有 25% 的被试在术后仍然被女性吸引，因此从技术上来说，这些人成为了同性恋者。而后一组人则构成了变性女中一个特殊的亚群体，即我们前面提过的<u>自我女向癖</u>。这一群体的性别焦虑症最初源自一种强烈且具体的性吸引，这种性吸引指向的是自己（自我）作为一个女性（女向）的性幻想。然后，这种幻想逐渐发展成更为全面彻底的将自己体验为女性的渴望。这一亚群体中的个体生理上同为男性，但在儿童期并不是女性化的男孩，只是在异装的时候会出现性唤起，并且会将自己幻想成女性。随着时间的推移，这些幻想发展为渴望<u>变成一名女性</u>（Bailey, 2003; Carroll, 2007）。这种区分具有一定争议，但是获得了研究结果的支持（Carroll, 2007）。整体来说，导致个体拒绝出生性别的性别焦虑症是相对罕见的。在出生性别为男性的群体中，估算出的患病率为每 10 万人中 1.5～5 人，而在出生性别为女性的群体中，则为每 10 万人中 2～3 人（American Psychiatric Association, 2013）；而且，在出生性别为男性的群体中的患病率约是女性的 3 倍（American Psychological Association, 2008; Sohn & Bosinski, 2007）。许多国家目前都要求完成一系列的法律步骤才能改变性别。在 20 世纪 90 年代的德国，每 10 万人中有 2.1～2.4 人至少采取了第一步，即改变自己的名字。在这个国家，性别焦虑症患者的男女比例为 2.3∶1（Weitze & Osburg, 1996）。自 2006 年起，在纽约市，人们可以选择在做完手术后改变自己在出生证明上登记的出生时性别。

在某些文化中，具有不同的性别体验的个体常常被作为"萨满"或"先知"等富有神秘智慧的角色来对待。萨满几乎总是成为女性的男性（Coleman, Colgan, & Cooren, 1992）。Stoller（1976）报告了两位当代的女性化的美国原住民男性。这些男性不仅被族人普遍接受，而且还因为他们在巫医仪式上的专长而备受敬仰。与此截然相反的是，在西方文化中，对这类人的社会接受度仍然相当低。不过这一点正在改变，因为如 Chaz Bono 这样的人会直截了当地公开谈论性别焦虑症。

Chaz Bono 是一位作家、音乐家、演员和社会活动家。她首先宣告自己是女同性恋者（左），之后选择做手术从女性变为男性（右）。

病 因

研究尚未能揭示性别焦虑症或改变了的性别体验背后是否存在特定的生物学因素，不过，很有可能会发现某种生物素质。Coolidge、Thede 和 Young（2002）运用双胞胎样本进行估算，得出基因对性别焦虑症易感性的贡献比例约为 62%，其余 38% 的易感性源自非共享的（独特）环境事件。根据荷兰的双胞胎样本进行的一项研究发现，变性行为（表现出和出生性别相反的性别行为）的易感性中有 70% 是基因而非环境造成的；但是这种行为和性别认同并不等价，后者并没有得到测量（van Beijsterveldt, Hudziak, & Boomsma, 2006）。Gomez-Gil 等人（2010）发现，在一个性别焦虑症患者大样本（995 人）中，非双胞胎的兄弟姐妹中的性别焦虑症的患病率要略高于概率水平。而另一方面，Segal（2006）发现了两对同卵女性双胞胎，均是其中一人有性别焦虑症，而另一人没有；而且，未能发现有任何不寻常的医学因素或生活历史因素能够解释这一差别。无论如何，基因的影响无疑是存在的。

早期的研究曾提出，性别焦虑症可能像性取向一样，在某个关键的发展期中，高水平的睾酮（或雌性激素）可能让一个女性胎儿变得男性化（或让一个男性胎儿变得女性化）（Keefe，2002）。激素水平的改变可以是自然发生的，也可以是怀孕的母亲服用的药物所致。科学家曾经研究了一组年龄为5～12岁的患有先天肾上腺增生的女孩。先天肾上腺增生导致这些染色体为女性的被试的脑中充斥着男性的激素（雄性激素），其后果之一就是会发展出非常近似男性的外生殖器，尽管其内部的器官（卵巢等）仍然是女性的。研究涉及15名这样的女孩，她们在出生时被正确地认定为女孩，并且被作为女儿来抚养，Meyer-Bahlburg及其同事（2004）则考察了她们的发展状况。相较于没有先天肾上腺增生问题的男孩和女孩，这些被试有男性化的行为表现，但是在性别认同上没有差异。因此，科学家还不能确定出生前的激素影响和之后的性别认同之间是否存在联系。在某些性别焦虑症个体（男变女）身上，还观察到了控制男性性激素的脑结构方面的差异（Zhou，Hofman，Gooren，& Swaab，1993）；这些被试的大脑相对而言更为女性化。但是，仍然不清楚这样的差异到底是原因还是结果。

即使不是全部，但至少有一些研究证据表明，性别认同是在18个月到3岁之间形成的（Enrhardt & Meyer-Bahlburg，1981；Money & Enrhardt，1972），而且从此就比较固定了。但后续的研究显示，在此之前很可能已经存在一些生物学因素能够对此造成影响。最早是由Green和Money（1969）报告了这样一个体现出这种现象的案例，描述了在布鲁斯/布兰达身上发生的一系列事件。但也有其他儿童的个案研究表明，那些在出生时被重新指派了性别的个体能够成功地适应（Gearhart，1989），但是显然，在布鲁斯的案例中，生物因素展现出了它的力量。

布鲁斯/布兰达　性别与生物因素

一对男性同卵双胞胎出生在一个适应良好的家庭中。几个月后，不幸的事故发生了。一个男孩接受了例行实施的包皮环切术，而在给第二个男孩实施手术的时候，医生的手抖了一下，设备的电流将男孩的阴茎烧没了。在努力克服了对医生的敌意之后，双胞胎的父母咨询了解决双性儿童问题的专家。专家指出，最简便的办法是将受伤的布鲁斯重新指派为女孩。父母同意了。因此，在几个月大的时候，布鲁斯就变成了"布兰达"。父母购置了新的衣橱，并且尽可能地将这个孩子作为一个女孩来对待。专家们跟踪这对双胞胎度过了他们的儿童期，而在快要进入青春期时，这个小女孩接受了激素替代疗法。6年后，医生们没有能够再跟踪这个案例，但是他们推测这个孩子适应得不错。然而，布兰达内心的痛苦已经达到了不堪承受的地步。我们之所以知道这个案例，是因为两名临床科学家后来找到了这个孩子，并且报告了一项长期的随访结果（Diamond & Sigmundson，1997）。布兰达从来都没有适应她被指派的性别。在作为一名儿童的时候，她喜欢粗暴的游戏，而且会抗拒穿女孩的衣服。在公共厕所中，她常常坚持要站着小便，而这往往会把事情搞得一团糟。到了青春期早期，布兰达很肯定自己是一名男孩，但是她的医生继续督促她表现得更女性化一些。14岁的时候，她和自己的父母对峙，告诉他们，她感到极度痛苦，想要自杀。于是，他们不得不将真相告诉了她，而她头脑中的迷雾从此变得清晰起来。不久之后，布兰达就另做手术将自己重新变为了布鲁斯。他结了婚，并收养了三名子女。但是早年生活的痛苦一直未能彻底解决。或许是因为这一点，或许是因为他的双胞胎兄弟去世了，而且他正处于失业状态和离婚程序当中，又或许是因为这些因素共同的作用，David Reimer（他的真名）于2004年自杀身亡，享年38岁。

刚出生几个月就被重新指派性别并长期作为女孩来抚养之后，David Reimer 在他十几岁时重新找回了他作为男性的性别认同，并且开始以一个男人的身份生活。在他于 2004 年去世之前，他一直都公开反对重新指派婴儿的性别。

Richard Green 是这一领域中的开拓者之一。他研究了那些表现出男性化行为的女性和表现出女性化行为的男性，考察了是什么造成了他们的这些表现，以及他们后续的发展如何（Green，1987）。这样的行为和态度被称为**性别不一致**（gender nonconformity）现象（Skidmore, Linsenmeier, & Bailey, 2006）。Green 发现，当大多数的男孩自发表现出"女性化"的兴趣和行为时，一般的家庭都不会鼓励这样的行为，因而这些行为通常就会消失。不过，持续地表现出这类行为的男孩并不会得到劝阻，而且有时候还会得到鼓励。

其他的因素，例如过度关注和母亲这方做出的身体接触也可能发挥了某种作用，同样造成影响的还可能包括在早年社会化的过程中缺乏男性玩伴。这些只是 Green 所鉴别出的性别不一致的男孩所具有的一部分特征因素。请记住，尚未被发现的生物学因素也可能会影响到这种自发表现出跨性别的行为和兴趣的现象。例如，最近的一项研究发现，暴露在高水平的胎儿期睾酮之下可能和儿童期时男孩和女孩表现出更加男性化的游戏行为有关（Auyeng et al., 2009）。不过，在对这些男孩进行的追踪中，Green 发现他们很少发展出性别上的不协调。最有可能出现的结果是发展出同性恋的偏好，但即便是这一特定的性唤起模式也仅发生在大约 40% 的有性别不一致表现的男孩中。另有 32% 的被试表现出一定程度的**双性恋**（bisexuality）倾向，即同样受到同性和异性的吸引。从另一个角度来看，60% 的被试具有异性恋的属性。这些结果在后续针对男孩所做的前瞻性研究中得到了重复（Zucker, 2005）。具有性别不一致行为的女孩很少被研究，因为她们的行为在西方社会中所得到的关注要少得多。但是最近一项对 25 名女孩的前瞻性研究发现，从大约 9 岁时起，这些女孩的行为极端到足以被转介至性别焦虑症的专业诊所中接受治疗。大多数女孩都符合童年期性别焦虑症的诊断标准，或者至少接近诊断标准。在多年后的随访中，这些女孩（现在已是成年女性）的平均年龄为 25 岁，仅有 3 名仍符合性别焦虑症的诊断。另有 6 名报告有双性恋／同性恋的行为，还有 8 名有同性恋的性幻想，但是没有这方面的行为。剩余的 8 名则是异性恋（Drummond, Bradley, Peterson-Badali, & Zucker, 2008）。

这一研究发现，在性别不一致行为和之后的性发展之间仅存在一种十分松散的关系，而这一点并不是美国文化所独有的。例如，在位于太平洋岛国萨摩亚的一个具有同性恋性取向的男性群体法奥法尼人（Fa'afafine）中，也存在类似的早年的性别不一致行为和成年后的发展之间的松散关系（Bartlett & Vasey, 2006）。甚至在严格的穆斯林社会中，尽管任何性别不一致行为都是不被接受的，但性别不一致行为、性别焦虑症或者两种情况都会存在（Dogan & Dogan, 2006）。我们不得不保守地说，导致个体出现性别不一致体验的原因在某种程度上仍然是个谜。

治 疗

世界各地都有为性别焦虑症提供治疗的专科诊所，但是围绕着治疗的争议很大（Carroll, 2007）。对于要求彻底转变性别的成年人，美国精神病学会现已发布了一份治疗指南（Byne et al., 2012）。这一指南推荐的做法是，从侵入性最小的全面心理评估和教育开始，然后再实施部分可以逆转的程序，例如使用性腺激素来创造出个体想要的第二性征。最后一步程序是不可逆转的，即通过**变性手术／性别再造术**（sex reassignment surgery）来改变躯体的解剖结构，从而让个体的生理构造与其性别身份认同相匹配。

变性手术

为了符合在一家具备相应资质的医疗机构接受手术的条件，个体必须以自己渴望获得的性别的身份生活 1～2 年，以便他们确定自己是否真的想要改变性别。他们在心理上、经济上和社会生活上也必须是稳定的。对于变性女，会使用激素来让男性乳房增生并发展出其他第二性征，还会通过电解除毛术来去除面部的毛发。如果个体对于试验期间的情况表示满意，其生殖器就会被移除，并再造阴道。

对于变性男而言，一般都会通过手术来再造人工阴茎，所使用的是来自身体其他部位的皮肤和肌肉，例如大腿。乳房会通过手术去除。对于出生性别为女性的个体，生殖器部位的手术会更为困难和复杂。调查表明，在那些可以被追踪到的个体中，术后的适应成功率相当高（75%～100% 都表示总体上满意），变性男一般会比变性女适应得更好（Blanchard & Steiner, 1992; Bodlund & Kullgren, 1996; Byne et al., 2012; Carroll, 2007; Johansson, Sundbom, Hojerback, & Bodlund, 2010）。不过，许多人无法被追踪到。大约 1%～7% 接受了变性手术的个体在随访中表示自己在某种程度上感到后悔（Bancroft, 1989; Byne et al., 2012; Johansson et al., 2010; Lundstrom, Pauly, & Walinder, 1984）。不幸的是，手术是不可逆的。约 2% 的人在手术后尝试自杀，这一比例高于一般人群。其中的一个问题可能是不恰当的诊断和评估。例如，一项研究发现，在对 584 名主诉为性别焦虑症的病人的诊断上或是否达到可以安全实施变性手术的最小年龄的问题上，186 名荷兰精神科医生很少达成共识。决策似乎更多地建立在精神科医生的个人偏好上（Campo, Nijman, Merckelbach, & Evers, 2003）。这类评估是非常复杂的，因此应该确保在专门的性别诊所中进行。除了误诊之外，能够预测后悔的因素还包括酗酒和精神疾病的共病情形，以及糟糕的家庭支持（Byne et al., 2012）。尽管如此，对于许多因为感到自己生活在错误的身体里而备受煎熬的人而言，手术能让生活变得更有意义。近年来，术后满意率平均已达到 90%（Johansson et al., 2010）。

对儿童性别不一致现象的治疗

对儿童性别不一致现象的治疗更富争议。一方面，有些地区，特别是在美国传统上更开放的地区，例如旧金山和纽约，对于儿童和成年人中表现出的性别多样化现象接受度较高。有些学校允许（甚至鼓励）孩子们以性别不一致的方式来着装和行事，其背后的假设是这样能够让孩子更自由地"表达真我"（Brown, 2006）。另一方面，Skidmore 及其同事（2006）在一个社区样本中考察了男女同性恋者的性别不一致行为是否和心理困扰有关。测量性别不一致的方式是被试自我报告儿童期的性别不一致情况，以及对目前行为的评估。结果发现，性别不一致和心理困扰（抑郁、焦虑）有关，但只表现在男同性恋者身上，而没有表现在女同性恋者身上。

尽管仅有很少一部分男同性恋者报告其小时候有性别不一致的行为，但研究仍然指出，这些性别不一致的男孩中有很多人成年后已经不那么女性化了，这或许是因为来自家庭和同伴的持续压力所致。这说明，可能存在一定的干预方法来改变孩子身上的性别不一致行为，从而可以避免这些儿童在大多数学校环境中可能遭遇的排挤和斥责（Rekers, Kilgus, & Rosen, 1990）。

因此，我们的社会面临着两难处境。在世界大部分地方，性别不一致都会造成个体社会适应的困

Renee Richards 在她作为 Richard Raskin 这名男性时曾参加过网球比赛。20 世纪 70 年代末，做完变性手术的她再一次参赛。

难，引发在未来数十年里的严重心理困扰，而且，性别不一致现象大多并不会持续到青春期和成年期。明知如此，我们是否仍然应该鼓励孩子们表达性别不一致行为？还是说，允许性别不一致并且促进它的发展能够带来更好的心理适应？如果研究证明，个体在性别的连续谱系上准确找到自己的位置可以带来更积极的适应，那么就可能发生大规模的社会运动——就像20世纪70年代社会达成了同性恋并非障碍的共识之后，倡导同性恋权益的运动在近几十年来成功开展一样。因此，针对这一重要议题，迫切需要进行更多研究。

美国精神病学会发布的对于儿童青少年性别不一致行为的治疗指南，只是简单地列出了可供选择的途径（Byne et al., 2012）。第一种选择是和儿童及养育者一同工作来缓解性别焦虑症，减少跨性别的行为和认同。其背后的假设是这种行为本就难以持续下去，并且这样的干预能够避免个体承受社会拒绝的负面后果，还能尽量避免日后采取不可逆转的侵入性的手术程序。第二种做法则被称为"静观其变"（watchful waiting），即让性别表达自然发展。这个目标需要来自养育者和社区的大力支持，因为存在潜在的社会和人际风险，而且孩子会难以和同伴群体融合。而第三种做法是主动认可和鼓励跨越性别的认同。但是批评者指出，性别不一致现象通常都不会持久，而采取这一做法则会增加不一致行为持续的可能性。对于一个孩子而言，哪一种做法是最好的，尚缺乏坚实的科学信息。

对性别发育障碍（双性人）的治疗

正如前面已经指出的那样，手术和激素替代治疗已经成为了许多性别发育障碍患者的标准疗法。这些人生来就具有两种性别的生理特征，而治疗的目标是为了让他们的性解剖结构和他们被指派的性别尽量吻合。这些医疗手段通常在患者出生后不久就开始实施。但是，这些个体也可能会在成年之后发展出性别焦虑症。如果是这样的话，那么治疗也会遵循上文所描述过的类似程序，即从最不具有侵入性的手段开始（Byne et al., 2012）。当然，对任何形式的性别焦虑症的治疗都是有争议的，特别是在存在性别发育障碍的情况下。例如，Anne Fausto-Sterling曾经提出过一套替代方案。她认为，现实中存在五种性别：男性、女性、"双性"（真正的双性人，即出生就同时具有睾丸和卵巢的人）、"偏男性"（在解剖上更接近男性而非女性，但同时具有某些女性的生殖结构）以及"偏女性"（在解剖上更接近女性而非男性，但同时具有某些男性的生殖结构）（Fausto-Sterling, 2000a, 2000b）。基于能获得的最佳证据，她估算出每1000名新生儿中有17名（占比1.7%）可能患有某种形式的性别发育障碍。Fausto-Sterling（2000b）等研究者指出，这类患者常常对手术并不满意，就像布鲁斯那样。在有些病例中，当医生观察到新生儿模糊的性解剖特征之后，马上将其当作紧急状况来处理，并且往往会迅速实施手术。

Fausto-Sterling提出，越来越多的儿科内分泌专家、泌尿科医生和心理学家正在检验早期生殖器手术是否明智。这种手术会造成不可逆转的性别指派状态。健康领域的专业人士可能需要密切观察个体的性别发育障碍的精确本质，仅仅将手术作为最后的手段，而且也只在当他们非常肯定个体的具体情况足以确立特定的心理性别认同之后才实施手术。否则的话，旨在帮助个体适应他们特定的性解剖特点或他们逐渐发展出的性别体验的心理治疗或许更为恰当。

小测验 10.4

请回答以下问题。

1. 说出性态度和性行为方面的一些性别差异。_____
2. 什么样的性取向是正常的？_____
3. 查理总是觉得无法和男孩们相处。小时候他就总爱和女孩们玩，并且坚持让父母叫他"莎琳"。渐渐长大后，他声称自己是一个被束缚在男性躯体内的女性。查理患有何种障碍？_____
4. 查理患上这种障碍的原因可能是什么？_____
5. 查理可以接受何种治疗？_____

争议 DSM

是性欲倒错，还是性欲倒错障碍？

在 DSM-Ⅳ中，性欲倒错的诊断必须基于存在强烈而持久的性兴趣。这一点一般而言取决于个体身上是否存在对非人的物体的强烈性幻想、冲动或行为，本人或伴侣是否感到困扰或耻辱，或者是否涉及儿童和其他无意欲的个体。DSM-Ⅳ也要求，这些幻想、冲动或行为导致了临床上严重的困扰或损害。而 DSM-5 中的性欲倒错，指的是对除了基因表型上正常、生理上成熟且有意欲的人类伴侣之外的任何对象产生强烈而持久的性兴趣；并且，DSM-5 对性欲倒错与性欲倒错障碍之间做出了明确的区分。

性欲倒错障碍是一种要么导致个体遭受困扰或损害，要么对于他人造成伤害或有伤害他人风险的性欲倒错。因此，即使某人对儿童具有强烈而持久的性兴趣以及相应的性唤起模式，但如果这个人没有行动并且没有导致困扰或损害，它就不会被认定为一种障碍。尽管性欲倒错并不是常态，但是它和在身高上非常态的高或矮没有什么本质区别。DSM 做出这一改变是为了排除在没有心理障碍的一般人群中不时出现的"性欲倒错式"幻想，毕竟它出现的频率还是很高的（Ahlers et al., 2011）。例如，对于某类衣物有种无伤大雅的恋物癖，而且将它纳入了和一位也同意这么做的伴侣的性活动之中。在此种情形中，个体可能存在性欲倒错，但是并非患有性欲倒错障碍。然而，如果性欲倒错的重点在于想要和儿童发生性行为，或者想要对其他人造成严重的伤害，那又该如何评判呢？DSM-5 改变的支持者认为，如果这些性幻想并没有以任何方式实施的话，那么也就没有造成任何伤害，因而不算是一种障碍。但反对者则指出，长期存在这种强烈的性渴望的人很有可能搜寻、观看或下载相应的视频，而这么做就会产生危害。这个例子又一次涉及我们在第 1 章中曾经讨论过的"心理障碍如何界定"这一根本问题。

本章小结

何谓正常的性？

- 性行为的模式，无论是异性恋还是同性恋，就行为和风险而言在世界不同地方存在诸多差异。在接受调查的样本人群中，大约 20% 会和多名伙伴发生性关系，这使得他们暴露于性传播疾病（例如艾滋病）的高风险之下。最近的调查表明，美国的女性大学生中有 60% 之多会在不使用安全套的情况下进行高风险的性行为。
- 两类障碍和性功能有关——性功能障碍和性欲倒错障碍。性别焦虑症并不是一种性障碍，而是个体的先天（生理）性别与其体验到或认同的性别之间存在显著的不一致。

性功能障碍概述

- 性功能障碍包括了个体难以顺利圆满地行使性功能的各类障碍。
- 具体的性功能障碍包括性渴望障碍（男性的性欲低下障碍和女性的性兴趣/性唤起障碍），即个体对性活动的兴趣很低或不存在；性唤起障碍（男性的勃起障碍和女性的性兴趣/性唤起障碍），即个体获得或维持足够的阴茎勃起或阴道润滑出现了问题；性高潮障碍（男性的延迟射精或早泄和女性的性高潮障碍），即高潮来得太早或不出现。其中，最为常见的障碍是男性的早泄；而高潮受到抑制则多见于女性。

- 性疼痛障碍，具体来说即女性的生殖器—骨盆疼痛/插入障碍。在此种障碍中，性交意味着阴道痉挛或难以忍受的疼痛。阴道痉挛是指在尝试性交时阴道前1/3处的骨盆肌肉会出现不自主的痉挛。

对性行为进行评估

- 评估的三个成分包括：访谈、彻底的医学检查以及心理生理评估。

性功能障碍的病因和治疗

- 性功能障碍的发展和社会中广泛传播的有关性的负面态度、个体目前的关系问题以及对性活动的焦虑有关。
- 针对性功能障碍的心理社会治疗总体上是成功的，但未能普及。近年来，各种医学手段问世，包括万艾可等药物。医学治疗多集中在勃起障碍上。对于尝试过它们的病人来说，约有1/3获得了满意的效果。

性欲倒错障碍：临床描述

- 性欲倒错指的是对不恰当的人（例如儿童）或物体（例如鞋子）产生性渴望。当这种异常的性渴望导致个体遭受显著的困扰或损害，或对他人造成伤害或有可能伤害到他人时，它便成为一种性欲倒错障碍。
- 性欲倒错障碍主要包括：恋物癖，即性唤起几乎仅在有不恰当的物体或个体在场的情境下才会发生；暴露癖，即通过将自己的生殖器官暴露在不知情的陌生人面前来获得性满足；窥阴癖，即通过观看不知情的人脱衣服或裸体来获得性唤起；异装癖，即个体通过穿着异性的衣物来获得性唤起；性施虐障碍，即性唤起是和向他人施加疼痛和羞辱联系在一起的；性受虐障碍，即性唤起是和体验到疼痛或羞辱联系在一起的；恋童癖，即对于儿童感受到强烈的性渴望。乱伦也是一种性欲倒错，即受害者和个体有亲缘关系（常常是其儿子或女儿）。
- 性欲倒错障碍的发展与四个因素有关：在对有意欲的成年人产生性唤起方面存在缺陷，在与双方都同意的成年人进行社交的技能方面存在缺陷，青春期之前或之中的性幻想偏离常态，本人努力压制和异常性唤起模式有关的想法。

性欲倒错障碍的评估和治疗

- 在被囚禁的个体当中，针对这类障碍的心理社会治疗在最好的情况下也仅具有中等程度的疗效；而在问题相对较轻的门诊病人中，治疗则更为成功。

性别焦虑症

- 性别焦虑症是指个体对自己的出生性别不满，并且感到自己实际上是异性（例如，一名困在男性躯体中的女性）。性别认同通常在18个月到3岁之间发展出来，而且在一致的性别认同和不一致的性别认同中都存在生物基础，同时受到学习的影响。
- 对于存在显著的性别不一致现象的成年个体的治疗包括整合了心理学方法的变性手术。

小测验答案

10.1
1. A　2. D　3. C　4. A

10.2
1. T　2. F　3. T　4. T　5. F　6. T

10.3
1. D　2. C　3. A　4. B　5. A　6. C

10.4
1. 自慰的男性比女性多，而且男性自慰的频率也比女性高；男性更容易发生随意性行为；女性更重视性活动中的亲密感,等等。

2. 同性性取向和异性性取向都是正常的。

3. 性别焦虑症

4. 发展过程中的激素异常;社会和父母养育带来的影响

5. 变性手术/性别再造术;通过心理社会治疗以适应想要的性别

探索性障碍和性别焦虑症

- 除非性行为和以下三种对功能造成损害的状况有关——性别焦虑症、性功能障碍和性欲倒错障碍——否则在DSM-5中就会认为性行为是正常的。
- 性取向可能具有生物学基础，而环境和社会因素也会对其造成影响。

性别焦虑症

表现为个体觉得自己被困在一个性别"错误"的身体中，这样的生理性别不符合其内心的认同；相对罕见。（性别认同和性唤起模式是相互独立的。）

成因

生物影响
- 尚未证实，可能涉及胎儿期的激素异常；激素的变异可能是自然发生的，也可能是由药物引起的

心理影响
- 性别认同在18个月至3岁间发展出来；女孩的"男性化"行为和男孩的"女性化"行为会在不同的家庭中引发不同的反应

治疗

- 变性手术：去除乳房或阴茎，生殖器再造
  —需要严格的心理准备和经济及社会稳定性
- 改变性别认同的心理社会干预
  —通常不会成功，除非是作为手术前的暂时缓解措施

性欲倒错障碍

性唤起几乎仅在有不恰当的物体或人存在的情况下才能产生。

类型

- 恋物癖：在性方面被无生命的物体所吸引
- 窥阴癖：通过观看不知情的个体脱衣服或裸体而获得性唤起
- 暴露癖：通过将自己的生殖器官暴露在不知情的陌生人面前来获得性满足
- 异装癖：通过穿着异性的衣物（异装）来获得性唤起
- 性施虐障碍：性唤起和对他人施加痛苦或羞辱有关
- 性受虐癖障碍：性唤起和体验到痛苦及羞辱有关
- 恋童癖：对儿童怀有强烈的性渴望
- 乱伦：对家庭成员产生性唤起

病因

- 预先存在缺陷的方面
  —对有意欲的成年人产生性唤起
  —和有意欲的成年人进行社会交往的技能
- 在儿童期所接受的成年人的对待方式
- 通过自慰而不断得到强化的早年性幻想
- 极为强烈的性驱力加上无法控制的思维过程

治疗

- 内隐致敏法：不断在头脑中想象糟糕的后果从而和异常的性唤起建立负面联系
- 预防复发：为应对未来的情境做治疗性质的准备
- 高潮重建：将适当的刺激和自慰绑定在一起，从而创造出积极的性唤起模式
- 医学治疗：服用降低睾酮水平以压抑性渴望的药物；停药后，性幻想和唤起会重新恢复

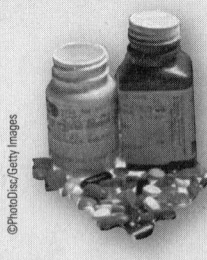

性功能障碍

性功能障碍可以是
- 终身型：在整个性历史中都存在
- 获得型：干扰了原有的正常性模式
- 泛化型：每次性活动中都发生
- 情境型：仅在和某个伴侣在一起时或在某些情境下发生

人类性反应周期

性功能障碍是个体的功能在某一性反应阶段中出现了损害。

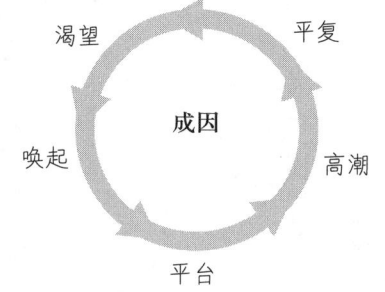

性功能障碍的类型

性渴望障碍
- 男性性欲低下障碍：明显缺乏对于性活动或性幻想的兴趣。

性唤起障碍
- 勃起障碍：反复出现没有能力获得或维持足够勃起的情况。
- 女性性兴趣/性唤起障碍：反复出现没有能力获得或维持足够润滑的情况。

性高潮障碍
- 女性性高潮障碍：有足够的性渴望和唤起但无法达到高潮。
- 早泄：仅在很小的刺激下就在期望的时刻之前射精。

性疼痛障碍
- 生殖器—骨盆疼痛/插入障碍：存在和性交有关的显著的疼痛、焦虑和紧张，但并无任何医学上的原因；阴道痉挛（即阴道前部出现不自主的肌肉痉挛，妨碍或干扰性交）；仅出现在女性身上。

心理影响
- 分心
- 低估唤起水平
- 消极的思维过程

心理和生理的交互作用
- 多种因素的影响几乎总是并存的——特定的生物素质以及心理因素可能会导致特定的障碍

社会文化影响
- 性恐怖症，因为某些经历而将性线索知觉为有害的东西
- 负面体验，例如强奸
- 关系恶化

生物影响
- 脑或其他神经系统的问题
- 血管疾病
- 慢性疾病
- 药物
- 物质滥用，包括酒精

治 疗
- 心理社会：治疗项目旨在促进沟通、加强性教育和消除焦虑。伴侣双方都要全程参加。
- 医学：几乎所有的干预手段都聚焦在男性的勃起障碍上。医学治疗和性教育相结合的效果最佳。

物质相关、成瘾和冲动控制障碍

审视物质相关及成瘾障碍
    卷入水平
    诊　断
抑制剂
    酒精使用障碍
    镇静、安眠或抗焦虑类药物相关障碍
兴奋剂
    兴奋剂相关障碍
    烟草相关障碍
    咖啡因相关障碍
阿片剂
大麻相关障碍
致幻剂相关障碍
其他药物滥用
物质相关障碍的成因
    生物维度
    心理维度
    认知维度
    社会维度
    文化维度
    整合模型
物质相关障碍的治疗
    生物治疗
    心理社会治疗
    预　防
赌博障碍
冲动控制障碍
    间歇性爆发障碍
    盗窃癖
    纵火癖

第 11 章

学习目标

- 使用科学的推理方式来解释行为
- 使用创新思维和整合性的思维及问题解决
- 描述采用基于本专业领域的问题解决方式而产生的实际应用

- 能够鉴别出行为解释所具有的基本的生物、心理和社会成分（例如，推论、观察、操作化定义和解释）（APA SLO 1.1a）。
- 以操作定义的方式对于问题加以描述从而能够对它们进行实证研究（APA SLO 1.3a）。
- 正确地鉴别出行为和心理过程的前因和后果（APA SLO 5.3c）。
- 描述相关的心理学原理在日常生活中的应用实例（APA SLO 5.3a）。

* 本章内容涵盖美国心理学会（APA，2012）建议的学习目标，旨在为心理学专业本科生提供指导。目标及建议学习成果（SLO）由APA定义。

如果我们告诉你，有一组心理障碍每年会带来数百亿美元的损失，导致 50 万美国人死亡，并频频涉及街头犯罪、流浪乞讨、帮派暴力，你是否会感到惊讶？如果你进而了解到，我们大多数人在生活中的某些时刻都会以与这类心理障碍的患者相同的方式行事，你是否会更加惊讶？不必惊讶，吸烟、喝酒、使用违禁药物都与这些障碍有关，这些行为每年都造成了巨额的财政支出，还要搭上几十万美国人的性命。在本章中，我们将探讨**物质相关及成瘾障碍**（substance-related and addictive disorders）。这些障碍与滥用药物和其他物质有关；使用这些物质会改变人的想法、感受和行为。另外，本章还将讨论DSM-5 中新增加的赌博障碍。几个世纪以来，这些障碍持续影响着人类的生活、工作和娱乐。

同样使人们的生活遭受破坏的是**冲动控制障碍**（impulse-control disorders）。这种障碍包含一系列相关问题，与不能抵制驱力或诱惑有关。这类障碍的患者包括了那些无法克制攻击、偷窃或纵火冲动的人。围绕着物质相关、成瘾以及冲动控制障碍一直存在很多争议，因为社会舆论倾向于认为，出现这些问题仅仅是因为个体缺乏"意志力"——如果你想要停止饮酒、服用可卡因或停止赌博，那么你停止就是了。下面，我们将首先考察那些因使用各种化学物质（物质相关障碍）或因成瘾行为（赌博障碍）而受到损害的个体，然后再讨论冲动控制障碍类别下一系列令人费解的问题。

审视物质相关及成瘾障碍

毒品对生命和金钱的耗费及其所引发的情绪紊乱已成为全世界共同关注的一个重要问题。据估计，目前人口中大约有 9% 使用违禁药物（Substance Abuse and Mental Health Services Administration，2012）。美国多任总统都曾就"毒品战争"发表过声明，但情势依然严峻。然而，从 1970 年摇滚巨星吉米·亨德里克斯（Jimi Hendrix）、珍妮丝·贾普林（Janis Joplin），到当代巨星惠特尼·休斯顿（Whitney Houston），毒品给很多人带来了负面影响，甚至导致死亡。类似的故事不仅发生在社会名流身上，同样发生在社会的每个角落里。

像我们刚刚看到的那样，有相当多的人在持续使用非法药物（即毒品），或滥用处方药物。下文中丹尼的情况，便是由**多重物质使用**（polysubstance use）这一日常习惯所致。

丹尼　多重依赖

43 岁那年，丹尼因为酒驾肇事导致一名女性死亡而被捕，等待法院审判。他的人生故事体现了很多受到物质相关障碍影响的个体毕生的行为模式特征。

丹尼在美国某城郊长大，是三个孩子中最小的。他曾经很喜欢学校，成绩也还过得去。和他的许多朋友一样，丹尼在十岁出头时开始吸烟，在高中时放学后和朋友一起偷喝啤酒。然而，和他大多数朋友不同的是，丹尼几乎每次都要喝到醉。他还尝试了很多别的药物，包括可卡因、海洛因、"速度"（安非他明）和"沮丧"（巴比妥）。

高中毕业后，丹尼进入了一所社区大学读了一个学期，并在大部分课程不及格后辍学了。他的糟糕成绩不是因为学习和理解能力不足，而是因为旷课太多。丹尼很难在深夜聚会后的第二天早晨按时爬起来去上课，而这种情形越来越频繁。他情绪多变，经常不开心。丹尼的家人知道他偶尔会喝太多，但是他们不知道（或者是不愿意知道）丹尼还有毒品问题。自从母亲在他放袜子的抽屉里发现了一小包白色粉末（可能是可卡因）之后，多年来丹尼再也没有允许其他人进入他的房间。至于那包粉末，丹尼说是替朋友保管的，并且会马上还回去。他还因为家人怀疑他吸毒而暴怒。家里有时会丢钱，还有一次整套立体声音响都不见了。但即使丹尼的家人怀疑他，他们也从来没当面提过。

丹尼做过一些薪水很低的工作。每当他有工作时，家人都认为他已经重新走上正轨，一切都会变好。但不幸的是，丹尼的每份工作都只能维持几个月，因为旷工和表现不佳经常被炒鱿鱼，而且挣来的大部分钱都变成了毒品。由于丹尼一直住在家里，因此即使失业也不影响他的日常生活。在他二十多岁时，曾经做过一次自我暴露：他宣布自己需要帮助，要去戒酒康复中心。丹尼否认自己吸毒。家人都很高兴，并全力支持他，没有人质疑过他拿走几百美元的要求。丹尼消失了几周，大家都以为他是去参加了某个康复项目。然而，地方警察局打来的电话击碎了家人的憧憬：他们在一座废弃的大楼里发现了烂醉如泥的丹尼。像很多类似的病例一样，我们很难了解到其中的全部细节，但可以知道的是，丹尼将家人给他的钱全部用来买了毒品，和朋友享用了三周。丹尼的欺骗和在经济上的不负责任严重影响了他和家人的关系。他被允许继续住在家里，但是家人已经将他排除在他们的情感生活之外。后来，丹尼似乎有所好转，他在一个加油站工作了2年，和加油站老板父子成了好朋友，休假时会一起外出打猎。但是，在没有任何预兆的情况下，丹尼又开始酗酒、吸毒，并因为抢劫被逮捕，导致好几个月不能工作。

尽管丹尼最终被判处缓刑并须接受戒毒治疗，但他糟糕的生活依然照旧。几年后，丹尼再次在服用了多种药物之后驾驶汽车，与另一辆车相撞，并导致28岁的车主死亡。

为什么丹尼会产生药物依赖，而他的朋友和兄弟并没有这样？为什么他从家人和朋友那里偷钱？他最终会变成什么样子？我们之后会回到丹尼这令人失望的故事，探讨物质相关障碍的成因和治疗。

卷入水平

尽管本章中所列出的每种药物都有其独特的反应，但它们的使用方式相似，而对于滥用这些药物的人进行治疗的方法也是类似的。首先，我们将介绍物质相关障碍中经常用到的一些概念，并对重要的术语和诊断依据进行说明。

你能否使用药物而非滥用它们？你能否在滥用药物时不对其成瘾？为了回答这些重要的问题，我们首先要分清物质使用（substance use）、物质中毒（substance intoxication）、物质滥用（substance abuse）和物质依赖（substance dependence）这几个概念。在精神医学领域，物质（substance）这个术语通常指的是摄入后能够改变心境或行为的化学成分。**精神活性物质**（psychoactive substances）会改变心境或行为，或同时改变两者。尽管你首先可能会想到毒品，比如可卡因和海洛因，但这一概念还包括了许多人们司空见惯的合法药物，比如酒精、烟草中的尼古丁、咖啡里的咖啡因、软饮料和巧克力。你将看到，那些所谓的安全药品同样会改变心境或行为，它们同样会导致成瘾，甚至带来比违法药品还要更多的健康问题和更高的死亡率。学完本章，你将可以围绕烟草（尼古丁）的成瘾特性及其给健康带来的负面后果进行一场充满力量的演说。

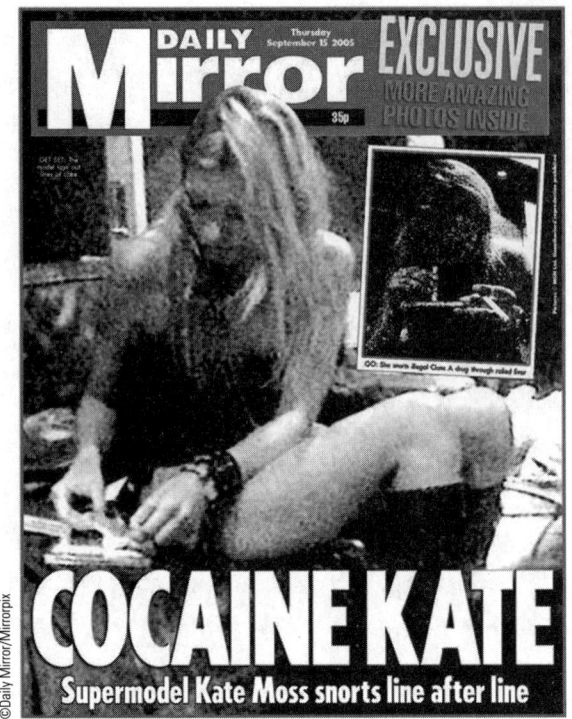

2005年，当红模特凯特·摩斯被拍到吸食可卡因。人们越来越担心，名人吸食毒品，会造成毒品没有不良后果的假象。

物质使用

物质使用（substance use）是指适量摄取精神活性物质，而没有影响到个体的社会、教育、职业等功能。本书的大多数读者可能偶尔也在使用精神活性物质。早上起床后喝杯咖啡或抽根烟，晚上和朋友一起喝杯酒放松，这些都是普通人生活中物质使用的实例。还有一些例子是使用非法毒品，比如大麻、可卡因、安非他明或巴比妥等。

物质中毒

我们摄入物质后的生理反应（如喝醉了或喝多了）叫作**物质中毒**（substance intoxication）。一个人是否会中毒取决于他摄取什么药物、摄取量是多少以及他个人的生理反应。对于本章讨论的很多物质而言，中毒意味着个体的判断力受损、心境改变、控制能力降低（比如走路或说话出现问题）。

物质滥用

通过摄入量来界定**物质滥用**（substance abuse）是不恰当的。例如，一小时内喝两杯葡萄酒算不算滥用？那三杯呢？六杯呢？注射一管海洛因就不算物质滥用吗？在 DSM-5 中，诊断物质滥用的关键是这种行为在多大程度上干扰了使用者的生活。如果当事人对物质的使用扰乱了其学业、工作或人际关系，或是令其生理上处于危险之中，那么他或她就会被诊断为有物质滥用问题。有证据显示，药物使用可以预测你未来的工作收入。在某项研究中，研究人员在控制了教育水平、兴趣及其他问题行为等变量后，发现反复大量使用药物（包括一种或多种以下物质：安非他明、巴比妥、高纯度可卡因、可卡因、苯环己哌啶、麦角酸二乙基酰胺、其他致幻剂、脱氧麻黄碱晶体、吸入剂、海洛因或其他麻醉药），能够预测出大学毕业后的低收入状况（Arria et al., 2013）。

丹尼似乎符合滥用的定义。他无法完成社区大学的学业就是药物使用的结果。丹尼经常在酒后或服用其他药物之后驾车，并且被拘捕了两次。丹尼的多重物质使用问题已经如此深入且持久，可以诊断为药物依赖，这是此类障碍的一种严重形式。

药物依赖经常被描述为"瘾"。虽然我们平时谈到某人似乎被药物控制时常常用到"上瘾"这种说法，但它与**成瘾**（addiction）或**物质依赖**（substance dependence）的真正定义有所不同（G. Edwards, 2012）。根据定义，个体在生理上依赖一种或多种药物，意味着其需要不断增加剂量才能达到相同的效果，即出现**耐受性**（tolerance），并且，当其不再摄入该物质时，身体出现负面反应，即**戒断反应**（withdrawal）（Higgins, Sigmon, & Heil, in press）。耐受性和戒断反应都是对所摄入的化学物质的生理

物质使用。

物质中毒。

反应。你身边有多少人一天不喝咖啡或茶会感到头疼？如果存在这种情况，个体就很可能正在经历咖啡因的戒断反应。一个更常见的例子是，戒酒可能引发<u>酒精戒断谵妄</u>（alcohol withdrawal delirium）。在这个过程中，个体会出现可怕的幻觉和身体的战栗（具体情况我们稍后再描述）。很多物质的戒断都会带来寒冷、发烧、腹泻、恶心呕吐以及疼痛等症状。然而，并非所有物质都会导致生理上的成瘾。例如，当你停止摄入麦角酸二乙基酰胺（简称LSD）后，不会经历明显的身体戒断症状。可卡因的戒断反应包括焦虑、动机缺乏和无意义感（Leamon, Wright & Myrick, 2008），而大麻的戒断症状包括神经过敏、食欲变化和睡眠紊乱（Ethlers et al., 2010）。当我们讨论到滥用和依赖的成因时，还会回到药物对身体的作用方式这一议题上。

另外，我们还可以利用<u>觅药行为</u>（drug-seeking behaviors）来测量患者的物质依赖程度。反复使用某种物质，不顾一切地想要摄入更多物质（为了买毒品而盗窃抢劫、宁愿站在寒冷的室外也要吸烟），以及在一段时间的戒除后又复发，这些表现都能帮助我们确定患者对物质的依赖程度。由于药物的不同，上述行为反应也会有所不同；其中包括前面描述的对药物的生理反应，有时也包括心理依赖。在DSM的以往版本中，物质滥用和物质依赖是两类彼此独立的诊断。DSM-5中将二者合并为物质相关障碍，是基于研究证据表明二者往往共存（Dawson, Goldstein, & Grant, 2012；O'Brien, 2011）。取而代之的是，物质相关障碍现在通过严重程度来进行细分，包括轻度（符合11个标准中的2个或3个）、中度（符合4个或5个标准）和重度（符合6个以上标准）三种水平（American Psychiatric Association, 2013）。

让我们回到最初的问题：你能做到使用药物而不滥用它们吗？你能做到滥用药物而不成瘾或依赖吗？第一个问题的答案：能。有不少人经常喝酒但从不过量。而且，与大众的看法不同的是，有些人偶尔（比如一年几次）使用毒品（比如海洛因、可卡因或高纯度可卡因），但并未滥用它们（Ray 2012）。麻烦的是，<u>我们无法预知谁有可能失去控制进而滥用药物</u>，因为确有一些人哪怕<u>只使用一次物质就产生了依赖</u>。

也许看上去与直觉相反，但是依赖不等同于滥用。比如，医生可能使用吗啡来为晚期癌症患者减轻疼痛，这可能导致患者依赖吗啡——产生了耐受性，并且在停止使用时会经历戒断反应——但是这种情形并非滥用（Portenoy & Mathur, 2009）。在本章的后文中，我们将讨论与物质相关障碍的病因有关的生物和心理社会理论，以及我们对这些物质的反应为何会存在个体差异。

物质滥用。

诊 断

在DSM早期版本中，酗酒和药物滥用并没有作为不同的诊断。相反，它们都被归在"社会病态人格障碍"下，即我们将在第12章讨论的反社会人格障碍的前身。因为物质使用当时被看作其他问题的症状之一，它被认为是道德观念薄弱的表现，而遗传或生物方面的影响则不被承认。1980年，DSM-Ⅲ开始将其独立出来成为一个类别，称之为物质滥用障碍。从那时开始，人们才逐渐认识到这一问题背后复杂的生物和心理因素。

在DSM-5中，物质相关障碍包括11个症状，范围从相对轻微（物质使用导致个体难以完成自己的主要角色义务）到较为严重（例如，物质使用导致个体放弃或减少职业和娱乐活动）。DSM-5去除了原有的"存在物质相关法律问题"的症状，增加了表现出使用物质的强烈愿望和需求的症状（Dawson et al., 2012）。这些改动有助于澄清问题的本质，开发出有针对性的治疗。据此，丹尼被诊断为患有重度的可卡因使用障碍，因为他表现出了对这种毒品的耐受性，摄入的剂量比他计划中的更大，尝试停止使用也均告失败，再加上他不顾一切地去购买毒品。他的使用模式比简单的滥用更具有弥散性，这一诊断清晰地显示出他需要专业帮助。

其他障碍的存在会使物质滥用问题更加复杂。例如，个体是因为抑郁而过量服用药物，还是因药物使用及其后果（比如失去朋友、工作）患上了抑郁？研究者估计，在成瘾治疗中心里有超过3/4的病人都患有其他精神障碍。其中，患有心境障碍（主要是抑郁）的病人超过40%，患有焦虑和创伤后应激障碍的病人超过25%（Dawson et al., 2012; Mcgovern, Xie, Segal, Siembab, & Drake, 2006）。

物质使用与其他障碍同时存在可能有多种原因。物质相关障碍与焦虑和心境障碍在当今社会非常普遍，可能仅是因为它们都经常发生因而同时出现的概率较大。药物中毒和戒断可能会导致焦虑、抑郁和精神病性的症状。精神分裂症与反社会人格障碍等非常可能包含继发的物质使用问题。

由于物质相关障碍如此复杂，DSM-5努力明确哪些症状是物质使用的结果，哪些不是。一般来说，如果个体在药物中毒期间或戒断后的6周内出现精神分裂症或严重焦虑状态的症状，通常不认为这是单独的精神障碍。所以，如果某人在停止服用大剂量的兴奋剂后出现严重的抑郁症状，将不被诊断为心境障碍。然而，如果某人在服用兴奋剂前就存在严重抑郁，且在停止服用后这些症状持续6周以上，那么就可以视为此人同时患有另一种障碍（Leamon et al., 2008）。

现在，我们来看看每种物质对神经系统和身体的影响，以及它们在社会中的使用情况。我们将这些物质分为六大类：

- **抑制剂**（depressants）：这类物质会导致行为镇静、放松程度加深。主要包括酒精（乙醇）、镇静剂、巴比妥类安眠药和苯二氮䓬类药物。
- **兴奋剂**（stimulants）：这些物质会导致人们变得更加活跃、敏感并能提升心境。主要包括安非他明、可卡因、尼古丁和咖啡因。
- **阿片剂**（opioids）：这类物质的主要作用是让使用者暂时丧失痛觉（减轻疼痛）和感到欣快。主要包括海洛因、鸦片、可待因和吗啡。
- **致幻剂**（hallucinogens）：这类物质会扭曲感知觉，带来错觉、妄想和幻觉。主要包括大麻和麦角酸二乙基酰胺。
- **其他滥用药物**：其他会被滥用但不符合上述分类的物质，包括吸入剂（如航模粘合胶）、促蛋白合成类固醇以及其他非处方药和处方药（如一氧化二氮）。这些物质会产生不同于前面分类中物质的精神效应。
- **赌博障碍**（gambling disorder）：与前文中所描述的物质摄入一样，赌博障碍患者无法控制赌博的欲望，从而导致了负面的结果（如离婚、失业）。

抑制剂

抑制剂的作用主要是降低中枢神经系统活性。它们可以降低生理唤醒水平，有助于放松。这类物质包括酒精以及各种具有镇静、安眠和抗焦虑效果的药物，比如我们在第8章中介绍的那些有关失眠的药物。这类物质是最容易让使用者产生生理依赖、耐受性和戒断症状的物质。我们首先来看看其中使用率最高的物质——**酒精**（alcohol），及其所致的**酒精使用障碍**（alcohol use disorders）。

酒精使用障碍

丹尼的物质滥用始于他和朋友一起偷喝啤酒，这是很多美国青少年都经历过的一种仪式。在整个人类历史中，酒精都占有一席之地。例如，在伊朗西部和苏联的格鲁吉亚地区，科学家从大约7000多年前苏美尔人贸易站的陶罐中发现了一些证据，表明这些陶罐曾用来装白酒和啤酒（McGovern, 2007）。数百年来，欧洲人喝掉了大量啤酒、红酒和烈性酒。17世纪早期，他们来到北美，也带来了对酒精的强烈渴望。19世纪初期的美国，15岁以上公民每年的饮酒（主要是威士忌）量超过7加仑（约合26.5升），是当今美国人均酒精使用量的3倍还要多（Goodwin & Gabrielli, 1997; Rorabaugh, 1991）。

特定的酵母与糖和水反应后发酵生成酒精。历史上，人类曾使用不少水果和蔬菜来酿酒，部分原因就是这些食材中含有糖。酒精饮品多种多样，包括蜂蜜酿造的蜜酒、大米酿造的清酒、棕榈汁液酿造的棕榈酒、龙舌兰和仙人掌汁液酿造的梅斯卡尔酒和普逵酒、枫糖浆和南美热带水果酿造的烈酒、葡萄酿造的红酒和谷物酿造的啤酒等（Lazare, 1989）。

临床描述

酒精的初始效果是明显的刺激，尽管它属于抑制剂。人们饮酒后，一开始通常会感觉良好、减少拘束，变得更加外向、活泼，这是因为大脑中抑制中枢的活动受到了压抑。然而，继续饮用的话，酒精就会抑制大脑的更多区域，阻碍人们恰当地执行功能。运动协调能力被削弱（踉踉跄跄、口齿不清），反应时延长，甚至视觉和听觉也受到了负面影响——所有这些都解释了酒后驾驶为何极度危险。

作用

酒精对身体的诸多器官都产生作用（见图11.1）。酒精被摄入后，首先通过食道进入胃部，在这里被少量吸收。其余大部分酒精到达小肠后被吸收，进入血液循环系统。酒精通过循环系统接触到

酒精使用障碍的诊断标准

A. 酒精使用的模式导致了临床上显著的损害或痛苦；在最近12个月内满足下列症状中至少2项：
1. 比预期中摄入更多的酒精或饮酒时间更长。
2. 在戒酒或控制酒精使用期间，对酒精感到持续的渴望，或未能成功。
3. 在获取酒精、饮酒、从醉酒状态中恢复等行为上花费大量时间。
4. 对饮酒存在强烈渴望或迫切需求。
5. 反复出现饮酒导致不能履行工作、学业或家庭主要职责的情况。
6. 尽管饮酒引起持续的或反复发生的社交或人际关系问题，或使这些问题加重，但仍继续饮用。
7. 由于饮酒而放弃或减少了重要的社交、职业或娱乐活动。
8. 反复出现饮酒可能危害身体的情况。
9. 尽管已经意识到酒精对身体和心理造成持续的或反复出现的问题，或使这些问题加重，但仍继续饮用。
10. 出现耐受性，符合下列一项或两项症状：
    a. 要达到醉酒或渴望的效果，需要饮用的酒精剂量明显增加。
    b. 持续摄入相同剂量的酒精，但效果明显减弱。
11. 出现戒断反应，符合下列中的任一项症状：
    a. 典型的酒精戒断综合征（参考酒精戒断标准A和B）。
    b. 饮酒（或使用相近的物质，如苯二氮䓬）以减轻或避免戒断症状。

注明：
轻度：符合2、3个症状
中度：符合4、5个症状
重度：符合6个或以上症状

From American Psychiatric Association. (2013). *Diagnostic and statistical manual of mental disorders* (5th ed.). Washington, DC.

身体里每一个主要器官，包括心脏。一部分酒精到达肺部，被蒸发和排出。这一现象是**酒精浓度呼吸测试**（breathalyzer test）的基础，用于检测醉酒的程度。酒精到达肝脏后，在酶的帮助下被新陈代谢为二氧化碳和水（Maher，1997）。图 11.2 显示了饮用 1～4 份酒①后新陈代谢需要多长时间，虚线则显示了驾驶能力什么时候开始受损（National Institute on Alcohol Abuse and Alcoholism，1997）。

我们在本章中涉及的大多数物质，包括大麻、鸦片和镇静剂，都会与脑细胞的特定受体相互作用。然而，酒精的影响更为复杂。酒精能够影响多个神经受体系统，这使得有关酒精的研究变得很困难（Ray，2012）。比如，我们在第 2 章和第 5 章讨论过的 **γ-氨基丁酸**（gamma-aminobutyric acid，GABA）系统似乎就对酒精特别敏感。如果你能回忆起前面的内容，就会记得 γ-氨基丁酸是一种抑制性神经递质。它的主要作用是干扰它所依附的神经元激活。当 γ-氨基丁酸到达受体后，氯离子会进入神经元，从而降低它对其他神经递质影响的敏感性。而酒精似乎加强了氯离子的移动，其结果就是神经元难以激活。换句话说，尽管酒精看似放松了我们的舌头，让我们变得更乐于交际，但实际上却使神经元之间的联系变得阻碍重重（Strain，2009）。由于 γ-氨基丁酸系统与我们感到焦虑有关，因此酒精的抗焦虑特征背后可能正是其与 γ-氨基丁酸系统的相互作用。

谷氨酸系统（glutamate system）在酒精的影响下起到何种作用也正在研究中。与 γ-氨基丁酸相反，谷氨酸是兴奋性的，它有助于神经元的激活。研究者怀疑它可能参与了学习和记忆过程，而这可能是酒精影响认知能力的途径。在醉酒过程中发生的意识中断、记忆丧失，可能是酒精和谷氨酸系统相互作用的结果。5-羟色胺系统同样也显示出了它对酒精的敏感性。这一神经递质系统影响心境、睡眠和进食行为，研究者认为它也能对饮酒的渴望产生作用（Strain，2009）。由于酒精作用于这么多的神经递质系统，所以它会对饮酒者产生如此广泛和复杂的影响。

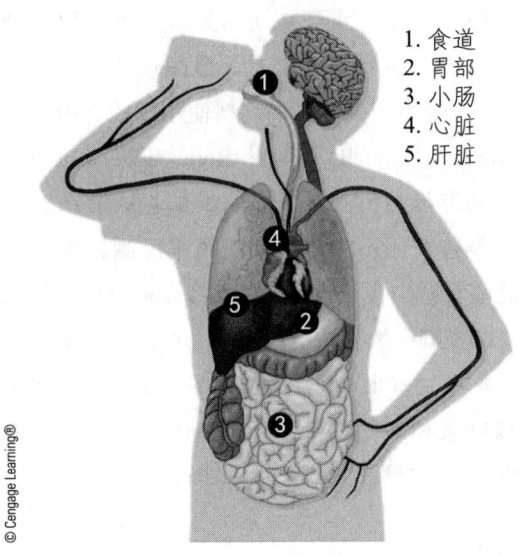

图 11.1 酒精在体内的运行通道

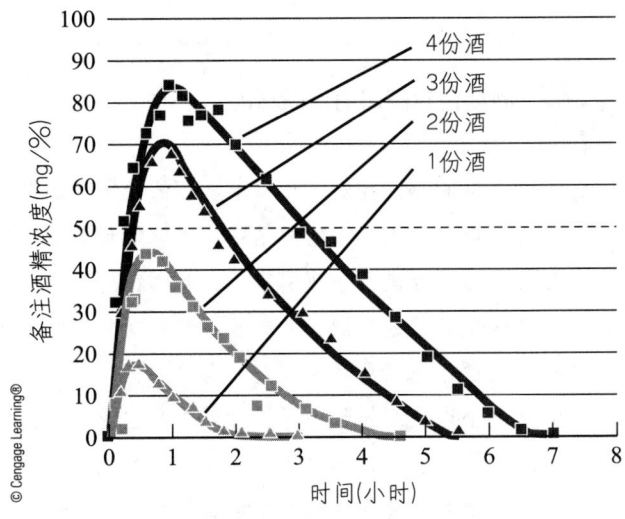

图 11.2 8 名成年男性被试在空腹时快速喝下不同量的酒后，血液中的酒精浓度变化。100mg% 是美国大多数州的法定醉酒水平，50mg% 是驾驶能力开始下降的水平。
From National Institute on Alcohol Abuse and Alcoholism. (1997). *Alcohol Alert: Alcohol-Metabolism*. No. 35, PH 371. Bethesda, MD: Author.

长期酗酒通常会带来很严重的后果。长期饮酒的戒断症状通常包括手颤、（在几小时内）恶心或呕吐、焦虑、短暂幻觉、烦躁、失眠，还有最严重的情况——**戒断性谵妄**（withdrawal delirium），也称**震颤性谵妄**（delirium tremens）。这种疾病会让人产生可怕的幻觉和身体震颤。其破坏性的体验可以通过适当的药物治疗来缓解（Schuckit，2009b）。

酒精是否会损害器官取决于个体的基因易感性、饮酒的频率、大量饮酒的时长、饮酒时血液中的酒精浓度以及身体是否在两次豪饮之间得到了恢复。长期过度饮酒的负面结果还包括肝脏疾病、胰腺炎、

---

① 原文量词为 "drink"。在美国，1 drink 酒类约合 350 毫升酒精度为 5% 的啤酒，或 150 毫升酒精度为 12% 的葡萄酒，或 45 毫升酒精度为 40% 的烈酒。下同。

心血管障碍和脑损伤。

有一种民间说法认为，酒精会永久性地杀死脑细胞（神经元）。稍后你会看到，这种说法并不准确。有关脑损伤的一些证据来自于部分酒精依赖患者会经历暂时性的意识丧失、癫痫发作和幻觉，其记忆和执行特定任务的能力也会受损。更严重的是，长期酗酒可导致两类器质性的脑综合征：痴呆和韦尼克—柯萨可夫综合征。我们将在第 15 章详细讨论**痴呆**（dementia），它意味着智力能力的全面丧失，是过量酒精所具有的神经毒性直接导致的（Leamon et al., 2008）。**韦尼克—柯萨可夫综合征**（Wernicke-Korsakoff syndrome）则会造成混乱、丧失肌肉协调性以及语无伦次（Isenberg-Grzeda, Kutner, & Nicolson, 2012）。研究者认为，这种疾病是缺乏硫胺素（维生素 B1）所致。这种疾病造成的脑损伤以及随之而来的痴呆都是不可逆转的。不过，需要注意的是，<u>少量或适量的饮酒</u>（尤其是葡萄酒）可以在一定程度上延缓认知能力随着年龄增长而出现的衰退（Panza et al., 2012）。

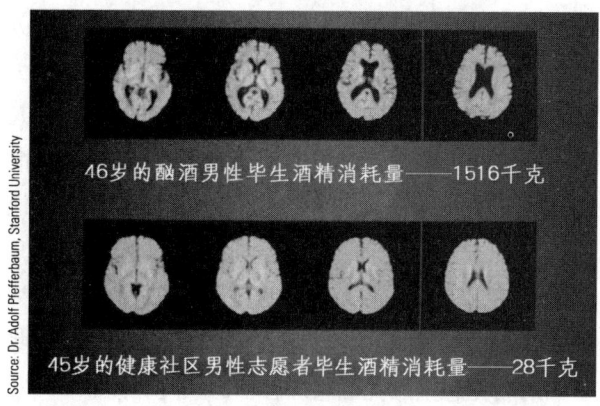

脑成像图片中的黑色区域即酗酒导致的脑组织损失部位。

酒精滥用不仅仅影响着饮酒者本人的健康和安全。**胎儿酒精综合征**（fetal alcohol syndrome）通常发生在那些母亲在怀孕期间饮酒的孩子身上。目前，研究者公认这一疾病是众多问题的组合，包括胎儿发育迟滞、认知缺陷、行为问题和学习困难等（Douzgou et al., 2012）。另外，患有胎儿酒精综合征的儿童往往表现出特定的面部特征。

帮助人类代谢酒精的酶叫作**乙醇脱氢酶**（alcohol dehydrogenase，简称 ADH）（Schuckit, 2009b）。这

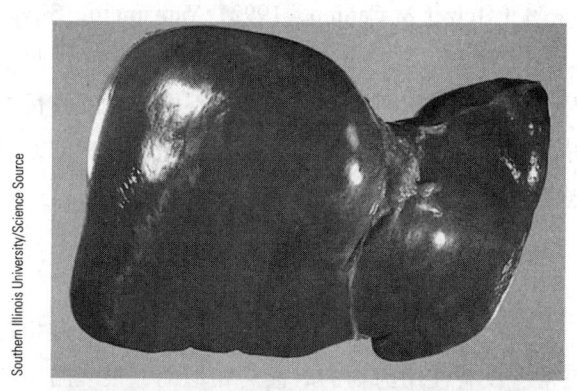
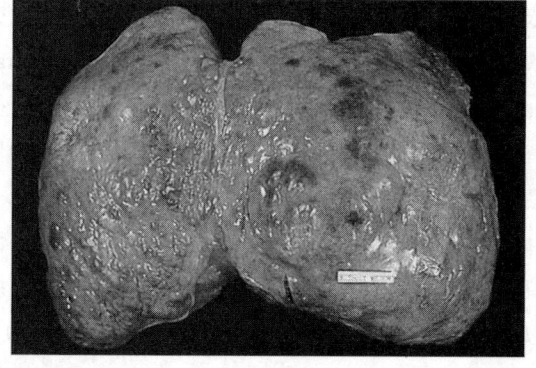

健康的肝脏（上图）与常年滥用酒精后产生大量斑痕的硬化的肝脏（下图）。

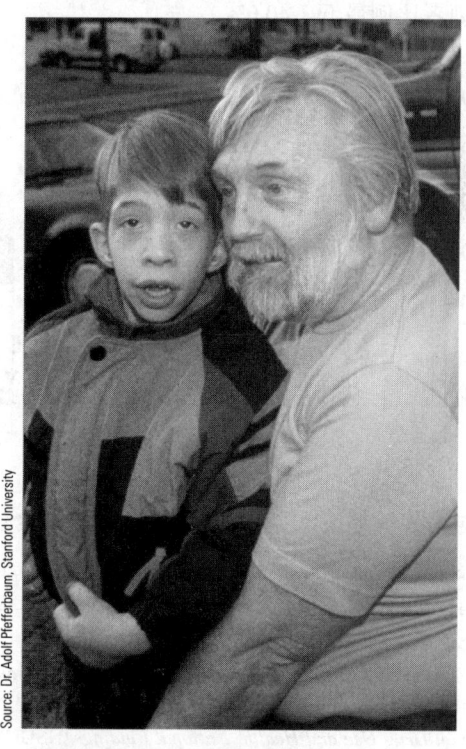

胎儿酒精综合征患儿的面部特征包括眼角皮肤的褶皱、鼻梁低、鼻子短、鼻与上唇间有纹路、头小、眼小、脸中部较窄、上唇薄等。

种酶有三种不同的形式（beta-1、beta-2 和 beta-3）。最新研究显示，在罹患胎儿酒精综合征的儿童身上，beta-3 ADH 最为普遍；它也最常存在于非裔美国人身上。这两个研究发现表明，除了母亲的饮酒习惯之外，儿童患上胎儿酒精综合征的概率还取决于他们是否具有产生这种酶的遗传倾向。某些种族的儿童可能比其他种族的儿童对胎儿酒精综合征<u>更易感</u>。如果该研究被成功复制，我们就有望能鉴别出哪些孕妇的胎儿患上胎儿酒精综合征的风险更高。

使用和滥用情况的统计数据

由于酒精消费在美国是合法的，所以相对于本章所讨论的大多数其他精神活性物质（尼古丁和咖啡因除外），我们对酒精的了解更多。尽管美国有着热爱饮酒的历史，但大多数美国成年人表示自己很少喝酒，甚至滴酒不沾。另一方面，现在 12 岁以上的美国人中约有一半饮酒，但不同种族之间存在显著差异（见图 11.3）（Substance Abuse and Mental Health Services Administration, 2012）。白人中的饮酒者比例最高（56.8%），亚裔中的饮酒者比例最低（40.0%）。

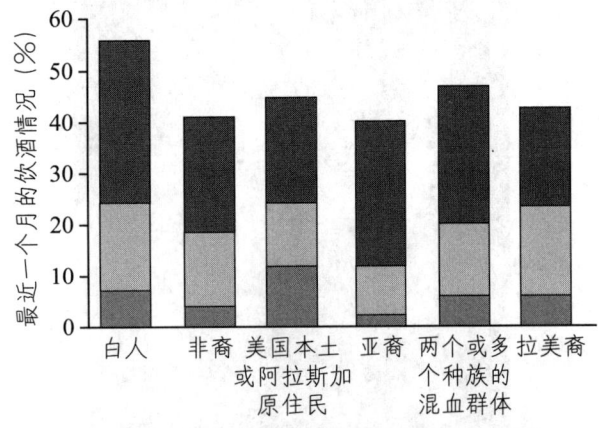

图 11.3 美国各种族群体的酒精使用情况。豪饮的标准是每月至少有一次，一次性喝 5 份或更多，而重度饮酒的标准是每月豪饮 5 天或以上。
From Substance Abuse and Mental Health Services Administration, Office of Applied Studies. (2012). *Results from the 2011 National Survey on Drug Use and Health: National Findings,* NSDUH Series H-44, DHHS Publication No. (SMA) 12-4713. Rockville, MD: Author.

大约有 5800 万美国人（22.6%）报告在过去一个月里有过<u>豪饮</u>（一次喝 5 份或更多），这是个令人警惕的统计数字（Substance Abuse and Mental Health Services Administration, 2012）。同样，在这一调查中也体现了种族差异。亚裔豪饮的比例最低（11.6%），原住民（印第安人）则最高（24.3%）。在一项针对大学生的大型调查中，42% 的被试报告自己在最近两周内有过一次豪饮（Presley & Meilman, 1992），其中男生报告在最近两周内多次豪饮的比例高于女生。这个调查还显示，平均绩点是 A 的学生每周饮酒不超过 3 份，而平均绩点只有 D 或 F 的学生平均每周饮酒 11 份（Presley & Meilman, 1992）。总体而言，这<u>些</u>数据足以表明饮酒在美国社会中的流行性和普遍性（Donath et al., 2012）。

我们都知道，不是每个饮酒者都会变得依赖或滥用酒精；但研究结果告诉我们，美国已有超过 300 万成年人成为了酒精依赖者（Substance Abuse and Mental Health Services Administration, 2012）。

在世界上其他国家和地区，酒精滥用和依赖的患病率各不相同。酒精依赖在秘鲁的比例是 35%，在韩国约为 22%；而在台北则是 3.5%，在上海仅有 0.45%（Helzer & Canino, 1992; Yamamoto, Silva, Sasao, Wang, & Nguyen, 1993）。上述差异可归因于不同文化对饮酒的不同态度、不同地区的酒精可得性、不同人群的生理反应以及不同社会中的家庭规范和模式。

发 展

还记得丹尼在酗酒和吸毒期间，也曾有过相对正常、没有使用药物的时候。相似的，很多滥用或依赖酒精的人也会在酗酒、没有不良影响的社交性饮酒以及戒酒（完全不饮酒）之间<u>波动</u>（McCrady, in press）。约有 20% 的重度酒精依赖者能够自行<u>缓解</u>（依靠自己成功地停止喝酒），而不会再次经历饮酒问题。

过去人们一直认为，饮酒问题一旦出现，情况只会变得越来越糟糕；只要这个人继续喝酒，就可以预见到他每况愈下（Sobell & Sobell, 1993）。换句话说，如果对饮酒问题置之不理的话，就像疾病得不到恰当的治疗一样，酗酒的情况只会变得更加严重。50 多年前，这个观点由 Jellinek 首次提出，给人们看待和治疗这种障碍的方式造成了深远的影响（Jellinek, 1946, 1952, 1960）。不幸的是，

Jellinek 的酒精发展模型基于的是很著名但存在缺陷的研究（Jellinek，1946）。下面我们简要回顾一下。

1945 年，新型的自助组织匿名戒酒会（Alcoholics Anonymous）向其会员发出了 1600 多份调查问卷，要求他们详细描述自己与饮酒有关的症状，比如内疚或懊悔的感觉，以及对饮酒行为的合理化等，并注明这些反应在什么时候第一次出现。然而，1600 多份调查问卷只收回了 98 份。众所周知，如此有限的反馈会严重影响数据的效力。98 人的小样本与总体之间可能存在很大的差异，十分缺乏代表性。另外，由于这些反馈是回溯性的（被试要回忆过去的事件），因此被试的报告很可能无法准确反映事实。然而，尽管存在这样或那样的问题，Jellinek 还是决定分析这些数据，并在此基础上总结出酗酒的四阶段发展模型（Jellinek，1952）。根据该模型，个体将依次经历**前酗酒阶段**（prealcoholic stage，偶尔喝酒但没有造成严重后果）、**前症状阶段**（prodromal stage，大量饮酒但没有外显的问题）、**关键阶段**（crucial stage，失去控制、偶尔豪饮）以及**慢性阶段**（chronic stage，每天的主要活动就是获取酒精和喝酒）。后继研究者尝试证实这些发展阶段，但都不曾获得成功（Schuckit, Smith, Anthenelli, & Irwin, 1993）。

如果说对于大多数人来说，酒精依赖可能是逐渐发展的，那么酒精滥用的情况则更为多样。例如，早年饮酒可以预测以后的滥用。一项针对 6000 名终生饮酒者的研究发现，早年饮酒——11 到 14 岁之间——可以预测日后出现酒精相关障碍（DeWitt, Adlaf, Offord, & Ogborne, 2000）。另一项研究追踪了戒酒康复中心 636 名男性住院病人（Schuckit et al., 1993）。在这些长期依赖酒精的男性中，确实出现了一种具有普遍性的酒精相关生活问题的发展模式，但与 Jellinek 所提出的模型有所不同。有 3/4 的被试报告在他们二十多岁时出现了中度的饮酒后果，比如在工作上遭遇降职。到他们三十多岁时，出现了更多问题，例如经常性的意识中断和酒精戒断反应。在 35～45 岁，饮酒带来的长期严重后果开始在他们身上显现，包括幻觉、因戒断而抽搐、肝炎或胰腺炎。这项研究提示了我们长期酒精滥用和依赖的共同模式，即这两种情形的后果总是日益严重。这个发展模式并不一定适用于滥用酒精的每个患者，但我们现在还没法区分出哪些人符合、哪些人不符合（Krenek & Maisto，in press）。

有研究探讨了早期酒精使用差异的内在机制。结果显示，个体对酒精的镇静效果的反应会影响日后的酒精使用。换句话说，那些在饮酒后没有出现口齿不清、步履凌乱和其他镇静效应的个体以后更有可能会滥用酒精（Chung & Martin, 2009; Schuckit, 2000）。特别需要注意的是，现在出现了将酒精与含高浓度咖啡因的能量饮料混合使用的新趋势（Reissig, Strain, & Griffiths, 2009）。这种饮品组合可以减轻酒精的镇静效应，因此更有可能导致日后的滥用。

最后，统计数据还显示，酒精和暴力行为联系密切（Bye，2007）。大量研究发现，很多杀人、强奸、攻击等犯罪行为都是在醉酒状态下发生的（Rossow & Bye, 2012）。但是，我们希望你对此类相关关系保持清醒。醉酒和暴力的重叠并不意味着醉酒是暴力的必要条件。实验室研究显示，酒精并不会让被试更富攻击性（Bushman, 1993）。一个人在实验室外是否有攻击行为，取决于一系列相关因素，比如酒精的饮用量和时间、此人的暴力历史、对饮酒的预期以及此人醉酒后经历了什么。酒精并不会导致攻击，但它有可能会增加个体的冲动行为，并削弱个体实施冲动行为时考虑后果的能力（Bye, 2007）。在适当的条件下，这种理性思考的减弱会提升个体采取攻击行为的风险。

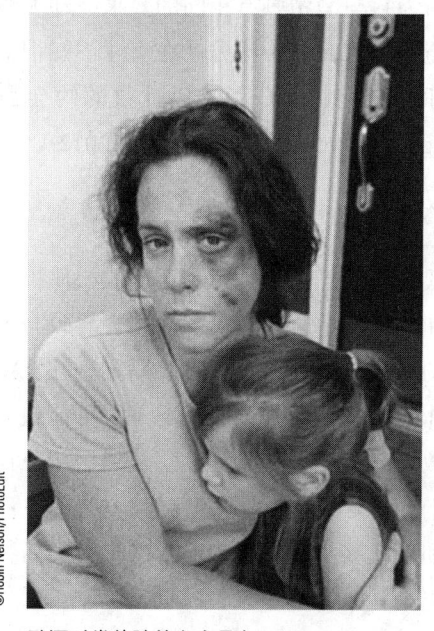

醉酒时常伴随着家庭暴力。

镇静、安眠或抗焦虑类药物相关障碍

抑制剂中还包括镇静（镇定）、安眠（帮助入睡）和抗焦虑（降低焦虑）类药物（Bond & Lader，2012），其中主要分为巴比妥类和苯二氮䓬类。**巴比妥类**（barbiturates）药物（包括阿米妥、西可巴比妥和戊巴比妥钠）是1882年在德国人工合成的第一代镇静剂（Cozanitis，2004）。作为帮助睡眠、可以取代酒精和鸦片的处方药，在二十世纪三四十年代曾被内科医师们广泛推荐；那时人们尚未充分认识到其成瘾性。很快，到了二十世纪五十年代，它们就成为了美国成年人最常滥用的药物（Franklin & Frances，1999）。

苯二氮䓬类（benzodiazepines）药物（目前包括地西泮、阿普唑仑、劳拉西泮）从二十世纪六十年代起开始应用，主要用于缓解焦虑。这些药物最初是作为治疗焦虑的"神药"来推销的，因为我们都生活在压力极高的科技社会中。尽管到了二十世纪八十年代，美国食品与药品管理局规定，它们不适合用来缓解源于日常应激的紧张和焦虑，但美国每年仍然开出了约7400万张苯二氮䓬类药物处方（Ciraulo & Sarid-Segal，2009）。总体而言，苯二氮䓬类药物比巴比妥类药物安全得多，出现滥用和依赖的风险也低一些。然而，关于氟硝西泮的报告显示出这些苯二氮䓬类药物可能带来多大的危险。二十世纪九十年代，氟硝西泮曾在美国青少年中盛行，因为它与酒精具有相同的效果，却无酒精那种难以掩盖的气味。一些男性在女性不知情的情况下让其服用该药，促成了难以计数的约会强奸事件（Albright，Stevens，& Beussman，2012）。

临床描述

低剂量的巴比妥类药物可以放松肌肉，产生一种温和的良好感觉。较大剂量则会导致与重度饮酒相似的后果：口齿不清、脚步蹒跚、注意涣散、难于工作。在剂量非常高的情况下，可能造成横隔膜肌肉放松从而导致窒息死亡。过量服用巴比妥类药物是十分常见的自杀方式。

和巴比妥类药物相似，苯二氮䓬类药物的主要作用也是让人平静下来，有助于睡眠。另外，这类药物也被用作肌肉弛缓和抗惊厥的处方（Bond & Lader，2012）。出于非治疗目的而使用这类药物的人报告说，最初是非常愉快的感觉，拘谨减少，类似于饮酒的效果。然而，如果继续使用的话，就会产生耐受和依赖。尝试停用的使用者出现的症状类似于酒精戒断（焦虑、失眠、震颤及谵妄）。

DSM-5中的镇静、安眠、抗焦虑类药物相关障碍的标准与酒精障碍并无太大不同，都包括行为变化（比如不恰当的性行为或攻击行为）、心境变化、判断力受损、社交和职业功能受损、口齿不清、运动协调问题以及步态不稳。

镇静、安眠、抗焦虑类药物通过γ-氨基丁酸神经递质系统影响大脑（Bond & Lader，2012），这与酒精的影响机制略有不同。也就是说，当人们在饮酒的同时服用这类药物，会发生协同效应。如果你服用了苯二氮䓬类药物或巴比妥类药物之后，或是两种药物的组合之后再喝酒，后果将非常严重。关于1962年著名女演员玛丽莲·梦露之死的一种推测就是，她在服用了大量的巴比妥类药物后饮酒，不小心害死了自己。2008年，著名演员希斯·莱杰（Heath Ledger）的死亡则是同时服用羟考酮和多种巴比妥类与苯二氮䓬类药物所致。

统计数据

20世纪60年代以来，巴比妥类药物的使用率有所下降，而苯二氮䓬类药物的使用率在上升（Substance Abuse and Mental Health Services Administration，2012）。在那些因物质相关问题寻求治疗的人中，只有不到1%是关于苯二氮䓬类药物滥用的问题。与其他种类的药物滥用相比，因此类药物滥用而寻求帮助的人大多为35岁以上的白人女性。

小测验 11.1

请为以下案例选择恰当的类别：

A. 使用　　B. 中毒　　C. 滥用　　D. 依赖

1. 5周前，吉娅刚刚开始了一份新工作，这是她今年的第三份工作。但是，她马上就要被解雇了。这5周以来，吉娅每周至少有一次旷工。工作日她借口生病，却被老板发现在酒吧喝酒，遭到训斥。在以往的工作中，她由于不能正常工作且满嘴酒气而被解雇。每次需要面对

镇静、安眠或抗焦虑类药物相关障碍的诊断标准

A. 镇静、安眠或抗焦虑类药物的使用模式导致了临床上显著的损害或痛苦;在最近12个月内满足下列症状中至少2项:

1. 比预期中摄入更多或更长时间使用镇静、安眠或抗焦虑类药物。
2. 在戒除或控制使用期间对这些药物有持续的渴望,或未能成功。
3. 在获取或使用这些药物,或从药物影响中恢复等行为上花费了大量时间。
4. 对使用镇静、安眠或抗焦虑类药物存在强烈渴望或迫切需求。
5. 反复出现因使用镇静、安眠或抗焦虑类药物导致不能履行工作、学业或家庭中主要职责的情形(比如反复旷工,或反复出现与使用这些药物有关的不良工作表现;反复出现与这些药物有关的旷课、休学或被学校开除;忽视孩子或家务)。
6. 尽管使用镇静、安眠或抗焦虑类药物引起了持续的或反复发生的社交或人际关系问题,或使这些问题加重(比如因药物中毒的后果与配偶争吵或打架),但仍继续使用。
7. 由于使用镇静、安眠或抗焦虑类药物而放弃或减少了重要的社交、职业或娱乐活动。
8. 反复多次在有人身危险的情况下(比如在使用镇静、安眠或抗焦虑类药物后开车或操作机器)使用这些药物。
9. 尽管已经意识到镇静、安眠或抗焦虑类药物对身体和心理造成了持续的或反复出现的问题,或使这些问题加剧,但仍继续使用。
10. 出现耐受性,符合下列任一项症状:
    a. 要达到中毒的程度或渴望的效果,需要的药物剂量明显增加。
    b. 持续摄入相同剂量的镇静、安眠或抗焦虑类药物,但效果明显减弱。
    注意:该标准并不适用于个体在医师指导下服用镇静、安眠或抗焦虑类药物。
11. 出现戒断反应,符合下列中的任一项:
    a. 典型的镇静、安眠或抗焦虑类药物戒断综合征(参考镇静、安眠或抗焦虑类药物戒断标准A和B)。
    b. 使用镇静、安眠或抗焦虑类药物(或十分相似的物质,如酒精)以减轻或避免戒断症状。
    注意:该标准并不适用于个体在医师指导下服用镇静、安眠或抗焦虑类药物。

注明:
轻度:符合2、3个症状
中度:符合4、5个症状
重度:符合6个或以上症状

From American Psychiatric Association. (2013). *Diagnostic and statistical manual of mental disorders* (5th ed.). Washington, DC.

自身问题时,吉娅都会跑到最近的酒吧喝到酩酊大醉,试图忘记这些烦恼。_____

2. 布伦南赢得了高中足球赛的奖杯,和同学们一起外出庆祝。他不吸烟,但并不介意偶尔喝酒。由于布伦南这场踢得很好,他打算多喝几杯。尽管他在比赛中表现优异,但还是很容易被激怒,前一分钟还在欢笑,立刻就变成了大吼大叫。布伦南喋喋不休地谈论他的比赛目标,变得让人十分费解。_____

3. 马蒂是名24岁的大学生,从15岁开始重度饮酒。他每天晚上都会喝掉中等剂量的酒,而不像他的同学们那样只在周末聚会时喝酒。高中时,他喝

4瓶啤酒就会醉,现在则需要8瓶。马蒂声称,饮酒可以减缓学习压力。他曾经试图戒酒,但感到寒冷、发热、腹泻、恶心以及疼痛。_____

4. 去年一整年,亨利养成了每天午饭后吸烟的习惯。他不再在休息室里与朋友闲聊,而是去院子里他最喜欢的那个角落独自吸烟。如果由于某种原因他无法在午饭后吸烟,他不会感到不适,仍然一切如常。_____

将下列障碍与其影响相匹配:
A. 物质相关和成瘾障碍　　B. 痴呆
C. 冲动控制障碍　　　　　D. 酒精相关障碍
E. 韦尼克—柯萨可夫综合征

5. 使人不能抵制驱力或诱惑的障碍。_____
6. 由于药物的影响,妨碍视觉、运动控制、反应时间、记忆和听力等功能准确执行的障碍。_____
7. 因为过度饮酒等原因导致智力下降。_____
8. 影响人们思维、感觉和行为方式的一组障碍。_____

兴奋剂

在美国所有的精神类药物中,最常用的是兴奋剂。这类物质包括咖啡因(存在于咖啡、巧克力和许多软饮料中)、尼古丁(存在于烟草类产品,如香烟中)、安非他明和可卡因。与抑制剂不同的是,兴奋剂——顾名思义——可以让你变得更加警醒和精力充沛。人类有着使用这些物质的长久历史。比如,中药麻黄就含有安非他明成分,中医使用这种药物治疗头疼、哮喘或普通感冒,已经有5000多年的历史(Fushimi, Wang, Ebisui, Cai, & Mikage, 2008)。下面,我们将介绍几种兴奋剂及其在行为、心境和认知方面的作用。

兴奋剂相关障碍

安非他明

当使用低剂量的**安非他明**(amphetamines,即苯丙胺)时,人会产生喜悦和精力充沛的感觉,疲劳感降低,也就是说,你会感觉"振奋"。但一段时间后,你会变得低落和"崩溃",感到沮丧和疲劳。安非他明是在实验室里制造出来的,于1887年被首次合成,当时是用于治疗哮喘和鼻血管收缩的药(Carvalho et al., 2012)。由于安非他明还可以降低食欲,有些人也用它来减肥。阿道夫·希特勒,部分是出于身体疾病原因而对安非他明成瘾(Judge & Rusyniak, 2009)。有些长途货车司机、飞行员以及大学生在打算通宵达旦时,会使用安非他明来"提升"能量以保持清醒。安非他明也是睡眠障碍的处方药,主要针对睡眠过度(参见第8章)。这类药物中有一些(如利他林、阿得拉)还被用于治疗注意力缺陷/多动障碍(参见第14章)的患儿,尽管他们也可能滥用这些药物的兴奋剂效果。一项大型研究发现,美国近2/3的大学生在四年大学期间曾非法获取处方药(兴奋剂),而有31%的人会使用它们——通常是用于促进学习(Garnier-Dykstra, Caldeira, Vincent, O'Grady, & Arria, 2012)。

DSM-5中关于**安非他明使用障碍**(amphetamine use disorders)的中毒诊断标准包括明显的行为症状,比如欣快或情感迟钝(缺乏情绪表现)、社交倾向改变、人际敏感、焦虑、紧张、愤怒、行为刻板、判断力受损、社交或职业能力受损。另外,在摄入安非他明或相关物质期间或服用后很短时间内,人们会出现生理症状,包括心率和血压的变化、出汗或发抖、恶心呕吐、体重减轻、肌肉无力、呼吸压抑、胸痛、癫痫发作或昏迷。严重中毒或过量使用时会出现幻觉、恐慌、焦虑和偏执妄想(Carvalho et al., 2012)。安非他明会很快产生耐受性,因此危险倍增;戒断安非他明则通常会导致情感淡漠、睡眠时间延长、易激惹和抑郁。

有种叫亚甲二氧基甲基苯丙胺(简称MDMA)的安非他明类药物,于1912年在德国首次合成,曾一度被作为食欲遏抑剂使用(McCann & Ricaurte, 2009)。现在,人们俗称它"摇头丸"。为了娱乐而使用这种药物的情况自20世纪80年代以来急速上升。MDMA成为了继甲基苯丙胺之后美国俱乐部中最为流行的毒品,不断将吸食者送进急诊室,其频率超过了LSD(Substance Abuse and Mental Health Services Administration, 2009)。使用者对其作用

兴奋剂使用障碍的诊断标准

A. 安非他明类物质、可卡因或其他兴奋剂的使用模式导致了临床上显著的损害或痛苦;在最近12个月内满足下列症状中至少2项:

1. 比预期中摄入更多或更长时间使用兴奋剂。
2. 在戒除或控制使用期间对兴奋剂有持续的渴望,或未能成功。
3. 在获取或使用兴奋剂,或从兴奋剂影响中恢复等行为上花费了大量时间。
4. 对使用兴奋剂存在强烈渴望或迫切需求。
5. 反复使用兴奋剂导致不能履行工作、学业或家庭中的主要职责。
6. 尽管使用兴奋剂引起持续的或反复发生的社交或人际关系问题,或使这些问题加重,但仍继续使用。
7. 由于使用兴奋剂而放弃或减少重要的社交、职业或娱乐活动。
8. 反复多次在有人身危险的情况下使用兴奋剂。
9. 尽管已经意识到兴奋剂对身体和心理造成持续的或反复出现的问题,或使这些问题加重,但仍然持续使用。
10. 出现耐受性,符合下列任一项症状:
    a. 要达到中毒的程度或渴望的效果,需要的药物剂量明显增加。
    b. 持续摄入相同剂量兴奋剂,效果明显减弱。
    注意:该标准并不适用于个体在医师指导下服用兴奋剂的情况。
11. 出现戒断反应,符合下列中的任一项:
    a. 典型的兴奋剂戒断综合征(参考兴奋剂戒断标准A和B)。
    b. 使用兴奋剂(或相关物质)以减轻或避免戒断症状。
    注意:该标准并不适用于个体在医师指导下服用兴奋剂的情况。

注明:
轻度:符合2、3个症状
中度:符合4、5个症状
重度:符合6个或以上症状

From American Psychiatric Association. (2013). *Diagnostic and statistical manual of mental disorders* (5th ed.). Washington, DC.

的描述大同小异:摇头丸让他们"感到快乐""爱上每个人和每件事""音乐变得更动听""跳舞更有乐趣""脑海中不再担忧别人会怎么想"(Levy, O'Grady, Wish, & Arria, 2005, p. 1431)。安非他明的一种纯净结晶形式叫甲基苯丙胺(通常称作冰毒),通过吸食其烟雾摄入。这种毒品会导致暴力倾向,且在体内滞留时间长于可卡因,因此更具危险性。冰毒过去在同性恋俱乐部里较为流行,但目前已经扩散到普通大众(Maxwell & Brecht, 2011)。无论服用哪种安非他明,所带来的快乐都是很短暂的,而使用者对其产生依赖的风险极大,因此导致长期问题的概率也非常高。研究显示,长期使用MDMA会导致记忆问题(Wagner, Becker, Koester, Gouzoulis-Mayfrank, & Daumann, in press)。

安非他明通过增强去甲肾上腺素和多巴胺的活性而使中枢神经系统兴奋。具体来说,安非他明有助于神经细胞释放这些神经递质,并阻止它们的重吸收过程,从而导致整个系统中存在更多可用的神经递质(Carvalho et al., 2012)。过量的安非他明,以及由此产生的过量的去甲肾上腺素和多巴胺,会导致幻觉和妄想。我们将会在第13章中看到,这一机制被纳入了精神分裂症成因的理论模型,因为精神分裂症包含着幻觉和妄想的特征。

可卡因

药物的使用和误用随社会风气和法规约束等因素发生着变化。20世纪70年代，**可卡因**（cocaine）取代安非他明成为了兴奋剂的新选择（Jaffe, Rawson, & Ling, 2005）。可卡因是从南美地区一种叫作古柯（coca）的开花灌木叶子中提取出来的，因此也叫作古柯碱。青年时期的弗洛伊德在《论古柯树》（1885/1974, p. 60）一文中记录了古柯碱的非凡特性："我尝试了古柯的效用，它可以赶走饥饿、睡眠、疲劳，让我以几倍于自己的精力投入智力活动。"

几个世纪以来，拉丁美洲的居民通过咀嚼古柯叶来减缓饥饿和疲劳（Daamen, Penning, Brunt, & Verster, 2012）。19世纪后期，可卡因被引进美国，从此得到了广泛使用，直到20世纪20年代。1885年，帕克戴维斯公司（Parke, Davis & Co.）制造了15种古柯和可卡因产品，包括古柯叶卷烟和雪茄、吸入剂和晶体等。对于买不起这些产品的人，更廉价的消费方式就是1903年以前的可口可乐，其中含有小剂量可卡因（每升可口可乐中约含0.25克可卡因）（Daamen et al., 2012）。

临床描述

与安非他明相似，小剂量的可卡因可以增强警

几个世纪以来，拉丁美洲的居民通过咀嚼古柯叶来缓解饥饿和疲劳。

觉，产生欣快感，提升血压和脉搏，引发失眠，降低食欲。还记得丹尼在和朋友们通宵玩乐时会吸入（鼻吸）可卡因吗？他后来描述说，可卡因让他感觉自己充满力量和不可战胜——可卡因是让他感到自信的唯一途径。可卡因的功效持续时间很短，对于丹尼来说不到一个小时，所以他需要不停服用来保持效果。在这样大量吸食的过程中，丹尼经常会出现妄想，体验到夸大的恐惧，害怕被抓或有人来偷他的可卡因。这种偏执被称为**可卡因诱发偏执**（cocaine-induced paranoia），在患有**可卡因使用障碍**（cocaine use disorders）的人身上很常见，占比超过2/3（Daamen et al., 2012）。可卡因还会导致心跳加快且不规律，由此带来致命的后果；这主要取决于个体的身体条件和摄入量。

我们已经看到，酒精会损害发育中的胎儿。研究者认为，孕妇使用可卡因，特别是高纯度可卡因（一种晶体形式的可卡因，俗称霹雳可卡因），也会影响胎儿。接触了霹雳可卡因（crack cocaine）的婴儿生下来就比正常婴儿更易激惹，他们更容易长时间尖声哭泣。过去人们认为这些婴儿受到了永久性的脑损伤，但最近的研究显示后果也许不至于那么糟糕（Schiller & Allen, 2005）。但研究仍然表明，孕期使用过可卡因的母亲生下的孩子体重偏轻，头围偏小，日后出现行为问题的风险偏大（Richardson, Goldschmidt, & Willford, 2009）。由于这些孕妇在使用可卡因的同时几乎都使用了其他物质，包括酒精和尼古丁，所以使得评估可卡因对胎儿的负面影响变得十分困难。而且，这些儿童大多成长在混乱的家庭环境中，因此未来情况更加不容乐观。

统计数据

在世界范围内，约有5%的成年人报告说当前在生活中使用可卡因；在美国，每年有超过190万人报告自己正在使用可卡因（Substance Abuse and Mental Health Services Administration, 2009）。所有因使用可卡因而被送入急诊室的患者中，最多的是白人男性（29%），之后是黑人男性（23%）、白人女性（18%）和黑人女性（12%）（Substance Abuse and Mental Health Services Administration, 2002）。近17%的可卡因使用者还使用霹雳可卡因（Closser,

1992）。据估计，大约有 0.2% 的美国人尝试过霹雳可卡因，而前来求治的滥用者中，年轻的城市无业成人比例在上升（Substance Abuse and Mental Health Services Administration，2009）。

可卡因和安非他明都属于兴奋剂，因为它们对大脑具有相似的功效。那种"爽"的感觉主要来自可卡因对多巴胺系统的作用，图 11.4 显示出其作用机制。可卡因进入血液循环系统，随血液流至大脑。可卡因分子阻碍多巴胺的重吸收。如你所知，释放到突触中的神经递质刺激着后一个神经元，并与突触前神经元形成回路。而可卡因牢牢占据着多巴胺重新进入突触前神经元的位置，因此影响了重吸收；于是多巴胺只好一直留在突触里，反复刺激着后一个神经元。"快乐通道"（大脑中这一位点与愉快的体验有关）中的多巴胺能神经元受到刺激，与可卡因的使用密切关联。

20 世纪 80 年代末期，很多人认为可卡因是一种神奇的药物，能带来欣快的感觉，但不会导致成瘾（Weiss & Iannucci，2009）。像 1980 年出版的《精神医学综合教程》（Comprehensive Textbook of Psychiatry）这样保守的资料也指出，"如果每周使用可卡因不超过 2 到 3 次，就不会带来严重问题"

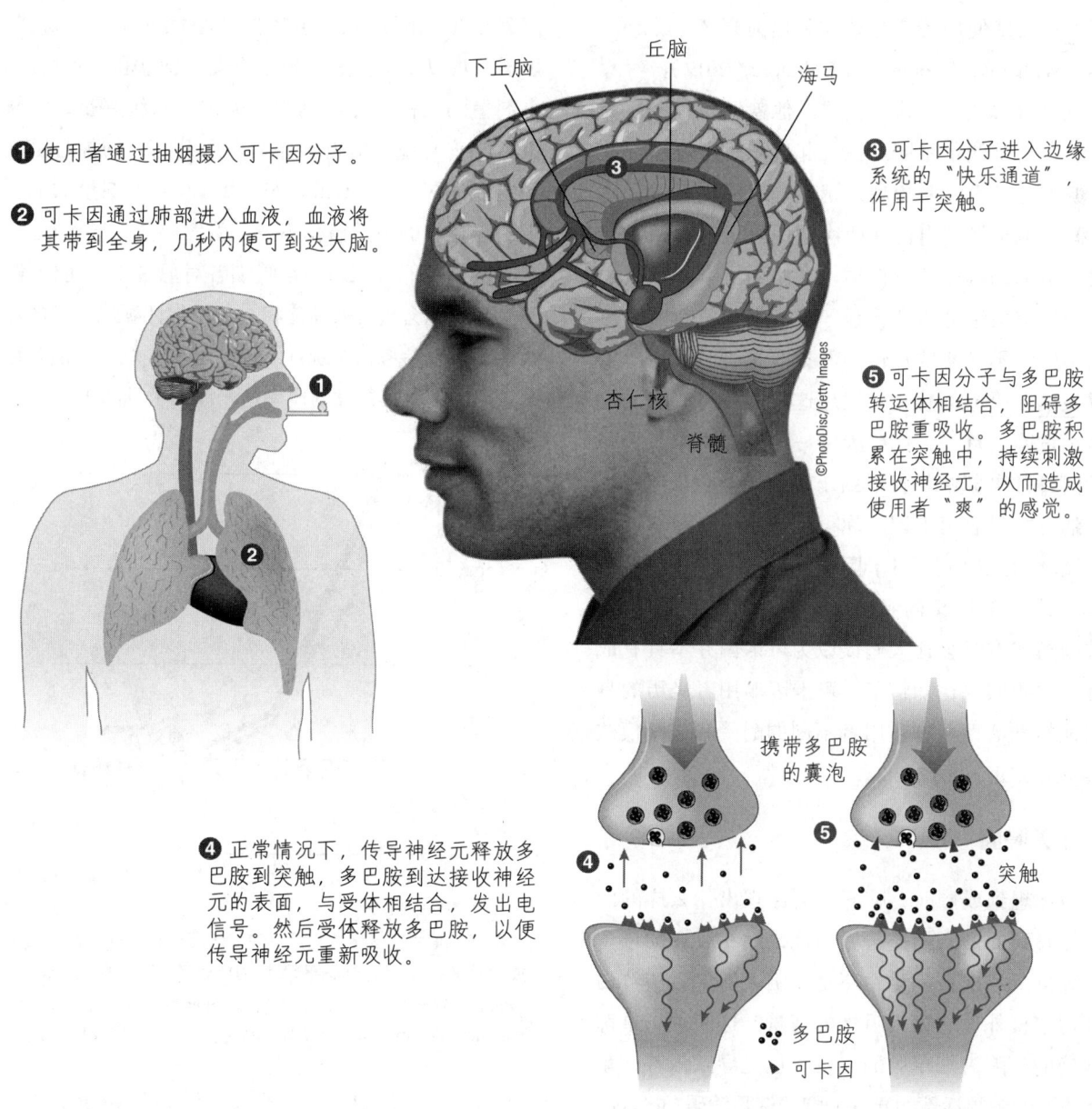

图 11.4 "爽"的解剖学。
Reprinted, with permission, from Booth, W. (1990). The anatomy of a high. *Washington Post National Weekly Edition*, March 26–April 1, p. 38, © 1990 The Washington Post.)

（Grinspoon & Bakalar, 1980）。想象一下，如果一种药物能给你带来额外的能量，帮助你清晰思考，更有创造力，每天完成更多工作，而没有任何副作用，怎么样？在今天充满竞争性和复杂性的高科技社会中，简直就是美梦成真！但是，你可能会意识到，高收益也许意味着高成本。是的，可卡因愚弄了我们。对它的依赖不同于对之前很多其他药物的依赖模式；使用者会发现自己越来越难抗拒想要使用更大剂量的诱惑（Weiss & Iannucci, 2009）。刚开始几乎感觉不到什么副作用；然而，随着持续使用，睡眠会发生中断，耐受性不断增强以至于需要更大剂量，偏执及其他阴性症状出现，可卡因使用者逐渐变得社交隔离；长期使用还会导致大脑提前衰老（Ersche, Jones, Williams, Robbins, & Bullmore, 2012）。

丹尼再次证实了这一模式。他曾经是一个社交使用者，只是偶尔跟朋友在一起玩乐时会使用可卡因。但他还是没能避免越来越频繁地使用或过量使用，同时他也发现自己在两次使用可卡因的间隔期里对可卡因的渴望与日俱增。在使用可卡因狂欢之后，丹尼会情绪低落和昏睡。可卡因的戒断反应与酒精不同，不是心跳加快、颤抖或恶心，而是产生情感淡漠和厌倦的感觉。想想这种类型的戒断反应有多么危险。首先，你会厌倦一切，在工作或人际等任何日常事务中都找不到乐趣；唯一能让你"重生"的方式只有可卡因。你可以想象，一种特定的恶性循环由此生成：可卡因被滥用，然后戒断导致情感淡漠，于是又回到可卡因滥用。这种非典型的戒断模式有时会让人们误以为可卡因并不具有成瘾性，但我们现在知道了，可卡因滥用者经历的是与其他精神活性药物滥用者不同的耐受和戒断模式（Daamen et al., 2012）。

烟草相关障碍

当你想到成瘾时，脑海中会浮现出什么样的画面？你看到的是人们蓬头垢面地蜷缩在废弃的楼房里，等待下一次被满足？还是在阴天的午后一群白领在写字楼外偷偷摸摸吸烟的情景？这两种场景都是准确的，因为烟草中的尼古丁也是导致依赖、耐受和戒断的精神活性物质——**烟草使用障碍**（tobacco use disorders），与本章目前为止讨论过的其他药物非常类似（Litvin, Ditre, Heckman, & Brandon, 2012）。

1942年，苏格兰医师伦诺克斯·约翰逊（Lennox Johnson）提取出了尼古丁，并发现自己在注射了80剂这种提取物后，对其的喜爱程度超过了对香烟，感觉离不开它了（Kanigel, 1988）。正是这种无色的油状液体给吸烟者带来了快感。后来，人们根据16世纪时把烟草引入法国宫廷的吉恩·尼古特（Jean Nicot）的名字，将这种物质命名为**尼古丁**（nicotine）。

烟草原产于北美，几个世纪前美洲原住民（即印第安人）就开始栽培和吸食烟叶。现在，约有20%的美国人吸烟，比1965年的42.4%下降了不少（Litvin et al., 2012）。

DSM-5中没有描述烟草相关障碍的中毒模式，但列出了戒断症状，包括抑郁心境、失眠、易怒、焦虑、难以集中注意、坐立不安、食欲和体重增加。小剂量的尼古丁可以刺激中枢神经系统兴奋，缓解压力改善心境，但也会导致血压升高，增加心脏病和癌症的风险（Litvin et al., 2012）。大剂量的尼古丁则会让你的视觉模糊不清，引发混乱，导致惊厥，有时甚至可能致死。一旦吸烟者对尼古丁产生依赖，不使用时就会出现戒断症状。如果你怀疑尼古丁的成瘾性，可以参考这个统计结果：尝试戒烟、戒酒与戒海洛因的人，其复发的概率是相等的（见图11.5）。

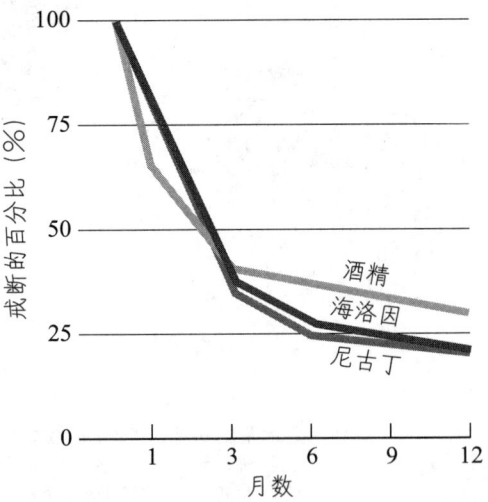

图11.5 尼古丁复吸率与酒精和海洛因相比。吸烟者在尝试戒烟后复吸的概率与酒精和海洛因成瘾者的复发概率一致。Adapted from Kanigel, R. (1988, October/November). Nicotine becomes addictive. *Science Illustrated*, pp. 12–14, 19–21.

尼古丁吸入肺部后进入血液循环系统。人在吸烟后只需7～19秒，尼古丁就到达了大脑。尼古丁会刺激位于中脑网状结构和边缘系统的特定受体——烟碱乙酰胆碱受体（nAChRs），这是大脑中快感通道的节点（对欣快感发生响应的多巴胺系统）（Litvin et al., 2012）。吸烟者会整天都努力维持血液中的尼古丁水平（见图11.6；Dalack, Glassman, & Covey, 1993）。有证据显示，母亲吸烟可以预测日后孩子患上物质相关障碍，不过环境影响（比如家庭环境）似乎要大于生物影响（D'Onofrio et al., 2012）。

吸烟已经被证实与抑郁、焦虑和愤怒等负面情绪有关（Rasmusson, Anderson, Krishnan-Sarin, Wu, & Paliwal, 2006）。例如，很多后来又复发的戒烟者报告说，抑郁或焦虑的感受是其复发的原因（Hughes, 2009）。

患有尼古丁依赖问题的人群中重性抑郁显著更高发。这是否意味着吸烟会导致抑郁，抑或抑郁导致了吸烟？在吸烟及其负面影响之间是复杂的双向关系（Litvin et al., 2012）。换句话说，抑郁会增大你对尼古丁产生依赖的风险，反过来，尼古丁依赖也会增加你变得抑郁的风险。基因研究显示，基因的易感性与特定生活应激相结合后，可能使尼古丁依赖与抑郁的风险同时增加（A. C. Edwards & Kendler, 2012）。（我们将在本章后文中讨论吸烟的基因证据。）

烟草使用障碍的诊断标准

A. 烟草的使用模式导致了临床上显著的损害或痛苦；在最近12个月内满足下列症状中至少2项：

1. 比预期中使用更多或更长时间使用烟草。
2. 在戒除或控制使用烟草期间，对烟草有持续的渴望，或未能成功。
3. 在获取或使用烟草上花费大量时间。
4. 对使用烟草存在强烈渴望或迫切需求。
5. 反复使用烟草导致不能履行工作、学业或家庭中的主要职责（例如妨碍工作）。
6. 尽管使用烟草引起持续的或反复发生的社交或人际关系问题（例如因吸烟与人吵架），或使这些问题加重，但仍继续使用。
7. 由于使用烟草而放弃或减少重要的社交、职业或娱乐活动。
8. 反复多次在有人身危险的情况下使用烟草（例如在床上吸烟）。
9. 尽管已经意识到烟草对身体和心理造成持续的或反复出现的问题，或使这些问题加剧，但仍然继续使用。
10. 出现耐受性，符合下列任一项症状：
    a. 要达到渴望的效果，需要的烟草剂量明显增加。
    b. 持续使用相同剂量的烟草，效果明显减弱。
11. 出现戒断反应，符合下列中的任一项：
    a. 典型的烟草戒断综合征（参考烟草戒断标准A和B）。
    b. 使用烟草（或相关物质，比如尼古丁）用于减轻或避免戒断症状。

注明：
轻度：符合2、3个症状
中度：符合4、5个症状
重度：符合6个或以上症状

From American Psychiatric Association. (2013). *Diagnostic and statistical manual of mental disorders* (5th ed.). Washington, DC.

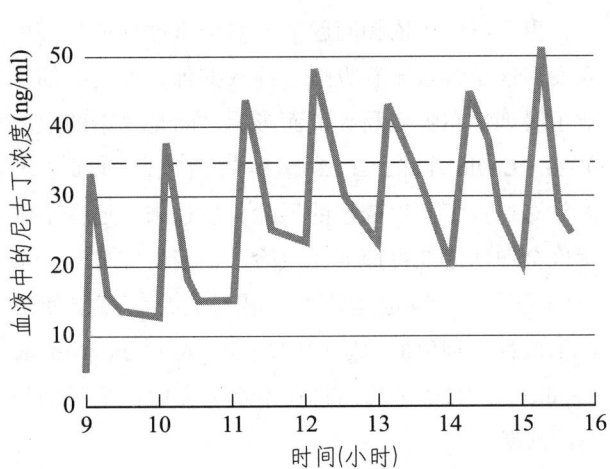

图 11.6 吸烟模式与尼古丁水平。该被试每小时抽一支烟,图中显示了要达到渴望的血液中尼古丁浓度(平均水平为每毫升35纳克),吸烟者要吸入的深浅或频繁程度。

Adapted from Kanigel, R. (1988 October/November). Nicotine becomes addictive. *Science Illustrated*, pp. 12–14, 19–21.

咖啡因相关障碍

咖啡因(caffeine)是生活中最常见的精神活性物质。在美国,大约有90%的人都在使用咖啡因(Juliano & Griffiths, 2009)。它被称为"温和兴奋剂",是因为人们认为它是所有成瘾物质中危害最小的,但实际上,咖啡因也会导致与其他药物相类似的问题(比如妨碍履行社交和工作责任)。现今市面上贩售的茶、咖啡、很多可乐饮品和可可豆食品中都包含这种物质。美国现在消费量很大的"能量饮料"中含有高剂量的咖啡因,这种饮料在欧洲一些国家(比如法国、丹麦和挪威)出于对健康的关切是被禁止的(Ferreira, De Mello, Pompéia, & De Souza-Formigoni, 2006; Price, Hilchey, Darredeau, Fulton, & Barrett, 2010)。

就像你亲身体验过的那样,小剂量的咖啡因可以提升心境,减轻疲劳感;大剂量使用时,它会让你感到紧张不安并引发失眠。咖啡因在我们体内停留时间相对较长(大约6小时),所以如果在睡前几小时内摄入咖啡因,就可能会妨碍睡眠。这种效果在那些已经患有失眠问题的人身上会特别明显(Byrne et al., 2012)。相对于其他精神活性药物,人们对咖啡因的反应水平差异较大:有些人比较敏感,而有些人在摄入较大剂量后仍没有什么变化。研究显示,孕妇摄入中等剂量的咖啡因(每天喝一杯咖啡)并不会损害胎儿的发育(Loomans et al., 2012)。

DSM-5中包含了**咖啡因中毒**(caffeine intoxication),明确了异常的咖啡因使用模式会导致明显的损害和痛苦;作为一种疾病,这还需要进一步研究(American Psychiatric Association, 2013)。与其他兴奋剂一样,经常使用咖啡因同样会导致耐受和依赖。如果你早上没有喝到咖啡就感到头痛、困倦或弥散性的不悦,那你就是正在经历这种物质的戒断症状(Juliano & Griffiths, 2009)。咖啡因对大脑的影响主要涉及神经调节物质<u>腺苷</u>(adenosine),还在较低程度上涉及神经递质多巴胺(Herrick, Shecterle, & St. Cyr, 2009)。咖啡因会阻断腺苷的重吸收过程。然而,我们还不完全清楚腺苷在神经系统中的作用,因此还不能肯定咖啡因阻断腺苷系统活动是否就是快感和能量增加的原因。

 **咖啡因中毒的诊断标准**

A. 最近摄入了咖啡因(通常高剂量是指超过250mg)。

B. 在使用咖啡因过程中或使用后短时间内,出现5个或更多下列症状:
1. 坐立不安
2. 神经质
3. 兴奋
4. 失眠
5. 面色发红
6. 多尿
7. 胃肠紊乱
8. 肌肉痉挛
9. 思维或言语散漫
10. 心跳过快或心律失常
11. 阶段性的不知疲倦
12. 精神运动性激越

C. 标准B中的表现或症状导致了临床上明显的痛苦,或损害了社会、工作或其他重要领域的功能。

D. 上述表现或症状用其他药物的效果或其他精神障碍(包括其他物质中毒)无法更好地解释。

From American Psychiatric Association. (2013). *Diagnostic and statistical manual of mental disorders* (5th ed.). Washington, DC.

阿片剂

鸦片是指罂粟中所含的天然化学物质，具有麻醉效果（可以减少疼痛，增加睡眠）。在某些情形下，它们会导致**阿片剂使用障碍**（opioid use disorders）。广义的**阿片类物质**（opioids）指的是这类物质总称，包括天然**鸦片**（opiates）、多种合成品（海洛因、美沙酮、氢可酮、氧可酮）和大脑中自然生成的类似物质（脑啡肽、内啡肽、强啡肽）（Wu, Blazer, Li, & Woody, 2011）。关于药用鸦片的文献记载可以追溯到 3500 年前（Strain, Lofwall, & Jaffe, 2009）。在经典童话故事《绿野仙踪》里，多萝西、托托和胆小的狮子去奥兹城堡的途中被西方坏女巫用毒罂粟迷倒，让许多读者初次认识了这种可用于生产吗啡、可待因和海洛因的植物。

就像罂粟麻痹了多萝西、托托和胆小的狮子一样，其提取物鸦片会让人感觉愉悦、困倦、呼吸减缓。高剂量的鸦片可能会让使用者因呼吸完全被抑制而死亡。它们还是一种镇痛剂，可以用于减缓疼痛。有时，医生会给做手术的患者在术前和术后使用吗啡，使之平静和帮助止疼。

阿片剂使用障碍的诊断标准

A. 阿片剂的使用模式导致了临床上显著的损害或痛苦；在最近 12 个月内满足下列症状中至少 2 项：

1. 比预期中摄入更多或更长时间使用阿片剂。
2. 在戒除或控制使用期间对阿片剂有持续的渴望，或未能成功。
3. 在获取或使用阿片剂，或从阿片剂影响中恢复等行为上花费了大量时间。
4. 对使用阿片剂存在强烈渴望或迫切需求。
5. 反复使用阿片剂导致不能履行工作、学业或家庭中的主要职责。
6. 尽管使用阿片剂引起持续的或反复发生的社交或人际关系问题，或使这些问题加重，但仍继续使用。
7. 由于使用阿片剂而放弃或减少重要的社交、职业或娱乐活动。
8. 反复多次在有人身危险的情况下使用阿片剂。
9. 尽管已经意识到阿片剂对身体和心理造成持续的或反复出现的问题，或使这些问题加重，但仍然持续使用。
10. 出现耐受性，符合下列任一项症状：
    a. 要达到中毒的程度或渴望的效果，需要的药物剂量明显增加。
    b. 持续摄入相同剂量阿片剂，效果明显减弱。
    注意：该标准并不适用于个体在医师指导下使用阿片剂的情况。
11. 出现戒断反应，符合下列中的任一项：
    a. 典型的阿片剂戒断综合征（参考阿片剂戒断标准 A 和 B）。
    b. 使用阿片剂（或相关物质）以减轻或避免戒断症状。
    注意：该标准并不适用于个体在医师指导下使用阿片剂的情况。

注明：
轻度：符合 2、3 个症状
中度：符合 4、5 个症状
重度：符合 6 个或以上症状

From American Psychiatric Association. (2013). *Diagnostic and statistical manual of mental disorders* (5th ed.). Washington, DC.

罂粟

戒断阿片类物质是非常不愉快的体验，以至于人们即便真心想戒掉这类毒品，也仍然会继续使用。中止或减少阿片摄入的人会在6~12个小时内开始经历各种症状，包括大量哈欠、恶心、呕吐、发冷、肌肉疼痛、腹泻、失眠，以及不得不暂时中断工作、学业和社交关系。症状会持续1~3天，戒断过程结束需要大约一周时间。

最常见的阿片剂滥用形式是滥用和依赖海洛因（heroin）。据报告目前在美国约有50万人属于此类情形，而这一数字是2007年的两倍（Substance Abuse and Mental Health Services Administration, 2012）。近年来，非法使用含阿片类成分的处方药的情况有所增加。调查发现，12.3%的美国高三学生出于非医学原因使用阿片剂（比如氢可酮、氧可酮）（McCabe, West, Teter, & Boyd, 2012）。阿片剂使用者所面临的风险不仅是成瘾或过量使用。由于这类药物多半需要静脉注射，因此使用者感染HIV病毒和罹患艾滋病的风险也增加了。

阿片剂成瘾者的生活通常十分悲惨。在一项针对英国某小镇80多名阿片剂成瘾者持续了33年的追踪研究中，22%的被试死亡，约是英国一般人群12%死亡率的两倍；超过一半的死亡是吸毒过量所致，还有几个人是自杀（Rathod, Addenbrooke, & Rosenbach, 2005）。这项研究的好消息是，幸存者中有80%不再吸食阿片剂，其余的20%正在进行美沙酮治疗。

阿片剂使用者所体验到的"爽"来自于身体内阿片系统被激活。大脑中原本就有它自己的阿片剂（如脑啡肽和内啡肽）可以提供麻醉效果（Ballantyne, 2012），而海洛因、鸦片、吗啡或其他阿片类物质都可以激活这个系统。发现这一系统是精神药理学领域的一项重大突破，它不仅让我们了解到成瘾物质对大脑的作用，还有助于我们治疗药物依赖的患者。

大麻相关障碍

20世纪60年代至20世纪70年代早期，**大麻**（cannabis或marijuana）是美国人的首选毒品。尽管现在它的流行程度已有所下降，但仍然是使用人次最多的非法物质；各西方国家报告显示，大麻使用者一般占总人口的5%~15%（Jager, 2012）。毒品大麻来源于一种学名为Cannabis sativa的植物（俗称大麻或印度大麻），取其干燥的部分。植物大麻在热带和温带地区广泛种植，它还有个绰号叫"野草"（weed）。

就像下面这个故事（Rowell & Rowell, 1939）所显示的那样，吸食大麻的人对世界的感知往往是扭曲的。

一天晚上，三个人来到波斯城，城门已经关闭。其中一个人喝醉了酒，一个吸了鸦片，第三个则沉溺于大麻。

第一个喝醉了酒的人咆哮道："让我们把城门推倒吧！"

"不要吧，"吸了鸦片的人打着哈欠说，"我们休息吧。等到早上城门敞开，我们就能进城了。"

大麻成瘾者则说："随你的便！反正我要从钥匙孔里钻过去！"

大麻的效应主要包括心境变化。原本平常的体验变得十分特别，或者个体会进入一种梦境般的状态，时间似乎停止了。使用者常常报告感官体验增强了，看到鲜艳的颜色，或欣赏到音乐的精妙。然而，大麻在不同使用者身上造成的效应差异之大，超过其他任何药物。有人报告说第一次使用大麻后没有任何反应，这并不罕见；也有人报告说，如果自己真的愿意，就能够"关掉"那种"爽"的感觉（Jager, 2012）。小剂量大麻会让人感觉"爽"，但随着剂量的加大，会出现妄想、幻觉和头晕。高中年龄段的大麻吸食者成绩较差，较难毕业——虽然还不清楚这是大麻的直接影响，还是大麻与其他药物协同所致（Jager，2012）。对于频繁使用大麻的人的研究显示，长期负面后果包括记忆力、注意力、人际关系和职业等领域受损，很可能会导致**大麻使用障碍**（cannabis use disorders）。但也有一些研究者认为，这些心理问题可能发生于使用大麻之前，是这些问题增加了个体使用大麻的可能性（Macleod et al.，2004）。人工合成大麻（换了名称，比如"K2"，以"植物香料"的名义贩卖）目前也已经引起了警觉。这种新型的毒品在很多地方被包装成合法的物质出售，而使用它们可能带来极大的危险（包括幻觉、癫痫、心律失常等）（Wells & Ott，2011）。

关于大麻耐受性的诸多证据相互矛盾。大麻的长期和重度使用者报告了耐受性，特别是在快感体验方面（Mennes，Ben Abdallah，& Cottler，2009）；他们很难达到早期使用时的愉快程度。但是，也有证据显示出"反向耐受性"，一些经常使用者在多次使用后感觉更愉快了。大麻的戒断症状不算特别严重。根据长期使用者的报告，停用大麻后会有一段时间易怒、坐立不安、食欲减退、恶心和入睡困难（Jager，2012）。

围绕大麻医用价值的争论一直没有停止。然而，越来越多数据表明医用大麻及其制品是可行的，它们对治疗某些疾病的症状有帮助。例如，加拿大有一些医用大麻产品，包括植物大麻提取物（某种鼻腔喷剂）、屈大麻酚、大麻隆以及主要用于吸食的草药大麻（Wang，Collet，Shapiro，& Ware，2008）。这些大麻制品可以作为处方药，缓解化疗所引发的恶心

大麻使用障碍的诊断标准

A. 大麻的使用模式导致了临床上显著的损害或痛苦；在最近12个月内满足下列症状中至少2项：

1. 比预期中摄入更多或更长时间使用大麻。
2. 在戒除或控制使用期间对大麻有持续的渴望，或未能成功。
3. 在获取或使用大麻，或从大麻影响中恢复等行为上花费了大量时间。
4. 对使用大麻存在强烈渴望或迫切需求。
5. 反复使用大麻导致不能履行工作、学业或家庭中的主要职责。
6. 尽管使用大麻引起持续的或反复发生的社交或人际关系问题，或使这些问题加重，但仍继续使用。
7. 由于使用大麻而放弃或减少重要的社交、职业或娱乐活动。
8. 反复多次在有人身危险的情况下使用大麻。
9. 尽管已经意识到大麻对身体和心理造成持续的或反复出现的问题，或使这些问题加重，但仍然持续使用。
10. 出现耐受性，符合下列任一项症状：
    a. 要达到中毒的程度或渴望的效果，需要的药物剂量明显增加。
    b. 持续摄入相同剂量大麻，效果明显减弱。
11. 出现戒断反应，符合下列中的任一项：
    a. 典型的大麻戒断综合征（参考大麻戒断标准A和B）。
    b. 使用大麻（或相关物质）以减轻或避免戒断症状。

注明：
轻度：符合2、3个症状
中度：符合4、5个症状
重度：符合6个或以上症状

From American Psychiatric Association.（2013）. *Diagnostic and statistical manual of mental disorders*（5th ed.）. Washington，DC.

和呕吐、与HIV有关的厌食症状、多发性硬化的神经性疼痛以及癌症疼痛。不过，大麻的烟雾中包含着与烟草烟雾同样多的致癌物。一项长期研究对5000多名男性和女性追踪了20年，结果显示偶尔使用大麻不会对肺功能造成严重影响（Pletcher et al., 2012）。

大多数使用者通过吸食大麻干叶的烟雾来摄取毒品成分，也有人使用哈希什（植物大麻雌株叶子的树脂干燥而成）。大麻包含超过80种化学物质，统称**大麻素**（cannabinoids），它们可以改变心境和行为。这些化学物质中最常见是**四氢大麻酚**（tetrahydrrocannabinols），简称THC。大麻研究领域中一个令人振奋的发现是，大脑可以生成自己的THC。这种神经化学物质被称为**内源性大麻素**

大麻

DSM-5 **致幻剂使用障碍的诊断标准**

A. 致幻剂（除苯环己哌啶以外）的使用模式导致了临床上显著的损害或痛苦；在最近12个月内满足下列症状中至少2项：

1. 比预期中摄入更多或更长时间使用致幻剂。
2. 在戒除或控制使用期间对致幻剂有持续的渴望，或未能成功。
3. 在获取或使用致幻剂，或从致幻剂影响中恢复等行为上花费了大量时间。
4. 对使用致幻剂存在强烈渴望或迫切需求。
5. 反复使用致幻剂导致不能履行工作、学业或家庭中的主要职责。
6. 尽管使用致幻剂引起持续的或反复发生的社交或人际关系问题，或使这些问题加重，但仍继续使用。
7. 由于使用致幻剂而放弃或减少重要的社交、职业或娱乐活动。
8. 反复多次在有人身危险的情况下使用致幻剂。
9. 尽管已经意识到致幻剂对身体和心理造成持续的或反复出现的问题，或使这些问题加重，但仍然持续使用。
10. 出现耐受性，符合下列任一项症状：
    a. 要达到中毒的程度或渴望的效果，需要的药物剂量明显增加。
    b. 持续摄入相同剂量致幻剂，效果明显减弱。
11. 出现戒断反应，符合下列中的任一项：
    a. 典型的致幻剂戒断综合征（参考致幻剂戒断标准A和B）。
    b. 使用致幻剂（或相关物质）以减轻或避免戒断症状。

注明：
轻度：符合2、3个症状
中度：符合4、5个症状
重度：符合6个或以上症状

From American Psychiatric Association.（2013）. *Diagnostic and statistical manual of mental disorders*（5ᵗʰ ed.）. Washington, DC.

（anandamide），得名于在梵语中的"ananda"（意为"极乐"）（Sedlak & Kaplin, 2009）。后续研究表明，大脑内还有另外几种自然生成的化学物质，包括 2-花生四烯酸甘油、花生四烯酸以及 N-花生四烯酸多巴胺等（Piomelli, 2003）。科学家刚刚开始探索这些化学物质如何影响大脑和行为。

致幻剂相关障碍

1943 年 4 月某个周一的下午，瑞士化学品公司一位科学家阿尔伯特·霍夫曼正在准备测试一种新合成的化合物。他之前主要研究麦角碱的衍生物，麦角碱是一种生长在变质谷籽上的真菌。霍夫曼有种直觉，自己在麦角酸系列的第 25 种衍生化合物上漏掉了什么重要的信息。他在摄入了他认为是极小剂量的这种药物（他的记录中把这种药物命名为 LSD-25）后，等待身体可能出现什么微妙的变化。30 分钟过去时，他记录道，自己没有体验到任何变化；但到了 40 分钟的时候，他开始感觉头晕目眩，想要纵声大笑。在骑车回家的过程中，他出现了幻觉，仿佛路边的大楼都在移动和融化。等他到家时，他认为自己正在失去意识，内心非常恐惧。霍夫曼所经历的是第一次被记录下来的"LSD 之旅"（Jones, 2009）。

麦角酸二乙基酰胺（d-lysergic acid diethylamide，简称 LSD），是最常见的致幻剂药物。它是在实验室里合成出来的，尽管过去曾发现过这种谷物真菌（麦角）的天然衍生物。在中世纪的欧洲，人们食用被这种真菌感染了的谷物后爆发了流行病。这种疾病的一种变体会限制手臂或腿部的血流，最终导致坏疽或肢体残疾。该疾病的另一种变体则会导致痉挛、谵妄和幻觉。多年后，科学家将麦角与这种疾病联系起来，开始研究这些真菌。这就是霍夫曼发现 LSD 的致幻特性时正在进行的工作。

致幻剂原本一直保存在实验室内，20 世纪 60 年代开始被非法生产以供玩乐。这种药物改变意识的作用，顺应了拒绝主流文化和寻求个人解放的社会思潮，而这正是那个年代很多美国人心境和行为的特征（Parrott, 2012）。时任哈佛大学教授的 Timothy Leary 在 1961 年首次使用 LSD 后掀起了一场运动，鼓励每个儿童和成人都尝试这种药物，"开启、调频、退出"。

还有很多其他类型的致幻剂，有些存在于自然界不同的植物中：**裸盖菇素**（psilocybin，源自一种特殊的伞菌）、**麦角酰胺**（lysergic acid amide，源自牵牛花的种子）、**二甲基色胺**（dimethyltryptamine，简称 DMT，源自南美和中美地区某些植物的树皮）以及**仙人球毒碱**（mescaline，源自仙人掌类植物）。另外，**苯环己哌啶**（phencyclidine，简称 PCP）一般通过鼻吸、吸烟或静脉注射的方式使用，会导致冲动和攻击行为。

DSM-5 中致幻剂中毒的诊断标准类似于大麻：感知扭曲（比如感知觉主观上增强）、人格解体以及幻觉；躯体症状包括瞳孔扩张、心跳加快、出汗和视线模糊（American Psychiatric Association, 2013）。根据使用者自己的记录，其幻觉体验各有不同。在一项严格设计的安慰剂与致幻剂的对照研究中，约翰霍普金斯医学院的研究者给被试裸盖菇素或对照药品（如 ADHD 药物利他林），然后评估他们的反应（Griffiths, Richards, McCann, & Jesse, 2006）。摄入裸盖菇素导致的个体反应结果包括：感知扭曲（例如轻度的视幻觉）和心境变化（例如愉悦、焦虑或恐惧）。更特别的是，裸盖菇素增加了被试有关神秘体验的报告（比如内心深处的积极感受）；两个月后很多被试仍然评估说这一体验让他们印象深刻。我们还需要更多的研究来发现这类药物是如何作用的，而且这一类研究还有可能告诉我们大脑如何加工灵性和人生意义等体验（Griffiths, Richards, Johnson, McCann, & Jesse, 2008）。

很多致幻剂（包括 LSD、裸盖菇素和仙人球毒碱）会很快发展出耐受性，让个体患上**致幻剂使用障碍**（hallucinogen use disorders）（Jones, 2009）。这些药物反复使用一段时间后，就会失去功效，但停止使用约一周后敏感性又会恢复。大多数致幻剂尚未见戒断症状报告。即便如此，对于使用这类药物仍然有很多担忧，其中之一就是可能出现精神病性反应。媒体上常出现这样的故事，某人因相信自己会飞而从窗口跳下，或某人因认为自己不会受伤而走向飞驰的列车等。使用者也报告了一些恐怖的体验，比如看到可怕的怪物或内心深处感到自己将被妄想所控制。这些使用者经历恐怖体验时，周围人的抚慰有助于他们保持镇定；周围人可以通过不断的保证使其相信当前的体验只是药物的暂时作用，几个小时后就会消失（Parrott, 2012）。

我们还不是很清楚 LSD 和其他致幻剂是如何作用于大脑的。大多数这类药物都与神经递质有相似之处：LSD、裸盖菇素、麦角酰胺和二甲基色胺的化学成分类似于 5-羟色胺，仙人球毒碱类似于去甲肾上腺素，我们之前没有提及的其他一些致幻剂类似于乙酰胆碱。然而致幻剂如何让使用者产生幻觉和感知改变，其中的机制尚未得知。

其他药物滥用

有的人还会使用其他物质来改变感官体验。尽管这些药物不属于我们之前介绍过的类别，但同样值得高度重视，因为它们会损害使用者的身心。这一节，我们主要介绍吸入剂、类固醇和其他人造毒品。

吸入剂（inhalants）中包括可挥发溶剂中的多种物质，可挥发性使得它们能够被直接吸入肺部。一些经常被滥用的吸入剂包括喷漆、喷发胶、涂料稀释剂、汽油、硝酸戊酯、一氧化二氮（俗称"笑气"）、洗甲水、记号笔、航模粘合胶、接触胶合剂、干洗液和强力去污剂等（Ridenour & Howard, 2012）。典型的吸入剂使用者是白人男性，住在乡下或小城镇，焦虑和抑郁水平较高，性格冲动无畏（Perron & Howard, 2009）。使用者一般用沾有吸入剂的布料捂住口鼻，吸入剂由此迅速到达肺部并进入血液。吸入剂的反应与酒精中毒很相似，通常包括头晕、言语不清、动作不协调、欣快和嗜睡（American Psychiatric Association, 2013）。使用者会对这些物质产生耐受性，戒断反应（包括睡眠中

吸入剂使用障碍的诊断标准

A. 烃类吸入剂的使用模式导致了临床上显著的损害或痛苦；在最近 12 个月内满足下列症状中至少 2 项：

1. 比预期中摄入更多或更长时间使用吸入剂。
2. 在戒除或控制使用期间对吸入剂有持续的渴望，或未能成功。
3. 在获取或使用吸入剂，或从吸入剂影响中恢复等行为上花费了大量时间。
4. 对使用吸入剂存在强烈渴望或迫切需求。
5. 反复使用吸入剂导致不能履行工作、学业或家庭中的主要职责。
6. 尽管使用吸入剂引起持续的或反复发生的社交或人际关系问题，或使这些问题加重，但仍继续使用。
7. 由于使用吸入剂而放弃或减少重要的社交、职业或娱乐活动。
8. 反复多次在有人身危险的情况下使用吸入剂。
9. 尽管已经意识到吸入剂对身体和心理造成持续的或反复出现的问题，或使这些问题加重，但仍然持续使用。
10. 出现耐受性，符合下列任一项症状：
    a. 要达到中毒的程度或渴望的效果，需要的药物剂量明显增加。
    b. 持续摄入相同剂量吸入剂，效果明显减弱。
11. 出现戒断反应，符合下列中的任一项：
    a. 典型的吸入剂戒断综合征（参考吸入剂戒断标准 A 和 B）。
    b. 使用吸入剂（或相关物质）以减轻或避免戒断症状。

注明：
轻度：符合 2、3 个症状
中度：符合 4、5 个症状
重度：符合 6 个或以上症状

From American Psychiatric Association. (2013). *Diagnostic and statistical manual of mental disorders* (5th ed.). Washington, DC.

断、颤抖、易怒和恶心）则一般持续 2～5 天。使用吸入剂会增加攻击性和反社会行为，长期使用还会损害骨髓、肾脏、肝脏和大脑（Sakai & Crowley, 2009）。如果使用者受到惊吓，还有可能会触发心脏病而导致死亡（Ridenour & Howard, 2012）。

同化性雄性类固醇（anabolic-androgenic steroids）常常被人们简称为类固醇。它衍生自睾酮激素，或者说是一种人工合成形式的睾酮激素（Pope & Kanayama, 2012）。这类药物在临床上用于治疗哮喘、贫血、乳腺癌和部分性发育不足的男性。然而，这类药物的同化作用（能增加身体质量）会导致非法滥用，因为有些人希望通过增加肌肉提及来提升身体机能。类固醇可以口服或注射，研究发现 2%～6% 的美国男性曾在一生中的某个时间非法使用过类固醇（Pope & Kanayama, 2012）。使用者有时会按照一个为期数周或数月的时间表来管理这种药物，使用一段时间后停用一下（称为"循环"），或者使用几种类固醇的组合（称为"叠加"）。使用类固醇与其他药物不同，因为它不会产生明显的令人渴望的特殊体验，而是改善表现和增强体格。所以，使用者对这种物质的依赖，主要出于希望保持身体上所获得的进展，而不是为了反复体验到特定的情绪变化或生理状态。研究表明，长期使用类固醇往往会导致心境紊乱（例如抑郁、焦虑和惊恐发作）（Pope & Kanayama, 2012）。同时，研究者还担心，经常使用类固醇会导致更严重的身体后果。

另一类药物**解离性麻醉剂**（dissociative anesthetics）会引发睡意，缓解疼痛，并产生"灵魂出窍"的感觉（Javitt & Zukin, 2009）。这一大类品种持续增加的人造毒品最初是制药公司研发用来治疗特定疾病和障碍的，但每一次，这些正在研发中的药物或早或晚都会被作为"娱乐手段"投入量产。我们已经在兴奋剂一节中介绍过一种最常见的人造毒品——MDMA，即摇头丸。这种安非他明药物只是其中之一；这一大类物质的名单正在迅速变长，令人十分担忧（Wu et al., 2009）。它们会增强人的听觉、视觉、味觉和触觉，因此在夜场俱乐部、通宵狂欢舞会或以男同性恋者为主的大型娱乐聚会上使用。一种与苯环己哌啶有关的俱乐部常见药物是<u>氯胺酮</u>（ketamine，俗称 K 粉），这种解离性麻醉剂能让人产生"灵魂出窍"的感觉，并缓解疼痛（Wolff, 2012）。γ-羟丁酸（Gamma-hydroxybutyrate, 俗称液体摇头丸）是一种中枢神经系统抑制剂，20 世纪 80 年代作为健康食品出现在市场上，用于促进肌肉生长。使用者报告，低剂量时会导致放松状态，出现言语增多的倾向，但高剂量使用或与酒精等其他药物同时服用时，会触发癫痫、严重的呼吸窘迫和昏迷。使用上述所有药物都会导致耐受和依赖，而它们在成人和青少年中流行程度日益升高，势必会造成严重的公共卫生问题。

人造毒品如摇头丸等大量涌现，引起司法系统的高度警觉。（注："narc" 是美国对便衣缉毒警察的俗称。此禁毒海报中，上方英文句子意为"本俱乐部禁止吸毒。"下方英文句子意为"警告！缉毒警察就在舞池中。吸毒越狠，惩罚越重。"）

小测验 11.2

将下列描述与对应的物质相匹配：

A. 阿片剂　　B. 安非他明　　C. 可卡因
D. 致幻剂　　E. 尼古丁　　　F. 咖啡因

1. 由于是合法的，它是最常见的精神活性物质。它能提升心境、减少疲劳，包含在很多饮料中。_____

2. 这种物质会带来欣快感，降低食欲，提升警觉；反复使用会导致依赖。母亲对此成瘾会使日后出生的孩子易怒。_____
3. 这类药物包括LSD，会影响知觉，扭曲感觉、视觉、听觉和嗅觉等。_____
4. 这类药物可以带来欣快感、睡意和呼吸减缓，还可以减缓疼痛。使用者通常都很隐蔽，影响了这个领域的研究数量。_____
5. 这类物质会刺激神经系统，可以缓解压力。DSM-5中描述了它的戒断症状而非中毒模式。_____
6. 这类物质可以带来兴高采烈和精力充沛的感觉，减少疲劳，并且可用作治疗嗜睡症和ADHD的处方药。_____

物质相关障碍的成因

尽管滥用和依赖药物有明显的副作用，但许多人还是继续使用精神活性物质来改变心境、感知和行为。我们已在丹尼的案例中看到，尽管能够预见显著的危害，他仍然继续使用药物并造成了难以挽回的后果。我们可以用多种因素来解释人们为何像丹尼一样坚持使用毒品。滥用和依赖药物曾被认为是道德缺陷，现在则被理解为是生物和心理因素的联合影响所致。

为什么有些使用药物的人并没有发展为滥用或依赖？为什么有些人在产生依赖之后可以成功戒除或者维持中等剂量，而有些人则至死都欲罢不能？这些问题持续吸引着世界各地无数研究者投入时间和精力进行探索。

生物维度

2007年，当美国模特及电视明星安娜·妮科尔·史密斯（Anna Nicole Smith）死于吸

安娜·妮科尔·史密斯与其儿子都死于毒品，引发人们思考环境因素和生物因素在毒品使用中的作用。

毒过量的不幸消息轰动社会——她服用了至少九种处方药（包括美沙酮、安定和水合氯醛镇静剂）。更加悲惨的是，就在几个月前，她唯一的儿子丹尼尔也死于吸毒过量。是儿子从母亲那里继承了对成瘾的易感性？还是他因为常年与母亲共同生活，而习得了母亲的这种行为？还是说，母亲和儿子都吸毒仅仅是个巧合？

家族和基因影响

你已经在本书中看到，基因影响着很多心理障碍。不断增长的证据显示，药物滥用也遵循这一模式。研究者进行了双生子、家族和收养研究，发现一些人对药物滥用具有基因易感性（Strain，2009）。例如，关于吸烟的双生子研究显示，基因具有中等程度的影响（e.g., Hardie, Moss, & Lynch, 2006; McCaffery, Papandonatos, Stanton, Lloyd-Richardson, & Niaura, 2008）。大多数关于物质滥用的基因研究都是针对酗酒的，这是因为饮酒是合法的，所以很多人容易对其产生依赖。整体来说，研究表明，所有能改变心境的药物都存在基因风险因素（Kendler et al., 2012）。

在一项重要的双生子研究中，研究者对于物质的使用、滥用和依赖中基因和环境的作用同时进行了考察。研究者调查了1000多对男性双胞胎使用大麻、可卡因、致幻剂、镇静剂、兴奋剂和鸦片的情形（Kendler, Jacobson, Prescott, & Neale, 2003）。结果表明，上述所有药物使用都存在基因影响，这些发现可以指导我们如何治疗和预防这些问题。尽管我们很清楚基因在物质相关障碍中起到了重要作用，但仍然没有可靠的发现指明哪些特定基因对这些障碍产生了影响（Ray, 2012）。随着对影响物质使用、滥用和依赖的基因研究继续进行，凸显出一个新问题：当使用者成瘾时这些基因是如何执行功能的？这个领域被称为**功能基因组学**（functional genomics）（Khokhar, Ferguson, Zhu, & Tyndale, 2010）。

基因因素可能会影响人对特定药物的体验，这一点可能部分决定了哪些人会成为滥用者，而哪些人不会。为说明这些关系的复杂性，研究发现拉美裔和非裔美国人身上的某些基因与海洛因成瘾概率较高有关（Nielsen et al., 2008）。另有研究指出，在

酒精使用障碍的药物治疗中，纳曲酮（一种阿片类拮抗剂）可能对于那些阿片受体上有特定等位基因（OPRM1基因）的个体最为有效（Ray，2012）。换句话说，你的基因不仅会影响到你是否会出现物质使用障碍，还有助于预测在解决这些障碍时什么样的治疗方案对你最有效。

神经生物学影响

总体而言，人们使用精神活性物质后的愉快体验部分解释了人们为什么会继续使用它们（Strain，2009）。用行为主义的术语来说，人们从使用药物中获得了<u>正强化</u>。但是产生这些体验的机制是什么？复杂而有趣的研究显示，大脑中天然存在着一个"快感通道"，负责调节我们的<u>奖赏体验</u>。所有被滥用的物质都以与你从食物和性活动中获得快感的相同方式影响着这个内部奖赏中枢（Ray，2012）。换句话说，精神活性药物的功能是相似的，都是通过刺激奖赏中枢为使用者提供快感体验（虽然只是一时的）。

50多年前，詹姆斯·奥尔兹（James Olds）在研究电刺激对老鼠大脑的作用时，发现了快感中枢（Olds，1956；Olds & Milner，1954）。如果特定区域被微弱的电信号刺激，老鼠的行为表现就好像它们获得了某种令其愉快的东西（比如食物）似的。对于人脑中这个区域的精确位置目前还存在争议，但现在科学家确信的是，其中包括了**多巴胺能系统**（dopaminergic system）和**阿片释放神经元**（opioid-releasing neurons），起始于中脑的**腹侧被盖区**（ventral tegmental area）开始，通过**伏隔核**（nucleus accumbens）到达前额叶皮质（Strain，2009）。

影响不同神经递质的不同药物为何都会激活主要由多巴胺敏感神经元组成的快感通道呢？研究者开始探索这些问题的时间还不长，但近年来已经获得了一些出人意料的发现。我们现在知道，安非他明和可卡因直接作用于多巴胺系统，而其他药物似乎是通过比较迂回和复杂的方式来增加可利用的多巴胺。例如，腹侧被盖区的神经元一直保持着不接受来自γ-氨基丁酸神经元的刺激的状态。（记住，γ-氨基丁酸是抑制性神经递质系统，妨碍其他神经元传递信息。）γ-氨基丁酸神经元的存在，阻止了我们连绵不绝地体验到快感——它扮演着"大脑警察"的角色，或者说是奖赏神经递质系统中的"超我"。阿片剂（鸦片、吗啡、海洛因）会抑制γ-氨基丁酸，从而妨碍了γ-氨基丁酸神经元对多巴胺的抑制，由此使得大脑的快感通道中有更多可用的多巴胺。能够直接或间接刺激奖赏中枢的药物不仅有安非他明、可卡因、鸦片，还包括尼古丁和酒精（Strain，2009）。

上述图景还远远不够完整。我们现在了解到，除多巴胺以外的其他一些神经递质，包括血清素和去甲肾上腺素，也属于大脑的奖赏中枢（Khokhar et al.，2010）。在不久的将来，研究领域应会获得一些关于药物和大脑相互作用的有趣发现。目前正在等待解释的一个方面是，药物如何提供快感体验（正强化）并去除疼痛、生病的感觉或焦虑等不愉快的体验（负强化）？阿司匹林就是一种负强化物：我们服用阿司匹林不是因为它让我们感觉良好，而是因为它能帮我们消除不好的感觉。精神活性药物的特性之一就是以类似的方式中止不良感受，这种功效与让人感觉良好一样强大。

有几种药物的负强化作用与其抗焦虑效果有关；酒精就有抗焦虑的效果。药物缓解焦虑的神经生理学过程主要涉及中膈—海马系统（Ray，2012），这一系统内含有大量γ-氨基丁酸敏感神经元。这些药物可以通过增加该区域的γ-氨基丁酸活性来降低焦虑，从而抑制大脑对焦虑情境的正常反应（焦虑或恐惧）。图11.7显示了像尼古丁这样的物质如何对不同神经递质系统产生多方面的影响，进而对吸烟体验产生作用。

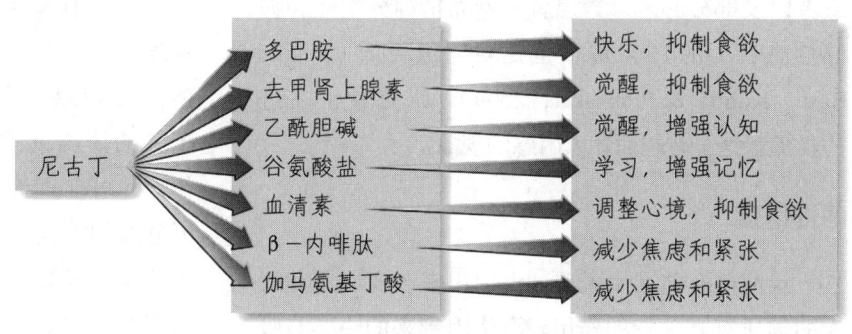

图 11.7 尼古丁影响多种神经递质，产生多种多样的心境变化。
Figure from Benowitz, N. (2008). Neurobiology of nicotine addiction: Implications for smoking cessation treatment. *The American Journal of Medicine 121*(Suppl. 4), S1.

研究发现个体对酒精的反应各有不同。认识到这些反应差异很重要，这有助于解释为什么有些人坚持饮酒直至成瘾，而另一些人则能在恶果出现之前就不再饮酒。大量研究比较了有家族酗酒史和没有家族酗酒史的个体（Gordis，2000），得出的结论是，酗酒者的儿子在刚开始饮酒时比非酗酒者的儿子对酒精<u>更加敏感</u>，但随着饮酒时间的延长，他们对酒精的敏感性变得比非酗酒者的儿子<u>更低</u>。这个发现非常重要，因为欣快感只在刚饮酒时出现；而饮酒几小时后，人们往往会变得悲伤和抑郁。也就是说，那些有可能发展成酗酒者的人们（在这一研究中是酗酒者的儿子），在刚开始饮酒时更容易体验到开心的感觉，但对饮酒几小时后的低落状况相对迟钝，因此他们就更容易继续饮酒。另一项超过10年的追踪研究也发现，那些对酒精不太敏感的人有喝得更多更频繁的趋势（Schuckit，1994，1998）。

当前的一项研究包含了对有酗酒风险的人进行脑电波波形分析。研究考察了酒精使用障碍患者的儿子，因为他们也出现酒精相关问题的概率较高。被试要安静地坐着，倾听和寻找一种特定的音调。当他们听到这种音调时，就要向研究者发出信号。在此期间，研究者监测被试的脑电波，结果发现了一种被称作P300的特殊模式。即，在音调发出后大约300毫秒时，人们的脑电波会出现一个波峰，表示大脑正在加工这个信息。总体而言，研究者发现，有家族酗酒史的被试峰值相对<u>较低</u>（Tapert & Jacobus，2012）。

这种脑电波差异是否与人们日后会否发展出酒精依赖有关，抑或仅仅是这些人的一种共性但与饮酒无关？一条反对P300的差异是酗酒者的标志的证据是，其他物质使用问题（例如，阿片剂使用问题）患者以及部分心理障碍患者（例如精神分裂症和抑郁症患者）的P300峰值也比对照组要低（Singh, Basu, Kohli, & Prabhakar，2009）。研究者正在进一步探索这个有趣而让人困惑的现象。

心理维度

我们已在前文中说明，人们用来改变心境和行为的物质有其独特的作用。海洛因带来的快感与吸烟的快感有本质不同，也不同于安非他明或LSD所带来的效果。尽管如此，介绍人们对上述绝大多数物质在心理反应方式上的相似性仍然非常重要。

正强化

由于使用精神活性药物的感觉就某些方面而言是愉快的，所以人们往往持续使用这些物质来一次又一次获得快感。已有研究表明，人类使用或滥用的很多药物也能给动物带来快感（Young & Herling，1986）。实验室里的动物做出让自己身体注射可卡因、安非他明、鸦片、镇静剂或酒精等药物的行为，说明这些药物在没有社会和文化的影响下依然能带来快感。

人类研究也显示，所有精神活性药物都或多或少会带来快感体验（Ray，2012）。另外，鼓励使用药物的社会环境也能推动人们的行为，即便使用药物本身并不是人们想要的。一项研究发现，当被试本身并不打算服用安定时，将金钱与药片配合起来，被试就会将安慰剂换成安定（Alessi, Roll, Reilly, & Johanson，2002）。药物使用中的正强化以及围绕着药物使用的社会情境共同影响着人们是否继续使用药物。

负强化

研究者已经注意到，药物可以帮助人们减少不良感受；这是一种负强化的过程。很多人开始和持续使用药物就是为了逃避生活中糟糕的体验。除了提供最初的欣快感之外，许多药物还能让身体摆脱疼痛（阿片剂），摆脱压力（酒精），摆脱恐慌和焦虑（苯二氮䓬类物质）。研究者用不同的说法来指称这些现象，包括**缓解紧张**（tension reduction）、**负性情感**（negative affect）、**自行用药**（self-medication）等，每种说法都有其侧重（Ray，2012）。

很多有关滥用和依赖的理论前提是假定使用者通过使用物质来应对生活中的不快。比如，一项针对1252名参加伊拉克军事行动后返回美国的士兵的研究发现，那些曾目睹暴力搏斗和他人受伤，并可能直接参与了杀死另一个生命的人，其以更危险的方式饮酒的风险增加，并且饮酒也更频繁和大量（Killgore et al.，2008）。而经历了其他类型创伤（比如性虐待）的人，也更有可能滥用酒精（Breckenridge, Salter, & Shaw，2012）。这些观察结果反映出生理、心理、社会以及文化每一个方面在物质滥用和依赖中都起到了重要作用，这些因素共同决定了哪些人会出现物质相关问题，而哪些人不会。

在一项考察青少年使用物质以减轻压力的研究中（Chassin, Pillow, Curran, Molina, &Barrera, 1993），研究者比较了两组青少年，一组的父母有饮酒问题，另外一组的父母没有饮酒问题。这些青少年的平均年龄为12.7岁。研究结果显示，父母中有一位存在酒精依赖，可以作为预测孩子饮酒和使用其他药物的主要因子。同时研究者也发现，报告了诸如孤独感、经常哭泣或感到紧张等消极情绪的青少年，比其他青少年更容易使用药物。研究还进一步明确，两组青少年都通过饮酒来应对不愉快的感觉。这项研究与其他研究（Pardini, Lochman, & Wells, 2004）都显示，渴望摆脱糟糕的感觉是青少年使用药物的原因之一。研究还表明，要预防人们使用药物，必须处理应激和焦虑；这一内容将在后文中讨论。

许多使用精神活性物质的人们在高峰体验后会经历情绪暴跌。但既然人们总是会出现情绪暴跌，那么他们为什么不停止使用药物？Solomon和Corbit给出了一个有趣的解释，整合了正强化与负强化（Solomon, 1980; Solomon & Corbit, 1974）。这一**对立过程理论**（opponent-process theory）指出，积极情绪增加后会跟随一个短暂的消极情绪增加，同样，消极情绪增加后也跟随一段时间的积极情绪增加（Ray, 2012）。例如，运动员经常报告说，在达到长期追求的目标后会感到抑郁。对立过程理论认为，这一机制会随着使用而增强，而如果不用则会减弱。所以，人们在使用药物一段时间后会需要增加剂量来达到相同的效果（耐受），同时，药物使用后随之而来的负面感受也会加剧。对于很多人而言，这就是一个转折点，服药的动机已经从获取渴望的快感高峰体验变为缓解不断加重的令人不快的情绪暴跌。不幸的是，他们往往认为最好的解决方法就是继续摄入更多药物。宿醉的人醒来后身体不适，此时常被建议"以毒攻毒"，也就是再来一杯。具有讽刺意味的是，让你感觉不好的药物同样可以带走你的痛苦。于是，我们可以看到，瘾君子们是如何被这个潜伏的恶性循环所奴役的。

研究者也将物质滥用视为使用者针对其他问题自行用药的一种方式（Bailey & Baillie, 2012）。例如，如果人们存在焦虑问题，可能就会受到巴比妥类药物或酒精的吸引，因为它们具有缓解焦虑的特性。在一项研究中，研究者使用苯哌啶醋酸甲酯（即利他林）成功治疗了一组带有ADHD症状的可卡因成瘾者（Levin, Evans, Brooks, & Garawi, 2007）。研究者认为这些成瘾者使用可卡因是为了帮助自己集中注意力，因此一旦使用者集中注意的能力在利他林的作用下有所改善，他们就会减少可卡因的使用。这类研究需要澄清压力源、消极感受、其他心理障碍与将药物的消极反应作为精神活性药物使用的起因之间复杂的交互作用；一切才刚刚起步。

认知维度

人们使用药物时期待获得何种体验，会影响他们对药物的反应。如果一个人预期自己在饮酒时会变得不拘谨，那么无论她喝的是真正的酒还是安慰剂，她的拘谨都会变少（Bailey & Baillie, 2012）。这种现象称为**预期效应**（expectancy effect），目前已经引起了很多研究关注。

人们实际使用药物之前总会有预期，可能是父母或同伴使用药物的结果，也可能是广告或媒体中使用药物的例子（Campbell & Oei, 2010）。一项重要的研究对加拿大七年级到十一年级学生在三年里每年都进行问卷调查，了解他们对使用酒精和大麻的看法（Fulton, Krank, & Stewart, 2012）。问卷指导语要求他们列出期待在使用某种特定物质后会发生的三四件事情。结果显示，对酒精和大麻的使用效果抱有积极期待可以预测谁更有可能在未来三年里使用酒精和大麻或增加用量。那些青少年开始饮酒或使用其他药物的原因中，有一部分是因为他们相信这些物质能带来积极效用。

人们在有过较多药物使用体验之后似乎会改变期待，尽管他们对酒精、尼古丁、大麻、可卡因等的期待都是相似的（Simons, Dvorak, & Lau-Barraco, 2009）。有证据表明，积极期待，即相信自己在服用药物后会感觉良好，是药物使用问题的间接影响因素。换句话说，这些信念增加了你使用某种药物的概率，进而就增加了出现问题的概率。

在持续和重复使用药物之后，一旦人们停止服用，会有一种被称为"渴求"的强烈冲动阻碍人们戒掉药物的努力（Hollander & Kenny, 2012）。DSM-5 中将这种渴求作为诊断物质相关障碍的标准之一。如果你曾经试图戒掉冰激凌，却还是身不由己的去吃，就能对渴求药物的感觉略有体会。这种渴求的感觉似乎可以被各种因素触发，包括药物的可得性、与药物摄入有联系的事情（比如坐在酒吧里）、特定心境（比如处于抑郁中），或是服用小剂量的药物。举例来说，在一项利用虚拟现实技术来模拟视觉、听觉和嗅觉（浸过酒精的纸巾）的研究中（Lee et al., 2009），酒精依赖的成年被试可以选择不同种类的酒精饮品（比如啤酒、威士忌、葡萄酒等）、小吃和饮酒环境（啤酒花园、饭店或酒吧）。结果发现，被试在这些情形下对酒精的渴求明显增加（Lee et al., 2009）。这类技术便于临床医生评估患者潜在的问题领域，然后设定目标，从而有助于防止患者复发。研究者希望接下来能够明确"渴求"的神经运行机制，以及是否能够使用药物手段来降低渴求以辅助治疗；这类研究正在进行中（Hollander & Kenny, 2012）。

社会维度

接触到精神活性药物，是导致药物使用和滥用的先决条件，这一点我们之前已经讨论过。你或许可以写出人们接触这类物质的一系列途径，通过朋友、媒体，等等。比如，对香烟广告后果的研究发现，青少年在决定是否吸烟时，媒体暴露的作用比同伴压力的影响还要大（Jackson, Brown, & L'Engle, 2007）。在一项大型研究中，820 名青少年（年龄 14～17 岁）评估了影响他们初次饮酒年龄的因素（Kuperman et al., 2013）。结果显示，有几个因素能预测较早饮酒，包括最好的朋友初次饮酒的年龄、家族中是否有酒精依赖的高风险，以及他们当前存在的行为问题。

研究表明，药物成瘾的父母在监护孩子方面花费的时间要少于那些没有药物问题的父母（Dishion, Patterson, & Reid, 1988），这是青少年较早开始使用物质的一个重要因素（Kerr, Stattin, & Burk, 2010）。如果父母不能提供适当的监管，孩子就有可能跟那些能提供药物的不良同伴成为朋友（Van Ryzin, Fosco, & Dishion, 2012）。在家庭中受到药物使用影响的孩子也有可能接触到使用药物的同伴。

药物使用似乎有一种自我永存的模式，超越了我们在前文中讨论过的基因影响。

我们的社会如何评价药物依赖者？这个问题非常关键，因为它影响到物质的销售、生产、拥有及使用的合法性；它还同样决定了药物依赖者会被怎样对待。当代对物质相关障碍的两种主要观点是道德薄弱模型和疾病模型。根据<u>化学物质依赖的道德薄弱模型</u>（moral weakness model of chemical dependence），使用药物是个人面对诱惑时难以自控，这是一种社会心理的观点。这种模型的支持者认为，使用者缺乏抵制药物诱惑的个性品质或道德元素。例如，我们在前文中看到的，天主教将滥用药物作为一种"罪孽"，表明了对这种行为的鄙弃。相反，<u>物质依赖的疾病模型</u>（disease model of dependence）则认为，依赖药物是由于潜在的生理障碍所致。这是一种生物学的观点。持有这种观点的人们认为，既然糖尿病和哮喘不能归罪于那些饱受折磨的个体，药物依赖同样也不能。匿名戒酒会等类似组织将药物依赖看作无法治愈的疾病，因为成瘾者自己不能控制它（Kelly, Stout, Magill, Tonigan, & Pagano, 2010）。

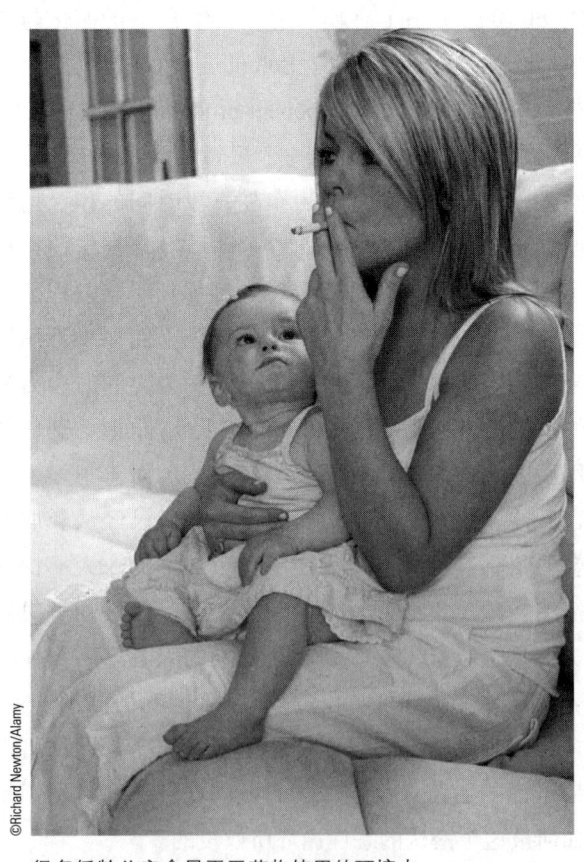

很多低龄儿童会暴露于药物使用的环境中。

这两种观点都没能正视影响物质相关障碍的社会心理因素和生理因素二者之间复杂的交互关系。将药物使用视为道德缺陷导致去惩罚那些被障碍所折磨的人，而疾病模型则仅仅寻求对一个医学问题的治疗方案。障碍不受成瘾者控制的信息有时候起到的效果适得其反。对于物质相关障碍这一重要的社会问题，需要从一个融合了社会心理和生理两方面的综合视角出发，才能够圆满地解决。

文化维度

文化是影响药物使用和治疗的背景因素。比如，人们能否适应以及如何适应新文化的程度，可能成为影响药物使用的动力或压力来源。包括男子气（在拉美文化中，男性处于主导地位）、女人味（扮演慈母养育者的拉美女性，认同圣母玛利亚）、灵性和"丢脸"（源自亚洲，与生活的地方文化期望不一致时导致的羞愧）在内的文化因素都会对药物使用和治疗产生积极或消极的影响（Castro & Nieri, 2010）。此外，当我们在不同文化下调查同一行为时，想要认定某种行为属于异常现象必须慎之又慎（Kohn, Wintrob, & Alarcón, 2009）。每种文化都有其可接受的精神活性药物偏好，也有其不可接受的违禁物质。另外，当我们要定义哪些物质是可接受的、哪些不是时，需要时刻谨记，文化规范对物质滥用和依赖的比例有重要影响。比如，研究发现在更为贫穷的墨西哥小镇上更容易买到酒（即卖酒的商店或个人更多），导致了这些地区酗酒者的比例更高（Parker, McCaffree, & Alaniz, 2013）。

饮酒是很多文化中特定仪式的一部分。图片显示的是马赛族老人在饮用仪式上的啤酒。

另一方面，在特定的社交场合下纵情畅饮是某些文化（如韩国）所期望的（C. K. Lee, 1992）。就像我们之前看到的那样，能接触到这些物质，再加上重度和频繁使用的社交压力，可能会助长滥用，这也解释了韩国等国家酒精滥用的高发现象。在研究基因-环境相互作用时，这种文化影响提供了有趣的自然实验。亚洲血统的人更有可能带有 ALDH2 基因，它会导致个体在饮酒后出现严重的"上脸"（脸部发红发热）。这种脸红的效果与总人口中饮酒者的比例较低是相对应的（de Wit & Phillips, 2012）。然而，在 1979—1992 年间，当饮酒变成一种社交期待时，导致了酒精滥用的增加（Higuchi et al., 1994）。也就是说，随着文化规范的改变，ALDH2 基因的保护性效果减弱了（Rutter, Moffit, & Caspi, 2006）。

文化因素不仅影响了物质滥用的比例，还决定了它怎样表现出来。研究表明，波兰和芬兰的酒精消耗量相对较低，但这些国家因饮酒而发生的冲突以及醉酒后被拘留的比例要远高于荷兰，虽然后者的酒精消耗量几乎与之相同（Osterberg, 1986）。为何同样的饮酒量会导致不同的行为后果？前面我们对于期望的讨论或许可以为此提供一些解释。不同文化间对酒精使用的期望效果不同（例如"饮酒让我更有冲劲"和"饮酒让我更离群索居"是截然相反的）。这些期望的不同，能够为波兰、芬兰和荷兰饮酒的不同后果做出部分说明。总之，物质使用是否属于为一种有害的功能障碍，常取决于群体的文化前提。

整合模型

任何关于物质使用、滥用和依赖的解释都必须回答前文中提出的那个基本问题：为何有些人使用药物但没有发展为滥用或依赖？图 11.8 展示了我们刚才讨论过的各种影响因素如何作用于这个过程。接触药物是滥用或依赖的必要而非充分条件。接触有多种途径，包括媒体、父母、同伴等，间接途径如缺少监管。人们是否使用药物还取决于社会和文化期望、某些鼓励或限制措施，比如禁止持有或贩卖药物的法令。

从药物使用发展到到滥用和依赖的过程很复杂（参见图 11.8）。我们之前讨论过，较大的压力源会加重许多障碍，同样，它们

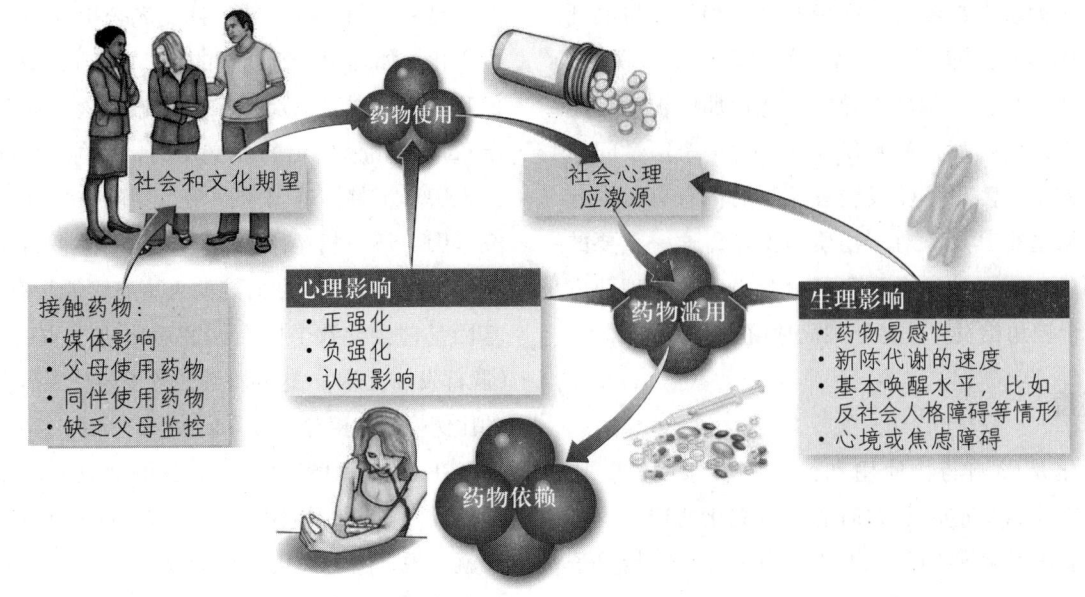

图 11.8 物质相关障碍的综合模型

也会增加滥用和依赖精神活性物质的风险。基因影响有几种类型。有些个体遗传了对特定药物的易感性，有些则遗传了加速物质新陈代谢的能力，从而提高了耐受性（因此也更加危险）（Young-Wolff, Enoch, & Prescott, 2011）。其他精神疾病也可能间接地将人们置于药物滥用的风险中。反社会人格障碍的特征是经常违反社会规范（参见第12章）；他们被认为唤醒水平较低，而这也许正是这个群体物质滥用比例较高的原因。心境障碍或焦虑障碍患者，可能会试图自行用药以缓解这些障碍带来的症状，这样一来同样也会增加这个群体物质滥用的比例。

我们还知道，持续使用特定药物会改变大脑的工作模式，这一现象被称作**神经可塑性**（neuroplasticity）。当听到某人在脑损伤之后恢复功能的故事时，我们倾向于把神经可塑性理解为大脑通过形成新的神经联结重新组织起来的趋势。当大脑受到损伤时，这种适应改变的能力是我们希望拥有的。这种能力的另一面体现在药物成瘾中。随着持续使用酒精、可卡因或其他药物，大脑将重新组织以适应它。不幸的是，大脑里的这种改变增加了获取药物的渴望，降低了对其他非药物体验的渴望，而这两者都会导致持续使用和复发（Russo et al., 2010）。

很明显，我们不能只根据一个因素来预测滥用和依赖，无论是基因、神经生物、心理或是文化。比如，一些携带物质滥用问题基因的人们并没有成为滥用者。许多遭遇过巨大应激（如贫穷、偏执或暴力）的人也没有用药物来解决问题。滥用有着不同的发展路径，我们才刚开始摸索它们的轮廓。

一旦反复使用某种药物，生物和认知两方面会联合起来促成依赖。大多数药物持续使用都会导致耐受，需要使用者不断摄入更大剂量才能达到相同的效果。条件作用也是一个因素。如果愉悦的药物体验与特定的环境相关，即使得不到药物，重回这一环境也将会成为后续发展的驱动力。

这一繁复的图景仍然不能完全呈现物质相关障碍患者错综复杂的生活，每个人都有自己发展出滥用和依赖的故事和途径。我们才刚刚开始揭示物质相关障碍的共性；关于所有这些因素是如何相互作用从而引发障碍，我们还需要了解更多。

小测验 11.3

请判断下列描述的正确（T）与错误（F）。

1. _____ 持续的药物使用与负强化相关，因为药物经常可以帮助人们远离疼痛、压力和恐慌。

2. _____ 关于动物和人类的研究都显示物质滥用会受到基因的影响，尽管可能不是某个特定的基因。

3. _____ 媒体和父母对青少年药物使用没有影响，后者完全取决于同伴压力。

4. _____ 预期效应是指，如果某人期望通过饮酒来减少压抑，那么把酒精换成安慰剂后，他的表现和感觉仍然正常。

5. _____ 在一定范围内，所有的精神活性药物都会带来愉悦体验，从而导致正强化。

物质相关障碍的治疗

当我们离开丹尼时，他还在看守所里，等待交通肇事的判决。在人生的这个节点上，他更需要的是法律的帮助。他需要摆脱酒精和可卡因，但康复的第一步必须由他本人迈出。丹尼必须认识到他需要帮助，承认自己确实存在药物问题，需要别人帮助他克服长期依赖。对抗药物问题的个人动机很重要，但不是治疗物质滥用的必要条件（National Institute on Drug Abuse，2009）。不幸的是，尽管被捕让丹尼感觉到问题的严重性，但他仍然没有准备好去面对。他花了大量时间来研究他同时服用的抗抑郁药如何导致了这场该死的车祸，却并没有认识到吸毒才是真正的原因所在。

对物质相关障碍患者进行治疗非常困难。可能是因为多种影响因素共同作用而使人沉迷，所以药物依赖的治疗前景通常都是不乐观的。举例来说，你会在后文中海洛因依赖的案例中看到，最好的情况也不过就是从一种成瘾（海洛因）变成另一种成瘾（美沙酮）。即使是那些成功戒掉药物的人，在其后半生中也都会时时体验到重新使用药物的迫切渴望——至死方休。

物质使用障碍的治疗涉及多个领域（Higgins et al.，in press）。美国国家药物滥用研究所（National Institute on Drug Abuse，2009）经过35年的研究总结出13条行之有效的原则（见表11.1）。第一步是帮助人们度过戒断阶段。一般来说，最终的目标都是戒除；但在另外一些情形下，目标是让个体将药物使用量维持在某个特定水平上，而不去增加；还有时，目标是防止个体接触到药物。由于物质滥用会影响到诸多方面，因此治疗物质使用障碍并不是件容易的事情，必须找到合适的药物或方法来改变思维或行为。

更重要的是，据估计，在美国患有物质使用问题的人群中，寻求治疗的还不到25%（Dawson et al.，2005）。为了能够接触到他们，医师诊所、医院急诊室和大学的保健中心等机构都开始努力将物质使用问题纳入常规筛查。社区筛查也是鉴别此类需要帮助的人的重要手段之一（Tucker，Murphy，& Kertesz，2011）。

表11.1　有效治疗的原则

1. 没有哪种单一的治疗方法适用于所有个体。
2. 治疗必须容易获得。
3. 有效治疗要针对个体的多方面需求，而不仅仅是药物使用。
4. 个体的治疗计划必须持续评估，必要时进行修正，以确保满足其需求的变化。
5. 持续时间足够长（3个月以上）是保证治疗有效性的关键。
6. 咨询（个人或团体）或其他行为疗法是有效治疗成瘾的重要组成部分。
7. 药物是许多患者的治疗中的关键部分，特别是与咨询和其他行为疗法配合使用时。
8. 对于精神障碍和成瘾（或滥用）并发的患者，应用整合的方法同时治疗两种障碍。
9. 药物解毒只是成瘾治疗的第一阶段，它无法改变长期的药物使用。
10. 治疗不需要自愿也能有效。
11. 治疗过程中应持续监控可能使用药物的情况。
12. 治疗程序需要检测患者有关HIV/艾滋病、乙肝、丙肝、肺结核和其他传染性疾病的情况，咨询有助于患者纠正或改变那些将自身或他人置于传染风险中的行为。
13. 从药物成瘾中恢复是个长期过程，治疗中可能会出现多次反复。

Source: National Institute on Drug Abuse (NIDA). (2009). *Principles of addiction treatment: A research-based guide, 2nd edition (NIH Publication No. 09-4180)*. Rockville, MD: National Institute on Drug Abuse.

我们将对物质使用障碍的治疗作为一个类群来讨论，是因为这些治疗方法有很多共性，包括治疗不同物质依赖时的许多流程，以及处理生活应激的技巧。有些生理取向的治疗着眼于消除摄入物质的影响，因此我们会针对不同的物质介绍不同的方法。

生物治疗

研究者已设计出多种基于生理学的手段来改变患者对物质的体验。换句话说，科学家努力寻找某种方法，阻止人们体验到与物质使用相关联的愉悦感，或是努力挖掘某些没有成瘾性但能带来积极影响（如降低焦虑）的替代物质。表11.2列出了当前推荐的药物治疗，可以用来解决许多棘手的物质依赖问题。

表11.2　药物治疗

	治疗目标	治疗手段
尼古丁	减轻戒断反应和渴求	尼古丁替代物治疗（贴片、口香糖、喷雾、糖锭和吸入剂）
	减轻戒断反应和渴求	安非他酮
酒精	减轻酒精的强化效果	纳曲酮
	减轻戒酒者的酒精渴求	阿坎酸
	保持戒酒	戒酒硫
大麻		没有具体的干预药物可推荐
可卡因		没有具体的干预药物可推荐
阿片剂	保持戒除	美沙酮
	保持戒除	丁丙诺啡

Source: From American Psychiatric Association. (2007). Practice guidelines for the treatment of patients with substance use disorders (2nd ed.). *American Journal of Psychiatry, 164* (Suppl.), 1–14.

激动剂替代

随着我们越来越了解精神活性药物作用于大脑的机制，研究者开始寻找改变药物依赖患者对药物的体验的方法。其中一种方法是**激动剂替代**（agonist substitution），即提供一种化学特性与成瘾物质相类似的安全药物（称为激动剂）。**美沙酮**（methadone）就是阿片类的激动剂，常被用作海洛因的替代物（Schwartz, Brooner, Montoya, Currens, & Hayes, 2010）。美沙酮是德国在第二次世界大战期间研制出来的一种合成麻醉剂，在缺少吗啡时可用于控制疼痛；它最初因阿道夫·希特勒（Adolph Hitler）而被命名为"阿道酚"（adolphine）（Martínez-Fernández, 2002）。尽管美沙酮不像海洛因那样能让使用者迅速达到高峰体验，但能起到同样的止疼和镇静效果。然而，当使用者对美沙酮产生耐受性后，其止疼和镇静的功效就没有了。海洛因和美沙酮是**交叉耐受**（cross-tolerance），这意味着它们作用于相同的神经递质受体。海洛因成瘾者在服用美沙酮后，可能变为美沙酮成瘾，但也并不总是这样（Maremmani et al., 2009）。研究表明，当采用美沙酮治疗与咨询结合的方式后，很多成瘾者的海洛因摄入量和犯罪活动率都有所减少（Schwartz et al., 2009）。一种更新型的激动剂**丁丙诺啡**（buprenorphine），可以阻断

阿片剂的作用，并且其有助于患者保持对治疗的依从性，同时在这一点上好于非阿片剂或阿片拮抗剂（Strain et al., 2009）。

香烟成瘾也可以通过替代物来治疗。可以提供给使用者那些不含烟雾（内有致癌物质）的其他形式的尼古丁——如口香糖、贴片、吸入器、鼻部喷雾等，然后逐渐减少剂量以减轻戒断反应。通常来说，替代物策略可以有效地帮助人们戒掉吸烟，如果能与支持性心理治疗配合使用效果会更好（Hughes, 2009）。我们需要教会人们如何正确使用口香糖，避免某些戒烟成功的人发展出对口香糖的依赖（Etter, 2009）。尼古丁贴片的副作用较小，因此可以作为一种稳定的替代物（Hughes, 2009）。另一种吸烟的药物治疗方法——安非他酮——是种常见的处方药，属于抗抑郁药。这种药在抑制渴求方面并不算是尼古丁激动剂，更像是帮助吸烟者在戒烟的时候不那么抑郁。所有这些药物治疗在帮助人们戒烟方面都能达到相同的效果，6个月内的戒烟成功率约为20%～25%（Litvin et al., 2012）。

拮抗剂治疗

我们已经讲过，许多精神活性物质通过作用于大脑中的神经递质而带来欣快感。如果这些药物的作用被阻断，不能再产生愉悦的效果，人们是否会停止使用它们呢？**拮抗剂**（antagonist）能够阻碍或抵消精神活性物质的作用。比如，有一系列药物可以消除阿片剂的影响，并且已被应用在很多类型的物质依赖者身上。最常见的治疗处方是阿片类拮抗剂纳曲酮，但它对于没有同时参加结构化治疗的人效果有限（Krupitsky & Blokhina, 2010）。当给予阿片剂依赖者这种药物时，会立即产生戒断症状，出现大量的不愉快反应。因此，在开始使用纳曲酮之前，人们必须先从戒断症状中摆脱出来；而且，因为它会带走阿片剂的欣快感，所以使用者必须抱有强烈的动机才能继续治疗。阿坎酸可以降低酗酒者对酒精的渴求，并且对于那些同时接受了心理社会干预的有强烈康复动机的酒精依赖者尤其有效（Kennedy et al., 2010）。目前阿坎酸对大脑的作用机制还不是很清楚（Oslin & Klaus, 2009）。

总体而言，纳曲酮等药物并非灵丹妙药。它们不能立即去除成瘾者对精神活性物质的反应以结

束依赖，而更多的是帮助瘾君子处理戒断症状和渴求，尝试去放弃毒品。拮抗剂是其他治疗方法的有效补充。

厌恶疗法

除了寻找阻碍精神活性物质产生欣快感的方法，临床医师还会开些别的处方药，让患者在摄入物质时产生不愉快感，以期将这种药与生病的感觉联结起来，从而避免患者再使用药物。最广为人知的厌恶疗法是给酒精依赖者使用**戒酒硫**（disulfiram）（Ivanov，2009）。戒酒硫会阻止酒精副产物乙醛进一步分解，而乙醛会带来生病的感觉。人们服用戒酒硫后再饮酒，会出现恶心、呕吐、心跳和呼吸加快等反应。理想状态下，患者应该在每天早晨产生饮酒渴望之前服用戒酒硫。可惜酒精依赖者不遵医嘱是一大妨碍因素，只要几天不服用戒酒硫，患者就可以重新饮酒了（National Institute on Drug Abuse，2009）。

让人们对吸烟产生厌恶的方法包括使用锭剂或口香糖形式的硝酸银。这种化合物会跟吸烟者的唾液反应，在口腔中生成难闻的气味。研究尚未证实这种方法有什么特别效果（Jensen，Schmidt，Pedersen，& Dahl，1991）。无论是针对酗酒者的戒酒硫还是针对吸烟者的硝酸银，这两种方法就治疗策略而言都不是特别成功，因为它们都需要患者在没有精神健康专业人员监管的情况下，也能保持强烈的动机去按时服用。

其他生物学途径

许多处方药被用来帮助人们处理戒断症状。**可乐定**（clonidine）主要用来治疗高血压，也能够帮助人们戒除鸦片。由于戒断特定处方药（如镇静剂），会导致心搏停止或癫痫，因此这些药要逐渐减少以保证危险的反应最小化。另外，镇静剂（苯二氮䓬类）经常用于帮助人们减少戒断其他物质（如酒精）时的不适感觉（Sher，Martinez，& Littlefield，2010）。

心理社会治疗

大多数针对物质滥用的生理治疗都要求使用者承诺，他们会尽全力戒掉使用物质的习惯。然而，这些治疗方法中没有哪一种可以适用于所有人（Schuckit，2009b）。大部分研究显示，他们还需要社会支持和治疗性干预。由于有太多人需要在物质相关问题上获得帮助，研究者发展出了一系列的模型和程序。但不幸的是，有些未经验证或检测的方法，已经被心理学以外的领域广泛接受。需要记住，一个没有被严格审查的项目或许有用，但如果接受这些效果不明的服务的患者数量达到一定规模，就有必要引起重视。接下来，我们介绍几种已经经过评估的治疗方法。

住院治疗机构

美国第一个专门针对物质滥用问题的机构创立于1935年，位于肯塔基州列克星敦市，是联邦政府的第一个吸毒者改造"农庄"。现在大多数此类机构都是私立的，主要宗旨是帮助人们摆脱最初的戒断症状，提供支持性治疗，让他们日后能重返社区（Morgan，1981）。住院治疗的费用通常很昂贵（Bender，2004）。由此产生的一个问题是：与费用相当于住院治疗10%的非住院治疗相比，住院治疗的有效性如何？研究发现，对于酗酒者而言，集中居住的特定干预程序与高质量的院外干预之间没有显著差异（Miller & Hester，1986）。总体来说，药物治疗也是如此（National Institute on Drug Abuse，2009）。尽管有人努力去改善住院条件，但其效果与明显花费较少的院外干预相持平。

匿名戒酒会及其变体

毫无疑问，最常见的物质滥用治疗模型就是**匿名戒酒会**（Alcoholics Anonymous，简称AA）的12步法则。匿名戒酒会是由两位戒酒专家威廉·威尔逊（William Wilson）和罗伯特·霍尔布鲁克·史密斯（Robert Holbrook Smith）在1935年创立的。匿名戒酒会的理念基础是：酗酒是种疾病，饮酒者要认识到自己的成瘾及其带来的巨大危害。酒瘾比任何一个人都更强大，因此这些饮酒者需要找到更强大的力量才能克服它。匿名戒酒会设计的核心就是为酒精依赖者建立起不会被污名化的医疗社区和自由空间（Denzin，1987；Robertson，1988）。其中一个重要成分就是通过团体聚会来提供社会支持。

从1935年起，匿名戒酒会持续壮大，现在已在超过 100 个国家成立了近 106000 个团体（White & Kurtz, 2008）。一项调查显示，9% 的美国人承认参加过匿名戒酒会的聚会（Room & Greenfield, 2006）。匿名戒酒会的 12 步法则是其理念基础（见表 11.3）；它带有宗教色彩，你将会在 12 步法则中看到祈祷和上帝等内容。

表11.3　匿名戒酒会的12步法则

第一步：承认我们自己对酒精的控制力为零，我们的生活一塌糊涂。
第二步：承认有一种远远超越自己的力量可以将自己拯救出来。
第三步：决定将自己的意愿和生活完完全全地交给上帝。
第四步：开始审视自己，并将自己的所有道德问题列出清单。
第五步：向上帝、自己和其他人彻底承认自己的严重问题。
第六步：全身心地做好准备，请上帝将我们品格中的缺陷去掉。
第七步：恳请上帝改正我们的不足。
第八步：将自己伤害到的所有人列出来，准备对每个人做出补偿。
第九步：无论何时何地，对自己伤害的人直接做出补偿，除非这样做有可能对他人造成伤害。
第十步：继续给自己的问题列出清单，一旦发现错误立刻承认。
第十一步：通过祈祷和冥想来改善我们和上帝的交流，祈祷上帝赐予我们力量和意愿，继续消除我们的缺点。
第十二步：通过上面十一步的努力，我们的精神得到了升华，再将自己的经历告诉其他的嗜酒者，并在其他事情中继续实践这套法则。

来源：世界匿名戒酒服务会（Alcoholics Anonymous World Services, AAWS）的授权许可本书作者翻印 12 步法则。该授权并不意味着 AAWS 已经审核并批准所出版的内容，或者同意本书中的观点。匿名戒酒会是仅针对酗酒者的康复计划，并不适用于其他问题或非匿名戒酒会的情况。

许多人认为匿名戒酒会以及类似组织（比如可卡因匿名戒毒会和麻醉剂匿名戒毒会）拯救了自己的生命。由于参与者是匿名参加聚会，且仅在他们需要时参加，所以对其有效性进行系统研究非常困难（Miller & McCrady, 1993）。不过，仍然有大量研究试图评估匿名戒酒会对酗酒者的效用（Ferri, Amato, & Davoli, 2006）。尽管没有充足的数据能说明参加匿名戒酒会的人中最终戒酒的比例，但研究还是发现那些经常参与匿名戒酒会活动（或其他类似的支持方法）并严格服从这些原则指导的人更容易获得改善（Kelly, 2013; Zemore, Subbaraman, & Tonigan, 2013）。对于改变动机较高的酒精依赖者

来说，匿名戒酒会是种有效的治疗方法。只是我们还不太清楚，匿名戒酒会中哪些人容易成功，哪些人容易失败。还有其他一些让人能从社会支持中获益的组织，比如恢复理性（Rational Recovery）、节制管理（Moderation Management）、妇女戒酒会（Women for Sobriety）、恢复聪明（SMART Recovery）等，适合于那些尝试过匿名戒酒会后不愿意实施 12 步法则的人（Tucker et al., in press）。

控制性使用

匿名戒酒会的宗旨之一是完全戒除，他们认为那些坚信自己只抿一小口的人会抑制不住地越喝越多，最终还是得来戒除。然而，有些研究者质疑这个假设，他们认为有一部分物质滥用者（尤其是酒精和尼古丁滥用者）最终可能变为社交使用者，而并不会再一次陷入滥用。

在治疗酗酒领域，对于教会患者**控制性饮酒**（controlled drinking）存在激烈的争议。一项经典的研究显示，让重度滥用者在限定范围内饮酒可以取得一定的成效（Sobell & Sobell, 1978）。这些被试是在州立医院里接受戒酒治疗的 40 名男性饮酒者，在研究开始之前，他们都被判定为预后良好。这些人被分配进入两组，一组学习如何适度饮酒（实验组），另一组学习如何完全戒除（对照组）。研究者马克·索贝尔（Mark Sobell）和琳达·索贝尔（Linda Sobell）对这些被试进行了两年的跟踪，与 98% 的被试都保持着联系。在治疗后的第二年，实验组里 85% 的人表现良好，而对照组的比例只有 42%。尽管两个组的结果明显不同，但都有人严重复发，需要重新住院治疗，有些人甚至被拘禁。这一研究表明，对于部分酗酒者，控制性饮酒比彻底戒除更有效——但这并不能算是治愈。

关于这个研究的争议起始于发表在著名学术期刊《科学》（Science）上的一篇论文（Pendery, Maltzman, & West, 1982）。论文作者报告说，在索贝尔研究结束 10 年之后，他们联系了当年参与研究的被试，发现实验组的 20 个被试里只有 1 个成功地保持了适度饮酒的习惯。尽管这次再评估成了头条新闻，甚至登上了电视，但它仍然是有缺陷的（Marlatt, Larimer, Baer, & Quigley, 1993）。主要缺陷是缺少 10 年之后原对照组被试的数据。因为

没有哪种针对物质滥用的治疗保证能帮助所有被试，设置对照组正是为了比较进步的程度。在这种情况下，我们需要知道实验组与对照组的进展情况对比。

由于索贝尔研究存在争议，对酗酒者采用控制性饮酒的治疗方法在美国遭到了冷遇。相反，控制性饮酒作为治疗方法在英国是被广泛接受的。尽管有些异议，但随后的几年中还是出现了一些关于这种方法的研究（Orford & Keddie，2006）。结果显示，控制性饮酒至少与戒除同样有效，但从长期来看，两种方法的成功率都不足70%～80%——这对于酒精依赖者是个不太乐观的结果。

综合治疗

为了更好地帮助存在物质滥用和依赖问题的人，大多数综合治疗项目都是将几种方法组合起来成为"治疗包"，以期提升有效性（National Institute on Drug Abuse，2009）。我们在生物治疗中看到，当加入了基于心理学的治疗要素后，生物治疗的有效性增加了。在厌恶疗法中，运用条件作用模型，使用物质时会伴随强烈的不适感，比如电击或恶心的感觉。这种方法的目标就是用消极联系来抵消酒精使用带来的积极联系。消极联系也可以用想象不愉快的景象来实现，这在技术上称为**内隐致敏法**（covert sensitization）（Cautela，1966）；人们可以想象自己在吸食可卡因，然后想象自己重病卧床的图景，接着停止想象（Kearney，2006）。

对于治疗物质使用问题来说，有一种方法十分有价值，这就是**权变管理**（contingency management）（Higgins et al.，in press）。临床医生和病人共同确定病人需要改变的行为和达到特定目标时的奖励强化物，可能是金钱，也可能是约定好的小礼物。在一项可卡因滥用研究中，当尿检呈可卡因阴性时，病人会收到代金券（其价值可累计到近2000美元）（Higgins et al.，2006）。研究发现，在可卡因依赖者中采用权变管理以及其他技能培训，比接受常规咨询（包括12步法则在内）戒除率更高。

另一套治疗包是**社区强化法**（community reinforcement approach）（Campbell, Miele, Nunes, McCrimmon, & Ghitza，2012）。由于物质使用会带来多重影响，此类问题的多个方面都需要得到处理，以鉴别和纠正个人生活中可能影响或干扰戒除努力的因素。第一，在关系疗法中，没有物质使用问题的配偶或一位亲朋好友会作为参与者，帮助滥用者改善与重要他人的关系。第二，患者要学会鉴别影响自己使用药物的前因后果。比如，如果患者喜欢和特定的人一起使用可卡因，就要教会其重新认识这段关系，并鼓励他们断绝此类联系。第三，向患者提供工作、教育、财务或其他社会服务等领域的援助，帮助他们减少压力。第四，提供新的选择，帮助患者用其他娱乐活动替代物质使用。现在，已有很多有力的实证性证据支持这种方法对酒精和可卡因滥用者的有效性（Higgins et al.，in press）。

妨碍成功治疗物质滥用和依赖的因素包括：患者意识不到自己的问题，或是不愿意去改变。有一种越来越常用的干预途径可以直接处理这些需求，被称为**动机强化疗法**（motivational enhancement therapy）（National Institute on Drug Abuse，2009）。动机强化疗法源于Miller和Rollnick（2002）的工作。他们认为，如果成年患者接受的是**共情且乐观**（咨询师理解患者的观点并且相信他们能改变）的咨询，咨询师关注着与患者核心价值观的个人联结上（比如饮酒及其后果使得患者没有时间与家人相处），提醒患者其最珍视的是什么，那么成年患者的行为更容易发生改变。动机强化疗法通过提升患者的个人信念，令其相信所做的任何改变（例如，减少饮酒）都会带来积极的结果（例如，增加家庭生活时间），让患者更有可能做出被咨询师推荐的改变。动机强化疗法目前已经被用于辅助不同类型物质使用问题的个体，并成为心理治疗中的一个有效成分（Manuel，Houck，& Moyers，2012）。

认知行为疗法对于许多心理障碍来说都十分有效（参见第5章），它也是治疗物质障碍时最常应用和研究的方法（Granillo, Perron, Jarman, & Gutowski，2013）。这种治疗方法可以处理与障碍有关的多个方面，包括导致物质使用的个人反应线索（比如，与特定的朋友在一起），还有坚持使用的想法和行为等。认知行为疗法的另一个用途就是**应对复发**。Marlatt和Gordon's（1985）的**防止复发**（relapse prevention）治疗模型关注物质依赖行为中的习得部分，将复发视为认知和行为应对技能的一种失败（Witkiewitz & Marlatt，2004）。该疗法检查患者对于毒品的积极信念（"没有什么能像可卡因那么爽"），并对比使用的消极后果（"我喝高了就会跟妻子打架"），从而帮助患者缓解内心对于戒除物质使用的矛盾情绪。咨询师与患者一道识别高风险情形（"我口袋里有多余的钱"），制定处理潜在问题情境的策略，并处理戒断期间的渴求心理。患者的复发被作为康复过程中可能出现的偶然事件来应对，而不是认为这些插曲势必会导致更多的药物使用。咨询师鼓励患者将这些插曲视为由暂时的压力和处境引发的，而且是可以改变的。研究显示，这类技术对治疗酒精问题特别有效（McCrady, in press），但同样也适用于治疗其他类型的物质相关障碍（Marlatt & Donovan, 2005）。

预 防

近几年来，预防物质滥用和依赖的策略已经从单一的教育途径（比如教育学校里的孩子，毒品是有害的）转变为更加多种多样的途径，包括修订持有和使用毒品的法规，以及社区层面的干预（Sher et al., 2011）。例如，美国许多州都会在学校实施特定的教育项目，以确保学生不使用毒品。应用广泛的"抵制药物滥用教育"（Drug Abuse Resistance Education，DARE）通过显示骇人的吸毒后果，传递"拒绝毒品"的信息，奖励那些承诺不使用毒品的个人，并教授如何拒绝他人提供的药物。不幸的是，几个大规模评估研究发现，这类项目可能没有达到研究者预期的效果（Pentz, 1999）。而好消息是，某些更加复杂的项目，包括如何避免或抵抗社会压力（比如同伴压力）和环境压力（比如某些药物使用场景）的技能培训，可以更有效地预防吸毒。举例来

两种新的预防途径

我们看到，药物滥用的问题不仅仅在于使用药物。药物滥用的复杂性还包括大脑对药物的持续渴求，特别是当出现的某些刺激或情境与药物有关时。因此，觅药行为和复发会持续地妨碍治疗。而最近的一项开创性研究通过探索这些过程在大脑中的运行机制，试图找出帮助人们摆脱药物的新途径（Kalivas, 2005）。

另一项关于动物的新研究则更向前迈进了一步，显示出研发"疫苗"的可能性——借助免疫系统来对抗毒品（比如海洛因），就如同人体会攻击那些入侵的细菌一样（Anton & Leff, 2006）。有种疫苗可以消除吸烟的快感，现在已经进入人体测试阶段（Moreno, et al., 2010）。这就意味着，从理论上来说，如果人们在儿童期时注射了疫苗，将来使用药物的话，就不会有快感体验，从而避免了持续使用。这样的疫苗或许能够回答我们亟须解决的社会问题。

在干预目标的另一端，新的更复杂的预防途径可以帮助许多个体避免初次尝试危险药物。其中一种办法正在蒙大拿州推行，被称为"蒙大拿冰毒项目"（Montana Meth Project, Generations United, 2006）。这个项目最初是由做计算机软件起家的亿万富翁Timothy Siegel资助的，其主要内容是通过广告宣传和社区行动向全州的年轻人展示甲基苯丙胺的恐怖危害。该项目运用引人注目的震撼性图片和视频，有效地改变了年轻人（12～17岁）对使用冰毒的态度。尽管暂时还没有对照研究，但它很有希望成为减少药物依赖的有力工具。

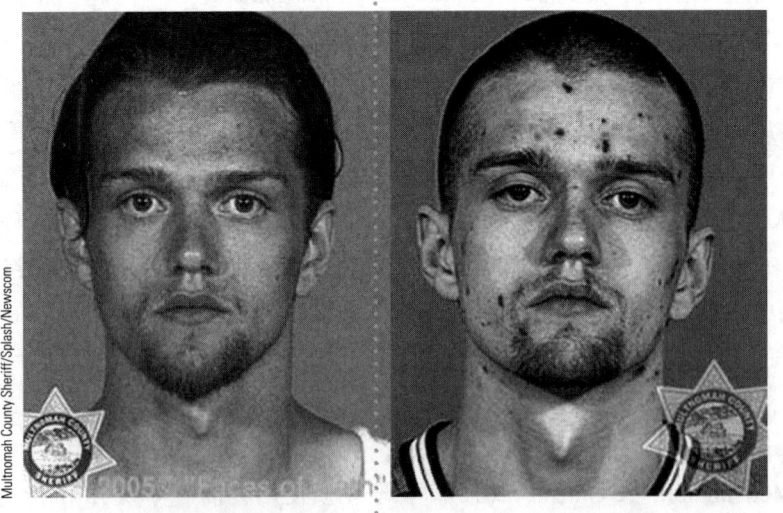

蒙大拿冰毒项目使用了类似"冰毒面孔"这样的图片。"冰毒面孔"是俄勒冈州波特兰市的一个预防吸毒项目。

说，一项大规模的纵向研究使用社区层面干预策略来减少豪饮和酒精的相关伤害（比如交通事故与斗殴）（Holder et al., 2000）。有三个社区被调动起来，鼓励负责任的酒类饮料供应服务（即不向酒吧顾客供应过多的酒），管制未成年人接触酒精的途径，加强当地酒驾法规的执行力度，以此来限制酒精使用。过度饮酒者报告说，在社区实施干预后他们的饮酒量和酒驾行为都减少了；同时，与饮酒相关的交通事故和打架斗殴也有所减少。这类复杂的项目还需要在不同社区中进行重复检验，并拓展其影响范围（比如媒体描述吸毒现象的方式），以获得更加显著的预防效果（Newton, Conrod, Teesson, & Faggiano, 2012）。

文化的改变可能是最有效的预防策略。在过去的45年里，美国的社会文化从"开启、调频、退出""如果感觉好，就去做吧""我从朋友那儿得到一点小帮助，让我很爽"等，逐渐转变为拥护"对毒品说'不'！"的号召。社会对酗酒、吸烟或使用其他物质的排斥态度或许促成了这种改变。例如，社会文化对吸烟的否定态度，在一位前烟民的描述中得以体现：

我11岁的时候就开始吸烟了。当我从学校和家庭的束缚中逃离出来，成为一名大学新生后，我的烟量涨到每天一包。我没有注意到当年美国卫生总署发表的重要报告《吸烟与健康》（Smoking and Health, 1964）。几年后，这些警告开始出现在香烟盒上，但还是很容易被忽视。那时我已经长大了，知道吸烟是不健康的。我毕了业，成为了一名青年教师，我经常在班会上吸烟，就像我年少时最喜欢的那些老师一样。这一切在1980年结束了，当时有个学生，毫无疑问受到了反对吸烟运动的影响，要求我停止在班里吸烟，因为烟雾干扰到他。几年之后，几乎很难再找到可以吸烟的社交场合。即使在自己家里也不得安生，因为孩子们缠着我戒烟。所以，我只好戒了。过去经常一起吸烟的朋友们中只有一半还活着，而我的"前烟民"身份帮助我成为了他们中的一员。对于我们中的很多人来说，越来越抵制吸烟的社会环境让戒烟变得更容易了（Cook, 1993, p.1750）。

实施这种干预已经超出某个研究者能调查研究的范围，甚至超出多个研究机构联合调研的范围；它需要政府、教育机构乃至社会团体之间的合作。我们应当认真思考预防毒品使用和滥用的新途径（Newton et al., 2012）。

小测验 11.4

请将下列术语与对应描述相匹配：

A. 依赖　　B. 交叉耐受　　C. 激动剂替代
D. 拮抗剂　E. 防止复发　　F. 控制性饮酒
G. 厌恶疗法　　H. 内隐致敏法
I. 权变管理　　J. 匿名的

1. _____ 是针对酒精滥用的有争议的疗法，因为一项有缺陷的研究发现这种疗法后果不佳，而且该疗法与完全戒除的观点存在冲突。
2. 使用美沙酮帮助海洛因成瘾者戒掉习惯的方法被称为 _____。
3. _____ 药物能够阻断或抵消精神活性物质的效果，有时用于治疗成瘾。
4. 在 _____ 中，临床医生和病人一起决定病人需要改变的行为，以及达到目标时作为奖励的强化物。
5. 很难去评估匿名戒酒会的效果，因为参与者都是 _____。
6. 在 _____ 中，物质使用会伴随极度不愉快的体验（比如戒酒硫会导致饮酒时恶心呕吐）。
7. 海洛因和美沙酮是 _____，这意味着它们作用于相同的神经递质受体。
8. _____ 模型通过检查个人关于药物使用的积极和消极信念，帮助他们摆脱对于戒除药物的矛盾情绪。
9. 通过想象不愉快的场景，_____ 技术可以帮助人们把药物使用与负面效用连接起来。
10. 不幸的是，海洛因成瘾者可能会变得一直 _____ 美沙酮。

赌博障碍

赌博拥有悠久的历史，例如，在古埃及的坟墓里就发现了骰子（Greenberg, 2005）。赌博在美国也很流行，在不少地方都是合法的娱乐方式。**赌博障碍**（gambling disorder）影响了越来越多的人或许就是这种情况导致的。目前估计，美国成年人中赌博障碍的终生患病率接近1.9%（Ashley & Boehlke, 2012）。研究发现，在病态赌博者中，14%的人经历过至少一次失业，19%的人破产，32%的人被拘捕过，21%的人被监禁（Gerstein et al., 1999）。在DSM-5中，赌博障碍的诊断标准指出了与这一成瘾障碍有关的特征行为。这些行为中包括与我们在其他物质相关障碍中发现的相同的渴求模式。与物质依赖极为相似的是，赌博金额会随时间增加，还有当试图停止赌博时会出现坐立不安和易激惹等戒断症状。基于这些与物质相关障碍相同的症状，DSM-5中将赌博障碍归于"成瘾障碍"一类（Denis, Fatséas, & Auriacombe, 2012）。

关于赌博障碍的性质和治疗的相关研究不断发展。例如，探索病态赌博者对于赌博渴求的生物基础。一项研究让赌博者观看其他人赌博的录像，同时用脑成像技术（fMRI，功能性磁共振成像）观察他们的脑功能活动（Potenza et al., 2003）。与对照组相比，赌博者大脑中冲动控制区域的活跃程度较低，显示出与赌博有关的环境线索与大脑响应间存在交互作用（抵制赌博线索的能力可能被削弱）。在针对病态赌博者的研究中还发现了多巴胺系统（负责赌博的快感结果）和血清素系统（与冲动行为有关）的异常（Moeller, 2009）。

治疗赌博问题非常困难。赌博障碍患者呈现出一些性格特征，包括否认问题、易冲动和持续乐观（总会赢场大的来弥补损失），这些性格特征会影响治疗的有效性。病态赌博者还会经历与物质依赖相似的渴求体验（Wulfert, Franco, Williams, Roland, & Maxson, 2008; Wulfert, Maxson, & Jardin, 2009）。治疗赌博障碍的方法也与物质依赖相类似，比如匿名戒赌自助会和我们之前讨论过的12步法则。然而，关于有效性的评估显示，除非患者在接受干预之前就有强烈的戒赌意愿，否则70%~90%的人会中途退出（Ashley & Boehlke, 2012）。认知行为治疗的效果也得到了研究，其中包含了很多不同成分——设定金额限制、规划替代活动、预防复发、脱敏想象等。这一预备性研究为我们呈现出了乐观的前景（Dowling, Smith, & Thomas, 2007）。

除了将赌博障碍归入"成瘾障碍"外，DSM-5中还列出了其他潜在的成瘾行为，如"网络游戏障碍"（Internet Gaming Disorder），以便进一步研究（American Psychiatric Association, 2013）。有些人会极其专注地投入在线游戏（有时跟其他玩家组成团队），他们也有相似的耐受和戒断模型（Petry & O'Brien, 2013）。这种新型的成瘾行为还需要更多关于其性质和治疗方法的研究。

DSM-5 赌博障碍的诊断标准

A. 持续和反复出现的赌博问题行为导致了临床上显著的损害或痛苦；在最近12个月内满足下列症状中至少4项：

1. 需要投入比预期更多的钱来赌博才能达到渴望的兴奋程度。
2. 当试图戒除或停止赌博时，会出现坐立不安或易激惹。
3. 试图控制、戒除或停止赌博但未能成功。
4. 极其专注于赌博（比如持续回想过去的赌博经历、着手或计划下次赌博、思考如何获得赌博所需的钱）。
5. 常常在感到不愉快（比如无助、内疚、焦虑或抑郁）时去赌博。
6. 在赌博输钱后，第二天接着去"翻本"（找回损失）。
7. 撒谎以掩饰自己在赌博中的投入程度。
8. 因为赌博而身陷困境，或造成人际关系、工作、教育、职业机会等方面的明显损失。
9. 依赖于他人提供的钱来缓解因赌博造成的严重财务危机。

B. 用躁狂发作无法更好地解释赌博行为。

注明：
轻度：符合4、5个症状
中度：符合6、7个症状
重度：符合8、9个症状

From American Psychiatric Association. (2013). *Diagnostic and statistical manual of mental disorders* (5th ed.). Washington, DC.

冲动控制障碍

本书中所描述的很多障碍都起源于不可抗拒的冲动，最终往往会对患者本人造成伤害。通常，人们体验到不断增加的张力后会采取行动，有时还会对冲动行为产生快感预期。举例来说，恋童癖（对儿童产生性渴望）等性欲倒错、进食障碍以及本章所讨论的物质相关障碍，都始于具有破坏性但又难以抵抗的欲望或诱惑。DSM-5 中还包含了另外三种冲动控制障碍：间歇性爆发障碍、盗窃癖和纵火癖（Muresanu, Stan, & Buzoianu, 2012）。在 DSM-IV-TR 中，赌博障碍被归入冲动控制障碍中，但是在 DSM-5 中，它被归于成瘾障碍。而拔毛发癖（拔毛症）也从本类别中移出，归入强迫症相关障碍（参见第 5 章）。

间歇性爆发障碍

间歇性爆发障碍（intermittent explosive disorder）患者在其攻击性冲动发作期间，会出现严重的攻击行为并导致财产损失（Coccaro & McCloskey, 2010）。不幸的是，在一般人群中经常能观察到的攻击性爆发现象，但在排除了其他障碍（例如反社会型人格障碍、边缘型人格障碍、精神病性障碍和阿尔茨海默氏病）或物质使用影响后，很少有人被诊断为患有这种障碍。一项重要而罕见的大型研究调查了 9000 多人，估算出这种障碍的终生患病率是 5% ~ 7%（Kessler et al., 2006）。

这个诊断是很有争议的，在整个 DSM 系统的发展过程中引发了多次辩论。人们担心，如果确立一个覆盖了攻击行为的诊断类别，那么精神失常可能会被当作所有暴力犯罪的法律辩护理由（Coccaro & McCloskey, 2010）。

关于间歇性爆发障碍的初步研究关注神经递质的影响，比如血清素、去甲肾上腺素和睾酮的水平，以及它们与社会心理影响（应激、残缺的家庭生活、父母的养育风格等）之间的相互作用。研究检验了上述以及其他影响因素，以便理解这类障碍的成因（Coccaro, 2012）。认知行为干预（比如帮助人们识别和避免攻击性发作的触发点）以及药物治疗后模仿示范的方法似乎是对于这类患者最有效的手段，但目前几乎没有对照研究（McCloskey, Noblett, Deffenbacher, Gollan, & Coccaro, 2008）。

盗窃癖

2001 年 12 月，十分富有的著名演员薇诺娜·赖德（Winona Ryder）在加利福尼亚州比弗利山庄的百货公司盗窃了价值 5500 美元的物品。这个新闻不仅夺人眼球，而且让人困惑。为什么身价数百万的人要去偷那些她随手就能买到的衣服？她是否患有**盗窃癖**（kleptomania）——总是无法控制自己偷东西的欲望，尽管那些东西根本不值钱或对其而言毫无用处？这种障碍较为罕见，但其没有得到太多研究，因为承认自己有这种违法行为会损害名誉。患有这种障碍的人所描述的模式也十分相似：偷东西前开始感觉紧张，但在干了坏事后会感觉快乐或放松（Grant, Odlaug, & Kim, 2010）。盗窃癖患者在冲动性评估中得分很高，反映出他们缺乏对偷东西后瞬间的快感与长期的消极后果（被逮捕、难堪）进行对比和判断的能力（Grant & Kim, 2002）。盗窃癖患者还经常报告自己对入店偷窃行为没有记忆（失忆）（Hollander, Berlin, & Stein, 2009）。脑成像研究支持了这些观察结果；研究发现大脑特定区域（额下回区域）的损伤与不良决策相关联（Grant, Correia, & Brennan-Krohn, 2006）。

盗窃癖与心境障碍之间存在很高的共病，而

2002 年，著名演员薇诺娜·赖德因从商店偷窃价值数千美金的物品而被判有罪。

与物质滥用和依赖的相关性则较低（Grant et al., 2010）。甚至有人将盗窃癖视为"抗抑郁"行为，也就是说，偷窃是为了减少不愉快感觉（Fishbain, 1987）。迄今为止，几乎没有对盗窃癖的治疗研究，无论是行为干预还是使用抗抑郁药物。唯一的例外是，有研究表明纳曲酮（用于治疗酗酒的阿片拮抗剂）对减少盗窃癖患者对偷窃的渴望有一定效果（Grant, Kim, & Odlaug, 2009）。

纵火癖

众所周知，偷东西的人不一定是盗窃癖患者，同样，纵火者也不一定都是**纵火癖**（pyromania）患者。纵火癖是一种抑制不住放火渴望的冲动控制障碍。它的模式与盗窃癖非常相似，在放火之前个体会感到紧张唤起，点火之后会感到愉悦或放松。这些人还特别关注火或相关设备，比如点火或灭火装置等（Dickens & Sugarman, 2012）。这种障碍同样很罕见，纵火犯中只有3%被诊断为纵火癖（Lindberg, Holi, Tani, & Virkkunen, 2005），因为纵火犯中为钱财或报仇而放火的，要远远多于那些只是为了满足生理或心理渴望的人。因为被诊断出这种障碍的人很少，所以有关的病理学和治疗研究也很有限（Dickens & Sugarman, 2012）。目前，已经开展了针对纵火犯（其中只有很小的比例是纵火癖）的研究，考察了纵火犯的家族史以及与其他冲动障碍（反社会型人格障碍和酗酒）的共病情况。治疗以认知行为疗法为主，帮助患者鉴别出最初的渴望信号，并教会他们抵抗纵火冲动的应对策略（Bumpass, Fagelman, & Brix, 1983; McGrath, Marshall, & Prior, 1979）。

> **小测验 11.5**
>
> 请将下列症状与其对应的障碍相匹配：
> A. 赌博障碍　　B. 间歇性爆发障碍
> C. 盗窃癖　　　D. 纵火癖
>
> 1. 这种罕见障碍的特点是攻击性冲动发作，有时可以用认知行为干预或药物治疗，或同时使用两种方法。_____
> 2. 这种障碍起初会让人有紧张的感觉，在完成盗窃后会感觉放松和愉悦。_____
> 3. 这种障碍在美国成年人中的比例是1.9%，特点是对赌博的渴求。_____
> 4. 这种障碍的个体非常关注火及相关设备，比如点火或灭火装置等。_____

争议 DSM

物质依赖和物质滥用是一回事吗？

DSM-5 中的一处修改引发了一些学者的争论，那就是在物质相关障碍领域中将物质依赖和物质滥用区分开来（G. Edwards, 2012; Hasin, 2012; Schuckit, 2012）。尽管大多数人都认同物质滥用（比如豪饮）和物质依赖（比如酒精耐受性增强，停止饮酒会有戒断症状）有差异，但研究发现，它们实际上常常发生在同一个人身上。换句话说，如果某人日常滥用药物，就很可能会变成依赖（O'Brien, 2011）。从科学的角度来看，滥用和依赖之间有明显不同；但从临床的角度（这正是 DSM 的主要功能）来说，将这些诊断分开所造成的复杂性远大于必要性。

此外，另一处重要修改是在物质相关障碍部分增加了"成瘾障碍"，特别是赌博障碍。这一改变同样是基于科学的研究发现，物质相关障碍和赌博障碍在依赖模式、渴求和脑神经通路等各方面都很相似（Ashley & Boehlke, 2012）。然而，这一类别的确立意味着可以纳入众多不同种类的"成瘾"。最新收入 DSM-5 中的一些确实引发了很多人功能紊乱的障碍（例如网络游戏障碍）正在进一步研究中（Block, 2008; Van Rooij, Schoenmakers, Vermulst, Van Den Eijnden, & VanDe Mheen, 2011），而像"美黑成瘾"（Poorsattar & Hornung, 2010）这样的问题也逐渐被视为同一类型的问题。很多可能导致依赖的活动，都能以类似物质成瘾的方式激活大脑中的奖赏中枢。关键在于，它们是否会构成"障碍"应取决于其是否会导致损害和痛苦——这正是大多数心理诊断的共性。

本章小结

审视物质相关及成瘾障碍
- 在DSM-5中，物质相关及成瘾障碍包括抑制剂（酒精、巴比妥类、苯二氮䓬类）、兴奋剂（安非他明、可卡因、尼古丁、咖啡因）、阿片剂（海洛因、可待因、吗啡）和致幻剂（大麻和麦角酸二乙基酰胺）的使用以及赌博带来的问题。
- 具体的诊断被进一步细分为物质中毒和物质戒断等。
- 尽管最近几年美国的非医用药物使用量有所下降，但每年依然会造成数百亿美元的损失，并严重影响到数百万人的生活。

抑制剂、兴奋剂、阿片剂和致幻剂
- 抑制剂是一类降低中枢神经系统活性的药物，其功能是降低生理唤醒水平，有助于放松。这类物质主要包括酒精以及能产生镇静、安眠和抗焦虑效果的药物，如治疗失眠的处方药。
- 兴奋剂是世界上使用最广泛的精神活性物质，主要包括咖啡因（含在咖啡、巧克力和许多软饮料中）、尼古丁（含在烟草及其制品中）、安非他明和可卡因。与抑制剂相反，兴奋剂让人更加警觉和精力充沛。
- 阿片剂包括天然鸦片、吗啡、可待因和海洛因。这类物质具有麻醉效果，可以减轻疼痛、促进睡眠。广义上的阿片剂还包括人工合成的化合物（如美沙酮等）以及人类脑中自然生成的类似物质（脑啡肽、内啡肽、强啡呔等）。
- 致幻剂会从根本上改变使用者感知这个世界的方式，扭曲其视觉、听觉、感觉，甚至嗅觉。人们在大麻和LSD等药物的影响下有时会出现戏剧性的反应。

物质相关障碍的成因和治疗
- 大多数精神活性物质都能通过直接或间接作用于中脑的多巴胺能系统（快感通道）而生成积极情绪。另外，诸如预期、压力、文化等社会心理因素与生理因素的交互作用会影响药物的使用。
- 物质依赖治疗的成功率很低。在使用者改善动机足够强烈，并且生物治疗和心理治疗结合运用的情况下才能获得最佳的治疗效果。
- 旨在预防的项目是改变药物使用问题成效最大的方法。

赌博障碍
- 病态赌博具有与物质相关障碍相同的渴求和依赖模式。
- 赌博障碍患者具有与物质相关障碍患者相似的大脑系统。

冲动控制障碍
- 在DSM-5中，冲动控制障碍包括三种不同的障碍：间歇性爆发障碍、盗窃癖和纵火癖。

小测验答案

11.1
1. C 2. B 3. D 4. A 5. C 6. D 7. B 8. A

11.2
1. F 2. C 3. D 4. A 5. E 6. B

11.3
1. T 2. T 3. F 4. F 5. T

11.4
1. F 2. C 3. D 4. I 5. J 6. G 7. B
8. E 9. H 10. A

11.5
1. B 2. C 3. A 4. D

探索物质使用障碍

- 当人们使用和滥用物质时，会改变他们的所想、所感、所做，造成许多问题
- 曾经被认为是个体道德不佳所致，现在药物滥用和依赖被认为源自生理和社会心理因素的双重影响

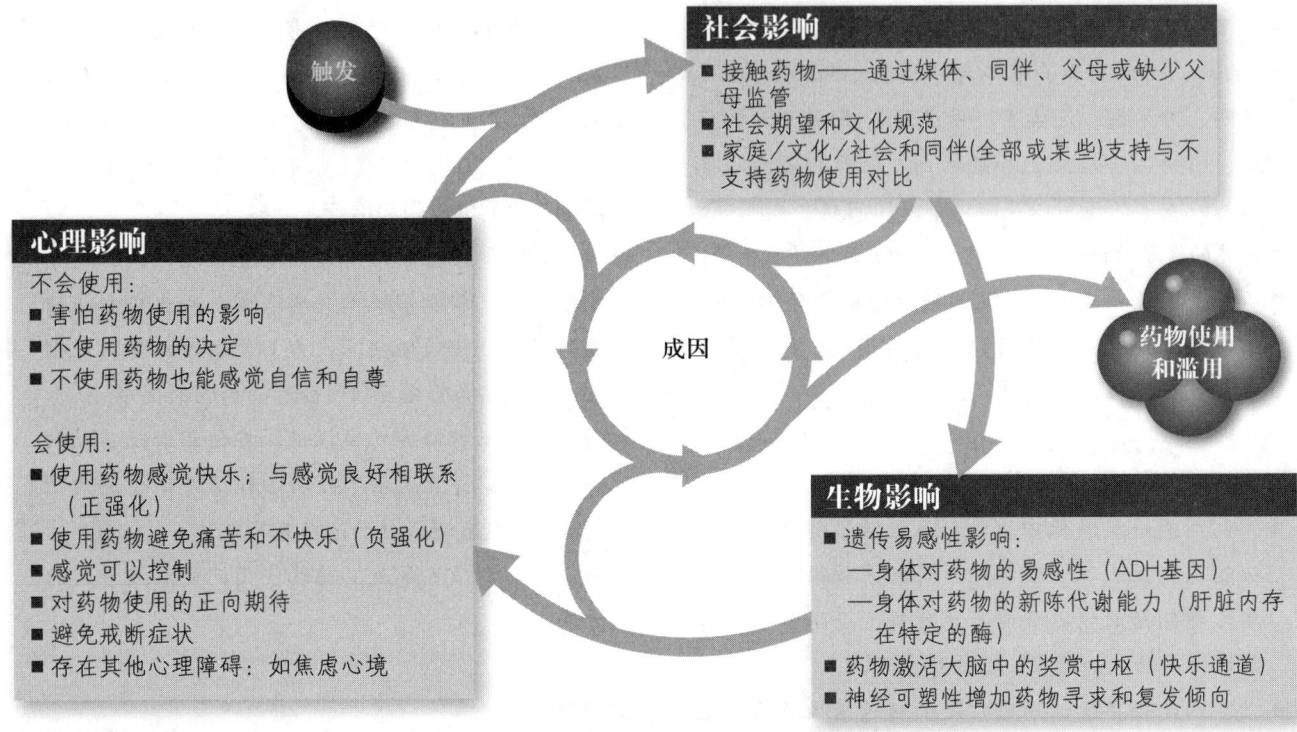

社会影响
- 接触药物——通过媒体、同伴、父母或缺少父母监管
- 社会期望和文化规范
- 家庭/文化/社会和同伴（全部或某些）支持与不支持药物使用对比

心理影响

不会使用：
- 害怕药物使用的影响
- 不使用药物的决定
- 不使用药物也能感觉自信和自尊

会使用：
- 使用药物感觉快乐；与感觉良好相联系（正强化）
- 使用药物避免痛苦和不快乐（负强化）
- 感觉可以控制
- 对药物使用的正向期待
- 避免戒断症状
- 存在其他心理障碍：如焦虑心境

生物影响
- 遗传易感性影响：
  —身体对药物的易感性（ADH基因）
  —身体对药物的新陈代谢能力（肝脏内存在特定的酶）
- 药物激活大脑中的奖赏中枢（快乐通道）
- 神经可塑性增加药物寻求和复发倾向

治疗：最好采用多重方法

社会心理治疗
- 厌恶疗法：针对药物使用创建负性关联（在饮酒时进行电击，在吸食可卡因时想象呕吐的感觉）
- 权变管理：通过奖励约定好的有益行为来促进改变
- 匿名戒酒会及其变体
- 住院治疗（费用昂贵）
- 控制性使用
- 社区强化
- 防止复发

生物治疗
- 激动剂替代：用性质相似的药物来替代（用美沙酮替代海洛因，尼古丁口香糖和贴片替代香烟）
- 拮抗剂替代：通过另一种药来阻断该药的效果（用纳曲酮治疗阿片剂和酒精使用）
- 厌恶疗法：让使用药物变得非常不舒服（用戒酒硫让饮酒者产生恶心和呕吐的感觉）
- 帮助人们从戒断症状中恢复的药物（可乐定帮助戒断鸦片，镇静剂用于戒断酒精等）

药物类型

	举例	效果
抑制剂	酒精、巴比妥类（镇静剂）、苯二氮卓类（抗焦虑药）	■ 降低中枢神经系统活性 ■ 降低身体唤起水平 ■ 放松
兴奋剂	安非他命、可卡因、尼古丁、咖啡因	■ 增加生理唤起 ■ 使用者感觉更加警醒和精力充沛
阿片剂	海洛因、吗啡、可待因	■ 麻醉剂：减少疼痛、增加睡眠和欣快感，与大脑中的天然阿片相似
致幻剂	大麻、LSD、摇头丸	■ 改变精神状态和情绪知觉 ■（有时是戏剧性的）歪曲感知觉

探索冲动控制障碍

▶ 特点是不能抑制驱动或诱惑，患者经常被社会简单地看作"意志不坚"

冲动控制障碍的类型

障碍	特点	治疗
间歇性爆发障碍	■ 基于攻击性冲动而行动，导致被逮捕或财产损失 ■ 研究主要关注社会心理影响（压力、养育风格）与神经递质和睾酮水平之间的相互作用	认知行为干预（帮助人们识别和避免攻击的触发点）结合药物治疗最为有效
盗窃癖	■ 无法抑制偷窃并不需要的物品的渴望 ■ 偷窃前感觉紧张，偷窃后感觉放松和愉快 ■ 与心境障碍高共病，与物质依赖和滥用相关较低	行为干预或抗抑郁药
纵火癖	■ 无法抵挡的纵火欲望 ■ 在放火前会感觉紧张，在放火后则感到放松和喜悦 ■ 罕见，在纵火犯中占比不超过4%	认知行为干预（帮助人们鉴别触发点信号，教导抑制放火渴望的应对策略）

人格障碍

人格障碍概述
　　人格障碍的方方面面
　　分类模型和分维模型
　　人格障碍分类
　　统计数据和发展
　　性别差异
　　共　病
　　正在研究中的人格障碍
A类人格障碍
　　偏执型人格障碍
　　分裂样人格障碍
　　分裂型人格障碍
B类人格障碍
　　反社会型人格障碍
　　边缘型人格障碍
　　表演型人格障碍
　　自恋型人格障碍
C类人格障碍
　　回避型人格障碍
　　依赖型人格障碍
　　强迫型人格障碍

第12章

学习目标

- 使用科学的推理方式来解释行为
- 能够鉴别出行为解释所具有的基本的生物、心理和社会成分（例如，推论、观察、操作化定义和解释）（APA SLO 1.1a）。
- 使用创新思维和整合性的思维及问题解决
- 以操作定义的方式对于问题加以描述从而能够对它们进行实证研究（APA SLO 1.3a）。
- 描述采用基于本专业领域的问题解决方式而产生的实际应用
- 正确地鉴别出行为和心理过程的前因和后果（APA SLO 5.3c）。
- 描述相关的心理学原理在日常生活中的应用实例（APA SLO 5.3a）。

*本章内容涵盖美国心理学会（APA，2012）建议的学习目标，旨在为心理学专业本科生提供指导。目标及建议学习成果（SLO）由 APA 定义。

人格障碍概述

人们都认为自己知道什么是人格。它是一个人思维和行为的典型方式，比方说"麦克容易害羞""明迪喜欢表现得戏剧化""胡安总是疑神疑鬼""安妮特十分外向""布鲁斯比较敏感，总是容易因为一些小事而感到不快"。我们倾向于认为某人在各种情境中都会以某一种稳定的方式行动，比如说对麦克那样。我们中的许多人在面对陌生人的时候都会表现出羞怯，但我们并不会在朋友面前表现得羞怯。而一个真正羞怯的人即便是面对他已经认识一段时间的人时也会表现出羞怯——羞怯是这个人在大多数情境中表现出的行为方式的一部分。我们或许也都会表现出刚才提到的其他所有行为方式（戏剧化、多疑、外向、敏感等）。但是，当人格特征干扰到与他人的关系，给个体带来了困扰，或者在整体上干扰了日常生活时，我们就会怀疑这些特征属于"人格障碍"（Skodol，2012）。在本章中，我们将会检视一下和几种具体的人格障碍有关的典型行为方式。首先，我们会考察如何界定人格障碍及其相关议题，然后，我们会详细介绍具体的人格障碍。

人格障碍的方方面面

如果一个人典型的思维和行为方式对自己或他人造成了显著的困扰，那会怎么样呢？如果这个人没有办法改变这种与世界打交道的方式从而变得快乐起来，那又会怎么样呢？我们可能会认为这个人患有某种人格障碍。和本书前面已经讨论过的许多障碍不同，人格障碍是慢性的；它们不会来来去去，而是从童年期开始，贯穿整个成年期（Widiger，2012）。因为这些长期持续的问题会影响着人格，因此它们会涉及患者生活中的各个方面。比如说，如果一位女性总体上是多疑的（可能患有偏执型人格障碍的迹象之一），这种特质将会影响到她所做的几乎所有的事情，包括她的工作（她可能会常常换工作，因为她相信同事密谋对她不利），她的人际关系（她可能没有办法维持一段长期关系，因为她没有办法信赖任何人），甚至她所居住的地方（如果她怀疑房东想要骚扰她，那么她就会常常搬家）。

人格障碍（personality disorders）指的是一种持续的情感、思维和行为模式，这种模式会给患者本人及其他人带来情绪上的痛苦，并且可能造成其工作和人际关系上的困难（American Psychiatric Association，2013）。DSM-5指出，人格障碍可能会让患者本人感到沮丧。但是，人格障碍患者也有可能不会体验到任何主观上的困扰，而是患者的行为给其他人带来了明显的困扰。这种情况在反社会型人格障碍中尤其常见，因为这类患者完全不会顾及其他人的权利而且不会表现出任何的悔意（Hare，Neumann，& Widiger，2012）。所以，在某些情境下，必须由其他人，而非患者本人，来判定这种障碍是否导致了显著的功能损害，因为患者自己无法做出可靠的判断。

DSM-5 列出了 10 种具体的人格障碍。尽管对于人格障碍患者来说，治疗前景或许比原先想的更为乐观（Nelson，Beutler，& Castonguay，2012），但不幸的是，就像你将在后文中看到的那样，许多除了人格障碍同时还存在其他心理问题（例如抑郁）的人在治疗中通常成效不佳。决定治疗成功（或不成功）的一个重要因素是治疗师对来访者的感受。这些获诊人格障碍的来访者在治疗师身上唤起的情感（弗洛伊德称之为"反移情"）常常是消极的，尤其是那些（你将在后文中看到）属于 A 类（古怪或奇怪的类型）和 B 类（戏剧化、情绪化或反复无常的类型）的来访者（Liebman & Burnette，2013）。因此，在治疗人格障碍患者的时候，治疗师尤其需要警惕，不要让自己的个人情感干扰到治疗。

在 DSM-5 之前，本书中所讨论的大多数障碍都位于 DSM-Ⅳ-R 的轴Ⅰ中，因为轴Ⅰ包含了那些传统的障碍。人格障碍则被列在另一个轴中，即轴Ⅱ，因为它们被认为与传统障碍不同。人们认为特征性的特质在人格障碍患者群身上更为牢固和稳定，而且这些障碍能够得到成功矫正的可能性也更小。DSM-5 的修改取消了这些独立的轴，因此现在人格障碍和 DSM-5 中的其他障碍列在了一起（American Psychiatric Association，2013）。

如果你知道人格障碍的分类存在争议，或许会感到十分吃惊。它之所以有争议是因为涉及几个尚未解决的议题。考察这些议题可以帮助你理解本书中介绍的所有障碍。

分类模型和分维模型

我们中的大多数人在某些时候都会怀疑其他人，而且也会有那么一点偏执、过于戏剧化、太自我或者不合群。幸运的是，这些特性并不会持续存在，或者说整体而言程度并不算严重，它们不会对我们的生活和工作造成显著的损害。然而，人格障碍患者则会在很长一段时间里以及许多情境下表现出有问题的特征，并给他们自己和其他人带来强烈的情绪痛苦（Widiger，2012）。因此，他们的困难可以被视为程度问题而非类别问题；换句话来说，人格障碍患者的问题是我们中的许多人都会在短时期内体验到的问题（例如羞怯或多疑）的极端情况（South，Oltmanns，& Krueger，2011）。

对于问题的程度和问题的类别，我们常常会用维度（dimensions）和种类（categories）这两个术语分别加以描述。在这个领域中，一直争论不休的一个议题是人格障碍到底是正常的人格变化（维度）的极端形式，还是说这些行为方式和心理健康的行为（种类）有显著不同（Widiger & Trull，2007）？你可以在日常的生活中看到在维度和类别之间的不同。比如说，我们通常把性别当成不同的类别来看。社会总会把个体归入性别分类的其中一种，要么是女性，要么就是男性。尽管如此，我们也可以根据维度来看待性别。比如说，我们知道"男性化"和"女性化"部分是由激素所决定的。我们可以根据睾酮、雌激素或者同时根据这两个维度来鉴别个体，并且在男性化—女性化这个连续体上给他们评分。同理，我们可以按照类别标记人们的身高，例如高、中等或矮。但是，我们也可以用维度的视角去看待身高，即以米或厘米的方式去衡量和表述。

许多本领域的研究者和临床工作者都倾向于把人格障碍视为一个或多个人格维度上的极端情况。但是，因为 DSM 对个体进行诊断的方式，人格障碍像大多数其他的障碍一样，仍然被视为一种类别。你只有两个选择：要么你患有一种障碍（是），要么你并不患有一种障碍（否）。DSM 并不会评定你在多大程度上依赖他

人格障碍常常始于童年。

人，只要你符合诊断标准，你就会被贴上患有依赖型人格障碍的标签。就人格障碍而言，不存在所谓的"有那么一点"。

行为的分类模型有其优势，最为重要的优势就是便利性。不过，简化也会带来问题。仅仅使用分类会导致临床工作者将这些类别作为实体来对待，也就是说，将障碍的标签看成本质，就好像某种真实存在的细菌感染，或是骨折的胳膊一样。有些人认为，人格障碍并不是"真实存在"的东西，而是社会将某种和世界打交道的特定方式判定为一个问题。讲到这里，那个未曾解决的重要议题又一次出现了：人格障碍究竟只是正常人格的极端变异形式，还是说它们与正常人格泾渭分明呢？

有人曾经提出，DSM-5 中的人格障碍一节应该用分维模型取代分类模型，或者至少加入分维模型对其进行补充（South et al., 2011; Widiger, 2012）。在这一模型下，诊断不仅仅给个体指明某个类型，而且也根据一系列人格维度对他们进行评分。Widiger（1991）相信，这样的复合系统相比纯粹的分类系统至少有三个优势：①它能够从每个个体身上获得更多的信息；②它更为灵活，因为它允许在个体身上同时根据类型和维度进行区分；③它可以避免在做出分类诊断决策时常常出现的任意性。目前，在 DSM-5 的"发展中的测量和模型"一节中纳入了一个有关人格障碍的替代模型以供进一步的研究（American Psychiatric Association, 2013）。这个模型着眼于"自我"失调（即你如何看待你自己以及你指导自己的能力）和人际功能（即你对他人共情以及与他人建立亲密关系的能力）的连续体。我们将拭目以待这一替代模型在未来的应用。

尽管在最基本的人格维度是什么这个问题上并没有达成一般的共识，但是人们仍然取得了部分一致（South et al., 2011）。目前广泛接受的维度之一是所谓的<u>五因素模型</u>（five-factor model），也叫"大五模型"，而这一模型源自基于正常人格的研究成果（Hopwood & Thomas, 2012; McCrae & Costa Jr., 2008）。在这个模型中，我们可以根据一系列人格维度对个体进行评价，而五个因素（即维度）的组合就可以比较充分地描述为什么人与人之间如此不同。这五个因素是：①**外向性**（extroversion）（多言、果断、活跃，与之对比的是沉默、被动、保守）；②**宜人性**（agreeableness）（友善、信任他人、热心，与之对比的是敌意、不信任他人、自私）；③**尽责性**（conscientiousness）（有条理、有始有终、可靠，与之对比的是粗心大意、不严谨、不可靠）；④**神经质**（neuroticism）（情绪稳定，与之对比的是紧张、情绪化、喜怒无常）；⑤**对经验的开放性**（openness to experience）（富有想象力、好奇心、创造性，与之对比的是浅薄、缺乏感受性）（McCrae & Costa Jr., 2008）。我们可以在每一个维度上将个体评定为高、低或居中。

跨文化研究确认五因素模型具有普遍性——尽管在不同文化之间存在个体差异（Hofstede & McCrae, 2004）。比如说，一项研究发现，在奥地利、瑞士和荷兰的样本中，得分最高的通常是对经验的开放性，而在丹麦、马来西亚和讲泰卢固语的印度样本中，这一维度上的得分则最低（McCrae, 2002）。有一些研究者正在努力确定是否可以根据这些维度对人格障碍患者进行有意义的评估，以及这个系统是否能够帮助我们更好地理解这些障碍（Skodol et al., 2005）。

人格障碍分类

DSM-5 将人格障碍分为三组，或者说三个大类（cluster）；在出现支持以其他方式来看待它们的有力证据之前，这种分类或许还将继续下去（American Psychiatric Association, 2013）（见表 12.1）。分类的依据是<u>相似性</u>。A 类是古怪或奇特组，包括偏执型、分裂样和分裂型人格障碍；B 类是戏剧化、情绪化或反复无常组，包括反社会型、边缘型、表演型以及自恋型人格障碍；C 类是焦虑或害怕组，包括回避型、依赖型以及强迫型人格障碍。我们将按照这个顺序来一一介绍它们。

统计数据和发展

因为许多有这类问题的人不会像患有其他心理障碍的人那样主动寻求帮助，因此人格障碍患病率的信息很难收集，而且彼此间差异也很大。一项重要的人口学调查表明，在美国，每 10 个成年人中就有 1 个可能可以被诊断为人格障碍（Lenzenweger, Lane, Loranger, & Kessler, 2007），也就是说人格障碍相对较为常见（见表 12.2）。不同国家的数据不

表12.1 人格障碍

人格障碍	描述
A 类——古怪或奇特	
偏执型	对他人普遍存在不信任和怀疑,例如会认为他人行为的动机是恶意的。
分裂样	具有与社会关系相脱离以及在人际情境中情绪表达范围狭窄的普遍模式。
分裂型	具有存在社会和人际缺陷的普遍模式,其标志是处理亲密关系的能力有限并因此感到严重的不适,同时伴有认知或感觉扭曲及古怪行为。
B 类——戏剧化、情绪化或反复无常	
反社会型	具有不顾及他人权利和侵犯他人权利的普遍模式。
边缘型	具有在人际关系、自我意象、情感以及冲动控制方面不稳定的普遍模式。
表演型	具有情绪反应过度和过分寻求关注的普遍模式。
自恋型	具有夸大(在幻想或行为上),需要被赞赏和缺乏共情的普遍模式。
C 类——焦虑或害怕	
回避型	具有社交抑制,无能感以及对于负性评价过于敏感的普遍模式。
依赖型	具有过分需要被照顾的普遍模式,导致本人表现出服从和黏附行为,并且害怕分离。
强迫型	具有以牺牲灵活性、开放性和效率为代价,过度执着于秩序、完美主义以及心理控制和人际控制的普遍模式。

Source: Reprinted, with permission, from American Psychiatric Association. (2013). *Diagnostic and statistical manual of mental disorders* (5th ed.). Washington, DC: Author, © 2013 American Psychiatric Association.

尽相同,但就世界范围而言,约有 6% 的成年人可能患有至少一种人格障碍(Huang et al., 2009)。在患病率估算结果上的差异可能是因为调查方法不同造成的,在临床机构中对人们进行调查,相比在一般人群(甚至包括那些没有寻求帮助的人)中做调查,结果自然相去甚远(Torgersen, 2012)。类似的,在调查一般大众时,不同研究之间描述的性别差异(例如,被诊断为边缘型人格障碍的女性更多,而被诊断为反社会型人格障碍的男性更多)也很大。出现这些诊断方面的差异可能有几个原因,包括诊断中的误差,以及特定文化在求助行为和行为容忍度方面的差异。我们将在后文中讨论这些重要的议题。

人格障碍被认为始于童年期,而且会持续至成年(Cloninger & Svakic, 2009)。不过,更精细的分析提示,人格障碍会随着时间的推移而有所好转;但它们也许只是被其他人格障碍取代了(Torgersen, 2012)。换句话来说,一个人或许在某一时刻被诊断为一种人格障碍,几年之后,这个人的情况已经不符合最初的诊断了,而是表现出另一种(甚至第三种)人格障碍的特征。对于这些人格障碍的重要

表12.2 人格障碍的统计数据和发展

障碍	患病率	性别差异	病程
偏执型人格障碍	临床人群:6.3% ~ 9.6% 一般人群:1.5% ~ 1.8%	男性和女性基本相当	信息不足
分裂样人格障碍	临床人群:1.4% ~ 1.9% 一般人群:0.9% ~ 1.2%	男性略高	信息不足
分裂型人格障碍	临床人群:6.4% ~ 5.7% 一般人群:0.7% ~ 1.1%	男性略高	慢性;有些人会继而发展成为精神分裂症
反社会型人格障碍	临床人群:3.9% ~ 5.9% 一般人群:1.0% ~ 1.8%	男性更为常见	在 40 岁之后有所缓解(Hare, McPherson, & Forth, 1988)
边缘型人格障碍	临床人群:28.5% 一般人群:1.4% ~ 1.6%	男性和女性基本相当	如果在三十多岁的时候仍然存活的话,那么症状会逐渐得到改善(Zanarini, Frankenburg, Henen, Reich, & Silk, 2006);约有 6% 的人死于自杀(Perry, 1993)
表演型人格障碍	临床人群:8.0% ~ 9.7% 一般人群:1.2% ~ 1.3%	女性略高	慢性
自恋型人格障碍	临床人群:5.1% ~ 10.1% 一般人群:0.1% ~ 0.8%	男性略高	随着时间推移可能有所改善(Cooper & Ronningstam, 1992; Gunderson, Ronningstam, & Smith, 1991)
回避型人格障碍	临床人群:21.5% ~ 24.6% 一般人群:1.4% ~ 2.5%	女性略高	信息不足
依赖型人格障碍	临床人群:13.0% ~ 15.0% 一般人群:0.9% ~ 1.0%	女性更为常见	信息不足
强迫型人格障碍	临床人群:6.1% ~ 10.5% 一般人群:1.9% ~ 2.1%	男性略高	信息不足

* Population data and gender data reported in Torgersen, S. (2012). Epidemiology. In T. A. Widiger (Ed.), *The Oxford handbook of personality disorders* (pp. 1862205). New York: Oxford University Press.

属性——它们的发展进程，我们相对而言缺乏信息，因此这会是一个重复出现的主题。在表 12.2 中可以看到，对于大约一半的人格障碍，我们对其病程的了解严重不足。缺乏这类研究的一个原因是，许多个体并不会在障碍的早期发展阶段来寻求治疗，唯有在痛苦多年之后才会来寻求治疗。这使得我们很难从一开始就对人格障碍患者进行研究，尽管也有一些研究能帮助我们理解其中几种障碍是如何发展的（Pulay et al., 2009; Stinson et al., 2008）。

边缘型人格障碍患者的特征在于他们的关系反复无常、不稳定；他们容易在成年早期表现出持续存在的问题，伴随多次住院、个人关系不稳定、严重抑郁和自杀姿态。近 10% 的人会尝试自杀，而约有 6% 的人自杀身死（Skodol & Gunderson, 2008）。就积极的一面而言，如果他们能够顺利活到三十多岁，那么此后症状会逐渐改善（Zanarini, Frankenburg, Henen, Reich, & Silk, 2006）；不过年长的个体或许在制定计划方面存在困难，并且可能是养老院中的不安定分子（Hunt, 2007）。反社会型人格障碍患者表现出对于他人的权利和感受毫不顾忌的特征；在整个成年期中，他们都倾向于持续表现出破坏性的行为。幸运的是，有一些人在大约 40 岁之后会出现"倦怠"，参与的违法犯罪活动会减少（Douglas, Vincent, & Edens, 2006）。不过，作为一个群体而言，如同多年跟踪他们的发展过程的研究报告所呈现的那样，人格障碍患者所具有的问题会始终存在（Torgersen, 2012）。

性别差异

被诊断为患有人格障碍的男性一般会呈现出以下特质：更具有攻击性，更结构化，更独断专行，更为疏离。而这样的女性则倾向于呈现出以下特质：更为服从，更情绪化，更没有安全感（Torgersen, 2012）。因此，反社会型人格障碍患者中男性居多，而女性中依赖型人格障碍更常见也就不让人惊讶了。在历史上，临床工作者更容易在女性中诊断出表演型人格障碍和边缘型人格障碍（Dulit, Marin & Frances, 1993; Stone, 1993）。但是，根据最近在一般人群中进行的患病率调查发现，表演型和边缘型人格障碍患者中男性和女性大致相当（见表 12.2）。如果这一观察结果在未来的研究中仍然没有变化的话，那么为什么这些障碍在临床实践以及其他研究中都多见于女性呢？

这一差异是否预示着在女性和男性之间在某些基本经历上的差异是遗传性的，或社会文化因素使然，或两者兼有？还是说它们代表的是做出诊断的临床工作者身上所具有的偏差呢？比如说，以 Maureen Ford 和 Thomas Widiger（1989）所做的经典研究为例，他们将编造出来的个案历史寄给临床心理学家，请他们进行诊断。有一个案例描述的是一个反社会型人格障碍患者，其特点是不负责任和鲁莽的行为，而且通常会在男性中被诊断；另一个案例描述的是一个患有表演型人格障碍的人，其特征是过度的情绪性和寻求关注，而且通常会在女性中被诊断。这两个案例中都有一部分当事人被标注为男性，另一些则被标注为女性；除此之外案例内容并无差异。就像图 12.1 所呈现的那样，当反社会型人格障碍的案例被标注为男性时，大多数的心理学家都会给出正确的诊断；然而，当完全相同的反社会型人格障碍案例被标定为女性时，大多数的心理学家会将其诊断为表演型人格障碍，而非反社会型人格障碍。相对的，在表演型人格障碍案例中，将其标注为女性增加了表演型人格障碍的诊断概率。Ford 和 Widiger（1989）的结论是，心理学家会错误地倾向于将女性诊断为患有表演型人格障碍。

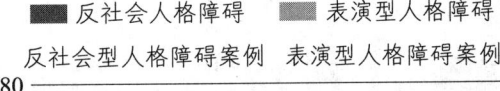
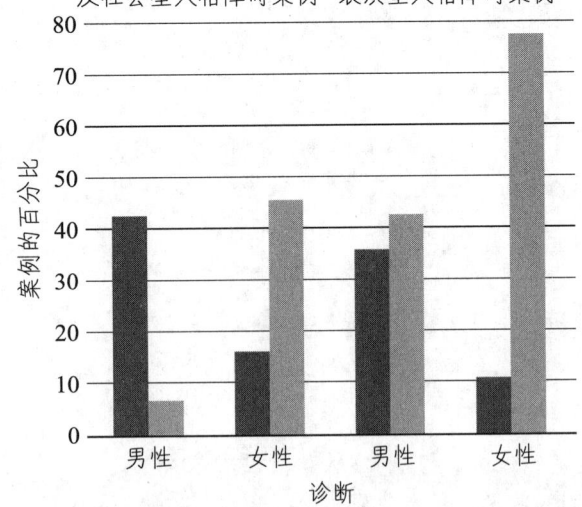

图 12.1 人格障碍诊断中的性别偏见。图中数据显示了根据当事人被描述为男性或女性，临床工作者将案例诊断为反社会型人格障碍或表演型人格障碍的比例。
From Ford, M. R., & Widiger, T. A. [1989]. Sex bias in the diagnosis of histrionic and antisocial personality disorders. *Journal of Consulting and Clinical Psychology, 57,* 301–305.)

这种诊断中人为导致的性别差异也被其他研究者所批评（Kaplan，1983），他们提出，表演型人格障碍（以及其他几种人格障碍）呈现出对女性的偏见。就像 Kaplan（1983）所指出的，许多表演型人格障碍的特点，例如过于关注外表等，乃是西方社会对女性的"刻板印象"中的特征。这一障碍很可能只不过是"女性化"特征的一种极端体现而已（Chodoff，1982）。按照 Kaplan 的看法，将这类个体贴上心理疾病的标签，反映出社会对于女性的固有偏见。有意思的是，"大男子主义"人格（Mosher & Sirkin，1984），即个体表现出刻板化的男性化特征，则在 DSM 中无从寻起。（若想一睹如何以幽默的方式来刻画男性版本的人格障碍，可参见表 12.3。）

表12.3　"独立型"人格障碍的诊断标准

将工作（职业）置于和亲爱之人的关系之上（例如，频繁出差、工作到很晚、周末加班）。
在做决策的时候不考虑其他人的需求，尤其是涉及职业或如何度过闲暇时光的时候（例如，期待配偶和孩子因为其职业规划而迁居到外地）。
因为没有能力表达必要的情感而被动地允许他人对重大的社交生活领域承担责任（例如，让配偶承担养育孩子的主要责任）。

Source: From Kaplan, M. (1983). A woman's view of *DSM-III*. *American Psychologist*, *38*, 786–792.

在人格障碍诊断中存在的性别偏差仍然是十分有争议的话题（Liebman & Burnette，2013）。不过，请记住，仅仅在男性或女性中观察到某种障碍有更高的患病比例并不一定意味着偏差（Lilienfeld, Van Valkenburg, Larntz, & Akiskal，1986）。如果存在偏差，它可能在诊断过程的不同阶段中发生。Widiger 和 Spitzer（1991）指出，障碍的标准本身可能就是有偏差的，即<u>效标性的性别偏差</u>（criterion gender bias），评估的手段和使用这些手段的方式也可能有偏差，即<u>评估性的性别偏差</u>（assessment gender bias）。总体而言，标准本身看似并没有严重的性别偏差，但临床工作者在使用这些标准的时候或许会带入自己的偏差，从而导致了对男性和女性给出不同的诊断（Oltmanns & Powers，2012）。随着研究的进展，研究者将会努力让人格障碍的诊断在性别方面变得更为准确，这对临床工作者也会更有益。

性别偏差可能会影响到临床工作者的诊断，因为他们会将某种行为特征和某个性别联系在一起。

共　病

请再看一看表 12.2，并将不同人格障碍的患病率加在一起，那么你可能会得到这样的结论，在一般人群中约有 15% 的人患有人格障碍。事实上，一般人群中人格障碍患者的比例不到 10%（Huang et al.，2009；Lenzenweger et al.，2007）。是什么造成了这样的差距呢？人格障碍领域的一个重要问题是，人们容易被诊断出不止一种人格障碍。**共病**（comorbidity）一词原本用于描述一个人身患多种疾病的状况（Caron & Rutter，1991）。目前，大家对于这个词到底应否在心理障碍领域使用还有相当大的分歧，因为各种心理障碍之间常常会有重叠（Skodol，2005）。仅以一个研究为例，Zimmerman、Rothschild 和 Chelminski（2005）实施了一个包含 859 名精神科门诊病人的研究，测量了一下多少人只有一种障碍，多少人有不止一种障碍。表 12.4 呈现了个体患有特定的人格障碍时也符合其他障碍诊断的概率。如表中所示，被诊断为边缘型人格障碍的人也很可能获得偏执型、分裂型、反社会型、自恋型、回避型或依赖型的人格障碍诊断。

人们真的容易同时患上多种人格障碍吗？是否因为我们界定这些障碍的方式不够准确，需要修改定义以避免它们彼此重合吗？或者说，我们对障碍进行区分的方式是错误的，我们需要重新思考分类的问题？诊断随着时间推移而发生变化的现象让这个议题变得更为复杂（Torgersen，2012）。而这些有关共病的困惑只不过是人格障碍研究领域内许多重要议题中的一部分而已。

表12.4 人格障碍的诊断重叠

个体符合其他人格障碍诊断的比值比①

诊断	偏执型	分裂样	分裂型	反社会型	边缘型	表演型	自恋型	回避型	依赖型	强迫型
偏执型		2.1	37.3*	2.6	12.3*	0.9	8.7*	4.0*	0.9	5.2*
分裂样	2.1		19.2	1.1	2.0	3.9	1.7	12.3*	2.9	5.5*
分裂型	37.3*	19.2		2.7	15.2*	9.4	11.0	3.9*	7.0	7.1
反社会型	2.6	1.1	2.7		9.5*	8.1*	14.0*	0.9	5.6	0.2
边缘型	12.3*	2.0	15.2*	9.5*		2.8	7.1*	2.5*	7.3*	2.0
表演型	0.9	3.9	9.4	8.1*	2.8		13.2*	0.3	9.5	1.3
自恋型	8.7*	1.7	11.0	14.0*	7.1*	13.2*		0.3	4.0	3.7*
回避型	4.0*	12.3*	3.9*	0.9	2.5*	0.3	0.3		2.0	2.7
依赖型	0.9	2.9	7.0	5.6	7.3*	9.5	4.0	2.0		0.9
强迫型	5.2*	5.5*	7.1	0.2	2.0	1.3	2.0	2.7	0.9	

① 比值比（odds ratio）显示的是一个人同时具有两种诊断的可能性。带"*"的比值比是指在统计上，人们更有可能被诊断为同时患有相应的两种障碍——数值越大，意味着人们越容易患有相应的两种障碍。有些较高的数值在统计上并未达到显著，这是因为在这个研究中患有这类人格障碍的人数较少。

Source: Reprinted, with permission, from Zimmerman, M., Rothschild, L., & Chelminski, I. (2005). Theprevalence of *DSM-IV* personality disorders in psychiatric outpatients. *American Journal of Psychiatry, 162*, 1911–1918, © 2005 American Psychiatric Association.

正在研究中的人格障碍

在本章开头，我们提到了对人格障碍进行分类时的困难。比如说，在不同类别之间存在不小的重叠，这提示或许存在其他的方式来排列个体性格中存在的普遍性的麻烦。研究者还在思考是否应该在DSM中纳入其他的人格障碍——这一点应该不会让你感到意外。比如说，施虐型人格障碍，这一障碍主要涉及那些通过给他人施加痛苦来获得愉悦的人（Morey, Hopwood, & Klein, 2007），还有被动攻击型人格障碍，这一障碍主要涉及那些表现充满挑衅并拒绝响应他人请求（起到暗中削弱权威力量的作用）的人（Wetzler & Jose, 2012）。不过，这些障碍是否可以作为独立的人格障碍存在尚未定论，因此它们并没有被纳入到DSM-5中（Wetzler & Jose, 2012）。

接下来，我们将一一审视目前在DSM-5中列出的全部人格障碍。表12.5提供了一个简化的版本，帮助你一览不同的人格障碍患者如何看待这个世界。

表12.5 与特定的人格障碍有关的主要信念

人格障碍	主要信念
偏执型	我无法信任别人。
分裂样	最好还是和别人隔离开来。
分裂型	关系会带来麻烦，是令人讨厌的。
反社会型	我有破坏规则的权利。
边缘型	我就应该被惩罚。
表演型	别人就是来为我服务的，或者是来赞赏我的。
自恋型	鉴于我是特殊的，所以我理应享有特殊的规则。
回避型	如果别人知道"真正的"我是什么样子，他们就会拒绝我。
依赖型	我需要别人才能活下去，才能快乐。
强迫型	人应该能做得更好，应该更加努力。

Source: Reprinted with permission from Lobbestael, J., & Arntz, A. (2012). Cognitive contributions to personality disorders. In T. A. Widiger (Ed.), *The Oxford handbook of personality disorders* (p. 326). New York: Oxford University Press.

小测验12.1

请将下列有关人格障碍的陈述填写完整。

1. _____ 指的是人格障碍患者被诊断出同时患有其他障碍的情况。
2. 人格障碍被分为三个大类或组别：_____ 包含了古怪或奇特的障碍；_____ 包含了戏剧化、情绪化以及反复无常的障碍；_____ 包含了焦虑和害怕的障碍。
3. 存在争议的是，人格障碍到底是正常人格的变化连续体上的极端状态（根据维度来分类），还是说其建立关系的方式和心理健康的行为完全是两回事（根据 _____ 来分类）。

4. 人格障碍是＿＿＿＿，因为和许多障碍不同的是，它们开始于童年期而且会贯穿整个成年期。
5. 尽管人格障碍的研究中存在有关性别差异的证据，但其中某些差异或许是＿＿＿＿的结果。

A类人格障碍

偏执型、分裂样以及分裂型这三种人格障碍所共有的特征是，它们都具有一些在精神分裂症中所能看到的精神病性症状。现在，我们就来介绍这类奇怪的人格障碍。

偏执型人格障碍

尽管对于他人及其动机抱有一定的警惕或许是具有适应意义的，但是过于缺乏信任则会干扰交友、与人共事以及以一种总体上运转良好的方式来完成日常的人际互动。患有**偏执型人格障碍**（paranoid personality disorder）的人在没有任何证据的情况下，过于不信任并且怀疑他人。他们总是假设其他人会伤害或者欺骗他们，因此，他们倾向于不对他人表露自己。来看一看詹克的例子。

> **詹克** 研究的受害者
>
> 詹克成长于一个中产阶级社区。他从来都没有惹过什么大麻烦，但他在高中素有爱与老师及同学争执的名声。高中毕业之后，他进入当地的一所社区大学学习，但是一年之后就退学了。詹克学业失败的一部分原因在于他无法为自己糟糕的成绩负责。他开始发展出一些有关同学和教授的阴谋论，相信他们合伙阻挠他成功。离开学校后，换了一份又一份工作，每次他都会抱怨雇主在工作场所和家里监视他。
>
> 詹克25岁的时候，在违背父母意愿的情况下搬出了父母家，来到了另一个州的一个小镇上。不幸的是，詹克写给家人的信日渐证实了他父母最害怕发生的事情。他开始越来越执着于别人都在谋害他的想法。詹克花费大量的时间在家里浏览网站，而且他还发展出了一套精细的理论：当他还是孩子的时候，他就成为了研究的对象。他在写给家人的信中描述道，研究者和美国中央情报局一道给童年时的他下药，并且在他的耳朵里植入了某个能够发射微波的东西。他相信，这些微波迟早会导致他患上癌症。两年时间过去，他越发坚信自己的理论，开始写信给各个政府部门，尝试说服工作人员相信他正在被缓慢地谋害致死。在他威胁要伤害某些当地的大学行政人员之后，有人联系了他的父母。他们将他带到了一位心理学家那里，心理学家诊断他患有偏执型人格障碍和抑郁症。

临床描述

偏执型人格障碍的定义性特征是普遍存在的、无正当理由的不信任感（Hopwood & Thomas, 2012）。当然，有些时候或许有些人是不诚实的，并且会"找你的麻烦"。但就偏执型人格障碍患者所感到怀疑的情境而言，其他大多数人都会同意，他们的疑虑是没有根据的。即便是和他们无关的事件都会被看作针对他们的攻击（Bernstein & Useda, 2007）。这些人会将邻居大叫的狗或者一次延误的航班视为他人蓄意惹恼他们的企图。尤其不幸的是，这类不信任常常延伸到亲近他们的人身上，让有意义的关系变得困难重重。想象一下，这该是多么孤独的一种存在方式啊。偏执型人格障碍患者或许好与人争辩，或许抱怨连天，又或许是安静沉默的。这种互动风格有时会通过非言语的方式传递给其他人，这种变化不定会让那些与他们接触的人感到不适。这些个体对于批评十分敏感，而且对自主性有着一种过度的需求（Bernstein & Useda, 2007）。患有这种障碍会增加自杀企图和暴力行为的可能性，而且这些患者的整体生活质量往往很糟糕（Hopwood & Thomas, 2012）。

病因

生物因素对偏执型人格障碍有影响的证据比较有限。有些研究提示，这种障碍在精神分裂症患者的亲属中略为常见一些，尽管这种关联并不强（Tienari et al., 2003）。换句话来说，相比那些亲属中没有精神分裂症患者的人来说，精神分裂症患者

偏执型人格障碍的诊断标准

A. 一种普遍存在的对他人的不信任和怀疑（例如认为他人的动机是恶意的），始于成年早期并且出现在各种情境中，表现为以下至少4种情况：
1. 在没有充分依据的情况下怀疑他人在利用、伤害或欺骗自己；
2. 执着于没有依据的疑虑，怀疑朋友或周围人的忠诚度或可信度；
3. 不愿向他人表露自己，没有正当缘由地害怕这些信息会被恶意利用来针对自己；
4. 在无害的言论或事件中感受到潜在的贬损或威胁性的含义；
5. 持续地怀有怨恨，即对于冒犯、伤害或轻慢不予原谅，或者会反击；
6. 知觉到在他人看来并不明显的对自己人格或名誉的攻击，而且会迅速地表现出愤怒的反应，或者会反击；
7. 在没有正当理由的情况下反复对配偶或性伴侣的忠诚表示怀疑。

B. 上述情形并不仅仅出现在精神分裂症、双相障碍、伴有精神病性症状的抑郁障碍或其他精神病性障碍的病程中，而且不属于其他医学情形导致的生理影响。

注意：如果在精神分裂症发病之前就符合上述诊断，请加上"病前"，即"偏执型人格障碍（病前）"。

From American Psychiatric Association.（2013）. *Diagnostic and statistical manual of mental disorders*（5th ed.）. Washington，DC.

的亲属更有可能患上偏执型人格障碍。总体而言，基因可能对偏执型人格障碍有较强影响（Kendler et al., 2006）。正如你之后将在其他的A类人格障碍中所看到的那样，它们和精神分裂症之间似乎存在一定的关系。这导致有些人建议不再将它列为DSM中的一个独立的障碍（Triebwasser, Chemerinski, Roussos, & Siever, 2012）。

心理因素对于这一障碍的影响则更不确定，尽管研究者也做出了一些有意思的推测。回溯研究（让患有这种障碍的人回忆童年期的事件）提示，虐待或创伤性的童年经历可能在偏执型人格障碍的发展中扮演一定的角色（Natsuaki, Cicchetti, & Rogosch, 2009）。在解释这些结果时需要十分谨慎，因为这些患者已经很容易将世界视为一种威胁，因此他们的回忆可能存在严重的偏差。

有些心理学家直接找出偏执型人格障碍患者的思维（即"图式"），用以解释他们的奇怪行为。一种观点是，患者对于其他人有着以下这些基本的错误假设："人们是恶毒的，会欺骗你""只要他们有机会，他们就会攻击你""你必须随时保持警惕，才能安然无恙"（Lobbestael & Arntz, 2012）。这显然是一种适应不良的世界观。尽管如此，它却渗透了患者生活中的每一个方面。目前我们还不知道他们为什么会发展出这些知觉印象。有一些猜测认为，根源可能在于他们早年的成长经历。患者的父母可能会教导他们要警惕犯错，并且可能会给他们留下某些深刻印象——他们和其他人是不一样的。这种警觉导致他们常常看到那些意味着欺骗人和恶意的蛛丝马迹（Carroll, 2009）。人们并不总是善良和真诚，这一点显然是没错的，而且人际互动有些时候的确十分模糊以至于他人的意图显得不够明确。因此，过分关注他人言行有时可能会导致错误的解读。

在偏执型人格障碍中，文化因素也占有一席之地。某些群体的人，例如囚犯、难民、听力受损者以及上了年纪的人，由于他们特殊的经历而尤其多疑（Rogler, 2007）。请想象一下，如果你是一个移民，对自己身处的新文化环境中的语言和习俗完全陌生，你会如何看待周围人呢？诸如大笑或者小声交谈这样无害的事情可能会被你解读为他人正在某种程度上针对你。大门乐队的乐手Jim Morrison在歌曲《人们真奇怪》（The Doors, © 1967 Doors Music Co., used by permission）中描述了这种现象：

"人们真奇怪／当你是一个陌生人的时候／面庞如此丑陋／当你孤单一人的时候。"

现在你已经看到，某些人如何将模糊的情境解释为恶意的情境。因此也就应该能理解，认知和文化因素如何交互作用，产生我们在偏执型人格障碍患者身上观察到的多疑现象。

偏执型人格障碍患者常常相信与其无关的情境的存在就是为了激怒或打扰他们。

治 疗

因为偏执型人格障碍患者不信任任何人，因此他们不太可能会在自己需要的时候去寻求专业帮助，而且也难以发展出成功的治疗所必须的信任关系（Skodol & Gunderson，2008）。因此，在来访者和治疗师之间建立起有意义的治疗同盟成为了重要的第一步（Bender，2005）。这些个体最终去寻求治疗的原因常常是他们生活中的一次危机（例如詹克威胁要去伤害其他人），或者是焦虑或抑郁等其他问题，而不一定是他们的人格障碍（Kelly, Casey, Dunn, Ayuso-Mateos, & Dowrick, 2007）。

治疗师会努力提供有助于发展出信任感的氛围（Bender，2005）。他们常常会使用认知治疗来矫正来访者对于他人的错误假设，把重点放在改变所有人都心怀恶意以及大多数人都不可信的信念上（Skodol & Gunderson，2008）。不过，需要指出的是，至今尚没有确凿的证据表明任何一种形式的治疗能够显著改善偏执型人格障碍患者的生活。一项对于心理健康领域的专业人员所做的调查显示，仅有11%治疗过人格障碍患者的治疗师认为，这类患者可以坚持足够长时间的治疗而从中获益（Quality Assurance Project，1990）。

分裂样人格障碍

你认识某个"独来独往的人"吗？这样的人宁愿每天独自去散步，也不会接受一次去参加聚会的邀请？这个人会独自来上课，不和同学坐在一起，然后又独自离开？现在，请你把这一与人隔离的偏好放大许多许多倍，那么你就能够感受到一点**分裂样人格障碍**（schizoid personality disorder）的影响了（Hopwood & Thomas，2012）。患有这种人格障碍的个体表现出与社会关系相脱离以及在人际情境中情绪表达范围狭窄的普遍模式。他们是疏远的、冷淡的，对他人漠不关心。"分裂样"（schizoid）一词相对而言有些古老，曾被布洛伊尔（1924）用来描述那些具有转向内心世界并且远离外在世界的倾向的人。这些人缺乏情绪表达，并且会追求一些含糊不清的利益。看看Z先生的例子。

> **Z先生　独来独往**
>
> 在结束一次前往南极洲的工作任务归来之后，这位39岁的科学家Z先生被转介至诊所，因为在南极洲工作期间，他停止与他人合作，把自己关在房间里独自喝酒。Z先生在4岁的时候成为了孤儿，一位阿姨将他抚养至9岁，然后就由一位疏离的管家照看。大学的时候，他的物理成绩十分出色，但他和别人接触的唯一方式是下国际象棋。在之后的人生中，他长期没有亲密的朋友，总是独来独往。直到去南极洲工作之前，他在自己的物理研究工作中一直都十分成功。现在，回国数月之后，他每天至少要喝一瓶烈酒，而且他的工作状况也在持续恶化。他表现得孤立而低调，难以有效地和他建立关系。他无法解释同事对于他在南极洲工作时那种疏离态度的愤怒，而且毫不在意他们对自己的看法。他看上去不需要任何的人际关系，尽管他在与治疗师面谈时的确抱怨他的生活有些单调，并且有一次还提到自己想去德国看望他的叔叔，那是他唯一还在世的亲属。

临床描述

分裂样人格障碍患者既不渴望与他人亲密，也不享受这种亲密，包括恋爱关系和性关系在内。他们看上去冷漠和疏离，而且似乎不会受到表扬或批评的影响。相比之前的版本，DSM-Ⅳ-R 做出的改变之一是承认至少有一部分分裂样人格障碍患者对于他人的意见是敏感的，但是不愿意或不能够表达出他们的情绪。对于他们来说，社会隔离可能是极为痛苦的。不幸的是，在无家可归的人当中，这种人格障碍似乎十分普遍。或许正是因为缺乏亲密的朋友，也因为不会对无法和另一个人之间有性关系而感到不满，导致了他们无家可归的结果（Rouff，2000）。

DSM-5 分裂样人格障碍的诊断标准

A. 具有一种脱离社会关系以及在人际情境中情绪表达范围受限的普遍模式，始于成年早期并且出现在各种情境中，表现为以下至少 4 种情况：
1. 既不渴望也不享受亲密关系，包括成为一个家庭的一部分。
2. 几乎总是选择独自一人的活动。
3. 对于和另一个人有性体验鲜有兴趣。
4. 很少从任何活动中获得乐趣。
5. 除了一级亲属之外，缺乏亲密的朋友或者可以倾吐心事的人。
6. 看上去对于他人的表扬或批评漠不关心。
7. 表现出情绪上的冷淡、疏离或情感平抑。

B. 上述情形并不仅仅出现在精神分裂症、双相障碍、伴有精神病性症状的抑郁障碍、其他精神病性障碍或自闭症谱系障碍的病程中，而且不属于其他医学情形导致的生理影响。

注意：如果在精神分裂症发病之前就符合上述诊断，请加上"病前"字样，即"分裂样人格障碍（病前）"。

From American Psychiatric Association. (2013). *Diagnostic and statistical manual of mental disorders* (5th ed.). Washington, DC.

分裂样人格障碍患者所具有的社交缺陷和偏执型人格障碍患者类似，但他们更为极端。就像 Beck 和 Freeman（1990, p.125）所说的那样，这些患者"认为自己是周围世界的观察者，而不是参与者。"他们似乎并不具备其他 A 类障碍中典型的异常思维过程（Cloninger & Svaki, 2009）（见表 12.6）。例如，患有偏执型和分裂型人格障碍的个体常常有**牵连观念**（ideas of reference），即认为无意义的事件和自己有关的错误信念。与之相反的是，分裂样人格障碍患者和偏执型人格障碍患者都存在社会隔离、人际关系糟糕以及情感受限（既不表现出积极情绪，也不表现出消极情绪）等问题。你将会在第 13 章中看到，在类精神病性（psychotic-like）症状中所存在的这种差异对于理解精神分裂症患者来说十分重要，因为他们中的有些人会表现出"阳性"症状（主动地表现出诸如牵连观念这样不同寻常的行为），而另一些人仅仅表现出"阴性"症状（被动地呈现出社会隔离或者糟糕的人际互动）。

表12.6　A类人格障碍的分组图式

	类精神病性的症状	
A类人格障碍	阳性（例如，牵连观念、奇幻思维以及知觉歪曲）	阴性（例如，社会隔离、糟糕的人际关系和情感受限）
偏执型	是	是
分裂样	否	是
分裂型	是	否

Source: Adapted from Siever, L. J. (1992). Schizophrenia spectrum personality disorders. In A. Tasman & M. B. Riba (Eds.), *Review of psychiatry* (Vol. 11, pp. 25–42). Washington, DC: American Psychiatric Press.

病因和治疗

目前，有关基因、神经生物学和心理社会因素对于分裂样人格障碍的影响仍有待更多的研究（Phillips, Yen, & Gunderson, 2003）。事实上，专业期刊鲜少发表关于这一障碍的性质和原因的研究（Skodol et al., 2011）。儿童期的羞怯或许是在成年后出现分裂样人格障碍的一个前兆。这一人格特质可能具有遗传性，并且在这种障碍的发展中发挥了重要作用。患有这一障碍的群体也报告了儿童期存在虐待和忽视的情况（Johnson, Bromely, & McGeoch, 2005）。近几十年来的研究指出了自闭症背后存在生物因素（第 14 章将详细讨论这一障碍）以及自闭症患儿的父母更有可能患有分裂样人格障碍（Constantino et al., 2009）。有一种可能的解释是，在自闭症和分裂样人格障碍中所发现的生物性功能失调，加上人际关系方面的早期学习或早期困难，共同造成了分裂样人格障碍所具有的这种特征性的社交缺陷（Hopwood & Thomas，2012）。

患有这种障碍的人很少会要求治疗，除非是对诸如极度抑郁或失业等危机做出反应（Kelly et al.，2007）。治疗师常常通过指出社会关系的价值来开始治疗。此类患者甚至可能需要被教授有关他人所感受到的情绪的知识，从而学习如何共情（Skodol & Gunderson，2008）。因为分裂样人格障碍患者的社交技能从未真正建立起来或由于长期缺乏使用而严重退步，因此他们常常需要接受社交技能训练。在一种被称为角色扮演的技术中，治疗师会扮演某位朋友或重要的人，以此来帮助患者练习如何建立和维持社会关系（Skodol & Gunderson，2008）。如果能列出一张社交网络——一个或一群会提供支持的人，对这种社交技能训练就会更有帮助（Bender，2005）。不幸的是，有关这种取向的治疗结果研究十分有限，因此我们目前仍须在评估治疗有效性上持谨慎的态度。

分裂型人格障碍

分裂型人格障碍（schizotypal personality disorder）患者一般都表现出社交隔离，这一点就像分裂样人格障碍患者一样。除此之外，他们也会表现出在我们大部分人看来不同寻常的行为，而且他们常常是多疑的，也怀有古怪的信念（Kwapil & Barrantes-Vidal，2012）。有些人认为，分裂型人格障碍和精神分裂症（下一章中我们要讨论的严重障碍）处于同一连续体上（即在同一谱系上），只是不具备某些更为严重的症状（例如幻觉和妄想）。事实上，因为这一密切的联系，DSM-5 将这一障碍同时置于人格障碍以及精神分裂症谱系两大类名下（American Psychiatric Association，2013）。请看一下 S 先生的案例。

> **S 先生　肩负使命的男人**
>
> S 先生是一位 35 岁长期失业的男人，他因为缺乏维生素而被一位医生转介至诊所。发生这种问题是必然的，因为 S 先生避免吃任何"可能被机器污染"的食物。他在二十多岁的时候发展出了这种有关饮食的独特想法，并且很快就离开了家，开始研习一个神秘宗教。"它打开了我的第三只眼，我看见到处都是污染"，他说。
>
> S 先生目前独自一人在一个小农场生活，自己种植食物，用来换取他无法自己种植的东西。他日以继夜地研究食品污染的起源和机制，并且还发展出了践行其理念的一个小品牌。他没有结过婚，和家人的联络也很少："我从来都没有亲近过我父亲。而且我是一个素食者。"
>
> 他说，在回到农场生活之前，他打算参加一个草药课程来改善自己的饮食结构。他拒绝服用医生开的药物，而且当讨论有关他的缺陷的事实时会变得很不安。

临床描述

分裂型人格障碍患者具有类精神病性（不等同与精神病性）症状（例如相信任何事件都和他们有关）和社交缺陷，有时还会出现认知损害或偏执观念（Kwapil & Barrantes-Vidal，2012）。基于他们和其他人打交道的方式，他们的思维和行为方式，甚至还有他们的穿着，这些患者常常被认为是古怪或诡异的。例如，他们有牵连观念，即他们会相信一辆路过其身旁的公交车上几乎所有人都在讨论他们，尽管他们也许会承认这不太可能。同样，就像你将在第 13 章中看到的那样，有些患有精神分裂症的人也会有牵连观念，但是他们通常无法做出"现实检验"。即发现自己的想法是不合逻辑的。

分裂型人格障碍患者也会有古怪的念头或者出现奇幻思维，比如说，相信自己有千里眼或能够做到心灵感应。此外，他们会报告不同寻常的知觉体验，比如独自一人的时候感觉到身边有别人存在。请注意，在感觉到屋子里好像还有其他人和精神分裂症患者所具有的极端的知觉歪曲之间存在细微但重要的差异，后者可能会在屋子里没人的时候报告有人。和那些有着一些特殊兴趣或信念的普通人不同的是，分裂型人格障碍患者往往多疑、思维偏执、很少表达情绪，而且可能会以不同寻常的方式行事或着装（比如喃喃自语，或在夏天的时候穿许多层衣服）（Chemerinski，Triebwasser，Roussos，& Siever，2012）。对于后来发展出分裂型人格障碍的儿童所进行的前瞻性研究发现，他们往往是被动的，不与人交

分裂型人格障碍的诊断标准

A. 具有一种在社交和人际方面存在缺陷的普遍模式，其标志是对于亲密关系感到极其不适以及处理亲密关系的能力不足，并伴有认知或知觉扭曲以及古怪的行为；始于成年早期并且出现在各种情境中，表现为以下至少5种情况：
1. 牵连观念（关系妄想除外）；
2. 具有影响行为的古怪信念或奇幻思维，且与本人所处亚文化的规则不一致（例如，迷信，相信千里眼、心灵感应或"第六感"；在儿童和青少年中，存在诡异的幻想或执念）；
3. 不同寻常的知觉体验，包括身体错觉；
4. 古怪的思维和语言（例如，模糊的、迂回的、比喻式的、冗余的或刻板的）；
5. 多疑或偏执观念；
6. 不恰当的或受限的情感；
7. 行为或外表显得古怪、奇异或不同寻常；
8. 除了一级亲属以外，缺乏亲密的朋友或可以倾吐心事的人；
9. 过度的社交焦虑，且不会因为熟悉程度增加而减少，并且这往往和偏执性的恐惧有关，而不是出于对自己的负面判断。

B. 上述情形并不仅仅出现在精神分裂症、双相障碍、伴有精神病性症状的抑郁障碍、其他精神病性障碍或自闭症谱系障碍的病程中，而且不属于其他医学情形导致的生理影响。

注意：如果在精神分裂症发病之前就符合上述诊断，请加上"病前"，即"分裂型人格障碍（病前）"

From American Psychiatric Association. (2013). *Diagnostic and statistical manual of mental disorders* (5th ed.). Washington, DC.

往的，而且对于批评极为敏感（Olin et al., 1997）。

因为分裂型人格障碍患者常常具有和宗教或"灵性"有关的信念（Bennett, Shepherd, & Janca, 2013），临床工作者必须牢记，不同的文化背景和习俗可能会导致对于这一障碍的误诊。比如说，有些人在进行宗教仪式（例如言语奇特、实施巫术或读心术）期间所具有的强迫性特点或许会让他们看上去极为不寻常，因此可能造成误诊（American Psychiatric Association, 2013）。心理健康领域的工作者们必须对于不同文化的观念和习俗保持高度敏感。

病因

在历史上，"分裂型"（schizotypal）一词被用来描述那些容易患上精神分裂症的人（Meehl, 1962; Rado, 1962）。分裂型人格障碍被有些人视为精神分裂症基因型的表现型之一。请回忆一下，**表现型**（phenotype）指的是一个人的基因表达的方式。**基因型**（genotype）是指形成某种具体障碍的一个或一组基因。不过，基于其他各方面的影响，你最终表现出的样子——你的表现型——可能和具有类似基因型的人有差别。有些人被认为具有"精神分裂症基因"（基因型），但因为没有受到足够大的生物影响（例如，胎儿期的疾病）或环境应激（例如，贫穷和虐待），这些人最终患上的可能是不那么严重的分裂型人格障碍（表现型）（Kwapil & Barrantes-Vidal, 2012）。

在分裂型人格障碍和精神分裂症之间存在某种联系的观点部分地源于前者的特殊行为方式。许多分裂型人格障碍的特征，包括牵连观念、错觉和偏执思维，和精神分裂症患者的行为类似，但程度较轻。基因方面的研究也支持这一联系。家庭、双生子和收养研究都表明，在精神分裂症患者的亲属中，分裂型人格障碍的患病率较高——虽然他们并没有患上精神分裂症（Siever & Davis, 2004）。不过，这些研究也告诉我们，环境对分裂型人格障碍有重要影响。有些研究提示，分裂型的症状在男性中，和童年期的虐待有高度相关，而这些童年期的虐待在女性中则导致了创伤后应激障碍症状（参见第5章）（Berenbaum, Thompson, Milanak, Boden, & Bredemeier, 2008）。对此类患者进行的认知评估指出，他们在从事涉及记忆和学习的任务时，表现出轻度到中度的能力缺陷，提示其大脑左半球可能存在某些损害（Siever & Davis, 2004）。其他使用核磁共振的研究则指出，分裂型人格障碍患者存在广泛性的大脑异常（Modinos et al., 2009）。

治疗

据估计，在患有分裂型人格障碍且寻求临床帮助的人当中，有30%～50%也符合重性抑郁的诊断标准。因此，治疗包括了某些用于抑郁症的药物和心理治疗（Cloninger & Svakic, 2009; Mulder, Frampton, Luty, & Joyce, 2009）。

对于分裂型人格障碍群体的治疗所进行的对照研究很少。不过，目前对于治疗这一障碍的兴趣在不断增加，因为它被认为是精神分裂症的前兆之一（McClure et al., 2010）。有一项研究使用了包括抗精神病药物、社区治疗（一支提供治疗服务的支持性专业人员的队伍）和社会技能训练在内的综合手段。结果发现，这一套综合手段要么缓解了被试的症状，要么推迟了精神分裂症的发病时间（Nordenoft et al., 2006）。目前认为，使用抗精神病药物和认知行为治疗来治疗具有分裂型人格障碍症状的年轻个体，从而避免出现精神分裂症的预防策略很有潜力（Corell, Hauser, Auther, & Cornblatt, 2010; Weiser, 2011）。

小测验 12.2

请写出下面描述的各是哪一种人格障碍。

1. 海蒂不相信任何人，而且会错误地认为其他人想要伤害她，或者骗走她的生活费。她深信自己的丈夫在秘密地计划离开她，并且带走他们的三个儿子，尽管她没有任何的证据。她不再向朋友倾诉心事，也不向同事透露任何的信息，因为她害怕这些信息将会被他们用来对付自己。她总是感到紧张，并且随时准备着驳斥家人对她的无害评论。_____

2. 吕贝卡独自和她的鸟儿们生活在农村，和居住在附近镇上的亲戚或其他人都没有什么联系。她特别在意污染，害怕有毒的化学物质会出现在身边的空气和水里。她开发出了自己的净化系统，而且自己做衣服。如果有必要外出的话，她会穿上非常多的衣物来裹住自己的身体，还会带一个面罩来避免呼吸脏的空气。_____

3. 道格是一个没有任何亲密朋友的大学生。他每天上课总是坐在角落里，有时候别人会看到他一个人在室外的长凳上坐着吃午饭。大多数学生认为他难以交流，而且抱怨他对班级活动不投入，但他似乎对于别人说什么并不在意。他从来没有交过女朋友，而且表示自己不渴望性行为。他目前跟治疗师会面只是因为他的家人哄骗他去了诊所。_____

B类人格障碍

被诊断为患有反社会型、边缘型、表演型和自恋型等B类人格障碍的个体都具有戏剧化、情绪化和反复无常的行为。现在，我们就来了解一下这组人格障碍。

反社会型人格障碍

反社会型人格障碍（antisocial personality disorder）患者是临床工作者在其实践中可以看到的最为令人迷惑的人之一。这类患者的特征是<u>长期一贯无法服从社会规范</u>。他们会做出一些我们中的大多数人都认为难以接受的行动，例如从朋友和家人那里偷东西。他们往往是不负责任、冲动和不诚实的（De Brito & Hodgin, 2009）。Robert Hare 是一位研究精神病态群体（患有反社会型人格障碍中的一个亚群体，我们稍后会详细介绍）的先驱，他将这些个体描述为"人类社会中的掠食者，他们施展魅力，操纵他人，并且无情地在生活中开辟自己的道路，沿途留下破碎的心、崩溃的期望和空空如也的钱包；他们完全缺乏良知和共情能力，自私地拿走任何他们想要的东西，随心所欲，不会为破坏社会规范和期望而感到丝毫内疚或后悔"（Hare, 1993, p.xi）。19世纪初，法国著名精神病学家菲利普·皮内尔（1801/1962）认为这是一个"医学"问题，然而早在公元前670年，美索不达米亚地区的古老石刻中就留下了对这些具有反社会倾向的个体的描述（Abdul-Hamid & Stein, 2012）。这些反社会型人格障碍患者到底是什么样的人呢？来看一看瑞恩的案例。

瑞恩　追求战栗的感觉

我第一次见到瑞恩是在他过17岁生日的时候。不幸的是，他是在一家精神病院里庆祝生日的。他逃学好几个月，而且还惹了一些麻烦。负责其案件的法官建议再对他做一次精神评估，尽管瑞恩此前已经住过6次院了，每次都是因为和吸毒以及逃学有关的问题。他是这里的常客，已经认识了大部分医护人员。我对他进行了访谈来评估他这次为什么会入院以及给他的治疗提出建议。

我的第一印象是，瑞恩是一个合作且令人愉快的人。他指着胳膊上自己亲手纹的一枚刺青，说很后悔自己做了这件"蠢事"。他说他对许多事情感到后悔，并且现在正努力向前看。但我随后发现，他从来没有对任何事情真正感到后悔。

我们的第二次访谈与前一次截然不同。在我们第一次访谈之后的48小时里，瑞恩做的不少事情都表明他的确急需帮助。其中最为严重的事件涉及一位15岁的女孩安娜，她和瑞恩一起在医院的学校里上课。瑞恩告诉她，他会想办法出院，去惹点麻烦，然后被送到安娜父亲所在的监狱里去，在那里他会强奸安娜的父亲。瑞恩的威胁让安娜情绪崩溃，以至于她打了她的老师和几名医护人员。当我对瑞恩说起这件事情的时候，他微微一笑，说他只是觉得无聊，而且他觉得让安娜崩溃很有趣。当我问他，他的行为可能会让安娜住院的时间延长，对此他是否感到困扰时，他迷惑不解地说："为什么我会感到困扰？她本来就得呆在这个狗屁地狱里。"

在瑞恩入院之前，在他所居住的镇上有一名青少年被谋杀了。一群青少年在晚上聚集到墓地去进行撒旦崇拜仪式，而一名男孩被刺死，显然是为了买卖毒品的问题。瑞恩当时就在这群人当中，尽管他并没有刺杀那个男孩。他告诉我，他们有时候会挖开坟墓，拿出其中的骷髅在聚会上用。这并不是因为他们真的相信什么魔鬼，而是因为这很有趣，能够吓到年纪小的孩子。我问："如果这是你认识的人的墓，比如一个亲戚或朋友，那会怎么样呢？有陌生人去挖遗骨会让你感到困扰吗？"他摇摇头："他们已经死了，老兄，他们又不在乎。我为什么要在乎？"

瑞恩告诉我，他喜欢PCP，又叫"天使粉"，而他为了弄到粉可以做任何事情。他常常花两个小时去纽约，在一个非常危险的街区里购买这种毒品。他否认他曾经感到过紧张。他看上去并不是在装硬汉，而是真的什么都不在乎。

瑞恩没有取得什么进展。我在家庭治疗环节讨论了他的未来，而且我们也谈到他表现出了"应该表现出"的悔恨，然后再次从父母那里偷钱，重返街头。我们的大部分讨论都围绕着鼓励他的父母能够勇敢地对他说"不"，并且不要相信他的谎言。

经过了许多次治疗会谈之后，有一天晚上，瑞恩说他已经明白了"自己的错误"，而且他为伤害了父母而感到很过意不去。如果他们能够再把他带回家这最后一次，他一定会成为这么多年以来他应该成为的那个儿子。他的话让父母感动到落泪，而且他们还感激地看着我，就好像感谢我治好了他们的儿子。当瑞恩讲完之后，我笑了，给他鼓掌，告诉他这是我所看到的最好的一次表演。他的父母则愤怒地看着我。瑞恩停顿了一下，然后他也笑了起来，并且说："应该为我的表演干一杯！"瑞恩的父母十分震惊，因为他再一次诱骗他们相信了他；他刚才所说的话里没有一个字是真的。瑞恩最终离开医院，被送去接受一项戒毒治疗。不到4个星期，他再次说服父母把他带回了家，而仅仅两天之后，他便偷了家中所有的现金后消失了。他显然又回到了狐朋狗友和毒品的怀抱。

当他20多岁的时候，在又一次因为偷窃而被捕后，他被诊断为患有反社会型人格障碍。他的父母从来都没能鼓起勇气把他赶出家门，或者拒绝给他钱；而他则一直欺骗他们，只为了让他们供他购买更多毒品。

临床描述

反社会型人格障碍患者往往有侵犯他人权利的长期历史（Hare et al., 2012）。他们被描述为攻击性较强的个体，因为他们常常罔顾他人而自取所需。说谎和欺骗似乎是他们的第二天性，甚至他们看上去常常难以区分事实和自己为达目的而说的谎言。他们对于自己的行动所造成的破坏性后果不会展现出悔意或担忧。物质滥用在这类个体中十分常见，出现在60%的反社会型人格障碍患者身上，而且呈现为终身持续的模式（Taylor & Lang, 2006）。对于反社会型人格障碍患者而言，无论其性别是什么，长期的后果都是贫穷（Colman et al., 2009）。一项经典的研究对1000名有犯罪行为和没有犯罪行为的男孩进行了长达50年的追踪（Laub & Vaillant, 2000）。研究中的许多少年犯如今都可能会被诊断为品行障碍，而在后文中你将会看到，这种障碍是成年人身上出现反社会型人格障碍的前兆。相比研究中那些没有犯罪行为的同龄人来说，有犯罪行为的男孩非正常死亡（例如，事故、自杀或他杀）的概率要高出一倍多，并且可以归结于诸如滥用酒精和自我管理不善（例如，感染和鲁莽的行为）等因素。

反社会型人格障碍曾经有过好几个不同的名称。皮内尔（1801/1962）使用"不伴随谵妄的躁狂"（manie sans delire）来描述这些有着异常情绪反应和冲动性的暴怒，但在推理能力上没有缺陷的人（Charland, 2010）。其他的标签还包括道德精神失常、病态的自我中心、社会病态和精神病态等。围绕着这些标签，已有大量的著作发表；而我们则把注意力放在心理学研究中最为著名的两个标签上：精神病态以及 DSM-5 中的反社会型人格障碍。目前，关于这两个标签是否代表了不同的障碍，仍未有定论（Hare et al., 2012；Lynam & Vachon, 2012）。

界定标准

赫维·克莱克利（Hervey Cleckley, 1941/1982）是一位将职业生涯的大部分时间都用于研究**精神病态**（psychopathy）的精神病学家。他鉴别出了一套包括 16 个主要特征的构型，其中大多数是人格特质；这套构型有时被称为"克莱克利标准"。Hare 及其同事在克莱克利所做的描述性工作的基础上进一步研究了精神病态的本质（Hare, 1970；Harpur, Hare, & Hakstian, 1989），并且发展出了一份含有 20 个条目的量表作为评估工具。以下是 6 个选摘自这套《修订版精神病态检测表》（Revised Psychopathy Checklist，简称 PCL-R）的条目：

1. 口齿伶俐 / 表面上富有魅力
2. 夸大的自我价值感
3. 病理性的说谎
4. 欺诈 / 操纵他人
5. 缺乏悔意或内疚
6. 冷酷无情 / 缺乏共情

（Hare et al., 2012；p.480）

在接受过有关培训后，临床工作者可以通过访谈当事人来收集信息，同时从重要他人那里或机构档案中（例如，监狱档案）取得资料，然后使用这一工具对当事人进行评分，获得高分则意味着精神病态（Hare & Neumann, 2006）。

克莱克利和 Hare 的标准主要把重点放在<u>人格特质</u>上（例如，自我中心或操纵他人），而早前的 DSM 版本中反社会型人格障碍的有关标准则集中在可以观察到的<u>行为</u>上（例如，"冲动地和反复地改变职业、居所或性伴侣"）。早前 DSM 诊断标准的制定者认为，尝试评估一个

DSM-5 反社会型人格障碍的诊断标准

A. 具有一种漠视和侵犯他人权利的普遍模式，始于 15 岁之前，表现为以下至少 3 种情况：
  1. 无法服从社会规范和无法表现出遵纪守法的行为，表现为反复实施可能会被逮捕的行为；
  2. 具有欺骗性，表现为反复说谎、借口繁多或为了个人利益或乐趣而欺诈他人；
  3. 冲动或无法预先做出计划；
  4. 易激惹和具有攻击性，表现为反复出现打架或攻击他人的行为；
  5. 草率地漠视自己或他人的安全；
  6. 持续的不负责任，表现为反复地无法维持稳定的工作行为或承担财务责任；
  7. 缺乏悔意，表现为对于伤害、虐待他人或从他人处偷窃表现得毫不在乎，或会合理化上述行为。

B. 个体至少为 18 岁。
C. 有证据表明个体 15 岁以前患有品行障碍。
D. 上述反社会行为并不仅仅出现在精神分裂症或双相障碍的病程中。

From American Psychiatric Association. (2013). *Diagnostic and statistical manual of mental disorders* (5th ed.). Washington, DC.

Robert Hare 针对精神病态人格进行了大量的研究。

人的人格特质要比判断这个人是否从事了某些行为困难得多。不过，DSM-5 向基于特质的标准有所靠拢，并且采用了一部分 Hare 在 PCL-R 中所用的措辞（例如，冷酷无情、操纵他人等）。不幸的是，有关鉴别反社会型人格障碍患者的研究显示，这一新的定义削弱了诊断的信度（Regier et al., 2013）。因此，在体现这类患者的核心特质的同时，还需要努力改善这一诊断的信度。

反社会型人格障碍和犯罪

尽管克莱克利并没有否认许多精神病态者具有发展出犯罪和反社会行为的风险，但是他的确强调了其中有些人很少甚至没有遇到法律或人际方面的困难。换而言之，有些精神病态者并非罪犯，而且有一些人没有表现出 DSM-Ⅳ-TR 反社会人格障碍诊断标准列出的外显的攻击性。在这个群体中，将那些在法律上惹上麻烦和没惹上麻烦的人区分开来的因素可能是他们的智力商数（IQ）。在一项经典的前瞻性纵向研究中，White、Moffitt 和 Silva（1989）对将近 1000 名儿童从 5 岁起进行跟踪，以考察哪些因素能够预测个体 15 岁时的反社会行为。他们发现，在 5 岁时被判定为未来具有发生犯罪行为的高风险的儿童中，有 16% 的确在 15 岁的时候惹上了官司，而其余 84% 则没有出现这类问题。这两组被试有何不同呢？总体而言，惹上麻烦的那些高风险儿童 IQ 分数较低。这提示我们，IQ 较高可能有助于防止某些人出现更为严重的问题，或者至少可以让他们避免被抓住。

有些精神病态者在社会的某些领域（例如，政治、商业和演艺界）会表现得相当成功。因为难以鉴别，所以这类"成功的"或"亚临床的"（符合精神病态的部分标准）精神病态者并没有成为研究的热点。例外的是，在一项非常聪明的研究中，Widom（1977，p.677）通过在地铁报纸上发布广告来招募亚临床的精神病态者；这样的广告对于那些具有许多精神病态的主要人格特征的个体很有吸引力。比方说，其中一份广告全文如下：

通　缉

富有魅力、攻击性强和随心所欲的人。此人时常冲动而不负责任，但是善于玩弄他人于股掌之间。

Widom 发现，她的样本和那些监狱中的精神病态者具有许多相同的特点。例如，有很高比例的被试在测量共情和社会化的量表上得分很低，而且他们的父母中有心理病理问题（包括酗酒）的比例则更高。但是，这些被试中有许多人有稳定的工作，而且能够成功地远离监狱。尽管 Widom 的研究缺乏对照组，但是它表明至少一部分有着精神病态人格特质的个体会主动避免反复与司法系统打交道，甚至还能在社会上活得很成功。

在罪犯中鉴别精神病态者对于预测他们未来的犯罪行为而言有重要的意义（Vitacco, Neumann, & Caldwell, 2010）。正如你所预料的，诸如缺乏悔意和冲动等人格特征导致这些人很难不一再惹上法律的麻烦。一般而言，在精神病态测量工具中得分高的人，比那些得分低的人有更高的犯罪率，而且前者累犯（重复犯罪）和实施更为暴力的犯罪的风险也更高（Widiger, 2006）。

在我们审视有关反社会型人格障碍的文献时，请注意，包含在研究中的被试可能只属于三个相关群体（反社会型人格障碍患者、精神病态者和罪犯）中的一个。例如，基因方面的研究通常是在罪犯群体中开展的，因为相比其他两个群体而言，更容易鉴别和接触到罪犯本人及其家人。但正如你已经知道的，罪犯群体中也包括了那些不具有反社会型人格障碍或精神病态特征的个体。在你阅读有关著作的时候，请牢记这一点。

品行障碍

关注反社会行为的发展特性非常重要。DSM-5 对于那些表现出违反社会规范的行为的儿童提供了一个独立的诊断：**品行障碍**（conduct disorder）。它给出了两种亚类型的分类：儿童期起病型（至少有一项品行障碍诊断标准的特征在 10 岁之前就出现了）和青春期起病型（在 10 岁之前没有任何符合品行障碍诊断标准的特征）。DSM-5 还新增加了一个亚型，叫做"伴有冷酷—无情绪反应的表现"（Barry, Golmaryami, Rivera-Hudsn, & Frick, 2012）。这种亚型预示着个体表现出和成年的精神病态者类似的潜在人格特征。

许多患有品行障碍的孩子（大多为男孩）成为了少年犯，而且往往会沾上毒品（Durand, in

 **品行障碍的诊断标准**

A. 具有一种反复出现的、持续存在的行为模式，在这种行为模式中，个体侵犯他人的基本权利，或是违背与其年龄相适应的重要社会规范或法则；表现为在过去12个月里，符合下列15条标准中至少3条，且3条标准所属的类型不拘，并且在过去6个月里符合至少1条标准：

对人和动物表现出攻击性

1. 常常欺侮、威胁或恫吓他人；
2. 常常发起躯体争斗；
3. 曾对他人使用过能够造成严重躯体伤害的武器（例如，使用棒子、砖块、砸碎的酒瓶、刀具和枪支）；
4. 曾在躯体方面残酷对待他人；
5. 曾在躯体方面残酷对待动物；
6. 当着受害者的面占有其财物（例如，行凶抢劫、抢钱包、敲诈勒索、持械抢劫）；
7. 曾经强迫他人进行性活动；

破坏财物

8. 曾蓄意地参与纵火，意图造成严重的破坏；
9. 曾蓄意损毁他人的财物（除纵火以外）；

欺骗或偷窃

10. 曾侵入他人的家、房屋或车里；
11. 常常说谎以便获得财物或者好处，或者为了避免承担责任（例如，"诱骗"他人）；
12. 在受害者不在场的情况下占有价值不菲的物品（例如，在商店里偷窃，但并没有破门侵入）；

严重违反规则

13. 尽管父母禁止，仍常常很晚才回家，始于13岁之前；
14. 在和父母或父母的替代者共同居住的情况下，至少出现过两次整夜不归的情况，或者出现过一次长期不回家的情况；
15. 常常逃学，始于13岁之前。

B. 上述行为紊乱的情形显著损害了社会、学业或职业功能。

C. 如果个体的年龄为18岁或以上，该个体并不符合反社会型人格障碍的标准。

注明：

儿童期起病型：个体在10岁以前就表现出至少一条品行障碍典型的症状。

青春期起病型：个体在10岁以前没有表现出品行障碍典型的任何症状。

起病时间不明：符合品行障碍诊断的标准，但是没有足够的信息确定首先出现的症状是否出现在10岁之前。

注明：

轻度：在现有的品行问题中，鲜有或没有症状超出诊断所必须的症状，而且品行问题所导致的对他人的伤害相对轻微（例如，说谎、逃学、在未经允许的情况下在外过夜，其他打破规则的行为）

中度：品行问题的数量和对于他人所造成的影响处于"轻度"和"重度"之间（例如，在受害人不在场时偷窃，故意损坏公共财物）。

重度：现有的许多品行问题都超出了诊断所必须的症状，或者品行问题导致对他人造成了相当大的伤害（例如，强迫对方发生性行为，在躯体层面表现出残酷的行为，使用武器，在没有和受害人对峙的情况下偷窃，破门侵入）。

From American Psychiatric Association. (2013). *Diagnostic and statistical manual of mental disorders* (5th ed.). Washington, DC.

press）。瑞恩就属于这种情况。更重要的是，表现出反社会行为的青少年很可能会在长大之后继续表现出这类行为，由此可以表明反社会行为持续终身的模式（Frick，2012）。来自纵向追踪研究的数据表明，许多患有反社会型人格障碍或精神病态的成年人年少时就患有品行障碍（Robins，1978；Salekin，2006）；如果个体年少时曾经同时患有品行障碍和注意力缺陷/多动障碍，那么他/她在成年后患上反社会型人格障碍的概率就会增加（Biederman, Mick, Farone, & Burback, 2001；Moffitt, Caspi, Rutter, & Silva, 2001）。在许多情况下，成年患者违反规范的行为类型（例如对工作或家庭不负责任）也会在品行障碍中出现，只是表现的版本较为年轻而已（例如逃学或离家出走）。一部分患有品行障碍的儿童对于自己的行为会真心感到后悔，因此DSM-5增加了"伴有冷酷—无情绪反应的表现"的指针来更好地区别两类群体。

对这个群体的研究热情是巨大而持久的，因为这个群体对于社会造成了相当多的伤害。相比大多数其他的人格障碍，我们对于反社会型人格障碍的了解要多一些。

基因影响

家庭、双生子和收养研究都表明，在反社会型人格障碍和犯罪行为两方面都存在基因的影响（Ferguson，2010a）。例如，在一项经典的研究中，Crowe（1974）考察了生母是罪犯且之后被其他家庭收养的儿童，将他们同那些生母并非罪犯且之后被其他家庭收养的儿童做了比较。这些儿童在他们还是新生儿的时候就同生母分开了，因此其亲生家庭可能造成的环境影响已降到最低。Crowe发现，生母是罪犯的收养后代在被捕率、犯罪率和反社会型人格障碍的患病比例上都要显著高于生母并非罪犯的收养后代，这提示在犯罪行为和反社会型人格障碍上至少存在一定的遗传影响。

不过，Crowe也获得了另一些有意思的发现：有一些被收养的罪犯后代之后自己也成了罪犯，这一组被试幼年时被收养之前在临时孤儿院里待的时间，比那些生母是罪犯但自己没有成为罪犯的被收养儿童以及生母并非罪犯且被收养的儿童都要更长。就像Crowe所指出的，这一结果提示我们，存在某种基因和环境的交互作用。换言之，基因因素可能只有在特定环境下才是重要的（也可以反过来说，某种环境因素只有在具备特定基因易感性的前提下才是重要的）。基因因素可能代表了某种易感性的存在，但是否真的会发展出犯罪行为则要视具体的环境因素而定（例如，和父母或代理父母缺乏高质量的早期接触）。

这一基因与环境的交互在Cadoret、Yates、Troughton、Woodworth和Stewart（1995）所做的研究中表现得最为清晰。他们研究了被收养儿童及其发展出品行障碍的可能性。如果儿童的亲生父母具有某种反社会型人格障碍的历史，而他们的收养家庭又由于婚姻、法律或精神问题使得他们暴露在慢性应激之下，那么这些儿童出现品行问题的风险就更高。这项研究又一次表明，特定的基因并不一定意味着特定的障碍是不可避免的。针对品行障碍的基因研究表明了基因和环境因素（比如学业困难、同伴问题、家庭收入低、被父母忽视或被严厉管教）两方面的影响力（Beaver, Barnes, May, & Schwartz, 2011；Larsson, Viding, Rijsdijk, & Plomin, 2008）。

也许你还记得，我们曾在第4章中介绍了**内表型**（endophenotype）这个概念，即某种障碍背后可能更直接地受到基因影响的那些方面。在反社会型人格障碍中，基因领域的研究者正在寻找那些可能影响到这些个体的血清素和多巴胺水平的基因差异，或者是导致他们相对缺乏焦虑或恐惧背后的基因特征（Hare et al., 2012）。这一研究目前处于早期阶段，但它正在重新界定我们需要寻找的基因——不是那些"导致"反社会型人格障碍的基因，而是那些造成反社会型人格所具有的异常特征的基因，例如无所畏惧、攻击性、冲动性和缺乏悔意。

神经生物学影响

有大量的研究都聚焦在那些可能对反社会型人格障碍有影响的神经生物学因素上。目前有一点很清楚：一般性的大脑损伤并不能解释为什么有些人成为了精神病态者或罪犯，这些个体在神经心理学测验上的得分似乎和我们这些人同样好（Hart, Forth, & Hare, 1990）。不过，这类测验仅旨在检测出那些严重的损伤，因此可能检查不出影响行为的神经化学或结构上的细微改变。

唤起理论

无所畏惧、看似对惩罚不敏感以及寻求刺激的行为是反社会型人格障碍患者的特点（尤其是那些具有精神病态问题的人），这激发了人们去研究具体是哪些神经生物学过程导致了这些不同寻常的反应。早期对于反社会型人格障碍患者所做的理论研究主要基于两类假设：过低唤起假设和无所畏惧假设。根据**过低唤起假设**（underarousal hypothesis），精神病态者的皮层唤起水平低得异常（Sylvers, Ryan, Alden, & Brennan, 2009）。在唤起水平和行为表现之间存在某种<u>倒 U 型</u>的关系，即那些唤起水平过高或过低的个体往往会体验到负性的情感，并且在许多情境中表现糟糕，而那些有着中等程度唤起水平的个体相对而言比较满足，而且面对大多数情境时都有令人满意的表现。

根据过低唤起理论，精神病态者异常低的皮层唤起水平是造成其反社会行为和冒险行为的主要原因；他们会寻求刺激来提升他们长期以来过低的唤起水平。这意味着，瑞恩之所以说谎、吸毒和掘墓，是为了获得与我们从聊天或看电视等活动中所获得的同等的唤起水平。有几位研究者考察了在儿童期和青春期能够预测成年期反社会行为和犯罪行为的因素。例如，Raine、Venables 和 Williams（1995）针对一群 15 岁的被试评估了各种自主神经系统和中枢神经系统的变量。他们发现，后来出现犯罪行为的那些被试在静息评估阶段具有更低的皮肤电活动、更低的心率以及更低的脑电波活动频率，所有这些都是低唤起水平的标志。

而根据无所畏惧假设，精神病态者相比大多数其他的个体而言拥有<u>更高的恐惧阈限</u>（Lykken, 1957, 1982）。换言之，那些能让我们感到十分害怕的事情对于精神病态者很少会造成什么影响（Syngelaki, Fairchild, Moore, Savage, & Goozen, 2013）。比如，瑞恩对于孤身一人前往危险的街区购买毒品一点也不感到紧张。这一假设的支持者认为，精神病态者无所畏惧的特点是这种综合征中其他主要特征的基础。

理论家们努力将我们所获得的有关大脑的知识同对于反社会型人格障碍患者（尤其是那些精神病态者）的临床观察联系在一起。有人将 Jeffrey Gray（1987）提出的脑功能模型应用在这个群体上（Fowles, 1988; Quay, 1993）。根据 Gray 的观点，有三个主要的脑功能系统会影响学习和情绪行为：行为抑制系统、奖赏系统以及战斗／逃跑系统。其中，行为抑制系统和奖赏系统可用来解释精神病态者的行为。行为抑制系统负责的是我们在面对可能出现的惩罚、无奖赏或新异情境时，让行为停止或慢下来的能力；激活这一系统会导致焦虑和挫败感。研究者认为，行为抑制系统位于穿隆海马区域，而且包含了去甲肾上腺素能和血清素能神经递质系统。奖赏系统负责的是我们的行为，具体地说，就是让我们趋近积极的奖赏；同时，奖赏系统还和希望以及宽慰感有关的。这个系统包含了位于中脑边缘系统的多巴胺能系统。之前我们已经提到过，这个系统在物质使用和滥用中发挥了"快感通道"的作用（见第 11 章）。

如果你仔细审视一下精神病态者的异常行为，那么你就可以清楚地看到这些系统处于功能失调的状态。行为抑制系统和奖赏系统之间存在的不平衡可能会导致由前者所产生的恐惧和焦虑看上去不那么明显，而和后者有关的积极感受则十分突出（Levenston, Patrick, Bradley, & Lang, 2000; Quay, 1993）。理论家们已经提出，这种神经生物学方面的功能失调，或许可以解释为什么精神病态者不会对其所犯下的反社会行为感到焦虑。

研究者正在继续探索在这些个体的大脑中，神经递质（例如，血清素）和神经激素（例如，诸如雄性激素睾酮和应激性的神经激素皮质醇）的功能差异是否可以解释精神病态者冷酷无情、缺乏悔意和冲动的典型特征。将这些差异同基因和环境影响的因素联系在一起的整合理论才刚刚问世（Hare et al., 2012），或许它可以让我们更好地理解并治疗这种严重的障碍。

心理和社会维度

精神病态者的内心会发生些什么？在有关精神病态者如何加工奖赏和惩罚的一项研究中，Newman、Patterson 和 Kosson（1987）在计算机上设置了一个玩牌游戏；他们对于精神病态和非精神病态的罪犯所做出的正确的回答给予五美分的奖赏，对于错误的回答给予五美分的惩罚。这个游戏的设计是，起初，被试在90%的时间里都会得到奖励，而仅有10%的概率会受到惩罚。渐渐的，这个概率会发生变化，直到获得奖赏的可能性降低为0%。尽管玩家所得到的反馈是奖赏不会再出现，但精神病态者仍然会继续玩，从而不断输钱，而那些非精神病态者则会停止玩游戏。基于这一研究和来自其他研究的结果，研究者假设，一旦精神病态者瞄准了某个能带来奖赏的目标，那么他们相比非精神病态者就更难抑制自己的行为，哪怕有线索表明这个目标已经不可能达到（Dvorak-Bertscha, Curtin, Rubinstein, & Newman, 2009）。同样，考虑到某些精神病态者草率和鲁莽的行为（抢银行时不遮挡面部，随后立刻被抓），无法放弃一个不可实现的目标的确符合对于他们的整体描述。

Gerald Patterson 所做出的具有影响力的工作表明，具有反社会型人格问题的儿童的攻击性可能会不断增加，这与他们和父母互动有关（Granic & Patterson, 2006; Patterson, 1982）。他发现，父母面对孩子的问题行为常常会采取让步的态度。例如，一个男孩的父母让他自己铺床，而他拒绝了。父母冲他大嚷，他也冲父母大嚷而且开始骂人。这种你来我往的争斗逐渐恶化到令人厌烦的程度，父母不再和他争执并走开了，由此结束了争吵，但最终男孩也并没有自己去铺床。对于这些行为问题的让步造成的结果是：从短期来看，父母（家里重新恢复了平静）和孩子（获得了他想要的结果）都有所获益，但是问题依然存在。这个孩子学会继续争执，绝不让步，而父母学会"胜利"的唯一方法就是收回所有的要求。这种"胁迫性的家庭过程"再加之其他的因素，例如基因的影响、父母的抑郁、对于孩子活动的监督不善以及父母投入较少，共同维系了孩子的攻击行为（Chronis et al., 2007; Patterson, DeBaryshe, & Ramsey, 1989）。胁迫性的父母教养再加上基因影响，和冷酷—无情绪反应有至少中等程度的相关，而这一特质则和成年后的精神病态有关（Waller et al., in press）。

许多监狱允许犯人的孩子探视犯人，部分是为了帮助减少这些孩子今后可能出现的心理问题。

尽管我们对于哪些环境因素能够直接作用于反社会型人格障碍以及精神病态（相比儿童期的品行障碍）了解得还不多，但来自收养研究的一些证据表明，共享的环境因素（倾向于让家庭成员变得相似）对于犯罪行为的病原学而言相当重要，或许对于反社会型人格障碍而言也有其重要性。例如，在Sigvardsson、Cloninger、Bohman 和 von Knorring（1982）所做的收养研究中，收养父母的社会地位低会增加女性非暴力犯罪的风险。另外，就像在患有品行障碍的儿童中那样，患有反社会型人格障碍的个体来自那些父母管教不一致的家庭（Robins, 1966）。

发展上的影响

从童年进入成年，个体反社会行为的形式也会发生变化——从逃学和偷朋友的东西到勒索、袭击、持械抢劫或其他的犯罪行为。幸运的是，临床观察的积累和零散的实证研究报告（Robins, 1966）提示，反社会行为的比例会在40岁左右显著下降。在一项经典研究中，Hare、McPherson 和 Forth（1988）为这一观点提供了实证支持。他们考察了男性精神病态者和男性非精神病态者的犯罪率；被试获罪的理由各异。结果发现，非精神病态者的犯罪率在16岁～45岁期间相对恒定。与之相对的是，精神病态者的犯罪率持续增长到40岁，随后显著下降（见图12.2）。为什么反社会行为常常在中年左右出现下降，目前还是一个谜（Hare et al., 2012）。

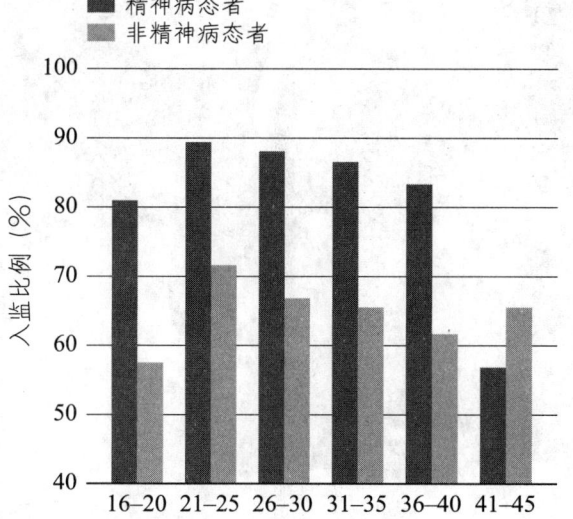

图12.2 精神病态者和非精神病态者在其一生中的犯罪情况
Based on Hare, R. D., McPherson, L. M., & Forth, A. E. [1988]. Male psychopaths and their criminal careers. *Journal of Consulting and Clinical Psychology, 56,* 710–714.

整合模型

我们应如何将上述所有信息组织到一起，从而更好地理解反社会型人格障碍患者呢？请回忆一下，刚才所讨论的研究有些时候涉及"反社会型人格障碍"标签，另一些时候则包含"精神病态"标签，又或者是"罪犯"标签。无论所贴的标签是什么，这些群体在反社会行为和人格特质上似乎具备了一定的遗传易感性。正如你已经看到的，基因可能会导致能够影响攻击性的神经递质出现差异，还会导致负责应对应激的神经激素出现差异。这些脑内的差异可能造就了诸如冷酷无情、冲动性和攻击性等精神病态的特征性特质（Hare et al., 2012）。

基因和环境之间一种可能的交互形式在恐惧条件化对于儿童的影响中有所体现。你也许还记得在第1章和第5章中，我们讨论了儿童是如何学会害怕那些能够带来伤害的东西（例如，滚烫的炉子）。其机制是将一个无条件的刺激（例如，来自炉子的热量）和一个条件刺激（例如，父母让我们远离它的警告）联系在一起，其结果是我们会回避条件刺激。但是，如果这种条件化机制在某种程度上受损了，而你没有办法学会回避那些可能会伤害到你的东西，那会怎么样呢？一项重要的研究考察了在年幼的儿童身上对于恐惧条件化的异常反应是否会导致之后在成年期出现反社会行为（Gao, Raine, Venables, Dawson, & Mednick, 2010）。这个长达20年的大型研究评估了1795名儿童在3岁时的恐惧条件化反应，然后看一看在这些被试23岁的时候谁有犯罪记录。结果表明，有犯罪行为的被试3岁的时候表现出的恐惧条件化反应，<u>显著弱于</u>匹配的对照组；甚至，其中有许多人<u>完全没有恐惧条件化反应</u>。一般认为杏仁核的功能缺陷会导致个体无法识别出预示威胁的线索，从而造成人们相对而言无所畏惧。这一点提示我们，这些儿童在大脑的这一区域存在问题（Sterzer, 2010）。这些发现可能预示着，基因影响（导致杏仁核受损）与环境影响（学会害怕某些刺激）产生了交互作用，导致成年个体不知何为恐惧，因此会去从事那些给自己和他人带来伤害的行为。

生物方面的影响会进一步和其他的环境因素发生交互，例如，儿童期早期的不幸经历。在一个因为离婚或物质滥用而处于应激之下的家庭中，可能存在某种互动风格鼓励了儿童的反社会行为（Thomas, 2009）。儿童的反社会和冲动行为——部分是由儿童具有的困难气质和冲动性导致的（Chronis et al., 2007; Kochanska, Aksan, & Joy, 2007）——会让其他或许能够成为良好角色榜样的儿童远离自己，而吸引到那些鼓励反社会行为的人。这些行为还可能会导致童年期辍学和成年期的糟糕就业，继而加剧生活处境中的各种挫败，从而进一步引发和社会对立的行动（Thomas, 2009）。

显然，这只是对一片纷繁的图景做出的简略描述。重要的是，在这个有关反社会行为的整合模型中，生物、心理和文化因素以一种复杂的方式组合在一起，共同创造出瑞恩这样的人。

治 疗

在对这类患者进行治疗时，一个主要的问题也是治疗其他各类人格障碍时会遇到的典型问题：他们很少会认为自己需要治疗。因为这一点，以及他们甚至会去操纵他们的治疗师，大多数临床工作者对于能否成功治疗反社会型人格障碍患者抱着悲观的态度，而且也鲜有成功的故事记录在案（National Collaborating Centre for Mental Health, 2010）。一般而言，治疗师更赞同将这些患者监禁起来，从而防止他们将来再出现反社会的行径。临床工作者会鼓励鉴别出那些高风险的儿童，以便在他们成年之前尝试提供治疗（National Collaborating Centre for Mental Health，2010；Thomas，2009）。一项针对暴力罪犯所进行的大型研究表明，认知行为治疗可以降低治疗结束后5年内出现暴力行为的可能性（Olver，Lewis，& Wong，2013）。但要注意的是，治疗的成功和PCL-R对"自私、冷酷无情和毫无悔意地利用他人"等特质的评分呈负相关。换言之，在这一特质上的得分越高，个体在治疗之后不再从事暴力行为的概率就越低。

有品行障碍的儿童可能会成为患有反社会型人格障碍的成年人。

对于儿童，最为常见的治疗是父母训练（Patterson，1986；Sanders，1992）。父母被教导去尽早识别问题行为，并运用表扬和给予孩子特权来减少其问题行为以及鼓励亲社会行为。不少治疗研究都表明，这类项目可以显著地改善许多有反社会行为的儿童的行为表现（Conduct Problem Prevention Research Group，2010）。不过，有一系列的因素会提高治疗不成功或是过早退出治疗的风险。这些因素包括：家庭功能紊乱程度高、社会经济地位低下、家庭应激水平高、父母有反社会行为历史，以及儿童本人患有严重的品行障碍（Kaminski，Valle，Filene，& Boyle，2008）。

预防

我们已经发现，针对日后可能患上反社会型人格障碍的高危儿童的预防策略的研究有了巨大的增长。年幼儿童的攻击行为相当稳定，这意味着那些会踢打、谩骂和威胁他人的儿童在他们年纪渐长以后也很可能会继续这些行为。不幸的是，这些行为甚至有可能随着时间的推移变得越发严重，而且这些也是某些成年个体出现谋杀和攻击行为的早期迹象（Eron & Huesmann，1990；Singer & Flannery，2000）。

企图改变这种攻击性进程的预防手段主要在学校和学前机构中实施，其重点在于对良好行为的行为支持以及可以改善社会能力的技能训练（Reddy，Newman，DeThomas，& Chun，2009）。在这些预防策略中，有好几种类型的项目正在进行研究评估，看上去前景十分乐观。例如，针对幼儿（1.5～2.5岁的学龄前儿童）父母的训练研究提示，早期干预非常有效（Shaw，Dishion，Supplee，Gardener，& Arnds，2006）。幼儿的攻击性会下降，社会能力（例如，交友和分享）会提升，而且这些改善整体上可以维持好几年（Conduct Problem Prevention Research Group，2010；Reddy et al.，2009）。但在预防这类个体身上常见的成年期反社会行为方面，目前要评估这类项目的成败还为时过早（Ingoldsby，Sheeleby，Lane，& Shaw，2012）。不过，鉴于成年患者的治疗效果很差，早期预防可能是解决有关问题的最佳途径。

边缘型人格障碍

边缘型人格障碍（borderline personality disorder）患者过着一种动荡不安的生活。他们的心境和关系都是不稳定的，而且一般来说，他们的自我意象十分糟糕。这些人常常感到空虚，而且有很高的风险会亲手结束自己的生命。来看看克莱尔的案例。

克莱尔　我们中间的陌生人

我认识克莱尔已经四十多年了，目睹了作为边缘型人格障碍患者的她经历了美好但大多数时间都风雨飘摇的混乱人生。克莱尔和我从八年级起成为同学直到高中为止，后来我们也经常保持着联络。我对她最早的记忆是她的头发,那时她的头发剪得很短而且不太整齐。她告诉我,当日子过得不太好的时候,她就会把自己的头发剪得很短,这能帮助她"填补空虚"。后来我发现,她经常穿的长袖衣服下面隐藏着她在自己身上制造的伤疤和割痕。

克莱尔是我们这群朋友中第一个开始抽烟的人。这一点,以及之后她的吸毒行为(这发生在20世纪60年代,当时"感觉好就继续"还没有被"请拒绝毒品"替代)之所以显得不同寻常,并不是因为它们出现在克莱尔身上或者说它们发生得很早,而是因为她并不是为了像其他人那样获得关注才去使用这些物质。克莱尔也是父母离婚最早的孩子之一,而且他们两个人似乎都在情感上抛弃了她。她后来告诉我,她的父亲是一个酒鬼,经常打她和她的母亲。她在学校里的成绩很差,对自己的评价也很低。她经常说自己既笨又丑,但客观上绝非如此。

在我们上学的年代里,克莱尔会时不时离开镇上,但从没有给出任何的解释。我在许多年之后才得知,她当时住进精神病院以应对伴随着自杀念头的抑郁。她常常说要杀死自己,但我们都没有意识到她是认真的。

在我们将近20岁的时候,我们和克莱尔逐渐变得不那么亲近了。她越来越无法预测,有些时候会因为一件小事而斥责我们("你们走得太快了。你们不想被人看到和我在一起!"),而在另一些时候又绝望地黏着我们。我们对她的行为感到不解。在有些人身上,情绪的爆发会让你们走得更近;不幸的是,对于克莱尔来说,这些事件和她整体上的行为都让我们觉得,我们并不了解她。随着我们所有人逐渐长大,她所描述的她内心的"空虚"变得让人无法承受,最终她把我们都关在了外面。

克莱尔结了两次婚,每一次都激情四射,但这两段暴风骤雨般的关系都以她住院而告终。在一次狂怒中,她甚至试图刺死自己的第一任丈夫。她尝试了各种药物,但主要还是用酒精来"麻痹痛苦"。

现在,她已经五十好几,情况似乎有所好转,尽管她说她仍然很少感到快乐。但克莱尔对于自己的感觉的确变得稍好了一点,而且作为一个导游来说也做得不错。尽管她在和某个人交往,但是因为自己的个人历史,她不愿意太过投入。克莱尔获得的最终诊断是抑郁和边缘型人格障碍。

临床描述

边缘型人格障碍是临床机构中最为常见的人格障碍之一;在每一种文化中都可以观察到它的存在,它在一般人群中的患病率为1%~2%(Torgerson, 2012)。克莱尔的案例生动地诠释了边缘型人格障碍不稳定的特征。他们往往有着跌宕起伏的关系,害怕被抛弃但又缺乏控制自己情绪的能力(Hooley, Cole, & Gironde, 2012)。他们常常做出自杀、自残等行为,会割伤、烧伤或击打自己。比如,克莱尔有时候会用香烟去烫自己的手掌或小臂,而且她曾经在自己的手臂上刻下她的名字缩写。相当高比例(约为6%)的患者最终自杀身亡(McGirr, Parris, Lesage, Renaud, & Turecki, 2009)。但是,边缘型人格障碍中也有积极的一面:此类患者的长期结果是令人欣慰的。在完成初次治疗后,高达88%的人成功地保持了症状缓解状态超过10年(Zanarini et al., 2006)。

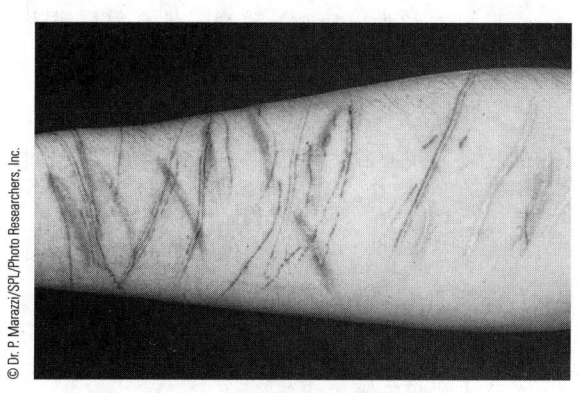

边缘型人格障碍患者常常出现自残行为。

患有这类人格障碍的人通常情感激烈,在很短的时间里就可以从愤怒转变为深深的抑郁。有些时候,情绪领域的功能失调被认为是边缘型人格障碍的核心特征(Linehan & Dexter-Mazza, 2008),也是这类患者是否会自杀的最佳预测指标之一(McGirr et al., 2009)。不稳定(在情绪、人际关系、自我概念和行为等各方面)是这种障碍的核心特征,因此有些人会把这类患者描述为"稳定地表现出不稳定"

（Hooley et al., 2012）。

这种不稳定性会延伸为冲动性，这一点可以从他们滥用药物和自残上看出端倪。尽管原因尚不明确，但当事人有时会表示诸如割伤自己等自我伤害的行为可以降低他们的压力（Nock, 2010）。克莱尔的"空虚"感受也很普遍；这类患者常常具有慢性的厌倦感，并且在自己的身份认同上存在困难（Linehan & Dexter-Mazza, 2008）。第7章中讨论的心境障碍在边缘型人格障碍患者当中较为常见：约有20%的人患有抑郁症，约有40%的人患有双相障碍（Grant et al., 2008）。与进食障碍（参见第8章）发生共病的情形也很常见，特别是神经性贪食症：近25%的神经性贪食症患者同时也患有边缘型人格障碍（Zanarini, Reichman, Frankenburg, Reich, & Fitzmaurice, 2010）。高达67%的边缘型人格障碍患者被诊断为患有至少一种物质使用障碍（Grant et al., 2008）。和反社会型人格障碍类似，边缘型人格障碍往往会在患者30多岁和40多岁的时候有所缓解，不过他们的困难仍然会持续到老年（National Collaborating Centre for Mental Health, 2009）。

病　因

许多家庭研究的结果提示，边缘型人格障碍在患有心理障碍的家庭中更为普遍，并且某种程度上和心境障碍有关（Distel, Trull, & Boomsama, 2009）。同卵和异卵双胞胎的研究提示，同卵双胞胎的同时患病率更高，这进一步支持了基因因素在边缘型人格障碍中的作用（Reichborn-Kjennerud et al., 2009）。

情绪反应性（emotional reactivity）是边缘型人格障碍中的一个核心方面，这导致研究者去关注是否有线索表明遗传对这一人格特质的影响（内表型）。研究考察了和血清素有关的基因，因为血清素系统的功能失调似乎与这一人群中的情绪不稳定、自杀行为和冲动性有关（Distel et al., 2009）。但这一研究尚处于早期阶段，还没有确切的答案表明，基因上的差异如何导致边缘型人格障碍的症状（Hooley et al., 2012）。

旨在确定影响边缘型人格障碍的脑区位置的脑成像研究指向了边缘系统网络（Nunes et al., 2009）。这个区域和情绪调节以及功能失调的血清素神经递质活动有关的，因此这些发现能够和基因研究联系在一起。血清素活动水平低和心境以及冲动性的调节有关，这使得它成为了在这类患者身上进行的大量研究的对象（Hooley et al., 2012）。

为了进一步认识这一障碍的本质，有必要在边缘型人格障碍中更好地界定情绪反应性这个概念。当问及自己的体验时，这些患者报告了较大的情绪波动和较高的情绪强度，而且主要集中在愤怒和焦虑等负性情绪上（Rosenthal et al., 2008）。有些研究

DSM-5 边缘型人格障碍的诊断标准

A. 具有一种在人际关系、自我意象、情感上不稳定以及显著冲动的普遍模式，始于成年早期，表现为以下至少5种情况：

1. 疯狂地努力以避免真实的或想象中被抛弃的可能性。（注意：此处不包括第5条中提到的自杀或自残行为。）

2. 具有不稳定且情感强烈的人际关系模式，其特征是在极度的理想化和极度的贬低之间摇摆。

3. 身份认同紊乱：自我意象或自我感显著且持久地表现出不稳定。

4. 在至少两个会造成潜在自我伤害的领域中表现出冲动性（例如，消费、性、物质滥用、鲁莽的驾驶行为、暴食）。（注意：此处不包括第5条中提到的自杀或自残行为。）

5. 反复出现自杀的行为、姿态或威胁，或者自残行为。

6. 由于显著的心境反应性（例如，强烈的发作性的恶劣心境、易激惹或焦虑，通常会持续几个小时，在极为罕见的情况下会持续几天）而造成情感不稳定。

7. 慢性的空虚感。

8. 不恰当的、强烈的愤怒或无法控制愤怒（例如，常常发脾气，总是感到愤怒，反复出现躯体争斗）。

9. 暂时性的、和应激相关的偏执观念或严重的解离症状。

From American Psychiatric Association. (2013). *Diagnostic and statistical manual of mental disorders* (5th ed.). Washington, DC.

运用"变形"技术探索了这些个体对他人情绪的敏感程度。有一项研究考察的是，患有或未患边缘型人格障碍的被试是否能够正确鉴别屏幕中变形的面孔上的表情（缓慢地从中性表情变为情绪表情，如愤怒）；结果发现，边缘型人格障碍患者的情绪识别要比对照组更为准确（Fertuck et al.，2009）。

在一项研究中，研究者探索了此类患者的"羞耻"情绪（Rusch et al.，2007）。例如，被试将阅读如下的情境说明：

你参加同事乔迁新居的庆祝聚会时，不小心把红酒泼在了一张崭新的奶白色地毯上，但是你觉得没有人注意到这件事情。在下面的四种反应中，你会出现哪一种：

1．"你真希望自己压根就没有来参加这次聚会。"（羞耻易感性）

2．"聚会结束后你会留下来帮忙清理污迹。"（内疚易感性）

3．"你认为同事应该可以预见到，在这样的大型聚会上必然会出一些事故。"（疏离）

4．"你会纳闷，为什么你的同事选择用一块崭新的浅色地毯来配喝红酒的场合。"（外化）（p.317）

这个研究发现，相比健康的女性和患有社交恐怖症的女性，患有边缘型人格障碍的女性（这个研究中没有男性被试）更有可能会报告羞耻感。重要的是，研究者也发现，低自尊、低生活质量、高水平的愤怒及敌意和这种较强的羞耻倾向有关（Rusch et al.，2007）。研究也发现，羞耻和这类人群的自伤行为有关（Brown，Linehan，Comtois，Murray，& Chapman，2009）。在具有边缘型人格障碍特征的儿童和青少年身上，也观察到了解释某种情境时将羞耻感牵扯进来的现象（Hawes，Helyer，Herlianto，& Willing，2013）。

对于边缘型人格障碍中认知因素的探索才刚开始起步。这里的议题是：患有这种障碍的人如何加工信息，以及这种加工方式是否会对于他们的障碍造成影响。考察这些个体思维过程的一项研究让患有边缘型人格障碍和没有这种障碍的被试观看计算机屏幕上出现的词语，努力记住其中的一些词并忘记另一些词（Korfine & Hooley，2000）。当这些词和边缘型人格障碍的症状无关的时候（例如，"庆祝""魅力""收集"），两个组的表现同样好；但是，当那些词和这个障碍有潜在关系的时候（例如，"抛弃""自杀""空虚"），边缘型人格障碍患者会记住更多这类词，哪怕实验的要求是让他们忘记这些词。这一证据初步表明患者存在某种记忆偏好，这给了我们一些线索，让我们能够进一步探索这一障碍的本质，或有助于设计出更为有效的治疗（Geraets & McNally，2008）。

在解释边缘型人格障碍的基因环境交互假说中，有一个重要的环境风险因素是早期创伤（尤其是性虐待和躯体虐待）的潜在影响。许多研究表明，相比正常的个体或是存在其他精神问题的人，患有这种障碍的人报告受到虐待的概率更高（Bandelow et al.，2005；Goldman，D'Angelo，DeMaso，& Mezzacappa，1992；Ogata et al.，1990）。不幸的是，这些研究（基于回忆以及两个现象之间的相关）并没有办法直接告诉我们，虐待和忽视是否导致了之后出现的边缘型人格障碍。在一项重要研究中，研究者追踪了500名有记录明确显示童年期遭受过躯体虐待、性虐待以及忽视的儿童，并且在他们成年后和对照组（没有报告过遭受虐待或忽视的历史）进行了比较（Widom，Czaja，& Paris，2009）。相比对照组，曾经遭受虐待和忽视的儿童中，后来发展出边缘型人格障碍的比例更大。这一发现对于女性而言尤其重要，因为女孩遭受性虐待的可能性是男孩的2～3倍（Bebbington et al.，2009）。

已经很清楚的一点是，获得边缘型人格障碍这一诊断的大多数人都曾经受到过父母的虐待或忽视，以及他人的性虐待和躯体虐待，或者这些情况都有（Ball & Links，2009）。对于那些没有报告这类历史的个体，有些研究者也在探索他们发展出边缘型人格障碍的原因。诸如气质（情绪的先天倾向，例如冲动、易激惹或过度敏感等）、神经损伤（出生之前暴露在酒精或毒品之下）以及他们与父母教养风格之间的交互作用可能导致某些个体患上边缘型人格障碍（Graybar & Boutilier，2002）。

在那些经历了文化骤变的群体中也观察到了边缘型人格障碍。儿童和成年移民群体中常常存在身份认同问题、空虚感、害怕被抛弃以及低焦虑阈限（Laxenaire，Ganne-Vevonec，& Streiff，1982；

Skhiri, Annabi, Bi, & Allani, 1982）。这些观察进一步支持了创伤可能会在某些个体身上导致边缘型人格障碍的假设。

不过，我们应当牢记，童年期创伤史（包括性虐待和躯体虐待）也出现在患有其他障碍的人当中，例如分裂样人格障碍、躯体症状障碍、惊恐障碍（见第5章）以及分离性身份障碍（见第6章）。同时，边缘型人格障碍患者当中有一定比例的人并没有这类虐待的历史（Cloninger & Svakic, 2009）。尽管儿童期性虐待和躯体虐待似乎在边缘型人格障碍的病因中扮演了重要的角色，但它们对于发展出这一障碍而言既非必要也非充分条件。

整合模型

尽管目前对于这一障碍尚没有公认的整合模型，但我们可以借助对焦虑障碍所做的工作来勾勒出一种可能的图景。你也许还记得在第5章中，我们描述了一个"三重易感性"理论（Barlow, 2002; Suarez, Bennett, Goldstein, & Barlow, 2008）。第一种易感性（或称素质）是一般生物易感性。我们可以看到，在边缘型人格障碍患者群中，存在某种情绪反应性的基因易感性，以及这一点如何影响特定的脑功能。第二种易感性是一般心理易感性。此类患者眼中的世界充满威胁，并且他们会对真实的或知觉中的威胁做出强烈的反应。第三种易感性是特定心理易感性，它是从早年的环境经历中习得的。早期的创伤和虐待可能会增加个体对于威胁的敏感程度，从而形成这种易感性。当个体处于应激之中，其过度反应的生物倾向会和容易感到自己受威胁的心理倾向产生交互作用。这可能导致了在这一群体中频繁出现的情绪爆发和自杀行为。这一初步模型还有待验证和进一步的研究。

治疗

和反社会型人格障碍患者很少承认自己需要帮助截然相反，边缘型人格障碍患者感到十分痛苦，甚至比焦虑障碍和心境障碍患者更有可能去寻求治疗（Ansell, Sanislow, McGlashan, & Grilo, 2007）。在回顾有关这类人群的医疗状况研究时发现，基于症状的治疗有时是有帮助的。对于情感上的紊乱，心境稳定剂这类药物（例如，某些抗痉挛和抗精神病药物）是有效的（Silk & Feurino III, 2012）。药物滥用、治疗依从性以及自杀企图等方面的问题则会让治疗打折扣。其结果是，许多临床工作者不那么愿意和边缘型人格障碍患者工作。

研究得最为透彻的一种认知行为治疗之一是由Marsha Linehan发展出来的（Linehan et al., 2006; Linehan et al., 1999; Linehan & Dexter-Mazza, 2008）。这种方法叫作**辩证行为治疗**（dialectical behavior therapy，简称DBT），主要用于帮助当事人应对那些可能触发自杀行为的应激源。在治疗中，治疗会优先处理那些可能会造成伤害的行为（自杀行为），随后处理的是那些干扰到治疗的行为，最后去处理那些影响患者生活质量的行为。每周的个体会谈会给患者提供支持，而患者将学会如何识别并调节自己的情绪。这种方法强调问题解决的能力，因此可以帮助患者更有效地去处理困难。此外，这些患者还会接受和创伤后应激障碍患者相似的治疗。在这种治疗中，个体将"重新体验"之前的创伤事件，从而消除和这些事件相关的恐惧（见第5章）。在治疗的最后一个阶段，个体会学习如何信任自己的反应而不依赖于他人的认可。有些时候他们需要通过视觉想象的方式来"看到"自己不对批评做出反应（Lynch & Cuper, 2012）。

一些研究的结果表明，辩证行为治疗有助于减少自杀尝试、从治疗中脱落的情况并降低住院率（Linehan & Dexter-Mazza, 2008; Stanley & Brodsky, 2009）。有39名女性分别进行了辩证行为治疗和一般的治疗性支持（被称为"常规治疗"），并随后接受了一年的随访。研究者发现，在治疗结束后的头6个月，辩证行为治疗组的女性自杀念头更少，愤怒水平更低，社会适应也更好（Linehan & Kehrer, 1993）。另一项研究考察的是在住院（精神病院）条件下对患者实施大约5天的辩证行为治疗是否能够改善他们的情况（Yen, Johnson, Costello, & Simpson, 2009）。被试在几个领域有所进步，例如，他们的抑郁、无望感、愤怒表现和解离程度都有所减轻。越来越多的证据表明，这一方法能有效地帮助患有这一严重障碍的个体（Lynch & Cuper, 2012）。

或许，本书中最有趣的内容是那些使用脑成像技术来考察心理治疗如何影响脑功能的研究。一项试验性的研究考察了患有边缘型人格障碍的女性和对照组的女性对于让人难过的图片（例如，女性受到攻击的图片）会有什么反应（Schnell & Herpertz, 2007）。结果发现，对于那些从心理治疗中获益的女性患者，她们对这些令人难过的图片的唤起水平（在杏仁核和海马区域）会随着治疗的进展而有所改善，而对照组的女性和那些没有积极的治疗体验的女性患者身上则未见有改变发生。这种整合性的研究为我们理解边缘型障碍以及成功的治疗背后所具备的机制提供了相当大的启发。

表演型人格障碍

患有**表演型人格障碍**（histrionic personality disorder）的个体往往是过于戏剧化的，常看上去几乎总是在表演。这就是为什么会使用"表演"（histrionic）一词，它的原意是具有演戏一般的举止。让我们看看帕特的案例。

帕特　一直活在舞台上

我们第一次见面的时候，帕特看上去极为享受自己的生活。她是一位30多岁的单身女性，正在夜间大学攻读硕士学位。她的穿着常常十分惹眼。在白天，她给有残疾的孩子上课，而在晚上，如果没有课，她通常去约会而且很晚才回来。我第一次和她交谈的时候，她热情十足地对我说，我在发展性残疾这个领域中所做的工作给她留下了深刻的印象，而且她在她的学生身上运用了一些我的技术，取得了极大的成功。她显然是过奖了，但是，谁又会不喜欢这样的赞美呢？

因为我们的一些研究包括了她班上的一些学生，我经常见到帕特。不过，仅仅几周之后，我们之间就开始变得紧张起来。她常常抱怨各种疾病和伤情（在停车场跌倒，或望向窗外的时候扭了脖子）干扰她的工作。她做事很没有条理，总是直到最后一分钟才去做那些需要花很长时间的任务。帕特会向别人做出一些她无法实现的保证，而她的目的似乎是去赢得他们的赞赏；当她打破自己的承诺时，她又会及时编造出一个故事来争取同情和关心。例如，她答应一个学生的母亲她会为孩子举办一个"独一无二且盛大的"生日聚会，但是却把这件事情忘得一干二净，直到这位母亲带着蛋糕和果汁出现在她面前时她才想起来。在见到那位母亲的时候，帕特立刻变得怒火中烧，指责校长在下班后还让她留在学校加班直到很晚，然而她的这个指控完全是不实的。

帕特经常打断我们的研究会议来讲她最新交往的男友。她几乎每周都要换一个男友，但是她对于每一个男友的热情（"和我以前见过的所有男人都不一样！"）以及对未来的乐观（"他就是那个我愿意与之共度一生的男人！"）都表现得同样高涨。几乎和每一个男友她都会认真地讨论有关结婚的计划，哪怕他们才刚刚认识。帕特很善于讨好别人，尤其是男老师；他们常常会帮她摆脱因为她的缺乏条理而惹上的麻烦。

当她终于发现，因为她糟糕的表现，她即将失去这份教师工作时，帕特成功地通过操纵几位男老师和校长助理而让他们推荐她到附近的一个学区找到了一份新工作。按照和她共事的老师的说法，帕特仍然缺乏亲密的人际关系，尽管她总是把她最近的一段浪漫关系说成"深入交往"。在经历了相当长一段时间的抑郁之后，帕特向一位心理学家寻求帮助，后者将其诊断为患有表演型人格障碍。

临床描述

患有表演型人格障碍的人往往会以一种夸张的方式来表达他们的情绪，例如，拥抱那些他们才刚刚认识的人，或者在看一场悲伤的电影时不可自抑地嚎啕大哭（Blashfield, Reynolds, & Stennett, 2012）。他们通常也是虚荣的、自我为中心的，如果自己没成为众人的焦点，他们就会感到不舒服。他们常常在外表和行为上呈现出诱惑的姿态，而且他们一般都很在意自己的外貌。例如，帕特会花很多的钱去购买一件款式特别的首饰，而且一定会把这件首饰介绍给任何一位愿意听她讲话的人看。此外，他们会不断地寻求抚慰和肯定，一旦别人不关注他们或不赞赏他们，他们就会感到难过或愤怒。表演型人格障碍患者常常也表现出冲动的特点，并且在延迟满足方面存在很大的困难。

和表演型人格障碍有关的认知风格属于"印象派"（Beck, Freeman, & Davis, 2007），其特征是倾向于以一种全局式的、非黑即白的方式来看待情境。他们的语言常常是模棱两可的，缺乏细节，而且带有夸张的特性（Nestadt et al., 2009）。例如，当有人问起帕特她昨天晚上的约会如何，她可能会说"特别棒"，但是却讲不出更多细节信息。

相比男性，这一障碍在女性中的比例很高，这引发了对于这种障碍本身及其诊断标准的质疑。就像我们在本章前面所讨论的那样，有人认为表演型人格障碍的特征，例如过于戏剧化、虚荣、具有诱惑性以及过于关注外表，乃是"西方社会对女性的刻板印象"的特征，由此导致了在女性中过多地诊断出这一障碍。Sprock（2000）考察了这一重要的问题，并且发现有一定证据表明，在心理学家和精神科医生中存在某种诊断偏差，将这一障碍更多地和女性而非男性联系在一起。

表演型人格障碍患者往往是一个虚荣、浮夸和具有诱惑性的人。

女性身上许多无法解释的问题都是因为子宫在体内游移所造成的（癔症/歇斯底里）（Abse, 1987）。不过，正如你已经知道的，表演型人格障碍也会在男性中出现。

有人提出，这一障碍和反社会型人格障碍之间可能存在一定联系。有证据表明，表演型人格障碍和反社会型人格障碍的共病概率超过了随机概率。例如，Lilienfeld 和其同事（1986）发现，大约 2/3 表演型人格障碍患者也符合反社会型人格障碍的诊断标准。这一关系的证据导致有人假设（Cloninger, 1978; Lilienfeld, 1992），表演型人格障碍和反社会型人格障碍可能是同一个还未鉴别出的病因以不同性别类型的方式进行表达的结果。也就是说，具备这一病因的女性倾向于表现出以表演型为主导的模式，而同样具备这一病因的男性则倾向于表现出以反社会型为主导的模式。不过，这一关系是否存在目前尚未定论，还需要进一步的研究来证实（Dolan & Vollm, 2009; Salekin, Rogers, & Sewell, 1997）。

治疗

尽管在如何帮助表演型人格障碍患者这方面已经发表了许多的著作，但很少有研究表明其治疗是成功的（Cloninger & Svakic, 2009）。有些治疗师尝试矫正患者过度寻求关注的行为。Kass、Silvers 和 Abrams（1972）曾和 5 名表演型人格障碍的女性患者工作，其中有 4 名因为自杀企图而住院。这些女性会因为进行恰当的人际互动而得到奖励，而进行寻求关注的行为则会被罚款。治疗师注意到，在 18 个月后的随访中，她们表现出了改善，但是研究者并没有收集到科学的数据来支持他们的观察。

表演型人格障碍的诊断标准

A. 具有一种过度的情绪性和寻求关注的普遍模式，始于成年早期，存在于各种情境中，表现为以下至少 5 种情况：
1. 在自己不是关注焦点的情境中会感到不适；
2. 在和他人的互动中常常出现不恰当的性诱惑或挑衅行为；
3. 表现出迅速变化的情绪和浅薄的情绪表达；
4. 持续一致地使用外表来吸引他人对自己的关注；
5. 其语言风格具有过度的印象派和缺乏细节的特点；
6. 表现出装腔作势、戏剧化和夸张的情绪表达；
7. 受暗示性高（即容易受到他人或情境的影响）；
8. 其知觉中的人际关系所具备的亲密程度高于实际情况。

From American Psychiatric Association. (2013). *Diagnostic and statistical manual of mental disorders* (5th ed.). Washington, DC.

病　因

尽管表演型人格障碍有着漫长的历史，但很少有研究去关注其成因或治疗。古希腊哲学家们相信，在针对这些个体的治疗中，有很大一部分都聚焦在有问题的人际关系上。这类患者常常会营造情绪危机，利用魅力、性、诱惑或者抱怨来操纵其他人（Beck et al., 2007）。表演型人格障碍患者需要别人为他们展示其互动风格所带来的短期收益如何导致长期的代价，而且他们需要学习如何以更为恰当的方式来与人进行协商，从而满足自身的需求和愿望。

自恋型人格障碍

我们都认识一些对自己评价很高的人（或许夸大了他们真实的能力）。他们认为自己在某种程度上是和其他人不同的，理应获得特殊待遇。在**自恋型人格障碍**（narcissistic personality disorder）中，这种倾向达到了极致。在希腊神话中，纳西索斯（Narcissus）是非常俊美的少年，山中仙女伊可（Echo）倾慕他，但是他却只沉醉于自己的美貌——他整日都把时间花在欣赏池塘中他自己的倒影上。因此，精神分析师，包括弗洛伊德在内，用"纳西索斯式"（narcissistic）一词来描述那些看上去感到自己格外重要并且执着于获得关注的人（Ronningstam, 2012）。来看一下威利的故事。

威利　世界围绕着我

威利是一家小型律师事务所的一名办公室助理。他三十出头，有着极为糟糕的就业史。他从来没有在同一间单位呆满过两年，而且他大部分时间都在当临时工。不过，你与他的第一次接触或许会让你相信他极有能力，而且是办公室里的一把手。当你走进接待室，威利会来欢迎你，即便他并不是前台的接待员。他会表现得极为友善，询问你他如何能为你提供帮助，还会给你倒咖啡，并告诉你可以在"他"的接待区放松随意。威利健谈，而且任何谈话都会被他迅速地转向某个频道，以使得他成为关注的中心。

这种讨好的风格起初很受欢迎，但是很快，同事们就开始感到恼火。特别是当威利把他们称为他的雇员时，但实际上他并不负责管理其中的任何一个。和访客以及同事的谈话常常会占据他大量的时间，也会占据其他同事的大量时间，因而这渐渐地成为了一个问题。

他很快就开始在工作中展现控制欲（这个模式也曾体现在他以前的工作中），急切地对别人的任务指手画脚。不幸的是，他没法很好地完成那些任务，而且造成了许多摩擦。

面对着这些麻烦，威利首先会怪罪别人。不过，最终人们会明白，威利的自我中心和控制欲强的本性才是办公室里诸多低效能问题的根源。在一次事务所全体合伙人出席的管理会议上，威利破口大骂这些合伙人在找他的茬。他坚持认为，在他之前的所有岗位上，他的工作表现都是极为出色的（这一点和前雇主们的看法并不相同），错全都出在其他人身上。平静下来之后，他透露自己之前有酗酒的问题、抑郁的历史和许多家庭问题，他相信，他所经历的所有麻烦都是由这些问题造成的。

事务所提出，如果他想继续在这里工作的话，他必须去诊所就医；而他在那里被诊断为患有抑郁症和自恋型人格障碍。最终，他的行为，包括迟到和不完成工作，导致他丢了饭碗。有意思的是，两年后威利又应聘了这家事务所的另一份工作。因为简历被弄混了，事务所没有提前发现是他。但是他仍然只呆了三天——第二天和第三天上班的时候他都迟到了。他坚信自己是可以成功的，但是他甚至无法改变自己的行为来满足岗位所需要的最低标准。

临床描述

患有自恋型人格障碍的人具有一种<u>不合理的自大感</u>，而且执迷于自己，以至于对他人缺乏敏感性和同情心（Ronningstam, 2012）。一旦没有人赞赏他们，他们就会感到不舒服。他们对于自身重要性的夸张感受和幻想被称为**夸大感**（grandiosity），它导致了若干负面特征。他们需要并且期待着大量的特殊关注——坐上餐馆里最好的座位，在电影院门口不允许停车的地方占据一个车位，等等。他们也倾向于利用或剥削他人以满足自己的利益，且很少表现出共情。当面对其他成功的人时，他们会表现出极端的嫉妒和傲慢。而且，因为他们往往无法实现对自己的期待，他们经常处于抑郁之中。

自恋型人格障碍的诊断标准

A. 具有一种怀有夸大感（在幻想或行为中）并且需要赞赏和缺乏共情的普遍模式，始于成年早期，存在于各种情境中，表现为以下至少 5 种情况：

1. 怀有夸大的自我重要性（例如，夸大成就和才能，在没有获得高成就的情况下期待得到出色的评价）；
2. 执迷于对无限的成功、权力、聪慧、美貌或理想爱情的幻想；
3. 相信自己是特殊的、独一无二的，并且只有其他特殊的或高地位的人（或机构）才能够理解自己，或者自己只应该和这些人（或机构）有关系；
4. 过度需要赞美；
5. 有一种特权感（即，不合理地期待特别的优待，或者他人自动地满足其期望）；
6. 在人际中表现出剥削性（利用他人来达到自己的目的）；
7. 缺乏共情，不愿意承认或认同他人的感受和需要；
8. 常常嫉妒他人，或者相信他人嫉妒自己；
9. 表现出傲慢、高高在上的行为或态度。

From American Psychiatric Association. (2013). *Diagnostic and statistical manual of mental disorders* (5th ed.). Washington, DC.

病因和治疗

当我们还是婴儿的时候，我们都是自我中心和苛求他人的，这是我们为了生存而努力的一部分。不过，社会化的过程包括了教会儿童如何共情和利他。连同科胡特（1971，1977）在内的一些研究者相信，自恋型人格障碍在很大程度上源于父母在儿童发展的早期阶段，在共情示范上出现了严重的失败。其结果是，儿童始终固着在一种自我中心的、具有夸大感的发展阶段。此外，儿童（及其成年后）会无休无止但又毫无收获地去寻找理想个体，期望这个人能够满足其从未被满足的对共情的需求。

从社会学的观点来看，Christopher Lasch（1978）在他的畅销著作《自恋的文化》（*The Culture of Narcissism*）一书中写道，在大多数西方社会中，这种人格障碍的患病率在不断增加。这主要是由于大规模的社会变革所致，包括更强调短期的享乐主义、个人主义、竞争和成功。根据 Lasch 的观点，"自我的一代"（me generation，指在 1946—1954 年间"婴儿潮"时期出生的美国人）比其他几代人有着更多的自恋型人格障碍患者。的确，有报告证实了自恋型人格障碍的患病率在持续升高（Huang et al., 2009）。不过，这一显著的增长也有可能是对这一障碍的兴趣和研究不断增加的结果。

有关治疗手段方面的研究，无论就其数量而言还是报告的成功概率而言都极为有限（Cloninger & Svakic, 2009; Dhawan, Kunik, Oldham, & Coverdale, 2000）。当治疗师尝试和这些个体工作时，常常会把重点放在夸大感、对于评价的过度敏感以及对他人缺乏共情的特征上（Beck et al., 2007）。认知治疗尝试以关注现实中可获得的日常愉快体验来替代他们的幻想。诸如放松训练这样的应对策略也可以用来帮助他们面对和接受批评。帮助他们学会留意他人的感受也是治疗的目标之一。因为此类患者容易出现严重的抑郁发作（尤其是在中年的时候），治疗常常会从抑郁入手。不过，就上述治疗对于自恋型人格障碍到底有何影响上，我们目前尚无法做出任何定论。

小测验 12.3

请写出下面描述的人格障碍类型。

1. 伊莲恩自尊较低，并且总是觉得空虚，因此她常去做一些危险刺激的事情。她吸毒，并且随意地和人发生性关系，甚至是和陌生人。如果男友建议她去寻求帮助，或者如果他提出分手，她就威胁要自杀。她在强烈地爱他和强烈地恨他之间来回摇摆，有时她会在很短的时间里从一个极端倒向另一个极端。_____
2. 兰斯 17 岁，近两年里他一直官司不断。他经常对父母撒谎，非法侵入房屋，而且常常和人打架。对于伤害他人，或是给年迈的父母带来悲痛，他都毫无悔意。_____

3. 南希认为自己什么都是最好的。她认为她的表现永远是最出色的，对于其他人的成功则表现得极为挑剔。她总是在不断地寻求来自他人的赞美。_____
4. 萨曼莎以过于夸张的表现而著称。她会在看悲伤的电影时放声大哭，仿佛完全无法克制自己，而我们则觉得她像在演戏。她爱慕虚荣且自我中心，在许多次课堂讨论中，她都会打断我们，转而讨论她的个人生活。_____

C类人格障碍

被诊断为患有回避型、依赖型和强迫型人格障碍的个体，和焦虑障碍患者具有共同的特征。接下来，我们就来认识这些以焦虑或恐惧为特点的人格障碍。

回避型人格障碍

顾名思义，**回避型人格障碍**（avoidant personality disorder）患者对于他人的意见极为敏感，而且尽管他们渴望社会关系，但是焦虑会促使他们避免与别人产生任何关联。他们的自尊水平极低，并非常害怕被人拒绝，导致他们没什么朋友，而且会依赖那些他们觉得相处起来舒服的人（Sanislow, de Cruz, Gianoli, & Reagan, 2012）。来看一下简妮的案例。

简妮 不值得被关注

简妮由患有边缘型人格障碍且酗酒的母亲抚养长大，但母亲在言语和躯体上都虐待她。从小时候开始，简妮就相信自己是一个完全没有价值的人，理应受到这么糟糕的对待，以此来理解母亲的行为。现在，作为一个快30岁的成年人，她仍然预期，当别人发现她又坏又没用的时候就会排斥她。

简妮对自己极为苛刻，认为别人不会接受自己。她觉得周围人不会喜欢她，会把她看成一个失败者，而对此她也无话可说。一旦她发觉有人在和她哪怕非常短暂的接触中有消极或中性反应时，她就会感到难过。如果一个卖报纸的人没有对她微笑，或是一个售货员不那么有礼貌，简妮就会自动地认为，这一定是因为自己没有用或不可爱，由此而感到十分伤心。有时，当她从朋友那里得到积极的反馈时，她也不会相信。结果是，简妮的朋友很少，也没有任何真正亲密的朋友。

临床描述

Theodore Millon（1981）最早提出了这一诊断。他注意到，应当区分那些因为冷漠、情感平抑和对于人际关系缺乏兴趣而表现得不合群的人（相当于DSM-5中的分裂样人格障碍）和因为对于人际关系感到焦虑且害怕被拒绝而表现得不合群的人。后者符合回避型人格障碍诊断（Millon & Martinez, 1995）。这些个体长期感到自己被他人排斥，并且对于自己的未来十分悲观。

病 因

已有证据表明，回避型人格障碍与其他和精神分裂症相关的障碍之间存在联系，在精神分裂症患者的亲属中患病率较高（Fogelson et al., 2007）。有一些理论家认为，生物因素和心理社会因素共同作用导致了回避型人格障碍。例如，Millon（1980）提出，这些患者可能生来就具有某种困难的气质类型或人格特征。其结果是，父母可能会拒绝他们，或者至少没有在早期给他们提供足够多的、无条件的关爱。这种拒绝会进一步导致低自尊和社会疏离，并且使这种状况持续到了成年期。目前有少量证据支持心理社会因素是造成回避型人格障碍的原因。例如，Stravynski、Elie 和 Franche（1989）调查了一些回避型人格障碍患者（以及对照组），让他们讲述父母在他们小时候是如何对待他们的。相比对照组被试，这些患者的回忆中存在更多父母对他们的拒绝，父母在他们身上引发的内疚也更多，并且表现出更少的慈爱。这提示我们，父母的教养方式可能影响了这一障碍的发展。类似的，Meyer 和 Carver（2000）发现，这些个体报告在儿童期体验到孤立、被拒绝和人际冲突也更多。

回避型人格障碍的诊断标准

A. 具有一种社会抑制，无能感和对负面评价过度敏感的普遍模式，始于成年早期，存在于各种情境中，表现为以下至少4种情况：

1. 因为害怕被批评、反对或拒绝，而回避那些明显需要进行人际接触的职业活动。
2. 不愿意和人打交道，除非能确保别人会喜欢自己。
3. 因为害怕被羞辱或嘲笑而在亲密关系中表现拘束。
4. 头脑中充斥着在社交情境中被人批评或拒绝的念头。
5. 在新的人际情境中，因为感觉无能而表现出行为抑制。
6. 把自己视为社交无能的、无个人魅力的或低人一等的。
7. 极为不愿意自己去冒风险或从事任何新的活动，因为它们可能会让自己感到尴尬。

From American Psychiatric Association. (2013). *Diagnostic and statistical manual of mental disorders* (5th ed.). Washington, DC.

治疗

和针对大多数其他人格障碍的研究较为稀缺的情形形成鲜明对比的是，有不少控制良好的研究考察了针对回避型人格障碍患者的治疗方法（Leahy & McGinn, 2012）。针对焦虑和社会技能问题的行为干预技术已经获得了一定的成功（Borge et al., 2010; Emmelkamp et al., 2006）。因为回避型人格障碍患者所经历的问题与患有社交焦虑的个体（见第5章）相类似，多种治疗方法被同样应用在这两个群体中。治疗同盟，即治疗师和来访者之间的合作关系，似乎是预测此类患者治疗能否成功的一个重要因素（Strauss et al., 2006）。

依赖型人格障碍

我们都知道依赖另一个人意味着什么。但是，**依赖型人格障碍**（dependent personality disorder）患者从重大决策到日常小事，无不依赖别人为他们做出决定，这导致他们不合情理地害怕自己会被抛弃。请看一下凯伦的案例。

凯伦 你说什么都对

凯伦是一位45岁的已婚女性，因为和惊恐发作有关的问题而被她的医生转介来治疗。在评估中，她表现出担忧、敏感和天真。她很容易被情绪淹没，并且在会谈中不时地哭泣。在整个评估过程中，一旦有机会，她就会批评自己。比如说，当问及她和别人相处的情况时，她报告说"大家都认为我愚蠢无能"，但她无法给出任何证据说明为什么她会那么想。她提到自己因为"很蠢"而不喜欢学校，她总是觉得自己不够好。

凯伦陈述自己的第一段婚姻持续了10年，尽管"它像地狱一般"。她的前夫和许多女人有外遇，而且在言语上虐待她。她曾经许多次尝试离开，但是因为他不断要求她回来，她又退让了。她最终得以和前夫离了婚，而很快就结识了她目前的丈夫，开始了新的婚姻。她说现任丈夫是一个友善、体贴和支持她的人。凯伦表示，她更喜欢让别人帮她做决定，并且会为了避免冲突而赞同别人。她担心自己会被抛下，没有一个人来照顾她。她说自己如果没有他人的安慰和肯定就会不知所措。她也承认，自己很容易感到在情感上受伤，所以她尽量不去做任何可能会招致批评的事情。

临床描述

依赖型人格障碍患者会为了不被他人拒绝，而在自己的意见与他人不一致的时候赞同对方（Bornstein, 2012）。他们渴望获得并维持支持性和滋养性的关系，这种渴望导致了他们出现一些具体的行为特征，包括顺从、胆怯和被动。这些患者和回避型人格障碍患者的相似点在于：无能感、对批评过分敏感以及极度需要认同。不过，回避型人格障碍患者是通过避免与人接触来应对这些感受，而依赖型人格障碍患者则是通过紧紧黏住他人不放来应对这些感受（Bornstein, 2012）。但是，要注意到在某些文化中，依赖和顺从在某种程度上被视为理想的人际状态（Chen, Nettles, & Chen, 2009）。

依赖型人格障碍的诊断标准

A. 具有一种普遍且过度的被照顾的需求，这种需求导致了顺从和依附行为，以及害怕分离；始于成年早期，存在于各种情境中，表现为以下至少5种情况：

1. 如果没有从他人那里获得过多的建议和肯定，就难以做出日常决策。
2. 需要他人来为自己生活中大多数主要领域承担责任。
3. 因害怕失去支持或肯定而难以向他人表达不同意见（注意：不包括面对应得的惩罚时所怀有的现实的恐惧。）
4. 难以自己发起任务或做事（因为对自己的判断或能力缺乏自信，而不是缺乏动机或能量）。
5. 会大费周折以获得来自他人的照顾和支持，以至于会去主动做一些不愉快的事情。
6. 因对于照顾不好自己怀有夸大的恐惧，所以独自一人的时候会感到不适或无助。
7. 一段亲密关系结束之后，会急切地寻找另外一段关系来作为关怀和支持的来源。
8. 执迷于如果被别人抛下就只能自己照顾自己的不合理的恐惧。

From American Psychiatric Association. (2013). *Diagnostic and statistical manual of mental disorders* (5th ed.). Washington, DC.

病因和治疗

我们所有人在出生时都要依赖他人来获得食物、物理上的保护和滋养。在大多数文化中，社会化过程的一部分就在于帮助我们获得独立生活的能力（Bornstein, 1992）。研究者认为，诸如父母一方过早去世或者被照顾者拒绝等关系破裂情形可能会导致个体长大以后害怕被抛弃（Stone, 1999）。不过，同样明确的一点是，基因因素在这一障碍的发展中也具有重要的影响（Gjerde et al., 2012）。目前还不清楚的是，在这一基因影响背后的生理因素具体是什么，以及它们是如何和环境因素互动的（Sanislow et al., 2012）。

有关治疗这种障碍的文献大多数是描述性质的；鲜有研究表明某种特定的治疗是否切实有效（Borge et al., 2010；Paris, 2008）。表面看来，这些个体重视且乐意将处理自己问题的责任交给治疗师，看似是理想的病人。不过，这种顺从的特性同样也会破坏治疗的主要目标，那就是让患者变得更独立，更多地为自己负责（Leahy & McGinn, 2012）。也就是说，当患者发展出关于自己有能力独立做出决策的自信时，治疗就会渐渐取得进展（Beck et al., 2007）。因此，尤其需要注意的是，不要让患者对治疗师发展出过度的依赖。

强迫型人格障碍

强迫型人格障碍（obsessive-compulsive personality disorder）患者的主要特征是执着于要以"正确的方式"来做事。尽管许多人可能会羡慕他们专注和奉献精神，但实际上这种对细节的过于执迷让他们很难真正做好什么事情。请看一下丹尼尔的案例。

丹尼尔 务求精确

每天早上8点整，心理学系的博士生丹尼尔会来到他在大学里的办公室。在来的路上，他会在7-11便利店里买咖啡和《纽约时报》。从8点到9点15分，他会一边喝咖啡一边读报纸。9点15分开始，他会重新整理他的文件夹，里面放在数百篇和他的博士论文有关的文献，而他已经延期好几年了。从10点到中午，他会阅读其中一篇文章，标记出相关的段落。然后他会拿着装有他午餐的纸袋（总是一份花生酱和果冻三明治，以及一个苹果），前往餐厅买一杯碳酸饮料，随后一个人吃饭。从下午1点到5点，他会参加会议，整理他的桌子，列出需要做的事情，并将他的参考文献录入到他电脑上的一个新的数据库软件中。回到家里，他会和妻子共进晚餐，然后继续写他的博士论文，直到晚上11点——尽管其中大部分的时间都被花费在尝试他家中电脑里的一些软件新版本上。

相比4年半之前，丹尼尔离完成他的博士论文并没有更近一步。他的妻子正在威胁要离开他，因为他对于家中的所有事情也表现出同样的刻板僵化，而且她不愿永远停滞在读博士的这种过渡状态中。丹尼尔最终因为对自己日益恶化的婚姻感到焦虑而寻求治疗师的帮助。他被诊断为患有强迫型人格障碍。

临床描述

就像许多患有这种障碍的人一样，丹尼尔以工作为导向，很少会把时间花在看电影、朋友聚会或者任何其他与博士学业无关的事情上。因为他们总体上的僵化，其人际关系往往很糟糕（Samuels & Costa, 2012）。

这种人格障碍和第5章介绍的强迫症名称类似，但关系并不近（Samuels & Costa, 2012）。像丹尼尔这样的人通常并没有强迫症患者所具有的那些强迫观念和强迫行为。不过，焦虑障碍患者有时会表现出这种人格障碍的特点，但是，他们也表现出其他人格障碍的特点（例如，回避型、表演型或依赖型）（Trull, Scheiderer, & Tomko, 2012）。

一个有意思的理论提出，许多连环杀手的心理学特征分析指向了强迫型人格障碍的影响。Ferreira（2000）注意到，这些连环杀手常常并不符合对严重心理疾病（例如精神分裂症）患者的界定，而会在操纵受害者时表现出"控制高手"的特征——他们需要全盘控制犯罪行为的方方面面。这种需求和强迫型人格障碍的模式相吻合，而且这一障碍再加上不幸的童年经历，有可能导致这种骇人的行为模式。在一些性侵犯者身上也能找到强迫型人格障碍的痕迹——尤其是恋童癖。针对恋童癖患者的脑成像研究发现，这些个体的脑功能与强迫型人格障碍患者类似（Schiffer et al., 2007）。而在行为谱系的另一端，在天才儿童中也常常可以看到强迫型人格障碍的影子，这些儿童对于完美主义的高要求也可能是相当具有破坏力的（Nugent, 2000）。

病因和治疗

对于强迫型人格障碍而言，基因的影响似乎较弱（Cloninger & Svakic, 2009）。有些人或许生来就倾向于井井有条的生活，但是要达到丹尼尔那种程度则需要父母对于服从和整洁进行强化。

强迫型人格障碍患者总是执着于把事情"做对"。

治疗常常会攻击那些对秩序感的需求背后隐藏的恐惧。此类患者常常会担心他们做的事情不够好，因此无论是重要的议题还是琐碎的细节，他们都会表现出拖延和过分的思维反刍。治疗师会帮助个体

DSM-5 强迫型人格障碍的诊断标准

A. 具有一种执着于秩序、完美主义以及心理上和人际上的控制感的普遍模式，并且会以牺牲灵活性、开放性和效率为代价；始于成年早期，存在于各种情境中，表现为以下至少4种情况：

1. 执着于细节、规则、列表、次序、组织或计划，以至于无法把握活动的重点。
2. 表现出足以干扰任务完成的完美主义（例如，因为无法达成自己过于严苛的标准而难以完成一个项目。）
3. 过度地投入工作和生产活动中，将闲暇活动和友谊排除在外（无法用经济上的必要性来解释）。
4. 对道德、伦理或价值观这类议题表现出道德感过甚、极端审慎和拒绝变通的特点（无法用文化或宗教上的身份认同来解释）。
5. 无法舍弃磨损的或无价值的物品，哪怕它们并不具有任何情感上的价值。
6. 不愿意将任务指派给他人或和他人共事，除非他人完全遵从其做事的方式。
7. 对于自己和他人都采取吝啬的消费风格；金钱被视为为未来的灾难而储备的东西。
8. 表现出僵化和固执。

From American Psychiatric Association. (2013). *Diagnostic and statistical manual of mental disorders* (5th ed.). Washington, DC.

放松，或者使用分心技术来重新引导这些具有强迫性的思维。这种认知行为治疗的形式参照了对强迫症的治疗思路（见第5章），对于患有这种障碍的个体而言具有一定疗效（Svartberg，2004）。

小测验 12.4

请写出下列情形对应的人格障碍。

1. 在一次治疗会谈中，约翰起身去拿一杯水。十分钟之后，约翰还没有回来。原来，他在倒水之前，首先得清洁水池的区域，然后还要把所有杯子整齐地摆好。_____

2. 魏特妮对自己持批评态度，总说自己智商不高，也没有任何本事。她害怕独自一个人，需要不断地从家人和朋友那里获得安慰和肯定。对于丈夫的出轨，她既没有说什么也没有做什么。因为她认为，如果她表现出了自己的态度，她就会被抛弃，以后就不得不自己照顾自己。_____

3. 麦克非常害怕被人拒绝，因而没有任何的社交生活。他会忽略赞美，但对批评则有过度的反应，但这只会加重他弥漫的无能感。他还觉得，所有事情都是针对他的。_____

争议 DSM

人格障碍之战

关于 DSM-5 中人格障碍部分的讨论包含着对这个分类进行一些重大变革的提议。正如我们已经看到的，"轴 I" 和 "轴 II" 障碍之间的区别去除后，人格障碍便升级至个体所能经历的主流问题当中。不过，其他似乎已经准备好被纳入 DSM-5 中的重大变革却并未发生。按照"大五"模型的线索创设针对不同人格特质的维度，而非本章中简述的各项具体人格障碍的目标未能实现。这一提议最终未被纳入 DSM-5 的原因，有一部分在于在做出诊断方面存在困难（太多的突变状态），以及在运用这些信息来设计治疗方面存在潜在问题（Skodol，2012）。

尽管如此，在提议的各项变革中，最大的一项是完全剔除四种人格障碍（偏执型、分裂样、表演型以及依赖型人格障碍），之前被诊断为患有这些障碍的人将会被归类为患有一种携带特定特质（例如，多疑、情绪易感性、敌意等）的一般性人格障碍。剔除这些障碍的理由包括对这些障碍相对缺乏研究，以及障碍之间有过多的重叠（共病）等（Skodol，2012）。

为了推动这一重大变革，有一组研究者撰写了一篇题为《表演型人格障碍之死》的文章（Blashfield et al.，2012）。但人格障碍的研究者们面对这项提议最终分裂为两派（Pull，2013）。最终，DSM-5 决定暂时保留这些障碍，把缺乏研究和特异性等问题留给后人去处理。这一拉锯战表明，哪怕经过了数十年殚精竭虑的研究，如何确立诊断分类依然是对于任何诊断系统而言都将继续存在的难题。

本章小结

人格障碍概述
- 人格障碍意味着长期存在和根深蒂固的思维、感受和行为方式,并且它们造成了显著的痛苦。因为人们可能会表现出两种或两种以上此类适应不良的与外界互动的方式,因此在如何对人格障碍进行分类上仍存在相当大的分歧。
- DSM-5 中包含 10 种人格障碍,它们被分为三大类:A 类(古怪或奇特的)包括偏执型、分裂样和分裂型人格障碍;B 类(戏剧化、情绪化和反复无常的)包括反社会型、边缘型、表演型和自恋型人格障碍;C 类(焦虑或害怕的)包括回避型、依赖型和强迫型人格障碍。

A 类人格障碍
- 偏执型人格障碍患者对于他人表现出过度的不信任和多疑,而且没有任何正当的理由。他们往往不会向别人倾吐心事,而且总是预期别人会伤害他们。
- 分裂样人格障碍患者表现出一种脱离社会关系和在人际情境中情绪表达范围受限的普遍模式。他们看上去疏远、冷淡、对他人漠不关心。
- 分裂型人格障碍患者一般表现出社会隔离的特点,并且其行为方式在大多数人看来都不同寻常。此外,他们往往是多疑的,而且对于世界抱有古怪的信念。

B 类人格障碍
- 反社会型人格障碍患者有着无法服从社会规范的历史。他们表现出我们大部分人都觉得无法接受的行为,例如从朋友和家人那里偷东西。他们也往往是不负责任、冲动的和具有欺骗性的。
- 和 DSM-5 对于反社会型人格障碍的诊断标准明显不同,精神病态主要反映的是人格特质(例如,自我中心或操纵他人),而 DSM-5 则几乎只关注可观察的行为(例如,冲动地、反复地改变职业、居所或性伴侣)。
- 边缘型人格障碍患者在心境和人际关系方面长期缺乏稳定性,而且他们往往有着糟糕的自尊。这些个体常常觉得空虚,并有相当高的自杀风险。
- 表演型人格障碍患者的情绪表达往往过于戏剧化,似乎总是在表演。
- 自恋型人格障碍患者对于自己有很高的评价,超越了他们的真实能力。他们认为自己在某种程度上不同于其他人,理应获得特殊待遇。

C 类人格障碍
- 回避型人格障碍患者对于他人的意见极为敏感,因此选择回避社交关系。他们的自尊水平极低,并且非常害怕被人拒绝,这导致他们排斥他人的关注。
- 依赖型人格障碍患者对他人极为依赖,不仅让他人为自己做出重大的决策,也让他人为自己做出日常生活选择;这导致他们对于被抛弃有不合理的恐惧。
- 强迫型人格障碍患者执着于以"正确的方式"做事。这一对细节过分关注的特征使得他们很难真正完成什么事情。
- 治疗人格障碍患者常常是很困难的,因为患者通常不会认为自己的麻烦是因为他们和别人相处的方式异常所造成的。
- 对于临床工作者而言,认识和理解人格障碍十分重要,因为它们很可能会干扰对具体问题(例如焦虑、抑郁或物质滥用)的治疗努力。不幸的是,患有一种或两种人格障碍和糟糕的治疗结果以及总体上消极的预后存在相关。

小测验答案

12.1
1. 共病　2. A类，B类，C类　3. 类别
4. 慢性　5. 性别偏见

12.2
1. 偏执型　2. 分裂型　3. 分裂样

12.3
1. 边缘型　2. 反社会型　3. 自恋型　4. 表演型

12.4
1. 强迫型　2. 依赖型　3. 回避型

探索人格障碍

- 人格障碍患者的思维和行为方式会给他们自己或关心他们的人造成困扰。
- 人格障碍可分为三个组别,它们通常都开始于儿童期。

A类
古怪或奇特

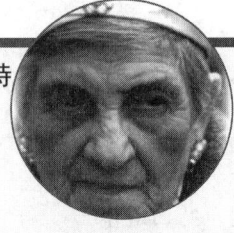

分裂样 — 社会隔离

心理影响
- 情绪范围十分有限
- 冷淡、与人没有联系
- 不会因为表扬或批评而受到影响

生物影响
- 可能和多巴胺受体密度低有关

病因

社会/文化影响
- 偏好社会隔离
- 缺乏社会技能
- 对亲密关系(包括浪漫关系或性关系)缺乏兴趣

治疗
- 学习社会关系的价值
- 用角色扮演的方式训练社会技能

偏执型 — 极端多疑

心理影响
- 认为人们是怀有恶意的,会欺骗自己并且具有威胁性
- 根据对他人的错误假设行动

生物影响
- 可能和精神分裂症有关,但关联不明

病因

社会/文化影响
- 囚犯、难民、听力受损以及老年人可能会因为其经历而变得多疑
- 父母早年的教养可能有一定影响

治疗
- 因为患者的不信任和多疑而十分困难
- 需要对认知进行工作来改变思维
- 成功率低

分裂型 — 多疑和古怪的行为

心理影响
- 不同寻常的信念、行为或穿着
- 多疑多虑
- 相信那些无关紧要的事件和自己有关("牵连观念")
- 很少表达情绪
- 有抑郁症状

生物影响
- 具有精神分裂症的遗传易感性,但并没有那种障碍所具有的生物应激或环境应激

病因

社会/文化影响
- 偏好社会隔离
- 极度的社交焦虑
- 缺乏社交技能

治疗
- 教授社交技能从而减轻隔离和多疑
- 服用药物以缓解牵连观念、古怪的沟通和隔离
- 成功率低

C类
焦虑或恐惧

依赖型 — 各方面都存在被照顾的需求

心理影响
- 早期失去照顾者(死亡、拒绝或忽视)导致其害怕被抛弃
- 胆怯和被动

生物影响
- 我们每个人生来都要依赖他人给予保护、食物和关照

病因

社会/文化影响
- 为了回避冲突而表示赞同
- 和回避型有类似之处
  —无能感
  —对批评敏感
  —需要安抚和肯定
但是:
出于相同的理由
- 回避型会退缩
- 依赖型会表现出黏附行为

治疗
- 鲜有研究
- 表面上是理想的来访者
- 其顺从性使其无法独立

B类
戏剧化、情绪化或反复无常

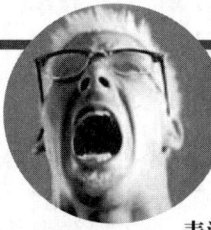

注意：B类还包括自恋型人格障碍

反社会型
侵犯他人权利

心理影响
- 难以学会回避惩罚
- 对于他人关切的事情漠不关心

生物影响
- 遗传易感性与环境影响相结合
- 大脑皮层唤起异常低
- 恐惧阈限高

病因

社会/文化影响
- 犯罪行为
- 应激与创伤
- 父母管教不一致
- 社会经济地位弱势

治疗
- 很少成功（取而代之的是监禁）
- 如果问题在早期就被发现的话可以进行父母训练
- 通过学前项目进行预防

表演型
过分情绪化

心理影响
- 虚荣和自我中心
- 一旦被忽视就容易感到难过
- 含糊但夸张
- 冲动；难以延迟满足

生物影响
- 可能和反社会型人格障碍有关（女性为表演型，男性为反社会型）

病因

社会/文化影响
- 过于戏剧化的行为能够吸引关注
- 具有诱惑性
- 寻求赞赏

治疗
- 很少有证据表明治疗成功
- 使用奖励和惩罚
- 重点在于人际关系

边缘型
显著的不稳定

心理影响
- 自杀倾向
- 心境反复无常
- 冲动

生物影响
- 家族中可能存在心境障碍
- 可能存在遗传倾向（冲动性或情绪波动性）

病因

社会/文化影响
- 早期创伤，尤其是性/躯体虐待
- 急剧的文化变化（例如移民）可能会引发症状

治疗
- 辩证行为治疗
- 心境稳定剂

回避型
抑制

心理影响
- 低自尊
- 害怕被拒绝、被批评，导致其害怕被关注
- 极度敏感
- 类似社交恐怖症

生物影响
- 先天的气质特征可能导致其被拒绝

病因

社会/文化影响
- 父母给予的情感不足

治疗
- 行为干预有时能够取得成功
- 改善通常是有限的

强迫型
固着在细节上

心理影响
- 整体表现僵化
- 依赖例行安排
- 拖延

生物影响
- 和强迫症关系较远
- 基因影响较弱
- 先天倾向于结构化的生活方式，加之父母的强化

病因

社会/文化影响
- 极度重视工作
- 人际关系糟糕

治疗
- 了解尚浅
- 治疗
  —攻击藏在需求背后的恐惧
  —使用放松或分心技术

精神分裂症谱系与其他精神病性障碍

回顾精神分裂症
　　精神分裂症诊断的早期人物
　　症状识别
临床描述、症状及亚型
　　阳性症状
　　阴性症状
　　瓦解性症状
　　历史上精神分裂症的亚型
　　其他精神病性障碍
精神分裂症的患病率及成因
　　统计数据
　　发　展
　　文化因素
　　遗传影响
　　神经生物学影响
　　心理与社会影响
精神分裂症的治疗
　　生物干预
　　心理社会干预
　　跨文化治疗
　　预　防

第13章

学习目标

● 使用科学的推理方式来解释行为	● 能够鉴别出行为解释所具有的基本的生物、心理和社会成分（例如，推论、观察、操作化定义和解释）（APA SLO 1.1a）。
● 获得心理学领域的工作知识	● 了解心理学史上的重要历史事件、理论观点、著名人物以及其与当代研究趋势的关联（APA SLO 5.2c）。
● 使用创新思维和整合性的思维及问题解决	● 以操作定义的方式对于问题加以描述从而能够对它们进行实证研究（APA SLO 1.3a）。
● 描述采用基于本专业领域的问题解决方式而产生的实际应用	● 正确地鉴别出行为和心理过程的前因和后果（APA SLO 5.3c）。 ● 描述相关的心理学原理在日常生活中的应用实例（APA SLO 5.3a）。

* 本章内容涵盖美国心理学会（APA，2012）建议的学习目标，旨在为心理学专业本科生提供指导。目标及建议学习成果（SLO）由 APA 定义。

回顾精神分裂症

一位走在纽约街头的中年男子在帽子里垫铝箔以防止火星人知道他在想什么；一位坐在大学教室里的年轻女士听见上帝对她说，她是一个卑鄙、令人厌恶的人；你试图与超市收银处的打包员搭讪，但是他茫然地盯着你，只用他那缺乏情感和语调变化的声音说出一两个词。这些人可能都患有**精神分裂症**（schizophrenia）。这种令人震惊的疾病以**多种认知和情感紊乱**为特点，包括了妄想和幻觉、错乱的言语和行为，以及不恰当的情感。

精神分裂症是一种综合征，它对患者及其家属的生活无疑会产生严重影响。该病破坏个体的感知、思维、言语和运动——几乎所有日常功能。我们的社会经常贬低这些个体。存在此种严重精神健康问题的人遭到侮辱和歧视的可能性大于非精神分裂症人群（Thornicroft, Brohan, & Kassam, 2012）。尽管目前治疗方法上已取得了重大进展，但是很少有人能完全康复。这种灾难性的疾病对于每一个卷入其中的人来说都是巨大的情感折磨。除了情感上的代价，经济上的花费也非常大。在美国，当把家庭护理、工资损失、治疗费用等因素考虑进来时，精神分裂症的年度开销据估算超过600亿美元（Jablensky, 2009; Wu et al., 2005）。由于精神分裂症如此流行，大约有1/100的人在生命中的某个时刻会患病，而其后果又如此严重，因此，对其发病原因以及治疗方法的研究迅速增长。那么，我们是不是很容易就能回答"什么是精神分裂症"呢？答案是：不。

本章将带你探索这种神奇的疾病。我们先回顾人们为了弄清精神分裂症是一种独特的疾病还是多种疾病的联合体所进行的一系列工作。这样的探寻因为精神分裂症有多种亚型而变得复杂：不同表现以及不同症状的组合，例如幻觉、妄想，以及混乱的言语、情感和社会化。在讨论完精神分裂症患者的特征后，我们会介绍对其成因和治疗方法的研究。

精神分裂症诊断的早期人物

精神分裂症的历史之悠久，是本书中任何其他精神障碍所不及的。了解这些历史有助于了解其多面性以及相应的治疗方法的复杂性。

英国的John Haslam在1809年出版的《对发疯和忧郁的观察》（*Observations on Madness and Melancholy*）一书中生动地描述了这种"精神错乱的表现"。在下面这段话中，Haslam提到的一些症状渗透了当代精神分裂症的概念：

疾病的来袭几乎是觉察不到的，当它引起格外注意时通常都已经过去几个月了。至亲们经常希望这只是活跃过度减弱、行事谨慎、性格沉稳的表现，然而，他们被欺骗了。接下来，个体变得忧心忡忡，活动明显减少，并且他们的正常好奇感也较从前减少。他们无视那些曾经给他们带来快乐和知识的物质与追求，他们的感觉变得极其迟钝，家长以及亲属对他们的感情得不到共鸣：对他人的关爱麻木不仁，对外界的批评不以为意……。我曾经悲痛地目睹了这种绝望的退化，在短时间内，它把一个前途无量、充满活力的聪明人变成了一个遭人唾骂、嘲讽的笨蛋。（Haslam，1809/1976，pp.64—67）

大约在 Haslam 对症状进行描述的同一时期，法国医生皮内尔（Philippe Pinel）也报告了如今会被我们理解为患有精神分裂症的病例（Pinel，1801/1962，1809）。50 年后，另一位医生 Benedict Morel 用法语"*démence précoce*"（意为早发性痴呆）描述精神分裂症，因为它经常在青春期发病。

19 世纪末期，德国精神病学家埃米尔·克雷珀林（Emil Kraepelin，1899）在上述前辈的基础上，提出了目前最经典的关于精神分裂症的描述和分类。克雷珀林有两项卓越成就。首先，他把一些通常被认为是独立的、不同的精神异常症状，如**紧张**（catatonia，交替出现木僵和兴奋）、青春期痴呆（愚蠢和情感不成熟）和**偏执**（paranoia，夸大或迫害妄想）合并成一类。克雷珀林认为，这些症状具有相似的内在特征，因此把它们都归入拉丁语中的"**早发性痴呆**"（dementia praecox）。尽管临床表现可能因人而异，但是克雷珀林认为这些疾病的本质都早期发病后发展为"精神脆弱"。

克雷珀林（1898）的另一个重要贡献是将早发性痴呆与躁狂性抑郁症（现在被称为双相障碍）区分开来。早发性痴呆起病年龄早、预后不良，而躁狂性抑郁症不一定具备这样的特征（Lewis, Escalona, & Keith，2009）。此外，克雷珀林还列出了早发性痴呆的诸多症状，包括幻觉、妄想、违拗以及刻板行为。

精神分裂症历史上另一位重要人物是瑞士医生 Eugen Bleuler（1908），他与克雷珀林生活在同一时期。他提出了"精神分裂症"（schizophrenia）这个术语（Fusar-Poli & Politi，2008）。这一命名非常重要，因为它表明 Bleuler 对这种障碍的核心问题的看法不同于克雷珀林。英语单词"schizophrenia"来源于希腊语"分裂"（skhizein）和"精神"（phren）的组合，它反映出 Bleuler 认为这类患者的所有异常行为的背后是人格基本功能的**联合断裂**（associative splitting）。这个概念强调"连接线的断裂"，也就是负责联系不同功能的力量的瓦解。而且，Bleuler 认为，精神分裂症患者<u>无法保持连贯一致的思维</u>的特点导致了他们表现出多种多样的症状。总之，克雷珀林强调起病早和预后差，Bleuler 则强调难以保持连贯一致的思维。但不幸的是，"精神分裂"常常被误用来表示分裂或多重人格。（表 13.1 总结了对精神分裂症概念做出贡献的早期人物）。

Eugen Bleuler（1857—1939），瑞士精神病学家，首次引入"精神分裂症"这个术语，是该领域的先驱。

表13.1 精神分裂症历史上的早期人物

时间	历史人物	贡献
1809	John Haslam（1764—1844）	英国医院院长，在《对发疯和忧郁的观察》一书中，对精神分裂症的症状进行了概要描述。
1801/1809	Philippe Pinel（1745—1826）	法国医生，描述了精神分裂症的病例。
1852	Benedict Morel（1809—1873）	法国医生，用"早发性痴呆"描述精神分裂症，意为在早年或成熟前丧失神智。
1898/1899	Emil Kraepelin（1856—1926）	德国精神病学家，他把精神分裂症的不同类别（紧张、青春期痴呆、偏执）统一到早发性痴呆名下。
1909	Eugen Bleuler（1857—1939）	瑞士精神病学家，他首次提出了"精神分裂症"这个术语。

© Cengage Learning

症状识别

在你阅读本书中的各种障碍后，你可能已经了解到，一种特定的行为、思维方式或情感往往可以定义一种障碍或作为其特征。例如，抑郁症中总是包含着悲伤，而惊恐障碍通常伴有严重的焦虑。然而，精神分裂症却不同，我们很难指出哪一样东西能定义或刻画精神分裂症。同样被诊断为患有精神分裂症的个体所表现出的行为或症状千差万别。克雷珀林在20世纪初概述他对早发性痴呆的看法时就谈到了这种情况：

> 我们在早发性痴呆中观察到的状况极为复杂。只有当这些状况在同一疾病的发病过程中相继出现时，我们才认识到它们之间的内在联系。尽管很复杂，但在每个病例中都可以观察到某些基本的紊乱。这些紊乱尽管不能充分地被认为是特征性症状，却以同样的形式，但非常不同的组合方式反复出现。（Kraepelin, 1919, p.5）

对于这种症状混合，Bleuler在他1911年出版《是早发性痴呆还是精神分裂组合》（*Dementia Praecox or the Group of Schizophrenias*）一书时也用书名进行了强调。精神分裂症的多样化性质是贯穿本章始终的一个焦点。你将会看到，精神分裂症患者表现出来的症状不同，而且成因也不同。

尽管情况很复杂，但研究者已经识别出构成精神分裂症障碍的症状群。我们会在后面介绍这些症状，例如看见或听见别人感觉不到的东西（幻觉），或怀有不现实、古怪、同一文化下其他个体所没有的想法（妄想）。但是在这之前，我们先看看下面这个病例。这个例子中的个体表现出严重的精神性行为，但比较少见的是，这些行为只持续了短暂的一段时间。

阿瑟　拯救儿童

在一家精神病院的门诊室里，我们第一次见到22岁的阿瑟。他的家人为他的异常行为感到非常担忧和难过，正在竭尽全力地为他求治。他们说他"病了"，"说话像个疯子"，害怕他可能会伤害他自己。

阿瑟小时候生活在郊外一个中产阶级社区里，是一个正常的孩子。直到他父亲几年前去世之前，一家人都很幸福地生活着。在校期间，阿瑟一直是一名中等生，最终他在两年制专科学校取得了大专文凭。他的家人认为他对没有继续学习以取得学士学位感到后悔。阿瑟从事过一系列临时性工作，他妈妈说他看上去挺满意自己的工作。他在主城区居住和工作，距离他的妈妈以及已婚的兄妹大约15分钟的车程。

阿瑟的家人说，大约在他来求诊的3周前，他开始说一些奇怪的话。在那之前数日，他由于公司裁员被解雇了，并且好几天没与家里任何成员来往。当他们再次见到他时，他开始谈论用他的"秘密计划"拯救世界上所有的饥饿儿童。尽管阿瑟一直以来都很理想主义，热衷于帮助他人，但他的行为还是着实让家人感到震惊。一开始，家人以为阿瑟是在开玩笑，然而，他们渐渐发现他的态度极其认真。他不停地讲述他的计划，并随身携带一些活页笔记本，声称上面记载着救助饥饿儿童的方案，他必须在合适的时间遇到合适的人，才会将它公布。家人怀疑阿瑟可能正在吸毒，是毒品导致了他的剧烈变化。家人搜寻了他的住所，没有找到任何吸毒证据，但找到了他的支票簿，发现上面写了一些奇怪的条目。从支票簿上的记录可以发现，在过去的几周里，阿瑟的书写能力变差了。而且，支票簿上记载的不是正常的支付信息，而是一些语录（"现在开始行动"，"这很重要"，"必须挽救他们"）。尤为令人担忧的是，阿瑟在一些他最珍视的书上，也留下了异常的笔记。他非常珍爱这些书，正常情况下是不会在上面乱写的。

日子一天天过去，阿瑟的情感也发生了明显变化，他经常哭泣，忧心忡忡。他不再穿袜子和内衣，而且即便天气非常寒冷，他出去也不穿外套。在家人的一再坚持下，他搬进了母亲的住所。他晚上几乎不怎么睡觉，闹得家人也直到清晨才能入睡。他母亲说那如同一场噩梦。每天早晨她醒来的时候都感到胃部绞痛，她不想起床，因为感觉自己无能为力把阿瑟从显而易见的痛苦中解救出来。

当阿瑟更详细地透漏了他的计划，家人感到更加惊慌。他说他要去德国大使馆，因为那是唯一人们能听他诉说的地方。夜晚，当人们入睡后，他就会爬上篱墙，把他的计划呈交给德国大使。

由于害怕阿瑟在试图进入大使馆的过程中可能会受伤，他的家人联系了精神病院。在描述了阿瑟的病情后，他们请求医生让他住院治疗。然而，令他们十分吃惊和失望的是，医生告知他们，阿瑟自己同意的话可以住院，但是他们不能强迫他入院，除非他有伤害自己或他人的危险——仅仅害怕阿瑟会受伤还不足以作为强迫他入院的原因。

最终，他的家人想办法让阿瑟在精神病院的门诊室与工作人员见面。在我们的访谈中，他很明显在妄想，他坚定地认为自己有能力帮助全世界的饥饿儿童。在我的一再哄骗下，他终于让我看了看他的笔记本。上面写着一些胡乱的想法（例如，"可怜的、挨饿的灵魂"；"月亮是唯一的地方"），还画了火箭飞船。他的计划包括建造一艘火箭飞船前往月球，在月球上为所有的营养不良儿童构建一个提供住所和援助的社区。简单地评价了他的计划后，我开始询问他的健康状况。

"你看起来很疲惫。你睡眠充足吗？"

"我其实不需要睡眠，"他说，"我的计划能让我渡过困意，然后它们可以全部休息。"

"你的家人在为你担忧，你能理解他们的忧虑吗？"

"所有担忧的事情聚到一起很重要，聚到一起。"他重复着。

说完这些，他告诉他的家人他马上就回来，便起身走出房间，走出大楼。大约5分钟后，他们去找他，但已经找不到了。他失踪了两天，家人对他的健康和安全感到非常担心。然而，一桩近乎奇迹般的事件发生了。家人发现他在大街上走着，似乎什么事情也没有发生过，同样消失的还有他的笔记本和他关于秘密计划的奇谈怪论。

是什么导致了阿瑟如此奇怪的行为？是被解雇了，是父亲的去世，是患有精神分裂症的先天遗传倾向，还是另外一种疾病在压力期趁虚而入？不幸的是，我们永远都无法确切地知道阿瑟身上到底发生了什么，先是让他表现得如此怪异，后来又让他恢复得如此迅速和完全。下面我们要讨论的研究可能会加深我们对精神分裂症的认识，为其他像阿瑟这样的个体及其家人提供帮助。

临床描述、症状及亚型

阿瑟的例子展现了精神分裂症或其他精神病性障碍患者身上所发生的一些问题。**精神病性行为**（psychotic behavior）可用于描述多种异常行为，但严格来讲，它主要指妄想（不合理的信念）和幻觉（没有外部事件时出现的感觉体验）。精神分裂症是涉及精神病性行为的障碍之一，其他障碍我们接下来会详细介绍。

精神分裂症会影响到我们日常赖以生存的各种功能。在我们介绍这些症状前，有必要先仔细了解一下表现出这些行为的个体具有哪些特征。这一点之所以重要，部分原因在于我们看到的精神分裂症患者的形象常常被扭曲了。诸如"过往精神病患者杀死家人"这样的头条新闻错误地暗示着每一位精神分裂症患者都是危险暴力分子。大众舆论也促成了这类错误信息的发酵。对精神分裂症患者的暴力行为研究显示，尽管精神分裂症患者可能比一般人更容易实施暴力行为，但是与他们相比，物质滥用和人格障碍（反社会型或边缘型人格障碍）患者的暴力行为更多（Douglas, Guy, & Hart, 2009）。尽管有这样的信息表明精神分裂症并非想像中的那样可怕，但是在黄金时间播出的美国电视剧中，超过70%的精神分裂症角色被塑造成暴力分子，并且超过20%的此类角色被描写成杀人犯（Wahl, 1995），正如错误地认为精神分裂就是"分裂的人格"，大众传媒错误地解读各类精神障碍，进一步伤害了患有这些问题的个体。

精神分裂症谱系障碍（schizophrenia spectrum disorder）是指本章涉及的这一组经过业内人士认可的诊断。事实上，Eugen Bleuler 不仅提出了"精神分裂"一词，还鉴别出了这个谱系包含的各种障碍类型（Heckers, 2009）。DSM 早前的版本一直在与这个概念做斗争，多年来它曾以多种形式出现。而在当前的 DSM-5 中，它包括精神分裂症以及这个标题下的其他相关精神病性障碍（包括精神分裂样障碍、分裂情感性障碍、妄想障碍以及短暂精神病性障碍）。此外，DSM-5 还考虑将某些人格障碍（第 12 章中探讨的分裂型人格障碍）也放入精神分裂症谱系障碍的总类下。所有这些问题都具有<u>极度扭曲现实</u>这个特征。后面我们会讨论个体的症状（急性期症状）、病程以及这个类别包含的障碍谱系。

心理健康工作者通常要区分精神分裂症的阳性症状和阴性症状。除此之外，第三个维度，瓦解性症状也可能是该病的一个重要方面（Liddle，2012）。阳性症状一般指与现实扭曲有关的症状，阴性症状涉及某些领域的正常行为缺陷，如言语、感情（缺乏情绪反应）以及动机。瓦解性症状包括杂乱无章的言语、古怪行为以及不合时宜的情绪反应（如，在沮丧的时候微笑）。诊断精神分裂症需要具备上述三种症状中至少两种，持续时间至少一个月，至少有一种症状属于妄想、幻觉或言语错乱。DSM-5 还包含一个测量症状严重程度的维度量表。在这个 0—4 的量表上，0 代表没有症状，1 代表模棱两可（不确定是否有症状），2 代表有轻度症状，3 代表有中度症状，4 代表有重度症状（American Psychiatric Association，2013）。目前，关于精神分裂症的不同症状已经积累了大量研究，接下来我们就一一介绍。

阳性症状

首先，我们来看看精神分裂症的阳性症状。**阳性症状**（positive symptoms）是较明显的精神失常表现，主要包括妄想和幻觉。50%～70% 的精神分裂症患者存在幻觉、妄想，或二者都有（Lindenmayer & Khan，2006）。

妄想

如果某种信念被大多数社会成员认为曲解了现实，这种情况被称为<u>思维内容混乱</u>，即**妄想**（delusion）。妄想在精神分裂症中有重要地位，被称为是"疯癫的基本特征"。例如，如果你相信松鼠是被派到地球上进行侦察活动的外星物种，那么你就会被认为是在妄想。媒体塑造出来的精神分裂症患者常常相信自己是名人或大人物（如拿破仑或耶稣），但这只是许多妄想中的一种形式而已。阿瑟相信自己能够拯救世界上所有的饥饿儿童就是一种**夸大妄想**（delusion of grandeur，错误地认为个人有名望或有权力）（Knowles，McCarthy-Jones，& Rowse，2011）。

精神分裂症患者中还有一种普遍存在的妄想是有人要害他们。这种妄想叫作**被害妄想**（delusion of persecution），它最能让人心神不宁。本书作者之一曾经与一名世界级的自行车选手共事，当时她正在组建一支奥林匹克团队。然而，不幸的是，她产生了她的竞争者会来破坏她工作的信念，这种信念迫使她终止骑车多年。她认为对手会向她的自行车喷洒能带走她力量的化学物质，会在只有她会骑车经过的路段上放小石头来减慢她的速度。这些想法令她极度困扰，她甚至一度拒绝靠近她的自行车。

其他更为奇特的妄想包括替身综合征（Capgras syndrome，个体相信自己认识的某个人已经被另外一个人顶替了）和行尸综合征（Cotard's syndrome，个体认为自己已经死亡）（Debruyne & Audenaert，2012；Iftikhar，Baweja，Tatugade，Scarff，& Lippmann，2012）。

一位正在努力了解自己的奇怪想法并试图同其做斗争的患者坦诚地讲述了他的妄想（Timlett，2013）：

> 我曾经认为自己是人类机器人（也许只是非常自闭），多年来一直按照同一个模式行事；这意味着每个人都认识我，明白我是谁，并且确切地知道我在想什么。我认为自己实际上是在参加一个实验，实验的目的是为了缓解我的行为与想法的可预测性与直白性。这就是为什么我在回家的路上以及在工作中会认为那些陌生人是认识我的，这也是为什么我相信他们私底下都希望我好起来，以及为什么我相信他们现在觉得我已经好了的原因。因为我的行为发生了变化，不那么容易预测了（p.245）。

为什么会有人相信如此荒诞的事情（你是一个人类机器人，永无止境地重复做同样事情）？对此产生了许多理论，大体上可以分为两类：动机理论和缺陷理论（McKay，Langdon，& Coltheart，2007）。**妄想的动机理论**（motivational view of delusions）认为这些信念是由于个体试图应对和摆脱焦虑和压力而产生的。患者围绕某个主题编故事（例如一位名人正与自己热恋），通过这种方式摆脱在喧嚣世界中无法控制的焦虑。沉迷于这类妄想分散了个体对外

精神分裂症的诊断标准

A. 在一个月的大部分时间里,表现出下列至少2种症状(如已经过有效治疗,时间可以缩短)。其中一种症状必须属于第1、2、3项当中的一项。
 1. 妄想
 2. 幻觉
 3. 言语混乱(例如,经常性言语脱轨或不连贯)
 4. 极度混乱或紧张行为
 5. 阴性症状(例如,情绪表达减少或缺乏意志)

B. 自起病以来的大部分时间内,在工作、人际关系或自我照顾等一个或多个领域的功能水平,较起病前显著下降(如起病于儿童期或青春期,则指个体未能达到预期的社交、学业或职业水平)。

C. 症状持续时间至少6个月。这6个月中至少有一个月(如已经过有效治疗,时间可以缩短)表现出标准A中的症状(即急性期症状);这6个月可以包括症状前驱期或残留期的时间。在症状前驱期或残留期,可以只表现出阴性症状,或是2种以上轻微的标准A症状(例如,古怪的信念,异常的知觉体验)。

D. 须排除分裂情感性障碍以及伴有精神病性特征的抑郁或双相障碍:
 1. 在急性期没有同时表现出严重的抑郁或躁狂症状
 2. 如果在急性期出现了心境障碍发作,其存在的时间只占急性期和残留期时间总和的少部分。

E. 症状并非精神活性物质(如滥用或医用的药物)或其他医学情形的生理后果。

F. 如果有自闭症谱系障碍或其他儿童期起病的交流障碍病史,除了诊断精神分裂症所需要的其他症状外,必须表现出明显的妄想或幻觉,且症状持续时间至少1个月(如已经过有效治疗,时间可以缩短),才可另加精神分裂症的诊断。

注明:
伴有紧张症

From American Psychiatric Association. (2013). *Diagnostic and statistical manual of mental disorders* (5th ed.). Washington, DC.

界烦恼(例如幻觉)的关注。相反,<u>妄想的缺陷理论</u>(deficit view of delusions)认为<u>这</u>些信念源于大脑功能发生了障碍,这些障碍导致个体产生了歪曲的认知或知觉。研究者还需要做更多的工作,来考察如何将这两种理论整合起来解释精神分裂症的这些让人好奇不已但又令人精疲力尽的症状(McKay & Dennett, 2010)。

幻 觉

你是否经历过听见有人叫你的名字,但却没有找到任何人?或你看见有东西从身边移过,但却什么也没有找到?在生活中的某个时刻,我们都可能有过这种体会:我们认为自己看见或听见了一些事实上并不存在的东西。然而,对于许多精神分裂症患者来说,这些知觉是真真切切的,并且经常发生。在没有外界刺激输入的情况下出现的感觉体验被称作**幻觉**(hallucination)。大卫的例子阐述了幻觉现象,以及精神分裂症患者中常见的思维障碍问题。

大卫　想念比尔叔叔

我认识大卫的时候,他25岁,已经在一家精神病院中生活了大约3年。他有点胖,中等身材,经常穿着T恤和牛仔裤,表现活跃。第一次见到他时,我正在和另一位住在同层的男性患者交谈。大卫打断了我们,拽住我的肩膀说:"我的叔叔比尔是一个好人,他对我很好。"我不想表现得无礼,于是说:"我确信他是个好人。等我和米希尔在这谈完话后,我们可以谈谈你的叔叔。"大卫却不罢休,继续说:"他能用刀杀鱼。你的头脑变得非常犀利,当你沿河而下的时候。我赤手空拳就能杀了你——我自己负责,我知道你知道!"。这时,他说得越来越激动,语速也越来越快。我平静地和他交谈了一会,直到他冷静下来。稍后,我查看了大卫的资料,了解他的背景。

大卫小时候生活在一个农场,由凯蒂阿姨和比尔叔叔带大。他父亲身份不详,妈妈智力发育迟滞,不能照看他。大卫也被诊断为智力发育迟滞,但这只轻度地影响了他的功能,他还能上学。在比尔叔叔去世的那年,他的高中老师首次报告了他的异常行为。大卫有时在课堂上跟他去世的叔叔说话。后来，他越来越暴躁，常常在言语上挑衅他人，最终被诊断为患有精神分裂症。他高中毕业，但毕业后找不到工作，只能和阿姨生活在家里。尽管凯蒂阿姨真诚地希望他能陪伴她，但是他的威胁性行为不断升级，她不得已只能把他送往当地的精神病院。

我再次与大卫交谈，好找机会问他一些问题。"大卫，你为什么在医院？""我其实不想在这里，"他说，"我其实有其他事情要做。时间，你知道，当机遇来临的时候……"他持续说了几分钟直到我打断了他。"听说你叔叔几年前去世了，我很难过。这些日子你感觉怎么样？""是的，他死了。他生病了，现在去世了。他喜欢和我一起在河边钓鱼。他要带我去打猎。我有枪。我能打你，你立刻就会死去。"

大卫的会话性言语就像一个从山上滚下来的球。他的讲话时间越长，速度就变得越快。而且他的话题几乎总是偏离预期方向，如同从障碍物上反弹开去。如果他持续说话时间太长，他往往会变得暴躁，并声称要伤害他人。大卫还告诉我，他总是能听见叔叔和他讲话。他也能听见其他人的声音，但是不能鉴别出来是谁说的，或是说了些什么。

幻觉可以涉及任何感觉，但**幻听**（auditory hallucination，听见不存在的声音）在精神分裂症患者中最常见（Liddle，2012）。大卫经常幻听，一般是听见他叔叔的声音。但当大卫听见比尔叔叔的声音时，他常常听不清叔叔在说些什么；偶尔，声音会非常清晰。"他告诉我关掉电视机。他说'太他妈的吵了，小点声，小点声'。"这与近期研究者认为幻觉与元认知有关是一致的。换句话说，元认知（metacognition）指的是对自己想法的审视（即"对想法的想法"）。我们当中的大多数人偶尔都会受到一些侵入性想法的困扰（如，"我希望她死"但你知道那样不对）。经历幻觉的人也可能受到了这些想法的侵扰，但是他们认为这些想法源于自身之外的某个地方或某个人（例如，大卫认为他听到的是叔叔的声音，但他听到的很可能是自己的想法）。他们害怕自己有这些想法，于是便产生了元担忧，也就是"对担忧的担忧"（Ben-Zeev，Ellington，Swendsen，& Granholm，2011）。

一些令人兴奋的研究采用高级的脑成像技术**单光子发射计算机断层扫描**（single photon emission computed tomography，简称SPECT）考察幻觉在脑中发生的位置。在一项早期研究中，伦敦的研究者（McGuire，Shah，& Murray，1993）采用SPECT考察了有言语幻听症状的精神分裂症男性患者的脑血流情况。他们扫描了个体在有幻听体验和没有幻听体验下的大脑状态，发现在幻听过程中激活最强的脑区是参与言语产生的布洛卡区（Broca's area）（见图13.1），而不是参与言语理解的威尔尼克区（Wernicke's area）。该结果出乎意料，因为言语幻听通常涉及理解他人的语言，按道理威尔尼克区的激活应该更强。这个观察结果支持了元认知理论：正在幻听的个体听见的不是他人的声音，而是自己的想法或是自己的声音，但他们意识不到其中的差别（Allen & Modinos，2012）。对该问题的解释与糟糕的"情绪韵律理解"（emotional prosody comprehension）有关。韵律是通过音调、音量、停顿等传达意义和情绪的口语特征。例如，通常情况下，我们辨别出一个人在提问不仅仅通过词语本身，还通过词语的表达方式（例如，"饿？"）。研究发现，经历幻听的个体在情绪韵律理解方面有缺陷，这可能是他们在理解他人以及在解释"内部声音"时出现混乱的原因之一（Alba-Ferrara，Fernyhough，Weis，Mitchell，& Hausmann，2012）。

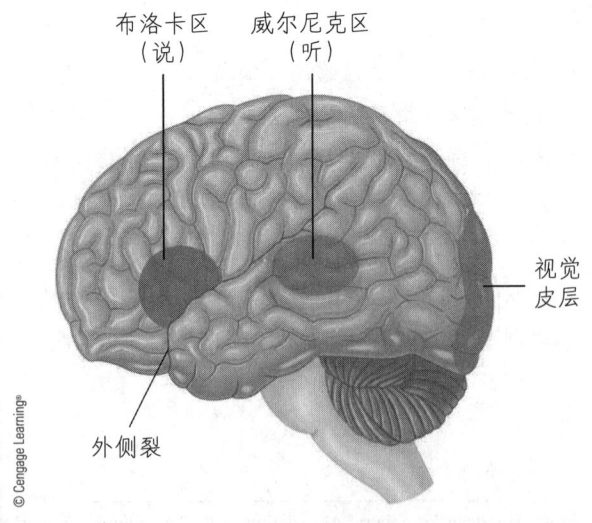

图13.1 大脑皮质的主要功能区。大多数人的语言功能区都在左脑半球。（只有左半球表现出语言特异性）。

阴性症状

与阳性症状表现活跃的特点相反，**阴性症状**（negative symptoms）通常指的是正常行为缺失或减少。这类症状主要包括情感淡漠、思维或言语匮乏、情绪与社交退缩。大约有25%的精神分裂症患者表现出这些症状（Cohen, Natarajan, Araujo, & Solanki, 2013；Lewis, Escalona, & Keith, 2009）。

意志减退

意志减退（avolition）的英文单词是否定前缀"a"（意为没有）和"volition"（意为出于意愿、选择或决策的行动）的组合。这一症状指的是个体无法发起或持续活动，常常也被称为**情感淡漠**（apathy）。有这种症状的个体没有兴趣执行哪怕最基本的日常功能，包括维护个人卫生在内。

言语贫乏

言语贫乏（alogia）的英文单词是否定前缀"a"和"logos"（意为词语）的组合。患者用内容含量很少的简短话语回答问题，并且在交谈中表现得毫无兴趣。例如，当被询问"你有孩子吗？"，多数父母可能都会回答"对，我有孩子。一个女儿一个儿子，两个都很可爱。儿子6岁，女儿12岁。"而下面这段对话是一位言语贫乏的患者对同样的问题做出的回答：

问：你有孩子吗？
答：有。
问：你有几个孩子？
答：两个。
问：他们多大了？
答：六岁，十二岁。

这种交流缺陷被认为反映出一种消极的思维障碍，而不是缺乏沟通技能。例如，一些研究者指出，有言语贫乏症状的患者可能找不到合适的词语来表达他们的想法（Andreasen, 2012）。有时，言语贫乏也会表现为反应滞后或回答问题迟缓。与表现出这种症状的个体交谈会让人极度沮丧，你会感觉让他们说话好比给他们拔牙一样费劲。

精神分裂症的阴性症状包括社交退缩和情感淡漠。

快感缺乏

还有一种症状被称为**快感缺乏**（anhedonia），英文单词源自前缀"a"和"hedonic"（意为与快乐有关）的组合。一些精神分裂症患者缺乏快乐的体验。与某些心境障碍患者相似，快感缺乏的个体对通常被认为是享受的活动反应冷淡，包括进食、社交、性。

情绪平抑

想象一下总是带着面具的人：言语上你可以与他们交流，但是你看不到他们的情绪反应。大约1/4的精神分裂症患者表现出这种所谓的**情绪平抑**（flat affect）症状（Lewis et al., 2009）。他们仿佛是带着面具的人，因为他们在应该有情绪反应的时候表现不出什么情绪。他们可能会茫然地瞪着你看，说话语调单一，似乎不受外界事件的影响。然而，尽管他们没有对情绪情境做出外在反应，但他们内心仍然有可能做出了反应。

Howard Berenbaum 和 Thomas Oltmanns（1992）比较了有和没有情绪平抑症状的两组精神分裂症患者。研究者向患者呈现一些被选来诱发情绪反应的喜剧和戏剧片段。结果发现，情绪平抑的患者面部表情几乎没有变化，尽管他们报告出的情绪体验是适当的。研究者总结说，精神分裂症中的情绪平抑症状可能意味着表达情绪有困难，而不是缺乏情绪感受。现在，研究者能够通过计算机分析面部表情更客观地评价精神分裂症患者等各类个体的情绪表达状况（Kring，2012）。一项这类研究证实了这些患者的问题在于难以用面部表情恰当地表达自己（Alvino et al.，2007）。情绪的表达以及缺乏这种表达，可能是精神分裂症发展过程中的一种重要症状。在一项极具创新性的研究中，研究者在1972年录制了一组高危儿童（双亲中至少有一位是精神分裂症患者）吃午餐的情景，此后追踪他们长达20年（Schiffman et al.，2004）。结果表明，相对于那些后来没有患病的儿童，后来患上了精神分裂症的儿童当时表现出了更少的积极情绪和更多的消极情绪。这说明，情绪的表达有可能成为在儿童期识别潜在精神分裂症患者的一种途径。

瓦解性症状

在精神分裂症相关领域，我们可能对瓦解性症状的研究最少，因此对它的了解也最少。**瓦解性症状**（disorganized symptoms）包括一系列影响言语、运动以及情绪反应的古怪行为。这些行为在精神分裂症患者中的患病率目前尚未明确。

言语混乱

与精神分裂症患者交谈非常令人沮丧。如果你想从谈话中得知他们正在为什么感到困扰或心烦是非常不容易的。首先，精神分裂症患者经常缺乏自知力，他们意识不到自己的问题；其次，他们具有被Bleuler称为"联合断裂"以及被Paul Meehl称为"认知打滑"的特征（Bleuler，1908；Meehl，1962）。这些说法都有助于描述精神分裂症患者的言语问题。他们时而从一个话题跳跃到另一个话题，时而又胡言乱语。DSM-5用**言语混乱**（disorganized speech）来概括这些交流问题。让我们回到与大卫的交谈来说明这些症状。

医生：大卫，你为什么在医院？

大卫：我其实不想在这里。我其实有其他事情要做。时间，你知道，当机遇来临的时候……

大卫实际上没有回答医生的问题。这类反应被称作**离题症**（tangentiality），即偏离正题而不是回答特定的问题。大卫还会突然把话题转移到无关领域，这种行为被称为**思维松散**（loose association）或**思维脱轨**（derailment）（Liddle，2012）。

医生：听说你叔叔几年前去世了，我很难过。这些日子你感觉怎么样？

大卫：是的，他死了。他生病了，现在去世了。他喜欢和我一起在河边钓鱼。他要带我去打猎。我有枪。我能打你，你立刻就会死去。

大卫又一次没有回答问题。不知道是因为他没有理解问题，难以集中注意力，还是比尔叔叔这个话题对他太困难了，他回答不出来。现在，你应该能明白为什么人们花费大量时间去诠释这种交谈背后隐含的意义。然而不幸的是，到目前为止，这类分析还没有为我们理解精神分裂的本质及其治疗提供有用信息。

情感不适切和行为混乱

偶尔，精神分裂症患者会表现出**情感不适切**（inappropriate affect），即在不恰当的时间笑或哭。有时候，他们会做出怪异的行为，如囤积物品或在公众面前表现异常。精神分裂症患者还表现出一些其他不寻常的"主动"行为。**紧张症**（catatonia）是其中最奇怪的一种，它涉及从亢奋到木僵的一系列运动功能失调。DSM-5现在把紧张症作为一种独立的精神分裂症谱系障碍。在活跃的时候，个体会非常兴奋地踱来踱去，或以刻板的方式移动手指或手臂。而在另一个极端，个体会保持某种异常姿势一动不动，似乎害怕自己一动就会发生某些恐怖的事件，这种情形叫作**紧张性木僵**（catatonic immobility）。这种症状的表现形式也包括**蜡样屈曲**（waxy flexibility），即按照他人摆放的姿势保持自己的躯体或肢体位置。

同样，做出精神分裂症的诊断需要个体表现出至少两种主要症状（例如，妄想、幻觉、言语混乱、极度异常的精神运动行为，或阴性症状如情绪平抑或意志减退等）；症状在一个月的大部分时间里都存在；至少有一种症状属于妄想、幻觉或言语混乱。两个症状大相径庭的个体可能得到同样的诊断，这主要取决于不同的症状组合。例如，一个人表现出

与其他精神障碍相关的紧张症的诊断标准（紧张症的详细说明）

A. 临床表现主要包括以下至少 3 种症状：
  1. 木僵（没有精神运动性活动；不主动与外界环境联系）
  2. 猝倒（被动诱发对抗重力的姿势）
  3. 蜡样屈曲（对检查者摆放的姿势甚至没有轻微的反抗）
  4. 缄默 [没有言语反应，或非常少（排除失语症）]
  5. 违拗（违抗指令或外部刺激，或对此没有反应）
  6. 摆姿势（自发主动地保持一种对抗重力的姿态）
  7. 作态（怪异、滑稽地模仿正常行为）
  8. 刻板（反复、异常频繁、没有目标指向的运动）
  9. 兴奋，不受外界刺激影响
  10. 做鬼脸
  11. 模仿言语（即模仿他人的言语）
  12. 模仿动作（即模仿他人的动作）

From American Psychiatric Association.（2013）. *Diagnostic and statistical manual of mental disorders*（5th ed.）. Washington, DC.

无家可归的精神分裂症患者常常有被害妄想，这阻碍了外界对他们进行帮助。

严重的幻觉和妄想，而另一个人表现出言语混乱以及一些阴性症状。而合适的治疗方法需要就不同的症状对不同的个体区别对待。

历史上精神分裂症的亚型

如同我们前面提到的，对精神分裂症亚型的探索在克雷珀林描述精神分裂症这一概念之前就开始了。历史上，人们曾经把精神分裂症分为三类：偏执型（夸大或被害妄想）、瓦解型（即青春期痴呆，愚蠢和不成熟的情感）以及紧张型（木僵与兴奋的交替）。尽管这些类别在 DSM-Ⅳ-TR 中还在使用，但 DSM-5 的诊断标准已不再包括它们。部分原因是由于这些亚型在临床工作中用处不大，并且个体的症状类型随着病程发展也会发生变化，也就是说个体可能会从一类转向另一类（Tandon & Carpenter, 2012）。DSM-5 用对严重程度的多维评价代替了这三种亚型（Pagsberg, 2013）。

其他精神病性障碍

由于一些个体表现出来的精神病性行为不完全符合精神分裂症的情形，因此 DSM 用其他障碍分类来描述它们。

精神分裂样障碍

有些人只经历几个月的精神分裂症状，然后就能重新回到正常生活。有时候，这些症状的消失是由于得到了有效的治疗，但也有很多时候是不明原因的消失。这样的情形被归类为**精神分裂样障碍**（schizophreniform disorder）。由于对这种障碍的研究相对较少，重要的数据还很稀缺。不过，此种障碍的终生患病率大约为 0.2%（Smith, Horwath, & Cournos, 2010）。DSM-5 中还指出了精神分裂样障碍预后良好的特征，包括：在正常行为首次发生明显变化的 4 周内出现精神病性症状；最严重时状态迷惑或混乱；发病前（精神病性症状发作前）社交和职业功能良好；没有出现情绪平抑（Garrabe & Cousin, 2012）。

精神分裂样障碍的诊断标准

A. 在一个月的大部分时间里,表现出下列至少2种症状(如已经过有效治疗,时间可以缩短)。其中至少一种症状必须属于第1、2、3项当中的一项。
   1. 妄想
   2. 幻觉
   3. 言语混乱(例如,经常性言语脱轨或不连贯)
   4. 极度混乱或紧张行为
   5. 阴性症状(例如,情绪表达减少或缺乏意志)

B. 发作时间至少持续1个月,但少于6个月。如果未等康复就必须做出诊断,应当定性为"暂时性"。

C. 须排除分裂情感性障碍以及伴有精神病性特征的抑郁或双相障碍:
   1. 在急性期没有同时表现出严重的抑郁或躁狂症状。
   2. 如果在急性期出现了心境障碍发作,其存在的时间只占急性期和残留期时间总和的少部分。

D. 症状并非精神活性物质(如滥用或医用的药物)或其他医学情形的生理后果。

注明:
有良好的预后特征:需要存在以下至少2项特征:明显的精神病性症状出现在正常行为或功能首次发生可见变化的4周内;状态迷惑或混乱;发病前具有良好的社交与职业功能;没有出现情绪平抑。
没有良好的预后特征:以上特征少于2项或没有。

注明:
伴有紧张症

From American Psychiatric Association. (2013). *Diagnostic and statistical manual of mental disorders* (5th ed.). Washington, DC.

分裂情感性障碍

历史上,有精神分裂症状又表现出心境障碍特征的人也归入精神分裂症一类。现在,这种混合问题被诊断为**分裂情感性障碍**(schizoaffective disorder)(Tsuang, Stone, & Faraone, 2012)。此类患者的预后类似于精神分裂症患者,即个体通常不会自行好转,重大的生活困难可能会持续多年。DSM-5诊断分裂情感性障碍除了需要有心境障碍外,还要有至少两周的妄想或幻觉症状,并且这些症状发作时没有明显的心境症状(American Psychiatric Association, 2013)。

分裂情感性障碍的诊断标准

A. 在一段连贯的患病期内,心境障碍发作(重性抑郁或躁狂)与精神分裂症的诊断标准A共存。
   注意:重性抑郁发作必须包括标准A1:抑郁心境。

B. 在整个患病期内,在没有重度心境障碍发作(抑郁或躁狂)的情况下,出现妄想或幻觉症状至少2周。

C. 符合重度心境障碍发作标准的症状占本病急性期和残留期时间总和的大部分。

D. 症状并非精神活性物质(如滥用或医用的药物)或其他医学情形的生理后果。

特定类型:
双相亚型:表现出躁狂。可能也有重性抑郁。
抑郁亚型:只表现出重性抑郁。

注明:
伴有紧张症

From American Psychiatric Association. (2013). *Diagnostic and statistical manual of mental disorders* (5th ed.). Washington, DC.

妄想障碍

妄想是指其他社会成员普遍不具备的信念。**妄想障碍**(delusional disorder)的主要特征是个体长期持有与现实相矛盾的信念,除此之外,不表现出精神分裂症的其他特征。例如,一名患有妄想障碍的女性会在没有任何证据的情况下认为同事在迫害她,往她的食物中投毒,向她的住处喷撒毒气。这种疾病的特点是持续性的妄想,且妄想不是由于器质性病变例如癫痫或其他严重的精神病性问题造成的。妄想障碍患者通常不表现出情绪平抑、快感缺乏等精神分裂症阴性症状。但他们仍然可能出现社交隔离，因为他们总是怀疑别人。患者的妄想经常长时间存在，有时候会持续好些年（Munro，2012）。

DSM-5认定以下几种妄想亚型：钟情妄想型、夸大妄想型、嫉妒妄想型、被害妄想型以及躯体妄想型。**钟情妄想型**（erotomanic type）患者相信自己被他人所钟爱，对方通常是地位较高的人。一些跟踪和骚扰名人的人可能患有此病。**夸大妄想型**（grandiose type）患者夸大自己的价值、力量、知识、身份，或坚信自己与神仙或名人有特殊关系（Knowles et al.，2011）。**嫉妒妄想型**（jealous type）患者坚信性伴侣不忠于自己。**被害妄想型**（persecutory type）患者认为自己（或亲近的人）正在受到某种形式的暗算。而**躯体妄想**（somatic delusion）是指感到自己正在被某种躯体缺陷或身体状况所折磨。通常情况下，这些妄想不同于精神分裂症患者，后者表现出来的妄想一般更为古怪。在妄想障碍中，患者想像的事件可能发生但没有发生（例如，认为自己被跟踪），但在精神分裂症中，患者想像的事件是<u>不可能发生</u>的（例如，认为脑电波把你的想法播报给了全世界）。DSM-5区分妄想障碍和精神分裂症的标准是：妄想障碍可以表现出一种古怪妄想，但是精神分裂症<u>必须</u>表现多于一种的古怪妄想（Tandon & Carpenter，2012）。

DSM的先前版本还发包括一种单独的妄想障碍——**共有型精神障碍/感应性精神障碍**（shared psychotic disorder/folie à deux）。在这种情况下，个体产生妄想仅仅是由于他与一个有妄想的人关系密切。妄想的内容本质上来源于同伴，可以从相对古怪（例如认为敌人正向你的房子发送有害的射线）到颇为正常（例如认为你将会被升职，尽管有迹象显示你会被降职）。DSM-5现在把这种类型的妄想也归在妄想障碍类别下，因此在诊断妄想障碍时，需具体说明妄想是否具有感应性（American Psychiatric Association，2013）。

妄想障碍相对罕见，一般人群中每10万人可能有24～60个患者（de Portugal, Gonzalez, Haro, Autonell,

---

DSM-5 妄想障碍的诊断标准

A. 存在一种（或多种）妄想，持续时间一个月或更长。
B. 从未符合精神分裂症的诊断标准A。
  注意：如存在幻觉，幻觉不严重并且与妄想的主题有关（例如，妄想遭到害虫的袭击，于是感到被害虫袭击）。
C. 除了妄想及其衍生后果的影响，功能没有受到显著损害，没有明显离奇或古怪的行为。
D. 如有躁狂或重性抑郁发作，其症状持续时间相对于妄想的持续时间较短暂。
E. 症状并非精神活性物质（如滥用或医用的药物）或其他医学情形的生理后果；用其他精神障碍（如躯体变形障碍或强迫症）也无法更好地解释。

特定类型：

钟情妄想型：相信被某人所爱。

夸大妄想型：相信自己才能卓越，智慧非凡，或有重大发现（但未被认可）。

嫉妒妄想型：怀疑配偶或恋人对自己不忠。

被害妄想型：个体认为自己正在被陷害、欺骗、监视、跟踪、投毒、骚扰或被阻挠实现长期目标。

躯体妄想型：妄想的主题涉及躯体功能或感觉。

复合型：妄想的内容中没有占据主导地位的主题。

未指定型：主要的妄想信念难以确定，或在具体类型中未涉及（例如，没有明显的迫害或夸大成分的关联妄想）

From American Psychiatric Association. (2013). *Diagnostic and statistical manual of mental disorders* (5th ed.). Washington, DC.

& Cervilla，2008；Ibanez-Casas & Cervilla，2012），而它在精神病性障碍患者的群体中，患病率为2%～8%（Vahia & Cohen，2009）。但研究者尚不能确定这个比例，因为很显然许多这样的患者并没有与心理卫生系统取得联系。

妄想障碍发病相对较晚：患者第一次进入精神机构的平均年龄为35～55岁（Ibanez-Casas & Cervilla，2012）。不过，许多妄想障碍患者能够相对正常地生活，因此他们可能只有到了症状变得非常严重时才来寻求治疗。据估算，妄想障碍的女性患者多于男性（分别为55%和45%）。

在一项具有重要意义的纵向研究中，Opjordsmoen（1989）追踪了53名妄想障碍患者，平均时间达到30年。研究发现，这些患者的生活质量通常比精神分裂症患者要好，但是不如其他一些精神病性障碍患者，如分裂情感性障碍。大约80%的人在某段时间曾经结婚，大约一半的人曾经有过工作。这表明，尽管他们有妄想，但是他们的功能相对较好。

对于妄想障碍是由生物因素还是心理社会因素造成的，目前的证据还很不一致（Ibanez-Casas & Cervilla，2012）。家族研究表明，多疑、嫉妒、隐匿等特征在妄想障碍患者的亲属中比在一般人群中要多见，这表明该病的某些方面可能与遗传因素有关（Kendler & Walsh，2007）。

其他一些问题也能导致妄想，因此在诊断妄想障碍时需要排除它们。例如，物质滥用（如安非他明、酒精、可卡因），脑肿瘤，亨廷顿氏病以及阿尔茨海默症（Munro，2012）。DSM-5把这些问题分成两类，**物质/药物诱发的精神病性障碍**（substance/medication-induced psychotic disorder）以及**与其他医学情形有关的精神病性障碍**（psychotic disorder associated with another medical condition），以便临床医生为这些问题定性。

与其他医学情形有关的精神病性障碍

A. 明显的幻觉或妄想。
B. 来自病史、体检或化验结果的证据显示，此种紊乱情形是其他医学情形的直接生理病理结果。
C. 此种紊乱情形用其他精神障碍无法更好地解释。
D. 此种紊乱情形不只在谵妄期存在。

From American Psychiatric Association．（2013）．*Diagnostic and statistical manual of mental disorders*（5th ed.）．Washington，DC．

物质/药物诱发的精神病性障碍的诊断标准

A. 存在一种或两种以下症状：
　1. 妄想
　2. 幻觉
B. 来自病史、体检或化验结果的证据显示个体符合以下两项情形：
　1. 诊断标准A中的症状出现在物质中毒或戒断期间，或是接触药物后；
　2. 所涉及的物质/药物能够产生诊断标准A中的症状。
C. 此种紊乱情形用非物质/药物诱发的精神病性障碍无法更好地解释。非物质/药物诱发精神病性障碍的证据如下：
　症状出现于使用物质/药物之前；症状在急性戒断期或严重中毒期结束后，还持续了相当长一段时间（例如，1个月）；或有其他证据表明个体患有一种独立的非物质/药物诱发的精神病性障碍（例如，曾经反复发作过与物质/药物无关的精神障碍）。
D. 此种紊乱情形不只在谵妄期存在。
E. 此种紊乱情形导致了临床上显著的痛苦，或严重损害了社交、职业及其他重要领域的功能。

注意：只有当诊断标准A的症状为临床上的主要表现，并且其严重程度足够引起临床上的重视时，才应当做出这个诊断以替代物质中毒或物质戒断的诊断。

From American Psychiatric Association．（2013）．*Diagnostic and statistical manual of mental disorders*（5th ed.）．Washington，DC．

短暂精神病性障碍

让我们回想一下阿瑟令人费解的病案。他突然间产生了自己可以拯救世界的妄想，但这种强烈的情绪波动只持续了一段日子。按照 DSM-5 的标准，阿瑟会被诊断为**短暂精神病性障碍**（brief psychotic disorder）。这种疾病的特征是至少存在一种阳性症状，如妄想、幻觉，或是言语或行为上的混乱，并且持续 1 个月左右。此类患者像阿瑟一样，能够恢复以前正常生活的能力。一般来说，严重的应激常常是造成短暂精神病性障碍的原因。

DSM 5 短暂精神病性障碍的诊断标准

A. 表现出下列至少 1 种症状，其中一种症状必须属于第 1、2、3 项：
   1. 妄想
   2. 幻觉
   3. 言语混乱（即，言语脱轨或前后不一）
   4. 极度混乱或紧张行为
   注意：上述症状不包括个体所属文化中认可的反应。

B. 症状的发作时间至少 1 天，但少于 1 个月；最终个体完全恢复到发病前的功能水平。

C. 此种紊乱情形用伴有精神病性特征的重性抑郁或双相障碍，或其他精神病性障碍（例如精神分裂症或紧张症）无法更好地解释，也并非精神活性物质（如滥用或医用的药物）或其他医学情形的生理后果。

注明：
有显著的应激源（短期精神性）：症状出现是对事件的反应。这些事件能让个体所属文化中几乎所有处于相同情境的个体达到高度应激。
没有显著的应激源：症状的出现不是对事件的反应。尽管这些事件能让个体所属文化中几乎所有处于相同情境的个体达到高度应激。
产后出现：在妊娠期出现或产后 4 周内出现
注明：
伴有紧张症

From American Psychiatric Association. (2013). *Diagnostic and statistical manual of mental disorders* (5th ed.). Washington, DC.

轻微精神病综合征

有些个体开始出现精神病性症状（例如，幻觉或妄想）时，常常感到十分痛苦，会向心理卫生专家求助。这些人可能正处于疾病发作的早期阶段（前驱期），他们是患上精神分裂症的高危群体。尽管他们此时并不完全符合精神分裂症的诊断标准，但是他们可能是最适合接受早期干预以防止症状恶化的人选。为了增加对这些个体的关注，DSM-5 提出增加一种潜在的新精神病性障碍——**轻微精神病综合征**（attenuated psychosis syndrome）——以促进有关的研究（Carpenter & van Os, 2011; Fusar-Poli & Yung, 2012）。让我们再强调一次，这类个体虽然表现出一些精神分裂症症状，但他们能够意识到这些古怪的症状是有问题的。

第 12 章中介绍的分裂型人格障碍，也是一种有关的精神病性障碍。你或许还记得，该病的特征与精神分裂症患者的体验类似，但是严重程度较低。还有一些证据表明，精神分裂症与分裂型人格障碍可能在遗传上都属于精神分裂症谱系。

要记住，尽管有关的精神病性障碍患者表现出许多精神分裂症的特点，但是它们与精神分裂症依然是泾渭分明的。

小测验 13.1

请指出下列情形属于哪种症状或哪类精神分裂症谱系障碍。

1. 在刚刚过去的半个小时里，珍妮一直盯着镜子。当你接近她的时候，她转过脸去咯咯笑。你问她笑什么，她回答了你，但是你完全听不懂她在说什么。_____

2. 葛瑞格在认知和情感方面功能相对完好。但他常常出现一些妄想和幻觉，让他相信有人要来谋害他。_____

3. 艾丽斯经常保持着某个奇特的姿态，有时还有人看见她做鬼脸。_____

4. 卡梅伦最近开始能听到别人的声音，这令他不胜烦扰。他把这个情况告诉了父母，并且表示自己需要去心理治疗师那里寻求帮助。_____

请指出以下描述所对应的精神病性障碍：
A. 精神分裂样障碍　　B. 分裂情感性障碍
C. 妄想障碍　　D. 共有型精神障碍

5. 最近，汤姆变得越来越孤僻，因为他相信同事正在密谋让他被开除。他一看到同事们在一起说笑他就生气，他觉得他们正在算计他。_____

6. 娜塔莉亚告诉治疗师她能听见许多人在跟她说话，向她下命令。她的医生刚刚把她转介到这个治疗师这里。因为医生认为她有重性抑郁。她总是睡觉并且几次企图自杀。_____

7. 肖恩的精神分裂症状持续了4个月后就消失了，他像以前一样恢复了正常生活。_____

8. 艾力认为政府要逮捕他。他感到每天都有特工在跟踪他，监听他的电话，窃取他的邮件。起初，他的室友桑德克试着说服他事情不是这样的。然而，这种情况持续一年后，桑德克开始相信艾力说的都是真的，政府也会捉拿他。_____

精神分裂症的患病率及成因

对精神分裂症的研究表明，我们应当从多个层面解码人类的行为方式。为了揭示这种疾病的原因，研究者考察了几个领域：①可能影响精神分裂症的基因；②对众多患者有效的药物的化学原理；③精神分裂症患者脑功能中的异常之处；④会加速症状发作的环境风险因素（Harrison, 2012; Murray & Castle, 2012）。在纵览许多专家研究成果的同时，我们也会考察许多用于研究生物和心理社会效应的最先进的技术。心理社会因素在它发生影响时相对缓慢，但是它能够有效地增加我们的病理心理学知识。接下来，我们就来考察精神分裂症的本质，看看研究者是如何努力理解和治疗患者的。

统计数据

精神分裂症的复杂性有时超乎人们的想象。我们已经看到，虽然患的是同一种疾病，但患者的症状表现却多种多样。有些个体的症状发展缓慢，而另一些个体发病则非常突然。一般来说，精神分裂症会长期持续；大多数患者的社会功能会出现很大的问题，尤其是与他人相联系的能力。他们通常很难建立或保持重要的人际关系，非常多的患者从来都没有结婚或生育孩子。不同于其他精神病性障碍患者的妄想，精神分裂症患者的妄想往往是天马行空遥不可及的。最终，即便经过治疗后病情有所改善，他们的人生仍然会历尽艰辛。

在全世界范围内，精神分裂症的终生患病率在男性和女性中大致相同。据估计，普通人群中的患病率在0.2%～1.5%之间，这意味着在某个时期总会有大约1%的人口受其影响（Jablensky, 2012）。患者的预期平均寿命比一般人群的预期平均寿命稍短，其中部分是由于精神分裂症患者自杀以及发生意外事故的概率较高。尽管研究者对于精神分裂症患者的性别比例仍有不一致的看法，但有关男女发病年龄的差异已经明确。对于男性，发病的可能性随着年龄的增加而下降，但是首次发病的时间可以晚至75岁。女性在36岁以前的发病概率低于男性；36岁的时候，发病风险发生转换，从此以后，女性的发病概率比男性要高（Jablensky, 2012）。另外，女性的患病结果似乎比男性好一些。

发展

精神分裂症首次出现比较严重的症状一般是在青春期晚期或成年早期，但发病的迹象可能在儿童期早期就能观察到（Murray & Castle, 2012）。那些后来发展出精神分裂症的儿童往往表现出诸如轻度躯体异常、运动协调能力差、轻度的认知和社会问题等早期临床特征（Schiffman et al., 2004; Welham et al., 2008）。然而，这些早期问题对精神分裂症的特异性程度不高，换句话说，它们也有可能是其他障碍的征兆，例如第14章将要谈到的神经发展障碍。因此，单凭这些问题，并不能确定一个孩子以后会患精神分裂症。

在精神分裂症患者中，有多达85%的人在出现严重症状之前会经历1～2年的**前驱期**（prodromal stage）。在此期间，症状的严重程度虽然不那么高，但一些异常行为已经开始显现（Jablensky, 2012）。这些行为（根据第12章，你应该能想起这些行为属于分裂型人格障碍的症状）包括牵连观念（认为一些小事都和自己有关）、奇幻思维（相信自己有特异功能，例如千里眼或心电感应）、错觉（独处时感到有他人存在）。此外还有一些常见症状，如社会隔离、功能显著受损、缺乏主动性、兴趣或活力（Moukas, Stathopoulou, Gourzis, Beratis, & Beratis, 2010）。

精神分裂症患者发病后，通常需要1～2年的时间才能得到确诊和治疗（Woods et al., 2001）。出现这种延迟，有时是因为患者对他人隐瞒症状（可能出于偏执）。人格因素以及社会支持的数量和质量有时也会影响个体第一次寻求帮助前的时间长短（Ruiz-Veguilla et al., 2012）。患者一旦接受治疗，通常会有所好转。但不幸的是，多数患者都会经历复发和康复（Harvey & Bellack, 2009）。复发率在讨论精神分裂症的病程时很重要。例如，一项经典的研究展示了精神分裂症的典型病程（Zubin, Steinhauer, & Condray, 1992）。大约22%的患者有过一次精神分裂症发作经历，好转后没有留下后遗症；其余78%的患者有过几次发作，并且每次发作都造成了不同程度的伤害。和本书介绍的其他大多数障碍相比，尽管许多精神分裂症患者有过一段很长的康复期，但其预后仍然较差，其中包括很高的自杀风险（Jablensky, 2012）。复发是精神分裂症领域中一个重要的研究议题，我们在讨论病因和治疗方法的时候会重新回到这个现象上来。图13.2直观地描述了精神分裂症复杂的病程。

文化因素

由于精神分裂症极其复杂，其诊断本身就具有争议性。有人认为，客观上并不存在"精神分裂症"，它只是人们给行为方式超出文化准则的个体贴的一个标签（Laing, 1967；Sarbin & Mancuso, 1980；Szasz, 1961）。这个问题把我们带回到了第1章关于"什么是异常"的讨论。尽管认为精神分裂症只存在于心理卫生专家的头脑中这种想法颇具煽动性，但是现实经验并不支持这种极端观点。本书作者与精神分裂症患者及其家人朋友有过大量接触，精神分裂症造成的巨大痛苦能够充分地说服我们：它是真实存在的疾病。一份有趣的历史记录显示，克雷珀林曾前往亚洲旅行。他的观察证实，除西欧地区以外，其他文化环境中的人也会表现出多种异常行为（Lauriello, Bustillo, & Keith, 2005）。现在我们知道，尽管世界上的文化丰富多样，但任何一种文化中的个体都会表现出精神分裂症状，这足以表明它对于世界各地的人们来说都是真实存在的。截至目前的研究证实，精神分裂症是非常普遍的，每一个种族和文化群体都会受到它的影响。

精神分裂症的病程与后果存在文化差异。例如，与严重的政治、社会、经济问题有关的应激源普遍存在于非洲、拉丁美洲以及亚洲的多个区域，它们可能是这些地区的精神分裂症患者最终结局不佳的原因之一（Jablensky, 2012）。这些差异也有可能是由于文化变异或是普遍生物效应例如免疫引起的，到目前为止，我们还不能解释为什么会有不同的结局。

在美国，非裔美国人中精神分裂症患者的比例大于高加索人中这类患者的比例（Schwartz & Feisthamel, 2009）。来自英国和美国的研究表明，弱势种族（例如英国的加勒比黑人以及美国的黑人和波多黎各人）可能是偏见和刻板印象的受害者（Jones & Gray, 1986；Lewis, Croft-Jeffreys, & Anthony, 1990）。换句话说，他们比优势群体更有可能被诊断为患有精神分裂症。一项在英国伦敦开展的跨种族前瞻性研究发现，尽管不同群体精神分裂症患者的结局相似，但其中黑人被强制拘留、被警察带到医院、被实施急性注射的概率更大（Goater et al., 1999）。因此，精神分裂症的不同种族患病比

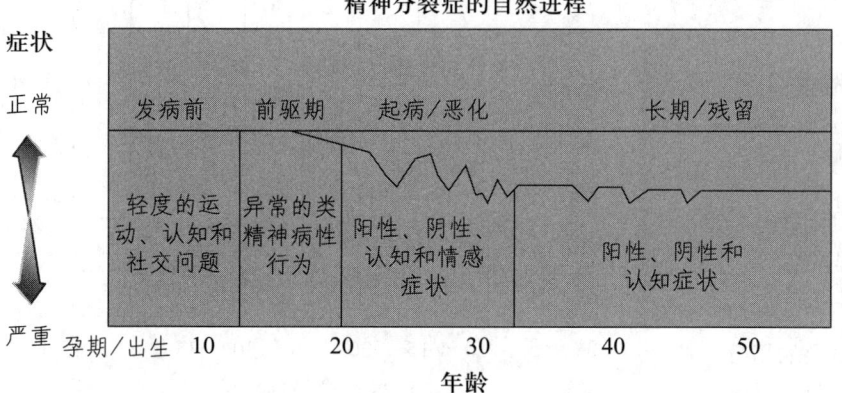

图13.2 精神分裂症从出生到年老的纵向时间进程。左侧坐标轴代表症状的严重程度；图中显示了每个阶段的症状变化（发病前、前驱期、起病/恶化、长期/残留）。
Adapted from Lieberman, J. A., Perkins, D., Belger, A., Chakos, M., Jarskog, F., Boteva, K., & Gilmore, J. (2001). The early stages of schizophrenia: Speculations on pathogenesis, pathophysiology, and therapeutic approaches. *Biological Psychiatry, 50*, p. 885.

美国弗吉尼亚大学心理学家 Irving Gottesman，他为我们理解精神分裂症做出了重要贡献。

例，可能部分是由于诊断偏差而不是真正的文化差异造成的。另外一项促成这种不平衡的因素可能是与名誉、社会隔离等因素有关的应激水平（Pinto, Ashworth, & Jones, 2008）。但是，也有可能存在具有种族特异性的，容易引发精神分裂症的遗传变异（Glatt, Tampilic, Christie, DeYoung, & Freimer, 2004）。下面，我们详细介绍遗传因素。

遗传影响

在变态心理学领域中，几乎很少有障碍像精神分裂症一样把遗传对行为影响的极端复杂性和引人入胜的神秘性展现得如此淋漓尽致（Murray & Castle, 2012）。尽管精神分裂症可能有多种多样的表现形式，但我们能够确定地说：基因是决定某些人易于患上精神分裂症的原因。我们考察了从家族、双胞胎、收养、双胞胎子女以及连锁和关联研究中得到的结果。我们有充足的理由相信，没有哪一个单独的基因是导致精神分裂症的原因，而是多个基因变异共同产生了易感性（Murray & Castle, 2012）。

家族研究

1938 年，Fran Kallmann 发表了一项针对精神分裂症患者家族展开的大规模研究（Kallmann, 1938）。Kallmann 在柏林精神病院找到了 1000 多名被诊断出患有精神分裂症的病人，对他们的家属进行了调查。这一研究中的部分结果一直是精神分裂症研究的重要指南。Kallmann 发现，父母的障碍严重程度影响子女的患病概率：父母的精神分裂症越严重，孩子患精神分裂症的概率就越高。另外一个重要的结果是：在患者的家族成员中可以看到所有类型的精神分裂症（例如，按照历史上的划分方法，紧张和偏执）。换句话说，个体继承的易感性可能并不特异性地针对已被诊断出来的偏执型精神分裂症，而是一种患上精神分裂症的整体倾向；其症状表现形式可能与父母相同，也可能不同。更多的近期研究证实了这个观察结果，而且表明，精神分裂症患者的家属升高的患病风险并非仅仅面向精神分裂症或面向所有心理障碍，而是针对一系列与精神分裂症有关的精神病性障碍的。

在一个经典的分析研究中，Gottesman（1991）汇总了 40 项精神分裂症研究的数据，如图 13.3 所示。这幅图最显著的特征是它展示出个体与患者之间所拥有的相同基因数目越多，其精神分裂症的患病风险就越大。例如，如果你的同卵双胞胎兄弟姐妹患有精神分裂症，则你患上精神分裂症的概率最大，约为 48%，因为你们的遗传信息 100% 相同；如果你的异卵双胞胎兄弟姐妹患病，则你的患病风险下降为 17%，因为你们的遗传信息只有 50% 相同。只要你的家属中有精神分裂症患者，你患病的概率就比那些家属中没有患者的高（如果你的家属中没有精神分裂症患者，你患病的概率大约为 1%）。但家族研究很难把基因的影响从环境的影响中区分开来，因此我们还需要用双胞胎和收养研究来帮助我们评估共同经历在精神分裂症中的作用。

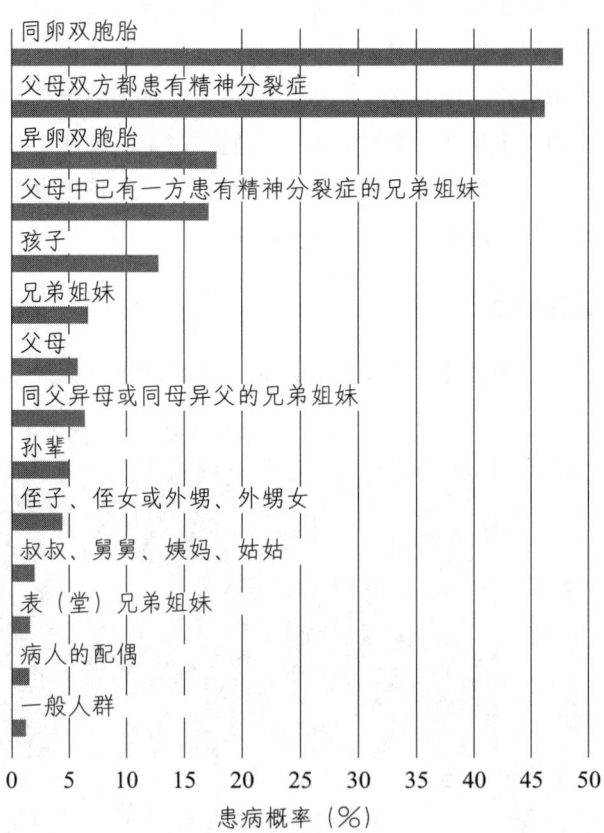

图 13.3 精神分裂症的患病风险

Based on Gottesman, I. I. (1991). *Schizophrenia genesis: The origins of madness.* New York, NY: W. H. Freeman.

境的交互作用：良好的家庭环境可以降低精神分裂症的患病风险（Gilmore，2010；Wynne et al.，2006）。

双胞胎的子女

双胞胎和收养研究强有力地表明，精神分裂症存在基因成分。那为什么有些孩子的父母没有精神分裂症，而他们自己却患上了该病呢？我们刚刚讨论过的 Tienari 及其同事的研究发现（2003，2006），在父母没有精神分裂症的儿童中，有 1.7% 的人后来患上了精神分裂症。这意味着没有"精神分裂症基因"的人也会患病吗？还是说有些人携带着精神分裂症的遗传因素，只是由于某些原因没有表现出来呢？对精神分裂症双胞胎患者的子女进行的研究为回答这些问题提供了重要线索。

这项著名的研究始于 1971 年，最初由 Margit Fischer 负责，后来由 Irving Gottesman 和 Aksel Bertelsen 接替研究。研究者找到了 21 对同卵和 41 对异卵有精神分裂症病史的双胞胎及其子女（Fischer，1971；Gottesman & Bertelsen，1989）。研究者想要调查清楚，如果一个孩子的父亲或母亲患有精神分裂症，这个孩子患病的相对概率是多少？如果一个孩子的父亲或母亲的双胞胎兄弟姐妹患有精神分裂症，但是其父母本人没有，那么这个孩子患病的概率又是多少？图 13.4 阐明了这项研究的结果。如图所示，如果你的父亲或母亲是同卵双胞胎中的一人，且患有精神分裂症，那么你自己患上精神分裂症的概率大约为 17%；如果你的父亲或母亲的同卵双胞胎另一人患有精神分裂症，但是你父母本人没有，你患病的概率还是 17%。

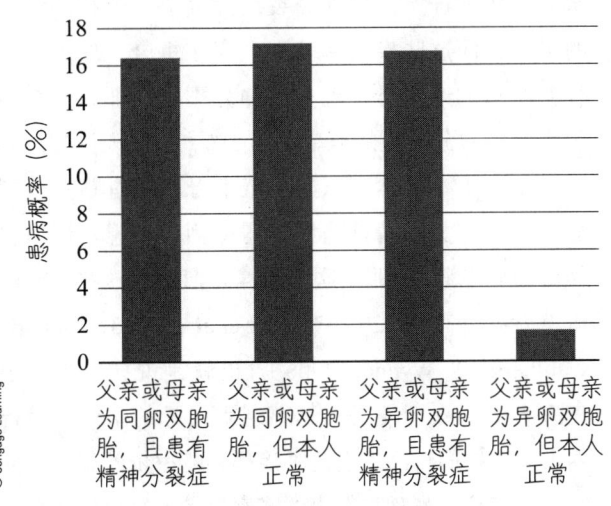

图 13.4 双胞胎子女的精神分裂症患病风险

我们再来看异卵双胞胎的子女。如果你的父亲或母亲是患有精神分裂症的异卵双胞胎，你自己有大约 17% 的患病风险；如果你的父亲或母亲的异卵双胞胎兄弟姐妹患有精神分裂症，但是你父母本人没有，你的患病风险仅有大约 2%。唯一能够解释这个结果的就是基因。这些数据明确表明，你可以携带精神分裂症的易感基因而不表现出来，但是你仍然能把这种遗传倾向留给你的孩子。换句话说，你可以是一名精神分裂症的"携带者"。这是目前为止证实个体在基因层面上易感于精神分裂症的最强证据之一。不过，即便你的父亲或母亲患有精神分裂症，遗传下来的患病风险也只有 17%，这意味着还存在其他因素协同决定了哪些人会患此病。

连锁和关联研究

回忆一下第 4 章的内容，遗传的连锁和关联研究依赖于患者家族的遗传特质，如血型（已经知道明确的染色体位点）。研究者找到这些特质的基因位点（称作基因标记）后，就能大概推断出家族遗传的疾病基因的位点。到目前为止，研究者已经考察了一些可能与精神分裂症有关的基因位点。例如，第 1、2、3、5、6、8、10、11、13、20、22 号染色体都参与了这种疾病（Kirov & Owen，2009）。在这些可能导致个体易感精神分裂症的基因中，目前看来可信度最高的三个染色体片段是第 8 号染色体上的 NRG1（Neuregulin 1）、第 6 号染色体上的 DTNBP1（dystrobrevin-binding protein 1）以及第 22 号染色体上的 COMT（atecholamine O-methyl transferase）（Murray & Castle，2012）。研究者对 COMT 基因尤其感兴趣，因为它在多巴胺代谢中起作用。后面我们会看到精神分裂症患者存在多巴胺代谢紊乱这一现象。

内表型

精神分裂症的基因研究在不断进展，而我们对精神分裂症患者的特定缺陷的认识也在持续加深，目前这两方面的信息正在融合。需要记住的是，对于像精神分裂症这样复杂的疾病，研究者不是直接寻找一个或几个所谓的"精神分裂症基因"，而是先努力探索导致这些异常行为或症状的基本加工过程，然后再去寻找其背后的一个或几个基因；即发现所

双胞胎研究

如果孩子们被一起抚养大，同卵双胞胎的基因100%相同，环境100%相同，而异卵双胞胎有50%的基因相同，环境也是100%相同。如果环境是导致精神分裂症的唯一原因，那么我们应该预期同卵和异卵双胞胎的患病概率会差不多；如果只有基因起作用，那么同卵双胞胎两人都患病的概率应该是100%，而异卵双胞胎两人都患病的概率则是50%。然而，双生子研究的结果表明，实际情况介于二者之间（Braff et al., 2007）。

在一项引人注目的"自然的实验"中，研究者对全部患上精神分裂症的同卵四胞胎进行了大量研究。她们的绰号是"致命基因四胞胎"（Genain quadruplets）。美国国家精神健康研究所的David Rosenthal及其同事对她们进行了许多年的追踪研究（Rosenthal, 1963）。研究报告将她们化名为Nora、Iris、Myra和Hester，其缩写NIMH来源于国家精神健康研究所（National Institute of Mental Health）的缩写。在一定程度上，这四位女性体现出了基因和环境之间复杂的交互作用。她们有着同样的先天素质，而且成长在同一个功能严重失调的家庭里。然而，这四姐妹的精神分裂症起病时间、症状、诊断、病程以及她们最终的结局却差异迥然。

对于这些差异，有一种遗传学解释是四姐妹身上可能发生了新的基因突变。出现这些遗传变异可能是由于父母的卵子或精子发生了变异，也有可能是受精卵发生了变异；四姐妹的例子也许属于后者。致命基因四胞胎的例子还表明，在研究遗传对行为的影响时，<u>非共享成长环境是一个重要因素</u>（Plomin, 1990）。人们常常认为，兄弟姐妹（尤其是同卵多胞胎）的成长经历是完全一样的："好"父母为孩子提供有益的环境，"坏"父母让孩子生活不稳定。然而，即使是同卵多胞胎，其产前环境和家庭经历也会有所不同，这使得他们面对着不同程度的生物和环境应激。例如，致命基因四胞胎当中的Hester，被父母描述为一个习惯性的手淫者。在成长过程中，她身上出现的社交问题比其他姐妹更多。Hester第一个表现出严重的精神分裂症状，那时她18岁，而Mara在6年后才入院。这个不同寻常的例子表明，即使是生活中各方面都很接近的兄弟姐妹，他们在成长过程中的躯体和社交方面的个人体验仍然有可能大相径庭；或许正是这一点促成了他们各自的结局。一项针对这四姐妹的追踪研究显示，在她们66岁接受评估时，她们的病情已经大体稳定下来并且有所好转（Mirsky et al., 2000）。

致命基因四胞胎。她们全部患有精神分裂症，但是症状表现等方面却各不相同。

收养研究

一些收养研究帮助我们区分了环境和基因对精神分裂症的影响。这些研究常常持续多年，因为在很多情况下个体只有到了中年才开始表现出精神分裂症状，所以研究者需要等到所有收养子女都到达了这个年龄后才能下结论。许多精神分裂症的研究都在欧洲进行，主要是因为这些国家实行社会化的医疗制度，从而保留了大量详细的医疗记录。

研究者在芬兰开展了规模最大的收养研究（Tienari, 1991），从将近2万名精神分裂症女性的样本中，找到了190名幼年时被收养的患者。这项研究的数据证实，精神分裂症代表了一个相关疾病的谱系，而这些疾病在基因上存在重合。如果一个收养儿童的亲生母亲患有精神分裂症，那么这个孩子患上精神分裂症的概率约为5%（一般人群的患病概率仅为1%）。然而，如果亲生母亲患有精神分裂症或某种相关的精神病性障碍（例如妄想障碍或精神分裂样障碍），那么这个收养儿童患上这些障碍的概率就会升高至22%（Tienari et al., 2003; Tienari, Wahlberg, & Wynne, 2006）。也就是说，精神分裂症患者的子女即便是在远离亲生父母的条件下被抚养长大，他们自己患上这种疾病的概率依然很高。同时，研究者还发现，健康的家庭氛围似乎可以防止这些孩子患病。换句话说，这个研究观察到了基因与环谓的内表型（Braff et al., 2007）。

多年来，人们已经研究了若干可能候选的精神分裂症内表型。其中**平稳追踪眼动**（smooth-pursuit eye movement）研究，或眼动追踪研究是应用最多的一种形式。在这种研究中，正常被试能够保持头部不动，并用眼睛追踪一个前后运动的摆锤。但许多精神分裂症患者不能在视野中像这样平稳地追踪物体（Clementz & Sweeney, 1990; Holzman & Levy, 1977; Iacono, Bassett, & Jones, 1988）；而且这个问题并不是药物治疗或住院导致的（Lieberman et al., 1993）。精神分裂症患者的家属中也存在这个问题（Lenzenweger, McLachlan, & Rubin, 2007）。图13.5显示，个体在遗传关系上距离精神分裂症患者越远，其眼动追踪能力表现出异常的概率就越低。所有的观察结果结合起来提示我们，眼动追踪能力的缺陷可以作为精神分裂症的一个内表型用于今后的研究。

其他内表型研究关注精神分裂症中的社会、认知以及情感缺陷特征。一项研究对精神分裂症患者的家族进行考察（Gur et al., 2007）。研究者针对目前已经确认的精神分裂症患者存在认知缺陷的领域，测试了家族成员的相应技能（例如情绪识别等）。结果表明，精神分裂症患者表现出来的这些特定问题在其家族成员身上得到了同样的遗传。也就是说，这些认知缺陷可能是精神分裂症的内表型。目前，一大群科学家正在联合探索多个内表型（The Consortium on the Genetics of Schizophrenia），研究中包括了1200多名精神分裂症患者以及他们的家属（Greenwood et al., 2013）。

神经生物学影响

精神分裂症源自脑功能异常的观点可以追溯到克雷珀林的著作。因此，不出意料，许多研究者都选择关注大脑。

多巴胺

关于精神分裂症成因，最经久不衰但也最富争议的一种理论围绕着神经递质多巴胺展开（Harrison, 2012）。在审视这些研究之前，让我们先简要地回顾一下神经递质的工作原理，以及它们如何受**神经阻滞剂**（可减少幻觉和妄想）的影响。在第2章中，我们讨论了特定神经元对特定神经递质的敏感性，并且描述了它们如何在大脑中聚集分布。图13.6显示了两个神经元以及二者之间的突触间隙。神经递质从位于轴突末端的储存容器（突触小泡）中释放出来，跨越间隙，然后被下一个神经元的树突上的受体所摄取。通过这种方式，大脑中的化学"信息"就从一个神经元输送到了另一个神经元。

这个信息传送过程中的各个环节都可能受到影响，图13.6就展示了一部分。比方说，激动剂能够增加化学信息，而拮抗剂会减少化学信息。一方面，激动剂协助化学信息的传输。它能够增加神经递质的生成量或释放量，也能影响更多树突以及更多受

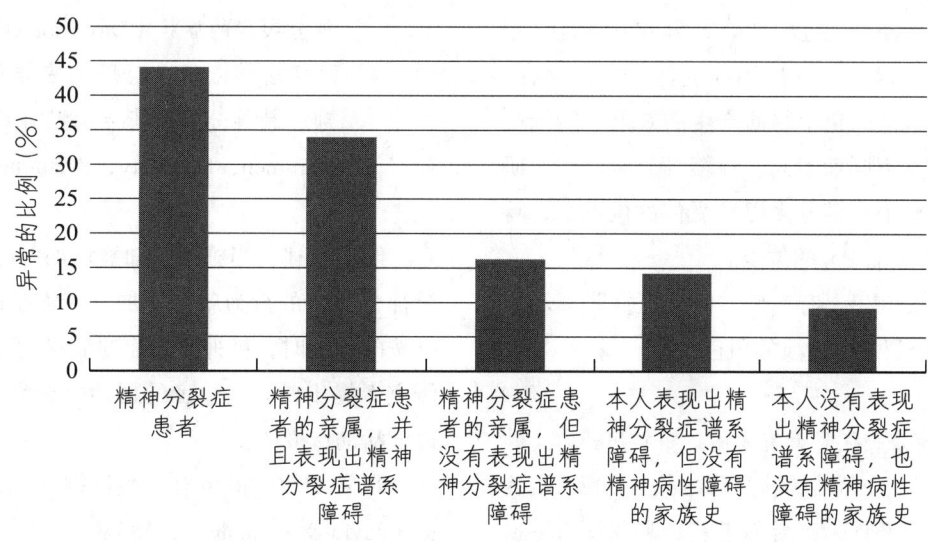

图13.5 精神分裂症与平稳追踪眼动能力的异常
Adapted, with permission, from Thaker, G. K., & Avila, M. (2003). Schizophrenia, V: Risk markers. *American Journal of Psychiatry, 160,* 1578, © 2003 American Psychiatric Association.

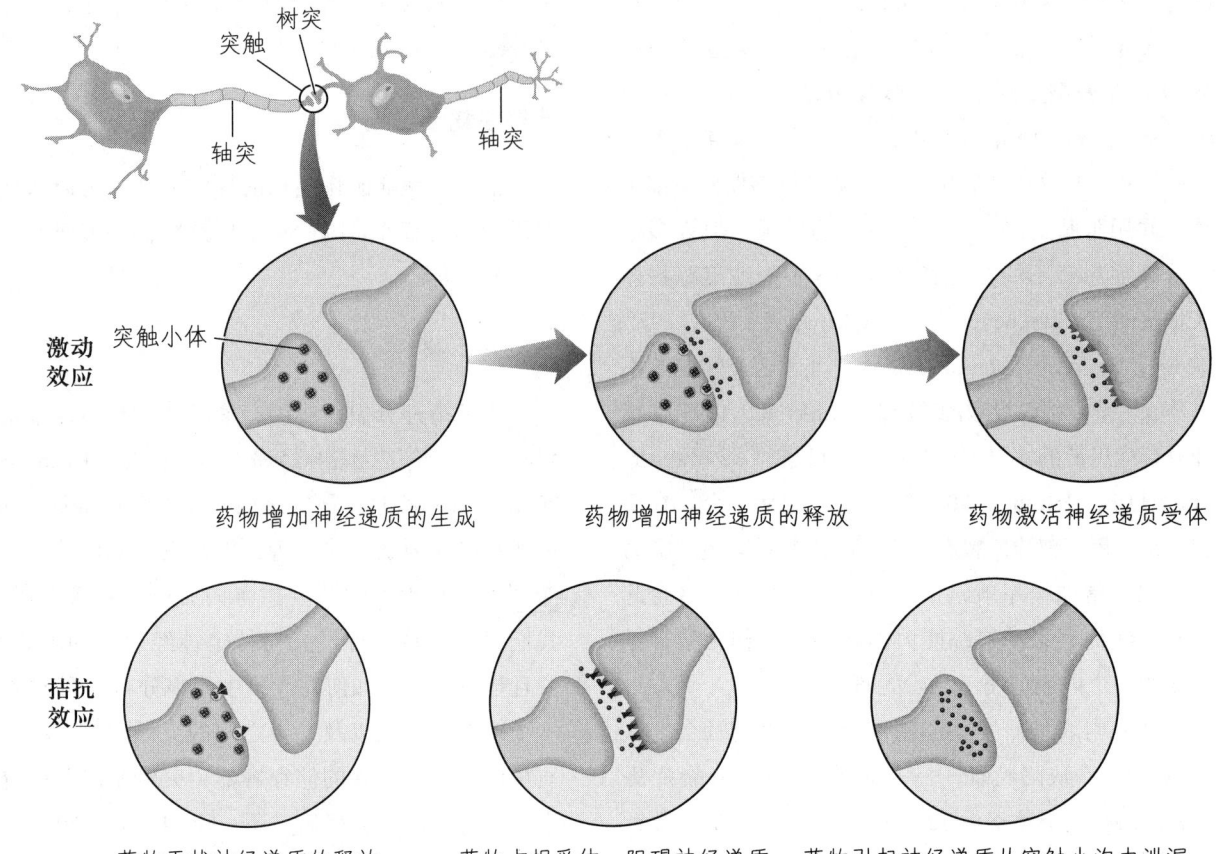

图 13.6 药物影响神经递质的一些方式

体。在极端情况下，它甚至可能导致过度的神经递质活动。另一方面，拮抗剂通过干扰神经递质释放、阻碍树突上的受体摄取神经递质或造成神经递质泄漏以减少释放量，来延缓或阻止信息传输。

我们对抗精神病药物的了解表明，精神分裂症患者的多巴胺系统可能过度活跃。图 13.6 只是一张简要的示意图，没有显示出不同受体位点的存在，以及像多巴胺这样的化学物质产生的效果可能因其作用的受体位点不同而不同。在精神分裂症中，研究者的注意力集中在部分多巴胺受体的位点上，特别是那些被称为 D_1、D_2 的位点。

在这出悬疑剧里，有一些"间接证据"提示了多巴胺在精神分裂症中扮演的角色：

1. 对精神分裂症患者有效的抗精神病药物（神经阻滞剂）通常是多巴胺拮抗剂，而它们的功能是阻断大脑对多巴胺的利用（Creese, Burt, & Snyder, 1976；Seeman, Lee, Chau Wong, & Wong, 1976）。

2. 这些神经阻滞剂会带来类似于帕金森氏症症状的副作用，而帕金森氏症目前认为是由于缺乏多巴胺引起的。

3. 一种用于治疗帕金森氏症的多巴胺激动剂左旋多巴，在部分个体身上会引起类似于精神分裂症的症状（Davidson et al., 1987）。

4. 同样能够激活多巴胺的安非他明，会加重部分精神分裂症患者的精神病性症状（van Kammen, Docherty, & Bunney, 1982）。

综上所述，当施予已知能增加多巴胺的药物时，精神分裂症的行为就会增加，在施予已知能减少多巴胺的药物时，精神分裂症的症状就会减轻。据此，研究者提出，有些患者的精神分裂症是由于多巴胺过度活动造成的。

尽管如此，但也有一些证据并不支持多巴胺理论（Javitt & Laruelle, 2006）：

1. 使用多巴胺拮抗剂对许多精神分裂症患者

没有帮助。
2. 神经阻滞剂会在短时间内迅速阻断多巴胺的摄取，但是有关的症状在几天或几周后才有所减弱，比预期的要慢很多。
3. 这些药物只在减少阴性症状（例如情绪平抑或快感缺失）有一定作用。

除了这些质疑，还有一些围绕着精神分裂症的"双刃剑"的证据。一种叫作奥氮平（olanzapine）的药物连同一族类似药物，能够帮助许多使用传统神经阻滞剂难以见效的患者（Kane, Stroup, & Marder, 2009）。这是个好消息——然而对多巴胺理论却是个坏消息。因为这些新药都是较弱的多巴胺拮抗剂，它们阻断多巴胺受体位点的能力远不如传统药物。如果精神分裂症是由于多巴胺过度活动造成的，那么为什么一种不能有效阻断多巴胺的药物却能有效治疗精神分裂症呢？

原因可能在于，尽管多巴胺影响着精神分裂症状的产生，但其作用的机制不像人们原本以为的那么简单（Harrison, 2012）。基于越来越多来自尖端研究技术的证据，目前认为，在精神分裂症患者的大脑中，至少有三种特定的神经化学异常在同时起作用。

第一，有确凿的证据让研究者相信，精神分裂症部分是纹状体上的多巴胺受体 D_2 受到过度刺激的结果（Harrison, 2012）。纹状体（striatum）是大脑深部核团基底神经节（basal ganglia）的一部分，这里的神经元主要控制运动、平衡以及行走，它们依赖于多巴胺起作用。目前，对亨廷顿氏病（涉及运动功能衰退）的研究表明其与这个脑区的功能衰退有关。我们是怎样知道精神分裂症涉及 D_2 受体被过度刺激的呢？有一条线索是，大多数有效的抗精神病药物都具有多巴胺 D_2 受体拮抗性，这意味着它们有助于阻断针对 D_2 受体的刺激（Ginovart & Kapur, 2010）。借助 SPECT 等脑成像技术，科学家将可以在精神分裂症患者活体的脑部观察到第二代抗精神病药物如何作用于这些特定的多巴胺位点。

第二个让科学家产生兴趣的现象是前额叶多巴胺 D_1 受体缺乏刺激（Howes & Kapur, 2009）。因此，有些多巴胺位点可能过度活跃（例如纹状体 D_2），而另外一些位于前额叶的多巴胺位点 D_1 受体的活动水平过低可以解释精神分裂症的其他常见症状。前额叶是我们用来进行思考和推理的脑区。在本章后文中你会看到，精神分裂症患者表现出一系列与前额叶有关的缺陷，提示我们精神分裂症患者这个脑区的活动不足。

该领域的研究者关注的第三个神经化学异常是前额叶谷氨酸传递情况发生了改变（Harrison, 2012）。谷氨酸是一种兴奋性神经递质，它分布于各个脑区，但直到最近才引起研究关注。和多巴胺一样，谷氨酸也有不同类型的受体，其中精神分裂症领域主要研究的是 NMDA 受体（N-methyl-d-aspartate）。研究者观察到具有多巴胺特异性的药物对行为的影响后开始研究多巴胺，同理，某些影响 NMDA 受体的药物的效果提示研究者，谷氨酸可能与精神分裂症有关。我们第 11 章中提到过的两种毒品，苯环己哌啶（即 PCP）和氯胺酮（即 K 粉），能让非精神分裂症患者表现出类精神病性行为，还能加重精神分裂症患者的症状。而这两种毒品都是 NMDA 拮抗剂，说明谷氨酸缺乏或 NMDA 受体位点被阻断可能影响了精神分裂症的一些症状（Goff & Coyle, 2001）。

你可以看到，这两种神经递质以及它们彼此之间的关系很复杂，有待于进一步明确。幸而，技术的进步推动了我们对这些神秘疾病背后原因的了解，加快了我们寻找治疗方法的步伐。

脑结构

关于精神分裂症患者神经损伤的证据来自于大量观察。许多父母患有精神分裂症的高风险儿童，常常表现出细微但是足以被察觉的神经问题，例如反射异常和注意力难以集中（Wan, Abel, & Green, 2008）。这些问题往往会长期持续：患有精神分裂症的成年人缺乏完成某些任务的能力，并且无法在反应时练习中保持注意力（Cleghorn & Albert, 1990）。这些结果表明，脑损伤或脑功能异常可能引起了精神分裂症，或伴随着精神分裂症出现。但我们不可能把所有症状都归结到一个脑区（Harrison, 2012）。

观察精神分裂症患者大脑得到的一项最稳定的结果是脑室扩大（见图 13.7）。早在 1927 年，研究者就在一些精神分裂症患者脑部观察到了扩大的液体腔室（Jacobi & Winkler, 1927）。此后，脑成像技术不断进步，人们针对脑室大小展开了多项研究，绝大多数患有精神分裂症的被试表现出侧脑室和第三脑室异常扩大的情形（Harrison，2012）。脑室大小本身不是问题；但是脑室扩大表明邻近脑区要么没有完全发育好，要么萎缩了，因此脑室才有可能变大。

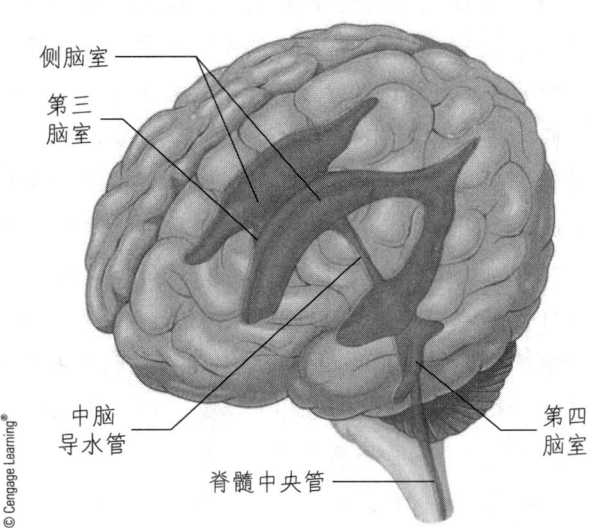

图 13.7　脑脊液在人脑中的位置。这种细胞外液环绕着脑和脊柱，对它们起到保护作用。此外，它还注满大脑内 4 个相互联系的孔隙（脑室）以及脊髓中央管。

脑室扩大并不是在每一位精神分裂症患者身上都能看到。某些因素似乎与这种结果有关。例如，脑室扩大在男性患者中比在女性患者中更多见（Goldstein & Lewine，2000）。而且，脑室的扩大与患者的年龄以及精神分裂症的持续时间成正比。一项研究发现，曾在出生之前暴露于流感病毒的精神分裂症患者出现脑室扩大的可能性更高（Takei，Lewis，Jones，Harvey，& Murray，1996）。

在一项关于脑室大小的研究中，研究者考察了基因的潜在作用（Staal et al.，2000）。研究者采用磁共振脑成像技术，对比了三组被试的脑室大小，分别是精神分裂症患者及其性别相同但没有精神分裂症的兄弟姐妹和健康的志愿者。研究发现，比起健康被试，精神分裂症患者及其兄弟姐妹的第三脑室都存在扩大现象。这提示我们，脑室扩大可能与精神分裂症的易感性相关。

在讨论遗传因素时，我们提到了非共享成长环境这个概念（Jang，2005；Plomin，1990）。尽管双生子在遗传上完全相同，但是他们的生活经历可能发生诸多差异，甚至从他们出生前就开始了。例如，在子宫内，双胞胎必须竞争营养物质，而他们很可能不会同样成功。此外，分娩过程中的各种异常情况，比如难产导致缺氧，可能只影响到双胞胎中的一个（Murray & Castle，2012）。难产经常发生在双胞胎当中患有精神分裂症的那一名身上；如果两个双胞胎后来都患上精神分裂症，则难产在病情较重的那一名身上出现的概率更高（McNeil，1987）。对于先天已经具有患病倾向的双胞胎来说，某些环境上的差异会损害大脑，引发精神分裂症的相关症状。

研究者还考察了额叶与精神分裂症的关系（Shenton & Kubicki，2009）。如同我们在讨论神经递质时所提到的，精神分裂症患者与无精神分裂症的个体相比，这一脑区的活动水平较低。这种现象有时候被称为额叶活动不足（hypofrontality）。国家精神健康研究所的 Weinberger 和其他科学家进一步细化了这个观察结果。他们发现额叶的一个特定区域，背外侧前额叶皮质（dorsolateral prefrontal cortex）的活动性降低可能影响了精神分裂症（Berman & Weinberger，1990；Weinberger，Berman，& Chase，1988）。当让病人和非病人完成需要背外侧前额叶参与的特定任务时，从精神分裂症患者脑部记录到的活动性（通过脑血流来测量）较低。后续研究发现，也有一些精神分裂症患者表现出额叶活动过度（hyperfrontality）。这说明，该脑区的失调在精神分裂症患者中是稳定存在的，但是具体的活动性在不同个体身上表现不同（Callicott et al.，2003；Garrity et al.，2007）。

在精神分裂症患者中观察到的认知功能紊乱似乎涉及到多个脑区，特别是前额叶皮质、多个相关皮质区，以及皮质下的环路，包括丘脑和纹状体（Shenton & Kubicki，2009）。记住一点，这种功能紊乱情形出现在精神分裂症发病之前。换句话说，脑损伤是逐步形成的，并且在明显的症状表现出来之前就开始了，甚至可能始于出生前（Harrison，2012）。

产前和围产期因素

有证据表明，产前与围产期的环境与精神分裂症的发病有关（Murray & Castle，2012）。其中胎儿期病毒感染、妊娠期并发症以及分娩并发症似乎都会影响一个人患精神分裂症的风险。

有研究显示，精神分裂症可能与胎儿暴露于流感病毒有关。例如，在芬兰赫尔辛基爆发了一场严重的 A2 型流感疫情后，Sarnoff Mednick 及同事开展了一项大规模追踪研究。他们发现，母亲曾在妊娠中期暴露于流感病毒的个体比其他人更容易患上精神分裂症（Cannon, Barr, & Mednick, 1991）。这个观察结果得到了一些研究的证实（O'Callaghan, Sham, Takei, Glover, & Murray, 1991; Venables, 1996），但没被另一些研究证实（Buchanan & Carpenter, 2005）。这提示我们，病毒类的疾病可能会损伤胎儿的大脑，进而在以后引发精神分裂的症状（Murray & Castle, 2012）。

有证据表明，妊娠期并发症（例如出血）和分娩并发症（例如窒息或缺氧）等环境应激，可能会触发精神分裂症后来的表达（Byrne, Agerbo, Bennedsen, Eaton, & Mortensen, 2007）。不过，也有可能是胎儿本身携带的精神分裂症易感基因促成了他们的出生并发症（van Os & Allardyce, 2009）。

人们还将长期以及早期使用大麻作为影响精神分裂症发作的潜在因素进行了研究（Murray & Castle, 2012）。有研究表明，服用高剂量的大麻会增加个体患上精神分裂症的风险（Henquet et al., 2005），并且精神分裂症患者比没有精神分裂症的个体更容易患上大麻使用障碍（Arseneault, Cannon, Witton, & Murray, 2004; Corcoran et al., 2008）。但是，这两种问题之间的关系尚不明确，而且对于这种关系是否受到其他因素的影响，目前也未形成共识（Murray & Castle, 2012）。

心理与社会影响

同卵双胞胎中可以有一个人患上精神分裂症而另一个不患此病，这说明精神分裂症还涉及基因以外的一些其他因素。我们知道，妊娠中期的病毒侵袭或分娩时的并发症都可能造成早期的脑创伤，进而产生诱发精神分裂症的生理应激条件。所有的观察结果都清楚地表明，对于精神分裂症，不能套用简单的因果关系。例如，并不是所有的精神分裂症患者都表现出脑室扩大、额叶活动不足或多巴胺系统紊乱。而心理社会因素则使情况变得更为复杂。情绪应激源或家庭互动模式能够启动精神分裂症的症状吗？这样的话，此类因素又是如何使个体在病情好转后再复发的呢？

应　激

我们都想知道，究竟多大的应激以及哪种类型的应激能够让先天具有精神分裂症易感倾向的个体发病。回想一下本章开头的两个案例。你是否注意到了某些诱发事件？阿瑟的父亲几年前去世了，而在他首次表现出症状的时候，他刚刚被解雇；大卫则在他叔叔去世的同一年开始表现异常。这些应激事件仅限于时间上的巧合，还是促成了这些人后来的问题？

研究者考察了多种应激源对精神分裂症的影响。例如，居住在大城市与精神分裂症的发病风险增加相关，表明城市生活的应激可能会加速疾病的发作（Boydell & Allardyce, 2012）。Doherenwend 和 Egri（1981）观察到，原本健康的个体在战争期间参加战斗后常常表现出类似于精神分裂症的暂时性症状。在一项经典研究中，Brown 和 Birley（1968）考察了精神分裂症在最近一周内起病的个体（1968; Birley & Brown, 1970）。这些人在他们表现出患病迹象的前 3 周内经历了大量的应激事件。还有一项由世界卫生组织资助、共涉及八个研究机构的大规模跨国研究，考察了生活事件对精神分裂症发病的影响（Day et al., 1987），其结果证实了 Brown 和 Birley 的研究结论。

但这类研究的回溯性产生了问题。这类研究所依赖的事后报告都是在个体表现出精神分裂症征兆后收集的。对于这些事后报告是否真实客观，进而是否会误导结论，一直都存在疑问。而且，对于相同的生活事件，不同个体的体验可能相去甚远，或许精神分裂症患者对事件的体验原本就不同于没有精神分裂症的个体（Murray & Castle, 2012）。

那么，应激性的生活经历会加重精神分裂症的症状吗？精神分裂症的易感—应激模型认为是这样的，而且它有助于我们预测问题。一项研究利用 1944 年发生在加利福尼亚州的自然灾害，评估了精神分裂症患者、双相障碍患者和健康被试的应对方式（Horan et al., 2007）。研究发现，两组患者都比健康组报告了更多的应激相关症状；同时，与其他两组相比，精神分裂症患者在灾难后报告的自尊水平更低，也更容易采取回避的方式来应对（不去想这个问题或是对困难逆来顺受）。对社会文化应激（如贫穷、无家可归以及迁居到一个新的国家）的研究（van Os & Allardyce, 2009），扩大了影响精神分裂症的心理社会应激源的范围。试图厘清基因－环境交互作用的重要研究也在逐渐展开。例如，一些研究表明，特定的基因变异可以预测哪些精神分裂症患者在应激增大时更容易出现消极的反应（例如复发）（Myin-Germeys & Van Os, 2008）。这类研究告诉我们，应激如何影响精神分裂症患者，其中孕育着更有效的治疗方法（Phillips, France, et al., 2007）。

家庭和复发

已有大量研究考察了家庭内的互动如何影响精神分裂症患者。例如，"致精神分裂症母亲"（schizophrenogenic mother）一词一度被用来形容那些冷酷、霸道和排斥孩子的母亲，因为她们的这些特征可能导致孩子患上精神分裂症（Fromm-Reichmann, 1948）。此外，双重束缚式沟通（double bind communication）会制造出自相矛盾的信息，从而也可能引起精神分裂症的发作（Bateson, 1959）。例如，一位母亲冷冰冰地应对孩子的拥抱，但当孩子退缩时，她又说"难道你不再爱我了吗？"这些理论如今已经不再流行。但是，它们曾经——甚至仍在继续——相当具有破坏性，让许多父母相信是自己的早期失误造成了难以挽回的后果，因而感到万分愧疚。

当前的研究工作不再那么关注家庭互动如何促成精神分裂症发病，而更加重视家庭互动对患者首次发作后又复发的影响。你会发现，这些研究与刚才探讨过的对应激的易感性研究大体相似。研究者对一种被称为**情绪表露**（expressed emotion）的情感交流形式很感兴趣。这个概念最初是由 George W. Brown 及其同事在伦敦提出来的。通过追踪一组精神分裂症状发作结束后被允许出院的个体，他们发现，比起与家人共处时间较长的患者，与家人只进行有限交流的患者更不容易复发（Brown, 1959）。还有研究表明，家人表露出来的批评（非难）、敌意（憎恶）、情感过度卷入（干涉）程度越高，患者复发的概率就越高（Brown, Monck, Carstairs, & Wing, 1962）。

其他研究者发现，高情绪表露可以很好地预测长期精神分裂症患者的复发情况（Kymalainen & Weisman de Mamani, 2008）。如果你患有精神分裂症并且生活在一个高情绪表露的家庭，那么你的复发率将是那些生活在低情绪表露家庭患者的 3.7 倍（Kavanagh, 1992；Parker & Hadzi-Pavlovic, 1990）。下面这些访谈的例子说明了精神分裂症患者家属如何进行情绪表露：

高情绪表露
- 我总是说，"你为什么不挑本书、填个字谜或干点类似的什么事，好让你不去想它？"但情况却变得更糟糕了。
- 我试图哄他走出来，缠着让他做点事情。可能是我做得太过了，我不知道。

低情绪表露
- 我认为让她靠自己，让她离开我尝试着自己做事情对她会更好。
- 她做什么都行，我觉得没关系。
- 我只是顺其自然，因为我知道她想说的时候就会说的。（Hooley, 1985, p. 134）

这些例子说明，高情绪表露家庭认为精神分裂症的症状是可以控制的。基于此，一旦家属认为精神分裂症患者在自暴自弃，敌对状态就产生了（Hooley & Campbell, 2002；McNab, Haslam, & Burnett, 2007）。情绪表露的研究对于我们理解精神分裂症复发的原因有重要价值，可以指导我们应如何正确对待患者及其家属才能防止疾病的再次发作（Cechnicki, Bielańska, Hanuszkiewicz, & Daren, 2013）。

在考察家庭影响的时候，一个有趣的问题是：我们所观察到的现象是特异于我们的文化的，还是具有普遍性的？考察不同文化下的情绪表露有助于我们了解情绪表露究竟是不是精神分裂症的病因（Kymalainen & Weisman de Mamani, 2008）。回忆一下，精神分裂症的患病率在世界各地大致相同，约为 1%。如果家庭中的高情绪表露真的是一种病因，那么我们在不同文化下看到的高情绪表露家庭的比例应该相同。然而，从图 13.8 你可以看出来，这个比例是不同的。图中数据来自于对印度、墨西哥、英国和美国等地的情绪表露状况的分析（Jenkins

& Karno，1992）。不同文化下的家庭对精神分裂症个体的反应是不同的，而有些反应并不会导致疾病（Singh，Harley，& Suhail，2013）。在一种文化下被认为是过度卷入的情感表达方式在另外一种文化中可能被认为是具有支持性的。

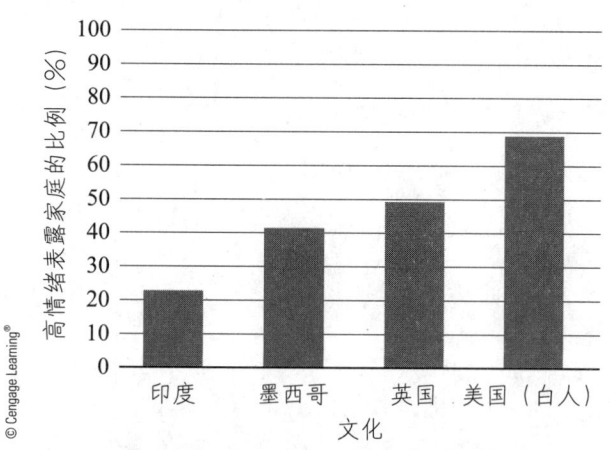

图13.8 情绪表露的文化差异

> **小测验13.2**
>
> 请将以下与家族、双胞胎和收养研究有关的陈述补充完整：
>
> A.高　B.低　C.等同　D.严重程度
> E.类型　F.同卵双胞胎　G.特异
> H.异卵双胞胎　I.整体
>
> 1. 精神分裂症患病风险最高的人是那些有患有精神分裂症的_____或_____。家属里任何人患有精神分裂症都会使你发病的概率_____于一般人群。
> 2. 被没有精神分裂症的家庭收养的精神分裂症患者的亲生子女，其患病的概率比平均水平_____。
> 3. 儿童患病的概率受到父母的精神分裂症_____的影响。个体继承到的是一种_____患上精神分裂症的_____倾向，具体的发病类型可能与父母相同，也可能不同。

精神分裂症的治疗

回想一下阿瑟与大卫的案例，你一定不会忘记家人对他们的关切。阿瑟的妈妈说那"如同一场噩梦"，凯蒂阿姨对自己和大卫的安全都表示担忧。家人总是全力以赴地帮助他们，然而，你能为一个认为自己能够拯救全世界、听见死去叔叔的声音或者自我表达极度混乱的人做些什么呢？人们沿着多条道路试图去寻求帮助，但有的道路让人惶恐不安。例如，在16世纪，原始的外科手术被用于摘除造成行为紊乱的"疯狂的石头"。这种做法现在看来十分野蛮，但它与20世纪50年代采用的前额叶切除手术本质上没有什么不同。这种手术把额叶与其下的低级皮质切断开，有的时候它可以让病人安静下来，但是会造成认知和情感缺陷。即使在今天，地球上有些地方仍然采用这类原始的外科手术程序来消除精神分裂症的症状。例如，肯尼亚基西部落（Kisii）的医者根据病人的自述找到声音（幻听）的"来源"在头部的具体位置，然后把病人灌醉，切掉相应位置的头皮，并搔刮这一区域的头盖骨（Mustafa，1990）。

这是一幅描述16世纪早期精神外科手术的油画。图画显示，为了治疗精神疾病，患者大脑的一部分被切除了。

在今天的西方世界，治疗的努力通常从有效缓解了许多患者的精神分裂症状的神经阻滞剂开始，还经常配合多种心理社会疗法来减少复发、弥补技能缺陷以及增加服药的依从性（Cunningham Owens & Johnstone，2012）。

生物干预

一百多年前，研究者就认为精神分裂症需要某种形式的生物学干预。在19世纪晚期，生动地描述了早发性痴呆的克雷珀林就认为这种疾病是一种脑病。但由于那个年代缺乏生物学疗法，他只能按照惯例建议医生用"耐心、和蔼、自我克制"去安抚兴奋的病人（Nagel，1991）。而这种方法只是一种暂时帮助病人度过紊乱期的手段，算不上一种真正的治疗方法。

在20世纪30年代，人们开始尝试一些新型生物学疗法。一种方法是注射大剂量的胰岛素（小剂量的胰岛素被用于治疗糖尿病），使精神分裂症患者陷入昏厥。**胰岛素休克疗法**（insulin shock therapy）曾经一度被认为是有效的。但是，严格的检验表明，它会带来重病和死亡的风险。与此同时，**精神外科手术**（psychosurgery），包括前额叶切除术问世。到了20世纪30年代后期，**电痉挛疗法**（electroconvulsive therapy）被用于精神分裂症的治疗。和更早的极端疗法一样，人们对电痉挛疗法的热情也逐渐消退，因为它对大多数病人都不起作用。但时至今日仍有少数人在使用，有时会将它与抗精神病药物相结合。正如我们在第7章中讨论过的，电痉挛疗法有时被用于治疗抑郁发作非常严重的患者。

抗精神病药物

20世纪50年代，出现了一批在很多患者身上都能够减轻症状的药物，精神分裂症的治疗因此取得了突破（Cunningham Owens & Johnstone，2012）。这些药物被称作**神经阻滞剂**（neuroleptics），它们给精神分裂者患者带来了第一缕希望之光。神经阻滞剂能够使许多个体思维更清晰，减少他们的幻觉和妄想。它们主要通过缓解阳性症状（妄想、幻觉、亢奋）起作用，但对阴性和瓦解性症状（如社交缺陷）也有一定效果。表13.2列出了这些药物的种类（基于化学结构）以及它们的英文商品名。

回想一下我们对精神分裂症多巴胺理论的探讨。神经阻滞剂是多巴胺拮抗剂，它们在大脑中的一项主要作用就是影响多巴胺神经递质系统。但它们也会影响到其他系统，如5-羟色胺及谷氨酸系统。我们才刚刚开始对这些药物的作用机理有所了解。

总的来说，每一种药物都只对一部分人有效而对其他人无效。医生和患者往往要经历一个尝试错误的过程来找到最有效的药物。还有一些人，任何药物对他们都不起作用。最早的神经阻滞剂，即传

表13.2　常用的抗精神病药物

类别	样例	椎体外系副作用程度
第一代抗精神病药		
吩噻嗪系	氯丙嗪/Thorazine	中
	氟奋乃静/Prolixin	高
	美索达嗪/Serentil	低
	奋乃静/Trilafon	高
	硫利达嗪/Mellaril	低
	三氟拉嗪/Stelazine	高
丁酰苯类	氟哌啶醇/Haldol	高
其他	洛沙平/Loxitane	高
	吗茚酮/Moban	低
	替沃噻吨/Navane	高
第二代抗精神病药		
	阿立哌唑/Abilify	低
	氯氮平/Clozaril	低
	奥氮平/Zyprexa	低
	喹硫平/Seroquel	低
	利培酮/Risperdal	低
	齐拉西酮/Geodon	低

Source: Adapted from American Psychiatric Association. (2004). Practice guideline for the treatment of patients with schizophrenia, 2nd edition. *American Journal of Psychiatry, 161*(Suppl.), 1–56.

统（或第一代）抗精神病药物，对大约60%到70%的服用者有效（Cunningham Owens & Johnstone，2012）。然而，抗精神病药物对其他很多人没有效果，或是产生了不良的副作用。幸运的是，有些人对新药反应良好，这些新药有时被称作非典型或第二代抗精神病药物，其中最常见的是利培酮和奥氮平。这些新药有望帮助那些对传统药物没有反应的患者（Leucht et al.，2009）。最初人们认为，这些药物的副作用比传统药物小。但是，两项在美国（Clinical Antipsychotic Trials of Intervention Effectiveness，Stroup & Lieberman，2010）和英国（Cost Utility of the Latest Antipsychotic Drugs in Schizophrenia Study，Jones et al，2006）进行的大规模研究发现，第二代药物并不比第一代药物更有效或副作用更小（Lieberman & Stroup，2011）。这些研究表明，对新疗法的结果进行认真审核有多么重要。

服药的难题

尽管抗精神病药物的效果可观，但它们只有在

合理服用时才能起作用。然而，许多精神分裂症患者不按规定服药。大卫经常"假吃"可以减轻幻觉的氟哌啶醇——他把它们含在嘴里等到没人的时候就吐出去。在我们刚刚提到的大规模研究中，74%的人在开始用药的18个月后就停止了（Lieberman & Stroup, 2011）。

病人不按规定服药与多种因素有关，其中包括不良的医患关系、较高的药物花费以及缺乏社会支持（Miller, McEvoy, Jeste, & Marder, 2006）。药物的副作用无疑是病人拒绝用药的主要因素之一。抗精神病药物会产生许多不良生理反应，如眩晕无力、视力模糊、口干等。由于这些药物作用于神经递质系统，它还会引起更为严重的被称为**锥体外系症状**（extrapyramidal symptoms）的副作用（Cunningham Owens & Johnstone, 2012）。这些症状包括与帕金森氏症患者类似的运动困难（也叫作帕金森症状）。**运动失能**（Akinesia）是其中最常见的一种，包括面无表情、行动减慢、说话语调单一。另一种锥体外系症状是**迟发性运动障碍**（tardive dyskinesia），涉及舌头、面部、嘴或下巴，包括不自主的吐舌头、鼓腮帮子、噘嘴和咀嚼。目前认为，迟发性运动障碍是由于长期大剂量服用抗精神病药物导致的，而且通常是不可逆转的。在用药的最初5年里，3%～5%的患者会表现出迟发型运动障碍，并且患病风险随着用药时间增加而升高（Kane, 2006）。这些严重的副作用使得那些可能受益于此类药物的人最终放弃用药，实属情理之中。

为了了解患者本人的看法，Windgassen（1992）对61名近期发作过精神分裂症的人进行了调查。大约有一半被试报告了困倦、眩晕无力等令人不快的副作用。"我总是要努力地去睁开眼睛""我感觉自己在吸毒，昏昏欲睡的，但又像是要死了"（p. 407）。其他的抱怨包括思维或注意力减退（18%）、唾液分泌问题（16%）、视力模糊（16%）。尽管1/3的被试报告这些药物有效，但有大约25%的人对药物持消极态度。很多能够受益于抗精神药物的人发现自己难以接受药物治疗，这解释了为什么有这么多患者拒绝用药和不按规定用药（Pratt, Mueser, Driscoll, Wolfe, & Bartels, 2006; Yamada et al., 2006）。

由于不按规定服药药物就不会有效，研究者把用药的**依从性**（compliance）作为精神分裂症治疗中的一个重要问题来对待。研究者希望依从性能够随着注射型药物的引入而提高。如果使用注射型药物，患者不需要坚持每天按时按量口服抗精神病药物，而只需要每几周去医疗机构接受一次注射。然而，问题还是存在，因为病人可能不返回医院或诊所接受注射（Kane et al., 2009）。因此，心理社会干预目前不仅被用来治疗精神分裂症，而且还被用来帮助患者更好地与专业人士探讨他们的担忧，以增强用药依从性。

还有一种有趣的治疗方法，主要针对许多精神分裂症患者都有的幻听症状。这种方法叫作**经颅磁刺激**（transcranial magnetic stimulation），它运用线圈反复产生磁场（每秒可达50次），并让个体置身其中，使得磁场能够穿透头颅到达脑部。这样的磁场似乎可以暂时阻断相应脑区的正常通讯。Hoffman及其同事（2000, 2003）利用这种技术刺激精神分裂症患者与幻听有关的脑区，结果显示患者的幻听症状有所好转。后续研究发现，这种干预方式能够在一定程度上改善幻听，但其效果持续不足一个月（Slotema, Aleman, Daskalakis, & Sommer, 2012）。

心理社会干预

在历史上，人们尝试过多种心理社会疗法用以治疗精神分裂症；这体现了人们相信精神分裂症源于早期经验造成的个体适应不良（Cunningham Owens & Johnstone, 2012）。许多治疗师曾经认为，

药物治疗精神分裂症的一个主要困难是服药的依从性不足。病人会因为多种原因而停止服药，其中包括副作用。

那些能够领悟到其个人经历的重要影响的个体，经过引导后可以安全地应对自己目前的状况。尽管选择了传统心理动力学或精神分析理论取向的临床工作者还在使用这类疗法，但是研究表明，最乐观的情况下，他们的努力也很难带来什么益处，而从最悲观的角度看，甚至可能造成伤害（Mueser & Berenbaum, 1990; Scott & Dixon, 1995）。

现在，很少有人认为心理因素是个体患上精神分裂症的原因或传统的心理疗法能够治愈他们。然而，你会看到心理方法依然发挥着重要的作用。尽管药物治疗的成果十分可观，但是，药物无效、服药反复无常以及复发等问题都说明，仅凭药物自身，很多人难以获益。如同本书介绍的针对其他障碍的治疗一样，在心理社会干预领域的研究工作表明，配合使用药物和心理社会两种治疗方法价值更高（Mueser & Marcello, 2010）。

直到不久以前，大多数长期患有严重精神分裂症的个体都必须住院治疗。在19世纪，住院护理主要使用**道德疗法**（moral therapy）。这种方法重视增强病人的社会性，帮助他们建立自我控制的日常程序，并向他们展示劳动和信仰的价值（Tenhula et al., 2009）。虽然也曾经盛行过多种"环境"疗法（改变自然环境和社会环境，一般是让精神病院看起来更像家里），但是没有一种方法对精神分裂症有效。

20世纪70年代，Gordon Paul和Robert Lentz在伊利诺伊州的一个精神健康中心开展了一项先驱性工作（Paul & Lentz, 1977）。他们借鉴Ted Ayllon和Nate Azrin采用的行为疗法（1968），为住院病人设计了一种鼓励适当的社会化、参加集体活动与自我照顾（如铺床），但反对暴力行为的环境。他们设立了一套巧妙的**代币经济制**（token economy），住院的患者可以通过良好的表现来获得餐点和小奖品。例如，某人可以用他因为保持房间整洁而挣来的代币去换购香烟。与此同时，如果患者表现出破坏性或是其他不适宜的行为，他就会被罚款。这种奖惩体制与一套完整的日常作息相结合。Paul和Lentz对比采用了这种行为（或社会学习）准则的环境与传统治疗环境的效果。总体上，参与过该项目的病人比其他病人在社交、自我照顾以及职业技能上都有更好的表现，并且前者中有更多人可以出院。这是最早发现因精神分裂症而丧失能力的患者能够重新学会所需技能以提高生活独立性的研究之一。

1955年后的数年间，在美国，多方力量聚集在一起终止了把精神分裂症患者强制送进精神病院的惯行做法（Fakhoury & Priebe, 2007）。这种趋势的产生，一部分是由于法院的判决限制了非自愿的住院（如同我们在阿瑟案例中所见），另一部分是由于抗精神病药治疗取得了一定的成果。但坏消息是，这种不入院政策经常遭到误读，导致许多精神分裂症患者或是有其他严重精神疾病的人无家可归。仅在美国，这个数字据估计就高达15万～20万（Foster, Gable, & Buckley, 2012; Pearson, Montgomery, & Locke, 2009）。而好消息是，这一政策让人们更加重视社区、朋友以及家人对患者的帮助。这一政策不同于营造更好的医院环境，而是倾向于在可预测性和安全性都更低的外部世界中解决复杂问题；这也许是一项更为艰巨的使命。到目前为止，在人数不断增长的无家可归的精神障碍患者中，只有一小部分得到了帮助。

精神分裂症中深藏的一项危害是它会严重影响个体与他人交往的能力。尽管不如幻听和妄想那么富于戏剧性，但社交问题是精神分裂患者表现出来的最明显的困难之一，这使他们很难找到并保住一份工作，以及与他人交朋友。因此，治疗师努力向他们重新传授社交技能，例如基本对话、自信以及与其他精神分裂症患者建立感情（Mueser & Marcello, 2010）。

一位母亲高兴地把女儿从精神病院接回家，但同时她也承认"真正的斗争现在才开始"。

治疗师把复杂的社交技能分成多个组成部分，给患者做示范，然后让患者进行角色扮演并且最终在现实世界里实践他们的新技能。一旦患者有进步，治疗师就会给予反馈和鼓励。这听起来容易做起来难。例如，如何教别人交朋友？这涉及很多技能。比方说，与他人交谈时要保持目光接触，为可能成为朋友的人提供一些（但不要太多）基于其行为的积极反馈（"我喜欢和你聊天"）。单独练习每一项技能，然后把这些技能组合起来，直到能够自然地运用它们（Swartz, Lauriello, & Drake, 2006）。和其他疗法一样，培养社交技能的挑战在于保持长期有效性。

除了社交技能外，个体还需要学习一些帮助他们适应疾病的方法；这些都是在社区内进行的。例如，加利福尼亚大学洛杉矶分校的独立生存技能项目注重培养患者照顾自己的能力，包括教会患者识别复发的预警信号以及管理自己的医疗日程（见表13.3）（Liberman, 2007）。初步证据表明，这类训练有助于预防复发，不过还需要进一步研究考察这些效果能持续多长时间。为了巩固疗效，这些项目结合了技能训练与多学科团队支持，后者直接在社区里提供服务。结果显示，这些项目可以减少住院（Cunningham, Owens & Johnstone, 2012）。而且，在这些服务上花费的时间和精力越多，越有可能看到进步。

新技术是否能够有助于精神分裂症的诊断和治疗？富有创造力的研究者为该领域开发了多种新技术，他们正在用这些激动人心的进展回答这个问题（Sorkin, Weinshall, Modai, & Peled, 2006）。一项研究采用了<u>虚拟现实技术</u>模拟多种认知任务来加深我们对精神分裂症的认识。研究者发明了一个类似于游戏的任务来考察患者工作记忆的各个方面以及保持力（反复关注同一个事件）。他们发现，这个方法不仅可以营造出一个能够反映患者缺陷的情境，而且任务本身也可以很有乐趣。伦敦国王大学的研究者运用虚拟现实技术考察了偏执的性质。研究对象被分为低偏执、非临床偏执和具有被害妄想三个组（Freeman, Pugh, Vorontsova, Antley, & Slater, 2010）。研究设置了一个伦敦地铁的情境，地铁车厢里有一些虚拟乘客，这些乘客有时候会看向被试。

表13.3 加利福尼亚大学的独立生存技能项目

模块	技能领域	学习目标
症状管理	识别复发的预警信号	找出个人预警信号 在别人的帮助下监测个人预警信号
	管理预警信号	在医护人员的帮助下，把个人预警信号与持续性症状、药物副作用以及情绪波动区分开 制定应对预警信号的应急方案
	应对持续性症状	认识持续性个人症状 在医护人员的帮助下，把持续性症状与预警信号、药物副作用以及情绪波动区分开来 采用特定技术应对持续性症状 每天都监测持续性症状
	避免酒精和非法药品	认识酒精和非法药品的多种副作用以及远离它们的好处 拒绝他人提供的酒精和非法药品 知道在应对焦虑、低自尊或抑郁时如何抵制这些物质 与医护人员公开讨论酒精和药品的使用
药物管理	获取抗精神病药物信息	了解药物的作用机理，坚持药物治疗的理由以及用药的好处
	知道如何进行正确的自我管理和评估	遵照医嘱服药，每天对用药反应进行评估
	识别药物的副作用	了解用药有时会产生的特定副作用，以及当这些问题出现时如何应对
	与医护人员讨论用药问题	学会并练习当用药出现问题时如何寻求帮助

Source: Reprinted, with permission, from Eckman, T. A., Wirshing, W. C., Marder, S. R., Liberman, R. P., Johnston-Cronk, K., Zimmermann, K., & Mintz, J. (1992). Techniques for training schizophrenic patients in illness self-management: A controlled trial. *American Journal of Psychiatry, 149*, 1549–1555, © 1992 American Psychiatric Association.

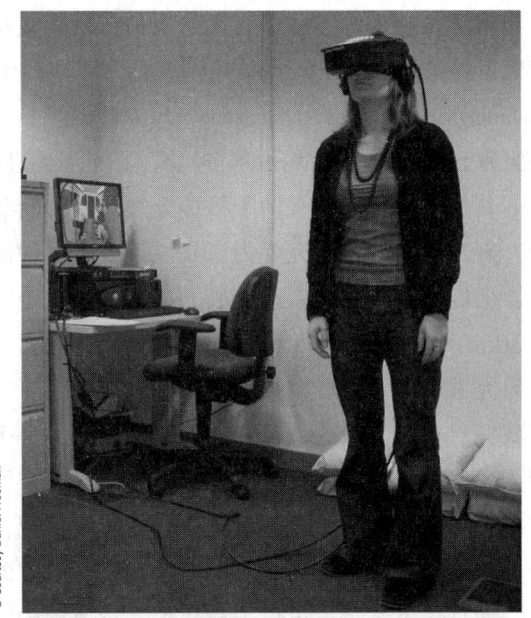

研究者运用虚拟现实技术来进一步理解精神分裂症的复杂性。上图中，个体正在参加有关偏执的研究。下图则显示了个体看到的图像。这项技术使得研究者能够准确控制车厢内虚拟乘客的位置和面部表情。

结果表明，根据原有的偏执程度不同，这三组被试在焦虑、担忧、人际关系敏感性以及抑郁水平上都表现出了相当大的差异。这类测评方法为评估和研究被害妄想提供了一个安全的环境。其他一些研究采用这项技术帮助精神分裂症老年人提高认知和综合运动技能（例如，让他们推开虚拟情境中向他们漂过来的彩色球）（Chan, Ngai, Leung, & Wong, 2010）。总而言之，这些虚拟技术为临床工作者研究和治疗精神分裂症个体提供了一个安全可控的环境。

在前文讨论心理社会因素对精神分裂症的影响时，我们提到了个体所处的社会及情感环境与精神分裂症复发之间存在联系（McNab et al., 2007）。那么，降低情绪表露水平是否对患者家庭有帮助？能否减少患者复发的次数，更好地维持他们的整体功能呢？不少研究通过各自的方式回答了这些问题（Falloon et al., 1985; Hogarty et al., 1986, 1991）。例如，行为家庭治疗可用来教会家属如何更恰当地为精神分裂症患者提供支持（Dixon & Lehman, 1995; Mueser, Liberman, & Glynn, 1990）。针对精神分裂症患者的专业护理人士，以及那些容易出现高情绪表露的人的研究也很活跃（Cunningham Owens & Johnstone, 2012）。

与传统疗法相反，行为家庭疗法类似于课堂教学（Lefley, 2009）。家庭成员会学到什么是精神分裂症及其治疗方法、精神分裂症的成因以及有关抗精神病药物及其副作用的真相。他们还会接受交流技能训练，以便成为更加善于共情的倾听者。他们要学习如何建设性地表达负面感受，以取代那些以严厉批评为特征的家庭交流。此外，他们还要掌握问题解决技能以便化解冲突。与社交技能训练相似，行为家庭疗法在最初一年里最有效，但两年后效果就不那么明显了（Cunningham Owens & Johnstone, 2012）。因此，这种疗法必须要持续进行，患者和家属才能长期受益。

患有精神分裂症的成年人很难保住一份收入不错的工作。社交技能缺陷使得可靠的工作表现与良好的雇佣关系似乎都遥不可及。为了解决这些问题，一些项目致力于修复职业能力，例如，支持性就业。在支持性就业中，由教练提供岗位培训。这类项目能够帮助一些精神分裂症患者保持有意义的工作（Mueser & Marcello, 2010）。

研究表明，社交技能训练、家庭干预以及职业修复，可以作为生物（药物）治疗的有效辅助手段。心理社会干预可以避免或延迟严重的复发。图13.9说明，与使用社会支持或教育努力相比，多水平治疗减少了接受药物治疗的患者的复发次数（Falloon, Brooker, & Graham-Hole, 1992）。

多年来，精神分裂症的治疗地点从大型精神病院里上锁的病房扩展到了家庭和地方社区。治疗服务的内容也扩大到了自助团体。这些团体由先前的病人组建，目的是为了互相帮助，例如纽约市的喷泉屋（Fountain House）。心理社会社团有不同的模式，但都"以个人为中心"，注重通过就业机会、友谊以及权力赋予等方式获取积极体验。许多人把这种当事人自己运营的自助模式看作对社交技能培训、家庭干预以及药物治疗等具体干预的补充。有研究表明，参加这些团体可能减少复发，但是也有可能参与者属于某类特殊人群，因此很难对这种效果进行解释（Goering et al., 2006）。

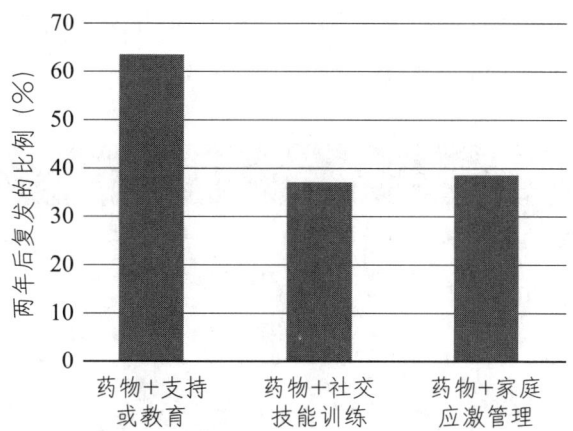

图13.9 从1980年到1992年对精神分裂症疗法的研究
Adapted from Falloon, I. R. H., Brooker, C., & Graham-Hole, V. (1992). Psychosocial interventions for schizophrenia. *Behaviour Change, 9,* 238–245.)

因为精神分裂症是一种影响多个领域功能的复杂疾病，有效的治疗必须在多个层次上展开。表13.4列出了六种被证明有助于提高患者生活质量的治疗方法（Swartz et al., 2006）。自信社区疗法（assertive community treatment）可能是目前研究得最多的一个项目。该项目借助多学科专家团队的力量提供涵盖了全部领域的治疗方法，包括用药管理、心理社会治疗、职业训练与支持等。你可以看到，单独一种手段不足以解决精神分裂症患者及其家属的多种需求（Swartz et al., 2006）。

表13.4 综合治疗手段

治疗	描述
联合运用心理药理学	采用抗精神病药物治疗疾病的主要症状（幻觉、妄想），并使用其他药物治疗次级症状（例如，为有抑郁症状的个体提供抗抑郁药）。
自信社区疗法	在社区中提供帮助，重点在于每位健康工作者只面向少量病例、在社区而不是诊所里提供服务、24小时全覆盖。
家庭心理教育	为家庭成员提供帮助，包括传授关于疾病及其管理的知识、缓解家庭的紧张压力、提供社会支持。
支持性就业	在个体就业前和就业中提供充足支持，使个体能够找到并维持一份有意义的工作。
疾病管理和康复	帮助个体成为治疗的主动参与者，包括提供疾病相关知识、配合医生传授正确的用药方法、应对症状复发
综合型障碍治疗	治疗同时存在的物质使用问题

© Cengage Learning®

跨文化治疗

精神分裂症的治疗方法及其传承，在不同的国家甚至同一个国家的不同文化中都各不相同。例如，绝大多数南非的科萨人（Xhosa）精神分裂症患者报告，他们会找传统医师看病。这些医师推荐的治疗方法通常包括刺激口腔诱发呕吐、灌肠以及屠宰牲口安抚灵魂（Koen, Niehaus, Muller, & Laurent, 2008）。相比起其他种族，来自拉丁美洲的患者向公共医疗机构寻求帮助的可能性更小，他们更多地依赖家庭支持（Liberman & Kopelowicz, 2009）。因此，我们需要改变治疗方法以适应这样的文化，例如，让重要的亲属来参与患者的社会技能训练（Kopelowicz et al., 2012）。另一项有趣的研究比较了英国人和中国人对精神分裂症状和治疗方法的信念（Furnham & Wong, 2007）。研究发现，土生土长的中国人对于精神分裂症致病原因和治疗方法的看法比英国人更具有宗教色彩。例如，中国人更赞同"患上精神分裂症是由于前世做了坏事"以及"祭拜祖先有助于精神分裂症的治疗"。这些不同的信念转化为实践的结果是，英国人更多地使用生物、心理以及团体治疗方法，而中国人则更多地依赖替代性医疗（alternative medicine）方案（Furnham & Wong, 2007）。在巴厘岛，许多精神分裂症患者的家人相信鬼神是导致精神分裂症的原因，因此他们很少使用抗精神病药物来治疗（Kurihara, Kato,

精神分裂症治疗方法的文化差异很大，从被证实有效的人性化干预到简单地将个体从社会中清除。

Reverger, & Gusti Rai Tirta, 2006）。在非洲的许多国家，因为没有其他适当的选择，精神分裂症患者只能被关在监狱里（Mustafa, 1990）。而大多数西方国家正在从用大型医疗机构安置患者转向在社区中开展护理工作。

预 防

对于像精神分裂症这样通常在成年早期开始出现的疾病，一种预防策略是识别和治疗今后有患病风险的儿童。在关于遗传影响的讨论中，我们提到了大约有17%的精神分裂症患者其子女可能会患病。因此，这些高危儿童是一些研究的关注点。

Sarnoff A. Mednick 和 Fini Schulsinger（1965, 1968）在20世纪60年代开展了一项经典研究。他们在丹麦找到了207名母亲患有严重精神分裂症的孩子以及104名母亲没有精神分裂症病史的对照组孩子。这些孩子进入研究时的平均年龄为15岁。为了弄清哪些因素能够预测个体将来是否会患病，研究者追踪了这些被试十多年的时间。除了我们已经讨论过的与妊娠、分娩有关的并发症以外，Mednick 和 Schulsinger 还发现早期家庭抚育环境的不稳定性也有预测作用。这表明，环境影响可能会诱发精神分裂症的发作（Cannon et al., 1991）。不良的抚育给这些本就脆弱的高风险个体戴上了另一重枷锁。

一种愈来愈受到关注的预防方法是在疾病的前驱期开展治疗。这个时候，个体刚刚表现出早期的轻微症状，本人能够意识到这种变化。目前，研究正在尝试对这类个体进行干预，作为防止疾病进一步发展或预防复发的手段（Cunningham Owens & Johnstone, 2012）。

小测验 13.3

请阅读下列描述，并用适当的选项填空：

A. 奥氮平　　B. 椎体外系症状
C. 谷氨酸　　D. 多巴胺
E. 代谢产物　F. 代币经济制
G. 职业修复　H. 社交技能培训
I. 家庭干预

1. 在医院里，建立一种恰当的 _____ 对病人是有益的。病人会因为表现出破坏性或不适宜行为而被罚款，相反，会因为表现良好而得到奖金。
2. 在 _____ 中，治疗师努力重新教会病人基本会话、自信以及与其他精神分裂症患者建立关系。
3. 除了社交技能培训外，两种心理社会疗法，_____（提高家庭成员的支持性）以及 _____（教授有意义的工作）可能有帮助。
4. 近期研究表明神经递质 _____ 和 _____ 的关系可能可以解释精神分裂症的某些阳性症状。
5. 由于抗精神病药物可能会产生严重副作用，一些病人会停止服用。有一种严重的副作用被称为 _____，其中包括帕金森症状。
6. 药物 _____ 可以改善难以治疗的精神分裂症。

 争议 DSM

轻微精神病综合征

对DSM-5中精神分裂症谱系障碍及其他精神病性障碍的相关修订讨论最多的是，轻微精神病综合征是否应成为一种新的诊断。回想一下诊断标准，此类个体表现出一种或多种精神分裂症状（例如幻觉或妄想），但是他们能够察觉到这种体验是不正常的，是健康人通常不会有的（即，现实感相对完好）。这类个体有较大的概率会发展出其他精神分裂症谱系障碍中的严重症状。而早期发现有助于尽早实施干预，因此，有些研究者呼吁把这类症状作为一种新的诊断纳入到DSM-5中（Pagsberg, 2013）。如果症状在恶化之前就得到了控制，那么个体或许可以免受多年的折磨（Woods, Walsh, Saksa, & McGlashan, 2010）。

然而，另一些人反对把注意力集中到这类个体身上。从公众健康的角度来讲，人们认为预防工作不应该局限于这个群体，而是应该关注全体大众的精神卫生状况，为每一个表现出类似失调情形的个体都提供帮助（van Os, 2011）。DSM-5 把这个诊断归入了有待进一步研究的附录部分，看起来态度模棱两可。对于这一诊断标准最终是否能够正式进入 DSM，以及它会对相应的治疗和结果产生什么样的影响，我们只能拭目以待。

本章小结

回顾精神分裂症

- 精神分裂症是一种复杂的综合征，它很早就引起了人们的注意。John Haslam 在 1809 年出版的《对发疯和忧郁的观察》一书可能是对该病最早、最好的描述。
- 19 世纪和 20 世纪早期的许多历史人物推动了该谱系障碍定义的发展，加深了我们对其可能致病因素的认识。

临床描述、症状及亚型

- 精神分裂症以一系列广泛的认知和情感的失调为特征。主要症状包括妄想、幻觉、混乱的言语和行为以及情感不适切。
- 精神分裂症的症状可以分为阳性症状、阴性症状以及瓦解性症状。阳性症状是主动表现出来的异常行为，或是过度或扭曲的正常行为，包括妄想、幻觉。阴性症状指的是情感、言语、动机等方面正常行为出现缺陷。瓦解性症状包括言语和行为混乱以及情感不适切。
- 精神病性行为（例如幻觉和妄想）也是其他一些障碍的特征。其中包括精神分裂样障碍（个体表现出精神分裂症症状，但持续时间少于 6 个月）、分裂情感性障碍（有精神分裂症症状，但同时表现出心境障碍的特征）、妄想障碍（持续抱有与现实相矛盾的信念，但没有精神分裂症的其他特征）以及短暂精神病性障碍（表现出一种或多种阳性症状，但症状持续时间短于 1 个月）。
- 一种新设立的障碍——轻微精神病综合征。患者表现出一种或多种精神分裂症症状，但是他们能够觉察到这些症状属于不健康的异常体验。它作为一种需要继续探索的疾病被放在 DSM-5 的附录中。

精神分裂症的患病率及成因

- 精神分裂症涉及多种致病因素，包括遗传影响、神经递质失调以及由产前病毒感染、出生时异常和心理社会应激造成的脑结构损伤。
- 在某些文化中，以高情绪表露为特征的敌意批评家庭环境可能导致复发。

精神分裂症的治疗

- 任何成功的治疗都很难帮助精神分裂症患者彻底痊愈。然而，可以通过联合使用抗精神病药物和心理社会疗法、职业修复以及社区与家庭干预，有效提高患者的生活质量。
- 治疗通常会在给予抗精神病药物的同时进行多种心理社会干预，其目的是减少复发、改善多方面技能以及提高用药依从性。

小测验答案

13.1
1. 言语混乱 2. 妄想障碍
3. 紧张症
4. 轻微精神病综合征
5. C 6. B 7. A 8. D

13.2
1. F, H, A 2. A 3. D, I

13.3
1. F 2. H 3. I, G 4. C, D 5. B 6. A

探索精神分裂症

▸ 精神分裂症破坏对世界的感知、思维、言语、运动以及日常功能的其他各个方面。
▸ 长期持续，复发率高；彻底痊愈者罕见。

- 应激性、创伤性生活事件
- 高情绪表露（家人的批评、敌意和干涉）
- 有时没有明显的诱发因素

触发点

生物影响
- 患病的遗传倾向（多个基因）
- 产前/出生并发症（妊娠期病毒感染或分娩时外伤损害个体脑细胞）
- 脑神经递质（多巴胺及谷氨酸系统异常）
- 脑结构（脑室扩大）

病因

社会影响
- 环境（早期家庭经历）可能诱发起病
- 文化对症状（幻觉、妄想）的解释

行为影响
- 阳性症状：异常行为的主动表现（妄想、幻觉、言语混乱、动作奇特以及紧张症）
- 阴性症状：情绪平抑、意志减退、言语贫乏

情绪与认知影响
- 批评、敌意以及情感卷入程度高的互动方式可能会引起复发

精神分裂症的治疗

治疗

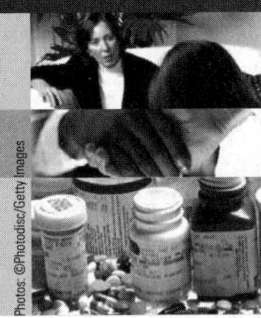

个体、团体、家庭疗法	■ 能够帮助病人和家属了解疾病及其引起的症状。 ■ 传授家人交流技巧。 ■ 提供处理情感和实践挑战的资源。
社会技能训练	■ 可以在医院或社区展开。 ■ 培养精神分裂症患者的社交，自我护理，以及职业技能。

药物	■ 服用神经阻滞剂可以帮助精神分裂症患者：
	  —提高思维和现实感的清晰度。
	  —减少幻觉和妄想。
	■ 药物治疗必须要坚持才有效。剂量不稳可能会加重已有症状或产生新症状。

精神分裂症的症状

精神分裂症患者的症状因人而异，有时还会循环出现。

症　状		
妄想	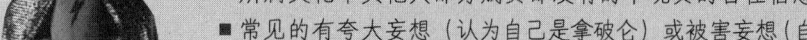	■ 所属文化中其他大部分成员都没有的不现实的古怪信念 ■ 常见的有夸大妄想（认为自己是拿破仑）或被害妄想（自行车选手认为对手在路上撒石子）
幻觉		■ 不基于任何外界事件而产生的感觉体验（听见他人的声音、看见去世的人） ■ 许多患者都有幻听（大卫听见死去的叔叔跟他说话）
言语混乱	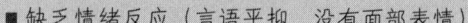	■ 从一个话题跳到另一个话题 ■ 谈话缺乏逻辑（不直接回答问题、话题脱轨） ■ 胡言乱语，词句不通，无法理解
行为问题		■ 步履亢奋，行为狂放 ■ 紧张性木僵 ■ 蜡样屈曲（肢体保持在他人摆放的位置上） ■ 不恰当的穿着（夏天穿大衣，冬天穿短裤） ■ 情感不适切 ■ 忽视个人卫生
退缩		■ 缺乏情绪反应（言语平抑，没有面部表情） ■ 漠然（对日常活动没有兴趣） ■ 交谈时言语反应迟缓、简短 ■ 无法从令人愉悦的活动（饮食、社交、性）中得到乐趣

神经发育障碍

神经发育障碍概述
 什么是正常？什么是异常？
注意力缺陷／多动障碍
 临床描述
 统计数据
 病因
 治疗
特定学习障碍
 临床描述
 统计数据
 病因
 治疗
自闭症谱系障碍
 临床描述
 统计数据
 病因：心理与社会维度
 病因：生物维度
 治疗
智力残疾（智力发育障碍）
 临床描述
 统计数据
 病因：生物维度
 病因：心理与社会维度
 治疗
预防神经发育障碍

第 14 章

学习目标

- 使用科学的推理方式来解释行为
- 使用创新思维和整合性的思维及问题解决
- 描述采用基于本专业领域的问题解决方式而产生的实际应用

- 能够鉴别出行为解释所具有的基本的生物、心理和社会成分（例如，推论、观察、操作化定义和解释）（APA SLO 1.1a）。
- 以操作定义的方式对于问题加以描述从而能够对它们进行实证研究（APA SLO 1.3a）。
- 正确地鉴别出行为和心理过程的前因和后果（APA SLO 5.3c）。
- 描述相关的心理学原理在日常生活中的应用实例（APA SLO 5.3a）。

*本章内容涵盖美国心理学会（APA，2012）建议的学习目标，旨在为心理学专业本科生提供指导。目标及建议学习成果（SLO）由APA定义。

神经发育障碍概述

本书讨论的几乎所有疾病，就其随时间变化而言都属于发展性障碍。大多数疾病都起源于儿童期，尽管问题可能要到较晚时才全面表现出来。而生命早期就出现的疾病常常伴随个体的成长，但使用"儿童障碍"一词容易产生误解。由于本章要介绍的这组发育障碍被认为都具有神经基础，DSM-5把它们分类为**神经发育障碍**（neurodevelopmental disorders）（American Psychiatric Association，2013）。本章我们将探讨这些在儿童发育期内有明显临床表现的疾病，它们常常引起家长和教育者极大的关切。不过，应当牢记的是，这些问题通常持续到整个成年期，大多数是终生的，而不是儿童期所特有的。

事实上，有许多不同的疾病都开始于儿童期。在某些疾病中，儿童除了说话有问题外其他方面都健康；另一些孩子与同龄人的交往存在困难；还有一些儿童同时表现出多方面问题，这些问题严重地阻碍了他们的发展。比如下面蒂米的例子。

蒂米　看似健康的婴儿

蒂米，一个金发碧眼的漂亮婴儿，出生时脐带绕颈，因此经历过一段难以确定时长的窒息。尽管如此，他看起来还是一个健康的小男孩。据他妈妈后来的讲述，他是一个非常乖的婴儿，很少哭，不过她担心的是他似乎不喜欢被抱起来。在他两岁的时候，家人开始对其发育情况感到担忧，因为他不会说话（他姐姐两岁的时候已经会说话了）。家人还注意到，他不和其他孩子一起玩。大部分时间里他都自己呆着，在地上转盘子，在自己的面前摇晃手臂，或把积木按照某个顺序排成一行。

儿科医生说，蒂米只是发育得慢，再长大些就会好了。但是三岁的时候，蒂米还是那样。他的父母咨询了另一位儿科医生，但神经学检查没有发现异常。然而，鉴于他在学习讲话吃饭等基本技能上的迟滞，他被认为患有严重的智力缺陷。

蒂米的母亲不接受这个诊断。在随后的几年内，她咨询了多名专家，得到了各种各样的诊断（包括儿童期精神分裂症、儿童期精神病等等）。到了7岁的时候，蒂米还是不说话，也依旧不和其他孩子一起玩，而且，他开始表现出攻击性和自我伤害行为。父母把他带到一家为严重残疾儿童开设的诊所，在这里，蒂米被诊断为患有自闭症。

诊所的专家推荐了一套集中行为干预的综合教育方案帮助蒂米学习语言和社交以及对抗他越来越爱发脾气的倾向。治疗每天都进行，持续了大约10年，既在家里也在诊所。尽管如此，蒂姆只学会了说3个词"可乐"、"曲奇"、"妈妈"。在社交上，他表面看起来喜欢他人（特别是成年人），但是他真正的兴趣似乎在于他们能带给他他想要的东西，例如他最喜欢的食物或饮料。一旦他的周围环境发生了哪怕一小点变化，蒂米就会变得非常暴力，他的破坏行为甚至会伤到他自己。为了尽量减少他的自残行为，家人尽量确保他的周围环境保持不变。但是，这并不能从根本上消除他的暴力行为。随着他的躯体变得强壮，他越来越不容易对付，甚至好几次伤到了妈妈。万分无奈之下，在他17岁的时候，妈妈把他送进了医院。

对于儿童期问题的持久性以及早期干预对治疗大多数疾病的重要性，临床工作者有着越来越深的体会，这使得他们对于认识生命早期严重问题的多样性越发感兴趣。在20世纪70年代初，蒂米被诊断为患有自闭症（现在被称为<u>自闭症谱系障碍</u>）。40多年后，对于如何帮助有自闭症谱系障碍的儿童，我们有了更多的了解——尽管还不足够。谁能说出蒂米的预后在现在会是怎样，特别是如果他在2岁而不是7岁的时候就得到确诊？

什么是正常？什么是异常？

在我们探讨具体的疾病之前，我们需要说明一下发育与通常首次诊断是在婴儿期、儿童期或青少年期的疾病之间的关系。我们从蒂米这样的病例中能学到什么，技能在早期受损对孩子后来的生活有什么影响？问题出现在发育期的哪个阶段重要吗？发育中的破坏是永久性的吗？换句话说，有没有治愈这些障碍的希望？

回想一下，我们在第2章讲过，<u>发展性心理病理学</u>是一门研究疾病如何发展以及如何随时间变化的学科（Scott，2012）。在发展性心理病理学中，儿童期非常重要，因为在出生后的前几年里大脑持续发生着巨大的变化。同时，这个时期也是发展社交、情感、认知以及其他重要能力的关键期。在此期间，儿童通常都是先发展一种技能，然后再习得下一种技能。尽管这种变化模式只是发展的一个维度，但此刻它却是一个非常重要的概念。因为，这一<u>序列</u>性特征意味着早期技能发展出现问题会影响后期技能的发展。例如，一些研究者认为，患有自闭谱系障碍的人早期社会发展出现问题，这些问题阻碍了他们建立重要的社会关系，甚至是与父母的关系（Durand，2014）。从发展的角度来说，早期缺乏有意义的社会关系会产生严重后果。与别人交流的动机被破坏了的孩子要学会交流是很艰难的。即，如果别人对他们不重要，他们可能就不想学习说话。但研究者尚不清楚，这种交流技能的受损是疾病的直接后果，还是早期社会发展被破坏后的副产物。

出于多种原因，了解这类发展关系具有重要意义。知道哪个过程受到了破坏可以帮助我们更好地了解障碍的本质，创立更适合的干预措施。例如，尽早识别<u>注意力缺陷/多动障碍</u>患儿非常重要，因为他们的冲动问题可能会影响他们建立和保持友情的能力，而这是儿童发展中的一个重要领域。同样，尽早识别自闭症谱系障碍患儿也很重要，以努力争取让他们的社交缺陷在还没有影响其他技能之前得到解决。太多的时候，人们看到早期广泛性的发展技能障碍（例如你在蒂米身上看到的）就产生了预后不良的预期，认为这些问题是事前注定的，是永久不变的。然而，要记住，生物和心理社会效应一直都是相互作用的。因此，即使是注意力缺陷/多动障碍和自闭症谱系障碍等有着明确生物基础的疾病，不同患儿的疾病表现也是不同的。生物或心理社会层面的改变可能会缓解疾病的影响。

谈到这里，有一点需要注意的地方。一些专业人士，特别是发展心理学家，有一个很大的担忧：一些发展性心理病理学工作者可能会把某些正常发展的方面当成不正常的症状。例如，**模仿言语**（echolalia，即重复别人的话），曾经一度被认为是自闭症谱系障碍的一种症状。然而，在研究正常儿童的言语发展时，我们发现重复他人的话语是语言发展的一个中间步骤。因此，对于患有自闭症谱系障碍的儿童，模仿言语只是语言技能相对滞后的表现，而不是一种症状（Tager-Flusberg et al.，2009）。有关发展的知识对于了解精神障碍的本质具有重要作用。

现在，牢记这个忠告，并跟随我们来考察一些首次诊断通常发生在婴幼儿、儿童或青少年期的疾病。主要包括注意力缺陷/多动障碍（以注意力不集中、多动和冲动为特征）和特定学习障碍（在诸如阅读、书写等方面存在一种或多种困难）。之后我们会集中探讨自闭症谱系障碍。这是一种更为严重的缺陷，患病儿童表现出严重的社会沟通困难以及狭隘的行为、兴趣和活动模式。最后，我们会介绍智力残疾，它涉及大量认知能力上的缺陷。表14.1列出了常见的交流与运动障碍，它们也属于神经发育障碍。

表14.1 常见的交流与运动障碍

儿童期起病的流畅性障碍

临床描述	统计数据	病因	治疗
言语缺乏流畅性，包括多种言语问题，例如重复音节或词汇、延长某些发音、明显的停顿、替换发音困难的词。	男孩的患病率是女孩的2倍。最常出现在6岁前，98%的患者出现在10岁前（Maguire, Yeh, & Ito, 2012）。大约80%的学前口吃儿童在上学约一年后口吃消失（Kroll & Beitchman, 2005）。	儿童期起病的流畅性障碍不是由焦虑引起的，但这种问题会使人产生社交焦虑（Ezrati-Vinacour & Levin, 2004）。该病涉及多个大脑环路，基因影响可能是因素之一（Maguire et al., 2012）。	教会家长如何与孩子交谈。呼吸调节法可能是一种有效的行为疗法，它指示个体在口吃的时候停止说话，然后进行深呼吸（先呼气，再吸气）（Onslow, Jones, O'Brian, Packman, & Menzies, 2012）。听觉反馈调整（通过电子设备给口吃的人言语反馈）利用自我监控帮助个体改正言语中口吃的词（Onslow et al., 2012）。

语言障碍

临床描述	统计数据	病因	治疗
所有场合下的言语都不多。表达性语言（说出来的）远远低于感受性语言（理解的）；后者一般处于中等水平。	在小于3岁的儿童中的患病率为10%~15%（C.J.Johnson & Beitchman, 2005），男孩的患病率大约是女孩的5倍（Whitehurst et al., 1988）。	有一种未经证实的心理学解释是家长与孩子说话太少。另一种生物学理论认为中耳感染可能是原因之一。	存在自我矫正的可能，也许并不需要特殊干预（Whitehurst et al., 1988）。

社交（实用）交流障碍

临床描述	统计数据	病因	治疗
在言语与非言语的社交方面都存在困难。症状包括赘言，语调异常、过度转换话题（Adams et al., 2012）。但没有自闭症谱系障碍中的刻板、重复性行为。	尚无准确估计，但是随着对这种疾病认识的提高，识别出的患者数目似乎在增加（Baird et al., 2006; D. V. M. Bishop, 2000）。	信息有限	个性化的社交技能培养（例如模仿、角色扮演），注重训练与他人交谈时所需的重要规则（例如，什么算信息太多或太少）（Adams et al., 2012）。

抽动秽语症

临床描述	统计数据	病因	治疗
不自主的神经肌肉运动（抽动）或发声（例如咕噜咕噜声），快速、连续、突然地出现，其方式怪异或刻板。此类发声往往包括不自主的重复性污言秽语。	多达20%的儿童在发育期有（面部或身体局部的）抽搐、痉挛的表现；每1000人中，有1~10个达到抽动秽语症的诊断标准（Jummano & Coffey, 2009）。通常在14岁前发病，该病与注意力缺陷/多动障碍以及强迫症的共病率高（Jummano & Coffey, 2009）。	可能有多种易感基因影响抽搐的形式和严重程度（Jummano & Coffey, 2009）。	自我监控、放松训练以及习惯反转法。

Adapted from (Durand, 2011).

注意力缺陷／多动障碍

你是否认识这样的人：总是动个不停，开始多项任务但却很少能做完一项，不能专心致志，别人说话时也不会认真听？这些人可能患有**注意力缺陷／多动障碍**（attention-deficit/hyperactivity disorder，简称 ADHD）。在美国，这种障碍是儿童到心理卫生机构就医最常见的原因之一（Taylor，2012）。这类患者的主要特征包括无法集中注意力（例如做事情没有条理或遗忘与学业或工作相关的任务），或是过度活跃和冲动。这些缺陷会严重地影响个体的学习投入以及社会关系。我们来看一下丹尼这个例子。

丹尼　坐不住的男孩

丹尼是一个相貌英俊的 9 岁男孩。他来到我们这里就医是因为他在学校和家里都是一个很难对付的人。丹尼精力特别旺盛，几乎所有体育运动都喜欢，特别是棒球。他的学习成绩还过得去，不过老师说他的学习成绩在下降，而且她认为如果丹尼在课堂上能够注意力更集中一点，他的成绩会变好。丹尼很少能够不中断地从事一项任务超过几分钟的时间。他常常从座位上站起来，翻自己的抽屉，或一直问问题。同学们也对他感到愤怒，因为他的冲动同样体现在他与别人的交往中：他从来都没玩完过一场游戏；在进行体育运动时，他甚至想要同时担当场上的所有位置。

在家里，丹尼被认为是一个很难管教的孩子。因为他游戏或活动时总是还没等做完就跑去做其他的了，导致他的房间总是乱七八糟。丹尼的父母说，他们经常忍不住责备他没有完成任务，尽管问题似乎在于他忘了自己在做什么而不是想故意违抗他们。他们还说，让他们自己也感到沮丧的是，他们有时候甚至会抓住他的肩膀大喊"慢点！"丹尼的多动让他们变得不理智。

临床描述

丹尼具多种 ADHD 的特征。像丹尼的患者很难把他们的注意力保持在一项任务或活动上（Taylor，2012）。因此，他们经常完不成任务，别人讲话时他们也经常好像没有在听。除了这种严重的注意力中断外，一些 ADHD 个体还有肢体上的多动表现。这样的儿童经常被描述为：在学校里坐立不安，能够安静坐下来的时间不超过几分钟。丹尼在教室里的不安分已经成为让老师和同学头疼的问题，他的冲动和过度运动让人感到无可奈何。除了多动以及难以保持注意力难外，冲动——不经过思考就行动——也是 ADHD 个体最常出现的一个问题。例如，在棒球练习课上，丹尼经常还没等教练讲完问题，就把答案大喊出来。

对于 ADHD，DMS-5 将症状分为两类。第一类包括注意力不集中。个体在听别人说话时总是走神；他们可能会弄丢必要的作业、书本或用具；不充分注意细节，经常犯粗心的错误。第二类症状包括多动和冲动。多动的表现是坐立不安，一会也坐不住，总是忙忙碌碌。冲动的表现则包括诸如在问题还没问完之前就说出答案，排队时还没轮到自己就要行动等。个体至少要表现出其中一类症状，才可以被诊断为 ADHD（American Psychiatric Association，2013）。

注意力不集中，多动以及冲动常常引起一些与 ADHD 密切伴随的其他问题。患儿的学习成绩常常受到影响，特别是随着年级的上升时。这可能是由于注意力不集中和冲动；部分儿童可能还伴有诸如学习障碍等问题，使他们的成绩更加落后。对 ADHD 和学习障碍的基因研究表明，两者可能有共同的生物学原因（DuPaul，Gormley，& Laracy，2013）。患有 ADHD 的孩子还容易遭到同龄人的排斥（Nijmeijer et al.，2008）。这一现象可能是由于遗传因素和环境影响，例如敌对的家庭氛围，以及遗传和环境交互作用造成的。例如，一些研究表明，特定的基因变异（例如，COMT）以及出生时体重过低可以预测出 ADHD 儿童后来的行为问题（Thapar，Cooper，Jefferies，& Stergiakouli，2012；Thapar et al.，2005）。

注意力缺陷／多动障碍的诊断标准

A. 持续存在注意力不集中和／或多动—冲动，影响个体的功能或发展。具体表现如下第 1 项和／或第 2 项：

1. 注意力不集中：存在以下至少 6 种症状，持续时间至少 6 个月，程度不符合应有的发育水平，并且直接对个体的社交以及学业／职业活动造成负面影响。

注意：症状不单纯是对立行为、违抗、敌意或不能理解任务或指导语的表现。对于大龄青少年和成年人（17 岁及以上），至少需要 5 种症状。

   a. 经常不能密切注意细节，或在学业、工作以及其他活动上犯粗心的错误（例如，忽视或漏掉细节、完成工作不准确）。
   b. 在任务或游戏中，经常不能保持注意力（例如，在讲座、交谈或长篇阅读中，不能保持注意力的集中）。
   c. 当与人直接谈话时，经常好像没有在听对方讲话。
   d. 经常不能从头到尾遵守指导，不能完成作业、家务活、工作岗位职责（例如，开始一项任务后很快就失去重心，很容易被分心）。
   e. 组织任务和活动时经常出现困难（例如，处理序列任务有困难；不能把材料和所属品按规矩摆放，工作乱七八糟、没有组织；时间管理差；不能在最后期限前完成任务）。
   f. 经常回避、厌恶或不愿意参加需要持续脑力活动的任务（例如，学校作业或家庭作业；对于大龄青少年和成年人来说则是准备报告、完成表格、检查长篇论文）。
   g. 经常弄丢任务或行动必要的东西（例如，学习材料、铅笔、书、工具、钱包、钥匙、试卷、眼镜或手机）。
   h. 很容易被外部刺激（对于大龄青少年和成年人来说可能包括无关想法）打扰。
   i. 在日常活动中经常健忘（例如，家务活、跑腿；对于大龄青少年或成年人来说则是回电话、付账单、记住约会）。

2. 多动和冲动：存在以下至少 6 种症状，持续时间至少 6 个月，程度不符合应有的发育水平，并且直接对个体的社交以及学业／职业活动造成负面影响。

   a. 经常坐立不安、拍手、跺脚或在椅子上扭动。
   b. 经常在需要保持坐在座位上的场合离开座位（例如，离开自己在教室、办公室或其他需要保持在适当位置的场合的座位）
   c. 经常在不合适的场合到处乱跑或攀爬（注意：对于青少年或成年人，可能只表现为坐立不安）。
   d. 常常不能安静地参与休闲活动。
   e. 经常处于"要走"的状态，好像"被发动机驱动"一样（例如，不能或很难舒服地保持一段时间的安静，如在饭店里、会议上；别人感觉到他们坐立不安或很难跟上他们的节奏）。
   f. 经常过度讲话。
   g. 经常在问题没有结束前就将答案脱口而出（例如，补充别人的句子；在谈话中没等轮到自己就说）。
   h. 经常等不到轮到自己（例如，排队）。
   i. 经常打断或侵入别人的活动（例如，介入谈话、游戏或活动；可能会在没有询问或接到允许的情况下开始使用别人的东西；对于青少年或成年人，可能会侵入或夺取他人正在做的事情）。

B. 一些注意力不集中或多动、冲动症状出现在 12 岁以前；

C. 一些注意力不集中或多动、冲动症状在两种以上的场合中出现（例如，家里、学校或工作中；在有朋友或亲属的场合；在其他活动中）。

D. 有明确证据表明，症状干扰或降低了社交，学习或职业功能的质量。

E. 症状不仅仅出现在精神分裂症或其他精神病性障碍的病程中，用其他心理障碍（例如，心境障碍、焦虑障碍、分离性障碍、人格障碍、物质中毒或戒断）也无法更好地解释。

注明：

共同存在：在过去的6个月里，标准A1（注意力不集中）和标准A2（多动和冲动）都符合。

主要表现为注意力不集中：在过去的6个月里，符合标准A1（注意力不集中），但是不符合标准A2（多动和冲动）。

主要表现为多动和冲动：在过去的6个月里，符合标准A2（多动和冲动），但是不符合标准A1（注意力不集中）。

From American Psychiatric Association.（2013）. *Diagnostic and statistical manual of mental disorders*（5th ed.）. Washington, DC.

统计数据

对ADHD患病率的一项重要分析显示，该病在世界各地儿童群体中的患病率大约为5.2%（Polanczyk, de Lima, Horta, Biederman, & Rohde, 2007）。发现ADHD在世界范围内患病率相似具有重要意义，因为人们对于ADHD到底是不是一种疾病一直存在争议。有人认为，一些只是正常"活泼"范围内的儿童正在被误诊为ADHD。人们已经注意到，该病的诊断数量存在地理差异。与其他任何一个地方相比，美国儿童得到ADHD标签的可能性更大。例如，对家长电话访谈的数据分析显示，2011至2012年间，美国有高达11%的4～17岁儿童获得了ADHD诊断（Centers for Disease Control and Prevention, 2013）。这一数字说明，ADHD在美国可能被过度诊断了。

基于诊断率的不同，一些人主张，ADHD只是一种文化产物。这种观点意味着这些儿童的行为从发展的角度来看是正常的，只是西方社会不容忍这些行为（由于失去了大家族的支撑、学业成功的压力以及繁忙的家庭生活）致使ADHD被称为一种疾病（Timimi & Taylor, 2004）。然而，目前最可靠的数据估计显示，在全世界范围内，3%～9%的人符合ADHD诊断标准，ADHD严重地影响了他们的生活质量（Taylor, 2012）。

男孩被诊断为患有ADHD的概率是女孩的3倍；这种偏差在门诊就医儿童中更大（Spencer, Biederman, & Mick, 2007）。这一性别差异背后的原因在很大程度上还是未知的。可能是由于大人对女孩的多动容忍度更高，因为她们整体上不像ADHD男孩那么活跃。男孩子往往更具有攻击性，因此他们被心理卫生专家注意到的可能性更大（Rucklidge, 2010）。相反，ADHD女孩，往往表现出更多被称为"内化"的行为，具体来讲就是焦虑和抑郁（Rucklidge, 2010）。

男孩ADHD患病率高使一些人对DSM-5的诊断标准是否适用于女孩产生了质疑。过去几十年来进行的大多数研究都以男孩为研究对象。之所以集中于男孩，可能是因为家庭和学校对其好动和破坏性行为产生的担忧推动了对这些问题本质、原因以及治疗方面的研究。有更多的男孩表现出这些行为，因此找他们参加研究相对更容易。但是这种集中于男孩的趋势是否会导致人们忽视患病女孩的经历呢？

一些心理学家提出了这种担忧，包括Kathleen Nadeau（一名擅长治疗患有ADHD的女孩的临床心理学家）。她呼吁要对ADHD女孩展开更多研究。"女孩强烈的内心冲突体验常常被忽视，因为她们的ADHD症状与男孩的很不同"（Crawford, 2003, p.28）。她指出，患ADHD的女孩被忽视了，因为她们的症状与男孩的症状迥然不同，尽管到目前为止很少有明确证据证实这种差异（Rucklidge, 2010）。研究者目前一边在探索儿童之外的成年期ADHD，一边也开始更加关注对此类女孩和女性患者的研究。研究范围在年龄和性别维度上的延伸有望帮助我们更全面地了解这种疾病。

ADHD 儿童被首次发现与其同龄人不同一般在三四岁左右。父母通常会形容他们是活跃、顽皮和对立的，而且如厕训练进步缓慢（Taylor，2012）。到了学龄期，他们注意力不集中、冲动和多动的症状变得越来越明显。尽管感觉上儿童长大后似乎就好了，但实际上 ADHD 常常持续存在。据估计，大约一半的 ADHD 儿童直到成年仍有问题（McGough，2005）。随着年龄的增长，这些个体看起来不那么冲动了，但注意力依然很难集中。在青春期，冲动会表现在不同方面。例如，患有 ADHD 的青少年怀孕以及感染性传播疾病的风险更高。他们也更容易出现驾驶问题，例如撞车、超速、驾照被扣等（Barkley，2006a）。

ADHD 儿童或青少年长大成人后会有哪些变化？Rachel Klein 和她的同事追踪了 200 多名患病男孩，报告了他们 33 年以后的状况（Klein et al.，2012）。与非 ADHD 的对照组相比，这些患病男性中的绝大多数（85%）也有工作，但是他们的职位明显低于对照组。其平均教育年限比对照组要少 2.5 年，取得高等学位的概率也更低。这些男性更有可能离婚、吸毒以及患有反社会人格障碍。此外，他们的冲动倾向也可以解释为什么他们表现出危险驾驶、患上性传播疾病、遭遇头颅外伤以及进入急诊室的风险更高。简单来说，尽管 ADHD 的表现随个体的成长而变化，但许多问题并没有消失。

诊断 ADHD 很复杂。DSM-5 中的其他一些疾病，在这些儿童身上也能找到，它们似乎与 ADHD 有很多共通之处。具体来说，<u>对立违抗性障碍</u>（oppositional defiant disorder）、品行障碍和双相障碍中都具有 ADHD 患儿身上的一些特征。根据 DSM-5，对立违抗性障碍主要包括诸如经常发脾气、与大人争吵、经常故意激怒他人、敏感易怒以及常常怀有恶意和报复心等表现（Pardini, Frick, & Moffitt, 2010）。而 ADHD 患儿身上的冲动和多动也会以这些形式表现出来。同样，品行障碍（如你在第 12 章所见，可能是反社会人格障碍的前体）在许多 ADHD 患儿上也可以观察到（Nock, Kazdin, Hiripi, & Kessler, 2006）。而双相障碍（见第 7 章）则是一种与 ADHD 有明显重叠的心境障碍。这些共通之处增加了 ADHD 儿童诊断的难度。

病 因

有关 ADHD 遗传因素的重要信息正在浮出水面（Taylor，2012）。一段时间以来，研究者逐渐认识到 ADHD 在患者的家族中更常见。例如，已经发现 ADHD 患儿的亲属比一般人更容易患上 ADHD（Fliers et al., 2009）。值得注意的是，这些家庭表现出心理病理问题的概率整体较高，主要包括品行障碍、心境障碍、焦虑障碍和物质滥用（Faraone et al., 2000）。这些研究结果以及患儿群体自身的共病情况说明，某些共同的基因缺陷可能是导致这些疾病的原因之一（Brown，2009）。

ADHD 被认为受到遗传的高度影响。和本书中讨论的许多其他心理障碍相比，<u>环境对 ADHD 发病的作用相对较小</u>。同其他障碍一样，研究者也发现有多个基因对 ADHD 起作用（Nikolas & Burt，2010）。我们常常简单地认为，遗传方面的问题要么是应该开启的基因被关闭了（不产生蛋白质），要么是应该关闭的基因被开启了。然而，针对 ADHD（以及其他一些疾病）的研究发现，很多时候，变异的发生或是在一条染色体上制造了多余的基因副本，或是把已有的基因给删除了。这就是我们所说的拷贝数变异（copy number variants，简称 CNV）（Elia et al., 2009; Lesch et al., 2010）。因为只有当每条染色体上的基因对都能够对应或匹配上的时候，我们的 DNA 才能工作，增加或减少一个或多个基因都会影响发育。

到目前为止，大多数研究者的精力都集中于考察与神经化学物质多巴胺相关的基因，不过，去甲肾上腺素、5-羟色胺（血清素）以及 γ-氨基丁酸（GABA）也影响着 ADHD 的发病。更具体地说，有强烈证据表明，ADHD 与多巴胺 D4 受体基因、多巴胺转运基因（DAT1）以及多巴胺 D5 受体基因有关。研究者对 DAT1 尤其感兴趣，因为有一种最常见的治疗 ADHD 的药物<u>哌醋甲酯</u>（利他林），能够抑制这个基因并增加可用的多巴胺数量（Davis et al., 2007）。这类研究有助于我们在微观水平上了解问题出现在哪，以及如何设计新的干预措施。

和我们之前讨论过的其他一些障碍一样，研究者正在寻找内表型——那些 ADHD 中具有特征性的基本缺陷（例如注意力问题），以便把这些缺陷和特定脑功能紊乱关联起来。毫无意外，目前 ADHD 研究的兴趣点集中于大脑的注意系统、工作记忆、注意力涣散以及冲动。研究者试图将特定遗传缺陷与这些认知过程联系起来，建立基因与行为之间的关联。一些研究表明，ADHD 儿童和他们未患病家属（亲生兄弟姐妹和父母）的抑制控制（inhibitory control，接到信号时停止反应的能力）都很糟糕。这可能是该病的一个基因标记（内表型）（Goos, Crosbie, Payne, & Schachar, 2009）。

尽管遗传对 ADHD 有强烈影响，但也不能完全排除环境的作用（Ficks & Waldman, 2009）。例如，一项关于 ADHD 基因环境交互作用的研究发现，有特定多巴胺系统基因变异（DAT1 基因原型）的儿童更容易表现出 ADHD 症状——如果他们的母亲在怀孕期间吸烟的话（Kahn, Khoury, Nichols, & Lanphear, 2003）。母亲产前吸烟和这一遗传特性交互作用，增加了个体出现多动和冲动行为的风险。还有研究发现，其他环境因素，例如母亲妊娠期应激和滥用酒精、父母婚姻不稳定等，也参与了基因与环境之间的交互作用（Ficks & Waldman, 2009; Grizenko et al., 2012）。

ADHD 与母亲吸烟之间存在关系是该领域研究中比较一致的发现。此外，多种其他妊娠期异常情况（例如，母亲酗酒以及个体出生时体重过低）也会增加有 ADHD 先天遗传倾向的儿童表现出该病的特征性症状的概率（Barkley, 2006d）。不幸的是，这方面有多项研究都混淆了社会经济地位和遗传因素（例如，吸烟女性可能社会经济地位较低或处于其他应激之中），因此，母亲吸烟与 ADHD 之间可能并非直接联系（Grizenko et al., 2012; Lindblad & Hjern, 2010）。

几十年来，ADHD 被认为与脑损伤有关，这种观念体现在以往人们用诸如"最小脑损伤"或"最轻脑功能失调"等名称来指代 ADHD（Ross & Pelham, 1981）。目前，扫描技术的快速发展让我们能够对大脑参与这种疾病的可能机制进行考察。在过去的几年里，研究者开展了大量关于 ADHD 患儿脑结构和脑功能的研究。总的来说，研究者现在知道，ADHD 患儿的大脑体积比非 ADHD 儿童的要小 3%～4%（Taylor, 2012）。ADHD 患者的多个脑区均受到影响，特别是那些参与自我规划能力的脑区（Valera, Faraone, Murray, & Seidman, 2007）。这些变化在那些接受药物治疗的个体身上看起来没有那么明显（Taylor, 2012）。

多年来，诸如过敏原、食品添加剂等多种物质都曾被认为可能会引起 ADHD，但很少有证据支持这种联系。关于食品添加剂（如人工色素、调味剂和防腐剂）会诱发 ADHD 症状的理论备受争议。Feingold（1975）提出了这种观点，同时推荐把去除这些物质作为治疗 ADHD 的一种方法。因此，成千上万的家庭让孩子遵循 Feingold 饮食，尽管有人认为这种饮食对 ADHD 作用很小或没有作用（Barkley, 1990; Kavale & Forness, 1983）。现在，一些大规模研究表明，人工色素和添加剂对幼儿的行为可能具有微弱但是可以观察到的影响。一项研究发现，按常规剂量摄取防腐剂（苯甲酸钠）和人工色素的 3 岁以及 8～9 岁儿童的多动行为（注意力不集中、冲动以及多动）水平较高（McCann et al., 2007）。还有研究指出，食品中残留的杀虫剂可能会增加 ADHD 的患病风险（Bouchard, Bellinger, Wright, & Weisskopf, 2010）。

ADHD 中的心理和社会维度可能会进一步影响疾病本身，特别是儿童以后如何发展。家长、老师、同伴对患病儿童冲动和多动的负面反应可能会导致他们自尊水平下降，对那些同时患有抑郁的孩子尤其如此（Anastopoulos, Sommer, & Schatz, 2009）。

患有 ADHD 的儿童无论在何种场合下都有可能表现出不适宜的行为。

老师和家长常年不断的提醒"好好表现""安静坐着""集中注意力"可能会给患儿造成负面的自我形象，进而影响他们的交友能力。因此，生物因素对冲动、多动以及注意力的潜在影响，连同控制这些儿童的各种尝试，会引发孩子的拒绝以及糟糕的自我形象。所以，考虑到生物和社会心理因素对ADHD的影响，我们在设计有效的治疗方法时要兼顾二者（Taylor，2012）。

治 疗

ADHD的治疗一般从两方面展开：心理社会干预和生物干预（Subcommittee on Attention-Deficit/Hyperactivity Disorder & Management, 2011）。心理社会干预一般集中于大问题，例如提高学习成绩、减少破坏性行为、增强社交技能。通常情况下，生物干预的目标是为了减轻儿童的冲动和多动程度以及改善他们的注意功能。目前这一领域的主流意见是，在尝试药物治疗前应先由家长和老师给予幼儿行为干预（Subcommittee on Attention-Deficit/Hyperactivity Disorder & Management, 2011）。

心理社会干预

研究者推荐运用多种行为干预方法在家里和学校帮助这些儿童（Fabiano et al., 2009；Ollendick & Shirk, 2010）。总体来说，这些帮助方案设立了诸如以下的目标：延长儿童保持坐在座位上的时间，增加他们完成数学试卷的数量，延长他们能与同龄人在一起好好玩的时间。强化方案会在儿童进步时给予他们奖赏，在他们表现出不良行为时给予惩罚（让他们失去奖赏）。家长教育方案教会家长如何富有建设性地应对儿童的异常行为以及如何安排孩子日常生活来预防他们的问题。社交技能训练将教会孩子如何与同伴进行适宜的交往，这也是治疗的重要组成部分（Fabiano et al., 2009）。对于ADHD的成年患者，采用认知行为干预减少注意力分散并改善规划技能看起来很有帮助（de Boo & Prins, 2007）。大多数医生常常会建议为患病儿童制定个性化的治疗方案。这些方案联合使用多种方法，既要解决短期管理问题（减轻多动和冲动），也要解决长期担忧（预防和逆转学业下降，强化社交技能）。

生物干预

第一类用于治疗ADHD患儿的药物是兴奋剂。自从采用兴奋剂治疗ADHD患儿的报告（Bradley, 1937）首次发表后，数以百计的研究都证实了这类药物对于减少该病核心症状（多动和冲动）的有效性。据估计，在美国，有超过400万儿童正在接受药物治疗ADHD症状（Centers for Disease Control and Prevention, 2013）。哌醋甲酯以及其他一些非兴奋性药物，例如阿托西汀（atomoxetine）、胍法辛（guanfacine）和可乐定（clonidine）等，经研究证实能够有效地减轻多动和冲动等核心症状，提高个体对任务的注意力（Subcommittee on Attention-Deficit/Hyperactivity Disorder & Management, 2011）。

兴奋性药物能让儿童安静下来，这乍听起来似乎有些矛盾或者说有悖常理。然而，服用相同的低剂量兴奋剂，无论有或没有ADHD的儿童和成年人都能安静下来。兴奋剂似乎可以增强大脑在解决问题时集中注意力的能力（Connor, 2006）。尽管人们对于兴奋剂的使用（特别是给儿童使用）还存在争议，但多数医生还是会推荐临时使用它们一段时间，同时配合心理社会干预，以帮助儿童改善社交和学业能力。

使用兴奋性药物的一大风险是它们有可能被滥用。在第11章中，我们提到过，有些药物（例如以哌醋甲酯为有效成分的利他林和阿得拉）由于能够产生欣快感和减轻疲劳，有时会被滥用（Varga, 2012）。并且，大众错误地认为这些处方药物没有害处（Desantis & Hane, 2010）。ADHD患儿尤其令人担心，因为他们以后发展出物质滥用的风险较高（Wagner & Pliszka, 2009）。如同前面提到的，其他非兴奋性药物，例如阿托西汀对一些ADHD患儿也有作用。这种药物是选择性去甲肾上腺素再摄取抑制剂（selective norepinephrine-reuptake inhibitor），因此大量使用不会产生同样的"兴奋"感。研究表明，其他药物，例如一些抗抑郁剂（丙咪嗪）以及一种治疗高血压的药物（可乐定）对ADHD患者有和阿托西汀类似的作用。并不是因为所有ADHD患儿都有抑郁或高血压（尽管部分孩子可能会有抑郁问题），而是因为这些药物都作用于ADHD涉及的神经递质系统（去甲肾上腺素和多巴胺）（Subcommittee on Attention-Deficit/Hyperactivity Disorder & Management，2011）。所有这些药物似乎都可以改善许许多多儿童的服从性，并减少他们的负面行为；停止服药后，这些药物的作用通常不会持续。

精神药理遗传学（psychopharmacogenetics）研究个体的基因组成如何影响其对药物的反应。这个领域的知识有助于为个体提供与其基因型相匹配的药物，甚至可以为个体"量身定制"药物以更好地满足他们的特定需要（Weinshilboum，2003）。例如，一项研究考察了患有ADHD的儿童和成年人服用利他林的情况（Polanczyk, Zeni, et al.，2007）。对于那些有特定基因缺陷（ADRA2A受体基因）的个体，哌醋甲酯有很强的积极效果，尤其可以改善他们注意力不集中的问题。然而，对于没有这一基因缺陷的ADHD患者，情况就大不相同了。目前，药物治疗的实施常常需要经过尝试错误的过程：按照某个剂量尝试一种药物，如没有效果，则改变药量；如果还不起作用，则再尝试一种新药。而这类新研究能够帮助我们定制符合个体情况的治疗方法，有望能够终结这种猜测工作。

这种药物治疗心理障碍的新方法虽然令人兴奋，但也带来了一些沉重的担忧。这些担忧的核心是隐私和保密问题。基因筛查有可能鉴别出我们每个人身上具有的潜在的全部基因问题。那么，如果学校、用人单位、保险公司得到这些信息，他们会怎么对待这些信息呢？这些信息可能使人们遭受歧视（例如，带有提高ADHD或其他障碍患病风险的基因）。对精准药物治疗的渴求是否能够战胜这些对伦理隐私的需要？大多数新的科技进步，就像精神药理遗传学一样，在给我们带来的希望的同时也暴露出新的问题。研究者在埋头探索的时候，有必要把伦理问题作为讨论的一部分。

尽管一部分ADHD患儿对药物没有反应，但大多数对于药物有反应的儿童的集中注意能力都有所提高，只是在学业与社交技能等重要领域上没有增益（Smith, Barkley, & Shapiro, 2006）。此外，药物经常会引起不良副作用，例如晕厥、嗜睡和烦躁易怒等（Kollins, 2008）。

联合疗法

为了确定采用联合方法治疗ADHD是否最有效，六组研究者合作承担了一项由美国精神健康研究所发起的大规模研究（Jensen et al., 2001）。该项目被命名为"注意力缺陷/多动障碍的多模态治疗"（Multimodal Treatment of Attention-Deficit/Hyperactivity Disorder，简称MTA）。研究历时14个月，579名患儿被随机分配到4组当中的一组。一组儿童只接受常规护理（社区护理），不接受药物治疗或特定行为干预。另外三组接受治疗，分别为：药物治疗（通常是哌醋甲酯）、集中行为治疗、药物和行为联合治疗。来自于这项研究的初步报告表明，对于ADHD核心症状，联合使用药物和行为治疗或单独使用药物治疗，要比单独使用行为治疗或社区护理的效果好。对于那些超出ADHD特异症状的问题，例如社交技能、学习、亲子关系、对立行为、焦虑或抑郁，初步结果表明，联合治疗比单独治疗（药物治疗或行为治疗）和社区护理略占优势。

对这些结果的解释存在一些争议，尤其是联合使用行为和药物治疗是否比单独的药物治疗更好（Biederman, Spencer, Wilens, & Greene, 2001; Pelham, 1999）。围绕这个研究产生的一种担忧是，尽管药物持续发放，但行为治疗却随时间消退，这可以对观察到的差异进行解释。

在实践中，如果两种治疗方法没有差异，大多数家长和治疗师会为这些儿童选择药物治疗，因为这简单省时（Subcommittee on Attention-Deficit/Hyperactivity Disorder & Management, 2011）。然而，行为疗法有其额外作用，它能改善家长和孩子身上药物难以直接作用的方面。对这项大规模研究数据的解释正在继续，我们还需要更多的研究来阐明这两种治疗手段联合或独立时的作用（Ollendick & Shirk, 2010）。不过，尽管取得了很大的进步，ADHD儿童依然是家庭和教育体系的一个巨大挑战。

特定学习障碍

在我们的社会里，学业成就备受重视。我们经常把美国学龄儿童的成绩与其他国家的儿童进行比较，以此衡量我们还是不是世界的领导者以及我们的经济实力有多强大。在个人层面上，因为家长经常投入大量时间、资源以及情感精力来确保其子女取得学业成功，所以当一个没有明显智力缺陷的孩子达不到预期水平时，会令人感到非常沮丧懊恼。本节探讨**特定学习障碍**（specific learning disorder），其特征是成绩远远低于就个体年龄、智力（以智力商数，即 IQ 来表示）和教育条件而言应该达到的水平。我们先来看一看爱丽丝这个例子。

爱丽丝　带着学习障碍上大学

爱丽丝是一名20岁的大学生，她来就诊是因为她跟不上学校里的多门课程。她报告说六年级以前她非常喜欢上学，是一名优秀的学生，但到了六年级的时候，她的成绩忽然一落千丈。老师对她父母说，这是因为她不够努力，她的学习积极性必须再高一些。爱丽丝在学校里一直很刻苦，但是她还是承诺自己会更加用功。然而，每张成绩单上中等偏下的分数让她感觉自己糟糕透了。她从高中毕了业，但她觉得自己远不如周围人聪明。

爱丽丝上了当地一所社区大学，她发现自己的学习还是很吃力。事实上，多年来她已经逐渐掌握了一些学习小窍门，至少能够让她通过升级考试。她会大声地朗读书本上的内容，因为她发现相比起默读，大声朗读能让她更好地回忆起所记材料；而默读结束几分钟之后，她就几乎想不起来任何具体内容了。

大学二年级后，爱丽丝转入了一所综合性大学，在那里她感到更加吃力，大部分课程她都跟不上。在我们第一次会面后，我建议她接受一次正规全面的检查。结果如我所怀疑的，爱丽丝患有特定学习障碍。

她的智力分数稍高于平均水平，但是检查结果显示她有严重的阅读困难。她的阅读理解力很差，对于大多数阅读过的内容，她都记不住。我们建议她继续使用她的大声朗读窍门，因为她对于听到的内容的理解力是足够的。此外，爱丽丝还学习了如何进行阅读分析，即如何概括要点和做笔记。我们还鼓励她把课堂讲座录下来，在开车的时候回放。尽管爱丽丝没能变成一名A等生，但是她顺利地完成了大学学业。现在，她正在从事学习障碍患儿的教育工作。

临床描述

根据 DSM-5，爱丽丝会被诊断为患有一种特定学习障碍（在阅读方面表现尤为明显）。特定学习障碍被定义为，个人的学业成就显著低于其年龄应该达到的水平，有时也被称作"意想不到的低成就"（Fletcher, Lyon, Fuchs, & Barnes, 2006; Scanlon, 2013）。更具体地说，学习障碍的诊断标准要求个体的学业表现显著低于具有相同的年龄、认知能力（即 IQ 得分）以及教育背景的正常人的水平。此外，诊断特定学习障碍还要求个体的障碍不是由于感官问题（例如视力或听力障碍）造成的，也不是由于教育不良或缺乏教育导致的。在 DSM-IV-TR 中，阅读障碍、数学障碍、书面表达障碍被作为单独的疾病列出来。但是由于这些障碍之间有很多相同的地方，目前，它们在 DSM-5 中被合并到一起，以帮助临床工作者更全面地了解个体的学习模式（Scanlon, 2013）。临床工作者可以通过注明<u>阅读困难</u>、<u>书面表达困难</u>或<u>数学困难</u>来强调需要治疗的核心问题。与其他疾病相同的是，临床工作者也要对疾病的严重程度进行评估。

历史上，特定学习障碍被定义为成绩与 IQ 之间的偏差<u>大于两个标准差</u>。然而，对于采用 IQ 和成绩之间的偏差作为鉴别学习障碍儿童的一个环节，存在着很大争议（Cavendish, 2013）。批评的部分原因在于，从学习问题的出现，到它们最终引起 IQ 与学业分数之间出现足够大的差异之间存在延迟——这种差异可能直到儿童学业生活的后期才能测量出来。另外一种诊断方式是观察儿童<u>对干预的反应</u>（response to intervention），目前已被许多医生采用。按照这种方法，当儿童对一种已知有效的干预（例如某个早期阅读方案）的反应明显不如同龄人时，他或她就患有特定学习障碍（Cavendish, 2013; Sadler & Sugai, 2009; VanDerHeyden & Harvey, 2012）。这种方法能够在早期就识别出可能有学习障碍的儿童，进而可以集中精力为这些儿童提供有效指导。

统计数据

据估计，在 2009 年到 2010 年间，美国大约有 650 万 3～21 岁的学生在接受特定学习障碍救助

特定学习障碍的诊断标准

A. 在学习和运用学业技能上有困难，表现为以下至少 1 种症状，症状持续时间至少 6 个月，尽管对这些问题已采取了有针对性的干预：
  1. 词汇阅读错误或缓慢吃力（例如，大声读词时出现错误或表现得缓慢迟疑、经常性地猜词、发出词汇的正确读音有困难）。
  2. 阅读理解困难（例如，也许能正确读出文本，但是不理解所读内容、上下文关系、结论以及深层含义）。
  3. 拼写困难（例如，增添、漏掉、替换元音或辅音）。
  4. 书写表达困难（句子中存在多处语法或标点错误；段落条理性差；思想的书面表达不清晰）。
  5. 难以掌握数感、数的知识或运算（例如，对数字、数的大小、数的关系理解能力差；做个位数加法时，需要数手指而不能像同龄人一样去回想数学知识；做运算时，可能会颠倒步骤）。
  6. 数学推理差（例如，无法运用数学概念、法则或程序来解决数量问题）。

B. 受到影响的学术技能水平远远低于个体年龄的预期水平。标准化成就测验和临床综合评估证实这些技能的损伤严重影响了个体的学业或职业表现以及日常活动。对于 17 岁或 17 岁以上个体，可用能证实有学习困难的历史记录代替标准化测试。

C. 学习困难开始于学龄期，但可能直到个体受损的学习技能不能满足环境的相应需求（例如，在规定时间内阅读或书写篇幅较长的复杂报告、学习任务较重）时才完全呈现出来。

D. 用智力残疾、未经矫正的视力或听力受损、其他心理或神经障碍、心理社会叛逆、未精通教学所用的语种或缺乏教育指导等原因无法更好地解释此种学习困难表现。

注意：临床上要综合个人历史（发育、医疗、家庭、教育）、学业报告以及心理教育评估。来判断个体是否满足以上 4 项诊断标准。

特定类型：
阅读困难：词汇阅读准确性；阅读速度或流畅性；阅读理解
书写表达困难：拼写正确性；语法和标点正确性；书面表达的清晰性或条理性
数学困难：数感；记忆运算知识；计算的准确性或流畅性；正确数学推理

From American Psychiatric Association.（2013）. *Diagnostic and statistical manual of mental disorders*（5th ed.）. Washington, DC.

（U.S. Department of Education，2012）。在较富裕的地区，诊断概率也较高。这可能是由于能够更好地提供诊断服务，并且有更多的患儿被识别出来（见图 14.1）。特定学习障碍的诊断存在种族差异。2001 年，大约 1% 的白人儿童和 2.6% 的黑人儿童在接受学习问题的救助（Bradley, Danielson, & Hallahan, 2002）。然而，这项研究还表明，这种差异与儿童所属家庭的经济地位有关，而不与其种族背景有关。

阅读困难是学习障碍中最常见的，在一般人群中的患病率介于 4% 到 10% 之间（Pennington & Bishop，2009）。数学困难在人群中的患病率大约为 1%（Tannock，2009a）。对于儿童以及成人中书写表达困难的患病率，目前掌握的信息还很少。早期

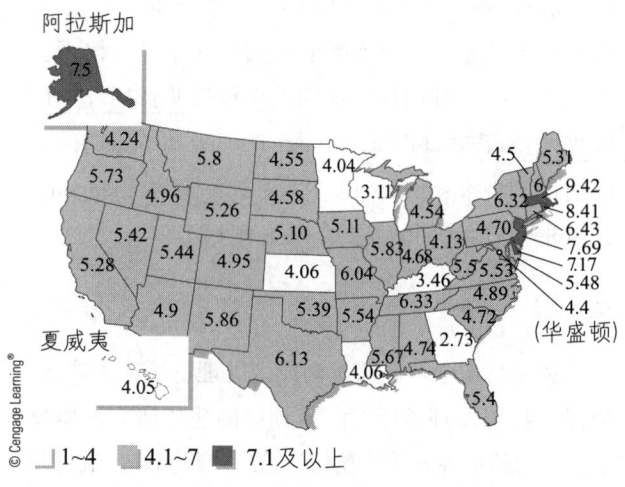

图 14.1 分布不平衡。被诊断出患有学习障碍的学龄儿童的最高百分比出现在最富有的州。

研究表明，男孩阅读障碍的患病率高于女孩，但近来的研究表明男孩女孩的患病率可能相同（Feinstein & Phillips, 2006）。患有学习障碍的学生更容易辍学（Vogel & Reder, 1998），其失业率也更高（Shapiro & Lentz, 1991），而且，他们更容易产生自杀的念头并尝试自杀（Daniel et al., 2006）。然而，提供合理的帮助可以减轻学习障碍在个体成年期的负面影响，包括和其他成年人保持良好的关系、在学校和工作场所给予照顾等（Gregg, 2013）。

对特定学习障碍成年患者的访谈揭示出他们的在校体验总体来说都不好，而且这种负面影响常常延续到毕业之后。一名在校期间没有受到过相应帮助的男性患者说道：

在学校里我一直能够蒙混过关，因为我非常聪明。但最令我感到愤恨的是没有人指出我的缺点。基本上我只能用我的失败来评价自己……我的自尊水平一直很低，上了大学也照旧如此……我害怕认识我自己。我上学时，最打击我自尊的是，我无法写出一首诗或一个故事……我不能用钢笔或铅笔书写。电脑改变了我的生活。我在电脑上做所有的事情。它几乎等于我的记忆。我用它来构建我的生活，记载我的一切，因为我写字的能力和书面表达的能力一直都非常差（Polloway, Schewel, & Patton, 1992, p. 521）。

一组被泛称为**交流障碍**（communication disorders）的疾病似乎与特定学习障碍紧密关联（American Psychiatric Association, 2013）。这些疾病，表面上看起来无关紧要，但实际上它们在人生早期出现会造成以后的多种问题。这些疾病包括儿童期起病的<u>流畅性障碍</u>（childhood-onset fluency disorder），即以前的<u>口吃</u>（stuttering），以及<u>语言障碍</u>（language disorder）。对它们的简要介绍见表14.1。

病　因

关于特定学习障碍发病原因的理论涵盖了遗传、神经生物以及环境因素。该领域的遗传研究非常复杂。学习障碍在家族中遗传，这一点很明确。设计巧妙的家庭和双胞胎研究证实了这一点（Christopher et al., 2013）。然而，对相关基因的分析却表明，许多效应都不具有特异性。这意味着，阅读困难和数学困难并非由不同的基因引起的。事实上，存在一些影响学习的基因，它们可能促成了多个领域的问题（阅读、数学、书写）（Petrill, 2013; Plomin & Kovas, 2005）。

与学习有关的不同困难本身有着不同的起因。例如，儿童（或成人）有着截然不同的阅读问题。阅读困难（也即阅读障碍，dyslexia）有时被分为词汇再认（解码单词）问题、流畅性（阅读单词和句子的自动化）问题以及理解（理解阅读的内容）问题（Siegel & Mazabell, 2013; Tannock, 2009b）。目前大多数研究集中于词汇再认问题。有证据表明，部分患者的这类问题主要是由基因造成的，而另一部分则是由于环境因素造成的（Siegel & Mazabell, 2013）。位于第1、2、3、6、11、12、15、18号染色体上的基因已经多次证实与这些困难有关（Cope et al., 2012; Zou et al., 2012）。同时，环境影响，例如家族中的阅读习惯，也会显著地影响个体的阅读能力，特别是词汇再认这类技能。这说明阅读练习有助于减轻阅读障碍高风险儿童身上的遗传影响（Siegel & Mazabell, 2013）。

多种形式的轻微脑损伤也被认为会导致学习障碍；这些最早期的理论涉及到了神经学解释（Hinshelwood, 1896）。研究表明，学习障碍患者的大脑存在结构与功能上的异常。具体来讲，左脑半球上有三个区可能参与了阅读障碍（词汇再认），包括布洛卡区（影响发音和词汇分析）、左侧顶颞区（影响词汇分析）和左侧枕颞区（影响词汇形态的识别）（Shaywitz et al., 2006）。此外，左半球的顶内沟对数感的产生似乎非常关键，它影响着数学困难（Ashkenazi, Black, Abrams, Hoeft, & Menon, 2013）。与此相反，目前还没有证据表明哪个脑区与书写表达障碍有关。

阅读障碍的诊断率在英语国家较多。曾经有人认为，这只是诊断操作上的不同导致的，但目前生物研究表明，这可能与英文词汇的书面形式比较复杂有关。研究者考察了讲英语、法语和意大利语的阅读障碍患者，用正电子发射断层扫描技术记录他们阅读时的脑活动（Paulesu et al., 2001）。尽管那些说意大利语的患者在阅读测验中表现得更好，但脑成像结果显示，所有阅读障碍患者左侧颞叶的活动都有同样程度的降低。也许，英语和法语比意大利语更难阅读，由此我们可以解释阅读障碍诊断率的文化差异。

对于爱丽丝,尽管特定的学习障碍阻碍了她的学业,但她一直在坚持。当其他患者选择辍学的时候,是什么让她朝着自己的目标努力前进?受到了他人强化的心理和动机因素对于学习障碍患者最终的结局似乎能起到重要作用。社会经济地位、文化期望、家长的互动和预期以及儿童管理实践,连同已经存在的神经缺陷和学校提供的帮助类型,共同决定了个体的最终发展水平(Gregg,2013)。

治疗

如同你将在后文的智力发育障碍中看到的,学习障碍主要需要教育干预。通常情况下,生物(药物)治疗只限于那些可能同时患有 ADHD 的儿童。我们前面已经讲过,ADHD 涉及冲动和保持注意力的问题,有些兴奋剂(例如哌醋甲酯)可以缓解这些症状。而教育干预措施大致可以分为两类:①特定技能教学,包括词汇表教学、归纳中心思想、从材料中找出事实陈述;②策略教学,包括通过指导决策和批判性思维提高认知能力(Fletcher et al.,2007)。

已有多种方案被用于帮助儿童解决与学习有关的问题。一种得到大量研究支持的方法叫作**直接指导**(Kame'enui,Fien,& Korgesaar,2013)。这种教学方案由多个部分构成,其中包括:系统引导(按照进步水平把学生分成小组,并运用非常详细的教学计划)和掌握教学(教导学生直到他们掌握所有概念为止)。此外,不断对儿童进行评估,并随时根据他们的学习进度修改教学计划。直接引导方案以及其他多个方案都可以明显提高有特定学习障碍儿童的学习技能(Kame'enui et al.,2013)。

这些行为以及教育方法是如何帮到阅读困难儿童的?它们仅仅是小窍门,还是让儿童适应了学习,或是有更深层的作用,影响了这些孩子的信息加工方式?采用脑成像技术进行的激动人心的研究让我们能够回答这些重要问题。一项采用功能磁共振成像扫描技术(fMRI)的研究对比了有和没有阅读障碍的儿童在完成一些简单任务时大脑的活动状态。之后,有学习障碍的儿童接受了 8 周的集中训练,训练的内容是在电脑上完成一些有助于提高其听觉和语言加工技能的任务。研究发现,经过训练后,这些儿童不仅阅读技能有所提高,而且,他们的大脑运转方式也开始变得和阅读能力良好的对照组儿童相似(Keller & Just,2009)。这项研究以及其他类似研究成功重复了我们在其他疾病中所见到的现象——行为干预能够改变大脑的工作方式,因此,借助这类干预措施,我们能够帮助有严重问题的个体。

特别设计的电脑游戏可以帮助有学习障碍的儿童提高他们的语言技能。

> **小测验 14.1**
>
> 请判断下列情况属于哪种神经发育障碍:
> A. 注意力缺陷/多动障碍
> B. 社交(实用)交流障碍
> C. 抽动秽语症
> D. 特定学习障碍。
>
> 1. 特伦的主要症状包括,无法自控的尖叫、用鼻子吸气(发出声音)以及发出咕噜咕噜的噪声。_____
>
> 2. 10 岁的科乐让父母、老师和同伴都懊恼不已。在做游戏时,他等不到轮到自己就要抢着上场,而且他做事情似乎从来不经过考虑。在学校,有时还没老师把问题说完,他就急着大喊出答案。_____
>
> 3. 小学六年级前,凯利一直都是一名优等生。但到了六年级的时候,她的成绩开始下滑,尽管她更加用功了。目前,作为一名高三学生,她在担心毕业的问题,她希望能上大学。她的智商高于平均水平,但是在阅读和理解上有严重困难。_____

4. 每个人都说8岁大的钱德拉"难管"。她在课堂上总是坐立不安，用手指敲桌子，在椅子上扭动身体，时不时起来又坐下。在游戏过程中，她有时还会突发暴力行为。_____

自闭症谱系障碍

自闭症谱系障碍（autism spectrum disorder）属于神经发育障碍，其核心困难是影响个体感知他人以及进行社会化的能力（Durand, in press）。DSM-5合并了以前被包含在"广泛性发育障碍"统称下的多种疾病，并把它们归类到自闭症谱系障碍下（American Psychiatric Association, 2013），主要包括自闭症、阿斯伯格症以及**童年期瓦解性障碍**（childhood disintegrative disorder）。而且，**雷特症**（Rett disorder），一种主要影响女性的遗传性疾病，也被归为自闭症谱系障碍，并须注明"伴有雷特综合征"或"伴有MeCP2变异"（与雷特症有关的基因）。另外，DSM-5删除了以前用于指代其他疾病的"未明确类型"这一名称，同时加入了一个新的诊断：社交（实用）交流障碍［Social (Pragmatic) Communication Disorder］。它包括自闭症谱系障碍中常见的社交沟通困难，但是不包括狭隘和重复的行为模式。这些个体与他人交往时很难学会社交规则（例如，经常打断对方说话或大声喧哗）。一些先前被诊断为广泛性发育障碍中未明确类型的个体可能属于这个类别。

临床描述

DSM-5描述了自闭症谱系障碍的两种主要特征：①社会沟通与社会交往功能受损；②狭隘和重复的行为、兴趣或活动模式（American Psychiatric Association, 2013）。此外，DSM-5认定这些障碍在童年早期就存在，而且它们制约了个体的日常功能。DSM-5根据每种特征的损伤程度来区分以前单独的疾病：**自闭症**（autistic disorder）、**阿斯伯格症**（Asperger's disorder）以及**广泛性发育障碍**（pervasive developmental disorders）中的未明确类型。

为了评价两种特征症状的受损程度，DSM引入了三个严重水平：水平1为"需要帮助"，水平2为"需要大量帮助"，水平3为"需要非常大量帮助"。诊断时需要分别对社会沟通/交往以及狭隘重复的兴趣和行为进行评分。每种帮助水平都只是定性描述，没有定量指标。如果自闭症谱系障碍患者的表现不处于这些类别的极端上的话，这种主观性会给合理划分所需帮助水平带来一定问题（Durand, 2014）。来看看埃米的例子。

> **埃米　活在自己的世界里**
>
> 埃米今年3岁，她把每天中的大量时间都用来捡棉絮。她把棉絮扔到空中，然后认真地看着它们落到地上。她舔自己的手背，然后目不转睛地看着口水。她还不会说话、自己吃饭或穿衣服。她每天都会大声尖叫好几次，以至于邻居最初以为她受到了虐待。她对妈妈的爱和情感似乎没什么兴趣，但是，她会拉着妈妈的手，让妈妈带她去冰箱那里。埃米喜欢吃奶油，一整块一整块地吃，一次吃好几块。他妈妈用那种你可以在饭店拿到的奶油块帮助埃米学习，让她好好表现。如果埃米能够试着自己穿衣服，或是能够安静地坐上几分钟，妈妈就会给她点奶油。埃米的妈妈知道奶油对她不好，但这是唯一能够帮助她应付这个孩子的东西。家庭医生关注埃米发育迟滞的问题已经有一段时间了，最近建议她去看专家。儿科医生认为埃米可能患有自闭症谱系障碍，这个孩子及其家人很可能需要大量帮助。

社会沟通以及社会交往功能受损

自闭症谱系障碍个体的一种定义性特征是他们不能发展与年龄相符的社会关系（Schietecatte, Roeyers, & Warreyn, 2012; Wong & Kasari, 2012）。埃米从来没有和同龄人交过朋友，而且她与成人的接触也局限于把他们当成工具，例如，她拉着大人的手只为了让他们帮助她拿到她想要的东西。对自闭症谱系障碍的研究显示，交流困难和社交困难的症状有很多相同之处（Frazier et al., 2012; Skuse, 2012）。在DSM-Ⅳ-TR中，这两类症状被分别列出，而DSM-5则把这两方面合并成一个总症状群，即社会沟通和社会交往。并且，DSM-5还引入了三个维度进一步定义社会沟通和交往的困难：社

自闭症谱系障碍的诊断标准

A. 多种场合下的社会沟通和社会交往存在持续性缺陷，当前或以往有如下表现：
1. 社交—情感互动存在缺陷，从异常的社交方式和不能进行一来一往的正常对话，到缺乏兴趣、情绪或感情的分享，再到不能发起或响应社会互动。
2. 用于社会交往的非言语交流存在缺陷，从整合不良的言语和非言语沟通，到异常的眼神接触、身体语言或难以理解手势和使用手势，再到完全缺乏面部表情和非语言沟通。
3. 发展、维持和理解关系存在缺陷，从难以调整行为去适应不同的社会环境，到难以共享想象性的游戏或交友困难，再到对同伴缺乏兴趣。

B. 狭隘和重复的行为、兴趣或活动模式，当前或过往有以下至少 2 项表现：
1. 刻板或重复性的运动、使用物品或讲话（例如，简单的刻板运动，排列玩具或翻转物品、重复别人说话、怪异短语）。
2. 坚持一成不变，固守常规惯例，或有仪式化的言语和非言语行为（例如，对微小的变化感到极度痛苦、难以转变、思维模式僵化、仪式性的问候，每天都要走同样的路或吃同样的食物）。
3. 兴趣范围极端狭窄固定，兴趣程度异常强烈或集中（例如，对不寻常物体的强烈依恋和高度入神，极端狭隘或偏执的兴趣）。
4. 对感官刺激有过强或过弱的反应，或对环境中的感觉因素有异常的兴趣（例如，似乎对疼痛/温度感觉迟钝、对特定的声音或质地有不良反应、过度嗅闻或触摸物体、视觉上痴迷于光或运动）。

C. 症状必须在发育早期就存在（但可能直到社交需求超出有限的能力时才全部表现出来，或缺陷被后来的学习策略所掩盖）。

D. 症状对社交、职业或其他重要功能的破坏达到临床上显著的程度。

E. 上述紊乱用智力残疾（智力发展障碍）或全面性发展迟缓无法更好地解释。智力残疾和自闭症谱系障碍经常发生共病；要做出自闭症谱系障碍和智力残疾的共病诊断，社会沟通能力应该低于整体的发展预期水平。

From American Psychiatric Association. (2013). *Diagnostic and statistical manual of mental disorders* (5th ed.). Washington, DC.

会互动问题（不能进行一来一往的社会交往）、非言语交流问题以及建立和保持社会关系问题。自闭症谱系障碍的诊断需要这三者兼备。

对于症状更严重的自闭症谱系障碍个体（以前的诊断类别是自闭症），社会互动问题包括无法参与**联合注意**（joint attention）（Gillespie-Lynch et al., 2012; Schietecatte et al., 2012）。一个没有自闭症谱系障碍的孩子如果看见一个自己喜欢的玩具，她可能会看看她的妈妈，微笑，再看看玩具，然后再看看妈妈。这种社会行为不仅表达了孩子对玩具的兴趣，还表现出她渴望与他人分享兴趣。但这种行为在自闭症谱系障碍个体身上非常少见。在那些患有轻度自闭症谱系障碍（以前的诊断类别是阿斯伯格症）的个体，缺乏社会互动可能表现为专注自我，对其他人关心的事情不感兴趣。

采用先进的眼动追踪技术进行的研究，显示了这种社会化方面的缺陷如何随个体的发育而进展。在一项经典研究中，科学家向一名成年的自闭症谱系障碍男性患者呈现一些电影中的情景，以对比他和没有自闭症谱系障碍的男性被试观看社交情景方式时有何不同（Klin, Jones, Schultz, Volkmar, & Cohen, 2002）。从标记了眼动轨迹的图片中，你可以看出，自闭症谱系障碍男性观看的（用虚线代表）是情景中的非社会方面（演员的嘴和外套），而非自闭症谱系障碍男性观看的（用实线代表）是有社会意义的部分（在彼此交谈的演员们的眼睛之间来回移动）。这项研究表明，尽管原因尚不明了，但显然自闭症谱系障碍个体对社交情境不感兴趣。

研究者们正在探索自闭症个体如何看待他人之间的社会交往。
From Klin, A., Jones, W., Schultz, R., Volkmar, F., & Cohen, D. (2002). Defining and quantifying the social phenotype in autism. *American Journal of Psychiatry, 159*, 895–908.

非言语交流上的缺陷可以涉及多种行为问题，从重度自闭症谱系障碍（例如，不能指出你想要的东西）到稍轻一点的自闭症谱系障碍（站得离他人过近）个体身上都会出现。不那么严重的自闭症谱系障碍个体说话的时候可能会缺乏适当的面部表情或语调（Paul, Augustyn, Klin, & Volkmar, 2005），或给人以非言语方面笨拙尴尬的印象。社交互动和非言语交流的缺陷可以共同影响第三种症状——难以建立和保持社会关系。

大约25%的自闭症谱系障碍患者没有发展出足够熟练的言语来有效地表达他们的需求（Anderson et al., 2007）。而那些能说一些话的个体，其表达也不正常。有些患者重复他人的话语，即言语模仿。我们前面提过，这是言语发展迟滞的一种表现。如果你说："我叫艾琳，你叫什么？"他们会把你说的全部或部分重复一遍："艾琳，你叫什么？"而且，通常情况下，他们不只重复你说的内容，还会重复你的语调。自闭症谱系障碍另一个极端的个体则非常能说，但由于社交缺陷以及兴趣狭窄，他们经常是单方面的谈论自己想要讨论的话题。

狭隘和重复的行为、兴趣或活动模式

自闭症谱系障碍更显著的特征包括狭隘和重复的行为、兴趣或活动模式。埃米喜欢事物保持固定不变，哪怕是一丁点的变化（例如挪动玩具的位置）也会让她暴跳如雷。他们对现状的强烈偏好被称作<u>坚持一成不变</u>（maintenance of sameness）。自闭症谱系障碍个体经常把大量时间花在刻板和仪式化行为（stereotyped and ritualistic behaviors）上，例如转圈、把头歪向一侧在眼前晃动手或咬手（Durand, 2014）。对于不那么严重的自闭症谱系障碍患者，这一点可以表现为痴迷于某些稀奇古怪的领域（例如，追踪航空时刻表或记邮政编码）。比起人，他们更喜欢那些常人不能理解的东西；这种倾向进一步影响了他们的社会关系。

统计数据

目前，对自闭症谱系障碍患病率的估计是基于以前的DSM-Ⅳ-TR和ICD-10标准（Lord & Bishop, 2010）。自闭症谱系障碍曾经被认为是一种罕见疾病（例如，每10000名新生儿童中有1名），但近期的估计数字表明其患病率升高了。例如，2013年美国疾病控制和预防中心的报告表明，每50名学龄儿童中就有1名符合自闭症谱系障碍的诊断标准（Blumberg, Bramlett, Kogan, Schieve, & Jones, 2013）。但患病率增长的绝大部分原因是DSM版本的变化（Miller et al., 2013）以及专家和公众对该病意识的增强（Frombonne, Quirke, & Hagen, 2011）。不过，这种变化背后的原因仍然很复杂，不能排除其他环境因素（例如，产前毒素暴露）也可能造成了患病率上升（Frombonne et al., 2011; Liu & Bearman, 2012）。

自闭症谱系障碍的患病率有着明显的性别差异，平均报告的男女比例是4.4∶1（Frombonne et al., 2011）。自闭症谱系障碍是一种普遍的现象，在世界各地都有分布，包括瑞士（Gillberg, 1984）、日本（Sugiyama & Abe, 1989）、俄罗斯（Lebedinskaya & Nikolskaya, 1993）和中国香港（Chung, Luk, & Lee, 1990）。

自闭症谱系障碍患者的IQ（智商分数）差异很大。据估计，大约38%的自闭症谱系障碍患者有智力残疾（即IQ低于70，适应功能有同等缺陷，出现在18岁以前）（Centers for Disease Control and Prevention, 2012）。IQ可以用来判断预后：儿童在智力测验上的分数越高，他们越不需要家属或职业护理人员帮助。相反，在智力测验中得分越低的自闭症谱系障碍幼儿，在习得社交技能方面越容易出现严重迟滞，他们长大后需要大量教育和社会支持的可能性也越高。通常情况下，语言能力和智力分数

可以稳定地预测出自闭症谱系障碍儿童的后期生活质量：语言技能和智力测试成绩越高，预后越好（Ben Itzchak, Lahat, Burgin, & Zachor, 2008）。

病因：心理与社会维度

自闭症的情况十分复杂，它不是由一种原因造成的，而是由多种生物因素连同心理社会效应共同导致的。因为历史背景对研究有重要作用，考察从过去到现在的自闭症谱系障碍理论有助于我们更好地了解这类疾病。为了回顾自闭症谱系障碍的历史，在这里，我们先介绍心理社会方面。

历史上，自闭症谱系障碍被认为是由于失败的教养方式造成的（Bettelheim, 1967; Ferster, 1961; Tinbergen & Tinbergen, 1972）。严重程度较高的自闭症谱系障碍儿童的父母形象被刻画成完美主义、冷漠、清高（Kanner, 1949）、社会经济地位较高（Allen, DeMyer, Norton, Pontius, & Yang, 1971; Cox, Rutter, Newman, & Bartak, 1975）、智商高于一般人群（Kanner, 1943）。基于这类描述诞生的理论认为，家长是造成孩子异常表现的原因。这些观点折磨了一代父母，他们认为自己对孩子的问题负有责任，内心感到自责。设想一下，被指控自己对孩子的冷酷造成了他们严重和永久的障碍，是件多么痛苦的事情。但如今，抽取更多儿童和家庭样本的缜密研究表明，自闭症儿童的父母与非自闭症儿童的父母并没有本质上的差异（Bhasin & Schendel, 2007）。

其他关于自闭症谱系障碍根源的理论建立在部分患者表现出来的异常言语模式上——他们倾向于避免使用第一人称代词，例如"我"（英文中为I或me两种形式），而会用"他"或"她"来代替。例如，如果你问一个自闭症患儿："你想喝点什么吗？"他可能会说："他想喝点东西。"而他的意思实际上就是"我想喝点东西"。这种现象促使一些理论家开始考虑自闭症可能与缺乏自我意识有关（Goldfarb, 1963; Mahler, 1952）。设想一下，你如何能够不体会到自己的存在——没有"你"，只有"他们"。这种世界观会削弱个体的正常功能，因此曾被用来解释自闭症谱系障碍个体的异常行为方式。理论家认为，此类患者的退缩可能反映出了他们意识不到自我的存在。

然而，后来的研究表明，一些自闭症谱系障碍患者看起来是有自我意识的（Lind & Bowler, 2009），而且自我意识能够随发展而增强。就像没有缺陷的儿童一样，那些认知能力低于8～25个月婴幼儿相应水平的个体表现出非常微弱的自我意识，甚至完全没有这种意识。但是，认知能力发展水平较高的个体确实表现出了自我意识。所以，自我概念的缺乏可能是由于部分自闭症谱系障碍患者存在认知上的困难的迟滞，而不是因为疾病本身。

突出强调这种疾病与众不同的地方助长了我们对自闭症谱系障碍个体的错误认识。著名演员达斯汀·霍夫曼在电影《雨人》（Rain Man）中扮演的角色可以即刻报出散落在地板上的数百根牙签的准确数量，进一步加深了公众的这种错觉。该角色的这种能力，被称作<u>独通一窍技能</u>（savant skills），并没有出现在所有自闭症谱系障碍患者身上。据估计，大约1/3的自闭症谱系障碍患者具有某种超常的技能，但<u>没有一个</u>重度患者展现出这种能力（Howlin, Goode, Hutton, & Rutter, 2010）。这些超常能力可能是强大的工作记忆容量以及高度集中的注意力带来的（Bennett & Heaton, 2012）。请牢记，我们应时时刻刻留心区分错误观念和真相，意识到这类文学描写并没有准确全面地表现出这种复杂疾病的面貌。

言语模仿（即重复他人所说的词或短语），曾经被认为是这种疾病中不寻常的特征。然而，后来的发展性心理病理学研究表明，重复他人的言语是言语技能正常发展的一部分，在大多数幼儿身上都可以观察到（Dawson, Mottron, & Gernsbacher, 2008）。甚至连有些自闭症谱系障碍个体表现出的自残（例如撞头）这种令人困扰的行为在正常发展的婴儿中也可以观察到，只不过程度较轻（de Lissovoy, 1961）。这些研究帮助临床工作者区分关于自闭症的事实与谎言，阐明发育在这种疾病中的作用。一种普遍接受的结论是，社交缺陷是自闭症谱系障碍个体的独特特征。

病因：生物维度

目前看来，诸如社会沟通等技能的缺陷以及狭隘、重复的行为和兴趣等标志性特征有其生物学根源。生物因素对自闭症谱系障碍发病的影响已经得到了许多实验证据的支持。

遗传因素

目前已经明确,自闭症谱系障碍在很大程度上受到遗传影响。同样非常明确的是,自闭症谱系障碍的基因复杂性较高(Addington & Rapoport, 2012; Caglayan, 2010; Klei et al., 2012),并且该障碍具有中等大小的遗传性(Hallmayer et al., 2011; Rutter, 2011a)。许多染色体上的大量基因都以某种方式影响了自闭症谱系障碍的表现(Li, Zou, & Brown, 2012)。如同其他一些心理障碍一样,许多基因都与自闭症谱系障碍发病有关,但每个基因都只起到较小作用。

有一名自闭症谱系障碍患儿的家庭大约有20%的概率会有另外一名患病儿童(Ozonoff et al., 2011)。这个概率比普通人的患病风险高100倍,从而为遗传因素影响该障碍提供了强有力的证据。参与自闭症发病的具体基因尚未完全探明。目前备受关注的一个研究领域是脑内的催产素(oxytocin)。由于催产素影响着我们如何与他人建立联结以及我们的社交记忆,研究者正在考察负责这种神经化学物质的基因是否参与这种疾病。初步的工作发现,自闭症谱系障碍与催产素受体基因之间存在关联(Wermter et al., 2010)。

高龄父母有自闭症谱系障碍子女的风险较高。例如,一组以色列的研究者发现,40岁以上(含40岁)的父亲有自闭症谱系障碍子女的概率是30岁以下的父亲的5倍多(Reichenberg et al., 2006)。同样的关联也适用于母亲的年龄(Croen, Najjar, Fireman, & Grether, 2007; Durkin et al., 2008; Parner et al., 2012)。这些研究表明,变异可能发生在父亲的精子或母亲的卵子中,这些新生变异影响了自闭症谱系障碍的发病。

神经生物因素

和遗传因素一样,多种神经生物因素也影响着自闭症谱系障碍中的社交和行为问题。一种有趣的理论涉及有关杏仁核的研究(Fein, 2011)。如你在第5章中所见,杏仁核是参与焦虑、恐惧等情绪的脑区。对自闭症谱系障碍患者死亡后大脑进行的研究发现,患病成年人和非患病成年人的杏仁核大小大致相同,但是前者杏仁核当中的神经元数目较少(Schumann & Amaral, 2006)。而早前的研究曾表明,自闭症谱系障碍患儿的杏仁核其实更大。研究者由此提出,自闭症谱系障碍患儿的杏仁核在生命早期增大,引起过度的焦虑以及恐惧(这也许是导致他们社交退缩的部分原因)。在持续的应激下,应激激素皮质醇的释放损伤了杏仁核,导致成年期杏仁核内相对缺少神经元。而杏仁核的损伤可以解释为什么自闭症谱系障碍患者对社交情境的反应不同于正常人(Lombardo, Chakrabarti, & Baron-Cohen, 2009)。

另外一个我们在遗传因素里提到过的神经生物学因素是催产素。记住,这是一种重要的神经化学物质,它影响着人际联结,而且能够增加信任、减少恐惧。对自闭症谱系障碍患儿进行的一些研究发现,这些儿童血液中的催产素含量低(Modahl et al., 1998)。给予自闭症谱系障碍患者催产素,能够提高他们识记和加工有情绪内容的信息的能力(例如,记住快乐的面孔),而这些能力上有问题正是自闭症谱系障碍的症状(Guastella et al., 2010)。因此,这可能是导致这种疑难疾病的原因之一。

一个备受争议的理论是,汞导致了自闭症谱系障碍患病率的增加,因为汞曾经作为防腐剂用在儿童疫苗里。但在丹麦展开的大规模流行病学研究表明,接受疫苗注射儿童的自闭症谱系障碍患病率并没有增加(Madsen et al., 2002; Parker, Schwartz, Todd, & Pickering, 2004)。此外,更多的近期工作发现,疫苗接种的次数(这也是一些家庭担忧的因素)也不会影响自闭症谱系障碍的患病风险(DeStefano, Price, & Weintraub, 2013)。尽管存在这些具有说服力的证据,但儿童接受麻疹、流行性腮腺炎、风疹等疫苗注射的时间(12~15个月)与自闭症谱系障碍症状首次明显呈现的时间(3岁之前)之间的关联,让许多家庭确信二者之间一定存在某种关系。这种担忧产生的负面影响是,一些家长不让孩子接受疫苗注射;这可能是麻疹和流行性腮腺炎在美国以及其他国家明显增多的一项原因(Centers for Disease Control and Prevention, 2011)。

自闭症谱系障碍是一个相对新兴的领域。这个领域需要发展出一套综合的理论来解释生物、心理以及社会因素如何协同作用,使个体处于患上自闭症的风险之中。然而,未来研究可能会找到让许多患者产生社交厌恶的生物机制。同样需要阐明的还有，在早期与生物效应交互作用，从而造成社会化和交往障碍以及特征性的异常行为的心理和社会因素。

治 疗

大多数治疗研究都关注患重度自闭症谱系障碍的儿童，所以我们将主要讨论针对这些个体展开的研究。目前，针对严重程度不高的自闭症谱系障碍个体的研究也在逐渐增多，它们通常比较注重社交技能的传授；我们也会对这些研究进行介绍。概括来讲，不存在完全有效的治疗方法。对消除这些个体社交问题进行的尝试到目前为止还没有取得真正的成功。大部分治疗的重点在于改善患者的交流和日常生活技能，并减少问题行为（例如发脾气和自残）（Durand，2014）。下面，我们对部分方法进行描述，其中包括对自闭症谱系障碍患儿进行早期干预的重要工作。

心理社会治疗

早期的心理动力学治疗方法建立在自闭症谱系障碍是由不良教养方式导致的观点基础之上，因此它们鼓励自我的发展（构建出自我形象）（Bettelheim，1967）。但是，这些单纯基于自我发展的治疗方法没能对患者的生活产生积极影响（Kanner & Eisenberg，1955）；鉴于如今我们对该病的了解，这一点并不奇怪。行为主义疗法则较为成功，它们强调技能培养以及针对问题行为的行为治疗。这种方法建立在Charles Ferster和Ivar Lovaas（1961）等人的早期贡献的基础上。尽管Ferster和Lovvas的工作在过去的几十年里已经被大幅修正，但其最基本的假设——自闭症谱系障碍患者能够学习，能够被传授他们缺乏的某些技能——依然是行为主义疗法的核心。自闭症谱系障碍的治疗和智力残疾的治疗有很多相通的地方。有鉴于此，我们会重点强调一些对自闭症谱系障碍患者有针对性的治疗，主要包括交流和社会化方面。

交流和语言问题属于自闭症谱系障碍的定义性特征。此类患者当中的很大一部分人无法习得有意义的言语；他们要么不怎么说话，要么言语异常。教授患者有用的说话方式非常不容易。想想我们如何教语言——涉及最多的就是模仿。假设你教一名小女孩说"面条"这个词。你可以等上几天，直到她说出一个与此类似的发音，然后你对此给予强化。接下来，你可以花几天或几周的时间尝试使她的发音更接近"面条"，或者你直接指导她："说'面条'。"幸运的是，大多数健康的孩子都能模仿从而学会有效交流。然而，自闭症谱系障碍患儿不能或不想模仿。

让重度自闭症谱系障碍儿童有所反应是一件非常困难的事情。20世纪60年代中期，晚年的Ivar Lovaas及其同事在解决这个问题上迈出了标志性的第一步。他们采用<u>塑造</u>（shaping）和<u>辨别训练</u>（discrimination training）的基本行为矫正程序教这些不说话的儿童学会口头上模仿他人（Lovaas, Berberich, Perloff, & Schaeffer，1966）。研究者教给孩子的第一项技能是模仿他人的言语。一开始，儿童只要看着老师发出任何声音，老师就用食物和表扬强化。第一步学会后，研究者开始第二步，只有当孩子在老师提出要求（"说'球'"）后才发出声音（这种程序就是辨别训练），老师才会给予强化。一旦孩子可以在老师做出要求后稳定地发出声音，老师就采用塑造的方法，只强化那些与所要求的发音接近的发声，例如，字母"b"的声音。有时，老师会采用躯体指导来帮助儿童。比如在此例中，老师会轻轻地把孩子的两片嘴唇捏在一起来帮助其发出"b"的声音。当儿童学会正确反应后，再开始教他学习第二个词，然后重复同样的过程。持续这个过程，直到儿童能够对多种要求做出正确反应，通过复述老师说出的词或短语表现出模仿。一旦儿童能够模仿，语言学习就变得相对简单。一些患者还学会了使用名称、复数、句子以及其他更复杂的语言形式（Lovaas，1977）。

最近，另一些疗法将这种教学方式"标准化"了。它们把一对一的教学带到家庭、学校以及社区，并且试图采用更适合儿童的技术（与成人相比），即**自然主义教学策略**（naturalistic teaching strategies）。这些教学策略包括，布置一个能够激发儿童兴趣的环境（例如，把他们喜爱的玩具放在一个他们够不到的地方），以此为教学机会（例如，指导孩子说"我想要卡车"）。多种治疗方案都采用了这种手段，包括偶然学习（McGee, Morrier, & Daly，1999）、核心反应训练（Koegel & Koegel，2012）和环境教学（Hancock & Kaiser，2012）等。对于一些严重的自闭症谱系障碍患儿，这些技术有助于增加多种社交技能（例如，提出要求、与同龄人交往、联合注意技能、游戏技能）（Goldstein，2002）。然而，尽管一些儿童掌握了言语，但这些训练对另一些儿童没有效果。因此，工作人员有时会采用有声语言之外的其他方法，例如用手指图片，或采用能够大致代替儿童说话的语音输出设备（van der Meer, Sutherland, O'Reilly, Lancioni, & Sigafoos, 2012）。

自闭症谱系障碍患者最显著的特征之一是他们对他人的反应异常。社交缺陷是自闭症患者身上最为明显的问题，同时它们也是最难教的一种。目前，有多种方法被用来辅导患者的社交技能（例如，如何展开对话、如何询问他人问题），其中包括让没有自闭症谱系障碍的同龄人作为训练者，而且有证据表明，自闭症谱系障碍患者的社交技能有所改善（Durand，2014）。

Timothy 会拉小提琴、弹钢琴，还会打棒球。自闭症出现在所有的文化和种族中。

加利福尼亚大学洛杉矶分校的 Lovaas 及其同事报告了他们对幼儿进行的早期干预工作（Lovaas，1987）。他们采用集中行为疗法治疗社会沟通和社会交往问题，每周进行至少 40 小时的治疗。这种方法可以改善智力和教育功能，并且后续研究表明这种进步具有持久性（McEachin, Smith, & Lovaas, 1993）。后续针对 1~3 岁的自闭症谱系障碍患儿的早期干预包括专门针对培养联合注意和游戏技能的方案，因为这些技能的缺失是社会化问题的早期征兆。尽早关注这些技能，对于帮助这些儿童将来发展出更多复杂的社交技能有重要意义（Poon, Watson, Baranek, & Poe, 2012）。越来越多的研究表明，患有自闭症谱系障碍的幼儿（即便孩子非常小）的这些技能得到了改善（Lawton & Kasari, 2012; Wong & Kasari, 2012），而且初步的追踪数据显示，这个方法可以促进以后的言语发展（Kasari, Gulsrud, Freeman, Paparella, & Hellemann, 2012）。一些激动人心的研究表明，相比起那些没有接受治疗的自闭症谱系障碍患儿，早期的集中行为干预可以让这些儿童处于发育之中的脑功能"正常化"（Dawson et al., 2012; Voos et al., 2013）。

严重程度不高的自闭症谱系障碍患儿，不像严重程度高的个体那样通常还会表现出认知迟滞；如果给予支持，他们能够在学校中取得良好的成绩。然而，他们的社交困难以及常见的共病问题（例如，ADHD、焦虑）使得他们与同龄人和老师的交往变得十分复杂，甚至会导致破坏性行为的出现。有多种方案旨在帮助学龄期患儿提高他们在诸如适宜社会交往、问题解决、自我控制以及识别他人情绪等方面的能力，扩大他们狭窄的兴趣范围，提高他们领会俗语中的言外之意的能力（例如，知道"单身狗"并不是指狗）（Karkhaneh et al., 2010; Koning, Magill-Evans, Volden, & Dick, in 2011）。这项工作还处于初始阶段，未来研究应该让我们知道如何能够最好地提高自闭症谱系障碍个体的能力。

Temple Grandin 取得了动物学博士学位，她的专长是设计人道的牲畜管理设备。她也患有自闭症。

生物治疗

药物干预对社交和言语问题等核心症状几乎没有疗效（Durand，2014）。但又多种药理学治疗方法被用来减少患者的攻击性，其中镇静剂和5-羟色胺再摄取抑制剂最有效（Volkmar et al.，2009）。由于自闭症谱系障碍可能由多种缺陷造成，所以不可能有一种药物对所有患者都有效。目前，大多数这方面的工作关注为特定的行为或症状寻找药物治疗方法。

综合治疗

对于非常小的自闭症谱系障碍患儿，早期干预很有希望能够显著改变这种疾病的核心症状。对于大龄儿童以及那些对早期干预没有反应的儿童，治疗必须联合多种手段以触及疾病的多个方面。对于儿童，大多数疗法都包括为社会交流和社会化问题提供特殊心理支持的学校教育。行为疗法已被明确正式对此类儿童有效。药物疗法能够暂时帮助一些患者。患儿的家长也需要支持，因为与这些孩子在一起生活以及照料他们是非常不容易的，压力很大。随着自闭症谱系障碍患儿长大，有些干预方法致力于让他们融合到集体中，同时提供支持性的生活安排和工作环境。然而，因为自闭症谱系障碍患者的能力差异巨大，这些努力的结果也很不相同。一些个体能够生活在自己的公寓里，只需要少量的家属支持；而另一些具有严重认知困难的个体，则需要来自集体的更广泛的支持。

小测验 14.2

请给下列描述做出正确诊断：
A. 需要大量帮助的自闭症谱系障碍
B. 需要帮助的自闭症谱系障碍
C. 社交（实用）交流障碍

1. 很小的时候，杜特就专注于地理，能够说出美国所有州的首府。他的言语发展没有滞后，但是他不喜欢和其他小孩玩，不喜欢被拥抱和抚摸。_____
2. 6岁的基琳智商较低。她喜欢一个人坐在角落，摆玩具或是转圈。她不能进行言语交流。当她习惯的事物发生一丁点变化，或是当她的父母试图让她做一些她不喜欢的事情时，她就会大发脾气。_____
3. 6岁的梅根在交流上有许多问题。与别人讲话时，他似乎并不明白谈话的"规则"。_____

智力残疾（智力发育障碍）

智力残疾（Intellectual disability）是一种在儿童期就显而易见的疾病，表现为智力和适应功能远远低于平均水平（Toth & King，2010）。智力残疾个体从事日常活动的难度不仅反映了他们认知缺陷的严重程度，还能够体现他们受到救助的类型和数量。DSM-5针对这一障碍认定了三个领域的困难：概念（在语言、推理、知识及记忆方面的技能缺陷）、社会（例如在社会判断、建立和保持友谊能力上的问题）和实践（在自我护理或承担工作责任上的问题）（American Psychiatric Association，2013）。比起本书中你学到的其他任何一类患者来说，智力残疾个体在其整个人生中受到的待遇用"羞耻"来形容是最为贴切的（Scheerenberger，1983）。与其他障碍患者的一个明显的不同之处在于，所有年龄段的人群都鄙视这些智力功能不足的个体。以前，DSM-Ⅳ-TR采用"**心理迟滞**"（mental retardation）来称呼这些个体，但DSM-5将它改为"智力残疾"或"**智力发育障碍**"（intellectual developmental disorder），以便与业内的术语变化保持一致（American Psychiatric Association，2013）。

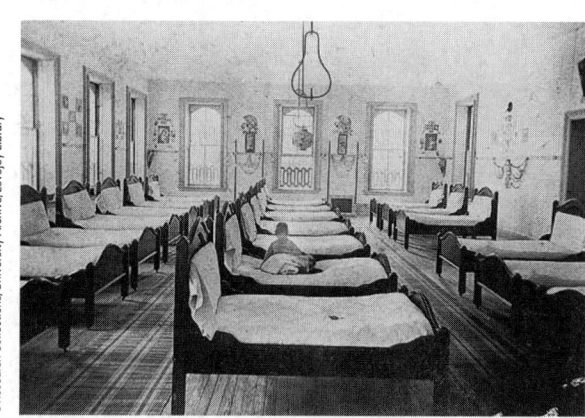

1880年左右的伊利诺伊州弱智（feeble-minded）儿童收容所。

在过去的几十年里，智力残疾领域发生了巨大而深刻的变革。各个研究团体对于智力残疾意味着什么，如何定义它，如何诊断它以及应怎样对待智力残疾个体进行了详查、讨论和争辩。因此，我们将以这一重大变革为背景介绍这种疾病，对智力残疾个体的生存现状以及我们目前对其发病原因和治疗方法的了解做出说明。

智力残疾在不同个体身上有不同的表现。一些人生活得很好，甚至可以在我们复杂的社会中独立生活。例如，Lauren Potter（一名患有唐氏综合征的女演员）在热播电视剧《欢乐合唱团》（Glee）中扮演了一名啦啦队队员。而另一些人则有严重的认知和躯体功能缺陷，需要大量帮助才能完成日常活动。看一看詹姆士的例子。

詹姆士　迎接挑战

詹姆士的母亲因为他常在学校和工作中捣乱而联系我们。詹姆士今年17岁，在当地一所高中上学。他患有唐氏综合征，大家都说他可爱，但有时会淘气。他喜欢滑冰、骑自行车以及其他多种在同龄男孩中常见的活动。他的参与欲望是他和母亲之间起冲突的部分原因。他想参加学校的驾驶课程，但他母亲觉得他会失败，他还想和一个女性朋友出去约会，这也令他母亲感到担忧。

学校管理人员对詹姆士有些抱怨，因为他不参加体育课等活动，并且经常在工作场所（工作是学校组织的一项活动）闷闷不乐，有时候还猛烈抨击上司。他们正在考虑调他到另外一个管理更严格、自由度更低的工作项目上去。

詹姆士小的时候，家里经常搬家，而不同的学区对待詹姆士及其智力残疾的方式截然不同。在一些学区内，他被马上安排到同龄孩子的班级中，并且老师会给他额外的帮助和指导。而在另一些学区，他只能接受单独教育。有的学区在当地学校里设有为智力低下儿童准备的特殊教室，而有的学区则把这类特殊教室设立在其他城镇，那样詹姆士每天需要花一个小时在往返的路上。每次在一所新学校接受测验时，评估和上一次都很相似。他的智商分数位于40到50之间，属于中等智力残疾。每所学校给他的诊断也都差不多：中等智力残疾的唐氏综合征。每所学校的老师和其他专业人员都很称职，还有一些想要帮助詹姆士和母亲尽可能过得好些的热心人士。但是，不同的学校对詹姆士的教育有不同的看法。有些学校认为，詹姆士要想学习技能，需要有专业人士参与的单独教学。有些学校表示，它们无法提供有专业人士辅导的教学。还有学校愿意在常规教室中提供同等的教育，它们认为，让詹姆士和没有智力障碍的孩子一起上课会让他受益更多。

到了高中，詹姆士有一部分学业课程是在为有学习问题的儿童单独设立的教室中上的，但同时，他也和没有智力障碍儿童一起上了部分课程，例如体育课。目前他在体育课（不参加）和工作上的不良表现（对抗）可能会使他失去参与这些课程和活动的机会。当我与詹姆士的母亲交谈时，她认为这份工作与詹姆士不匹配，他被要求去做一些无聊、重复性的任务，她对此感到非常沮丧。詹姆士也表现出类似的沮丧，说自己像个小孩子一样被对待。当他想要沟通的时候，他能够很好地与别人交流，尽管有时候他会搞不清自己想要说什么，或不能清晰地表达出来。通过对詹姆士在学校和工作中的观察，以及向他的老师了解情况，我们意识到这里有一种常见的矛盾。詹姆士抵制那些他认为太简单的工作，而老师把他的这种抵制解释为工作对他太难了，因此给他布置更简单的任务。于是，他的抵制或反抗变得更为激烈，而老师则用更多的监督和规范去对付他。

临床描述

不同的智力残疾个体会表现出不同的能力和人格。像詹姆士一样患有轻度或中度障碍的人，经过充分准备后，可以顺利进行大多数日常活动。许多人能够学会使用交通工具、购买食品杂货以及从事各种各样的工作。但对于那些更为严重的患者来说，尽管经过适当训练和帮助，他们能够具备一定的独立性，但仍有可能要在他人的帮助下才能吃饭、洗澡和穿衣服。这些个体承受着多方面的功能损伤，语言和交流技能往往是其中最显著的。詹姆士在这方面只受到了轻度的损伤，他的发音需要帮助。与之相反，有些患病严重的个体可能永远都学不会用言语来交流，他们需要其他诸如符号语言或特殊交流设备来表达自己哪怕最基本的需求。由于该病破坏了多种认知过程，智力障碍个体存在学习困难，而认知损伤的范围大小决定了他们要面对多大的挑战。

在我们考察智力残疾的特定诊断标准前，要注意一点：和我们在第 12 章中介绍的人格障碍一样，智力残疾以前属于 DSM-Ⅳ-TR 的轴Ⅱ。之所以要把这些疾病放在轴Ⅱ，首先是因为它们一般是长期性的，不好治愈的，其次是为了提请临床工作者注意，这些疾病的存在是否影响到了轴Ⅰ上的疾病。个体可以同时获得轴Ⅰ（例如，焦虑症）和轴Ⅱ（例如，轻度智力残疾）上的诊断。而 DSM-5 已不再为这些疾病设立单独的轴。

Lauren Potter 是一名患有唐氏综合征的女演员，她在热播电视剧《欢乐合唱团》中饰演 Becky Jackson。

DSM-5 诊断智力残疾的标准不再包括 IQ 得分的临界值，而以前的版本中都有这一内容。临界值在大致的描述中依然存在，但 DSM-5 的目标是减少对这些数字的强调，并用对功能的综合评价取而代之。若要做出智力残疾的诊断，个体的智力功能必须明显低于平均水平。这可以通过智力测验来确定，DSM-5 设立的临界值大约为 70。美国智力与发育残疾协会（American Association on Intellectual and Developmental Disabilities），对智力残疾有其自己的定义但也与此类似，临界分数约为 70～75。

第二个诊断标准需要个体同时表现出适应功能缺陷或受损。换句话来说，仅凭个体在智力测验中得分"接近或低于 70"不足以将其诊断为智力残疾。个体必须还要在交流、自我护理、家庭生活、社会和人际交往能力、社区资源使用、自我导向、功能性学业技能、工作、休闲、健康以及安全等方面存在严重问题。比方说，尽管詹姆士有许多长处，例如他的交流能力以及社交人际关系（他有一些好朋友）还不错，但他不像其他十来岁的孩子那样能够在诸如家庭生活、健康、安全或学习等方面管理好自己。智力残疾定义中的这一点非常重要，因为它排除了那些能够在社会中很好地生活但是出于各种原因在智力测验上表现不好的人。例如，一名母语不是英语的人可能在英文版的智力测验上得分低于 70，但是他可以和母语是英语的同龄人一样正常生活。这样的个体不会被认为患有智力残疾。

智力残疾的最后一个诊断标准是起病年龄。智力和适应能力低于平均水平这样的特征必须在个体 18 岁以前就明确显现出来。这一限定标准是为识别出那些在大脑发育过程中受到了影响的个体。18 岁的时候大脑发育基本成熟，这时所有的问题应该都已明显地表现出来了。年龄标准排除了那些由于脑肿瘤或痴呆造成的智力低下的成年人。设定为 18 岁略有点专断，但是，到了这个年龄，大多数孩子都会离开学校，社会从此把他们当作成年人看待了。

智力残疾定义的不准确性带来了一个重要问题：与其他任何一种障碍相比，智力低下也许更多是由社会定义的。IQ 临界分数 70 或 75 是基于统计学概念（距离平均数两个标准差以上），而不是基于预料中可能患有智力残疾的个体的自身特性。对于严重智力障碍患者的诊断，几乎没有异议；然而，大多数被诊断为智力残疾的个体都属于严重程度不高的认知受损。他们需要一些支持和帮助，但是要记住，对个体使用"智力残疾"这个名称的标准，部分是基于 IQ 临界值，而这些临近值能够（并且会）随着社会预期的改变而改变。

智力残疾个体的能力差异很大。几乎所有的分类体系都是按照他们的能力水平或致病原因对他们进行区分的（Holland，2012）。传统的分类体系认定了 4 个水平的智力障碍：轻度（mild），IQ 位于 50～55 以及 70 之间；中度（moderate），IQ 位于 35～40 到 50～55 之间；重度（severe），IQ 位于 20～25 到 35～40 之间；极重度（profound），IQ 低于 20～25。很难根据每个水平上个体的平均成绩来对各个水平的个体进行分类。患有重度或极重度智力残疾的个体很少具备真正的沟通技能（不会说话或只会说一两个词），他们需要大量帮助甚至完全依赖他人，才能完成穿衣服、洗澡和吃饭等事项。然而，即便如此，这些人也具有一些技能，这取决于训练和他人的支持。同样，像詹姆士一样有轻度或中度智力残疾的个体一般能够独立生存或只需要少量的监督。但他们的成就同样取决于所受的教育以及能够获得的社区支持。

美国智力与发育残疾协会给予智力残疾的分类十分富于争议性，它基于个体所需的支持或帮助的水平：<u>间歇的</u>（intermittent）、<u>有限的</u>（limited）、<u>广泛的</u>（extensive）和<u>全面的</u>（pervasive）（Thompson et al., 2009）。最重要的区别在于，在美国智力与发育残疾协会的系统中，"帮助"决定了功能水平，而 DSM-5 的分类则把个体的能力作为唯一决定因素；前者更加关注个体所需要的能够转化为训练方案的特定援助。根据 DSM-5，詹姆士会被诊断为"轻度智力残疾"；而根据美国智力与发育残疾协会系统，他可能被诊断为"在家庭生活、健康、安全和学业技能上需要有限帮助的智力残疾"。美国智力与发育残疾协会的定义强调在考虑一个人的能力和潜力时，有必要识别出他们能够得到多少帮助。

> **DSM 5　智力残疾（智力发育障碍）的诊断标准**
>
> 智力残疾（智力发育障碍）是一种在发育期起病的疾病。它包括智力和适应功能两方面的缺陷，表现在概念、社会和实践领域中。必须符合以下3项诊断标准：
>
> A. 智力功能存在缺陷，例如推理、问题解决、计划、抽象思维、判断、学校学习和经验学习，这些缺陷被临床评估及个体接受的标准化智力测验结果所证实。
>
> B. 适应功能存在缺陷，未达到对个人独立性和社会责任的发育和社会文化标准。如果没有持续支持，适应缺陷会使一种或更多种日常生活功能受限，例如交流、社会参与和独立生活，并且表现在多种环境中，例如家、学校、工作场所和社区。
>
> C. 智力和适应缺陷始于发育阶段。
>
> From American Psychiatric Association. (2013). *Diagnostic and statistical manual of mental disorders* (5th ed.). Washington, DC.

智力残疾可以按个体所需帮助的水平来定义。

统计数据

大约 90% 的智力残疾个体属于轻度智力障碍（IQ 为 50～70）。而中度、重度和极重度智力残疾个体加到一起，大约占一般人群的 2%（Cooper & Smiley, 2012）。

智力残疾是一种长期疾病，这意味着不像物质滥用或焦虑障碍那样，个体会经历缓解期。不过，这类个体的预后差别很大。给予适当的训练和支持，严重程度不高的智力残疾个体能够过上相对独立的生活。严重的智力残疾在工作和社区生活中需要更多的帮助。

20 世纪发生了一件奇怪的事情——IQ 分数升高了。这种现象被称作**弗林效应**（Flynn effect）（Flynn, 1984）。随着分数的提高，智力测验的编制者每 10 年或 20 年就要对测验进行一次调整，从而使平均分数保持在 100 分左右。对于大多数人来说，这些变化没有什么实际作用。但是，对于那些得分在智力残疾临界值上下浮动的个体，这关系到他们会不会被诊断为智力残疾（Kanaya & Ceci, 2012）。在一项研究中，当采用一套修订后的智力测试时，分数稍低于 70 分（轻度智力障碍的临界值）的人数变成了原来的 3 倍（Kanaya, Scullin, & Ceci, 2003）。这些结果说明，我们在解释哪些人有智力残疾以及哪些人没有智力残疾的时候，应当十分谨慎。

病因：生物维度

目前已知，有近数百种情况会引起智力残疾，包括环境因素（例如剥夺、虐待、忽视），产前因素（例如胎儿在子宫内暴露于疾病或药物），产中因素（例如分娩过程异常）和产后因素（例如感染或头颅外伤）。

正如我们在第11章中提到的，孕妇大量饮用酒精会让她们的孩子患上胎儿酒精综合征，该病会造成严重的学习困难（Douzgou et al., 2012）。其他会导致智力残疾的产前因素还包括孕妇感染疾病、接触化学品以及营养不良。此外，出生时缺氧、发育期营养不良以及脑外伤也能导致认知能力严重受损（Kaski, 2012）。

大多数智力残疾的病因研究都关注生物维度。下面我们就来探讨导致常见类型的智力残疾的生物原因。

遗传因素

有多种遗传因素与智力残疾的出现有关。包括染色体疾病（例如，携带一条多余的21号染色体）、单基因障碍、线粒体疾病（线粒体缺陷，线粒体是存在于大多数人类细胞中的细胞器，它负责产生细胞工作所需要的大部分能量）以及多基因变异（Kaski, 2012）。一部分严重程度较高的智力残疾个体患有可以识别的单基因障碍，包括常染色体显性基因、常染色体隐性基因或X-关联基因（存在于性染色体上）三种情形。

在我们讨论目前已知的会导致智力残疾的遗传因素前，有必要认识一点，大多数智力残疾病例找不到病理学原因（Kaski, 2012）。不过，采用先进基因分析技术的重要研究可能会发现一些先前未能检测到的基因效应。一项德国和瑞士的跨国研究在一些智力残疾起因不明的儿童身上发现了多种基因变异，包括新生突变（发生在精子、卵子或受精之后的变异）（Rauch et al., 2012）。这项工作具有重要意义。不仅因为它找到了新的智力残疾发病原因，还因为它有助于解释为什么一个孩子可以患上遗传疾病，而其父母却没有。基因变异在发育过程中的多个时间点上均有可能出现，这有助于对以往原因不明的智力残疾进行解释。

只有少数显性基因会导致智力残疾，这很可能是自然选择导致的：携带智力残疾显性基因的个体繁殖后代的可能性较小，所以他们把基因遗传给子女的概率就小，因此该基因不容易在人群中继续扩散。然而，有些人，特别是那些只有轻度智力残疾的个体，能够结婚和生育，因此他们的基因会传下去。有一种常染色体显性基因疾病，结节性硬化（tuberous sclerosis），相对少见，大约每3万名新生儿中有1名患者。约60%的该病患者有智力残疾，而且大多数患者有癫痫（大脑失控地放电），并在青春期出现似于粉刺一样的皮肤肿块（Curatolo, Bombardieri, & Jozwiak, 2008）。

下次当你喝减肥（低热量）汽水的时候，留意一下上面的警告语，如"苯丙酮尿症：含有苯丙氨酸"。这是给那些**苯丙酮尿症**（phenylketonuria，简称PKU）患者的警告。苯丙酮尿症是一种常染色体隐性基因疾病，约每1万名新生儿中有1名患者。该病的特征是患者无法代谢食物中的苯丙氨酸（Clarke & Deb, 2012）。直到20世纪60年代，大多数该病患者都有智力残疾、癫痫以及行为问题，原因是体内苯丙氨酸含量过高。然而，研究者开发出一种能够识别苯丙酮尿症的筛查技术。目前，所有新生儿都会接受例行检查，通过严格限制饮食来避免苯丙氨酸进入体内。依此方法，任何被检查出患有苯丙酮尿症的人都能够治疗成功。

如果孕妇患有苯丙酮尿症且未经治疗，会影响其胎儿的发育。目前有一种担忧：患有苯丙酮尿症的育龄女性可能不遵守她们的饮食限制，从而造成胎儿患上与苯丙酮尿症相关的智力残疾。许多医生建议终身限制饮食，特别是在育龄期间。因此，含有苯丙氨酸的食品要标注警告语（Widaman, 2009）。

莱施尼汉综合征（Lesch-Nyhan syndrome，亦称自毁容貌综合征）是X-关联基因疾病，其特征是智力残疾，有脑瘫表现（肌肉痉挛或僵硬）以及自残行为（包括咬手指和嘴唇）（Nyhan, 1978）。只有男性才会受此病影响，因为该病是由X染色体隐性基因造成的。当男性的X染色体上带有致病基因时，缺少一个正常的基因来平衡它（因为男性只有一条X染色体）。有此基因的女性是携带者，但是自己不会表现出任何症状。

随着检测基因缺陷技术的不断进步，会有越来越多的遗传疾病能被识别出来。希望知识的持续积累能够提高我们治疗或预防智力残疾和其他不良结果的能力。

染色体因素

大约在60年前，研究者确定了人类细胞中染色体的数目——46条（Tjio & Levan, 1956）。3年后,研究者发现唐氏综合征(詹姆士表现出的疾病)患者额外多了一条小染色体(Lejeune, Gauthier, & Turpin, 1959)。从那以后,我们还陆续发现了多种会引起智力残疾的染色体异常情况。在这里,我们详细介绍唐氏综合征和脆性X染色体综合征。但实际上,能够引起智力残疾的染色体异常情况高达数百种(Clarke & Deb, 2012)。

唐氏综合征(Down syndrome)是最常见的染色体智力残疾,它是英国医生Langdon Down于1866年发现的。Down尝试为智力残疾个体建立一个分类体系,根据他们与其他民族的相似性来称呼。他把患有这种障碍的个体叫作"蒙古人"(mongoloid),因为他们长得与蒙古人有些相像。"先天愚型"(mongoloidism)这个称呼使用一段时间后,被"唐氏综合征"所代替。该病是一条多余的21号染色体造成,因此也被称为<u>21三体</u>(trisomy 21)。出于某些尚未完全弄清的原因,在生殖细胞减数分裂的过程中,两条21号染色体未能分开,最终造成一个有三条21号染色体的受精卵发育为一名唐氏综合征患者。

唐氏综合征患者有特殊的面部特征,包括眼角上挑、鼻子扁平、嘴小、口腔上部平坦以致舌头外突等。除此以外,这些孩子往往还患有先天心脏畸形。悲剧的是,患有唐氏综合征的成年人患上阿尔茨海默型痴呆的风险也高(Wiseman, Alford, Tybulewicz, & Fisher, 2009)。它在唐氏综合征患者身上的发病时间比通常情况要早(有时20岁出头就发病),这提示研究者探索并发现至少有一种类型的阿尔茨海默症是由21号染色体上的基因造成的。

儿童唐氏综合征的患病率与母亲的年龄有密切关系,母亲年龄越大,她怀上患病孩子的概率越高(见图14.2)。女性20岁时只有1/2000的概率怀上一名唐氏综合征孩子;到35岁时,这个概率增加到1/500;到45岁时,概率进一步增加到1/18(Girirajan, 2009)。尽管概率如此,但更多的唐氏综合征儿童是由年轻母亲生出来的——因为年轻的母亲生了更多的孩子。目前,患病率随母亲年龄增长的原因尚未明确。有人提出,因为女性的卵细胞都是在年轻阶段产生的,所以在母亲体内存在时间

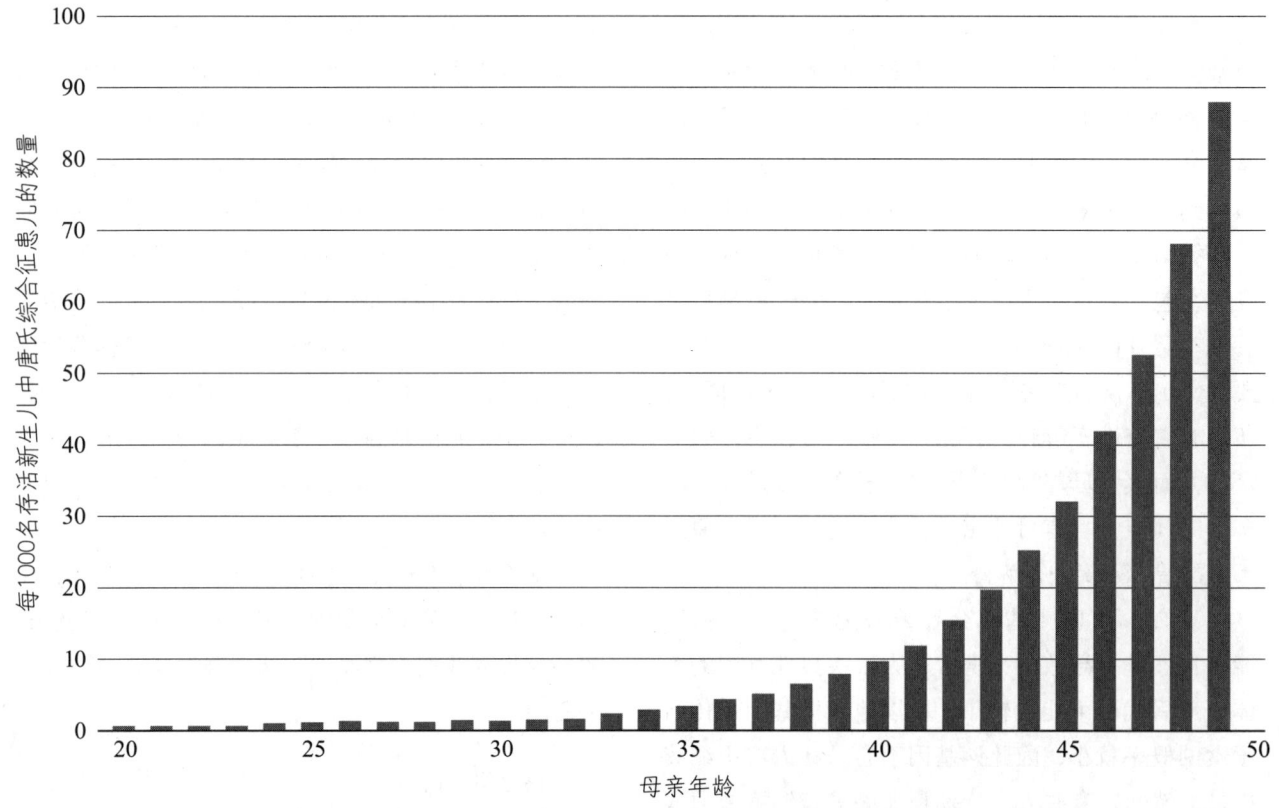

图14.2 唐氏综合征的患病率随母亲年龄的增长而升高。

Based on data from Hook, E. B. (1982). Epidemiology of Down syndrome. In S. M. Pueschel & J. E. Rynders, Eds., *Down syndrome: Advances in biomedicine and the behavioral sciences* [pp. 11–88]. Cambridge, MA: Ware Press, © 1982 Ware University Press.

越长的卵细胞越有可能接触毒素、辐射以及其他有害物质，而这种接触可能会干扰卵细胞的减数分裂，从而产生一条多余的 21 号染色体（Pueschel & Goldstein，1991）。此外，随女性年龄增大而发生的激素变化也有可能是减数分裂发生错误的一种原因（Pandya，Mevada，Patel，& Suthar，2013）。

医生通过<u>羊水穿刺</u>（amniocentesis）来检测唐氏综合征已经有一段时间了，这种方法能检测出胎儿是否存在唐氏综合征，但不能检测智力残疾的程度。羊水穿刺包括对羊膜囊内胎儿周围的液体进行取样和检查，并用<u>绒毛膜穿刺</u>（chorionic villus sampling）取出胎盘的一小块组织进行检查。这些检查并不总是可取的，因为它是一种侵入式技术（插入针头可能会对发育中的胎儿造成不必要的伤害）。目前，我们已经有了更先进的母亲血液检查方法，它早在妊娠期早期就能检测到唐氏综合征的存在（(Schmitz，Netzer，& Henn，2009）。然而，存在染色体异常并不能说明该病的最终严重程度。尽管缺乏这类信息，据估计，唐氏综合征的产前诊断会使得 25% 的家长做出流产的决定（J. Bishop，Huether，Torfs，Lorey，& Deddens，1997）。但唐氏综合征的产前检查无法向家长提供最终结果的信息。

脆性 X 染色体综合征（fragile X syndrome）是第二种常见的染色体相关的智力残疾原因（Clarke & Deb，2012）。顾名思义，这种疾病是由 X 染色体的异常造成的。这种异常使得 X 染色体的末梢看起来好像是从一根线上垂下似的，显得十分脆弱（Lubs，Stevenson，& Schwartz，2012）。和同样与 X 染色体有关的莱施尼汉综合征一样，脆性 X 染色体综合征主要影响男性，因为他们没有第二条基因正常的 X 染色体来抵消这种变异。然而，不同于莱施尼汉综合征变异基因的携带者（不表现出任何症状），携带脆性 X 染色体综合征基因的女性经常表现出轻度到重度的学习困难（Santoro，Bray，& Warren，2012）。男性患者则表现出中度到重度的智力残疾、多动、注意范围狭窄、逃避注视以及持续言语（一遍一遍重复同样的话语）。此外，他们还表现出诸如耳朵、睾丸、头围较大等躯体特征。据估计，约 1/4000 的男性和 1/8000 的女性出生时带有脆性 X 染色体综合征（Toth & King，2010）。

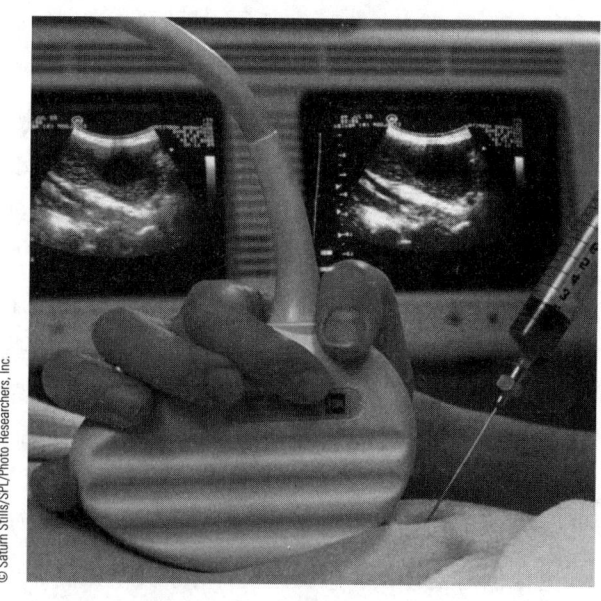

羊水穿刺可以检测出胎儿是否有唐氏综合征。在超声波图像的引导下，医生抽取用于分析的羊水。

病因：心理与社会维度

可能会引起智力残疾的文化因素包括虐待、忽视和社会剥夺。有一种情况叫作**文化家庭性智力残疾**（cultural–familial intellectual disability），这类个体的认知困难被认为是心理社会因素和生物因素共同造成的，但导致这类智力残疾的确切机制尚不清楚。幸运的是，由于儿童护理系统日渐完善，而且潜在的家庭问题可以在早期就识别出来，这类病例现在已经很少见（Kaski，2012）。

治 疗

智力残疾的生物治疗目前还不可行。总的来说，智力残疾个体的治疗与严重的自闭症谱系障碍患者的治疗类似，都需要努力教会他们能够改善其生活质量和独立性的技能。对轻度智力残疾个体的干预类似于对学习障碍个体的干预：找出和解决特定的学习缺陷，帮助学生提高诸如阅读书写等具体技能。同时，这些个体往往需要额外帮助才能在社区中生活。记住，对于那些患病更严重的个体，整体上的目标不变，只是这些人需要更全面的帮助。我们对于所有智力残疾个体的期望都是他们能够以某种方式参与社区生活、上学，然后从事一份工作，并且有机会建立有意义的社交关系。电子与教育技术的进步有助于这个目标变成现实，对于那些有极重度智力残疾的个体来说尤其如此。

通过20世纪60年代早期引入的许多创新性的行为方法，智力残疾个体可以学会多种技能。这些方法可教会哪怕最严重的智力残疾个体完成穿衣服、洗澡、吃饭和如厕等基本自我照顾程序（Durand, 2014）。一项技能被细分为多个组成部分，患者一部分一部分地学习，直到他们掌握整个技能。临床工作者用表扬和个体喜爱的物品或活动（强化物）来鼓励他们每一步的表现。我们会通过个体使用这些技能后能够达到的独立程度来评价教学效果。通常情况下，大多数个体，无论他们的残疾程度如何，都能够学会使用一些技能。

交流训练对智力障碍患者非常重要。让别人知道他们需要什么、想要什么，对于其个人满意度和参与大多数社会活动都是必要的。根据已有技能的不同，交流训练的目标也不同。对于轻度智力残疾个体，目标可能相对较小（例如，发音更清晰）或较宽泛（例如，组织对话）（Berney, 2012; Sigafoos et al., 2009）。有些个体，例如詹姆士，所具有的交流技能已经能够满足日常需要。

而对于那些重度残疾的个体，交流技能的训练极具挑战性，因为他们可能存在多种躯体或认知缺陷，使得口头交流变得非常困难或完全不可能。然而，富有创造力的研究者利用一些相对容易掌握的方法帮助他们进行沟通，包括手语（主要用于有听力残疾的人群）和**辅助交流策略**（augmentative communication strategies）。这些辅助策略可能会使用图画书，然后教个体通过用手指指向图片来做出请求，例如，通过指出杯子的图片来要水喝（Sigafoos et al., 2009）。我们还可以编写程序让多种计算机辅助设备（包括平板电脑）在个体按键时生成完整的口语句子（例如，"你能过来吗？我需要你的帮助。"）。交流技能薄弱的个体能够学会使用这些设备，而且这有助于减少他们由于不能与别人交流自己的感受而导致的挫败感（Durand, 2011）。

家长、老师和雇主常常担心，一些智力障碍个体可能会在躯体或言语上攻击别人，或伤害他们自己。随之而来的，人们对于采用什么办法减少这类行为问题产生了大量争议。其中讨论最热烈的是要不要采用体罚（Repp & Singh, 1990）。如果不使用惩罚的手段，其他同样能够减少攻击自残等行为问题的方法，主要包括教个体学会如何表达自己的需

尽管这名患者不能说话，但是他正在学习用辅助设备来交流，例如用手指出或简单地看一下能够传达其意思的图片。

要或他们对注意力等事物的渴求（因问题行为而受到关注是导致问题行为持续的常见原因之一）（Durand, 2012）。这些方法显著地减少了一些个体的行为问题，其中包括那些非常严重的，取得了重大进步。

除了确保智力残疾个体能够学会特定技能外，其照管者还要关注社区支持这项重要任务。"支持性就业"有助于个体找到并从事一份令他们满意的、有竞争力的工作（Hall, Butterworth, Winsor, Gilmore, & Metzel, 2007）。研究显示，智力残疾个体不仅能从事一份有意义的工作，而且，用于支持性就业的投资与回报也是划算的（Sandys, 2007）。尤其重要的是，能够让个体感觉到他们是对社会有用的一分子，这种收益是无穷的。

人们对于应该教智力障碍个体学些什么，已经基本达成了一致的看法。然而，对于教学应该在哪里展开，近年来一直存在争议。对于智力残疾个体，

通过参加为特定学习障碍人群设立的培训，这名患有唐氏综合征的年轻人学会了谋生技能。

特别是那些比较严重的，是应该在特别设置的单独教室或工作坊里进行教育，还是应该去附近的公立学校上学，还是应该在当地企业里就业？目前，支持这些个体的教学越来越多地在常规教室里展开，教学目的也越来越注重帮他们做好到社区里工作的准备（Foley, Dyke, Girdler, Bourke, & Leonard, 2012）。目前的预防和治疗措施表明，智力残疾人群能够让自己的生活实现有意义的改变。

预防神经发育障碍

本章介绍的预防神经发育障碍的措施都还处于草创阶段。我们已经讨论过对自闭症谱系障碍的早期干预，这些干预措施为部分患儿带来了很大的希望。此外，早期干预能够锁定并且帮助那些因为环境不良而很可能患上文化家庭性智力残疾的儿童（Eldevik, Jahr, Eikeseth, Hastings, & Hughes, 2010）。"国家先导计划"（National Head Start）是这类致力于早期干预的项目之一。它联合教育、医疗、社会支持等资源，帮助这些孩子以及他们的家庭。有一个研究项目识别出了一组刚出生不久的智力残疾个体，向他们提供集中的学前教育，以及医疗和营养援助。干预一直持续到儿童开始在学前班接受正规教育（Martin, Ramey, & Ramey, 1990）。研究者发现，对照组（只接受医疗和营养援助但没有接受集中学前教育）中除一名儿童外，其余所有被试在 3 岁时的 IQ 得分都低于 85，而实验组中所有孩子在 3 岁时的智商分数都高于 85 分。这一结果意义重大，它说明发育障碍儿童及其家属的生活可以得到长远的改善（Engle et al., 2007）。

尽管如果在人生早期就开始干预，许多孩子看起来都能取得明显的进步（Eldevik et al., 2010），但是关于早期干预措施还存在许多重要问题。例如，这些措施并非对所有患儿都有效，未来的研究需要解决多方面的担忧。比方说，研究者需要弄清如何能够识别出将受益于这些干预措施的儿童和家庭，干预应该从儿童的哪个发育阶段开始，这些早期干预应该持续多长时间才能产生预期结果，等等。

鉴于基因筛查技术的持续进步，也许有一天，我们能检测甚至矫正基因和染色体异常。正在进行的有关研究可能会从根本上改变我们治疗神经发育障碍的方法。例如，一项研究采用经过基因改造的小鼠来模拟许多智力残疾个体所患有的脆性 X 染色体综合征（Suvrathan, Hoeffer, Wong, Klann, & Chattarji, 2010）。研究者发现，他们可以通过药物阻断小鼠杏仁核内某些谷氨酸受体，以此提高这些受体的功能水平。药物使神经元之间的运转更加趋近正常，从而可能为脆性 X 染色体综合征患儿提供早期的医疗干预（Krueger & Bear, 2011; Suvrathan, Hoeffer, Wong, Klann, & Chattarji, 2010）。也许有一天，针对那些被识别出患有智力残疾相关综合征的胎儿，类似的措施在产前就能进行。例如，产前基因疗法也许不久就将问世。这种疗法在产前实施干预，干预的对象是被筛查出患有遗传疾病的发育中的胎儿。然而，前路依然充满挑战。

小测验 14.3

请写出下列个体的智力残疾程度（轻度、中度、重度、极重度）以及所需帮助的水平（间歇的、有限的、广泛的、全面的）。

1. 凯文的 IQ 是 20。他所有的基本需求都需要帮助，包括穿衣服、洗澡、吃饭。_____, _____
2. 亚当的 IQ 是 45。他生活在一个人员配备齐全的集体之家，在多种任务中都需要大量帮助。他刚开始接受一份工作的职业训练。_____, _____
3. 杰西卡的 IQ 是 30。她生活在一个人员配备齐全的集体之家，在那里她接受了基本的适应与交流技能训练。随着时间过去，她有所进步，能够通过手指或眼神注视来进行交流。_____, _____
4. 乐多的 IQ 是 65。他住在自己家里，平时正常上学，准备毕业后参加工作。_____, _____

争议 DSM

失去了一个重要名称

DSM-5 中讨论最多、争议也最大的变化之一是取消了 DSM-Ⅳ 中"自闭症"和"阿斯伯格症"两类单独的疾病。DSM-5 把与自闭症有关的各个诊断归为一类,其背后的原因在于自闭症谱系障碍可以明确地与其他疾病区分开来,但是这个类别内部的各项诊断却存在很大的分歧(Frazier et al., 2012; Rutter, 2011b)。换句话说,我们并不是总能明确地区分出一个人是患有轻度自闭症还是患有阿斯伯格症。他们的社交技能都有普遍缺陷,他们的行为模式都很局限。因此有人提出,这些疾病的主要差异在于症状的严重程度、语言水平以及智力缺陷水平的不同,因此应当被归为同一种严重程度不同的自闭症谱系障碍。

首当其冲的问题是,一些先前符合 DSM-Ⅳ 诊断标准的个体可能不符合 DSM-5 的新标准,因此医院可能不会为这些人提供治疗。研究者考察了获得 DSM-Ⅳ 自闭症或相关疾病诊断的个体中有多少人符合新的自闭症谱系障碍诊断标准(McPartland, Reichow, & Volkmar, 2012)。最初的研究结果引起了轩然大波,因为近 40% 的个体没有满足 DSM-5 的诊断标准。尽管后来分析发现这个数字可能并没有这么大。例如,一项研究报告该数字约为 9%(Huerta, Bishop, Duncan, Hus, & Lord, 2012)。但不可否认,的确有一些人不再有资格接受他们需要的治疗。

另外,许多先前被诊断患有阿斯伯格症的人感到合并诊断后他们丧失了一部分独特性(Pellicano & Stears, 2011)。许多接到阿斯伯格症诊断的人并不感到自卑或难堪,而是欣然接受了他们与常人的差异。有些个体提倡用"神经多样性"来看待这种差异,或只是把他们的"疾病"看作是感知世界的方式不同,而不是不正常(Armstrong, 2010; Singer, 1999)。实际上,拥有这个称号的个体有时甚至自豪地使用"阿斯伯格"一词(Beardon & Worton, 2011),没有这种疾病的人被称为"普通神经"——带有贬义。尽管 DSM-5 取消了阿斯伯格症,但是这个群体中的部分患者仍会骄傲地坚持使用这种称号。

本章小结

神经发育障碍概述

- 发展性心理病理学研究的是疾病如何产生以及如何随时间变化。这些变化常常遵循一个模式,即儿童先掌握一项技能,然后再去学习下一项技能。这一点非常重要。它意味着早期技能的习得如果遭到破坏,就会对后来技能的发展产生影响。

注意力缺陷/多动障碍

- 注意力缺陷/多动障碍患者的主要特点是注意力不集中(例如,难以专心完成学业或工作任务),冲动和多动。这些缺陷会严重影响个体的学业成就和社会关系。

特定学习障碍

- DSM-5 把特定学习障碍描述为,学习成绩远远低于就个体的年龄、智力和教育条件而言应该到达的水平。这一障碍可以表现为阅读困难、书面表达困难或数学困难。

- 交流与运动障碍似乎与特定学习障碍有密切联系,主要包括儿童期起病的流畅性障碍(口吃)、语言障碍和抽动秽语症。

自闭症谱系障碍

- 所有的自闭症谱系障碍患者都在言语、社交以及认知加工上存在问题。这不是一个较小的问题(如特定学习障碍),而是一种会对个体如何生活以及如何与他人交往产生严重负面影响的情形。
- 自闭症谱系障碍是一种儿童期疾病，它以社会交流技能的严重损伤以及狭隘、重复的行为、兴趣或活动模式为特点。这种疾病不是由一种因素造成的，而是多种生物因素连同心理社会效应共同引发异常表现。
- 采用早期干预方法改善患有自闭症谱系障碍的幼儿的长期生活质量已经取得重大进展。大龄儿童的治疗包括针对社会交流缺陷以及狭隘和重复的行为、兴趣或活动模式进行行为干预。

智力残疾
- 智力残疾的定义包括三个部分：智力功能显著低于平均水平，同时伴有当前适应功能的缺陷或损伤，起病于18岁之前。
- 唐氏综合征是因多出了一条21号染色体而导致的一种智力残疾。通过羊水穿刺可以检测胎儿是否患有唐氏综合征。
- 另外两种智力残疾包括：脆性X染色体综合征，由X染色体末端异常造成；文化家庭性智力残疾，由不良的环境状况造成，相对罕见。

小测验答案

14.1
1. C 2. A 3. D 4. A

14.2
1. B 2. A 3. C

14.3
1. 极重度，全面的 2. 中度，有限的
3. 重度，广泛的 4. 轻度，间歇的

探索神经发育障碍

出现在人生早期，干扰正常发育进展的一类障碍。
- 打断或阻碍个体习得某种技能，进而干扰了接下来应掌握的另一种技能。
- 了解特定障碍究竟影响了哪种技能十分关键，它是我们发展出相应干预措施的前提。

认知
语言
社会化

婴儿期　　　　　儿童期　　　　　青少年期

神经发育障碍的类型

类型		临床描述	病因	治疗
注意力缺陷/多动障碍（ADHD）		■ 注意力不集中、多动、冲动 ■ 影响学业和人际关系 ■ 随着个体逐渐成熟，症状可能发生改变，但问题依然存在 ■ 男孩的患病率高于女孩	■ 遗传因素 ■ 异常的神经基础 ■ 可能与母亲吸烟有关 ■ 来自他人的负面反应会导致低自尊	■ 生物（药物）治疗 　—提高顺从性 　—减少负面行为 　—药效不会长期持续 ■ 心理（行为）治疗 　—目标设定及强化
特定学习障碍		■ 阅读、书面表达和数学能力低于其IQ、年龄和教育水平 ■ 可能伴有ADHD	■ 理论涉及遗传、神经生物和环境因素	■ 教育干预 　—基本加工 　—认知和行为技能

		类型	临床描述	治疗
交流与运动障碍 与学习障碍密切相关。表面上看来无关紧要，但实际上它们在人生早期出现会造成以后的多种问题。	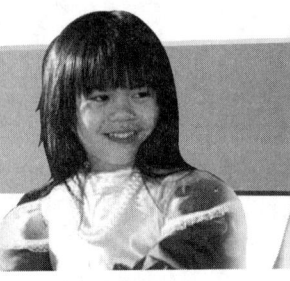	儿童期起病的流畅性障碍	言语缺乏流畅性（重复音节或词汇、延长某些发音、明显的停顿）	■ 心理治疗 ■ 药物治疗
		语言障碍	所有场合下的言语都不多	■ 心理治疗 ■ 某些个体可能自行痊愈
		社交（实用）交流障碍	在言语与非言语的社交方面都存在困难	■ 心理治疗
		抽动秽语症	不自主的神经肌肉运动（抽动）或发声（例如咕噜咕噜声）	■ 心理治疗 ■ 药物治疗

自闭症谱系障碍

	临床描述	病因	治疗
	■ 社会沟通严重受损 ■ 狭隘、重复的行为、兴趣或活动模式 ■ 症状一般出现在3岁以前 ■ 严重程度大不相同,重者缺乏基本的沟通技能,轻者能与人交谈但难以建立和维持有意义的社会关系	■ 暂无确定结论 ■ 包含若干生物因素 —基因成分 —脑损伤成分(认知缺陷)与心理社会因素相结合	■ 注重行为 —交流 —社会化 —生活技能 ■ 融入学校 ■ 药物只能暂时起到一定帮助

智力残疾(智力发育障碍)

	临床描述	病因	治疗
	■ 智力和适应能力显著低于平均水平 ■ 语言和沟通能力缺陷 ■ 分为轻度、中度、重度和极重度,其中轻度患者约占90%	■ 已知致病原因高达数百种 —基因 —产前 —产中 —产后 —环境 ■ 近75%的病例找不出明确的原因	■ 生物干预无效 ■ 行为干预方法与自闭症谱系障碍类似 ■ 预防 —基因检测 —生物筛查 —母亲护理

神经认知障碍

神经认知障碍概述

谵妄

    临床描述和统计数据

    治 疗

    预 防

重度和轻度神经认知障碍

    临床描述和统计数据

    阿尔茨海默症导致的神经认知障碍

    血管性神经认知障碍

    导致神经认知障碍的其他医学情形

    物质／药物诱发的神经认知障碍

    神经认知障碍的病因

    治 疗

    预 防

第 15 章

学习目标

- 使用科学的推理方式来解释行为
- 使用创新思维和整合性的思维及问题解决
- 描述采用基于本专业领域的问题解决方式而产生的实际应用

- 能够鉴别出行为解释所具有的基本的生物、心理和社会成分（例如，推论、观察、操作化定义和解释）（APA SLO 1.1a）。
- 以操作定义的方式对于问题加以描述从而能够对它们进行实证研究（APA SLO 1.3a）。
- 正确地鉴别出行为和心理过程的前因和后果（APA SLO 5.3c）。
- 描述相关的心理学原理在日常生活中的应用实例（APA SLO 5.3a）。

*本章内容涵盖美国心理学会（APA，2012）建议的学习目标，旨在为心理学专业本科生提供指导。目标及建议学习成果（SLO）由APA定义。

有关大脑及其在心理病理学中作用的研究正在迅速增长；在本书中，我们已经介绍了不少这方面的最新进展。本书讨论的所有疾病都以某种方式受到大脑的影响。例如，神经递质系统的微小变化就能明显地影响情绪、认知以及行为。不幸的是，大脑有时会受到极其严重的伤害，犹如晴天霹雳般造成戏剧性的巨大改变。在本书的早期版本中，这一章的写作基调非常忧郁，原因在于那时我们还十分缺乏对这些认知障碍的了解，而它们又影响着心理功能的方方面面。通常情况下，患者预后不良，使我们得出了悲观的结论。然而，大量新近的研究结果让我们开始对未来变得乐观。例如，我们过去经常认为，神经元一旦死亡，没有任何其他替代方法。然而，现在我们知道即使是衰老的大脑，其中的脑细胞也能够再生（Stellos et al., 2010）。在这一章里，我们将审视这些针对脑疾病的振奋人心的新成果，它们与人类的学习、记忆和认知过程息息相关。

神经认知障碍概述

一般认为，智力残疾和特定学习障碍从出生时就存在（见第14章），而大多数神经认知障碍的发病要晚得多，它们在生命的晚期才出现。本章主要介绍两类认知障碍：谵妄，以意识迷惘和失去定向为表现的一种疾病，通常是暂时性的；轻度或重度认知神经障碍，以多种认知能力的逐渐衰退为标志的一种渐进性疾病。

DSM-5把这两种障碍统称为"**神经认知障碍**"（neurocognitive disorder），其中体现了我们对它们认识的转变（American Psychiatric Association, 2013）。在DSM的早期版本中，它们与情感、焦虑、人格、幻觉以及妄想障碍被统称为"器质性精神障碍"。"器质"一词指存在脑损伤或脑功能障碍。然而，"器质性精神障碍"中包含的疾病种类太多以至于这种分类失去了意义。因此，在DSM的改革进程中，传统的器质性障碍——谵妄、痴呆、遗忘等被放到一起，而器质性的情感、焦虑、人格、幻觉以及妄想障碍，则被各自归入与它们有相似症状的分类中（如心境和焦虑障碍）。

"器质"一词被弃用后，理论家们开始着重于为谵妄、痴呆以及遗忘障碍取一个更加恰当的名称。DSM-Ⅳ把它们称为"认知障碍"，因为其主要特征在于记忆、注意、知觉、思维等认知能力的下降。尽管精神分裂症谱系障碍、自闭症谱系障碍以及抑郁也涉及认知问题，但认知方面的困难并非它们的主要特征（Ganguli et al., 2011）。但是，"认知障碍"这个名字也有问题，因为智力残疾和特定的学习障碍中也包括了严重的认知功能下降，但这种认知障碍出现的时间显然过早，不同于首次表现在老年人身上的认知障碍。最终，DSM-5采用"神经认知障碍"这个新名字来指代多种痴呆和记忆问题，并区分了"重度"和"轻度"亚型。DSM-5保留了"谵妄"这个名称（American Psychiatric Association, 2013）。之所以采用这种新的分类方法，是因为个体表现出来的不同类型的痴呆和遗忘之间有相互重叠的地方；一个人实际上可能有多种神经认知问题（Ganguli et al., 2011）。

在此，我们有必要阐明为什么要在变态心理学教科书中讨论神经认知障碍。神经认知障碍有明确的器质原因，你可以说它们完全属于医学问题。然而，你会发现，神经认知障碍常常会使个体的行为和人格发生重大变化。患者常常出现强烈的焦虑和抑郁，这在重度神经认知障碍患者身上表现尤为明显。此外，患者还经常变得偏执、极度亢奋和富于攻击性。家属和朋友也深受这种变化的影响。设想如果你的爱人完全变了一个人，经常记不起你是谁，记不起你们曾经在一起的时光，你会有多么的难过。因此，在该领域中，精神健康专家主要关注认知能力、行为、人格的退化以及这些变化对他人的影响。

谵妄

谵妄（delirium）的特征是在几个小时或几天内出现意识和认知困难。它是最早被识别的精神障碍之一；早在2400多年前，就有对谵妄病例的文字记载（Solai, 2009）。来看一下J先生的故事。

> **J先生　突如其来的痛苦**
>
> 一位老先生J被送到了医院急诊室里。他不知道他自己的名字，有时甚至连身边的女儿也不认识。他看起来十分迷茫、不知所措，还有一点焦躁。他说话不清晰，也不能集中注意力去回答哪怕最基本的问题。J先生的女儿说，这种情况是从昨天晚上开始的，在此后的大部分时间里，他一直保持觉醒，惶恐不安，而且今天看起来似乎更恍惚了。她告诉护士，这种表现对她父亲来说是不正常的，她非常担心父亲是"老糊涂"了。她还提到，父亲的医生刚给他换了一种降压药，也许是这种药导致了父亲的痛苦。J先生最终被诊断为患上了物质诱发的谵妄（对新药的一种反应），停止用药后，他的症状在两天内出现了明显好转。

在多数大城市医院的急诊室里，每天都上演着类似的故事。

临床描述和统计数据

谵妄患者的临床表现是神志恍惚、失去定向、与周围环境失去联系。即便面对最简单的任务，他们也无法集中和保持注意力。记忆和语言功能也受到严重损害（Meagher & Trzapacz, 2012）。例如，J先生不仅仅困惑迷茫，还不能记起最基本的事实（例如，他自己的名字）；同时，他说话也有困难。如你所见，谵妄的症状不是一个逐渐进展的过程，而是在几个小时或几天内突然出现的，并且症状表现在一天之内也会发生多种变化。

据估计，谵妄在被送往紧急护理机构（例如急诊室）的老年人中约占20%（Meagher & Trzapacz, 2012）。它在老年人、正在接受治疗的个体、癌症患者以及艾滋病患者中的患病率最高。谵妄较快就能得到缓解，因此以往普遍认为它只是一个暂时性问题。然而，近期的研究工作表明，谵妄的影响可能具有一定持久性（Cole, Ciampi, Belzile, & Zhong, 2009）。一些患者持续在有症状和无症状之间徘徊，还有一些患者会发生晕厥，甚至死亡。医学专家对此越来越担忧。由于长寿的老年人越来越多，有专家建议把谵妄（连同心率、呼吸、体温和血压）作为医生为老年人做常规检查的重要指标（Flaherty et al., 2007）。

许多能够损伤脑功能的医学情形都与谵妄有关，包括：药物与毒物中毒，药物戒断（例如酒精、镇静剂、安眠药、抗焦虑药等），感染，脑外伤以及其他多种类型的脑部创伤（Meagher & Trzapacz, 2012）。DSM-5在谵妄的亚型中指明了其产生的一些原因。J先生接到的诊断——物质诱发的谵妄——以及其他没有明确类型的谵妄都涉及个体在注意力的指向、集中、保持以及转移方面的困难。毒品消费的增加尤其引人关注，因为这类物质能够引发谵妄（Solai, 2009）。

不合理用药也会引起谵妄，而且该问题在老年群体中尤为严重，因为他们服用的处方药往往比其他年龄段人群要多。此外，老年人不能像年轻人一样把药物及时有效地代谢掉，这进一步增加了他们的用药风险。因此，由药物副作用导致的住院治疗在老年群体中发生的数量比其他年龄群体高出

谵妄的诊断标准

A. 注意力紊乱（即指向、集中、保持或转移注意力的能力下降）和意识紊乱（对环境定向能力下降）。

B. 紊乱历时短暂（通常几个小时到几天），表现出注意和意识基线水平的变化，其严重程度在一天内常常有波动。

C. 伴有认知紊乱（例如，记忆、言语、视空间能力或知觉受损）。

D. 诊断标准A和C中的紊乱用其他先前存在的、已经确认的或正在发展中的神经认知障碍无法更好地解释，也不是在觉醒水平严重降低（如昏迷）的情况下发生的。

E. 有病史、体检或化验结果的证据表明，此种紊乱是其他医学情形、物质中毒或戒断、接触毒物或多种病因同时作用的直接生理结果。

From American Psychiatric Association. (2013). *Diagnostic and statistical manual of mental disorders* (5th ed.). Washington, DC.

近6倍不足为奇（Olivier et al., 2009）。谵妄还被认为是导致多数老年人致残性尾骨骨折摔伤的原因（Stenvall et al., 2006）。尽管老年群体的用药状况目前得到了一定改善，医生在给老年人开药时，开始重视药量以及同期使用多种药物的问题，但是不恰当的用药还是会产生严重的副作用，包括导致谵妄症状（Olivier et al., 2009）。不过，由于疾病与药物的组合方式多种多样难以穷尽，所以现在还很难为谵妄产生的具体原因下定论（Solai, 2009）。

正在发高烧或是服用特定药物的儿童也有可能谵妄发作（但经常被误以为不听话）（Smeets et al., 2010）。它在痴呆的发病过程中也经常出现；多达50%的痴呆患者至少出现过一次谵妄（Kwok, Lee, Lam, & Woo, 2008）。由于上述大多数医学情形都能得到治疗，所以谵妄经常在较短时间内就可以好转。不过，大约在1/4的病例中，谵妄预示着生命的终点（Wise, Hilty, & Cerda, 2001）。非医学情形也能诱发谵妄。年龄本身就是一个重要的因素。老年人更容易发生由于轻度感染或更换新药导致的谵妄。睡眠剥夺、木僵以及过度应激也能导致谵妄（Solai, 2009）。

通过比较有/无谵妄个体的脑功能，研究者已经开始了解这种注意力障碍的内在机制。在一项研究中，研究者采用功能性磁共振成像（fMRI）扫描了谵妄发作时和发作后的大脑活动。他们发现，谵妄会持续性地破坏某些脑功能的连接（背外侧前额叶与后扣带回皮质之间），而另一些连接的破坏是可逆的（例如丘脑与网状激活系统）（S.-H. Choi et al., 2012）。尽管这类研究对谵妄的治疗和预防可能有重要作用，但是它们有着潜在的伦理问题。例如，正受谵妄困扰的个体无法亲自提供参加实验的知情同意书，因此只能争取他人（如配偶或亲属）的同意。而且，fMRI检查的过程会令许多人感到焦虑，这可能使得已经茫然失措的患者更加恐惧（Gaudreau, 2012）。

治 疗

对于由戒断酒精或其他药物引起的谵妄，通常采用氟哌啶醇或其他抗精神病药物治疗。感染、脑外伤和肿瘤在给予必要合理的医学干预后，其伴发的谵妄通常可以消失。氟哌啶醇或奥氮平也被用于治疗原因不明的急性谵妄（Meagher & Trzapacz, 2012）。

治疗谵妄患者的首推方法是心理社会干预。采用这种非医学疗法的目的是为了抚慰患者，帮助其应对焦躁、不安以及谵妄产生的幻觉。熟悉的个人物品（比方说家庭照片），能让躺在医院里的病人感到安慰（Fearing & Inouye, 2009）。让病人参与所有治疗决策可以让他们保有一定控制感（Katz, 1993）。这种心理社会治疗能够帮助个体应付困扰期，直到医生找出致病原因并实施处置（Breitbart & Alici, 2012）。有证据表明，这种类型的支持还能延迟老年人进入社会收容机构的时间

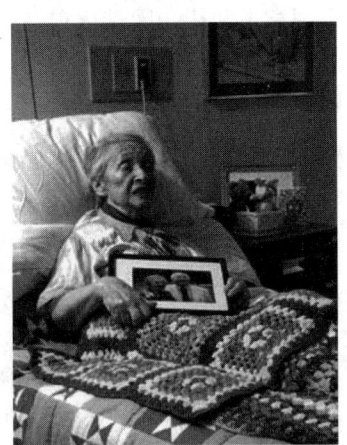

有私人物品在身边常常能让住在护理机构的谵妄老人感到安慰。

（Rahkonen et al., 2001）。

预防

预防措施对谵妄易感人群最有效。正确的医疗保健和用药监控对谵妄的预防有重要作用（Breitbart & Alici, 2012）。例如，参加管理式医疗护理与进行用药咨询的老人数目越多，老年群体使用处方药的合理程度也会越高（U.S. General Accounting Office, 1995）。

小测验 15.1

请选择合适的词填到下列句子里：
A. 记忆　　B. 原因　　C. 咨询
D. 神志恍惚　E. 老年　　F. 创伤

1. 管理式护理以及用药_____能够有效预防老年人谵妄。
2. 谵妄的治疗方法取决于其发作_____，可能包括药物、心理社会干预，或二者相结合。
3. 谵妄严重影响个体的_____，使个体很难完成例如回忆自己名字这样的任务。
4. _____群体患上由于用药不当造成的谵妄的风险最高。
5. 多种脑部_____，例如头颅外伤或感染，都与谵妄有关。
6. 谵妄患者看起来_____，或与外界环境失去联系。

重度和轻度神经认知障碍

很少有事情比有一天你可能认不出自己的爱人，不能完成最基本的任务，但却能够强烈地意识到自己的头脑不行了更可怕。当家庭成员表现出这些迹象时，成年子女起初倾向于否认他们的父母有任何问题，而更愿意为他们不断退化的功能找出各种借口（例如，"我也经常忘事"）。**重度神经认知障碍**（major neurocognitive disorder）以前被称为**痴呆**（dementia），指的是脑功能的逐渐衰退，它会影响记忆、判断、语言以及其他高级认知过程。**轻度神经认知障碍**（mild neurocognitive disorder）是 DSM-5 新设立的一种诊断，主要涵盖认知能力下降的早期阶段。此时，个体的认知功能虽然有一定程度的减弱，但是采取某些适应性的方法（例如，把待办事项列成清单或制定详细的日程表），他们还可以独立生活。

重度神经认知障碍的诊断标准

A. 一项或多项认知功能相比以往有明显下降（复合注意、执行功能、学习和记忆、语言、感知—运动以及社会认知），表现为：
  1. 当事人、资深信息来源或临床医生产生了认知功能明显下降的担忧。
  2. 认知表现大幅度下滑；最好通过标准化神经心理测验证实，如果没有此类测验，可采用其他有效的临床评估。
B. 此种认知缺陷影响了个体的日常生活独立性（只有在别人的帮助下才能完成复杂、工具性的日常生活活动，例如付款或吃药）。
C. 此种认知缺陷不只在谵妄发作的时候存在。
D. 此种认知缺陷用其他精神障碍无法更好地解释（例如重性抑郁、精神分裂症）。

注明是否由于：

阿尔茨海默症
额颞叶退行性病变
路易小体疾病
血管疾病
创伤性脑损伤
使用物质/药物
人类免疫缺陷病毒（HIV）感染
朊病毒病
帕金森氏症
亨廷顿氏症
其他医学情形
多种病因
不明确

From American Psychiatric Association. (2013). *Diagnostic and statistical manual of mental disorders* (5th ed.). Washington, DC.

轻度神经认知障碍的诊断标准

A. 一项或多项认知功能相比以往有一定程度的下降（复合注意、执行功能、学习和记忆、语言、感知—运动以及社会认知），表现为：
   1. 当事人、资深信息来源或临床医生产生了认知功能轻度下降的担忧。
   2. 认知表现有一定程度下滑；最好通过标准化神经心理测验证实，如果没有此类测验，可采用其他有效的临床评估。

B. 此种认知缺陷没有影响到个体日常生活的独立性（个体仍然可以完成复杂、工具性的日常生活活动，例如付款或吃药，但是完成起来比较吃力，需要代偿策略，或适应调整）。

C. 此种认知缺陷不只在谵妄发作的时候存在。

D. 此种认知缺陷用其他精神障碍无法更好地解释（例如重性抑郁、精神分裂症）。

请注明是否由于：

阿尔茨海默症
额颞叶退行性病变
路易小体疾病
血管疾病
创伤性脑损伤
使用物质／药物
人类免疫缺陷病毒（HIV）感染
朊病毒病
帕金森氏症
亨廷顿氏症
其他医学情形
多种病因
不明确

From American Psychiatric Association. (2013). *Diagnostic and statistical manual of mental disorders* (5th ed.). Washington, DC.

导致神经认知障碍的原因包括许多会对认知能力产生负面影响的医学情形以及毒品或酒精滥用。其中一些原因导致的神经认知障碍在原发疾病（例如，感染或者抑郁）得到治疗后通常会好转。而另一些，例如阿尔茨海默症导致的神经认知障碍，到目前为止还是不可逆的。尽管谵妄和神经认知障碍可能会并发，但是与谵妄的急性起病相反，神经认知障碍是一个渐进过程。神经认知障碍患者在早期阶段还不会表现出像谵妄病人一样的失定向或恍惚。但是，同谵妄一样，神经认知障碍也有着众多起因，包括各种脑创伤如中风（血管损伤）、梅毒和艾滋病等传染病、严重头颅外伤、接触某些毒素或毒性物质、帕金森氏症、亨廷顿氏症以及最常见的导致痴呆的原因——阿尔茨海默症。让我们来看看帕特·萨米特的经历。她是有史以来最成功的美国大学体育协会（The National Collegiate Athletic Association，NCAA）篮球教练，于1974—2012年执教于田纳西州女子篮球队，共赢得了1098场比赛，直到由于阿尔茨海默导致的神经认知障碍迫使她不能再全职工作。她勇敢地记录了她患病后的感受。

根据多项检查结果——神经心理测试、显示其有部分脑损伤的磁共振成像检查结果、显示其脑脊液中存在beta淀粉蛋白的脊柱穿刺检查结果——帕特的神经内科医生得出结论：她患有早发性阿尔茨海默症导致的神经认知障碍。处于像她一样的衰退阶段的个体的病情会继续恶化，最终可能会死于疾病的并发症。

临床描述和统计数据

尽管所有认知功能最终都会被破坏，但神经认知障碍在渐进过程中可能表现出不同的症状，这取决于个体及起病原因。在初始阶段，记忆衰退通常被认为是不能记录正在发生的事件。换句话说，个体能够记得怎样讲话，也能记得多年前的事，但是却很难记住最近一个小时里发生的事情。例如，帕特能够生动地回忆自己的童年，但却想不起来去一个熟悉的地方要往哪个方向转弯。

帕特找不到回家的路，是因为神经认知障碍患者的空间视觉（visuospatial）能力受到了伤害。失认症（agnosia），不能识别和命名物体，是最常见的一种症状。面孔失认症（facial agnosia），不能识别哪怕熟人的面孔，这对家属来说极其痛苦。记忆、计划和抽象思维的损伤会引起智力功能的总体减退。

可能部分由于神经认知障碍患者意识到自己的智商在下降，他们的情绪也会发生变化。常见的副

勇气与决心

57岁的帕特·萨米特曾是一位非常成功的篮球教练和母亲,但现在她的记忆力开始丧失。

朋友开始问我:"你的记性是不是出问题了?"最终,我承认了。"有时候我头脑里一片空白。"我开始怀疑,然后有点恐惧。我躺在床上直到日上三竿才起床,这可不像我。我一直都是一匹脱缰的野马,最早起来,精力也最旺盛。平时我比同事们上班都早,但是现在我开始害怕去办公室。(p.11)

尽管存在认知问题,但在疾病的最初阶段,并非所有的记忆都消失了。她用她还能回忆起来的事情拉开回忆录的帷幕。

我记得在田纳西山的一个小沙龙里,一位男招待挤压瓶子直接把酒喷入顾客的嘴里。我记得有一次我给其他教练讲课,在自由提问阶段,一个人举手问我对于"执教女性"是否有什么建议。我记得我狠狠地瞪了他一眼,然后放松下来翘起嘴角说:"不要担心执教'女性'的问题,你好好教'篮球'就行"。(p.6)

我记得儿子出生的那个晚上。医生把他放在我的怀里,我对他说:"你好,泰勒,爸爸妈妈一直在等你。"

她能够想起多年前发生的重要事件,但却难以记住近期的经历和事实。她开始继续描述一些她记不起来的事情。

有的时候,当我睁开眼,我记不起来自己在哪。那时我感到迷茫紧张,我需要躺在那,直到我想起来为止。

有的时候,别人问我问题,但我回答着回答着就忘了问题是什么了,它像一条线从我的指尖滑过去。

我努力记住方向。有的时候,在我正朝着一个自己应该知道的地方开车的时候,我不得不问路:"从这里我应该往走转,还是往右转?"

我常常忘记自己住在宾馆的哪个房间,也忘记与人会面的时间。(p.7)

许多表现出这些认知困难的人都把这些初期的经历说得令人毛骨悚然。然而,帕特以她的坚定意志而著称;以前在篮球场上,现在在与阿尔茨海默症的斗争中都是如此。她对自己的诊断和医生的建议表现出让人难以置信的勇气和力量。

我发病的时候只有57岁。事实上,医生认为这种早发性的阿尔茨海默症有很强的遗传因素。也就是说,它可能已经在我身上潜伏多年。我的脑细胞里如同埋藏着一个倒计时速度缓慢的炸弹,只有当它开始严重地影响我的工作的时候,我才会发现它。(p.9)

鉴于我的诊断,医生坦白地说,他认为我不能再工作了。我应该立刻卸任,因为以他的观点痴呆会快速发展。我得辞职,让自己尽快从公众的视野中消失,要不然我就会让自己丢人现眼,损坏自己的名誉。在他说这些的时候,我感觉自己已经握紧了拳头。我恨不得冲过去给他一拳。他以为他是谁?即便是我有一种治不好的脑病,即便我真的有,他有什么权力告诉我我应该如何应对?辞职?辞职?!(pp.17-18)

她在回忆录中继续讲述了她对于患上阿尔茨海默症的看法。她抱着实用而乐观的态度,足以成为千百万该病患者的榜样。

重要的是,我知道阿尔茨海默把我带往有一天我终究要去的地方。有没有这个诊断,我都将死去。我们都会。这是我们的命运。不,我再也不能迅速划出一个10人的场地,一只眼睛看表,另一只眼睛观察对手的变阵,并且大声下令反攻。但我能说的是,从轻度到中度阶段的痴呆患者绝不是一点能力也没有。问题只出在某些记忆环路或突触活动的迅速性上,思维、觉察以及知觉能力依然存在。(p.375)

Source: Summitt, P. H. (2013). *Sum it up: A thousand and ninety-eight victories, a couple of irrelevant losses, and a life in perspective.* New York: Crown Archetype.

作用有妄想、抑郁、不安、冲动以及淡漠（Lovestone，2012）。然而，这种因果关系很难确立。我们不知道这些行为变化在多大程度上是由于进行性的脑衰退直接导致的，而在多大程度上又是由于丧失功能与"丧失"爱人的沮丧和失望导致的。患者的认知功能持续衰退，直到必须得到全面的帮助才能完成日常活动。最终，由于无法活动，合并其他疾病（如肺炎），患者死亡。

据估计，全球每7秒钟就新增一例重度神经认知障碍（Ferri et al., 2005）。重度神经认知障碍几乎可以发生在任何年龄段，尽管在老年人当中更频繁。在美国，65岁以上人群中该病的患病率略高于5%，85岁以上人群中则增加到20%～40%（Richards & Sweet, 2009）。仅一项由阿尔茨海默症导致的神经认知障碍的人数增长就已触目惊心。图15.1显示了由阿尔茨海默症导致的神经认知障碍的患病率在老年人群中急剧增长的状况，但其中一部分是由于婴儿潮时期出生的一代人正在步入老年（Hebert, Weuve, Scherr, & Evans, 2013）。对百岁老人（100岁及以上）进行的研究表明，他们100%都表现出神经认知障碍的迹象（Imhof et al., 2007）。由阿尔茨海默症导致的神经认知障碍在45岁以下人群中少见。据预测，阿尔茨海默症患者数量的剧增将一直持续到2050年，因为根据预计，有更多人能够活过85岁。

叶史瓦大学的爱因斯坦老年研究（Einstein Aging Study）考察了DSM-5中的新诊断——轻度神经认知障碍的患病率（Katz et al., 2012）。研究者招募了1944名70岁及以上的老人，对他们的轻度神经认知障碍和<u>轻度记忆神经认知障碍</u>（mild

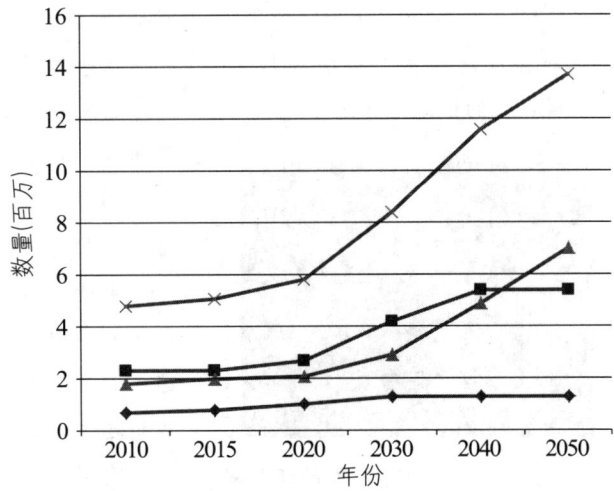

图 15.1 随着长寿老人不断增多，阿尔茨海默症的患病率预计会一直激增至 2050 年。

From Hebert, L. E., Weuve, J., Scherr, P. A., & Evans, D. A. (2013). Alzheimer disease in the United States (2010–2050) estimated using the 2010 census. *Neurology, 80*(19), 1778–1783.)

amnestic neurocognitive disorder）进行了评估。记忆神经认知障碍更严重的状态就是<u>遗忘障碍</u>（amnestic disorder），它在以前版本的DSM中是一项独立的诊断，现在被纳入了神经认知障碍的总体范畴。70岁以上的个体中，近10%有轻度神经认知障碍，11.6%的个体符合轻度记忆神经认知障碍的诊断标准。种族似乎也是该病的风险因素之一，黑人男性和女性的患病率比白人要高（Katz et al., 2012）。

验证神经认知障碍患病率的一个问题是：存活率会改变结果。因为人们整体上活得更长了，所以患上神经认知障碍的风险更高，此病更加流行，不足为奇。而发病率研究会记录一年里新增加的病例数量，因此有可能是测量神经认知障碍发生频率的最可靠方法，在老年人中尤其如此。研究表明，75岁以后，新病例的比例每5年增加一倍。许多研究发现，神经认知障碍在女性中增长得更快（Carter, Resnick, Mallampalli, & Kalbarczyk, 2012）。由阿尔茨海默症导致的神经认知障碍在女性中可能更流行，后面我们会讨论这一点。总的来说，研究表明，神经认知障碍在老年人中相对更常见，75岁以后，患病风险迅速增长。

除了人力资源消耗，神经认知障碍的经济花费也令人震惊。在美国，由阿尔茨海默症导致的神经

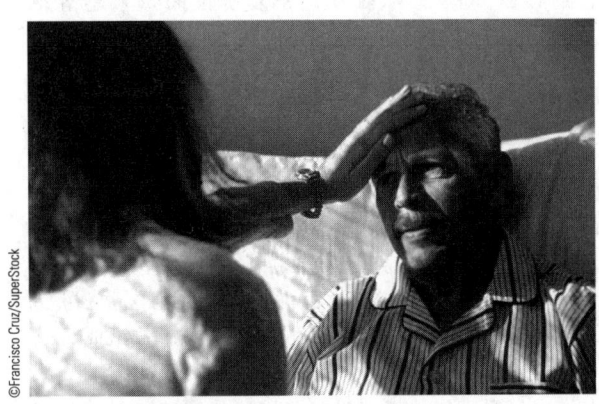

面孔失认症是神经认知障碍的一种常见症状。此类患者不能识别面孔，即便是最熟悉的亲人和朋友也认不出来。

认知障碍患者每年的护理费用约为1000亿。一项估计表明，在世界范围内，重度神经认知障碍的社会总成本超过3150亿美元（Wimo，Winblad，& Jonsson，2007）。然而，这些数字还没有考虑购买商业医疗保险以及与护理人员有关的费用——在美国，仅这些开销据估算就超过1400亿美元（Weiner et al.，2010）。许多时候，家属需要全天照料患者，这种人力和财力的巨大付出是无法计算的（Lovestone，2012）。

DSM-5依据以下病因区分神经认知障碍的类型：①阿尔茨海默症，②血管损伤，③额颞叶退行性病变，④创伤性脑损伤，⑤路易小体疾病，⑥帕金森氏症，⑦感染HIV，⑧物质使用，⑨亨廷顿氏症，⑩朊病毒疾病，⑪其他医学情形。我们将重点强调由于阿尔茨海默症而导致的神经认知障碍，因为它的患病率高（几乎半数的神经认知障碍病例都属于此类），并且针对其病因与治疗方法的研究数量也较多。

阿尔茨海默症导致的神经认知障碍

1907年，德国精神科医生Alois Alzheimer首次描述了这种疾病。他记载了一位患有某种"大脑皮质怪病"的51岁女性。患者表现出进行性的记忆衰退及其他一些行为和认知问题，包括多疑（Richards & Sweet，2009）。他把这种疾病称为"非典型性老年痴呆"。后来，它被叫作**阿尔茨海默症**（Alzheimer's disease）。

临床描述和统计数据

DSM-5中阿尔茨海默症导致的神经认知障碍（neurocognitive disorder due to Alzheimer's disease）的诊断标准，包括多项呈稳步加重趋势的认知缺陷；其中最主要的是记忆、定向、判断以及推理能力的下降。患者不能整合新信息，导致其无法在事物之间建立新联系。阿尔茨海默患者常常忘记重要的事件或遗失物品。他们的非日常活动兴趣变窄，对他人失去兴趣，因此逐渐变得社交隔离。随着疾病的发展，他们变得易怒、迷茫、抑郁、焦虑，甚至好斗。这些问题在晚上更为明显，因此这种现象被称作"日落综合征"。它可能是由于疲劳或是大脑生物钟的紊乱导致的（Lemay & Landreville，2010）。

阿尔茨海默症导致的神经认知障碍患者还表现出一种或多种其他的认知紊乱，包括失语（语言困难）、失写（运动功能损伤）、失认（不能识别物体）或不能完成如计划、组织、排序、提取抽象信息等活动。这些认知衰退严重影响个体的社交和职业功能，代表个体的认知能力出现显著下降。

目前正在开展的研究通过扫描轻度神经认知障碍患者的脑部，考察在阿尔茨海默症发病的早期是否有脑结构的变化。在过去，只有通过尸检确定存在某种特征性的脑损伤后，才能确诊死者患有阿尔茨海默症。现在，越来越多的证据显示，高端脑成像技术与新式化学追踪剂的使用将很快能够帮助医生在病人出现严重认知能力下降（通过阿尔茨海默症神经影像先导项目）或死亡以前识别出阿尔茨海默症（Douaud et al.，2013；Weiner et al.，2012b）。此外，有关脑脊液中存在阿尔茨海默症特定标记（例如，beta淀粉蛋白）的研究也有希望提高诊断的准确率（Vanderstichele et al.，2012）。目前，不直接对大脑进行检查而诊断阿尔茨海默症的方法，是通过一个简化版本的精神状况测试来评估语言和记忆问题（见表15.1）。

一项有趣又有争议的研究，被称为"修女研究"，分析几十年来收集到的一组天主教修女的写作作品。研究发现，这些修女的写作特点似乎可以在早期就预示其中哪些人后来会患阿尔茨海默症（Snowdon et al.，1996）。研究从历年的修女杂志中摘取一些内容，这些内容包含的想法数不同，科学家称之为"思想密度"（idea density）。在描述生活中的重要事件时，一些修女采用简单的平铺直叙："我1913年5月24日出生在奥克莱尔市，在圣詹姆斯教堂接受了洗礼"。而另一些修女的写作手法则较为细腻："时至今日，我生命中最快乐的一天乃是我的第一个圣餐日。那是在1920年7月，当时我只有8岁。四年后的同一个月，D. D. McGavich主教为我施坚振礼，使我成为一名正式的天主教成员。"（Snowdon et al.，1996，pg.，530）。研究中的14名修女死后尸检的结果与"思想密度"之间的相关结果显示，5名后来患上阿尔茨海默症的修女写作风格都属于简单型（思想密度低）（Snowdon et al.，1996）。这是一个巧妙的研究，因为修女的日常生活内容十分稳定，这就排除了许多其他因素的干扰。然而，这个研究也存在一些问题。由于只考察了少数人，研究结果欠缺普遍性，因此不能过分依赖这些观察结果。目前还不明确神经认知障碍是否真的会这么早就表现出迹象。研究还在继续，如果能够实现早期诊断，有助于发展早期干预措施（Farias et al., 2012; Tyas et al., 2007）。

表15.1 针对阿尔茨海默症导致的神经认知障碍的检查表

类型*	最高分数+	问题
定向	5	"现在是哪（年份）（季节）（月份）（日期）（星期几）？"
	5	"我们在哪个（国家）（州）（城市）（医院）（楼层）？"
登记	3	主试者以每秒钟1个的速度，命名3个物品。说完后让病人说出这三样东西。（每说对一个，给1分）。重复，直到病人能把三个物品名称都学会。（记录用了多少次）
注意和计算	5	从一个数（例如100）开始做减7运算，（每做对一次，给1分，5次后停止）。或者，倒着拼写"world"这个单词。
回忆	3	让病人命名先前学会的三个物品名称。（每答对一个，给1分）
语言	9	让病人命名铅笔和手表。(1分) 让病人重复："没有如果，以及，或但是。"(1分) 让病人完成一个包含3个步骤的命令："右手拿起一张纸，对折，然后把它放在地上。"(3分) 让病人读并且遵照下列指示，"闭上眼睛"。(1分) 让病人写一个句子。(1分) 让病人照着画出一个图案。(1分)

注：诊断由于阿尔茨海默症导致的神经认知障碍的一部分内容包括用一个相对简单的测试，检查病人的精神状态和能力。但在这类测验上得分低尚不足以做出此病的诊断。

* 检查项目还包括对病人意识水平的评价：警觉、困意、恍惚、晕厥。
+ 最高分数为30。

Adapted from the Mini Mental State Inpatient Consultation Form (Folstein, Folstein, & McHugh, 1975).

阿尔茨海默症导致的认知衰退在早期阶段和晚期阶段发展缓慢，在中期则迅速恶化（Richards & Sweet, 2009）。患者确诊后的平均存活时间大约为8年，尽管许多个体在他人的照顾下活过了10年。该病能够以某种形式在40岁或50岁左右表现出来（即早发性），但是更多见于60岁到70岁之间。大约

50%的神经认知障碍病例是由阿尔茨海默症导致的；有超过500万的美国人患病，在全世界范围内，这个数字则更多（Alzheimer's Association, 2010）。

一些关于患病率的早期研究表明，阿尔茨海默症在教育程度低的人群中更常见（Fratiglioni et al., 1991; Korczyn, Kahana, & Galper, 1991）。未受教育者中患病率更高，或许可以说明阿尔茨海默症的发病很早，它引起的智力问题妨碍了个体的教育经历，又或许是因为智力成就具有预防或延迟症状始发时间的作用。后续的研究似乎证实了后一种解释。教育程度似乎可以预测可观察到的症状延迟出现（Perneczky et al., 2009）。然而，不幸的是，受过高等教育的个体在表现出症状后，能力下降得更为迅速（Scarmeas, Albert, Manly, & Stern, 2006），这表明教育并不能防止阿尔茨海默症的发生，而只是提供了一段功能水平相对良好的缓冲期。接受教育在某种意义上构造了一个智力储备库，学习到的技能可以帮助个体在较长的时间里应对认知衰退——神经认知缺陷的初始迹象。有些人可能比其他人适应得更好，因此能够更长时间不被发觉。因此，对于两组人来说，大脑衰退的程度可能差不多，只是教育程度高的人能够在更长的时间里维持正常生活。这种尝试性假设对设计治疗方案可能有用，特别是在疾病的早期阶段。

这个理论的生物学版本是认知储备假说。该假说认为，个体在一生中发展出来的突触越多，在其表现出明显的痴呆症状前，就必然有越多的神经元消亡（Scarmeas, Albert, Manly, & Stern, 2006）。也就是说，教育中发生的智力活动构造了突触储备，而它在疾病发展初期起到了保护因素。教育产生的技能增长与大脑变化可能都会影响疾病的进展速度。

研究表明，阿尔茨海默症可能在女性中患病率更高（Craig & Murphy, 2009），即便在统计时把女性存活率更高这个因素考虑进去也是如此。换句话来说，女性平均寿命比男性更长，她们更有可能患上阿尔茨海默症以及其他疾病，但是长寿本身却不能解释女性的高患病率。有一种尝试性解释涉及雌激素。随着女性年龄的增大，她们体内雌激素减少，所以雌激素也许有抗病作用。一项有重要意义的大规模研究考察了女性使用激素及其对阿尔茨海默症

阿尔茨海默症导致的重度或轻度神经认知障碍的诊断标准

A. 符合重度或轻度神经认知障碍的诊断标准。
B. 起病隐匿，渐进性损伤一个或多个认知领域（对于重度神经认知障碍来说，必须至少有两个领域）。
C. 高度可能与可能因阿尔茨海默症所致的诊断标准如下：

重度神经认知障碍：

如果存在下列情形之一，则诊断为高度可能因阿尔茨海默症所致；否则，应当诊断为可能因阿尔茨海默症所致：

1. 通过家族史或基因检查发现有引发阿尔茨海默症的基因变异证据。
2. 以下三种情况都存在：
   a. 有明确证据表明，个体在记忆、学习以及至少一种其他认知领域的功能出现下降（基于详细病史或系列神经心理测试）。
   b. 病情稳定发展，认知逐渐受损，没有扩展平台期。
   c. 没有混合病因证据（即没有其他神经退行性或脑血管疾病，或其他神经、精神、系统性疾病或状况有可能造成认知下降）。

轻度神经认知障碍：

如果通过家族史或基因检查发现有导致阿尔茨海默症的基因变异证据，则诊断为高度可能因阿尔茨海默症所致。

如果通过家族史或基因检查没有发现导致阿尔茨海默症的基因变异证据，并且符合以下三点，则诊断为可能因阿尔茨海默症所致。

1. 有明确证据表明记忆和学习能力下降。
2. 病情稳定发展，认知逐渐受损，没有持续的平台期。
3. 没有混合病因证据（即没有其他神经退行性或脑血管疾病，或其他神经、精神、系统性疾病或状况有可能造成认知下降）。

D. 此种紊乱用脑血管疾病、其他神经退行性疾病、精神活性物质作用或其他精神、神经、系统性疾病无法更好地解释。

From American Psychiatric Association. (2013). *Diagnostic and statistical manual of mental disorders* (5th ed.). Washington, DC.

的影响（Shumaker et al., 2004）。初期的研究追踪了年龄超过65岁、使用雌激素和孕激素复合药物的妇女。与人们预期中激素会减少神经认知障碍的发生概率相反，研究结果表明，激素的使用会增加阿尔茨海默症的患病风险（Coker et al., 2010）。目前，更多的研究正在分别考察两种激素对痴呆的作用。

最后，从不同种族的角度来看，阿尔茨海默症患病率存在一些疑问。早期研究发现，某些群体（例如日本人、尼日利亚人、部分美洲土著以及阿米希人）的患病可能性低（Pericak-Vance et al., 1996；Rosenberg et al., 1996）。然而，更多的近期研究表明，有些差异可能是由于个体寻求帮助的态度不同（在一些文化中被认为是不可接受的）以及教育差异（教育会推迟明显症状的始发时间）导致的（Wilson et al., 2010）。在所有种族群体中，阿尔茨海默症患病率大致相同，但有一项研究发现美洲印第安人的患病率稍低（Weiner, Hynan, Beekly, Koepsell, & Kukull, 2007）。你将会看到，这类发现推进了我们对这种灾难性疾病起因的了解。

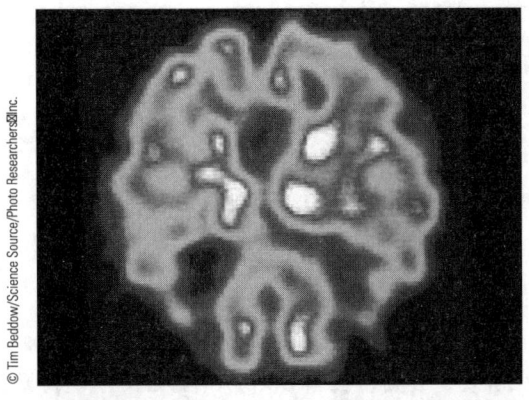
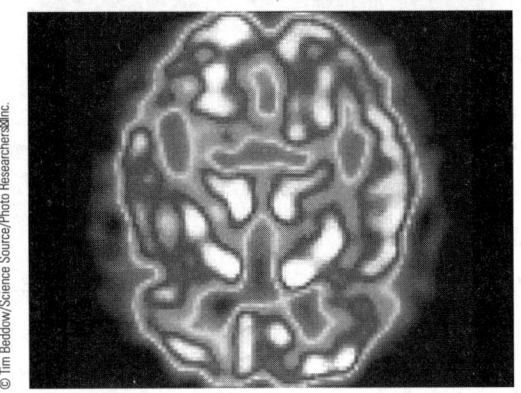

正电子发射断层扫描结果。阿尔茨海默症患者大脑（上）与正常大脑（下）相比，有明显的组织退化。

血管性神经认知障碍

每年，美国有 50 万人死于中风（中风包括造成脑血流不畅或中断的各种脑疾病或脑创伤）。尽管在美国中风是导致死亡的第三大因素，但还是有许多人能够存活下来。然而，中风很可能带来一种具有严重破坏力的长期后果——血管性认知障碍。**血管性神经认知障碍**（vascular neurocognitive disorder）是一种渐行性脑疾病，是导致神经认知缺陷的常见原因，也是造成神经认知障碍的最常见原因之一（Erkinjuntti, 2012）。

临床描述与统计数据

如果脑内血管由于堵塞或受损而不能携带氧气和其他营养物质到达特定区域的脑组织，相应的脑区就会受到损伤。根据损伤位置的不同，受损的功能也因人而异。DSM-5 诊断血管性神经认知障碍的标准包括信息加工和执行控制（例如，复杂的决策）的速度减慢（Erkinjuntti, 2012）。这与阿尔茨海默症患者首先表现出记忆问题是不同的。

对血管性神经认知障碍的研究比对阿尔茨海默症导致的神经认知障碍的研究要少，可能是由于它的患病率低一些。血管性神经认知障碍在 70～75 岁人群中的患病率大约是 1.5%，而 80 岁以上人群中的患病率则飙升到 15%。男性的患病风险略高于女性，这与阿尔茨海默症在女性中患病率较高相反；许多来自发达和发展中国家的数据都表明了这一点（Kalaria et al., 2008）。总的来说，因为男性的心血管疾病患病率高，所以他们患血管性神经认知障碍的风险也高。相比起阿尔茨海默症类型，血管性痴呆的起病通常比较突然，大概是因为疾病是由于中

DSM-5 重度或轻度血管性神经认知障碍的诊断标准

A. 符合重度或轻度神经认知障碍的诊断标准。

B. 临床特征与下列任意一种表明的血管性病因相一致：
  1. 认知缺陷始发的时间与一个或多个脑血管事件发生的时间相关联；
  2. 有证据表明，衰退主要表现在复杂注意力（包括加工速度）以及前额执行功能方面。

C. 病史、体检或神经影像学的证据表明，存在可以充分解释认知缺陷的脑血管疾病。

D. 此种紊乱用其他脑疾病或系统性障碍无法更好地解释。如果存在以下一种，诊断为高度可能患有血管性神经认知障碍，否则，应诊断为可能患有血管性神经认知障碍。
  1. 神经影像学证据支持临床标准，表明有脑血管疾病造成的明显的实质损伤。
  2. 此种神经认知综合征在时间上与一个或多个已被证实的脑血管事件有关。
  3. 有脑血管疾病的临床和基因证据（例如，伴有皮质下梗死和脑白质病的常染色体显性遗传性脑动脉病）。

如果符合临床标准，但是没有神经影像学证据，并且神经认知障碍的发生与一个或多个血管性事件之间的时间关系未能明确，则诊断为可能患有血管性神经认知障碍。

From American Psychiatric Association. (2013). *Diagnostic and statistical manual of mental disorders* (5th ed.). Washington, DC.

风引起，而中风会立刻造成脑损伤。不过，两种类型痴呆的结果是相似的：最终，他们都需要正式的护理，而且这种状况会一直持续到他们因为感染上某种疾病而死亡为止，比方说肺结核。这些患者脆弱的免疫系统使得他们特别容易感染上这种病。

导致神经认知障碍的其他医学情形

除了阿尔茨海默症和血管性损伤，其他一些神经生化过程也能导致神经认知障碍。DSM-5 认定了 8 种除阿尔茨海默症和血管性损伤以外的特定诱因：额颞叶退化、创伤性脑损伤、路易小体疾病、帕金森氏症、HIV 感染、物质使用、亨廷顿氏症以及朊病毒病。下面我们将逐一讨论。此外，DSM-5 中还包括一类——由于其他医学情形导致的神经认知障碍，用来指代除上述 8 项外的其他原因诱发的神经认知障碍。其他医学情形包括正常压力下脑积水（由于脑萎缩导致颅内水分过多）、甲状腺功能减退、脑肿瘤以及缺乏维生素 B_{12}。目前，头部经常遭受撞击的运动员表现出来的神经认知障碍越来越受到重视。过去，这种类型的神经认知障碍被称作拳击手痴呆（dementia pugilistica，表明患者主要是拳击运动员或拳击手），但现在它被称作慢性创伤性脑病（chronic traumatic encephalopathy）。该病由反复性的头部创伤引起，能够导致明显的神经退化（Gavett, Stern, Cantu, Nowinski, & McKee, 2010）。这些神经认知障碍对认知能力的影响，与我们上面讨论过的其他类型的神经认知障碍不相上下。

Junior Seau 是著名的橄榄球运动员，于 2012 年自杀身亡。美国国家健康研究所在其家人的要求下，对他的大脑进行了检查。他脑部的异常情况符合头部遭受反复撞击导致的慢性创伤性脑病。

> **DSM-5 重度或轻度额颞叶神经认知障碍的诊断标准**
>
> A. 符合重度或轻度神经认知障碍标准。
> B. 起病隐匿，渐进性发展。
> C. 符合第 1 或第 2 项：
>   1. 行为上：
>   a. 存在至少三种下列症状：
>   i. 行为放纵
>   ii. 情感淡漠或迟钝
>   iii. 同情或移情丧失
>   iv. 固执，刻板或强迫性/仪式化行为
>   v. 运动过度和饮食变化
>   b. 社交认知和/或执行功能有明显下降。
>   2. 语言上：语言能力显著下降，表现在言语产生，找词，物体命名，语法或词汇理解方面。
> D. 学习、记忆以及知觉运动功能相对完好。
> E. 此种紊乱情形用脑血管疾病、其他神经退行性疾病、精神活性物质作用或其他精神、神经或系统性疾病无法更好地解释。
>
> 如果存在下面任意一项，则诊断为高度可能患有额颞叶神经认知障碍，如果一项也不存在，则诊断为可能患有额颞叶神经认知障碍：
>
>   1. 通过家族史或基因检查发现存在导致额颞叶神经认知障碍的基因变异证据。
>   2. 神经影像检查表明额叶和/或颞叶的激活与其他脑区相比不成比例。
>
> 如果没有基因变异的证据，并且没有进行神经影像检查，应诊断为可能患有额颞叶神经认知障碍。
>
> From American Psychiatric Association. (2013). *Diagnostic and statistical manual of mental disorders* (5th ed.). Washington, DC.

临床描述和统计数据

额颞叶神经认知障碍（frontotemporal neurocognitive disorder）泛指多种损伤额叶或颞叶区域的脑病；额颞叶的损伤会影响患者的人格、语言以及行为（Gustafson & Brun, 2012）。DSM-5 依据适宜行为减少（例如，社会行为不恰当、情感淡漠/判断力差）或语言功能下降（例如，找不到正确的词、难以命

名物体）指明了两种类型的额颞叶神经认知障碍。**皮克病**（Pick's disease）是这类神经认知障碍中的一种。这种疾病比较少见，在有神经认知缺陷的人群中约占5%。其症状类似于阿尔茨海默症，病程一般认为会持续5到10年，可能有基因成分（Gustafson & Brun, 2012）。皮克病通常出现得较早，在个体40多岁或50多岁的时候，因此被认为是早发性神经认知障碍的一个例子。

严重的头部创伤，即**创伤性脑损伤**（traumatic brain injury），会对大脑造成长期伤害，并导致神经认知障碍（Fleminger, 2012）。**创伤性脑损伤导致的神经认知障碍**（neurocognitive disorder due to traumatic brain injury）包括创伤后至少持续一周的症状，如执行功能问题（例如，不能计划复杂活动）以及学习和记忆问题。创伤性脑损伤的高发人群是青少年和年轻人，特别是合并酗酒和社会经济地位低两项条件时（Fleminger, 2012）。交通事故、袭击、跌倒、尝试自杀都是常见原因，士兵在战斗中遭遇炸弹爆炸也属此类。

另一种常见的神经认知障碍（排在阿尔茨海默症后）是**路易小体疾病导致的神经认知障碍**（neurocognitive disorder due to Lewy body disease）（Aarsland, Ballard, Rongve, Broadstock, & Svenningsson, 2012; McKeith et al., 2005）。路易小体是只有在显微镜下才能观察到的一种伤害脑细胞的蛋白质聚集群。这种病的症状是逐渐显现出来的，主要包括觉醒程度和注意力下降、生动的视幻觉以及我们在帕金森氏症中能够见到的运动能力受损。事实上，该病与**帕金森氏症导致的神经认知障碍**（neurocognitive disorder due to Parkinson's disease）有部分重叠（Mindham & Hughes, 2012）。

帕金森氏症是一种退行性的脑疾病。在全世界范围内，每1000个人中大约有1人患病（Marsh & Margolis, 2009）。影视明星 Michael J. Fox 以及前任美国司法部部长 Janet Reno 都是这种渐行性疾病的患者。运动问题是帕金森氏症患者的主要特征，他们常常弯腰驼背、躯体运动缓慢（称为运动迟缓）、震颤、走路不稳。他们的声音也受到影响，患者说话声音微弱，语调单一。运动上的改变是多巴胺通路受损的结果。多巴胺参与多种复杂运动，这种神经递质的减少使患者很难控制好自己的肌肉运动，

导致震颤和肌肉无力。除了通路的退化外，患者的大脑里也存在路易小体。此病的病程差异很大，有些人对治疗反应很好。据估计，在帕金森氏症存活了10年以上的患者中，大约有75%表现出了神经认知障碍。保守估计，这比一般人群高4到6倍（Aarsland & Kurz, 2010）。

Michael J Fox 用自己的时间和名人身份为帕金森氏症的治疗贡献力量，这种退行性疾病严重地影响了他的生活。

> **DSM-5 创伤性脑损伤导致的重度或轻度神经认知障碍的诊断标准**
>
> A. 符合重度或轻度神经认知障碍标准。
> B. 有创伤性脑损伤的证据，即头部震荡或其他会引起大脑在颅内快速运动或位移的情形，并且出现以下至少一项情况：
> 1. 意识丧失
> 2. 创伤后遗忘
> 3. 定向困难以及神志恍惚
> 4. 神经征兆（例如，神经影像检查显示有脑损伤；新的癫痫发作；旧的癫痫病灶显著恶化；视野缺失；嗅觉缺失；半身偏瘫）
> C. 神经认知障碍在创伤性脑损伤或意识恢复后立即出现，持续时间超过外伤后的急性阶段。
>
> From American Psychiatric Association. (2013). *Diagnostic and statistical manual of mental disorders* (5th ed.). Washington, DC.

人类免疫缺陷病毒1型（human immunodeficiency virus type 1，简称 HIV-1），会导致艾滋病，也会导致神经认知障碍，即 HIV **感染导致的神经认知障碍**（neurocognitive disorder due to HIV infection）（Maj, 2012）。这种损伤独立于伴随艾滋病出现的其他感染；换句话说，HIV 感染本身就是神经损伤的原因。HIV 感染导致的神经认知障碍早期症状包括认知速度减慢、注意力下降、健忘等。患者常常笨手笨脚，表现出诸如震颤、腿软等往复运动。此外，他们还会变得情感淡漠、社交退缩。

> **DSM-5　路易小体疾病导致的重度或轻度神经认知障碍的诊断标准**
>
> A. 符合重度或轻度神经认知障碍标准。
> B. 起病隐匿，渐进性发展。
> C. 症状符合核心诊断特征和指示性诊断特征的组合，提示高度可能或可能患有路易小体疾病导致的神经认知障碍。
>
> 对于高度可能患有路易小体导致的重度或轻度神经认知障碍，个体具备两个核心特征，或是一个指示性特征和一个或多个核心特征。
>
> 对于可能患有路易小体导致的神经认知障碍，个体只具备一个核心特征，或是一个或多个指示性特征。
>
> 1. 核心诊断特征：
>   a. 认知波动，其中注意和警觉的变化最明显
>   b. 反复出现视幻觉，幻觉形象鲜明生动
>   c. 帕金森氏症的自发特征，出现在认知能力下降之后
> 2. 指示性特征：
>   a. 符合快速眼动睡眠行为障碍的诊断标准
>   b. 对神经阻滞剂反应非常敏感
> D. 此种紊乱用脑血管疾病、其他神经退行性疾病、精神活性物质作用或其他精神、神经或系统性疾病无法更好地解释。
>
> From American Psychiatric Association. (2013). *Diagnostic and statistical manual of mental disorders* (5th ed.). Washington, DC.

> **DSM-5　帕金森氏症导致的重度或轻度神经认知障碍的诊断标准**
>
> A. 符合重度或轻度神经认知障碍标准。
> B. 已确诊患有帕金森氏症。
> C. 起病隐匿，渐进性发展。
> D. 此种紊乱不是由于其他医学情形所导致，用另外一种精神障碍无法更好地解释。
>
> 如果同时满足以下两项，应诊断为高度可能患有帕金森氏症导致的重度或轻度神经认知障碍；如果只满足一项，则诊断为可能患有帕金森氏症导致的重度或轻度神经认知障碍。
> 1. 没有混合病因证据（即不存在可能会造成认知下降的其他神经退行性或脑血管性疾病，或其他神经、精神或系统性疾病或状况）。
> 2. 帕金森氏症明确发生在神经认知障碍出现前。
>
> From American Psychiatric Association. (2013). *Diagnostic and statistical manual of mental disorders* (5th ed.). Washington, DC.

HIV感染者在感染的晚期尤其容易出现思维障碍，但认知能力显著下降可能出现得较早。认知损伤现象在艾滋病患者中非常普遍，但是随着新药的问世（高活性抗逆转录疗法），目前有神经认知障碍的个体已不足10%（Maj, 2012）。与阿尔茨海默症和血管问题等病因相比，HIV感染所占的神经认知障碍的比例相对较小。但是，它的存在能够让已经不堪一击的身体状况变得更加复杂。

与帕金森氏症以及其他一些原因导致的神经认知障碍相同，HIV导致的神经障碍有时候也被称作皮质下痴呆（subcortical dementia），因为它影响的主要部位是大脑的内部区域，位于所谓的外层皮质以下（Bourgeois, Seaman, & Servis, 2003）。区分皮质性痴呆（例如阿尔茨海默症导致的神经认知障碍）与皮质下痴呆十分重要，因为它们的神经认知问题表现不同（见表15.2）。**失语症**（aphasia）涉及语言技能的损伤，多见于阿尔茨海默症导致的神经认知障碍患者，但在皮质下痴呆患者中则观察不到；而皮质下痴呆患者比阿尔茨海默症导致的神经认知障碍患者更容易表现出严重抑郁、焦虑等症状。总的来

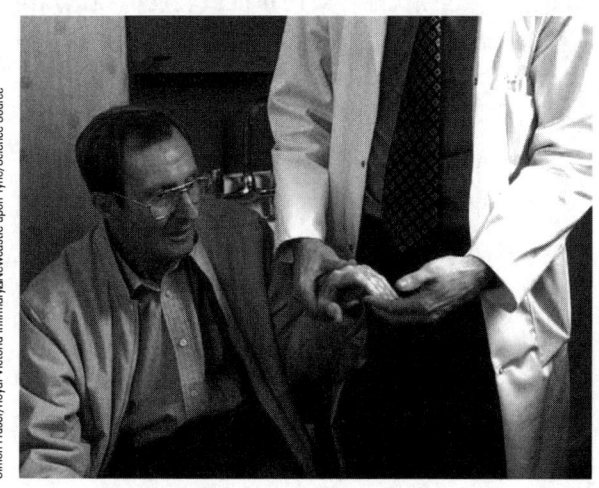

HIV到了感染的晚期常会导致神经认知障碍。

说，运动技能（包括速度和协调性）的损伤在皮质下痴呆患者中出现较早。这两类损伤的不同模式可以归结为导致神经认知障碍的疾病影响了不同的脑区。

HIV 感染导致的重度或轻度神经认知障碍的诊断标准

A. 符合重度或轻度神经认知障碍标准。

B. 确诊存在 HIV 感染。

C. 神经认知障碍无法用非 HIV 状况（包括次级脑疾病例如多病灶的脑白质病或隐球菌脑膜炎）来解释。

D. 神经认知障碍不是由于其他医学情形导致的，用其他精神障碍也无法更好地解释。

From American Psychiatric Association.（2013）. *Diagnostic and statistical manual of mental disorders*（5th ed.）. Washington, DC.

表15.2　神经认知障碍的特征

特征	阿尔茨海默型痴呆	皮质下痴呆
语言	失语（言语表达困难）	没有失语
记忆	回忆和再认能力都下降	回忆能力下降；再认能力正常或下降不多
视空间能力	下降	下降
情绪	抑郁和焦虑程度低	抑郁和焦虑程度高
运动速度	正常	变慢
协调性	晚期之前都正常	下降

亨廷顿氏症（Huntington's disease）是一种遗传疾病，最初影响运动，通常表现为舞蹈样的不自主肢体运动（Marsh & Margolis, 2009）。亨廷顿氏症患者在最初症状出现后，一般还可以存活 20 年，尽管在后期通常需要专业的护理。如同帕金森氏症一样，只有一部分患者会继发性地表现出神经认知障碍，比例在 20% ～ 80% 之间不等。但也有一些研究者认为，如果活得足够长，所有的亨廷顿氏症患者最终都会表现出神经认知障碍（Marsh & Margolis, 2009）。**亨廷顿氏症导致的神经认知障碍**（neurocognitive disorder due to Huntington's disease）也属于皮层下痴呆类型。

寻找导致亨廷顿氏症的基因的故事带有一定传奇色彩。研究者很早就知道这是一种常染色体显性基因遗传病，这意味着亨廷顿氏症患者的子女中大约有 50% 的人也会患病。从 1979 年开始，行为科学家 Nancy Wexler 和一组研究者考察了一个生活在委内瑞拉的、目前已知的世界上最大的亨廷顿氏症遗传家族。在这个小村庄里，村民们配合了这项研究，部分原因是由于得知 Wexler 的母亲、三个舅舅以及外祖父，都死于亨廷顿氏症。显然，这种疾病也有可能会降临到 Wexler 自己身上（Wexler, 2012）。采用基因关联分析技术，研究者把这种缺陷定位到了 4 号染色体上的一个区域（Gusella et al., 1983），然后识别出了这个难以捉摸的基因（Huntington's Disease Collaborative Research Group, 1993）。这种由一个基因导致某种疾病的情况很不寻常，针对其他遗传性精神障碍的研究通常情况下都发现一种疾病受到了多个基因的影响。

Nancy Wexler 率领一组科学家找到了亨廷顿氏症的基因。

亨廷顿氏症导致的重度或轻度神经认知障碍的诊断标准

A. 符合重度或轻度神经认知障碍标准。

B. 起病隐匿，渐进性发展。

C. 临床上已确诊个体患有亨廷顿氏症，或根据家族史或基因检查确认个体有患亨廷顿氏症的风险。

D. 神经认知障碍不是由其他医学情形导致的，用其他精神障碍也无法更好地解释。

From American Psychiatric Association.（2013）. *Diagnostic and statistical manual of mental disorders*（5th ed.）. Washington, DC.

朊病毒疾病导致的神经认知障碍（neurocognitive disorder due to prion disease）是一种罕见的渐进性神经退化疾病。朊病毒是能够自我复制的蛋白质，它会损伤脑细胞从而导致神经认知能力受损（Gusella et al., 1983）。与细菌和病毒等其他感染源不同，有些研究者认为，朊病毒没有能够被化学物质或放射性所破坏的 DNA 或 RNA。因此，目前还没有公认可行的治疗方法。但乐观的一面是，朊病毒不在活人之间传播，只有在人吃人（引发库鲁病，kuru）或意外注射（例如，输入了感染者的血液）情况下才感染（Gusella et al., 1983）。**克雅氏病**（Creutzfeldt-Jakob disease）是一种朊病毒病，它在人群中的患病率仅为百万分之一（Heath et al., 2010）。但对该病的研究发现了 10 个可能与牛海绵状脑病（常被称作"疯牛病"）有关的新变种病例（Neugroschi et al., 2005）。这个发现致使美国多年禁止从英国进口牛肉，因为该病可能会从感染的牛传染给人。对于疯牛病与这种新型病之间的关系，人们尚不清楚（Wiggins, 2009）。

朊病毒疾病导致的神经认知障碍的诊断标准

A. 符合重度或轻度神经认知障碍标准。
B. 起病隐匿，通常病情发展迅速。
C. 有朊病毒疾病的运动特征，例如肌阵挛、共济失调，或有生物标记证据。
D. 神经认知障碍不是由其他医学情形所致，用其他精神障碍也无法更好地解释。

From American Psychiatric Association. (2013). *Diagnostic and statistical manual of mental disorders* (5th ed.). Washington, DC.

物质／药物诱发的神经认知障碍

长期吸毒（特别是合并不良饮食的话）会导致脑损伤，在某些情况下还会造成神经认知障碍。尤其不幸的是，这种伤害的持续时间超出物质中毒期或戒断期。

临床描述与统计数据

多达 70% 的酒精依赖患者符合神经认知障碍的诊断标准（Neugroschi et al., 2005）。长时间滥用毒品会导致神经认知障碍症状，其中包括酒精、吸入剂（例如胶水或汽油，有些人吸入它们以获取欣快感）、镇静剂、安眠药以及抗焦虑药等（见第 11 章）。这些物质都具有危险性，因为它们会导致依赖，使个体很难停止服用。它们对大脑的损伤是长久的，会导致与阿尔茨海默症型的神经认知障碍相同的症状。DSM-5 关于**物质／药物诱发的神经认知障碍**（substance/medication-induced neurocognitive disorder）的诊断标准与其他类型的神经认知障碍大体相同，主要包括记忆力下降，以及至少以下一种认知失调：失语（语言紊乱）、失用（尽管运动功能完好，但却不能执行动作）、失认（尽管感觉功能正常，但却不能再认或识别物体），或是执行功能紊乱（例如计划、组织、排序和提炼信息等）。

物质／药物诱发的神经认知障碍的诊断标准

A. 符合重度或轻度神经认知障碍标准。
B. 神经认知障碍不只在谵妄期存在，并且持续时间超出物质中毒和急性戒断的一般期限。
C. 涉及的物质或药物、用时和用量能够产生神经认知障碍。
D. 神经认知障碍的时间进程与使用和戒断物质或药物的时间一致（例如，在一段戒断期后，认知缺陷依然保持稳定或有所改善）。
E. 神经认知障碍不是由其他医学情形所致，用其他精神障碍也无法更好地解释。

From American Psychiatric Association. (2013). *Diagnostic and statistical manual of mental disorders* (5th ed.). Washington, DC.

神经认知障碍的病因

随着脑研究技术的进步，我们对于导致神经认知障碍的多种因素的了解也不断加深。完整地描述这类脑损伤的起因将超出本书的范围，因此我们在这里重点介绍对该病的一些常见情形的知识。

生物影响

认知能力可以通过多种途径而被牵累。如你所见，各种各样的原因都能诱发神经认知障碍，阿尔茨海默症是其中最常见也最神秘的。由于患病率高，我们以往又比较忽视这种疾病，因此阿尔茨海默症得到了许多研究者的关注。

阿尔茨海默症研究领域节奏快、竞争性强，几乎每天都有所发现，因此我们必须十分谨慎地看待这些研究结果。很多时候，你会在其他领域中见到，研究结果被过早地当作重要结论。记住，单个基因导致双相障碍、精神分裂症或酗酒的"发现"后来都被证明过于简单了。同样，阿尔茨海默症研究领域的结果有时候还没有来得及进行必要的重复验证，就被当作真理接受了。

有一个教训来自于一项发现吸烟与阿尔茨海默症呈负相关的研究（Neugroschi et al., 2005）。该研究发现，吸烟者比不吸烟者更不容易患上阿尔茨海默症。这是否意味吸烟有保护作用，可以防止个体患病？然而，仔细来看，这个研究结果极有可能是由于吸烟者和不吸烟者的存活率不同造成的。一般来说，不吸烟者寿命更长，而阿尔茨海默症更容易在生命晚期出现，因此他们的患病率更高。有些研究者还认为，阿尔茨海默症中的细胞自我修复能力较差这一点，可能与吸烟共同作用，缩短了有阿尔茨海默症患病风险的吸烟者的寿命（Riggs, 1993）。换句话说，吸烟有可能加剧了阿尔茨海默症背后的退行过程，导致既患有阿尔茨海默症又吸烟的人比不吸烟的阿尔茨海默症患者死得更早（Ashare, Karlawish, Wileyto, Pinto, & Lerman, 2012）。这类研究以及它们的结论，应当使我们对该病的复杂本质更为敏感。

阿尔茨海默症是导致神经认知障碍最常见的原因，那么，我们对它的了解有多少？那位患有"大脑皮质怪病"的患者去世后，Alois Alzheimer 对她进行了尸检。他发现病人脑中存在大量缠绕的束状细丝，即**神经纤维缠结**（neurofibrillary tangles）。这种类型的损伤在每名阿尔茨海默症患者脑中都可以观察到。另外，在这些患者的脑中还可以发现粘性蛋白的沉淀物——**淀粉样斑**（amyloid plaque），也被称为神经斑（neuritic plaque）或老年斑（senile plaque）。淀粉样斑在没有表现出神经认知障碍的老年人身上也可以观察到，但其数量远远少于阿尔茨海默症患者（Richards & Sweet, 2009）。目前认为，神经纤维缠结和淀粉样斑这两种损伤逐年累积，最终导致了我们所描述的认知障碍（Weiner et al., 2012a）。

这两种类型的退化影响的区域极小，只有通过大脑显微镜检查才能发现。然而，如早先提到的，科学家将很快可以研发出能够测量脑脊液中淀粉样蛋白质含量的神经影像技术方法，这种方法可以在早期就检测到脑细胞的损伤，而不需要依赖尸检（Weiner et al., 2012a）。除了神经纤维缠结和淀粉样斑外，许多阿尔茨海默症患者的脑萎缩程度高于正常老年化的预期水平（Lovestone, 2012）。然而，由于多种原因都能导致脑萎缩，只有当观察到神经纤维缠结和淀粉样斑的时候，才能合理地诊断为阿尔茨海默症。

有关阿尔茨海默症的基因研究正取得快速进展（Seshadri et al., 2010）。如同我们考察过的其他行为障碍一样，有多个基因参与了阿尔茨海默症的发展。表15.3显示了我们目前所知道的一些情况。位于第21、19、14、12 和 1 号染色体上的一些基因都与某种形式的阿尔茨海默症有关（Neugroschi et al., 2005）。其中与 21 号染色体的关联最先被发现。这源于对唐氏综合征患者的观察，他们拥有 3 条而非正常的两条 21 号染色体，同时他们的阿尔茨海默症患病率异常高（Report of the Advisory Panel on Alzheimer's Disease, 1995）。近期的工作定位了其他染色体上的有关基因。研究结果表明，阿尔茨海默症不是由一种基因造成的，其中与 14 号染色体有关的类型发病较早。帕特·萨米特所患的正是这一类型。相反，与 19 号染色体相关的阿尔茨海默症发病较晚，在大约 60 岁之后才起作用。

表15.3　阿尔茨海默症的遗传因素

基因	染色体序号	起病年龄（岁）
APP（淀粉样前体蛋白）	21	43～59
Presenilin 1（早老蛋白1）	14	33～60
Presenilin 2（早老蛋白2）	1	50～90
apo E4（载脂蛋白E4）	19	60

Source: Lovestone, S. (2012). Dementia: Alzheimer's disease. In M. G. Gelder, N. C. Andreasen, J. J. Lopez Jr. & J. R. Geddes (Eds.), *New Oxford textbook of psychiatry* (2nd. ed., Vol. 1, pp. 333–343). New York: Oxford University Press.

目前识别出来的一些基因具有决定性，这意味着如果你携带了这些基因当中的一个，你就有近100%的概率会患上阿尔茨海默症（Bettens, Sleegers, & Van Broeckhoven, 2010）。具有决定性基因，如被称为 beta 淀粉样肽或淀粉样 beta 肽（amyloid beta peptides）的小蛋白质的前体基因和 Presenilin 1、Presenilin 2 基因会不可避免地引起阿尔茨海默症。但幸运的是，这些基因在一般人群中十分罕见。就治疗的目的而言，这意味着即便是研究者能够找到预防这些基因诱发阿尔茨海默症的方法，也只能帮到一小部分人。另一方面，某些基因——包括载脂蛋白 E4（apolipoprotein E4，简称 apo E4）——被认为是易感基因。这些基因只是增加了个体患上阿尔茨海默症的患病风险，但是与决定性基因相比，它们在正常人群中更普遍（Lovestone, 2012）。如果未来研究能找到针对 apo E4 基因的干预方法，许多人都会受益。

尽管揭晓阿尔茨海默症的基因起源暂时还没有带来治疗上突破，但它已经加深了研究者对疾病发生机理的了解。基因研究让我们越来越清楚淀粉样斑是如何在阿尔茨海默症患者大脑中发展起来的，由此为它的起源提供了线索。淀粉样斑的中心是固态的蜡状物质，它们由 beta 淀粉样肽构成。如同胆固醇在血管壁上积聚阻塞血流一样，一些研究者认为，beta 淀粉样肽的积聚会造成阿尔茨海默症中的脑细胞死亡现象。那么，一个重要的问题是：为什么这种蛋白质会在患者而不是其他人脑中积聚？

两种可以解释淀粉样蛋白质沉淀的机制目前正在大力研究之中。第一种涉及淀粉样前体蛋白（amyloid precursor protein，简称 APP）。APP 是一种大蛋白质，它最终会被分解为存在于淀粉样斑中的淀粉样蛋白。一项重要工作识别出了负责产生 APP 的基因位于第 21 号染色体上（Lovestone, 2012）。这个发现有助于整合在阿尔茨海默症中观察到的两项结果：①淀粉样斑中发现了基于 APP 生成的淀粉样蛋白；②唐氏综合征患者比正常人多一条 21 号染色体，而他们的阿尔茨海默症患病率很高。负责产生 APP 以及最终的淀粉样蛋白的基因可能是引起相对不常见的早发性阿尔茨海默症的原因，而且其位点可以解释为什么唐氏综合征患者（比正常人多一条 21 号染色体也就是多了一个 APP 基因）比一般

人群更容易患阿尔茨海默症。

淀粉样蛋白在脑细胞中积聚的另外一种较为间接的方式是通过载脂蛋白 E（apolipoprotein E，简称 apo E）。通常情况下，apo E 经血液协助运输胆固醇，其中包括淀粉样蛋白质。这种转运蛋白至少存在三种异构体，apo E2、apo E3 和 apo E4。在老年期发作的阿尔茨海默症患者中，携带 apo E4 有关基因的情况最为常见。该基因位于第 19 号染色体上。研究者发现，绝大多数有家族史的阿尔茨海默症患者至少拥有一个 apo E4 基因（Lovestone, 2012）。相比之下，没有家族史的患者中约 64% 具有至少一个这种基因，而在未患病个体中，只有 31% 的人具有这种基因。拥有两个 apo E4 基因（第 19 对染色体的每一条上各有一个）会增加个体患阿尔茨海默症的风险，这类个体中多达 90% 的人会患上阿尔茨海默症（Reiman et al., 2007）。除此之外，携带两个 apo E4 基因可能使得发病的平均年龄从 84 岁提前到 68 岁。这些研究结果表明，apo E4 以及位于 19 号染色体上的有关基因可能是导致晚发性阿尔兹海默症的原因。然而，对于 apo E4 如何引起淀粉样蛋白最终在患者脑神经元中积累，以及这个过程是否就是导致这种疾病的原因，目前尚未完全明确。

阿尔茨海默症中还有可能存在基因环境的交互作用。研究者对这个问题的探索目前刚刚起步，但部分研究方向已经显现出良好前景。一项研究发现，对于生活在应激环境中的个体，具有 apo E4 基因型更容易出现认知能力下降，这表明基因（apo E4）—环境（应激）之间具有交互作用（Boardman, Barnes, Wilson, Evans, & de Leon, 2012）。另一项研究发现，在非裔美国人中，胆固醇水平低有可能减少患阿尔茨海默症的风险，但只有对那些不携带 apo E4 的个体来说才是如此（Evans et al., 2000）。另外，研究者还发现体育锻炼能降低发病概率；然而，和前一项研究一样，这只对那些没有 apo E4 基因的个体有用（Podewils et al., 2005）。这类研究有望使我们更好地了解阿尔茨海默症的复杂本质，促进预防措施的建立（如降低胆固醇水平、经常参加锻炼等）（Pedersen, 2010）。

对于本书中介绍的所有疾病，我们都识别出了其中生物、心理，或两个应激源共同的作用。那么，阿尔茨海默症导致的神经认知障碍看起来纯粹是个

生物事件，它是否也遵循相同的模式？这种疾病一个主要的候选外部因素是头颅创伤。如同我们已经知道的，头部遭到反复撞击能够诱发神经认知障碍（慢性创伤性脑病）。而携带apo E4基因的拳击者患上头颅创伤导致的神经认知障碍的风险更高（Jordan et al., 1997）。此外，除了拳击手，新闻报道还显示，美国国家橄榄球大联盟退役运动员以前的创伤经历和他们的慢性脑病之间存在关联（Schwarz, 2007）。头颅创伤可能是触发多种神经认知障碍的应激源。其他应激源还包括糖尿病、高血压和单纯疱疹病毒1型等（Richards & Sweet, 2009）。和前面讨论过的每一种障碍一样，心理和生物应激源可能与生理过程相互作用，引发阿尔茨海默症。

本节始于审慎的思考态度，在这里有必要再次提醒。我们刚刚回顾的一些研究结果还存在争议，对于神经认知障碍及其最常见的致病原因——阿尔茨海默症，还有许多问题有待于进一步回答。

心理社会影响

研究大多关注产生神经认知障碍的生物学因素。尽管很少有人认为心理社会因素直接导致了神经认知障碍患者的脑衰退，但不可否认的是这些因素能够帮助决定疾病的始发时间和进程。例如，一个人的生活方式可能牵涉到多种会导致神经认知障碍的因素。如同我们在前面提过的，物质滥用能够导致神经认知障碍，而个体是否会滥用毒品要受到生物和心理因素的共同影响。在血管性神经认知障碍中，个体对血管病的生物易感性影响着中风的概率，同时生活方式（例如饮食、锻炼、应激）也影响着心血管疾病，因此也决定了哪些人会患上此类神经认知障碍。

文化因素在这个过程中也发挥着自己的作用。例如，高血压和中风常见于非裔美国人和某些亚裔美国人（King, Mainous III, & Geesey, 2007），这可以解释为什么血管性神经认知障碍在这些群体中更普遍。举一个极端的例子，感染朊病毒会导致先前提到的库鲁病，而库鲁病会引发神经认知障碍。在巴布亚新几内亚，人吃人是悼念死者的一种宗教仪式，而人吃人就会传播朊病毒（Collinge et al., 2006）。由头颅创伤和营养不良导致的神经认知障碍在工业化之前的农村社会相对普遍（Del Parigi, Panza, Capurso, & Solfrizzi, 2006）。维生素B9和B12摄入不足尤其容易导致神经认知障碍，但其中机理尚未明确（Michelakos et al., 2013）。这些研究结果表明，职业安全（如保护工人免受脑外伤）以及影响着饮食条件的经济状况也会影响某些类型的神经认知障碍的发病。显然，心理社会因素协同生物因素，决定了个体是否会患上特定的神经认知障碍。脑的衰退是一个生物学的过程，但是，如同你在整本教材所看到的，生物学过程总是会受到心理社会因素的影响。

心理社会因素本身也影响着神经认知障碍的时间进程。回想一下我们前面提过的，受教育程度会影响痴呆的始发时间（Richards & Sweet, 2009）。掌握某些特定技能有助于一些个体比其他人更好地应对神经认知障碍的早期阶段。那些对老年人期望较低的文化对患者早期阶段的糊涂以及记忆丧失有更大的包容性。在某些文化中，包括中国，人们期待年轻人在达到一定年龄后接替老年人承担起工作的重任并且照顾老年人，而痴呆的症状被认为是衰老的正常表现（Gallagher-Thompson et al., 2006; Hinton, Guo, Hillygus, & Levkoff, 2000）。在这些社会里，神经认知障碍可能好几年都不会被发觉。

我们对于大多数类型的神经认知障碍的了解都有待于进一步加深。如你所见，对于阿尔茨海默症和亨廷顿氏症，特定的基因使个体易感于这些渐进性的认知衰退。此外，脑创伤、某些疾病以及暴露于某些物质（例如酒精、致幻剂、镇静剂、安眠药、抗焦虑药），也能够导致典型的认知能力下降。我们还注意到，心理社会因素有助于决定哪些人容易受这些致病因素的影响，以及他们如何应对这种状况。从这种综合角度来看待神经认知障碍，有助于我们对治疗方法抱有更乐观的态度。保护人们不受会引起神经认知障碍的各种状况的影响，帮助他们应对患病的灾难性后果，都是有可能实现的。下面，我们从生物和心理社会两个角度谈谈人们为了帮助这些患者所付出的努力。

治　疗

对于前面各章中讨论的障碍，大部分治疗前景都较好。临床医生联合运用多种策略能够明显减轻患者的痛苦。即便治疗不能带来预期的后果，心理卫生专家通常也能够阻止病情恶化。然而，神经认知障碍的治疗却不同。

妨碍神经认知障碍治疗方法取得重大进步的一个主要因素，是这种疾病造成的损伤的性质。大脑共包含数十亿个神经元，比真正用到的要多得多。由于可塑性（plasticity），一些神经元损伤后，其他神经元可以代替。然而，这种机制中存在对神经元损伤的位置和数量的限制，一旦突破了这些限制，某些重要功能就会受到难以弥补的损坏。研究者现在越来越了解应怎样利用脑神经元再生的自然过程来逆转神经认知障碍造成的伤害（Khachaturian, 2007）。然而，如果脑组织发生大面积损伤，目前还没有一种治疗方法能够把丧失的能力恢复过来。因此，治疗的目标变为：①努力预防某些会导致神经认知障碍的状况，如物质滥用或中风；②努力延缓症状的出现时间，为患者提供更好的生活质量；③帮助患者及其照料者应对进一步的恶化。大多数神经认知障碍治疗都关注第二个和第三个目标，生物学疗法致力于阻止大脑退化，心理社会疗法致力于帮助病人和照料者应对。

一组令人忧心的统计数据显示，神经认知障碍带来的灾难正在加剧。超过23%的照料者（通常是神经认知障碍患者的家属）表现出一种或多种特征性的焦虑症状，还有10%的人达到了抑郁的临床标准（Katona & Livingston, 2009）。与大众相比，这些照料者服用更多的精神类药物（用于缓解各类精神障碍的症状），他们报告的应激水平是一般人的3倍。照料神经认知障碍患者，特别是在晚期阶段，是一段极度艰辛的历程。事实上，有证据表明，照料神经障碍患者产生的压力甚至会增加照料者自身患上神经认知障碍的风险（Norton et al., 2010）。因此，照料者的需求越来越受到重视。目前，研究正在探索干预手段，帮助这些照料者（Lee, Czaja, & Schulz, 2010）。

生物治疗

由已知传染病、营养不良以及抑郁导致的神经认知障碍如果在早期发现，是能够治疗的。然而，不幸的是，对于绝大多数类型的神经认知障碍而言，还没有公认的治疗方法。由中风、帕金森氏症和亨廷顿氏症导致的神经认知障碍目前还无法治疗，因为针对原发疾病还没有有效的方法。但是，相关领域进行了一些振奋人心的研究，让我们距离帮助此类患者的目标更近一步。一种有助于保护甚至有可能恢复神经元的物质——神经胶质细胞产生的神经营养因子，在不久的将来或许能够帮助人们延缓或逆转退行性脑疾病的进程（Zuccato & Cattaneo, 2009）。研究者还考察了将干细胞（胚胎的脑组织）植入这类患者脑中可能带来的好处。这些先导性研究得到的结果还比较初步，但是前景乐观（Arenas, 2010）。由中风导致的神经认知障碍现在可以用新型药物进行一定预防，这些药物有助于防止血栓（中风的特征之一）造成的众多损伤（Erkinjuntti, 2012）。目前，人们主要关注治疗阿尔茨海默型的痴呆，因为其患者数量太多。不过，疗效至多只能说是一般。

有众多研究者致力于开发能够提高神经认知障碍患者认知能力的新药。许多药物似乎一开始有效，但是在安慰剂对照研究中却观察不到它们的长期疗效（Richards & Sweet, 2009）。有些药物（胆碱酯酶抑制剂）能够在一定程度上提高部分患者的认知能力，包括<u>多奈哌齐</u>（donepezil）、<u>利凡斯的明</u>（rivastigmine）、<u>加兰他敏</u>（galantamine）（Trinh, Hoblyn, Mohanty, & Yaffe, 2003）。这族药物当中的一种，<u>盐酸他克林</u>（tacrine hydrochloride），由于可能损害肝脏，现在几乎不再使用（Rabins, 2006）。这些药物能防止神经递质**乙酰胆碱**（acetylcholine，阿尔茨海默症患者体内缺乏这种物质）分解，从而提高大脑中乙酰胆碱的含量。研究表明，在使用这些药物的时候，个体的认知能力能够恢复到他们6个月前的水平（Lyketos, 2009）。但是这种获益不是永久性的。即使是那些对于药物有积极反应的个体，他们的病情也不会就此稳定下来，而还是会继续发展。此外，近3/4的病人会停止服药（因为药物的副作用，如损伤肝脏、恶心），因此这6个月的获益也会消失（Lyketos, 2009）。目前，治疗阿尔茨海默症的新药正在研发中，主要包括以beta淀粉样肽（淀粉样斑）为靶向的药物，它们有望能为这种灾难性疾病带来更好的预后（Lukiw, 2012）。

对其他一些可以减缓阿尔茨海默症进程的医疗手段的探索也在进行。这些方法最初带来的兴奋常随着新的研究发现而消退。例如，很多人可能都听说过银杏可用来提高记忆力。初期的研究表明，这种草药能够在一定程度上提高阿尔茨海默症患者的记忆力，但其他研究却没能重复这种效果（DeKosky et al., 2008）。同样，研究者也曾评估了维生素 E 的疗效。一项大规模研究发现，对于损伤不是很严重的个体，与安慰剂组相比，服用高剂量维生素 E（每天 2000 个国际单位）可以延迟衰退进程（Sano et al., 1997），但它不能阻止疾病的发生。然而，后来的研究表明，服用高剂量维生素 E 事实上会增加死亡率，因此，这种干预手段不再被推崇（Richards & Sweet, 2009）。让病人参加体育锻炼可以在一定程度上延缓疾病的进程（Rockwood & Middleton, 2007；Teri et al., 2003）。然而，到目前为止，还没有一种医疗干预能够直接治疗，进而终止病情进展对大脑的损伤。

神经认知障碍的医疗干预手段还包括采用药物减轻伴发症状。多种抗抑郁剂，例如专门针对 5-羟色胺的再摄取抑制剂，常被推荐用来减轻伴随神经认知功能下降出现的抑郁和焦虑症状。抗精神病药物有时候也可以给异常焦躁的个体使用（Richards & Sweet, 2009）。

还有研究者致力于开发有治疗和预防作用，而不单纯是延缓症状的疫苗。大多数这类研究试图调动免疫系统来打击那些过量制造 beta 淀粉样肽的过程。以前开发出来的疫苗由于具有严重的副作用（包括严重的脑炎）而被迫放弃。近期对人类和动物的研究表明，一些疫苗可以有效阻止 beta 淀粉样肽形成并最终造成脑损伤。因此，它们是患者及家属的一缕希望曙光（Subramanian, Bandopadhyay, Mishra, Mathew, & John, 2010）。

这类研究目前已经在转基因老鼠（DNA 被改变的老鼠）身上展开。在测试阿尔茨海默症疫苗的时候，研究者通过操纵老鼠的 DNA 使其体内产生会导致神经认知障碍的小蛋白质。老鼠是非常好的试验对象，因为它们衰老的速度够快，22 个月大的老鼠就已相当于 65 岁的人（Morgan, 2007）。这使得研究者能够考察已经启动了阿尔茨海默症进程的大脑如何对候选疫苗做出反应。只有在这些转基因老鼠身上观察到可观的结果，研究者才会开始在人类身上进行小规模试验。研究者认为，一定有干预手段能够扭转目前神经认知障碍患者不断增多的趋势。下一节，我们来介绍与药物配合使用的心理社会疗法，以解决伴随记忆困难而出现的多种问题。

心理社会治疗

心理社会治疗目前颇受关注，因为它们可以推迟严重认知衰退的始发时间。这类方法的主旨在于提高神经认知障碍患者及其家属的生活质量。

神经认知障碍患者可以通过学习某些技能来弥补他们丧失的能力。Michelle Bourgeois（2007）发明了"记忆钱包"，让阿尔茨海默症患者随身携带以便完成交谈。他们在一些白色卡片写上一些陈述性的语句，例如"我的丈夫约翰和我有三个孩子"，或"我 1921 年 1 月 6 日出生于匹兹堡"，然后把这些卡片插在一个塑料钱包里。Bourgeois（1992）经过研究后发现，进行少量训练后，阿尔茨海默症导致的神经认知障碍患者就能利用这个记忆工具来改善自己与他人的谈话。随着技术的进步，还可以编写程序让平板电脑代替人说话。诸如此类的适应办法可以帮助患者与他人进行交流，让他们保持对外界的意识，减轻他们由于感觉到自身能力衰退而产生的挫败感（Fried-Oken et al., 2012）。

认知刺激法鼓励神经认知障碍患者练习学习和记忆技能，可以有效地延缓较严重的认知功能下降出现（Knowles, 2010）。这些练习活动包括猜字谜、名人与熟人面孔记忆测试、算术练习（例如，购物时收银员应找给你多少钱）。与对照组相比，这类技能培养练习能够维持患者的认知活动水平，提高他们的生活质量（J. Choi & Twamley, 2013）。

这些药物与非药物治疗方法对阿尔茨海默症有什么影响？图 15.2 显示了这些干预措施如何延迟症状的

运用一种基于计算机的系统，一名住在辅助看护养老院的老人正在进行认知刺激练习。

恶化，显著缩短个体功能严重受损的时间（Becker, Mestre, Ziolko, & Lopez, 2007）。深色线代表疾病的常规进程，个体在死亡之前，要经历3到5年的严重损伤期。然而，如果采用我们前面介绍的干预手段（用浅色线表示），个体能够相对较好地存活更长时间，尽管最终认知衰退和死亡仍不能避免。家属认为，这段与亲人相处的额外时间非常宝贵。希望随着更多的研究进展，这种渐进性疾病的死亡率能够降低。

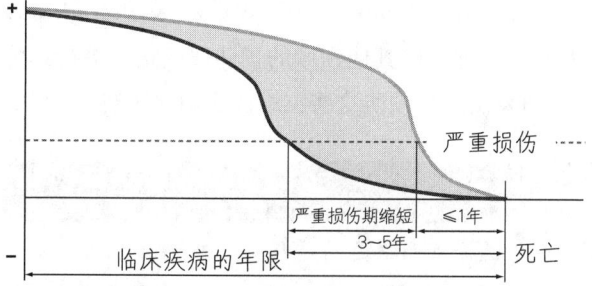

图15.2 药物与非药物干预能够改善阿尔茨海默症的进程。From Becker, J. T., Mestre, L. T., Ziolko, S., & Lopez, O. L. [2007]. Gene–environment interactions with cognition in late life and compression of morbidity. *American Journal of Psychiatry, 164*, 849–852.）

重度神经认知障碍的个体不能自己进食、洗澡、穿衣服。他们不能与家庭成员进行交流，甚至认不出他们。他们可能会走失。由于他们已经意识不到周围社会的存在，他们可能会在公共场合做出性行为，例如自慰。他们会常常焦躁，甚至表现出身体暴力行为。为了帮助痴呆患者本身及其照料者，研究人员已经开始探究干预手段来应对这些情况（Lovestone, 2012）。例如，一些研究表明，训练患者本人并指导照料者如何应对这些行为问题，能够提升患者的整体健康水平，减轻抑郁（Logsdon, McCurry, Pike, & Teri, 2009; Teri et al., 2003）。

尤为需要注意的是，神经认知障碍患者常常走丢。有的时候，他们会陷入危险境地（例如，乱穿马路）。有些照料者为了防止他们乱跑，可能会把他们绑在椅子或床上。不幸的是，这种躯体或医疗束缚也具有危险性，它很容易造成躯体伤害，并且会极大地增加已经让神经认知患者感到非常痛苦的失控和不自由的感觉。心理治疗可以替代躯体约束，它包括向人们提供能够帮助患者安全返回家里或其他指定地点的线索。新式的监控技术营造了能够监视病人的位置并提醒照料者的"智慧家庭"，从而为照料者提供了更多双眼睛。但这些技术同时也带来了伦理问题，因为它们可能极大地侵犯了隐私（Bharucha et al., 2009; Mahoney et al., 2007）。

一些神经认知障碍患者会变得非常易怒，有的时候会有语言或身体上的过激行为。可以理解，这些行为会给照料者造成很大的压力。目前通常采用药物干预来应对这些情况，但很多时候效果一般（Testad, Ballard, Bronnick, & Aarsland, 2010）。一些研究表明，采用与自闭症谱系障碍治疗项目类似的交流技能培养方法（Durand, 2012）有助于减少神经认知障碍患者的过激行为（Baker & LeBlanc, 2011）。此外，经常对照料者进行果决训练能够帮助他们应对患者的敌意行为（见表15.4）。有些照料者要么被动地接受患者的所有指责而感到压力增大，要么恼羞成怒反过来对患者实施暴力。对后一种反应尤其要警惕，因为这在法律上有虐待老人的可能性。断绝食物、药物或是实施身体暴力在护理认知缺陷老人的人员中最常见（Post, Page, Conner, & Prokhorov, 2010）。教授照料者如何面对应激情境非常重要，以防止事态升级为虐待。支持果决训练有效减轻照料者压力的客观证据目前还不多，我们仍需要更多的研究来指导未来的努力方向。

表15.4 果决反应样例

病人行为	果决反应（平和但坚定地说）
病人拒绝进食、洗澡或换衣服	我们先把这件事情做完，然后我们就可以（给出具体的活动或奖赏）
病人想要回家	我知道你很想念我们以前生活的地方。现在这就是我们的家。我们一起生活在这里，安全又快乐。
病人要求得到立刻满足	没办法要什么就有什么。等我做完（描述具体的任务或行为），我们可以讨论一下其他要做的事情。
病人控诉照料者拿了他的东西	我们都喜欢自己的东西。我一做完这件事（描述具体的任务或行动）就马上帮你找（说出遗失的物品名称），你很快就能拿到它了。
病人生气、鲁莽或二者皆有	像你一样，我也想被公平对待。我们来谈谈你为什么不高兴，这样我们能重归于好。

Source: Adapted, with permission, from Edwards, A. J. (1994). *When memory fails: Helping the Alzheimer's and dementia patient*. New York, NY: Plenum Press, p. 174, © 1994 Plenum Press.

一般来说，支持性咨询更适用于有轻度或中度神经认知障碍患者的家庭，这些咨询可以帮助他们应对沮丧、抑郁、内疚、失落等沉重的精神负担。然而，临床工作者必须首先意识到，每个人面对应激源的适应能力是不同的。例如，一项研究发现，照料者的应对方式存在文化差异。在亚拉巴马州的农村，白人照料者用接纳和幽默作为应对策略，而黑人照料者用宗教和否认作为应对策略（Kosberg, Kaufman, Burgio, Leeper, & Sun, 2007）。还有一项大规模研究用三年的时间考察了555名主要照料者，从中找到了一些可以用来帮助照料者度过困难时期的方法（Aneshensel, Pearlin, Mullan, Zarit, & Whitlatch, 1995）。尽管许多研究都旨在为照料者提供帮助，但是到目前为止，这些结果的力度还不够，还需要做更多的工作才能确定如何更好地帮助这些人（Schoenmakers, Buntinx, & DeLepeleire, 2010）。

在早期阶段，照料者需要对神经认知障碍的发病原因、治疗方法、费用以及法律问题有基本的了解，并且知道应向哪里寻求帮助。随着疾病的进展，患者需要的帮助越来越多，这时照料者需要协助管理行为问题（走失或突发暴力），并且寻找到与患者交流的有效方式。临床工作者则要协助家属做入院决定，并最终帮助他们在失去亲人的时候调整好状态（Peeters, Van Beek, Meerveld, Spreeuwenberg, & Francke, 2010）。

总的来说，延缓（但不是终止）神经认知障碍中的认知衰退的前景是乐观的。目前已有的最好的药物能够起到一定的康复作用，但是它们不能阻止疾病的渐进性恶化。心理干预能够帮助个体更有效地应对认知能力的丧失，特别是在疾病的早期阶段。此外，认知缺陷的另一个受害人是照料者，随着患者能力的持续衰退，对照料者的支持应当越来越受到重视。

预 防

由于缺乏治疗方法，我们需要更多地依赖预防手段来防止神经认知障碍的发生。可以想见，研究如何预防神经认知障碍是一项艰苦的使命，因为需要长期追踪个体来考察所付出的努力是否有效。有一项重要的研究工作是在瑞士进行的。瑞士的社会化医疗系统能够提供所有居民的完整医疗史。这项工作考察了目前认为的多个危险因素和预防因素的作用（Fratiglioni, Winblad, & von Strauss, 2007）。研究者调查了1810名当时年龄超过75岁的个体的医疗记录，并一直追踪了他们大约13年。通过访谈以及医疗记录，该研究得到了三个主要结论：控制血压，不要吸烟，积极锻炼身体并积极参加社会活动。基因无法改变，而这些建议是个体可以改变的部分，它们是降低神经认知障碍患病风险的主要因素（Rizzuto, Orsini, Qiu, Wang, & Fratiglioni, 2012）。还有一些其他领域的预防研究正在进行，可能会研发出成功预防这些灾难性疾病的措施。

小测验 15.2

请选择下面描述的是哪种痴呆症状：
 A. 面孔失认　　 B. 失认　　 C. 失语

1. 提米的祖母不再认识自己的家了。_____
2. 她不能再说出一个完整连贯的句子了。_____
3. 尽管提米是她唯一的孙子，但他去看望她的时候，她却认不出他了。_____

请写出下列情形属于哪种认知障碍。

1. 朱力是一名酗酒康复者。当你问他年轻时的疯狂经历时，他常常很快就讲完了，因为他想不起以前的许多经历。他甚至不得不把必须要做的事情写在本子上，否则他就忘了。_____
2. 布朗先生经历过几次中风，但是他还能照顾自己。但在过去的几年里，他记住重要事情的能力一直在下降。_____
3. 这种认知功能的渐进性下降，与脑内的神经纤维缠结和淀粉样斑有关。_____

争议 DSM

正常老年化是精神障碍？

一段时间以来，研究者和临床医师注意到许多老年人在记忆等方面表现出较同龄预期水平更为严重的认知衰退，而且这些能力的衰退已经影响到了他们的日常功能（Petersen et al., 1999）。为了了解伴随神经认知障碍发生的认知改变的进程并进行早期干预，区分哪些遗忘是伴随正常的衰老而发生的，而哪些又代表了神经认知障碍发病。DSM-5 引入了一种新的诊断——轻度神经认知障碍，用来分类这种状态，以引起医师的重视（Ganguli et al., 2011）。

这种分类与诊断技术的突破是相辅相成的，包括脑成像证据和本章前面提到的生物标记的鉴别（Weiner et al., 2012a）。研究者识别神经认知障碍初始症状的技能更加娴熟。这种分类不仅可以实现早期诊断，而且可以提示医师需要对哪些人的认知能力进行长期追踪。然而，这种新疾病引发了一些业内人士的担忧（Rabins & Lyketsos, 2011）。

首先，很难区分"重度"和"轻度"认知障碍。DSM-5 试图把认知测试成绩低于同龄预期水平 1～2 个标准差的个体诊断为中度认知障碍（American Psychiatric Association, 2013），然而，低于平均成绩并不意味着认知功能下降，除非可以把这个成绩与下降前的认知成绩进行比较。但通常情况下，常规认知测验只会在有充分理由的时候进行。因此，做出功能水平发生改变的结论是有问题的（Frances, 2010）。

另一种担忧与其他许多疾病都有关。增加新的障碍或是拓宽已有障碍的定义范围，会使得更多人都满足一项或多项精神障碍的诊断标准。就轻度神经认知障碍而言，我们会不会据此将由于衰老而表现出正常遗忘的个体诊断为病人，给他们开药呢？总的来说，DSM-5 中的变化会带来不小的影响（Frances, 2010）。制药公司想要为精神类药物找到更多的顾客，而增加诊断人数能够增加商业利益；更多的人可能会在辩护中采用精神障碍来减轻罪名，这对司法系统也会产生影响。这些问题现在都远远不能解决。而 DSM-5 是一项进展中的工作成果，它会随着我们对各种疾病的本质与起因的科学认识的加深而不断完善。

本章小结

谵妄

- 谵妄是一种暂时性的神志恍惚和失去定向的状态，可以由脑创伤、药物或毒物中毒、医疗程序及其他多种应激状况造成，在老年人中尤其常见。

重度和轻度神经认知障碍

- 神经认知障碍是一种渐进式退行性疾病。它以一系列认知能力的逐渐退化为主要特征，这些认知能力包括记忆、语言、计划、组织、排序以及提炼信息。
- 轻度神经认知障碍是个体表现出认知能力下降的早期征兆，并且他们的日常活动开始受到影响。
- 阿尔茨海默症是导致神经认知障碍的首要因素。目前还没有公认的致病原因或治疗方法。
- 到目前为止，还没有切实有效的方法可以治疗由阿尔茨海默症、血管病、路易小体疾病、帕金森氏症、亨廷顿氏症、HIV 感染以及其他多种不常见的会产生渐进性认知损伤的情形所导致的不可逆神经认知障碍。治疗方法主要关注帮助病人应对认知技能的不断丧失以及帮助护理人员应对照顾患者的压力。

小测验答案

15.1

1. C 2. B 3. A 4. E 5. F 6. D

15.2

1. B 2. C 3. A

4. 物质/药物诱发的神经认知障碍

5. 血管性神经认知障碍

6. 阿尔茨海默症导致的神经认知障碍

探索神经认知障碍

▶ 脑组织受损的影响难以逆转,效果逐渐累积,直到学习、记忆或意识功能显著受损。
▶ 神经认知障碍的出现时间比智力残疾和学习障碍要晚得多。

	临床描述	病因	治疗
谵妄	■ 在几小时或几天内出现意识与认知问题:神志恍惚、失去定向、不能集中注意力 ■ 在老年人、艾滋病患者和服药病人中最常见	■ 由综合性的医学情形导致 ■ 物质诱发 ■ 多种病因共同作用导致 ■ 不明类型	■ 药物治疗 ——氟哌啶醇 ——抗精神病药物 ■ 心理社会治疗 ——安抚 ——展现私人物品 ——让患者参与治疗决策

重度和轻度神经认知障碍

- 脑功能逐渐衰退，影响到判断、记忆、语言及其他一些高级认知过程。
- 由医学情形或物质滥用引发。
- 其中有些类型是无法逆转的，另一些类型如果及时治疗原发疾病则有望好转。

		临床描述	病因	治疗
阿尔茨海默症导致的神经认知障碍		■ 记忆力及其他多种行为和认知损害逐渐加重，影响到语言、运动功能、对面孔或物品的识别以及计划等功能 ■ 是最常见的神经认知障碍 ■ 受到众多研究关注	■ 渐进性脑损伤，可通过尸检发现神经纤维缠结和淀粉样斑等证据，但一般通过简化的精神状态测验来评估 ■ 涉及多个基因	■ 至今尚无有效疗法，但基因和淀粉样蛋白的研究前景乐观 ■ 通过清单、地图、备忘录来维持和管理定向功能 ■ 新型药物可阻止乙酰胆碱分解，另外还有维生素疗法，但它们都只能延缓而不能终止症状恶化
血管性神经认知障碍	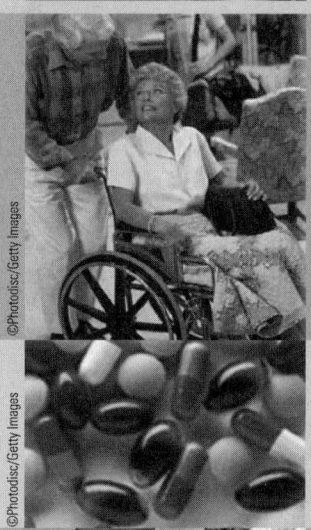	■ 由于脑血管阻塞或受损（中风）导致永久性的功能衰退 ■ 症状主要包括信息加工和执行功能（做出复杂决策）的速度变慢，以及行走问题和四肢无力 ■ 治疗重点在于如何应对		
物质/药物诱发的神经认知障碍		■ 长期吸毒，尤其是合并不良饮食时，造成脑损伤；所涉物质主要包括酒精、吸入剂、镇静剂、安眠药和抗焦虑药 ■ 治疗重点在于如何预防		
其他医学情形导致的神经认知障碍		■ 表现与其他神经认知障碍类似，但病因是： —头部创伤 —路易小体、HIV感染、帕金森氏症、亨廷顿氏症、皮克病、克雅氏病等 —脑积水、脑肿瘤、缺乏维生素B12 ■ 及时治疗原发疾病有可能好转		

精神卫生服务：法律与伦理问题

从精神卫生法律的角度看
民事安置
    民事安置的标准
    程序变更对民事安置的影响
    民事安置小结
刑事安置
    精神失常辩护
    精神失常辩护所引发的反应
    治疗法学
    接受审判的能力
    警告的责任
    精神卫生工作者充当专家证人
患者的权利和临床实践指南
    治疗的权利
    拒绝治疗的权利
    研究被试的权利
    循证实践与临床实践指南
结　论

第 16 章

学习目标

- 描述采用基于本专业领域的问题解决方式而产生的实际应用
- 描述相关的心理学原理在日常生活中的应用实例（APA SLO 5.3a）。
- 描述如何运用心理学原理解释社会问题、回应社会需求，以及为制定公共政策提供参考（APA SLO 5.3b）。

* 本章内容涵盖美国心理学会（APA，2012）建议的学习目标，旨在为心理学专业本科生提供指导。目标及建议学习成果（SLO）由APA定义。

从精神卫生法律的角度看

在这一章的开始，我们还是回到阿瑟的病例。我们曾经在第13章介绍过他的精神病性症状。现在我们将从他的家庭的角度再次讨论这一病例，并且揭示精神卫生法律和精神疾病治疗中所存在的伦理问题的复杂性。

阿瑟 一个家庭的道德困境

你应该还记得，由于阿瑟言谈、举止出现异常，所以他的家人带他来到了我们的诊室。阿瑟滔滔不绝地讲述着他拯救全世界饥饿儿童的"秘密计划"。当阿瑟表示要闯进德国大使馆，把计划交给德国大使的时候，他的家人觉得问题更严重了。阿瑟的举止越来越奇怪，家人忧心忡忡，担心他受到伤害。可是，他们却惊奇地得知，他们不能强迫阿瑟进入精神病院。阿瑟自己愿意的话，就可以入院治疗，但现实情形是，他根本不认为自己有病。除非阿瑟有伤害自己或他人的危险，否则他的家人就无权强行让他住进精神病院。尽管他们确实认为，危险就近在眼前，但是，要让阿瑟在他不情愿的情况下进入精神病院，这样的理由并不充分。阿瑟的家人竭尽全力面对这一困境，直到几周后，阿瑟的症状开始出现缓解。

阿瑟的症状是短暂精神病性障碍（见第13章）。幸运的是，这是少数并非慢性的精神病性障碍之一。重要的是，我们能从中看出精神病院是如何应对这一情形的。由于阿瑟没有伤害过自己，也没有伤害过他人，所以医院不会强行让他入院治疗，除非阿瑟主动申请入院。而在所有了解情况的人看来，这样的举动是不大可能发生在他身上的。精神病院的这一做法增添了家人的无助感。很明显，阿瑟已经陷入病态，需要帮助，可精神病院为什么不能收治他呢？为什么阿瑟的家人不能授权精神病院来治疗他呢？万一阿瑟真的闯进了德国大使馆，伤害甚至杀害了其他人呢？在这种情况下，他会进监狱，还是最终会得到精神病院的治疗呢？阿瑟在患病的状态下伤害了其他人，他要不要对此负责呢？在权衡精神疾病个体所拥有的权利和社会所担负的照顾责任的时候，以上的问题仅仅是冰山一角。

精神卫生工作者每天都会遇到类似的问题。他们必须一边诊断病情，一边权衡个体和社会的权利和责任。伦理制度与法律概念的演进不仅因时代不同而不同，也随着社会、政治对精神疾病的看法的改变而改变。我们对待精神疾病患者的方式在一定程度上表明了我们的社会如何看待他们。例如，到底是患有精神疾病的人需要帮助和保护，还是这个社会需要防范他们？随着社会公众对精神疾病患者的看法发生变化，相关的法律也随之修改，法律和伦理问题又进一步影响精神疾病的研究和治疗。正如你将看到的，影响研究和治疗的法律和伦理问题往往是相互联系的。例如，为了保护参加研究的被试者和寻求治疗的患者的个人信息，保密是常见的规则。但是，由于接受精神卫生服务的患者常常同时也是实验研究的参与者，所以我们必须同时考虑这两种身份。

民事安置

国家的法律极大地影响着精神卫生领域，这种影响有好有坏。法律既要保护表现出异常行为的个体，又要保护社会。一般来说，这两方面存在一种微妙的平衡。有时，人们认为天平倾向了其中的一方，有时又认为它倾向了其中的另一方。例如，美国的各个州都有**民事安置法律**（civil commitment laws），里面详细说明了，在何种情况下，一个人可以在法律意义上被认定为患有精神疾病而需入院治疗（Nunley, Nunley, Cutleh, Dentingeh, & McFahland, 2013）。当阿瑟的家人想要强行把他送进精神病院的时候，院方认为，由于阿瑟并没有表现出伤害自己或他人的迫在眉睫的危险，所以医院不能在其本人未予同意的情况下收治阿瑟。在这一案例中，法律保护了阿瑟不被强行收治的权利，却在同时因未能强制他接受治疗而将他和其他人置于了潜在的危险当中。La Fond 和 Durham（1992）在一本经典著作中表示，最近几十年来，美国社会在精神卫生立法方面明显地表现出了两种趋势。他们认为，1960—1980 年属于"自由时代"，它的特征是崇尚个体权利和公平。与之相反的是，从 1980 年至今属于"新保守时代"，它更加重视多数人的利益，强调法律和秩序。在一定程度上，它是对二十世纪六七十年代的自由化改革的反击。在自由时代，患者的权利占据主导位置。在新保守时代，他们的权利受到限制，目的是为了让社会获得更多的保护。

美国的民事安置法律可以追溯到 19 世纪后期。在此之前，几乎所有患有严重精神疾病的人都由家人或社区照料，或者由他们自己照料自己。但是，随着大型公共医院体系的发展，美国社会出现了一种强制收治未患精神疾病个体的危险趋势（Simon & Shuman, 2009）。有时，妇女仅仅因为观点或政见不同而被丈夫送进精神病院。19 世纪，E. P. W. Packard 夫人掀起了改进民事安置法律的运动。此前，她被丈夫强行送进精神病院长达 3 年，因为丈夫认为她的宗教观念"对他的孩子和社区的精神利益有害"（Packard & Olsen, 1871；p. 11）。

在不同文化中，精神疾病的患者受到不同的对待。

民事安置的标准

历史上，政府曾在以下几种情况下允许民事安置：①个体患有精神疾病，需要治疗；②个体有可能伤害自己或他人；③个体无法照料自己，即"重度病残"。多年来，这些条件的具体标准不断变化，而且常常彼此矛盾。能够准许政府对个体采取强制措施的权力有两类，一类是警察权力，一类是**国家亲权**（parens patriae）（州或国家充当父母）。在警察的权力框架内，政府负责保护公共卫生、安全和福利，并且能制定法律和法规来确保实施这种保护。如果罪犯对社会造成了威胁，警察就能将他们收监。当个体欠缺保护自己利益的能力的时候（例如孤儿），州或国家就对他们具有了国家亲权。同样地，如果患有严重精神疾病的个体被认为有可能因无法保证基本生活或认识不到自己有接受治疗的需要而遭受伤害，精神病院就有权将他们强行收治（Nunley et al., 2013）。在国家亲权下，州政府履行代父母的职责，并尽可能地支持那些需要帮助的个体。

需要帮助的个体随时都可以主动申请进入精神病院，经过执业医师评估后，院方就可能收治这名患者。但是，如果个体不愿入院治疗，而他人却认

政府能运用国家亲权来保护个体,防止他们伤害自身。

为,这种治疗或保护是必要的,那么,接下来就应当启动正规的民事安置程序。在美国,这一程序的具体步骤在各州有所不同,但是,它通常都由患者亲属或执业医师提出,然后法庭可能会要求当事人接受检查来评估心理状况、自我照顾的能力、是否需要治疗以及造成伤害的可能性。法官综合考虑这些信息,然后判断是否应当对患者进行安置。这一过程与其他法律程序类似,患者也享有法律所规定的充分的权利和保护。在大多数情况下,患者甚至可以要求陪审团出席并做出决定。不管在什么情况下,只要民事安置程序已经启动,有关的方面就必须通知当事人,让其知晓。在庭审过程中,当事人必须出庭,也必须有律师来代表他(她)。此外,当事人还能检查证据,并要求独立做出评估。民事安置程序中的这些保障条款是用来保护当事人的,这样一来,他们就不会在违背本人意愿的情况下被收治,除非这么做是基于合法的原因。

某些州采取的另一条启动民事安置程序的措施是法院签发的<u>协助门诊治疗</u>(assisted outpatient treatment)(Nunley et al., 2013)。在这种情况下,患有严重精神疾病的个体必须同意接受治疗,这样他(她)才能继续居住在原来的社区当中。这一做法在保障个体独立居住权利和保障社区安全之间建立了平衡(Nunley et al., 2013)。

在紧急情况下,比如在存在迫在眉睫的危险的时候,精神病院也可以不经正规的民事安置程序而对当事人采取短期安置的措施。但这时,家庭成员或警察需要证明当事人对自身或他人形成了"当下的、显而易见的威胁"(Nunley et al., 2013)。阿瑟的家人未能让精神病院收治阿瑟,就是因为并没有什么人处于迫在眉睫的危险之中,只是有人有可能遭受伤害。当然,要想判断什么是当下的、显而易见的威胁,这有时候需要法庭或精神疾病领域的执业医师做出大量的主观判断。

如何定义精神疾病

精神疾病的概念在民事安置的过程中非常关键,所以我们必须了解什么是精神疾病。**精神疾病**(mental illness)是一个法律概念,一般指对个体的健康和安全造成负面影响的严重的情绪或思维紊乱。在美国,不同的州对精神疾病有不同的定义。例如,在纽约州,精神疾病指某种痛苦的心理疾病或精神状态,表现为某种形式的行为、感觉、思维或判断力紊乱,其严重程度导致个体需要护理、治疗和康复(New York Mental Hygiene Law, 1992)。与之相反的是,在康涅狄格州,精神疾病患者指具有某种精神或情绪状态,且这种状态对其正常生活能力造成严重不良影响的个体,以及需要相应护理和治疗的个体,但其中不包含酒精依赖或药物依赖的个体(Connecticut General Statutes Annotated, 1992)。很多州都把认知方面的缺陷和物质滥用障碍从精神疾病中区分了出来。

<u>精神疾病与心理障碍不是同义词</u>。换句话说,符合DSM-5诊断标准的障碍不一定符合精神疾病在法律上的定义。尽管DSM-5的诊断标准已经非常具体,但"精神状态"或"对其正常生活能力造成严重不良影响"的判断标准却差异甚大。所以,在面对个体做出决定的时候,其中的尺度就非常灵活。但也正是由于这一点,决定也会遭受主观印象和偏差的影响。

危险性

在民事安置程序中,评估某人是否对自己或他人具有危险性是一个至关重要的步骤。在描述精神疾病患者的时候,**危险性**(dangerousness)是一个特别有争议的概念。根据流行的看法，精神疾病患者比其他人要危险（Kobau, DiIorio, Chapman, & Delvecchio, 2010）。这一结论尽管存在争议，但传播很广，部分原因在于媒体的夸张报道。这样的观点对民事安置程序影响很大，因为它会导致偏见和不公。

研究发现，精神疾病与危险性的关系并不明确。但有证据显示，心理障碍患者中具有暴力倾向的比例确实略高于常人（Elbogen & Johnson, 2009）。更进一步的研究则发现，尽管患有精神疾病一般意味着患者未来表现出暴力倾向的可能性增加，但只有特定的症状（例如幻觉、妄想或与此共病的人格障碍）似乎才与暴力倾向的增加有关（Lurigio & Harris, 2009）。从前表现出暴力倾向的精神疾病患者在出院后并不一定会去实施暴力犯罪，但是某些症状的出现有可能增加这方面的风险。

不幸的是，认为精神疾病患者更危险的错误观念有可能会对少数族群造成特别的影响（Vinkers, de Vries, van Baars, & Mulder, 2010）。即便黑人男性并未表现出任何暴力行为，在人们眼中，他们也往往是危险的。这也许就在一定程度上揭示了，为什么被精神病院强制收治的黑人患者比例要比其他族群高（Lindsey, Joe, Muroff, & Ford, 2010）。

你如何判断一个人比其他人更危险？在预测一个人将来是否会表现出暴力行为的时候，精神卫生工作者的判断有多准确？对这些问题的回答不仅关乎对社会的保护，也直接影响民事安置的实施与否。如果我们不能准确预测精神疾病患者所具有的危险性，那么违背他们的意愿将他们强制收治如何能有正当性呢？

有研究运用功能影像技术发现，我们有能力感知他人的苦痛，同时产生共情的感受，这是因为前额叶皮层被激活（Robertson et al., 2007）。如果这部分脑区遭受破坏，我们就失去了运用共情来做出伦理决策的能力（Damasio, 2007）。现在，这一重要的研究正在被用于法律程序，以此来帮助陪审团决定嫌疑人是否有罪（Mobbs, Lau, Jones, & Frith, 2009）。是否有人会主张，由于患有精神病的被告大脑出了问题，导致他们无法体会他人的痛苦，所以他们就不应被判有罪？未来，这种"归罪大脑"的倾向会愈加明显，因为我们对"发疯"的定义完全跟不上我们对精神疾病和犯罪行为的理解，即，它们受环境与生物学因素的双重影响（Greely & Simpson, 2012）。

大量的风险评估工具只是在按部就班地预测某人是否可能危害社会，例如 PCL-R（Hare & Vertommen, 2003）。我们在第 12 章介绍过这个量表，它是用来鉴别精神病态的。众多研究证据表明，这些工具最适于用来甄别暴力倾向不严重的个体，而在准确预测患者将来是否会出现暴力行为的方面表现欠佳（Fazel, Singh, Doll, & Grann, 2012）。精神卫生工作者能够判断哪些群体更容易表现出暴力行为，比如过去有过暴力行为，同时又吸毒或酗酒的群体，并且向法庭提出建议。但是，对于某一个体来说，他们却无法预测他（她）将来是否会表现出暴力行为。

程序变更对民事安置的影响

很明显，民事安置程序存在严重的问题。尤其是，判断某人是否患有精神疾病或是否危险需要进行大量主观评判。而且，由于法律上具体说法的不同，针对同样的情形，不同的州会得出不同的结论。在这些问题的推动下，我们已经多次对法律做出了重大的修正。接下来，我们将讨论民事安置程序的变更怎样深刻地影响了我们的经济和社会，其中包括它对无家可归者这一重要社会问题的影响。

联邦最高法院与民事安置

1957 年，为了医治肯尼斯·唐纳森（Kenneth Donaldson）的偏执型精神分裂症，他的父母把他送进了佛罗里达州立医院。然而，即便唐纳森并没有表现出特别的危险性，但医院的负责人奥康纳（O'Connor）博士却一直不让他出院，时间一过就是 15 年。在这期间，唐纳森实际上没有得到任何治疗（Donaldson, 1976）。后来，唐纳森成功地起诉了奥康纳博士，获得了 4.85 万美元的赔偿。最高法院认为："政府不得长期监禁不具有危险性，且有能力独立或在亲友的帮助下实现安全的自由生存的个体"（O'Connor v. Donaldson, 1975）。

在这里，以及在随后的阿丁顿与得克萨斯州案（Addington v. Texas, 1979）的裁决中，美国联邦最高法院都表示，不能仅仅以提高生活质量为由而违背当事人的意愿将其收治。如果精神疾病患者本身不具有危险性，并且能够在他人的帮助下生活在社区里，他们就不应被强制收治。医疗机构不得以精神疾病患者需要治疗或严重残疾为由而违背其意愿将其收治。这一裁决极大地限制了政府收治个体的权力，除非患者确实表现出了某种程度的危险性（Nunley et al., 2013）。

犯罪化

由于强制收治在20世纪60和70年代之间明显减少，所以很多本该在医疗机构接受治疗的精神疾病患者却遭受了司法系统的刑事审判。换句话说，罹患严重精神疾病的患者现在居住在社区中，但很多人都得不到应有的治疗，还因自身的不当行为而触犯了法律。这种精神疾病的"犯罪化"是一个非常严重的问题，因为司法系统本身并没有能力来照顾这些精神病患（Chaimowitz, 2012; Lamb, 2009; Lamb & Weinberger, 2009）。患者在狱中得不到治疗，他们的家人也只能陷入进一步的绝望。

去机构化与无家可归

除精神疾病的"犯罪化"以外，从20世纪80年代开始，美国社会还出现了两个趋势，一是无家可归者增多，一是脱离精神病院的严重精神疾病患者增多，即**去机构化**（deinstitutionalization）。需要注意的是，无家可归并非完全由精神疾病造成。在美国，每年至少有一晚无家可归的人约有200万到300万，每一个晚上，无家可归者的人数至少有40万（Substance Abuse and Mental Health Services Administration, 2011）。他们当中到底有多少人患有精神疾病？各方估计不一。部分原因在于，跟踪研究这些无家可归者并不容易。最可靠的估计认为，在无家可归者当中，大约有30%患有严重的精神疾病（如精神分裂症和双相障碍）（Substance Abuse and Mental Health Services Administration, 2011）。精神病患是否会无家可归还与种族因素有关，但其中的原因目前还不是十分清楚。例如，在美国圣地亚哥郡所进行的一项大规模研究中，拉美裔美国人和亚裔美国人中的精神病患就不太容易成为无家可归者。与此相反的是，非裔美国人较容易成为无家可归者（Folsom et al., 2005）。

无家可归者的特征非常重要，因为这些特征能帮我们了解为何有人会无家可归，同时还能驳斥所有的无家可归者都患有精神疾病的错误观点。人们一度认为，无家可归是由严苛的民事安置标准和去机构化造成的（Colp, 2009）。也就是说，因为政府的政策极大地缩减了可以被强制收治的患者数量，罹患严重精神疾病的病患在进入精神病院接受治疗的过程中受到了诸多限制，大型的精神病院也关闭了不少，所以造成了20世纪80年代无家可归者的激增。尽管确实有相当比例的无家可归者患有精神疾病，但无家可归者的增多也与失业增加和缺少低收入者住房等经济因素有关（Wright, 2009）。不过，把无家可归者增多归咎于民事安置限制和去机构化也推动了民事安置程序的变革。

民事安置改革使精神病患更不容易在违背本人意愿的情况下被精神病院收治，与此同时，政府的去机构化政策也导致了很多大型精神病院的关闭（Nunley et al., 2013）。去机构化有两个目标，一是关闭大型的州立精神病院，二是建立社区精神卫生网络来治疗那些离开精神病院的病患。尽管第一个目标在很大程度上成功实现了，精神病院的入院总人数下降了75%（Kiesler & Sibulkin, 1987），但是第二个目标，为患者提供替代性的社区护理，却没有实现，结果就导致**转机构化**（transinstitutionalization）。即，从大型精神病院离开的患有严重精神疾病的患者最终进入养老院和监狱等机构，而这些机构大多只能提供极为有限的护理（Lamb & Weinberger, 2009）。由于许多病患无

由于无家可归及受毒品侵害，Larry Hogue多年来一直威胁纽约市民的安全，最终被精神病院强制收治（左）。摆脱毒品后（右），他重新具有了控制自己行为的能力。

法继续接受原本由精神病院提供的治疗，所以人们大多认为去机构化的做法是失败的。不过，也有不少人认为，为患有严重精神疾病的患者提供社区护理的初衷是好的，只是这么做所需要的资源严重不足。

严苛的民事安置程序所引发的反应

阿瑟出现精神病性症状，他的家人努力想使他得到治疗，可当时是20世纪70年代中期，人们普遍认为个体的自由比社会的权益更重要，而且对患者进行强制收治也不是适当的做法。但是，另一些人，尤其是患者的家属却认为，由于不强迫患者接受治疗，美国社会实际上是在放任精神疾病的恶化，结果把患者置于了更大的危险之中。由于去机构化失败、无家可归者激增、犯罪化等状况日益严重，人们也开始越来越深刻地反思他们所认为的造成这一切的原因，比如严苛的民事安置法律。乔伊斯·布朗的案例就彰显了精神病患的个人自由与社会对他们的照顾责任之间的紧张关系。

乔伊斯·布朗　虽无家可归，却不失自由

1988年，在一次极寒天气来临之前，纽约市长埃德·科赫决定将所有精神不正常的无家可归者强制收入精神病院，以此来保护他们。他援引了国家亲权的法律原则来支持自己的决定，认为政府有必要保护街头的精神病患免于遭受来自天气和他们自身的伤害。乔伊斯·布朗就是这样的精神病患之一，她被强制收入了医院进行治疗，并被诊断为了偏执型精神分裂症。在此之前，她已经流落街头好几个月，经常辱骂经过的路人。有一段时间，她还仿照当地电视节目主持人比尔·博格斯的名字，把自己叫做比莉·博格斯，并假想他们之间存在某种亲戚关系。在纽约公民自由派联盟（New York Civil Liberties Union）的帮助下，布朗对政府的做法提出了抗议，并在3个月后重获自由（Tushnet, 2008）。

这一案例意义重大，因为它凸显了民事安置机制所导致的利益冲突。布朗的家人担忧她的状况，一度试图将她强制送医，但是没有成功。尽管布朗从未伤害过任何人，也没有自杀的企图，但她的家人认为，布朗生活在纽约的大街上非常危险，他们也担心布朗无法照顾自己。政府官员也表达了对布朗这样的流浪者的关切，特别是在寒潮即将来临时。不过，有人仍然怀疑，政府只是以此为借口来驱逐那些破坏城市形象的人（Kasindorf, 1988）。布朗选择不接受治疗，反对强制收治。有时，她也能条理清晰地提出充分的理由来捍卫自己的自由选择权。出院仅仅几周后，她就再次回到了大街上。1994年上半年，布朗再一次被强制收治，但是在她的抗议下，医院很快又允许她出院。多年以来，这一模式一再重复（Failer, 2002）。

1975年的奥康纳与唐纳森案（*O'Connor v. Donaldson*）和1979年的阿丁顿与得克萨斯州案（*Addington v. Texas*）的判决表明，公民患有精神疾病，并且表现出足够的危险性是将其强制收治的前提。但是由于布朗案的出现，以及无家可归者和精神疾病患者犯罪量的激增，要求恢复常规民事安置程序的呼声也越来越高。即，不仅应对已经表现出危险性的个体实施强制收治，也要对尚未表现出危险性但需要治疗或重度病残的个体实施强制收治。包括全国精神疾病联合会（National Alliance on Mental Illness，由精神疾病患者的家属组成）在内的社会团体呼吁进行司法改革来使强制收治更容易实施，这一情感诉求所针对的正是社会在保护、治疗精神疾病患者方面的失败。在20世纪70年代末和80年代初，美国的很多州都修改了民事安置法律，以此来回应这样的诉求。例如，华盛顿州在1979年修改了法律，开始允许对被判定需要接受治疗的患者实行强制收治。结果，在法律正式开始实施的头一年，该州被强制收治的人数就增加了91%（Durham & La Fond, 1985）。不过在当时，精神病院中的患者总数基本没有改变，改变的只是患者入院的理由（La Fond & Durham, 1992）。有的精神病患先前是因为暴力行为而被收入精神病院，而此时，他们被收治则是因为这是国家亲权的意志。不仅如此，先前，精神病院的患者绝大部分都是自愿入院治疗的，而此时，大部分患者都是被强制收治的。由于住院时间延长和反复收治，精神病院的床位开始紧张起来，于是院方只收被强制收治的患者。结果，推动强制收治的努力只是改变了患者被收治的理由而已。

无家可归的原因有很多，比如经济因素、精神健康状况和吸毒。

近年来，性骚扰成为了公众热议的话题，而如何对待反复实施性骚扰的人也成为了民事安置措施的核心关切。在20世纪30年代到60年代之间，美国的一些州通过了**性变态法律**（sexual psychopath laws），用强制收治替代监禁，但收治期限并不确定（Saleh, Malin, Grudzinskas Jr., & Vitacco, 2010）。受到民事安置后，性骚扰者（强奸者和恋童癖）必须表现出一定的治疗效果后才能出院。然而由于患者并不配合（见第10章），治疗通常是不成功的。而且，公众关注的焦点也从治疗转移到了惩罚之上，所以这些法律逐渐被废止，或成为一纸空文。近期的做法是，性骚扰者会因为自己的罪行而被监禁。服刑期满后，如果司法部门认为他们仍然具有危险性，他们就会被强制收治。这种**性侵者法律**（sexual predator laws）最初制定于1990年。1997年，堪萨斯州的这一法律被联邦最高法院认定为不违宪（Kansas v. Hendricks, 1997）。法庭认为，这一类的民事安置是可以接受的，因为它们可以被看作一种治疗。不过，法庭同时也承认，这种治疗通常是无效的（Zonana & Buchanan, 2009）。对此，一些人大为不安。他们认为，有了这种法律，政府就有了更大的权力来利用民事安置措施（而不是监禁）限制民众的自由（La Fond, 2005）。

民事安置小结

精神病院强制收治严重精神病患的标准应当是什么样的？对自己或他人具有迫在眉睫的危险性应当是唯一的判断标准吗？社会应当像患者的父母那样强迫遭受痛苦、需要庇护的个体进入精神病院吗？阿瑟的家人们眼睁睁地看着他遭受精神疾病的折磨却无能为力，我们该如何解决他们的担忧？我们又该如何避免被乔伊斯·布朗辱骂？在什么时候，我们免于被辱骂的权利应当重于个体免于被强制收治的权利？我们很容易得出这样的结论：美国的司法制度未能解决这些问题，而是只能随着飘忽不定的政治风向左右摇摆。

然而，从另一个角度来看，法律能够随时代而变也是一种健康的表现，只有这样，先前决定的片面和局限才能得到修正。联邦最高法院在20世纪70年代提高了实施民事安置的标准，近来又对强制收治明显需要帮助的个体放宽了要求，这些做法看似矛盾，但实际上都是可以理解的。随着变更法律所导致的结果逐渐显现，美国的司法体系也不断地修正着。尽管法律的修订总是显得极为滞后，而且常常不得要领，但毕竟是可以改变的。这样我们就能乐观地估计，个体和社会的需求最终都能通过法庭来得到满足。

在无家可归者当中，存在精神问题的人占据了相当大的一部分。他们通常与自己的孩子们一起居住在收容所或大街上。

小测验 16.1

请将下面有关民事安置的叙述补充完整。

实施强制安置必须符合以下条件：被安置人患有1._____，需要治疗；被安置人对自己或他人存在2._____；被安置人无力照顾自身，即3._____。

精神疾病是一个 4._____ 概念，尤其指严重的情感或思维紊乱，并对个体的健康和安全造成负面影响。不过，在美国，不同的州对精神疾病的定义各有不同。民事安置法律出现时，美国社会出现了 5._____（脱离精神病院的严重精神病患增多）和 6._____（重症精神病患脱离精神病院，转而进入养老院和监狱等机构）现象。

刑事安置

如果阿瑟因闯入使馆区而被捕，或者更严重地，他在实施所谓的拯救饥饿儿童计划的过程中伤害或杀害了其他人，那么结果会是什么？他的精神状态明显不正常，那么他会因为自身的行为而承担责任吗？可是，如果仅仅数天过后，他又显得像正常人一样，那么陪审团会怎么看他呢？如果他当时精神不正常，那么现在怎么又好了呢？

在我们讨论一个人是否应当为自己的犯罪行为承担责任的时候，上面这些问题都是极为重要的。例如安德烈·耶茨（Andrea Yates）一案。2001年，耶茨在浴缸里溺死了自己的5个孩子，并因此被判终身监禁。但是随后，她又获得了**精神失常无罪判决**（not guilty by reason of insanity，此类判决可简称为 NGRI）。这导致很多人质疑，法律是否有些过火。**刑事安置**（criminal commitment）指的是个体①因被控犯罪而需进入精神病院接受评估来决定其是否有能力接受审判，或②因精神失常被判无罪而被强制收入精神病院的程序。

精神失常辩护

刑事司法制度的目的是为了保护我们的生命、自由和实现幸福的权利，但是，并非所有人都要为自身的犯罪行为而接受惩罚。法律规定，在特定的情况下，人可以不必为自己的行为承担责任，因为这么做不公平，或者可能没有作用。这类观念起源于150多年前发生在英国的一起刑事案件。如果这起案件发生在今天，那么丹尼尔·麦克诺滕（Daniel M'Naghten）很可能会被诊断为偏执型精神分裂症。他出现了幻觉，认为英国保守党要迫害他，于是他准备杀害英国首相。结果，他把首相的秘书当成了首相，进而杀死了他。后来，法庭判决，如果一个人不知道自己在做什么，或者不知道自己做的事情是错的，那么他或她就不必为自己的犯罪行为承担责任。这一判例实际上就是**精神失常辩护**（insanity defense）的起源（见表16.1）。在随后的100多年里，当嫌疑人的精神状态可能存在问题时，这一原则就会成为认定其是否有罪的依据。

表16.1 精神失常辩护演进史中的重要事件

名称	时间	内容
麦克诺滕规则	1843	必须明确证实，当犯罪行为发生时，被告方由于患有精神疾病而欠缺思维能力，导致其不了解自身行为的性质，或者其虽知晓这一点，却不知道这么做是错误的。（101 Cl. & F. 200, 8 Eng. Rep. 718, H.L. 1843）
德拉姆规则	1954	如果被告方的不法行为源自精神疾病或心智缺陷，则其不必为自己的罪行承担责任。（Durham v. United States, 1954）
美国法学会规则	1962	1. 如果在犯罪行为发生时，由于嫌疑人患有精神疾病或心智缺陷，导致其在很大程度上无法知晓自身所为是犯罪行为（是错误的），或者无法让自身行为符合法律的要求。 2. 上述"精神疾病或心智缺陷"不包括仅由反复犯罪或其他反社会行为而表现出的精神异常。（American Law Institute, 1962）
刑事责任能力减弱	1978	在判断嫌疑人所犯罪行的严重程度时，能够表明嫌疑人存在异常精神状态的证据应当纳入考虑。特别是，那些需要主观意图或客观认知的侵害行为可以被认定为仅由疏忽大意而导致的侵害行为。（New York State Department of Mental Hygiene, 1978）
精神失常辩护改革法案	1984	如果有证据表明，在不法行为发生的时候，如果嫌疑人由于患有精神疾病或心智缺陷而无法认识到自己的行为是错误的，其就应当被判无罪。（American Psychiatric Association, 1983, p.685）

Source: Reprinted, with permission, from Silver, E., Cirincione, C., & Steadman, H. J. (1994). Demythologizing inaccurate perceptions of the insanity defense. *Law and Human Behavior*, 18, 63–70, © 1994 Plenum Press.

这些年来，人们也引入了其他的标准来修正麦克诺滕规则，因为很多批评人士认为，仅看嫌疑人是否有能力分清对错是不够的，精神疾病还需要更为宽广的定义（Simon & Shuman, 2009）。精神疾病所影响的不仅是人的认知功能。精神卫生工作者认为，在认定一个人是否需要为自身的行为承担责任的时候，我们需要考虑其所有功能。1954年，美国哥伦比亚特区联邦上诉巡回法院的戴维·贝兹伦（David Bazelon）法官在德拉姆与美国联邦政府案（Durham v. United States）中做出了另一项影响深远的判决，建立了德拉姆规则。德拉姆规则放宽了通过认定嫌疑人是否有能力区分对错来判断其是否应当为自身的罪行承担责任的标准。判决写道："如果被告方的不法行为源自精神疾病或心智缺陷，则其不必为自己的罪行承担责任"（见表16.1）。起初，这一判决得到了精神卫生工作者的高度赞扬，因为这样一来，他们就能向法官和陪审团全面介绍精神病患的情况。遗憾的是，此后不久，人们就发现，这些精神卫生工作者并不能可靠地评估一个人的精神疾病是否是其犯罪行为的原因。于是，判决的基础就是不科学的（Gunn & Wheat, 2012）。虽然德拉姆规则目前已经不再使用，但它还是引发了人们对精神失常辩护标准的再度思考。

在德拉姆案审判前后，美国法学会的一些律师、法官和法学学者围绕有罪这一概念如何定义的问题做了一个影响深远的研究。他们想要制定一个标准来判断一个人的精神状态应否使他（她）摆脱罪责。首先，美国法学会重申了区分精神疾病患者的行为和正常人的行为的重要性。法学会的成员们指出，惩罚的威胁并不能震慑患有严重精神疾病的人。他们主张，这些人首先应当被治疗，待症状改善后释放。（我们将在介绍精神失常辩护当前进展和所受批评的部分进一步讨论这一话题。）美国法学会得出结论，如果嫌疑人因患精神疾病而无法知晓自己的行为是不当的，或者无法控制自己的行为，那么他们就无需为自己的罪行承担责任（American Law Institute, 1962）。表16.1中所示的标准，即著名的美国法学会规则明言，只要嫌疑人没有区分对错的能力（见麦克诺滕规则），或者无法控制自己的行为，他（她）就无需承担自身行为的法律后果。

美国法学会也做出了有关**刑事责任能力减弱**（diminished capacity）的说明（见表16.1），即，如果嫌疑人由于患有精神疾病而没有能力知晓其行为的性质，那么其犯罪意图就可以从轻考量。犯罪意图理论在法律上是非常重要的，因为，要想证明嫌疑人有罪，嫌疑人就必须具有实施犯罪行为的身体能力和精神状况（Gunn & Wheat, 2012）。例如，如果一名妇女意外撞到了车前的行人，并导致其死亡，那么这名妇女就不应当被判有罪。尽管行人身亡，但这名妇女并没有犯罪意图。也就是说，她作为司机并非故意冲撞路人，实施谋杀。刑事责任能力减弱的概念主张，患有精神疾病的人即便实施了犯罪行为，但是由于疾病的性质，嫌疑人可能不具有犯罪意图，所以不需为自己的行为承担责任。

精神失常辩护所引发的反应

二十世纪六七十年代关于刑事责任的司法判决走过了与民事安置相似的过程。触犯了法律的精神疾病个体的需要受到关注，人们认为他们应当得到治疗，而不是惩罚。不过，"精神失常"和"刑事责任能力减弱"等概念在刑事审判中的成功运用也使相当多的民众产生了忧虑。例如，1979年，一名男性因开空头支票而被拘留，结果，他成功地借由"因精神失常被判无罪"原则而逃脱了法律的制裁。在这起案件中，有一位专家证人提供了证词，证明被告人患有病理性赌博障碍，因而无法区分对错（State v. Campanaro, 1980）。另一些成功的辩护则运用了DSM中所描述的诊断分类，比如创伤后应激障碍和盗窃癖（Novak, 2010），以及DSM中未提及的疾病，比如受虐妇女综合征（Cookson, 2009）。

毫无疑问，导致精神失常辩护遭到最强烈反对的事件是里根总统遇刺案（Zapf, Zottoli, & Pirelli, 2009）。1981年3月，正当罗纳德·里根（Ronald Reagan）总统步出华盛顿的希尔顿饭店的时候，欣克利（Hinckley）连开几枪，击中了总统、一名特工人员、一名警察和总统的新闻秘书詹姆斯·布雷迪（James Brady），并使他们受了重伤。特工人员随即制服了欣克利，夺下了他的枪。欣克利迷恋著名女演员朱迪·福斯特（Jodie Foster），他声称刺杀总统只是为了引起她的注意。在审判当中，陪审团援引美国法学会的标准，认为欣克利精神失常，所以无罪。法庭的判决震惊了整个美国和司法界（Zapf et al., 2009）。这一事件的众多影响之一便是促使布雷迪及其夫人呼吁国会制定更为严格的枪支控制法案。1994 年，布雷迪法案最终获得通过。

在美国，尽管精神失常辩护一直备受诟病，但是直到对欣克利的判决公布之后，美国才有约 75% 的州对自身的精神失常辩护规则进行了重大的修订，使其更难发挥效用（Simon & Shuman, 2008）。正如我们在民事安置中已经见到的，这样的冲动做法常常源自情绪，而非事实。欣克利、查尔斯·曼森（Charles Manson）、杰弗里·达默（Jeffrey Dahmer）和泰德·卡钦斯基（Ted Kaczynski）等广为人知的事件促使很多人把精神疾病与暴力联系起来，造成了公众对精神失常辩护的负面认知。一项电话调查发现，91% 的受访者都同意如下的叙述，即，"法官和陪审团很难辨别被告人的精神是不是真的有毛病"（Hans, 1986）。近 90% 的受访者同意，"精神失常辩护是一个漏洞，太多有罪的人借此逍遥法外"。在另一项类似的研究当中，90% 的受访者同意，"精神失常辩护泛滥成灾，太多的人借此摆脱罪责"（Pasewark & Seidenzahl, 1979）。那么，是否有证据表明，精神失常辩护遭到滥用了呢？

1981 年，美国前总统罗纳德·里根的新闻秘书詹姆斯·布雷迪被试图刺杀总统的枪手击伤。1994 年，布雷迪携夫人为布雷迪法案的通过而庆祝。这部法案对民众拥有枪支的权利进行了更为严格的限制。

有一项研究比较了精神失常辩护的公众认知和实际情形（Silver, Cirincione, & Steadman, 1994）。表 16.2 显示，在公众的印象中，精神失常辩护在重罪案件中的运用比例高达 37%，明显地超出了实际的情形。在实际当中，这一数字只有不到 1%。此外，公众也高估了运用精神失常辩护的成功率，以及被告人因精神失常被判无罪的比例。公众还倾向于低估被告人被强制收入精神病院的时间。这一点非常重要，因为与公众的认知相反的是，被判无罪后，被告人被强制收入精神病院的时间有可能超过被告人被判有罪后所获得的刑期（Simon & Shuman, 2008）。例如，欣克利在圣伊丽莎白医院住了 30 多年。其他研究也表明，被判非暴力犯罪的精神疾病个体被强制收治的时间可以是犯下同样罪行的正常人的刑期的 8 倍多（Perlin, 2000）。显然，精神疾病个体通常并不能通过精神失常辩护逃离制裁，这一点与公众的认知正好相反。

表 16.2 精神失常辩护的公众认知与实际情形

	公众认知（%）	实际情形（%）
精神失常辩护的运用		
重罪起诉，促使被告人运用精神失常辩护	37.0	0.9
通过运用精神失常辩护获得无罪判决	44.0	26.0
获得精神失常无罪判决的个体所面临的处境		
强制收入精神病院	50.6	84.7
获得自由	25.6	15.3
假释（有条件释放）		11.6
看门诊		2.6
无条件释放		1.1
获得精神失常无罪判决的个体的安置时间（月）		
所有犯罪	21.8	32.5
谋杀		76.4

Source: Reprinted, with permission, from Silver, E., Cirincione, C., & Steadman, H. J. (1994). Demythologizing inaccurate perceptions of the insanity defense. *Law and Human Behavior, 18*, 63–70, © 1994 Plenum Press.

尽管上述明确的证据表明，精神失常辩护并没有被滥用，也不会使众多具有危险性的个体被提前释放，但在欣克利案的判决公布之后，精神失常辩护的标准确实出现了重大的改变。美国精神病学会（1983）和美国律师协会（1984）建议，将精神失常辩护重新恢复到类似麦克诺滕规则的标准。不久后，美国国会通过了精神失常辩护改革法案（1984），将这些建议收入其中。于是，想要成功运用精神失常辩护就变得更为困难了。

另一种试图改革精神失常辩护的做法是将精神失常无罪判决替换为精神失常有罪判决（guilty but mentally ill，此类判决可简称为 GBMI）（Torry &

Billick, 2010)。尽管后者有多种具体做法, 但它们的共同前提是, 精神失常无罪判决所导致的后果与精神失常有罪判决不同。得到精神失常无罪判决的个体无需入狱, 但要在精神病院接受评估, 直到评估结果认定可以将其释放。也就是说, 如果评估结果认定个体不再患有精神疾病, 其就应被立即释放。如果阿瑟在犯罪后因精神失常而获得无罪判决, 那么由于他的精神障碍不久便消失了, 他也将很快出院。与此相反的是, 精神失常有罪判决的其中一种做法在理论上允许司法部门在治疗精神疾病患者的同时对其施以惩罚。这时, 精神疾病患者仍将获得如同其未患精神疾病的刑期。司法部门还要决定是将患者强制收治, 还是收监服刑。如果患者在刑期未满前康复, 他就还要在监狱里服满刑期。如果阿瑟所获得的正是这样的有罪判决, 那么即使他的精神疾病症状不久后即消失, 他也仍然需要服满自己的刑期。在美国, 很多州已经采用了精神失常有罪判决的做法（Simon & Shuman, 2008）。

犯法之后, 另一种精神失常有罪判决对精神病患的处理更为严厉。触犯法律的个体被收监, 在条件允许的情况下, 监狱方面会提供精神疾病的治疗。陪审团仅在裁决中提到, 罪犯在实施犯罪时患有精神疾病, 且不受差别对待。美国爱达荷州、蒙大拿州和犹他州已经完全取消了精神失常辩护, 转而采用了此种形式的有罪判决（"The Evolving Insanity Defense," 2006）。

如前所述, 精神失常有罪判决的出现是为了堵上精神失常辩护可能导致的漏洞。这种做法已经在美国的很多州实施了逾15年之久, 其效果也得到了研究者的关注。有两项研究表明, 与申请精神失常无罪判决的个体相比, 获得精神失常有罪判决的个体更容易被收监, 刑期也更长（Callahan, McGreevy, Cirincione, & Steadman, 1992; Keilitz, 1987）。研究也发现, 获得精神失常有罪判决的个体并不比其他精神疾病个体更容易获得精神疾病的治疗（Keilitz, 1987; Smith & Hall, 1982）。当前, 判决的种类（精神失常无罪判决和精神失常有罪判决）取决于犯罪发生地所在州的法律。从整体上看, 有人估计, 监狱里患有严重精神疾病的患者数量是医院里的3倍还要多, 这提示着精神卫生法律需要修改（Torrey, Eslinger, Lamb, & Pavle, 2010）。图16.1显示了严重精神疾病患者如何越来越常见于监狱而不是专门的精神病院的情形。精神疾病患者被收监的比例就要赶上150多年前精神病院寥寥无几时的水平了。

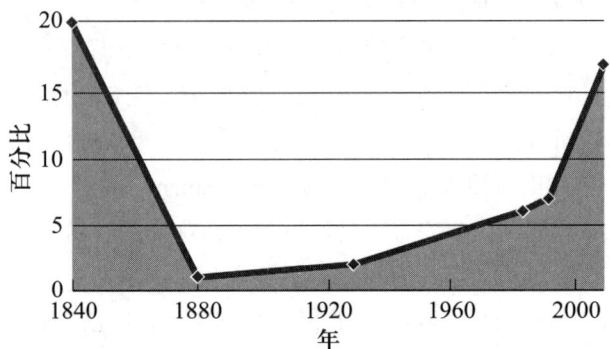

图16.1　囚犯中患有严重精神疾病者的比例。图中显示, 近几十年来, 这一百分比逐渐升高, 即, 越来越多的严重精神疾病患者得到的不是治疗, 而是被收监。
From Torrey, E., Eslinger, S., Lamb, R., & Pavle, J.(2010). *More mentally ill persons are in jails and prisons than hospitals: A survey of the states* (p. 13). Arlington, VA: Treatment Advocacy Center.

治疗法学

司法体系与医疗卫生体系存在天然的矛盾。司法体系从设计之初就是对抗性的, 换句话说, 一边是原告方, 一边是被告方, 一边是胜诉方, 一边是败诉方。与此相反的是, 精神卫生体系的目标是找到解决重要心理问题的方法, 同时不责备任何一方, 寻求双赢。幸运的是, 我们的司法制度正越来越清楚地认识到, 用对抗的方式来与精神疾病患者打交道可能对双方都有害。随着这种思维方式的转变, 现在当精神疾病患者触犯法律的时候, 他们接下来就有可能登上某种类型的"问题解决法庭"（Ahern & Coleman-Eufinger, 2013; Goodale, Callahan, & Steadman, 2013）。这些法庭从设计之初就是为了满足特殊问题人群的特殊需求的。例如, 在美国的许多州, 你都能找到这样的法庭, 特别是吸毒治疗法庭、家庭暴力法庭和精神健康法庭。有趣的是, 这些问题解决法庭的原型来自于美国、加拿大、澳大利亚和新西兰的部落社会当中（King & Wexler, 2010）。

这些问题解决法庭的理论根基是<u>治疗法学</u>（therapeutic jurisprudence）。从本质上说, 治疗法学就是运用关于行为改变的知识来帮助当事人处理法律问题。例如在吸毒治疗法庭上, 法官会处理所有涉及吸毒者被告的案件。只要被告方能获得工作并持续做6个月，期间接受戒毒治疗，而且不接触毒品，法官就有可以延迟做出宣判。同样地，在精神健康法庭，法官可能会推荐被告人参加社区康复项目，也可能督促被告人的家庭成员照顾被告人。就这样，法庭不再仅仅是决定有罪收监或无罪释放的场所，它还能成为改变社会的推动力。有了这样不断进化的理念，患有严重精神疾病的违法者就能在刑事审判体系之外获得有效的治疗了。

我们的社会很早就知道，我们应当把可能无法控制自身行为，或者简单的收监对他们并没有好处的罪犯甄别出来。问题在于，这么做非常困难。我们必须弄清罪犯是否知道自己当时在做什么、能否分辨对错、能否控制自己的行为。但精神卫生工作者无法评估一个人过去的精神健康状态。另一个难题是，一方面，我们想为患有精神疾病的违法者提供治疗，另一方面，我们又想把他们当作负责任的个体来看待。最后，我们还必须调和帮助精神病患和避免被他们伤害这两种相反的利益诉求。近年来开始出现的"问题解决法庭"可能是解决这些问题的途径之一。对于精神疾病个体的基本权利，我们必须在全国范围形成共识，这样我们才能知道，怎样做是合法的。我们希望，近年来出现的法律法规考虑患者权利的这一趋势能够在一个合理的限度内发展，这样才能同时兼顾个体和社会的需求。

接受审判的能力

在因犯罪行为而接受审判之前，犯罪嫌疑人必须有能力理解来自控告方的指控，并为自己辩护。这正是美国最高法院在杜斯基案（*Dusky v. United States*，1960）的判决中所确立的原则。所以，我们不仅要了解嫌疑人在实施犯罪行为时的精神状态，还要预测在随后的法律程序中，他是否能够具备适宜接受审判的精神状态。有的嫌疑人能够获得精神失常无罪判决，因为他在犯罪行为发生时确实患有精神疾病，但他仍然具备出庭受审的能力。如果阿瑟触犯了法律，他就属于这种情况。

如果嫌疑人被判断为没有出庭受审的能力，他就会失去做出决定的权利，并将受到监禁。由于审判的前提是嫌疑人有**能力**（competence）接受审判，所以大多数明显患有严重精神疾病的嫌疑人最终并不会受到审判。有人估计，每当有一名嫌疑人获得精神失常无罪判决时，同时就会有另外45名嫌疑人因被诊断为患有严重精神疾病而被收入精神病院（Butler，2006）。收治的目的是为了让嫌疑人恢复接受审判的能力。然而，由于恢复所需要的时间难以确定，于是法院规定，这一时间不可以无限延长；只要超过合理的期限，嫌疑人要么成功恢复出庭受审的能力，要么被释放，要么依照民法进行安置（*Jackson v. Indiana*，1972）。由于法律用语常常不够精确，所以对"合理的期限"的认定也存在相当大的模糊地带。

最后，与嫌疑人接受审判的能力有关的还有举证责任的问题，即由哪一方来提供证据。在判断嫌疑人是否有能力接受审判的问题上，一份重要的判决把举证责任放在了被告一方。在梅迪纳与加利福尼亚州案（*Medina v. California*，1992）中，梅迪纳最终被判定为没有能力接受审判。结果，公众又开始担心这些危险的精神疾病患者在多次实施暴力犯罪后总是被无罪释放，逍遥法外，只有实施非暴力犯罪的精神疾病患者通过受审能力评估等法律程序后接受治疗的做法才较容易被公众接受。

警告的责任

精神卫生工作者需要为他们所服务的精神疾病患者的行为担负一定的责任吗？当少数严重精神疾病患者有可能做出危险行为的时候，这就成了一个非常重要的问题。怀疑患者有可能伤及甚至杀害其他人时，精神卫生工作者要担负什么样的责任呢？他们必须通知相关部门或者有可能遭受伤害的个体吗？还是说，在治疗过程中，他们应当对患者透露的信息绝对保密呢？

塔拉索夫与加利福尼亚大学董事会案（*Tarasoff v. Regents of the University of California*，1974，1976）反映的正是这样的问题。1969年，加利福尼亚大学一名叫波达（Prosenjit Poddar）的男研究生杀害了女同学塔拉索夫（Tatiana Tarasoff），后者曾经拒绝了波达的交往请求。在谋杀发生时，波达正在学校健康中心接受两名心理治疗师的治疗，并且被诊断为偏执型精神分裂症。在最后一次治疗会面中，波达暗示他打算杀害塔拉索夫。治疗师认为情况重大，于是将此事通报给了校警。校警做了调查，波达也承诺放过塔拉索夫。然而几个星期后，波达还是杀害了塔拉索夫。

了解到波达的治疗师在案件中做了什么之后，塔拉索夫的家人把加利福尼亚大学、心理治疗师和校警一起告上了法庭，认为他们应当警告塔拉索夫，让她知晓自己处在危险当中。最终，法庭支持了他们的诉求，塔拉索夫案也成为了心理治疗师对来访者所可能伤及的个体负有**警告责任**（duty to warn）的参照标准。后来，其他相关的案件进一步确认了心理治疗师所担负的警告责任（Mason，Worsley，& Coyle，2010）。此前，法院基本都认定，来访者的威胁必须是具体的。在汤普森与阿拉梅达郡案（*Thompson v. County of Alameda*，1980）中，加利福尼亚州最高法院判决，对于针对不特定个体的不特定威胁，心理治疗师不负有警告的责任。对心理治疗师来说，想要清晰地理解保护第三方不受来访者伤害的具体责任是很困难的。临床规范认为，存在疑问时，心理咨询师应当随时咨询同事。这种做法不仅对来访者有利，也对心理咨询师有利。

精神卫生工作者充当专家证人

法官和陪审团常常需要依靠**专家证人**（expert witness），即具备专业知识的人士来协助做出决定（Mullen，2010）。我们已经提到多起由精神卫生工作者扮演这一角色的案例，他们在其中提供信息来协助评估嫌疑人的危险性及其理解指控、做出辩护的能力。公众对专家证人的态度是矛盾的。一方面，他们能认识到专家证词在教育陪审团方面的价值；另一方面，他们又会把专家证人看作收人钱财、替人消灾的"枪手"（Simon & Shuman，2009）。那么，充当专家证人的精神卫生工作者的判断到底可不可信呢？

举一个例子，在判断某一名精神疾病患者是否应当接受民事安置时，评估人必须了解该名患者将来实施暴力行为的可能性。研究发现，精神卫生工作者能够对患者在短期，即未来2～20天的危险性做出可靠的评估（Scott et al.，2008），但他们还不能对患者在更长时间范围内的危险性做出可靠的预测（Fazel et al.，in press）。除此之外，精神卫生工作者也常常被要求在精神疾病的诊断过程中提供咨询。我们已经在第3章里讨论了诊断从不可靠到比较可靠的发展过程。针对诊断的可靠性问题，近期

修订的诊断标准（DSM-5）已经给出了直接的回答。因此，临床医师现在已经能够做出比较可靠的诊断了。但是，我们还要记住，法律意义上的精神疾病与DSM-5中心理障碍的并不等同。所以，嫌疑人是否患有"精神疾病"是法庭做出的判断，而不是精神卫生工作者的判断。

加利福尼亚大学尔湾分校心理学家、人类记忆专家伊丽莎白·洛夫特斯（Elizabeth Loftus）在审前听证会上做证。

精神卫生工作者能够识别嫌疑人装病的情形，也能评估嫌疑人是否有能力接受审判。装病就是通过假装或夸大症状来逃避责罚。例如，嫌疑人可能声称自己在实施犯罪时出现幻觉，所以不应对犯罪结果负责。研究发现，**明尼苏达多项人格测验**（Minnesota Multiphasic Personality Inventory，MMPI）在协助辨识嫌疑人谎报严重精神疾病方面极为准确。审查人员会寻找那些真实存在、而真正患病的人却极少报告的症状。而为了急于制造患病的假象，装病的人常常会过度夸大这些问题（Sellbom，Toomey，Wygant，Kucharski，& Duncan，2010）。此外，在判断嫌疑人是否有能力接受审判，即是否有能力理解指控、做出辩护时，精神卫生工作者也能提供可靠的信息（Shulman，Cohen，Kirsh，Hull，& Champine，2007）。总之，在特定的领域，精神卫生工作者确实能够为法官和陪审团提供可靠而有用的信息（Scott et al.，2008）。

但上面的研究并不能证明在所有的情况下，专家证词都是准确的。换句话说，只有在适宜的情境下，专家才能判断嫌疑人在短期内会不会表现出暴力行为、是否谎报了某些症状、是否有能力接受审判以及应当获得怎样的诊断。不过，即便是在适宜的情境下，专家证词的准确性也受到多重因素的共

同影响。超出专家证人能力范围的个人或专业意见有可能影响哪些信息被呈现或不被呈现。此外，这些意见也会影响信息呈现给法庭和陪审团的方式（Drogin, Commons, Gutheil, Meyer, & Norris, 2012）。例如，如果专家证人认为，嫌疑人不应被强制收入精神病院，那么在民事安置法庭程序进行当中，这样的看法就很有可能会影响证人呈现临床诊断信息的方式。

小测验 16.2

请为下列描述选择相应的概念：

A. 接受审判的能力　　B. 刑事责任能力减弱
C. 装病　　　　　　　D. 专家证人
E. 警告的责任

1. 如果嫌疑人没有能力理解法律程序并为自己辩护，他就不会面临审判。_____
2. 在今天的心理治疗过程当中，我了解到，一位来访者对他母亲的生命构成了威胁。现在我必须弄清楚，我是否有_____。
3. 罹患精神疾病有可能使人无法知晓自身行为是犯罪，由此其犯罪意图可从轻考量。_____
4. 张医生在法庭上作证，被告人伪造并夸大症状，以此来逃避责任。此时，张医生的角色是_____，被告人在_____。

患者的权利和临床实践指南

40年前，精神病院中的患者几乎不享有任何权利。患者应当接受什么治疗，能否打电话、收发邮件，亲友能否来探望，这些事情都由医院的工作人员决定，而很少与患者商量。但是，精神病院的这种专断做法引发了法律诉讼，法院也做出了相应的判决，维护了精神病院中的患者的权利。

治疗的权利

在精神病院，患者最基本的权利是接受治疗的权利（Bloch & Green, 2012）。在很长一段时间里，很多大型精神病院的环境都非常糟糕，缺医少药。从20世纪70年代早期开始，在一系列集体诉讼的推动下，精神疾病患者和精神发育迟滞（相当于DSM-5中的智力残疾）人士的权利逐渐得到承认。怀亚特与斯蒂克尼案（*Wyatt v. Stickney*, 1972）就是这样的一起里程碑式的案件。当时，美国亚拉巴马州的几家大型精神病院由于资金困难解雇了多名员工。后来，这些员工提起了集体诉讼。该案首次建立了精神病院所必须达到的用以满足患者所需的最低标准，其中包括职员与患者的最低比例，以及一定住院人数所应配备的淋浴和厕所的最低数量等硬件要求。该案也判定，精神病院必须做出积极的努力来实现对患者的治疗目标。

该案也在"最小限制性替代措施"的概念下获得了进一步的发展。即，院方应当尽可能少地限制患者的自由，同时应尽可能多地为患者提供护理和治疗。例如，法院的判决中有如下关于精神发育迟滞人士的内容：

> 住院患者享有为达到康复目的而只受到最低程度限制的权利。相关机构必须竭尽所能让住院人士：①享有更多的自由，②从大型机构搬入小型机构，③从大房间搬入小房间，④从群居转换为独居，⑤从与社区的分离状态进入融合状态，⑥从依赖他人生活转变为独立生活。（*Wyatt v. Stickney*, 1972）

尽管患者在精神病院中的治疗和康复已经得到了很大的改善，但什么叫做"合适的治疗"仍然不甚明了。扬伯格与罗密欧案（*Youngberg v. Romeo*, 1982）再一次确认了在非限制性的环境中治疗患者的要求，但选择何种治疗方案的决定仍然掌握在精神卫生工作者手中。这一点引发了主张患者权利的人士的担忧，因为从历史上看，单纯由精神卫生工作者进行治疗决策并不总能满足患者所需。1986年，美国国会通过制定《精神疾病个体保护与支持法案》为患者提供了一系列保障（Woodside & Legg, 1990）。随后，众多保护和支持机构在各州建立，对虐待和玩忽职守展开调查，并为患者代理诉讼。这一层面的保护工作促成了精神卫生工作者的专业意见和入院患者的需求和权利之间的平衡。

拒绝治疗的权利

在今天的精神卫生领域，争议最大的问题之一就是个体拒绝治疗的权利,尤其当这些个体患有严重精神疾病的时候(Bloch & Green, 2012; Simon & Shuman, 2008)。近年来,这一争议已经集中到了抗精神病药物的使用上面。一方面,精神卫生工作者认为,在特定的情形下,患有严重精神疾病的患者已经没有能力根据最大化自身利益的原则来做出决定,因此精神科医师有责任提供治疗,即便患者本人反对。另一方面,患者和为他们主张权利的人士争辩道,所有人都有决定自己接受何种治疗的基本权利,即便这么做从医学上讲并不符合自身的最大利益。

尽管这一争议还没有解决,一起案件已经就一个相关的问题给出了回应,即,法院能否"强迫"患者具备接受审判的能力?这是一个有趣的二元困境。如果面临刑事指控的患者存在妄想,或者常常出现严重的幻觉,致使其无法完全参与法律程序,那么,法院能否强迫患者通过服药来减轻症状,从而使他们具备接受审判的能力?联邦最高法院对里金斯与内华达州案(*Riggins v. Nevada*, 1992)的判决显示,由于存在潜在的副作用,法院不可以强迫患者服用抗精神病药物。但是,在"哈珀"听证会(*Washington v. Harper*, 1990)之后,另外几份判决又准许法院强制患者服药。这种听证会允许精神卫生工作者表达用药的好处,也为患者提供反驳机会。这一程序被用来强制给杰瑞德·洛纳(Jared Loughner)用药。最终,洛纳被控19项谋杀罪名以及2011年在亚利桑那州图森市对美国众议员加布丽埃勒·吉佛兹(Gabrielle Giffords)的谋杀未遂罪名。在2011年的这起案件中,吉佛兹身受重伤,另外6人死亡。

枪击美国国会女议员加布丽埃勒·吉佛兹并杀害其余6人的杰瑞德·洛纳被强制给药以接受审判。他最终获罪,被判终身监禁,且不准假释。

研究被试的权利

在这本书当中,我们描述了来自世界各地的针对心理障碍患者的研究。我们也在第4章里简要地介绍了参与心理学研究的被试所具有的权利。从总体上说,这些被试拥有下列权利(American Psychological Association, 2010a, 2010b):

1. 获知研究目的的权利
2. 保持隐私的权利
3. 受尊重的权利
4. 被保护不受身心伤害的权利
5. 选择参与或拒绝参与并不受偏见和报复的权利
6. 在实验结果报告中保持匿名的权利
7. 自身实验记录免遭泄露的权利

对于可能无法完全理解上述内容的精神疾病患者来说,这些权利尤为重要(Bloch & Green, 2012)。在研究当中,最重要的概念之一是,研究人员必须把研究的风险和益处充分告知被试。简单的同意是不够的,被试必须做到**知情同意**(informed consent),也就是说,只有在被明确告知关于研究的所有重要事项(包括可能产生的任何伤害)并签署正式的知情同意书之后,被试才能参与研究。下面的案例强调了知情同意的重要性以及应用研究中时而存在的灰色地带。

> **格雷格·阿勒 对权利的担忧**
>
> 1988年,23岁的格雷格·阿勒(Greg Aller)签署了一份知情同意书,同意参加加利福尼亚大学洛杉矶分校神经心理研究学院的一项治疗研究(Willwerth, 1993)。一年前,格雷格经历了有关外星人的恐怖幻觉和妄想,他的父母求助于加利福尼亚大学,得知该大学正在准备进行一项评估早期精神分裂症患者的新研究,以此来评价停止药物治疗的影响。如果格雷格参与实验,他将免费得到原本价格极为昂贵的药物治疗和心理咨询。实验开始了。格雷格服用药物3周后,他的病情显著好转,幻觉和妄想都消失了。现在,他可以上大学了,而且随后,他的名字还出现在了优秀学生名单当中。
>
> 格雷格的父母尽管被眼前的情景所鼓舞,但是他们都在担心实验的第二个阶段,也就是停止药物治疗的阶段。研究人员安慰他们说,对精神分裂症的治疗来说,这个阶段非常重要,而且是正常治疗的一部分,何况长期服药的副作用非常

之大。他们还告诉格雷格的父母，停药后，一旦发现格雷格的病情明显出现反复，他们就会让他重新服药。到1989年年底，格雷格逐渐停药。不久后，他开始出现有关前总统罗纳德·里根和外星人的妄想。尽管对格雷格的父母来说，格雷格的症状已经非常严重了，但格雷格既没有告诉研究人员他需要服用更多的药物，也没有告诉他们，自己经常出现幻觉和妄想。格雷格的病情继续恶化，一度威胁要杀死自己的父母。又过了几个月，格雷格的父母成功地说服了他服用更多的药物。结果，尽管格雷格的症状比先前有所好转，但他再也没有回到第一轮用药时的状态。

这一病例凸显了心理病理学的重要研究中可能产生的冲突。美国国家卫生研究院认为，加利福尼亚大学洛杉矶分校的研究人员未能向格雷格及其家人提供有关治疗风险和其他可能的治疗途径的全部信息（Aller & Aller，1997）。批评人士表示，在本例和类似的情形当中，知情同意的原则常常不能充分实践。为了确保患者参与实验，信息常常会被歪曲。但加利福尼亚大学洛杉矶分校的研究人员却认为，即使格雷格没有参加这项研究，他们也会尝试让格雷格减少用药，以此来避免长期服用抗精神病药物所导致的潜在风险。这一病例引发的争议为研究人员敲响了警钟，促使他们更加关注自己对被试所负有的责任，以及为保护被试的利益而设计更加完善的保障措施。目前，一些研究者正在探索评估被试能否完全理解研究风险和益处的标准化做法（e.g., Harmell, Palmer, & Jeste, 2012; Jeste et al., 2009）。

格雷格·阿勒（右一）与父母在一起。格雷格参与了加利福尼亚大学洛杉矶分校的药物研究，结果停药后症状严重恶化。于是，格雷格和家人提出了有关这一类研究的知情同意问题。

循证实践与临床实践指南

全世界的医疗服务体系都很想知道，那些常被用于治疗躯体和心理疾病的治疗方法是否真的有效。这其中的部分原因在于，医疗花费大幅增长，而且其中的一大块都由各国政府来承担。于是，各国政府和卫生政策制定者都在努力推动**循证实践**（evidence-based practice）的发展。所谓循证实践，即经研究证明有效的医疗实践。它是那种生于偶然，却风行世界的理念。尽管循证实践的一些原则已经存在了几十年，但是只有在最近的15年里，循证实践才真正地成为了临床治疗的系统性方法（Institute of Medicine, 2001; Sackett, Strauss, Richardson, Rosenberg, & Haynes, 2000）。美国新自由心理健康总统委员会（2003, p. 21）在总结报告中大力推荐发展循证实践，同时建议"扩大提供循证医学服务和支持的工作者队伍"。2006年，美国心理学会的总统工作组采取了一份报告中所述及的做法。该份报告描述了心理学领域的循证实践，认为心理学的实践原则应当建基于证据之上，并鼓励各方将这一理念进一步推广（American Psychological Association, 2006）。

就像我们在本书中多次提到的那样，包括普通医院和研究型医院在内，我们对特定疾病的心理治疗的有效性证据已经有了相当的积累。当我们运用这些证据来针对具体问题提出治疗建议的时候，这种建议就成为了临床实践指南。1989年，美国组建了名为美国医疗政策与研究局的联邦政府机构。1999年，该机构再次得到国会授权，并改名为美国卫生保健研究与质量局（Agency for Healthcare Research and Quality）。该机构的工作目标就是要建立沟通有效治疗方法的统一机制，并将能够有效治疗特定疾病的最新治疗进展传达给全国范围的执业医师、政策制定者和患者等有关各方。该机构也开展研究来改进医疗服务的提供方式。2010年，美国国会通过了一项全民健康保险法案，即《患者保护与平价医疗法案》（the Patient Protection and Affordable Care Act），从那时起，如何有效、高效地提供医疗服务就显得更为重要了。

美国政府不仅希望通过抛弃不必要的或无效的

治疗手段来削减医疗费用，它还希望促使医学工作者运用经研究证实有效的最新治疗手段。近年来，多国政府机构已经经拨款数十亿美元来推动被证明有效的心理治疗手段在多个医疗系统中的传播和应用，例如美国的退伍军人卫生管理局和英国的国民医疗保健制度（McHugh & Barlow，2010）。有效地治疗患者，减轻他们的疼痛和悲伤是降低医疗花费的最重要的途径，因为这样一来，患者就不需要为了缓解病情而没完没了地寻求医治了。在这一方面，美国国会制定了新的法律，创建了患者导向医疗效果研究所（Patient-Centered Outcomes Research Institute），以此来推动关于何种治疗手段对何种疾病最为有效的研究，同时更加广泛地传播这些信息（Dickersin，2010）。

鉴于这一趋势的重要性以及临床实践指南必须扎实、有效的要求，美国心理学会的一个工作组制定了一套原则来建立和评估针对心理疾病和躯体疾病社会心理影响的临床干预指南。这些原则于1995年出版，2002年又做了小幅的修订（American Psychological Association，2002a）。

该工作组认为，建立针对特定疾病的临床实践指南首先要考虑两点，或者说两个维度，一个是临床疗效维度，另一个是临床应用维度。**临床疗效维度**（clinical efficacy axis）考虑的是判断某种干预是否有效的科学证据。这一证据应当回答下面的问题：与另一种替代疗法或与未接受治疗的对照组相比，此种干预是否有效？我们曾经在第4章里讨论过用来评估某种干预是否有效的多种研究策略。

你应该还记得，由于多种原因，有的治疗方法看似有效，可实际上却无效。例如，如果病情好转只是源自时间流逝或自愈过程，那么在此期间的治疗就没有作用。还有可能发生的是，治疗的非特异性效果（比如在治疗中遇到一位对患者关怀备至的医生）使患者感觉良好，而治疗本身并没有发挥任何作用。要想判断某种干预的临床疗效，研究人员就必须通过临床实验验证，实施该种干预的疗效是否好于完全不做干预，是否好于某种非特异性疗法，或者是否好于另一种替代疗法。此外，临床医生也可以通过搜集多家医院的众多医生治疗该种病症的疗效来做出判断。如果这些临床医生搜集到了关于疗效的必要数据，他们就能发现有多少例治愈，有多少例好转，又有多少例对干预没有反应。这样的数据就是临床定量观察（quantified clinical observations）或临床复制数据列（clinical replication series）。最后，来自一流专家的临床共识（clinical consensus）也是有价值的信息来源渠道。不过，最有价值的信息还是临床定量观察和随机对照实验（被试随机分组，研究人员通过比较实验组与对照组来判断治疗的有效性）。

临床应用维度（clinical utility axis）所考虑的是某一疗法在应用环境下的有效性，而非在研究环境下的有效性。即，在某一治疗环境下被证明有效的疗法在其他常见的治疗环境下是否也有效？而且，该疗法在特定的治疗环境下是否是可行的、划算的？这一维度所考虑的是特定疗法的外部效度，即，一种具备内部效度的疗法在不同的治疗环境下所表现出的有效程度，以及它被推广和应用于其他治疗环境的容易程度。

在临床应用维度上，第一要考虑的是可行性。患者会接受这一干预并遵守相应的要求吗？管理起来容易吗？正如我们在第7章里讨论过的那样，在很多情况下，电痉挛疗法都是治疗严重抑郁的有效方法。但是，由于这种疗法让患者极为害怕，所以很多患者拒绝接受该疗法的治疗。而且，实施这种疗法还需要复杂的程序和医护人员的严密监视，所以一般只在医院进行。所以，这种疗法并不十分可行，不到万不得已不会使用。

在临床应用维度，第二要考虑的是普适性，即某种临床干预面对不同背景（种族、年龄、性别）患者、不同治疗环境（住院患者、门诊患者、社区患者）或不同治疗师时的有效程度。有的疗法对研究环境下的患者有效，但在面对不同种族的患者时却效果不佳。总之，有的疗法从临床疗效维度来看十分有效，但是，除非这种疗法可行、划算、具备普适性，否则它就很难得到推广和应用。我们把这两种维度的特点简要地概括在了表16.3中。

在阅读前面关于各种心理障碍的章节时，你肯定注意到了很多有效的疗法，它们当中既有心理疗法，也有药物疗法。未来，我们将看到大量为了建立心理疾病各种干预方法的临床疗效维度和临床应用维度的深度研究，也将看到更加丰富而成熟的临床实践指南。2010年，美国心理学会决定开发自己的临床实践指南，以此来为心理障碍患者提供基于研究证据的最佳心理治疗。

表16.3　建立心理干预指南的基本要素

临床疗效（内部效度）	临床应用（外部效度）
A. 好于替代疗法（随机对照实验） B. 好于非特异性疗法 C. 好于不实施干预 D. 临床定量观察 E. 临床共识 　1. 疗效很好 　2. 疗效不一 　3. 疗效很差 　4. 矛盾证据	A. 可行性 　1. 患者接受（费用、痛苦、时间、副作用，等等） 　2. 患者选择，即便疗效差不多 　3. 患者配合治疗的可能性 　4. 方便传播（满足要求的人员数量、培训需求、培训机会、需要昂贵的技术或额外的支持人员，等等） B. 普适性 　1. 患者特点 　　a. 文化背景 　　b. 性别 　　c. 发育水平 　2. 其他相关因素 　　a. 治疗师的特点 　　b. 在不同时间段表现稳定 　3. 环境因素 C. 成本与收益 　1. 实施干预对个体和社会造成的成本 　2. 不实施干预对个体和社会造成的成本

对治疗效果的信心取决于（a）治疗的绝对疗效和相对疗效（b）研究的质量和可重复性。

对包括以上3个维度的临床应用的信心应当取决于医疗实践中评估疗法特点的系统的、客观的方法和策略。在一些情况下，随机对照实验会继续存在。在更多的情况下，数据会表现为临床定量观察（临床复制数据列）或卫生经济核算等形式。

Source: American Psychological Association Board of Professional Affairs Task Force on Psychological Intervention Guidelines. (1995). *Template for developing guidelines: Interventions for mental disorders and psychosocial aspects of physical disorders.* Approved by APA Council of Representatives, February 1995. Washington, D.C.: American Psychological Association.

我们曾经在第1章里介绍了精神卫生工作者中的研究—实践者所从事的各种活动。他们把科学的方法运用到临床工作当中，以此来提供最有效的评定程序和干预手段。精神卫生服务方式的改变很可能十分深刻，因为它是一个影响着成百上千万人的庞大系统。但是，这一改变也会带来机会。研究—实践者将通过多种方式促进临床实践指南的发展。例如，很多研究都在评估临床应用或临床干预的外部效度，这些来自成千上万的精神卫生工作者的经验是极为宝贵的。与临床疗效、临床应用有关的大部分信息都会被这些临床医生搜集起来。所以，他们将真正担负起研究—实践者的角色，为患者谋福祉。

结　论

疗法的发展与科学的进步并非发生在真空当中。异常行为的研究者和治疗者不仅有责任掌握大量的专业知识，同时也必须理解和认可自己的社会角色。生活的不同面向（生物的、社会的、政治的、法律的）相互交织，要想帮助他人，我们就必须理解其中的盘根错节。

阅读至此，我们希望你已经大致了解了精神卫生工作者所面临的各种挑战，也希望你们当中的一部分人能够有兴趣和我们一道来进行这项有益于全人类的工作。

小测验 16.3

请将下列选项填入相应的空格：

A. 知情同意　　　B. 临床应用
C. 临床疗效　　　D. 削减花费

1. 近年来建立的临床实践指南有两个维度。_____ 维度所考虑的是判断某种干预是否有效的科学证据，_____ 维度所考虑的是某一疗法在应用环境下的有效性，而非在研究环境下的有效性。
2. 即使临床研究者知道被试所遭受的潜在伤害是轻微的，但他们也要谨慎地告知被试，获取他们的 _____。
3. 临床实践指南的目的是为了保障患者的利益，同时 _____。

本章小结

从精神卫生法律的角度看
- 社会对精神疾病患者的看法随时代改变而改变，这种改变常常与社会对特定事件的回应有关，并引发相关法律的修订。在美国，20世纪60年代至80年代是"自由时代"，崇尚个体权利和公平。而后是"新保守时代"，重视多数人的利益、法律和秩序。

民事安置
- 民事安置法律规定了在何种情况下，一个人可以在法律意义上被认定为患有精神疾病而需入院治疗。有时，这种治疗会违背个体的意愿。
- 从历史上看，只要满足下面几个条件，民事安置就可以实施：①个体患有精神疾病，需要治疗；②个体有可能伤害自己或他人；③个体无法照料自己。
- 法律语境中的"精神疾病"不等于我们所说的"心理障碍"。对于精神疾病，美国的各个州都有自己的定义。一般说来，精神疾病指对健康和安全造成负面影响的严重病症。
- 罹患精神疾病并不一定意味着危险性增加，即患者将来更可能表现出暴力行为。但是，存在幻觉、妄想症状的患者确实更可能表现出暴力行为。
- 去机构化的失败（导致转机构化）、无家可归者激增和患者的犯罪化共同导致公众指责他们所认为的造成这一切的原因，比如严苛的民事安置法律。

刑事安置
- 刑事安置指个体因①被控犯罪而需进入精神病院接受评估来决定其是否有能力接受审判，或因②精神失常无罪判决而被强制收入精神病院的过程。
- 精神失常辩护的标准来自多份法庭判决。麦克诺滕规则认为，如果嫌疑人不知道自身行为是错误的，或者其虽知晓这一点，却不知道这么做是错误的，那么他就无须为犯罪行为负责。德拉姆规则放宽了责任认定的标准，从无法分辨对错到表现出"精神疾病或心智缺陷"。美国法学会规则最后认定，如果嫌疑人因患有精神疾病而认识不到自己的行为是不当的，或者无法控制自己的行为，那么嫌疑人就不必为自己的犯罪行为负责。
- 刑事责任能力减弱这一概念说明，如果嫌疑人由于患有精神疾病而没有能力知晓其行为的性质，那么其犯罪意图就可以从轻考量。
- 在审判开始之前，法庭必须首先判断嫌疑人是否有能力接受审判。嫌疑人必须有能力理解来自控告方的指控，并为自己辩护。
- 心理治疗师负有警告的责任，如果来访者有可能对他人实施伤害，心理治疗师应警告潜在的受害者。
- 专家证人是具备专业知识、协助法官和陪审团做出决定（尤其是判断嫌疑人是否具有接受审判的能力和是否装病）的个体。

患者的权利和临床实践指南
- 在精神病院里，接受治疗是患者享有的最基本的权利之一。也就是说，他们拥有为了获得诊断和实现治疗目标而需要院方做出某种持续努力的合法权利。但是，对于是否所有患者都拥有拒绝治疗的权利，则争议很大。在涉及抗精神病药物使用的时候，其中的二元困境尤为突出。抗精神病药物有可能改善患者的症状，但同时也会产生严重的副作用。
- 在所有的研究当中，研究者都要把研究的风险和益处充分地告知被试。被试需要签署正式的知情同意书，表明研究者已经尽到了充分告知的义务。
- 临床实践指南能够在提供针对特定疾病的最有可能起效的治疗手段的信息方面发挥巨大的作用，从而为循证实践的运用打开空间。临床实践指南的制定需要考虑临床疗效维度（内在效度）和临床应用维度（外在效度）。换句话说，前者指一种疗法有没有效，后者指该种疗法能否有效地应用于多种治疗环境。

小测验答案

16.1
1. 精神疾病　2. 危险性　3. 重度病残　4. 法律
5. 去机构化　6. 转机构化

16.2
1. A　2. E　3. B　4. D, C

16.3
1. C, B　2. A　3. D

术语表

A

A 型行为模式（type A behavior pattern） 380
alpha 波（alpha waves） 094
阿尔茨海默症（Alzheimer's disease） 629
阿尔茨海默症导致的神经认知障碍（neurocognitive disorder due to Alzheimer's disease） 629
阿米替林（amitriptyline） 285，395
阿片剂（opioids） 462
阿片剂使用障碍（opioid use disorders） 477
阿片类物质（opioids） 477
阿片释放神经元（opioidreleasing neurons） 485
阿斯伯格症（Asperger's disorder） 600
阿托西汀（atomoxetine） 594
艾滋病（AIDS） 370
艾滋病相关综合征（AIDS-related complex 或 ARC） 370
安非他明（amphetamines） 470
安非他明使用障碍（amphetamine use disorders） 470
安宁生活工具（Calm Tools for Living） 158
安慰剂（placebo） 120
安慰剂控制组（placebo control groups） 120
安慰剂效应（placebo effect） 120
氨基酸类（aminoacids） 050
案例研究方法（case study method） 116
奥氮平（olanzapine） 569

B

B 细胞（B cells） 369
B 型行为模式（type B behavior pattern） 380
beta 淀粉样肽（amyloid beta peptides） 639
BOLD-fMRI（Blood-Oxygen-Level-Dependent fMRI） 093
巴比妥类（barbiturates） 468
拔毛发癖（trichotillomania） 194
白细胞（leukocytes） 369
半结构式访谈（semistructured interviews） 082
暴露和反应阻止法（exposure and ritual prevention 或 ERP） 188
暴露癖（exhibitionistic disorder） 433
暴食（binge） 308
暴食—清除型（binge-eatingpurging type） 314
暴食障碍（binge-eating disorder） 308
背外侧前额叶皮质（dorsolateral prefrontal cortex） 570
被害妄想（delusion of persecution） 552
被害妄想型（persecutory type） 559
奔走性狂暴症（running amok） 225
本德尔视觉—动作完形测验（Bender Visual-Motor Gestalt Test） 092
本我（id） 020
苯丙酮尿症（phenylketonuria 或 PKU） 611
苯二氮卓类药物（benzodiazepines）015，468
苯环己哌啶（phencyclidine 或 PCP） 481
比较治疗研究（comparative treatment research） 121
毕生发展心理病理学（life-span developmental psychopathology） 007
边缘系统（limbic system） 048
边缘型人格障碍（borderline personality disorder） 528
变性后个体（posttransition） 444
变性男（transman） 444
变性女（transwoman） 444
变性手术（sex reassignment surgery） 448
变异性（variability） 122
辨别训练（discrimination training） 605
标准化（standardization） 079
表观基因组（epigenome） 046
表面效度（face validity） 088
表现焦虑（performance anxiety） 424
表现型（phenotype） 125，518
表演型人格障碍（histrionic personality disorder） 533
丙咪嗪（imipramine） 285
丙戊酸（valproate） 286

病程（course） 007
病人一致性神话（patient uniformity myth） 115
病原学（Etiology） 008，113
勃起障碍（erectile disorder） 415
不规则睡眠清醒型（irregular sleep-wake type） 349
不可预料的（无线索的）惊恐发作（unexpected/uncued panic attacks） 138
布洛卡区（Broca's area） 554

C

CT扫描（computerized axial tomography scan） 092
部分身体性欲癖（partialism） 433
操纵变量（manipulating a variable） 119
操作性定义（operational definition） 085
操作性条件反射（operant conditioning） 028
操作性条件作用（operant conditioning） 028
常规策略（nomothetic strategy） 095
超觉冥想（transcendental meditation） 393
超我（superego） 021
超重（overweight） 309
撤销设计（withdrawal design） 123
成瘾（addiction） 460
痴呆（dementia） 465，625
迟发性运动障碍（tardive dyskinesia） 575
持久性抑郁障碍（persistent depressive disorder） 247
冲动控制障碍（impulse-control disorders） 458
抽动秽语症（Tourette's disorder） 185，588
抽动障碍（tic disoder） 185
初级过程（primary process） 021
创伤后应激障碍（posttraumatic stress disorder 或 PTSD） 174
创伤性脑损伤（traumatic brain injury） 634
创伤性脑损伤导致的神经认知障碍（neurocognitive disorder due to traumatic brain injury） 634
磁共振成像（magnetic resonance imaging 或 MRI） 093
雌雄同体人（hermaphroditism） 445
次级过程（secondary process） 021
粗大纤维（large fibers） 385
促肾上腺皮质激素释放因子（corticotropin-releasing factor） 365
猝倒（cataplexy） 344

醋酸甲羟孕酮酸酯（medroxyprogesterone） 443
催产素（oxytocin） 604
脆性X染色体综合征（fragile X syndrome） 613

D

DNA微阵列（DNA microarrays） 040
大麻（cannabis 或 marijuana） 478
大麻使用障碍（cannabis use disorders） 479
大麻素（cannabinoids） 480
大脑皮层（cerebral cortex） 048
代币经济制（token economy） 576
代际效应（cross-generational effect） 129
代理性孟乔森综合征（Munchausen syndrome by proxy） 216
单胺类（monoamines） 050
单胺氧化酶抑制剂［monoamine oxidase（MAO）inhibitors］ 284
单个案例实验设计（single-case experimental designs） 121
单光子发射计算机断层扫描（single photon emission computed tomography 或 SPECT） 093，554
单相心境障碍（unipolar mood disorder） 246
盗窃癖（kleptomania） 499
道德疗法（moral therapy） 016，576
道德原则（moral principles） 021
等位基因（alleles） 043
地塞米松抑制试验（dexamethasone suppression test 或 DST） 271
电解质失衡（electrolyte imbalance） 311
电痉挛疗法（electroconvulsive therapy 或 ECT） 287，574
淀粉样beta肽（amyloid beta peptides） 639
淀粉样斑（amyloid plaque） 638
淀粉样前体蛋白（amyloid precursor protein 或 APP） 639
丁丙诺啡（buprenorphine） 492
顶叶（parietal lobe） 048
定量遗传学（quantitative genetics） 040
定时唤醒法（scheduled awakenings） 354
动机强化疗法（motivational enhancement therapy） 495

动脉粥样硬化（atherosclerosis）379
动物恐怖症（animal phobias）162
独通一窍技能（savant skills）603
赌博障碍（gambling disorder）462，497
短暂昏睡（microsleep）340
短暂精神病性障碍（brief psychotic disorder）561
对干预的反应（response to intervention）596
对经验的开放性（openness to experience）508
对立过程理论（opponent-process theory）487
对立违抗性障碍（oppositional defiant disorder）592
对照组（control group）114
多巴胺（dopamine）052
多巴胺能系统（dopaminergic system）485
多功能睡眠记录仪评估（polysomnographic evaluation）338
多基线（multiple baseline）123
多基因遗传（polygenic）040
多奈哌齐（donepezil）641
多维整合模型（multidimensional integrative approach）036
多重物质使用（polysubstance use）458
多轴系统（multiaxial system）100

E

俄狄浦斯情结（Oedipus complex）022
额颞叶神经认知障碍（frontotemporal neurocognitive disorder）633
额叶（frontal lobe）048
额叶活动不足（hypofrontality）570
额叶活动过度（hyperfrontality）570
厄勒克特拉情结（Electra complex）022
噩梦（nightmares）353
儿童期起病的流畅性障碍（childhood-onset fluency disorder）588，598
二甲基色胺（dimethyltryptamine 或 DMT）481

F

发病率（incidence）007，118
发展性心理病理学（developmental psychopathology）007
发作性病程（episodic course）007

反弹性失眠（rebound insomnia）343
反复发作（recurrent）247
反社会型人格障碍（antisocial personality disorder）519
反向激动剂（inverse agonist）050
反向形成（reaction formation）022
反移情（countertransference）024
反应性（reactivity）086
反应性依恋障碍（reactive attachment disorder）182
方向性（directionality）118
防御机制（defense mechanisms）021
防止复发（relapse prevention）495
放松反应法（relaxation response）393
非 24 小时睡眠周期型（non-24-hour sleep-wake type）349
非典型性别行为（gender atypical behavior）411
非典型性特征（atypical features specifier）251
非条件刺激（unconditioned stimulus）026
非条件反应（unconditioned response）026
非正式观察法（informal observation）085
肥胖（obesity）309
分类（classification）096
分类学（taxonomy）096
分离焦虑障碍（separation anxiety disorder）166
分离性恍惚（dissociative trance）226
分离性漫游（dissociative fugue）224
分离性身份障碍（dissociative identity disorder）226
分离性遗忘（dissociative amnesia）223
分离性障碍（dissocitative disorders）204
分裂情感性障碍（schizoaffective disorder）558
分裂型人格障碍（schizotypal personality disorder）517
分裂样人格障碍（schizoid personality disorder）515
分身（alter）227
分子遗传学（molecular genetics）040
芬特明（phentermine）335
否认（denial）022
弗林效应（Flynn effect）610
伏隔核（nucleus accumbens）485
氟西泮（flurazepam）350
氟西汀（fluoxetine）283
辅助交流策略（augmentative communication strategies）614

辅助性 T 细胞（helper T cells） 369
负相关（negative correlation） 117
负性情感（negative affect） 486
复杂性哀伤（complicated grief） 256
副交感神经系统（parasympathetic nervous system） 049
腹侧被盖区（ventral tegmental area） 485

G

感觉寻求（sensation-seeking） 298
感受集中（sensate focus） 428
感应性精神障碍（shared psychotic disorder/folie à deux） 559
感知意识（sensorium） 080
高潮重建（orgasmic reconditioning） 442
高活性抗逆转录病毒疗法（highly active antiretroviral therapy 或 HAART） 371
高血压（hypertension/high blood pressure） 376
隔区（septum 或 partition） 048
个体策略（idiographic strategy） 095
功能基因组学（functional genomics） 484
功能性 MRI（functional MRI 或 fMRI） 093
共病（comorbidity） 103，142，511
共情（empathy） 025
共有型精神障碍（shared psychotic disorder/folie à deux） 559
古柯（coca） 472
谷氨酸（glutamate） 050
谷氨酸系统（glutamate system） 464
固着（fixation） 022
胍法辛（guanfacine） 594
关键阶段（crucial stage） 467
关键期（critical period） 038
关联研究（association study） 127
冠心病（coronary heart disease） 379
广场恐怖症（agoraphobia） 149
广泛的（extensive） 610
广泛性发育障碍（pervasive developmental disorders） 600
广泛性焦虑障碍（generalized anxiety disorder 或 GAD） 143
广泛性遗忘（generalized amnesia） 223
国家亲权（parens patriae） 651
过程研究（process research） 121
过低唤起假设（underarousal hypothesis） 525
过度泛化（overgeneralization） 277
过度睡眠障碍（hypersomnolence disorders） 343

H

HIV 感染导致的神经认知障碍（neurocognitive disorder due to HIV infection） 634
HPA 轴（hypothalamic-pituitary-adrenocortical axis 或 HPA axis） 049
海洛因（heroin） 478
海马（hippocampus 或 sea horse） 048，272
耗竭（exhaustion） 364
合理化（rationalization） 022
黑箱（black box） 061
亨廷顿氏症（Huntington's disease） 636
亨廷顿氏症导致的神经认知障碍（neurocognitive disorder due to Huntington's disease） 636
横断研究设计（crosssectional design） 128
后脑（hindbrain） 048
呼吸相关的睡眠障碍（breathing-related sleep disorders） 346
化学物质依赖的道德薄弱模型（moral weakness model of chemical dependence） 488
环性（心境）障碍（cyclothymic disorder） 261
缓解紧张（tension reduction） 486
幻觉（hallucination） 250，553
幻听（auditory hallucination） 250，554
幻肢痛（phantom limb pain） 385
换气不足（hypoventilation） 347
唤起电位（evoked potential） 094
患病率（prevalence） 007，118
患病信念（disease conviction） 207
回避型人格障碍（avoidant personality disorder） 537
回溯性信息（retrospective information） 129
婚姻与家庭治疗师（marriage and family therapists） 006
混合特征（mixed features specifier） 250
混合性特征（mixed features） 246

混合再摄取抑制剂（mixed reuptake inhibitors） 284
混淆变量（confound variable） 114
霍—赖神经心理成套测验（Halstead-Reitan Neuropsychological Battery） 092

J

积极发展策略（positive development strategies） 128
积极心理学（positive psychology） 059
基底神经节（basal ganglia） 048，569
基线（baseline） 123
基因（gene） 039
基因标记（genetic marker） 127
基因—环境关联模型（gene-environment correlation model） 044
基因—环境交互模型（gene-environment correlation model） 044，275
基因连锁分析（genetic linkage analysis） 127
基因型（genotypes） 125，518
基因组（genome） 040
激动剂（agonist） 050
激动剂替代（agonist substitution） 492
激素（hormone） 049
极重度（profound） 609
急性色氨酸缺失（acute tryptophan depletion 或 ATD）
急性疼痛（acute pain） 383
急性应激障碍（acute stress disorder） 176，222
疾病分类学（nosology） 096
疾病焦虑障碍（illness anxiety disorder） 206
集体无意识（collective unconscious） 023
集体歇斯底里（mass hysteria） 011
集体癔症（mass hysteria） 011
嫉妒妄想型（jealous type） 559
挤压技术（squeeze） 429
脊椎背侧角（dorsal horns of the spinal cord） 385
计算机轴向断层扫描（computerized axial tomography scan） 092
记忆 B 细胞（memory B cells） 369
记忆 T 细胞（memory T cells） 369
季节性模式（seasonal pattern specifier） 252
季节性情感障碍（seasonal affective disorder） 252
加兰他敏（galantamine） 641

家族聚集性（familial aggregation） 099
家族研究（family studies） 126
甲状腺素（thyroxine） 049
假设（hypothesis） 113
坚持一成不变（maintenance of sameness） 602
间歇的（intermittent） 610
间歇性爆发障碍（intermittent explosive disorder） 499
简明精神病评定量表（Brief Psychiatric Rating Scale） 086
健康促进（health promotion） 128
健康心理学（health psychology） 363
渐进式肌肉放松法（progressive muscle relaxation） 392
渐进式消退（graduated extinction） 352
僵局阶段（impasse stage） 289
僵直（catalepsy） 251
奖励神经回路（reward neurocircuitry） 334
交叉抚育（cross-fostering） 045
交叉耐受（cross-tolerance） 492
交感神经系统（sympathetic nervous system） 049
交流障碍（communication disorders） 598
焦虑（anxiety） 136
焦虑苦恼的特征（anxious distress specifier） 250
脚本理论（script theory） 426
觉醒障碍（disorder of arousal） 353
拮抗剂（antagonist drugs） 050，492
结节性硬化（tuberous sclerosis） 611
解决阶段（resolutin stage） 289
解离（dissociation） 204
解离体验（dissociation） 204
解离性恍惚（dissociative trance） 226
解离性麻醉剂（dissociative anesthetics） 483
解离性漫游（dissociative fugue） 224
解离性身份障碍（dissociative identity disorder） 226
解离性遗忘（dissociative amnesia） 223
解离性障碍（dissocitative disorders） 204
戒断反应（withdrawal） 460
戒断性谵妄（withdrawal delirium） 464
戒酒硫（disulfiram） 493
紧张（catatonia） 549
紧张性木僵（catatonic immobility） 556
紧张性特征（catatonic features specifier） 251

紧张症（catatonia） 556
尽责性（conscientiousness） 508
经典分类法（classical categorical approach） 096
经典条件作用（classical conditioning） 026
经颅磁刺激（transcranial magnetic stimulation 或 TMS） 287，575
经前躁郁障碍（premenstrual dysphoric disorder） 106，256
惊骇症（fright disorders） 065
惊恐（panic） 137
惊恐发作（panic attack） 137
惊恐控制疗法（panic control treatment 或 PCT） 157
惊恐障碍（panic disorder） 149
精神（psyche） 008
精神病态（psychopathy） 521
精神病性行为（psychotic behavior） 551
精神病性特征（psychotic features specifiers） 250
精神病学社会工作者（psychiatric social workers） 006
精神病人收容所（asylums） 018
精神分裂样障碍（schizophreniform disorder） 557
精神分裂症（schizophrenia） 548
精神分裂症谱系障碍（schizophrenia spectrum disorder） 551
精神分析（psychoanalysis） 018
精神分析模型（psychoanalytic model） 020
精神分析师（psychoanalyst） 024
精神活性物质（psychoactive substances） 459
精神疾病（mental illness） 652
精神科护士（psychiatric nurses） 006
精神科医师（psychiatrists） 006
精神失常辩护（insanity defense） 657
精神失常无罪判决（not guilty by reason of insanity 或 NGRI） 657
精神失常有罪判决（guilty but mentally ill 或 GBMI） 659
精神外科手术（psychosurgery）188，574
精神药理遗传学（psychopharmacogenetics） 595
精神状态检查（mental status exam） 079
警告责任（duty to warn） 662
警戒（alarm） 364

酒精（alcohol） 462
酒精戒断谵妄（alcohol withdrawal delirium） 461
酒精浓度呼吸测试（breathalyzer test） 464
酒精使用障碍（alcohol use disorders） 462
局部缺血（ischemia） 380
局限性遗忘（localized or selective amnesia） 224
巨噬细胞（macrophages） 369
绝望感（sense of hopelessness） 277

K

咖啡因（caffeine） 476
咖啡因中毒（caffeine intoxication） 476
卡马西平（carbamazepine） 286
抗原（antigens） 368
可检验性（testability） 113
可卡因（cocaine） 472
可卡因使用障碍（cocaine use disorders） 472
可卡因诱发偏执（cocaine-induced paranoia） 472
可乐定（clonidine）493，594
可塑性（plasticity） 641
可预料的（有线索的）惊恐发作（expected/cued panic attacks） 138
克雅氏病（Creutzfeldt-Jakob disease） 637
刻板和仪式化行为（stereotyped and ritualistic behaviors） 602
客体（object） 023
客体关系（object relations） 023
空间视觉（visuospatial） 626
恐惧（fear） 137
控制性饮酒（controlled drinking） 494
控制组（control group） 114
口吃（stuttering） 598
扣带束（cingulate bundle） 188
夸大感（grandiosity） 535
夸大妄想（delusions of grandeur）250，552
夸大妄想型（grandiose type） 559
快感缺乏（anhedonia） 244，555
快乐原则（pleasure principle） 021
快速切换（rapid switching） 262
快速循环特征（rapid-cycling specifier） 262
快速眼动睡眠（rapid eye movement sleep 或 REM）

272，338
狂暴症（amok） 225
窥阴癖（voyeuristic disorder） 433

L

蜡样屈曲（waxy flexibility） 556
来访者中心疗法（person-centered therapy） 025
莱施尼汉综合征（Lesch-Nyhan syndrome） 611
老年斑（senile plaque） 638
雷美替胺（ramelteon） 350
雷诺氏病（Raynaud's disease） 376
雷特症（Rett disorder） 600
类精神病性（psychotic-like） 516
离差智商（deviation IQ） 091
离题症（tangentiality） 556
力比多（libido） 020
利凡斯的明（rivastigmine） 641
利他型自杀（altruistic suicide） 296
利血平（reserpine） 015
连续正气压睡眠呼吸机（Continuous Positive Air Pressure 或 CPAP） 350
联合断裂（associative splitting） 549
联合注意（joint attention） 601
恋父情结（Electra complex） 022
恋母情结（Oedipus complex） 022
恋童癖（pedophilia） 437
恋物癖（fetishistic disorder） 433
临床定量观察（quantified clinical observations） 666
临床复制数据列（clinical replication series） 666
临床共识（clinical consensus） 666
临床疗效维度（clinical efficacy axis） 666
临床描述（clinical description） 007
临床评估（clinical assessment） 076
临床试验（clinical trial） 119
临床显著性（clinical significance） 115
临床心理治疗师（clinical psychologists） 006
临床应用维度（clinical utility axis） 666
淋巴细胞（lymphocytes） 369
灵魂（soul） 008
领悟（insight） 020
流行病学（epidemiology） 118

鲁—内神经心理成套测验（Luria-Nebraska Neuropsychological Battery） 092
路易小体疾病导致的神经认知障碍（neurocognitive disorder due to Lewy body disease） 634
乱伦（incest） 437
罗卡西林（lorcaserin） 335
罗夏墨迹测验（Rorschach inkblot test） 087
萝芙木碱（Rauwolfia serpentine） 015
裸盖菇素（psilocybin） 481
氯胺酮（ketamine） 483

M

麻痹性痴呆（general paresis） 014
麦角酸二乙基酰胺（d-lysergic acid diethylamide 或 LSD） 481
麦角酰胺（lysergic acid amide） 481
慢波睡眠（slow wave sleep） 272
慢性病程（chronic course） 007
慢性创伤性脑病（chronic traumatic encephalopathy） 633
慢性阶段（chronic stage） 467
慢性疲劳综合征（chronic fatigue syndrome） 388
慢性疼痛（chronic pain） 383
盲视（blind sight） 060，217
美沙酮（methadone） 492
梦游性交（sexomnia） 354
迷走神经刺激术（vagus nerve stimulation） 287
觅药行为（drug-seeking behaviors） 461
免疫球蛋白（immunoglobulins） 369
免疫系统（immune system） 367
面孔失认症（facial agnosia） 626
描述性效度（descriptive validity） 078
民事安置法律（civil commitment laws） 651
明尼苏达多项人格测验（Minnesota Multiphasic Personality Inventory 或 MMPI） 088，662
命名法（nomenclature） 096
模仿学习（modeling） 059
模仿言语（echolalia） 587
模拟模型（analogue models） 114
摩擦癖（frotteuristic disorder） 432
莫达非尼（modafinil） 350

N

耐受性（tolerance） 460
男性性欲低下障碍（male hypoactive sexual desire disorder） 414
脑成像（neuroimaging） 092
脑电图（electroencephalogram 或 EEG） 094
脑啡肽（enkephalins） 386
脑干（brain stem） 048
脑环路（brain circuits） 050
脑桥（pons） 048
脑血管意外（cerebral vascular accidents 或 CVA） 376
内表型（endophenotype） 125，524
内部效度（internal validity） 113
内啡肽（endorphins） 386
内分泌系统（endocrine system） 049
内感受性回避（interoceptive avoidance） 152
内摄（introjection） 023
内省（introspection） 027
内心冲突（intrapsychic conflicts） 021
内隐记忆（implicit memory） 061
内隐致敏法（covert sensitization） 441，495
内源性阿片类物质（endogenous opioids） 386
内源性大麻素（anandamide） 480
能力（competence） 661
尼古丁（nicotine） 474
逆向射精（retrograde ejaculation） 418
匿名戒酒会（Alcoholics Anonymous） 467，493
颞叶（temporal lobe） 048
女性性高潮障碍（female orgasmic disorder） 417
女性性兴趣/性唤起障碍（female sexual interest/arousal disorder） 414

P

帕金森氏症导致的神经认知障碍（neurocognitive disorder due to Parkinson's disease） 634
哌醋甲酯（methylphenidate） 350，592，
皮肤搔抓障碍（excoriation 或 skin picking disorder） 195
皮克病（Pick's disease） 634
皮质醇（cortisol） 365
皮质下痴呆（subcortical dementia） 635
偏执（paranoia） 549
偏执型人格障碍（paranoid personality disorder） 513
品行障碍（conduct disorder） 522
平稳追踪眼动（smooth-pursuit eye movement） 567
评分者间信度（interrater reliability） 078
评估性的性别偏差（assessment gender bias） 511
破坏性心境失调障碍（disruptive mood dysregulation disorder） 258
普适性（generalizability） 115
谱系（spectrum） 107

Q

牵连观念（ideas of reference） 516
前列腺素（prostaglandin） 430
前脑（forebrain） 048
前驱期（prodromal stage） 562
前酗酒阶段（prealcoholic stage） 467
前症状阶段（prodromal stage） 467
强化（reinforcement） 028
强迫观念（obsessions） 183
强迫行为（compulsions） 183
强迫型人格障碍（obsessive-complusive personality disorder） 539
强迫性障碍（obsessive-compulsive disorder） 053，183
强迫症（obsessive-compulsive disorder） 053，183
羟丁酸钠（sodium oxybate） 350
切换（switch） 227
轻度（mild） 609
轻度记忆神经认知障碍（mild amnestic neurocognitive disorder） 628
轻度神经认知障碍（mild neurocognitive disorder） 625
轻微精神病综合征（attenuated psychosis syndrome） 561
轻躁狂发作（hypomanic episode） 246
清除手段（purging techniques） 310
情感（affect） 063
情感不适切（inappropriate affect） 556
情感淡漠（apathy） 555
情境恐怖症（situational phobias） 162
情绪（emotion） 062

情绪表露（expressed emotion） 572
情绪反应性（emotional reactivity） 530
情绪感染（emotion contagion） 012
情绪平抑（flat affect） 555
情绪韵律理解（emotional prosody comprehension） 554
丘脑（thalamus） 048
驱魔术（exorcism） 009
躯体变形障碍（body dysmorphic disorder） 189
躯体神经系统（somatic nervous system） 049
躯体妄想（somatic delusion） 250，559
躯体形式障碍（somatoform disorders） 204
躯体症状障碍（somatic symptom disorder） 205
趋势（trend） 122
曲普瑞林（triptorelin） 443
去机构化（deinstitutionalization） 654
去甲肾上腺素（norepinephrine 或 noradrenaline） 052
去抑制性社会参与障碍（disinhibited social engagement disorder） 183
去抑制综合征（disinhibition syndrome） 212
权变管理（contingency management） 495
全面的（pervasive） 610
拳击手痴呆（dementia pugilistica） 633
群氓心理（mob psychology） 012

R

人本主义心理学（humanistic psychology） 025
人格解体（depersonalization） 221
人格解体—现实解体性障碍（depersonalization-derealization disorder） 222
人格量表（personality inventories） 088
人格障碍（personality disorders） 506
人际心理疗法（interpersonal psychotherapy 或 IPT） 171，281，289
人际与社会节律疗法（interpersonal and social rhythm therapy） 293
人类基因组计划（human genome project） 125
人类免疫缺陷病毒（HIV） 369
人类免疫缺陷病毒 1 型（human immunodeficiency virus type 1 或 HIV-1） 634

忍受（suffering） 384
认知行为模型（cognitive-behavioral model） 026
认知行为应激管理（cognitive-behavioral stressmanagement） 372
认知科学（cognitive science） 058
认知疗法（cognitive therapy） 288
认知偏差（cognitive errors） 277
绒毛膜穿刺（chorionic villus sampling） 613
入睡前幻觉（hypnagogic hallucinations） 345
朊病毒疾病导致的神经认知障碍（neurocognitive disorder due to prion disease） 637

S

Stroop 色词干扰法（Stroop color-naming paradigm） 061
三重易感理论（triple vulnerability theory） 141
三唑仑（triazolam） 350
杀伤性 T 细胞（killer T cells） 369
闪回（flashback） 174
社会经济地位（socioeconomic status 或 SES） 382
社会神经科学（social neuroscience） 060
社会效度（social validity） 115
社会学习模型（social learning model） 026
社交（实用）交流障碍［Social (Pragmatic) Communication Disorder］ 588，600
社交焦虑障碍（social anxiety disorder） 167
社交恐怖症（social phobia） 167
社区强化法（community reinforcement approach） 495
身体意象（body image） 314
身体质量指数（body mass index 或 BMI） 309
神经斑（neuritic plaque） 638
神经递质（neurotransmitters） 047
神经发育障碍（neurodevelopmental disorders） 586
神经激素（neurohormones） 271
神经胶质细胞（glia 或 glial） 047
神经科学（neuroscience） 047
神经可塑性（neuroplasticity） 490
神经认知障碍（neurocognitive disorder） 622
神经衰弱（neurasthenia） 388
神经肽（neuropeptides） 365
神经调质（neuromodulators） 365
神经纤维缠结（neurofibrillary tangles） 638

神经心理测验（neuropsychological tests）092

神经性贪食症（bulimia nervosa）308

神经性厌食症（anorexia nervosa）308

神经元（neurons）047

神经症（neurosis）023，204

神经症性障碍（neurotic disorders）023

神经质（neuroticism）508

神经阻滞剂（neuroleptics）015，574

肾上腺素（epinephrine 或 adrenaline）049

升华（sublimation）022

生活方式（lifestyle）364

生理疾病（physical disorders）362

生物反馈（biofeedback）094，391

生殖器—骨盆疼痛/插入障碍（genito-pelvic pain/penetration disorder）419

失眠障碍（insomnia disorder）340

失认症（agnosia）626

失望效应（frustro effect）120

失语症（aphasia）635

时间管理训练（time-management training）394

实验（experiment）119

事件相关电位（event-related potential 或 ERP）094

视交叉上核（suprachiasmatic nucleus）348

适应障碍（adjustment disorders）182

释梦（dream analysis）024

收养研究（adoption study）126

受体（receptors）047

树突（dendrite）047

双盲控制（double-blind control）121

双生子研究（twin study）126

双相Ⅰ型障碍（bipolar I disorder）259

双相Ⅱ型障碍（bipolar II disorder）259

双相心境障碍（bipolar mood disorder）246

双性恋（bisexuality）448

双性人（intersexuality）445

双重束缚式沟通（double bind communication）572

双重抑郁症（double depression）249

水平（level）122

睡眠呼吸暂停（sleep apnea）154，344

睡眠麻痹（sleep paralysis）345

睡眠麻痹综合征（isolated sleep paralysis）154

睡眠失调（dyssominias）338

睡眠时相位提前型（advanced sleep phase type）349

睡眠时相位延迟型（delayed sleep phase type）349

睡眠卫生（sleep hygiene）351

睡眠相关的换气不足（sleep-related hypoventilation）348

睡眠效率（sleep efficiency）339

睡眠应激（sleep stress）343

思维奔逸（flight of ideas）245

思维松散（loose association）556

思维脱轨（derailment）556

思想行动融合（thought-action fusion）187

思想密度（idea density）629

斯坦福—比奈测验（Stanford-Binet test）091

死本能（thanatos）020

四氢大麻酚（tetrahydrrocannabinols）480

松果体（pineal gland）349

素质—应激模型（diathesis-stress model）042

塑造（shaping）029，605

随机化（randomization）114

随意性行为（casual sex）409

T

T 细胞（T cells）369

T4 细胞（T4 cells）369

胎儿酒精综合征（fetal alcohol syndrome）465，611

泰然淡漠（la belle indifférence）215

谈判阶段（negotiation stage）289

碳酸锂（lithium carbonate）286

唐氏综合征（Down syndrome）612

特定恐怖症（specific phobia）160

特定心理易感性（specific psychological vulnerability）141

特定学习障碍（specific learning disorder）596

疼痛行为（pain behaviors）383

疼痛闸门控制理论（gate control theory of pain）385

体动记录仪（actigraph）338

体液说（humoral theory）013

替代性医疗（alternative medicine）579

替代性症状（symptom substitution）024

替身综合征（Capgras syndrome）552

条件刺激（conditioned stimulus） 026
条件反应（conditioned response） 026
贴标签（labeling） 103
同化性雄性类固醇（anabolic-androgenic steroids） 483
同时效度（concurrent validity） 078
同性性行为（homosexual behavior） 407
同组群（cohort） 128
同组群效应（cohort effect） 129
童年期瓦解性障碍（childhood disintegrative disorder） 600
统计显著性（statistical significance） 115
投射（projection） 022
投射测验（projective tests） 087
突触间隙（synaptic cleft） 047
突发性昏睡病（narcolepsy） 344
褪黑素（melatonin） 349
囤积障碍（hoarding disorder） 193

W

瓦解性症状（disorganized symptoms） 556
外部效度（external validity） 113
外显记忆（explicit memory） 061
外向性（extroversion） 508
外周神经系统（peripheral nervous system） 047
晚间睡眠进食综合征（nocturnal eating syndrome） 354
晚期梅毒（advanced syphilis） 014
万艾可（Viagra） 430
网状激活系统（reticular activating system） 048
妄想（delusion）250，552
妄想的动机理论（motivational view of delusions） 552
妄想的缺陷理论（deficit view of delusions） 553
妄想障碍（delusional disorder） 558
危险性（dangerousness） 652
威尔尼克区（Wernicke's area） 554
韦尼克—柯萨可夫综合征（Wernicke-Korsakoff syndrome） 465
韦氏成人智力量表（Wechsler Adult Intelligence Scale） 091
围产期发病（peripartum onset specifier） 251

围产期抑郁（peripartum depression） 251
维持治疗（maintenance treatment） 291
维度（dimensions） 507
维度法（dimensional approach） 097
维拉帕米（verapamil） 286
尾状核（caudate nucleus 或 tailed nucleus） 048
文法拉辛（venlafaxine） 284
文化家庭性智力残疾（cultural-familial intellectual disability） 613
纹状体（striatum） 569
紊乱型自杀（anomic suicide） 296
无条件积极关注（unconditional positive regard） 025
无需求型取悦（nondemand pleasuring） 428
无意识（unconscious） 019
无意识视觉（unconscious vision） 060，217
五因素模型（five-factor model） 508
武断的推理（arbitrary inference） 277
物质（substance） 459
物质/药物诱发的精神病性障碍（substance/medication-induced psychotic disorder） 560
物质/药物诱发的神经认知障碍（substance/medication-induced neurocognitive disorder） 637
物质滥用（substance abuse） 460
物质使用（substance use） 460
物质相关及成瘾障碍（substance-related and addictive disorders） 458
物质依赖（substance dependence） 460
物质依赖的疾病模型（disease model of dependence） 488
物质中毒（substance intoxication） 460

X

X染色体（X chromosome） 040
西布曲明（sibutramine） 335
吸入剂（inhalants） 482
习得性警觉（learned alarms） 155
习得性乐观（learned optimism） 059
习得性无助（learned helplessness） 059
系统脱敏法（systematic desensitization） 027
细小纤维（small fibers） 385
下丘脑（hypothalamus） 048

下丘脑—垂体—肾上腺皮质轴（hypothalamic-pituitary-adrenocortical axis 或 HPA axis） 049

仙人球毒碱（mescaline） 481

先证者（proband） 126

显性基因（dominant gene） 040

现实解体（derealization） 221

现实原则（reality principle） 021

限制饮食型（restricting type） 314

腺苷（adenosine） 476

相关（correlation） 117

相关系数（correlation coefficient） 117

想象暴露（imaginal exposure） 181

消极图式（negative schema） 277

消退（extinction） 027

小脑（cerebellum） 048

校标效度（criterion validity） 099

效标性的性别偏差（criterion gender bias） 511

效度（validity） 078

效果律（law of effect） 028

效应量（effect size） 115

协助门诊治疗（assisted outpatient treatment） 652

心肌梗死（myocardial infarction） 380

心绞痛（angina） 379

心境（mood） 062

心境不一致（mood incongruent） 250

心境恶劣（dysthymia） 247

心境稳定剂（mood-stabilizing drug） 286

心境一致（mood congruent） 250

心境障碍（mood disorders） 243

心理病理学（Psychopathology） 006

心理迟滞（mental retardation） 607

心理动力学疗法（psychodynamic psychotherapy） 024

心理功能障碍（Psychological dysfunction） 003

心理健康咨询师（mental health counselors） 006

心理年龄（mental age） 091

心理社会治疗（psychosocial treatment） 016

心理神经免疫学（psychoneuroimmunology） 369

心理神经内分泌学（psychoneuroendocrinology） 049

心理生理评估（psychophysiological assessment） 094

心理生理障碍（psychophysiological disorders） 363

心理尸检（psychological autopsy） 296

心理卫生运动（mental hygiene movement） 018

心理障碍（psychological disorder） 002

心理治疗的认知行为分析系统（Cognitive-Behavioral Analysis System of Psychotherapy 或 CBASP） 288

心理肿瘤学（psychoncology） 373

心身医学（psychosomatic medicine） 363

心血管疾病（cardiovascular disease） 376

心脏病发作（heart attack） 380

信度（reliability） 078

信息传输（information transmission） 165

刑事安置（criminal commitment） 657

刑事责任能力减弱（diminished capacity） 658

兴奋剂（stimulants） 350，462

行尸综合征（Cotard's syndrome） 552

行为疗法（behavior therapy） 028

行为评定量表（behavior rating scales） 086

行为评估（behavioral assessment） 084

行为医学（behavioral medicine） 363

行为抑制系统（behavioral inhibition system 或 BIS） 140

行为主义（behaviorism） 018

行为主义模型（behavioral model） 026

杏仁核（amygdala 或 almond） 048

性变态法律（sexual psychopath laws） 656

性别不一致（gender nonconformity） 448

性别发育障碍（disorders of sex development） 444

性别焦虑症（gender dysphoria） 406，444

性别认同（gender identity） 444

性别再造术（sex reassignment surgery） 448

性功能障碍（sexual dysfunction） 406，412

性互动（sexual interactions） 412

性解放（sexual revolution） 410

性恐惧症（erotophobia） 426

性侵者法律（sexual predator laws） 656

性染色体（sex chromosomes） 040

性施虐癖（sexual sadism） 435

性受虐癖（sexual masochism） 435

性心理发展阶段（psychosexual stages of development） 022

性欲倒错障碍（paraphilic disorders） 406，432

宿命型自杀（fatalistic suicide） 296

需要层次（hierarchy of needs） 025
序列设计（sequential design） 129
宣泄（catharsis） 020，181，217
选择性5-羟色胺再摄取抑制剂（selective-serotonin reuptake inhibitors 或 SSRIs） 052，283
选择性缄默症（selective mutism） 173
选择性去甲肾上腺素再摄取抑制剂（selective norepinephrine-reuptake inhibitor） 594
选择性遗忘（localized or selective amnesia） 224
选择性预防（selective prevention） 128
血管性神经认知障碍（vascular neurocognitive disorder） 632
血清素（serotonin 或 5HT） 051
血液/注射/外伤恐怖症（blood-injection-injury phobias） 161
循证实践（evidence-based practice） 665

Y

Y染色体（Y chromosome） 040
压抑（repression） 022
鸦片（opiates） 477
烟草使用障碍（tobacco use disorders） 474
阉割焦虑（castration anxiety） 022
延迟射精（delayed ejaculation） 417
延髓（medulla） 048
言语混乱（disorganized speech） 556
言语贫乏（alogia） 555
研究设计（research design） 113
研究—实践者（scientist-practitioners） 006
盐酸他克林（tacrine hydrochloride） 641
羊水穿刺（amniocentesis） 613
阳性症状（positive symptoms） 552
夜间进食综合征（night eating syndrome） 333
夜惊（sleep terrors） 154，353
夜游（sleepwalking） 354
一般生物易感性（generalized biological vulnerability） 141
一般适应综合征（general adaptation syndrome 或 GAS） 364
一般心理易感性（generalized psychological vulnerability） 141

一般性预防策略（universal prevention strategies） 128
一病多因（equifinality） 070
一过性病程（time-limited course） 007
依从性（compliance） 292，575
依赖型人格障碍（dependent personality disorder） 538
依恋障碍（attachment disorders） 182
依恋—照顾系统（attachment-caregiving system） 067
宜人性（agreeableness） 508
胰岛素休克疗法（insulin shock therapy） 015，574
移情（transference） 024
遗忘障碍（amnestic disorder） 628
疑病症（hypochondriasis） 206
乙醇脱氢酶（alcohol dehydrogenase 或 ADH） 465
乙酸赛普龙（cyproteroneacetate） 443
乙酰胆碱（acetylcholine） 641
以正念为基础的认知疗法（mindfulbased cognitive therapy 或 MBCT） 288
异常行为（abnormal behavior） 003
异态睡眠（parasomnias） 338，352
异性性行为（heterosexual behavior） 407
异装癖（transvestic disorder） 434
抑郁的习得性无助理论（learned helplessness theory of depression） 276
抑郁认知三联征（depressive cognitive triad） 277
抑郁—躁狂连续体（depression-mania continuum） 246
抑制剂（depressants） 462
抑制控制（inhibitory control） 594
抑制性T细胞（suppressor T cells） 369
易感性（vulnerability） 042
易受暗示性（suggestibility） 232
易受催眠性（hypnotizability） 232
意志减退（avolition） 555
癔球症（globus hystericus） 215
癔症性神经症（hyesterical neurosis） 204
因变量（dependent variable） 113
阴道光电容积描记器（vaginal photoplethysmograph） 421
阴道痉挛（vaginismus） 420

阴茎羡妒（penis envy）022
阴茎张力计（penile strain gauge）421
阴性症状（negative symptoms）555
隐性基因（recessive gene）040
婴儿忧郁（baby blues）251
罂粟碱（papaverine）430
影响身体状况的心理因素（psychological factors affecting medical condition）214
应对方式（coping styles）022
应激激素（stress hormones）271，365
应激生理学（stress physiology）364
忧郁特征（melancholic features specifier）251
游戏治疗（play therapy）443
有限的（limited）610
与其他医学情形有关的精神病性障碍（psychotic disorder associated with another medical condition）560
语言障碍（language disorder）588，598
预备学习（prepared learning）060
预测效度（predictive validity）078，099
预后（prognosis）007
预期效应（expectancy effect）487
元认知（metacognition）554
原发性高血压（essential hypertension）376
原发性失眠（primary insomnia）340
原型法（prototypical approach）097
运动失能（Akinesia）575

Z

再摄取（reuptake）050
早发性痴呆（dementia praecox）099，549
早泄（premature ejaculation）418
躁狂（mania）245
扎来普隆（zaleplon）350
诈病（malingering）215
谵妄（delirium）623
战斗—逃跑系统（fight/flight system 或 FFS）140
着魔惊恐（susto）065，153
针对他人的自为障碍（factitious disorder imposed on another）216
真空装置治疗（vacuum device therapy）431

诊断（diagnosis）076
枕叶（occipital lobe）048
震颤性谵妄（delirium tremens）464
整合哀伤（integrated grief）255
正电子发射断层扫描（positron emission tomography 或 PET）093
正相关（positive correlation）117
知情同意（informed consent）132，664
指向性预防（indicated prevention）128
治疗法学（therapeutic jurisprudence）660
治疗过程（treatment process）121
治疗结果（treatment outcome）121
致幻剂（hallucinogens）462
致幻剂使用障碍（hallucinogen use disorders）481
致精神分裂症母亲（schizophrenogenic mother）572
致死性家族失眠症（fatal familial insomnia）340
窒息癖（hypoxiphilia）436
智力残疾（Intellectual disability）607
智力发育障碍（intellectual developmental disorder）607
智力商数（intelligence quotient）091
置换（displacement）022
中度（moderate）609
中风（stroke）376
中脑（midbrain）048
中枢神经系统（central nervous system）047
中枢性睡眠呼吸暂停（central sleep apnea）347
忠诚效应（allegiance effect）121
钟情妄想型（erotomanic type）559
种类（categories）507
重测信度（test-retest reliability）078
重度（severe）609
重度神经认知障碍（major neurocognitive disorder）625
重复测量（repeated measurement）122
重性抑郁发作（major depressive episode）244
重性抑郁障碍（major depressive disorder）246
周期性肢体运动障碍（periodic limb movement disorder）341
轴突（axon）047
昼夜节律睡眠障碍（circadian rhythm sleep disorder）348
主人格（host）227

主诉（presenting problem） 007
主题统觉测验（Thematic Apperception Test 或 TAT） 087
注意力缺陷/多动障碍（attention-deficit/hyperactivity disorder 或 ADHD） 589
专家证人（expert witness） 662
转换性癔症（conversion hysteria） 204
转换性障碍（conversion disorder） 214
锥体外系症状（extrapyramidal symptoms） 575
咨询心理治疗师（counseling psychologists） 006
自卑情结（inferiority complex） 023
自闭症（autistic disorder） 600
自闭症谱系障碍（autism spectrum disorder） 600
自变量（independent variable） 113
自动催眠模型（autohypnotic model） 232
自行用药（self-medication） 486
自毁容貌综合征（Lesch-Nyhan syndrome） 611
自恋型人格障碍（narcissistic personality disorder） 535
自然环境恐怖症（natural environment phobias） 162
自然主义教学策略（naturalistic teaching strategies） 605
自杀尝试（suicidal attempts） 295
自杀计划（suicidal plans） 295
自杀意向（suicidal ideation） 295
自身免疫性疾病（autoimmune disease） 369
自体心理学（self-psychology） 023
自为障碍（factitious disorder） 216
自我（ego） 021
自我监控（self-monitoring） 086
自我肯定训练（assertiveness training） 394
自我女向癖（autogynephilia） 435
自我谴责（self-blame） 277
自我实现（self-actualizing） 025
自我效能感（selfefficacy） 367
自我心理学（ego psychology） 023
自我型自杀（egoistic suicide） 296
自信社区疗法（assertive community treatment） 579
自由联想（free association） 024
自主神经系统（autonomic nervous system） 049
自主神经限制者（autonomic restrictors） 147
纵火癖（pyromania） 500
纵向研究设计（longitudinal design） 129
阻抗（resistance） 364
阻塞性睡眠呼吸暂停（obstructive sleep apnea hypopnea） 347
唑吡坦（zolpidem） 350

其他

21 三体（trisomy 21） 612
5-羟色胺（serotonin 或 5HT） 051
α-肾上腺素能受体（alpha-adrenergic receptor） 052
β-肾上腺素受体（beta-adrenergic receptor） 052
β 受体阻滞剂（beta-blockers） 052
γ-氨基丁酸（gammaaminobutyric acid 或 GABA） 050，464
γ-羟丁酸（Gamma-hydroxybutyrate） 483

DSM-5 诊断分类（英文）

Neurodevelopmental Disorders

Intellectual Disabilities
Intellectual Disability (Intellectual Developmental Disorder)/Global Developmental Delay/Unspecified Intellectual Disability (Intellectual Developmental Disorder)

Communication Disorders
Language Disorder/Speech Sound Disorder/Childhood-Onset Fluency Disorder (Stuttering)/Social (Pragmatic) Communication Disorder/Unspecified Communication Disorder

Autism Spectrum Disorder
Autism Spectrum Disorder

Attention-Deficit/Hyperactivity Disorder
Attention-Deficit/Hyperactivity Disorder/Other Specified Attention-Deficit/Hyperactivity Disorder/Unspecified Attention-Deficit/Hyperactivity Disorder

Specific Learning Disorder

Motor Disorders
Developmental Coordination Disorder/Stereotypic Movement Disorder

Tic Disorders
Tourette's Disorder/Persistent (Chronic) Motor or Vocal Tic Disorder/Provisional Tic Disorder/Other Specified Tic Disorder/Unspecific Tic Disorder

Other Neurodevelopmental Disorders
Other Specified Neurodevelopmental Disorder/Unspecified Neurodevelopmental Disorder

Schizophrenia Spectrum and other Psychotic Disorders

Schizotypal (Personality) Disorder
Delusional Disorder
Brief Psychotic Disorder
Schizophreniform Disorder
Schizophrenia
Schizoaffective Disorder
Substance/Medication-Induced Psychotic Disorder
Psychotic Disorder Due to Another Medical Condition
Catatonia Associated with Another Mental Disorder
Catatonic Disorder due to Another Medical Condition
Unspecified Catatonia
Other Specified Schizophrenia Spectrum and Other Psychotic Disorder
Unspecified Schizophrenia Spectrum and Other Psychotic Disorder

Bipolar and Related Disorders

Bipolar I Disorder/Bipolar II Disorder/Cyclothymic Disorder/Substance/Medication-Induced Bipolar and Related Disorder/Bipolar and Related Disorder Due to Another Medical Condition/Other Specified Bipolar and Related Disorder/Unspecified Bipolar and Related Disorder

Depressive Disorders

Disruptive Mood Dysregulation Disorder/Major Depressive Disorder/Persistent Depressive Disorder (Dysthymia)/Premenstrual Dysphoric Disorder/Substance/Medication-Induced Depressive Disorder/Depressive Disorder Due to Another Medical Condition/Other Specified Depressive Disorder/Unspecified Depressive Disorder

Anxiety Disorders

Separation Anxiety Disorder/Selective Mutism/Specific Phobia/Social Anxiety Disorder (Social Phobia)/Panic Disorder/Panic Attack Specifier/Agoraphobia/Generalized Anxiety Disorder/Substance/Medication-Induced Anxiety Disorder/Anxiety Disorder Due to Another Medical Condition/Other Specified Anxiety Disorder/Unspecified Anxiety Disorder

Obsessive-Compulsive and Related Disorders

Obsessive-Compulsive Disorder/Body Dysmorphic Disorder/Hoarding Disorder/Trichotillomania (Hair-Pulling Disorder)/Excoriation (Skin-Picking) Disorder/Substance/Medication-Induced Obsessive-Compulsive and Related Disorder/Obsessive-Compulsive and Related Disorder Due to Another Medical Condition/Other Specified Obsessive-Compulsive and Related Disorder/Unspecified Obsessive-Compulsive and Related Disorder

Trauma- and Stressor-Related Disorders

Reactive Attachment Disorder/Disinhibited Social Engagement Disorder/Posttraumatic Stress Disorder (includes Posttraumatic Stress Disorder for Children 6 Years and Younger)/Acute Stress Disorder/Adjustment Disorders/Other Specified Trauma- and Stressor-Related Disorder/Unspecified Trauma- and Stressor-Related Disorder

Dissociative Disorders

Dissociative Identity Disorder/Dissociative Amnesia/Depersonalization/Derealization Disorder/Other Specified Dissociative Disorder/Unspecified Dissociative Disorder

Somatic Symptom and Related Disorders

Somatic Symptom Disorder/Illness Anxiety Disorder/Conversion Disorder (Functional Neurological Symptom Disorder)/Psychological Factors Affecting Other Medical Conditions/Factitious Disorder (includes Factitious Disorder Imposed on Self, Factitious Disorder Imposed on Another)/Other Specified Somatic Symptom and Related Disorder/Unspecified Somatic Symptoms and Related Disorder

Feeding and Eating Disorders

Pica/Rumination Disorder/Avoidant/Restrictive Food Intake Disorder/Anorexia Nervosa (Restricting type, Binge-eating/Purging type)/Bulimia Nervosa/Binge-Eating Disorder/Other Specified Feeding or Eating Disorder/Unspecified Feeding or Eating Disorder

Elimination Disorders

Enuresis/Encopresis/Other Specified Elimination Disorder/Unspecified Elimination Disorder

Sleep-Wake Disorders

Insomnia Disorder/Hypersomnolence Disorder/Narcolepsy

Breathing-Related Sleep Disorders

Obstructive Sleep Apnea Hypopnea/ Central Sleep Apnea/Sleep-Related Hypoventilation/Circadian Rhythm Sleep-Wake Disorders

Parasomnias

Non-Rapid Eye Movement Sleep Arousal Disorders/Nightmare Disorder/Rapid Eye Movement Sleep Behavior Disorder/ Restless Legs Syndrome/Substance/ Medication-Induced Sleep Disorder/ Other Specified Insomnia Disorder/ Unspecified Insomnia Disorder/Other Specified Hypersomnolence Disorder/ Unspecified Hypersomnolence Disorder/ Other Specified Sleep-Wake Disorder/ Unspecified Sleep-Wake Disorder

Sexual Dysfunctions

Delayed Ejaculation/Erectile Disorder/ Female Orgasmic Disorder/Female Sexual Interest/Arousal Disorder/ Genito-Pelvic Pain/Penetration Disorder/Male Hypoactive Sexual Desire Disorder/Premature (Early) Ejaculation/ Substance/Medication-Induced Sexual Dysfunction/Other Specified Sexual Dysfunction/Unspecified Sexual Dysfunction

Gender Dysphoria

Gender Dysphoria/Other Specified Gender Dysphoria/Unspecified Gender Dysphoria

Disruptive, Impulse-Control, and Conduct Disorders

Oppositional Defiant Disorder/Intermittent Explosive Disorder/Conduct Disorder/ Antisocial Personality Disorder/ Pyromania/Kleptomania/Other Specified Disruptive, Impulse-Control, and Conduct Disorder/Unspecified Disruptive, Impulse-Control, and Conduct Disorder

Substance-Related and Addictive Disorders

Substance-Related Disorders

Alcohol-Related Disorders: Alcohol Use Disorder/Alcohol Intoxication/Alcohol Withdrawal/Other Alcohol-Induced Disorders/Unspecified Alcohol-Related Disorder

Caffeine-Related Disorders: Caffeine Intoxication/Caffeine Withdrawal/Other Caffeine-Induced Disorders/Unspecified Caffeine-Related Disorder

Cannabis-Related Disorders: Cannabis Use Disorder/Cannabis Intoxication/ Cannabis Withdrawal/Other Cannabis-Induced Disorders/Unspecified Cannabis-Related Disorder

Hallucinogen-Related Disorders: Phencyclidine Use Disorders/ Other Hallucinogen Use Disorder/ Phencyclidine Intoxication/Other Hallucinogen Intoxication/Hallucinogen Persisting Perception Disorder/Other Phencyclidine-Induced Disorders/ Other Hallucinogen-Induced Disorders/ Unspecified Phencyclidine-Related Disorders/Unspecified Hallucinogen-Related Disorders

Inhalant-Related Disorders: Inhalant Use Disorder/Inhalant Intoxication/Other Inhalant-Induced Disorders/Unspecified Inhalant-Related Disorders

Opioid-Related Disorders: Opioid Use Disorder/Opioid Intoxication/Opioid Withdrawal/Other Opioid-Induced Disorders/Unspecified Opioid-Related Disorder

Sedative-, Hypnotic-, or Anxiolytic-Related Disorders: Sedative, Hypnotic, or Anxiolytic Use Disorder/Sedative, Hypnotic, or Anxiolytic Intoxication/ Sedative, Hypnotic, or Anxiolytic Withdrawal/Other Sedative-, Hypnotic-, or Anxiolytic-Induced Disorders/ Unspecified Sedative-, Hypnotic-, or Anxiolytic-Related Disorder

Stimulant-Related Disorders: Stimulant Use Disorder/Stimulant Intoxication/ Stimulant Withdrawal/Other Stimulant-Induced Disorders/Unspecified Stimulant-Related Disorder

Tobacco-Related Disorders: Tobacco Use Disorder/Tobacco Withdrawal/Other Tobacco-Induced Disorders/Unspecified Tobacco-Related Disorder

Other (or Unknown) Substance-Related Disorders: Other (or Unknown) Substance Use Disorder/Other (or Unknown) Substance Intoxication/Other (or Unknown) Substance Withdrawal/ Other (or Unknown) Substance-Induced Disorders/Unspecified Other (or Unknown) Substance-Related Disorder

Non-Substance-Related Disorders

Gambling Disorder

Neurocognitive Disorders

Delirium

Major and Mild Neurocognitive Disorders

Major or Mild Neurocognitive Disorder Due to Alzheimer's Disease

Major or Mild Frontotemporal Neurocognitive Disorder

Major or Mild Neurocognitive Disorder with Lewy Bodies

Major or Mild Vascular Neurocognitive Disorder

Major or Mild Neurocognitive Disorder Due to Traumatic Brain Injury

Substance/Medication-Induced Major or Mild Neurocognitive Disorder

Major or Mild Neurocognitive Disorder Due to HIV Infection

Major or Mild Neurocognitive Disorder Due to Prion Disease

Major or Mild Neurocognitive Disorder Due to Parkinson's Disease

Major or Mild Neurocognitive Disorder Due to Huntington's Disease

Major or Mild Neurocognitive Disorder Due to Another Medical Condition

Major and Mild Neurocognitive Disorders Due to Multiple Etiologies

Unspecified Neurocognitive Disorder

Personality Disorders

Cluster A Personality Disorders

Paranoid Personality Disorder/Schizoid Personality Disorder/Schizotypal Personality Disorder

Cluster B Personality Disorders

Antisocial Personality Disorder/Borderline Personality Disorder/Histrionic Personality Disorder/Narcissistic Personality Disorder

Cluster C Personality Disorders

Avoidant Personality Disorder/Dependent Personality Disorder/Obsessive-Compulsive Personality Disorder

Other Personality Disorders

Personality Change Due to Another Medical Condition/Other Specified Personality Disorder/Unspecified Personality Disorder

Paraphilic Disorders

Voyeuristic Disorder/Exhibitionist Disorder/Frotteuristic Disorder/Sexual Masochism Disorder/Sexual Sadism Disorder/Pedophilic Disorder/Fetishistic Disorder/Transvestic Disorder/Other Specified Paraphilic Disorder/Unspecified Paraphilic Disorder

Other Mental Disorders

Other Specified Mental Disorder Due to Another Medical Condition/Unspecified Mental Disorder Due to Another Medical Condition/Other Specified Mental Disorder/Unspecified Mental Disorder

Medication-Induced Movement Disorders and Other Adverse Effects of Medication

Neuroleptic-Induced Parkinsonism/Other Medication-Induced Parkinsonism/Neuroleptic Malignant Syndrome/Medication-Induced Acute Dystonia/Medication-Induced Acute Akathisia/Tardive Dyskinesia/Tardive Dystonia/Tardive Akathisia/Medication-Induced Postural Tremor/Other Medication-Induced Movement Disorder/Antidepressant Discontinuation Syndrome/Other Adverse Effect of Medication

Other Conditions That May Be a Focus of Clinical Attention

Relational Problems
Problems Related to Family Upbringing
Other Problems Related to Primary Support Group

Abuse and Neglect
Child Maltreatment and Neglect Problems
Adult Maltreatment and Neglect Problems

Educational and Occupational Problems
Educational Problems
Occupational Problems

Housing and Economic Problems
Housing Problems
Economic Problems

Other Problems Related to the Social Environment

Problems Related to Crime or Interaction with the Legal System

Other Health Service Encounters for Counseling and Medical Advice

Problems Related to Other Psychosocial, Personal, and Environment Circumstances

Other Circumstances of Personal History
Problems Related to Access to Medical and Other Health Care
Nonadherence to Medical Treatment

Source: American Psychiatric Association. (2013). *Diagnostic and statistical manual of mental disorders* (5th ed.). Arlington, VA: American Psychiatric Association.

Aaronson, C. J., Shear, M. K., Goetz, R. R., Allen, L. B., Barlow, D. H., White, K. S., & Gorman, J. M. (2008). Predictors and time course of response among panic disorder patients treated with cognitive-behavioral therapy. *Journal of Clinical Psychiatry, 69*(3), 418–424.

Aarsland, D., & Kurz, M. W. (2010). The epidemiology of dementia associated with Parkinson disease. *Journal of the Neurological Sciences, 289*(1–2), 18–22.

Aarsland, D., Ballard, C., Rongve, A., Broadstock, M., & Svenningsson, P. (2012). Clinical trials of dementia with Lewy bodies and Parkinson's disease dementia. *Current Neurology and Neuroscience Reports, 12*(5), 492–501.

Abbey, S. E., & Garfinkel, P. E. (1991). Neurasthenia and chronic fatigue syndrome: The role of culture in the making of a diagnosis. *American Journal of Psychiatry, 148,* 1638–1646.

Abbott, D. W., de Zwaan, M., Mussell, M. P., Raymond, N. C., Seim, H. C., Crow, S. J., & Mitchell J. E. (1998). Onset of binge eating and dieting in overweight women: Implications for etiology, associated features and treatment. *Journal of Psychosomatic Research, 44,* 367–374.

Abdul-Hamid, W. K., & Stein, G. (2012). The Surpu: Exorcism of antisocial personality disorder in ancient Mesopotamia. *Mental Health, Religion & Culture.* doi: 10.1080/13674676.2012.713337

Abel, G. G. (1989). Behavioral treatment of child molesters. In A. J. Stunkard & A. Baum (Eds.), *Perspectives in behavioral medicine: Eating, sleeping and sex* (pp. 223–242). Hillsdale, NJ: Erlbaum.

Abel, G. G., Barlow, D. H., Blanchard, E. B., & Guild, D. (1977). The components of rapists' sexual arousal. *Archives of General Psychiatry, 34,* 895–903.

Abel, G. G., Becker, J. V., Cunningham-Rathner, J., Mittelman, M., & Rouleau, J. L. (1988). Multiple paraphilic diagnoses among sex offenders. *Bulletin of the American Academy of Psychiatry and Law, 16,* 153–168.

Abela, J. R., & Skitch, S. A. (2007). Dysfunctional attitudes, self-esteem, and hassles: Cognitive vulnerability to depression in children of affectively ill parents. *Behaviour Research and Therapy, 45*(6), 1127–1140.

Abela, J. R., & Hankin, B. L. (2011). Rumination as a vulnerability factor to depression during the transition from early to middle adolescence: A multiwave longitudinal study. *Journal of Abnormal Psychology, 120*(2), 259–271.

Abela, J. R., Stolow, D., Mineka, S., Yao, S., Zhu, X. Z., & Hankin, B. L. (2011). Cognitive vulnerability to depressive symptoms in adolescents in urban and rural Hunan, China: A multiwave longitudinal study. *Journal of Abnormal Psychology, 120*(4), 765–778.

Abrahamson, D. J., Barlow, D. H., Sakheim, D. K., Beck, J. G., & Athanasiou, R. (1985). Effects of distraction on sexual responding in functional and dysfunctional men. *Behavior Therapy, 16,* 503–515.

Abramowitz, J. S., Taylor, S., & McKay, D. (2012). Exposure-based treatment for obsessive compulsive disorder. In G. Steketee (Ed.), *The Oxford handbook of obsessive compulsive and spectrum disorders* (pp. 322–364). New York, NY: Oxford University Press.

Abramson, L. Y., Metalsky, G. I., & Alloy, L. B. (1989). Hopelessness depression: A theory-based subtype of depression. *Psychological Review, 96*(2), 358–372.

Abramson, L. Y., Seligman, M. E. P., & Teasdale, J. D. (1978). Learned helplessness in humans: Critique and reformulation. *Journal of Abnormal Psychology, 87,* 49–74.

Abse, D. W. (1987). *Hysteria and related mental disorders: An approach to psychological medicine.* Bristol, UK: Wright.

Adachi, Y., Sato, C., Nishino, N., Ohryoji, F., Hayama, J., & Yamagami, T. (2009). A brief parental education for shaping sleep habits in 4-month-old infants. *Clinical Medicine & Research, 7*(3), 85–92. doi: 10.3121/cmr.2009.814

Abdul-Hamid, W. K., & Stein, G. (2012). The Surpu: Exorcism of antisocial personality disorder in ancient Mesopotamia. *Mental Health, Religion & Culture. 16*(7), 671–685. doi: 10.1080/13674676.2012.713337

Adams, C., Lockton, E., Freed, J., Gaile, J., Earl, G., McBean, K., & Law, J. (2012). The Social Communication Intervention Project: A randomized controlled trial of the effectiveness of speech and language therapy for school-age children who have pragmatic and social communication problems with or without autism spectrum disorder. *International Journal of Language & Communication Disorders, 47*(3), 233–244. doi: 10.1111/j.1460-6984.2011.00146.x

Adams, T. D., Gress, R. E., Smith, S. C., Halverson, R. C., Simper, S. C., Rosamond, W. D., & Hunt, S. C. (2007). Long-term mortality after gastric bypass surgery. *New England Journal of Medicine, 357*(8), 753–761.

Adams, T. D., Davidson, L. E., Litwin, S. E., Kolotkin, R. L., LaMonte, M. J., Pendleton, R. C., & Hunt, S. C. (2012). Health benefits of gastric bypass surgery after 6 years. *JAMA: Journal of the American Medical Association, 308*(11), 1122–1131. doi: 10.1001/2012.jama.11164

Addington v. Texas, 99 S. Ct. 1804 (1979).

Addington, A. M., & Rapoport, J. L. (2012). Annual research review: Impact of advances in genetics in understanding developmental psychopathology. *Journal of Child Psychology and Psychiatry, 53*(5), 510–518. doi: 10.1111/j.1469-7610.2011.02478.x

Addis, M. E. (2008). Gender and depression in men. *Clinical Psychology: Science and Practice, 15*(3), 153–168.

Ader, R., & Cohen, N. (1975). Behaviorally conditioned immunosuppression. *Psychosomatic Medicine, 37,* 333–340.

Ader, R., & Cohen, N. (1993). Psychoneuroimmunology: Conditioning and stress. *Annual Review of Psychology, 44,* 53–85.

Adinoff, B., & Stein, E. A. (2011). *Neuroimaging in addiction.* Hoboken, NJ: Wiley.

Adler, C. M., Côte, G., Barlow, D. H., & Hillhouse, J. J. (1994). *Phenomenological relationships between somatoform, anxiety, and psychophysiological disorders.* Unpublished manuscript.

Afari, N., & Buchwald, D. (2003). Chronic fatigue syndrome: A review. *American Journal of Psychiatry, 160,* 221–236.

Agatisa, P., Matthews, K., Bromberger, J., Edmundowicz, D., Chang, Y., & Sutton-Tyrell, K. (2005). Coronary and aortic calcification in women with major depression history. *Archives of Internal Medicine, 165,* 1229–1236.

Agras, W. S. (1982). Behavioral medicine in the 1980s: Nonrandom connections. *Journal of Consulting and Clinical Psychology, 50,* 797–803.

Agras, W. S. (1987). *Eating disorders: Management of obesity, bulimia, and anorexia nervosa.* Elmsford, NY: Pergamon.

Agras, W. S. (2001). The consequences and costs of eating disorders. *Psychiatric Clinics of North America, 24,* 371–379.

Agras, W. S., Barlow, D. H., Chapin, H. N., Abel, G. G., & Leitenberg, H. (1974). Behavior modification of anorexia nervosa. *Archives of General Psychiatry, 30,* 279–286.